Springer-Lehrbuch

Klaus Lucas

Thermodynamik

Die Grundgesetze
der Energie- und Stoffumwandlungen

7. korrigierte Auflage

 Springer

Prof. Dr. Klaus Lucas
Professor für Thermodynamik
Lehrstuhl für Technische Thermodynamik
Rheinisch-Westfälische Technische Hochschule Aachen
Schinkelstraße 8
52062 Aachen
Deutschland
lucas@ltt.rwth-aachen.de

ISBN 978-3-540-68645-3   e-ISBN 978-3-540-68648-4

DOI 10.1007/978-3-540-68648-4

Springer-Lehrbuch ISSN 0937-7433

Bibliografische Information der Deutschen Nationalbibliothek
Die Deutsche Nationalbibliothek verzeichnet diese Publikation in der Deutschen Nationalbibliografie;
detaillierte bibliografische Daten sind im Internet über http://dnb.d-nb.de abrufbar.

© 2008, 2007, 2006, 2004, 2001, 2000, 1995 Springer-Verlag Berlin Heidelberg

Satz: Digitale Druckvorlage des Autors
Herstellung: le-tex publishing services ohG
Einbandgestaltung: WMX Design GmbH, Heidelberg

Gedruckt auf säurefreiem Papier

9 8 7 6 5 4 3 2 1

springer.de

Vorwort zur 7. Auflage

Energie- und Stoffumwandlungen sind die grundlegenden Prozesse, auf denen unsere Zivilisation beruht. Sie laufen in vielfältigen technischen Strukturen ab, deren Größenbereich sich von kleinen Anlagen im Labormaßstab bis hin zu großtechnischen Standorten erstreckt. Einen ersten Einstieg in die Analyse solcher Prozesse vermittelt die Thermodynamik. Sie beschreibt die Umwandlungen auf der Grundlage von allgemeinen Bilanzgleichungen sowie speziellen Modellansätzen für das Verhalten der beteiligten Stoffe, unabhängig von den vielfältigen technischen Aspekten der zugehörigen Maschinen und Apparate.

Der vorliegende, nunmehr in der siebten Auflage erscheinende Text betont die Rolle der Thermodynamik als systemanalytische Wissenschaft. Das erste Kapitel stellt die allgemeinen Erkenntnisse über Energie- und Stoffumwandlungen zusammen und erläutert die wesentlichen Abstraktionsschritte einer thermodynamischen Analyse. Im zweiten Kapitel werden die für die Anwendungen entscheidenden Eigenschaften fluider Materie zunächst phänomenologisch und darauf aufbauend durch Stoffmodelle beschrieben. In den anschließenden drei Kapiteln erfolgen die allgemeine Formulierung der Bilanzen für Materie, Energie und Entropie und ihre Anwendung auf exemplarische Prozesse. Es wird dabei deutlich, dass die Lösung eines praktischen Problems zunächst die darauf zugeschnittene Aufstellung der Bilanzgleichungen und danach ihre Auswertung mit Hilfe spezieller Stoffmodelle erfordert. Insbesondere die Diskussion der Entropiebilanz in Verbindung mit dem zweiten Hauptsatz der Thermodynamik führt auf zwei Grenzfälle der thermodynamischen Analyse, den reversiblen Prozess für Energieumwandlungen und den Gleichgewichtsprozess für Stoffumwandlungen. Beide Grenzfälle erlauben eine einfache und doch praktisch aussagefähige Analyse energie- und stoffumwandelnder Prozesse. Dies wird in jeweils eigenen Kapiteln an Hand ausgewählter Beispiele für Energieumwandlungen und für Stoffumwandlungen ausführlich dargestellt.

In der siebten Auflage habe ich einige kleinere Korrekturen und Ergänzungen vorgenommen. Für die Ausführung bin ich Frau I. Wallraven dankbar. Möge das Buch auch weiterhin Studenten und Ingenieuren in der Praxis helfen, die Nützlichkeit der thermodynamischen Analyse zu erkennen und in praktische Problemlösungen umzusetzen.

Aachen, im Sommer 2008 — K.Lucas

Inhaltsverzeichnis

Formelzeichen

a) Lateinische Formelbuchstaben

A	Fläche; freie Energie
a	spezifische oder molare freie Energie
a_i	Aktivität der Komponente i
b	Beschleunigung; spezifische oder molare Anergie
$\dot{B}_Q$	Anergie eines Wärmestroms
c	Geschwindigkeit; spezifische oder molare Wärmekapazität
C_p, C_V	isobare bzw. isochore Wärmekapazität
c_p, c_v	spezifische oder molare isobare bzw. isochore Wärmekapazität
E	Energieinhalt, Gesamtenergie eines Systems, Exergie
E_Q	Exergie eines Wärmestromes
ΔE_V	Exergieverlust
e_h	spezifische oder molare Exergie der Enthalpie
Δe_V	spezifischer oder molarer Exergieverlust
F	Kraft
G	freie Enthalpie
g	spezifische oder molare freie Enthalpie; Erdbeschleunigung; gasförmig
H	Enthalpie
$\dot{H}$	Enthalpiestrom
H_i	Henry-Koeffizient der Komponente i
H_o	spezifischer oder molarer Brennwert
H_u	spezifischer oder molarer Heizwert
h	spezifische oder molare Enthalpie
$\Delta h^{f,0}(g)$	spezifische oder molare Standardbildungsenthalpie im Gaszustand
$\Delta h^{f,0}(l)$	spezifische oder molare Standardbildungsenthalpie im flüssigen Zustand
$\Delta h^{f,0}(aq)$	spezifische oder molare Standardbildungsenthalpie im Zustand der ideal verdünnten wässrigen Lösung
Δh_v	spezifische oder molare Verdampfungsenthalpie
Δh_m	spezifische oder molare Schmelzenthalpie
K	Gleichgewichtskonstante

k	Boltzmann-Konstante
k	Wärmedurchgangskoeffizient; Kondensatmenge im Rauchgas
l	bezogene Luftmenge; flüssig
M	Molmasse
M_d	Drehmoment
m	Masse
$\dot{m}$	Massenstrom
m_i	Molalität der Komponente i
N	Teilchenzahl
N_A	Avogadro-Konstante
n	Stoffmenge; Polytropenexponent
$\dot{n}$	Stoffmengenstrom
n_d	Drehzahl
o_{min}	spezifischer oder molarer Mindestsauerstoffbedarf
P	Leistung
p	Druck
Q	Wärme
$\dot{Q}$	Wärmestrom
q	spezifische oder molare Wärme
$\dot{q}$	Wärmestromdichte
R	allgemeine Gaskonstante
r	spezifische oder molare Verdampfungsenthalpie
S	Entropie
$\dot{S}$	Entropiestrom
$\Delta \dot{S}^{irr}$	Entropieproduktionsstrom
S_i	innere Entropieerzeugung
$\dot{S}_i$	Strom der inneren Entropieerzeugung
s	spezifische oder molare Entropie
Δs^{irr}	spezifische oder molare Entropieerzeugung
T	thermodynamische Temperatur
T_m	thermodynamische Mitteltemperatur
t	Celsius-Temperatur
U	Innere Energie
u	spezifische oder molare innere Energie
V	Volumen
$\dot{V}$	Volumenstrom
v	spezifisches oder molares Volumen; bezogene Abgasstoffmenge
W	Arbeit
w	spezifische oder molare Arbeit
w_t	spezifische oder molare technische Arbeit
w_i	Massenanteil der Komponente
x	Dampfgehalt; Wasserbeladung feuchter Luft
x_i	Stoffmengenanteil der Komponente i
z	Höhenkoordinate; Zustandsgröße

b)   Griechische Formelbuchstaben

α	Wärmeübergangskoeffizient; relative Flüchtigkeit
β	Wärmeverhältnis; Stromausbeute
γ_i	Aktivitätskoeffizient der Komponente i
ε	Leistungszahl einer Wärmepumpe
ε_0	Leistungszahl einer Kältemaschine
ζ	exergetischer Wirkungsgrad
η	(energetischer) Wirkungsgrad
η_C	Carnot - Faktor
η_{th}	thermischer Wirkungsgrad einer Wärmekraftmaschine
η_S	isentroper Wirkungsgrad
Θ^{ig}	Temperatur des idealen Gasthermometers
$\varkappa$	Isentropenexponent
λ	Luftverhältnis; Wärmeleitfähigkeit
μ_i	chemisches Potenzial der Komponente i
ν	Polytropenverhältnis
ν_i	stöchiometrischer Koeffizient der Komponente i
ρ	Dichte
ξ	Reaktionslaufzahl
τ	Zeit
φ	relative Feuchte
ω	Winkelgeschwindigkeit; Gesamtwirkungsgrad

c)   Indizes

0	Bezugszustand
$1,2,3\ldots$	Zustände 1,2,3...
12	Doppelindex: Prozessgröße eines Prozesses, der vom Zustand 1 in den Zustand 2 führt
A,B,...	Systeme A,B,...
a	Austrittsquerschnitt
ad	adiabat
B	Brennstoff
e	Eintrittsquerschnitt
f	Phasenwert
i	Komponente i in einem Gemisch; im Systeminneren
K	Kessel, Kolben
k	kritisch
L	Luft
0i	reine Komponente i
P	polytrop
S	isentrop
s	Sättigung

T	Taupunkt, Turbine
t	technisch
tr	Tripelpunkt
u	Umgebung
V	Verdichter; Verbrennungsgas; Volumenänderung

d)   Suffices

0	Standardwert
irr	irreversibel
rev	reversibel
$'$	siedender Zustand
$''$	gesättigter Zustand
V	Verbrennungsgas
if	ideale Flüssigkeit
ig	ideales Gas
ivl	ideal verdünnte Lösung
l,L	flüssig
s	fest
g,G	gasförmig

1. Allgemeine Grundlagen

Unsere Gesellschaft beruht auf der Nutzung von Energie und Materie. Energie und Materie stehen uns als natürliche Ressourcen in ausreichender Menge zur Verfügung, allerdings nicht in den Formen, die wir benötigen. Die benötigten Formen müssen durch Energie- und Stoffumwandlungen aus natürlichen Ressourcen gewonnen werden. Die Planung und Optimierung technischer Energie- und Stoffumwandlungen ist in nahezu allen Prozessen unserer Industriegesellschaft von großer Bedeutung. Ihre vorrangigen Ziele sind die Schonung der natürlichen Rohstoffe und die Bereitstellung der gewünschten Energie- und Stoffformen mit einem Höchstmaß an Wirtschaftlichkeit und Umweltverträglichkeit. Technikbereiche, in denen Energie- und Stoffumwandlungen über ihre allgemeine Bedeutung hinaus eine besondere Rolle spielen, sind die Energietechnik und die Verfahrenstechnik. Die Energietechnik befasst sich mit der Erzeugung der gewünschten Energieformen aus den natürlichen Energiespeichern der Erde sowie ihren Umwandlungen ineinander. Gegenstand der Verfahrenstechnik ist die Produktion gewünschter Stoffformen aus den natürlichen Materiespeichern der Erde und ihre Umwandlung ineinander. Die Prozesse der Energie- und Verfahrenstechnik sind nicht unabhängig voneinander. Energieumwandlungen werden von Stoffumwandlungen begleitet und Stoffumwandlungen von Energieumwandlungen. Auch prinzipiell hängen Energie- und Stoffumwandlungen eng zusammen. Sie unterliegen gemeinsamen Naturgesetzen. Diese gemeinsamen Grundgesetze der Energie- und Stoffumwandlungen werden in der Thermodynamik formuliert.

1.1 Energie- und Stoffumwandlungen

Energie- und Stoffumwandlungen sind im Detail vielfältig und komplex. Dennoch lassen sich bereits bei oberflächlicher Betrachtung einige Gesetzmäßigkeiten erkennen, die ihre Analyse erleichtern. Obwohl Energie- und Stoffumwandlungen in der Regel gekoppelt auftreten, ist es hierzu sinnvoll, sie getrennt zu betrachten.

1.1.1 Energieumwandlungen

In unserer Gesellschaft wird Energie im Wesentlichen in zweierlei Weise genutzt. Zum einen benötigen wir Energie in Form von Wärme, um begrenzte Teile unserer Umgebung, wie z.B. Häuser, auch im Winter auf einer angenehmen Temperatur zu halten oder technische Prozesse bei hohen Temperaturen ablaufen zu lassen. Wir sprechen von Raumwärme bzw. Prozesswärme. Zum anderen brauchen wir Energie in Form von mechanischer Arbeit zum Antrieb von Fahrzeugen oder Maschinen. Wärme und Arbeit sind also die beiden wesentlichen Nutzenergieformen. Die Energieformen Wärme und Arbeit kommen nur in unwesentlicher Menge in der Natur vor. Sie müssen daher aus Energievorräten der Natur, so genannter Primärenergie, durch Energieumwandlung erzeugt werden. Allgemein versteht man unter Energieumwandlungen Prozesse, in denen eine Energieform in eine oder mehrere andere umgewandelt wird. Die energiewirtschaftlichen Daten einer modernen Industriegesellschaft zeigen erhebliche Umwandlungsverluste bei der Bereitstellung der geforderten Nutzenergie aus Primärenergie. Abb. 1.1 ist ein so genanntes Sankey-Diagramm, in dem die Energiemengen durch die Dicke von Pfeilen dargestellt werden. Es entspricht in etwa den Verhältnissen der Bundesrepublik Deutschland. Primärenergieträger sind z.B. Erdöl, Erdgas, Kohle, Uran und regenerative Energieformen. Etwa 15 % der Primärenergieträger werden exportiert, gebunkert oder einer nichtenergetischen Nutzung, z.B. als Rohstoff für Stoffumwandlungen, zugeführt und damit der weiteren energiewirtschaftlichen Nutzung entzogen. Der Rest wird in einem ersten Umwandlungsschritt in so genannte Endenergie umgewandelt. Endenergie umfasst diejenigen Energieformen, mit denen der Verbraucher beliefert wird, z.B. elektrische Energie oder Raffinerieprodukte wie Heizöl, Treibstoffe und aufbereitete gasförmige Brennstoffe. Insgesamt bleiben etwa 30 % der zur Umwandlung in Endenergie eingesetzten Primärenergie ungenutzt. Dabei sind die hohen Verluste in Kraftwerken besonders auffällig. Bei der Umwandlung der Endenergie in Nutzenergie, also Raum- und Prozesswärme sowie mechanische Arbeit, ergeben sich weitere Umwandlungsverluste. Nur etwa 50 % der Endenergie werden als Nutzenergie zur Verfügung gestellt. Dabei ist für die hohen Umwandlungsverluste bei der Umwandlung von Endenergie in mechanische Arbeit im Wesentlichen die mangelhafte Energienutzung der Treibstoffe im Verkehrsbereich verantwortlich, während die Umwandlung von elektrischer Energie in mechanische Antriebsenergie nahezu verlustlos abläuft. Insgesamt kommen nur etwa 35 % der zur Erzeugung von Nutzenergie eingesetzten Primärenergie dem Verbraucher zugute. Es gehört zu den Aufgaben der Thermodynamik, die dafür verantwortlichen Umwandlungsverluste zu analysieren und Wege aufzuzeigen, sie im Rahmen der einschränkenden Naturgesetze zu minimieren.

Wärme und Arbeit gehören zur gleichen Größenart, nämlich Energie. Beide Energieformen haben gemeinsam, dass sie bei energetischen Wechselwirkungen zwischen zwei Objekten in Erscheinung treten. Wärme ist dabei die

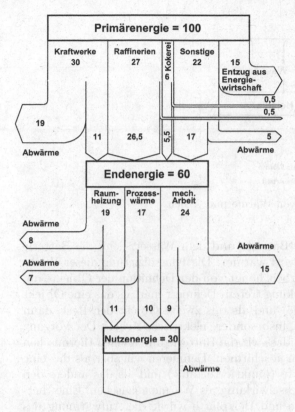

Abb. 1.1. Von der Primärenergie zur Nutzenergie

Energieform, die bei der Wechselwirkung zwischen Objekten unterschiedlicher Temperatur auftritt. Wenn z.B. ein Behälter mit heißem Wasser in einen kühlen Raum gestellt wird, dann fließt Wärme von dem heißen Wasser in den kühlen Raum, sofern dies nicht durch eine thermische Isolierung behindert wird. Jede andere energetische Wechselwirkung zwischen zwei Objekten bezeichnen wir als Arbeit. Mit dieser Definition gehen wir über die bekannte Definition der mechanischen Arbeit als Kraft multipliziert mit der Verschiebung des Kraftangriffspunktes hinaus. In der hier betrachteten Allgemeinheit sind die Energieformen Wärme und Arbeit nicht immer leicht zu unterscheiden. Jeder Zweifel, ob eine betrachtete energetische Wechselwirkung zwischen zwei Systemen Wärme oder Arbeit ist, kann aber durch ein einfaches Gedankenexperiment behoben werden. Wir wiederholen die Wechselwirkung gedanklich mit einem thermischen Isolator zwischen beiden Objekten. Wird der Vorgang durch den Isolator verändert, dann ist Wärme beteiligt. Wenn nicht, dann bezeichnen wir die energetische Wechselwirkung als Arbeit. Abb. 1.2 zeigt eine elektrische Batterie, die an eine Heizplatte angeschlossen ist, auf der ein Behälter mit kaltem Wasser steht. Es besteht offenbar eine energetische

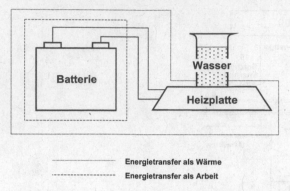

————————————   **Energietransfer als Wärme**

- - - - - - - - - - - - -   **Energietransfer als Arbeit**

Abb. 1.2. Zur Unterscheidung von Wärme und Arbeit

Wechselwirkung zwischen der Batterie und dem Wasser, denn die Batterie entlädt sich und das Wasser wird wärmer. Die Klassifizierung dieser Wechselwirkung als Wärme oder Arbeit hängt von der Definition der Objekte ab, die miteinander in Wechselwirkung treten. Definiert man als das eine Objekt die Batterie (gestrichelte Linie) und als das zweite Objekt den Rest, dann ist die Wechselwirkung Arbeit, insbesondere elektrische Arbeit. Der Vorgang wird nicht dadurch behindert, dass wir die Batterie durch einen thermischen Isolator vom restlichen System abschirmen. Definieren wir aber als das eine Objekt Batterie und Heizplatte (punktierte Linie) und als das andere den Wasserbehälter, so ist die Wechselwirkung als Wärme anzusehen. Eine thermische Isolierung um Batterie und Heizplatte würde die Aufwärmung des Wassers zweifellos behindern.

Die Umwandlung von Energieformen ineinander unterliegt einschränkenden Naturgesetzen, die die in Abb. 1.1 dargestellten Verhältnisse qualitativ erklären. Zunächst ist um die Mitte des neunzehnten Jahrhunderts erkannt geworden, dass Energie insgesamt nicht produziert oder vernichtet werden kann. Die Gesamtenergie bleibt bei allen Umwandlungen erhalten, d.h. es gilt ein Erhaltungssatz der Energie. Die Entdeckung des Energieerhaltungssatzes wird häufig auf das Jahr 1842 datiert und R. Mayer zugeschrieben, obwohl zahlreiche Forscher unabhängig voneinander daran beteiligt waren. Das Prinzip der Energieerhaltung lässt sich qualitativ an einfachen Beispielen erläutern. Wenn ein Bohrer ein Loch in ein Stahlstück bohrt, so ist nach Ablauf dieses Prozesses die dazu als Arbeit der drehenden Bohrerwelle zugeführte Energie nicht vernichtet, sondern findet sich in anderer Form im Stahlstück und seiner Umgebung wieder. Stahlstück und Bohrer werden heiß und geben Wärme an die Umgebung ab. Würde diese Wärme z.B. in einem Kühlmittel ohne Verlust aufgefangen und gemessen, so würde man finden, dass sie mengenmäßig der der Bohrerwelle zugeführten Arbeit gleich ist[1]. Wenn Brennstoff in einem Kraftwerk in Arbeit der Turbinenwelle umgewandelt wird, so kommt nicht der gesamte Energieinhalt des Brennstoffs als Arbeit an der Turbinenwelle an. Dennoch geht insgesamt keine Energie verloren. Der Teil der Brennstoffenergie, der nicht als Arbeit der Turbinenwelle wiedergefunden wird, geht als Abwärme des Kraftwerks über den Kühlturm an die Umgebung[2]. Das Prinzip der Energieerhaltung bedeutet, dass man bei Energieumwandlungen immer nur so viel Energie aus einem System gewinnen kann wie man zuvor in anderer Form hineingesteckt hat. Der Begriff der Energieerzeugung ist also insgesamt falsch und sollte nur in Bezug auf bestimmte Energieformen angewandt werden, z.B. die Erzeugung von Strom aus Brennstoff. Umgekehrt bedeutet das Prinzip der Energieerhaltung, dass man keine Energie verlieren kann. Man sollte daher nicht pauschal von Energieverlust oder Energieverbrauch sprechen, sondern auch diese Begriffe auf bestimmte Energieformen beschränken. So wird in der Tat beim Bohren eines Loches in ein Stahlstück elektrische Energie verbraucht, obwohl dabei insgesamt die Energie erhalten bleibt. In Abb. 1.1 kommt das Energieerhaltungsprinzip darin zum Ausdruck, dass sich alle normierten Energieströme zu den eingesetzten 100 Einheiten addieren.

Ein zweites einschränkendes Naturgesetz für die Energieumwandlungen besteht darin, dass sie nicht symmetrisch sind. Eine aus einer Energieumwandlung gewonnene Energieform reicht nicht aus, den Prozess umzukehren und die ursprüngliche Energieform wieder herzustellen. Schon bei dem einfachen Beispiel des Bohrers, der ein Loch in ein Stahlstück bohrt, wird dies deutlich. Die dem Bohrer als Arbeit zugeführte Energie bleibt zwar der Menge nach erhalten, wird aber durch Reibung vollständig als Wärme an die Umgebung abgegeben. Einmal in der Umgebung angekommen, steht sie offensichtlich nicht mehr zum Antrieb des Bohrers zur Verfügung. Selbst in der Form eines aufgeheizten Kühlmittels ließe sich aus ihr nicht die ursprünglich aufgewändete Arbeit zurückgewinnen. Dieses Beispiel lässt sich verallgemeinern. Arbeit verwandelt sich vollständig in Wärme, ohne dass es dazu einer besonderen Technologie bedürfte. Die Umwandlung von Arbeit in Wärme ist ganz allgemein ein primitiver Prozess, der schon den Urmenschen bekannt war. Er funktioniert so zu sagen von selbst und ohne Einschränkung. Ganz anders ist es mit der Umwandlung von Wärme in Arbeit. Eine Umwandlung von Wärme in Arbeit funktioniert keineswegs von selbst, sondern ist nur durch eine aufwändige Technologie zu realisieren, z.B. in einem Kraftwerk oder in einem Motor. Sie ist insbesondere beschränkt. Selbst bei Einsatz solcher Technologie gelingt die Umwandlung von Wärme in Arbeit nicht vollständig, wie die riesigen Kühltürme der Kraftwerke oder die Motorkühlung und die heißen Motorabgase deutlich zeigen. Stets muss ein großer Teil der eingesetz-

---

[1] Von kleinen Energiemengen wie Verformungsenergie, Schallenergie u.a.m. wird hierbei abgesehen.

[2] Eine kleinere Energiemenge geht zusätzlich mit dem Abgas der Feuerung und als Abwärme heißer Bauteile ungenutzt an die Umgebung.

ten Wärme als Abwärme bei niedriger Temperatur wieder abgeführt werden, und nur der Rest wird als Arbeit gewonnen. Diese Unsymmetrie führt zu Umwandlungsverlusten, die z.B. auch für einige der Abwärmeströme in Abb. 1.1 verantwortlich sind. Die Unsymmetrie der Energieumwandlung tritt bei den Energieformen Wärme und Arbeit besonders deutlich und prinzipiell in Erscheinung. Sie ist aber nicht auf diese Umwandlung beschränkt, sondern vielmehr ein allgemeines naturwissenschaftliches Prinzip. Auch bei der Umwandlung der Arbeit einer drehenden Welle in elektrische Arbeit in einem Generator treten Umwandlungsverluste auf, die u.a. durch Reibungsprozesse bedingt sind und verhindern, dass unter Einsatz derselben elektrischen Arbeit der gleiche Betrag an mechanischer Arbeit der Welle wieder zurückgewonnen werden kann. Allerdings sind diese Umwandlungsverluste wesentlich geringer als bei der Umwandlung von Arbeit in Wärme und im Gegensatz dazu durch sorgfältige Vermeidung von Reibung prinzipiell beliebig klein zu machen. Ein weiteres Beispiel für die Unsymmetrie von Energieumwandlungen ist die Verbrennung, z.B. von Wasserstoff und Sauerstoff zu Wasser. Bei der gewöhnlichen Verbrennung mit einer Flamme bei hohen Temperaturen wird die chemische Energie des Wasserstoffs vollständig in die Energie eines heißen Verbrennungsgases, nämlich gasförmiges Wasser, umgewandelt. Dabei tritt die Unsymmetrie besonders stark in Erscheinung. Obwohl durch Energiezufuhr Wasser grundsätzlich in seine Elemente Wasserstoff und Sauerstoff aufgespalten werden kann, reicht die bei der Verbrennung gewonnene Wärmeenergie dazu nicht annähernd aus. Bei einer elektrochemischen Verbrennung von Wasserstoff mit Sauerstoff in einer Brennstoffzelle bei viel niedrigeren Temperaturen wird hingegen die chemische Energie teilweise direkt in elektrische Energie umgewandelt. Hierbei können die Umwandlungsverluste, zumindest im Prinzip, beliebig klein gemacht werden. Praktisch ist man allerdings auch hier nicht in der Lage, den Prozess mit der aus der Brennstoffzelle gewonnenen elektrischen Energie durch eine Wasserelektrolyse wieder vollständig rückgängig zu machen.

1.1.2 Stoffumwandlungen

Stoffe sind Träger von Eigenschaften. Unsere Gesellschaft benutzt die Eigenschaften von Stoffen in vielfältiger Weise. Dabei sind sowohl die stofflichen Eigenschaften wie auch die energetischen Eigenschaften von Stoffströmen technisch interessant. Wasserdampf z.B. ist ein Träger thermischer Energie und wird als solcher bei zahlreichen Prozessen eingesetzt. Auch Mineralöle, Erdgas und Kohle sind Energieträger, nämlich chemisch gebundener Energie. Sie sind aber auch Träger von Elementen, aus denen z.B. Kunststoffe oder andere nützliche Produkte erzeugt werden können. Stahl und andere metallische Werkstoffe, oder auch Ton und Zement dienen als Konstruktionsmaterialien im Maschinenbau und im Bauwesen. Stoffe mit dem gewünschten stofflichen Eigenschaftsprofil, z.B. Stahl, Benzin oder Kunststoffe, aber auch Gase oder Flüssigkeiten wie reiner Sauerstoff oder Ammoniak, kommen in der

Natur nicht vor, sondern müssen durch Stoffumwandlungen aus den in der Natur gespeicherten Rohstoffen gewonnen werden. Diese Rohstoffe sind Ausgangsstoffe für die Gewinnung zahlreicher nützlicher Substanzen, die wesentlich zum Komfort einer modernen Industriegesellschaft beitragen. Allgemein sind Stoffumwandlungen solche Prozesse, in denen aus eintretenden Stoffen austretende Stoffe mit anderen Eigenschaften erzeugt werden. Grundsätzlich können diese Stoffumwandlungen physikalischer oder chemischer Natur sein. Bei physikalischen Stoffumwandlungen bleiben die chemischen Verbindungen erhalten, während sich bei chemischen Stoffumwandlungen aus den ursprünglich vorhandenen Verbindungen neue bilden. Diejenigen physikalischen Stoffumwandlungen, die durch Temperatur- und Druckänderungen in Gasen und Flüssigkeiten herbeigeführt werden, bezeichnet man als thermische Stoffumwandlungen. Handelt es sich dabei um Stoffumwandlungen ohne Änderung der Zusammensetzung, so spricht man auch einfach von Heiz- und Kühlprozessen, oder Entspannungs- und Verdichtungsprozessen. In der Regel sind an einem technischen Stoffumwandlungsprozess sowohl thermische als auch chemische Stoffumwandlungen beteiligt.

Die Stoffumwandlungen unterliegen wie die Energieumwandlungen einschränkenden Naturgesetzen. Ähnlich wie bei Energieumwandlungen die gesamte Energiemenge, so bleibt bei Stoffumwandlungen die gesamte Masse erhalten. Wenn in einem Ammoniak-Reaktor z.B. 28 kg Stickstoff und 6 kg Wasserstoff zur Reaktion gebracht werden, so entsteht daraus ein Reaktionsprodukt von 34 kg, in der Regel ein Gemisch aus Ammoniak, Stickstoff und Wasserstoff. Man kann somit eine Masse nicht erzeugen oder verbrauchen. Diese Gesamtmassenerhaltung gilt auch für beliebig komplexe Prozesse. So müssen einem modernen Steinkohlekraftwerk von 2×600 MW elektrischer Leistung pro Jahr etwa 3,22 Mio. t Steinkohle zugeführt werden. Die zur Verbrennung dieser Steinkohle ebenfalls zugeführte Luftmasse beträgt etwa 40,55 Mio. t. Die abgeführten Materieströme sind etwa 280000 t Asche und Stäube sowie etwa 43,49 Mio. t Rauchgas, vgl. Abb. 1.3. Dabei teilt sich das Rauchgas in die Hauptkomponenten Stickstoff, Kohlendioxid und Wasserdampf, sowie mengenmäßig kleine Anteile wie Sauerstoff, Schwefeldioxid und Stickoxide auf. Das Naturgesetz der Massenerhaltung ist eine wesentliche Einschränkung möglicher Stoffumwandlungen und eine der Grundlagen ihrer Analyse. Bei thermischen Stoffumwandlungen gilt die Massenerhaltung auch für die einzelnen Komponenten. Man kann daher aus einem System durch eine thermische Stoffumwandlung nur diejenigen Komponenten mit denjenigen Mengen gewinnen, die ursprünglich in ihm gespeichert sind. Bei chemischen Reaktionen bleiben zwar die Gesamtmasse, nicht aber die Massen der einzelnen Komponenten erhalten. Insbesondere gilt aber die Mengenerhaltung für die Elemente. So müssen zur Bildung eines NH_3-Moleküls aus den Elementen Stickstoff und Wasserstoff 1 Stickstoffatom und 3 Wasserstoffatome zusammengeführt werden. Diese Elementenerhaltung, die auch als stöchiometrische Bedingung oder einfach Stöchiometrie bezeichnet wird, schränkt die Vielfalt

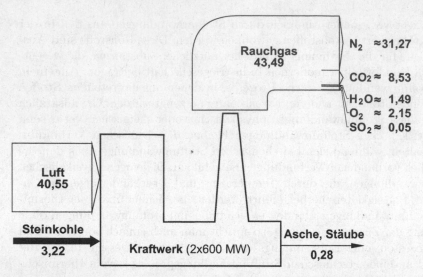

Abb. 1.3. Massenbilanz eines 2×600 MW-Steinkohlekraftwerks(in Mio t/a)

möglicher Reaktionen ein und erlaubt die Aufstellung so genannter Reaktionsgleichungen, aus denen die Massenbilanzen der einzelnen Komponenten bei einer chemischen Stoffumwandlung abgelesen werden können. Bei chemischen Stoffumwandlungen kann man daher aus einem System nur diejenigen Komponenten mit denjenigen Mengen gewinnen, für die ein entsprechender Elementenvorrat im System gespeichert ist.

Ein weiteres einschränkendes Naturgesetz für Stoffumwandlungen besteht darin, dass sie, ähnlich den Energieumwandlungen, nicht symmetrisch sind. Als Beispiel betrachten wir einen Prozess, bei dem die Inhaltsstoffe unserer Atemluft, also Stickstoff, Sauerstoff, Argon etc. als reine Stoffe aus Gasflaschen in den richtigen Mengenverhältnissen in einen Behälter einströmen. Wir erhalten dabei im Behälter ohne besonderen technologischen Aufwand und ohne Energiezufuhr das Gemisch Luft. Diese Stoffumwandlung läuft spontan, d.h. so zu sagen von selbst ab. Wenn wir nun umgekehrt aus Luft die Inhaltsstoffe Stickstoff, Sauerstoff, Argon etc. als reine Stoffe gewinnen wollen, so ist dazu eine technologisch aufwändige thermische Stoffumwandlung mit erheblicher Energiezufuhr, nämlich eine Luftzerlegung, erforderlich. Das Analoge gilt für chemische Stoffumwandlungen. Betrachten wir z.B. einen bestimmten Elementenvorrat aus den Elementen Wasserstoff und Sauerstoff. Dieser Elementenvorrat kann bei Raumtemperatur und Atmosphärendruck in der Form eines Gemisches von Wasserstoffgas und Sauerstoffgas auftreten, oder aber in Form des flüssigen Reaktionsprodukts Wasser. Die Umwandlung beider Stoffformen ineinander ist nicht symmetrisch. Wenn reiner Wasserstoff und reiner Sauerstoff miteinander in Kontakt gebracht werden, dann entsteht Wasser, und zwar in einer sehr heftigen Reaktion, der so genannten Knallgas-

Abb. 1.4. Kraftwerk

reaktion. Zum Ablauf dieser chemischen Stoffumwandlung bedarf es keiner aufwändigen technologischen Maßnahmen und keiner Energiezufuhr. Sie läuft spontan ab. Ganz anders ist es mit der Stoffumwandlung von Wasser in die Elemente Wasserstoff und Sauerstoff. Diese Umwandlung ist bekanntlich nur durch eine aufwändige Technologie und unter Energiezufuhr, die nicht aus der bei der Knallgasreaktion freigesetzten Energie gedeckt werden kann, zu realisieren, z.B. in einer Elektrolyseapparatur.

1.1.3 Energie- und Stoffumwandlungen in technischen Prozessen

In allen technischen Prozessen laufen Energie- und Stoffumwandlungen ab. Die Thermodynamik als die Wissenschaft, die die Grundgesetze der Energie- und Stoffumwandlungen bereitstellt, ist daher eine der Grundlagen der Ingenieurwissenschaften.

Energieumwandlungen sind solche Prozesse, bei denen aus einer Energieform eine andere erzeugt wird. Sie werden in sehr vielfältiger Weise gestaltet, wobei als beteiligte technische Einrichtungen ganz unterschiedliche Maschinen und Apparate in Betracht kommen. Ein allgemein bekanntes Beispiel für Energieumwandlungen ist der Kraftwerksprozess. Abb. 1.4 zeigt die äußere Erscheinung eines Kraftwerks. In seiner häufigsten Gestaltung wird aus Brennstoffenergie durch Verbrennung zunächst ein heißes Verbrennungsgas erzeugt. Dieses heiße Gas überträgt im Kessel Wärme an einen Wasserstrom bei hohem Druck, der dadurch verdampft. Der Dampf gibt seine

Energie an die Turbine ab, deren drehende Welle ihrerseits durch Kopplung mit einem Generator elektrische Energie erzeugt. Der aus der Turbine austretende Dampf wird im Kondensator durch Einsatz von Kühlwasser kondensiert und in den Kessel zurückgefördert. Das aufgeheizte Kühlwasser gibt in Kühltürmen seine Wärme an die Umgebung ab. Die zugeführte Brennstoffenergie wird also in elektrische Energie und Wärme aus dem Kühlturm umgewandelt.

Stoffumwandlungen sind solche Prozesse, bei denen aus einer Stoffform eine andere erzeugt wird. Unterschiedliche Stoffformen können sich bei ein- und demselben Stoff durch unterschiedliche physikalische Eigenschaften ergeben, z.B. durch die Zustände Gas oder Flüssigkeit, oder durch unterschiedliche Werte von Temperatur, Druck und Zusammensetzung. Es können aber auch durch chemische Prozesse aus den ursprünglich vorhandenen Stoffen neue Verbindungen entstehen. Auch hier gibt es vielfältige technische Gestaltungen. Ein großtechnisches Beispiel für Stoffumwandlungen ist die Ammoniak-Synthese. Abb. 1.5 zeigt die äußere Erscheinung einer solchen chemischen Fabrik. Ammoniak, also die Verbindung NH_3, kann synthetisch aus den Gasen Stickstoff und Wasserstoff hergestellt werden. Hierzu wird im Teilprozess der Dampfspaltung in einem so genannten Reformer aus Wasserdampf Wasserstoff erzeugt. Durch eine Luftzerlegung oder durch Abtrennung des Sauerstoffs im Zuge einer Verbrennung von Brennstoff wird aus Luft Stickstoff gewonnen. Im Synthesereaktor entsteht dann aus Wasserstoff und Stickstoff

Abb. 1.5. Ammoniakfabrik

das gewünschte Ammoniak. Die dazu erforderlichen technischen Einrichtungen sind im Wesentlichen Behälter, die den Eingangsstoffen die nötigen Werte von Temperatur und Druck sowie Raum und Zeit geben, damit die Stoffumwandlungen ablaufen können.

Obwohl Energieumwandlungen und Stoffumwandlungen somit ihrem Wesen nach unterschiedliche Zielrichtungen haben und auch in unterschiedlichen technischen Anlagen ablaufen, hängen sie doch in vielfältiger Weise miteinander zusammen. So sind die Energieumwandlungen in einem Kraftwerk stets begleitet von einer Reihe von Stoffumwandlungen. Das dem Kessel bei hohem Druck zugeführte Wasser wird in Dampf umgewandelt. Bei dieser Stoffumwandlung ändert der Stoff Wasser seine Temperatur und sein Volumen. Bei der Entspannung in der Turbine ändert sich sein Druck und im Kondensator schließlich wird er in eine Flüssigkeit zurückverwandelt. Weitere Stoffumwandlungen im Kraftwerk laufen in der Rauchgasreinigung ab. Dort wird z.B. das Schwefeldioxid aus dem aus dem Kessel austretenden Verbrennungsgas durch Kontakt mit einer wässrigen Lösung, die Kalzium-Ionen enthält, in Gips umgewandelt. Andererseits sind die Stoffumwandlungen der Ammoniak-Synthese in vielfältiger Weise mit Energieumwandlungen verbunden. So läuft die Dampfspaltung im Reformer bei hohen Temperaturen ab, was eine Wärmezufuhr z.B. über die Verbrennung eines Brennstoffs erfordert. Die Synthese selbst verlangt hohe Drücke, die man durch Energiezufuhr in einem Verdichter erzeugt. Schließlich fordert die Abtrennung des im Synthesereaktor gebildeten Ammoniaks die Abfuhr von Wärme, insbesondere die Erzeugung von Kälte, also von Temperaturen unter der Umgebungstemperatur. Energie- und Stoffumwandlungen treten also stets gekoppelt auf, auch wenn der eigentliche Zweck eines Prozesses entweder eine Energieumwandlung oder eine Stoffumwandlung ist.

1.1.4 Allgemeine Schlussfolgerungen

Die vorgestellten Naturgesetze, die Massenerhaltung, die Energieerhaltung und das Gesetz von der Unsymmetrie lassen einige allgemeine Schlussfolgerungen über Energie- und Stoffumwandlungen zu.

So führt das Gesetz von der Erhaltung der Masse auf die Erkenntnis, dass alle Prozesse, die mit einer Entnahme von Rohstoffen verbunden sind, einen gleich großen Massenstrom von Produkten und Abfällen abgeben. Grundsätzlich ist davon auszugehen, dass neben den gewünschten Produkten auch Abfallstoffe entstehen. Die Aufteilung der abgegebenen Stoffe in Produktstoffe und Abfallstoffe ist allerdings nicht durch das Gesetz der Massenerhaltung sondern durch die Prozessführung bestimmt. Beim Hochofen-Prozess zur Erzeugung von Roheisen aus dem natürlich vorkommenden Eisenerz, also im Wesentlichen einer Mischung aus Eisenoxiden und Begleitstoffen, gilt z.B. nur das Eisen als Produkt. Der abgespaltene Sauerstoff des Eisenoxids wird, gebunden in Kohlendioxid, Kohlenmonoxid und Wasserdampf, als Gichtgas an die Umgebung abgegeben. Die Begleitstoffe bilden die Hochofenschlacke.

Alle betrachteten Stoffströme werden quantitativ durch die Materiemengenbilanzen beschrieben. Gichtgas und Schlacke sind allerdings nur dann Abfallströme, wenn sie nicht als Eingangsstoffe für andere technische Prozesse eingesetzt werden. In Prozessen der Lebensmittelindustrie oder auch der Textilindustrie werden große Wasserströme aus der Umgebung entnommen und für Spülzwecke bzw. Färbezwecke eingesetzt. Nach der Materiemengenbilanz werden diese Wasserströme, verunreinigt durch die prozessbedingten weiteren Stoffe, als Abwässer wieder an die Umgebung abgegeben oder nach Aufarbeitung wieder in den Prozess rückgeführt. Das Abfallproblem wird durch das Gesetz von der Massenerhaltung einer quantitativen Analyse zugänglich. Dabei können auf Grund von chemischen Reaktionen ganz neue Verbindungen als Bestandteile der Abfallströme auftreten. So werden z.B. in der Sinteranlage eines Hüttenwerks aus den im Koks, im Eisenerz und sonstigen Begleitstoffen vorhandenen Elementen Kohlenstoff, Sauerstoff, Wasserstoff und Chlor insbesondere Dioxine gebildet, von denen einige gefährliche Giftstoffe sind. Die Art und Menge der möglichen Komponenten sind durch die Massenbilanz der Elemente eingeschränkt.

Das Gesetz der Energieerhaltung führt auf die Erkenntnis, dass die einem technischen Prozess zugeführte Energie den Prozess im stationären Fall wieder verlassen muss. Dies kann in Form gezielt erzeugter Nutzenergie und/oder in Form von Abwärme bzw. in Form erhitzter Gase, Flüssigkeiten oder Feststoffe erfolgen. Grundsätzlich ist davon auszugehen, dass bei jeder Energieumwandlung neben Nutzenenergie auch Abfallenergie entsteht. Die Aufteilung der abgegebenen Energie in Nutz- und Abfallenergie ist nicht durch das Gesetz von der Energieerhaltung bestimmt, sondern durch die Prozessführung. In den zu- und abgeführten Stoffströmen kann ein Teil der Energie auch chemisch gespeichert sein. Beim Hochofenprozess z.B. wird chemisch gebundene Energie in Form von Koks zugeführt. Diese Energie verlässt den Prozess in Form von Stoffströmen, nämlich des heißen Roheisens, das neben seiner thermischen Energie chemisch gebundene Energie in Form des aufgenommenen Kohlenstoffs enthält, der heißen Schlacke, und des Gichtgases, das ebenfalls thermische und chemisch gebundene Energie mit sich trägt. Schließlich geht ein Teil der zugeführten Energie als Abwärme in das Kühlwasser des Hochofens. Die Energie der heißen Schlacke und die Abwärme machen zusammen die Abfallenergie aus. Im Kraftwerk ist die gezielt erzeugte Nutzenergie der elektrische Strom. Darüber hinaus findet sich ein großer Teil der zugeführten Brennstoffenergie in der Kühlturmabwärme wieder. Ein kleiner Teil steckt in der Energie der heißen Verbrennungsgase, die aus dem Kamin in die Umgebung entlassen werden. Abfallenergie ist ähnlich wie Abfallstoff nicht unproblematisch, denn sie muss wie dieser von der Umwelt aufgenommen werden. Dies kann kritisch werden, wenn z.B. Industrieunternehmen und/oder Kraftwerke die Flüsse der Umgebung so weit aufheizen, dass das biologische Gleichgewicht dort gestört wird.

Schließlich hat auch das Naturgesetz von der Unsymmetrie einige allgemeine Konsequenzen für Energie- und Stoffumwandlungen. Energieumwandlungen sind unsymmetrisch, denn die ursprünglich in einem Energieumwandlungsprozess eingesetzte Energieform lässt sich ohne äußere Energiezufuhr nicht wieder in die gleiche Menge derselben Energieform zurückverwandeln. Bei jeder Energieumwandlung treten Verluste auf, die sich nicht auf die Menge der Energie sondern auf ihre Qualität beziehen. Besonders deutlich sind diese Verluste bei der Umwandlung der Energieformen Wärme und Arbeit ineinander. Eine bestimmte Menge Arbeit, z.B. in Form einer drehenden Welle, kann zwar in eine gleiche Menge der Energieform Wärme, z.B. durch Reibung, umgewandelt werden. Aber diese Menge der Energieform Wärme kann auf keine Weise wieder zurück in eine gleiche Menge Arbeit umgewandelt werden. Arbeit repräsentiert damit offenbar eine höherwertige Energieform als Wärme. Die Umwandlung von Arbeit in Wärme ist also von einer Entwertung der Energie begleitet, einem Qualitätsverlust, den man auch als Umwandlungsverlust bezeichnet. Diese Schlussfolgerungen lassen sich verallgemeinern. Allgemein ist also einer Energieform neben einem Mengenmaß auch ein Qualitätsmaß zuzuordnen, und bei allen Energieumwandlungen treten Qualitätsverluste auf. Bei den Stoffumwandlungen beobachtet man ähnliche unsymmetrische Erscheinungen. Die Gesamtmasse und auch die Masse der Elemente bleiben erhalten, die Stoffformen wandeln sich aber in unsymmetrischer Weise ineinander um. Die reinen Luftinhaltsstoffe wie Stickstoff, Sauerstoff, Argon etc. vermischen sich spontan zu Luft, Wasserstoff und Sauerstoff reagieren spontan zu Wasser. Die umgekehrten Prozesse laufen nicht spontan ab. Nur unter Energiezufuhr und Aufwand einer Technologie trennt sich Luft in seine Inhaltsstoffe und zerlegt sich Wasser in Wasserstoff und Sauerstoff. Das Gleiche gilt für rein makroskopische Stoffumwandlungen, die nicht die molekulare Ebene tangieren. Autoreifen wandeln sich beim Fahren durch Abrieb auf der Straße in Restreifen und kleine Reifenpartikel um. Aluminiumdosen verteilen sich durch Gebrauch mehr oder weniger weit in der Umgebung. Nur unter Energiezufuhr und mit technologischem Aufwand lassen sich aus den Restreifen und den abgeriebenen Reifenpartikeln neue Reifen und aus den nach Gebrauch verteilten Aluminiumdosen neue, befüllbare Aluminiumdosen gewinnen. Die zur Umkehrung der spontanen Stoffumwandlungen erforderliche Energie repräsentiert einen Wert. Somit sind auch spontane Stoffumwandlungen von einer Entwertung begleitet, die man durch den Wert des Energieaufwands messen kann, der die Stoffumwandlung gerade wieder rückgängig macht. Solche Umkehrprozesse unter Aufwand von Energie und Technologie sind immer möglich.

1.2 Die thermodynamische Analyse

Die Thermodynamik stellt die Grundgesetze der Energie- und Stoffumwandlungen bereit. Energie- und Stoffumwandlungen laufen in vielfältigen

Maschinen und Anlagen ab, z.B. in Gasturbinen, Dampfkraftwerken, Kühlaggregaten, thermischen Trennanlagen und chemischen Reaktoren. Dementsprechend sind vielfältige Wissensgebiete gefordert, wenn es um die Entwicklung und den Bau solcher unterschiedlicher Maschinen und Anlagen geht. In der Regel stellt man fest, dass die ablaufenden realen Prozesse so komplex sind, dass sie sich einer detaillierten Beschreibung und quantitativen Analyse entziehen. Es ist daher in allen Wissensgebieten erforderlich, die realen Vorgänge zunächst durch geeignete Modellvorstellungen so weit zu vereinfachen, dass sie einer quantitativen Analyse zugänglich werden. Aus der Analyse am Modell sind schließlich Erkenntnisse für den realen Prozess abzuleiten. Die thermodynamische Analyse zeichnet sich durch eine Modellbildung von besonders hohem Abstraktionsgrad aus. Sie verzichtet auf die Berücksichtigung der apparativen und maschinellen Vielfalt technischer Anlagen und konzentriert sich statt dessen auf die wesentlichen, allgemeingültigen Vorgänge. Insbesondere beruht die thermodynamische Analyse auf der Definition des thermodynamischen Systems, der vereinfachten Beschreibung dieses Systems als fluide Phase und der Untersuchung idealisierter Prozesse dieser fluiden Phasen.

1.2.1 Das thermodynamische System

Eine thermodynamische Untersuchung beginnt mit der Festlegung des thermodynamischen Systems, d.h. mit der Abgrenzung des zu untersuchenden Objekts gegenüber seiner Umgebung. Dies geschieht durch Angabe der Systemgrenzen, die eine gedachte, also nicht notwendigerweise materiell vorhandene, geschlossene Fläche im Raum bilden. Innerhalb dieser Fläche liegt das System, das Äußere wird als Umgebung bezeichnet.

Wir betrachten als erstes Beispiel das thermodynamische System einer Luftpumpe. Ihr reales Aussehen ist jedermann bekannt. Sie besteht aus mehreren Objekten wie Kolben, Zylinder, Gehäuse, Gestänge und Luft. Die thermodynamische Analyse greift aus der Vielzahl der Objekte die für das Funktionsprinzip notwendigen heraus. Sie modelliert die Luftpumpe als Gas in einem Zylinder mit beweglichem Kolben, vgl. Abb. 1.6. Das der thermodynamischen Analyse zu Grunde liegende System ist das Gas im Zylinder. Die Systemgrenze ist gestrichelt eingetragen. Offenbar kann sich die Systemgrenze während der zu untersuchenden Prozesse verschieben, z.B. wenn sich der Kolben nach innen bewegt und damit ein kleineres Volumen Gegenstand der Betrachtungen wird. Wenn während des zu untersuchenden Prozesses, z.B. der Kompression der Luft im Zylinder bei geschlossenem Ventil, keine Masse über die Systemgrenzen transferiert wird, bezeichnet man ein solches thermodynamisches System auch als geschlossenes System oder als Kontrollmasse. Alle technischen Details der Luftpumpe, von der geometrischen Gestaltung des Zylinders über das Ventil bis zu Einzelheiten der Kraftübertragung, sind durch die Lage der Systemgrenze als Umgebung definiert und bleiben damit außerhalb der thermodynamischen Betrachtungen. Das gewählte ther-

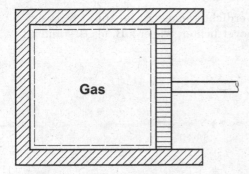

Abb. 1.6. Gas im Zylinder

modynamische System ist daher ein stark vereinfachtes und von den realen
Verhältnissen abstrahiertes Modell für eine Luftpumpe. Dennoch führt die
thermodynamische Analyse zu Erkenntnissen, die auf die reale Luftpumpe
übertragen werden können, z.B. über die für eine bestimmte Druckerhöhung
zuzuführende Kompressionsarbeit und die sich bei der Kompression ergebende Temperatur.

Als zweites grundsätzlich ähnliches Beispiel für ein thermodynamisches
System betrachten wir eine technische Verdichteranlage. Verdichteranlagen
dienen dazu, einen Gasstrom $\dot{m}$ kontinuierlich von einem Anfangsdruck p_0
auf einen höheren Enddruck p_1 zu komprimieren. Sie können technologisch
sehr unterschiedliche Ausführungen haben. Abb. 1.7 zeigt schematisch eine
Kolbenverdichteranlage, zu der die Objekte Elektromotor, Schwungscheibe,
Gestänge, Kolben, Zylinder, Rohrleitungen sowie das Gas gehören. Im Mittel-

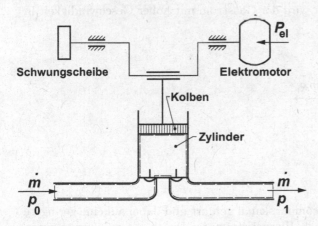

Abb. 1.7. Kolbenverdichter

punkt des Kolbenverdichters steht der Zylinder mit beweglichem Kolben, wie
wir ihn bereits beim Modell für die Luftpumpe kennen gelernt haben. Eine

andere technologische Variante einer Verdichteranlage ist in Abb. 1.8 gezeigt. Hierbei handelt es sich um einen Turboverdichter, wie er z.B. als Bestandteil

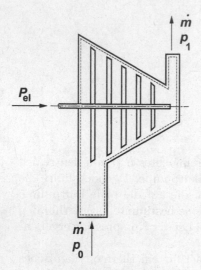

Abb. 1.8. Turboverdichter

von Gasturbinen Anwendung findet. Das Gas wird durch eine drehende Welle mit geeigneter Beschaufelung in einen sich verengenden Kanal gefördert und dabei komprimiert. Schließlich zeigt Abb. 1.9 eine weitere, besonders einfache technologische Variante einer Verdichteranlage, einen so genannten Diffusor. In einem Diffusor wird der Gasstrom mit hoher Geschwindigkeit in

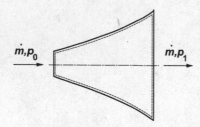

Abb. 1.9. Diffusor

einen sich erweiternden Strömungskanal geführt und dabei auf eine geringere Geschwindigkeit abgebremst. Hierbei steigt der Druck auf den gewünschten Wert p_1 an. Da sich die thermodynamische Analyse von allen maschinellen und apparativen Details befreit, ist das thermodynamische System für alle drei technologischen Varianten gleich. Allgemein wird als thermodynamisches System einer Verdichteranlage das Gas gewählt. Diese Systemgrenze ist in den

Abb. 1.7 bis 1.9 gestrichelt eingetragen. Die Abb. 1.10 zeigt das allgemeine Schaltschema einer Verdichteranlage. Da in den Verdichter ein Materiestrom

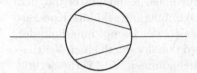

Abb. 1.10. Schaltschema einer Verdichteranlage

einströmt und ihn auch wieder verlässt, handelt es sich um ein offenes System. Das Volumen des thermodynamischen Systems bleibt während des Prozesses konstant. Man spricht daher auch von einem Kontrollvolumen. In allen Fällen ist das thermodynamische System ein stark abstrahiertes Modell einer realen Verdichteranlage. Man kann daher aus der thermodynamischen Analyse keine Hinweise auf die konstruktive Gestaltung erwarten. Dennoch ergeben sich grundlegende Erkenntnisse, z.B. über die einzusetzende elektrische Leistung für eine vorgegebene Druckerhöhung und die Temperatur des Gases bei Austritt aus der Anlage.

Als drittes Beispiel für die Definition eines thermodynamischen Systems betrachten wir einen Wärmeübertrager, insbesondere einen Kondensator. Allgemein hat ein Wärmeübertrager die Aufgabe, Wärme von einem fluiden Materiestrom auf einen anderen zu übertragen. Beim Kondensator kommt es insbesondere darauf an, einen Dampf durch Wärmeübertragung an ein Kühlmittel so weit abzukühlen, dass er kondensiert, d.h. in den flüssigen Zustand übergeht. Kondensatoren werden z.B. in Dampfkraftanlagen und Dampfkältemaschinen eingesetzt. Wie bei der Verdichteranlage, so gibt es auch für einen Kondensator unterschiedliche technische Systeme, die diesen Zweck erfüllen. Abb. 1.11 zeigt schematisch einen Rohrbündelkondensator,

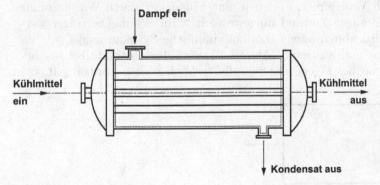

Abb. 1.11. Röhrbündelkondensator (schematisch)

bei dem sich der kondensierende Dampf auf den Außenseiten von Rohren niederschlägt, während durch die Rohre eine kalte Flüssigkeit zur Aufnahme der abzuführenden Wärme geführt wird. Es ist leicht vorstellbar, dass auch ganz andere technologische Bauformen für einen Kondensator möglich sind. So werden häufig zur Industriekraftwerkskühlung luftgekühlte Kondensatoren eingesetzt, vgl. Abb. 1.12. Hier kondensiert der Dampf innerhalb der Rohre, und die dabei abzuführende Wärme wird von der durch einen Ventilator an den Rohren vorbei geförderten Luft aufgenommen. Zur Verbesserung des Wärmeübergangs zwischen der Luft und den Rohren sind an deren Außenseiten Rippen angebracht. Die thermodynamische Analyse befrei sich von

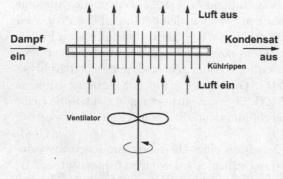

Abb. 1.12. Luftgekühlter Kondensator (schematisch)

allen technologischen Details, indem sie als System lediglich den kondensierenden Dampf betrachtet. Das Kühlmedium ist in der Regel uninteressant. Das den Kondensator beschreibende thermodynamische System ist in den Abb. 1.11 und 1.12 wieder gestrichelt eingetragen. Hierbei sind die Rohre ausgeschlossen, ohne dass dies in Abb. 1.11 im Einzelnen gezeigt ist. Analoge Betrachtungen gelten auch für andere Arten von Wärmeübertragern, insbesondere auch Verdampfer, in denen eine Flüssigkeit durch Wärmezufuhr in den dampfförmigen Zustand umgewandelt wird. Wärmeübertrager werden grundsätzlich durch offene thermodynamische Systeme modelliert, da Stoffströme ein- und austreten. Abb. 1.13 zeigt das abstrakte Schaltschema eines Wärmeübertragers, das für alle technologischen Formen gilt, bei

Abb. 1.13. Schaltschema eines Wärmeübertragers

denen nur eines der beiden Medien der thermodynamischen Betrachtung unterworfen wird. Soll auch das andere Medium betrachtet werden, so wird dies durch entsprechende Symbole, z.B. zwei weitere Pfeile für Ein- bzw. Austritt angedeutet. Trotz des hohen Abstraktionsgrades ergeben sich auch hier wieder einschlägige Erkenntnisse für die wesentlichen Prozesse in einem Wärmeübertrager, z.B. über den Wärmestrom, der für eine bestimmte Temperaturänderung eines beteiligten Stoffstromes zu- oder abgeführt werden muss.

Als viertes Beispiel für die Definition eines thermodynamischen Systems betrachten wir eine thermische Trennanlage, insbesondere eine Rektifizierkolonne. Eine Rektifizierkolonne dient zur Trennung eines flüssigen Gemisches durch Wärmezufuhr, z.B. zur Zerlegung eines flüssigen Gemisches aus Wasser und Alkohol in einen praktisch reinen Alkoholdampf am Kopf der Kolonne und praktisch reines flüssiges Wasser in ihrem Sumpf. Abb. 1.14 zeigt das Schema einer speziellen Ausführungsart, einer so genannten Siebbodenkolonne. Der Zulauf ist das zu trennende flüssige Gemisch aus Wasser

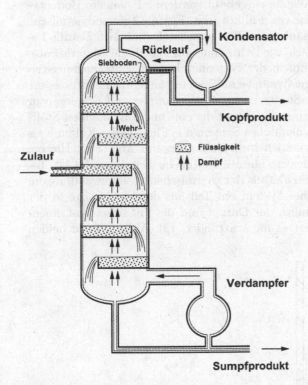

Abb. 1.14. Siebbodenkolonne

und Alkohol. Am Kopf der Kolonne wird Alkoholdampf abgezogen und dem Kondensator zugeführt. In dem Kondensator wird der Alkoholdampf kondensiert, d.h. flüssig niedergeschlagen. Ein Teil verlässt als Kopfprodukt die Kolonne, der Rest wird als Rücklauf am Kopf in die Kolonne zurückgeführt. Am Sumpf der Kolonne wird flüssiges Wasser abgezogen. Ein Teilstrom wird als Sumpfprodukt flüssig abgeführt, der Rest wird im Verdampfer verdampft und der Kolonne im Sumpf als Dampf wieder zugeführt. Die betrachtete Kolonne enthält so genannte Siebböden, d.h. Einbauten, auf denen sich die Flüssigkeit staut und von dem aufsteigenden Dampfstrom durchperlt wird, bevor sie über das Wehr zum nächst tiefer liegenden Boden abfließt, während der Dampf zum nächst höheren Boden aufsteigt. Die Siebböden haben den technischen Zweck, Dampf und Flüssigkeit für eine ausreichende Zeit miteinander in innigen Kontakt zu bringen. Während dieser Zeit finden zwischen Dampf und Flüssigkeit Prozesse statt, als deren Ergebnis sich der Alkohol bevorzugt im Dampf und das Wasser bevorzugt in der Flüssigkeit ansiedelt. Mit dieser bevorzugten Wanderung der Komponente Alkohol in den Dampf und der Komponente Wasser in die Flüssigkeit ist der gewünschte Trenneffekt verbunden. Zum selben Zweck können auch ganz andere technische Vorrichtungen in die Kolonne eingebaut werden, z.B. andere Bodentypen oder auch eine Schüttung von Füllkörpern. Für die thermodynamische Analyse wird die Rektifiziersäule von allen apparatetechnischen Details befreit. Die Analyse bezieht sich wiederum nur auf die fluide Materie, also die Flüssigkeit und den Dampf in der Kolonne. Je nach Untersuchungstiefe sind unterschiedliche thermodynamische Systeme angebracht. Interessiert man sich z.B. nur für die zur Stofftrennung in Verdampfer und Kondensator zu- bzw. abzuführenden Wärmeströme und die ein- und austretenden Stoffströme, so wird als thermodynamisches System das Fluid in der Kolonne als Ganzes betrachtet, vgl. die gestrichelte Systemgrenze in Abb. 1.14. Hierbei sind die Siebböden ausgeschlossen, ohne dass dies im Detail gezeigt ist. Interessiert man sich indessen für Details der thermischen Stoffumwandlungen, so wird als thermodynamisches System ein Teil aus der Fluidmenge in der Kolonne herausgegriffen, nämlich der Dampf und die Flüssigkeit auf einem Boden, auf dem die Stoffübertragung stattfindet, vgl. Abb. 1.15. In beiden

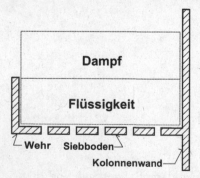

Abb. 1.15. Thermodynamisches System der Stofftrennung auf einem Siebboden

Fällen abstrahiert das thermodynamische System wieder weitgehend von der Realität einer Rektifizierkolonne. Wiederum erhält man aber schon durch die Analyse dieser einfachen thermodynamischen Systeme wertvolle Erkenntnisse über die Vorgänge in einer realen Rektifizieranlage, z.B. über die zu- und abzuführenden Wärmen, sowie die Temperaturen und Zusammensetzungen der Stoffströme. Da in die definierten Systeme Massenströme ein- und ausströmen, handelt es sich um offene Systeme.

Schließlich soll als letztes Beispiel für die Definition eines thermodynamischen Systems ein chemischer Reaktor betrachtet werden, insbesondere eine Verbrennungsanlage zur Dampferzeugung. Abb. 1.16 zeigt den schematischen Aufbau einer solchen Anlage. Sie hat die Aufgabe, die Kohle durch Verbrennung mit Luft in ein heißes Gas zu verwandeln, das dann durch Abkühlung Wärme abgibt und dadurch Wasser verdampft. Eine Verbrennungsanlage besteht aus mehreren Einheiten, die alle in technologisch vielfältigen Bauformen ausgeführt sein können. In Abb. 1.16 ist schematisch eine Rostfeuerung mit nachgeschaltetem Dampferzeuger, Elektrofilter zur Entstaubung des Rauchgases und nasser Rauchgaswäsche dargestellt. Die detaillierten technischen Einrichtungen sind nicht gezeigt. Die thermodynamische Analyse abstrahiert

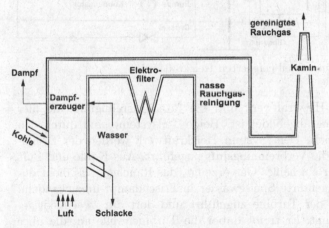

Abb. 1.16. Schema einer Verbrennungsanlage zur Dampferzeugung

wiederum von allen apparativen Details und konzentriert sich ausschließlich auf die an der Energie- und Stoffumwandlung beteiligten Stoffsysteme, hier die Kohle, die Verbrennungsluft und das daraus gebildete Rauchgas. Das zu Grunde gelegte thermodynamische System ist durch eine gestrichelte Linie kenntlich gemacht. In das System treten Luft und Kohle ein, Schlacke und Rauchgas verlassen es. Da Stoffströme ein- und austreten, handelt es sich um ein offenes System.

Aus den zuvor exemplarisch vorgestellten thermodynamischen Systemen lassen sich durch Zusammensetzung beliebig komplexe technische Anlagen erfassen. Abb. 1.17 zeigt als Beispiel das vereinfachte Schaltbild eines fossil gefeuerten Heizkraftwerks. Es lässt sich grob in zwei Teilsysteme auf-

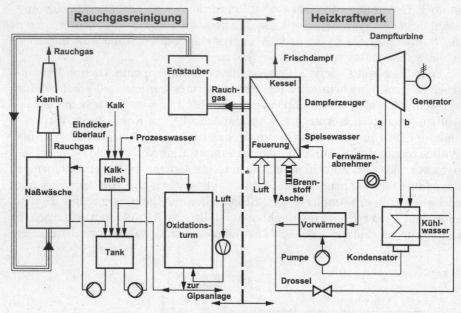

Abb. 1.17. Schaltbild eines fossil gefeuerten Heizkraftwerks

teilen, das eigentliche Heizkraftwerk und die Rauchgasreinigung, die hier als reine Entschwefelung abgebildet ist. Beide Teilsysteme sind durch den Rauchgasstrom gekoppelt. Dem System Heizkraftwerk werden der Brennstoff, z.B. Kohle, und die Verbrennungsluft zugeführt. Aus Kohle und Luft wird im Dampferzeuger ein heißes Gas erzeugt, das Rauchgas. Es dient dazu, das dem Kessel zugeführte Speisewasser in Frischdampf umzuwandeln. Der Frischdampf wird der Turbine zugeführt und dort auf zwei niedrigere Druckstufen entspannt. Er treibt dabei die Turbinenwelle an, die über einen Generator elektrische Energie erzeugt. Bei dem oberen Druck wird der Dampfstrom (a) aus der Turbine entnommen und einem Fernwärmeabnehmer zugeführt. Nach der Abgabe dieser Wärme ist der Dampfstrom kondensiert, d.h. er steht als heißer Flüssigkeitsstrom zur Verfügung. Durch Abkühlung im Vorwärmer gibt er weitere Wärme ab. In der Drossel, d.h. einem Druckminderungsventil, wird der Druck des kondensierten Stromes auf den Kondensatordruck gedrosselt, wobei die Flüssigkeit teilweise verdampft, und anschließend dem Dampfstrom (b) aus der Turbine beigemischt wird. Der bei dem Enddruck (b) die Turbine verlassende Dampf wird zusammen mit dem Strom (a) im Kondensator vollständig niedergeschlagen, wobei Wärme an das Kühlwasser abgegeben wird. Das Kondensat wird durch die Pumpe auf hohen Druck gefördert, im Vorwärmer erwärmt und als Speisewasser in den

Dampferzeuger zurückgeführt. Aus diesem Speisewasser wird im Dampferzeuger erneut Frischdampf produziert. Damit ist der Wasser-Dampf-Kreislauf geschlossen. Das aus dem Dampferzeuger austretende Rauchgas ist staubhaltig und enthält Schadstoffe, insbesondere auch Schwefeldioxid. Im Entstauber wird das Rauchgas zunächst von seiner Staubfracht befreit und gelangt dann in eine Nasswäsche, in der das SO_2 durch Kontakt mit einer geeigneten Waschflüssigkeit ausgewaschen wird. Das gereinigte Rauchgas geht dann über den Kamin in die Umgebung. Als Waschflüssigkeit hat sich mit Kalk versetztes Wasser bewährt. Das SO_2 wird von dieser Flüssigkeit aufgenommen und durch eine chemische Reaktion in Calciumsulfit umgewandelt. Im Oxidationsturm entsteht daraus unter Zusatz von Luft in einem weiteren chemischen Umwandlungsschritt Gips. Es lassen sich mehrere thermodynamische Subsysteme definieren, z.B. der Kessel, die Feuerung, die Turbine, der Kondensator, der Vorwärmer, die Pumpe, die Drossel und der Fernwärmeabnehmer, oder auch, auf der Seite der Rauchgasreinigung, der Entstauber, die Nasswäsche und der Oxidationsturm. Alle Subsysteme werden durch Symbole, oft einfache Kästen, dargestellt. Die thermodynamische Analyse der Anlage konzentriert sich ausschließlich auf die an den Umwandlungen beteiligten Fluide. Die feste Kohle wird lediglich durch ihren Energieinhalt und ihre Zusammensetzung berücksichtigt, ihr Aggregatzustand ist für die thermodynamische Analyse belanglos.

Nicht nur einzelne technische Anlagen, auch z.B. ein ganzes kommunales Versorgungsgebiet lässt sich als thermodynamisches System modellieren, wie Abb. 1.18 zeigt. Das zu versorgende System ist eine Kommune mit Wohn-

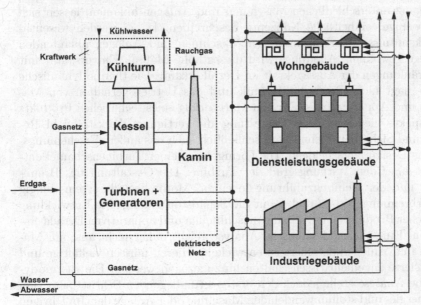

Abb. 1.18. Ein kommunales Versorgungsgebiet

gebäuden, Dienstleistungsgebäuden sowie Industrieansiedlungen. Sein Bedarf an Raumwärme, an Prozesswärme und an Strom wird durch die Verbrennung von Erdgas sowohl im Kraftwerk wie auch zur Wärmeerzeugung in dezentralen Anlagen in den Gebäuden gedeckt. Im Kraftwerk wird Strom erzeugt und an das elektrische Netz übergeben. Von dort wird der Strom an die Gebäude weitergeleitet. Das Erdgas gelangt über das Gasnetz sowohl in das Kraftwerk wie auch zu den Wärmeerzeugern in den Gebäuden. Das Versorgungsgebiet empfängt darüber hinaus Wasser, das an den beteiligten Energie- und Stoffumwandlungen teilnimmt. Aus dem System treten gasförmige Emissionen aus den Kaminen sowie Abwärme und Abwasser aus.

Diese Beispiele für thermodynamische Systeme zeigen den hohen Abstraktionsgrad thermodynamischer Analysen. Maschinen und Apparate oder auch ganze Anlagenkomplexe werden wie schwarze Kästen, d.h. ohne Einblick in ihre innere Struktur behandelt. Man spricht auch von einer „Black Box"'-Betrachtungsweise. Das zu betrachtende System wird durch geeignet gewählte Systemgrenzen von seiner Umgebung getrennt. Diese Systemgrenzen können durch Linien hervorgehoben werden und brauchen nicht mit tatsächlich vorhandenen materiellen Flächen zusammenzufallen. Oft werden die Systemgrenzen einfach um eine ganze Maschine oder einen ganzen Apparat gelegt, obwohl streng nur das beteiligte Fluid Gegenstand der Analyse ist. Thermodynamische Analysen erfassen primär die Beziehungen zwischen zu- oder abgeführten Energie- und Stoffströmen und den dazugehörigen Änderungen in den Eigenschaften von Gasen und Flüssigkeiten. Aus der Tatsache, dass dabei von allen maschinellen und apparativen Details abstrahiert wird, erklärt sich ihre Universalität. Energie- und Stoffumwandlungen, die in ganz unterschiedlichen Maschinen und Anlagen ablaufen, lassen sich durch wenige, einheitliche Konzepte beschreiben. Dabei werden wesentliche Erkenntnisse über die in realen Maschinen und Anlagen ablaufenden Vorgänge gewonnen. Allerdings wird dieses hohe Maß an Universalität mit Einschränkungen der Aussagekraft im Detail erkauft. Die thermodynamische Analyse sagt nichts über die Technik und das Betriebsverhalten von Maschinen und Apparaten aus. Für den Markterfolg eines technischen Produkts sind Aspekte wie konstruktive Gestaltung und Fertigung, Werkstoffwahl, Regelung und Sicherheitstechnik und schließlich auch das äußere Erscheinungsbild, das Design, entscheidend. Die Formgebung einer Turbinenschaufel entscheidet über den Wirkungsgrad der Turbine. Die Gestaltung des Brennraumes und der Gemischzuführung in einem Motor beeinflusst einschlägig den Verbrennungsverlauf und damit die Schadstoffbildung. Die Entwicklung technischer Produkte muss also die maschinellen und apparativen Details einbeziehen. Eine thermodynamische Analyse reicht daher nicht aus, um Maschinen und Anlagen detailliert zu entwickeln. Hierzu müssen vielfältige und spezialisierte Ingenieurwissenschaften hinzugezogen werden. Die thermodynamische Analyse stellt jedoch den ersten grundlegenden Schritt beim Bau einer energie- und stoffumwandelnden Maschine oder Anlage dar. Im Übrigen

spielen bei der Gestaltung technischer Prozesse oft nicht in erster Linie die
Detaileigenschaften der einzelnen Maschinen und Anlagen, sondern deren optimale Zusammenfügung zu einem Gesamtsystem die maßgebende Rolle. Auf
dieser Ebene ist der thermodynamische Systembegriff ohne Einschränkung
adäquat.

1.2.2 Das System als fluide Phase

Nachdem das thermodynamische System durch die Lage der Systemgrenzen
definiert ist, kommt es darauf an, sein Verhalten bei Energie- und Stoffumwandlungen zu beschreiben. Gemäß den vereinbarten Systemgrenzen interessiert man sich nur für die an den Umwandlungen beteiligten Stoffströme.
Insbesondere geht es daher um die Beschreibung der beteiligten Fluide, sei
es als Arbeitsfluide bei Energieumwandlungen oder als Rohstoffe bzw. Produkte bei Stoffumwandlungen. Feststoffe sind nur in seltenen Fällen in die
Betrachtungen einzubeziehen. Ihre in der Mechanik behandelten Festigkeits-
und Spannungseigenschaften sind für die thermodynamische Analyse ohne
Belang. Bei der Analyse thermodynamischer Systeme führen wir als bedeut-
same Idealisierung den Begriff der Phase ein, insbesondere also den einer fluiden Phase. Eine Phase ist eine homogene Materiemenge, deren Eigenschaften
wie Temperatur, Druck und Zusammensetzung örtlich konstant, d.h. durch
nur jeweils einen Zahlenwert zu beschreiben sind. Diese örtlich konstanten Eigenschaften einer Phase bezeichnet man als ihre Zustandsgrößen. Streng ist
erst nach Ablauf aller Ausgleichsprozesse, im so genannten thermodynamischen Gleichgewichtszustand, vgl. Abschn. 7.1, ein Fluid als Phase anzuschen.
Praktisch lassen sich jedoch auch Fluide mit örtlich variablen Eigenschaften
oft näherungsweise als Phasen modellieren.

Das Gas im Zylinder nach Abb. 1.6 ist dann eine Phase, wenn es durch
einheitliche Werte seiner Zustandsgrößen zu charakterisieren ist. Der durch
die Zustandsgrößen definierte Zustand dieses Gases ist unabhängig von seiner Vorgeschichte, also z.B. unabhängig davon, ob er durch voran gegangene
Expansion oder voran gegangene Kompression entstanden ist. Die Beschreibung des thermodynamischen Systems als Phase ist für das Gas im Zylinder eine Idealisierung. Während der Kompression oder Expansion hat das
System als Phase örtlich konstante Zustandsgrößen, die sich während des
Prozesses, also in Abhängigkeit von der Zeit verändern. In der Realität wird
es demgegenüber in dem System lokale Inhomogenitäten von Temperatur,
Druck und Zusammensetzung geben. Denkt man an das Gas in einem Verbrennungsmotor, so können diese Inhomogenitäten z.B. durch die Verbrennung und eine unvollständige Vermischung von Verbrennungsprodukten und
unverbranntem Luft/Brennstoff-Gemisch hervorgerufen werden. Die Modell-
lierung dieses thermodynamischen Systems als Phase abstrahiert von diesen
Effekten. Damit werden die Prozesse in einem Motor einer sehr einfachen
Beschreibung zugänglich gemacht. Allerdings werden dabei auch technisch
wichtige Aspekte ignoriert, die für die Konstruktion und den Betrieb eines

Motors von einschlägiger Bedeutung sind. Die Übertragung der Erkenntnisse über ein thermodynamisches System, das als fluide Phase beschrieben wird, auf den realen Prozess ist für jeden technischen Anwendungsfall individuell und mit kritischem Abstand zu vollziehen. Beim Kolbenmotor ergeben sich daraus grundsätzliche Erkenntnisse über den Wirkungsgrad der Energieumwandlung und seine Abhängigkeit von den einschlägigen Prozessparametern, wie z.B. dem Druckverhältnis. Detaillierte Aussagen z.B. über die Schadstoffbildung, das Klopfen, die optimale Brennstoffnutzung u.a.m., sind hingegen aus der einfachen thermodynamischen Analyse des Systems als fluide Phase nicht zu gewinnen.

Das Gas in der Verdichteranlage oder auch die Fluide in einem Wärmeübertrager können insgesamt grundsätzlich nicht als Phase beschrieben werden. Sie erfahren auf ihren Wegen durch die Anlage, d.h. in Strömungsrichtung, örtliche Zustandsänderungen, die zum Wesen der Prozesse gehören und daher bei der Beschreibung nicht ignoriert werden können. Insbesondere bilden sich darüber hinaus bei Strömungen durch Rohre, Maschinen und Apparate im Fluid in jedem Querschnitt Profile der Strömungsgeschwindigkeit aus, bei Wärme- und Stoffübertragungen auch noch Temperatur- und Zusammensetzungsprofile. Die Abb. 1.19 zeigt für jeweils einen Ort des Strömungsweges die Profile von Geschwindigkeit, Temperatur und Zusammensetzung über dem Querschnitt eines Rohres. Die Ge-

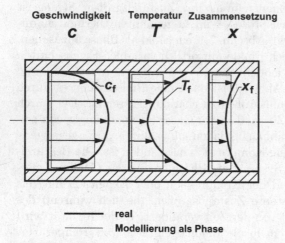

Abb. 1.19. Profile von Geschwindigkeit, Temperatur und Zusammensetzung bei einer Rohrströmung mit Wärme- und Stoffübertragung

schwindigkeit des Fluids ist Null an der Rohrwand und maximal in der Mitte des Querschnitts. Im Übrigen bezieht sich die Darstellung auf den Fall, bei dem Wärme und die betrachtete Stoffkomponente von der Rohrwand in das Fluid hineintransportiert werden, sodass an der Wand die höchsten Werte der

Temperatur und des Gehaltes dieser Komponente vorliegen. Die thermodynamische Analyse solcher Prozesse unterteilt das Fluid in Strömungsrichtung in differenzielle Scheiben, die ihrerseits als Phasen modelliert werden. So ist jede einem bestimmten Querschnitt zuzuordnende Fluidscheibe durch einheitliche, d.h. mittlere Werte der Zustandsgrößen, z.B. der Geschwindigkeit oder der Temperatur, gekennzeichnet, vgl. die feinen Linien in Abb. 1.19. Wir bezeichnen die über den Querschnitt gemittelten Werte der Zustandsgrößen als ihre Phasenwerte, z.B. die Phasentemperatur T_f, wobei der Index f andeutet, dass es sich um die Temperatur des Fluids als Ganzes handelt. In den späteren Gleichungen lassen wir den Index f in der Regel weg, verstehen aber unter den Größen jeweils die Phasenwerte. In Strömungsrichtung aufeinander folgende Scheiben weisen prinzipiell differenzielle Sprünge zwischen den Phasenwerten der Zustandsgrößen auf. Wenn diese hinreichend klein sind, kann der Verlauf der Zustandsgrößen in Strömungsrichtung durch eine stetige Kurve approximiert werden, wie z.B. für den Phasendruck p_f in einer Verdichteranlage in Abb. 1.20 gezeigt. Unter diesen Bedingungen ist

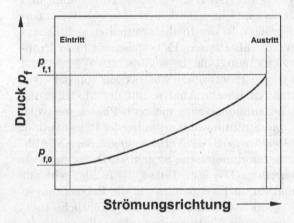

Abb. 1.20. Stetiger Anstieg des Phasendruckes im Gas einer Verdichteranlage

die Idealisierung eines Fluids als Phase auch in offenen Systemen berechtigt. In vielen Fällen sind die Strömungsverhältnisse in Maschinen oder Apparaten allerdings so ungleichförmig, dass die Aufteilung in aufeinander folgende Fluidscheiben mit einheitlichen Zustandsgrößen nicht möglich ist. Dann beschränkt sich das Phasenmodell auf die Ein- und Austrittsquerschnitte und die thermodynamische Analyse auf die Beziehung zwischen den Zustandsgrößen in diesen Querschnitten und den zu- oder abgeführten Energie- und Stoffströmen. Die Vorgänge im Fluid zwischen Ein- und Austrittsquerschnitt bleiben hierbei außerhalb der Betrachtungen. Für die Verdichteranlage und den Wärmeübertrager lassen sich aus einer thermodynamischen Analyse auf der Grundlage des Phasenmodells zwar keine Erkenntnisse über den örtlichen Druckverlust sowie über die örtliche Wärme- und Stoffübertragung ableiten, denn diese Phänomene sind an die jeweiligen Profile von Geschwindigkeit, Temperatur und Zusammensetzung gebunden. Auch lokale Unterkühlungen oder Überhitzungen auf Grund von Wandeffekten sind durch das Phasenmodell nicht zu beschreiben. Dennoch erhält man grundlegende Informationen, z.B. über die für eine vorgegebene Druckerhöhung aufzuwändende technische Leistung, oder den für eine vorgegebene Temperaturänderung zu- oder abzuführenden Wärmestrom.

Das Fluid in einer Rektifizierkolonne besteht grundsätzlich aus zwei Phasen, einer Dampfphase und einer Flüssigkeitsphase. Bei einer globalen thermodynamischen Analyse betrachtet man nur die Ein- und Austrittsquerschnitte und ordnet diesen entsprechende Fluidscheiben als Phasen zu. So wird der flüssige Zulauf bei Eintritt in die Säule als eine Phase behandelt, das dampfförmige Kopfprodukt als eine zweite und der flüssige Sumpfablauf schließlich als eine dritte, vgl. Abb. 1.14. Die Vorgänge im Inneren der Rektifiziersäule bleiben dabei außerhalb der Betrachtungen. Sie lassen sich demgegenüber durch eine detaillierte Betrachtung des Fluids auf einem Boden als thermodynamisches System untersuchen, vgl. Abb. 1.15. Dampf und Flüssigkeit werden dabei jeweils als eine Phase modelliert, d.h. jeweils mit einheitlichen Werten der Zustandsgrößen. In der Realität verhalten sich Dampf und Flüssigkeit auf dem Boden nicht als Phasen. Es bestehen vielmehr Profile von Temperatur und Zusammensetzung, die die erwünschten Wärme- und Stoffübertragungsprozesse bewirken. Trotz dieser Abstraktion von der Realität liefert auch hier die thermodynamische Analyse mit der Modellierung des Systems als Phase bzw. als Zusammensetzung mehrerer Phasen wertvolle Erkenntnisse über die Energie- und Stoffumwandlungen bei der Rektifikation.

Auch für einen chemischen Reaktor, z.B. die Verbrennungsanlage in Abb. 1.16, lässt sich das zugehörige thermodynamische System als Phase bzw. als Kombination von Phasen beschreiben. Die feste Phase, die Kohle, geht nur mit ihrer Zusammensetzung und ihrem Energieinhalt in die Betrachtungen ein. Das aus ihr und der Luft gebildete Rauchgas ist das eigentliche thermodynamisch interessante System einer Verbrennungsanlage. Es wird wieder in Strömungsrichtung auf seinem Weg vom Entstehungsort zum Kaminaustritt in differenzielle Fluidscheiben aufgeteilt, die jeweils als Phasen modelliert werden. Aus der thermodynamischen Analyse einer Verbrennungsanlage erhält man keine Hinweise auf den Ausbrand der Kohle, auf lokale Inhomogenitäten des Rauchgases, auf Anbackungen an den festen Wänden oder auf Details des Schlackenabflusses. Alle diese wichtigen technologischen Effekte bleiben außerhalb der thermodynamischen Betrachtungen. Grundsätzliche Erkenntnisse über die Temperatur und die Zusammensetzung des Rauchgases sowie über die durch Abkühlung zu erzeugende Dampfmenge sind hingegen bereits aus der einfachen thermodynamischen Analyse auf der Grundlage des Phasenmodells zu gewinnen.

1.2.3 Prozess und Zustandsänderung

Bei der thermodynamischen Analyse von Energie- und Stoffumwandlungen interessieren wir uns für Veränderungen im Zustand eines Systems. Den Übergang eines Systems von einem Zustand zu einem anderen unter wohldefinierten inneren und äußeren Bedingungen bezeichnet man als Prozess. Bei einem Prozess durchläuft ein System eine Zustandsänderung, d.h. es ändern sich die Zustandsgrößen vom Anfangszustand zum Endzustand des Prozesses. Prozess und Zustandsänderung sind keine identischen Begriffe. Die Beschreibung der Zustandsänderung ist nur der Teil der Prozessbeschreibung, der sich auf die Vorgänge des Fluids im Inneren des Systems bezieht. Bei der Gaskompression wäre die Zustandsänderung die Verkleinerung des Gasvolumens infolge einer Erhöhung des Druckes und einer weiteren Beschreibung der Temperaturänderung, etwa der Bedingung konstanter Temperatur. Die Prozessbeschreibung würde hingegen die Bedingungen außerhalb der Systemgrenzen zusätzlich festlegen. Sie würde z.B. sagen, dass diese Zustandsänderung im Zylinder eines Kolbenverdichters abläuft, vgl. Abb. 1.7, wobei der Kolben das Gas komprimiert und die Bedingung konstanter Temperatur durch thermischen Kontakt mit Kühlwasser erzwungen wird. Dieselbe Zustandsänderung könnte aber auch durch einen ganz anderen Prozess hervorgerufen werden, z.B. durch Kompression in einem gekühlten Turboverdichter, vgl. Abb. 1.8, oder auch durch die verzögerte Strömung des Gases durch einen gekühlten Diffusor, vgl. Abb. 1.9. Bei der vollständigen thermischen Stofftrennung eines flüssigen Gemisches aus Wasser und Alkohol in einer Rektifizieranlage besteht die Zustandsänderung in der Auftrennung des flüssigen Zulaufgemisches in einen dampfförmigen Alkoholstrom und einen flüssigen Wasserstrom bei bestimmten, i.a. unterschiedlichen Temperaturen und Drücken. Die Prozessbeschreibung würde die dazu benutzte Technologie, d.h. die Apparate und die technische Prozessführung, in die Betrachtungen einbeziehen. Sie würde z.B. den Prozess als Gegenstromrektifikation in einer Siebbodenkolonne mit einer bestimmten Bodenzahl sowie bestimmten Stoffströmen an Zulauf, Rücklauf und Produkt beschreiben. Schließlich besteht im chemischen Reaktor, z.B. einer Verbrennungsanlage, die Zustandsänderung aus dem Verbrauch der Kohle und Luft und der Bildung eines Rauchgases mit einer bestimmten Zusammensetzung und einer bestimmten Temperatur. Zur Prozessbeschreibung würde noch die technologische Beschreibung gehören, z.B. die Art der Feuerung als Rost- oder Wirbelschichtfeuerung.

Die thermodynamische Analyse behandelt nicht Prozesse, sondern beschränkt sich auf die Analyse von Zustandsänderungen. Dies entspricht dem Übergang von der technischen Anlage zum thermodynamischen System. Zustandsänderungen lassen sich in quasistatische und nicht-statische Zustandsänderungen einteilen. Quasistatische Zustandsänderungen laufen als zeitlich oder örtlich kontinuierliche Folge von Zuständen ab. Ein geschlossenes System verhält sich während einer quasistatischen Zustandsänderung wie eine Phase mit zeitlich veränderlichen Zustandsgrößen. Wir können das System daher während einer quasistatischen Zustandsänderung zu jedem Zeitpunkt durch Zustandsgrößen beschreiben. In einem offenen, durchströmten System bedeutet eine quasistatische Zustandsänderung, dass Phasenwerte der Zustandsgrößen definiert werden können, deren Verlauf in Strömungsrichtung stetig ist, vgl. Abb. 1.20. Der Begriff der quasistatischen Zustandsänderung ist eine Idealisierung, die zu einer bemerkenswerten Vereinfachung bei der Analyse von Prozessen führt. Man kann damit einem räumlich ausgedehnten System auch während des Prozesses ortsunabhängige Eigenschaften, bei offenen Systemen zumindest senkrecht zur Strömungsrichtung, zuordnen. Nichtstatische Zustandsänderungen lassen sich durch die Methodik der Thermodynamik nicht im Detail behandeln. Wenn z.B. ein Gas in einem Zylinder durch sehr heftiges Zurückreißen des Kolbens zur Expansion gebracht wird, kommt es zur Ausbildung von Druckwellen, und das Gas lässt sich nicht mehr durch einen einheitlichen Druck beschreiben. Bei nichtstatischen Zustandsänderungen liegen somit zwischen Anfangs- und Endzustand bzw. Eintritts- und Austrittszustand keine definierten Phasen vor, und die Beschreibung durch Zustandsgrößen ist nicht mehr möglich. Entsprechend kommt es bei Strömungsprozessen häufig zu starken Verwirbelungen mit Ablösung der Strömung von den festen Berandungen. Auch in solchen Fällen können dem System keine einheitlichen Zustandsgrößen zugeordnet werden, auch nicht senkrecht zur Strömungsrichtung. Nur der Anfangs- und der Endzustand lassen sich dann thermodynamisch beschreiben. Die thermodynamische Analyse von Prozessen mit nicht-statischen Zustandsänderungen beschränkt sich somit auf Bilanzen zwischen Anfangs- und Endzustand bzw. zwischen Eintritts- und Austrittszustand und den zugehörigen Energie- und Stoffumsätzen.

1.3 Kontrollfragen

1.1 Beschreiben Sie die Fachgebiete Energietechnik und Verfahrenstechnik in jeweils einem Satz!

1.2 Welche wesentlichen Formen von Nutzenergie werden praktisch benötigt?

1.3 Was sind die wesentlichen Quellen von Abwärmeproduktion bei der Umwandlung von Primärenergie in Nutzenergie?

1.4 Was haben Wärme und Arbeit gemeinsam, worin unterscheiden sie sich?

1.5 Welchen einschränkenden Naturgesetzen unterliegen Energieumwandlungen?

1.6 Nennen Sie aus der alltäglichen Erfahrung zwei Beispiele für das Naturgesetz von der Unsymmetrie der Energieumwandlungen!

1.7 Wie lassen sich Stoffumwandlungen grundsätzlich klassifizieren?

1.8 Was sind thermische Stoffumwandlungen?

1.9 Welchen einschränkenden Naturgesetzen unterliegen Stoffumwandlungen?

1.10 Wie wird das Gesetz der Massenerhaltung bei chemischen Reaktionen formuliert?

1.11 Nennen Sie aus der alltäglichen Erfahrung zwei Beispiele für das Naturgesetz von der Unsymmetrie der Stoffumwandlungen!

1.12 Welches sind die wesentlichen Abstraktionsschritte einer thermodynamischen Analyse?

1.13 Wodurch unterscheiden sich ein geschlossenes und ein offenes thermodynamisches System?

1.14 Wodurch zeichnet sich der hohe Abstraktionsgrad und damit die Allgemeingültigkeit der thermodynamischen Analyse aus?

1.15 Was ist eine fluide Phase?

1.16 Wie wird eine Fluidströmung im Rahmen einer thermodynamischen Analyse modelliert?

1.17 Was sind Zustandsgrößen?

1.18 Was ist der Unterschied zwischen quasistatischen und nicht-statischen Zustandsänderungen?

1.19 Welche der folgenden aus der alltäglichen Erfahrung bekannten Größen Temperatur, Druck, Wärme, Arbeit sind Zustandsgrößen?

1.20 Welcher Unterschied besteht zwischen den Begriffen Prozess und Zustandsänderung?

2. Fluide Phasen

Thermodynamische Systeme bestehen im Wesentlichen aus fluider Materie, d.h. aus Gasen und Flüssigkeiten. Die festen Berandungen und sonstigen maschinellen und apparativen festen Einbauten werden in der Regel durch die Wahl der Systemgrenzen von den thermodynamischen Betrachtungen ausgeschlossen. Im Mittelpunkt thermodynamischer Analysen von Energie- und Stoffumwandlungen steht daher das Verhalten fluider Materie. Insbesondere betrachten wir fluide Materie in Form von fluiden Phasen.

In diesem Kapitel behandeln wir das grundsätzliche Verhalten fluider Materie in Abhängigkeit vom thermodynamischen Zustand und seine Beschreibung durch einfache Stoffmodelle. Der thermodynamische Zustand wird durch die so genannten thermischen Zustandsgrößen beschrieben, die somit zu Beginn definiert werden. In späteren Kapiteln werden weitere Zustandsgrößen eingeführt, deren Zahlenwerte durch Gleichungen, Tabellen und Diagramme auf die thermischen Zustandsgrößen zurückgeführt werden. Bei der Beschreibung des grundsätzlichen Verhaltens fluider Materie betrachten wir zunächst reine Stoffe. Deren noch sehr übersichtliche Eigenschaften reichen bereits zur thermodynamischen Analyse vieler Energieumwandlungen, wie z.B. in Kolbenmaschinen, Dampfkraftanlagen und Wärmepumpen aus. Stoffumwandlungen zur Produktion von Stoffen mit gewünschten Eigenschaften werden in der Regel mit Gemischen durchgeführt, deren vielfältiges Verhalten in einem anschließenden Abschnitt behandelt wird.

Fluide Materie ist wie jede Materie aus atomistischen Bausteinen aufgebaut. Sie besteht aus Molekülen, die ihrerseits einen komplizierten Aufbau aus Atomen haben, wobei die Atome in komplizierter Weise aus Elementarteilchen, d.h. Elektronen, Protonen, Neutronen etc. zusammen gesetzt sind. Das Verhalten fluider Materie wird im Rahmen thermodynamischer Analysen durch makroskopisch beobachtbare Größen beschrieben. Der molekulare Aufbau geht nicht explizit in die Betrachtungen ein. Dennoch ist es oft hilfreich, thermodynamische Konzepte atomistisch zu interpretieren. Hierzu genügt in vielen Fällen ein sehr grobes Molekülmodell. Nach diesem Molekülmodell ist ein Fluid ein System aus zahlreichen kleinen Billardkugeln, die mit hohen Geschwindigkeiten und gelegentlichen elastischen Stößen durcheinander fliegen. Für ein Gas aus einatomigen Molekülen wie Argon ist dieses Modell bei Umgebungswerten von Temperatur und Druck annähernd realistisch. Für Gase aus mehratomigen Molekülen, insbesondere bei hohen Drücken, sowie Flüssigkeiten ist es im Detail unzureichend. Viele thermodynamischen Konzepte sind jedoch unabhängig von Einzelsystemen. Man kann sie daher bereits auf der

Grundlage des simplen Billardkugelmodells sinnvoll interpretieren. Weitergehende atomistische Interpretationen erfordern das Hinzufügen von Abstoßungs- und Anziehungskräften zwischen den Billardkugeln.

2.1 Materiemenge und thermische Zustandsgrößen

Die quantitative Beschreibung von fluiden Phasen und damit von thermodynamischen Systemen erfolgt durch Zustandsgrößen. Zustandsgrößen quantifizieren die Eigenschaften von Phasen. Sie sollten daher messbar oder aus messbaren Größen berechenbar und in geeigneten Einheiten mitteilbar sein. Die anschaulichen und aus der Erfahrung bekannten Zustandsgrößen für fluide Phasen sind die Temperatur, der Druck und das Volumen. Sie werden auch als thermische Zustandsgrößen bezeichnet. Sie alle beziehen sich auf Materiemengen, die ebenfalls quantifizierbar sein müssen. In diesem Abschnitt führen wir die Materiemenge sowie das Volumen, den Druck und die Temperatur ein.

2.1.1 Die Materiemenge

Thermodynamische Untersuchungen beziehen sich oft auf Materiemengen, z.B. die Menge an Wasser in einem Heißwasserspeicher oder die Menge an Gas im Zylinder eines Verbrennungsmotors. Die Materiemenge wird durch die Masse m oder durch die Stoffmenge n quantifiziert.

Die Masse wird durch Wägung bestimmt, wobei die Wägung mit einer Hebelwaage durch Vergleich mit einer bekannten, geeichten Masse erfolgt. Durch eine Wägung ermittelt man das Gewicht einer Masse. Im täglichen Sprachgebrauch wird daher die Masse auch als Gewicht bezeichnet. Konzeptionell sind Masse und Gewicht zu unterscheiden. Das Gewicht ist die Kraft G, mit der eine Masse m an einem bestimmten Ort mit der Erdbeschleunigung g von der Erdoberfläche angezogen wird, nach

$$G = mg \ . \tag{2.1}$$

Die Erdbeschleunigung ist keine Naturkonstante, sondern hängt vom Ort ab. An der Erdoberfläche gilt auf Meeresniveau $g = 9{,}81 \ \mathrm{m/s^2}$. Da die Erdbeschleunigung z.B. mit der Höhe über der Erdoberfläche variiert, hängt entsprechend auch das Gewicht einer bestimmten Masse von der Höhe über der Erdoberfläche ab. Die Hebelwaage vergleicht Gewichte am selben Ort. Die Erdbeschleunigung hat somit keinen Einfluss auf die Wägung, und die Hebelwaage ist daher ein geeignetes Messgerät zur Bestimmung der Masse einer Materiemenge. Die Einheit der Masse ist das Kilogramm mit dem Einheitenzeichen „kg". Es ist gleich der Masse des internationalen Kilogrammprototyps, d.h. eines bestimmten Platin-Iridium-Körpers, der bei bestimmten Umgebungsbedingungen gelagert wird. Ein Kilogramm enthält 1000 Gramm, wobei ein Gramm das Einheitenzeichen „g" erhält.

Die Stoffmenge als Maß für die Materiemenge berücksichtigt explizit den atomistischen Charakter der Materie. Die Einheit der Stoffmenge ist das Mol mit dem Einheitenzeichen „mol". Eine bestimmte Materiemenge ist daher durch die Anzahl der Mole oder die Molzahl zu charakterisieren. Die Molzahl ist ein Maß für die Anzahl der Einzelteilchen einer Materiemenge, z.B. die Anzahl an Molekülen, Atomen, Ionen u.s.w. Das Mol ist definiert als die Stoffmenge, die aus $N_A \approx 6,022 \cdot 10^{23}$ Einzelteilchen besteht. Damit ist die Anzahl der Teilchen in einer Materiemenge gerade das N_A-fache der Molzahl n. Die Naturkonstante N_A wird als Avogadro-Zahl bezeichnet. Größere Stoffmengen werden in Kilomol mit dem Einheitenzeichen „kmol" gemessen, wobei gilt 1 kmol = 1000 mol.

Die Masse als Maß für die Materiemenge ist besonders bequem für die Untersuchung von Energieumwandlungen ohne Änderungen in den Zusammensetzungen der beteiligten Fluide. Bei Stoffumwandlungen, insbesondere solchen mit chemischen Reaktionen, ist in der Regel die Stoffmenge als Maß für die Materiemenge vorzuziehen, da chemische Reaktionsgleichungen am einfachsten in Molekülzahlen bzw. Molzahlen formuliert werden. Dies gilt insbesondere auch für die Beschreibung von Elektrolytlösungen, die positiv und negativ geladene Ionen enthalten. Massen und Stoffmengen lassen sich ineinander umrechnen. Die Stoffeigenschaft, die die Umrechnung von Massen in Stoffmengen und umgekehrt ermöglicht, ist die molare Masse oder auch Molmasse M. Sie ist definiert als die Masse in „g" einer Stoffmenge von 1 mol und hat daher das Einheitszeichen „g/mol". Die Materiemenge von n mol einer Substanz hat daher eine Masse m in g von

$$m = Mn \ . \tag{2.2}$$

Beispiel 2.1

Eine Masse von 2 g Kochsalz (NaCl) wird in 1000 g Wasser (H_2O) gelöst. Man gebe die Stoffmengen von Kochsalz und Wasser als Reinstoffe sowie in der Lösung an.

Lösung

Kochsalz hat die Molmasse $M_{NaCl} = 58{,}444$ g/mol, für Wasser gilt $M_{H_2O} = 18{,}015$ g/mol. Es gilt daher

$$2 \text{ g NaCl} = \frac{2}{58,444} \text{ mol} = 0,0342 \text{ mol} \ ,$$

und

$$1000 \text{ g } H_2O = \frac{1000}{18,015} \text{ mol} = 55,509 \text{ mol} \ .$$

Bei der Lösung von wenig NaCl in einer großen Menge H_2O dissoziieren die Kochsalzmoleküle vollständig nach der Gleichung

$$NaCl \rightarrow Na^+ + Cl^- \ ,$$

wobei Na^+ das positive Natriumion und Cl^- das negative Chlorion ist. In der auf diese Weise gebildeten Elektrolytlösung werden aus 2 g NaCl daher 0,0684 mol, wobei die Einzelteilchen dieser Stoffmenge die Na^+- und Cl^--Ionen sind. Wenn die äußerst geringe Dissoziation des Wassers vernachlässigt wird, enthält die Lösung somit $n = 0,0684 + 55,509 = 55,577$ mol.

Zur Beschreibung der Eigenschaften fluider Gemische benötigt man ein Maß für die Zusammensetzung, d.h. für die relativen Materiemengen der einzelnen Komponenten, aus denen sich eine betrachtete Materiemenge zusammensetzt. Entsprechend den unterschiedlichen Maßen für die Materiemenge ergeben sich auch unterschiedliche Maße für die Zusammensetzung. Quantifiziert man die gesamte Materiemenge durch die Masse, so ist ein naheliegendes Maß für die Zusammensetzung durch die Massenanteile der einzelnen Komponenten gegeben. Es gilt für den Massenanteil der Komponente i

$$w_i = m_i/m \ . \tag{2.3}$$

In dieser Definition werden m_i und m in gleichen Einheiten eingesetzt. Multipliziert man w_i mit der Zahl 100, so erhält man den Massenanteil der Komponente i in Prozent. Quantifiziert man die Materiemenge durch die Stoffmenge, so ergibt sich als Maß für die Zusammensetzung der Stoffmengenanteil

$$x_i = n_i/n \ . \tag{2.4}$$

Hier werden wieder n_i und n in gleichen Einheiten eingesetzt. Multipliziert man x_i mit der Zahl 100, erhält man hieraus den Stoffmengenanteil der Komponente i in Prozent.

Massenanteil und Stoffmengenanteil lassen sich leicht ineinander umrechnen. Es gilt

$$w_i = \frac{m_i}{\sum m_i} = \frac{M_i n_i}{\sum M_i n_i} = \frac{M_i x_i}{\sum M_i x_i} \ , \tag{2.5}$$

sowie

$$x_i = \frac{n_i}{\sum n_i} = \frac{m_i/M_i}{\sum m_i/M_i} = \frac{w_i/M_i}{\sum w_i/M_i} \ . \tag{2.6}$$

In manchen Anwendungen wird als Maß für die Zusammensetzung das Verhältnis der Masse oder Stoffmenge einer Komponente zur Masse bzw. Stoffmenge des Gemisches ohne diese Komponente gewählt. Man nennt dieses Verhältnis die Beladung. Dies ist z.B. bei feuchter Luft, einem Gemisch aus trockener Luft und Wasserdampf, üblich. Hierbei wird die Wasserbeladung durch $x = m_W/m_L$ definiert, mit m_W als der Masse des Wassers und m_L als Masse der trockenen Luft.

Beispiel 2.2

a) Es werden 50 g Ethanol (A) und 50 g Wasser miteinander vermischt. Wie groß ist der Massenanteil w_A und wie groß der Stoffmengenanteil x_A des Ethanols in der Mischung?

b) Es werden 2 g Kochsalz (K) in 1000 g Wasser gelöst. Wie groß ist der Massenanteil w_K und wie groß der Stoffmengenanteil x_K des Kochsalzes in der Elektrolytlösung?

Lösung

a) Für den Massenanteil des Ethanols in der Mischung gilt

$$w_A = \frac{50g}{50g + 50g} = 0,5$$

oder

$$w_A = 50\% \ .$$

Der Stoffmengenanteil folgt daraus nach (2.6) mit $M_A = 46,069$ g/mol und $M_W = 18,015$ g/mol zu

$$x_A = \frac{0,5/46,069}{0,5/46,069 + 0,5/18,015} = 0,2811$$

oder

$$x_A = 28,11\% \ .$$

b) Für den Massenanteil des Kochsalzes in der Elektrolytlösung gilt

$$w_K = \frac{2g}{2g + 1000g} = 0,00199$$

oder

$$w_K = 0,199\% \ .$$

Die einfache Umrechnungsformel (2.6) ist nun nicht anwendbar, da sie nicht die Dissoziation des NaCl enthält. Mit dem Ergebnis aus Beispiel 2.1 folgt für den Stoffmengenanteil

$$x_K = \frac{0,0684}{0,0684 + 55,509} = 0,00123$$

oder

$$x_K = 0,123\% \ ,$$

wobei hier wieder die vollständige Dissoziation des Moleküls NaCl in Na^+-und Cl^--Ionen berücksichtigt wurde. Bei der Interpretation von w_K und x_K ist zu beachten, dass es die Komponente Kochsalz (K) in der Lösung nicht gibt. Es handelt sich vielmehr um die Summe der Stoffmengenanteile der Na^+-Ionen und der Cl^--Ionen, mit $x_{Na^+} + x_{Cl^-} = x_K$.

2.1.2 Das Volumen

Das Volumen V beschreibt die räumliche Ausdehnung einer Materiemenge. Die Einheit des Volumens ist der Kubikmeter mit dem Symbol „m³/kg". Hierbei ist der Meter mit dem Einheitenzeichen „m" die Einheit für die Größenart Länge. Er ist als die Strecke definiert, die Licht im Vakuum während der Dauer von 1/299 792 458 Sekunden durchläuft. Dabei ist die Sekunde als Einheit der Größenart Zeit mit dem Einheitenzeichen „s" definiert als das 9 192 631 770-fache der Periodendauer der Strahlung, die dem Übergang zwischen den beiden Hyperfeinstrukturniveaus des Grundzustands von Atomen des Nuklids ^{113}Cs entspricht. Die thermodynamischen Eigenschaften einer Materiemenge hängen in der Regel nicht von der Form des Volumens ab und auch nicht von seiner Oberfläche. Oft ist auch nicht das absolute Volumen, sondern das auf die Materiemenge bezogene Volumen maßgeblich. Entsprechend den beiden unterschiedlichen Maßen für die Materiemenge, der Masse und der Stoffmenge, ergeben sich zwei unterschiedliche auf die Materiemenge bezogene Volumina. Man spricht vom spezifischen Volumen mit dem Einheitenzeichen „m³/kg" bei Bezug auf die Masse bzw. vom molaren Volumen mit dem Einheitenzeichen „m³/kmol" bei Bezug auf die Stoffmenge. Dabei ist das spezifische Volumen einer Phase definiert durch

$$v = \frac{V}{m} \ . \tag{2.7}$$

Eine analoge Definition gilt für das molare Volumen, das mit demselben Formelzeichen v bezeichnet wird.

Das Volumen ist ein Beispiel für eine extensive Zustandsgröße. Allgemein ergeben sich extensive Zustandsgrößen bei der Teilung eines Systems in mehrere Teilsysteme als Summe der entsprechenden Zustandsgrößen der einzelnen Teilsysteme. Die aus den extensiven Zustandsgrößen durch Division durch die Masse oder die Stoffmenge folgenden Zustandsgrößen bezeichnet man allgemein als spezifisch bzw. molar. Spezifische und molare Zustandsgrößen fasst man unter dem Begriff der intensiven Zustandsgrößen zusammen. Intensive Zustandsgrößen hängen nicht von der gesamten Materiemenge eines Systems ab und werden durch eine Teilung des Systems nicht verändert. So ist z.B. das spezifische Volumen von flüssigem Wasser ca. 1 cm³/g, unabhängig davon, ob das System aus 1 kg oder 1000 kg Wasser besteht.

2.1.3 Der Druck

In der Thermodynamik wird der Druck über den Begriff des mechanischen Gleichgewichts definiert. Zwei Phasen befinden sich im mechanischen Gleichgewicht, wenn sie als gemeinsame Eigenschaft ein und denselben Druck haben. Zwei Systeme mit anfänglich unterschiedlichen Drücken streben dem mechanischen Gleichgewicht zu, wenn sie über eine Wand, die die Einstellung des mechanischen Gleichgewichts nicht behindert, z.B. einen frei beweglichen

Kolben, miteinander in Kontakt gebracht werden. Diese thermodynamische Definition ist die Grundlage der Druckmessung, sagt aber noch nichts über die Quantität des Druckes und eine Druckskala oder Druckeinheit aus. Dies leistet die Druckdefinition der Mechanik. Hiernach ist der Druck einer Phase definiert als

$$p = \frac{F}{A} ,\qquad (2.8)$$

mit A als der Fläche und F als der daran angreifenden Druckkraft senkrecht zur Fläche. Das Konzept der Kraft übernehmen wir aus der Mechanik. Ihre Einheit lässt sich aus dem 2. Newtonschen Gesetz ableiten. Hiernach ist die Kraft, die an einem beweglichen Körper angreift, gleich dem Produkt aus der Masse m des Körpers und der durch die Kraft bewirkten Beschleunigung b des Körpers in Richtung der Kraft. Es gilt also

$$F = mb .\qquad (2.9)$$

Damit erhält die Kraft als aus den Basiseinheiten abgeleitete Einheit das Produkt aus den Basiseinheiten für die Masse und die Beschleunigung. Diese Einheit bezeichnet man als Newton mit dem Symbol „N" und findet

$$1\ N = 1\ kg\ m/s^2 .$$

Der Druck erhält damit die Einheit „N/m^2", die als Pascal mit dem Symbol „Pa" bezeichnet wird,

$$1\ Pa = 1\ N/m^2 .$$

In den technischen Anwendungen rechnet man bevorzugt mit der Druckeinheit Bar, die das Symbol „bar" hat, wobei gilt

$$1 bar = 10^5\ Pa = 0,1\ MPa = 100\ kPa ,$$

und „MPa" und „kPa" für Megapascal bzw. Kilopascal stehen. Die Einheit Bar ist insofern praktisch bequem, als der äußere Luftdruck etwa bei 1 bar liegt.

Ein Gerät zur Druckmessung bezeichnet man als Manometer. Es beruht auf dem Prinzip des mechanischen Gleichgewichts. Das System, dessen Druck gemessen werden soll, wird in das mechanische Gleichgewicht mit einem Manometer gebracht. Ein Manometer kann z.B. ein U-förmig gebogenes Rohr sein, das mit einer Flüssigkeit, z.B. Quecksilber, gefüllt ist, vgl. Abb. 2.1. Der eine Schenkel wird von dem System, dessen Druck man messen will, beaufschlagt, z.B. einem Gas. Dabei stellt sich mechanisches Gleichgewicht zwischen dem Gas und dem Manometer, d.h. der Flüssigkeitsfüllung ein, d.h. die Druckkraft des Gases an der Flüssigkeitsoberfläche ist genau so groß wie das Gewicht der Flüssigkeitssäule der Höhe h. Ist der andere Schenkel offen

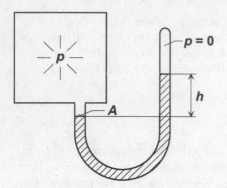

Abb. 2.1. Druckmessung mit Manometer(schematisch)

zur Umgebung, so misst die Länge h der Quecksilbersäule den Druckunterschied Δp des Gasdruckes zum Druck der Umgebung. Bei geschlossenem Manometer mit dem Druck Null über der Quecksilbersäule im geschlossenen Schenkel gibt deren Höhe h direkt den absoluten Druck des Gases an, nach

$$p = \frac{F}{A} = \frac{mg}{A} = \frac{A \cdot h \cdot \rho \cdot g}{A} = \rho g h \;, \tag{2.10}$$

mit F als der Kraft der Quecksilbersäule auf das Gas, A ihrer Querschnittsfläche, m der Masse der Quecksilbersäule, $\rho = 1/v$ ihrer Dichte und g der Erdbeschleunigung.

Der Druck ist einer atomistischen Interpretation zugänglich. In einem ruhenden Fluid, das nach dem einfachen Molekülmodell aus kleinen schnell und inkohärent durcheinander fliegenden Billardkugeln besteht, entsteht der Druck auf die Behälterwand durch Zusammenstöße der Billardkugeln mit der Wand. Wir betrachten zunächst nur die Billardkugeln, die in Richtung der positiven x-Koordinate mit dem gleichen Geschwindigkeitsbetrag $|u|$ fliegen und auf die zur x-Richtung senkrechte Wand auftreffen, vgl. Abb. 2.2. Sie werden von der Wand mit demselben Geschwindigkeitsbetrag $|u|$ zurückgeworfen. Es finden also elastische Stöße mit der Wand statt, und jede Billardkugel erfährt bei jedem Stoß eine Impulsänderung von $m|u|$ nach $-m|u|$, d.h. von $2m|u|$, mit m als der Masse einer Billardkugel. In einer Zeit $\Delta\tau$ erreichen alle Kugeln die betrachtete Wand, die sich zu Beginn der Zeitzählung innerhalb einer Entfernung von $|u|\Delta\tau$ vor ihr befinden. Ist ΔA ein Flächenelement dieser Wand und $(N/V)_u$ die Anzahl der Teilchen pro Volumen mit der Geschwindigkeit $|u|$ in beiden Richtungen , so kommen im Zeitintervall $\Delta\tau$ gerade $(\frac{1}{2}N/V)_u\Delta A|u|\Delta\tau$ Stöße an diesem Flächenelement zustande. Die gesamte Impulsänderung in diesem Zeitintervall an diesem Flächenelement ist dann $m(N/V)_u\Delta Au^2\Delta\tau$, und die zeitliche Änderung des Impulses wird

$$\frac{m(N/V)_u\Delta Au^2\Delta\tau}{\Delta\tau} = m(N/V)_u\Delta Au^2 = \Delta F_u \;.$$

Nach dem 2. Newtonschen Gesetz ist ΔF_u die Kraft, die bei der zeitlichen Änderung des Impulses der mit der Geschwindigkeit u auftreffenden Teilchen auf die Wand ausgeübt wird. Die gesamte Kraft ΔF auf Grund aller, mit unterschiedlichen Geschwindigkeiten fliegenden Teilchen ist nicht mit der ausgewählten Geschwindigkeit

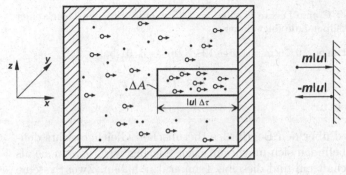

•   **beliebige Geschwindigkeit**
o→   **Geschwindigkeit *u* in positive x-Richtung**

Abb. 2.2. Zur atomistischen Interpretation des Druckes

u, sondern mit dem mittleren Geschwindigkeitsquadrat $\langle c^2 \rangle$ bei Berücksichtigung aller skalaren Werte und Richtungen zu bilden, nach

$$\langle c^2 \rangle = \langle u^2 \rangle + \langle v^2 \rangle + \langle w^2 \rangle \ .$$

Hierbei ist c der Geschwindigkeitsvektor einer Billardkugel mit den Komponenten u, v und w. Da die Beiträge aller Richtungen gleichberechtigt sind, erhalten wir schließlich für den Druck

$$p = \frac{\Delta F}{\Delta A} = \frac{1}{3} \frac{N}{V} m \langle c^2 \rangle = \frac{2}{3} \frac{N_A}{v} \langle E_{\text{kin}} \rangle \ . \tag{2.11}$$

Da N/V die Einheit „$1/\text{m}^3$", m die Einheit „kg" und c die Einheit „m/s" hat, ergibt sich insgesamt für den Druck wieder die Einheit „$\text{kg}/(\text{ms}^2)$" $=$ „N/m^2" $=$ „Pa". Der Druck in unserem atomistischen Modellfluid hängt also mit der mittleren Geschwindigkeit der inkohärent fliegenden Moleküle, ihrer Anzahl in einem gegebenen Volumen und ihrer Masse zusammen. In der zweiten Form von (2.11) wurde benutzt, dass für $N = N_A$ das Volumen V gerade dem molaren Volumen v entspricht, da N_A die Anzahl der Moleküle in einem Mol ist. Außerdem wurde mit $E_{\text{kin}} = 1/2mc^2$ die aus der Mechanik bekannte kinetische Energie einer Billardkugel eingeführt.

Beispiel 2.3

In der Technik wird der Druck bisweilen in der Einheit Meter Wassersäule mit dem Kurzzeichen „mWS" oder auch Millimeter Quecksilbersäule mit dem Kurzzeichen „mmHg" angegeben. Man zeige, dass 10 mWS und 760 mmHg etwa dem Druck von 1 bar entsprechen.

Lösung

Wasser hat bei 20°C eine Dichte von etwa $\rho_W = 1$ g/cm^3. Der Druck einer 10 m hohen Wassersäule ist daher nach (2.10)

$$p = 1 \text{ g/cm}^3 \cdot 9,81 \text{ m/s}^2 \cdot 10 \text{ m} = 10^3 \text{ kg/m}^3 \cdot 9,81 \text{ m/s}^2 \cdot 10 \text{m}$$
$$= 0,981 \cdot 10^5 \text{ kg/ms}^2 = 0,981 \cdot 10^5 \text{ N/m}^2 = 0,981 \text{ bar} \ .$$

Quecksilber hat bei 20°C eine Dichte von $\rho_{Hg} = 13{,}5$ g/cm^3. Für den Druck einer 760 mm hohen Quecksilbersäule folgt daher

$$p = 13{,}5 \text{ g/cm}^3 \cdot 9{,}81 \text{ m/s}^2 \cdot 0{,}76 \text{ m} = 1{,}01 \cdot 10^5 \text{ N/m}^2 = 1{,}01 \text{ bar} \ .$$

2.1.4 Die Temperatur

Die Temperatur wird über den Begriff des thermischen Gleichgewichts definiert. Zwei Phasen befinden sich im thermischen Gleichgewicht, wenn sie als gemeinsame Eigenschaft ein und dieselbe Temperatur haben. Zwei Systeme mit anfänglich unterschiedlichen Temperaturen streben, wenn sie über eine Wand, die die Einstellung des thermischen Gleichgewichts nicht behindert, in Kontakt gebracht werden, dem thermischen Gleichgewicht zu. Die Temperatur ist somit als diejenige Zustandsgröße definiert, deren Wert für zwei Systeme im thermischen Gleichgewicht identisch ist.

Die Temperatur ist wie der Druck eine Zustandsgröße, mit der uns alltägliche Erfahrungen verbinden. Dennoch bedürfen der alltägliche Temperaturbegriff und insbesondere die im Alltag verwendete Temperatureinheit in der Thermodynamik der Präzisierung. Im Gegensatz zum Druck, dessen Definition nach (2.8) auf bekannten Grundgrößen der Mechanik beruht und dessen Messung und Maßeinheit damit keine konzeptionellen Schwierigkeiten hervorruft, ist die Temperatur einer Phase zunächst nicht mechanisch zu interpretieren und entzieht sich daher dem einfachen Vorstellungsvermögen.

Wie das mechanische Gleichgewicht das Prinzip der Druckmessung, so erklärt das thermische Gleichgewicht das Prinzip der Temperaturmessung. Die Temperaturmessung erfolgt dadurch, dass man eine Materiemenge, das betrachtete System 1, mit einer zweiten Materiemenge, dem System 2, das als Thermometer bezeichnet wird, über eine Wand in Kontakt bringt, die die Einstellung des thermischen Gleichgewichts zwischen beiden Systemen nicht behindert. Das System 2 sei ein kleiner Körper, z.B. eine mit Quecksilber gefüllte Glaskapillare, und möge bei der Einstellung des thermischen Gleichgewichts das viel größere System 1 nicht beeinflussen. Die Länge des Quecksilberfadens ist ein Maß für die Temperatur des Thermometers, da sie von der Temperatur abhängt. Im thermischen Gleichgewicht ist die Länge des Quecksilberfadens, ursprünglich nur ein Maß für die Temperatur des kleinen Körpers, wegen der Gleichheit der Temperaturen auch ein Maß für die Temperatur des Systems 1. Taucht man dieselbe mit Quecksilber gefüllte Kapillare in ein anderes System 3 und findet im thermischen Gleichgewicht wieder die gleiche Länge des Quecksilberfadens, d.h. dieselbe Temperatur des Thermometers, so folgt, dass beide Systeme 1 und 3 die gleiche Temperatur haben. Dabei ist bemerkenswert, dass nur zwischen dem Thermometer und jeweils einem System thermisches Gleichgewicht und damit gleiche Temperatur durch einen physikalischen Prozess hergestellt worden ist. Die beiden Systeme 1 und 3 sind nicht miteinander in Kontakt gekommen, sie können an ganz verschiedenen Orten aufgestellt sein. Das Thermometer kann also mit Hilfe des thermischen Gleichgewichts die Temperaturen zweier verschiedener Körper, die keinen Kontakt miteinander haben, vergleichen. Diese mit dem Begriff des thermischen Gleichgewichts verknüpfte Erfahrungstatsache wird durch den so genannten 0. Hauptsatz der Thermodynamik beschrieben:

„Stehen zwei Systeme A und B im thermischen Gleichgewicht mit einem dritten System C, so stehen sie auch untereinander im thermischen Gleichgewicht.“

Diese Tatsache erscheint unmittelbar einleuchtend und keiner besonderen Aufmerksamkeit bedürftig. Sie ist aber die Grundlage des Temperaturbegriffs und der Temperaturmessung. Damit ist der 0. Hauptsatz ein zentrales Axiom der Thermodynamik. Der analoge Satz gilt für das mechanische Gleichgewicht, ist dort aber ohne Bedeutung. Da der Druck durch (2.8) bereits auf definierte mechanische Grundbegriffe zurückgeführt ist, bedarf er prinzipiell keiner zusätzlichen Definition über das mechanische Gleichgewicht.

Mit Hilfe des thermischen Gleichgewichts können wir die Gleichheit von Temperaturen unterschiedlicher Systeme feststellen. Für quantitative Untersuchungen müssen wir der Temperatur eine Zahl zuordnen, d.h. wir müssen eine Temperaturskala haben. Eine solche Skala ist im Gegensatz zu der für den Druck nicht aus bereits aus der Mechanik bekannten Definitionen ableitbar. Die bekannte Celsius-Skala basiert auf der Ausdehnung von Flüssigkeiten mit steigender Temperatur. Sie ordnet schmelzendem Eis die Temperatur 0°C, siedendem Wasser die Temperatur 100°C zu und teilt den Unterschied in der Länge des Flüssigkeitsfadens zwischen diesen beiden Fixpunkten in 100 gleiche Teile auf. Diese Temperaturskala ist in mehrerer Hinsicht unbefriedigend. Zunächst hängt sie zwischen diesen Fixpunkten von der sich im Thermometer ausdehnenden Substanz ab. Die Aufteilung in 100 gleiche Teile ist nur für eine lineare Ausdehnung mit der Temperatur sinnvoll. Flüssigkeiten mit streng linearer Temperaturausdehnung gibt es nicht. Ein Flüssigkeitsthermometer mit einer Alkoholfüllung wird daher zwischen den Fixpunkten im thermischen Gleichgewicht mit einem bestimmten System eine andere Temperatur anzeigen als ein Quecksilberthermometer, da sich beide Flüssigkeiten unterschiedlich mit zunehmender Temperatur ausdehnen. Damit ist generell ein auf der Ausdehnung einer Flüssigkeit beruhendes Thermometer nicht zur Messung der Temperatur geeignet. Jedes dieser Thermometer zeigt seine eigene Temperatur an. Das Analoge gilt für viele andere bekannte Thermometertypen, z.B. Widerstandsthermometer oder Thermoelemente. Im Übrigen scheidet die Celsius-Skala grundsätzlich wegen der Verwendung von zwei Fixpunkten, nämlich denen des schmelzendes Eises und des siedenden Wassers, als physikalische Temperaturskala aus. Die zwei Fixpunkte sind erforderlich, weil diese Skala keinen physikalisch eindeutigen Nullpunkt hat. Die Celsius-Temperatur ist bekanntlich negativ für Temperaturen, die tiefer als die schmelzenden Eises sind. Dies ist unbrauchbar für eine physikalische Grundgröße. Die Skalen und Einheiten anderer Grundgrößen wie Masse, Länge und Zeit sind jeweils nur durch einen Fixpunkt festgelegt, nämlich die Masse eines Referenzkörpers, bzw. die Strecke, die Licht in einer bestimmten Zeit zurücklegt, bzw. das bestimmte Vielfache der Periodendauer einer bestimmten Strahlung. Es gibt keine negative Masse, keine negative Länge und keine negative Zeit. Auch Skalen mit negativen Temperaturen sind daher als unphysikalisch abzulehnen.

Eine empirische Temperaturskala, die absolut ist und auch sonst allen physikalischen Anforderungen entspricht, ist hingegen die des idealen Gasthermometers. Das ideale Gasthermometer ist in Abb. 2.3 schematisch dargestellt. Es besteht im Wesentlichen aus einem mit Gas gefüllten Volu-

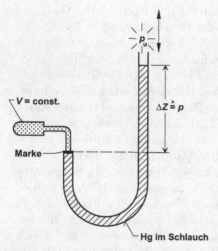

Abb. 2.3. Das ideale Gasthermometer (Prinzip)

men und einem mit Quecksilber gefüllten, nach oben offenen Schlauch. Der Messfühler ist das im konstanten Volumen eingeschlossene Gas. Der Druck in diesem Gas wird durch die Höhe der Quecksilbersäule gemessen, deren Ende durch gezieltes Anheben des Schlauches gerade die Marke berührt und damit das konstante Gasvolumen erzwingt. Die thermometrische Eigenschaft des idealen Gasthermometers ist also der Druck des Gases. Er ändert sich in charakteristischer Weise mit der Temperatur am Messfühler und entspricht der Quecksilberhöhe ΔZ, wobei der äußere Luftdruck zu addieren ist. Wenn im Messfühler gerade der äußere Luftdruck herrscht, ist $\Delta Z = 0$. Bei bekanntem Volumen und bekannter Einfüllmateriemenge, also der Stoffmenge des Gases, stellt man im thermischen Gleichgewicht mit einem bestimmten System, also für eine bestimmte empirische Temperatur Θ des Gasthermometers, einen bestimmten Wert des Produkts aus Druck und molarem Volumen in „Nm/mol" fest. Dieser Wert ist bei gleicher Temperatur abhängig von der

Art des Gases. Trägt man nun für eine bestimmte Temperatur Θ, also einem bestimmten Wert von ΔZ, diesen Wert (pv) für verschiedene Gase über $1/v$ auf, wobei v wegen $v = V/n$ durch die Stoffmenge des Gases variiert werden kann, so stellt man fest, dass sich die Kurven für alle Gase bei $1/v = 0$ in einem Punkt schneiden, vgl. Abb. 2.4 Dies ist eine empirische Tatsa-

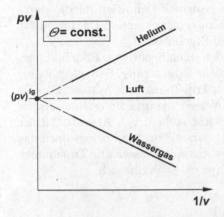

Abb. 2.4. Stoffunabhängigkeit des idealen Gasthermometers für $1/v \rightarrow 0$

che, die eine große Bedeutung für die Definition einer physikalisch sinnvollen empirischen Temperaturskala hat. Damit wird nämlich die thermometrische Eigenschaft des idealen Gasthermometers für $1/v \rightarrow 0$ unabhängig von der Art des eingefüllten Gases, womit eine wesentliche Forderung an eine physikalisch sinnvolle empirische Temperatur erfüllt ist. Es gilt also

$$\lim_{1/v \rightarrow 0} (pv) = (pv)^{\mathrm{ig}} = \text{const.} \quad \text{für} \quad \Theta = \text{const.} \tag{2.12}$$

Die Beziehung (2.12) kennzeichnet ein so genanntes ideales Gas (ig). Das Temperaturmessgerät führt daher die Bezeichnung „ideales Gasthermometer". Alle idealen Gasthermometer, ganz gleich mit welchem Gas gefüllt, ergeben somit im thermischen Gleichgewicht mit einem bestimmten System dieselbe Messgröße $(pv)^{\mathrm{ig}}$ und damit dieselbe empirische Temperatur Θ^{ig}. Die Größe $(pv)^{\mathrm{ig}}$ benutzen wir nun zur Definition der empirischen Temperatur Θ^{ig} des idealen Gasthermometers, durch

$$\Theta^{\mathrm{ig}} := C \cdot (pv)^{\mathrm{ig}} . \tag{2.13}$$

Diese Definition weicht in entscheidenden Punkten von der zuvor besprochenen empirischen Temperatur des Flüssigkeitsthermometers ab. Da weder p noch v jemals negativ werden können, haben wir eine absolute Temperaturskala geschaffen, so wie es für eine physikalisch sinnvolle Skala erforderlich ist. Dementsprechend benötigen wir, wie für andere physikalische Größen auch, nur einen Fixpunkt, um die so definierte Skala durch Bestimmung von C vollständig festzulegen. Insbesondere ist die empirische Temperatur des idealen Gasthermometers unabhängig von der Gasart und erfüllt damit eine weitere Forderung, die man an die Messung der Temperatur als eine physikalische Grundgröße stellen muss. Für diese Eigenschaften ist die Definition von Θ^{ig} als lineare Funktion von $(pv)^{ig}$ willkürlich und ohne Bedeutung. Auch eine quadratische Abhängigkeit wäre eine geeignete Definition für die empirische Temperatur eines idealen Gasthermometers, vgl. unten. Die Linearität führt lediglich zu den einfachsten formalen Ergebnissen.

Wir legen nun zur Bestimmung von C den einen benötigten Fixpunkt fest. Dabei beschränken wir uns auf die prinzipielle Erläuterung. Festgelegt ist als Fixpunkt die Temperatur am so genannten Tripelpunkt von Wasser. Dies ist derjenige Zustand, bei dem für den Stoff Wasser die drei Phasen gasförmig, flüssig und fest miteinander im Gleichgewicht stehen, vgl. Abschn. 2.2. Er ist wohldefiniert und leicht im Experiment darstellbar. Man bringt dazu das Gasthermometer ins thermische Gleichgewicht mit Wasser am Tripelpunkt und bestimmt den zugehörigen Wert von $(pv)^{ig}$. Es ergibt sich

$$(pv)^{ig}_{tr,H_2O} = \frac{1}{C}\Theta^{ig}_{tr,H_2O} = 2271,2\ \frac{Nm}{mol}\ .$$

Die empirische Temperatur $\Theta^{ig}_{tr,\ H_2O}$ des idealen Gasthermometers am Tripelpunkt des Wassers wird festgelegt zu

$$\Theta^{ig}_{tr,H_2O} = 273,16\ K\ ,$$

mit „K" als dem Kurzzeichen für Kelvin, der Temperatureinheit des idealen Gasthermometers. Daraus ergibt sich ein Wert für die Konstante C in der empirischen Temperaturskala des idealen Gasthermometers von

$$C = 0,12027\ \frac{mol\ K}{Nm}\ .$$

Ihr Kehrwert ist die so genannte allgemeine Gaskonstante

$$R = 8,315\ Nm/(mol\ K)\ .$$

Wir haben also die Temperatureinheit Kelvin definiert durch

$$1\ K = \frac{\Theta^{ig}_{tr,H_2O}}{273,16}\ .$$

Damit ist 1 Kelvin der 273,16te Teil der empirischen Temperatur des idealen Gasthermometers am Tripelpunkt von Wasser. Das Kelvin gilt seit 1954 als gesetzlich festgelegte Temperatureinheit. Der unrunde Zahlenwert 273,16 hat historische Gründe. Er führt auch für die Kelvin-Temperatur auf einen Unterschied von praktisch 100 Einheiten zwischen Eispunkt und Siedepunkt des Wassers. Will man die Temperatur eines Systems messen, so bringt man das ideale Gasthermometer ins thermische Gleichgewicht mit diesem System und misst $(pv)^{ig}$. Die ideale Gasthermometertemperatur des Systems ist dann gegeben durch

$$\Theta^{ig}/K = C \cdot (pv)^{ig} = 0,12027 \, \frac{\text{mol K}}{\text{Nm}} \cdot (pv)^{ig} \, \frac{\text{Nm}}{\text{mol}} \ . \tag{2.14}$$

Die empirische Temperatur des idealen Gasthermometers erfüllt alle Forderungen, die man an eine thermodynamische Zustandsgröße stellen muss. Bei der Entwicklung der formalen thermodynamischen Theorie wird sich zeigen, dass sie der in thermodynamischen Rechnungen einzusetzenden thermodynamischen Temperatur T entspricht, vgl. Abschn. 5.4.2. Wir nehmen diese Erkenntnis hier ohne Beweis vorweg und schreiben

$$\Theta^{ig} = T \ . \tag{2.15}$$

Damit ist die thermodynamische Temperatur eine messbare Größe. Die Beziehung (2.14) lässt sich daher auch schreiben als

$$pv^{ig} = R\Theta^{ig} = RT \ , \tag{2.16}$$

mit $R = 8,315 \, \text{Nm}/(\text{mol K})$ als der allgemeinen Gaskonstante.

Die empirische Temperatur des idealen Gasthermometers muss nicht notwendigerweise in der Temperatureinheit Kelvin angegeben werden. In angelsächsischen Ländern wird an Stelle des Kelvin die kleinere Einheit Rankine (R) benutzt, nach der Definition

$$1 \, \text{R} = \frac{\Theta^{ig}_{\text{tr,H}_2\text{O}}}{491,68} \ ,$$

und damit

$$1 \, \text{R} = 5/9 \, \text{K} \ .$$

Mit

$$\Theta^{ig}_{\text{tr,H}_2\text{O}} = 491,68 \, \text{R} = C_R \cdot 2271,2 \, \frac{\text{Nm}}{\text{mol}}$$

ergibt sich

$$C_R = 0,21648 \, \frac{\text{mol R}}{\text{Nm}}$$

und damit die ideale Gasthermometertemperatur in Rankine

$$\Theta^{ig}/R = 0,21648 \, \frac{\text{mol R}}{\text{Nm}} \cdot (pv)^{ig} \, \frac{\text{Nm}}{\text{mol}} \ .$$

Man könnte schließlich eine empirische Temperatur des idealen Gasthermo-meters auch durch eine andere funktionale Abhängigkeit von $(pv)^{ig}$, z.B. eine quadratische Abhängigkeit nach

$$\Theta^{ig} = C^* \cdot [(pv)^{ig}]^2$$

definieren. Legt man, wieder willkürlich, eine zugehörige Temperatureinheit fest und nennt diese Müller (M) durch

$$1 \text{ M} = \frac{\Theta^{ig}_{tr,H_2O}}{100,00} \ ,$$

so findet man

$$C^* = \frac{100,00 \text{ mol}^2\text{M}}{2271,2^2 \text{ N}^2\text{m}^2} = 0,000019386 \ \frac{\text{mol}^2\text{M}}{\text{N}^2\text{m}^2}$$

und daher für die ideale Gasthermometertemperatur in Müller

$$\Theta^{ig}/\text{M} = 0,000019386 \ \frac{\text{mol}^2\text{M}}{\text{N}^2\text{m}^2}[(pv)^{ig}]^2 \ \frac{\text{N}^2\text{m}^2}{\text{mol}^2} \ .$$

Die Umrechnungsbeziehung zwischen den Temperaturskalen M und K lautet somit allgemein

$$\text{K} = 0,00016119(pv)^{ig}\text{M} \ .$$

Alle empirischen Temperaturen des idealen Gasthermometers können als thermodynamische Temperaturen T benutzt werden, vgl. Beispiel 5.4. Die Temperatureinheit K hat den Vorteil, die von der Celsius-Skala gewohnte Ein-teilung der Temperaturdifferenz zwischen dem Eispunkt und dem Siedepunkt von Wasser in 100 Teile mit ausreichender Genauigkeit zu reproduzieren. Sie hat sich als Einheit für die thermodynamische Temperatur durchgesetzt.

Beispiel 2.4

Ein System im thermischen Gleichgewicht mit einem idealen Gasthermometer führt zu dem Messergebnis $(pv)^{ig} = 4000$ Nm/mol. Man gebe die ideale Gasther-mometertemperatur des Systems in Kelvin, Rankine und in Müller an.

Lösung

$$\Theta^{ig} = 0,12027 \ \frac{\text{molK}}{\text{Nm}} \cdot 4000 \ \frac{\text{Nm}}{\text{mol}} = 481,08 \text{ K} \ ,$$

$$\Theta^{ig} = 0,21648 \ \frac{\text{molR}}{\text{Nm}} \cdot 4000 \ \frac{\text{Nm}}{\text{mol}} = 865,92 \text{ R} \ .$$

$$\Theta^{ig} = 0,000019386 \ \frac{\text{mol}^2\text{M}^2}{\text{N}^2\text{m}^2} \cdot 4000^2 \ \frac{\text{N}^2\text{m}^2}{\text{mol}^2} = 310,18 \text{ M} \ ,$$

In Beispiel 5.4 wird gezeigt, dass alle drei Angaben auf dieselbe thermodynamische Temperatur führen.

Die praktische Temperaturmessung mit Gasthermometern ist unhandlich. Man hat daher die Internationale Praktische Temperaturskala vereinbart, ein System aus Fixpunkten, Messvorschriften und Umrechnungsformeln, die mit dem Einsatz einfach zu handhabender Thermometer, Widerstandsthermometer zumeist, eine hinreichende Annäherung an die empirische Temperatur des idealen Gasthermometers und damit an die thermodynamische Temperatur erlauben. Erst auf dieser Grundlage kann man erkennen, warum die mit praktischen Thermometern gemessenen Temperaturen überhaupt als thermodynamische Temperaturen betrachtet und in thermodynamische Zahlenrechnungen eingesetzt werden dürfen.

Die im täglichen Leben fast ausnahmslos verwendete empirische Temperatur der Celsius-Skala ist mit der thermodynamischen Temperatur verknüpft, nach

$$t := T - T_0 \ , \tag{2.17}$$

wobei T_0=273,15 K die Kelvin-Temperatur von Wassereis am Schmelzpunkt ist. Man bezeichnet t als die Celsius-Temperatur. Die Celsius-Temperatur geht somit aus der Kelvin-Temperatur durch eine Nullpunktverschiebung hervor. Die Einheit der Celsius-Skala ist ebenfalls das Kelvin. Es ist jedoch üblich, Celsius-Temperaturen durch die Sonderbezeichnung Grad Celsius mit dem Einheitenzeichen „°C" zu kennzeichnen. Statt die Celsius-Temperatur t_E von Wassereis am Schmelzpunkt mit 0 K anzugeben, schreibt man $t_E = 0°C$. So wie die Celsius-Temperatur von der Kelvin-Skala abgeleitet wird, ergibt sich die in den angelsächsischen Ländern im Alltag häufig benutzte Fahrenheit-Temperatur t^F aus der Rankine-Skala, wobei der Eispunkt des Wassers auf $t_0^F = 32°F$ festgesetzt wird. Es gilt also mit $T_0 = 273{,}15$ K = 491,67 R

$$t^F - 32°F = T/R - T_0/R = T/R - 491{,}67 \, R \ .$$

Wegen

$$t - 0°C = T/K - 273{,}15 K$$
$$= \frac{5}{9}(T/R - 491{,}67 \, R) = \frac{5}{9}(t^F - 32°F)$$

findet man als Beziehung zwischen der Celsius- und der Fahrenheit-Skala

$$t = \frac{5}{9}(t^F - 32) \ .$$

Grundsätzlich muss stets eine absolute Temperaturskala verwendet werden. Auch Temperaturdifferenzen werden in dieser Skala angegeben. Wegen (2.17) entsprechen Differenzen zwischen Celsius-Temperaturen den Differenzen in Kelvin-Temperaturen. Differenzen zwischen Fahrenheit-Temperaturen sind den Temperaturdifferenzen auf der Rankine-Skala gleich. Im alltäglichen

Gebrauch werden in der Regel Temperaturen nicht in ihrer physikalisch relevanten absoluten Definition benutzt, da entweder nur Temperaturdifferenzen auftreten oder die Zahlenangaben für die Temperatur nicht in weiteren Zahlenrechnungen verwendet werden. Der physikalisch korrekte Temperaturbegriff ist daher im alltäglichen Gebrauch ohne praktische Bedeutung. In thermodynamischen Rechnungen kann jedoch die Verwendung einer nicht absoluten Temperaturskala völlig unsinnige Ergebnisse produzieren.

Auch die Temperatur ist einer einfachen atomistischen Interpretation zugänglich. Mit der atomistischen Interpretation des Druckes nach (2.11) sowie (2.15) und (2.16) ergibt sich für die thermodynamische Temperatur

$$T = \frac{pv}{R} = \frac{1}{3}\frac{N}{V}m\langle c^2\rangle\frac{v}{R} = \frac{1}{3}\frac{N_A}{R}m\langle c^2\rangle = \frac{2}{3}\frac{N_A}{R}\langle E_{\text{kin}}\rangle \ , \tag{2.18}$$

wobei analoge Umformungen wie die zu (2.11) führenden benutzt wurden. Die thermodynamische Temperatur bringt daher die mittlere kinetische Energie der inkohärent fliegenden Billardkugeln zum Ausdruck. Im Gegensatz zum Druck wird dieser Zusammenhang nicht durch die Dichte des Fluids beeinflusst.

2.2 Reinstoffe

Reinstoffe finden in energieumwandelnden Anlagen als Arbeitsfluide Anwendung. Dampfkraftanlagen z.B. werden in der Regel mit Wasser als Arbeitsmedium betrieben, Wärmepumpen und Kälteanlagen mit organischen Medien. Auch als Energieträger für die Energieversorgung von Stoffumwandlungen werden Reinstoffe eingesetzt, z.B. Wasserdampf zur Beheizung von Apparaten. Zur thermodynamischen Analyse solcher Umwandlungsprozesse benötigt man daher Kenntnisse über das qualitative und quantitative Verhalten der Reinstoffe. In diesem Abschnitt erörtern wir das qualitative Zustandsverhalten der Reinstoffe in ihren unterschiedlichen Aggregatzuständen Gas, Flüssigkeit und Feststoff. Insbesondere zeigen wir seine Bedeutung für die Funktion von Energiewandlungsanlagen auf.

Es ist empirisch belegt, dass die Eigenschaften von bestimmten Materiemengen reiner Gase und Flüssigkeiten für bestimmte Werte von Temperatur und Druck feste Werte annehmen. So gilt z.B. für das molare Volumen, also das Volumen dividiert durch die Stoffmenge, die grundsätzliche Abhängigkeit

$$v = v(T,p) \ .$$

Die mathematische Beziehung zwischen den thermischen Zustandsgrößen Temperatur, Druck und Volumen wird als thermische Zustandsgleichung bezeichnet, ihre graphische Darstellung als thermische Zustandsfläche. Dabei kann sich in Abhängigkeit der Werte von Temperatur und Druck ein sehr kompliziertes Verhalten, d.h. eine sehr komplizierte Beziehung $v = v(T,p)$ ergeben. Im Allgemeinen gilt für jeden Reinstoff eine individuelle thermische Zustandsgleichung.

2.2.1 Der Gaszustand

Bei hinreichend niedriger Dichte zeigen alle Gase ein universelles Verhalten, das wir bereits im Zusammenhang mit dem idealen Gasthermometer kennen gelernt haben. Die molare Dichte nimmt bei konstanter Temperatur, d.h. entlang einer Isotherme, linear mit dem Druck zu. Im p, v-Diagramm bilden sich somit die Isothermen als Hyperbeln ab, vgl. Abb. 2.5. Das p, v-Diagramm von

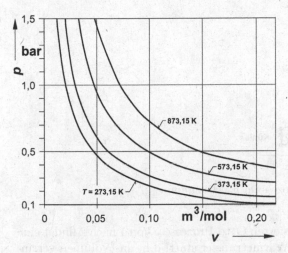

Abb. 2.5. p, v-Diagramm eines idealen Gases

Gasen erklärt, warum es Wärmekraftmaschinen auf der Basis von Gasprozessen gibt. Wenn man die Dimension des Produktes $p \cdot v$ betrachtet, so stellt man fest, dass es sich um die einer molaren oder spezifischen Energie handelt, nämlich Kraft multipliziert mit einer Länge, bezogen auf die Materiemenge. Durch Wärmezufuhr an ein Gas bei konstantem Volumen, z.B. das Gas im Zylinder eines Verbrennungsmotors, wird die Temperatur und damit nach Abb. 2.5 der Druck erhöht. Das Produkt $p \cdot v$ steigt. Die als Wärme zugeführte Energie wird somit unter Druckerhöhung im Gas gespeichert, ähnlich wie die Arbeit beim zusammendrücken einer mechanischen Feder. Sie kann durch Druckentspannung teilweise in Arbeit verwandelt werden, indem sie den Kolben zurückstößt. Dabei ist bemerkenswert, dass durch Wärmezufuhr über den Weg der Druckerhöhung des Gases ein Potenzial zur Arbeitsabgabe geschaffen wird. Die Eigenschaften von Gasen erlauben also die Umwandlung von Wärme in Arbeit. Im Gegensatz dazu muss das Potenzial der Arbeitsabgabe einer zusammengedrückten mechanischen Feder durch vorherige Arbeitszufuhr geschaffen werden. Die Umwandlung von Wärme in Arbeit auf dem Wege der Druckerhöhung bzw. Druckentspannung eines Gases ist der wesentliche Vorgang in einem Otto-Motor. Die Temperaturerhöhung des Gases und die mit ihr verbundene Druckerhöhung kommt in einem Motor durch die Verbrennung zustande. Abb. 2.6 zeigt schematisch

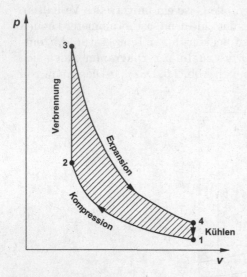

Abb. 2.6. Idealisierter Otto-Prozess im p, v-Diagramm

das p,v-Diagramm eines idealisierten Otto-Prozesses. Von 1 nach 2 findet eine Kompression des Gases ohne Wärmetransfer statt, d.h. das Volumen verringert sich und der Druck steigt an. Von 2 nach 3 erfolgt die Verbrennung, d.h. die Wärmezufuhr, die im Diagramm als Druckanstieg bei konstantem Volumen dargestellt ist. Die Zustandsänderung von 3 nach 4 ist eine Expansion ohne Wärmetransfer, wobei das Gas die durch die Wärmezufuhr aufgenommene Energie teilweise als Arbeit wieder abgibt. In einer realen Maschine wird nach der Expansion das noch heiße Gas in die Umgebung ausgestoßen und frisches Luft/Brennstoff-Gemisch angesaugt. In Abb. 2.6 ist diese Prozessfolge des Ausstoßens und Ansaugens vereinfacht durch eine bei konstantem Volumen ablaufende Kühlung von 4 nach 1 dargestellt. Unter den idealisierten Bedingungen des Otto-Prozesses entspricht die bei einer Prozessfolge 1-2-3-4-1 gewonnene spezifische Arbeit der schraffierten Fläche im p, v-Diagramm. Sie ist gleich der Differenz aus der bei der Expansion von 3 nach 4 gewonnenen und der bei der Kompression von 1 nach 2 zugeführten Arbeit. Auch die Wirkungsweise einer Gasturbine lässt sich auf der Grundlage des p, v-Diagramms verstehen, vgl. Abb. 2.7. In einer solchen Maschine wird Luft beim Umgebungszustand angesaugt und ohne Wärmetransfer auf einen Druck von ca. 10 bar verdichtet (Zustand 2). In der Brennkammer wird Brennstoff zugegeben und durch Verbrennung mit der Luft bei konstantem Druck in ein heißes Gas bei 10 bar umgewandelt (Zustand 3). Bei dieser isobaren Temperaturerhöhung vergrößert sich nach dem p, v-Diagramm das Volumen und damit die gespeicherte Energie. Das Gas expandiert dann in ei-

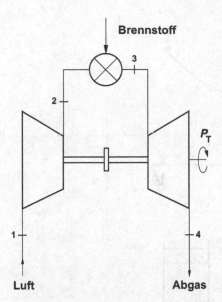

Abb. 2.7. Schaltschema einer Gasturbine

ner Turbine und versetzt dabei eine Antriebswelle in Drehung. Da im heißen Zustand mit der gleichen Druckdifferenz eine größere Änderung des spezifischen Volumens des Gases verbunden ist als im kalten, vgl. Abb. 2.5, gewinnt man bei der Expansion mehr Arbeit als zur Kompression zuzuführen war. Die Maschine wandelt also die durch die Verbrennung zugeführte Wärme teilweise in Arbeit um. Auf analoge Weise ergibt sich auch das Arbeitsprinzip eines Strahltriebwerkes, in dem die durch Wärmezufuhr im Gas gespeicherte Energie durch Expansion in einer Düse in Schubenergie umgewandelt wird.

2.2.2 Verdampfung und Kondensation

Die bisher beschriebenen Eigenschaften eines Gases entsprechen nur bei niedrigen Dichten und Drücken der Realität. Kühlt man gasförmiges Wasser von 500°C bei einem konstanten Druck von 1,0135 bar ab, z.B. durch Kontakt mit einer Umgebung von 20°C, dann verringert sich sein spezifisches Volumen zwar anfänglich linear mit abnehmender Temperatur, entsprechend dem Gasverhalten bei niedriger Dichte. Bei zunehmender Abkühlung ergeben sich jedoch Abweichungen. Die Abkühlkurve krümmt sich. Insbesondere stellt sich bei einer bestimmten Temperatur, im betrachteten Fall gerade bei 100°C, ein Vorgang ein, der eine dramatische und technisch besonders wichtige Abweichung vom typischen Gasverhalten darstellt, nämlich die Kondensation. Das zugehörige Experiment und der Verlauf der Temperatur über dem Volumen sind in Abb. 2.8 schematisch dargestellt. Der Kolben sichert einen konstanten Druck. Zustand 1 repräsentiert das Gas bei 500°C und 1,0135 bar. Im Zustand 2, d.h. bei 100°C, bilden sich erste Wassertröpfchen, die unter Einfluss

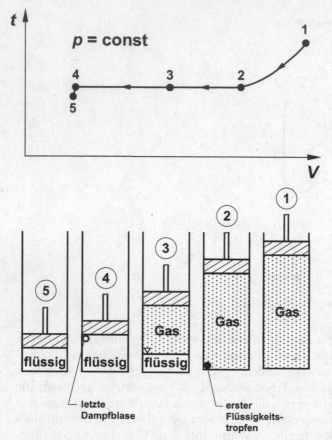

Abb. 2.8. Zur Kondensationen in reinen Stoffen (schematisch)

der Schwerkraft zu Boden sinken und dort eine zusammenhängende, siedende Flüssigkeit bilden. Der Dampf bei Kondensationsbeginn wird als gesättigter Dampf bezeichnet. Kühlen wir weiter, so beobachten wir, dass, während siedendes Wasser und gesättigter Wasserdampf koexistieren, mit fortschreitender Wärmeabfuhr die Gasmenge zu Gunsten der Flüssigkeitsmenge abnimmt. Gleichzeitig reduziert sich das Gesamtvolumen. Zwischen den Punkten 2 und 4, die den Bereich der Koexistenz von Gas und Flüssigkeit umschließen, bleibt die Temperatur konstant. Im Punkt 4 verschwindet der letzte Dampf, und wir haben die gesamte ursprünglich vorhandene Gasmenge in flüssiges, siedendes Wasser umgewandelt. Im weiteren Verlauf des Prozesses hört das Wasser auf zu sieden, und die Temperatur sinkt auf die Temperatur der Umgebung, d.h. auf 20°C. Dabei nimmt das Volumen weiter geringfügig ab. Stellen wir das Gefäß nun auf eine heiße Herdplatte, so läuft der umgekehrte Prozess ab. Von Zustand 5 zum Zustand 4 steigt die Temperatur unter leichter Volumenvergrößerung von 20°C auf 100°C an. Im Punkt 4 beginnt das Wasser zu sieden, d.h. Dampfblasen zu bilden. Im weiteren Verlauf des Prozesses verdampft das Wasser bis zum Zustand 2, wobei sich bei konstanter Temperatur von 100°C das Volumen erheblich vergrößert. Im Zustand 2 verschwindet der letzte Flüssigkeitstropfen. Bei weiterer Wärmezufuhr steigt die Temperatur des Gases unter Volumenvergrößerung schließlich auf 500°C an. Entscheidend für die Anwendung von Verdampfung bei Energieumwandlungen ist die Tatsache, dass dadurch als Wärme zugeführte Energie im Dampf gespeichert werden kann. Sie kann zu einem anderen Zeitpunkt, an anderer Stelle und auch in anderer Form wieder zurückgewonnen werden.

Die Temperatur zwischen den Punkten 2 und 4, d.h. die Temperatur, bei der Gas und Flüssigkeit koexistieren, hängt vom Druck ab. Bei höherem Druck ist sie höher, bei niedrigem Druck tiefer. Dieser Zusammenhang zwischen Druck und Temperatur bei Verdampfung und Kondensation wird durch die so genannte Dampfdruckkurve beschrieben. Sie stellt den Verlauf des Druckes über der Temperatur für ein Fluid im Siedezustand dar. Abb.

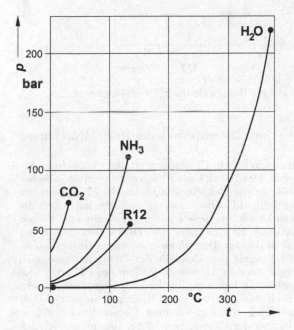

Abb. 2.9. Dampfdruckkurven einiger Reinstoffe

2.9 zeigt den Verlauf der Dampfdruckkurve von Wasser und einigen anderen Reinstoffen im p,t-Diagramm bei Temperaturen oberhalb von 0°C. Man erkennt die qualitativ ähnlichen, im Hinblick auf die Zahlenwerte aber sehr unterschiedlichen Verläufe für die einzelnen Reinstoffe. Bei genauer Betrachtung des Kurvenverlaufes findet man, dass sich die Dampfdruckkurve reiner Stoffe in nicht zu großen Temperaturbereichen durch eine Exponentialfunktion beschreiben lässt. Sie bildet sich daher im $\lg p, 1/T$-Diagramm als Gerade ab. Abb. 2.10 zeigt für einige Reinstoffe, dass dies tatsächlich annähernd zutrifft. Die eingetragenen Endpunkte markieren in gerundeten

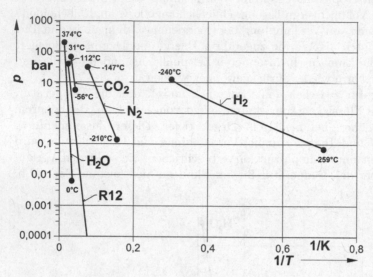

Abb. 2.10. Dampfdruckkurven einiger Reinstoffe im $\lg p, 1/T$-Diagramm

Werten der Celsius-Temperatur den Existenzbereich der Dampfdruckkurve.

Das Phänomen der Dampfdruckkurve von Reinstoffen ist einer einfachen atomistischen Interpretation zugänglich. Der Druck eines Fluids entsteht nach Abschn. 2.1.3 durch die Stöße der Moleküle an die Behälterwände. Da die Flüssigkeit bei der Verdampfung eine freie Oberfläche, d.h. eine Phasengrenzfläche hat, üben die Moleküle der flüssigen Phase einen Druck auf diese Phasengrenzfläche aus. Diesen Druck bezeichnet man als Dampfdruck. Er entspricht dem Druck, den die aus der Flüssigkeit ausgetriebenen Moleküle in der Dampfphase erzeugen. Insbesondere kennzeichnet der Dampfdruck die Neigung der Moleküle der flüssigen Phase, sich auf Grund ihrer kinetischen Energie von den Anziehungskräften benachbarter Moleküle zu befreien und in die Gasphase zu begeben. Im Verdampfungsgleichgewicht besteht die Gasphase ausschließlich aus den aus der Flüssigkeit ausgetriebenen Molekülen. Daher ist der Dampfdruck auch gleich dem Gesamtdruck, und es besteht mechanisches Gleichgewicht an der Phasengrenzfläche. Dies muss auch aus atomistischen Gründen der Fall sein, da andernfalls kein Gleichgewicht zwischen den aus der Flüssigkeit austretenden und aus der Gasphase in die Flüssigkeit eintretenden Molekülen und damit kein Verdampfungsgleichgewicht bestehen würde. Nach der obigen atomistischen Interpretation des Dampfdruckes würde man wegen (2.11) zunächst vermuten, dass er außer von der Temperatur auch vom molaren Volumen der Flüssigkeit abhängt. Allerdings zeigt eine einfache Überlegung, dass eine Abhängigkeit vom molaren Volumen der Flüssigkeit nicht gegeben sein kann. Der Dampfdruck ist im Verdampfungsgleichgewicht dem Druck in der Gasphase gleich. Der Druck eines Fluids hängt grundsätzlich außer von der Temperatur auch von seinem molaren Volumen ab, vgl. (2.11) bzw. den allgemeinen Aufbau der thermischen Zustandsgleichung $p = p(T, v)$. Im Verdampfungsgleichgewicht, also bei unterschiedlichen molaren Volumina der flüssigen Phase und der Gasphase aber gleicher Temperatur, müssten danach der Flüssigkeitsdruck, d.h. der Dampfdruck, und der Druck in der Gasphase entsprechend den unterschiedlichen molaren Volumina unterschiedlich sein. Da aber tatsächlich der Dampfdruck und der Druck in der Gasphase gleich sind, muss im Verdampfungsgleichgewicht der Druck unabhängig von den jeweiligen molaren Volumina, d.h. kann nur abhängig von der Temperatur sein. Da überdies der Dampfdruck nach atomistischer Vorstellung mit der Temperatur zunimmt, steigt im Siedezustand auch der Gesamtdruck mit der Temperatur an. Dies erklärt den grundsätzlichen Verlauf der Dampfdruckkurve.

Die Dampfdruckkurve, also die Abhängigkeit der Verdampfungs- und Kondensationstemperatur vom Druck, hat eine überragende technische Bedeutung. Sie ist die Basis des Dampfkraftwerkes, sowie der Wärmepumpe und der Kältemaschine auf Dampfbasis. Abb. 2.11 zeigt das Schaltschema einer einfachen Dampfkraftanlage. Wesentliche Bauelemente sind der Kes-

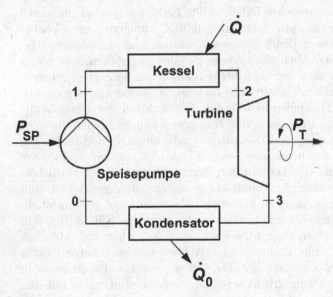

Abb. 2.11. Schaltschema einer einfachen Dampfkraftanlage

sel, der Kondensator, die Turbine und die Pumpe, die durch Rohrleitungen miteinander verbunden sind. In dem Kessel wird Wasser bei hohem Druck, z.B. 200 bar, durch Zufuhr des Wärmestromes $\dot{Q}$ aus der Feuerung erwärmt, bei zugehöriger Siedetemperatur von $365, 81°C$ verdampft und schließlich auf etwa 550°C überhitzt. Es nimmt bei dieser Zustandsänderung somit Energie auf und speichert diese bei hohem Druck und hoher Temperatur. Der Wasserdampf bei Austritt aus dem Kessel hat damit ein Potenzial, Arbeit und Wärme abzugeben. Die Arbeitsabgabe erfolgt in der Turbine. Hierzu wird der überhitzte Hochdruckwasserdampf in der Turbine entspannt, z.B. auf einen Druck von 0,04246 bar. Dabei treibt er die Turbinenwelle an, die ihrerseits aus der gewonnenen Leistung P_T über einen Generator Strom erzeugt. Der niedrige Enddruck der Turbine entspricht gemäß der Dampfdruckkurve von Wasser einer Kondensationstemperatur von 30°C. Damit kann der Dampf durch Kontakt mit einer etwas kälteren Umgebung, z.B. Flusswasser von 15°C, die Wärme $\dot{Q}_0$ abgeben und dabei vollständig in einem Kondensator verflüssigt werden. Durch die Speisewasserpumpe wird die Flüssigkeit schließlich unter Zufuhr der Leistung P_{SP} wieder auf den Druck von 200 bar gefördert. Die Dampfkraftanlage kann ihre Aufgabe nur erfüllen, weil gemäß der Dampfdruckkurve des Wassers zu den unterschiedlichen Drücken vor und nach der Turbine technisch realisierbare Temperaturen der Wärmezu- und Wärmeabfuhr gehören. Eine wesentlich flachere Dampfdruckkurve als die des Wassers wäre für die technische Realisierbarkeit des Dampfkraftprozesses schädlich. Dann würde zu einer vorgegebenen Temperaturdifferenz eine wesentlich kleinere Druckdifferenz gehören, d.h. der Dampf würde bei Entspannung von einem vorgegebenen Druck in der Turbine schon bei einem viel höheren Druck eine Sattdampftemperatur von 30°C annehmen. Also könnte er nur bis herab zu diesem Druck entspannt werden, mit entsprechend geringerer Arbeitsausbeute. Auch würde dann zu einem wünschenswert hohen Druck vor der Turbine eine technisch nicht realisierbar hohe Dampftemperatur gehören. Man erkennt hieraus die technische Bedeutung des quantitativen Verlaufes der Dampfdruckkurve für die Funktion der Dampfkraftanlage. Ebenso auf dem Phänomen der Dampfdruckkurve beruht die Wirkungsweise einer Kälteanlage auf Dampfbasis, z.B. eines Kühlschranks. Die Abb. 2.12 zeigt das Schaltschema einer solchen Dampfkältemaschine. Ihre wesentlichen Elemente sind der Verdampfer, der Kondensator, der Verdichter und die Drossel. Im Verdampfer nimmt ein geeigneter flüssiger Arbeitsstoff den Wärmestrom $\dot{Q}_0$ aus einem zu kühlenden Raum auf und verdampft. In vielen älteren Haushaltskühlschränken ist heute noch das Kältemittel R12 eingefüllt, das bei 0°C einen Dampfdruck von etwa 3 bar hat, vgl. Abb. 2.9. Im Verdichter wird der nun dampfförmige Arbeitsstoff anschließend unter Zufuhr der Leistung P_V auf einen höheren Druck gebracht. Damit ist er in der Lage, bei der seiner Dampfdruckkurve entsprechenden nunmehr höheren Temperatur durch Kondensation den Wärmestrom $\dot{Q}$, der sich aus der Summe des aufgenommenen Wärmestromes $\dot{Q}_0$ und der zugeführten Leistung P_V ergibt, wieder abzugeben. Wenn die Wärmeabgabe an die Umgebung der Küche erfolgen soll, genügt dafür eine Kondensationstemperatur von 40°C und damit entsprechend der Dampfdruckkurve von R12 ein Druck von etwa 10 bar. Die Maschine pumpt auf diese Weise einen Wärmestrom aus dem Kühlraum in die Umgebung und hält damit die niedrige Temperatur des Kühlraums aufrecht. Die Drossel hat die Aufgabe, den Druck des umlaufenden Fluids vom Kondensatordruck auf den Verdampferdruck zu entspannen. Die prinzipiell gleiche Maschine kann auch zu Heizzwecken benutzt werden

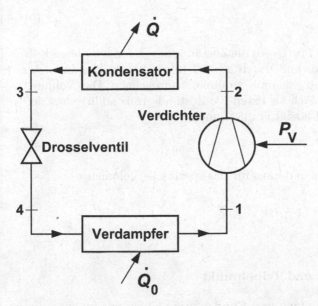

Abb. 2.12. Schaltschema einer Dampfkältemaschine

und heißt dann Wärmepumpe. Beim Einsatz als Wärmepumpe nimmt die Maschine Wärme aus der Umgebung auf, in dem sie einen geeigneten Arbeitsstoff verdampft. Der Dampf wird komprimiert und gibt die Wärme bei einer höheren Temperatur, die für Heizzwecke geeignet ist, an das Heizsystem ab. Man erkennt wiederum den engen Zusammenhang zwischen der Dampfdruckkurve des Arbeitsstoffes und den Funktionsprinzipien der betrachteten Anlagen. Man kann im Übrigen auch durch Druckabsenkung die Verdampfung einer Flüssigkeit erreichen, bzw. durch Kompression die Kondensation eines Gases. Die erste Erscheinung ist z.B. für die Kavitationsvorgänge in Rohrströmungen verantwortlich, die zweite für die Tröpfchenbildung in Verdichtern mit ihrer schädlichen Auswirkung auf die Maschinen.

2.2.3 Das Nassdampfgebiet

Das spezifische Volumen im Nassdampfgebiet, also im Koexistenzbereich von Gas und Flüssigkeit, hängt außer von der Temperatur bzw. von dem dadurch bestimmten Druck noch von den relativen Massen von Dampf und Flüssigkeit ab. Als Maß für diese relativen Massen wählt man den Dampfgehalt, nach

$$x = \frac{\text{Masse des gesättigten Dampfes}}{\text{Gesamtmasse}} .$$

Bezeichnet man mit m' die Masse der siedenden Flüssigkeit und mit m'' die Masse des gesättigten Dampfes, so gilt

$$x = \frac{m''}{m' + m''} \ . \tag{2.19}$$

Man kann daher durch $x = 0 (m'' = 0)$ die Zustände der siedenden Flüssigkeit, die so genannte Siedelinie, und durch $x = 1 (m' = 0)$ die Zustände des gesättigten Dampfes, die so genannte Taulinie, kennzeichnen. Das Volumen im Nassdampfgebiet setzt sich als extensive Zustandsgröße additiv aus den Anteilen von Dampf und Flüssigkeit zusammen, nach

$$V = V' + V'' = m'v' + m''v'' \ .$$

Mit $m = m' + m''$ findet man daraus für das spezifische Volumen v

$$\begin{aligned}
v &= \frac{V}{m} = \frac{m'}{m} v' + \frac{m''}{m} v'' = (1 - x) v' + x v'' \\
&= v' + x(v'' - v') \ . \tag{2.20}
\end{aligned}$$

2.2.4 Kritischer Punkt und Tripelpunkt

Erscheinungen wie Verdampfung und Kondensation laufen nur in einem begrenzten Bereich von Temperatur und Druck ab, der durch die Dampfdruckkurve definiert ist. Zu hohen Temperaturen und Drücken ist die Dampfdruckkurve durch den so genannten kritischen Punkt begrenzt. Bei Wasser ist der kritische Punkt z.B. durch $t_k = 374,14°C$ und $p_k = 220,9$ bar gekennzeichnet. Fluides Wasser bei einem Druck von über 220,9 bar durchläuft bei isobarer Kühlung von 500°C auf Umgebungstemperatur kein Nassdampfgebiet, d.h. kein Gebiet der Koexistenz von Gas und Flüssigkeit, sondern geht kontinuierlich, d.h. bei stetiger Abnahme von Temperatur und Volumen und ohne das Phänomen der Kondensation, in einen Zustand hoher Dichte und niedriger Temperatur über. Entsprechend durchläuft Wasser bei einem Druck oberhalb des kritischen Wertes bei Aufheizung auf einer Herdplatte von Raumtemperatur auf 500°C kein Nassdampfgebiet, sondern vergrößert seine Temperatur und sein Volumen stetig. Abb. 2.13 zeigt den Verlauf solcher Zustandsänderungen bei 250 bar und bei 500 bar im t, v-Diagramm. Im Vergleich zu den ebenfalls eingetragenen unterkritischen Drücken von 200, 100, 25 und 1 bar ist der kontinuierliche Zustandsverlauf bei 250 bar und bei 500 bar klar zu erkennen. Bei überkritischen Temperaturen kann ein Gas durch Kompression ohne Durchlaufen des Nassdampfgebietes in einen Zustand flüssiger Dichte gebracht werden. Eine solche Zustandsänderung ist in Abb. 2.13 bei 400°C, von A→B, eingetragen. Wegen der nicht mehr scharf abgrenzbaren Bereiche der Aggregatzustände Flüssigkeit und Dampf spricht man oberhalb der kritischen Werte von Temperatur und Druck nicht mehr von Gas oder Flüssigkeit, sondern nur noch von Fluid.

Zu niedrigen Temperaturen und Drücken ist die Dampfdruckkurve durch den so genannten Tripelpunkt begrenzt. Bei Wasser ist der Tripelpunkt durch

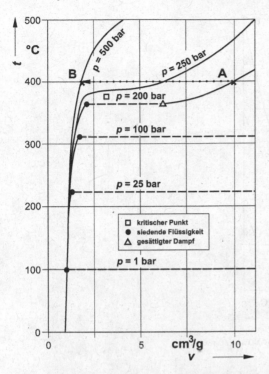

Abb. 2.13. Zustandsverlauf einiger Isobaren von Wasser im t, v-Diagramm

$t_{tr} = 0,01°C$ und $p_{tr} = 0,0061$ bar gekennzeichnet. Bei diesem Zustand koexistieren die drei Phasen Gas, Flüssigkeit und Feststoff. Die Temperatur von Wasser an seinem Tripelpunkt ist uns als Fixpunkt der Kelvin-Skala bereits im vorangegangenen Abschnitt begegnet. Wassergas bei einem Druck unter 0,0061 bar durchläuft bei isobarer Kühlung von 500°C kein Nassdampfgebiet, sondern geht direkt in den festen Zustand über. Umgekehrt geht festes Wasser, also Eis, bei einem Druck von weniger als 0,0061 bar und entsprechend niedriger Temperatur, bei Erwärmung direkt in das Gasgebiet über. Man spricht von Sublimation beim Übergang fest-gasförmig und von Desublimation beim Übergang gasförmig-fest. Das Koexistenzgebiet von Gas und Feststoff wird als Sublimationsgebiet bezeichnet. Bei Sublimation und Desublimation hängen Temperatur und Druck wieder funktional zusammen, und zwar durch die so genannte Sublimationsdruckkurve. Die Sublimationsdruckkurve endet zu hohen Temperaturen und Drücken am Tripelpunkt. Sie ist für Wasser in Abb. 2.14 gezeigt. Das spezifische Volumen im Sublimationsgebiet hängt von den relativen Massen von Gas und Feststoff ab und wird durch eine zu (2.20) analoge Gleichung aus diesen und den spezifischen Volumina des gesättigten Gases und des gesättigten Feststoffs beschrieben.

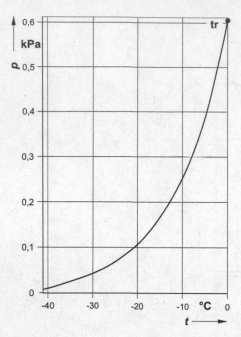

Abb. 2.14. Sublimationsdruckkurve von Wasser

2.2.5 Schmelzen und Erstarren

Kühlt man flüssiges Wasser bei 20°C und 1 bar ab, so bildet sich bei 0°C eine feste Phase, nämlich Wassereis. Bei weiterer Wärmeabfuhr, z.B. durch Aufenthalt in einer Umgebung unter 0°C, bildet sich bei Koexistenz von festem und flüssigem Wasser zunehmend Eis auf Kosten des flüssigen Wassers, bis schließlich alles flüssige Wasser in festes Wasser umgewandelt ist. Während dieser Umwandlung von flüssigem Wasser in festes Wasser bleibt die Temperatur konstant. Ist die Umwandlung abgeschlossen, so sinkt die Temperatur des festen Wassers. Erwärmt man umgekehrt festes Wasser bei 1 bar von Temperaturen unter 0°C, z.B. durch Kontakt mit einer Umgebung von 20°C, so steigt zunächst die Temperatur auf 0°C an. Das Eis beginnt bei weiterer Wärmezufuhr zu schmelzen, wobei die Temperatur konstant bleibt, bis das feste Wasser vollständig in flüssiges Wasser umgewandelt ist. Bei weiterer Erwärmung steigt die Temperatur des flüssigen Wassers bis zur Umgebungstemperatur an. Das Koexistenzgebiet von Flüssigkeit und Feststoff wird als Schmelzgebiet bezeichnet. Beim Schmelzen und Erstarren hängen Temperatur und Druck funktional durch die so genannte Schmelzdruckkurve zusammen. Die Druckabhängigkeit der Schmelz- bzw. Erstarrungstemperatur ist gering, d.h. die Schmelzdruckkurve bildet sich im p, t-Diagramm als nahezu senkrecht verlaufende Gerade ab. Für die meisten Reinstoffe nimmt die Schmelztemperatur mit steigendem Druck geringfügig zu. Wasser verhält sich in Bezug auf seine Schmelzdruckkurve insofern anormal, als seine Schmelztemperatur mit steigendem Druck geringfügig abnimmt. Der spezielle Verlauf der Schmelzdruckkurve von Wasser erklärt z.B., dass Eis durch hohen Druck zum Schmelzen gebracht werden kann und damit z.B. Schlittschuhläufer die bekannten Spuren hinterlassen. Bei den meisten Reinstoffen verringert sich das Volumen beim Erstarren. Wasser verhält sich auch in dieser Hinsicht anders, in dem es eine Zunahme des spezifischen Volumens beim Erstarren zeigt. Dieses Phänomen ist aus den alltäglichen Erfahrungen mit geplatzten Wasserleitungen im Winter hinlänglich bekannt. Die Schmelzdruckkurve endet bei niedrigen Drücken im Tripelpunkt. Ein oberes Ende der Schmelzdruckkurve bei hohen Drücken, d.h. ein Übergang von dem flüssigen in den festen Zustand ohne Durchlaufen des Schmelzgebiets, ist bisher nicht beobachtet worden. Das spezifische Volumen im Schmelzgebiet hängt von den relativen Massen von Flüssigkeit und Feststoff ab und wird mit diesen und den spezifischen Volumina der beiden Grenzkurven nach einer zu (2.20) analogen Beziehung beschrieben.

2.2.6 Das gesamte Zustandsgebiet

Die Abb. 2.15 zeigt schematisch die gemeinsame Darstellung von Dampfdruckkurve, Sublimationsdruckkurve und Schmelzdruckkurve im p, T-Diagramm für einen reinen Stoff. Das Volumen auf diesen Gleichgewichtsli-

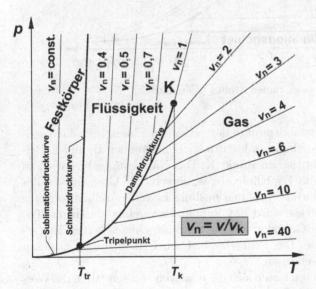

Abb. 2.15. p, T-Diagramm eines reinen Stoffes (schematisch)

nien wird durch die relativen Anteile der im Gleichgewicht stehenden Phasen bestimmt. Die Abb. 2.16 gibt einen schematischen Überblick über das gesamte $p - v - T$-Verhalten eines reinen Stoffes im p,v-Diagramm mit konstanten

Temperaturen. Diejenigen Gebiete, in denen mehrere Aggregatzustände miteinander koexistieren, bilden sich in dieser Darstellung auf Grund des dabei variablen spezifischen Volumens als Flächen ab. Die Grenzkurven des Nassdampfgebiets werden als Siedelinie bzw. Taulinie bezeichnet. Die Siedelinie

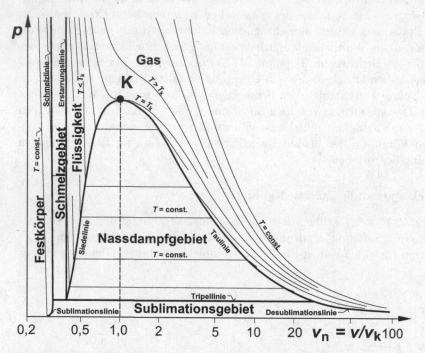

Abb. 2.16. p, v-Diagramm eines reinen Stoffes (schematisch)

ist die Verbindung aller Zustandspunkte der siedenden Flüssigkeit, die Taulinie die Verbindung aller Zustandspunkte des kondensierenden Dampfes. Beide Linien treffen sich im kritischen Punkt K. Das Nassdampfgebiet wird zu niedrigen Drücken durch die Tripellinie abgeschlossen. Die Grenzkurven des Sublimationsgebiets werden als Sublimationslinie bzw. Desublimationslinie bezeichnet. Zu hohen Drücken wird das Sublimationsgebiet durch die Tripellinie abgeschlossen. Die Grenzkurven des Schmelzgebietes heißen Erstarrungslinie und Schmelzlinie. Das Schmelzgebiet wird zu niedrigen Drücken durch die Tripellinie abgeschlossen.

In den Zweiphasengebieten lassen sich die relativen Massen durch die Werte der Zustandsgrößen auf den Grenzkurven ausdrücken. So verhalten sich die Massen von gesättigtem Dampf und siedender Flüssigkeit im Nassdampfgebiet zueinander nach der Beziehung

$$\frac{m''}{m'} = \frac{x}{1-x} \, , \tag{2.21}$$

was nach (2.20) auch

$$\frac{m''}{m'} = \frac{v - v'}{v'' - v} \tag{2.22}$$

bedeutet. Danach teilt sich in dem Koexistenzgebiet von siedender Flüssigkeit und gesättigtem Dampf des p, v-Diagramms die Verbindungslinie zwischen Siede- und Taulinie im Verhältnis der Massen auf. Da die Materiemenge der Flüssigkeit nach (2.22) durch die Strecke bis zur Taulinie und die des Dampfes durch die Strecke bis zur Siedelinie repräsentiert wird, spricht man vom Gesetz der abgewandten Hebelarme, oder einfacher, vom Hebelgesetz. Die Abb. 2.17 zeigt das Hebelgesetz für das Koexistenzgebiet von Dampf und Flüssigkeit im p, v-Diagramm. Entsprechende Darstellungen gelten für andere Koexistenzgebiete.

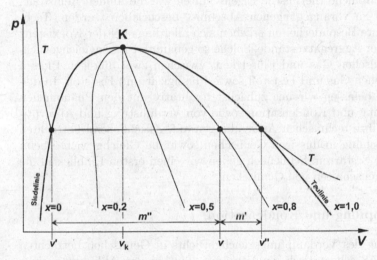

Abb. 2.17. Zum Hebelgesetz

2.3 Gemische

Die Rohstoffe der Erde, z.B. Luft, Wasser oder auch Erdöl, sind in der Regel Gemische. Durch geeignete Stoffumwandlungen werden aus ihnen andere Gemische oder Reinstoffe mit gewünschtem Eigenschaftsprofil erzeugt. Auch durch Vermischen von Reinstoffen in definierten Mengen lassen sich Gemische mit gewünschtem Eigenschaftsprofil erzeugen. So entsteht durch Vermischen von reinem Wasserstoff und reinem Stickstoff ein reaktionsfähiges Gemisch, in dem Ammoniak gebildet wird. Zur thermodynamischen Analyse der entsprechenden Umwandlungsprozesse benötigt man Kenntnisse über das qualitative und quantitative Verhalten von Gemischen.

Die Eigenschaften einer bestimmten Materiemenge eines fluiden Gemisches hängen außer von der Temperatur und dem Druck auch noch von der Zusammensetzung ab. So gilt z.B. für das spezifische Volumen eines Sauerstoff/Stickstoff-Gemisches die grundsätzliche Abhängigkeit

$$v = v(t, p, w_2) \ ,$$

wobei w_2 der Massenanteil des Stickstoffs im Gemisch ist und die Abhängigkeit von w_1 wegen $w_1 = 1 - w_2$ bereits durch w_2 berücksichtigt wird. Mit zunehmender Komponentenzahl wird die Beschreibung der Eigenschaften fluider Gemische zunehmend komplizierter. Die wesentlichen Phänomene lassen sich aber bereits an einfachen Gemischen aus zwei Komponenten erläutern.

Auch Gemische können als Gase oder Flüssigkeiten auftreten und haben als solche ähnliche thermische Eigenschaften wie die fluiden Reinstoffe, wie sie bereits im vorangegangenen Abschnitt beschrieben wurden. Technisch interessante Besonderheiten ergeben sich allerdings bei der Koexistenz unterschiedlicher Aggregatzustände. Solche so genannte Phasengleichgewichte bestehen zwischen Gas und Flüssigkeit, zwischen zwei flüssigen Phasen und auch zwischen Gas und Feststoff sowie Flüssigkeit und Feststoff. In diesem Abschnitt befassen wir uns zunächst qualitativ mit den Phänomenen von Verdampfung und Kondensation sowie von Verdunstung und Absorption und zeigen ihre technischen Anwendungen auf. Anschließend betrachten wir die Entmischung in flüssigen Gemischen sowie die Gleichgewichte beim Schmelzen und Erstarren. Schließlich geben wir einen ersten Einblick in die chemischen Eigenschaften von Gemischen.

2.3.1 Verdampfung und Kondensation

Zur Erläuterung des Verdampfungsgleichgewichts in Gemischen betrachten wir in Abb. 2.18 schematisch die Vorgänge, die bei der Abkühlung eines zunächst gasförmigen binären Gemisches aus Sauerstoff mit dem Stoffmengenanteil $x_{O2} = 0,21$ und Stickstoff mit dem Stoffmengenanteil $x_{N2} = 0,79$ bei $p = 1,01325$ bar ablaufen. Dieses System ist ein einfaches Modellsystem für trockene Luft. Das Gasgemisch kühlt sich zunächst, ausgehend vom Punkt 1 bei Raumtemperatur, unter Volumenverringerung ab. Am Punkt 2, bei einer Temperatur von etwa $t = -191°C$, der Kondensationstemperatur, stellt man fest, dass erste Flüssigkeitströpfchen entstehen, die unter dem Einfluss der Schwerkraft zu Boden sinken und dort eine zusammenhängende, siedende Flüssigkeit bilden. Bei weiterer Abkühlung beobachtet man, dass, während flüssiges Gemisch und gasförmiges Gemisch gemeinsam existieren, mit fortschreitender Wärmeabfuhr die Gasmenge zu Gunsten der Flüssigkeitsmenge abnimmt. Dabei reduziert sich wiederum das Gesamtvolumen. Die Kondensation ist im Punkt 4 bei der Siedetemperatur abgeschlossen. Diese Phänomene entsprechen grundsätzlich denen bei reinen

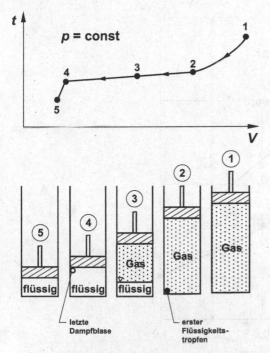

Abb. 2.18. Zur Kondensation von Gemischen (schematisch)

Stoffen. Anders als bei einem reinem Stoff bleibt in einem Gemisch aber die Temperatur bei der isobaren Kondensation zwischen den Punkten 2 und 4, die den Bereich der Koexistenz von Gas und Flüssigkeit umschließen, nicht konstant, sondern nimmt ab. Im Punkt 4 ist der letzte Dampf verschwunden. Die Temperatur des siedenden flüssigen Gemisches hat nun einen Wert von etwa $t = -194°C$. Bei weiterer Abkühlung auf $t = -200°C$ am Punkt 5 verringert sich das spezifische Volumen der Flüssigkeit weiter geringfügig. Der umgekehrte Prozess lässt sich beobachten, wenn man ein flüssiges Gemisch mit einem Stoffmengenanteil von 21 % Sauerstoff und einem Stoffmengenanteil von 79 % Stickstoff bei $-200°C$ und 1 bar erwärmt. Bei etwa $-194°C$ beginnt die Flüssigkeit zu sieden. Bei weiterer Erwärmung bildet sich zunehmend Dampf auf Kosten der Flüssigkeit, bis schließlich bei etwa $-191°C$ der letzte Flüssigkeitstropfen verschwunden ist. Der Temperaturbereich, in dem Flüssigkeit und Dampf koexistieren, hängt bei konstantem Druck von der Zusammensetzung ab. Führt man den Prozess bei unterschiedlichen Zusammensetzungen durch und trägt die Siede- und Kondensationstemperaturen über der Zusammensetzung auf, so erhält man ein Diagramm, wie es in Abb. 2.19 für das O_2/N_2-System gezeigt ist. Es wird als Siedediagramm bezeichnet und stellt das isobare Verdampfungsgleichgewicht dar. Genauer handelt es sich um ein Verdampfungs-/Kondensationsgleichgewicht, da beide Vorgänge, Verdampfung und Kondensation, zu einem dynamischen Gleichgewichtszustand

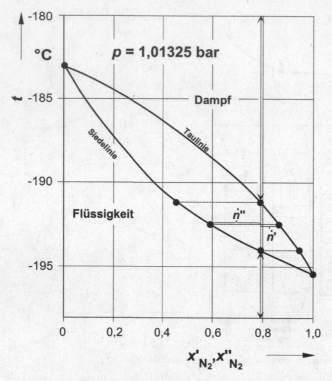

Abb. 2.19. Das Siedediagramm des Systems O_2-N_2 bei $p = 1,01325$ bar

zwischen dampfförmiger und flüssiger Phase führen. Auf der Abszisse ist der Stoffmengenanteil des Stickstoffs in Dampf und Flüssigkeit aufgetragen. Die Siedelinie $t(x'_{N2})$ verbindet die Siedetemperaturen des Flüssigkeitsgemisches in Abhängigkeit von seiner Zusammensetzung, wobei x'_{N2} der Stoffmengenanteil der Komponente Stickstoff in der siedenden Flüssigkeit ist. Die Taulinie $t(x''_{N2})$ verbindet die Kondensationstemperaturen des gesättigten Dampfes, mit x''_{N2} als dem Stoffmengenanteil der Komponente Stickstoff im gesättigten Dampf. Beide Linien treffen sich auf den beiden Ordinaten an den Siedetemperaturen von reinem Sauerstoff bzw. reinem Stickstoff bei dem Gesamtdruck von 1,01325 bar. Besonders wichtig für die technische Anwendung ist die Tatsache, dass bei festen Werten von Druck und Temperatur Dampf und Flüssigkeit im Koexistenzgebiet unterschiedliche Zusammensetzungen haben. So entsteht z.B. bei $p = 1,01325$ bar und $t = -191°C$ aus einem gesättigten Dampf mit einem Stoffmengenanteil von 21% Sauerstoff und 79% Stickstoff ein siedender Kondensattropfen mit einem Stoffmengenanteil von etwa 55% Sauerstoff und 45% Stickstoff. Der Sauerstoff reichert sich also bei einer Kondensation in der Flüssigkeit an. Bei weiterer Wärmeabfuhr entsteht zunehmend Kondensat, bis schließlich der gesamte Dampf in ein Kondensat der ursprünglichen Zusammensetzung umgewandelt ist. Umgekehrt reichert sich der Stickstoff bei einer Verdampfung im Dampf an. Man bezeichnet daher den Stickstoff in einem Sauerstoff/Stickstoff-Gemisch als die leichter flüchtige oder leichter siedende Komponente. Sie flieht bei Erhitzung leichter, d.h. mit größerem Anteil, in den Dampf. Umgekehrt bezeichnet man den Sauerstoff in diesem Gemisch als die schwerer flüchtige oder auch schwerer siedende Komponente.

Wie bei den Reinstoffen, so kann man auch bei Gemischen durch Druckänderung bei konstanter Temperatur vom homogenen Gasgebiet in das Nassdampfgebiet gelangen. Die Abb. 2.20 zeigt am Beispiel des Systems O_2/N_2 die Darstellung eines solchen Vorgangs im so genannten Dampfdruckdiagramm, in dem der Druck über dem Stoffmengenanteil einer Komponente für eine konstante Temperatur aufgetragen ist. Gehen wir von einer

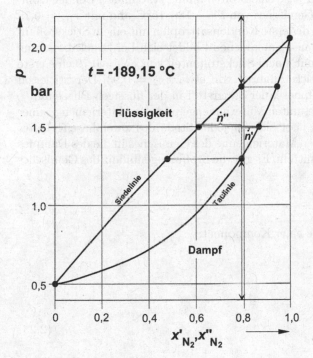

Abb. 2.20. Das Dampfdruckdiagramm des Systems $O_2 - N_2$ bei t =-189,15 °C

gasförmigen Mischung von Stickstoff und Sauerstoff mit einem Stoffmengenanteil des Stickstoffs von 79 % bei $-189,15°C$ und einem Druck von 1 bar aus, so erreichen wir bei einem Druck von etwa 1,27 bar die Taulinie, bei der das erste Kondensat ausfällt. Bei weiterer Kompression fällt zunehmend Kondensat zu Lasten des Dampfes aus, bis schließlich bei etwa $p = 1,75$ bar der letzte Dampf verschwunden ist und daher ein homogenes flüssiges Gemisch aus Sauerstoff und Stickstoff mit der ursprünglichen Zusammensetzung vorliegt.

Analog, aber umgekehrt, gelangt man aus einem komprimierten flüssigen Gemisch aus Sauerstoff und Stickstoff mit einem Stoffmengenanteil des Stickstoffs von 79 % bei $-189,15°C$ und $p = 2$ bar durch Senkung des Druckes bei etwa $p = 1,75$ bar auf die Siedelinie, wobei sich eine erste Dampfblase bildet. Bei weiterer Druckabsenkung bildet sich zunehmend Dampf auf Kosten der Flüssigkeit, bis schließlich bei etwa 1,27 bar der letzte Flüssigkeitstropfen verdampft ist und eine homogene Gasphase der ursprünglichen Zusammensetzung vorliegt. Im Unterschied zum Verhalten von Reinstoffen bleibt der Druck während des isothermen Kondensations- bzw. Verdampfungsvorgangs in Gemischen nicht konstant. Das gesamte Dampfdruckdiagramm erhält man, wenn man diesen Prozess bei konstanter Temperatur mit unterschiedlichen Ausgangszusammensetzungen wiederholt. Wieder erkennt man, dass bei der Entstehung einer zweiten Phase eine Stofftrennung stattfindet. Bei der Kompression des gasförmigen Gemisches von $t = -189,15°C$ und mit $x_{N2} = 0,79$ fällt bei der Kondensation der erste Kondensattropfen mit einem Stickstoffanteil von etwa $x_{N2} = 0,46$ aus. Entsprechend bildet sich bei Druckabsenkung aus einer flüssigen Phase mit einem Stickstoffanteil von $x_{N2} = 0,79$ eine erste Dampfblase mit einem Stickstoffanteil von etwa $x_{N2} = 0,93$. Der Stickstoff reichert sich in der Dampfphase, der Sauerstoff in der flüssigen Phase an.

Aus einer Bilanz der gesamten Materiemenge und der Materiemenge einer der beiden Komponenten lässt sich an jeder Stelle des Zweiphasengebietes die Aufteilung der gesamten Materiemenge des Gemisches in die des Dampfes und die der Flüssigkeit ermitteln. Es gilt die Stoffmengenbilanz des Gemisches in der Form

$$\dot{n} = \dot{n}'' + \dot{n}' \; ,$$

und die für die Stoffmenge einer Komponente

$$\dot{n}x = \dot{n}''x'' + \dot{n}'x' \; .$$

Aus beiden Bilanzen folgt

$$\frac{\dot{n}''}{\dot{n}'} = \frac{x - x'}{x'' - x} \; . \tag{2.23}$$

Diese Beziehung, die der Beziehung (2.22) für Reinstoffe entspricht, wird auch hier als Hebelgesetz, bzw. als Gesetz von den abgewandten Hebelarmen bezeichnet. Sie ist in den Abb. 2.19 und 2.20 dargestellt und sagt aus, dass sich die Verbindungslinie koexistierender Zustände auf Siede- und Taulinie in dem Verhältnis der Stoffmengen von Dampf und Flüssigkeit aufteilt. Die Strecke von der Gemischzusammensetzung zur Siedelinie ist der Stoffmenge des Dampfes und die Strecke von der Gemischzusammensetzung zur Taulinie der Stoffmenge der Flüssigkeit proportional. Die Anreicherung der leichter siedenden Komponente im Dampf beschreibt man durch die relative Flüchtigkeit α, nach

$$\alpha = \frac{x''/x'}{(1-x'')/(1-x')} \ . \tag{2.24}$$

Das Verdampfungsgleichgewicht des Systems O_2 - N_2 repräsentiert einen besonders einfachen Fall. Unterschiedliche Gemische können recht unterschiedliche Verläufe der Phasengrenzkurven aufweisen, vgl. Abb. 2.21. Häufig

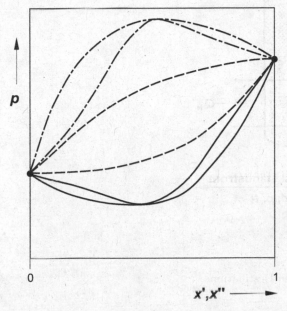

Abb. 2.21. Unterschiedliche Verläufe von Siede- und Taulinien im Verdampfungsgleichgewicht ($T = $ const.)

sind Systeme mit stark aufgeweitetem Zweiphasengebiet, wie durch die gestrichelten Phasengrenzkurven dargestellt. Auch Verläufe mit einem Maximum bzw. einem Minimum sind bekannt. Man spricht von azeotropen Punkten. Wie bei den Reinstoffen, so existiert auch bei Gemischen das Koexistenzgebiet von Flüssigkeit und Dampf nur in begrenzten Bereichen von Temperatur und Druck. Zu hohen Temperaturen und Drücken wird es durch kritische Phänomene begrenzt. Bei niedrigen Temperaturen und Drücken treten Schmelz- und Sublimationsgebiete auf. Dabei kommt es zu einer großen Vielfalt technisch nutzbarer Phasengleichgewichte.

Das Phänomen der Anreicherung einer Komponente im Dampf und der anderen in der Flüssigkeit bei der teilweisen Verdampfung und Kondensation hat eine große technische Bedeutung. Es kann zur Trennung eines binären Gemisches in seine reinen Komponenten genutzt werden. Zur Erläuterung betrachten wir das Schema einer stetigen Destillation in Abb. 2.22. Die stetige Destillation ist ein thermisches Trennverfahren, bei dem ein flüssiges Gemisch

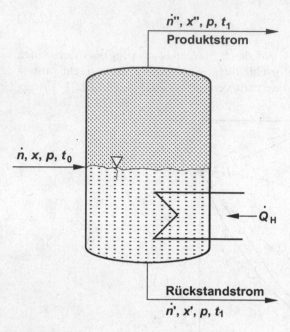

$\dot{n}'', x'', p, t_1$
Produktstrom

$\dot{n}, x, p, t_0$

$\overset{\leftarrow}{\dot{Q}_H}$

Rückstandstrom
$\dot{n}', x', p, t_1$

gesättigter Dampf

siedene Flüssigkeit

Abb. 2.22. Schema einer stetigen Destillation

mit einem bestimmten Stoffmengenanteil x an leichter flüchtiger Komponente unter Zufuhr des Wärmestromes $\dot{Q}_H$ kontinuierlich in einen Dampfstrom und einen Restflüssigkeitsstrom aufgespalten wird. Es findet also eine Teilverdampfung statt, und die beiden Phasen, Dampf und Flüssigkeit, werden getrennt aus dem Apparat abgeführt. Auf Grund des Verdampfungsprozesses ergibt sich dabei eine Stofftrennung. In einem binären System reichert sich die leichter siedende Komponente in der Dampfphase, die schwerer siedende Komponente hingegen in der Flüssigkeitsphase an. Die Dampfphase ist in der Regel der Produktstrom, die flüssige Phase der Rückstandstrom. Die thermodynamische Analyse dieser thermischen Stoffumwandlung geht davon aus, dass im betrachteten Apparat der Grenzfall des Verdampfungsgleichgewichts erreicht wird. Die isobare Zustandsänderung bei der stetigen Destillation lässt sich dann im Siedediagramm verfolgen, vgl. Abb. 2.23. Das flüssige Zulaufgemisch hat die Zusammensetzung x, wobei mit x der Stoffmengenanteil der leichter siedenden Komponente gemeint ist. Im Falle eines Sauerstoff/Stickstoff-Gemisches ist x daher der Stoffmengenanteil des Stickstoffs. Das Zulaufgemisch ist in der Regel nicht im Siedezustand, sondern unterkühlt bei der Temperatur t_0. Durch Wärmezufuhr erhöht sich zunächst

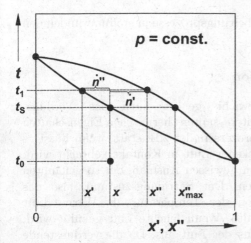

Abb. 2.23. Stofftrennung bei stetiger Destillation im Siedediagramm

bei konstanter Zusammensetzung die Temperatur des Gemisches bis zum Siedezustand mit der Temperatur t_S, bei dem eine erste Dampfblase mit der Zusammensetzung x''_{max} entsteht. Diesem maximal erreichbaren Stoffmengenanteil an leichter siedender Komponente im Produktstrom entspricht ein Mengenstrom an Dampf von praktisch Null. Bei weiterer Wärmezufuhr verläuft die Zustandsänderung im Zweiphasengebiet unter kontinuierlicher Dampfproduktion bis zu einer Temperatur t_1, die gerade die gemeinsame Austrittstemperatur von Produktstrom und Rückstandstrom aus dem Apparat sein möge. Die Zusammensetzung des Dampfes ändert sich dabei von x''_{max} nach x'', die der Flüssigkeit von x nach x'. Beim Verlassen des Apparates ist der Dampf an leichter siedender Komponente und die Flüssigkeit an schwerer siedender Komponente angereichert, wobei das Ausmaß der Stofftrennung durch die spezielle Form von Siede- bzw. Taulinie gegeben ist. Das Verhältnis von Dampf- und Flüssigkeitsmenge ist aus dem Hebelgesetz abzulesen. Die Temperatur t_1 der austretenden Stoffströme ist grundsätzlich höher als die Temperatur t_0 des Zulaufs. Eine Stufe der stetigen Destillation genügt in der Regel nicht, um die gewünschte Anreicherung der leichter siedenden Komponente im Dampf oder der schwerer siedenden Komponente in der Flüssigkeit zu erzielen. Durch eine geeignete Hintereinanderschaltung solcher Trennstufen ist jedoch prinzipiell eine Trennung eines binären Zulaufgemisches in seine beiden reinen Komponenten möglich. Das hier für ein binäres System prinzipiell erläuterte Trennverfahren der Destillation erlaubt auch die Trennung von Vielkomponentensystemen. Es wird z.B. zur Raffination von Erdöl bei der Produktion von Benzin, leichtem Heizöl und anderen so genannten Fraktionen des Rohöls eingesetzt. Es ist auch die Basis der Produktion von Sauerstoff bzw. Stickstoff und anderen Luftinhaltsstoffen aus

Luft sowie zahlreicher analoger Aufarbeitungsprozesse in stoffumwandelnden Anlagen.

2.3.2 Verdunstung und Absorption

Neben dem Verdampfungsgleichgewicht gehört auch das Verdunstungsgleichgewicht zu den technisch interessanten thermischen Eigenschaften fluider Gemische. Ein Verdunstungsprozess findet z.B. statt, wenn flüssiges Wasser bei 20°C und 1 bar mit trockener Luft in Kontakt gebracht wird. Die Luft kann sich dann bis zu einem gewissen Ausmaß, der so genannten Sättigung, mit Wasserdampf beladen. Der Sättigungszustand, also das Verdunstungsgleichgewicht, hängt von der Temperatur ab. Warme Luft kann mehr Wasser aufnehmen als kalte. Wenn feuchte Luft gekühlt wird, fällt entsprechend flüssiges Wasser aus der Luft aus. Da die verdunstende Komponente in der Gasphase in der Nähe ihrer Taulinie vorliegt, wird sie auch als Dampf bezeichnet und die Gasphase bei Verdunstungsprozessen als Gas/Dampf-Gemisch. Beim Kontakt von trockener Luft mit Wasser findet aber nicht nur eine Verdunstung von Wasser in Luft statt, sondern gleichzeitig eine Absorption von Luft in Wasser. Im Gleichgewicht ist also eine bestimmte Menge Wasser in der Luft, aber auch eine bestimmte Menge der Luft im Wasser gelöst. Im Verdunstungs-/Absorptionsgleichgewicht sind somit wie auch im Verdampfungs-/Kondensationsgleichgewicht alle beteiligten Komponenten sowohl in der Gasphase als auch in der flüssigen Phase vertreten.

Verdunstung spielt z.B. in der Trocknungstechnik eine entscheidende Rolle. Die Abb. 2.24 zeigt das Schaltschema einer Trocknung. Ein nasses Gut,

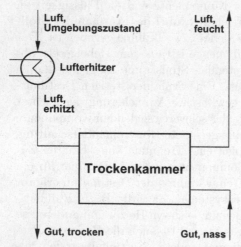

Abb. 2.24. Schaltschema einer Trocknung

z.B. nasse Ton-Formlinge in einer Ziegelei, werden in einer Trockenkammer vom größten Teil ihrer Wasserfracht befreit. Dazu wird Luft vom Umgebungszustand in einem Lufterhitzer auf eine erhöhte Temperatur gebracht. Damit erhöht sich ihre Aufnahmefähigkeit für das Wasser der Formlinge, das in den warmen Luftstrom verdunstet. Die gleichzeitig ablaufende Absorption von Luft im Wasser der Formlinge ist praktisch vernachlässigbar. Demgegenüber hat bei der Gasreinigung die Absorption, d.h. die Lösung einer Gaskomponente in einer Flüssigkeit, eine große Bedeutung. Die Abb. 2.25 zeigt das Schaltschema eines Absorbers. Das Rohgas, beladen mit Schadstoffen, wird in dem Apparat mit einem Waschmittel, im einfachsten Fall Wasser, in Kontakt gebracht. Die Schadstoffe gehen durch Absorption aus dem

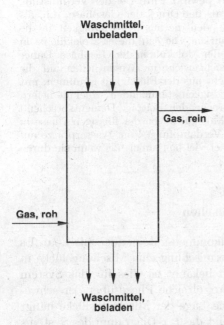

Abb. 2.25. Schaltschema eines Absorbers

Gas in das Waschmittel über, und das Gas verlässt als Reingas den Absorber.

Sowohl beim Verdampfungs-/Kondensations- wie auch beim Verdunstungs-/-Absorptionsgleichgewicht handelt es sich um das Phasengleichgewicht zwischen einer Gasphase und einer flüssigen Phase. Allerdings besteht bei einem typischen binären Verdunstungs-/Absorptionsgleichgewicht, z.B. Wasser-Stickstoff, die flüssige Phase nahezu ausschließlich aus der schwerer siedenden Komponente, also dem Wasser, und die Gasphase nahezu ausschließlich aus der leichter siedenden Komponente, also dem Stickstoff. Beim typischen Verdampfungs-/-Kondensationsgleichgewicht hingegen sind die beiden Komponenten wesentlich gleichmäßiger auf die beiden Phasen verteilt. Prinzipiell handelt es sich bei der Verdampfung und Verdunstung um thermodynamisch ganz unterschiedliche Prozesse. Dies zeigt sich bereits am äußeren Erscheinungsbild. Beim Verdampfen siedet das flüssige Gemisch, beim Verdunsten hingegen nicht. Beim Verdampfen bildet sich die Gasphase ausschließlich aus den im flüssigen Gemisch ursprünglich vorhandenen Komponenten. Die beim Verdunsten in der Gasphase auftretenden Komponenten stammen dagegen nur zu einem kleinen Anteil aus der Flüssigkeit, z.B. das Wasser bei mit Wasser gesättigter feuchter Luft. Zum überwiegenden Teil gehören sie zu einem bereits zu Beginn der Verdunstung vorhandenen Gasgemisch, z.B. der trockenen Luft. Auch auf atomistischer Ebene unterscheiden sich Verdampfung und Verdunstung. In beiden Prozessen kommt der Dampfdruck der flüssigen Phase durch die Stöße ihrer Moleküle mit der Phasengrenzfläche zustande und ist ein Maß für ihre Fähigkeit, von der flüssigen Phase in die Gasphase überzugehen. Bei der Verdampfung ist der Dampfdruck nach Abschn. 2.2.2 gerade gleich dem Druck der Gasphase. Damit ist er auch gleich dem Gesamtdruck, der durch die Stöße der aus der Flüssigkeit stammenden Moleküle in der Dampfphase mit den Behälterwänden bewirkt wird. Bei der Verdunstung hingegen ist der Dampfdruck viel niedriger als der Druck der Gasphase, d.h. als der Gesamtdruck. Er entspricht dem Druck, den die aus der Flüssigkeit in die Gasphase übergegangenen Moleküle dort bewirken. Die Zahl dieser Moleküle ist in der Regel klein im Vergleich zur Gesamtzahl der Moleküle in der Gasphase. Daher ist der Gesamtdruck beim Verdunstungsgleichgewicht im Wesentlichen auf die molekularen Stöße der Komponenten, die nicht aus der Flüssigkeit stammen, mit den Wänden zurückzuführen. Die aus der Flüssigkeit stammenden Moleküle liefern nur einen geringen, dem Dampfdruck entsprechenden Beitrag. Dementsprechend ist bei der Verdunstung der Übergang von Molekülen von der flüssigen Phase in die Gasphase viel weniger heftig als bei der Verdampfung. Eine Wasserpfütze auf der Straße bei Umgebungstemperatur trocknet viel langsamer, als wenn sie durch Erhitzen zum Sieden gebracht würde.

2.3.3 Entmischung in flüssigen Gemischen

Viele Stoffe sind im flüssigen Zustand vollkommen miteinander mischbar. Es gibt jedoch auch Fluide, die bei einer Vermischung eine Mischungslücke in der flüssigen Phase aufweisen. Allgemein bekannt ist dies für das System Öl-Wasser, bei dem die spezifisch leichtere, ölreiche Phase über der schwereren, wasserreichen Phase schwimmt. Die Lage der Mischungslücke hängt von der Temperatur ab. Die Abb. 2.26 zeigt das t, x-Diagramm des Systems Heptan-Methanol mit einer oberen kritischen Entmischungstemperatur für einen festen Druck. Da der Druck auf die thermodynamischen Eigenschaften von Flüssigkeiten kaum einen Einfluss hat, wird er bei Diagrammen dieser Art in der Regel gar nicht angegeben bzw. als normaler Atmosphärendruck angesehen. Fügt man flüssigem Heptan bei 26°C flüssiges Methanol zu, so bildet sich zunächst eine flüssige Mischphase, bis der Stoffmengenanteil des Methanols etwa 0,1 beträgt. Bei weiterer Zugabe von Methanol bildet sich über der methanolarmen Heptan-Phase α ein zweiter homogener Flüssigkeitsbereich, nämlich eine heptanarme Methanolphase β mit einem Stoffmengenanteil an Methanol von etwa 0,9. Es findet also eine Entmischung statt, d.h. das ursprünglich homogene flüssige Gemisch trennt sich in zwei flüssige Phasen auf. Man spricht von einer Mischungslücke. Die Mischungslücke hängt von der Temperatur ab. Erhöht man die Temperatur, so verschwindet die Pha-

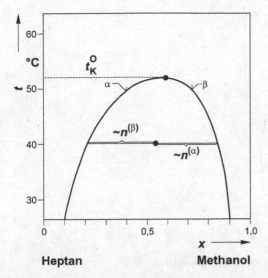

Abb. 2.26. Flüssig-flüssig Gleichgewicht (Heptan-Methanol)

sengrenze, und es entsteht wieder eine homogene flüssige Mischphase. Eine Entmischung findet erst wieder statt, wenn man weiteres Methanol hinzufügt, bei 40°C z.B. bis zu einem Stoffmengenanteil von $x = 0,22$. Man kann auf diese Weise die Löslichkeitsgrenzen von Methanol in Heptan und von Heptan in Methanol experimentell bestimmen. Beide Löslichkeitsgrenzen nähern sich bei diesem System mit steigender Temperatur einander an und treffen bei einer bestimmten Temperatur, der oberen kritischen Entmischungstemperatur t_K^0, zusammen. Bei höheren Temperaturen sind Methanol und Heptan in beliebigen Anteilen miteinander mischbar. Die jeweiligen Mengenanteile der beiden Phasen ergeben sich wie beim Verdampfungsgleichgewicht aus dem Hebelgesetz und können grafisch dargestellt werden, vgl. Abb. 2.26. In den meisten Gemischen nimmt die Löslichkeit einer flüssigen Komponente in einer anderen wie bei Heptan-Methanol mit der Temperatur zu. Es gibt jedoch auch Systeme mit ganz anderem Verhalten, z.B. solche mit einer unteren kritischen Entmischungstemperatur t_K^U oder solche mit einer geschlossenen Mischungslücke. Abb. 2.27 zeigt eine Zusammenstellung der häufigsten Typen von Entmischungsgleichgewichten.

Entmischung in flüssigen Phasen hat eine große technische Bedeutung. Sie ist die Grundlage eines weiteren speziellen Stofftrennverfahrens, nämlich der Extraktion. Will man z.B. aus einem flüssigen Gemisch aus Toluol und Essigsäure, das durch Destillation nicht trennbar ist, das Toluol rein gewinnen, so fügt man dem Gemisch flüssiges Wasser zu. Dabei ergeben sich durch Entmischung zwei flüssige Phasen, von denen eine an Toluol angereichert ist. Durch weitere Zufuhr von Wasser zu dieser Phase erhält man schließlich ein toluolreiches Toluol/Wasser-Gemisch, das leicht durch Destillation

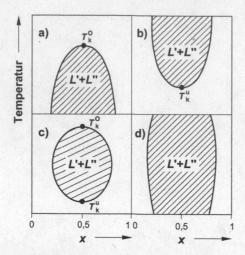

Abb. 2.27. Unterschiedliche Entmischungsgleichgewichte

in seine Komponenten zerlegt werden kann. Über die Nutzung in dem Stofftrennverfahren Extraktion hinaus ist die Entmischung ein prozesstechnisch häufig unerwünschtes Phänomen, dessen Kenntnis zur Vermeidung von Anlagenstörfällen wichtig ist.

2.3.4 Schmelzen und Erstarren in Gemischen

Wie die Reinstoffe so können auch Gemische erstarren und schmelzen. Wiederum kommt es dabei zu technisch interessanten Phänomenen. Die Abb. 2.28 zeigt das Schmelz- bzw. Erstarrungsdiagramm einer wässrigen Kochsalzlösung. Die bei der Erstarrung im Bereich kleiner Salzgehalte ausfallende feste Phase besteht hier aus praktisch reinen Wassereiskristallen. Die so genannte Soliduslinie als Grenzkurve zwischen dem Feststoff und dem Zweiphasengebiet aus Feststoff und Flüssigkeit fällt daher mit der Wasserordinate zusammen. Verfolgt man die Abkühlung der Salzlösung von Punkt 1, so gelangt man bei konstanter Zusammensetzung zum Punkt 2 auf der Liquidus-Linie als Grenzkurve zwischen der Flüssigkeit und dem Zweiphasengebiet, bei dem erstmals reines Wassereis ausfällt. Bei noch weiterer Abkühlung erreicht man den Punkt 3 im Zweiphasengebiet, in dem die feste Wasserphase 4 mit der Lösung 5 im Gleichgewicht steht. Bei weiterer Abkühlung gelangt man schließlich mit dem Zustand der Lösung zum Punkt E, in dem auch Salzkristalle 7 entstehen. Der Feststoff ist nun keine Phase mehr, sondern ein heterogenes Gemenge aus Salz- und Eiskristallen. Im Punkt E stehen also drei Phasen im Gleichgewicht, die feste Wasserphase 6, die feste Salzphase 7 und die Lösung E. Man bezeichnet E als den eutektischen Punkt. Weitere Abkühlung bringt die Lösung zum Verschwinden und führt auf ein Gemenge von Eis- und Salzkristallen. Geht man vom Punkt a aus, so erreicht man

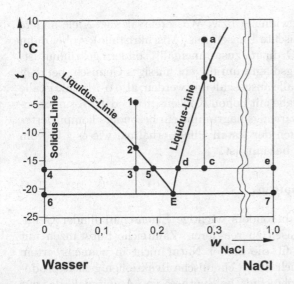

Abb. 2.28. Schmelz- und Erstarrungsdiagramm des Systems H$_2$O-NaCl

durch Abkühlung den Punkt b auf der Löslichkeitskurve des NaCl, und es fallen reine Salzkristalle aus. Bei weiterer Abkühlung wandert der Zustand der Lösung entlang der Löslichkeitskurve von NaCl in Wasser bis zum Eutektikum E, an dem zusätzlich Eiskristalle in Erscheinung treten.

Viele Gemische haben wie H$_2$O-NaCl die Eigenschaft, beim Erstarren praktisch reine feste Phasen auszubilden. Dies kann man im thermischen Stofftrennverfahren der Kristallisation technisch nutzen, z.B. bei der

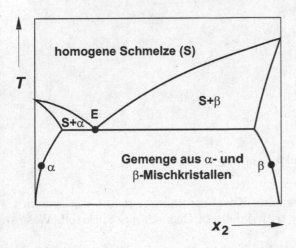

Abb. 2.29. Schmelz- und Erstarrungsgleichgewicht mit Mischkristallbildung (z.B. Blei-Antimon)

H_2O/NaCl-Lösung zur Salzgewinnung bzw. Wasserentsalzung. Viele andere Systeme scheiden jedoch gemischte Phasen aus (Mischkristalle), wobei dann die Soliduslinie nicht mit der Ordinate zusammenfällt, sondern gekrümmt ist. Abb. 2.29 zeigt ein Erstarrungsdiagramm für ein flüssiges Gemisch, bei dem aus der Schmelze S Mischkristalle ausgeschieden werden, also α-Mischkristalle mit geringer und β-Mischkristalle mit hohen Konzentrationen der Komponente 2. Im Übrigen können Erstarrungsdiagramme ein besonders kompliziertes Aussehen durch Umwandlungen der festen Phase erhalten, wie es z.B. vom Eisen/Kohlenstoff-Diagramm bekannt ist.

2.3.5 Chemische Eigenschaften

Eine für Stoffumwandlungen besonders wichtige Eigenschaft fluider Gemische ist ihre Fähigkeit, chemisch zu reagieren. Zahlreiche Substanzen mit gewünschtem Eigenschaftsprofil, die in der Natur nicht in nennenswertem Umfang vorkommen, lassen sich durch chemische Reaktionen gezielt produzieren. Ein Beispiel ist die großtechnische Synthese von Ammoniak, das zur Produktion von Stickstoffdünger gebraucht wird, aus Stickstoff und Wasserstoff, vgl. Abb. 2.30. In den Reaktor tritt ein Gemisch aus Stickstoff und

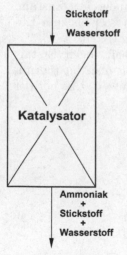

Abb. 2.30. Schema der Ammoniak-Synthese

Wasserstoff ein. Unter Einfluss eines Katalysators reagiert es teilweise zum Ammoniak. Aus dem Reaktor tritt daher ein Gemisch aus Stickstoff, Wasserstoff und Ammoniak aus.

Eine einfache formale Beschreibung solcher chemischer Reaktionen erfolgt durch die so genannte Bruttoreaktion. So lässt sich die Reaktion von den Edukten Stickstoff und Wasserstoff zu dem Produkt Ammoniak z.B. durch die Bruttoreaktionsgleichung

$$N_2 + 3\,H_2 \rightleftharpoons 2\,NH_3$$

beschreiben. Diese Reaktionsgleichung ist keine Gleichung im üblichen Sinne. Auf der linken Seite steht nicht etwa dasselbe oder etwas gleichwertiges wie auf der rechten Seite. Die Bruttoreaktionsgleichung der Ammoniak-Synthese sagt vielmehr aus, dass aus zwei Atomen Stickstoff und sechs Atomen Wasserstoff, organisiert als ein Stickstoffmolekül und drei Wasserstoffmoleküle, durch Umlagerung zwei Moleküle Ammoniak entstehen können. Eine Bruttoreaktionsgleichung verknüpft allgemein Ausgangsstoffe, so genannte Edukte, mit den aus ihnen durch chemische Umwandlung zu gewinnenden Produktstoffen. Sie drückt insbesondere die Erhaltung der Elemente bei chemischen Reaktionen aus. Diese Elementenbilanz bezeichnet man als Stöchiometrie. Eine Bruttoreaktionsgleichung darf nicht als Reaktionsweg überinterpretiert werden. Beim Aufeinandertreffen von eintausend Stickstoffmolekülen und dreitausend Wasserstoffmolekülen entstehen nicht unmittelbar zweitausend Ammoniakmoleküle. Zunächst einmal ist der Umsatz in der Regel nicht vollständig, sodass neben gebildetem Ammoniak auch unreagierter Stickstoff und Wasserstoff im Produktstrom eines Ammoniak-Synthesereaktors zu finden sind. Dies wird durch das Symbol $\rightleftharpoons$ angedeutet, das den simultanen Ablauf der Reaktion von links nach rechts und von rechts nach links anzeigen soll. Außerdem läuft eine chemische Stoffumwandlung gewöhnlich über zahlreiche Zwischenprodukte ab, die in der Bruttoreaktionsgleichung gar nicht in Erscheinung treten. Der tatsächliche Reaktionsmechanismus wird durch so genannte Elementarreaktionen beschrieben. Sie sind nur für wenige Bruttoreaktionen bekannt. Grundsätzlich ist davon auszugehen, dass außer den durch die Bruttoreaktionsgleichung miteinander verknüpften Komponenten auch Zwischenprodukte im Produktstrom auftreten können und mehrere Reaktionen gleichzeitig und konkurrierend ablaufen. Trotz dieser Einschränkungen ist eine Bruttoreaktionsgleichung wie die der Ammoniaksynthese ein wichtiges Instrument zur Beschreibung einer Stoffumwandlung durch chemische Reaktionen. Sie sagt etwas über den stöchiometrisch möglichen maximalen Bruttoumsatz im Reaktor aus und gibt das Verhältnis der Stoffmengenströme zueinander an. Dies sind erste Informationen über die technische Reaktionsführung. Die Koeffizienten vor den Komponenten der Bruttoreaktionsgleichungen bezeichnet man als stöchiometrische Koeffizienten. Allgemein schreibt man eine Bruttoreaktionsgleichung in der Form

$$\sum \nu_i A_i = 0 \; , \tag{2.25}$$

wobei A_i eine bestimmte Komponente, d.h. chemische Verbindung ist, und ν_i der ihr in der Bruttoreaktionsgleichung zugeordnete stöchiometrische Koeffizient. Stöchiometrische Koeffizienten sind positive Zahlen für Produkte und negative Zahlen für Edukte. Im Fall der Ammoniak-Synthese gilt also $\nu_{NH_3} = 2$, $\nu_{N_2} = -1$ und $\nu_{H_2} = -3$.

Eine besondere Bedeutung unter den reaktionsfähigen Gemischen haben solche aus Brennstoffen und Luft. Der Brennstoff verbrennt mit dem Sauerstoff der Luft zu einem Verbrennungsprodukt. So verbrennt z.B. das Methan (CH_4) als wichtigster Bestandteil von Erdgas mit Sauerstoff nach der Bruttoreaktionsgleichung

$$CH_4 + 2\,O_2 \rightarrow CO_2 + 2\,H_2O$$

zu Kohlendioxid und Wasser. Im Gegensatz zur Ammoniak-Synthese läuft diese Reaktion vollständig ab, d.h. es bleiben keine Eduktmengen unreagiert. Dies deutet der einzelne Pfeil im Gegensatz zum Doppelpfeil bei der Ammoniak-Synthese an. Die technische Nutzung dieser Reaktion ist weniger die Stoffumwandlung, sondern vielmehr die Umwandlung der chemisch im CH_4 gebundenen Energie in die Energie des heißen Verbrennungsgases. Dies geschieht in einer Feuerung, z.B. in einem Dampferzeuger, vgl. Abb. 2.31.

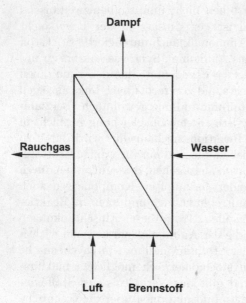

Abb. 2.31. Schema eines Dampferzeugers

Der Endzustand von chemischen Stoffumwandlungen ist das chemische Gleichgewicht bzw. das Reaktionsgleichgewicht. Im Reaktionsgleichgewicht ist der technisch maximal mögliche Umsatz erreicht. Die Zusammensetzung im Reaktionsgleichgewicht hängt vom thermodynamischen Zustand ab, also von den eingestellten Werten von Temperatur und Druck. Verbrennungsprozesse laufen bis zum vollständigen Verschwinden des Brennstoffs ab. Das Reaktionsgleichgewicht liegt also vollständig auf der Produktseite der Bruttoreaktionsgleichung. Dies ist bei der Ammoniak-Synthese anders. Abb. 2.32 zeigt die graphische Darstellung des Reaktionsgleichgewichts bei der Ammoniak-Synthese in Abhängigkeit von Temperatur und Druck. Aufgetragen ist die im

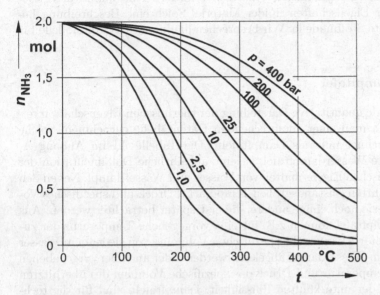

Abb. 2.32. Reaktionsgleichgewicht der Ammoniak-Synthese (Edukte: 1 mol N_2 + 3 mol H_2)

Reaktionsgleichgewicht gebildete Stoffmenge an Ammoniak, ausgehend von einem Eduktgemisch aus 1 mol Stickstoff und 3 mol Wasserstoff, über der Temperatur für unterschiedliche Drücke. Vollständiger Umsatz, d.h. die Bildung von 2 mol Ammoniak, wird nur bei niedrigen Temperaturen erreicht. Bei diesen Temperaturen läuft die Reaktion allerdings nicht mit sinnvoller Geschwindigkeit ab. Erst bei höheren Temperaturen und unter Verwendung eines Katalysators ergeben sich nennenswerte Umwandlungsgeschwindigkeiten. Bei der NH_3-Synthese wird eine deutliche Erhöhung des Gleichgewichtsumsatzes durch einen erhöhten Druck erreicht, während eine hohe Temperatur das Reaktionsgleichgewicht zu den Edukten verschiebt. Offenbar hat also der thermodynamische Zustand einen maßgeblichen Einfluß auf die Ausbeute einer Reaktion. Die Ammoniak-Synthese läuft großtechnisch unter Anwesenheit eines Katalysators bei ca. 450°C und 250 bar ab, wobei die hohe Temperatur und der hohe Druck einen Kompromiss zwischen den Wünschen nach einer hohen Reaktionsgeschwindigkeit, einer günstigen Gleichgewichtslage und beherrschbarer Apparatetechnik darstellen.

2.4 Stoffmodelle für Reinstoffe

Quantitative thermodynamische Analysen erfordern eine quantitative Beschreibung der Eigenschaften fluider Materie. Solch eine Beschreibung liefern so genannte Stoffmodelle. Wir besprechen hier zunächst Stoffmodelle für Reinstoffe.

2.4.1 Die Dampftafel

Eine umfassende quantitative Darstellung der thermischen Eigenschaften reiner Stoffe kann man einer entsprechenden Datentabelle entnehmen. Solche Tabellen bezeichnet man als Dampftafeln. Die Tabelle A1 im Anhang A, die so genannte Wasserdampftafel, ist eine ausführliche Dokumentation der thermodynamischen Eigenschaften von Wasser und Wasserdampf. Neben den bereits eingeführten Zustandsgrößen Temperatur, Druck und spezifisches Volumen enthält sie noch einige andere, die erst später betrachtet werden. Aus der Wasserdampftafel können z.B. für eine vorgegebene Temperatur der zugehörige Dampfdruck sowie die spezifischen Volumina von siedendem Wasser und gesättigtem Wasserdampf abgelesen werden, oder auch bei vorgegebenen Werten von Temperatur und Druck das spezifische Volumen des überhitzten Dampfes oder der unterkühlten Flüssigkeit. Dampftafeln sind für die technisch wichtigsten Reinstoffe bekannt. In modernen computergestützten Prozessberechnungen werden in der Regel an Stelle der Dampftafeln analytische Darstellungen, d.h. Zustandsgleichungen benutzt. Thermische Zustandsgleichungen für einen großen Zustandsbereich, also Funktionen $p(T, v)$, sind für viele technisch wichtige Reinstoffe auf der Grundlage einer großen Datenbasis aufgestellt worden. Sie stellen jeweils Stoffmodelle für den betrachteten Stoff dar.

Beispiel 2.5

In einem Behälter mit dem Volumen $V = 3 \text{ m}^3$ befinden sich $m = 60$ kg Wasser bei $p = 2$ bar. Man untersuche den Zustand dieses Systems.

Lösung

Das spezifische Volumen des Wassers in dem Behälter beträgt

$$v = \frac{V}{m} = 0,05 \text{ m}^3/\text{kg} \ .$$

Ein Blick in die Wasserdampftafel im Anhang A zeigt, dass das spezifische Volumen des betrachteten Systems beim Druck von 2 bar zwischen dem einer siedenden Flüssigkeit und dem eines gesättigten Dampfes liegt. Es ist somit davon auszugehen, dass der Zustand des Wassers in dem Behälter im Nassdampfgebiet angesiedelt ist. Aus der Wasserdampftafel lesen wir für den Sättigungsdruck $p_\text{s} = 2$ bar ab:

$$t_\text{s} = 120,23°\text{C}; \quad v' = 0,001061 \frac{\text{m}^3}{\text{kg}}; \quad v'' = 0,8857 \frac{\text{m}^3}{\text{kg}} \ .$$

Nach (2.20) folgt daraus für den Dampfgehalt

$$x = \frac{v - v'}{v'' - v'} = \frac{0,05 - 0,001061}{0,8857 - 0,001061} = 0,0553$$

und nach (2.21) für das Massenverhältnis von Dampfmasse zu Flüssigkeitsmasse

$$\frac{m''}{m'} = \frac{x}{1 - x} = 0,0585 \ .$$

Die Dampfmasse beträgt also $m'' = 3{,}32$ kg, die Flüssigkeitsmasse $m' = 56{,}68$ kg.

2.4.2 Gase bei niedrigen Drücken

In vielen Anwendungen benötigt man nicht die vollständige in der Dampftabelle abgelegte Information, sondern nur ein Stoffmodell für einen kleinen
Zustandsbereich. Für Gase bei niedrigen Drücken bis zum Atmosphärendruck
und noch etwas darüber lässt sich in der Regel das Stoffmodell des idealen
Gases benutzen. Es knüpft an das universelle Verhalten aller Gase bei niedrigen Dichten an, vgl. (2.16), und ist durch eine einfache analytische Beziehung
definiert, nämlich durch

$$(pV)^{\mathrm{ig}} = n\mathrm{R}T \ , \tag{2.26}$$

oder, wenn die Materiemenge als Masse angegeben wird,

$$(pV)^{\mathrm{ig}} = m(\mathrm{R}/M)T \ . \tag{2.27}$$

Die molekulare Modellvorstellung, die dem Modell des idealen Gases zu Grunde liegt, versteht die einzelnen Moleküle als unabhängig voneinander fliegende Billardkugeln von Volumen Null (Punktmassen), insbesondere ohne Wechselwirkungskräfte. In der statistischen Thermodynamik wird gezeigt, dass diese Modellvorstellung auf die Beziehungen (2.26) bzw. (2.27) führt. Es ist plausibel, dass dieses Modell nur für Gase bei niedrigen Dichten, d.h. bei großen mittleren Molekülabständen,
realistisch sein kann. Insbesondere können Gaszustände in der Nähe der Taulinie
nur bei sehr niedrigen Drücken genügend genau durch das Stoffmodell des idealen
Gases beschrieben werden.

Beispiel 2.6

Ein geschlossenes System besteht aus zwei Teilsystemen a und b, die durch einen
horizontal beweglichen Kolben voneinander getrennt sind, vgl. Abb. B 2.6.1. Der
Kolben ist zunächst arretiert. Für die Volumina und Drücke der mit einem idealen
Gas gefüllten Teilsysteme gilt

$$V_{\mathrm{a}} = 1,5 \ \mathrm{m}^3 \ ; \quad p_{\mathrm{a}} = 3,0 \ \mathrm{MPa}$$

$$V_{\mathrm{b}} = 5,0 \ \mathrm{m}^3 \ ; \quad p_{\mathrm{b}} = 0,1 \ \mathrm{MPa} \ .$$

Die Temperatur beträgt in beiden Teilsystemen 500 K. Welcher Druck und welche
Volumina stellen sich ein, wenn die Haltevorrichtung entfernt und die Temperatur
konstant gehalten wird?

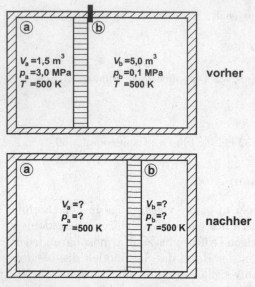

Abb. B 2.6.1. Das betrachtete System

Lösung

Für beide Teilsysteme gilt das ideale Gasgesetz

$$p_a V_a = n_a \, RT$$

$$p_b V_b = n_b \, RT \; .$$

Daraus folgen die Stoffmengen in beiden Teilsystemen zu $n_a = 1082{,}4$ mol bzw. $n_b = 120{,}3$ mol. Im Gleichgewicht sind die Drücke in beiden Teilsystemen identisch. Das Gesamtvolumen ist gleich der Summe der Teilvolumina, d.h. $V = 6{,}5$ m^3. Es gilt also für das Verhältnis der Volumina nach Einstellung des Gleichgewichts bei isothermen Bedingungen

$$\frac{V_a}{V_b} = \frac{n_a}{n_b} = \frac{V_a}{V - V_a} \; .$$

Daraus folgt das Volumen des Teilsystems a zu $V_a = 5{,}85$ m^3, und der Druck beträgt

$$p = n_a \, RT/V_a = 0{,}769 \text{ MPa} \; .$$

Das ideale Gasgesetz liefert insbesondere einen universellen, d.h. vom speziellen Gas unabhängigen Zusammenhang zwischen dem Volumen und der Stoffmenge. Dieser Zusammenhang ist die Grundlage für die in der Technik übliche Beschreibung von Gasmengenströmen durch das so genannte Normvolumen mit der Einheitsbezeichnung Normkubikmeter und dem Kurzzeichen „m^3_n".

Beispiel 2.7

Ein ideales Gas beim Druck $p = 1,01325$ bar und $T = 273,15$ K sei in einem Volumen von $V = 1\text{m}^3$ eingeschlossen. Man berechne die Stoffmenge des Gases.

Lösung

Es gilt

$$(pV)^{\text{ig}} = nRT$$

und daher

$$n = \frac{pV}{RT} = \frac{1,01325 \cdot 10^5 (\text{N/m}^2) \cdot 1 \text{ m}^3}{8,315 \ (\text{Nm/mol K}) \cdot 273,15 \text{ K}} = 44,612 \text{ mol} \ .$$

Aus Beispiel 2.7 geht hervor, dass 1 kmol eines idealen Gases bei $p = 1,01325$ bar und $T = 273,15$ K gerade ein Volumen von $V = 22,41$ m^3 einnimmt. Man bezeichnet die Temperatur $T_\text{n} = 273,15$ K als Normtemperatur und den Druck $p_\text{n} = 1,01325$ bar als Normdruck. Entsprechend ist das Normvolumen V_n das Volumen, das eine bestimmte Stoffmenge eines Gases bei den Normwerten von Temperatur und Druck einnimmt. Es hat die Einheit Kubikmeter. Mit der speziell für das Normvolumen eingeführten Einheitsbezeichnung Normkubikmeter und dem Kurzzeichen „m_n^3" entspricht die Stoffmenge von 1 kmol eines beliebigen Gases im idealen Gaszustand einem Normvolumen von 22,41 m_n^3. Normkubikmeter und Stoffmenge sind daher für ideale Gase durch einen konstanten Faktor ineinander umrechenbar.

2.4.3 Flüssigkeiten

Ein ähnlich universelles und gleichzeitig genaues Stoffmodell wie für das Gas bei niedrigen Dichten ist für den flüssigen Zustand nicht bekannt. Allgemein gilt, dass die Eigenschaften von Flüssigkeiten nur sehr geringfügig vom Druck abhängen. Für viele rechnerische Abschätzungen kann man das Stoffmodell der idealen Flüssigkeit benutzen, mit

$$v^{\text{if}} = \text{const} \ . \tag{2.28}$$

Nach dem Stoffmodell der idealen Flüssigkeit wird der Flüssigkeit ein konstantes spezifisches oder molares Volumen zugeordnet. Seine in Wirklichkeit gegebene schwache Abhängigkeit von Temperatur und Druck wird also vernachlässigt. Ein Blick auf das t, v-Diagramm in Abb. 2.13 zeigt an Hand des steilen Verlaufs und der engen Anordnung der Isothermen, dass dieses Modell die realen Verhältnisse für Wasser zwar nicht genau, aber doch in sinnvoller Approximation wiedergibt.

2.5 Stoffmodelle für Gemische

Fluide Gemische weisen in Abhängigkeit von Temperatur, Druck und Zusammensetzung sehr vielfältige Eigenschaften aus, die in zahlreichen technischen Anwendungen genutzt werden. Wir beschreiben hier einige idealisierte Stoffmodelle, mit denen bereits wichtige Prozessberechnungen durchgeführt werden können.

2.5.1 Partielle Größen

Für quantitative thermodynamische Analysen benötigt man auch für fluide Gemische Stoffmodelle. Grundsätzlich hängt eine Gemischeigenschaft, wie z.B. das molare Volumen, von der Zusammensetzung der Mischphase ab. Wird die Zusammensetzung in Stoffmengenanteilen beschrieben, so lautet dieser Zusammenhang für das molare Volumen allgemein

$$v(T, p, \{x_j\}) = \sum x_i v_i \ , \tag{2.29}$$

mit $\{x_j\}$ als der Bezeichnung für die Menge aller Stoffmengenanteile und v_i als dem so genannten partiellen molaren Volumen. Das partielle molare Volumen v_i gibt an, welches molare Volumen der Komponente i im Gemisch zukommt. Im allgemeinen Fall ist es verschieden vom entsprechenden Reinstoffvolumen und eine komplizierte Funktion von Temperatur, Druck und Zusammensetzung, d.h.

$$v_i = v_i \left(T, p, \{x_j\}\right) \ . \tag{2.30}$$

Wird die Zusammensetzung in Massenanteilen beschrieben, so lautet die Beziehung zwischen dem spezifischen Volumen der Mischphase und der Zusammensetzung allgemein

$$v(T, p, \{w_j\}) = \sum w_i v_i \ , \tag{2.31}$$

mit $\{w_j\}$ als der Menge aller Massenanteile und v_i als dem partiellen spezifischen Volumen, für das eine zu (2.30) analoge Beziehung gilt.

　　Den Unterschied zwischen dem partiellen molaren Volumen und dem molaren Volumen der entsprechenden reinen Komponente kann man sich an einem einfachen Experiment klarmachen. Wir betrachten hierzu ein Gefäß, in dem ein flüssiges Gemisch aus Alkohol und Wasser enthalten ist, vgl. Abb. 2.33. Bei der Temperatur und dem Druck der Umgebung nimmt das Gemisch das Volumen V ein. Wir fügen nun diesem Gemisch einen kleinen Tropfen reines Wasser zu und sorgen dafür, dass Temperatur und Druck unverändert bleiben. Wenn wir jetzt nach der Vergrößerung des Volumens fragen, so könnten wir zunächst vermuten, dass diese gleich dem Volumen des zugeführten Wassertropfens ist, d.h. $\Delta V = v_{0W} \Delta n_W$, mit v_{0W} als dem

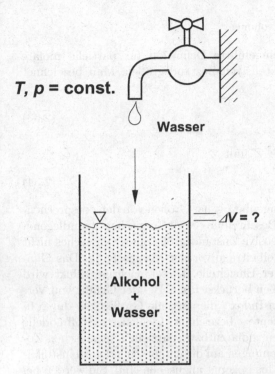

Abb. 2.33. Zum partiellen molaren Volumen

molaren Volumen des reinen Wassers und Δn_W als der Stoffmenge des Wassertropfens. Experimentell beobachten wir jedoch, dass die Volumenänderung etwas kleiner ist als das Volumen des zugeführten Wassertropfens. Das effektive molare Volumen des Wassers im Gemisch ist also offensichtlich geringer als das molare Volumen des reinen Wassers und wird als partielles molares Volumen mit der Notation v_W bezeichnet. Das Analoge gilt für das partielle spezifische Volumen. Durch den Übergang auf differenzielle Größen erkennt man, dass

$$v_i = \left(\frac{\partial V}{\partial n_i} \right)_{T,p,n_i*} \tag{2.32}$$

die formale Definition für das partielle molare Volumen ist, mit n_i^* als Notation für die Bedingung konstanter Stoffmengen aller Komponenten außer der Komponente i.

Die molekulare Interpretation des partiellen molaren Volumens im Rahmen des Billardkugelmodells besteht darin, dass die zugeführten Wassermoleküle teilweise zwischen die Lücken der bereits vorhandenen Moleküle des flüssigen Gemisches passen und damit das Gesamtvolumen nicht in dem Maße vergrößern wie es ihrem eigentlichen Volumen entspricht. Auf Grund von Wechselwirkungseffekten kann das partielle molare Volumen einer Komponente in einem Gemisch auch größer sein als das entsprechende Reinstoffvolumen.

Die hier für das Volumen eingeführte Definition für partielle molare Größen gilt allgemein für alle extensiven Zustandsgrößen. Man bezeichnet daher

$$z_i = \left(\frac{\partial Z}{\partial n_i} \right)_{T,p,n_i^*} \tag{2.33}$$

als partielle molare Zustandsgröße Z, mit

$$Z = \sum n_i z_i \ . \tag{2.34}$$

Die Unterscheidung partieller mengenbezogener Größen von den entsprechenden Reinstoffgrößen ist für die Beschreibung von Gemischen grundlegend. Insbesondere ergibt sich eine extensive Zustandsgröße eines Gemisches nicht einfach aus der Summe der Einzelbeiträge vor der Vermischung. Das Ganze ist nicht gleich der Summe der Einzelteile. Dieser wichtige Effekt wird durch die partiellen molaren Größen berücksichtigt. Bei der Gefahr von Verwechselungen wird hier durch den Index i die partielle Größe bzw. durch $0i$ die Reinstoffgröße einer Komponente i bezeichnet. Idealisierte Stoffmodelle für Gemische führen die partiellen molaren bzw. partiellen spezifischen Zustandsgrößen durch einfache Beziehungen auf die entsprechenden Reinstoffeigenschaften zurück, die ihrerseits als bekannt anzusehen sind. Sie werden bei Bedarf durch Zusatzterme korrigiert. In vielen Anwendungen ist nicht nur die pauschale Gemischgröße, sondern die explizite Kenntnis der partiellen Größen von großer Bedeutung.

2.5.2 Gasgemische

Für Gasgemische bei niedrigen Drücken benutzt man das Stoffmodell des idealen Gasgemisches.

Ähnlich wie beim reinen idealen Gas gilt auch für das ideale Gasgemisch die molekulare Modellvorstellung, nach der die Moleküle so weit voneinander entfernt sind, dass sie sich nicht wechselseitig beeinflussen. Damit registrieren die Moleküle einer Komponente i nicht, dass es auch Moleküle der Komponente j gibt. Jede Komponente k verhält sich also so, als würde sie das zur Verfügung stehende Volumen allein ausfüllen.

Da jede Komponente i eines idealen Gasgemisches für sich alleine betrachtet werden kann, steht sie unter dem Druck

$$p_k^{ig} = n_k \frac{RT}{V} = x_k p \ , \tag{2.35}$$

ihrem so genannten Partialdruck. Der Partialdruck ist somit ein dem Stoffmengenanteil gleichwertiges Maß für die Zusammensetzung eines idealen Gasgemisches. Speziell für das Volumen des idealen Gasgemisches gilt dann

$$V^{ig}(T, p, \{n_j\}) = \frac{n_i RT}{p_i} = \frac{n_j RT}{p_j} = \frac{nRT}{p}$$

$$= \sum_i \frac{n_i RT}{p} = \sum_i V_{0i}^{ig}(T, p, n_i)$$

$$= \sum_i n_i v_{0i}^{ig}(T, p) \ . \tag{2.36}$$

Nach Division durch die gesamte Stoffmenge n ergibt sich

$$v^{ig}(T, p, \{x_j\}) = \sum_i x_i v_{0i}^{ig}(T, p) \ . \tag{2.37}$$

Nach (2.29) gilt daher für das partielle molare Volumen einer Komponente i in einem idealen Gasgemisch

$$v_i^{ig}(T, p, \{x_j\}) = v_{0i}^{ig}(T, p) = \frac{RT}{p} \ , \tag{2.38}$$

in Übereinstimmung mit der Definition (2.32). Die analoge Gleichung für das partielle spezifische Volumen lautet

$$v_i^{ig} T, p, \{w_j\}) = v_{0i}^{ig}(T, p) = \frac{(R/M_i)T}{p} \ . \tag{2.39}$$

In einem idealen Gasgemisch ergibt sich das gesamte Volumen aus der Summe der Reinstoffvolumina der einzelnen Komponenten. Das partielle Volumen ist daher gleich dem Reinstoffvolumen.

Das Stoffmodell des idealen Gasgemisches beschreibt das thermodynamische Verhalten von Gasgemischen in dem Bereich, in dem das Stoffmodell des reinen idealen Gases das Verhalten von reinen Gasen beschreibt, d.h. bei niedrigen Drücken bis hinauf zu Drücken von einigen bar und in hinreichender Entfernung von der Taulinie. Für höhere Drücke werden die für die Reinstoffe entwickelten thermischen Zustandsgleichungen durch Mischungsregeln für die Parameter auf Gemische erweitert. Sie haben dann die allgemeine Form $p = p(T, v, \{x_i\})$.

Beispiel 2.8

Es soll ein synthetisches Versuchsgas aus den Komponenten NO_2, NO und N_2 mit der Zusammensetzung

$$x_{NO_2} = 0,000378, \quad x_{NO} = 0,001280, \quad x_{N_2} = 0,998342$$

hergestellt werden. Dazu stehen zwei Prüfgasflaschen mit der Zusammensetzung

$$c_{NO_2}^{(1)} = 2000 \text{ mg/m}_n^3 \text{ bzw.}$$

$$c_{NO}^{(2)} = 2800 \text{ mg/m}_n^3$$

zur Verfügung, wobei jeweils der Rest reiner Stickstoff ist. Das Versuchsgas soll in einer Apparatur von $V = 10$ dm^3 bei einer Temperatur von 25°C einen Druck von 103 kPa annehmen. Bis zu welchem Druck p_1 muss die Apparatur zunächst mit Gas aus der NO$_2$ - Prüfgasflasche gefüllt werden, wenn bei Nachfüllung von der NO - Prüfgasflasche bis zum gewünschten Druck die richtige Zusammensetzung vorliegen soll?

($M_{NO_2} = 46,006$ g/mol, $M_{NO} = 30,006$ g/mol)

Lösung

Der Stoffmengenanteil an NO$_2$ in der NO$_2$ - Prüfgasflasche beträgt

$$x^{(1)}_{NO_2} = \frac{2/46,006}{44,612} = 0,000974 .$$

Die aus der NO$_2$ - Prüfgasflasche eingefüllte Stoffmenge beträgt beim Druck p_1

$$n_1/\text{mol} = \frac{p_1 V}{RT} = \frac{10 \cdot 10^{-3} \text{ m}^3 p_1/(\text{N/m}^2)}{8,315 \text{ Nm/(mol K)} \cdot 298,15 \text{ K}} = 4,0337 \cdot 10^{-6} p_1/(\text{N/m}^2) .$$

Die gesamte Stoffmenge nach der Füllung beträgt

$$n = \frac{pV}{RT} = \frac{103 \cdot 10^3 \cdot 10 \cdot 10^{-3}}{8,315 \cdot 298,15} = 0,4155 \text{ mol} .$$

Der Druck p_1 ergibt sich aus dem vorgegebenen Stoffmengenanteil von NO$_2$

$$x_{NO_2} = \frac{n_{NO_2}}{n} = \frac{x^{(1)}_{NO_2} \cdot n_1}{n} = \frac{0,000974 \cdot 4,0337 \cdot 10^{-3} p_1/\text{kPa}}{0,4155} = 0,000378$$

zu

$$p_1 = \frac{0,000378 \cdot 0,4155}{0,000974 \cdot 4,0337 \cdot 10^{-3}} = 39,98 \text{ kPa} .$$

Damit beträgt die aus der NO$_2$ - Prüfgasflasche eingefüllte Stoffmenge

$$n_1 = 4,0337 \cdot 10^{-3} \cdot 39,98 = 0,1613 \text{ mol} ,$$

und die aus der NO - Prüfgasflasche ergibt sich zu

$$n_2 = 0,4155 - 0,1613 = 0,2542 \text{ mol} .$$

Mit dem Stoffmengenanteil an NO in der NO - Prüfgasflasche

$$x^{(2)}_{NO} = \frac{2,8/30,006}{44,612} = 0,002092$$

ergibt sich der Stoffmengenanteil des NO der Versuchsapparatur zu

$$x_{NO} = \frac{n_{NO}}{n} = \frac{x^{(2)}_{NO} \cdot 0,2542}{0,4155} = 0,001280 .$$

Damit ist das gewünschte Versuchsgas hergestellt. Bei anderen Werten von p_1 ergeben sich entsprechend andere Zusammensetzungen, allerdings in durch die Prüfgasflaschen vorgegebenen Kombinationen. Davon abweichende, beliebige Zusammensetzungen des Versuchsgases erfordern veränderte Zusammensetzungen in den beiden Prüfgasflaschen.

2.5.3 Gas/Dampf-Gemische

Gas/Dampf-Gemische kommen in zahlreichen technischen Prozessen zum Einsatz, z.B. den Verdunstungsprozessen in der Trocknungs- und Klimatechnik oder auch in Verbrennungsprozessen. Diese Gemische bestehen aus kondensierenden und nicht kondensierenden Komponenten. Die Eigenschaften von Gas/Dampf-Gemischen werden durch das Stoffmodell des idealen Gas/Dampf-Gemisches quantitativ erfasst. In diesem Stoffmodell werden die bei den betrachteten Prozessen nicht kondensierenden Komponenten zu einer einzigen Komponente Gas zusammengefasst. Es wird ferner unterstellt, dass nur eine kondensierende Komponente vorhanden ist, die als Dampf bezeichnet wird. Im noch ungesättigten, d.h. homogen gasförmigen Zustand wird das Gas/Dampf-Gemisch somit als ideales Gasgemisch aus zwei Komponenten, der Komponente Gas und der Komponente Dampf, modelliert.

Wenn einem Gas/Dampf-Gemisch Dampf zugeführt wird, erreicht es bei einem bestimmten Dampfanteil den Sättigungszustand. Bei weiterer Zugabe von Dampf fällt flüssiges oder festes Kondensat aus. Die Gasphase besteht dann aus einem gesättigten idealen Gasgemisch der zwei Komponenten Gas und Dampf und die kondensierte Phase aus der reinen Dampfkomponente. Zur Kennzeichnung des Dampfanteils in einem Gas/Dampf-Gemisch bis zum Sättigungszustand empfiehlt sich der Partialdruck entsprechend (2.35), nach

$$p_D = n_D R \frac{T}{V} = m_D \frac{R}{M_D} \frac{T}{V} \; . \tag{2.40}$$

Dies ist der Druck, den der Dampf auf die Behälterwände ausüben würde, wenn er allein im Volumen V wäre. In einem idealen Gas/Dampf-Gemisch ist somit der Sättigungszustand dadurch definiert, dass der Partialdruck des Dampfes gleich dem Sattdampfdruck des reinen Dampfes ist, wie er sich aus der Dampfdruckkurve dieses Stoffes ergibt. Es gilt also für den Sättigungszustand[3]

$$p_D = p_{sD}(T) \; , \tag{2.41}$$

mit $p_{sD}(T)$ als dem Sattdampfdruck der reinen Dampfkomponente bei der betrachteten Temperatur. Ist, wie häufig, die Dampfkomponente Wasser, so gilt $p_{sD} = p_{sW}$, wobei p_{sW} z.B. aus der Wasserdampftafel, Tabelle A1 im Anhang A, entnommen werden kann. Der Sättigungspartialdruck gibt den maximal möglichen Dampfanteil in der Gasphase an. Das ungesättigte ideale Gas/Dampf-Gemisch, das noch kein Kondensat enthält, ist durch $p_D < p_{sD}$ gekennzeichnet. Von einem ungesättigten Gas/Dampf-Gemisch ausgehend kann der Sättigungszustand außer durch Zugabe von Dampf auch durch Abkühlung erreicht werden. Die Temperatur, bei der aus einem zunächst

---

[3] Hierbei wurde eine geringe Druckabhängigkeit in den Eigenschaften der flüssigen Phase vernachlässigt, vgl. Abschn. 7.2.2.

ungesättigten Gas/Dampf-Gemisch im Laufe einer Abkühlung das erste Kondensat ausfällt, bezeichnet man als Taupunkt t_T. Am Taupunkt gilt wieder $p_D = p_{sD}(t_T)$. Bei weiterer Abkühlung fällt zunehmend Kondensat aus. Die Gasphase verarmt an Dampf, d.h. sie wird getrocknet. Bei einem Gemisch aus trockener Luft und Wasserdampf, so genannter feuchter Luft, ist der Taupunkt durch den Wasserdampfpartialdruck in der feuchten Luft festgelegt. Der Zusammenhang zwischen dem Taupunkt und dem zugehörigen Partialdruck des Wasserdampfs in feuchter Luft ist somit nach dem Stoffmodell „Ideales Luft/Wasserdampf-Gemisch" durch die Dampfdruckkurve des reinen Wassers gegeben. Das Analoge gilt für alle anderen Gas/Dampf-Gemische mit Wasserdampf als der kondensierenden Komponente.

Beispiel 2.9

Ein ideales Luft/Wasserdampf-Gemisch mit einem Wasserdampfpartialdruck von $p_W = 0,02339$ bar wird von 40°C bei einem Gesamtdruck von 1 bar auf 10°C abgekühlt. Bei welcher Temperatur fällt das erste flüssige Wasser aus?

Lösung

Das erste flüssige Wasser fällt am Taupunkt aus. Nach der Definition des Taupunkts muss gelten

$$p_W = p_{sW}(t_T) \ .$$

Aus der Wasserdampftabelle Tabelle A1 im Anhang findet man als Sattdampftemperatur zu einem Druck von $p_{sW} = p_W = 0,02339$ bar

$$t_T = 20°C \ .$$

Das erste flüssige Wasser fällt also bei 20°C aus, d.h. der Taupunkt ist 20°C.

Grundsätzlich sind alle durch die Verbrennung fossiler Brennstoffe entstehenden Rauchgase Gas/Dampf-Gemische. Sie enthalten neben Sauerstoff und Stickstoff aus der Luft die Verbrennungsprodukte Kohlendioxid und Wasser. Der Aggregatzustand des Wassers ist dabei besonders zu beachten, da er zum einen auf den Energieumsatz und zum anderen auf die technologischen Eigenschaften des Rauchgases, wie z.B. Durchfeuchtung und Korrosion des Kamins, Einfluss hat. Der Taupunkt legt in diesem Zusammenhang insbesondere die Menge des flüssig ausgeschiedenen Wassers fest.

Beispiel 2.10

Bei der Verbrennung von 100 m_n^3/h Erdgas (Brennstoff, B) in einem Brennwertkessel entsteht ein Verbrennungsgas (V) mit einem Stoffmengenanteil des Wassers von $x_W^V = 0,1609$. Die Stoffmenge des Verbrennungsgases beträgt $v = \dot{n}_V/\dot{n}_B = 12,429$ mol V/mol B. Man bestimme die Stoffmengenströme des flüssigen und gasförmigen Wassers im Verbrennungsgas, wenn es auf 25°C abgekühlt wird. Der Gesamtdruck betrage $p = 1$ bar.

Lösung

Die gesamte Stoffmenge des Wassers im Verbrennungsgas pro mol Brennstoff beträgt

$$v_{H_2O} = x_W^V \cdot v = 0,1609 \cdot 12,429 = 2 \text{ mol W/mol B} \ .$$

Der gasförmige Anteil wird durch den Stoffmengenanteil des Wassers bei Sättigung bestimmt. Der Sättigungsstoffmengenanteil des Wassers bei einer Temperatur t folgt aus einer Taupunktsberechnung zu, vgl. (2.41),

$$x_{s,W}^V = \frac{p_{sW}(t)}{p} = \frac{p_{sW}(25°C)}{p} = \frac{0,03169 \text{ bar}}{1 \text{ bar}} = 0,03169 \ .$$

Er bezieht sich gemäß der Definition des Partialdruckes ausschließlich auf die Gasphase des gesamten Verbrennungsgases. Wenn mit k die auf 1 mol Brennstoff bezogene Stoffmenge des kondensierten Wassers bezeichnet wird, dann gilt, mit $(v - k)$ als der gasförmigen Stoffmenge des Verbrennungsgases pro mol Brennstoff,

$$x_{s,W}^V = \frac{x_W^V \cdot v - k}{v - k}$$

und damit

$$k = \frac{\left(x_W^V - x_{s,W}^V\right) v}{1 - x_{s,W}^V} \ .$$

Für $x_{s,W}^V > x_W^V$ ist das feuchte Rauchgas ungesättigt und daher $k = 0$. Im betrachteten Fall gilt

$$k = \frac{(0,1609 - 0,03169)12,429}{1 - 0,03169} = 1,6585 \ \frac{\text{mol W}}{\text{mol B}} \ .$$

Pro mol Brennstoff liegen also 1,6585 mol Wasser in kondensierter Form vor. Ein Volumenstrom von 22,414 m_n^3/h eines idealen Gases entspricht einem Stoffmengenstrom von 1 kmol/h. Damit beträgt der Stoffmengenstrom des Erdgases

$$\dot{n}_B = \frac{100}{22,414} \cdot \frac{1000}{3600} = 1,2393 \ \frac{\text{mol}}{\text{s}} \ .$$

Für den Stoffmengenstrom des kondensierten Wassers folgt daraus

$$\dot{n}_W^l = 1,6585 \cdot 1,2393 = 2,0554 \ \frac{\text{mol}}{\text{s}} \ .$$

Der Stoffmengenstrom des gasförmigen Wassers beträgt entsprechend

$$\dot{n}_W^g = (2 - 1,6585) \cdot 1,2393 = 0,4232 \ \frac{\text{mol}}{\text{s}} \ .$$

Der Partialdruck p_D des Dampfes bleibt in einem gesättigten Gas/Dampf-Gemisch auch bei weiterem Zusatz von Dampf konstant auf dem Sättigungswert. Er ist dann kein sinnvolles Maß für den Dampfanteil des Systems mehr, kann also nur für das ungesättigte oder gerade gesättigte

Gas/Dampf-Gemisch verwendet werden. Allgemein verwendet man zur Angabe der Zusammensetzung des Gas/Dampf-Gemisches aus Gas und Dampf die Beladung

$$x = \frac{m_D}{m_G} \; . \tag{2.42}$$

Sie eignet sich sowohl für das ungesättigte wie auch für das gesättigte Gas/Dampf-Gemisch. Vorteilhaft ist die Masse des Gases als Bezugsgröße, weil diese bei den normalen technischen Prozessen mit Gas/Dampf-Gemischen konstant bleibt, im Gegensatz zur Masse des Dampfes und damit des Gas/Dampf-Gemisches insgesamt. Mit der Gesamtmasse als Bezugsgröße ergäbe sich an Stelle der Beladung der Massenanteil der dampfförmigen Komponente, der aber praktisch aus den genannten Gründen nicht benutzt wird. Im besonders wichtigen Fall von Wasser als kondensierender Komponente bezeichnet man die Größe x als die Wasserbeladung.

Die Beladung lässt sich für ein ungesättigtes Gas/Dampf-Gemisch mit dem Partialdruck verknüpfen, wenn man vom Gesetz idealer Gase Gebrauch macht. Wegen, vgl. (2.40),

$$m_D = p_D \frac{V}{(R/M_D)T}$$

und

$$m_G = p_G \frac{V}{(R/M_G)T}$$

gilt mit $p = p_G + p_D$

$$x = \frac{m_D}{m_G} = \frac{M_D}{M_G} \frac{p_D}{p - p_D} \; . \tag{2.43}$$

Bei vorgegebener Beladung folgt der Partialdruck der dampfförmigen Komponente für das ungesättigte Gas/Dampf-Gemisch aus

$$p_D = \frac{xp}{M_D/M_G + x} \; . \tag{2.44}$$

Im Sättigungszustand gilt als Zusammenhang zwischen Beladung und Partialdruck des Dampfes nach (2.43)

$$x_s(T, p) = \frac{M_D}{M_G} \frac{p_{sD}(T)}{p - p_{sD}(T)} \; . \tag{2.45}$$

Beispiel 2.11

Zur Charakterisierung feuchter Luft, die als ideales Gas/Dampf-Gemisch aus trockener Luft und Wasser angesehen werden kann, benutzt man als Maß für den Wassergehalt neben dem Partialdruck p_W und der Wasserbeladung x auch die absolute Feuchte ρ_W und die relative Feuchte φ. Dabei ist die absolute Feuchte als Dichte des Wasserdampfes und die relative Feuchte als das Verhältnis der absoluten Feuchte zur absoluten Feuchte bei Sättigung definiert. Mit einer Molmasse $M_L = 28{,}963$ g/mol für trockene Luft berechne man für einen Luftzustand von $t = 25°C$ und $\varphi = 0{,}7$ den Partialdruck des Wasserdampfes, die absolute Feuchte und die Wasserbeladung.

Lösung

Die absolute Feuchte ist definiert durch

$$\rho_W = \frac{p_W}{(R/M_W)T} \; .$$

Für die relative Feuchte gilt daher

$$\varphi = \rho_W/\rho_{sW}(T) = p_W/p_{sW}(T) \; .$$

Bei $t = 25°C$ beträgt der Sattdampfdruck des Wassers, d.h. der Partialdruck des Wasserdampfes im Sättigungszustand, nach der Wasserdampftafel

$$p_{sW}(25°C) = 3,169 \text{ kPa} = 0,03169 \text{ bar} \; .$$

Damit ergibt sich für den Wasserdampfpartialdruck der feuchten Luft

$$p_W = 0,7 \cdot 0,03169 = 0,02218 \text{ bar} \; .$$

Die absolute Feuchte ist somit

$$\rho_W = \frac{p_W}{(R/M_W)T} = \frac{0,02218 \cdot 10^5 \text{ N/m}^2}{(8,315/18,015) \cdot 298,15 \text{ Nm/g}} = 16,118 \text{ g/m}^3 \; .$$

Die Wasserbeladung ergibt sich zu

$$x = \frac{18,015}{28,963}\frac{p_W}{p - p_W} = 0,622\frac{p_{sW}(T)}{p/\varphi - p_{sW}(T)} = 0,0141 \; \frac{\text{kg Wasser}}{\text{kg trockene Luft}} \; .$$

Bei praktischen Prozessen mit Gas/Dampf-Gemischen bleibt in der Regel die Masse des Gases konstant, während sich die Masse des Dampfes ändert. Wir bilden daher im Folgenden die spezifischen Größen des Gas/Dampf-Gemisches zweckmäßig dadurch, dass wir die extensiven Zustandsgrößen durch m_G dividieren. Dann gilt für das spezifische Volumen eines ungesättigten bzw. gerade gesättigten Gas/Dampf-Gemisches, definiert als das Volumen des Gas/Dampf-Gemisches pro kg Gas, in Anlehnung an (2.31),

$$
\begin{aligned}
v_{1+x} = \frac{V}{m_G} &= \frac{m_G v_{0G} + m_D v_{0D}}{m_G} = v_{0G} + x v_{0D} \\
&= \frac{RT}{M_G p} + x\frac{RT}{M_D p} \\
&= \left(\frac{R}{M_G} + x\frac{R}{M_D}\right)\frac{T}{p} \; .
\end{aligned}
\tag{2.46}
$$

Diese Gleichung gibt gemäß ihrer Herleitung das spezifische Volumen für ein ungesättigtes bzw. gerade gesättigtes ideales Gas/Dampf-Gemisch an, genauer das Volumen von 1 kg Gas und x kg Dampf. Bei ihrer Ableitung wurde berücksichtigt, dass die Gasphase ein ideales Gasgemisch ist und daher die partiellen spezifischen Volumina der Komponenten Gas und Dampf v_G und v_D durch die entsprechenden Reinstoffvolumina v_{0G} bzw. v_{0D} gemäß (2.39) zu ersetzen sind. Zu einem gesättigten idealen Gas/Dampf-Gemisch gehört auch eine flüssige Phase, deren Anteil in der obigen Gleichung nicht enthalten ist. Da das spezifische Volumen von Kondensat aber in der Regel sehr klein ist, fällt es gegenüber dem des Gases kaum ins Gewicht, und die obige Gleichung kann daher häufig auch für ein gesättigtes ideales Gas/Dampf-Gemisch ($x = x_s$) mit zusätzlicher flüssiger Phase verwendet werden.

Beispiel 2.12

Beim Betanken eines Autos mit Benzin wird ein gasförmiges Luft-/Kohlenwasserstoff-Gemisch aus dem Tank in die Umgebung verdrängt. Unter der Annahme, dass die Eigenschaften von Benzin in ausreichender Näherung durch die von n-Oktan erfasst werden und im Tank eine Temperatur von 20°C herrscht, schätze man die pro l getankten Benzins freigesetzte Masse an gasförmigem Benzin ab.

Lösung

Das Luft/Benzin-Gemisch wird als ideales Gas/Dampf-Gemisch mit Luft als dem Gas und n-Oktan als dem Dampf modelliert. Beim Tanken wird für jeden getankten Liter Benzin ein Liter des im Tank gasförmig präsenten Luft/Kohlenwasserstoff-Gemisches an die Umgebung gefördert. Es wird unterstellt, dass es insgesamt gesättigt ist. Damit erhält die Abschätzung den Charakter eines oberen Grenzwertes. Bei Sättigung ist der Partialdruck des Dampfes in der Luft gerade gleich dem Sattdampfdruck des Dampfes bei der herrschenden Temperatur. Der Dampfdruck von n-Oktan bei 20°C beträgt $p_{sO} = 0,0137$ bar. Nach (2.45) gilt dann für die Sättigungsbeladung der Luft mit n-Oktan, wenn für die Molmassen von Luft M_L = 29 kg/mol und von Oktan M_O = 114 g/mol eingesetzt werden,

$$x_s = \frac{114}{29} \frac{0,0137}{1 - 0,0137} = 0,0546 \; \frac{\text{kg Oktan}}{\text{kg trockene Luft}} \; .$$

In dem Gas/Dampf-Gemisch befinden sich damit pro 1 kg trockener Luft 0,0546 kg n-Oktan. Dieses gesättigte Gas/Dampf-Gemisch hat nach (2.46) ein spezifisches Volumen von

$$v_{1+x} = \left(\frac{R}{M_G} + x\frac{R}{M_D} \right) \frac{T}{p} = \left(\frac{8,315}{29} + 0,0546\frac{8,315}{114} \right) \cdot \frac{293,15}{10^5} \cdot 1000$$

$$= 0,852 \; \frac{\text{m}^3}{\text{kg}} \; .$$

Pro Liter des Gas/Dampf-Gemisches gehen daher

$$m_G = \frac{V}{v_{1+x}} = \frac{10^{-3}\text{m}^3}{0,852 \; \text{m}^3/\text{kg}} = 0,00117 \text{ kg} = 1,17 \text{ g}$$

trockene Luft, und

$$m_D = x m_G = 0,000064 \ \text{kg} = 0,064 \ \text{g}$$

gasförmiges n-Oktan (Benzin) an die Atmosphäre, wenn das Gemisch nicht durch eine geeignete Absaugvorrichtung in den Lagertank der Tankstelle zurück befördert wird.

2.5.4 Flüssige Gemische

Flüssige Gemische zeigen ein sehr kompliziertes Verhalten, das nur in Sonderfällen einer einfachen Beschreibung als Funktion von Stoffmengenanteilen oder Massenanteilen zugänglich ist. Das einfachste Stoffmodell für ein flüssiges Gemisch ist die ideale Lösung. Das partielle molare Volumen einer Komponente i in einer idealen Lösung ist dem molaren Reinstoffvolumen gleich, d.h. es gilt

$$v_i^{\text{il}}(T,p) = v_{0i}^{\text{l}}(T,p) \ , \tag{2.47}$$

wobei v_{0i}^{l} das molare Volumen der reinen flüssigen Komponente i bei Temperatur und Druck des flüssigen Gemisches ist. Das spezifische oder molare Volumen einer idealen Lösung wird daher aus den flüssigen Reinstoffvolumina der Komponenten nach einer einfachen Mischungsregel berechnet, wie sie analog auch für ideale Gasgemische gilt. Das Stoffmodell der idealen Lösung gilt nur für besonders einfache Gemische genügend genau. Reale flüssige Gemische haben partielle molare Volumina, die sich mehr oder weniger von den entsprechenden Reinstoffvolumina unterscheiden. Allerdings ist das Volumen eine Größe, die nicht sehr sensibel auf Abweichungen des realen Gemisches vom Stoffmodell der idealen Lösung reagiert, vgl. Beispiel 2.13.

Die molekulare Modellvorstellung einer idealen Lösung besteht darin, dass die Moleküle der unterschiedlichen Komponenten gleiche Eigenschaften haben. Dann unterscheiden sich die Wechselwirkungen von Molekülen der Komponente i mit Nachbarmolekülen in einem flüssigen Gemisch nicht von den Wechselwirkungen, die die Moleküle der reinen flüssigen Komponente i erfahren. Eine Vermischung der Reinstoffe ist daher nicht mit Änderungen der volumetrischen Eigenschaften, die über die Auswirkungen der unterschiedlichen Reinstoffvolumina hinausgehen, verbunden.

Beispiel 2.13

Wenn 1,158 mol Wasser (W) mit 0,842 mol Ethanol (A) vermischt werden, dann ergibt sich ein homogenes flüssiges Gemisch aus Wasser und Alkohol, das bei 25°C ein Volumen von 68,16 cm^3 einnimmt. Wie groß ist das rechnerische Volumen, wenn für das flüssige Gemisch das Modell der idealen Lösung zu Grunde gelegt wird?

Lösung

Nach dem Modell der idealen Lösung gilt

$$V^{il} = n_W v_{0W} + n_A v_{0A} \; .$$

Bei 25°C gelten die nachstehenden Werte für die molaren Volumina von reinem Wasser und reinem Ethanol

$$v_{0W} = 18,068 \text{ cm}^3/\text{mol} \; ; \; v_{0A} = 58,677 \text{ cm}^3/\text{mol} \; .$$

Damit ergibt sich für das Volumen der Mischung nach dem Stoffmodell der idealen Lösung

$$V^{il} = 1,158 \cdot 18,068 + 0,842 \cdot 58,677 = 70,33 \text{ cm}^3 \; .$$

Das nach dem Stoffmodell der idealen Lösung berechnete Volumen des Gemisches ist um ca. 3 % größer als das des realen Gemisches.

Das Stoffmodell der idealen Lösung ist in der Regel eine gute Näherung für das Volumen eines flüssigen Gemisches. Es lässt sich, wenn erforderlich, durch das so genannte Mischungsvolumen Δv^M korrigieren, das für ein Gemisch aus zwei Komponenten durch

$$\Delta v^M = v(T, p, x) - x_1 v_{01}^l - x_2 v_{02}^l \tag{2.48}$$

definiert ist. Das Mischungsvolumen erfasst das Phänomen, dass das partielle molare Volumen einer Komponente in einem realen flüssigen Gemisch nicht mit dem entsprechenden molaren Reinstoffvolumen identisch ist. Die Erweiterung auf Mehrkomponentengemische ist analog. Da Korrekturgrößen idealer Stoffmodelle allgemein auch als Exzessgrößen bezeichnet werden, entspricht das Mischungsvolumen dem Exzessvolumen v^E. Für das Gemisch Wasser-Ethanol ist das Mischungsvolumen für zwei Temperaturen in Abb. 2.34 aufgetragen. Es ist negativ und klein, vgl. Beispiel 2.13.

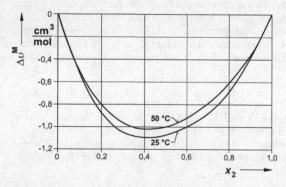

Abb. 2.34. Das molare Mischungsvolumen Δv^M des Systems Wasser (1)/ Ethanol (2)

Beispiel 2.14

Aus den Reinstoffvolumina von Wasser und Ethanol sowie dem Mischungsvolumen, vgl. Abb. 2.34, berechne man die partiellen molaren Volumina von Wasser (1) und Ethanol (2) sowie das molare Volumen eines Wasser/Ethanol-Gemisches, das aus der Vermischung von 1,158 mol Wasser mit 0,842 mol Ethanol hervorgeht, bei $t = 25°\,$C.

Lösung

Das molare Volumen des Gemisches Wasser/Ethanol ergibt sich aus

$$v(T,p,x) = x_1 v_{01}^l + x_2 v_{02}^l + \Delta v^{\mathrm{M}}(T,p,x) \ .$$

Bei Kenntnis der Reinstoffvolumina und des Mischungsvolumens kann es in Abhängigkeit von Temperatur, Druck und Zusammensetzung berechnet werden. Damit ist für vorgegebene Werte von Temperatur und Druck die Funktion $v(x)$ bekannt, zunächst als Wertetabelle, die aber auch als Kurve im v,x-Diagramm oder als mathematische Funktion dargestellt werden kann. Das partielle molare Volumen der Komponente 1 (Wasser) folgt daraus nach

$$v_1 = \left(\frac{\partial V}{\partial n_1} \right)_{T,p,\,n_2} = \left[\frac{\partial (nv)}{\partial n_1} \right]_{T,p,\,n_2} = v + n \left(\frac{\partial v}{\partial n_1} \right)_{T,p,\,n_2} .$$

In einem binären Gemisch gilt $v = v(T,p,x_2)$, da eine Abhängigkeit von x_1 wegen $x_1 + x_2 = 1$ nicht zu berücksichtigen ist. Damit folgt für das totale Differenzial

$$dv|_{T,p} = \left(\frac{\partial v}{\partial x_2} \right)_{T,p} dx_2$$

und für die Ableitung des molaren Volumens nach der Stoffmenge der Komponente 1

$$\cdot \left(\frac{\partial v}{\partial n_1} \right)_{T,p,\,n_2} = \left(\frac{\partial v}{\partial x_2} \right)_{T,p} \cdot \left(\frac{\partial x_2}{\partial n_1} \right)_{n_2} = -\frac{x_2}{n} \left(\frac{\partial v}{\partial x_2} \right)_{T,p} .$$

Damit gilt

$$v_1(T,p,x_2) = v - x_2 \left(\frac{\partial v}{\partial x_2} \right)_{T,p}$$

und entsprechend

$$v_2(T,p,x_2) = v - x_1 \left(\frac{\partial v}{\partial x_1} \right)_{T,p} = v + (1 - x_2) \left(\frac{\partial v}{\partial x_2} \right)_{T,p} .$$

Damit ist eine einfache Berechnungsvorschrift für die partiellen molaren Volumina gegeben. Ihre grafische Darstellung ist schematisch in Abb. B 2.14.1 wiedergegeben, wonach sich die partiellen molaren Volumina durch Anlegen einer Tangente an die Kurve $v(x_2)$ und Ablesen der Ordinatenabschnitte für $x_2 = 0 (v_1)$ und für $x_2 = 1 (v_2)$ ergeben. Genauere Werte erhält man durch numerische Differenziation der Funktion $v(x_2)$. Man findet dann $v_1 = 16{,}927$ cm^3/mol und $v_2 = 57{,}644$ cm^3/mol. Dies führt auf ein Gesamtvolumen von

$$V = 1,158 \cdot 16,927 + 0,842 \cdot 57,644 = 68,138 \text{ cm}^3 \ ,$$

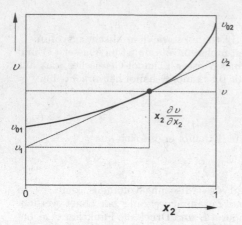

Abb. B 2.14.1. Zur grafischen Ermittlung des partiellen molaren Volumens

in guter Übereinstimmung mit dem Messwert. Man erkennt, dass die partiellen molaren Volumina deutlich von den entsprechenden Reinstoffvolumina abweichen. Das Gesamtvolumen hätte man auch ohne den Umweg über die partiellen molaren Volumina direkt aus dem molaren Mischungsvolumen nach Abb. 2.34 berechnen können. Mit

$$\Delta v^{M}(25°C, x_2 = 0,421) = -1,10 \text{ cm}^3/\text{mol}$$

ergibt sich

$$V = 70,33 - 2 \cdot 1,10 = 68,13 \text{ cm}^3 \ .$$

Das Stoffmodell der idealen Lösung führt das partielle molare Volumen auf das Reinstoffvolumen der betrachteten Komponente im flüssigen Zustand bei der Temperatur und dem Druck des Gemisches zurück. Dies ist nicht für alle flüssigen Gemische möglich. Wenn z.B. ein flüssiges Gemisch dadurch entsteht, dass ein Gas, z.B. Sauerstoff, in einer Flüssigkeit, z.B. Wasser, gelöst wird, dann existiert die Komponente Sauerstoff bei der Temperatur und dem Druck des Gemisches nicht als reine Flüssigkeit. Sie ist ein Gas. Das Analoge gilt für ein flüssiges Gemisch, das durch Lösung eines Feststoffs in einer Flüssigkeit entstanden ist, und insbesondere für Ionen. Die flüssigen Reinstoffvolumina sind für diese Komponenten nicht ermittelbar. Ein für solche gelöste Komponenten in flüssigen Gemischen geeignetes, idealisiertes Stoffmodell ist das der ideal verdünnten Lösung. In Bezug auf eine Komponente i ist eine ideal verdünnte Lösung der Grenzfall eines realen flüssigen Gemisches für $x_i \to 0$. Das partielle molare Volumen einer Komponente i in einer unendlich verdünnten Lösung bezeichnen wir mit v_i^∞. Es ist aus der Funktion $v(x)$ nach (2.32) berechenbar. Im binären Gemisch einer Komponente 1 mit einer Komponente 2 erhält man z.B. v_2^∞ durch Anlegen der Tangente an die Kurve $v(x_2)$ bei $x_2 = 0$ und Ablesen des Ordinatenabschnitts bei $x_2 = 1$, vgl. Abb. 2.35. Analog zum idealen Gasgemisch und zur idealen Lösung

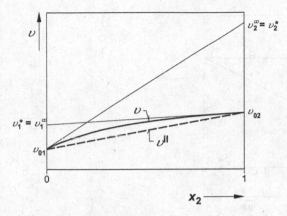

Abb. 2.35. Zum partiellen molaren Volumen in der ideal verdünnten Lösung

definiert man auch für die ideal verdünnte Lösung formal einen reinen Bezugszustand. Das molare Volumen in diesem Zustand ist in Abb. 2.35 als v_i^* bezeichnet. Es stellt das molare Volumen dar, das durch Extrapolation des molaren Volumens des Gemisches im Bereich der ideal verdünnten Lösung auf den Stoffmengenanteil $x_i = 1$ entsteht. Damit gilt für das partielle molare Volumen einer Komponente i im Referenzzustand der ideal verdünnten Lösung

$$v_i^{ivl} = v_i^*(T,p) = v_i^\infty(T,p) \ . \tag{2.49}$$

Atomistisch ist der Grenzfall der ideal verdünnten Lösung dadurch gekennzeichnet, dass es keine Wechselwirkungen zwischen Molekülen der Komponente i gibt, wohl aber Wechselwirkungen zwischen den Molekülen der Komponente i und denen des Lösungsmittels (0), für das $x_0 \to 1$ gilt. Das molare Volumen v_i^* ist kein reales Reinstoffvolumen, sondern das molare Volumen in einem hypothetischen Reinstoffzustand, dessen intermolekulare Wechselwirkungen nicht die der reinen Komponente i, sondern die der ideal verdünnten Lösung sind. Im Stoffmodell einer ideal verdünnten Lösung ändern sich die intermolekularen Wechselwirkungen nicht mit der Zusammensetzung. Dies trifft daher auch für das partielle molare Volumen zu.

Im Gegensatz zur idealen Lösung ist das Stoffmodell der ideal verdünnten Lösung grundsätzlich nicht zur Beschreibung des gesamten Konzentrationsbereichs geeignet. Abb. 2.36 zeigt das molare Volumen und die partiellen molaren Volumina im System 2-Propanol (1) / Wasser (2) bei 20°C. Die Verläufe der partiellen molaren Volumina weichen systematisch von den Grenzwerten der Reinstoffvolumina ab, wobei die Abweichung für die Komponente 1 bei kleinen Werten von x_1 besonders deutlich ist.

Für das molare Volumen einer flüssigen Lösung aus zwei Komponenten, wobei eine (1) bei Temperatur und Druck des Gemisches flüssig, die andere (2) gasförmig oder fest ist, wählt man das Stoffmodell „Ideale Lösung" für die Komponente 1 und das Stoffmodell „Ideal verdünnte Lösung" für die Kom-

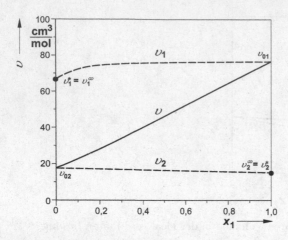

Abb. 2.36. Molares Volumen und partielle molare Volumina im System 2-Propanol (1) / Wasser (2) bei 20°C

ponente 2. Bei hinreichend kleiner Menge an gelöster Komponente 2 verhält sich das Gemisch tatsächlich ideal im Sinne der beiden Idealitätsmodelle, und es gilt

$$v^{\mathrm{ivl}} = x_1 v_{01} + x_2 v_2^* \approx x_1 v_{01} \ . \tag{2.50}$$

Man spricht von einer unsymmetrischen Normierung.

Die Größe v_i^* sowie auch allgemein das Stoffmodell der ideal verdünnten Lösung hat für das Volumen keine große praktische Bedeutung, mit Ausnahme z.B. für die Beschreibung der Druckabhängigkeit von Löslichkeiten. Allgemein und für andere Zustandsgrößen ist dieses Stoffmodell hingegen bei thermodynamischen Analysen unentbehrlich, vgl. z.B. die Abschnitte 4.3 und 7.2.

2.6 Kontrollfragen

2.1 Man berechne die Molmasse von Schwefelwasserstoff (H_2S) aus den in A2.1 angegebenen Molmassen von Wasserstoff und Schwefel!

2.2 Was ist ein Mol?

2.3 Durch welche Stoffgröße werden die Masse und die Stoffmenge ineinander umgerechnet?

2.4 Was ist eine Beladung?

2.5 Was ist eine intensive Zustandgröße ? Nennen Sie ein Beispiel!

2.6 Geben Sie die thermodynamische und die mechanische Definition des Druckes an!

2.7 Geben Sie eine einfache atomistische Interpretation für den Druck!

2.8 Wie lautet die thermodynamische Definition der Temperatur?

2.9 Was sagt der 0. Hauptsatz der Thermodynamik aus?

2.10 Warum ist die Celsius-Temperatur in thermodynamischen Rechnungen grundsätzlich nicht anwendbar?

2.11 Was ist der Bezugspunkt für die thermodynamische Temperatur auf der Kelvin-Skala ?

2.12 In einem geschlossenen Behälter mit reinem Kohlendioxid stehen die drei Phasen Gas, Flüssigkeit und Feststoff miteinander im Gleichgewicht. Kann man die Existenz der drei Phasen aufrecht erhalten, wenn man den Druck und/oder die Temperatur verändert ?

2.13 Welche besonderen Eigenschaften machen das ideale Gasthermometer zu einem geeigneten Messgerät für die thermodynamische Temperatur?

2.14 Geben Sie eine einfache atomistische Interpretation für die Temperatur!

2.15 Skizzieren Sie schematisch das p, v-Diagramm eines reinen idealen Gases und erklären Sie daran das Prinzip der Wärmekraftmaschine auf Gasbasis!

2.16 Skizzieren Sie schematisch den Verlauf der Dampfdruckkurve eines reinen Stoffes und erläutern Sie daran das Prinzip der Wärmekraftmaschine und der Wärmepumpe auf Dampfbasis!

2.17 Welche Wärme muss man einem reinen Stoff am kritischen Punkt beim Übergang vom flüssigen in den dampfförmigen Zustand zuführen?

2.18 Wodurch unterscheiden sich die Verdampfung und Kondensation in einem binären Gemisch von dem entsprechenden Phänomen in Reinstoffen?

2.19 Wie verändert sich die Temperatur beim isobaren Verdampfen in einem offenen System
a) für einen Reinstoff   b) für ein binäres Gemisch?

2.20 Man zeichne schematisch das Schmelzdiagramm eines binären Systems, dessen feste Phasen als reine Stoffe angesehen werden können!

2.21 Worin besteht der Unterschied zwischen Verdunstung und Verdampfung in einem binären Gemisch?

2.22 Was ist die obere kritische Entmischungstemperatur?

2.23 Was ist ein eutektischer Punkt?

2.24 Was drückt eine Bruttoreaktionsgleichung aus und was nicht?

2.25 Zeichnen Sie schematisch ein p, v-Diagramm eines reinen Stoffes und stellen Sie die heterogenen Zustandsgebiete dar!

2.26 Zeichnen Sie schematisch das p, T-Diagramm eines reinen Stoffes und bezeichnen Sie die drei Phasengrenzkurven, den kritischen Punkt und den Tripelpunkt!

2.27 Wie lautet die Zustandsgleichung reiner idealer Gase und welche molekulare Modellvorstellung liegt ihr zu Grunde?

2.28 Wodurch ist eine ideale Flüssigkeit charakterisiert?

2.29 Wie lautet die allgemeine Beziehung für eine molare Zustandsgröße eines Gemisches in Abhängigkeit von den Stoffmengenanteilen der Komponenten?

2.30 Was ist eine partielle Größe und welche Beziehung hat sie zu der gesamten Größe für das Gemisch?

2.31 Was ist ein ideales Gasgemisch und welche Beziehung gilt dort für den Partialdruck?

2.32 Wie ist der Taupunkt t_T eines idealen Luft/Wasserdampf-Gemisches definiert?

2.33 Was ist ein ideales Gas/Dampf-Gemisch und durch welche Beziehung ist sein Sättigungszustand definiert?

2.34 Welche Beziehung gilt für die Dampfbeladung eines idealen Gas/Dampf-Gemisches?

2.35 Welchen Wert hat der Taupunkt feuchter Luft, die bei 20°C eine relative Feuchte von $\varphi = 0,7$ hat?

2.36 Das Abgas eines Gaskessels enthält 55 ppm NO_2 (ppm = parts per million). Man rechne diese Angabe in mg/m_n^3 um ($M_{NO_2} = 46,006$ g/mol)!

2.37 Wie lautet die Beziehung für das partielle molare Volumen in einer idealen Lösung? Welche molekulare Modellvorstellung führt auf dieses Stoffmodell?

2.38 Wie ist das Mischungsvolumen Δv^M eines binären realen Gemisches definiert und in welcher Beziehung steht es zum Exzessvolumen v^E?

2.39 Wie lautet die Beziehung für das partielle molare Volumen in einer ideal verdünnten Lösung ? Welche molekulare Modellvorstellung führt auf dieses Stoffmodell?

2.40 Wie ist der Bezugszustand einer Komponente i in einer ideal verdünnten Lösung für das Volumen definiert?

2.7 Aufgaben

Aufgabe 2.1

Toluol (C_7H_8) und Benzol (C_6H_6) werden „äquimolar", d.h. mit gleichen Stoffmengen miteinander vermischt. Man berechne die Massenanteile der beiden Komponenten in der Mischung.

Molmassen: $M_C = 12,011$ g/mol, $M_{H_2} = 2,016$ g/mol

Aufgabe 2.2

Ein Gemisch besteht aus 2,7 kg N_2, 1,25 kg O_2, 0,7 kg H_2 und 0,4 kg CO_2. Man berechne die Zusammensetzung in Massen- und Stoffmengenanteilen.

Molmassen:

$M_C = 12,011$ g/mol, $M_{H_2} = 2,016$ g/mol, $M_{N_2} = 28,013$ g/mol,
$M_{O_2} = 31,999$ g/mol

Aufgabe 2.3

In einer Stahlflasche mit einem Volumen von 12 dm^3 befindet sich Sauerstoff mit einer Masse von $m_{O_2} = 2,05$ kg.

a) Wie groß ist die Stoffmenge des Sauerstoffs in der Flasche?
b) Wie groß sind das molare und spezifische Volumen sowie die Dichte?

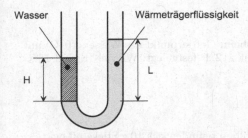

Wasser   Wärmeträgerflüssigkeit

Aufgabe 2.4

Die Dichte einer technischen Wärmeträgerflüssigkeit soll mit einem U-Rohr bestimmt werden. Hierzu wird Wasser, das mit der Wärmeträgerflüssigkeit nicht mischbar ist, in einen Schenkel eingefüllt. Wie groß ist die Dichte der Wärmeträgerflüssigkeit?
$\varrho_{H_2O} = 1000$ kg/m^3, $H = 300$ mm; $L = 384$ mm, $g = 9,81$ m/s^2

Aufgabe 2.5

An einer Niederdruckgasleitung ist zur Druckmessung ein U-Rohr angebracht, das mit Silikonöl ($\varrho_S = 1203$ kg/m^3) als Sperrflüssigkeit gefüllt ist. Zur Vergrößerung der Druckanzeige befindet sich im offenen Schenkel über der Sperrflüssigkeit Wasser ($\varrho_W = 998$ kg/m^3). Die Erdbeschleunigung beträgt $g = 9,81$ m/s^2 ($p_u = 1,005$ bar).

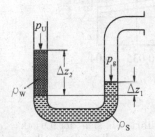

a) Wie groß sind der Absolutdruck p_g und der Überdruck in der Gasleitung, wenn $\Delta z_1 = 144$ mm, $\Delta z_2 = 350$ mm und $p_u = 1005$ hPa gilt?
b) Welche Spiegelhöhendifferenz Δz würde sich bei demselben Druck in der Gasleitung einstellen, wenn kein Wasser in das U-Rohr eingefüllt worden wäre?

Aufgabe 2.6

Gegeben sei ein ideales Gasthermometer, für das am Tripelpunkt des Wassers $(pv)_{tr,H_2O}^{ig} = 2271,3$ Nm/mol gilt. Die empirische Temperatur des idealen Gasthermometers am Tripelpunkt des Wassers beträgt $\Theta_{tr,H_2O}^{ig} = 273,16$ K. Im thermischen Gleichgewicht mit einem zweiten System misst man $(pv)^{ig} = 10000$ Nm/mol. Man berechne die Temperatur des idealen Gasthermometers für das zweite System.

Aufgabe 2.7

Die Temperaturskala nach Fahrenheit ist beim Gefrierpunkt des Wassers ($0°$C) mit $32°$F, beim Wassersiedepunkt ($100°$C) mit $212°$F festgelegt. Wieviel $°$F sind $15°$C und wieviel $°$C sind $100°$F?

Aufgabe 2.8

In einem Zylinder mit frei beweglichem Kolben befinden sich 10 g Stickstoff bei $t_1 = 50°$C und $p_1 = 1$ bar. Durch Verschieben des Kolbens wird das Zylindervolumen auf v_2 halbiert, wobei durch Wärmeabfuhr die Temperatur konstant gehalten wird.

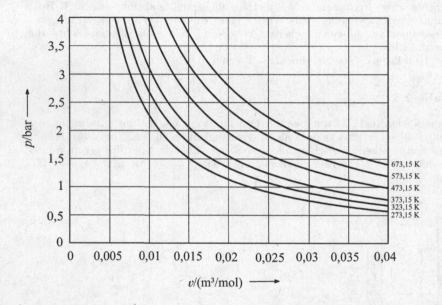

Anschließend wird bei arretiertem Kolben Wärme zugeführt, bis sich der Druck $p_3 = 2,93$ bar einstellt. Nach dem Lösen der Arretierung expandiert der Kolben isotherm auf den Druck $p_4 = p_1 = 1$ bar. Durch anschließende isobare Wärmeabfuhr wird der Ausgangszustand 1 erreicht.

a) Man skizziere den Prozess im p,v-Diagramm und bestimme das Volumen des Zylinders im Zustand 1.
b) Man bestimme die thermischen Zustandsgrößen Temperatur, Druck und molares Volumen in allen Zustandspunkten.

Molmasse: $M_{N_2} = 28,013$ g/mol

Aufgabe 2.9

Gegeben ist ein p,t-Diagramm für Wasser.

a) Man bestimme Druck und Temperatur am Tripelpunkt sowie am kritischen Punkt.

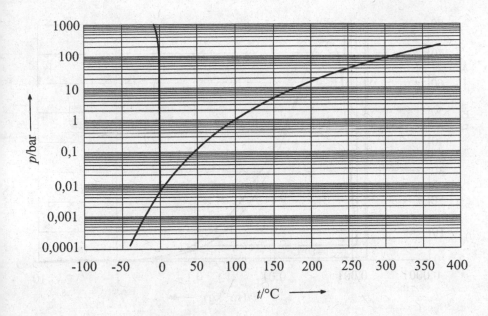

b) Man zeichne folgende Zustandsänderungen in das Diagramm ein und beschreibe die Phasen und die Phasenänderungen, die dabei durchlaufen werden.

$1 \rightarrow 2$:   isobare Wärmezufuhr von $t_1 = -5°\text{C}$ und $p_1 = 1$ bar auf $t_2 = 200°\text{C}$

$3 \rightarrow 4$:   isobare Abkühlung von $t_3 = 0°\text{C}$ und $p_3 = 1$ mbar auf $t_4 = -30°\text{C}$

$5 \rightarrow 6$:   isotherme Kompression von $t_5 = 120°\text{C}$ und $p_5 = 1$ bar auf $p_6 = 5$ bar

$7 \rightarrow 8$:   isotherme Expansion von $t_7 = -10°\text{C}$ und $p_7 = 0,1$ bar auf $p_8 = 0,1$ mbar

$9 \rightarrow 10$:   isobare Wärmezufuhr von $t_9 = -50°\text{C}$ und $p_9 = 400$ bar auf $t_{10} = 450°\text{C}$

Aufgabe 2.10

Gegeben ist ein p, v-Diagramm für Kohlendioxid.

a) Man bezeichne alle Phasengrenzkurven sowie die Zustandsgebiete.

b) Man trage die folgenden Zustandsänderungen in das $p, v-$Diagramm ein:

$1 \rightarrow 2$:   isobare Wärmezufuhr von $t_1 = -80°\text{C}$ auf $t_2 = 20°\text{C}$ bei einem Druck von $p_1 = 4$ bar

$2 \rightarrow 3$:   isotherme Kompression und Teilkondensation bis zu einem Dampfgehalt von $x_3 = 0,8$

$3 \rightarrow 4$:   vollständige isobare Kondensation und weitere isobare Abkühlung bis auf $-80°\text{C}$.

c) Man bestimme die thermischen Zustandsgrößen Druck, Temperatur und spezifisches Volumen in allen Zustandspunkten sowie das Verhältnis von Dampf- zu Flüssigkeitsmasse im Zustand 3.

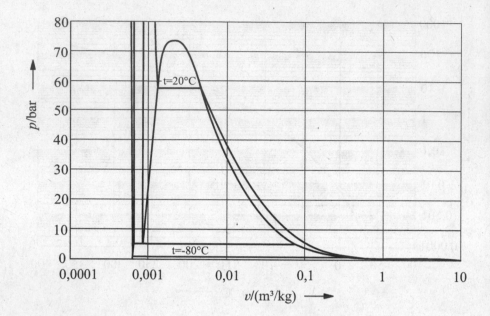

Aufgabe 2.11

Aus der Dampfturbine eines Kraftwerkes strömt ein Massenstrom von $\dot{m} = 10$ kg/s Nassdampf mit einem Druck von $p = 10$ kPa und einem Dampfgehalt von $x = 0,95$

a) Man skizziere den Zustandspunkt in einem p, v-Diagramm.
b) Man bestimme die Massenströme von Dampf und Flüssigkeit.
c) Welcher Volumenstrom ergibt sich?

spezifische Volumina: $v'(10 \text{ kPa}) = 0,001010 \text{ m}^3/\text{kg}$, $v''(10 \text{ kPa}) = 14,67 \text{ m}^3/\text{kg}$

Aufgabe 2.12

Ein Massenstrom aus 200 kg/h Methanol CH_3OH (2) und 150 kg/h Wasser (1) mit einer Temperatur von $t_0 = 50°C$ und einem Druck von $p_0 = 0,5$ bar wird einer isobaren stetigen Destillation unterworfen. Produkt- und Rückstandstrom verlassen die Destillationsapparatur bei 65°C. Der Produktstrom wird anschließend in einem Kondensator vollständig kondensiert.

a) Man zeichne ein Schaltschema des Prozesses und skizziere ihn im nachstehenden Siede-Diagramm.
b) Auf welche Temperatur t_s muss das Gemisch erwärmt werden, damit es zu sieden anfängt?
c) Man bestimme die Zusammensetzungen sowie die Massenströme von Produkt und Rückstand.
d) Wie hoch ist die Temperatur des kondensierten Produktstroms?

Molmassen: $M_C = 12,011$ g/mol, $M_{H_2} = 2,016$ g/mol, $M_{O_2} = 31,999$ g/mol

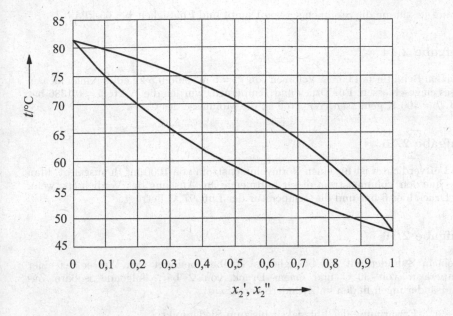

Aufgabe 2.13

10 mol eines flüssigen Gemisches aus Toluol (1) und Benzol (2) ($x_2 = 0, 5$) werden bei 80°C durch Entspannen teilweise verdampft, vgl. das Dampfdruckdiagramm unten.

a) Man bestimme die Dampfdrücke der reinen Komponenten bei 80°C.
b) Welche Zusammensetzung haben Dampf und Flüssigkeit bei einem Druck von 65 kPa?

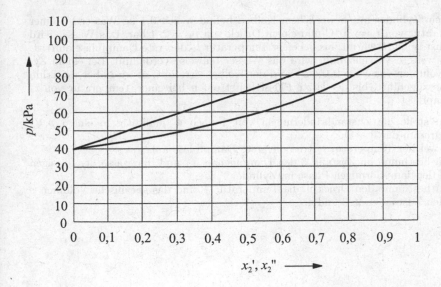

c) Man bestimme die Stoffmengen von Dampf und Flüssigkeit bei 65 kPa.

Aufgabe 2.14

In einem Behälter mit einem Volumen von $V = 5 \text{ m}^3$ sind 0,5 kg eines reinen idealen Gases eingeschlossen. Für Druck und Temperatur wurden die Werte $p = 0,1386$ bar und $T = 300$ K gemessen. Wie groß ist die Molmasse des Gases?

Aufgabe 2.15

Ein Luftverdichter ist für einen Normvolumenstrom von $1000 \text{ m}_\text{n}^3/\text{h}$ ausgelegt. Man berechne den Volumenstrom dieser Luftmenge am Ausgang des Verdichters, wenn der Druck hier 6 bar und die Temperatur der Luft 97°C beträgt.

Aufgabe 2.16

In einem Zylinder mit frei beweglichem Kolben befindet sich Wasser bei einer Temperatur von 30°C und einem Druck von 2 bar. Folgende isobare Zustandsänderungen finden im Zylinderinneren statt:

1→2:   Erwärmung der Flüssigkeit bis zum Siedepunkt
2→3:   vollständige Verdampfung
3→4:   Überhitzung des Dampfes auf eine Temperatur von 180°C

a) Man skizziere die Zustandsänderungen in einem t,v-Diagramm für den Druck $p = 2$ bar.
b) Man bestimme den Druck, die Temperatur und das spezifische Volumen in den Zuständen 2, 3 und 4.

Aufgabe 2.17

In einem Zylinder mit beweglichem Kolben befinden sich 0,1 kg Wasser bei einer Temperatur von $t_1 = 30°$C und einem Druck von $p_1 = 2,4$ bar. Das Wasser wird zunächst isobar erwärmt, bis bei einer Temperatur t_2 die erste Dampfblase auftritt. Durch weitere Wärmezufuhr wird das Wasser teilweise verdampft. Bei einem Zylindervolumen von $V_3 = 0,05 \text{ m}^3$ wird der Kolben arretiert, es wird aber weiterhin Wärme zugeführt, bis der letzte Flüssigkeitstropfen bei einer Temperatur von t_4 verdampft ist.

a) Man stelle die Zustandsänderungen von 1 nach 4 qualitativ in einem p,V-Diagramm dar.
b) Bei welcher Temperatur t_2 tritt die erste Dampfblase auf?
c) Man bestimme im Zustand 3 den Dampfgehalt x_3 und die Masse der flüssigen und der dampfförmigen Phase im Zylinder.
d) Man bestimme den Druck p, die Temperatur T und das spezifische Volumen v in den Zuständen 2, 3 und 4.

Aufgabe 2.18

In einer mit Ammoniak betriebenen Kompressionskältemaschine befindet sich eine Drossel, in der der Druck des Kältemittels ($\dot{m} = 0, 1$ kg/s) vom Kondensatordruck auf den Verdampferdruck gesenkt wird. Hinter der Drossel betragen der Druck $p = 1, 195$ bar und der Dampfgehalt $x = 0, 3$.

a) Wie groß sind die Massenströme von Flüssigkeit und Dampf hinter der Drossel?
b) Man berechne den Volumenstrom hinter der Drossel.

Stoffdaten von Ammoniak auf der Siede- und der Taulinie:

$t/°\mathrm{C}$	$p/$ bar	$\rho'/\mathrm{kg/m^3}$	$\rho''/\mathrm{kg/m^3}$
-50	0,4084	702,1	0,3808
-40	0,7172	690,1	0,6445
-30	1,195	677,8	1,039
-20	1,902	665,1	1,604
-10	2,908	652,0	2,391
0	4,294	638,6	3,456

Aufgabe 2.19

Ein ideales Gasgemisch besteht aus 2,7 kg N_2, 1,25 kg O_2, 0,7 kg H_2 und 0,4 kg CO_2. Wie groß sind die die Partialdrücke, wenn der Gesamtdruck 1,2 bar beträgt.

Molmassen:

$M_C = 12, 011$ g/mol, $M_{H_2} = 2, 016$ g/mol, $M_{N_2} = 28, 013$ g/mol,
$M_{O_2} = 31, 999$ g/mol

Aufgabe 2.20

Man berechne den Taupunkt von feuchter Luft, die bei einer Temperatur von $t_1 = 26°\mathrm{C}$ eine relative Feuchte von $\varphi_1 = 0, 7$ hat (Der Gesamtdruck beträgt $p = 0,1$ MPa).

Aufgabe 2.21

In einem Raum befinden sich 15 $\mathrm{m^3}$ Luft bei einem Druck von 1 bar, einer Temperatur von 20°C und einer Wasserbeladung von 0,012. Man berechne

a) die relative Feuchte der Luft und den Partialdruck des Wasserdampfs,
b) die Masse der trockenen Luft und des Wasserdampfs sowie die Gesamtmasse der Raumluft.

Molmassen: $M_W = 18, 015$ g/mol, $M_L = 28, 963$ g/mol

Aufgabe 2.22

In einem Zylinder mit beweglichem Kolben befinden sich 1 kg trockene Luft und 100 g Wasser. Die Temperatur beträgt 50°C, der Gesamtdruck 1 bar.

a) Wie viele Phasen befinden sich im Zylinder?
b) Welche Wassermasse liegt dampfförmig vor?
c) Wie groß ist das Volumen im Zylinder?

Molmassen: $M_W = 18,015$ g/mol, $M_L = 28,963$ g/mol

3. Die Materiemengenbilanz

Es gehört zu den allgemeinen naturwissenschaftlichen Erkenntnissen, dass die Masse eines geschlossenen Systems erhalten bleibt [4]. Aus einem offenen System, dem die Massenströme $\dot{m}_1$ und $\dot{m}_2$ zugeführt werden, muss dementsprechend im stationären Fall ein gleich großer Massenstrom $\dot{m}$ wieder ausströmen, vgl. Abb. 3.1. Bei instationären Prozessen, z.B. dem in Abb. 3.2 gezeigten Füllen eines Behälters, muss die Zunahme oder Abnahme der Masse im System gleich dem Unterschied von zuströmendem und abströmendem Massenstrom sein. Massenbilanzen, bzw. allgemeiner, Materiemengenbilanzen sind unverzichtbarer Bestandteil der thermodynamischen Analyse eines Prozesses. Die allgemeine Form der Gesamtmassenbilanz lautet

$$\frac{\mathrm{d}m(\tau)}{\mathrm{d}\tau} = \dot{m}_e(\tau) - \dot{m}_a(\tau) \tag{3.1}$$

und bringt zum Ausdruck, dass sich die Massenänderung in einem System mit der Zeit aus dem Unterschied der einströmenden und ausströmenden Masse ergibt. Bei mehreren ein- und austretenden Massenströmen verallgemeinert sich (3.1) zu

$$\frac{\mathrm{d}m(\tau)}{\mathrm{d}\tau} = \sum_i \dot{m}_i(\tau) - \sum_j \dot{m}_j(\tau) \ , \tag{3.2}$$

---

[4] Relativistische Effekte, d.h. Umwandlungen von Masse in Energie, werden ausgeschlossen.

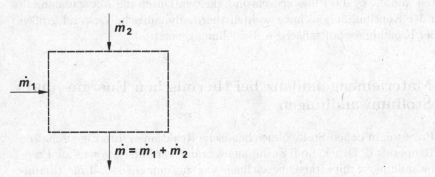

Abb. 3.1. Massenbilanz bei einem stationären Prozess

Abb. 3.2. Füllen einer Flasche

wobei sich die erste Summe über alle eintretenden, die zweite über alle austretenden Stoffströme erstreckt. Für stationäre Prozesse entfällt die Zeitabhängigkeit, und es gilt demnach

$$\sum_i \dot{m}_i = \sum_j \dot{m}_j \; . \tag{3.3}$$

Die gesamte einströmende Masse muss auch wieder ausströmen.

Eine besonders häufig benutzte Form der Massenbilanz bei Strömungen durch Kanäle ist die Kontinuitätsgleichung. Für die stationäre Strömung eines Stoffstroms durch die aufeinander folgenden Querschnitte 1 und 2 gilt mit (3.3)

$$\dot{m} = \rho_1 c_1 A_1 = \rho_2 c_2 A_2 \; . \tag{3.4}$$

Hier sind A_1, A_2 die Querschnittsflächen an den Punkten 1 und 2, ρ_1, ρ_2 die Dichten und c_1, c_2 die Phasengeschwindigkeiten. Durch die Massenbilanz in Form der Kontinuitätsgleichung werden thermodynamische Zustandsgrößen mit der Kanalquerschnittsfläche in Beziehung gesetzt.

3.1 Materiemengenbilanz bei thermischen Energie- und Stoffumwandlungen

Alle Prozesse, in denen Stoffe ohne chemische Reaktionen ihre Eigenschaften wie Temperatur, Druck und Zusammensetzung verändern sowie an Energieumwandlungen mitwirken, bezeichnen wir zusammenfassend als thermische Energie- und Stoffumwandlungen. Da chemische Reaktionen ausgeschlossen werden, bleiben bei thermischen Umwandlungen außer der Gesamtmasse auch die Massen der einzelnen Komponenten erhalten. Das Analoge gilt für die Stoffmengen.

3.1.1 Umwandlungen reiner Stoffe

In Prozessen mit reinen Stoffen ist die Massenbilanz besonders einfach. Wenn insbesondere stationäre Prozesse betrachtet werden, dann sagt die Massenbilanz aus, dass jeder in ein System eintretende reine Stoffstrom entweder als solcher oder mit den anderen vermischt bzw. in Teilströme aufgespalten auch wieder austritt. Ein einfacher Anwendungsfall ist der Wasser-/Dampf-

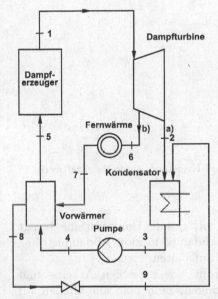

Abb. 3.3. Schema des Wasser-/Dampf-Kreislaufs eines Heizkraftwerks

Kreislauf eines Heizkraftwerkes. Für das in Abb. 1.17 dargestellte Schaltbild eines fossil gefeuerten Heizkraftwerkes zeigt Abb. 3.3 als Ausschnitt daraus das Schema des Wasser-/Dampf-Kreisprozesses. Aus dem Dampferzeuger tritt ein Massenstrom von $\dot m = 51$ kg/s Frischdampf aus und strömt zur Dampfturbine. In der Dampfturbine spaltet sich der Dampfstrom in zwei Teilströme a) und b) auf, wobei der kleinere von $\dot m_a = 11$ kg/s direkt in den Kondensator geführt wird, während der größere $\dot m_b = 40$ kg/s zunächst dem Fernwärmeabnehmer, dann dem Vorwärmer und schließlich auch dem Kondensator zugeführt wird. Vom Kondensator strömt der gesamte Massenstrom von $\dot m = 51$ kg/s als Speisewasser dem Dampferzeuger zu, in dem er erneut in einen gleich großen Frischdampfstrom umgewandelt wird. Abb. 3.4 zeigt die graphische Darstellung dieser Massenbilanz in einem so genannten Massen-flussbild. Die Größe der Massenströme wird darin durch die Dicke der Pfeile

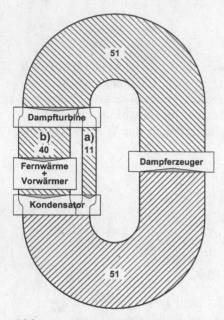

Abb. 3.4. Massenflussbild des Wasser-/Dampf-Kreislaufs eines Heizkraftwerks in kg/s

dargestellt. Eine detaillierte Massenbilanz, z.B. um die Dampfturbine, bringt zum Ausdruck, dass sich die 51 kg/s Frischdampf in zwei Abdampfströme der Turbine, nämlich 40 kg/s und 11 kg/s aufspalten.

Bei Prozessen mit nur einem Stoffstrom, wie typischen Arbeits- und Strömungsprozessen bei Energieumwandlungen, kann man alle Größen auf den konstanten Massenstrom beziehen und somit in spezifischen Größen rechnen. Damit ist die Massenbilanz automatisch erfüllt. Statt der Massenbilanz kann auch die Stoffmengenbilanz benutzt werden. Man rechnet dann mit molaren Größen.

3.1.2 Umwandlungen von Gemischen

Bei thermischen Stoffumwandlungen von Gemischen, z.B. der Trennung eines Rohöls in seine Fraktionen, gilt ebenfalls die Erhaltung der Gesamtmasse. In Abwesenheit von chemischen Reaktionen gilt insbesondere auch die Erhaltung der Massen der einzelnen Komponenten. Wenn z.B. ein flüssiges Gemisch aus Wasser und Alkohol durch eine thermische Stoffumwandlung in seine reinen Komponenten, nämlich reines Wasser und reinen Alkohol, zerlegt werden soll, dann bleibt die ursprünglich im Gemisch vorhandene

Wassermasse nach dem Prozess als reines Wasser erhalten. Das Analoge gilt für den Alkohol. Da in Abwesenheit chemischer Reaktionen keine Stoffmengenänderungen stattfinden, gilt auch die Erhaltung der gesamten Stoffmenge, sowie die Erhaltung der Stoffmenge jeder Komponente. Insgesamt erhalten wir damit so viele Materiemengenbilanzen wie es Komponenten in dem betrachteten Prozess gibt.

Beispiel 3.1

Ein Luftstrom ($\dot{n} = 0,02$ mol/s), der in erster Näherung nur aus Stickstoff und Sauerstoff ($x = 0,21$) besteht, wird von einem medizinischen Sauerstoff-Anreicherungsgerät in zwei Teilströme zerlegt. Der dabei entstehende sauerstoffreiche Stoffmengenstrom ($\dot{n}^{(r)} = 0,003$ mol/s, $x^{(r)} = 0,9$) wird dem Patienten zugeführt, ein zweiter sauerstoffarmer Teilmengenstrom geht an die Umgebung. Aus der Stoffmengenbilanz berechne man den Stoffmengenstrom $\dot{n}^{(a)}$ und den Stoffmengenanteil $x^{(a)}$ des Sauerstoffs des an die Umgebung abgegebenen sauerstoffarmen Teilstromes, vgl. Abb. B 3.1.1.

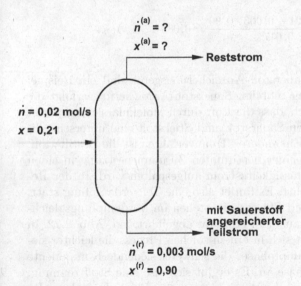

Abb. B 3.1.1. Zur Stoffmengenbilanz an einem Gerät zur Sauerstoffanreicherung der Atemluft

Lösung

Es handelt sich um eine thermische Stoffumwandlung, d.h. es sind keine chemischen Stoffumwandlungen beteiligt. Damit kann die Materiemengenbilanz auf die Stoffmengen der beiden Komponenten angewandt werden. Alternativ und oft einfacher ist das Anschreiben der Stoffmengenbilanz für die gesamte Stoffmenge und die Stoffmenge einer Komponente. Da es sich um einen stationären Prozess handelt, entfällt der instationäre Term der Materiemengenbilanz. Die Stoffmengenbilanz lautet also

$$\dot{n} = \dot{n}^{(a)} + \dot{n}^{(r)}$$

und

$$\dot{n}x = \dot{n}^{(a)}x^{(a)} + \dot{n}^{(r)}x^{(r)} \ .$$

Dies sind zwei unabhängige Gleichungen für die beiden gesuchten Größen. Eine Stoffmengenbilanz der zweiten Komponente lässt sich ebenfalls leicht hinschreiben, führt aber nicht weiter, da sie nicht unabhängig von den beiden anderen ist. So würde gelten

$$\dot{n}(1 - x) = \dot{n}^{(a)}(1 - x^{(a)}) + \dot{n}^{(r)}(1 - x^{(r)}) \ ,$$

was aber durch Addition zu der Stoffmengenbilanz der anderen Komponente die bereits angesetzte Gesamtstoffmengenbilanz ergibt.

Der gesuchte Stoffmengenstrom ergibt sich zu

$$\dot{n}^{(a)} = \dot{n} - \dot{n}^{(r)} = 0,02 - 0,003 = 0,017 \ \mathrm{mol/s} \ .$$

Sein Sauerstoffanteil ist

$$x^{(a)} = \frac{\dot{n}x - \dot{n}^{(r)}x^{(r)}}{\dot{n}^{(a)}} = \frac{0,02 \cdot 0,21 - 0,003 \cdot 0,90}{0,017} = 0,088 \ .$$

Die Vorgänge in einem Sauerstoff-Anreicherungsgerät sind ein Beispiel für eine Stofftrennung. Bei der mobilen Sauerstoff-Anreicherung erfolgt die Trennung in der Regel dadurch, dass die Luft durch Molekularsiebe gepresst wird, die für die Komponenten Sauerstoff und Stickstoff eine unterschiedliche Durchlässigkeit besitzen. Ein anderes Trennverfahren ist die Destillation, bei der ein flüssiges Gemisch einer bestimmten Zusammensetzung in einen Dampfstrom und einen Restflüssigkeitsstrom aufgespalten wird. In der Regel wird dabei Wärme zugeführt. Es findet also eine Teilverdampfung statt. Die beiden Phasen, Dampf und Flüssigkeit, stehen im Verdampfungsgleichgewicht und werden getrennt aus dem Apparat abgeführt, vgl. Abb. 2.22. In einem binären System reichert sich in einem solchen Prozess die leichter siedende Komponente in der Dampfphase, die schwerer siedende Komponente hingegen in der Flüssigkeitsphase an. Es ergibt sich also eine Stofftrennung. Die Dampfphase ist in der Regel der Produktstrom, die Flüssigkeitsphase der Rückstandstrom.

Beispiel 3.2

Ein flüssiges Gemisch aus n-Heptan (H) und Cyclohexan (C) ($\dot{n} = 1$ mol/s, $x = 0{,}5$) wird isobar und isotherm einer stetigen Teilverdampfung unterzogen, vgl. Abb. B 3.2.1. Der angegebene Stoffmengenanteil bezieht sich auf die leichter siedende Komponente Cyclohexan. Für eine Dampfausbeute von $\dot{n}''/\dot{n} = \nu = 0{,}1797$ berechne man die Zusammensetzungen des Produkt- und des Rückstandstromes. Wie ändern sich die Zusammensetzungen des Produkt- und Rückstandstromes, wenn die Dampfausbeute auf $\nu_2 = 0{,}5$ oder $\nu_3 = 0{,}9$ erhöht wird? Bei der betrachteten Temperatur der Stofftrennung möge die relative Flüchtigkeit einen konstanten Wert von $\alpha = 1{,}6986$ haben.

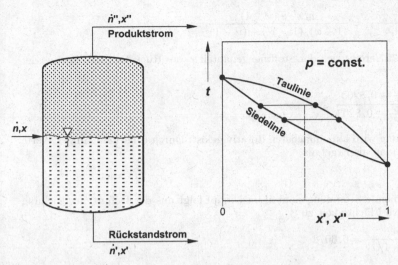

Abb. B 3.2.1. Die stetige Teilverdampfung

Lösung

Die Stoffmengenbilanzen der beiden Komponenten

$$\dot{n}x = \dot{n}'x' + \dot{n}''x''$$

sowie

$$\dot{n}(1 - x) = \dot{n}'(1 - x') + \dot{n}''(1 - x'')$$

bilden die Grundlage für die Berechnung der Mengen und der Zusammensetzungen des Produkt- und Rückstandstroms. Es sind zwei Gleichungen, aus denen zwei Unbekannte berechnet werden können. Der Stoffmengenstrom $\dot{n}$ und der Stoffmengenanteil x des Zulaufs sind gegeben, ebenso der Stoffmengenstrom des Produktstroms $\dot{n}''$. Unbekannt sind der Stoffmengenstrom $\dot{n}'$ sowie die Stoffmengenanteile x' und x''. Die fehlende dritte Beziehung ist $x'' = f(x')$, d.h. das Verdampfungsgleichgewicht, und zwar in Form der relativen Flüchtigkeit

$$\alpha = \frac{x''/x'}{(1 - x'')/(1 - x')}$$

nach (2.24). Aus den Stoffmengenbilanzen der beiden Komponenten ergibt sich

$$\frac{x''}{x'} = \frac{\dot{n}}{\dot{n}''}\frac{x}{x'} - \frac{\dot{n}'}{\dot{n}''}$$

sowie

$$\frac{1 - x''}{1 - x'} = \frac{\dot{n}}{\dot{n}''}\frac{1 - x}{1 - x'} - \frac{\dot{n}'}{\dot{n}''} \ .$$

Damit lässt sich die relative Flüchtigkeit ausdrücken durch

$$\alpha = \frac{\frac{\dot{n}}{\dot{n}''}\frac{x}{x'} - \frac{\dot{n}'}{\dot{n}''}}{\frac{\dot{n}}{\dot{n}''}\frac{1-x}{1-x'} - \frac{\dot{n}'}{\dot{n}''}} = \frac{x/x' + (\nu - 1)}{(1-x)/(1-x') + (\nu - 1)} \; .$$

Für $\nu_1 = 0{,}1797$ ergibt sich der Stoffmengenanteil x' des Rückstandstromes aus der Beziehung

$$1.6986 = \frac{\frac{0{,}5}{x'} - 0{,}8203}{\frac{0{,}5}{1-x'} - 0{,}8203} \; .$$

Diese Gleichung wird am einfachsten iterativ gelöst. Durch Einsetzen einiger Werte für x' findet man als Ergebnis

$$x' = 0{,}4765 \; .$$

Der entsprechende Stoffmengenanteil im Dampf folgt aus der Definitionsgleichung für die relative Flüchtigkeit zu

$$x'' = \frac{\alpha}{\alpha - 1 + 1/x'} = 0{,}6072 \; .$$

Für $\nu_2 = 0{,}5$ lauten die Ergebnisse

$$x' = 0{,}4342 \; , \quad x'' = 0{,}5659 \; .$$

Schließlich findet man für die besonders hohe Dampfausbeute $\nu_3 = 0{,}9$

$$x' = 0{,}3828 \; , \quad x'' = 0{,}5130 \; .$$

Ein höherer Stoffmengenstrom des Dampfes, d.h. des Produktstromes, wird also mit einer geringeren Anreicherung der leichter siedenden Komponente im Dampf erkauft.

Thermische Trennprozesse wie die in Beispiel 3.2 behandelte Destillation können auch instationär betrieben werden. Man spricht dann von absatzweiser Betriebsweise oder auch von „batch" -Prozessen (engl.: batch = Stapel). Die Materiemengenbilanz muss dann in ihrer instationären Form nach (3.1) ausgewertet werden. Unter absatzweiser Destillation versteht man die Zerlegung einer vorgegebenen Menge eines flüssigen Gemisches in einen Dampf und eine Restflüssigkeit. Der Dampf wird total kondensiert und als Destillat bezeichnet. Er ist an leichter siedender Komponente angereichert und gilt in der Regel als Produkt des Prozesses. Die verbleibende Flüssigkeit wird als Destillationsrückstand bezeichnet. Grundsätzlich kann auch der Destillationsrückstand als Produkt angesehen werden, z.B. bei Eindampfprozessen.

Beispiel 3.3

Ein flüssiges Gemisch aus n-Heptan und Cyclohexan ($n_0 = n_0' = 1$ mol, $x_0 = x_0' = 0{,}4765$) wird bei konstantem Druck unter Zufuhr der Wärme Q_H durch eine absatzweise Destillation eingedampft, bis die Restflüssigkeit in der Blase die Zusammensetzung $x = 0{,}2$ hat. Die Stoffmengenanteile beziehen sich auf die leichter siedende Komponente Cyclohexan. Abb. B 3.3.1 zeigt das Schaltschema der Destillieranlage, Abb. B 3.3.2 die Darstellung der Zustandsänderungen im Siedediagramm. Die beiden Hauptbestandteile der Anlage sind der Verdampfer, die so genannte Destillierblase, und der Kühler. Der Verdampfer wird mit dem Eduktgemisch, das zu

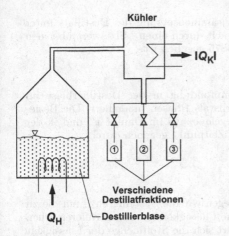

Abb. B 3.3.1. Schaltschema einer absatzweise betriebenen Destillieranlage

trennen ist, gefüllt. Es hat zu Beginn die Temperatur t_0 und wird zunächst auf die Siedetemperatur t_s aufgeheizt. Die siedende Flüssigkeit hat zu Beginn der Verdampfung den Stoffmengenanteil $x_0 = x'_0$ an leichter siedender Komponente. Der zuerst aufsteigende Dampf hat den Stoffmengenanteil x''_0 und ist damit besonders reich an leichter siedender Komponente. Wegen der während des Prozesses zunehmenden Verarmung der Lösung in der Destillierblase an leichter siedender Komponente von x'_0 nach x'_3 nimmt der Gehalt dieser Komponente auch im produzierten Dampf mit der Zeit ab, und zwar von x''_0 nach x''_3. Durch Kondensation im Kühler erhält man nach Ablauf des Prozesses ein Destillat mit einem Stoffmengenanteil x_d zwischen x''_0 und x''_3 unter Abfuhr der Wärme Q_K. Füllt man während eines Prozesses mehrere Gefäße hintereinander mit Destillat, so erhält man verschiedene Destillatfraktionen mit unterschiedlichen Stoffmengenanteilen an leichter siedender Komponente.

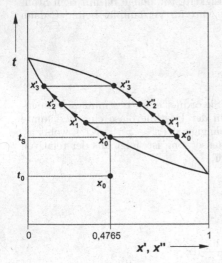

Abb. B 3.3.2. Darstellung der Zustandsänderungen im Siedediagramm

Man berechne die Stoffmenge und die Zusammensetzung des Destillats unter der Voraussetzung, dass die relative Flüchtigkeit durch einen Mittelwert über den betrachteten Temperaturbereich von $\alpha = 1{,}6875$ gegeben ist.

Lösung

Flüssigkeit und Dampf stehen bei der Dampfbildung in der Destillierblase im Verdampfungsgleichgewicht. Sie werden jeweils als Phasen modelliert. Die Beziehung zwischen dem Stoffmengenanteil des Cyclohexans im Dampf x'' und in der Flüssigkeit x' ist daher nach (2.24) zu jedem Zeitpunkt gegeben durch

$$x'' = \frac{\alpha x'}{1 + (\alpha - 1)x'}$$

mit $\alpha = 1{,}6875$ als der relativen Flüchtigkeit.

Zur Auswertung der Stoffmengenbilanz legen wir die Systemgrenze um die zu Beginn des Prozesses in der Blase vorhandene Flüssigkeit. In einem differenziellen Zeitintervall $\mathrm{d}\tau$ um den Zeitpunkt τ verringert sich die Stoffmenge der Flüssigkeit n' in der Blase durch Verdampfen einer gleich großen Stoffmenge $\dot{n}''$. Es gilt also die Stoffmengenbilanz nach (3.1)

$$\frac{\mathrm{d}n'}{\mathrm{d}\tau} = -\dot{n}'' \ ,$$

wobei sowohl n' als auch $\dot{n}''$ von der Zeit τ abhängen. Die entsprechende Erhaltungsgleichung für die leichter siedende Komponente führt auf

$$\frac{\mathrm{d}(n'x')}{\mathrm{d}\tau} = -\dot{n}''x''$$

und sagt aus, dass die Abnahme an Stoffmenge der leichter siedenden Komponente in der Destillierblase mit der Zeit zu jedem Zeitpunkt dem produzierten Dampfmengenstrom der leichter siedenden Komponente entspricht. Nach Elimination von $\dot{n}''$ folgt die Stoffmengenbilanz zu

$$x''\mathrm{d}n' = n'\mathrm{d}x' + x'\mathrm{d}n' \ .$$

Wenn sich zu Beginn des Prozesses eine Flüssigkeitsstoffmenge n'_0 mit dem Stoffmengenanteil x'_0 an leichter siedender Komponente im Verdampfer befindet, dann lautet die Mengenbilanz in integrierter Form

$$\int\limits_{n'_0}^{n'} \frac{\mathrm{d}n'}{n'} = \ln \frac{n'}{n'_0} = \int\limits_{x'_0}^{x'} \frac{\mathrm{d}x'}{x'' - x'} \ .$$

Dies ist die so genannte Rayleigh-Gleichung. Sie ordnet einer bestimmten momentanen Zusammensetzung der Flüssigkeit x' in der Destillierblase eine bestimmte verbliebene Flüssigkeitsmenge n' zu. Die Abhängigkeit $(x'' - x') = \mathrm{f}(x')$, wobei x'' die zu x' gehörige momentane Dampfzusammensetzung ist, folgt aus der relativen Flüchtigkeit. Das Integral ergibt sich damit zu

$$\int\limits_{x'_0}^{x'} \frac{\mathrm{d}x'}{x'' - x'} = \int\limits_{x'_0}^{x'} \frac{1 + x'(\alpha - 1)}{(\alpha - 1)x'(1 - x')} \mathrm{d}x'$$

$$= \int\limits_{x'_0}^{x'} \frac{1}{(\alpha - 1)x'(1 - x')} \mathrm{d}x' + \int\limits_{x'_0}^{x'} \frac{1}{1 - x'} \mathrm{d}x'$$

$$= -\frac{1}{\alpha - 1} \left[\ln(1-x) - \ln x \right]_{x_0'}^{x'} - \left[\ln(1-x) \right]_{x_0'}^{x'}$$

$$= -\left[\ln(1-x')^{\alpha/(\alpha-1)} - \ln(x')^{1/(\alpha-1)} \right]_{x_0'}^{x'} .$$

Damit folgt als Ergebnis der Stoffmengenbilanz die integrierte Rayleigh-Gleichung

$$\frac{n'}{n_0'} = \left[\frac{x'}{x_0'} \right]^{1/(\alpha-1)} \left[\frac{1-x_0'}{1-x'} \right]^{\alpha/(\alpha-1)} .$$

Aus ihr kann die Stoffmenge der Restflüssigkeit bestimmt werden zu

$$n' = n_0' \left(\frac{0,2}{0,4765} \right)^{1/0,6875} \left[\frac{0,5235}{0,8} \right]^{1,6875/0,6875} = 0,100 \text{ mol} .$$

Die Menge des Destillats beträgt demnach

$$n_d = n_0' - n' = 0,900 \text{ mol} .$$

Der Stoffmengenanteil x_d der leichter siedenden Komponente im insgesamt gebildeten Destillat folgt aus der Stoffmengenbilanz der leichter siedenden Komponente

$$x_0' n_0' = x' n' + (n_0' - n') x_d$$

zu

$$x_d = x_0' \frac{1 - \frac{x'}{x_0'} \frac{n'}{n_0'}}{1 - \frac{n'}{n_0'}} .$$

Die Zahlenauswertung ergibt

$$x_d = 0,4765 \frac{1 - \frac{0,2}{0,4765} \frac{0,100}{1}}{1 - \frac{0,100}{1}} = 0,5072 .$$

Auch in Prozessen mit mehreren eintretenden und austretenden Stoffströmen ist die Anzahl der zu erfüllenden Materiemengenbilanzen gleich der Anzahl der Komponenten. Dabei ist es gleichgültig, auf wie viele Stoffströme die Komponenten verteilt sind, vgl. Beispiel 3.4.

Beispiel 3.4

In der Trocknungsanlage einer Ziegelei wird ein Massenstrom von $\dot{m}_F = 6137$ kg/h an Formlingen mit einem Massenanteil an Wasser von 21 % ($w_F = 0,21$) zu Rohlingen mit einem Massenanteil an Wasser von 1 % ($w_R = 0,01$) getrocknet, vgl. Abb. B 3.4.1. Die Trocknung erfolgt mit Luft von einer anfänglichen Wasserbeladung von $x_u = \dot{m}_W/\dot{m}_L = 0,0115$. Der eintretende Massenstrom an trockener Luft beträgt $\dot{m}_{L,e} = 85126$ kg/h. Welche Beladung mit Wasserdampf hat die Luft am Austritt des Trockners?

Lösung

Wir haben drei Komponenten, die trockene Luft, das Wasser und den trockenen Ziegel. Als Massenbilanzen setzen wir die für die Gesamtmasse, die für die

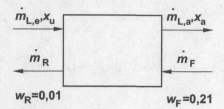

Abb. B 3.4.1. Zur Trocknung nasser Formlinge

trockene Luft und die für den trockenen Ziegel an. Die Gesamtmassenbilanz der Trocknungsanlage lautet

$$\dot{m}_F + \dot{m}_L(1 + x_u) = \dot{m}_R + \dot{m}_L(1 + x_a) \ .$$

In diese Bilanz ist wegen der Verwendung nur eines Massenstromes $\dot{m}_L$ die Massenbilanz der trockenen Luft ($\dot{m}_{L,e} = \dot{m}_{L,a} = \dot{m}_L$) bereits eingearbeitet.
Es gilt außerdem die Massenbilanz der trockenen Ziegel:

$$\dot{m}_F(1 - 0,21) = \dot{m}_R(1 - 0,01) \ .$$

Hieraus folgt der Massenstrom der Rohlinge zu

$$\dot{m}_R = \dot{m}_F \frac{1 - 0,21}{1 - 0,01} = 4897 \text{ kg/h} \ .$$

Die Beladung der Luft mit Wasserdampf am Austritt folgt aus der Gesamtmassenbilanz zu

$$x_a = \frac{\dot{m}_L x_u + (\dot{m}_F - \dot{m}_R)}{\dot{m}_L} = 0,0115 + \frac{1240}{85126} = 0,0261 \ .$$

Das gleiche Ergebnis erhält man, wenn an Stelle der Massenbilanz für die Gesamtmasse die für das Wasser ausgewertet wird, nach

$$\dot{m}_L x_u + \dot{m}_F w_F = \dot{m}_L x_a + \dot{m}_R w_R \ .$$

3.2 Materiemengenbilanz bei chemischen Energie- und Stoffumwandlungen

Auch bei chemischen Umwandlungen gilt die Erhaltung der Gesamtmasse. Es gilt aber nicht mehr die Erhaltung der Massen der einzelnen Komponenten, denn es verschwinden in der Regel einige Komponenten, während neue gebildet werden. Da chemische Reaktionen mit Änderungen der Stoffmengen einhergehen, bleiben auch weder die gesamte Stoffmenge noch die Stoffmengen der einzelnen Komponenten erhalten. Die Materiemengenbilanz bei chemischen Stoffumwandlungen gilt indessen ohne Einschränkung auf der Ebene der Elemente. Deren Massen und Stoffmengen bleiben bei allen chemischen Reaktionen erhalten.

In einfachen Fällen können chemische Stoffumwandlungen durch eine einzige Bruttoreaktionsgleichung beschrieben werden. Betrachtet man z.B. die Bruttoreaktionsgleichung der Ammoniak-Synthese,

$$N_2 + 3\,H_2 \rightleftharpoons 2\,NH_3\ ,$$

so erkennt man zunächst, dass nach dieser Gleichung aus 4 mol Edukten 2 mol Produkt werden, wenn die Reaktion vollständig abläuft. Aus 1 mol N_2 und 3 mol H_2 werden bei vollständigem Reaktionsablauf gerade 2 mol NH_3 gebildet. Die Stoffmenge ändert sich also. Schreibt man die obige Bruttoreaktionsgleichung durch Multiplikation mit den jeweiligen Molmassen in Massen an, so findet man mit $M_{N2} = 28{,}013$ g/mol, $M_{H2} = 2{,}016$ g/mol und $M_{NH3} = 17{,}031$ g/mol auf zwei signifikante Stellen hinter dem Komma

$$28{,}01\ g\ N_2 + 6{,}05\ g\ H_2 \rightleftharpoons 34{,}06\ g\ NH_3\ .$$

Die Gesamtmasse bleibt also bei chemischen Reaktionen erhalten, obwohl sich die Stoffmenge nach Maßgabe der Bruttoreaktionsgleichung ändert. Die Bruttoreaktionsgleichung bringt insbesondere die Erhaltung der Elemente bei chemischen Reaktionen zum Ausdruck. Die durch die Edukte eingebrachten Atome an Stickstoff und Wasserstoff bleiben in ihrer Anzahl erhalten. Sie organisieren sich lediglich zu einem neuen Molekül, hier zum Ammoniak. Die Auswertung einer Bruttoreaktionsgleichung ist also eine spezielle Form der Auswertung der Elementenbilanz.

Häufig, z.B. bei unvollständig ablaufenden Reaktionen, lässt sich eine Bruttoreaktionsgleichung nicht formulieren. Die Materiemengenbilanz wird dann als Elementenbilanz ausgewertet.

3.2.1 Vollständig ablaufende Reaktionen

Für Reaktionen mit vollständigem Umsatz, also solche, die nur in einer Richtung und bis zum Verschwinden mindestens eines Eduktstoffes ablaufen, lässt sich die Materiemengenbilanz bereits allein auf Grund der Bruttoreaktionsgleichung und der Materiemengen der Edukte bzw. auf Grund der Elementenbilanz auswerten. Die bekanntesten Beispiele für praktisch vollständig ablaufende Reaktionen sind die Verbrennungsreaktionen. Aber auch zahlreiche andere Reaktionen laufen mit vollständigem Umsatz ab. Das Reaktionsgleichgewicht liegt in diesem Fall vollständig auf der Seite des Produkts.

Wir betrachten insbesondere vollständige Verbrennungsreaktionen. Eine Verbrennung ist eine Oxidationsreaktion zwischen einem Brennstoff und Sauerstoff. Es wird angenommen, dass alle brennbaren Bestandteile des Brennstoffs ihre höchste Oxidationsstufe erreichen. Damit lauten die für vollständige Verbrennungsprozesse wichtigsten Bruttoreaktionsgleichungen

$$C + O_2 \rightarrow CO_2$$
$$H_2 + \frac{1}{2}O_2 \rightarrow H_2O$$

und

$$S + O_2 \rightarrow SO_2 \ .$$

Die Bedingung vollständiger Verbrennung umfasst nicht nur die an alle vollständig ablaufenden Reaktionen zu stellende Bedingung des Verschwindens mindestens eines Eduktstoffes. Sie fordert zudem das Erreichen der höchsten Oxidationsstufen. Damit schließt sie also z.B. eine Reaktion $C + 1/2\,O_2 \rightarrow CO$ aus, da hier der Kohlenstoff nicht seine höchste Oxidatonsstufe erreicht, obwohl es sich dabei ebenfalls um eine Reaktion mit vollständigem Umsatz handelt.

Die obigen Bruttoreaktionsgleichungen gelten für Stoffmengen. Durch Einführung der Molmassen nach Tabelle A2 im Anhang A werden daraus Massenbilanzen, z.B.

$$12{,}011 \text{ kg C} + 31{,}999 \text{ kg O}_2 \rightarrow 44{,}010 \text{ kg CO}_2$$

bzw.

$$1 \text{ kg C} + 2{,}664 \text{ kg O}_2 \rightarrow 3{,}664 \text{ kg CO}_2 \ ,$$
$$1 \text{ kg H}_2 + 7{,}963 \text{ kg O}_2 \rightarrow 8{,}963 \text{ kg H}_2\text{O}$$

und

$$1 \text{ kg S} + 0{,}998 \text{ kg O}_2 \rightarrow 1{,}998 \text{ kg SO}_2 \ .$$

Als Sauerstoffträger wird in der Regel Luft verwendet, die für Zwecke der Materiemengenbilanz hier als ein Gemisch aus Sauerstoff und Stickstoff mit einem Stoffmengenanteil $x_{O_2} = 0{,}21$ bzw. einem Massenanteil $w_{O_2} = 0{,}23$ angesehen wird. In der Regel wird mehr Luft zugeführt als zu einer stöchiometrischen, vollständigen Verbrennung erforderlich ist. Das Verhältnis von tatsächlich eingesetzter Luftmenge zur mindestens erforderlichen Luftmenge wird als das Luftverhältnis λ bezeichnet,

$$\lambda = \frac{l}{l_{\min}} \ . \tag{3.5}$$

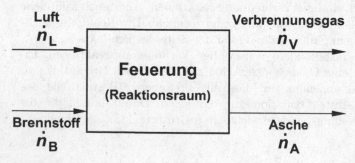

Abb. 3.5. Zur Mengenbilanz einer technischen Feuerung

Hier ist l die auf die Mengeneinheit des Brennstoffs bezogene Luftmenge, mit einer entsprechenden Bedeutung für l_{min}. Die Abb. 3.5 zeigt das Schema für die Materiemengenbilanz an einer technischen Feuerung. Luft und Brennstoff werden im Reaktionsraum, der Feuerung oder dem Ofen, zusammengeführt. Dort findet die Reaktion statt. Durch diese Reaktion entstehen das Verbrennungsgas und die Asche, die aus unverbrannten oder nicht brennbaren festen Bestandteilen des Brennstoffs besteht.

Beispiel 3.5

Methanol (CH_3OH) soll mit einem Luftverhältnis von $\lambda = 1,2$ vollständig verbrannt werden. Man berechne den Luftbedarf und die Zusammensetzung des Abgases.

Lösung

Die Bruttoreaktionsgleichung für die vollständige Verbrennung von Methanol lautet

$$CH_3OH + \frac{3}{2} O_2 \rightarrow CO_2 + 2 H_2O .$$

Der Stoffmengenanteil des Sauerstoffs in der Luft beträgt 0,21, d.h. um 1 mol O_2 bereitzustellen braucht man $1/0,21 = 4,762$ mol Luft. Damit lautet die Bruttoreaktionsgleichung für die Methanolverbrennung mit Luft

$$1 CH_3OH + \frac{3}{2} \cdot 4,762 \cdot (0,21 O_2 + 0,79 N_2)$$
$$\rightarrow 1 CO_2 + 2 H_2O + \frac{3}{2} \cdot 3,762 N_2 .$$

Die linke Seite dieser Beziehung gibt die Zusammensetzung des stöchiometrischen Brennstoff/Luft-Gemisches wieder. Auf der rechten Seite steht die Zusammensetzung des stöchiometrischen Verbrennungsgases, d.h. desjenigen Gasgemisches, das durch die vollständige Verbrennung des Brennstoffes mit der gerade dazu erforderlichen Luftmenge entsteht. Unter Berücksichtigung des Luftverhältnisses λ wird daraus

$$1 CH_3OH + \lambda \cdot \frac{3}{2} \cdot 4,762 \cdot (0,21 O_2 + 0,79 N_2)$$
$$\rightarrow 1 CO_2 + 2 H_2O + \lambda \cdot \frac{3}{2} \cdot 3,762 N_2 + \frac{3}{2} \cdot (\lambda - 1) O_2 .$$

Die Verbrennung mit einem Luftverhältnis von $\lambda > 1$ ist nicht mehr stöchiometrisch. Das Verbrennungsgas besteht jetzt aus dem stöchiometrischen Verbrennungsgas und der überschüssigen Luft, also überschüssigem Sauerstoff und Stickstoff. Aus dieser Gleichung können die Stoffmengen der Luft und der Verbrennungsgasbestandteile abgelesen werden. Die Stoffmenge der Luft pro Stoffmenge Brennstoff beträgt

$$l = \lambda \cdot \frac{3}{2} \cdot 4,762 = 8,572 \text{ mol L/ mol B} .$$

Zur Berechnung der Zusammensetzung des entstehenden Verbrennungsgases (V) nach

$$x_i^V = \dot{n}_i^V / \dot{n}_V = v_i / v$$

definieren wir mit v_{CO_2} die auf die Stoffmenge des Brennstoffes bezogene Stoffmenge des CO_2 im Verbrennungsgas, mit v_{H_2O} die auf die Stoffmenge des Brennstoffs bezogene Stoffmenge des H_2O im Verbrennungsgas, mit v_{O_2} die auf die Stoffmenge des Brennstoffs bezogene Stoffmenge des O_2 im Verbrennungsgas und schließlich mit v_{N_2} die auf die Stoffmenge des Brennstoffs bezogene Stoffmenge des N_2 im Verbrennungsgas. Durch Summation ergibt sich schließlich die auf die Stoffmenge des Brennstoffs bezogene gesamte Stoffmenge des Verbrennungsgases zu

$$v = \frac{\dot{n}_V}{\dot{n}_B} = v_{CO_2} + v_{H_2O} + v_{O_2} + v_{N_2} \ .$$

Setzen wir das vorgegebene Luftverhältnis $\lambda = 1,2$ ein, so erhalten wir mit

$$v_{CO_2} = 1 \ molCO_2/ \ mol \ B \ ,$$
$$v_{H_2O} = 2 \ molH_2O/ \ mol \ B \ ,$$
$$v_{O_2} = 0,3 \ molO_2/ \ mol \ B$$

und

$$v_{N_2} = 6,77 \ molN_2/ \ mol \ B$$

schließlich

$$v = \sum v_i = 10,07 \ mol \ V/ \ mol \ B \ .$$

Damit weist das Verbrennungsgas die folgenden Stoffmengenanteile auf:

$$x_{CO_2}^V = 0,0993 \ ; \ x_{H_2O}^V = 0,1986 \ ; \ x_{O_2}^V = 0,0298 \ ; \ x_{N_2}^V = 0,6723 \ .$$

Hier ist der hohe Stickstoffgehalt des Verbrennungsgases als typisch hervorzuheben.

In vielen Fällen sind die in den Brennstoffen enthaltenen chemischen Verbindungen nicht bekannt, z.B. beim Heizöl. Solche Brennstoffe werden durch die so genannte Elementaranalyse charakterisiert, d.h. die Angabe der elementaren Zusammensetzung in Massenanteilen.

Beispiel 3.6

Heizöl mit der Elementaranalyse $w_C = m_C/m_B = 0,86$ und $w_{H2} = m_{H2}/m_B = 0,14$ wird mit einem Luftverhältnis von $\lambda = 1,1$ vollständig verbrannt. Man berechne den Luftbedarf und die Zusammensetzung des Rauchgases.

Lösung

Aus den Reaktionsgleichungen der Bestandteile des Brennstoffes lassen sich die benötigte Luftmenge und die Zusammensetzung des Abgases bei vollständiger Verbrennung berechnen. Wir beziehen alle Materiemengen auf die Masse des Brennstoffes, rechnen aber die Massen seiner brennbaren Bestandteile in Stoffmengen um.

Die Umrechnung ergibt für die einzelnen Komponenten in kmol/kg B

$$C: \frac{w_C}{M_C} = 0,0716 \ \frac{kmol \ C}{kg \ B}$$
$$H_2: \frac{w_{H_2}}{M_{H_2}} = 0,0694 \ \frac{kmol \ H_2}{kg \ B} \ .$$

Damit folgt als Bruttoreaktionsgleichung für die vollständige Verbrennung des Heizöls pro kg Brennstoff

$0,0716\ C + 0,0694\ H_2 + 0,1063\ O_2 \rightarrow 0,0716\ CO_2 + 0,0694\ H_2O$.

Für die Verbrennung mit Luft gilt

$0,0716\ C + 0,0694\ H_2 + 0,5062 \cdot (0,21\ O_2 + 0,79\ N_2)$
$\rightarrow 0,0716\ CO_2 + 0,0694\ H_2\ O + 0,3999\ N_2$.

Unter Berücksichtigung des Luftverhältnisses von $\lambda = 1{,}1$ wird daraus

$0,0716\ C + 0,0694\ H_2 + 0,5568 \cdot (0,21\ O_2 + 0,79\ N_2)$
$\rightarrow 0,0716\ CO_2 + 0,0694\ H_2O + 0,0106\ O_2 + 0,4399\ N_2$.

Damit liegen der Luftbedarf, die Abgasmenge, jeweils bezogen auf 1 kg Brennstoff, und die Zusammensetzung des Abgases fest. So gilt für die Stoffmenge der Luft pro Masse Brennstoff

$l = 0,5568$ kmol L/ kg B ,

und für die Stoffmenge des Verbrennungsgases pro Masse Brennstoff

$v = 0,5915$ kmol V/ kg B ,

sowie für die Zusammensetzung des Verbrennungsgases in Stoffmengenanteilen

$x_{CO_2}^{V} = 0,121$,
$x_{H_2O}^{V} = 0,117$,
$x_{O_2}^{V} = 0,018$

und

$x_{N_2}^{V} = 0,744$.

Alternativ zur Auswertung der Bruttoreaktionsgleichung in Stoffmengen kann man auch in Massen rechnen. Dann müssen alle stöchiometrischen Koeffizienten mit den entsprechenden Molmassen multipliziert werden.

Beispiel 3.7

Dem Dampferzeuger eines 2 × 600 MW Steinkohlekraftwerks werden pro Jahr 3,22 Mio. t Steinkohle zugeführt. Im asche- und wasserfreien Zustand hat die Steinkohle die Zusammensetzung

$w_C = 0,831$, $w_{H_2} = 0,054$, $w_{O_2} = 0,090$, $w_{N_2} = 0,016$, $w_S = 0,009$.

Im Verwendungszustand enthält die Steinkohle zusätzlich pro kg noch 0,1 kg Asche und 0,05 kg Wasser. Unter Annahme vollständiger Verbrennung der Kohle stelle man die Massenbilanz des Dampferzeugers auf, wenn der Luftüberschuss 30 % beträgt.

Lösung

Abb. B 3.7.1 zeigt das Schema für die Aufstellung der Mengenbilanz. Da wir primär

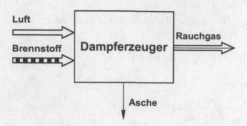

Abb. B 3.7.1. Massenbilanz am Dampferzeuger eines Steinkohlekraftwerkes

an der Massenbilanz interessiert sind, verzichten wir hier auf die Umrechnung der Kohlebestandteile in Stoffmengen. Für 1 kg Kohle im asche- und wasserfreien Zustand ergibt sich die nachstehende stöchiometrische Bruttoreaktionsgleichung in Massen

$$0,831 \text{ kg C} + 0,054 \text{ kg H}_2 + 0,009 \text{ kg S} + 0,016 \text{ kg N}_2 + 0,090 \text{ kg O}_2$$
$$+ (2,214 + 0,429 + 0,0090 - 0,090) \text{ kg O}_2$$
$$\rightarrow 3,045 \text{ kg CO}_2 + 0,483 \text{ kg H}_2\text{O} + 0,018 \text{ kg SO}_2 + 0,016 \text{ kg N}_2 \ .$$

Hier wurde der in der zugeführten Kohle enthaltende Sauerstoff vom Sauerstoffbedarf für die Verbrennung der Elemente C, H_2 und S abgezogen.

Der zur vollständigen Verbrennung mindestens erforderliche Sauerstoffbedarf beträgt daher pro kg Kohle

$$o_{min} = 2,214 + 0,429 + 0,009 - 0,09 = 2,562 \text{ kg O}_2/ \text{ kg Kohle} \ .$$

Der Sauerstoff wird durch Luft herangeführt. Trockene Luft hat vereinfacht in Massenanteilen die Zusammensetzung $w_{N2} = 0,770$, $w_{O2} = 0,230$. Um 1 kg O_2 heranzuschaffen benötigt man daher $1/0,230 = 4,348$ kg Luft. Der Mindestbedarf an Luft ist daher pro kg Kohle

$$l_{min} = 4,348 \cdot 2,562 = 11,140 \text{ kg L}/ \text{ kg Kohle} \ .$$

Die Verbrennung soll mit 30% Luftüberschuss erfolgen. Dann benötigt man pro kg Kohle die Luftmasse

$$l = 1,30 \cdot 11,140 = 14,482 \text{ kg L}/ \text{ kg Kohle} \ .$$

Die Bruttoreaktionsgleichung lautet also insgesamt für den Brennstoff im Verwendungszustand

$$1 \text{ kg Kohle} + 0,1 \text{ kg A} + 0,05 \text{ kg H}_2\text{O} + 14,482 \text{ kg L} \rightarrow 3,045 \text{ kg CO}_2$$
$$+ (0,483 + 0,05) \text{ kg H}_2\text{O} + 0,018 \text{kg SO}_2 + (0,016 + 11,151) \text{ kg N}_2$$
$$+ 0,769 \text{ kg O}_2 + 0,1 \text{ kg A} \ .$$

Wie man sich leicht überzeugen kann, ist die Massenbilanz erfüllt. Für einen Jahreseinsatz von 3,22 Mio. Tonnen Brennstoff im Verwendungszustand bzw. 2,8 Mio. Tonnen Kohle ohne Asche- und Wasseranteil findet man

$$\dot{m}_L = 40,55 \text{ Mio. t} \ ,$$
$$\dot{m}_{CO_2} = 8,53 \text{ Mio. t} \ ,$$
$$\dot{m}_{N_2} = 31,27 \text{ Mio. t} \ ,$$
$$\dot{m}_{H_2O} = 1,49 \text{ Mio. t} \ ,$$
$$\dot{m}_{SO_2} = 0,05 \text{ Mio. t} \ ,$$
$$\dot{m}_{O_2} = 2,15 \text{ Mio. t} \ ,$$
$$\dot{m}_A = 0,28 \text{ Mio. t} \ .$$

Diese Ergebnisse entsprechen den in Abb. 1.3 graphisch dargestellten Massenströmen.

3.2.2 Unvollständig ablaufende Reaktionen

Bei unvollständig ablaufenden Reaktionen werden die Eduktkomponenten
auf der linken Seite der Bruttoreaktionsgleichung nicht vollständig abgebaut.
Es stellt sich vielmehr ein Gleichgewicht zwischen Edukt- und Produktstoffen ein, wie z.B. bei der Ammoniak-Synthese. In solchen Fällen lässt sich
die Zusammensetzung des Produktstromes nicht allein aus der Bruttoreaktionsgleichung und den anfänglichen Stoffmengen ermitteln. Zur Auswertung
der Materiemengenbilanz benötigt man daher eine zusätzliche Information.
Wenn z.B. der Stoffmengenanteil einer Komponente im Produktstrom bekannt ist, dann können daraus und aus den Daten des Eduktstromes sowie
der Bruttoreaktionsgleichung die Stoffmengen aller anderen Produktkomponenten berechnet werden.

Eine besonders rationelle Auswertung der Bruttoreaktionsgleichung in solchen Fällen ermöglicht die Reaktionslaufzahl ξ nach

$$n_j = n_j^{(0)} + \nu_j \xi \ . \tag{3.6}$$

Hier sind $n_j^{(0)}$ die anfänglich vorhandene Stoffmenge und ν_j der
stöchiometrische Koeffizient der Komponente j, der für Produkte positiv und
für Edukte negativ ist. Die Reaktionslaufzahl sagt etwas über den Fortschritt
aus, den die Reaktion gemacht hat, und ist zunächst unbekannt. Die unbekannten Stoffmengen einer Bruttoreaktionsgleichung werden durch sie auf nur
eine Unbekannte reduziert. Ihr möglicher Wertebereich ist durch die Bruttoreaktionsgleichung und die vorhandenen Stoffmengen zu Beginn der Reaktion
eingeschränkt. So kann bei der stöchiometrischen Ammoniaksynthese mit einem Eduktgemisch aus 1 mol Stickstoff und 3 mol Wasserstoff, d.h. bei der
Reaktion

$$N_2 + 3\,H_2 \rightleftharpoons 2\,NH_3 \ ,$$

die Reaktionslaufzahl maximal den Wert $\xi_{max} = 1$ mol annehmen, da wegen

$$n_{N_2} = n_{N_2}^{(0)} + \nu_{N_2}\xi = 1 - 1 \cdot \xi$$

für $\xi = 1$ mol der gesamte Stickstoff aufgebraucht wäre. Entsprechendes
gilt für den Wasserstoff. Unter der Bedingung eines vollständigen Reaktionsablaufs ist daher $\xi = \xi_{max}$ direkt aus der Bruttoreaktionsgleichung und den
anfänglichen Stoffmengen zu ermitteln, vgl. Beispiel 3.8.

Beispiel 3.8

Bei der Dampfspaltung wird aus Wasserdampf und Methan ein Produktgemisch
aus Wasserstoff und Kohlenmonoxid erzeugt. Die Bruttoreaktionsgleichung lautet

$H_2O + CH_4 \rightarrow 3\,H_2 + CO$.

Unter der Annahme eines vollständigen Ablaufes dieser Reaktion berechne man unter Verwendung der Reaktionslaufzahl die Zusammensetzung des Produktgemisches, wenn dem Reaktor 2 mol/s Wasserdampf und 1 mol/s Methan zugeführt werden.

Lösung

Mit (3.6) gilt für die Stoffmengenströme der einzelnen Komponenten

$$\dot{n}_{H_2O} = 2 - \xi \text{ mol/s} ,$$
$$\dot{n}_{CH_4} = 1 - \xi \text{ mol/s} ,$$
$$\dot{n}_{H_2} = 0 + 3\,\xi \text{ mol/s} ,$$
$$\dot{n}_{CO} = 0 + \xi \text{ mol/s} .$$

Da keine Stoffmenge negativ werden darf, gilt $\xi_{max} = 1$ mol/s. Wegen der Annahme vollständigen Reaktionsablaufs nimmt die Reaktionslaufzahl im betrachteten Fall also den Wert

$$\xi = \xi_{max} = 1 \text{ mol/s}$$

an. Die gesamte Stoffmenge nach Ablauf der Reaktion beträgt damit

$$\dot{n} = \sum \dot{n}_i = (2 - 1) + (1 - 1) + (0 + 3) + (0 + 1) = 5 \text{ mol/s} ,$$

und man findet als Zusammensetzung

$$x_{H_2O} = \frac{(2-1)}{5} = 0,2$$
$$x_{H_2} = \frac{(0+3)}{5} = 0,6$$
$$x_{CO} = \frac{(0+1)}{5} = 0,2 .$$

Da es sich hier um eine vollständig ablaufende Reaktion handelt, hätte man dieses Ergebnis auch direkt aus der Bruttoreaktionsgleichung ablesen können.

Bei einer unvollständig ablaufenden Reaktion ist die Reaktionslaufzahl nicht durch die Eduktstoffmengen und die Bruttoreaktionsgleichung festgelegt. Wenn aber der Stoffmengenanteil einer Komponente i im Produktgemisch bekannt ist, dann lässt sich daraus und aus den Eduktstoffmengen die Reaktionslaufzahl ermitteln. Wegen

$$x_i = \frac{n_i}{n} = \frac{n_i^{(0)} + \nu_i \xi}{\sum (n_j^{(0)} + \nu_j \xi)}$$

gilt allgemein

$$\xi = \frac{x_i^{(0)} - x_i}{x_i \sum \nu_j - \nu_i} n^{(0)} . \tag{3.7}$$

Damit sind alle anderen Stoffmengenanteile berechenbar. Zur Charakterisierung einer nicht vollständig ablaufenden chemischen Stoffumwandlung benutzt man den Umsatz. Der Umsatz bezieht sich auf eine durch eine Reaktion abgebaute Komponente i, nach

$$U_i = \frac{n_i^{(0)} - n_i}{n_i^{(0)}} \ , \tag{3.8}$$

und beschreibt die im Reaktor umgesetzte Stoffmenge der Komponente i bezogen auf die eingesetzte Stoffmenge $n_i^{(0)}$ dieser Komponente. Bei vollständiger Reaktion und stöchiometrischer Eduktzusammensetzung ist der Umsatz bezüglich aller Eduktkomponenten gerade 1.

Beispiel 3.9

In einen Ammoniak-Synthesereaktor strömen $\dot{n}^{(0)} = 5454\,\mathrm{mol/s}$ eines Eduktstromes ein, mit der Zusammensetzung

$x_{N_2}^{(0)} = 0,2271 \ ; \ x_{H_2}^{(0)} = 0,6813 \ ; \ x_{NH_3}^{(0)} = 0,0130$

$x_{Ar}^{(0)} = 0,0251 \ ; \ x_{CH_4}^{(0)} = 0,0534 \ .$

Im Produktstrom wird ein Stoffmengenanteil an Ammoniak von $x_{NH3} = 0,1580$ gemessen, vgl. Abb. B 3.9.1. Man berechne die Stoffmengen des austretenden Gemisches sowie die Umsätze des Stickstoffs und des Wasserstoffs.

Lösung

Aus dem bekannten Stoffmengenanteil des Ammoniaks im Produktstrom, den vollständigen Informationen über den Eduktstrom und der Bruttoreaktionsgleichung ($N_2 + 3H_2 \rightleftharpoons 2NH_3$) lässt sich die Reaktionslaufzahl ermitteln. Aus der Stoffmengenbilanz der Reaktion folgt für die Stoffmengen im Produktstrom in Abhängigkeit von der Reaktionslaufzahl

$$\dot{n}_{N_2} = \dot{n}_{N_2}^{(0)} - \xi$$

$$\dot{n}_{H_2} = \dot{n}_{H_2}^{(0)} - 3\xi$$

$$\dot{n}_{NH_3} = \dot{n}_{NH_3}^{(0)} + 2\xi$$

$$\dot{n}_{Ar} = \dot{n}_{Ar}^{(0)}$$

$$\dot{n}_{CH_4} = \dot{n}_{CH_4}^{(0)} \ .$$

Die Reaktionslaufzahl ergibt sich aus (3.7) zu

$$\xi = \frac{0,0130 - 0,1580}{0,1580 \cdot (-2) - 2} \cdot 5454$$

$$= 341,464\,\mathrm{mol/s} \ .$$

Damit folgen als Stoffmengenströme des Produktgemisches

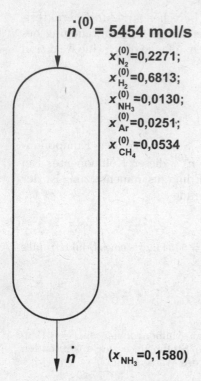

$$\dot{n}^{(0)} = 5454 \text{ mol/s}$$

$x^{(0)}_{N_2}=0{,}2271;$

$x^{(0)}_{H_2}=0{,}6813;$

$x^{(0)}_{NH_3}=0{,}0130;$

$x^{(0)}_{Ar}=0{,}0251;$

$x^{(0)}_{CH_4}=0{,}0534$

$\dot{n}$ $(x_{NH_3}=0{,}1580)$

Abb. B 3.9.1. Stoffmengenbilanz am Amoniak-Reaktor

$\dot{n}_{Ar}$ $=$ $136{,}9$ mol/s

$\dot{n}_{CH_4}$ $=$ $291{,}2$ mol/s

$\dot{n}_{NH_3}$ $=$ $753{,}8$ mol/s

$\dot{n}_{H_2}$ $=$ $2691{,}4$ mol/s

$\dot{n}_{N_2}$ $=$ $897{,}7$ mol/s ,

Bei unvollständigen Reaktionen in Verbindung mit einer Bruttoreaktionsgleichung vereinfacht die Einführung der Reaktionslaufzahl die Auswertung der Materiemengenbilanz erheblich. Die Umsätze des Wasserstoffs und des Stickstoffs betragen

$$U_{H_2} = \frac{\dot{n}^{(0)}_{H_2} - \dot{n}_{H_2}}{\dot{n}^{(0)}_{H_2}} = \frac{3715{,}8 - 2691{,}4}{3715{,}8} = 0{,}275$$

und

$$U_{N_2} = \frac{\dot{n}^{(0)}_{N_2} - \dot{n}_{N_2}}{\dot{n}^{(0)}_{N_2}} = \frac{1238{,}6 - 897{,}7}{1238{,}6} = 0{,}275 \ .$$

Man sieht hier, dass die Umsätze des Stickstoffs und des Wasserstoffs weit hinter dem Maximalwert von 1 bei vollständigem Reaktionsablauf zurückbleiben. Der Grund für den identischen Zahlenwert für beide ist die stöchiometrische Zusammensetzung des Eduktgemisches.

Materiemengenbilanzen können bei der Analyse thermochemischer Prozesse mit unvollständigen Reaktionen recht kompliziert werden. Insbesondere ist die Wahl des Bilanzgebiets in der Weise geschickt zu treffen, dass es jeweils nur eine unbekannte Materiemenge enthält, die dann aus der Bilanz berechenbar ist.

Beispiel 3.10

In einem chemischen Prozess wird Vinylacetat ($C_4H_6O_2$, V) durch Synthese in der Gasphase aus Acetylen (C_2H_2, A) und Essigsäure ($C_2H_4O_2$, E) hergestellt. Es gilt als Bruttoreaktionsgleichung der unvollständig ablaufenden Reaktion

$$A + E \rightleftharpoons V .$$

Die Abb. B 3.10.1 zeigt ein vereinfachtes Schema des Prozessablaufs. Die vorgegebenen Größen sind durch Schattierung hervorgehoben. Von außen werden dem

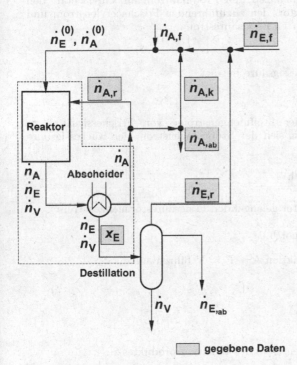

gegebene Daten

Abb. B 3.10.1. Stoffmengenbilanz bei der Vinylacetatproduktion

Prozess Frischacetylen und Frischessigsäure zugeführt, wobei der Stoffmengenstrom der zugeführten Frischessigsäure $\dot{n}_{E,f} = 6{,}491$ kmol/h beträgt. Im Reaktor wird Vinylacetat gebildet. Am Austritt aus dem Reaktor liegt ein gasförmiges Gemisch aus Acetylen, Essigsäure und Vinylacetat vor. Aus diesem gasförmigen Produktgemisch wird durch Wärmeentzug im Abscheider ein flüssiger Rohvinylacetatstrom auskondensiert, der aus Vinylacetat und Essigsäure mit $x_E = 0{,}305$ besteht. Der flüssige Rohvinylacetatstrom wird durch eine Destillation aufgearbeitet, wobei eine

Zerlegung in den als Produkt gewünschten Reinvinylacetatstrom $\dot{n}_V$ und einen Rückessigsäurestrom $\dot{n}_{E,r}$ stattfindet. Aus prozesstechnischen Gründen wird dabei ein verunreinigter Strom $\dot{n}_{E,ab}$ ausgeschleust, der aber für die Materiemengenbilanz vereinfacht als reiner Essigsäurestrom angesehen werden soll. Aus dem nach dem Abscheider gasförmig verbleibenden Strom, der vereinfacht als reines Acetylen angesehen werden soll, wird ein Teilstrom von $\dot{n}_{A,r} = 1{,}166$ kmol/h direkt in den Reaktor zurückgeführt. Der Rest wird in einen Kreisgasstrom $\dot{n}_{A,k}$ und einen abzuführenden Strom $\dot{n}_{A,ab}$ aufgespalten. Der Prozess ist durch einen großen umlaufenden Kreisgasstoffmengenstrom an Acetylen, $\dot{n}_{A,k} = 60{,}310$ kmol/h, gekennzeichnet, der aus prozesstechnischen Gründen nicht direkt in den Reaktor zurückgeführt werden soll. Ebenfalls aus technischen Gründen wird aus dem Prozess ein verunreinigter Stoffstrom von $\dot{n}_{A,ab} = 1{,}340$ kmol/h entnommen, der für die Materiemengenbilanz, wiederum vereinfacht, als reiner Acetylenstrom betrachtet wird. Das Mischungsverhältnis der Stoffmengenströme von Frischessigsäure und Rückessigsäure beträgt 2,55. Die Molmassen der beteiligten Komponenten sind $M_A = 26{,}04$ g/mol, $M_E = 60{,}05$ g/mol und $M_V = 86{,}09$ g/mol. Man ermittle durch geeignete Materiemengenbilanzen den Produktstrom an Vinylacetat, den Umsatz der Essigsäure im Reaktor, den zuzuführenden Frischacetylenstrom und den aus der Destillation abgeführten Essigsäurestrom.

Lösung

Der Stoffmengenstrom an Frischessigsäure beträgt

$$\dot{n}_{E,f} = 6{,}491 \text{ kmol/h} \ .$$

Da das Mischungsverhältnis der Stoffmengenströme von Frischessigsäure zu Rückessigsäure gegeben ist, lässt sich der Stoffmengenstrom der Rückessigsäure bestimmen zu

$$\dot{n}_{E,r} = \frac{1}{2{,}55} \cdot \dot{n}_{E,f} = 2{,}545 \text{ kmol/h} \ .$$

Damit folgt für den in den Reaktor gelangenden Essigsäurestoffmengenstrom

$$\dot{n}_E^{(0)} = 6{,}491 + 2{,}545 = 9{,}036 \text{ kmol/h} \ .$$

Die Stoffmengenbilanzen der Reaktion $A + E \rightleftharpoons V$ führen auf

$$\begin{aligned}
\dot{n}_A &= \dot{n}_A^{(0)} + \dot{n}_{A,r} - \xi \\
\dot{n}_E &= \dot{n}_E^{(0)} - \xi \\
\dot{n}_V &= 0 + \xi \ .
\end{aligned}$$

Damit ergibt sich der Stoffmengenstrom des Reaktionsproduktes zu

$$\dot{n} = \dot{n}_A^{(0)} + \dot{n}_{A,r} + \dot{n}_E^{(0)} - \xi \ .$$

Es muss nun die Reaktionslaufzahl ermittelt werden. Wir benötigen hierzu für eine der Komponenten eine Information über sowohl die Edukt- als auch die Produktmenge oder den Stoffmengenanteil zusammen mit allen Eduktstoffmengen gemäß (3.7). Beides ist im vorliegenden Fall nicht bekannt. Von dem aus dem Reaktor austretenden Gemisch können wir den Anteil des Acetylens berechnen zu

$$\dot{n}_A = \dot{n}_{A,k} + \dot{n}_{A,ab} + \dot{n}_{A,r} = 60{,}310 + 1{,}340 + 1{,}166 = 62{,}816 \text{ kmol/h} \ .$$

Da wir aber den eintretenden Stoffmengenstrom $\dot{n}_A^{(0)}$ des Acetylens nicht kennen, lässt sich aus dem austretenden Acetylenstrom die Reaktionslaufzahl nicht berechnen. Wir können aber die Bilanz der Essigsäure auswerten, denn wir kennen die eintretende Stoffmenge der Essigsäure $\dot{n}_E^{(0)}$ und den Stoffmengenanteil der Essigsäure x_E im Rohvinylacetatstrom. Bei dieser Bilanz müssen der Reaktor und der Abscheider gemeinsam betrachtet werden, da die angegebenen Daten auf beide Apparate verteilt sind und der unbekannte eintretende Stoffmengenstrom des Acetylens entfällt, vgl. gestrichelte Systemgrenze in Abb. B 3.10.1. Mit

$$\dot{n}_E = x_E(\dot{n}_E + \dot{n}_V) = \frac{x_E}{1 - x_E}\dot{n}_V = \frac{x_E}{1 - x_E}\xi = \dot{n}_E^{(0)} - \xi$$

folgt für die Reaktionslaufzahl

$$\xi = \dot{n}_E^{(0)}(1 - x_E) = 6,280 \ \frac{\text{kmol}}{\text{h}} \ .$$

Alternativ hätte auch die Bilanz des Vinylacetats ausgewertet werden können. Der Stoffmengenstrom des erzeugten Vinylacetats beträgt also

$$\dot{n}_V = \xi = 6,280 \ \frac{\text{kmol}}{\text{h}} \ .$$

Weiterhin folgt der Stoffmengenstrom der Essigsäure nach der Reaktion zu

$$\dot{n}_E = \dot{n}_E^{(0)} - \xi = 2,756 \ \frac{\text{kmol}}{\text{h}} \ ,$$

und der Umsatz der Essigsäure beträgt

$$U_E = \frac{\dot{n}_E^{(0)} - \dot{n}_E}{\dot{n}_E^{(0)}} = \frac{9,036 - 2,756}{9,036} = 0,695 \ .$$

Der aus der Destillation abgeführte Essigsäurestrom ergibt sich zu

$$\dot{n}_{E,ab} = \dot{n}_E - \dot{n}_{E,r} = 2,756 - 2,545 = 0,211 \ \text{kmol/h} \ .$$

Schließlich liegt auch der zuzuführende Stoffmengenstrom an Frischacetylen fest, nach

$$\dot{n}_{A,f} = \dot{n}_A^{(0)} - \dot{n}_{A,k} = \dot{n}_A - \dot{n}_{A,r} + \xi - \dot{n}_{A,k}$$
$$= 62,816 - 1,166 + 6,28 - 60,310 = 7,62 \ \text{kmol/h} \ .$$

Als Kontrolle der Rechenergebnisse überprüfen wir die Gesamtmassenbilanz (nicht Gesamtstoffmengenbilanz!) um die Anlage. Hierzu rechnen wir die Stoffmengenströme durch Multiplikation mit den Molmassen in Massenströme um. Es muss gelten

$$\dot{m}_{E,f} + \dot{m}_{A,f} - (\dot{m}_{A,ab} + \dot{m}_{E,ab} + \dot{m}_V) = 0 \ .$$

Durch Einsetzen der oben ermittelten Zahlenwerte nach Multiplikation mit den Molmassen findet man

$$389,8 + 198,5 - (34,9 + 12,7 + 540,7) = 0 \ .$$

Die Gesamtmassenbilanz ist erfüllt.

3.2.3 Die Elementenbilanz

Die Beschreibung chemischer Stoffumwandlungen durch eine Bruttoreaktionsgleichung ist einfach und daher attraktiv, aber nicht immer gegeben. So sind z.B. bisweilen bei einer chemischen Umwandlung neben den Eduktstoffmengen zwar die im Produkt auftretenden Komponenten bekannt, nicht aber eine Bruttoreaktionsgleichung mit den zugehörigen stöchiometrischen Koeffizienten, die die betrachtete Umwandlung beschreibt. Die einzige Information über die Zusammensetzung des Produktgemisches besteht dann darin, dass seine Komponenten insgesamt den in den Eduktstoffmengen vorhandenen Elementarvorrat reproduzieren müssen. In solchen Fällen setzt man die Elementenbilanz an, wobei hierbei die Klassifizierung in vollständig oder unvollständig ablaufenden Reaktionen ohne Bedeutung ist. Wenn die Anzahl der Elemente gleich der Anzahl der unbekannten Stoffmengenanteile der Produktkomponenten ist, dann führt die Elementenbilanz in der Regel auf ein vollständiges Gleichungssystem zur Ermittlung des Stoffumsatzes[5].

Beispiel 3.11

In einem Hochofenprozess wird nach der Reduktion des Eisenoxids aus den überschüssigen Mengen an Kohlenstoff, Wasserstoff, Wasser und Luft Gichtgas gebildet. In einem speziellen Fall bestehe das Eduktgemisch zur Gichtgasbildung pro Tonne Roheisen aus

$$m_C = 361,16 \text{ kg}$$
$$m_{H_2} = 7,56 \text{ kg}$$
$$m_{H_2O} = 10 \text{ kg}$$
$$m_{O_2} = 704,68 \text{ kg}$$
$$m_{N_2} = 985,60 \text{ kg} .$$

Unter der Annahme, dass das Gichtgas nur aus den Komponenten CO, CO_2, H_2 und N_2 besteht, berechne man seine Zusammensetzung.

Lösung

Unter Benutzung der Molmassen rechnen wir die Massen zunächst in Stoffmengen um und finden als Materiemengenbilanz

$$30,07 \text{ kmol C} + 3,75 \text{ kmol H}_2 + 0,56 \text{ kmol H}_2O + 22,02 \text{ kmol O}_2 + 35,18 \text{ kmol N}_2$$
$$\rightarrow \alpha \text{ kmol CO} + \beta \text{ kmol CO}_2 + \gamma \text{ kmol H}_2 + \delta \text{ kmol N}_2 .$$

Die Stoffmengen von CO, CO_2, H_2 und N_2 ergeben sich aus den Elementenbilanzen. Wir zählen also die Stoffmengen des Kohlenstoffs, Sauerstoffs, Wasserstoffs und Stickstoffs auf beiden Seiten der Reaktionsgleichung und finden

---

[5] In besonderen Fällen, in denen feste Kombinationen von Atommengen in den unterschiedlichen Komponenten auftreten, reicht die Elementenbilanz hierfür nicht aus.

$$C : 30,07 \qquad\qquad = \alpha + \beta$$
$$O_2 : 22,02 + \frac{1}{2}0,56 = \frac{1}{2}\alpha + \beta$$
$$H_2 : 0,56 + 3,75 \quad = \gamma$$
$$N_2 : 35,18 \qquad\quad = \delta \ .$$

Es ergibt sich

$$\alpha = 15,54 \text{ kmol}$$
$$\beta = 14,53 \text{ kmol}$$
$$\gamma = 4,31 \text{ kmol}$$
$$\delta = 35,18 \text{ kmol} \ .$$

Mit der gesamten Stoffmenge des Gichtgases von

$$n_{GG} = 15,54 + 14,53 + 4,31 + 35,18 = 69,56 \text{ kmol}$$

folgt als Zusammensetzung des Gichtgases in Stoffmengenanteilen

$$x_{CO} = 0,2234$$
$$x_{CO_2} = 0,2089$$
$$x_{H_2} = 0,0619$$
$$x_{N_2} = 0,5058 \ .$$

Diese Gichtgaszusammensetzung entspricht in Bezug auf die Hauptkomponenten in etwa der Realität. Allerdings ist in einem realen Gichtgas Wasser enthalten. Da bei Hinzunahme des Wassers die Anzahl der Produktkomponenten größer als die Anzahl der Elemente ist, lässt sich die Elementenbilanz dafür nicht ohne zusätzliche Informationen auswerten, vgl. Beispiel 7.18.

Wenn bei bekannten Eduktstoffmengen die Anzahl der Produktkomponenten größer als die der Elemente ist, dann gelingt die Auswertung der Elementenbilanz nur mit zusätzlichen Informationen über die Zusammensetzung des Produktstromes. Aus solchen Informationen lassen sich auch unbekannte Eduktstoffmengen ermitteln.

Beispiel 3.12

Heizöl, das pro kg 0,86 kg Kohlenstoff (C) und 0,14 kg Wasserstoff (H_2) enthält, wird mit Luft unvollständig verbrannt. Im Rauchgas treten die Verbindungen CO_2, CO, O_2, H_2O und N_2 auf. Im getrockneten Rauchgas werden die Stoffmengenanteile $x^V_{CO2,tr} = 0,102$ und $x^V_{O2,tr} = 0,030$ gemessen. Man berechne die vollständige Rauchgaszusammensetzung und die zugeführte Luftmenge pro kg Heizöl.

Lösung

Von den Edukten kennen wir die Mengen des Kohlenstoffs und des Wasserstoffs, nicht aber die Menge der Luft pro kg Heizöl. Wir kennen außerdem zwei Stoffmengenanteile des Rauchgases und wissen, aus welchen fünf Komponenten es besteht. Es sind die vier Elemente C, O_2, H_2 und N_2 beteiligt, die auf vier Bilanzgleichungen führen. Damit stehen insgesamt sechs Gleichungen für die fünf unbekannten Stoffmengenanteile der Rauchgaskomponenten und die unbekannte Stoffmenge der zugeführten Luft pro kg Heizöl zur Verfügung. Zur Bilanzierung rechnen wir die Massen des Kohlenstoffs und Wasserstoffs über die entsprechenden Molmassen in Stoffmengen um. Damit lässt sich der Stoffumsatz beschreiben durch

$$0,0716 \ C + 0,0694 \ H_2 + l(0,21 \ O_2 + 0,79 \ N_2)$$
$$\rightarrow \alpha \ CO_2 + \beta \ CO + \gamma \ H_2O + \delta \ O_2 + \varepsilon \ N_2 \ .$$

Hier bedeutet l die zugeführte Luftstoffmenge pro kg Heizöl. Auch alle anderen Koeffizienten sind als Stoffmengen der jeweiligen Komponenten pro kg Heizöl anzusehen. Die Luft wird als Gemisch aus Sauerstoff und Stickstoff mit $x_{O2} = 0,21$ betrachtet. Als Elementenbilanzen finden wir

$$C : \quad 0,0716 = \alpha + \beta$$
$$H_2 : \quad 0,0694 = \gamma$$
$$O_2 : \quad l \cdot 0,21 = \alpha + \frac{\beta}{2} + \frac{\gamma}{2} + \delta$$
$$N_2 : \quad l \cdot 0,79 = \varepsilon$$

Die vorgegebenen Stoffmengenanteile lassen sich ausdrücken durch

$$x_{CO_2,tr}^V = 0,102 = \frac{\alpha}{\alpha + \beta + \delta + \varepsilon}$$

und

$$x_{O_2,tr}^V = 0,030 = \frac{\delta}{\alpha + \beta + \delta + \varepsilon} \ ,$$

wobei berücksichtigt wurde, dass sich diese Angaben auf das trockene Rauchgas beziehen ($\gamma = 0$). Dies sind sechs Gleichungen für die sechs Unbekannten $\alpha, \beta, \gamma, \delta, \varepsilon$ und l.

Das Ergebnis lautet

$$\alpha = 0,0517 \ \text{kmol/kg} \qquad \beta = 0,0200 \ \text{kmol/kg} \qquad \gamma = 0,0694 \ \text{kmol/kg}$$
$$\delta = 0,0152 \ \text{kmol/kg} \qquad \varepsilon = 0,4196 \ \text{kmol/kg}$$

und

$$l = 0,5312 \ \text{kmol/kg} \ .$$

Damit sind die spezifische Luftmenge und die spezifischen Stoffmengen der Rauchgaskomponenten ermittelt. Die gesamte spezifische Stoffmenge des Rauchgases pro kg Heizöl ergibt sich daraus zu

$$v = \alpha + \beta + \gamma + \delta + \varepsilon = 0,5758 \ \text{kmol/kg} \ ,$$

und für seine Zusammensetzung gilt

$$x_{CO_2}^V \quad = \quad 0,0897$$
$$x_{CO}^V \quad = \quad 0,0346$$
$$x_{H_2O}^V \quad = \quad 0,1206$$
$$x_{O_2}^V \quad = \quad 0,0264$$
$$x_{N_2}^V \quad = \quad 0,7287 \ .$$

3.3 Kontrollfragen

3.1 Skizzieren Sie den Prozess der stetigen Teilverdampfung im Schaltbild und im Siedediagramm!

3.2 10 kg/s einer Wasser/Alkohol-Lösung ($w_A = 0{,}5$) werden in einen Dampf ($\dot{m}'' = 6$ kg/s, $w_A'' = 0{,}7$) und eine Flüssigkeit zerlegt. Wie groß sind der Massenstrom und die Zusammensetzung der Flüssigkeit?

3.3 Stellen Sie die Bruttoreaktionsgleichung für die vollständige Verbrennung von Oktan (C_8H_{18}) mit reinem Sauerstoff auf!

3.4 Bleiben bei chemischen Reaktionen die Masse, die Stoffmenge oder beides erhalten?

3.5 Welche Substanzen enthält das Verbrennungsgas, das bei der vollständigen Verbrennung von Ethanol (C_2H_6O) mit Luft und $\lambda \geq 1$ entsteht?

3.6 Wie lautet die Kontinuitätsgleichung für die Strömung in einem Kanal für die Orte 1 und 2?

3.7 Das Gemisch Methan/Propan/Butan wird einer thermischen Stofftrennung zugeführt. Wie viele Materiemengenbilanzen sind anzusetzen?

3.8 Durch welche zusätzliche Beziehung werden die beiden Materiemengenbilanzen bei der Stofftrennung eines binären Gemisches durch Destillation ergänzt?

3.9 Was versteht man unter vollständig ablaufenden chemischen Reaktionen?

3.10 Was versteht man unter einer vollständigen Verbrennung?

3.11 Wie ist die Reaktionslaufzahl definiert und was leistet sie?

3.12 Woraus lässt sich die Reaktionslaufzahl bei einer unvollständig ablaufenden Reaktion bestimmen?

3.13 In welchen Fällen lässt sich die Stoffumwandlung in einer chemischen Reaktion durch eine Elementenbilanz ohne Kenntnis einer Bruttoreaktionsgleichung berechnen?

3.4 Aufgaben

Aufgabe 3.1

In einer Feuerungsanlage wird ein Massenstrom von 1 kg/h Heizöl mit Luft isobar bei 1 bar verbrannt, wobei ein Normvolumenstrom von 13,26 m_n^3/h an heißem Verbrennungsgas mit der Zusammensetzung (Stoffmengenanteile)

$$x_{CO_2}^V = 0,121, \quad x_W^V = 0,117, \quad x_{O_2}^V = 0,018, \quad x_{N_2}^V = 0,744$$

entsteht. Das heiße Verbrennungsgas soll auf 25°C abgekühlt werden. Man bestimme den Massenstrom des flüssigen und gasförmigen Wassers nach der Abkühlung.

Aufgabe 3.2

In einem technischen Apparat zur destillativen Stofftrennung wird ein Massenstrom von 10 kg/h, der aus Toluol (1) und Benzol (2) (Massenanteil $w_2 = 0,3$) besteht, in einen Produkt- und einen Rückstandstrom aufgetrennt. Der Stoffmengenstrom des Produkts soll $\dot{n}'' = 35$ mol/h mit einem Benzol-Stoffmengenanteil von $x_2'' = 0,95$ betragen. Man berechne die Zusammensetzung sowie den Stoffmengenstrom des Rückstands.

Molmassen: $M_1 = 92,141$ g/mol, $M_2 = 78,114$ g/mol

Aufgabe 3.3

Einer Trocknungsanlage wird ein Volumenstrom von $\dot{V}_1 = 1500$ m^3/h erwärmte feuchte Luft mit einem Druck von $p_1 = 1000$ mbar, einer Temperatur von $t_1 = 90°$C und einer relativen Feuchte von $\varphi_1 = 0,07$ zugeführt. Die Luft strömt über das zu trocknende Gut und verlässt die Anlage mit $p_2 = 990$ mbar, $t_2 = 55°$C und $\varphi_2 = 0,85$. Wie groß ist der Massenstrom des Wassers, der dem zu trocknenden Gut entzogen wird?

Molmassen: $M_W = 18,015$ g/mol, $M_L = 28,963$ g/mol

Aufgabe 3.4

Aus einem Kohlegas-Benzol-Gemisch ($\dot{V}_1 = 8000$ m$_n^3$/h) mit einem Volumenanteil von 5 Vol.-% dampfförmigen Benzols soll das Benzol zu 90 % mit Waschöl ausgewaschen werden. Dem Absorber wird ein Stoffmengenstrom von 15,075 mol/s eines Benzol-Waschöl-Gemisches mit einem anfänglichen Stoffmengenanteil an Benzol von 0,005 zugeführt. Wie groß sind die stoffmengenbezogenen Benzolbeladungen $\left(X^G = \dot{n}_B/\dot{n}_G, X^L = \dot{n}_B/\dot{n}_L\right)$ des Waschmittels und des Kohlegases am Austritt?

Aufgabe 3.5

a) Oktan (C_8H_{18}) werde stöchiometrisch und vollständig mit reinem Sauerstoff zu Wasser und Kohlendioxid verbrannt. Man stelle die Bruttoreaktionsgleichung auf und bestimme die stöchiometrischen Koeffizienten.
b) Zur Erzeugung von Wasserstoff wird Methan (CH_4) mit Wasser im molaren Verhältnis 1:3 gemischt und zu Kohlenmonoxid und Wasserstoff umgesetzt. Man stelle für den vollständigen Umsatz von Methan die Bruttoreaktionsgleichung auf, wenn das Produktgemisch nur aus Kohlenmonoxid, Wasserstoff und Wasser besteht.
c) Man stelle für a) und b) die massenbezogenen Bruttoreaktionsgleichungen auf, wobei die Masse von Oktan bzw. Methan 1 kg betragen soll.

Molmassen:

$M_{C_8H_{18}} = 114,23$ kg/kmol, $M_{O_2} = 31,999$ kg/kmol, $M_{H_2} = 2,016$ kg/kmol,
$M_{H_2O} = 18,015$ kg/kmol, $M_{CH_4} = 16,034$ kg/kmol, $M_{CO_2} = 44,011$ kg/kmol,
$M_{CO} = 28,011$ kg/kmol

Aufgabe 3.6

Ethan (C_2H_6) wird in einem Brenner mit trockener Luft bei $\lambda = 1,4$ verbrannt. Berechnen Sie die Zusammensetzung und den Taupunkt des Abgases bei Umgebungsdruck $p_u = 1$ bar.

Aufgabe 3.7

In einem Heizkessel wird Erdgas mit trockener Luft ($x_{O_2}^L = 0,21$; $x_{N_2}^L = 0,79$) bei einem Luftverhältnis von $\lambda = 1,1$ vollständig verbrannt. Das Erdgas besitzt dabei folgende Zusammensetzung: $x_{CH_4}^B = 0,9$; $x_{C_2H_2}^B = 0,09$; $x_{N_2}^B = 0,01$. Man berechne die Zusammensetzung des Abgases in Stoffmengenanteilen und den auf die Stoffmenge des Brennstoffs bezogenen Luftbedarf in mol L/mol B.

Aufgabe 3.8

Im Dampferzeuger eines Kohlekraftwerkes wird Kohle mit der Zusammensetzung in Massenanteilen von

$$w_C = 0,72, w_{H_2} = 0,08, w_{H_2O} = 0,04, w_S = 0,04, w_{N_2} = 0,03, w_{O_2} = 0,09$$

vollständig verbrannt.

a) Man stelle die massenbezogene Bruttoreaktionsgleichung (in mol/kg Kohle) für die Verbrennung von Kohle mit Sauerstoff auf und bestimme den minimalen Sauerstoffbedarf in mol O_2/kg Kohle
b) Man stelle die massenbezogene Bruttoreaktionsgleichung für die Verbrennung von Kohle mit trockener Luft ($x_{O_2}^L = 0,21$; $x_{N_2}^L = 0,79$) bei $\lambda = 1,2$ auf und berechne den minimalen Luftbedarf und den tatsächlichen Luftbedarf in mol L/kg Kohle
c) Man berechne für die Verbrennung mit Luft die Zusammensetzung des Abgases in Stoffmengenanteilen.

Molmassen:

$M_C = 12,011$ kg/kmol, $M_{O_2} = 31,999$ kg/kmol, $M_{H_2} = 2,016$ kg/kmol

$M_{H_2O} = 18,015$ kg/kmol, $M_S = 32,064$ kg/kmol, $M_{CO_2} = 44,011$ kg/kmol

$M_{SO_2} = 64,063$ kg/kmol, $M_{N_2} = 28,013$ kg/kmol,

Aufgabe 3.9

In einer Produktionsanlage wird Ammoniak nach der Bruttoreaktionsgleichung

$$N_2 + 3\,H_2 \rightleftharpoons 2\,NH_3$$

synthetisiert. Dem Prozess wird ein Wasserstoff-Stickstoff-Gemisch von 1 mol/s N_2 und 1 mol/s H_2 zugeführt. Berechnen Sie die Zusammensetzung des Gemisches in Stoffmengenanteilen am Austritt des Reaktors, wenn 20% des Wasserstoffes umgesetzt werden.

Aufgabe 3.10

Einem Chemiereaktor werden die Stoffmengenströme von $\dot{n}_{CH_4} = 1$ mol/s und $\dot{n}_{H_2O} = 2$ mol/s zugeführt. Am Reaktoraustritt findet man die Komponenten Kohlendioxid, Kohlenmonoxid, Wasserstoff und Wasser, wobei der Stoffmengenanteil von Kohlenmonoxid $x_{CO} = 0,174$ beträgt. Man berechne die Stoffmengenströme, die den Reaktor verlassen, mit Hilfe der Elementenbilanzen.

4. Die Energiebilanz

Neben der Materiemengenbilanz steht als zweites Instrument zur thermodynamischen Analyse von Energie- und Stoffumwandlungen die Energiebilanz zur Verfügung. Energie ist wie Materie ein fundamentales physikalisches Konzept. Wir begegnen dem Phänomen Energie in unterschiedlichen Erscheinungsformen, sowohl als Eigenschaft einer Materiemenge wie auch als Erscheinung bei Wechselwirkungen eines Systems mit einem anderen. Der Energiebegriff ist daher vieldeutig und schwierig. Aus diesem Grund ist die Frage „Was ist Energie?" nicht durch eine prägnante Definition umfassend zu beantworten. Eine solche Definition wird vielmehr jeweils individuell für jede der unterschiedlichen Energieformen angegeben. Insbesondere ist Energie, ebenso wie Materie, nicht durch eine einfache Zahlenangabe mit zugehöriger Einheit ausreichend zu charakterisieren, da sie außer der Quantität auch eine Qualität besitzt[6]. Unterschiedliche Energieformen sind bei gleicher Menge unterschiedlich wertvoll, vgl. Abschn. 1.1.1.

Entscheidend für die Nützlichkeit und die Anwendung des Energiebegriffs ist das Naturgesetz der Energieerhaltung. Energie kann nicht erzeugt und nicht zerstört werden. Dieses Naturgesetz wird durch den 1. Hauptsatz der Thermodynamik formuliert. Er lautet:

"Die Energie eines Systems ändert sich nur durch Zu- oder Abfuhr von Energie über die Systemgrenzen."

Im Sinne einer Formulierung der Energiebilanz als allgemeine Bilanzgleichung lässt sich der 1. Hauptsatz auch dadurch ausdrücken, dass die Energiebilanz keinen Quell- oder Senkenterm enthält, dass also Energie weder erzeugt noch vernichtet werden kann. Wir führen im Folgenden die wichtigsten Energieformen ein und zeigen, in welcher Weise sich das Naturgesetz der Energieerhaltung quantitativ formulieren und auf die Analyse von Energie- und Stoffumwandlungen anwenden lässt.

---

[6] Man denke in Bezug auf Materie etwa an die unterschiedlichen Qualitäten von 1 kg Bauschutt und 1 kg Gold.

4.1 Die Erscheinungsformen der Energie

Die Energie tritt in unterschiedlichen Erscheinungsformen auf. Wir beschränken uns hier auf die mechanischen, die thermischen und die chemischen Energieformen, betrachten also nicht z.B. elektrische, bei Kernumwandlungen auftretende oder andere der vielen sonstigen bekannten Formen.

4.1.1 Mechanische Energieformen

Aus der Mechanik sind einige Energieformen bekannt. So wird z.B. einem Körper der Masse m, der sich mit der Geschwindigkeit c bewegt, die kinetische Energie

$$E_{\text{kin}} = \frac{1}{2}mc^2 \tag{4.1}$$

zugeordnet. Ein ruhender Körper der Masse m in einer Höhe h im Schwerefeld der Erde hat die potenzielle Energie

$$E_{\text{pot}} = mgh \ , \tag{4.2}$$

wobei $g = 9{,}81$ m/s^2 die so genannte Erdbeschleunigung ist. Beide dieser mechanischen Energieformen haben die Einheit kg m^2/s^2 = Nm = J, wobei „J" das Kurzzeichen für die Einheit Joule ist. Zahlenmäßig können sie nur als Differenz zu einem Bezugswert angegeben werden, vgl. Abb. 4.1. Für die kinetische Energie des Wagens mit der Geschwindigkeit c ist der Ruhezustand der natürliche Bezugszustand mit der kinetischen Energie Null. Für die potenzielle Energie ist die Lage des Systems auf dem Umgebungsniveau der natürliche Bezugszustand mit der potenziellen Energie Null. Beide Bezugszustände sind aber prinzipiell willkürlich. Für den Fall der kinetischen Energie wird dies klar, wenn man sich die Bewegung einer kleinen Kugel mit der Geschwindigkeit c' in einem rollenden Wagen mit der Geschwindigkeit c vorstellt. Die kinetische Energie der Kugel wird von einem in dem Wagen sitzenden Beobachter als niedriger empfunden als von einem Beobachter außerhalb des Wagens. Entsprechendes gilt für die potenzielle Energie eines Körpers auf der Höhe h' in einem Flugzeug, das in der Höhe h in Bezug auf das Umgebungsniveau fliegt.

Um einen Körper der Masse m vom Erdboden ($h = 0$) auf eine Höhe h zu heben, muss man ihm Energie zuführen, und zwar die mechanische Arbeit

$$W_{0h} = \int_0^h \boldsymbol{F} \cdot \mathrm{d}\boldsymbol{r} \ . \tag{4.3}$$

Die mechanische Arbeit ist allgemein definiert als das Produkt aus einer Kraft und der Verschiebung des Kraftangriffspunktes in Richtung der Kraft.

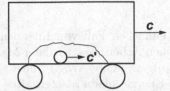

a)   **Äußere Bezugskoordinaten zur Definition der kinetischen Energie**

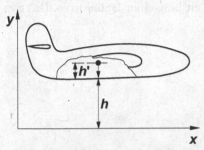

b)   **Äußere Bezugskoordinaten zur Definition der potenziellen Energie**

Abb. 4.1. Zum Bezugspunkt für die kinetische und potenzielle Energie

Wenn eine Abhängigkeit der Kraft von der Verschiebung berücksichtigt werden soll, dann ergibt sich die mechanische Arbeit somit als das Integral des an dem Körper angreifenden Kraftvektors F über den zurückgelegten Weg des Kraftangriffspunktes in Richtung der Kraft. Der Punkt in (4.3) bezeichnet demnach das Skalarprodukt zwischen F und r. Zugeführte Energien haben vereinbarungsgemäß ein positives Vorzeichen, abgeführte ein negatives. Im betrachteten Fall, in dem eine Masse gehoben werden soll, zeigen der Vektor der Kraft und der Vektor der Verschiebung in die gleiche Richtung. Die mechanische Arbeit nach (4.3) ist daher positiv, in Übereinstimmung mit der Tatsache, dass sie zugeführt wird. Auch sie hat die Einheit „J". Während die potenzielle und kinetische Energie Eigenschaften der Masse m in ihrem speziellen Zustand sind, d.h. Zustandsgrößen, ist die mechanische Arbeit nur für einen bestimmten Prozess definiert. Sie ist daher eine Prozessgröße. Zur Berechnung der mechanischen Arbeit nach (4.3) benötigt man die Funktion $F(r)$. Im Allgemeinen hängt daher der Wert des Integrals von dem speziellen Prozessverlauf ab. Im hier betrachteten Fall ist die Auswertung allerdings einfach und wegunabhängig, da die zum Heben des Körpers erforderliche Kraft F der Schwerkraft betragsmäßig gleich, aber entgegen gerichtet ist, d.h.

$$F = -mg \ ,$$

mit g als dem Vektor der Erdbeschleunigung, der zum Erdmittelpunkt zeigt. Mit einer als unabhängig von der Höhe angenommenen Erdbeschleunigung wird

$$W_{0h} = mgh = E_{pot} \ .$$

Diese Gleichung beschreibt einen besonders einfachen Fall von Energieumwandlung. Durch Aufwänden einer mechanischen Arbeit W_{0h} wird der Masse m eine potenzielle Energie E_{pot} erteilt. Die aufgewändete Arbeit findet sich als potenzielle Energie der Masse wieder, die Energie bleibt also erhalten.

Als etwas komplizierteren Fall einer Umwandlung der mechanischen Energieformen ineinander betrachten wir in Abb. 4.2 die Bewegung eines Massenpunktes unter der Wirkung einer Kraft F entlang einer Bahnkurve. Das Sys-

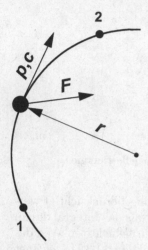

Abb. 4.2. Bewegung eines Massenpunktes unter Wirkung der Kraft F

tem ist der Massenpunkt selbst. Es hat die Zustandsgrößen r und c, also Ort und Geschwindigkeit. Der Ortsvektor des Massenpunktes ist eine Funktion der Zeit τ. Die Geschwindigkeit des Massenpunktes ist

$$c = \frac{\mathrm{d}r}{\mathrm{d}\tau} \ .$$

Für den Impuls p des Massenpunktes gilt daher

$$p = mc = m\frac{\mathrm{d}r}{\mathrm{d}\tau} \ .$$

Nach dem zweiten Newtonschen Grundgesetz ist die zeitliche Änderung des Impulses gleich der an dem Massenpunkt angreifenden Kraft. Es gilt also

$$\frac{\mathrm{d}p}{\mathrm{d}\tau} = \frac{\mathrm{d}}{\mathrm{d}\tau}(mc) = F \ . \tag{4.4}$$

Mit (4.4) haben wir ein Axiom eingeführt, d.h. einen aus der Erfahrung stammenden Lehrsatz, der nicht mathematisch beweisbar ist. Multiplizieren wir (4.4) skalar mit c, so erhalten wir

$$c \cdot \frac{\mathrm{d}p}{\mathrm{d}\tau} = F \cdot \frac{\mathrm{d}r}{\mathrm{d}\tau} \ .$$

Multiplikation mit dem Zeitelement und Integration zwischen den Orten 1 und 2 führt auf

$$\int\limits_1^2 c \cdot \mathrm{d}p = \int\limits_1^2 F \cdot \mathrm{d}r \ .$$

Das Integral über den Impuls des Massenpunktes kann man leicht auswerten, und man erhält mit $\mathrm{d}p = m\mathrm{d}c$

$$\frac{m}{2} \left[c_2^2 - c_1^2 \right] = \int\limits_1^2 F \cdot \mathrm{d}r \ .$$

Mit der Definition der kinetischen Energie nach (4.1)

$$\frac{1}{2}mc^2 = E_{\mathrm{kin}}$$

erhält das zweite Newtonsche Grundgesetz dann die Form

$$E_{\mathrm{kin},2} - E_{\mathrm{kin},1} = \int\limits_1^2 F \cdot \mathrm{d}r = W_{12} \ . \tag{4.5}$$

Das Integral auf der rechten Seite ist die Arbeit W_{12} der Kraft F zwischen den Zuständen 1 und 2. Insgesamt steht daher auf der rechten Seite die Arbeit, welche die Kraft F am Massenpunkt während dessen Bewegung auf der Bahnkurve zwischen 1 und 2 verrichtet. Die Gleichung (4.5) drückt die Energieerhaltung bei der Bewegung des Massenpunktes aus. Die zugeführte Arbeit findet sich in der Erhöhung der kinetischen Energie des Massenpunktes wieder.

Einen Spezialfall der mechanischen Energiebilanz (4.5) erhalten wir, wenn wir ein so genanntes konservatives Kraftfeld voraussetzen. Dann lässt sich die Kraft F auf den Massenpunkt als Gradient eines Potenzials, der potenziellen Energie, ausdrücken, nach

$$F = -\frac{\mathrm{d}E_{\mathrm{pot}}}{\mathrm{d}r} \ . \tag{4.6}$$

Ein Beispiel für die Gültigkeit von (4.6) sind reibungsfreie Bewegungen im Schwerefeld der Erde, mit

$$F = -\frac{\mathrm{d}(mgh)}{\mathrm{d}r} = \frac{\mathrm{d}(mg \cdot r)}{\mathrm{d}r} = mg$$

als der dem Vektor r entgegen gerichteten Schwerkraft. In dem durch (4.6) definierten Sonderfall ist das Arbeitsintegral wegunabhängig, und man erhält

$$\int\limits_1^2 \boldsymbol{F} \cdot \mathrm{d}\boldsymbol{r} = - \int\limits_1^2 \frac{\mathrm{d}E_{\mathrm{pot}}}{\mathrm{d}\boldsymbol{r}} \cdot \mathrm{d}\boldsymbol{r} = - \int\limits_1^2 \mathrm{d}E_{\mathrm{pot}} = -E_{\mathrm{pot},2} + E_{\mathrm{pot},1} \ . \tag{4.7}$$

Bei der Bewegung eines Massenpunktes in einem konservativen Kraftfeld ist die Arbeit somit als Differenz zwischen zwei potenziellen Energien gegeben, also als Differenz einer Zustandsgröße in zwei verschiedenen Zuständen. Man findet dann für die mechanische Energiebilanz

$$[E_{\mathrm{pot}} + E_{\mathrm{kin}}]_1 = [E_{\mathrm{pot}} + E_{\mathrm{kin}}]_2 \ . \tag{4.8}$$

Die Summe der kinetischen und der potenziellen Energie bei der Bewegung eines Massenpunktes im konservativen Kraftfeld ist konstant, unabhängig von der Gestalt der Bahnkurve und anderen Einzelheiten der Bewegung. Mit $E = E_{\mathrm{kin}} + E_{\mathrm{pot}}$ als der Gesamtenergie des Systems Massenpunkt schreiben wir $E = \mathrm{const.}$ Wieder sind wir somit auf einen Erhaltungssatz für die Größenart Energie geführt worden, in dem nun die Erscheinungsformen kinetische Energie und potenzielle Energie auftreten.

Die einfache mechanische Energiebilanz (4.8) hat nur einen sehr eingeschränkten Gültigkeitsbereich. Das erfährt z.B. bereits ein Radfahrer, der von einer Anhöhe ins Tal herabrollt und nicht ohne Treten auf die gleiche Anhöhe der anderen Talseite gelangt, wie es nach (4.8) eigentlich sein sollte. Offenbar wird die ursprünglich vorhandene potenzielle Energie als solche nicht vollständig zurückgewonnen, sondern teilweise in andere Energieformen umgewandelt. Die hierfür verantwortlichen Reibungseffekte wie der Luft- und Rollwiderstand sowie die Lagerreibung, die in (4.8) nicht berücksichtigt werden, machen sich in allen praktischen Fällen bemerkbar. Dies gilt auch für das System Massenpunkt, wenn wir dabei an einen fallenden Stein im Schwerefeld der Erde denken. Dann ist die aus der potenziellen Energie abzuleitende nur ein Teil der auf den Massenpunkt einwirkenden Kraft. Zusätzlich wirkt noch als Reibungskraft der Luftwiderstand. Die Summe aus kinetischer und potenzieller Energie ist dann nicht mehr konstant. Unter der Annahme, dass keine nicht-mechanischen Energieformen an der Gesamtenergie des Steins beteiligt sind, gilt für den Prozess aber immer noch der Energieerhaltungssatz in der Form (4.5). Hiernach wird die Änderung der kinetischen Energie des Steins durch die Arbeit aller äußeren Kräfte, also sowohl der aus einem Potenzial abzuleitenden als auch der Reibungskraft des Luftwiderstands, hervorgerufen. Mit $(W_{12})_{\mathrm{Rbg}}$ als der Arbeit der Reibungskraft lautet also der Energieerhaltungssatz in diesem Fall

$$E_{\mathrm{kin},1} + E_{\mathrm{pot},1} + (W_{12})_{\mathrm{Rbg}} = E_{\mathrm{kin},2} + E_{\mathrm{pot},2} \ .$$

Hier ist die Arbeit der Reibungskraft als vom Stein an die Umgebung abgegebene Energie eine negative Größe, mit der Folge, dass die Summe aus kinetischer und potenzieller Energie im Zustand 2 um die Reibungsarbeit kleiner ist als die Summe dieser Energien im Anfangszustand. Praktisch treten unter Einfluss von Reibung stets auch nicht - mechanische Energieformen auf, die hier zunächst vernachlässigt wurden. Hierauf gehen wir in späteren Abschnitten ein, vgl. Abschn. 4.1.2.

In den thermodynamischen Anwendungen spielen bestimmte Formen von mechanischer Arbeit eine besondere Rolle. Dabei handelt es sich nur selten um die Arbeit jener Kräfte, die die Bewegung oder Lage des Systems als Ganzes beeinflussen. Vielmehr geht es um solche Formen von mechanischer Arbeit, die zu Änderungen im inneren Zustand des Systems führen, z.B. zur Änderung des Volumens bei der Kompression eines Gases. Wir unterscheiden dabei die Kolbenarbeit $(W_{12})_K$ und die Wellenarbeit $(W_{12})_W$.

Die Kolbenarbeit tritt in der Technik vorzugsweise bei speziellen Kraft- und Arbeitsmaschinen auf, z.B. bei Kompressions- und Expansionsprozessen in Kolbenpumpen, Kolbenkompressoren oder Kolbenmotoren. Die Kolbenarbeit knüpft direkt an die Arbeitsdefinition der Mechanik an, vgl. Abb. 4.3. Wenn als System das gesamte Kolben-/Zylinder-System, einschließlich Gas und festen Wänden, betrachtet wird, dann ergibt sich die Kolbenarbeit zu

$$(W_{12})_K = \int_1^2 \boldsymbol{F}_a \cdot \mathrm{d}\boldsymbol{r} = - \int_1^2 p_a A \mathrm{d}x = - \int_1^2 p_a \mathrm{d}V \ . \tag{4.9}$$

Hier ist $\boldsymbol{F}_a$ die Kraft , die von außen an dem Kolben angreift, p_a entspre-

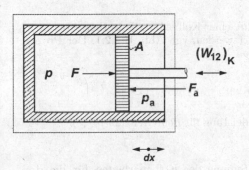

Abb. 4.3. Zur Kolbenarbeit

chend der äußere Druck auf den Kolben und A die Kolbenfläche. Das negative Vorzeichen sorgt für die Einhaltung der Vorzeichenvereinbarung für zu- und abgeführte Energieströme. So wird bei einer Kompression das Volumen verkleinert, d.h. $\mathrm{d}V < 0$, und die Arbeit ergibt sich als zugeführte Arbeit positiv. Das System reagiert auf den Transfer von Kolbenarbeit mit einer Änderung seines Zustands. Insbesondere ändert sich grundsätzlich eine bestimmte Zustandsgröße des Systems, nämlich das Volumen. Das Volumen ist daher die mit dem Transfer von Kolbenarbeit einschlägig verknüpfte Zustandsgröße des Systems. Der Druck p_a ist bei Arbeitstransfer nicht identisch mit dem Druck p des Fluids im Zylinder, denn die treibende Kraft ist ja ein Druckunterschied. So sorgen z.B. Reibungseffekte zwischen Kolben und Zylinder dafür, dass bei einer Kompression der Druck p_a größer als der Druck im Fluid ist, während bei einer Expansion der Druck im Fluid den Außendruck übersteigt.

Die Situation gleichen Druckes hat damit den Charakter eines theoretischen Grenzfalls[7].

Beispiel 4.1

Ein horizontal angeordneter, mit einem Kolben verschlossener Zylinder von $V_1 = 8 \cdot 10^{-3}$ m^3 enthält ein Gas bei $T = 300$ K und $p_1 = 10$ bar. Der äußere Umgebungsdruck beträgt $p_u = 1$ bar. Man berechne die vom Gas geleistete Kolbenarbeit bei einer Expansion auf $V_2 = 80 \cdot 10^{-3}$ m^3.

Lösung

Die bei der Expansion geleistete Kolbenarbeit beträgt nach (4.9)

$$(W_{12})_K = - \int_1^2 p_u dV = -p_u(V_2 - V_1)$$

$$= -10^5 \frac{N}{m^2} \cdot 72 \cdot 10^{-3} m^3 = -7200 \text{ Nm} .$$

Man beachte, dass für die Kolbenarbeit die Kenntnis des inneren Zustands des Gases belanglos ist. Entscheidend sind der äußere Druck und die Volumenänderung.

Beispiel 4.2

Ein Wasserstrom von $\dot{m} = 1$ kg/s soll mit einer Kolbenpumpe isotherm bei 30°C von $p_1 = 1$ bar auf $p_3 = 46$ bar gefördert werden, vgl. Abb. B 4.2.1. Der Prozess besteht aus drei ablaufenden Teilprozessen,

1→2:	Ansaugen bei $p_1 = 1$ bar
2→3:	Komprimieren auf $p_3 = 46$ bar
3→4:	Ausschieben bei $p_3 = 46$ bar .

Man berechne die zuzuführende Pumpenleistung für den Grenzfall $p_a = p$.

Lösung

Die Pumpenarbeit ergibt sich als die Summe der Kolbenarbeiten für die drei Zustandsänderungen, d.h.

$$W_K = (W_{12})_K + (W_{23})_K + (W_{34})_K .$$

Wir betrachten den Grenzfall $p_a = p$. Da hierbei Reibungseffekte ausgeschlossen werden, erhält man für $p_a = p$ die Mindestkolbenarbeit. In diesem Fall findet man für die spezifische Kolbenarbeit der Zustandsänderung $i \to k$

$$(w_{ik})_{K,min} = - \int_i^k p dv .$$

Die gesamte Mindestkolbenarbeit ergibt sich damit zu

---

[7] Wenn die Kolbenbewegung in Richtung der Erdbeschleunigung oder ihr entgegengesetzt erfolgt, gilt $p = p_a + m_K g/A$, mit m_K als der Masse des Kolbens und A als seiner Fläche. In diesem Fall gilt stets $p > p_a$, ohne dass dies auf Reibungseffekte zurückzuführen wäre.

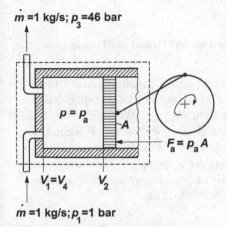

$\dot{m}$ =1 kg/s; p_3=46 bar

$p = p_a$

A

$F_a = p_a A$

$V_1 = V_4$ V_2

$\dot{m}$ =1 kg/s; p_1=1 bar

Abb. B 4.2.1. Kolbenpumpe

$$W_{K,min} = - \int_1^2 pdV - \int_2^3 pdV - \int_3^4 pdV \ .$$

Sie ist aus den Zustandsänderungen des Wassers während des Prozesses berechenbar, im Gegensatz zur Kolbenarbeit im allgemeinen Fall, die durch die Volumenänderung und den äußeren Druck bestimmt ist. Zur Auswertung nutzen wir, dass die Zustandsänderungen von 1 nach 2 und von 3 nach 4 isobar sind und erhalten

$$W_{K,min} = - \left[p_1(V_2 - V_1) + \int_2^3 pdV + p_3(V_4 - V_3) \right] \ .$$

Hier kann ohne Einschränkung der Allgemeinheit das Totpunktvolumen $V_1 = 0$ gesetzt werden. Es gilt im Übrigen $V_4 = V_1$, sowie die Umformung

$$\int_2^3 pdV = \int_2^3 d(pV) - \int_2^3 Vdp \ .$$

Es folgt also mit $p_1 = p_2$

$$W_{K,min} = - \left[p_1 V_2 + p_3 V_3 - p_2 V_2 - \int_2^3 Vdp - p_3 V_3 \right] = \int_2^3 Vdp \ .$$

Für Wasser benutzen wir das Stoffmodell „Ideale Flüssigkeit" , d.h. wir führen das konstante spezifische Volumen v^{if} ein. Damit gilt

$$W_{K,min} = m v^{if}(p_3 - p_2) \ .$$

Wasser bei 30°C hat nach der Wasserdampftafel ein spezifisches Volumen von $v^{if} \approx$ 0,001 m³/kg. Im stationären Fall finden wir damit schließlich für die mindestens zuzuführende Pumpenleistung

$$P_{K,min} = 1\frac{kg}{s} \cdot 0,001\frac{m^3}{kg} \cdot 45 \cdot 10^5 \frac{N}{m^2} = 4,5 \text{ kW} \ .$$

Die der Pumpe tatsächlich zuzuführende Arbeit ist auf Grund der Reibungseffekte größer.

Da der Kolben einer Kolbenmaschine stets vom Umgebungsdruck beaufschlagt wird, ergibt sich der äußere Druck als Summe des Umgebungsdruckes und des mit dem Nutzeffekt verbundenen Druckes $p_{a,n}$. Wenn z.B. der Kolben eine Wassersäule der Dichte ρ und der Höhe h gegen die Wirkung der Schwerkraft nach oben fördern soll, so beträgt bei Vernachlässigung der Kolbenmasse der äußere Druck $p_a = p_u + \rho g h = p_u + p_{a,n}$. Man bezeichnet als Kolben-Nutzarbeit die Kolbenarbeit, die für den eigentlichen technischen Vorgang aufgewändet bzw. durch ihn geliefert wird, also

$$(W_{12})_K^n = -\int_1^2 p_{a,n}dV = \int_1^2 (p_a - p_u)dV = -\int_1^2 p_a dV + p_u(V_2 - V_1) \ . \quad (4.10)$$

Bei Expansion ist die gewonnene Kolben-Nutzarbeit, also die von der Kolbenstange auf ein anderes System übertragbare Arbeit, um die zur Verschiebung der Umgebung aufzuwändende Arbeit kleiner als die tatsächlich übertragene und nach (4.9) berechnete Kolbenarbeit. Analog ist bei der Kompression die zuzuführende Kolben-Nutzarbeit um den durch den Umgebungsdruck beigesteuerten Beitrag kleiner als die nach (4.9) berechnete und tatsächlich übertragene Kolbenarbeit.

Neben der Kolbenarbeit begegnet uns in der Technik oft die Wellenarbeit, z.B. an den sich drehenden Wellen von Strömungsmaschinen. Zur Reduktion der Wellenarbeit auf die mechanische Arbeitsdefinition bilden wir aus den an der Welle angreifenden Kräften das Moment $M_d = 2(F \cdot d/2)$ und betrachten die Verschiebung des Kraftangriffspunktes um den Winkel α, vgl. Abb. 4.4.

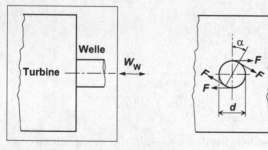

Abb. 4.4. Zur Wellenarbeit

Die Arbeit der drehenden Welle ist dann

$$(W)_W = 2(F\frac{d}{2}\alpha) = M_d\alpha \ , \quad\quad\quad (4.11)$$

und die Leistung wird

$$P_{\mathrm{W}} = M_{\mathrm{d}}\dot{\alpha} = 2\pi n_{\mathrm{d}} M_{\mathrm{d}} \ , \tag{4.12}$$

wobei $n_{\mathrm{d}} = \dot{\alpha}/2\pi$ die Drehzahl mit $\dot{\alpha}$ als der Winkelgeschwindigkeit ist.

Kolbenarbeit und Wellenarbeit beziehen sich auf Systemgrenzen, die nicht nur das Fluid, sondern auch die festen Berandungen, insbesondere den Kolben bzw. die Welle, umschließen. Die in thermodynamischen Rechnungen betrachteten Systeme sind demgegenüber in der Regel Fluide, z.B. das Gas im Zylinder eines Verbrennungsmotors bzw. der Dampf in einer Dampfturbine. Die der Kolbenarbeit entsprechende, über die Systemgrenze des Fluids in einer Kolbenmaschine übertragene Arbeit bezeichnet man als Volumenänderungsarbeit W_{V}. Sie unterscheidet sich im Allgemeinen von der Kolbenarbeit durch Energieeffekte bei der Reibung zwischen Kolben und Zylinderwand. Die der Wellenarbeit entsprechende, über die Systemgrenze des Fluids in einer Strömungsmaschine transferierte Arbeit bezeichnet man als technische Arbeit W_{t}. Auch sie unterscheidet sich im Allgemeinen von der Wellenarbeit auf Grund von Reibungseffekten zwischen den festen Bauteilen der Maschine. Während Kolbenarbeit und Wellenarbeit aus Kräften bzw. Drücken berechnet werden, die nicht direkt auf das Fluid wirken, hängen Volumenänderungsarbeit und technische Arbeit ausschließlich von der Zustandsänderung des Fluids ab. In der Volumenänderungsarbeit tritt daher der Druck des Fluids auf, nicht der äußere Druck p_{a}. Die technische Arbeit wird nicht durch das an der Welle angreifende Drehmoment M_{d}, sondern durch Zustandsgrößen des Fluids bestimmt, die noch zu definieren sein werden. Im Folgenden werden wir entsprechend der in der Thermodynamik üblichen Systemdefinition in der Regel die Volumenänderungsarbeit und die technische Arbeit benutzen.

4.1.2 Innere Energie und Enthalpie

Die Energiebilanz der mechanischen Energieformen ist im allgemeinen Fall unvollständig. So wird z.B. ein im Schwerefeld der Erde herabfallender Körper unter Einfluss der Luftreibung heiß. Man denke etwa an einen Meteoriten, der aus dem All in die Erdatmosphäre eintritt und auf dem Weg zur Erdoberfläche verglüht. Auch die Lagerreibung im Fahrrad führt bekanntlich zur Erhitzung des Lagers, die Rollreibung entsprechend zur Erhitzung der Räder. Die damit zusammenhängenden Energieumwandlungen lassen sich offenbar nicht allein mit den mechanischen Energieformen beschreiben. Es treten zusätzliche Energieformen auf. Überhaupt spielen die mechanischen Energieformen bei technischen Energieumwandlungen, wie sie in der Thermodynamik betrachtet werden, in der Regel nur bei der Energiezufuhr oder -abfuhr eine Rolle. Die bei diesen Prozessen interessierenden Systeme sind in der Regel fluide Phasen, vgl. Abschn. 1.2. Sie nehmen Energie auf, z.B. das Wasser in einem Dampferzeuger, oder geben Energie ab, z.B. der

Wasserdampf bei der Entspannung in einer Turbine. Die dabei in Erscheinung tretende Energieform speichert die in einem Dampferzeuger an das Wasser übertragene Energie bzw. speist die Arbeitsleistung eines Dampfes bei Entspannung in einer Turbine. Sie wird als innere Energie bezeichnet. Die innere Energie ist auch die Energieform, in der sich die Erwärmung des herab stürzenden Meteoriten oder allgemein aller durch Reibung beanspruchter Maschinenteile zeigt. Auch die in Brennstoffen enthaltene Energie ist eine Form von innerer Energie. So kann bekanntlich die im Benzin bei Umgebungstemperatur und Umgebungsdruck chemisch gespeicherte Energie in einem Motor in die mechanische Arbeit einer drehenden Welle umgewandelt werden. Insgesamt ist innere Energie der Energieinhalt einer Materiemenge, der über ihre kinetische und potenzielle Energie hinausgeht. Sie ist eine an die Materie eines Systems gebundene Eigenschaft und damit eine Zustandsgröße, ähnlich wie die kinetische Energie und potenzielle Energie eines Massenpunktes, und für jeden Zustand des Systems angebbar. Im Gegensatz zur kinetischen Energie und potenziellen Energie ist die innere Energie aber nicht durch äußere Koordinaten bestimmt, also solche wie die Geschwindigkeit und die Lage, die durch Bezug auf ein Koordinatensystem in der Umgebung definiert werden. Sie ergibt sich vielmehr ausschließlich aus inneren Eigenschaften des Systems, ohne Bezug auf die Umgebung. Hieraus resultiert die Bezeichnung innere Energie. Auf Grund ihres thermischen bzw. chemischen Ursprungs gehört die innere Energie zu den thermochemischen Energieformen.

Die innere Energie ist wie alle typisch thermodynamischen Konzepte nur aus der Betrachtung der molekularen Bestandteile einer Materiemenge zu verstehen. Insbesondere für das atomistische Fluidmodell nach Kapitel 2, nach dem die Eigenschaften eines Fluids aus den Bewegungen kleiner Billardkugeln abgeleitet werden, resultiert die innere Energie aus der chaotischen, also inkohärenten Bewegung der Billardkugeln, vgl. Teil a) von Abb. 4.5. Die dieser Bewegung zugeordnete kinetische Energie und damit innere Energie dieses Modellsystems ist

$$U = \frac{1}{2}Nm\langle c^2 \rangle = N\langle E_{\text{kin}} \rangle \ , \tag{4.13}$$

mit N als der Molekülzahl, m der Masse eines Moleküls und $\langle c^2 \rangle$ als dem mittleren Geschwindigkeitsquadrat, wobei $c = \{u, v, w\}$ der Geschwindigkeitsvektor eines Moleküls ist, vgl. Abschnitte 2.1.3 und 2.1.4. Diese inkohärenten Molekülbewegungen treten nicht als eine gerichtete, makroskopische Bewegung in Erscheinung. Das Fluid ruht, seine makroskopische kinetische Energie ist Null. Nach (4.13) ist die innere Energie eine extensive Zustandsgröße, d.h. eine Zustandsgröße, deren Wert der Materiemenge des Systems proportional ist. Dies folgt unmittelbar aus ihrer Abhängigkeit von der Molekülzahl. Haben im Gegensatz zu Abb. 4.5 a) alle Teilchen eine ausgerichtete, kohärente Geschwindigkeit, vgl. Abb. 4.5 b), so handelt es sich um ein strömendes Fluid mit einer äußeren kinetischen Energie. Die in Abb. 4.5 b) gezeigte Situation ist durch Abwesenheit einer chaotischen Molekülbewegung und damit durch die innere Energie Null gekennzeichnet. Nach der atomistischen Temperaturinterpretation (2.18) hat dieses System die Temperatur 0 K. In realen strömenden Fluiden sind die äußere makroskopische Bewegung und die chaotische Molekülbewegung einander überlagert. Mit Hilfe von (2.18) lässt sich

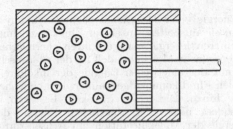

a) Ruhendes Fluid

Chaotische, inkohärente Bewegung der Billardkugeln:
Innere Energie (thermischer Anteil)

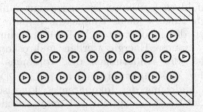

b) Strömendes Fluid

Geordnete, kohärente Bewegung der Billardkugeln:
Äußere Energie (kinetischer Anteil)

Abb. 4.5. Innere und äußere Energie

ableiten, dass für das einfache Molekülmodell nach (4.13) die molare innere Energie
mit $N_A = N$ durch

$$u = \frac{3}{2}RT \tag{4.14}$$

gegeben ist. Dieser Zusammenhang gilt nicht allgemein, ist aber korrekt für Gase
aus einatomigen Molekülen. Er lässt sich auch schreiben als

$$u - u(T = 0K) = \frac{3}{2}R(T - 0)$$

oder allgemein

$$u - u^0 = c_v(T - T^0)$$

mit $c_v = 3/2\ R = 12{,}47$ kJ/kmolK als so genannter molarer isochorer
Wärmekapazität des Modellgases und dem Suffix 0 als Zeichen für den Wert der
zugehörigen Zustandsgröße bei einer beliebigen Bezugstemperatur.

Für Flüssigkeiten, z.B. Wasser, benutzt man für die Differenz der inneren Energie zwischen zwei Temperaturen t_1 und t_2 die formal analoge Beziehung

$$u_2 - u_1 = c_w(t_2 - t_1) \tag{4.15}$$

mit $c_w = 4{,}18$ kJ/kg K als der experimentell bestimmten, so genannten spezifischen
Wärmekapazität von Wasser, vgl. Abschn. 4.3, wo auch weitere Stoffmodelle für die
innere Energie vorgestellt werden.

Allgemein lässt sich die innere Energie einer Materiemenge in einen physikalischen und in einen chemischen Anteil aufspalten. In einem Fluid bezeichnet man den physikalischen Anteil der inneren Energie auch als ihren thermischen Anteil. Für das in Abb. 4.5 a) gezeigte einfache Molekülmodell ist der thermische Anteil der inneren Energie identisch mit der kinetischen Energie der inkohärent fliegenden Billardkugeln. In einem realen Fluid kommen gegenüber dem einfachen Molekülmodell noch weitere Beiträge hinzu. Die realen Moleküle bestehen in der Regel aus mehreren Atomen, sodass neben der kinetischen Energie des Molekülfluges auch die kinetische Energie der Molekülrotation um Achsen durch den Molekülschwerpunkt einen Beitrag zur thermischen inneren Energie des Fluids leistet. Weiterhin tragen innere Bewegungen der Atome im Molekül, z.B. Schwingungen, zum thermischen Anteil der inneren Energie bei. Schließlich üben in Gasen bei hohen Drücken und Flüssigkeiten die Moleküle Wechselwirkungskräfte aufeinander aus. Die Moleküle haben daher auch eine potenzielle Energie, die durch ihre Lage in ihren wechselseitigen Kraftfeldern bestimmt ist. Insgesamt umfasst somit der thermische Anteil der inneren Energie eines Fluids die Summe aus den kinetischen und potenziellen Energien der inkohärenten Molekülbewegungen. Änderungen im thermischen Anteil der inneren Energie werden makroskopisch durch Änderungen der Temperatur und/oder Änderungen des Volumens, bei Gemischen auch durch Änderungen der Zusammensetzung ausgelöst. Dabei bewirkt eine Temperaturänderung eine Änderung der inkohärenten kinetischen Energie des Molekülfluges, vgl. Abschn. 2.1.4. Man spricht bei dem Anteil der inneren Energie, der auf eine erhöhte Temperatur zurückgeführt werden kann, auch von fühlbarer innerer Energie, weil man eine Temperatur fühlen kann. Eine Volumenänderung bewirkt dagegen eine Änderung des mittleren Abstands der Moleküle und damit eine Änderung ihrer potenziellen Energie. Große Volumenänderungen ohne Temperaturänderung mit entsprechend großen Änderungen der inneren Energie treten z.B. beim Verdampfen reiner Flüssigkeiten auf. Die auf diese Weise im System gespeicherte Energie bezeichnet man auch als latente innere Energie. Eine Änderung der Zusammensetzung ändert die Massen der Moleküle, d.h. die kinetische Energie des Molekülfluges, sowie die Art der potenziellen Energie zwischen den Molekülen. Beides führt zu Änderungen im thermischen Anteil der inneren Energie. Der chemische Anteil der inneren Energie resultiert aus der potenziellen Energie der Bindungskräfte, mit denen die Atome in den Molekülen zusammen gehalten werden. Bei chemischen Reaktionen gruppieren sich Atome mit den zugehörigen Elektronen zu neuen Molekülen. Dabei werden diese Bindungsenergien umgewandelt, und es können große thermische Energien freigesetzt werden, wie z.B. bei der Verbrennung. Bei einer Verbrennung hat die Abnahme der chemischen inneren Energie des Brennstoff/Luft-Gemisches eine entsprechende Produktion von thermischer innerer Energie eines heißen Rauchgases zur Folge.

Eng verwandt mit der inneren Energie einer Materiemenge ist ihre Enthalpie. Sie tritt an die Stelle der inneren Energie in Prozessen, in denen Stoffströme in Systeme ein- und/oder aus ihnen ausströmen. Man versteht unter der Enthalpie die über die potenzielle und kinetische Energie hinausgehende Energie eines Stoffstromes, die er beim Überschreiten der Systemgrenzen in ein System hinein- oder aus ihm hinaus transportiert. Wir betrachten als System ein Kontrollvolumen V, das zum Zeitpunkt $\tau = \tau_0$ von einem Gas ausgefüllt wird. Beim Eindringen einer differenziell kleinen Masse Δm des betrachteten Gasstromes während der Zeit $\Delta\tau$ wird das Gas im Kontrollvolumen komprimiert, vgl. Abb. 4.6. Wenn p der Druck des Gasstroms an der

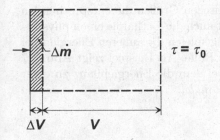

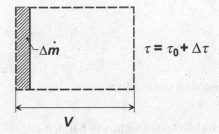

Abb. 4.6. Zur Definition der Enthalpie

Systemgrenze ist und das Gas durch das Einschieben der Masse Δm um das Volumen ΔV zusammengedrückt wird, so wird dem System zusätzlich zu der inneren Energie der Masse Δm noch die mechanische Arbei $p\Delta V = \Delta m(pv)$ zugeführt, mit v als dem spezifischen Volumen des Gasstromes. Insgesamt führt also die Masse Δm dem System die Energie $\Delta m(u + pv)$ zu. Entsprechende Überlegungen gelten beim Ausschieben einer Masse Δm aus dem System, wobei es dann zu einer Expansion des Gases kommt. Wiederum entsprechende Ergebnisse gelten für eine inkompressible Flüssigkeit, bei deren Eindringen in das Kontrollvolumen die darin enthaltene Flüssigkeit unter Aufwand einer Arbeit $p\Delta V$ durch das Kontrollvolumen gedrückt und am Austritt die Umgebung entsprechend verschoben wird. Es gilt somit als Definitionsgleichung der Enthalpie

$$H = U + pV \; , \tag{4.16}$$

wobei der Term (pV) bisweilen als Verschiebearbeit bezeichnet wird. Bei Gasen kann dieser Anteil beträchtlich sein, bei Flüssigkeiten und festen Stoffen ist er hingegen in der Regel vernachlässigbar. Ein Stoffstrom mit dem Massenstrom $\dot m$ führt darüber hinaus noch eine kinetische Energie und eine potenzielle Energie mit sich. Sein gesamter Energiestrom ist also

$$\dot E = \dot m(h + \frac{1}{2}c^2 + gz) \; , \tag{4.17}$$

mit h als der spezifischen Enthalpie, $1/2\ c^2$ als der spezifischen kinetischen Energie und gz als der spezifischen potenziellen Energie. Für einen Stoffmengenstrom $\dot{n}$ treten an Stelle der spezifischen Größen die entsprechenden molaren. Wie die innere Energie, so enthält auch die Enthalpie einen physikalischen und einen chemischen Anteil. Häufig spielen die äußeren Energien bei den hier betrachteten Anwendungen keine Rolle. Als Beispiel zeigt Abb. 4.7 schematisch einen Vermischungsprozess, bei dem die Energiebilanz zu einer Enthalpiebilanz wird, d.h. $\dot{m}_1 h_1 + \dot{m}_2 h_2 = \dot{m}_3 h_3$.

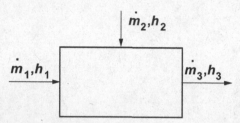

Abb. 4.7. Enthalpiebilanz bei der Vermischung von Stoffströmen

Für die innere Energie und die Enthalpie lassen sich, wie bei den äußeren Energieformen kinetische Energie und potenzielle Energie, Zahlenwerte nur unter Bezug auf einen frei wählbaren Nullpunkt angeben. Absolute Werte von innerer Energie und Enthalpie haben keine Bedeutung. Dabei gibt es für die innere Energie im Gegensatz zu den äußeren Energieformen keinen naheliegenden, so zu sagen natürlichen Nullpunkt. Es werden daher in der Praxis sehr unterschiedliche Bezugswerte benutzt. Dieser Sachverhalt ist für das Zahlenergebnis einer Rechnung ohne Belang, da stets nur Energiedifferenzen eine Rolle spielen. Wenn die gewählten Energiebezugspunkte konsistent sind, kürzen sie sich aus der Energiebilanz heraus.

4.1.3 Die Energieform Wärme

Ein Energietransfer in Form von Wärme kommt zustande, wenn das System eine andere Temperatur hat als seine Umgebung. Man spricht auch von Wärmeübertragung. Wird keine Wärme übertragen, so handelt es sich um einen adiabaten Prozess. Wärme ist somit die Energieform, die bei der Wechselwirkung eines Systems mit einem anderen auf Grund einer Temperaturdifferenz über die Systemgrenze fließt. Damit ist Wärme im Gegensatz zur inneren Energie oder Enthalpie, aber in Übereinstimmung mit Arbeit, keine Zustandsgröße sondern eine Prozessgröße. Insbesondere sind gängige Begriffe der Wärmetechnik, wie Wärmeinhalt, fühlbare Wärme, latente Wärme oder Speicherwärme wissenschaftlich falsch. Es handelt sich jeweils um Formen der inneren Energie, vgl. Abschn. 4.1.2. Die allgemeine Beziehung zwischen der transferierten Wärme, der treibenden Temperaturdifferenz ΔT und der Kontaktfläche A lautet

$$\dot{Q} = \beta A \Delta T \ , \tag{4.18}$$

mit β als einem Proportionalitätskoeffizienten. In dem theoretischen Grenzfall einer verschwindenden Temperaturdifferenz ist für einen endlichen Wärmestrom eine unendlich große Fläche erforderlich.

Wärme kann durch unterschiedliche Mechanismen über eine Systemgrenze transferiert werden. Der von einem System der Temperatur T durch eine ebene Wand an die Umgebung der Temperatur T_u transportierte Wärmestrom ist dem Temperaturgefälle zwischen beiden Seiten der Wand proportional. Nach dem Fourierschen Gesetz gilt, vgl. Abb. 4.8,

$$\dot{Q} = -\lambda A \frac{T - T_u}{\delta} \ .$$

Hier ist λ die Wärmeleitfähigkeit, d.h. eine Stoffeigenschaft der Wand, A die Fläche

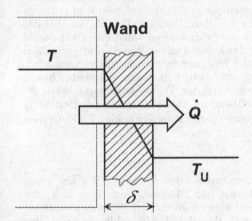

Abb. 4.8. Zum Wärmestrom bei Wärmeleitung

und δ die Dicke der Wand. Das negative Vorzeichen sorgt für die Einhaltung der Vorzeichenvereinbarung. Wenn z.B. die Temperatur des Systems höher als die der Umgebung ist, so ergibt sich der Wärmestrom negativ in Übereinstimmung mit der Vorzeichenvereinbarung, dass abgegebene Energieströme negativ gezählt werden. Den Transport von Wärme durch Wände und ruhende Gas- oder Flüssigkeitsschichten bezeichnet man als Wärmeleitung. Ein durch einen Kanal, z.B. ein Rohr, oder an einer Wand entlang strömendes Fluid transportiert bei einem Temperaturunterschied zwischen Fluid und Wand Wärme durch den Mechanismus der konvektiven Wärmeübertragung, vgl. Abb. 4.9. Für den Wärmestrom $\dot{Q}$ bei konvektiver Wärmeübertragung macht man nach Newton den Ansatz

$$\dot{Q} = \alpha A (T_w - T_f) \ .$$

Hier sind T_f die in Abb. 4.9 punktiert eingetragene mittlere Phasentemperatur des Fluids, vgl. Abschn. 1.2.2, T_w die Wandtemperatur und α der so genannte

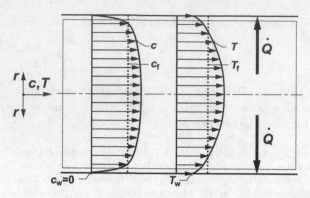

Abb. 4.9. Konvektiver Wärmeübergang bei der Rohrströmung

Wärmeübergangskoeffizient. Sein Zahlenwert hängt in komplizierter Weise von den Strömungsbedingungen ab, die durch das Geschwindigkeitsprofil bzw. durch die mittlere Phasengeschwindigkeit c_f definiert sind. Bei der Überströmung eines heißen Körpers ist T_f durch die Umgebungstemperatur T_u zu ersetzen und c_f durch die Geschwindigkeit in großer Entfernung von ihm. Wenn schließlich, wie bei der technischen Wärmeübertragung die Regel, der Wärmestrom von einem strömenden Fluid (dem System A) auf eine Wand, dann durch diese Wand, und schließlich von der Wand an ein anderes strömendes Fluid (das System B) übertragen wird, dann spricht man vom Wärmedurchgang, vgl. Abb. 4.10. Beim Wärmedurchgang treten die beiden besprochenen Mechanismen des Wärmetransports, also die Wärmeleitung und der konvektive Wärmeübergang, gleichzeitig auf. Die Beziehung des Wärmestromes $\dot{Q}$ zur Differenz der Phasentemperaturen in beiden Fluidströmen lautet dann

$$\dot{Q} = kA(T_{f,A} - T_{f,B}) \;,$$

mit $T_{f,A}, T_{f,B}$ als den Phasentemperaturen der Fluide, k als dem Wärmedurchgangskoeffizienten und A als der Fläche, auf die sich der Wärmedurchgangskoeffizient bezieht. Die beiden konvektiven Wärmewiderstände $1/\alpha_A, 1/\alpha_B$ und der Wärmeleitwiderstand der Wand δ/λ addieren sich. Ins-

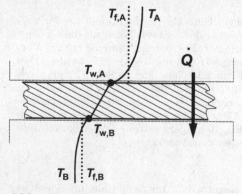

Abb. 4.10. Wärmedurchgang

besondere gilt daher für den Wärmedurchgangskoeffizienten bei einer ebenen Wand

$$\frac{1}{k} = \frac{1}{\alpha_A} + \frac{\delta}{\lambda} + \frac{1}{\alpha_B} \ .$$

Die Koeffizienten λ, α und k werden zusammenfassend als Transferkoeffizienten bezeichnet. Außer diesen an Materie gebundenen Mechanismen des Wärmetransfers gibt es auch noch den Mechanismus der Strahlung, der ohne Beteiligung von Materie abläuft und eine sehr viel stärkere Abhängigkeit von der Temperaturdifferenz aufweist.

4.2 Energiebilanzgleichungen

Nachdem nun alle in den folgenden Prozessen berücksichtigten Energieformen vorgestellt worden sind, können nachstehend Energiebilanzen exemplarisch für unterschiedliche Fälle ausgewertet werden. Der 1. Hauptsatz sagt aus, dass Energie insgesamt nicht entstehen oder verloren gehen kann. Nur spezielle Energieformen können zu Lasten oder zu Gunsten von anderen Energieformen entstehen bzw. verschwinden. Jede Analyse einer Energieumwandlung beginnt zweckmäßigerweise mit dem Aufstellen einer Energiebilanz auf der Grundlage des 1. Hauptsatzes. Die einem System zugeführte Energie muss, ggf. vermindert um gespeicherte Energie, dieses System wieder verlassen, in welcher Form auch immer. Je nach Aufgabenstellung bieten sich unterschiedliche Formulierungen der Energiebilanz an. In allen Fällen umschließt die Systemgrenze das betrachtete Fluid.

4.2.1 Geschlossene Systeme

Die innere Energie geschlossener Systeme ändert sich unter Einfluss eines Transfers von Wärme und Arbeit allgemein nach

$$\frac{dU(\tau)}{d\tau} = \dot{Q}(\tau) + P(\tau) \ . \tag{4.19}$$

Die Beziehung (4.19) ist eine gewöhnliche Differenzialgleichung erster Ordnung und kann z.B. dazu dienen, den Temperaturverlauf bei der Abkühlung eines Systems zu berechnen, vgl. Beispiel 4.3. Im allgemeinen Fall ist die Integration der instationären Energiegleichung (4.19) allerdings nicht geschlossen möglich. Näherungsweise lässt sich die Temperatur nach Ablauf der Zustandsänderung aber stets aus der integrierten Form der Energiegleichung berechnen, wenn für die Systemtemperatur bei der Berechnung der Prozessenergieströme ein geeigneter Mittelwert zwischen Anfangs- und Endtemperatur benutzt wird, vgl. Beispiel 4.3. Die integrierte Energiebilanz für ein geschlossenes System lautet für einen Prozess, der das System vom Zustand 1 in den Zustand 2 überführt,

$$Q_{12} + W_{12} = U_2 - U_1 \; . \tag{4.20}$$

Hierbei, wie auch bei (4.19), ist vorausgesetzt, dass äußere Energieformen wie kinetische und potenzielle Energie bei dem betrachteten Prozess keine Rolle spielen. Anderenfalls wäre die innere Energie durch die Gesamtenergie zu ersetzen. W_{12} ist die gesamte über die Grenzen des geschlossenen Systems transferierte Arbeit. Sie setzt sich aus der Volumenänderungsarbeit und der technischen Arbeit additiv zusammen. Kolbenarbeit und Wellenarbeit bleiben außerhalb der Betrachtungen, da die Lage der Systemgrenzen die mechanischen Bauteile der Maschinen ausgrenzt. In dieser Form kann die Gleichung ganz allgemein zur Berechnung der Wärme oder der Arbeit herangezogen werden, die eine bestimmte Änderung der inneren Energie bewirkt. Ist die innere Energie nur von der Temperatur abhängig, wie z.B. bei Gasen oder auch Flüssigkeiten, so ist dadurch auch eine bestimmte Änderung der Temperatur gegeben. Da die Masse des Systems konstant bleibt, beziehen wir alle Energieformen darauf und erhalten dann die Energiebilanz für geschlossene Systeme in der Form

$$q_{12} + w_{12} = u_2 - u_1 \; , \tag{4.21}$$

mit u als der spezifischen inneren Energie, q_{12} als der spezifischen Wärme und w_{12} als der spezifischen Arbeit. In diesen Gleichungen sind die Wärme und die Arbeit als dem System zugeführte Energiemengen berücksichtigt. Sie ergeben sich mit negativen Vorzeichen, wenn sie aus dem System abgeführt werden.

Die Energiebilanz für geschlossene Systeme liefert eine quantitative Beziehung zwischen der Summe aus den über die Systemgrenzen transferierten Energieformen Wärme und Arbeit und der Änderung der inneren Energie. Praktisch ist man daran interessiert, die transferierte Wärme und Arbeit jeweils für sich mit der Zustandsänderung des Systems zu verknüpfen. Im allgemeinen Fall genügt dazu die Energiebilanz nicht, denn dies hieße zwei Größen aus einer Gleichung berechnen zu wollen. Ist hingegen eine der beiden Prozessgrößen, Arbeit oder Wärme, für einen betrachteten Prozess Null, so findet man allein aus der Kenntnis der Zustandsgrößen in den Zuständen 1 und 2 die jeweils andere von Null verschiedene Prozessgröße aus (4.20) oder (4.21). Solche Bedingungen liegen häufig vor.

Beispiel 4.3

Ein kugelförmiger, gut isolierter Wärmespeicher ist mit Wasser von anfänglich $t_W = 80°C$ gefüllt und steht in einer Umgebung von $t_u = 20°C$. Die innere Oberfläche des Speichers beträgt $A = 100 \text{ m}^2$, der darauf bezogene Wärmedurchgangskoeffizient ist $k = 0{,}1 \text{ W/m}^2 \text{ K}$. Man berechne die Temperaturabnahme des Wassers nach 24 h und nach 1000 h.

Lösung

Nach (4.19) lautet die Energiebilanz für instationäre Prozesse in geschlossenen Systemen ohne Arbeitstransfer, wenn man die Dichte und die Wärmekapazität des Wassers durch geeignete Mittelwerte über der Temperatur ersetzt,

$$\frac{dU}{d\tau} = \rho_W V_W c_W \frac{d(t_W - t_u)}{d\tau} = \dot{Q}(\tau) \ .$$

Mit

$$\dot{Q} = -kA(t_W - t_u) \ ,$$

wobei das Minuszeichen die Einhaltung der Vorzeichenvereinbarung besorgt, folgt daraus

$$d(t_W - t_u) = -a(t_W - t_u)d\tau$$

mit

$$a = \frac{kA}{\rho_W V_W c_W} = \frac{0,1 \cdot 10^{-3} \ \text{kW/(m}^2\text{K)} \cdot 100 \ \text{m}^2}{91,38 \cdot 10^3 \ \text{kg} \cdot 4,18 \ \text{kJ/(kg K)}} = 0,262 \cdot 10^{-7} \ \text{1/s} \ .$$

Hierin wurde für die Dichte bzw. für das spezifische Volumen des Wassers näherungsweise der Wert für siedendes Wasser bei 80°C aus der Tabelle A1 entnommen und das Volumen des Wassers aus seiner Oberfläche von 100 m² berechnet. Die Lösung dieser Differenzialgleichung ist geschlossen möglich. Durch Umstellung erhält man

$$\frac{d(t_W - t_u)}{(t_W - t_u)} = -a d\tau$$

mit der allgemeinen Lösung

$$[\ln(t_W - t_u)]_0^\tau = -a\tau$$

bzw.

$$\frac{t_W - t_u}{60} = e^{-0,262 \cdot 10^{-7}\tau} \ .$$

Damit folgt

$$t_W(24 \ \text{h}) = 59,86 + 20 = 79,86°\text{C}$$

sowie

$$t_W(1000 \ \text{h}) = 54,60 + 20 = 74,60°\text{C} \ .$$

Zum Vergleich wird die Temperatur des Wassers nach 1000 Stunden näherungsweise aus der integrierten Form der Energiebilanz (4.20) berechnet, d.h. aus

$$U_2 - U_1 = \rho_W V_W c_W [t_W(\tau) - t_W(0)] = Q_{12}$$

$$= -kA \int_0^\tau (t_W - t_u)d\tau = -kA(t_{W,m} - t_u)\tau \ .$$

Hier ist $t_{\mathrm{W,m}}$ ein geeigneter Mittelwert für die Temperatur des Wassers während der Abkühlung. Unter der Annahme einer linearen Abkühlkurve zwischen 0 und τ gilt

$$t_{\mathrm{W,m}} = \frac{1}{2}\left[t_{\mathrm{W}}(0) + t_{\mathrm{W}}(\tau)\right] \ .$$

Wenn dieser arithmetische Mittelwert zwischen Anfangs- und Endtemperatur bei der Berechnung des Wärmestromes eingesetzt wird, ergibt sich die Wassertemperatur aus

$$t_{\mathrm{W}}(\tau) = \frac{t_{\mathrm{W}}(0)\left[1 - \frac{1}{2}a\tau\right] + a\tau t_{\mathrm{u}}}{1 + \frac{1}{2}a\tau}$$

zu

$$t_{\mathrm{W}}(1000\ \mathrm{h}) = \frac{80(1 - 0,04716) + 1,8864}{1,04716} = 74,6°\mathrm{C}\ .$$

Die perfekte Übereinstimmung zwischen der exakten Lösung und der Näherungslösung weist darauf hin, dass in diesem Zeitbereich und bei diesen kleinen Temperaturunterschieden die e-Funktion der exakten Lösung durch eine lineare Funktion ersetzt werden kann. Dies gilt nicht allgemein. So würde nach 5000 h die lineare Näherung auf eine Temperatur von 57,10°C führen, gegenüber dem exakten Wert von 57,44°C. Im Übrigen lässt sich auch ohne Kenntnis der exakten Lösung leicht prüfen, ob eine lineare Näherung der Funktion $t(\tau)$ in dem betrachteten Zeitintervall genügend genau ist. Dies kann z.B. dadurch geschehen, dass das Zeitintervall in zwei Intervalle aufgeteilt und die Näherungsrechnung in zwei Schritten durchgeführt wird. Wenn die Rechnung in zwei Schritten im Rahmen der angestrebten Genauigkeit dasselbe Ergebnis wie die Rechnung in einem Schritt produziert, dann ist die lineare Mittelung berechtigt. Andernfalls ist die Rechnung in zwei Schritten die genauere und durch eine Rechnung in vier Schritten zu überprüfen.

4.2.2 Offene Systeme

Für offene Systeme erhält man die instationäre Form der Energiebilanz zu

$$\frac{\mathrm{d}E(\tau)}{\mathrm{d}\tau} + \dot{m}_{\mathrm{a}}(\tau)\left[h_{\mathrm{a}}(\tau) + \frac{1}{2}c_{\mathrm{a}}^2(\tau) + gz_{\mathrm{a}}(\tau)\right]$$

$$- \dot{m}_{\mathrm{e}}(\tau)\left[h_{\mathrm{e}}(\tau) + \frac{1}{2}c_{\mathrm{e}}^2(\tau) + gz_{\mathrm{e}}(\tau)\right] = \dot{Q}(\tau) + P_{\mathrm{t}}(\tau)\ , \tag{4.22}$$

mit $\mathrm{d}E(\tau)/\mathrm{d}\tau$ als der Änderung der Gesamtenergie des Systems, d.h. des Fluids im Inneren des Kontrollvolumens. $\dot{Q}(\tau)$ und $P_{\mathrm{t}}(\tau)$ sind die zeitlich variablen über die Systemgrenze transferierten Wärme - bzw. Arbeitsströme. Die Indizes e, a bezeichnen Größen am Eintritts- bzw. Austrittsquerschnitt. Die Differenzialgleichung (4.22) ist in der Regel nicht geschlossen integrierbar. Man ist daher auf eine näherungsweise Lösung mit Hilfe der integrierten Form der Energiebilanz angewiesen. Über die Zeit integriert erfährt das System eine Zustandsänderung von $1 \rightarrow 2$. Damit ergibt sich die Energiebilanz für instationäre Prozesse in offenen Systemen in integrierter Form zu

$$Q_{12} + (W_{12})_\mathrm{t} = E_2 - E_1 + \int\limits_{\tau_1}^{\tau_2} \dot{m}_\mathrm{a}(\tau) \left(h_\mathrm{a}(\tau) + \frac{1}{2}c_\mathrm{a}^2(\tau) + g z_\mathrm{a}(\tau) \right) \mathrm{d}\tau$$

$$- \int\limits_{\tau_1}^{\tau_2} \dot{m}_\mathrm{e}(\tau) \left(h_\mathrm{e}(\tau) + \frac{1}{2}c_\mathrm{e}^2(\tau) + g z_\mathrm{e}(\tau) \right) \mathrm{d}\tau \ . \tag{4.23}$$

In dieser allgemeinen Beziehung sind in vielen praktischen Anwendungen Vereinfachungen zulässig. So ist die Änderung der Gesamtenergie des Fluids mit der Zeit in den meisten Fällen gleich der Änderung seiner inneren Energie mit der Zeit, da äußere Energien in der Regel ohne Bedeutung sind. Sie können dann auch unter den Integralzeichen vernachlässigt werden. Auch ändern sich oft die Zustandsgrößen des Fluids an den Stellen e und a nicht sehr stark mit der Zeit. Es können dann geeignete Mittelwerte zwischen den Werten bei τ_1 und τ_2 eingesetzt werden. Die Enthalpien unter den Integralen werden daher durch diese Mittelwerte substituiert und vor die Integralzeichen gesetzt. Die integrierte Form der Energiebilanz für instationäre Prozesse in offenen Systemen lautet mit diesen Näherungen

$$Q_{12} + (W_{12})_\mathrm{t} = U_2 - U_1 + m_{\mathrm{a},\Delta\tau} h_{\mathrm{a},\mathrm{m}} - m_{\mathrm{e},\Delta\tau} h_{\mathrm{e},\mathrm{m}} \tag{4.24}$$

mit

$$m_{\mathrm{a},\Delta\tau} = \int\limits_{\tau_1}^{\tau_2} \dot{m}_\mathrm{a}(\tau)\mathrm{d}\tau$$

als der insgesamt während des Zeitintervalls $\Delta\tau$ ausgetretenen Masse und einer entsprechenden Bedeutung für $m_{\mathrm{e},\Delta\tau}$.

Viele technische Anwendungen der Thermodynamik sind dadurch gekennzeichnet, dass so genannte stationäre Fließprozesse ablaufen. So z.B. die Vorgänge in einem Wärmeübertrager, in dem ein heißes Fluid über eine feste Wand einen Teil seiner inneren Energie durch Wärmeübertragung an ein kaltes Fluid abgibt, oder die Vorgänge in einer Turbine, in der sich ein heißer und gespannter Frischdampf entspannt und dabei Arbeit an eine Welle überträgt, vgl. Abb. 4.11. Dann gilt $E_2 = E_1$ bzw. $U_2 = U_1$. Außerdem haben bei solchen stationären Fließprozessen die beteiligten offenen Systeme einen konstanten Massendurchsatz. Ihre Zustandsgrößen haben an festen Orten zeitlich konstante, aber an verschiedenen Orten in Strömungsrichtung, insbesondere am Ein- und am Ausströmquerschnitt, verschiedene Werte. Alle Zustandsgrößen sind im Sinne des Phasenbegriffs nach Abschn. 1.2.2 als Mittelwerte über die Kanalquerschnitte anzusehen. Die Energiebilanz für stationäre Fließprozesse ergibt sich also aus (4.22), wenn als System das Fluid betrachtet wird, zu

$$\dot{Q} + P_\mathrm{t} = \dot{m} \left[(h_\mathrm{a} - h_\mathrm{e}) + \frac{1}{2}(c_\mathrm{a}^2 - c_\mathrm{e}^2) + g(z_\mathrm{a} - z_\mathrm{e}) \right] \ . \tag{4.25}$$

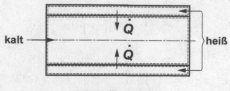

Wärmeübertrager

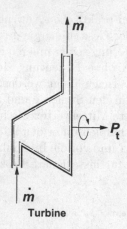

Turbine

Abb. 4.11. Stationäre Fließprozesse

Wenn, wie in (4.25) vorgesehen, nur ein Stoffstrom $\dot{m}$ zu berücksichtigen ist, so gilt als Energiebilanz in spezifischen Größen, unter Verwendung der Notation 1 und 2 für Eintritt und Austritt, mit $\dot{Q}/\dot{m} = Q_{12}/m = q_{12}$ als der spezifischen Wärme und $(P_{12})_t/\dot{m} = (w_{12})_t$ als der spezifischen technischen Arbeit

$$q_{12} + (w_{12})_t = (h_2 - h_1) + \frac{1}{2}(c_2^2 - c_1^2) + g(z_2 - z_1) \ . \tag{4.26}$$

Damit ist zugleich die Massenbilanz berücksichtigt. Bei mehreren Stoffströmen und transferierten Prozessenergien verallgemeinert sich die Energiebilanz für stationäre Fließprozesse zu

$$\sum \dot{Q}_i + \sum (P_i)_t = \sum_{\text{aus}} \dot{m}_j h_j - \sum_{\text{ein}} \dot{m}_i h_i + \sum_{\text{aus}} \dot{m}_j c_j^2/2 - \sum_{\text{ein}} \dot{m}_i c_i^2/2$$
$$+ \sum_{\text{aus}} \dot{m}_j g z_j - \sum_{\text{ein}} \dot{m}_i g z_i \ , \tag{4.27}$$

wobei $\sum_{\text{aus}}$ die Summe über alle j austretenden Stoffströme und $\sum_{\text{ein}}$ die Summe über alle i eintretenden Stoffströme bedeutet. In diesen Gleichungen sind die Wärmeströme und die technischen Leistungen als dem System zugeführte Energieströme berücksichtigt. Sie ergeben sich mit negativem Vorzeichen, wenn es sich tatsächlich um abgeführte Energieströme handelt. Ist von vorne herein klar, dass ein Prozessenergiestrom das System verlässt, dann kann er zu den das System verlassenen Energieströmen addiert werden. Er hätte dann mit positivem Vorzeichen und Betragszeichen auf der rechten Seite zu stehen. Bei der Anwendung von (4.27) muss noch die Massenbilanz explizit hinzugefügt werden.

Wenn bei einem Prozess keine technische Arbeit über die Systemgrenzen transferiert wird, dann handelt es sich um einen Strömungsprozess. Für einen stationären Strömungsprozess mit nur einem Stoffstrom gilt die Energiebilanz allgemein in der Form

$$q_{12} = (h_2 - h_1) + \frac{1}{2}(c_2^2 - c_1^2) + g(z_2 - z_1) \ . \tag{4.28}$$

Ist der Strömungsprozess adiabat, so findet man aus (4.28)

$$(h_2 - h_1) + \frac{1}{2}(c_2^2 - c_1^2) + g(z_2 - z_1) = 0 \ . \tag{4.29}$$

Wenn man auch hier wieder die äußeren Energien vernachlässigen kann, dann ist ein adiabater Strömungsprozess dadurch gekennzeichnet, dass die Enthalpie unverändert bleibt, d.h.

$$h_2 = h_1 \ . \tag{4.30}$$

Eine häufige Anwendung dieser Beziehung ist die Druckabsenkung eines Fluidstromes in einer Drossel, z.B. einem Ventil, einer langen Kapillare oder auch einfach einem Knick im Rohr.

Die Energiebilanz für stationäre Fließprozesse in den hier angegebenen Formen ist eine Bilanzgleichung zwischen den Ein- und Austrittsquerschnitten eines durchströmten Systems. Sie verknüpft die Summe aller transferierten Wärme- und Arbeitsströme mit den Werten von Zustandsgrößen an diesen Kontrollstellen und ist unabhängig von Detailinformationen über die Vorgänge innerhalb des Systems. In einer der unterschiedlichen Fassungen (4.25) bis (4.30) gehört sie zu den wichtigsten Ergebnissen der technischen Thermodynamik. Je nach Art der betrachteten Zustandsänderungen der beteiligten Fluide und der beteiligten Prozessenergien können sich sehr unterschiedliche Endgleichungen ergeben. Stets gilt, dass genau eine Unbekannte berechnet werden kann, z.B. eine Prozessgröße oder auch eine Zustandsgröße des Prozesses.

Eine besonders einfache Auswertung der Energiebilanz ergibt sich, wenn nur Änderungen der äußeren Zustandsgrößen betrachtet werden, vgl. Beispiel 4.4.

Beispiel 4.4

Im Wasserkraftwerk Kahlenberg der Rheinisch-Westfälischen Wasserwerksgesellschaft mbH strömt das Ruhrwasser aus einer Fallhöhe von 5 m mit einem Durchlaufvolumenstrom von $\dot{V} = 132$ m^3/s in einen Turbinensatz, vgl. Abb. B

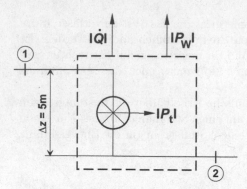

Abb. B 4.4.1. Wasserkraftwerk

4.4.1. Die gemessene Wellenleistung beträgt $|P_W| = 5,42$ MW. Wie viel Leistung wird durch Reibung im Fluid und in den mechanischen Bauteilen in Wärme umgewandelt?

Lösung

Wir betrachten als System zunächst das Wasser in dem Turbinensatz und unterstellen einen idealisierten Prozess ohne Verwirbelung und Reibung im Wasser. Dann ändern sich seine thermischen Zustandsgrößen nicht und damit auch nicht die Enthalpie. Unter diesen Bedingungen wird auch keine Wärme an die Umgebung abgeführt. Da sich wegen der Massenerhaltung bei konstanten Querschnitten des Ein- und Auslaufkanals darüber hinaus auch die kinetische Energie des Wassers nicht ändert, ergibt sich die technische Leistung des Wassers aus der Energiebilanz für einen reibungsfreien, stationären und adiabaten Fließprozess zu

$$(P_{12})_t = \dot{m}g(z_2 - z_1)$$
$$= \dot{V}\rho g(z_2 - z_1)$$
$$= -132\,\frac{\mathrm{m^3}}{\mathrm{s}} \cdot 1000\,\frac{\mathrm{kg}}{\mathrm{m^3}} \cdot 9,81\,\frac{\mathrm{m}}{\mathrm{s^2}} \cdot 5\,\mathrm{m}$$
$$= -6,47 \cdot 10^6\,\frac{\mathrm{kg\,m^2}}{\mathrm{s^3}} = -6,47 \cdot 10^6\,\frac{\mathrm{Nm}}{\mathrm{s}} = -6,47\,\mathrm{MW}\ .$$

Die tatsächliche Wellenleistung ist um die durch Reibung im Fluid und in den festen Bauteilen der Turbinen zunächst in innere Energie umgewandelte und dann in Form von Wärme abgegebene Leistung geringer. Die gemessene Leistung an den Turbinenwellen ist $P_W = 5,42$ MW. Durch Betrachtung eines Systems, das auch die festen Berandungen umschließt (gestrichelte Systemgrenze in Abb. B 4.4.1), findet man nach der Energiebilanz den abgegebenen Wärmestrom $\dot{Q}$ aus

$$\dot{m}gz_1 = \dot{m}gz_2 + |\dot{Q}| + |P_W|$$

bzw.

$$|\dot{Q}| = \dot{m}g(z_1 - z_2) - |P_W| = 6,47 - 5,42 = 1,05\,\mathrm{MW}\ .$$

Hierbei wurde unterstellt, dass das Wasser bei Austritt aus dem System denselben thermodynamischen Zustand (d.h. insbesondere dieselbe Temperatur) und damit auch dieselbe Enthalpie wie bei Eintritt erreicht hat.

4.2.3 Kreisprozesse

Jeder Prozess, der ein Fluid wieder in seinen Anfangszustand zurückbringt, heißt Kreisprozess. Technisch bedeutsam sind nur Kreisprozesse, bei denen ein Fluid in einer Anlage stationär umläuft, also einen sich schließenden stationären Fließprozess durchläuft. Hierbei werden mehrere Maschinen und Apparate, die jeweils für sich ein Kontrollvolumen bilden, hintereinander durchströmt.

Als Beispiel für einen Kreisprozess wird in Abb. 4.12 das Schema einer einfachen Dampfkraftanlage, bestehend aus Dampferzeuger, Turbine, Kondensator und Speisepumpe, betrachtet. Das umlaufende Arbeitsmedium ist

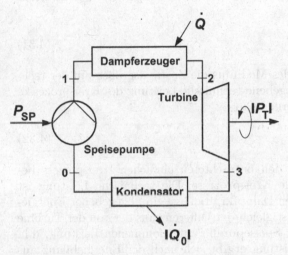

Abb. 4.12. Schaltschema einer einfachen Dampfkraftanlage

Wasser. Die Speisepumpe fördert flüssiges Wasser unter Aufnahme der Leistung P_{SP} auf einen hohen Druck und in den Dampferzeuger, in welchem das Wasser durch Wärmezufuhr $\dot{Q}$ verdampft und überhitzt wird. Der so produzierte Frischdampf strömt dann in die Turbine und entspannt sich dort unter Abgabe der Leistung P_T. Als Abdampf gelangt der Dampf aus dem Niederdruckteil der Turbine in den Kondensator, wo er unter Abgabe des Wärmestromes $\dot{Q}_0$ an das Kühlwasser verflüssigt wird. Vom Kondensator aus fließt das Wasser wieder zur Speisepumpe, womit dann der Kreisprozess geschlossen ist. Zugeführte Energien sind also der Wärmestrom $\dot{Q}$ und die im Vergleich zu der Turbinenarbeit kleine technische Arbeit P_{SP}, abgeführte Energien der Wärmestrom $\dot{Q}_0$ und die Turbinenleistung P_T. Ziel des Kreisprozesses ist es, die Leistung an der Turbinenwelle P_T zu gewinnen.

Zur Formulierung der Energiebilanz für Kreisprozesse betrachten wir die einzelnen Teilprozesse als hintereinander geschaltete stationäre Fließprozesse.

Für die 4 Teilprozesse nach Abb. 4.12 finden wir zunächst

$$\dot{Q}_{01} + (P_{01})_t = \dot{m}\left[(h_1 - h_0) + \frac{1}{2}(c_1^2 - c_0^2) + g(z_1 - z_0)\right]$$

$$\dot{Q}_{12} + (P_{12})_t = \dot{m}\left[(h_2 - h_1) + \frac{1}{2}(c_2^2 - c_1^2) + g(z_2 - z_1)\right]$$

$$\dot{Q}_{23} + (P_{23})_t = \dot{m}\left[(h_3 - h_2) + \frac{1}{2}(c_3^2 - c_2^2) + g(z_3 - z_2)\right]$$

$$\dot{Q}_{30} + (P_{30})_t = \dot{m}\left[(h_0 - h_3) + \frac{1}{2}(c_0^2 - c_3^2) + g(z_0 - z_3)\right] .$$

Summiert man diese Gleichungen für die einzelnen Teilprozesse auf, so erhält man allgemein

$$\sum \dot{Q}_{ik} + \sum (P_{ik})_t = 0 , \tag{4.31}$$

weil sich bei einem Kreislauf des Mediums die Zustandsgrößen auf der rechten Seite kürzen. Für die abgegebene technische Leistung des Kreisprozesses findet man damit aus der Energiebilanz

$$-P_t = -\sum (P_{ik})_t = \sum \dot{Q}_{ik} . \tag{4.32}$$

Dieses Ergebnis ist nicht auf den betrachteten einfachen Kreisprozess beschränkt, sondern gilt für alle Kreisprozesse. Die technische Leistung ist im Falle der zuvor betrachteten Dampfkraftanlage ein abgegebener Energiestrom und daher negativ. Sie ist gleich der Differenz aus der von der Turbine abgegebenen und der von der Speisepumpe aufgenommenen Leistung, d.h. $|P_t| = |P_T| - |P_{SP}|$. Diese Leistung ergibt sich nach der Energiebilanz aus der algebraischen Summe aller zu- oder abgeführten Wärmeströme. Bei der betrachteten einfachen Dampfkraftanlage gilt also

$$-P_t = \dot{Q} + \dot{Q}_0 = \dot{Q} - |\dot{Q}_0| , \tag{4.33}$$

wobei bei Leistungsabgabe $\dot{Q} > |\dot{Q}_0|$ gelten muss. Für die Energieumwandlung in einer Wärmekraftmaschine wie der betrachteten Dampfkraftanlage ist das Verhältnis der gewonnenen technischen Leistung zum zugeführten Wärmestrom, der so genannte thermische Wirkungsgrad, ein oft benutztes Bewertungsmaß, nach

$$\eta_{th} = \frac{-P_t}{\dot{Q}} . \tag{4.34}$$

Die Umkehrung des Kreisprozesses in einer Wärmekraftmaschine führt zum Kreisprozess einer mechanischen Wärmepumpe. Abb. 4.13 zeigt das Schaltschema einer mechanischen Wärmepumpe auf Dampfbasis. Im Verdampfer

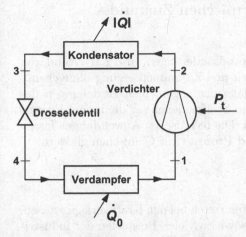

Abb. 4.13. Schaltschema einer einfachen Dampf-Wärmepumpe

wird während der Zustandsänderung von $4 \rightarrow 1$ ein Arbeitsmedium unter Aufnahme des Wärmestroms $\dot{Q}_0$ verdampft. Im Verdichter wird das gasförmige Arbeitsmedium während der Zustandsänderung von $1 \rightarrow 2$ auf einen hohen Druck verdichtet. Im Kondensator wird das Arbeitsmedium bei einer diesem Druck entsprechenden Temperatur unter Abgabe des Wärmestroms Q verflüssigt. Die Drossel schließlich dient zur Druckabsenkung vom hohen Kondensatordruck auf den niedrigen Verdampferdruck. Eine mechanische Wärmepumpe „pumpt" somit unter Aufnahme einer technischen Leistung P_t einen Wärmestrom $\dot{Q}_0$ von einer tiefen Temperatur auf eine hohe Temperatur. Bei der Anwendung als Heizung ist der Wärmestrom $\dot{Q}$ die technische Zielgröße. Er ist nach der Energiebilanz (4.33) gleich der Summe aus dem Wärmestrom $\dot{Q}_0$ und der Leistung P_t. Sein Verhältnis zur aufgewandten technischen Leistung dient als Bewertungsmaß des Prozesses und wird Leistungszahl genannt, nach

$$\varepsilon = \frac{-\dot{Q}}{P_t} \ . \tag{4.35}$$

Auch eine Kältemaschine ist prinzipiell eine Wärmepumpe. Im Gegensatz zur Wärmepumpe für Heizzwecke interessiert man sich im Fall einer Kältemaschine für den Wärmestrom $\dot{Q}_0$, der bei tiefer Temperatur aus einem Kühlraum herausge„pumpt" werden soll. Die Leistungszahl der mechanischen Kältemaschine als Bewertungsmaß des Prozesses ist gegeben durch

$$\varepsilon_0 = \frac{\dot{Q}_0}{P_t} \ . \tag{4.36}$$

4.3 Energiebilanzen bei thermischen Zustands-
änderungen

Energiebilanzen bei thermischen Zustandsänderungen, also auf Grund von Veränderungen von Temperatur, Druck und Zusammensetzung ohne chemische Effekte, können auf der Grundlage der allgemeinen Beziehungen des Abschnitts 4.2 mit Hilfe von geeigneten Stoffmodellen für die innere Energie und die Enthalpie ausgewertet werden. Die technischen Anwendungen lassen sich in Prozesse mit reinen Stoffen und Prozesse mit Gemischen gliedern.

4.3.1 Prozesse mit reinen Stoffen

Energieumwandlungen mit reinen Stoffen treten bei den Kraftwerksprozessen, bei der Wärme- und Kälteerzeugung sowie in vielen Beispielen der industriellen Prozesstechnik auf. Sie sind durch eine besonders einfache Materiemengenbilanz gekennzeichnet. Zur Auswertung der Energiebilanz benötigt man Stoffmodelle für die innere Energie und Enthalpie der betrachteten Reinstoffe.

Zur Berechnung von Differenzen der inneren Energie und Enthalpie für reine Gase bei niedrigen Drücken bis zu einigen bar verwenden wir das Stoffmodell des idealen Gases, vgl. Abschn. 2.4. In einem idealen Gas üben die Moleküle keine Wechselwirkungskräfte aufeinander aus. Damit sind Volumenänderungen, also Änderungen im mittleren Abstand der Moleküle von einander, nicht mit energetischen Effekten verbunden. Die innere Energie eines reinen idealen Gases ist daher ebenso wie seine Enthalpie eine reine Temperaturfunktion. Die Temperaturabhängigkeit der inneren Energie wird allgemein durch eine Stoffeigenschaft, die so genannte isochore Wärmekapazität $C_V = (\partial U/\partial T)_V$ beschrieben. Für ideale Gase gilt demnach

$$U_2^{ig} - U_1^{ig} = \int_{T_1}^{T_2} C_V^{ig}(T) \, dT \ . \tag{4.37}$$

Bei der Berechnung von Differenzen der inneren Energie reiner idealer Gase ist die isochore Wärmekapazität des idealen Gaszustands zu verwenden, unabhängig davon, ob die Zustandsänderung bei konstantem Volumen abläuft oder nicht. Man kann eine mit Volumenänderung verbundene Zustandsänderung gedanklich in eine isochore Temperaturänderung mit nachfolgender isothermer Volumenänderung aufspalten. Da eine isotherme Volumenänderung in idealen Gasen nicht mit energetischen Effekten einhergeht, gilt (4.37) nicht nur für die isochore Temperaturänderung sondern auch für die gesamte Zustandsänderung. Entsprechend gilt für die Temperaturabhängigkeit der Enthalpie eines idealen Gases, mit $C_p = (\partial U/\partial T)_p$ als der isobaren Wärmekapazität,

$$H_2^{ig} - H_1^{ig} = \int_{T_1}^{T_2} C_p^{ig}(T)dT \ . \tag{4.38}$$

Hier ist $C_p^{ig}(T)$ die isobare Wärmekapazität des idealen Gases. Auch die Gleichung (4.38) gilt unabhängig davon, ob die Zustandsänderung bei konstantem Druck abläuft oder nicht. Wegen

$$h^{ig} = u^{ig} + RT$$

und daher

$$\frac{dh^{ig}}{dT} = \frac{du^{ig}}{dT} + R$$

folgt insbesondere

$$c_p^{ig} - c_v^{ig} = R \ . \tag{4.39}$$

Die molare isobare Wärmekapazität und die molare isochore Wärmekapazität unterscheiden sich bei idealen Gasen um den Wert der allgemeinen Gaskonstante. Abb. 4.14 zeigt die Abhängigkeit der molaren isobaren Wärmekapazität für einige Gase im idealen Gaszustand von der Temperatur. Man erkennt eine deutliche Temperaturabhängigkeit mit Ausnahme der einatomigen Gase. Für praktische Rechnungen hat man die molare Enthalpie der wichtigsten Gase im idealen Gaszustand in Abhängigkeit von der Temperatur vertafelt. Tabelle A3 im Anhang A enthält diese Zahlenangaben

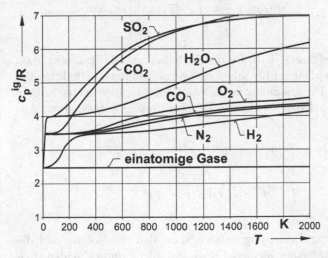

Abb. 4.14. Molare isobare Wärmekapazität als Funktion der Temperatur für einige Gase im idealen Zustand

für einige Gase. In engen Temperaturbereichen kann man die Temperaturabhängigkeit der Wärmekapazität durch einen mittleren, konstanten Wert erfassen.

Für reine Flüssigkeiten verwenden wir das Stoffmodell der idealen Flüssigkeit, vgl. Abschn. 2.4. Da das Volumen in diesem Modell eine Konstante ist, ergibt sich die innere Energie als eine reine Temperaturfunktion, d.h.

$$U_2^{\mathrm{if}} - U_1^{\mathrm{if}} = \int\limits_{T_1}^{T_2} C_{\mathrm{V}}^{\mathrm{if}}(T)\mathrm{d}T \ , \qquad (4.40)$$

mit $C_{\mathrm{V}}^{\mathrm{if}}(T)$ als der isochoren Wärmekapazität der idealen Flüssigkeit. Hierbei braucht wegen des definitionsgemäß konstanten Volumens die Bedingung der isochoren Zustandsänderung nicht explizit angegeben zu werden. Für die Enthalpie folgt entsprechend

$$\left(H_2^{\mathrm{if}} - H_1^{\mathrm{if}}\right)_{\mathrm{p}} = \int\limits_{T_1}^{T_2} C_{\mathrm{p}}^{\mathrm{if}}(T,p)\mathrm{d}T \ .$$

Die Enthalpie einer reinen idealen Flüssigkeit hängt nicht nur von der Temperatur sondern auch vom Druck ab. Die Enthalpieänderung einer idealen Flüssigkeit bei Änderung von Temperatur und Druck ergibt sich zu

$$H^{\mathrm{if}}(T_2,p_2) - H^{\mathrm{if}}(T_1,p_1) = H^{\mathrm{if}}(T_2,p_2) - H^{\mathrm{if}}(T_1,p_2) + H^{\mathrm{if}}(T_1,p_2)$$

$$- H^{\mathrm{if}}(T_1,p_1) = \int\limits_{T_1}^{T_2} C_{\mathrm{p}}^{\mathrm{if}}(T,p_2)\mathrm{d}T + V^{\mathrm{if}}(p_2 - p_1) \ ,$$

wobei die Definitionsgleichung (4.10) für die Enthalpie und die Tatsache, dass die innere Energie einer idealen Flüssigkeit eine reine Temperaturfunktion ist, berücksichtigt wurden. Die gesamte Zustandsänderung ist hier in eine isobare Temperaturänderung und eine isotherme Druckänderung aufgespalten. Andererseits gilt auch

$$H^{\mathrm{if}}(T_2,p_2) - H^{\mathrm{if}}(T_1,p_1) = U^{\mathrm{if}}(T_2) + p_2 V^{\mathrm{if}} - U^{\mathrm{if}}(T_1) - p_1 V^{\mathrm{if}}$$

$$= \int\limits_{T_1}^{T_2} C_{\mathrm{V}}^{\mathrm{if}}(T)\mathrm{d}T + V^{\mathrm{if}}(p_2 - p_1) \ .$$

Aus dem Vergleich dieser Beziehungen folgt, dass sich die isobare und die isochore Wärmekapazität einer idealen Flüssigkeit nicht unterscheiden. Insbesondere hängen beide Wärmekapazitäten nur von der Temperatur ab, und es gilt

$$C_V^{\mathrm{if}} = C_p^{\mathrm{if}} = C^{\mathrm{if}} \; . \tag{4.41}$$

Damit folgt schließlich für die spezifische oder molare innere Energie und Enthalpie einer idealen Flüssigkeit mit einer mittleren Wärmekapazität C^{if} und einem konstanten Volumen V^{if}

$$U_2^{\mathrm{if}} - U_1^{\mathrm{if}} = C^{\mathrm{if}}(T_2 - T_1) \tag{4.42}$$

bzw.

$$H_2^{\mathrm{if}} - H_1^{\mathrm{if}} = C^{\mathrm{if}}(T_2 - T_1) + V^{\mathrm{if}}(p_2 - p_1) \; . \tag{4.43}$$

Wegen des kleinen Wertes von V^{if} in Flüssigkeiten ist die Druckabhängigkeit der Enthalpie im Vergleich zur Temperaturabhängigkeit gering. Auch in Bezug auf die Enthalpie gilt also, dass die Eigenschaften von Flüssigkeiten in der Regel praktisch druckunabhängig sind.

In vielen Prozessen durchläuft ein Stoff ein großes Zustandsgebiet einschließlich Verdampfung und Kondensation. Die einfachen Stoffmodelle des idealen Gases und der idealen Flüssigkeit sind dann unzureichend. Insbesondere hängt bei Betrachtung eines großen Zustandsbereiches die innere Energie nicht nur von der Temperatur, sondern auch vom Volumen ab. Die allgemeine mathematische Formulierung dieser Abhängigkeit ist kompliziert und führt auf Integrale über den Druck bzw. das Volumen mit partiellen Differenzialausdrücken als Integranden. Solche Beziehungen können mit Hilfe von thermischen Zustandsgleichungen ausgewertet werden. Sie sind in Anhang B4 zusammengestellt. In den hier betrachteten Zahlenbeispielen setzen wir die Verfügbarkeit von Tabellen und Diagrammen voraus, sodass die allgemeinen Beziehungen nicht verwendet zu werden brauchen. Sie sind aber in der Regel die Basis dieser Tabellen und Diagramme. Tabelle A1 im Anhang A enthält die Wasserdampftabelle, in der auch die spezifische innere Energie und die spezifische Enthalpie wiedergegeben sind. Als Nullpunkt der inneren Energie ist dort die der siedenden Flüssigkeit am Tripelpunkt vereinbart. Die Tabelle enthält daher Differenzen der inneren Energie und der Enthalpie in Bezug auf die innere Energie im siedenden flüssigen Zustand bei praktisch 0°C (genau: 0,01°C). Grundsätzlich wäre auch eine Tabellierung von Energie- bzw. Enthalpiedifferenzen für einen anderen Bezugszustand möglich. Die Verwendung tabellierter Daten aus unterschiedlichen Tabellen innerhalb einer Rechnung erfordert daher eine sorgfältige Überprüfung und ggf. Umrechnung der Bezugspunkte. Man erkennt aus den Tabellenwerten die großen Differenzen der inneren Energie und der Enthalpie bei der Verdampfung bzw. der Kondensation. Die spezifische Enthalpie im Nassdampfgebiet ergibt sich analog zu (2.20) für das spezifische Volumen aus

$$h = h' + x(h'' - h') \; . \tag{4.44}$$

Die spezifische Enthalpieänderung bei der Verdampfung $(h'' - h')$ bezeichnet man auch als spezifische Verdampfungsenthalpie mit dem Zeichen Δh_V oder

r. Eine zur Enthalpie nach (4.44) analoge Beziehung gilt für die innere Energie im Nassdampfgebiet.

Wir betrachten im Folgenden einige Beispiele für die Auswertung der Energiebilanz in Prozessen mit reinen Stoffen, die für die technischen Anwendungen typisch sind. Besonders häufig sind die stationären Fließprozesse. Die Energiebilanz für stationäre Fließprozesse wurde in den Gleichungen (4.25) bis (4.30) für unterschiedliche Anwendungsfälle formuliert. In der Regel kommt es bei der Auswertung darauf an, durch geschickte Wahl der Systemgrenzen Teilsysteme mit jeweils nur einer Unbekannten zu definieren. Dabei kann ein und derselbe Prozessenergiestrom unterschiedlichen Teilsystemen zuzuordnen sein und in diesen mit unterschiedlichen Vorzeichen auftreten, vgl. Beispiel 4.5.

Beispiel 4.5

In einer Ammoniak-Syntheseanlage wird ein Stickstoffmassenstrom ($\dot{m}_{N_2} = 34{,}7$ kg/s) von $t = 20°$C und $p = 100$ kPa in einem adiabaten Verdichter (V) auf $p = 23$ MPa komprimiert und anschließend isobar auf $197°$C abgekühlt. Die Verdichterleistung von $P_{t,V} = 44$ MW wird einer adiabaten Dampfturbine (DT) entnommen, der ein Dampfstrom ($\dot{m}_D = 216{,}9$ kg/s) bei $t = 350°$C und $p = 4$ MPa zuströmt und in der Turbine auf einen Druck von 20 kPa mit einem Dampfgehalt von $x = 0{,}95$ entspannt wird, vgl. Abb. B 4.5.1. Durch geeignete Energiebilanzen berechne

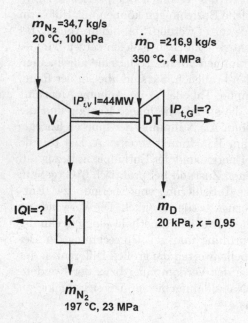

Abb. B 4.5.1. Stickstoffverdichtung mit Dampfturbine

man den im Kühler (K) abzuführenden Wärmestrom $\dot{Q}$ und die zur Stromerzeugung im Generator zur Verfügung stehende technische Leistung $P_{t,G}$ der Turbine.

Lösung

Es gilt die Energiebilanz für die Dampfturbine:

$$P_{t,G} + P_{t,V} = \dot{m}_D \left[h_D(20\text{ kPa}, x = 0,95) - h_D(350°\text{C}, 4\text{ MPa}) \right] \; .$$

Sowohl $P_{t,G}$ als auch $P_{t,V}$ verlassen das System. In der obigen Gleichung wurden sie als dem System zugeführt eingesetzt. Ihre Zahlenwerte sind also mit einem negativen Vorzeichen behaftet. Wollte man die bekannten Vorzeichen gemäß Abb. B 4.5.1 in die Formulierung der Energiebilanz einarbeiten, dann würde man schreiben

$$\dot{m}_D h_D(350°\text{C}, 4\text{ MPa}) = \dot{m}_D h_D(20\text{ kPa}, x = 0,95) + |P_{t,G}| + |P_{t,V}| \; .$$

Als Stoffmodell für den Dampf benutzen wir die Tabelle A1 im Anhang A und finden für die an den Generator abgegebene Leistung

$$P_{t,G} = 216,9[2491,8 - 3092,5] + 44000 = -130292 + 44000 = -86292\text{ kW} \; .$$

Der im Kühler abzuführende Wärmestrom lässt sich aus einer Energiebilanz um den Kühler nicht ermitteln, da die Zustandsgrößen des dem Kühler zufließenden Stoffstroms nicht bekannt sind. Eine auswertbare Energiebilanz ergibt sich aber, wenn man das Gesamtsystem aus Verdichter und Kühler betrachtet. Die Energiebilanz für das System aus Verdichter und Kühler lautet

$$P_{t,V} + \dot{Q} = \dot{m}_{N_2} \left[h_{N_2}(197°\text{C}, 23\text{ MPa}) - h_{N_2}(20°\text{C}, 100\text{ kPa}) \right] \; .$$

Hier ist nun die Verdichterleistung eine dem System zugeführte Größe und daher mit einem positiven Zahlenwert behaftet. Wir benutzen für Stickstoff in den angegebenen Zuständen das Stoffmodell des idealen Gases und finden mit der Tabelle A3

$$P_{t,V} + \dot{Q} = 34,7 \frac{1000}{28,013} [5,034 - (-0,146)] = 6416\text{ kW} \; .$$

Damit ergibt sich die im Kühler abzuführende Wärme zu

$$\dot{Q} = 6416 - 44000 = -37584\text{ kW} \; .$$

Die Benutzung des Stoffmodells „Ideales Gas" für die Zustandsänderung des Stickstoffs ist angesichts des hohen Druckes zunächst fragwürdig. Da gleichzeitig aber auch die Temperatur hoch ist, erscheint dieses Modell insgesamt berechtigt. Im Zweifelsfall ist die Rechnung mit einem genaueren Stoffmodell zu kontrollieren. Mit den Enthalpien aus einer Dampftabelle für Stickstoff ergibt sich für die Enthalpiedifferenz der Stickstoffverdichtung ein um etwa 3 % kleinerer Wert.

Ein weiterer häufig auftretender Prozesstyp mit Energieumwandlungen von reinen Stoffen ist der Kreisprozess. Kreisprozesse sind dadurch gekennzeichnet, dass Maschinen und Apparate einer Anlage in einem geschlossenen Kreislauf durchströmt werden. Typische Anwendungen sind Wärmepumpen und Wärmekraftprozesse.

Beispiel 4.6

Eine Dampfkältemaschine mit Ammoniak als Kältemittel soll einen Kühlraum auf einer Temperatur von - 17°C halten. Auf Grund mangelhafter Isolation des Kühlraums fließt von außen ein Wärmestrom von $\dot{Q}_0 = 225$ kW in ihn hinein und muss daher durch die Kältemaschine aus ihm herausgepumpt werden. Der Verdampferdruck beträgt $p_0 = 0{,}19022$ MPa. Das Kältemittel verlässt den Verdampfer im gesättigten Zustand und wird in einem Kompressor auf den Kondensatordruck $p = 1$ MPa komprimiert, wobei es eine Temperatur von $t_2 = 121{,}6$°C erreicht. Anschließend wird es im Kondensator isobar abgekühlt und vollständig verflüssigt. Die dabei frei werdende Wärme wird an die Umgebung abgeführt. Das Kondensat wird schließlich in einer Drossel auf den Verdampferdruck entspannt. Durch Aufnahme der Kälteleistung gelangt das Kältemittel wieder in den gesättigten Zustand, und der Prozess ist geschlossen. Man berechne den Massenstrom des umlaufenden Kältemittels, die Verdichterleistung und die Leistungszahl der Kältemaschine. Auszug aus der Dampftafel von Ammoniak:

Sättigungszustand (Temperaturtafel)

t	p	h'	h''
°C	MPa	kJ/kg	kJ/kg
-20	0,19022	89,7	1419,0
24	0,97219	297,0	1464,3
26	1,03397	303,6	1465,6

Überhitzter Dampf
$p = 1{,}000$ MPa

t	h
°C	kJ/kg
80	1615,6
100	1665,4
120	1714,5
140	1763,4

Lösung

Abb. B 4.6.1 zeigt das Schaltschema der Kältemaschine. Wir beginnen mit der Energiebilanz um den Verdichter und arbeiten uns in Strömungsrichtung durch den Kreisprozess hindurch. Als Stoffmodel benutzen wir die Dampftafel von Ammoniak. Den Zustand vor der Verdichtung bezeichnen wir mit 1. Seine spezifische Enthalpie ergibt sich aus der Dampftafel zu

$h_1 = 1419{,}0$ kJ/kg .

Im Zustand 2 nach der Verdichtung findet man mit den gegebenen Daten von $p_2 = 1$ MPa und $t_2 = 121{,}6$°C aus der Dampftafel durch Interpolation eine spezifische Enthalpie von

$h_2 = 1718{,}5$ kJ/kg .

Damit beträgt die spezifische Verdichterarbeit nach der Energiebilanz für den Verdichter

$(w_{12})_t = h_2 - h_1 = 299{,}5$ kJ/kg .

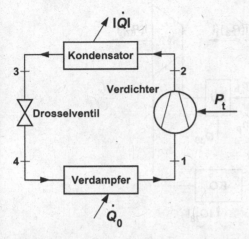

Abb. B 4.6.1. Schaltschema einer einfachen Dampfwärmepumpe

Die spezifische Enthalpie im Zustand 3 nach dem Kondensator, in dem das Ammoniak eine siedende Flüssigkeit beim Druck $p_3 = 1$ MPa ist, beträgt

$h_3 = 300,0$ kJ/kg .

Da bei der Drosselung von 3 nach 4 die Enthalpie konstant bleibt, vgl. (4.30), gilt

$h_4 = h_3 = 300,0$ kJ/kg .

Der Massenstrom des umlaufenden Ammoniaks beträgt somit

$$\dot{m} = \frac{\dot{Q}_0}{q_0} = \frac{\dot{Q}_0}{h_1 - h_4} = \frac{225}{1419,0 - 300,0} = 0,201 \text{ kg/s} .$$

Die aufgenommene technische Leistung ergibt sich zu

$(P_{12})_t = \dot{m}(w_{12})_t = 60,2$ kW ,

und die Leistungszahl wird

$$\varepsilon_0 = \frac{\dot{Q}_0}{P_t} = \frac{225}{60,2} = 3,74 .$$

Kreisprozesse können einen recht komplizierten Aufbau haben. Beispiele dafür sind die Kreisprozesse moderner Kraftwerke, die zur Wirkungsgraderhöhung mit Zwischenüberhitzung und Speisewasservorwärmung ausgerüstet sind, vgl. Abschn. 6.2. Bei der Auswertung der Energiebilanz kommt es dann darauf an, die einzelnen Teilsysteme so zu definieren und so nacheinander abzuarbeiten, dass jeweils nur eine Unbekannte auftritt.

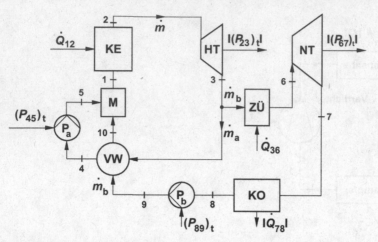

Abb. B 4.7.1. Schaltschema der betrachteten Dampfkraftanlage

Beispiel 4.7

Es werden die Energieumwandlungen in einer Dampfkraftanlage mit einer Turbinenleistung $|P_{t,T}| = 100$ MW nach Abb. B 4.7.1 betrachtet. Im Kessel (KE) wird der Massenstrom des auf $t_1 = 240$ °C vorgewärmten und auf $p_1 = 25$ MPa komprimierten Speisewassers in Frischdampf von $t_2 = 550$°C umgewandelt. Der Frischdampf strömt der adiabaten Hochdruckturbine (HT) zu und wird dort auf $p_3 = 3,5$ MPa entspannt, wobei er eine Temperatur von $t_3 = 284$°C erreicht. Nach der Entspannung in der Hochdruckturbine wird der Dampfstrom in zwei Teilströme aufgeteilt. Der Teildampfstrom $\dot{m}_a$ dient zur Vorwärmung des Speisewassers. Dazu wird er einem Vorwärmer (VW) zugeführt und erreicht nach Wärmeabgabe dort den Zustand 4. Anschließend wird er in der adiabaten Pumpe P_a auf den Druck $p_5 = 25$ MPa komprimiert und dem Mischer (M) zugeführt. Der Teildampfstrom $\dot{m}_b$ wird im Zwischenüberhitzer (ZÜ) erneut auf die Temperatur $t_6 = t_2 = 550$°C erhitzt und der adiabaten Niederdruckturbine (NT) zugeführt. Dort entspannt der Dampf auf einen Druck von $p_7 = 7$ kPa, wobei er einen Dampfgehalt von $x_7 = 0,95$ erreicht. Im Kondensator (KO) wird der Nassdampf vollständig kondensiert. Das Kondensat im siedenden Zustand 8 wird der adiabaten Speisewasserpumpe P_b zugeführt und dort auf den Druck $p_9 = 25$ MPa komprimiert. Es gelangt dann in den Vorwärmer und wird im Zustand 10 dem Mischer zugeführt, in dem es mit dem Teilstrom $\dot{m}_a$ zum Zustand 1 vermischt wird.

Durch geeignete Massen- und Energiebilanzen um die Bauteile der Anlage bestimme man die zu transferierenden Prozessenergien und den thermischen Wirkungsgrad des Prozesses. Alle Zustandsänderungen mit Ausnahme von denen in den Pumpen und Turbinen sollen der Einfachheit halber als isobar angesehen werden. Die Zustandsänderungen in den Pumpen und Turbinen seien adiabat.

Lösung

Die Bilanzierung ist durchführbar, wenn die Enthalpiedifferenzen für alle Bauteile berechenbar sind und in ihnen jeweils nur eine Prozessenergie transferiert wird. Für die Strömungsprozesse in den Apparaten ist dies wegen fehlendem Arbeitstransfer, für die Arbeitsprozesse in den Maschinen wegen fehlendem Wärmetransfer gegeben. Als Stoffmodell benutzen wir die Tabelle A1.

Wir beginnen mit der Energiebilanz um den Kessel und arbeiten uns in Strömmungsrichtung durch den Kreisprozess hindurch. Nach der Energiebilanz für stationäre Fließprozesse gilt für die spezifische Wärmezufuhr im Kessel

$q_{12} = h_2 - h_1$.

Die spezifische Enthalpie des Speisewassers im Zustand 1 ergibt sich aus der Wasserdampftafel als Eintragung bei $t = 240°C$ und $p = 25$ MPa zu $h_1 = 1041{,}3$ kJ/kg. Entsprechend folgt die Enthalpie im Zustand 2 bei $t = 550°C$ und $p = 25$ MPa zu $h_2 = 3335{,}6$ kJ/kg. Damit folgt die dem Wasser-/Dampf-Kreisprozess im Kessel zugeführte spezifische Wärme zu

$q_{12} = 3335{,}6 - 1041{,}3 = 2294{,}3$ kJ/kg .

Die Energiebilanz für die adiabate Hochdruckturbine lautet

$(w_{23})_t = h_3 - h_2$.

Wir kennen den Druck und die Temperatur des Dampfes im Zustand 3 nach der Entspannung, $t_3 = 284°C$ und $p_3 = 3{,}5$ MPa. Aus der Wasserdampftafel finden wir dafür eine spezifische Enthalpie von

$h_3 = 2930{,}0$ kJ/kg ,

womit sich die von der Hochdruckturbine abgegebene spezifische Arbeit zu

$(w_{23})_t = 2930{,}0 - 3335{,}6 = -405{,}6$ kJ/kg

ergibt. Die Energiebilanz für die Zwischenüberhitzung lautet

$q_{36} = h_6 - h_3$.

Wir kennen die Temperatur und den Druck am Zustandspunkt 6, nämlich $t_6 = 550°C$ und $p_6 = 3{,}5$ MPa. Aus der Wasserdampftafel findet man dafür $h_6 = 3564{,}7$ kJ/kg. Damit ergibt sich die dem Teildampfstrom $\dot{m}_b$ im Zwischenüberhitzer zugeführte spezifische Wärme zu

$q_{36} = 3564{,}7 - 2930{,}0 = 634{,}7$ kJ/kg .

Die Energiebilanz für die adiabate Niederdruckturbine lautet

$(w_{67})_t = h_7 - h_6$.

Im Zustand 7 hat der entspannte Dampf einen Druck von $p_7 = 7$ kPa. Es handelt sich um einen Nassdampf mit $x = 0{,}95$. Die Enthalpie im Zustandspunkt 7 ergibt sich damit zu

$h_7 = h'(7 \text{ kPa}) + 0{,}95[h''(7 \text{ kPa}) - h'(7 \text{ kPa})] = 2451{,}7$ kJ/kg .

Damit findet man für die von der Niederdruckturbine abgegebene spezifische technische Arbeit

$(w_{67})_t = 2451{,}7 - 3564{,}7 = -1113{,}0$ kJ/kg .

Im Kondensator wird der Nassdampf vollständig kondensiert. Die Energiebilanz liefert für diese Zustandsänderung

$q_{78} = h_8 - h_7 = 162{,}6 - 2451{,}7 = -2289{,}1$ kJ/kg .

In der adiabaten Pumpe P_b wird das Kondensat von $p_8 = 7$ kPa auf $p_9 = 25$ MPa komprimiert. Die dazu erforderliche technische Arbeit könnte bei Vorgabe der Temperatur t_9 durch die Energiebilanz ermittelt werden. Die Temperatur t_9 ist aber nicht bekannt. Angesichts der geringen technischen Arbeit bei der Kompression einer Flüssigkeit ist als einfache Näherung die Ermittlung der Mindestarbeit gemäß Beispiel 4.2 mit dem Stoffmodell „Ideale Flüssigkeit" genügend genau. Dann ergibt sich für die spezifische technische Arbeit der Pumpe P_b

$$(w_{89})_t \approx v^{if}(p_9 - p_8) = 0,001 \ \frac{m^3}{kg}(25 - 0,007) \cdot 10^6 \ \frac{N}{m^2} \approx 25,0 \ kJ/kg \ ,$$

wobei nach dem Modell der idealen Flüssigkeit ein konstantes spezifisches Volumen des Wassers angenommen wurde. Die Enthalpie im Zustand 9 beträgt damit

$$h_9 = h_8 + (w_{89})_t = 162,6 + 25,0 = 187,6 \ kJ/kg \ .$$

Die Energiebilanz für den Vorwärmer lautet

$$0 = \dot{m}_a h_4 + \dot{m}_b h_{10} - [\dot{m}_a h_3 + \dot{m}_b h_9] \ .$$

Unbekannt sind hier die Massenströme $\dot{m}_a$ und $\dot{m}_b$ sowie die spezifischen Enthalpien h_4 und h_{10}. Diese Energiebilanz führt daher nicht weiter. Dasselbe gilt für die Energiebilanz um den Mischer. Ein Bilanzgebiet, dessen Energieströme bekannt sind, ist hingegen das System aus den Bauteilen P_a, M und VW. Die Energiebilanz für dieses Bilanzgebiet lautet

$$\dot{m}_a (w_{45})_t = \dot{m} h_1 - \dot{m}_a h_3 - \dot{m}_b h_9 \ ,$$

wobei für die spezifische technische Arbeit der Pumpe P_a

$$(w_{45})_t = 0,001 \ \frac{m^3}{kg}(25 - 3,5) MP_a = 21,5 \ kJ/kg$$

gilt. Mit der Massenbilanz

$$\dot{m} = \dot{m}_a + \dot{m}_b$$

lässt sich dies umformulieren zu

$$\dot{m}_a (w_{45})_t = \dot{m}_a (h_1 - h_3) + \dot{m}_b (h_1 - h_9) \ .$$

Dies ist eine Beziehung zwischen den Teilmassenströmen $\dot{m}_a$ und $\dot{m}_b$. Insbesondere erhält man daraus mit Hilfe der Massenbilanz

$$\frac{\dot{m}_a}{\dot{m}} = 0,3089 \ .$$

Die Gesamtleistung der Turbinen soll 100 MW betragen. Daraus lässt sich der gesamte Massenstrom berechnen:

$$P_{t,T} = -100 \ MW = \dot{m}(w_{23})_t + \dot{m}_b (w_{67})_t = \dot{m}\left[(w_{23})_t + (1 - 0,3089)(w_{67})_t\right] \ .$$

Es ergibt sich

$$\dot{m} = \frac{-100 \cdot 10^3}{-405,6 + (1 - 0,3089)(-1113)} = 85,12 \ kg/s \ ,$$

sowie daraus

$\dot{m}_a = 26, 29$ kg/s

und

$\dot{m}_b = 58, 83$ kg/s .

Damit ergeben sich die Prozessenergien zu

$\dot{Q}_{12} = 195, 29$ MW ,

$\dot{Q}_{36} = 37, 34$ MW ,

$(P_{45})_t = 0, 57$ MW ,

$(P_{89})_t = 1, 47$ MW ,

und

$|\dot{Q}_{78}| = 134, 67$ MW .

Zur Kontrolle überprüfen wir die Energiebilanz um die gesamte Anlage. Es muss gelten:

$$\dot{Q}_{12} + \dot{Q}_{36} + (P_{45})_t + (P_{89})_t - |\dot{Q}_{78}| - |P_{t,T}| = 0$$

Durch Einsetzen der Zahlen erkennen wir, dass sie erfüllt ist. Der thermische Wirkungsgrad beträgt

$$\eta_{th} - \frac{|P_{t,T}| - (P_{45})_t - (P_{89})_t}{\dot{Q}_{12} + \dot{Q}_{36}} = \frac{100,00 - 0,57 - 1,47}{232,63} = 0, 42 .$$

Schließlich treten in der Technik häufig auch instationäre Prozesse auf. Die Energiebilanz für instationäre Prozesse wurde in den Gleichungen (4.19) für geschlossene Systeme bzw. (4.22) bis (4.24) für offene Systeme formuliert. Ein erstes einfaches Anwendungsbeispiel für die Abkühlung eines geschlossenen Systems wurde in Beispiel 4.3 vorgestellt. Hier wird ein Anwendungsfall aus der industriellen Prozesstechnik betrachtet.

Beispiel 4.8

Ein Tank von $V = 2$ m³ enthält überhitzten Wasserdampf bei $t_1 = 300°$C und $p_1 = 14$ bar. Durch Öffnen eines Ventils strömt ein Teil des Wasserdampfes aus, bis die Temperatur $t_2 = 200°$C beträgt. Dann wird das Ventil geschlossen. Man berechne den Druck im Tank und die ausgeströmte Masse an Wasserdampf. Der Prozess sei adiabat. Als Stoffmodell benutzen wir die Tabelle A1 in Anhang A.

Lösung

Die integrierte Energiebilanz für diesen instationären Ausströmungsprozess lautet nach (4.24)

$$0 = U_2 - U_1 + m_{a,\Delta\tau} h_{a,m} .$$

Die Massenbilanz liefert

$$m_{a,\Delta\tau} = m_1 - m_2 .$$

Damit folgt

$$(m_1 - m_2)h_{a,m} = m_1 u_1 - m_2 u_2 \ .$$

Da das Tankvolumen bekannt ist, kann aus dem aus der Wasserdampftafel zu entnehmenden spezifischen Volumen die ursprünglich vorhandene Masse an Wasserdampf ermittelt werden. Es ergibt sich

$$m_1 = \frac{V}{v_1} = \frac{2 \text{ m}^3}{0,18228 \text{ m}^3/\text{kg}} = 10,97 \text{ kg} \ .$$

Für die Masse im Tank nach Schließen des Ventils gilt

$$m_2 = \frac{V}{v_2(t_2, p_2)} \ .$$

Damit erhält die Energiebilanz die Form

$$\left[m_1 - \frac{V}{v_2(t_2, p_2)} \right] h_{a,m} = m_1 u_1(t_1, p_1) - \frac{V}{v_2(t_2, p_2)} u_2(t_2, p_2) \ .$$

Die mittlere spezifische Enthalpie des ausströmenden Wasserdampfes approximieren wir durch den arithmetischen Mittelwert zwischen dem Anfangs- und dem Endzustand, d.h. durch

$$h_{a,m} = [h(t_1, p_1) + h(t_2, p_2)] / 2 \ .$$

Damit wird aus der Energiebilanz bei bekannter Temperatur t_2 eine iterativ zu lösende Bestimmungsgleichung für den unbekannten Druck p_2. Nach einigen Iterationsschritten findet man einen Druck von $p_2 = 6$ bar. Dafür ergibt sich

$$h_{a,m} = \frac{1}{2}(3040,4 + 2850,1) = 2944,3 \text{ kJ/kg} \ ,$$

$$v_2 = 0,3520 \text{ m}^3/\text{kg} \ ,$$

sowie

$$u_2 = 2638,9 \text{ kJ/kg}$$

und damit durch Einsetzen in die Energiebilanz

$$\left(10,97 - \frac{2}{0,3520} \right) 2945,3 = 30554 - \frac{2}{0,3520} 2638,9 \ ,$$

d.h.

$$15575 \approx 15560 \ .$$

Damit ist bestätigt, dass die Energiebilanz für den Druck $p_2 = 6$ bar erfüllt ist. Das Ergebnis lautet daher

$$p_2 = 6 \text{ bar} \ ,$$

$$m_2 = 5,68 \text{ kg}$$

und

$$m_{a,\Delta\tau} = m_1 - m_2 = 5,29 \text{ kg} \ .$$

4.3.2 Prozesse mit Gemischen

Energieumwandlungen mit Gemischen treten in vielfältigen Anwendungen der Prozesstechnik auf. Neben der Energiebilanz ist dabei insbesondere die Materiemengenbilanz zu berücksichtigen. Zur Auswertung der Energiebilanz benötigt man Stoffmodelle für die innere Energie und die Enthalpie der beteiligten Gemische.

Die allgemeinen Beziehungen für die molare innere Energie und die molare Enthalpie eines Gemisches in Abhängigkeit von der Zusammensetzung lauten analog zu denen für das molare Volumen, vgl. (2.29) und (2.30),

$$u(T, v, \{x_j\}) = \sum x_i u_i \tag{4.45}$$

bzw.

$$h(T, p, \{x_j\}) = \sum x_i h_i \ , \tag{4.46}$$

mit $u_i(T, v, \{x_j\})$ und $h_i(T, p, \{x_j\})$ als der partiellen molaren inneren Energie bzw. der partiellen molaren Enthalpie der Komponente i im Gemisch. Entsprechende Gleichungen gelten für die spezifischen Größen, d.h.

$$u(T, v, \{w_j\}) = \sum w_i u_i \tag{4.47}$$

und

$$h(T, p, \{w_j\}) = \sum w_i h_i \ , \tag{4.48}$$

mit $u_i(T, v, \{w_j\})$ und $h_i(T, p, \{w_j\})$ als der partiellen spezifischen inneren Energie bzw. der partiellen spezifischen Enthalpie der Komponente i im Gemisch. Die partielle molare innere Energie und Enthalpie beschreiben den Beitrag einer Komponente i zur gesamten inneren Energie bzw. Enthalpie des Gemisches. Das Analoge gilt für die partiellen spezifischen Größen. Die partiellen Größen sind auf Grund der unterschiedlichen Wechselwirkungen eines Moleküls der Komponente i mit seinen Nachbarn im Gemisch und im Reinstoff grundsätzlich von den entsprechenden Reinstoffgrößen zu unterscheiden.

Zur Auswertung der allgemeinen Beziehungen für die innere Energie und Enthalpie von Gasgemischen verwenden wir das Stoffmodell des idealen Gasgemisches. In idealen Gasgemischen verhält sich jede Komponente so, als würde sie das zur Verfügung stehende Volumen allein ausfüllen, vgl. Abschn. 2.5.2. Jede Komponente steht daher unter ihrem jeweiligen Partialdruck. Da die innere Energie und die Enthalpie idealer Gase nicht vom Volumen bzw. vom Druck abhängen, ist es für diese Größe belanglos, ob die Komponenten beim Gesamtdruck bzw. dem zugehörigen Volumen, d.h. als Reinstoffe, oder beim Partialdruck bzw. beim Gesamtvolumen, d.h. als Komponenten im Gemisch, betrachtet werden. Für das Stoffmodell des idealen Gasgemisches sind die partielle molare innere Energie und Enthalpie sowie die partielle spezifische innere Energie und Enthalpie daher identisch mit den entsprechenden Reinstoffeigenschaften, d.h. es gilt

$$u_i^{\mathrm{ig}} = u_{0i}^{\mathrm{ig}}(T) \tag{4.49}$$

bzw.

$$h_i^{\mathrm{ig}} = h_{0i}^{\mathrm{ig}}(T) \ . \tag{4.50}$$

Damit folgt für die molare innere Energie und die molare Enthalpie eines idealen Gasgemisches aus (4.45) und (4.46)

$$u^{\mathrm{ig}}(T, \{x_j\}) = \sum x_i u_{0i}^{\mathrm{ig}}(T) \tag{4.51}$$

bzw.

$$h^{\mathrm{ig}}(T, \{x_j\}) = \sum x_i h_{0i}^{\mathrm{ig}}(T) \ . \tag{4.52}$$

Analoge Beziehungen gelten für die spezifische innere Energie und die spezifische Enthalpie eines idealen Gasgemisches. Die innere Energie und die Enthalpie eines idealen Gasgemisches sind damit auf die temperaturabhängigen Reinstoffgrößen zurückgeführt, vgl. Abschn. 4.3.1.

Für Gas/Dampf-Gemische verwenden wir das Modell des idealen Gas/Dampf-Gemisches. In idealen Gas/Dampf-Gemischen, vgl. Abschn. 2.5.3, wird die Gasphase als ideales Gasgemisch aus zwei Komponenten, der Komponente Gas (G) und der Komponente Dampf (D), modelliert. Die Tatsache, dass die Gasphase in der Regel mehrere nicht kondensierende Komponenten enthält, z.B. die Komponenten N_2 und O_2 der Luft, bleibt unberücksichtigt. Die in gesättigten Gas/Dampf-Gemischen zusätzlich anwesende kondensierte Phase besteht nach diesem Stoffmodell aus der reinen Dampfkomponente, vgl. Abschn. 2.5.3. Als Maß für die Zusammensetzung benutzen wir die Beladung $x = m_{\mathrm{D}}/m_{\mathrm{G}}$. Dann folgt für die spezifische Enthalpie, d.h. die Enthalpie von 1 kg Gas und x kg Dampf, analog zu dem Ergebnis für ideale Gasgemische

$$h_{1+x} = \frac{H}{m_{\mathrm{G}}} = \frac{m_{\mathrm{G}} h_{0\mathrm{G}} + m_{\mathrm{D}} h_{0\mathrm{D}}}{m_{\mathrm{G}}} = h_{0\mathrm{G}} + x h_{0\mathrm{D}} \ . \tag{4.53}$$

Entsprechend dem Konzept des idealen Gasgemisches sind Reinstoffenthalpien einzusetzen, was durch den weiteren Index 0 hervorgehoben ist. Dabei bezieht sich der Begriff „rein" hier auf die Komponenten Gas und Dampf, ohne Rücksicht darauf, dass z.B. das Gas Luft ein Gemisch ist. Im Folgenden lassen wir den Index 0 der Einfachheit halber weg. Wir betrachten zunächst das ungesättigte Gas/Dampf-Gemisch. Im ungesättigten Gas/Dampf-Gemisch ist in h_{D} ausschließlich die Enthalpie des gasförmigen

Dampfes zu berücksichtigen. Enthalpien haben einen frei wählbaren Bezugspunkt. Wählen wir für das Gas als Bezugspunkt $h_G^0(t^0)$ die Enthalpie im idealen Gaszustand bei der Temperatur t^0, also $h_G^{ig}(t^0)$, so gilt für die Enthalpie des Gases

$$h_G^{ig}(t) = h_G^{ig}(t^0) + c_{pG}^{ig}(t - t^0) \; , \tag{4.54}$$

wobei c_{pG}^{ig} die über den Temperaturbereich gemittelte spezifische isobare Wärmekapazität der Komponente Gas im idealen Gaszustand ist. Die spezifische Enthalpie der Dampfkomponente hängt wiederum von der Wahl des entsprechenden Enthalpienullpunktes $h_D^0(t^0)$ ab. In der Regel bietet sich ein kondensierter Zustand, also Flüssigkeit oder fester Körper, als Bezugszustand an. Bei Wahl eines flüssigen Bezugszustands muss zur Beschreibung der Enthalpie der gasförmigen Dampfkomponente als Phasenumwandlungsenthalpie $\Delta h(t^0)$ die Verdampfungsenthalpie $\Delta h(t^0) = r(t^0)$ addiert werden, und man findet

$$h_D^{ig}(t) = h_D^0(t^0) + r(t^0) + c_{pD}^{ig}(t - t^0) \; , \tag{4.55}$$

mit c_{pG}^{ig} als der über den Temperaturbereich gemittelten spezifischen isobaren Wärmekapazität der reinen Dampfkomponente im idealen Gaszustand. Hierbei spielt der Druckeinfluss wegen des idealen Gaszustands keine Rolle. Für gesättigte Gas/Dampf-Gemische muss der Anteil der flüssigen bzw. festen Dampfkomponente addiert werden. Die Enthalpie im flüssigen Zustand ergibt sich einfach aus der Wärmekapazität und der Temperaturdifferenz zur Bezugstemperatur. Die Berechnung der Enthalpie der Dampfkomponente im festen Zustand und demselben Bezugszustand erfolgt entsprechend unter Verwendung der Schmelzenthalpie und der Wärmekapazität im festen Zustand. Wiederum analoge Beziehungen gelten für die spezifische innere Energie sowie für die entsprechenden molaren Zustandsgrößen.

Ein häufig auftretendes Gas/Dampf-Gemisch ist feuchte Luft, also das Gemisch aus trockener Luft (L) und Wasserdampf (W). Es hat eine besondere Bedeutung in klimatechnischen Anwendungen und in Trocknungsprozessen. Nach (4.53) gilt als allgemeine Beziehung für die spezifische Enthalpie von feuchter Luft

$$h_{1+x} = h_L + x h_W \; ,$$

mit h_L als der spezifischen Enthalpie der trockenen Luft und h_W als der spezifischen Enthalpie des Wassers. Für das praktische Arbeiten mit diesem Stoffmodell eignen sich einfache Zahlenwertgleichungen. Sie werden durch Einsetzen der für die trockene Luft und das Wasser gültigen Zahlen für die Wärmekapazität und die Phasenumwandlungsenthalpien in bestimmten Einheiten gewonnen. So ist die spezifische Enthalpie der trockenen Luft

$$h_L^{ig} = c_{pL}^{ig} t = t \; ,$$

wenn der Enthalpienullpunkt der Luft auf $t^0 = 0°C$ festgesetzt und für die spezifische Wärmekapazität der trockenen Luft $c_{pL}^{ig} = 1$ kJ/(kg K) eingesetzt wird. Die Temperatur muss dabei in $°C$ eingesetzt werden. Der Nullpunkt der inneren Energie von Wasser ist in der Wasserdampftafel als Zustand der siedenden Flüssigkeit bei praktisch $0°C$ definiert. In guter Näherung ist in diesem Zustand auch die Enthalpie des Wassers Null. In Anlehnung daran wird auch hier die Enthalpie des siedenden flüssigen Wassers bei $0°C$ auf den Wert Null normiert. Daher muss zur Berechnung der Enthalpie des gasförmigen Wassers die Verdampfungsenthalpie bei $0°C$, für die ein runder Wert von $r_0 = 2500$ kJ/kg eingesetzt wird, als Phasenumwandlungsenthalpie berücksichtigt werden. Wegen der Druckunabhängigkeit von h^{ig} spielt der Druckunterschied zwischen dem Dampfdruck bei $0°C$ und dem Partialdruck des Wasserdampfes keine Rolle. Mit der mittleren spezifischen Wärmekapazität des Wassers im idealen Gaszustand von $c_{pW}^{ig} = 1{,}86$ kJ/kg K folgt für die Enthalpie des gasförmigen Wassers die Zahlenwertgleichung

$$h_W^g = h_W^{ig} = r_0 + c_{pW}^{ig} t = 2500 + 1{,}86t \ .$$

Die Enthalpie von flüssigem Wasser ergibt sich aus

$$h_W^l = c_W^{if} t = 4{,}18t \ ,$$

mit $c_W^{if} = 4{,}18$ kJ/kg K als der spezifischen Wärmekapazität des flüssigen Wassers als ideale Flüssigkeit, wenn wieder der Enthalpienullpunkt im Siedezustand bei $0°C$ berücksichtigt und der Druckeinfluss vernachlässigt werden. Ist schließlich bei negativen Celsius-Temperaturen das Wasser als Eis in der feuchten Luft präsent, so folgt mit einer Schmelzenthalpie bei $0°C$ von $\Delta h_{m0} = 333$ kJ/kg und einer Wärmekapazität des Eises von $c_W^s = 2{,}05$ kJ/kg K für die Enthalpie von festem Wasser

$$h_W^s = -\Delta h_{m0} + c_W^s t = -333 + 2{,}05t \ .$$

Insgesamt ergibt sich also für die Enthalpie von ungesättigter feuchter Luft, d.h. für $x < x_s$,

$$h_{1+x} = t + x(2500 + 1{,}86t) \ , \tag{4.56}$$

für die Enthalpie von gesättigter feuchter Luft mit flüssigem Wasser, d.h. für $x \geq x_s; \ t \geq 0$,

$$h_{1+x} = t + x_s(2500 + 1{,}86t) + (x - x_s)4{,}18t \tag{4.57}$$

und schließlich für die Enthalpie gesättigter feuchter Luft mit Eis, d.h. für $x \geq x_s; \ t \leq 0$,

$$h_{1+x} = t + x_s(2500 + 1{,}86t) + (x - x_s)(2{,}05t - 333) \ . \tag{4.58}$$

Die Beziehungen (4.57) und (4.58) umschließen ein Zustandsgebiet, in dem bei $t = 0°C$ das kondensierte Wasser teilweise flüssig und teilweise fest ist.

Die spezifische Enthalpie in diesem Zustandsgebiet setzt sich anteilig aus den Beiträgen nach (4.57) und (4.58) zusammen. Im Übrigen ist die Grenztemperatur zwischen dem Ausfallen von flüssigem bzw. festen Wasser genau $0,01°C$, entsprechend der Tripeltemperatur des Wassers, da bei Abkühlung gesättigter feuchter Luft der Zustandsverlauf des Wasserdampfes der Dampfdruckkurve folgt und daher am Tripelpunkt erstmals eine feste Phase ausfällt. Aus praktischen Gründen rechnen wir hier mit dem runden Wert $0°C$. Bei den obigen Gleichungen handelt es sich um Zahlenwertgleichungen, d.h. Beziehungen, deren Zahlenwerte nur in Verbindung mit bestimmten Einheiten richtig sind. Es ist daher festzuhalten, dass in diesen Gleichungen alle Enthalpien die Einheit „kJ/kg" haben und die Temperatur in „°C" einzusetzen ist. Weiterhin ist zu beachten, dass es sich um Enthalpiedifferenzen handelt, und zwar für die trockene Luft in Bezug auf den idealen Gaszustand bei $0°C$ und für das Wasser in Bezug auf den siedenden Zustand bei $0°C$.

Beispiel 4.9

Die Trocknungsanlage einer Ziegelei, deren Massenbilanz in Beispiel 3.4 behandelt wurde, wird mit Luft ($\dot{m}_L = 85126$ kg/h) von einer anfänglichen Wasserbeladung $x_e = x_u = 0,0115$ und einer anfänglichen Temperatur $t_e = 25°C$ betrieben. Vor Eintritt in den Trockner wird die Luft erwärmt. Die Luft tritt aus dem Trockner mit der Temperatur $t_a = 32°C$ aus. Die zu trocknenden nassen Formlinge ($\dot{m}_F = 6137$ kg/h) werden dem Trockner mit einer Temperatur von $t_{F,e} = 25°C$ zugeführt, und die getrockneten Rohlinge ($\dot{m}_R = 4897$ kg/h) verlassen den Trockner mit einer Temperatur von $t_{R,a} = 50°C$, vgl. Abb. B 4.9.1. Die spezifische

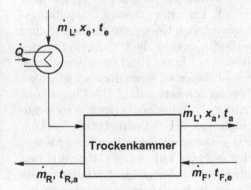

Abb. B 4.9.1. Energiebilanz der Trocknungsanlage einer Ziegelei

Wärmekapazität der Rohlinge beträgt $c_R = 0,84$ kJ/kgK. Es wird angenommen, dass sich die innere Energie der Formlinge additiv aus der der Rohlinge und der des in ihnen enthaltenen Wassers zusammensetzt. Welcher Wärmestrom muss der Trocknungsanlage zugeführt werden?

Lösung

Nach der Energiebilanz für stationäre Fließprozesse ergibt sich der gesuchte Wärmestrom aus der Differenz der austretenden und eintretenden Enthalpieströme. Für die Trocknungsluft wird das Stoffmodell „Ideales Gas/Dampf-Gemisch" aus trockener Luft und Wasserdampf, d.h. feuchte Luft, benutzt. Es ergibt sich

$$\dot{Q} = \dot{m}_L \left[(h_{1+x})_a - (h_{1+x})_e \right] + \dot{m}_R h_{R,a} - \dot{m}_F h_{F,e}$$
$$= \dot{m}_L \left[t_a + x_a(2500 + 1,86t_a) - t_e - x_e(2500 + 1,86t_e) \right] + \dot{m}_R h_{R,a} - \dot{m}_F h_{F,e} \ .$$

Hier ist die Massenbilanz der trockenen Luft bereits eingearbeitet. Die Massenbilanz des Wassers führt auf $x_a = 0,02606 \approx 0,0261$, vgl. Beispiel 3.4. Da sich die innere Energie der Formlinge additiv aus der der Rohlinge und der des in ihnen enthaltenen Wassers zusammensetzen soll, gilt für den entsprechenden Enthalpiestrom

$$\dot{m}_F h_{F,e} = \dot{m}_R h_{R,e} + (\dot{m}_F - \dot{m}_R) h_{W,e} = \dot{m}_R h_{R,e} + (\dot{m}_F - \dot{m}_R) c_W^{if} t_{F,e} \ ,$$

wobei auch hier aus Gründen der Konsistenz mit dem Stoffmodell für feuchte Luft die Enthalpie von flüssigem Wasser bei $0°C$ zu Null gesetzt wurde. Der Wärmestrom berechnet sich dann aus

$$\dot{Q} = \dot{m}_L \left[(t_a - t_e) + x_a(2500 + 1,86t) - x_e(2500 + 1,86t) \right]$$
$$+ \dot{m}_R c_R (t_{R,a} - t_{F,e}) - (\dot{m}_F - \dot{m}_R) c_W^{if} t_{F,e}$$
$$= 1052,7 + 28,6 - 36,0 = 1045,3 \text{ kW} \ .$$

Als Rechenhilfsmittel zur Behandlung von Prozessen mit feuchter Luft hat sich das h_{1+x}, x-Diagramm bewährt. Aus den bisherigen Gleichungen sehen wir, dass die Enthalpie der feuchten Luft bei konstanter Temperatur linear von der Wasserbeladung x abhängt. Um eine günstige Darstellungsform zu erreichen, verwendet man schiefwinkelige Koordinaten. Die x-Achse lässt man schräg nach rechts unten verlaufen, sodass die $0°C$-Isotherme der ungesättigten feuchten Luft gerade horizontal liegt. Die Linien konstanter Enthalpie laufen parallel zur x-Achse und daher im gewählten schiefwinkeligen Koordinatensystem von links oben nach rechts unten. Die Linien konstanten Wassergehalts sind parallel zur h_{1+x}-Achse und damit senkrechte Geraden. Die Abhängigkeit der Enthalpie von der Wasserbeladung entlang der Isothermen ist für ungesättigte und gesättigte feuchte Luft verschieden. Da die $0°C$-Isotherme bei ungesättigter feuchter Luft waagerecht verlaufen soll, muss zwischen der x-Achse und der $0°C$-Isotherme ein Enthalpieunterschied von $r_0 x$ bestehen. Die Abb. 4.15 zeigt die Konstruktion einer Isotherme $t = \text{const}$ im Gebiet der ungesättigten feuchten Luft. Da die Enthalpie von Gemischen idealer Gase nicht vom Druck abhängt, gilt diese Konstruktion für beliebige Drücke, solange die Bedingung idealer Gase nicht verletzt ist. In dieses Diagramm lassen sich auch die Linien konstanter relativer Feuchte $\varphi = p_W / p_{sW}(t)$ einzeichnen. Sie sind punktweise berechenbar nach, vgl. Beispiel 2.11,

$$x = 0,622 \frac{p_{sW}(t)}{(p/\varphi) - p_{sW}(t)} = x(t, \varphi, p) \ , \tag{4.59}$$

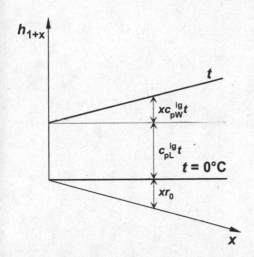

Abb. 4.15. Konstruktion von Isothermen im h_{1+x}, x-Diagramm für $x < x_s$ (schematisch)

und damit abhängig vom Gesamtdruck. Die Isothermen der ungesättigten feuchten Luft enden bei $\varphi = 1$. Bei höheren Wassergehalten ist die Luft gesättigt und enthält bei $t > 0°C$ flüssiges Wasser, das in der Regel in Form kleiner Tröpfchen (Nebel) verteilt ist. Man spricht auch vom Nebelgebiet. Die Isothermen haben an der $\varphi = 1$-Linie daher einen Knick. Im Nebelgebiet mit flüssigem Wasser haben sie die Steigung

$$\left(\frac{\partial h_{1+x}}{\partial x}\right)_t = 4,18t \ (x > x_s; t \geq 0°C) \ .$$

Die $0°C$-Nebelisotherme verläuft daher parallel zur x-Achse und damit parallel zu den Isenthalpen, d.h. mit der Steigung Null, wenn alles Wasser flüssig ist. Für $t > 0°C$ verlaufen die Isothermen etwas flacher als die Linien konstanter Enthalpie. Für $t < 0°C$ gilt

$$\left(\frac{\partial h_{1+x}}{\partial x}\right)_t = 2,05t - 333 \ (x > x_s, t \leq 0°C) \ .$$

Liegt bei $t = 0°C$ das Wasser bereits in Eisform vor, so läuft diese Isotherme steiler als die h_{1+x}-Linien, und zwar um die Größe $(-x \cdot 333)$. Die Abb. 4.16 zeigt die Konstruktion von Isothermen für $x > x_s$.

Ein vollständiges h_{1+x}, x-Diagramm ist im Anhang A als Abbildung A1 wiedergegeben. Es erlaubt die einfache grafische Verfolgung von Zustandsänderungen mit feuchter Luft. Besonders einfach ist die Darstellung adiabater Prozesse im h_{1+x}, x-Diagramm. Durch adiabate Mischung zweier Ströme feuchter Luft lässt sich entweder eine Trocknung oder auch eine Befeuchtung herbeiführen. Die Abb. 4.17 zeigt das Schema des betrachteten Prozesses. Es tritt entweder ein homogener gasförmiger Stoffstrom oder

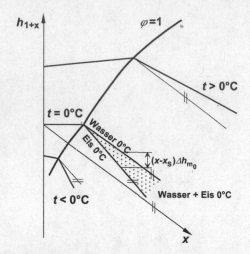

Abb. 4.16. Konstruktion von Isothermen im h_{1+x}, x-Diagramm für $x > x_s$ (schematisch)

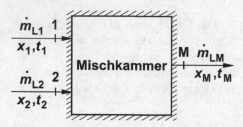

Abb. 4.17. Adiabate Mischung zweier Ströme feuchter Luft

ein mehrphasiger Stoffstrom, bestehend aus einem gesättigten Gas/Dampf-Gemisch und kondensiertem Wasser, aus dem Mischer aus. Die Massenbilanz der trockenen Luft lautet

$$\dot{m}_{L1} + \dot{m}_{L2} = \dot{m}_{LM} \ ,$$

und die des Wasserdampfes

$$\dot{m}_{L1}x_1 + \dot{m}_{L2}x_2 = \dot{m}_{LM}x_M = (\dot{m}_{L1} + \dot{m}_{L2})\, x_M \ .$$

Hieraus findet man für den Wassergehalt nach der Vermischung

$$x_M = \frac{\dot{m}_{L1}x_1 + \dot{m}_{L2}x_2}{\dot{m}_{L1} + \dot{m}_{L2}} \ . \tag{4.60}$$

Die Energiebilanz fordert

$$0 = \dot{m}_{LM} (h_{1+x})_M - [\dot{m}_{L1} (h_{1+x})_1 + \dot{m}_{L2} (h_{1+x})_2] \ .$$

Damit folgt für die Enthalpie des Mischungszustands

$$(h_{1+x})_M = \frac{\dot{m}_{L1} (h_{1+x})_1 + \dot{m}_{L2} (h_{1+x})_2}{\dot{m}_{L1} + \dot{m}_{L2}} \ . \tag{4.61}$$

Aus diesen Beziehungen kann man eine einfache graphische Methode zur Bestimmung des Mischungspunkts im h_{1+x}, x-Diagramm ableiten. Man findet aus der Massenbilanz und aus der Energiebilanz die folgenden Beziehungen für das Massenverhältnis der trockenen Luftströme

$$\frac{\dot{m}_{L2}}{\dot{m}_{L1}} = \frac{x_1 - x_M}{x_M - x_2}$$

und

$$\frac{\dot{m}_{L2}}{\dot{m}_{L1}} = \frac{(h_{1+x})_1 - (h_{1+x})_M}{(h_{1+x})_M - (h_{1+x})_2} \ .$$

Aus beiden folgt

$$\frac{(h_{1+x})_1 - (h_{1+x})_M}{x_1 - x_M} = \frac{(h_{1+x})_M - (h_{1+x})_2}{x_M - x_2} \ . \tag{4.62}$$

Der Zustandspunkt der Mischung liegt also auf der geraden Verbindungslinie zwischen den Punkten 1 und 2. Der Mischpunkt M teilt die Verbindungslinie im Verhältnis der Massenströme an trockener Luft, wobei die Strecke 1↔M der Masse $\dot{m}_{L2}$ und die Strecke M↔2 der Masse $\dot{m}_{L1}$ proportional ist. Dies entspricht dem schon mehrfach benutzten Hebelgesetz und ist auch anschaulich klar, da Zumischung von nur wenig Luft vom Zustand 2 die Luft vom Zustand 1 nur wenig ändern sollte. Wegen der Krümmung der Sättigungslinie $\varphi = 1$ kann es bei der Mischung von zwei Strömen feuchter Luft in der Nähe der $\varphi = 1$-Linie zur Nebelbildung kommen, vgl. Abb. 4.18. Hierfür sind Kühlturmschwaden, Autoabgase oder auch die ausgeatmete Luft im Winter bekannte Beispiele. In solchen Fällen ist der abströmende Stoffstrom ein Zweiphasensystem aus feuchter Luft und flüssigem Wasser.

Ein besonders interessanter Prozess ist die Zugabe einer Masse m_W an Wasser zu feuchter Luft in einer adiabaten Mischkammer, vgl. Abb. 4.19. Das Wasser kann flüssig oder dampfförmig sein. Diese Zustandsänderung kann nicht einfach durch eine Mischungsgerade im h_{1+x}, x-Diagramm dargestellt werden, da wegen $x_W \to \infty$ der Wasserpunkt nicht eingezeichnet werden kann. Die Massenbilanz des Wassers ergibt

$$\dot{m}_W + x_1 \dot{m}_L = x_2 \dot{m}_L \ .$$

Daher gilt für die Wasserbeladung am Austritt aus der Mischkammer

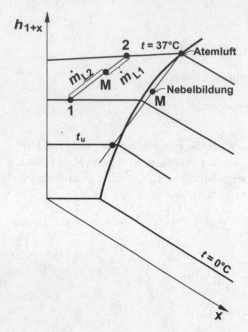

Abb. 4.18. Adiabate Mischung zweier Ströme feuchter Luft im h_{1+x}, x-Diagramm (Beispiel:Atemluft)

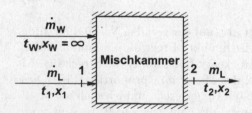

Abb. 4.19. Adiabater Wasserzusatz

$$x_2 = x_1 + \frac{\dot{m}_W}{\dot{m}_L} \ . \tag{4.63}$$

Die Energiebilanz fordert

$$0 = \dot{m}_L \left[(h_{1+x})_2 - (h_{1+x})_1 \right] - \dot{m}_W h_W \ ,$$

und damit

$$(h_{1+x})_2 = (h_{1+x})_1 + \frac{\dot{m}_W}{\dot{m}_L} h_W = (h_{1+x})_1 + (x_2 - x_1) \, h_W \ . \tag{4.64}$$

Damit ist der Punkt 2 berechenbar. Es lässt sich auch eine einfache graphische Konstruktion im h_{1+x}, x-Diagramm angeben. Die letzte Gleichung kann nämlich auch als $\Delta h_{1+x}/\Delta x = h_W$ geschrieben werden, woraus sich ergibt, dass man in Richtung $\Delta h_{1+x}/\Delta x = h_W$ von Punkt 1 fortschreiten muss, bis man die Linie $x = x_2$ erreicht hat, vgl. Abb. 4.20. Dies ist die Richtung der

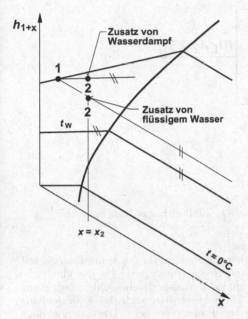

Abb. 4.20. Adiabater Wasserzusatz im h_{1+x}, x-Diagramm

Nebelisotherme t_W bei Zumischung von flüssigem Wasser und die Richtung der ungesättigten Isotherme t_W bei Zumischung von Wasserdampf. Wird das Wasser in dampfförmigem Zustand zugegeben, so erwärmt sich das Gemisch oder kühlt sich ab, je nachdem, ob das dampfförmige Wasser eine höhere oder eine niedrigere Temperatur als die feuchte Luft zu Beginn des Prozesses hat. Bei gleicher Temperatur des Wasserdampfs und der Luft bleibt die Temperatur des Gemisches gerade unverändert. Wird das Nebelgebiet erreicht, so erwärmt sich das Gemisch, da nun der Wasserdampf kondensiert und seine Kondensationsenthalpie zur Erwärmung des Nebels zur Verfügung steht. Bei Zugabe von flüssigem Wasser kühlt sich die Luft in der Regel ab, da die Enthalpie h_W des flüssigen Wassers klein ist. Die zur Verdampfung des Wassers benötigte Energie wird dem System entzogen. Darauf beruht der bekannte Effekt der Verdunstungskühlung, der für viele Vorgänge eine große Rolle spielt, vgl. Beispiel 4.10 und Abschn. 7.3.

Beispiel 4.10

Das Rauchgas einer Müllverbrennungsanlage habe eine Temperatur von $t_1 = 180°C$, einen Druck von $p_1 = 0{,}1$ MPa und eine Wasserbeladung von $x_1 = 0{,}2676$. Auf Grund des dominanten Stickstoffanteils darf es als feuchte Luft modelliert werden. Der Massenstrom der trockenen Luft betrage $\dot{m}_L = 10.000$ kg/h. Zur raschen

Abkühlung wird ein Massenstrom $\dot{m}_W = 620$ kg/h flüssiges Wasser von $t_W = 15°C$ in das Rauchgas eingesprüht, vgl. Abb. B 4.10.1. Man spricht bei diesem Prozess

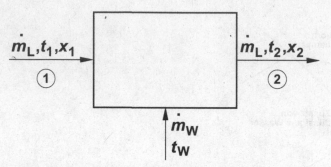

Abb. B 4.10.1. Rauchgasquenche

von einer Quenche. Auf welche Temperatur t_2 kühlt sich das Rauchgas ab?

Lösung

Bei dem adiabaten Wasserzusatz wird über die Systemgrenzen keine Energie mit Ausnahme der ein- und austretenden Stoffströme transferiert. Da die kinetische und potenzielle Energie der Gasströme und des Wasserstromes ohne Bedeutung sind, muss die Summe der zugeführten Enthalpieströme nach der Energiebilanz gleich dem Enthalpiestrom des abgeführten Rauchgases sein. Die Energiebilanz lautet daher

$$\dot{m}_L(h_{1+x})_1 + \dot{m}_W h_W = \dot{m}_L(h_{1+x})_2 \ .$$

Aus den Massenbilanzen für die trockene Luft und für das Wasser ergibt sich

$$\dot{m}_L x_2 = \dot{m}_L x_1 + \dot{m}_W \ ,$$

d.h.

$$x_2 = x_1 + \dot{m}_W/\dot{m}_L = 0,2676 + 620/10.000 = 0,3296 \ .$$

Damit sind die Massen- und die Energiebilanz aufgestellt. Die Enthalpiebilanz liefert mit (4.56) für die spezifische Enthalpie ungesättigter feuchter Luft unter Berücksichtigung der Massenbilanz

$$180 + 0,2676(2500 + 1,86 \cdot 180) + 0,0620 \cdot 4,18 \cdot 15$$
$$= t_2 + 0,3296(2500 + 1,86 t_2) \ .$$

Diese Gleichung kann nach der unbekannten Temperatur aufgelöst werden, mit dem Ergebnis

$$t_2 = 73,45°C \ .$$

Bei der Enthalpiebeziehung für $(h_{1+x})_2$ wurde eine ungesättigte feuchte Luft unterstellt. Diese Annahme ist noch zu überprüfen. Die relative Feuchte des Rauchgases nach der Quenche ergibt sich aus

$$\varphi = p_W/p_{sW}(t_2) \ ,$$

vgl. Beispiel 2.11. Aus der Wasserdampftafel ergibt sich durch Interpolation bei $73,45°C$ ein Dampfdruck von $p_{\mathrm{s}w}(t_2) = 0{,}03629$ MPa. Mit

$$p_{\mathrm{W}} = \frac{x_2 p}{x_2 + 0,622} = 0{,}03464 \text{ MPa}$$

nach (2.44) folgt für die relative Feuchte

$$\varphi = 0{,}03464/0{,}03629 = 0{,}9545 < 1 \ .$$

Das Rauchgas ist also nach der Quenche ungesättigt, sodass die Enthalpie $(h_{1+x})_2$ nach der richtigen Formel berechnet wurde.

Idealisierte Stoffmodelle für flüssige Gemische sind die ideale Lösung oder die ideal verdünnte Lösung. Wenn eine Komponente i bei der Temperatur und dem Druck des Gemisches als flüssiger Reinstoff existiert, dann ist das Stoffmodell der idealen Lösung prinzipiell auf diese Komponente anwendbar. Gilt dies für alle Komponenten, dann lässt sich das Stoffmodell der idealen Lösung auf das ganze Gemisch anwenden. In einer idealen Lösung haben die unterschiedlichen Komponenten identische Wechselwirkungskräfte miteinander. Moleküle einer Komponente i im Gemisch registrieren daher bezüglich ihrer Wechselwirkungen mit Nachbarmolekülen keinen Unterschied zu den Verhältnissen im reinen Stoff i. Das Vermischen der Reinstoffe ist daher nicht von energetischen Effekten begleitet. Damit sind wie für das Volumen auch für die innere Energie und die Enthalpie die partiellen molaren bzw. partiellen spezifischen Größen den entsprechenden Reinstoffgrößen gleich, d.h.

$$u_i^{\mathrm{il}} = u_{0i}^{\mathrm{l}}$$

bzw.

$$h_i^{\mathrm{il}} = h_{0i}^{\mathrm{l}} \ .$$

Wir finden daher, analog zu den Ergebnissen für ein ideales Gasgemisch,

$$u^{\mathrm{il}}(T, v, \{x_j\}) = \sum x_i u_{0i}^{\mathrm{l}}(T, v) \ , \tag{4.65}$$

bzw. für die molare Enthalpie

$$h^{\mathrm{il}}(T, p, \{x_j\}) = \sum x_i h_{0i}^{\mathrm{l}}(T, p) \ , \tag{4.66}$$

wobei $u_{0i}^{\mathrm{l}}(T, v)$ und $h_{0i}^{\mathrm{l}}(T, p)$ die molare innere Energie bzw. die molare Enthalpie der reinen flüssigen Komponente i bei Temperatur und Volumen, bzw. Druck des Gemisches sind. Analoge Beziehungen gelten für die spezifischen Größen. Auch in idealen Lösungen sind damit die Differenzen der inneren Energie und der Enthalpie auf die Temperaturabhängigkeit der Reinstoffgrößen zurückgeführt, vgl. Abschn. 4.3.1. Dieses Stoffmodell ist realistisch für flüssige Gemische aus sehr ähnlichen Komponenten, wie z.B. Toluol-Benzol. In anderen Fällen ist mit erheblichen Abweichungen zu rechnen.

Beispiel 4.11

Eine Menge von 13,46 kg an flüssigem Wasser(W) bei 25°C und eine Menge von 11,61 kg an flüssigem Ethanol(A) bei 50°C werden ohne Zufuhr oder Abfuhr von Energie vermischt. Man berechne die Temperatur des Gemisches nach dem Stoffmodell der idealen Lösung, vgl. Abb. B 4.11.1. Experimentell wurde ein Wert

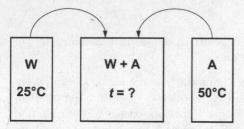

Abb. B 4.11.1. Mischungstemperatur beim Vermischen von Wasser und Alkohol

von $t = 38,7°$C gefunden.

Lösung

Da bei dem Prozess keine Energie zu- oder abgeführt wird, ist nach der Energiebilanz die Summe der inneren Energie des Wassers und des Alkohols vor der Mischung zusammen genau so groß wie die innere Energie des Systems nach der Mischung. Es gilt daher

$$13,46\ u_{0W}^{l}(25°C) + 11,61\ u_{0A}^{l}(50°C) = 25,07\ u^{l}(t)\ .$$

In dieser Gleichung ist die Erhaltung der Gesamtmasse bereits berücksichtigt. Massen- und Energiebilanz als Grundlage der thermodynamischen Analyse sind also aufgestellt. Nach dem Stoffmodell der idealen Lösung gilt für die innere Energie der flüssigen Mischung, mit $u^{l}(t) = u^{il}(t)$ und $u^{il}(t)$ nach (4.65),

$$25,07\ u^{il}(t) = 13,46\ u_{0W}^{l}(t) + 11,61\ u_{0A}^{l}(t)\ ,$$

worin wiederum die Massenerhaltung für die beiden Komponenten enthalten ist. Damit ergibt sich

$$13,46\ \left[u_{0W}^{l}(t) - u_{0W}^{l}(25°C)\right] + 11,61\ \left[u_{0A}^{l}(t) - u_{0A}^{l}(50°C)\right] = 0\ .$$

Unterstellen wir für die reinen flüssigen Komponenten das Stoffmodell der idealen Flüssigkeit, so finden wir

$$13,46\ c_{W}^{if}(t - 25°C) + 11,61\ c_{A}^{if}(t - 50°C) = 0\ .$$

Aufgelöst nach der Temperatur der Mischung ergibt sich

$$t = \frac{13,46\ c_{W}^{if} \cdot 25 + 11,61\ c_{A}^{if} \cdot 50}{13,46\ c_{W}^{if} + 11,61\ c_{A}^{if}}\ .$$

Mit $c_{W}^{if} = 4,18$ kJ/kg K und $c_{A}^{if} = 2,42$ kJ/kg K nach Tabelle A2 folgt für die Temperatur der Mischung

$t = 33,33°C$.

Der experimentelle Wert ist höher als der nach dem Stoffmodell der idealen Lösung berechnete Wert. Dies liegt daran, dass in einer Mischung von Wasser und Alkohol die Wechselwirkungen der Moleküle tatsächlich unterschiedlich von denen in reinem Alkohol und reinem Wasser sind. Das Stoffmodell ist daher eine Idealisierung, wie bereits in Beispiel 2.13 für das Volumen erkannt wurde. Der Fehler der mit dem Stoffmodell der idealen Lösung gefundenen Ergebnisse hängt von der Art des untersuchten Gemisches ab. Im betrachteten Fall ist er deutlich, aber doch mäßig. Große Temperatureffekte auf Grund von Wechselwirkungen zwischen ungleichen Molekülen entstehen hingegen z.B. bei der Vermischung von Wasser und Schwefelsäure, sodass dieses Gemisch nicht sinnvoll durch das Stoffmodell der idealen Lösung beschrieben werden könnte, vgl. Beispiel 4.15.

Obwohl die Analyse von Prozessen im Detail sehr stark von der Wahl eines realistischen Stoffmodells für die auftretenden flüssigen Gemische abhängt, genügt für grundsätzliche Erkenntnisse ein ideales Stoffmodell wie das der idealen Lösung. Dies gilt z.B. auch für die Analyse der Stofftrennung durch Destillation, vgl. Beispiel 4.12.

Beispiel 4.12

Ein flüssiges Gemisch aus n-Heptan (H) und Cyclohexan (C) ($x = 0,5$, $t_0 = 188,74°C$, $p_0 = 12$ bar) wird durch adiabate Entspannung auf den Druck $p_1 = 0,973$ bar teilweise verdampft, vgl. Abb. B 4.12.1. Der Stoffmengenanteil x be-

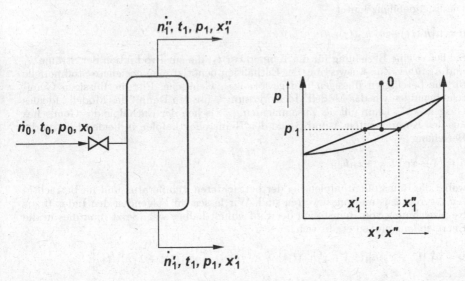

Abb. B 4.12.1. Zur Entspannungsdestillation

zieht sich auf die leichter siedende Komponente Cyclohexan. Man berechne die Temperatur und die Zusammensetzungen der austretenden Stoffströme, sowie die Dampfausbeute $\nu_1 = \dot{n}_1''/\dot{n}_0$.

Die thermodynamischen Eigenschaften des Gemisches sollen durch die Stoffmodelle der idealen Lösung bzw. des idealen Gasgemisches erfasst werden. Die relative Flüchtigkeit des Gemisches wird beschrieben durch

$$\alpha = \frac{p_{s0C}(t)}{p_{s0H}(t)}$$

mit

$$\ln \frac{p_{s0H}(T)}{1,333 \text{ mbar}} = 15,8737 - \frac{2911,23}{T/K - 56,50}$$

$$\ln \frac{p_{s0C}(T)}{1,333 \text{ mbar}} = 15,7527 - \frac{2766,63}{T/K - 50,50} \ .$$

Die Verdampfungsenthalpien und Wärmekapazitäten der reinen Komponenten betragen

$$r_H = 31968 \text{ J/mol}; \ c_H^{\text{if}} = 255 \text{ J/(mol K)}$$
$$r_C = 30927 \text{ J/mol}; \ c_C^{\text{if}} = 180 \text{ J/(mol K)} \ .$$

Die Siedelinie des Gemisches sei gegeben durch

$$p = x' p_{s0C}(t) + (1 - x') p_{s0H}(t) \ .$$

Lösung

Die Energiebilanz lautet

$$0 = \dot{n}_1' h'(t_1) + \dot{n}_1'' h''(t_1) - \dot{n}_0 h(t_0) \ .$$

Sie liefert eine Beziehung für die Temperatur t_1, die zur Produktion der Ströme $\dot{n}_1'$ und $\dot{n}_1''$ führt. Zur Auswertung der Enthalpien benötigt man geeignete Stoffmodelle für die beteiligten flüssigen und gasförmigen Gemische. Für die flüssigen Gemische benutzen wir das Modell „Ideale Lösung", für den Dampf das Modell „Ideales Gasgemisch". Dann gilt als Zusammenhang zwischen der Enthalpie des Gemisches aus den Komponenten A und B und den Reinstoffenthalpien in beiden Phasen die Beziehung

$$h = (1 - x_B) h_{0A} + x_B h_{0B} \ ,$$

wobei die Reinstoffenthalpien bei der betrachteten Temperatur und im betrachteten Aggregatzustand auszuwerten sind. Wir lassen im Folgenden den Index 0 zur Kennzeichnung von Reinstoffen der Einfachheit halber weg. Setzt man dies in die Energiebilanz ein, so ergibt sich

$$0 = \dot{n}_1' \left[(1 - x_1') h_H^l(t_1) + x_1' h_C^l(t_1) \right] + \dot{n}_1'' \left[(1 - x_1'') h_H^{\text{ig}}(t_1) + x_1'' h_C^{\text{ig}}(t_1) \right]$$
$$- \dot{n}_0 \left[(1 - x_0) h_H^l(t_0) + x_0 h_C^l(t_0) \right] \ .$$

Es gelten weiterhin die Mengenbilanzen

$$\dot{n}_0 (1 - x_0) = \dot{n}_1' (1 - x_1') + \dot{n}_1'' (1 - x_1'')$$

und

$$\dot{n}_0 x_0 = \dot{n}_1' x_1' + \dot{n}_1'' x_1'' \ .$$

Einsetzen der Mengenbilanzen in die Energiebilanz ergibt

$$0 = \dot{n}_1''(1 - x_1'') \left[h_H^{ig}(t_1) - h_H^{if}(t_1) \right] + \dot{n}_1'' x_1'' \left[h_C^{ig}(t_1) - h_C^{if}(t_1) \right]$$

$$+ \dot{n}_0(1 - x_0) \left[h_H^{if}(t_1) - h_H^{if}(t_0) \right] + \dot{n}_0 x_0 \left[h_C^{if}(t_1) - h_C^{if}(t_0) \right]$$

$$= \dot{n}_1''(1 - x_1'') r_H(t_1) + \dot{n}_1'' x_1'' r_C(t_1) + \dot{n}_0 \left[(1 - x_0) c_H^{if} + x_0 c_C^{if} \right] (t_1 - t_0) \ .$$

Hierbei wurde als Stoffmodell für die reinen flüssigen Komponenten die „ideale Flüssigkeit" sowie als Näherung angenommen, dass

$$h_{0i}^{ig} - h_{0i}^{if} = r_{0i}$$

die molare Verdampfungsenthalpie der reinen Komponente i ist, obwohl streng bei der Temperatur t_1 und dem Druck des Systems die reine leichter siedende Komponente überhitzt und die reine schwerer siedende Komponente unterkühlt ist. Der dadurch eingebrachte Zahlenfehler ist nicht bedeutend, da in der Regel die entsprechenden Korrekturterme der Enthalpie zur Umrechnung auf die Sättigungstemperatur der reinen Komponente i klein im Vergleich zur Verdampfungsenthalpie dieser Komponente sind.

Führen wir hier die Dampfausbeute $\nu_1 = \dot{n}_1''/\dot{n}_0$ ein und eliminieren mit der relativen Flüchtigkeit nach (2.24)

$$x_1'' = \frac{\alpha}{\alpha - 1 + 1/x_1'}$$

den Stoffmengenanteil x_1'' in der Energiebilanz zu Gunsten des Stoffmengenanteils im Rückstandstrom x_1', dann ergibt sich die Energiebilanz schließlich zu

$$0 = \nu_1 \left(1 - \frac{\alpha}{\alpha - 1 + 1/x_1'} \right) r_H(t_1) + \nu_1 \frac{\alpha}{\alpha - 1 + 1/x_1'} r_C(t_1)$$

$$+ \left[(1 - x_0) c_H^{if} + x_0 c_C^{if} \right] (t_1 - t_0) \ .$$

Außer der Temperatur t_1 ist in dieser Gleichung der Stoffmengenanteil an leichter siedender Komponente x_1' in der Flüssigkeit unbekannt. Die Dampfausbeute ergibt sich aus den Mengenbilanzen für bekannte Werte von x_1' und x_1'', wobei x_1'' aus α berechenbar ist. Die noch fehlende zweite Beziehung folgt aus der Gleichung für die Siedelinie, d.h.

$$p_1 = 97,3 \text{ kPa} = x_1' p_{s0C}(t_1) + (1 - x_1') p_{s0H}(t_1) \ .$$

Sie führt den bekannten Gesamtdruck p_1 in das Gleichungssystem ein, d.h. stellt eine zweite Beziehung zwischen t_1 und x_1' her.

Man hat somit ein vollständiges Gleichungssystem zur Verfügung. Es wird iterativ gelöst. Zunächst wird ein Wert für die Temperatur t_1 geschätzt. Aus dem vorgegebenen Druck folgt dann aus der Siedelinie der Stoffmengenanteil x_1'. Da bei vorgegebener Temperatur auch die relative Flüchtigkeit berechenbar ist, kann als nächstes der Stoffmengenanteil x_1'' im Dampf bestimmt werden. Der Schätzwert der Temperatur wird schließlich durch Auswertung der Enthalpiebilanz überprüft. Es werden so lange neue Schätzwerte für t_1 gewählt, bis die Enthalpiebilanz genügend genau erfüllt ist. Nach einigen Iterationsschritten wählen wir schließlich den Schätzwert $t_1 = 88,80°C$ bzw. $T_1 = 361,95$ K. Die zugehörigen Dampfdrücke der reinen Komponente sind

$$p_{s0H} = 0,758 \text{ bar} , \quad p_{s0C} = 1,283 \text{ bar} ,$$

und die relative Flüchtigkeit wird

$$\alpha = \frac{p_{s0C}}{p_{s0H}} = 1,693 .$$

Für den Stoffmengenanteil x_1' ergibt sich aus der Gleichung für die Siedelinie

$$x_1' = 0,4095 .$$

Der zugehörige Stoffmengenanteil im Dampf x_1'' beträgt

$$x_1'' = \frac{\alpha}{\alpha - 1 + 1/x_1'} = 0,5400 ,$$

und damit ergibt sich die Dampfausbeute aus den Mengenbilanzen zu

$$\nu_1 = 0,693 .$$

Einsetzen der Werte von α, x_1' und ν_1 in die Energiebilanz führt auf

$$0 = 10190 + 11574 + 217,5(88,80 - 188,74) \approx 0 .$$

Die Energiegleichung ist also erfüllt und damit $t_1 = 88,80°C$ die richtige Temperatur.

Der Destillationsprozess wird nicht nur kontinuierlich, sondern, insbesondere bei kleinen Mengen, auch absatzweise betrieben. Da es sich hierbei um instationäre Prozesse in offenen Systemen handelt, muss bei der Analyse solcher Prozesse die Energiebilanz nach (4.24) ausgewertet werden.

Beispiel 4.13

Es wird eine absatzweise Destillation betrachtet, bei der ein flüssiges Gemisch aus n-Heptan (H) und Cyclohexan (C) ($n_0 = 1$ mol, $x_0 = 0,4765, t_0 = 25°C$) bei konstantem Druck von $p = 0,973$ bar in eine Restflüssigkeit der Zusammensetzung $x' = 0,2$ und ein flüssiges Destillat von $n_d = 0,9$ mol und $x_d = 0,5072$ zerlegt wird, vgl. Beispiel 3.3. Der angegebene Stoffmengenanteil bezieht sich auf die leichter siedende Komponente Cyclohexan. Die anfängliche Siedetemperatur beträgt $t_s = 87,61°C$, die Restflüssigkeit in der Blase hat die Temperatur $t' = 92,80°C$. Das Destillat hat im dampfförmigen Zustand die Temperatur $t'' = 89,63°C$ und im kondensierten Zustand die Temperatur $t_d = 87,08°C$. Beide Werte sind als Mittelwerte während des Ausdampfvorgangs und insbesondere als Gleichgewichtswerte zu $x_d = 0,5072$ zu verstehen. Abb. B 4.13.1 zeigt das Kontrollvolumen zu unterschiedlichen Zeiten sowie die charakteristischen Temperaturen des Prozesses. Man berechne die zuzuführende Wärme.

a)   Lage der Systemgrenzen

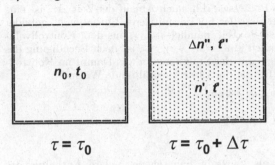

$$\tau = \tau_0 \qquad\qquad \tau = \tau_0 + \Delta\tau$$

b)   Siedediagramm

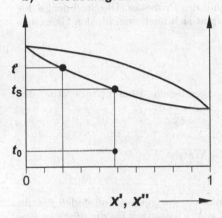

Abb. B 4.13.1. Absatzweise Destillation

Daten:

$$r_{OH} = 31968 \text{ kJ/kmol}, \qquad r_{OC} = 30927 \text{ kJ/kmol}$$
$$c_H^{if} = 255 \text{ kJ/kmol}, \qquad\qquad c_C^{if} = 180 \text{ kJ/(kmol K)}$$
$$c_{pH}^{ig} = 198 \text{ kJ/kmol}, \qquad\qquad c_{pC}^{ig} = 127 \text{ kJ/(kmol K)} \ .$$

Lösung

Zur Berechnung der in der Blase zuzuführenden Wärme setzen wir die Energiebilanz für den instationären Ausdampfprozess an. Nach (4.24) ergibt sich

$$Q_H = U_2 - U_1 + n_{a,\Delta\tau} h_{a,m} \ .$$

In dieser Gleichung ist $h_{a,m} = h''$ die hier näherungsweise als konstant angesehene, molare Enthalpie des aus der Blase auf steigenden Dampfes. Wir verzichten hier also auf eine explizite Mittelwertbildung für die Enthalpie, weil die Änderung der Enthalpie des ausströmenden Dampfes gering ist, und benutzen die in der Aufgabenstellung gegebenen Daten für das dampfförmige Destillat. Als System wird das

Kontrollvolumen betrachtet, das zu Beginn des Prozesses von der Flüssigkeit ausgefüllt wird. Nach Abschluss des Prozesses, d.h. nach Ablauf der Zeit $\Delta\tau$, ist eine Stoffmenge n'' an dampfförmigem Destillat mit der mittleren Enthalpie h'' gebildet worden. Von dieser Stoffmenge ist ein Teil, nämlich $n_{a,\Delta\tau}$, aus dem Kontrollvolumen ausgedampft. Der Rest, nämlich $\Delta n'' = n'' - n_{a,\Delta\tau}$, ist nach Beendigung des Prozesses neben der Restflüssigkeit mit der Stoffmenge n' als Dampf im Kontrollvolumen vorhanden. Es gilt also für die der Blase zuzuführende Wärme

$$
\begin{aligned}
Q_{\mathrm{H}} &= n'u' + \Delta n''u'' - n_0 u_0 + h''(n'' - \Delta n'') \\
&= n''h'' + \Delta n''(u'' - h'') + n'u' - n_0 u_0 \\
&= n''h'' + \Delta n''(-pv'') + n'u' - n_0 u_0
\end{aligned}
$$

In dieser Gleichung ist h'' die als konstant angesehene molare Enthalpie des dampfförmigen Destillats, u'' seine molare innere Energie, v'' sein molares Volumen, u' die molare innere Energie der Restflüssigkeit in der Blase, und u_0 die molare innere Energie der Flüssigkeit zu Beginn des Prozesses. Die Stoffmenge des im Kontrollvolumen vorhandenen Dampfes ergibt sich nach dem idealen Gasgesetz zu

$$
\Delta n'' = \frac{p\Delta V''}{RT''} = \frac{p(n_0 v_0 - n'v')}{RT''} ,
$$

mit T'' als der ebenfalls als konstant angesehenen Phasentemperatur des dampfförmigen Destillats. Mit

$$
pv'' = RT''
$$

folgt schließlich für die der Blase zuzuführende Wärme

$$
Q_{\mathrm{H}} = n''h'' + n'h' - n_0 h_0 .
$$

Zur Auswertung dieser Beziehung benötigt man ein geeignetes Stoffmodell für die beteiligten flüssigen und gasförmigen Gemische. Wir benutzen für die flüssigen Gemische das Modell „Ideale Lösung", für den Dampf das Modell „Ideales Gasgemisch". Die charakteristischen Temperaturen des Prozesses sind die Anfangstemperatur t_0, die anfängliche Siedetemperatur t_{s}, die Endtemperatur der verbleibenden Restflüssigkeit t' und die Temperatur t'' des insgesamt gebildeten dampfförmigen und als Phase betrachteten Destillats. Dann gelten für die Enthalpien eines binären Gemisches aus den Komponenten 1 und 2 die nachstehenden Beziehungen, unter Einführung der anfänglichen Siedetemperatur t_{s} als Bezugstemperatur,

$$
h_0(t_0) = (1 - x_0)\left[h_{01}^{\mathrm{l}}(t_{\mathrm{s}}, \mathrm{p}) + c_{\mathrm{p}01}^{\mathrm{l}}(t_0 - t_{\mathrm{s}})\right] + x_0\left[h_{02}^{\mathrm{l}}(t_{\mathrm{s}}, \mathrm{p}) + c_{\mathrm{p}02}^{\mathrm{l}}(t_0 - t_{\mathrm{s}})\right] ,
$$

$$
h'(t') = (1 - x')\left[h_{01}^{\mathrm{l}}(t_{\mathrm{s}}, \mathrm{p}) + c_{\mathrm{p}01}^{\mathrm{l}}(t' - t_{\mathrm{s}})\right] + x'\left[h_{02}^{\mathrm{l}}(t_{\mathrm{s}}, \mathrm{p}) + c_{\mathrm{p}02}^{\mathrm{l}}(t' - t_{\mathrm{s}})\right]
$$

und

$$
\begin{aligned}
h''(t'') &= (1 - x'')\left[h_{01}^{\mathrm{l}}(t_{\mathrm{s}}, \mathrm{p}) + r_{01} + c_{\mathrm{p}01}^{\mathrm{ig}}(t'' - t_{\mathrm{s}})\right] \\
&+ x''\left[h_{02}^{\mathrm{l}}(t_{\mathrm{s}}, \mathrm{p}) + r_{02} + c_{\mathrm{p}02}^{\mathrm{ig}}(t'' - t_{\mathrm{s}})\right] .
\end{aligned}
$$

In diesen Gleichungen sind mit $h_{0i}^{\mathrm{l}}(t_{\mathrm{s}})$ die flüssigen Reinstoffenthalpien der reinen Komponenten bei der Temperatur t_{s} bezeichnet. Die gasförmigen Reinstoffenthalpien sind durch die jeweiligen Verdampfungsenthalpien $r_{0i}(t_{\mathrm{s}})$ auf flüssige

Reinstoffenthalpien zurückgeführt. Setzt man die obigen Gleichungen für die Enthalpien in die Beziehung für die zuzuführende Wärme ein und benutzt die Stoffmengenbilanzen

$$nx = n''x'' + n'x'$$

und

$$n(1 - x) = n''(1 - x'') + n'(1 - x') \; ,$$

dann kürzen sich die Bezugsenthalpien $h^l_{01}(t_s)$ und $h^l_{02}(t_s)$ heraus, und man findet für die zuzuführende Wärme mit $x'' = x_d$ und $n'' = n_d$ im betrachteten Fall

$$Q_H = n_0 \left[(1 - x_0)c^{if}_H + x_0 c^{if}_C \right] (t_s - t_0) + n' \left[(1 - x')c^{if}_H + x' c^{if}_C \right] (t' - t_s)$$

$$+ n_d \left\{ (1 - x_d) \left[r_H + c^{ig}_{pH}(t'' - t_s) \right] + x_d \left[r_C + c^{ig}_{pC}(t'' - t_s) \right] \right\} \; .$$

Hier wurde für die reinen flüssigen Komponenten das Modell der idealen Flüssigkeit verwendet. Die zuzuführende Wärme setzt sich aus drei Anteilen zusammen. Zunächst muss der ursprüngliche Stoffmengenstrom n_0 von der ursprünglichen Temperatur des Eingangsgemisches t_0 auf die anfängliche Siedetemperatur t_s aufgeheizt werden. Außerdem müssen der Rückstand n' von t_s auf t' aufgeheizt und das Destillat n_d bei t_s verdampft und auf t'' überhitzt werden. Hierbei ist es ohne Bedeutung für die Enthalpieberechnung, dass in Wirklichkeit die Verdampfung nicht bei der festen Temperatur t_s, sondern in einem Temperaturbereich zwischen t_s und der Endtemperatur t' stattfindet. Enthalpiedifferenzen sind als Zustandsgrößen unabhängig von dem Weg der Zustandsänderungen, auf dem sie herbeigeführt werden.

Mit den in der Aufgabenstellung vorgegebenen Temperaturen ergibt sich

$$Q_H = 42,49 \text{ kJ} \; .$$

Das Stoffmodell der idealen Lösung lässt sich durch die so genannte Mischungsenthalpie Δh^M korrigieren, nach

$$\Delta h^M = h(T, p, x) - x_1 h^l_{01} - x_2 h^l_{02} \; , \tag{4.67}$$

mit einer analogen Erweiterung für ein Mehrkomponentengemisch. Die Mischungsenthalpie beschreibt die Enthalpieänderung bei der isotherm-isobaren Vermischung der reinen Komponenten zum Gemisch. Die Abb. 4.21 zeigt den Verlauf der Mischungsenthalpie über dem Stoffmengenanteil in Abhängigkeit von der Temperatur für das Gemisch Wasser-Ethanol. Sie ist bei niedrigen Temperaturen negativ, entsprechend der Tatsache, dass das Gemisch bei adiabater Vermischung von Komponenten gleicher Temperatur eine höhere Temperatur annimmt, vgl. Beispiel 4.14. Bei höheren Temperaturen nimmt die Mischungsenthalpie bei einigen Zusammensetzungen positive Werte an, d.h. die Vermischung ist dann mit einem Abkühleffekt verbunden. Die Korrekturgrößen idealer Gemischmodelle werden auch als Exzessgrößen bezeichnet. Wenn die ideale Lösung für alle Komponenten als ideales Gemischmodell zu Grunde gelegt wird, ist die Mischungsenthalpie Δh^M gleich der Exzessenthalpie h^E, denn die Mischungsenthalpie einer idealen Lösung ist Null.

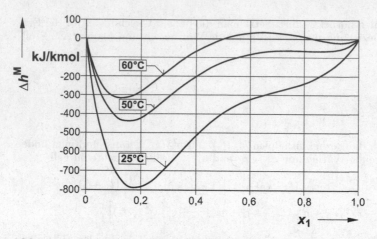

Abb. 4.21. Die Mischungsenthalpie im System Ethanol (1) und Wasser (2)

Diese Identität, die wir bereits für das Volumen gefunden hatten, gilt allerdings nicht für alle Zustandsgrößen, vgl. Kap.5. Mit der experimentell leicht zugänglichen Mischungs- bzw. Exzessenthalpie können auch die partiellen molaren Enthalpien der Komponenten in Übereinstimmung mit der Realität ermittelt werden.

Beispiel 4.14

Mit Hilfe der Mischungsenthalpie für Wasser-Ethanol, vgl. Abb. 4.21, überprüfe man die in Beispiel 4.11 angegebene experimentelle Information.

Lösung

Die Bearbeitung verläuft analog zu der in Beispiel 4.11, mit dem Unterschied, dass nun nicht das Stoffmodell der idealen Lösung zu Grunde gelegt werden soll. Mit Hilfe der Mischungsenthalpie und der Tatsache, dass in Flüssigkeiten kein signifikanter Unterschied zwischen Enthalpie und innerer Energie besteht, findet man

$$13,46 \; u_{0W}^{l}(25°C) + 11,61 \; u_{0A}^{l}(50°C) = 13,46 \; u_{0W}^{l}(t) + 11,61 \; u_{0A}^{l}(t)$$
$$+ 25,07 \Delta h^{M}(t, w_{A} = 0,4631) \; ,$$

und damit, wenn die reinen flüssigen Komponenten als ideale Flüssigkeiten modelliert werden,

$$13,46 \; c_{W}^{if}(t - 25) + 11,61 \; c_{A}^{if}(t - 50) + 25,07 \Delta h^{M}(t, w_{A} = 0,4631) = 0 \; .$$

Zunächst erkennt man, dass für $\Delta h^{M} < 0$ die Mischungstemperatur größer als die in einer idealen Lösung sein wird. Zur Nutzung von Abb. 4.21 rechnen wir die Massen in Stoffmengen und die spezifischen Wärmekapazitäten in die molaren um und finden

$$0,7472 \cdot 75,29(t - 25) + 0,2520 \cdot 111,46(t - 50) + 0,9992 \Delta h^{M}(t, x_{A} = 0,252) = 0 \; .$$

Die Daten aus Abb. 4.21 bzw. den zu Grunde liegenden Tabellen sind

$$\Delta h^M(25°C, \ x_A = 0,252) = -731,2 \ \text{kJ/kmol}$$

$$\Delta h^M(50°C, \ x_A = 0,252) = -362,0 \ \text{kJ/kmol} \ .$$

Die Temperatur t ergibt sich iterativ, wenn zwischen den Daten für die Mischungsenthalpie linear interpoliert wird, zu $t = 39,4°C$. Dies liegt wesentlich näher an dem Messwert von $t_{exp} = 38,7°C$ als das Ergebnis für die ideale Lösung $t^{il} = 33,33°C$ nach Beispiel 4.11. Eine genaue Rechnung mit temperaturabhängigen Wärmekapazitäten und einer genaueren Temperaturabhängigkeit für die Mischungsenthalpie hätte den Messwert reproduziert.

Mischungsenthalpien können dazu verwendet werden, die Enthalpie eines flüssigen Gemisches in Abhängigkeit von der Zusammensetzung zu berechnen. Dazu müssen zunächst die Enthalpienullpunkte der reinen flüssigen Kom-

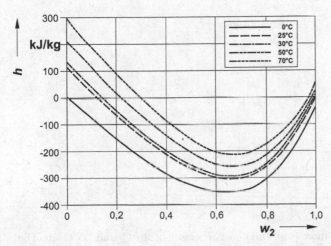

Abb. 4.22. h,w-Diagramm für Wasser(1) - Schwefelsäure(2)

ponenten willkürlich festgelegt werden. Abb. 4.22 zeigt das h,w-Diagramm des Gemisches Wasser-Schwefelsäure. Der Enthalpienullpunkt des Wassers ist in Übereinstimmung mit der Wasserdampftafel auf praktisch $0°C$, der der Schwefelsäure auf $25°C$ festgelegt worden. Damit endet die $0°C$-Isotherme bei $h = 0$ kJ/kg auf der linken Seite des Diagramms, und die $25°C$-Isotherme bei $h = 0$ kJ/kg auf der rechten Seite. Die Reinstoffenthalpien der beiden Komponenten können also nach Festlegung der Enthalpienullpunkte auf den jeweiligen Ordinaten eingezeichnet werden. Für eine ideale Lösung würden sich gerade Verbindungslinien zwischen den Reinstoffenthalpien bei gleicher Temperatur ergeben. Man erkennt aus Abb. 4.22, dass das System Wasser-Schwefelsäure starke, negative Abweichungen von der idealen Lösung aufweist, die die Effekte von Wasser-Ethanol in gleichen Einheiten um etwa eine Größenordnung übertreffen.

Beispiel 4.15

Es sollen 200 kg eines schwefelsäurereichen ($w_S = 0{,}6$) mit 300 kg eines schwefelsäurearmen ($w_S = 0{,}1$) Wasser/Schwefelsäure-Gemisches, beide bei 25°C, verdünnt werden. Welche Temperatur ergibt sich? Wie ändert sich die Temperatur, wenn an Stelle der Gemische dieselben Mengen reine Schwefelsäure und reines Wasser vermischt werden?

Lösung

Wir bezeichnen das schwefelsäurereiche Gemisch mit 1, das schwefelsäurearme mit 2 und das entstandene verdünnte Gemisch mit 3. Dann lauten die Massenbilanzen

$$m_3 = m_1 + m_2 \ ,$$

$$m_3 w_3 = m_1 w_1 + m_2 w_2 \ ,$$

sowie die Energiebilanz

$$m_3 h_3 = m_1 h_1 + m_2 h_2 \ .$$

Aus dem Diagramm Abb. 4.22 liest man ab

$$h_1 = -294 \ \text{kJ/kg}$$

und

$$h_2 = 12 \ \text{kJ/kg} \ .$$

Damit ergibt sich

$$h_3 = \frac{200 \cdot (-294) + 300 \cdot 12}{500} = -110{,}4 \ \text{kJ/kg}$$

und

$$w_3 = \frac{200 \cdot 0{,}6 + 300 \cdot 0{,}1}{500} = 0{,}3 \ .$$

Aus Abb. 4.22 schätzt man eine Temperatur zwischen 30°C und 35°C ab. Die Vermischung der Reinstoffe führt auf $h_3 = 66$ kJ/kg bei $w_3 = 0{,}4$, mit einem Temperaturanstieg auf vermutlich über 100°C.

Die Mengen- und Energiebilanzen bei der adiabaten Vermischung zeigen, dass der Endpunkt auf der geraden Verbindung beider Anfangszustände im h,w-Diagramm liegt. Die Mischungsgeraden lassen sich leicht in das h,w-Bild eintragen, vgl. Abb. B 4.15.1. Diese einfache Konstruktionsvorschrift macht dieses Diagramm besonders nützlich. So erkennt man aus dem engen Verlauf der Kurven am schwefelsäurereichen Ende z.B. unmittelbar, dass eine Zugabe von Wasser zu reiner Schwefelsäure einen viel höheren energetischen Effekt zur Folge hat, als die Zugabe von Schwefelsäure zu reinem Wasser. Dies ist die Basis der bekannten Chemiker-Regel „erst das Wasser, dann die Säure, sonst geschieht das Ungeheure".

Flüssige Gemische, in denen eine Komponente i (oder auch mehrere) bei der Temperatur und dem Druck des Gemisches nicht als reine Flüssigkeit existiert, lassen sich nicht durch das Stoffmodell der idealen Lösung beschreiben. Solche Gemische entstehen z.B. bei der Lösung eines Gases oder eines Feststoffs in einer Flüssigkeit, vgl. Abschn. 2.5.4. Auch Elektrolytlösungen gehören in diese Kategorie, da die Ionen ebenfalls nicht als reine Flüssigkeiten

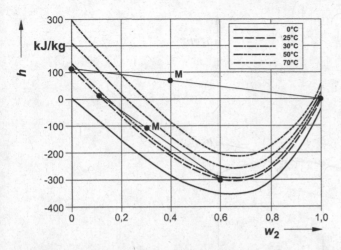

Abb. B 4.15.1. Mischungsgeraden im h, w-Diagramm

existieren. Für die gelösten Komponenten in diesen Gemischen wird das Stoffmodell der ideal verdünnten Lösung benutzt. Nach diesem Stoffmodell erfahren die Moleküle einer gelösten Komponente i nur Wechselwirkungen mit den Molekülen des Lösungsmittels, nicht aber untereinander. In Analogie zum idealen Gasgemisch und zur idealen Lösung wird auch hier ein reiner Bezugszustand definiert. Bei der ideal verdünnten Lösung ist es ein hypothetischer Reinstoffzustand ($x_i = 1$) mit den Wechselwirkungen der ideal verdünnten Lösung. Er wird durch den Suffix * gekennzeichnet. Damit gilt für die partielle molare Enthalpie im Bezugszustand der ideal verdünnten Lösung

$$h_i^{\text{ivl}} = h_i^*(T, p) \ . \tag{4.68}$$

Da Änderungen in der Zusammensetzung im Rahmen des Stoffmodells der ideal verdünnten Lösung auf Grund der unveränderten Wechselwirkungen nicht mit energetischen Effekten verbunden sind, gilt auch $h_i^*(T, p) = h_i^\infty(T, p)$, analog zum partiellen molaren Volumen. Hierbei ist $h_i^\infty(T, p)$ die partielle molare Enthalpie der Komponente i in der realen Lösung bei unendlicher Verdünnung. Sie kann mit (2.33) aus Daten der Enthalpie der Lösung ermittelt werden und ist daher bis auf den prinzipiell willkürlichen Nullpunkt eine experimentell zugängliche Größe. Die Abb. 4.23 zeigt schematisch die grafische Interpretation der partiellen molaren Enthalpie in flüssigen Gemischen. Man erkennt insbesondere, dass der Zustand * durch die Extrapolation der Enthalpie der verdünnten Lösung auf $x_i \to 1$ gewonnen wird. In Lösungen wird idealisiert für die gelösten Komponenten das Stoffmodell der ideal verdünnten Lösung, für das Lösungsmittel hingegen das Stoffmodell der idealen Lösung benutzt. Man spricht von einer unsymmetrischen Normierung.

Zahlenwerte für h_i^*, die insbesondere die intermolekularen Wechselwirkungsenergien zwischen der Komponente i und dem Lösungsmittel erfassen,

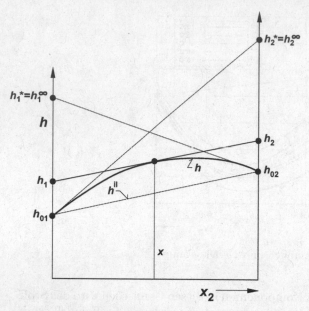

Abb. 4.23. Zur partiellen molaren Enthalpie in flüssigen Gemischen

lassen sich aus Tabellen entnehmen, vgl. Tabelle A2 im Anhang. Da Enthalpien einen prinzipiell willkürlichen Nullpunkt haben, sind in solchen Tabellen nicht die Enthalpien h_i^* selbst, sondern so genannte Bildungsenthalpien Δh_i^f aufgeführt. Dies sind Enthalpiedifferenzen aus der Enthalpie des betrachteten Stoffes im betrachteten Zustand und der Enthalpien seiner Elemente in den jeweiligen Zuständen, in denen sie als Reinstoffe auftreten. Bildungsenthalpien können in allen thermodynamischen Rechnungen wie absolute Enthalpien verwendet werden. Das Konzept der Bildungsenthalpie wird in Abschn. 4.4 allgemein entwickelt. Abb. 4.24 zeigt die molare Enthalpie und die partiellen molaren Enthalpien im Gemisch 2-Propanol (1)/Wasser (2). Hierbei sind die Reinstoffenthalpien mit den entsprechenden Bildungsenthalpien gleichgesetzt und haben damit einen definierten Nullpunkt. In wässrigen Lösungen wird als Maß für die Zusammensetzung in der Regel nicht der Stoffmengenanteil x_i sondern die Molalität m_i gewählt, die durch die Anzahl der Mole einer Komponente i pro kg Wasser definiert ist. Der Bezugszustand der ideal verdünnten Lösung wird dann zu $m_i = 1$ mol i/kg Wasser definiert und mit (aq) bezeichnet. Da die partielle molare Enthalpie einer ideal verdünnten Lösung nicht von der Zusammensetzung abhängt, hat das Konzentrationsmaß keinen Einfluss auf die Zahlenwerte.

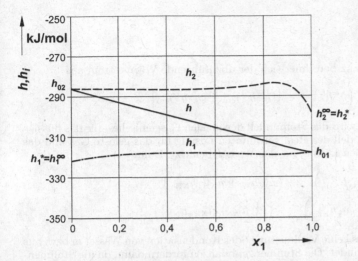

Abb. 4.24. Molare Enthalpie und partielle molare Enthalpien im Gemische 2-Propanol (1)/ Wasser (2) bei $20°C$

Beispiel 4.16

In einer isothermen Absorptionssäule soll bei $25°C$ aus einem gasförmigen Gemisch (Suffix G) das Ammoniak zu 80% durch eine Flüssigkeit (Suffix L) ausgewaschen werden, vgl. Abb. B 4.16.1. Das Gasgemisch G enthält Luft als

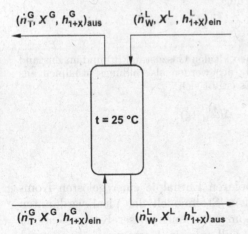

Abb. B 4.16.1. Zur Absorptionsaufgabe

inertes Trägergas mit dem Stoffmengenstrom $\dot{n}_T^G = 225$ kmol/h und einer molaren Ammoniak-Beladung von $n_{NH_3}^G/n_T^G = 0,05$. Die Flüssigkeit L tritt mit einem Stoffmengenstrom an Wasser als Waschmittel von $\dot{n}_W^L = 150$ kmol/h und einer molaren Ammoniak-Beladung $\dot{n}_{NH_3}^L/\dot{n}_W^L = 0,03$ ein. Welcher Wärmestrom ist abzuführen?

Lösung

Nach der Energiebilanz berechnet sich der abzuführende Wärmestrom aus

$$\Delta \dot{Q} = \left(\dot{n}^G h^G \right)_{\text{aus}} + \left(\dot{n}^L h^L \right)_{\text{aus}} - \left[(\dot{n}^G h^G)_{\text{ein}} + (\dot{n}^L h^L)_{\text{ein}} \right] \ .$$

Für das Gasgemisch wird das Stoffmodell des idealen Gasgemisches, für das flüssige Gemisch das Stoffmodell der ideal verdünnten Lösung für das gelöste Gas und das Stoffmodell der idealen Lösung für das Wasser benutzt. Dann gilt

$$\Delta \dot{Q} = \left(\dot{n}_T^G h_T^{\text{ig}} + \dot{n}_{NH_3}^G h_{NH_3}^{\text{ig}} \right)_{\text{aus}} + \left(\dot{n}_W^L h_W^{\text{l}} + \dot{n}_{NH_3}^L h_{NH_3}^{*} \right)_{\text{aus}}$$
$$- \left(\dot{n}_T^G h_T^{\text{ig}} + \dot{n}_{NH_3}^G h_{NH_3}^{\text{ig}} \right)_{\text{ein}} - \left(\dot{n}_W^L h_W^{\text{l}} + \dot{n}_{NH_3}^L h_{NH_3}^{*} \right)_{\text{ein}} \ .$$

Wir unterstellen, dass keine Verdunstung oder Kondensation von Wasser in bzw. aus dem Gasstrom stattfindet. Die Stoffmengenbilanzen fordern dann, da die Stoffmengenströme des Trägergases und des Wassers in ihren jeweiligen Phasen verbleiben,

$$\dot{n}_{T,\text{ein}}^G = \dot{n}_{T,\text{aus}}^G$$
$$\dot{n}_{W,\text{ein}}^L = \dot{n}_{W,\text{aus}}^L$$
$$\dot{n}_{NH_3,\text{aus}}^G = 0,2 \ \dot{n}_{NH_3,\text{ein}}^G = 0,2 \cdot 225 \cdot 0,05 = 2,25 \ \text{kmol/h}$$
$$\dot{n}_{NH_3,\text{aus}}^L = \dot{n}_{NH_3,\text{ein}}^L + \dot{n}_{NH_3,\text{ein}}^G - \dot{n}_{NH_3,\text{aus}}^G$$
$$= 150 \cdot 0,03 + 11,25 - 2,25 = 13,5 \ \text{kmol/h} \ .$$

Damit folgt für die Enthalpiestromänderung

$$\dot{Q} = \left(\dot{n}_{NH_3,\text{ein}}^G - \dot{n}_{NH_3,\text{aus}}^G \right) \left(h_{NH_3}^{*} - h_{NH_3}^{\text{ig}} \right) \ .$$

Die molaren Enthalpien von NH_3 im reinen idealen Gaszustand (g) und im Zustand der ideal verdünnten Lösung in Wasser (aq) werden als Bildungsenthalpien aus Tabelle A2 im Anhang A entnommen. Es ergibt sich

$$\dot{Q} = \left(\dot{n}_{NH_3,\text{ein}}^G - \dot{n}_{NH_3,\text{aus}}^G \right) \left[\Delta h_{NH_3}^{\text{f,0}}(\text{aq}) - \Delta h_{NH_3}^{\text{f,0}}(\text{g}) \right]$$
$$= 9 \ \text{mol/h} (46110 - 80290) \ \text{kJ/kmol}$$
$$= -85,5 \ \text{kW} \ .$$

Die Berechnung der partiellen molaren Enthalpie einer gelösten Komponente in einer Flüssigkeit nach dem Stoffmodell der ideal verdünnten Lösung ist nur bei sehr geringen Konzentrationen dieser Komponente in der Lösung korrekt. Im allgemeinen Fall müssen Korrekturen angebracht werden, die sämtliche intermolekularen Wechselwirkungen in der Lösung berücksichtigen. Praktisch erfolgt dies wieder durch Einführen einer Mischungsenthalpie ΔH^M oder einer Exzessenthalpie H^E als Korrektur zum idealen Stoffmodell. Wir modellieren die reinen flüssigen Komponenten als ideale Flüssigkeiten und die reinen gasförmigen Komponenten als ideale Gase. Es bezeichne 2 die gelöste Komponente, hier ein Gas, und 1 das

Lösungsmittel. Dann wird die Mischungsenthalpie ΔH^{M}, bzw. die davon abgeleitete Größe, die Lösungsenthalpie Δh^{L}, ausgedrückt durch

$$\Delta h^{\mathrm{L}} = \frac{\Delta H^{\mathrm{M}}}{n_2} = \frac{n}{n_2}[h - x_1 h_{01}^{\mathrm{if}} - x_2 h_{02}^{\mathrm{ig}}] = \frac{n_1}{n_2}h_1^{\mathrm{l}} + h_2^{\mathrm{l}} - \frac{n_1}{n_2}h_{01}^{\mathrm{if}} - h_{02}^{\mathrm{ig}}$$

$$= \frac{n_1}{n_2}h_{01}^{\mathrm{if}} + h_2^* + \frac{H^{\mathrm{E}}}{n_2} - \frac{n_1}{n_2}h_{01}^{\mathrm{if}} - h_{02}^{\mathrm{ig}}$$

$$= (h_2^* - h_{02}^{\mathrm{ig}}) + \frac{H^{\mathrm{E}}}{n_2} \ . \tag{4.69}$$

Die Mischungsenthalpie bei der Bildung einer ideal verdünnten Lösung aus den reinen Komponenten ist wegen deren unterschiedlichen Aggregatzuständen nicht Null, im Gegensatz zur idealen Lösung. Entsprechend unterscheidet sich hier die Exzessenthalpie von der Mischungsenthalpie. Die bezogene Exzessenthalpie H^{E}/n_2 korrigiert das Stoffmodell der ideal verdünnten Lösung und wird auch als Verdünnungsenthalpie bezeichnet. Sie beschreibt die energetischen Effekte bei der Zufuhr von weiterem gelösten Stoff zu der ideal verdünnten Anfangslösung mit $n_1/n_2 \to \infty$, bzw. auch die Verdünnung einer konzentrierten Lösung mit dem Lösungsmittel. Die Abb. 4.25 zeigt die Lösungsenthalpie für einige Reinstoffe in Wasser, wobei die gelöste Komponente im reinen Zustand gasförmig (g), flüssig (l) oder fest (s) sein kann. Der Grenzfall der ideal verdünnten Lösung ergibt sich für $n_1/n_2 \to \infty$. Es gilt

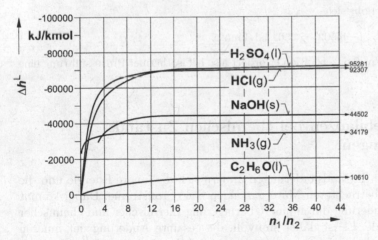

Abb. 4.25. Lösungsenthalpie einiger Reinstoffe (2) in Wasser (1)

also z.B. für die Lösung eines Gases in Wasser

$$\lim_{n_1/n_2 \to \infty} \Delta h^{\mathrm{L}} = \Delta h^{\mathrm{L,ivl}} = h_2^* - h_{02}^{\mathrm{ig}} = \Delta h_2^{\mathrm{f,0}}(\mathrm{aq}) - \Delta h_2^{\mathrm{f,0}}(\mathrm{g}) \ . \tag{4.70}$$

Die Lösungsenthalpien nach Abb. 4.25 sind negativ. Bei der Lösung der aufgeführten Stoffe in Wasser ergibt sich also eine Temperaturerhöhung. Im Grenzfall $n_1/n_2 = 0$ verschwindet die Lösungsenthalpie, da dann der gelöste Stoff mit sich selbst vermischt wird.

Beispiel 4.17

Festes Natriumhydroxid (NaOH) wird in Wasser gelöst. Welche Wärme muss im Grenzfall unendlicher Verdünnung und anschließend bei weiterer Aufkonzentration bis zu 4 mol H_2O/mol NaOH transferiert werden, wenn die Temperatur konstant bleiben soll?

Lösung

Die Enthalpieänderung im Grenzfall unendlicher Verdünnung ergibt sich aus Abb. 4.25 für $n_1/n_2 \to \infty$ zu $\Delta h^L = -44502$ kJ/ kmol. Dies folgt auch aus den Bildungsenthalpien in Tabelle A2, nach

$$\Delta h^{L,\mathrm{ivl}} = \Delta h^{f,0}_{\mathrm{NaOH}}(\mathrm{aq}) - \Delta h^{f,0}_{\mathrm{NaOH}}(s)$$
$$= -470111 \text{ kJ/kmol} - (-425609) \text{ kJ/kmol}$$
$$= -44502 \text{ kJ/kmol} .$$

Nach der Energiebilanz entspricht dies der zu transferierenden Wärme, also hier der Wärmeabfuhr. Die Enthalpieänderung bei weiterer Aufkonzentration, d.h. nach (4.69) die Verdünnungsenthalpie, folgt aus

$$H^E/n_2 = \Delta h^L(n_1/n_2 = 4) - \Delta h^{L,\mathrm{ivl}} .$$

Aus Abb. 4.25 ergibt sich

$$H^E/n_2 = 35000 - (-44502) = 9502 \text{ kJ/kmol} .$$

Der Prozess der Aufkonzentration erfordert also bei isothermer Prozessführung eine Wärmezufuhr.

4.4 Energiebilanzen bei chemischen Zustands-änderungen

Bei chemischen Zustandsänderungen ändern sich die innere Energie und die Enthalpie der betrachteten Materiemengen bzw. Stoffströme. Dabei kommt die gesamte Änderung durch eine Überlagerung thermischer und chemischer Effekte zustande. Es ist daher sinnvoll, die gesamte Änderung der inneren Energie und Enthalpie in einen thermischen und chemischen Anteil aufzuspalten. Insbesondere der chemische Anteil bedarf besonderer Betrachtungen, die über die bisherigen Erkenntnisse bei thermischen Zustandsänderungen hinausgehen. Die Materiemengenbilanz wird in Form einer Elementenbilanz, in der Regel auf der Grundlage einer Bruttoreaktionsgleichung, berücksichtigt.

4.4.1 Thermischer und chemischer Anteil

Der chemische Anteil der inneren Energie steckt in den Bindungen der Atome im Molekül. Bei chemischen Zustandsänderungen, also Umorganisationen von Atomen zu neuen Molekülen, wird chemische Bindungsenergie freigesetzt oder eingebunden. Allgemein bekannt ist der chemische Anteil der inneren Energie von Brennstoffen, der durch eine Verbrennungsreaktion, also eine Oxidation, freigesetzt wird. Grundsätzlich ergibt sich bei allen chemischen Stoffumwandlungen eine Änderung der inneren Energie bzw. eine Enthalpieänderung. Abb. 4.26 zeigt einen chemischen Reaktor mit 2 Eduktströmen und 3 Produktströmen. Allgemein findet man für die Enthalpie-

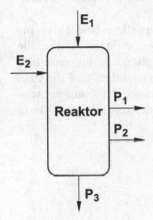

Abb. 4.26. Edukte und Produkte bei einer chemischen Stoffumwandlung

stromänderung bei der chemischen Stoffumwandlung von Edukten zu Produkten in einem durchströmten Reaktor

$$\Delta \dot{H} = \sum_P \dot{n}_P h_P - \sum_E \dot{n}_E h_E \ , \tag{4.71}$$

wobei die mit P bezeichneten Stoffströme die Produkte und die mit E bezeichneten Stoffströme die Edukte sind. Die Summation über P erstreckt sich somit über alle Produktströme, mit $h_P(t_P, p_P, \{x_k\}_P)$ als der molaren Enthalpie des Stromes P bei seinen individuellen Austrittsbedingungen von Temperatur, Druck und Zusammensetzung. Entsprechend erstreckt sich die Summation über E über alle Eduktströme, mit $h_E(t_E, p_E, \{x_k\}_E)$ als der molaren Enthalpie des Stromes E, bei den jeweiligen Eintrittsbedingungen von Temperatur, Druck und Zusammensetzung. Produktströme und Eduktströme sind in der Regel Gemische.

Zur Aufspaltung der gesamten Enthalpieänderung in einen thermischen und einen chemischen Anteil führen wir einen thermischen Bezugszustand bei der Temperatur t^0 und dem Druck p^0 ein und schreiben

$$\Delta \dot{H} = \sum_P \dot{n}_P [h_P - h_P^0] - \sum_E \dot{n}_E [h_E - h_E^0] + \sum_P \dot{n}_P h_P^0 - \sum_E \dot{n}_E h_E^0$$
$$= (\Delta \dot{H})_{\text{therm}} + (\Delta \dot{H})_{\text{chem}} \ . \tag{4.72}$$

Hier sind h_P^0 bzw. h_E^0 die molaren Enthalpien des Produktstromes bzw. des Eduktstromes bei der Temperatur t^0 und dem Druck p^0, für die in der Regel die Standardwerte $t^0 = 25°\text{C}$ und $p^0 = 1$ bar gewählt werden. Die ersten beiden Summanden repräsentieren den thermischen Anteil der Enthalpieänderung und werden nach den Beziehungen des vorangegangenen Abschnitts 4.3 ausgewertet. Die letzten beiden Summanden enthalten die Enthalpieänderung bei der Umwandlung von den Edukten zu den Produkten beim thermischen Bezugszustand. Sie repräsentieren den chemischen Anteil der Enthalpieänderung.

Die Enthalpiestromdifferenz nach (4.72) stellt die allgemeine Form für chemische Zustandsänderungen dar. Sie lässt sich für wichtige Sonderfälle vereinfachen. So werden die Edukte dem Reaktor häufig als ein einzelner Eduktstrom in einem bestimmten Eintrittszustand e zugeführt, und die Produkte verlassen ihn als ein einzelner Produktstrom in einem bestimmten Austrittszustand a, vgl. Abb. 4.27. Beide Ströme sind wiederum Gemische. Dann

Abb. 4.27. Reaktor mit einem Eduktstrom und einem Produktstrom

gilt für die Enthalpiestromdifferenz

$$\Delta \dot{H} = \sum_i \dot{n}_i (h_{i,a} - h_i^0) - \sum_j \dot{n}_j (h_{j,e} - h_j^0)$$
$$+ \sum_i \dot{n}_i h_i^0 - \sum_j \dot{n}_j h_j^0 = (\Delta \dot{H})_{\text{therm}} + (\Delta \dot{H})_{\text{chem}} \tag{4.73}$$

mit $h_{i,a} = h_i(t_a, p_a, \{x_k\}_a)$ als der partiellen molaren Enthalpie der Komponente i des Produktstroms bei den Bedingungen von Temperatur, Druck und Zusammensetzung am Austritt aus dem Reaktor und einer analogen Bedeutung für $h_{j,e}$, sowie h_i^0, h_j^0 als den entsprechenden Größen im Bezugszustand. Für die hier benutzten idealen Stoffmodelle, vgl. Abschn. 4.3, reduzieren sich die partiellen molaren Enthalpien auf die molaren Enthalpien im reinen idealen Gaszustand, im reinen oder hypothetisch reinen flüssigen Zustand und im reinen festen Zustand. Diese Enthalpien sind somit unabhängig von der Zusammensetzung der Stoffströme sowie entweder streng oder zumindest näherungsweise unabhängig vom Druck. Sie hängen ausschließlich von der Temperatur ab. Wir bezeichnen sie allgemein durch $h_i(t)$. Damit lässt sich für diese Stoffmodelle und diesen Anwendungsfall die Enthalpiestromdifferenz bei einer chemischen Stoffumwandlung durch Einführung einer Bezugstemperatur t^0 schreiben als

$$\Delta \dot{H} = \sum_i \dot{n}_i \left[h_i(t_a) - h_i(t^0) \right] - \sum_j \dot{n}_j \left[h_j(t_e) - h_j(t^0) \right]$$

$$+ \sum_i \dot{n}_i h_i(t^0) - \sum_j \dot{n}_j h_j(t^0) = (\Delta \dot{H})_{\text{therm}} + (\Delta \dot{H})_{\text{chem}} \ . \tag{4.74}$$

Für allgemeinere Stoffmodelle muss die Abhängigkeit der partiellen molaren Enthalpie von der Zusammensetzung durch Korrekturen, so genannte Exzessenthalpien, berücksichtigt werden, vgl. Abschn. 4.3.2. Sie ergeben sich dann als Summe aus dem realen oder hypothetischen Reinstoffwert und einem Korrekturterm. Der Bezugswert bleibt davon unberührt, bleibt also als realer oder hypothetischer Reinstoffwert erhalten. Das gilt entsprechend auch für den chemischen Anteil. Die Aggregatzustände der Komponenten bei der Bezugstemperatur t^0 sind prinzipiell ebenso wie die Bezugstemperatur selbst beliebig. Es ist lediglich darauf zu achten, dass sie im thermischen und im chemischen Anteil dieselben sind. Die Auswertung des thermischen Anteils der Enthalpieänderung kann mit Hilfe der temperaturabhängigen Enthalpietabellen im Anhang oder unter Benutzung von Wärmekapazitäten der Komponenten erfolgen. Da die Aggregatzustände einer Komponente bei Ein- oder Austritt vom gewählten Bezugszustand verschieden sein können, sind gegebenenfalls Phasenumwandlungsenthalpien zu berücksichtigen.

Eine besonders wichtige Klasse von chemischen Zustandsänderungen sind die Verbrennungsprozesse. Für sie erfolgt die Berechnung der Enthalpiestromdifferenz prinzipiell nach den obigen Beziehungen. Allerdings hat sich in diesem Anwendungsbereich eine besondere Schreibweise etabliert, die die Bearbeitung erleichtert. Insbesondere werden hierbei die Edukte, also Brennstoff und Luft, tatsächlich häufig getrennt und bei unterschiedlichen Temperaturen zugeführt, sodass von der allgemeinen Beziehung (4.72) auszugehen ist. So ergibt sich die Enthalpiestromdifferenz bei einem Verbrennungsprozess zu, vgl. Abb. 4.28,

$$\Delta \dot{H} = \dot{H}_{\text{aus}} - \dot{H}_{\text{ein}} = \dot{m}_V h_V(t_V) - [\dot{m}_B h_B(t_B) + \dot{m}_L h_L(t_L)] \ . \tag{4.75}$$

Abb. 4.28. Zur Energiebilanz bei der Verbrennung

Das Verbrennungsgas (V) und die Luft (L) sind Gasgemische. Der Brennstoff
(B) kann ein gasförmiges Gemisch, z.B. Erdgas, ein flüssiges Gemisch, z.B. Öl,
oder ein fester Stoff, z.B. Kohle, sein. Die Gase werden als ideale Gasgemische
betrachtet, deren Enthalpie nicht vom Druck abhängt. Die Eigenschaften eines flüssigen oder festen Brennstoffes hängen ebenfalls praktisch nicht vom
Druck ab. Der Druck kann daher wiederum als Variable entfallen und wurde
somit in (4.75) nicht berücksichtigt. Wenn man nun, wie auch bei den Materiemengenbilanzen der Verbrennungsprozesse geschehen (vgl. Abschn. 3.2),
alle Stoffströme auf den Massenstrom $\dot{m}_B$ oder den Stoffmengenstrom $\dot{n}_B$ des
Brennstoffes bezieht, so folgt mit

$$\Delta h = \Delta \dot{H}/\dot{m}_B$$

bzw.

$$\Delta h = \Delta \dot{H}/\dot{n}_B$$

die bezogene Enthalpiestromdifferenz zu

$$\Delta h = v h_V(t_V) - [h_B(t_B) + l h_L(t_L)] \quad , \tag{4.76}$$

mit v als dem bezogenen Stoffmengen- oder Massenstrom des Verbrennungsgases und l als dem bezogenen Luftstrom. Wie bei chemischen Stoffumwandlungen üblich, spalten wir wieder die gesamte Enthalpiedifferenz in einen
thermischen und einen chemischen Anteil auf. Hierzu führen wir als Bezugstemperatur die Standardtemperatur von $t^0 = 25°C$ ein und schreiben

$$\Delta h = (\Delta h)_{\text{therm}} + (\Delta h)_{\text{chem}} = v\left[h_V(t_V) - h_V(t^0)\right] - \left[h_B(t_B) - h_B(t^0)\right]$$
$$- l\left[h_L(t_L) - h_L(t^0)\right] + \left[v h_V(t^0) - h_B(t^0) - l h_L(t^0)\right] \quad . \tag{4.77}$$

Der thermische Anteil der Enthalpieänderung in den ersten drei eckigen
Klammern wird wie zuvor durch Benutzung von Wärmekapazitäten bzw.
temperaturabhängigen Enthalpietabellen und Phasenumwandlungsenthalpi-
en ausgewertet. Für einen gasförmigen Brennstoff aus definierten chemischen
Verbindungen finden wir z.B., wenn alles Wasser im Verbrennungsgas bei t_V
gasförmig ist,

$$(\Delta h)_{\text{therm}} = v \left\{ \sum x_i^{\text{V}} \left[h_i^{\text{ig}}(t_{\text{V}}) - h_i^{\text{ig}}(t^0) \right] \right\} - \sum x_i^{\text{B}} \left[h_i^{\text{ig}}(t_{\text{B}}) - h_i^{\text{ig}}(t^0) \right]$$
$$- l \left\{ x_{\text{O}_2}^{\text{L}} \left[h_{\text{O}_2}^{\text{ig}}(t_{\text{L}}) - h_{\text{O}_2}^{\text{ig}}(t^0) \right] + x_{\text{N}_2}^{\text{L}} \left[h_{\text{N}_2}^{\text{ig}}(t_{\text{L}}) - h_{\text{N}_2}^{\text{ig}}(t^0) \right] \right\} \ .$$

$$(4.78)$$

Hierbei stehen unter der ersten Summe alle reinen Komponenten des Verbrennungsgasgemisches und unter der zweiten Summe alle reinen Komponenten des Brennstoffgemisches. Die Luft wird vereinfacht als Gemisch aus Sauerstoff und Stickstoff betrachtet. Wenn das Verbrennungsgas bei t_{V} auch flüssiges Wasser enthält, dann ist seine Enthalpie kleiner als bei vollständig gasförmigem Wasser, und (4.78) erweitert sich zu

$$(\Delta h)_{\text{therm}} = v \left\{ \sum x_i^{\text{V}} \left[h_i^{\text{ig}}(t_{\text{V}}) - h_i^{\text{ig}}(t^0) \right] \right\} - kr - \sum x_i^{\text{B}} \left[h_i^{\text{ig}}(t_{\text{B}}) - h_i^{\text{ig}}(t^0) \right]$$
$$l \left\{ x_{\text{O}_2}^{\text{L}} \left[h_{\text{O}_2}^{\text{ig}}(t_{\text{L}}) - h_{\text{O}_2}^{\text{ig}}(t^0) \right] + x_{\text{N}_2}^{\text{L}} \left[h_{\text{N}_2}^{\text{ig}}(t_{\text{L}}) - h_{\text{N}_2}^{\text{ig}}(t^0) \right] \right\} \ .$$

$$(4.79)$$

Hier ist k die Stoffmenge des kondensierten Wassers pro Masse oder Stoffmenge des Brennstoffs und r die molare Verdampfungsenthalpie des Wassers bei t_{V}, vgl. Beispiel 2.10. Die letzte eckige Klammer in (4.77) enthält den chemischen Anteil der Enthalpiedifferenz bei der Standardtemperatur t^0.

4.4.2 Die Standardbildungsenthalpie

Die Auswertung des chemischen Anteils der Enthalpieänderung bedarf besonderer Überlegungen. Hierbei sind Differenzen von realen oder hypothetischen Reinstoffenthalpien unterschiedlicher Stoffe bei der gleichen Temperatur zu bilden. Da die Enthalpie einen frei wählbaren Nullpunkt hat, kommt es darauf an, diesen Nullpunkt so zu wählen, dass er aus der Gleichung für die Enthalpieänderung herausfällt. Bei Prozessen, an denen chemische Stoffumwandlungen beteiligt sind, ergibt sich ein geeigneter Enthalpienullpunkt aus den Enthalpien der Elemente, aus denen eine Verbindung zusammengesetzt ist, in einem fest vereinbarten Standardzustand. Da die Elemente bei chemischen Stoffumwandlungen erhalten bleiben, fallen die Enthalpien der Elemente für einen festen thermodynamischen Zustand aus der Gleichung für die Enthalpieänderung heraus. Die Umrechnung der Enthalpie einer Komponente auf die Enthalpien der zugehörigen Elemente im Standardzustand erfolgt über die so genannte Standardbildungsenthalpie. Jeder chemischen Verbindung kann eine Bildungsenthalpie zugeordnet werden, die der Enthalpieänderung bei der Bildungsreaktion dieser Verbindung aus den jeweiligen Elementen entspricht. Wenn bei dieser Bildungsreaktion alle beteiligten Stoffe in ihren jeweiligen Standardzuständen vorliegen, dann spricht man von der Standardbildungsreaktion. Temperatur und Druck im Standardzustand sind zu $t^0 = 25°C$ und $p^0 = 1$ bar, in früheren Tabellierungen auch bei $p^0 = 1$ atm, festgelegt. Als Aggregatzustand bei Standardbedingungen werden im Rahmen der hier verwendeten Stoffmodelle entweder der reine ideale Gaszustand (g), der reine flüssige Zustand (l), der reine feste Zustand (s) oder der hypothetisch reine Bezugszustand der ideal verdünnten Lösung (*) oder (aq) zu Grunde gelegt, der sich durch Extrapolation der ideal verdünnten Lösung, d.h. $x_i = m_i = 0$, auf $x_i = 1$ bzw. $m_i = 1$ ergibt. Dabei wird für die Elemente stets der bei Standardbedingungen real vorliegende Aggregatzustand gewählt. Bei den Verbindungen ist dies ebenfalls in der Regel sinnvoll, aber nicht zwingend erforderlich.

Wir betrachten als erstes Beispiel die Standardbildungsreaktion für Methan

$$C(s) + 2\,H_2(g) \rightarrow CH_4(g)\ ,$$

bei der aus festem Kohlenstoff bei 25°C und 1 bar und Wasserstoff bei 25°C und 1 bar im idealen Gaszustand Methan bei 25°C und 1 bar im idealen Gaszustand entsteht. Die zugehörige Enthalpieänderung, d.h. die Standardbildungsenthalpie von Methan im Gaszustand, ist definiert als

$$\Delta h^{f,0}_{CH_4}(g) = h^{ig}_{CH_4}(25°C) - h^{s}_{C}(25°C) - 2h^{ig}_{H_2}(25°C)\ ,$$

wobei die Angabe des Druckes entbehrlich ist. Bei der Definition der Standardbildungsenthalpie von Methan wird somit die Enthalpie von Wasserstoff im idealen Gaszustand, die von Kohlenstoff hingegen im festen Zustand eingesetzt, da dies den realen Aggregatzuständen dieser Elemente bei 25°C entspricht. Der Aggregatzustand der gebildeten Verbindung, also des Methans, wird hier auch im idealen Gaszustand eingesetzt, kann aber prinzipiell beliebig gewählt werden, ohne Rücksicht auf die Tatsache, dass Methan bei 25°C und 1 bar ein Gas ist. So ist die Standardbildungsenthalpie von Wasser die Reaktionsenthalpie der Reaktion

$$H_2(g) + \frac{1}{2}\,O_2(g) \rightarrow H_2O(g,l)$$

bei Standardbedingungen. Sie kann sich auf den flüssigen Zustand oder auch auf den idealen Gaszustand des Wassers beziehen. Es gilt

$$\Delta h^{f,0}_{H_2O}(g) = h^{ig}_{H_2O}(25°C) - \frac{1}{2}\,h^{ig}_{O_2}(25°C) - h^{ig}_{H_2}(25°C)$$

für die Standardbildungsenthalpie von Wasser im idealen Gaszustand und

$$\Delta h^{f,0}_{H_2O}(l) = h^{l}_{H_2O}(25°C) - \frac{1}{2}\,h^{ig}_{O_2}(25°C) - h^{ig}_{H_2}(25°C)$$

für die Standardbildungsenthalpie von Wasser im flüssigen Zustand. Für beide Standardbildungsenthalpien des Wassers findet man Daten. Sie unterscheiden sich um

$$\Delta h_{H_2O}^{f,0}(g) - \Delta h_{H_2O}^{f,0}(l) = h_{H_2O}^{ig}(25°C) - h_{H_2O}^{l}(25°C) \ ,$$

was angesichts der vernachlässigbaren Druckabhängigkeit der Enthalpie von flüssigem Wasser im Wesentlichen der molaren Verdampfungsenthalpie von Wasser bei 25°C entspricht. Entsprechend lässt sich auch die Bildungsenthalpie einer Komponente im Bezugszustand der ideal verdünnten Lösung definieren. So ist z.B. die Standardbildungsenthalpie von Chlorwasserstoff im Bezugszustand der ideal verdünnten Lösung in einem beliebigen Lösungsmittel die Reaktionsenthalpie der Reaktion

$$\frac{1}{2} \ H_2(g) + \frac{1}{2} \ Cl_2(g) \rightarrow HCl(*) \ .$$

Wenn das Lösungsmittel Wasser ist, gilt insbesondere

$$\frac{1}{2} \ H_2(g) + \frac{1}{2} \ Cl_2(g) \rightarrow HCl(aq) \ ,$$

wobei dies die Reaktion in wässriger Phase von gasförmigem Wasserstoff mit gasförmigem Chlor zu in Wasser gelöstem Chlorwasserstoff im Bezugszustand der ideal verdünnten Lösung, d.h. bei $m_{HCl} = 1$ ist. Die zugehörige Standardbildungsenthalpie ist definiert durch

$$\Delta h_{HCl}^{f,0}(aq) = h_{HCl}^{aq}(25°C) - \frac{1}{2} \ h_{H_2}^{ig}(25°C) - \frac{1}{2} \ h_{Cl_2}^{ig}(25°C) \ .$$

Praktisch kann wegen der Unabhängigkeit der Enthalpie von der Zusammensetzung für das Stoffmodell der ideal verdünnten Lösung die Reaktionsenthalpie im Grenzzustand unendlicher Verdünnung verwendet werden.

Standardbildungsenthalpien können experimentell oder theoretisch bestimmt werden. Tabelle A2 im Anhang A enthält für eine Anzahl von Verbindungen die Standardbildungsenthalpien unter Angabe des jeweiligen Zustands. Die Enthalpien der Elemente werden willkürlich zu Null gesetzt, d.h. die Enthalpien der Verbindungen werden durch die jeweiligen Bildungsenthalpien ersetzt. Da sich der Beitrag der Elemente bei chemischen Reaktionen wegen der dabei gegebenen Elementenerhaltung herauskürzt, ist dies ohne Einschränkung der Allgemeingültigkeit möglich. Ein sinnvoller Enthalpienullpunkt einer Verbindung ist also die Enthalpie des stöchiometrischen Gemisches der Elemente in der Bildungsreaktion bei Standardbedingungen. Für den chemischen Anteil der Enthalpiestromänderung findet man daher, wenn die Komponenten in den Produkt- und Eduktströmen mit i bzw. j bezeichnet werden,

$$(\Delta \dot{H})_{chem} = \sum_i \dot{n}_i h_i(t^0) - \sum_j \dot{n}_j h_j(t^0) = \sum_i \dot{n}_i \Delta h_i^{f,0} - \sum_j \dot{n}_j \Delta h_j^{f,0} \ . \quad (4.80)$$

Er ist somit aus den Standardbildungsenthalpien der beteiligten Komponenten berechenbar. Die Aggregatzustände der Komponenten, die den Standardbildungsenthalpien zu Grunde gelegt wurden, müssen auch bei der Auswertung des thermischen Anteils der Enthalpiestromänderung verwendet werden.

Vollkommen analoge Beziehungen ergeben sich für die Änderung des chemischen Anteils der inneren Energie, die bei chemischen Stoffumwandlungen in geschlossenen Systemen auszuwerten ist. Die innere Energie ist durch $u = h - pv$ auf die Enthalpie zurückgeführt.

Beispiel 4.18

Für die in Beispiel 3.9 betrachtete chemische Stoffumwandlung in einem Ammoniak-Synthesereaktor berechne man für eine Eintrittstemperatur $T_e = 470$ K die Austrittstemperatur unter der Voraussetzung, dass es sich um einen adiabaten Reaktor handelt.

Lösung

Die Stoffumwandlung wird nach Beispiel 3.9 durch die folgende Materiemengenbilanz beschrieben

$$1239, 149\ N_2 + 3715, 810\ H_2 + 70, 902\ NH_3 + 136, 895\ Ar + 291, 244\ CH_4$$
$$\rightarrow 897, 685\ N_2 + 2691, 418\ H_2 + 753, 830\ NH_3 + 136, 895\ Ar + 291, 244\ CH_4\ ,$$

wobei die Stoffmengenströme in der Einheit mol/s angegeben sind. Die gesuchte Austrittstemperatur ergibt sich aus einer Energiebilanz. Für die Enthalpiestromänderung bei dieser chemischen Stoffumwandlung finden wir, wenn die beteiligten Stoffströme als ideale Gasgemische modelliert werden,

$$\Delta \dot H = 897, 685\ h_{N_2}^{ig}(t_a) + 2691, 418\ h_{H_2}^{ig}(t_a) + 753, 830\ h_{NH_3}^{ig}(t_a)$$
$$+ 136, 895\ h_{Ar}^{ig}(t_a) + 291, 244\ h_{CH_4}^{ig}(t_a)$$
$$- \Big[1239, 149\ h_{N_2}^{ig}(t_e) + 3715, 810\ h_{H_2}^{ig}(t_e) + 70, 902\ h_{NH_3}^{ig}(t_e)$$
$$+ 136, 895\ h_{Ar}^{ig}(t_e) + 291, 244\ h_{CH_4}^{ig}(t_e)\Big]\ .$$

Die gesamte Enthalpieänderung kommt durch einen thermischen und einen chemischen Anteil zustande. Dies wird wieder formal dadurch deutlich gemacht, dass man einen Bezugszustand bei der Temperatur t^0 einführt. Im betrachteten Fall ist für alle Komponenten der reine ideale Gaszustand bei t^0 als Bezugszustand geeignet. Man erhält dann für die Enthalpiestromänderung der betrachteten Stoffumwandlung

$$\Delta \dot H = 897, 685\ \Big[h_{N_2}^{ig}(t_a) - h_{N_2}^{ig}(t^0)\Big] + 897, 685\ h_{N_2}^{ig}(t^0)$$
$$+ 2691, 418\ \Big[h_{H_2}^{ig}(t_a) - h_{H_2}^{ig}(t^0)\Big] + 2691, 418\ h_{H_2}^{ig}(t^0)$$
$$+ 753, 830\ \Big[h_{NH_3}^{ig}(t_a) - h_{NH_3}^{ig}(t^0)\Big] + 753, 830\ h_{NH_3}^{ig}(t^0)$$
$$+ 136, 895\ \Big[h_{Ar}^{ig}(t_a) - h_{Ar}^{ig}(t^0)\Big] + 136, 895\ h_{Ar}^{ig}(t^0)$$
$$+ 291, 244\ \Big[h_{CH_4}^{ig}(t_a) - h_{CH_4}^{ig}(t^0)\Big] + 291, 244\ h_{CH_4}^{ig}(t^0)$$
$$- 1239, 149\ \Big[h_{N_2}^{ig}(t_e) - h_{N_2}^{ig}(t^0)\Big] - 1239, 149\ h_{N_2}^{ig}(t^0)$$
$$- 3715, 810\ \Big[h_{H_2}^{ig}(t_e) - h_{H_2}^{ig}(t^0)\Big] - 3715, 810\ h_{H_2}^{ig}(t^0)$$

$$- 70,902 \left[h^{ig}_{NH_3}(t_e) - h^{ig}_{NH_3}(t^0) \right] - 70,902 \, h^{ig}_{NH_3}(t^0)$$

$$- 136,895 \left[h^{ig}_{Ar}(t_e) - h^{ig}_{Ar}(t^0) \right] - 136,895 \, h^{ig}_{Ar}(t^0)$$

$$- 291,244 \left[h^{ig}_{CH_4}(t_e) - h^{ig}_{CH_4}(t^0) \right] - 291,244 \, h^{ig}_{CH_4}(t^0) \ .$$

Dies lässt sich zusammenfassen zu

$$\Delta\dot{H} = 897,685 \left[h^{ig}_{N_2}(t_a) - h^{ig}_{N_2}(t^0) \right] + 2691,418 \left[h^{ig}_{H_2}(t_a) - h^{ig}_{H_2}(t^0) \right]$$

$$+ 753,830 \left[h^{ig}_{NH_3}(t_a) - h^{ig}_{NH_3}(t^0) \right] - 1239,149 \left[h^{ig}_{N_2}(t_e) - h^{ig}_{N_2}(t^0) \right]$$

$$- 3715,810 \left[h^{ig}_{H_2}(t_e) - h^{ig}_{H_2}(t^0) \right] - 70,902 \left[h^{ig}_{NH_3}(t_e) - h^{ig}_{NH_3}(t^0) \right]$$

$$+ 136,895 \left[h^{ig}_{Ar}(t_a) - h^{ig}_{Ar}(t_e) \right] + 291,244 \left[h^{ig}_{CH_4}(t_a) - h^{ig}_{CH_4}(t_e) \right]$$

$$+ 682,928 \, h^{ig}_{NH_3}(t^0) - 341,464 \, h^{ig}_{N_2}(t^0) - 1024,392 \, h^{ig}_{H_2}(t^0)$$

$$= (\Delta\dot{H})_{therm} + (\Delta\dot{H})_{chem} \ .$$

Nach dem Stoffmodell „Ideales Gasgemisch" sind alle in der obigen Gleichung auftretenden partiellen molaren Enthalpien durch die entsprechenden Reinstoffenthalpien zu ersetzen. Der thermische Anteil der Enthalpieänderung kann daher wie üblich über Wärmekapazitäten oder Tabellen mit temperaturabhängigen Enthalpien der reinen Gase ausgewertet werden, wenn die Austrittstemperatur vorgegeben ist. Der chemische Anteil bezieht sich auf eine konstante Bezugstemperatur. Wählt man hierfür die Standardtemperatur $t^0 = 25°\mathrm{C}$, dann ergibt sich der chemische Anteil zur Enthalpiestromänderung nach Einführen der Standardbildungsenthalpien zu

$$(\Delta\dot{H})_{chem} = 682,928 \left[h^{ig}_{NH_3}(t^0) - \frac{1}{2} h^{ig}_{N_2}(t^0) - \frac{3}{2} h^{ig}_{H_2}(t^0) \right] = 682,928 \, \Delta h^{f,0}_{NH_3}(g)$$

$$= -682,828 \, \frac{mol}{s} \cdot 46,110 \, \frac{kJ}{mol} = -31,49 \, \mathrm{MW} \ ,$$

wobei die Standardbildungsenthalpie von Ammoniak aus Tabelle A2 entnommen wurde. Im vorliegenden Fall ist die Austrittstemperatur nicht vorgegeben, sondern soll für einen adiabaten Reaktor berechnet werden. Damit findet kein Wärmetransfer statt. Da auch keine Arbeit transferiert wird, läuft der Prozess ohne Transfer von Prozessenergie ab. Dann werden außer den ein- und austretenden Enthalpieströmen keine Energien über die Systemgrenzen transferiert, und es muss daher nach der Energiebilanz der eintretende Enthalpiestrom gleich dem austretenden sein, d.h.

$$\dot{H}_{aus} = \dot{H}_{ein}$$

oder

$$\Delta\dot{H} = \dot{H}_{aus} - \dot{H}_{ein} = (\Delta\dot{H})_{therm} + (\Delta\dot{H})_{chem} = 0 \ .$$

Mit dem zuvor berechneten Wert für den chemischen Anteil der Enthalpieänderung sowie der Eintrittstemperatur von $T_e = 470$ K ergibt sich, wenn nachfolgend nur eine Stelle hinter dem Komma mitgeführt wird und die Enthalpiedifferenzen zwischen Eintrittstemperatur und Bezugstemperatur nach Tabelle A3 bzw. für Argon mit der temperaturunabhängigen molaren Wärmekapazität nach Tabelle A2 ausgewertet werden,

$$31,5 = 897,7 \left[h_{\mathrm{N_2}}^{\mathrm{ig}}(t_\mathrm{a}) - h_{\mathrm{N_2}}^{\mathrm{ig}}(t^0) \right] + 2691,4 \left[h_{\mathrm{H_2}}^{\mathrm{ig}}(t_\mathrm{a}) - h_{\mathrm{H_2}}^{\mathrm{ig}}(t^0) \right]$$

$$+ 753,8 \left[h_{\mathrm{NH_3}}^{\mathrm{ig}}(t_\mathrm{a}) - h_{\mathrm{NH_3}}^{\mathrm{ig}}(t^0) \right] - 6,2 - 18,6 - 0,5$$

$$+ 136,9 \left[h_{\mathrm{Ar}}^{\mathrm{ig}}(t_\mathrm{a}) - h_{\mathrm{Ar}}^{\mathrm{ig}}(t_\mathrm{e}) \right] + 291,2 \left[h_{\mathrm{CH_4}}^{\mathrm{ig}}(t_\mathrm{a}) - h_{\mathrm{CH_4}}^{\mathrm{ig}}(t_\mathrm{e}) \right] \ .$$

Hier haben alle Enthalpieströme die Einheit MW. Wir haben damit eine Berechnungsgleichung für die Austrittstemperatur zur Verfügung, die iterativ gelöst werden muss. Die Ammoniak-Synthese ist exotherm, d.h. die chemische innere Energie der Produkte ist niedriger als die chemische innere Energie der Edukte, wie man an dem negativen Vorzeichen der Standardbildungsenthalpie von NH_3 erkennt. Die niedrigere chemische Energie der Produkte muss bei der Umwandlung daher aus Bilanzgründen durch eine entsprechend höhere thermische Energie ausgeglichen werden. Die Austrittstemperatur t_a wird also höher als die Eintrittstemperatur t_e sein. Wir nehmen nach einigen Iterationsschritten eine Temperatur von $T_\mathrm{a} = 685$ K an und finden aus der Enthalpiebilanz

$$31,5 \approx 10,3 + 30,4 + 12,2 - 25,3 + 0,6 + 3,2 = 31,4 \ .$$

Diese Übereinstimmung wird angesichts der begrenzten Genauigkeit der thermodynamischen Daten als ausreichend angesehen. Die Austrittstemperatur liegt daher bei $T_\mathrm{a} = 685$ K.

Beispiel 4.19

Wässriges Ammoniumchlorid (NH_4Cl) wird nach der Bruttoreaktionsgleichung

$$NH_3(g) + HCl(aq) \rightarrow NH_4Cl(aq)$$

durch eine Reaktion zwischen gasförmigem Ammoniak (NH_3) und wässriger Salzsäure (HCl) hergestellt. Hier bezeichnet das Zeichen (aq) die wässrige Lösung. Im engeren Sinne wird mit (aq) der Bezugszustand der ideal verdünnten wässrigen Lösung bei der dimensionslosen Molalität 1 bezeichnet. Da die partielle molare Enthalpie einer ideal verdünnten Lösung aber nicht von der Zusammensetzung abhängt, muss diese nicht festgelegt werden, solange dieses Stoffmodell die Lösung mit genügender Genauigkeit beschreibt. In einer ideal verdünnten Lösung steht daher (aq) in diesem Zusammenhang allgemein für eine in Wasser gelöste Komponente. Unter der Voraussetzung, dass Salzsäure sowie Ammoniumchlorid jeweils bei einer für die Gültigkeit des Stoffmodells hinreichend großen Verdünnung in Wasser gelöst, und außerdem nach den Gleichungen $HCl \rightarrow H^+ + Cl^-$ bzw. $NH_4Cl \rightarrow NH_4^+ + Cl^-$ vollständig dissoziiert sind, berechne man die molare Reaktionsenthalpie bei 25°C.

Lösung

Die molare Reaktionsenthalpie ist die Differenz der molaren Enthalpien in den angegebenen Zuständen, d.h.

$$\begin{aligned}
\Delta h = \sum \nu_i h_i &= h_{\mathrm{NH_4Cl}}(\mathrm{aq}) - h_{\mathrm{HCl}}(\mathrm{aq}) - h_{\mathrm{NH_3}}(\mathrm{g}) \\
&= h_{\mathrm{NH_4^+}}(\mathrm{aq}) + h_{\mathrm{Cl^-}}(\mathrm{aq}) - [h_{\mathrm{H^+}}(\mathrm{aq}) + h_{\mathrm{Cl^-}}(\mathrm{aq})] - h_{\mathrm{NH_3}}(\mathrm{g}) \\
&= \Delta h_{\mathrm{NH_4^+}}^{\mathrm{f,0}}(\mathrm{aq}) - \Delta h_{\mathrm{H^+}}^{\mathrm{f,0}}(\mathrm{aq}) - \Delta h_{\mathrm{NH_3}}^{\mathrm{f,0}}(g) \\
&= -132,51 - 0 + 46,110 \\
&= -86,40 \ \mathrm{kJ/mol} \ ,
\end{aligned}$$

wobei die Standardbildungsenthalpien aus den Tabellen A2.1 und A2.2 entnommen wurden.

Bei Verbrennungsprozessen mit gasförmigen Brennstoffen aus definierten chemischen Verbindungen mit der Zusammensetzung $\{x_i^{\mathrm{B}}\}$ gilt für den chemischen Anteil der Enthalpieänderung nach (4.77)

$$(\Delta h)_{\mathrm{chem}} = v \left\{ \sum x_i^{\mathrm{V}} \Delta h_i^{\mathrm{f},0}(\mathrm{g}) \right\} - \sum x_i^{\mathrm{B}} \Delta h_i^{\mathrm{f},0}(\mathrm{g}) \; . \tag{4.81}$$

Hier erstreckt sich die erste Summe über die Komponenten des Verbrennungsgases und die zweite Summe über die Komponenten des Brennstoffs. Die Komponente Sauerstoff wird nicht berücksichtigt, da ihre Standardbildungsenthalpie Null ist. Inerte Bestandteile, wie Stickstoff oder ggf. Wasser, Kohlendioxid etc. treten in dieser Gleichung ebenfalls nicht auf, da sie bei gleicher Temperatur auf beiden Seiten der Reaktionsgleichung stehen und sich damit kürzen. Ihr energetischer Beitrag ist im thermischen Anteil berücksichtigt. Wenn im thermischen Anteil der Enthalpieänderung nach (4.60) alle Komponenten bei der Bezugstemperatur t^0 formal als gasförmig berücksichtigt werden, beziehen sich auch im chemischen Anteil die Standardbildungsenthalpien dieser Komponenten, einschließlich des Wassers, auf den idealen Gaszustand. Allgemein ist darauf zu achten, dass alle durch die Aufteilung der Enthalpiedifferenz in einen thermischen und einen chemischen Anteil eingeführten Enthalpien bei der Standardtemperatur t^0 im thermischen und im chemischen Anteil denselben Zustand haben, da sie sich andernfalls nicht kürzen. So würde für einen reinen flüssigen Brennstoff i im thermischen Anteil der Beitrag $[h_{0i}^{\mathrm{l}}(t_{\mathrm{B}}) - h_{0i}^{\mathrm{l}}(t^0)]$ und im chemischen Anteil entsprechend der Beitrag $h_{0i}^{\mathrm{l}}(t^0)$ auftreten. Im chemischen Anteil würde $h_{0i}^{\mathrm{l}}(t^0)$ schließlich durch die Standardbildungsenthalpie $\Delta h_i^{\mathrm{f},0}(\mathrm{l})$ für diese Verbindung im flüssigen Zustand ersetzt.

Beispiel 4.20

In einem Brennwertkessel wird ein Volumenstrom von 100 $\mathrm{m_n^3/h}$ Methan (CH_4) von 25°C und 1 bar bei 20 % Luftüberschuss mit trockener Luft von 25°C zu einem Verbrennungsgas von 25°C und 1 bar verbrannt. Welchen Anteil hat die Kondensation des Wasserdampfes am Energieumsatz ?

Lösung

Die Bruttoreaktionsgleichung lautet

$$CH_4 + 1,2 \frac{2}{0,21} (0,21 \; O_2 + 0,79 \; N_2)$$

$$\rightarrow CO_2 + 2 \; H_2O + 2(1,2-1)O_2 + 1,2 \cdot 2 \cdot \frac{0,79}{0,21} \; N_2 \; .$$

Die Stoffmenge des Brennstoffs und die Zusammensetzung des Verbrennungsgases entsprechen den Daten aus Beispiel 2.10. Da Edukte und Produkte bei derselben Temperatur vorliegen, trägt zum thermischen Anteil der Enthalpieänderung nur die Wasserdampfkondensation bei. Die Berechnung der Kondensatmenge für die vorliegende Reaktion ergibt, vgl. Beispiel 2.10,

$$k = \frac{(x_{H_2O}^V - x_{S, H_2O}^V)v}{1 - x_{S, H_2O}^V} = 1,6585 \text{ mol } H_2O/\text{mol B} .$$

Die Verdampfungsenthalpie des Wassers beträgt bei 25°C nach Tabelle A1 $r = 2442,3$ kJ/kg. Damit folgt für den thermischen Anteil zur Enthalpiestromänderung

$$(\Delta\dot{H})_{\text{therm}} = \dot{n}_{CH_4}(-kr) = 1,2393 \frac{\text{mol}}{\text{s}}[-1,6585 \cdot 2442,3 \cdot 18,015] \frac{\text{J}}{\text{mol}}$$
$$= -90433 \text{ W} .$$

Der chemische Anteil der Enthalpieänderung berechnet sich zu

$$(\Delta\dot{H})_{\text{chem}} = \dot{n}_{CH_4} \left[1 \cdot \Delta h_{CO_2}^{f,0}(g) + 2 \cdot \Delta h_{H_2O}^{f,0}(g) - 1 \cdot \Delta h_{CH_4}^{f,0}(g) \right]$$
$$= 1,2393 \frac{\text{mol}}{\text{s}}[-393522 - 2 \cdot 241827 + 74873] \frac{\text{J}}{\text{mol}}$$
$$= 1,2393(-802303) \frac{\text{J}}{\text{s}} = -994294 \text{ W} .$$

Die gesamte Enthalpiestromänderung beträgt daher

$$(\Delta\dot{H}) = (\Delta\dot{H})_{\text{therm}} + (\Delta\dot{H})_{\text{chem}}$$
$$= -90433 - 994294 = -1084727 \text{ W} = -1,08 \text{ MW} .$$

Der Anteil der Wasserdampfkondensation am gesamten Energieumsatz im Brennwertkessel beträgt daher ca. 10 %.

4.4.3 Der Heizwert

Die bisher dargestellte Auswertung des chemischen Anteils der Enthalpieänderung setzt voraus, dass alle beteiligten Stoffströme aus definierten chemischen Verbindungen zusammengesetzt sind, für die Bildungsenthalpien angegeben werden können. Dies gilt nicht bei allen chemischen Stoffumwandlungen, insbesondere nicht für Verbrennungsprozesse mit flüssigen Brennstoffen wie z.B. Heizöl oder festen Brennstoffen wie Kohle. In solchen Fällen drückt man den chemischen Anteil zur Enthalpiedifferenz nicht durch eine Differenz von Standardbildungsenthalpien, sondern durch den so genannten Heizwert H_u aus. Der Heizwert ist bei einer beliebigen Bezugstemperatur t_0, die nicht die Standardtemperatur sein muss, definiert durch

$$H_u(t_0) = h_B(t_0) + lh_L(t_0) - vh_V(t_0) = -(\Delta h)_{\text{chem}} . \tag{4.82}$$

Häufig, aber nicht notwendig, wird als Bezugstemperatur die Standardtemperatur gewählt, d.h. $t_0 = t^0 = 25$°C. Je nach der Definition von v und l ist H_u der spezifische, d.h. auf die Masse des Brennstoffs bezogene, oder der molare, d.h. auf die Stoffmenge des Brennstoffs bezogene Heizwert bei der Temperatur t_0. Zahlenwerte für H_u sind für die meisten Brennstoffe vertafelt, vgl.

Tabelle A6. Sie beziehen sich auf ein Verbrennungsgas, das durch vollständige Verbrennung entstanden und dessen Wassergehalt gasförmig, d.h. nicht kondensiert ist. Dementsprechend ist $h_V(t_0)$ formal die spezifische bzw. molare Enthalpie eines Verbrennungsgases, dessen Wasser bei t_0 gasförmig vorliegt, obwohl in der Regel bei $t_0 = 25°C$ ein großer Teil des Wassers aus dem Verbrennungsgas kondensiert ist. Wenn bei der Abkühlung des Verbrennungsgases auf die Temperatur t_V der Wasserdamptaupunkt tatsächlich unterschritten wird, dann ist die entsprechende Enthalpieänderung auf Grund der Wasserdampfkondensation im thermischen Anteil der Energiebilanz zu berücksichtigen, und es gilt für die gesamte Enthalpieänderung, bezogen auf die Materiemenge des Brennstoffs, vgl. (4.57) bis (4.59),

$$\Delta h = v\left[h_V^{ig}(t_V) - h_V^{ig}(t_0)\right] - [h_B(t_B) - h_B(t_0)] - l\left[h_L^{ig}(t_L) - h_L^{ig}(t_0)\right]$$
$$- kr - H_u(t_0) \ . \tag{4.83}$$

Hier ist k wieder die Masse oder Stoffmenge des kondensierten Wassers pro Masse oder Stoffmenge des Brennstoffs und r seine spezifische bzw. molare Verdampfungsenthalpie bei t_V. Die Enthalpieänderung des Verbrennungsgases von t_V nach t_0 in (4.83) bezieht sich nur auf den „fühlbaren" Anteil, kann also nach dem Stoffmodell „Ideales Gasgemisch" berechnet werden.

Die physikalische Bedeutung des Heizwerts wird klar, wenn man den Fall betrachtet, dass Brennstoff und Luft bei der Temperatur t_0 zugeführt und das Verbrennungsgas auf t_0 abgekühlt werden. Dann gilt bei vollständiger Verbrennung für die gesamte Enthalpieänderung nach (4.83)

$$\Delta h = -H_u(t_0) - kr \ .$$

Demnach bedeutet der spezifische oder molare Heizwert die sich bei der vollständigen Verbrennung pro Masse bzw. pro Stoffmenge Brennstoff ergebende Enthalpieänderung, wenn das Verbrennungsgas bis auf die Temperatur abgekühlt wird, mit der Luft und Brennstoff zugeführt werden, und das Wasser im Verbrennungsgas gasförmig ist. Bei Kondensatanfall ist zur Berechnung der Enthalpieänderung der Korrekturterm (kr) zu berücksichtigen. Da Enthalpieänderungen messbar sind, ist mit dieser Interpretation der Heizwert eine messbare Größe, durch die die Enthalpienullpunkte der verschiedenen Stoffe aufeinander abgestimmt werden. Er ist eine Eigenschaft des Brennstoffs und nicht davon abhängig, ob die Verbrennung mit reinem Sauerstoff oder mit Luft, mit hohem oder mit niedrigem Luftüberschuss durchgeführt wird, wenn sie nur vollständig ist. Das bei Luftüberschuss überschüssige N_2 und O_2 hebt sich energetisch aus der Bilanz heraus, da alle Enthalpien auf die Temperatur t_0 bezogen sind. Wenn sämtliches Wasser im Verbrennungsgas kondensiert ist, bezeichnet man die Summe von $H_u(t_0)$ und der Kondensationsenthalpie des Wassers als Brennwert $H_o(t_0)$.

Für Brennstoffe aus chemisch definierten Verbindungen kann der Heizwert H_u aus einer Differenz von Standardbildungsenthalpien berechnet werden.

Da die Standardbildungsenthalpien auf die Standardtemperatur $t^0 = 25°C$ bezogen sind, muss diese Temperatur auch für den Heizwert benutzt werden. Es gilt dann für den molaren Heizwert nach (4.82)

$$-H_\mathrm{u}(t^0) = v \left\{ \sum x_i^\mathrm{V} \Delta h_i^{\mathrm{f},0}(g) \right\} - \sum x_i^\mathrm{B} \Delta h_i^{\mathrm{f},0}(g) \ . \tag{4.84}$$

Bei bekannter, auf 1 mol Brennstoff bezogener Bruttoreaktionsgleichung der Verbrennung reduziert sich dies auf

$$-H_\mathrm{u}(t^0) = \sum \nu_i \Delta h_i^{\mathrm{f},0} = \Delta h^\mathrm{R}(t^0) \ , \tag{4.85}$$

wobei ν_i die stöchiometrischen Koeffizienten der Komponenten in der zugehörigen Bruttoreaktionsgleichung sind und Δh^R als Reaktionsenthalpie bezeichnet wird. Alle über den stöchiometrischen Umsatz hinausgehenden Stoffmengen haben wegen der festen Bezugstemperatur keinen energetischen Effekt. Als Standardbildungsenthalpie vom Wasser ist diejenige im Standardzustand des reinen idealen Gases bei $t^0 = 25°C$ zu verwenden, da sich definitionsgemäß der Heizwert auf gasförmiges Wasser im Verbrennungsgas bezieht.

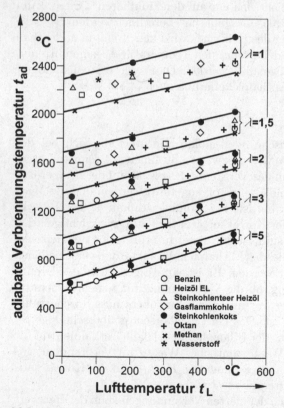

Abb. 4.29. Adiabate Verbrennungstemperatur für einige Brennstoffe

Die Energiebilanz bei Verbrennungsprozessen kann z.B. dazu dienen, die so genannte adiabate Verbrennungstemperatur t_{ad} zu berechnen. Dies ist diejenige Temperatur, die sich bei einer adiabaten Verbrennung, d.h. einer Verbrennung ohne Wärmeabfuhr einstellt. Es gilt dann

$$0 = v\left[h_V(t_{ad}) - h_V(t_0)\right] - \left[h_B(t_B) - h_B(t_0)\right] - l\left[h_L(t_L) - h_L(t_0)\right]$$
$$- kr - H_u(t_0) \ . \tag{4.86}$$

In der Regel ist bei t_{ad} alles Wasser im Verbrennungsgas gasförmig, d.h. $k = 0$. Die Verbrennungstemperatur t_{ad} ist insofern theoretisch, als sie von einer vollständigen Verbrennung ohne Dissoziationseffekte ausgeht und nicht die praktisch unvermeidbare Wärmeabstrahlung des Verbrennungsgases berücksichtigt. Die tatsächliche bei der Verbrennung erreichte Temperatur ist daher niedriger. Für einige Brennstoffe ist in Abb. 4.29 die adiabate Verbrennungstemperatur bei vollständiger Verbrennung über der Lufttemperatur bei verschiedenen Luftverhältnissen aufgetragen. Allgemein nimmt die adiabate Verbrennungstemperatur mit zunehmender Lufttemperatur zu und mit zunehmendem Luftverhältnis ab. Es ergeben sich für die unterschiedlichen Brennstoffe Wertebereiche, die mit zunehmendem Luftverhältnis enger werden, da sich die Unterschiede in den Verbrennungsgasen unterschiedlicher Brennstoffe mit zunehmenden Luftverhältnissen verringern. Abb. 4.29 kann zum Ablesen grober Schätzwerte der adiabaten Verbrennungstemperatur für die meisten Brennstoffe dienen.

Beispiel 4.21

Man berechne die adiabate Verbrennungstemperatur, die sich bei der Verbrennung von Heptan (C_7H_{16}, $H_u(t_0) = 4465 \cdot 10^3$ kJ/kmol) mit der Mindestluftmenge einstellt, wenn Luft und Brennstoff mit der Temperatur $t_0 = 25°C$ zugeführt werden.

Lösung

Die stöchiometrische Bruttoreaktionsgleichung lautet

$$C_7H_{16} + \frac{11}{0,21}(0,21\ O_2 + 0,79\ N_2) \rightarrow 7\ CO_2 + 8\ H_2O + \frac{11}{0,21} \cdot 0,79\ N_2 \ .$$

Nach (4.86) führt die Auswertung der Enthalpiebilanz auf

$$0 = (\Delta h)_{therm} + (\Delta h)_{chem}$$
$$= 7\left[h_{CO_2}^{ig}(t_{ad}) - h_{CO_2}^{ig}(t_0)\right] + 8\left[h_{H_2O}^{ig}(t_{ad}) - h_{H_2O}^{ig}(t_0)\right]$$
$$+ 41,38\left[h_{N_2}^{ig}(t_{ad}) - h_{N_2}^{ig}(t_0)\right] - H_u(t_0) \ .$$

Die Gleichung wird iterativ nach der adiabaten Verbrennungstemperatur gelöst. Es ergibt sich:

$$t_{ad} = 2118,8°C \ .$$

Da Heptan eine definierte chemische Verbindung ist, kann die Aufgabe auch ohne Angabe des Heizwertes mit Hilfe der Standardbildungsenthalpien der Komponenten gelöst werden. Für den chemischen Anteil zur Enthalpiedifferenz ergibt sich dann bei Verwendung der Standardbildungsenthalpien aus Tabelle A2 sowie einem Wert von $\Delta h_{\mathrm{C_7H_{16}}}^{\mathrm{f,0}}(\mathrm{l}) = -224400$ kJ/kmol für Heptan

$$
\begin{aligned}
(\Delta h)_{\mathrm{chem}} &= 7 h_{\mathrm{CO_2}}^{\mathrm{ig}}(t^0) + 8 h_{\mathrm{H_2O}}^{\mathrm{ig}}(t^0) - h_{\mathrm{C_7H_{16}}}^{\mathrm{l}}(t^0) - 11 h_{\mathrm{O_2}}^{\mathrm{ig}}(t^0) \\
&= 7 \Delta h_{\mathrm{CO_2}}^{\mathrm{f,0}}(\mathrm{g}) + 8 \Delta h_{\mathrm{H_2O}}^{\mathrm{f,0}}(\mathrm{g}) - \Delta h_{\mathrm{C_7H_{16}}}^{\mathrm{f,0}}(\mathrm{l}) \\
&= 7 \cdot (-393522) - 8 \cdot 241827 + 224400 \\
&= -4464870 \text{ kJ/kmol} .
\end{aligned}
$$

Dies steht in guter Übereinstimmung mit dem Heizwert von Heptan.

Auch bei vielen chemischen Stoffumwandlungen, die nicht als vollständige Verbrennungen anzusehen sind, lässt sich der chemische Anteil der Enthalpieänderung auf die Heizwerte der beteiligten Stoffe zurückführen. Dabei wird jeder Stoff, der oxidierbar ist, formal als Brennstoff angesehen. Durch Hinzufügen der für die vollständige Oxidation erforderlichen Sauerstoffmenge für alle oxidierbaren Stoffe auf beiden Seiten der Reaktionsgleichung wird die betrachtete chemische Stoffumwandlung formal in eine vollständige Verbrennung mit zu- und abgeführten Brennstoffen transformiert. Da die Atomzahl der oxidierbaren Elemente auf beiden Seiten der Reaktionsgleichung wegen der Elementenerhaltung identisch ist, fällt die hinzugefügte Sauerstoffmenge bei gleicher Bezugstemperatur aus der Energiebilanz heraus. Man findet, dass der chemische Anteil der Enthalpieänderung allgemein durch die Differenz der Heizwerte der beteiligten Stoffe ausgedrückt werden kann. So gilt z.B. für die Eisenoxidreduktion im Hochofen die Bruttoreaktionsgleichung

$$
\mathrm{Fe_2O_3} + 3\,\mathrm{CO} \rightarrow 2\,\mathrm{Fe} + 3\,\mathrm{CO_2} .
$$

Bei dieser chemischen Stoffumwandlung sind die Stoffe CO und Fe oxidierbar und werden daher formal als Brennstoffe angesehen. Die chemische Enthalpieänderung dieser Reaktion lautet bei der Bezugstemperatur t^0

$$
(\Delta h)_{\mathrm{chem}} = 2 h_{\mathrm{Fe}}(t^0) + 3 h_{\mathrm{CO_2}}(t^0) - h_{\mathrm{Fe_2O_3}}(t^0) - 3 h_{\mathrm{CO}}(t^0) .
$$

Wir fügen nun die zur vollständigen Oxidation der Brennstoffe erforderliche Sauerstoffmenge hinzu und erhalten damit die Energiebilanz in der Form

$$
\begin{aligned}
(\Delta h)_{\mathrm{chem}} = {}& 2 h_{\mathrm{Fe}}(t^0) + \frac{3}{2} h_{\mathrm{O_2}}(t^0) + 3 h_{\mathrm{CO_2}}(t^0) \\
&- h_{\mathrm{Fe_2O_3}}(t^0) - 3 h_{\mathrm{CO}}(t^0) - \frac{3}{2} h_{\mathrm{O_2}}(t^0) .
\end{aligned}
$$

Mit dem Heizwert von Fe nach

$$
H_{\mathrm{u,Fe}}(t^0) = h_{\mathrm{Fe}}(t^0) + \frac{3}{4} h_{\mathrm{O_2}}(t^0) - \frac{1}{2} h_{\mathrm{Fe_2O_3}}(t^0)
$$

sowie dem Heizwert von CO nach

$$H_{u,CO}(t^0) = h_{CO}(t^0) + \frac{1}{2}h_{O_2}(t^0) - h_{CO_2}(t^0)$$

lässt sich die chemische Enthalpieänderung schreiben als

$$(\Delta h)_{chem} = 2H_{u,Fe} - 3H_{u,CO} \ .$$

Sie ergibt sich somit einfach aus der Differenz der Heizwerte der oxidierbaren Stoffe. Für Stoffe wie Fe, die nicht unter Wärmeentwicklung verbrannt werden können, und deren Heizwert daher nicht experimentell zu bestimmen ist, berechnet sich der Heizwert aus den Standardbildungsenthalpien der beteiligten Komponenten nach (4.85).

Beispiel 4.22

In einen kontinuierlich betriebenen Hochofen werden zur Erzeugung von 1000 kg Roheisen (RE) 1619 kg Möller (M), 410 kg Koks (K), 54 kg Schweröl (SO) und 1280 kg Heißwind (W) eingeführt. Der Möller besteht aus Eisenoxid (Fe_2O_3) und Schlacke. Aus dem Hochofen treten außer dem Roheisen 294 kg Schlacke (S) und 2069 kg Gichtgas (GG) aus, vgl. Abb. B 4.22.1. Das Roheisen enthält pro Tonne

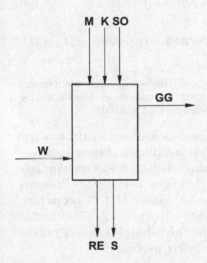

Abb. B 4.22.1. Stoffumwandlungen im Hochofen

45,28 kg Kohlenstoff (C). Es gelten die folgenden Heizwerte, jeweils bei $t^0 = 25°C$.

$H_{u,K} = 29864$ kJ/kg

$H_{u,SO} = 41020$ kJ/kg

$H_{u,GG} = 2685$ kJ/kg

$H_{u,C} = 32763$ kJ/kg

$H_{u,Fe} = 7379$ kJ/kg .

Man berechne den Energieumsatz auf Grund von chemischen Stoffumwandlungen.

Lösung

Der chemische Anteil der Enthalpieänderung bei den Stoffumwandlungen im Hochofenprozess bei der Temperatur t^0 lautet, vgl. Abb. B 4.22.1,

$$(\Delta H)_{\text{chem}} = m_{\text{RE}}h_{\text{RE}}(t^0) + m_{\text{S}}h_{\text{S}}(t^0) + m_{\text{GG}}h_{\text{GG}}(t^0)$$
$$- [m_{\text{M}}h_{\text{M}}(t^0) + m_{\text{K}}h_{\text{K}}(t^0) + m_{\text{SO}}h_{\text{SO}}(t^0) + m_{\text{W}}h_{\text{W}}(t^0)] \ .$$

Wir führen nun ein, dass das Roheisen aus dem elementaren Eisen (Fe) und Kohlenstoff besteht und der Möller aus Fe_2O_3 und Schlacke. Es gilt also

$$(\Delta H)_{\text{chem}} = m_{\text{Fe}}h_{\text{Fe}}(t^0) + m_{\text{C,RE}}h_{\text{C}}(t^0) + m_{\text{S}}h_{\text{S}}(t^0) + m_{\text{GG}}h_{\text{GG}}(t^0)$$
$$- [m_{Fe_2O_3}h_{Fe_2O_3}(t^0) + m_{\text{S,M}}h_{\text{S}}(t^0) + m_{\text{K}}h_{\text{K}}(t^0) + m_{\text{SO}}h_{\text{SO}}(t^0)$$
$$+ m_{\text{W}}h_{\text{W}}(t^0)] \ .$$

Hier bedeuten $m_{\text{C,RE}}$ die Masse des Kohlenstoffs im Roheisen und $m_{\text{S,M}}$ die Masse der Schlacke im Möller. Der restliche Anteil an der aus dem Hochofen austretenden Schlacke m_{S} stammt aus dem Koks. Wir ersetzen nun die Enthalpien aller oxidierbaren Stoffe durch ihre Heizwerte und finden

$$(\Delta H)_{\text{chem}} = m_{\text{Fe}}H_{\text{u,Fe}}(t^0) + m_{\text{C,RE}}H_{\text{u,C}}(t^0) + m_{\text{GG}}H_{\text{u,GG}}(t^0)$$
$$- m_{\text{K}}H_{\text{u,K}}(t^0) - m_{\text{SO}}H_{\text{u,SO}}(t^0)$$
$$= 954,72 \cdot 7379 + 45,28 \cdot 32763 + 2069 \cdot 2685 - 410 \cdot 29864 - 54 \cdot 41020$$
$$= -375667 \text{ kJ} \ .$$

Die austretenden Stoffe haben in einem isothermen Hochofen einen niedrigeren Energieinhalt als die eintretenden, d.h. der Prozess ist insgesamt exotherm. Es muss also Wärme abgeführt werden, d.h. der Hochofen wird gekühlt.

In den bisherigen Beispielen wurde gezeigt, wie die Differenzen der inneren Energie bzw. Enthalpie bei chemischen Zustandsänderungen ausgewertet werden können. Prozessenergien waren noch nicht beteiligt. Selbstverständlich lassen sich auch bei chemischen Zustandsänderungen komplexere Prozesse mit Wärme- und/oder Arbeitstransfer behandeln. Beispiel 4.23 betrachtet einen solchen Prozess eines geschlossenen Systems, Beispiel 4.24 einen analogen in einem offenen System. Beispiel 4.25 schließlich behandelt einen Prozess, bei dem sowohl Wärme als auch Arbeit transferiert werden.

Beispiel 4.23

Flüssiges Aceton (C_3H_6O) wird mit Luft in einem geschlossenen Behälter ($V = 1$ dm^3) vollständig verbrannt. Der Behälter ist zu Beginn mit Luft gefüllt ($t_1 = 25°C$, $p_1 = 7$ bar), in die 1 cm^3 flüssiges Aceton mit $t_1 = 25°C$ eingespritzt wird. Über zwei Elektroden wird das Brennstoff/Luft-Gemisch gezündet. Nach Einstellung des thermischen Gleichgewichts im System ergibt sich eine Temperatur von $t_2 = 35°C$. Welche Wärme wird abgegeben?

Daten von Aceton:

$$\rho(25°C) = 791 \text{ kg/m}^3; \quad H_{\text{u}}\,(25°C) = 1658 \text{ kJ/mol}; \quad M = 58,1 \text{ kg/kmol}$$

Lösung

Die während des Prozesses an den Behälter abgegebene Wärme berechnet sich, da Arbeit nicht transferiert wird, nach (4.20) aus der Beziehung

$$Q_{12} = U_2 - U_1 \ .$$

Hierbei ist U_2 die innere Energie des Verbrennungsgases im Zustand 2 und U_1 die innere Energie des Brennstoff/Luft-Gemisches vor der Zündung. Formales Einführen der Enthalpie erlaubt die Nutzung tabellierter Enthalpiedaten und führt auf

$$Q_{12} = n_B v \left[h_V^{ig}(t_2) - h_V^{ig}(t_1) \right] - n_B kr - n_B H_u(t_1) - V(p_2 - p_1) \ .$$

Zur Auswertung der Energiebilanz benötigt man die Menge des Brennstoffs, die Menge und die Zusammensetzung des Verbrennungsgases, den Anteil k des kondensierten Wassers und den Druck im Zustand 2.

Die Stoffmenge des Brennstoffs ergibt sich aus dem eingespritzten Volumen, der Molmasse und der Dichte zu

$$n_B = V_B \rho_B / M_B$$

$$= 1 \, \text{cm}^3 \cdot 10^{-6} \, \frac{\text{m}^3}{\text{cm}^3} \cdot 791 \, \frac{\text{kg}}{\text{m}^3} / 58,1 \, (\text{kg/kmol})$$

$$= 0,01361 \, \text{mol} \ .$$

Die Stoffmenge der Luft folgt aus dem idealen Gasgesetz zu

$$n_L = \frac{pV}{RT} = \frac{7 \cdot 10^5 (\text{N/m}^2) \cdot 10^{-3} \text{m}^3}{8,315 \, (\text{Nm/mol K}) \cdot 298,15 \, \text{K}} = 0,2824 \, \text{mol} \ .$$

Mit diesen Daten und der Bruttoreaktionsgleichung der Aceton-Verbrennung lässt sich zunächst die Menge und die Zusammensetzung des Verbrennungsgases berechnen. Aus der Bruttoreaktionsgleichung

$$C_3H_6O + 4 \, O_2 \rightarrow 3 \, CO_2 + 3 \, H_2O$$

folgt als Stoffmengenbilanz der betrachteten Verbrennung von Aceton, bezogen auf 1 mol Brennstoff,

$$C_3H_6O + 20,75 \, L \rightarrow 3 \, CO_2 + 3 \, H_2O + 16,39 \, N_2 + 0,36 \, O_2 \ .$$

Die auf die Brennstoffmenge bezogene Abgasmenge beträgt also

$$v = 22,75 \, \text{mol V} \, / \, \text{mol B} \ .$$

Der Anteil des kondensierten Wassers berechnet sich aus

$$k = \frac{(x_{H_2O}^V - x_{S, \, H_2O}^V) \cdot v}{1 - x_{S, \, H_2O}^V} \ ,$$

mit $x_{S, \, H_2O}^V$ als dem Stoffmengenanteil des Wassers im Verbrennungsgas bei Sättigung. Der gesamte Stoffmengenanteil des Wassers im Verbrennungsgas beträgt

$$x_{H_2O}^V = \frac{3}{22,75} = 0,1319 \ .$$

Der Sättigungsstoffmengenanteil

$$x^V_{S,\,H_2O} = \frac{p_{s,\,H_2O}(35^\circ C)}{p_2}$$

hängt vom noch unbekannten Enddruck p_2 ab. Dieser folgt aus der Beziehung

$$p_2 = \frac{n_B(v-k)RT_2}{V}\ ,$$

wenn das Volumen des flüssigen Wassers gegenüber dem Gesamtvolumen V vernachlässigt wird. Aus diesen Beziehungen ergeben sich der Anteil des kondensierten Wassers und der Enddruck p_2 durch Iteration. Die Berechnung konvergiert für k = 2,839 mol H_2O/mol B und einen Druck p_2 = 6,943 bar. Damit ergibt sich die abgegebene Wärme zu

$$\begin{aligned}
Q_{12} &= 0,0408\left[h^{ig}_{CO_2}(35) - h^{ig}_{CO_2}(25)\right] + 0,0408\left[h^{ig}_{H_2O}(35) - h^{ig}_{H_2O}(25)\right]\\
&\quad + 0,2231\left[h^{ig}_{N_2}(35) - h^{ig}_{N_2}(25)\right] + 0,0049\left[h^{ig}_{O_2}(35) - h^{ig}_{O_2}(25)\right]\\
&\quad - 0,0386 \cdot 2418,6 \cdot 18,015 \cdot 10^{-3} - 0,01361 \cdot 1658 - 10^{-1}(6,943 - 7,000)\\
&= 0,01583 + 0,01383 + 0,09091 + 0,00145 - 1,68184 - 22,565 + 0,0057\\
&= -24,120\ kJ\ .
\end{aligned}$$

Verbrennungsprozesse in offenen Systemen können oft als stationäre Fließprozesse betrachtet werden. Ein Beispiel ist die Feuerung in einem Kessel, vgl. Beispiel 4.24.

Beispiel 4.24

Für den in Beispiel 3.7 betrachteten Dampferzeuger eines 2 x 600 MW Steinkohlekraftwerks berechne man den von der Feuerung abgegebenen Wärmestrom, den Kesselwirkungsgrad und den Abgasverlust, wenn das Rauchgas bei Verlassen des Dampferzeugers eine Temperatur von $t_V = 150^\circ C$ hat und der Brennstoff sowie die Luft bei $t_u = 25^\circ C$ zugeführt werden, vgl. Abb. B 4.24.1. Die Enthalpieänderung der Asche soll vernachlässigt werden. Die Kohle habe bezogen auf den Verwendungszustand einen spezifischen Heizwert von H_u = 28 MJ/kg bei $t = 25^\circ C$. Der Dampferzeuger werde als adiabater Apparat modelliert.

Lösung

Nach Beispiel 3.7 lautet die Massenbilanz, d.h. die Bruttoreaktionsgleichung, für den Brennstoff (B) im Verwendungszustand

1, 15 kg B + 14, 482 kg L → 3, 045 kg CO_2

     + 0, 533 kg H_2O + 0, 018 kg SO_2 + 11, 167 kg N_2 + 0, 769 kg O_2 + 0, 1 kg A .

Die Energiebilanz lautet entsprechend, bezogen auf 1 kg Brennstoff im Verwendungszustand

$$\begin{aligned}
q &= v\left[h_V(t_V) - h_V(t_u)\right] - H_u(t_u)\\
&= \frac{1}{1,15}\Big\{3,045\left[h^{ig}_{CO_2}(150) - h^{ig}_{CO_2}(25)\right] + 0,533\left[h^{ig}_{H_2O}(150) - h^{ig}_{H_2O}(25)\right]\\
&\quad + 0,018\left[h^{ig}_{SO_2}(150) - h^{ig}_{SO_2}(25)\right] + 11,167\left[h^{ig}_{N_2}(150) - h^{ig}_{N_2}(25)\right]\\
&\quad + 0,769\left[h^{ig}_{O_2}(150) - h^{ig}_{O_2}(25)\right]\Big\} - H_u(25^\circ C)\\
&= (\Delta h)_{therm} + (\Delta h)_{chem}\ .
\end{aligned}$$

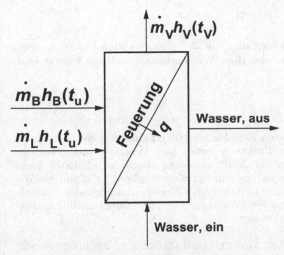

Abb. B 4.24.1. Zur Energiebilanz der Feuerung

Die partiellen spezifischen Enthalpien eines idealen Gasgemisches sind gleich den entsprechenden Reinstoffenthalpien. Mit der Tabelle A3 aus dem Anhang A für die Temperaturabhängigkeit der molaren Enthalpien der betrachteten Komponenten im idealen Gaszustand folgt somit für den thermischen Anteil zur Enthalpieänderung

$$(\Delta h)_{\text{therm}} = \frac{1}{1,15} \left\{ 3,045 \cdot \frac{1}{44,011} \cdot 5005 + 0,533 \cdot \frac{1}{18,015} \cdot 4255 \right.$$

$$+ 0,018 \cdot \frac{1}{64,063} \cdot 5294 + 11,167 \frac{1}{28,013} \cdot 3652$$

$$\left. + 0,769 \cdot \frac{1}{31,999} \cdot 3737 \right\} = 1756 \text{ kJ/kg B}.$$

Zusammen mit der chemischen Enthalpieänderung von

$$(\Delta h)_{\text{chem}} = -H_u(25^\circ\text{C}) = -28000 \text{ kJ/kg B}$$

ergibt sich die abgegebene Wärme pro Masse Brennstoff zu

$$q = 1756 - 28000 = -26244 \text{ kJ/kg B}.$$

Insgesamt werden dem Kraftwerk im Jahr 3, 22 Mio. t Steinkohle bezogen auf den Verwendungszustand zugeführt. Bei 8760 Jahresbetriebsstunden beträgt damit der abgegebene Wärmestrom

$$\dot{Q} = \Delta \dot{H} = -3,22 \cdot 10^9 \text{ kg B}/(8760 \cdot 3600\text{s}) \cdot 26244 \text{ kJ/kg B} = -2680 \text{ MW}.$$

Dieser Wärmestrom wird vom heißen Rauchgas an das Wasser abgegeben.

Der Abgasverlust des Dampferzeugers ist derjenige Energiestrom, der mit dem heißen Abgas ungenutzt in die Umgebung strömt. Bezogen auf den Heizwert ergibt er sich im betrachteten Fall zu

$$a = \frac{\upsilon\left[h_V(t_V) - h_V(t_u)\right]}{H_u} = \frac{1756}{28000} = 0,063 \ .$$

Der Kesselwirkungsgrad η_K bezeichnet den Anteil der eingesetzten Primärenergie, der dem gewünschten Nutzeffekt, also dem Wärmestrom $\dot{Q}$ zugute kommt und beträgt demnach

$$\eta_K = \frac{\dot{Q}}{\dot{m}_B H_u} = 1 - a = 0,937 \ .$$

Der Dampferzeuger des betrachteten Steinkohlekraftwerks nutzt somit den Heizwert des Brennstoffs zu 94 % aus. Praktisch treten auch Wärmeverluste über die festen Wände auf, die hier wegen der Annahme eines insgesamt adiabaten Kessels nicht berücksichtigt sind. Sie reduzieren den Kesselwirkungsgrad um wenige Prozentpunkte. Weitere geringfügige Einbußen des Kesselwirkungsgrades ergeben sich bei realen Kesseln durch den heißen Ascheaustrag sowie durch unvollständige Verbrennung und Dissoziationsreaktionen.

Auch die Prozesse in gekühlten Motoren sind stationäre Fließprozesse mit chemischen Reaktionen, wobei hier die Prozessenergien Wärme und Arbeit gemeinsam beteiligt sind.

Beispiel 4.25

Ein Blockheizkraftwerk (BHKW), z.B. ein Verbrennungsmotor mit Einrichtungen zur Auskopplung von Wärme aus dem heißen Abgas und aus dem aufgeheizten Kühlmittel, wandelt die innere Energie eines Brennstoffs in technische Arbeit, Wärme und Enthalpieströme von Abgas und Kühlmittel um. Ein spezielles BHKW werde mit Methan ($\dot{m}_{CH4} = 118$ kg/h) betrieben, das mit dem für eine Verbrennung erforderlichen Mindestluftstrom vollständig verbrannt wird. Die technische Leistung beträgt $P_t = 0{,}6$ MW. Welche Wärme kann aus dem BHKW ausgekoppelt werden, wenn Methan und Luft mit $t^0 = 25°C$ zugeführt werden und das Abgas nach der Wärmeauskopplung eine Temperatur von 400 K hat?

Lösung

Abb. B 4.25.1 zeigt das Schema des BHKW. Die Energiebilanz lautet, wenn äußere Energien wiederum vernachlässigt werden,

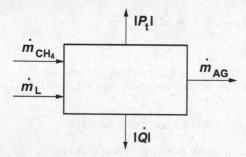

Abb. B 4.25.1. Schema des Blockheizkraftwerks

$$P_\mathrm{t} + \dot{Q} = \Delta \dot{H} \ .$$

Da hier P_t und $\dot{Q}$ aus dem System abgeführt werden, schreiben wir explizit

$$0 = \Delta \dot{H} + |P_\mathrm{t}| + |\dot{Q}| \ .$$

Wir benötigen einen Zahlenwert für die Enthalpiedifferenz. Die Bruttoreaktionsgleichung der vollständigen Verbrennung von Methan lautet

$$CH_4 + 2\,O_2 \to CO_2 + 2\,H_2O \ .$$

Mit der Mindestluftmenge folgt daraus, wenn 1 mol Luft aus 0,21 mol Sauerstoff und 0,79 mol Stickstoff bestehen,

$$CH_4 + \frac{2}{0,21}(0,21\,O_2 + 0,79\,N_2) \to CO_2 + 2\,H_2O + \frac{2}{0,21}0,79\,N_2 \ .$$

Dies ist die Stoffmengenbilanz des Blockheizkraftwerks. Auf der linken Seite steht das eintretende Luft/Brennstoff-Gemisch, auf der rechten Seite das austretende Verbrennungsgas. Damit lautet die Enthalpieänderung pro mol CH_4, wenn wir das Stoffmodell des idealen Gasgemisches verwenden,

$$
\begin{aligned}
\Delta h &= \left[h^\mathrm{ig}_{CO_2}(400\text{ K}) - h^\mathrm{ig}_{CO_2}(t^0) \right] + 2 \left[h^\mathrm{ig}_{H_2O}(400\text{ K}) - h^\mathrm{ig}_{H_2O}(t^0) \right] \\
&\quad + 7{,}52 \left[h^\mathrm{ig}_{N_2}(400\text{ K}) - h^\mathrm{ig}_{N_2}(t^0) \right] + h^\mathrm{ig}_{CO_2}(t^0) + 2h^\mathrm{ig}_{H_2O}(t^0) + 7{,}52 h^\mathrm{ig}_{N_2}(t^0) \\
&\quad - h^\mathrm{ig}_{CH_4}(t^0) - 2h^\mathrm{ig}_{O_2}(t^0) - 7{,}52 h^\mathrm{ig}_{N_2}(t^0) = (\Delta h)_\mathrm{therm} + (\Delta h)_\mathrm{chem} \ .
\end{aligned}
$$

Für den thermischen Anteil zur Enthalpiedifferenz ergibt sich mit Tabelle A3 im Anhang A

$$
\begin{aligned}
(\Delta h)_\mathrm{therm} &= 4008 + 2 \cdot 3452 + 7{,}52 \cdot 2971 \\
&= 33254 \text{ J/mol } CH_4 \ .
\end{aligned}
$$

Für den chemischen Anteil zur Enthalpiedifferenz folgt unter Verwendung der Standardbildungsenthalpien der Tabelle A2

$$
\begin{aligned}
(\Delta h)_\mathrm{chem} &= h^\mathrm{ig}_{CO_2}(t^0) + 2h^\mathrm{ig}_{H_2O}(t^0) - h^\mathrm{ig}_{CH_4}(t^0) - 2h^\mathrm{ig}_{O_2}(t^0) \\
&= \Delta h^\mathrm{f,0}_{CO_2}(g) + 2\Delta h^\mathrm{f,0}_{H_2O}(g) - \Delta h^\mathrm{f,0}_{CH_4}(g) \\
&= -393522 - 2 \cdot 241827 + 74873 \\
&= -802303 \text{ J/mol } CH_4 \ .
\end{aligned}
$$

Ein Massenstrom $\dot{m}_{CH_4} = 118$ kg/h entspricht einem Stoffmengenstrom von

$$\dot{n}_{CH_4} = \frac{118}{16,043}\frac{1000}{3600} = 2{,}04 \text{ mol/s} \ .$$

Damit ergibt sich die Enthalpiestromdifferenz zu

$$\Delta \dot{H} = \dot{n}_{CH_4}\Delta h = 2{,}04\,[33254 - 802303] \text{ W} = -1{,}57 \text{ MW} \ .$$

Der von dem BHKW abgegebene Wärmestrom beträgt daher

$$|\dot{Q}| = -\Delta \dot{H} - |P_\mathrm{t}| = 1{,}57 - 0{,}6 = 0{,}97 \text{ MW} \ .$$

Für den Fall vollständig vermiedener Wärmeverluste über die festen Wände repräsentiert dieser Wert den Wärmestrom, der insgesamt aus dem heißen Abgas und dem Kühlmittel für Nutzzwecke ausgekoppelt werden kann. Die zugehörigen Temperaturen der beiden Wärmeströme sind in der Regel unterschiedlich.

4.5 Das Energieflussbild

Das Prinzip der Energieerhaltung wird durch die Energiebilanzgleichung als mathematische Beziehung zwischen den Prozessgrößen Wärme und Arbeit auf der einen Seite und der Differenz von innerer Energie bzw. Enthalpie sowie einer Differenz von äußeren Energien auf der anderen Seite gefasst. Die äußeren Energien können oft vernachlässigt werden. Ein Quell- oder Senkenterm existiert für die Energie nicht.

Der Erhaltungssatz der Energie ist eine wertvolle Leitlinie bei der Analyse von Energieumwandlungen. Seine graphische Darstellung durch ein Energieflussbild in Form eines so genannten Sankey-Diagrammes vermittelt einen anschaulichen Eindruck vom Energiedurchsatz eines Prozesses. In einem solchen Energieflussbild werden den einzelnen Energieströmen Pfeile zugeordnet, die in eine Anlage hinein bzw. aus ihr herausführen und in ihrer Breite der Energiemenge entsprechen. Abb. 4.30 zeigt schematisch das Energieflussbild des in Abb. 3.3 dargestellten einfachen Heizkraftwerkes, dessen Massenflussbild in Abb. 3.4 gezeigt ist. Die Zustandsgrößen an den einzelnen Zustandspunkten

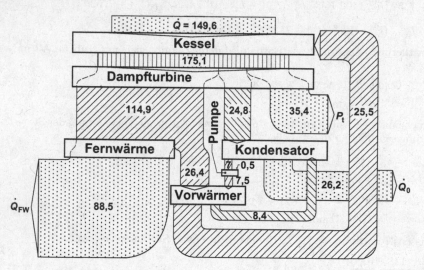

Abb. 4.30. Energieflussbild des Wasser-Dampf-Kreislaufs eines Heizkraftwerkes (Zahlen in MW)

sind in der Tabelle 4.1 zusammengestellt. Der Anlage wird ein Wärmestrom $\dot{Q}$ von 149,6 MW zugeführt. Die Turbine leistet eine technische Arbeit von 35,4 MW, wovon

Tabelle 4.1. Zustandsgrößen des Wasser/Dampf-Kreislaufs eines Heizkraftwerks

Zustandspunkt	Massenstrom kg/s	Temperatur °C	Druck bar	Enthalpie kJ/kg
1	51	500,0	50,00	3433,8
2	11	32,9	0,05	2256,4
3	51	32,9	0,05	137,8
4	51	34	50,00	146,9
5	51	118,6	50,00	501,3
6	40	208,6	5,00	2873,6
7	40	151,9	5,00	661,2
8	40	50	5,00	209,3
9	40	32,9	0,05	209,3

0,5 MW zum Antrieb der Speisepumpe in den Prozess zurückgeführt werden. Damit ist die als Nettoeffekt abgegebene technische Arbeit 34,9 MW. Der Fernwärme wird ein Wärmestrom von $\dot{Q}_{FW} = 88,5$ MW zugeführt. Im Kondensator wird ein Wärmestrom von 26,2 MW an die Umgebung abgeführt. Für die Prozessenergieströme Wärme und Arbeit lassen sich eindeutige Zahlenwerte angeben. Dies ist bei Enthalpieströmen nicht ohne Weiteres möglich, da die Enthalpie wie die innere Energie einen willkürlichen Nullpunkt hat. Bei Stoffströmen, die wie die des in Abb. 4.30 gezeigten Wasser-/Dampf-Kreislaufs im Kreis geführt werden, also den Prozess nicht verlassen, ist dies ohne Belang. Die Bilanzen sind unabhängig von der Wahl des Nullpunkts. In Abb. 4.30 wurde der Energienullpunkt der Wasserdampftafel zu Grunde gelegt, also $u'_{H_2O}(0,01°C) = 0$ kJ/kg. Grundsätzlich problematisch wird die Nullpunktsvereinbarung für Stoffströme, die den Prozess verlassen. In Industriebetrieben wird die Prozesswärmeversorgung häufig über Dampf realisiert. So könnte der aus der Dampfturbine mit dem Zustand 6 entlassene Dampf einer 5 bar-Dampfschiene zugeführt werden. Seine Darstellung im Energieflussbild würde dann als Wärmestrom vorgenommen, indem er auf die Umgebungstemperatur, z.B. $t_u = 15°C$, bezogen würde. Dem Dampf im Zustand 6 käme dann ein Wärmestrom von $\dot{Q}_{AB} = 40(63,0 - 2873,6) = -112,4$ MW zu, der auch als Abwärmestrom bezeichnet wird. Diese Bezeichnung ist thermodynamisch streng falsch, da der Dampfstrom im Zustand 6 energetisch kein Wärmestrom ist, sondern eben ein Enthalpiestrom, der z.B. auf Grund seines Druckes von 5 bar auch Arbeit leisten könnte. Sie ist aber im Hinblick auf die praktische Nutzung als Lieferant von Prozesswärme in der Regel unschädlich. Das nach dieser Nutzung verbleibende Druckpotenzial im Kondensat wird praktisch nicht in Arbeit umgewandelt, sondern entlastet die Speisepumpe bei der erneuten Erzeugung von Hochdruckdampf.

Grundsätzlich unübersichtlich wird das Energieflussbild, wenn Stoffströme energetisch darzustellen sind, die chemische Umwandlungen erfahren. Im Allgemeinen müssen dann die Enthalpien auf die der beteiligten Elemente im Standardzustand umgerechnet werden, wobei z.B. einem Wasserstrom ein hoher negativer Enthalpiestrom zuzurechnen wäre. Lediglich für Verbrennungsprozesse lässt sich dann mit Hilfe des Heizwertes die Energiebilanz anschaulich grafisch darstellen. Für allgemeine thermochemische Prozesse hat sich demgegenüber die Darstellung der detaillierten Energiebilanz in Form eines Energieflussbildes nicht durchgesetzt.

4.6 Kontrollfragen

4.1 Man berechne den Heizwert von Methan aus vertafelten Standardbildungsenthalpien!

4.2 Welche jährliche Energiemenge in MWh benötigt die Heizung eines Einfamilienhauses, welches in diesem Zeitraum 2000 m^3 Erdgas bei Normalbedingungen verbraucht ($H_u = 36000$ kJ/m$_n^3$)?

4.3 In ein feuchtes Gas von $t_G = 100°C$ und $\varphi = 0,5$ wird Wasserdampf von $t_D = 100°C$ eingespritzt, bis die relative Feuchte $\varphi = 0,7$ beträgt. In welcher Weise ändert sich bei diesem Prozess die Temperatur t_G?

4.4 In den Niagara-Fällen fällt das Wasser mit einem Volumenstrom von $\dot{V}_W = 5400$ m^3/s ca. 100 m tief. Wie viele Auto-Motoren mit einer Leistung von jeweils $P_{t,Mot} = 100$ kW würden benötigt, um das Wasser in einem stationären Prozess verlustfrei wieder auf die ursprüngliche Höhe zu pumpen?

4.5 Man berechne die Reaktionsenthalpie der Reaktion von Eisen (Fe) zu Eisenoxid (Fe_2O_3) bei Standardbedingungen!

4.6 Wie lautet der Zusammenhang zwischen Kolbenarbeit und Volumenänderungsarbeit?

4.7 Nach welcher Beziehung lässt sich die Mindestarbeit zur Kompression eines Gases berechnen?

4.8 Lässt sich die innere Energie eines von adiabaten Wänden umgebenen Gases verringern? Wenn ja, auf welche Weise?

4.9 Wie lautet die allgemeine Beziehung für die Enthalpiedifferenz bei chemischen Stoffumwandlungen?

4.10 In einem adiabaten Behälter befinden sich 0,1 kg Wasser. Ein im Behälter befindlicher Rührer wird über ein verlustfreies Rollensystem durch ein herab sinkendes Gewicht ($m = 10$ kg) angetrieben. Wenn das Gewicht 10 m gesunken ist, wird eine Temperaturerhöhung des Wassers um 2,35 K gemessen. Man schätze daraus die Wärmekapazität von Wasser ab!

4.11 Um welchen Betrag in kJ/kg unterscheiden sich der Heizwert und der Brennwert von Holz der Zusammensetzung $w_C = 0,4$, $w_{H_2} = 0,05$, $w_{O_2} = 0,35$, $w_{H_2O} = 0,2$?

4.12 Wie groß ist der Heizwert von CO_2?

4.13 Zwei ideale Gase gleicher Temperatur werden miteinander vermischt. Ändert sich die Temperatur, und wenn ja, wie?

4.14 Flüssiges Wasser wird in Luft derselben Temperatur eingespritzt. Ändert sich die Temperatur, und wenn ja, wie?

4.15 Auf welche tiefste Temperatur kann ein Strom feuchter Luft ($t = 20°$ C, $\varphi = 0,6$) durch Zugabe von flüssigem Wasser abgekühlt werden? (Man verwende das h_{1+x}, x- Diagramm!)

4.16 Benötigt man für die Verdichtung eines Gases bei adiabater oder bei isothermer Zustandsänderung mehr Arbeit?

4.17 Was ist die Standardbildungsenthalpie einer Verbindung und wozu wird sie benötigt?

4.18 Warum empfindet man in geheizten Räumen im Winter die Luft als trocken?

4.19 Hängt der Heizwert eines Brennstoffs davon ab, mit welchem Luftverhältnis die Verbrennung abläuft?

4.20 Was bedeutet bei der Berechnung der Kolbenarbeit die Annahme $p_a = p$?

4.21 Welche Beziehung besteht zwischen Wellenarbeit und technischer Arbeit?

4.22 Was versteht man unter innerer Energie?

4.23 Welche atomistische Interpretation lässt sich für den thermischen Anteil der inneren Energie angeben?

4.24 Wodurch werden Änderungen im thermischen Anteil der inneren Energie herbeigeführt?

4.25 Welche atomistische Interpretation erklärt den chemischen Anteil der inneren Energie?

4.26 Was ist Enthalpie und welcher Zusammenhang besteht zwischen der inneren Energie und der Enthalpie?

4.27 Was ist Wärme?

4.28 Welche Formen von an Materie gebundenen Wärmetransfer über die Systemgrenzen gibt es?

4.29 Warum lässt sich die Enthalpiedifferenz in idealen Gasen auch dann durch $dh = c_p^{ig} dT$ ausdrücken, wenn die Zustandsänderung mit einer Druckänderung verbunden ist, z.B. in einer Turbine oder einem Verdichter?

4.30 Welche allgemeine Beziehung besteht zwischen der molaren isobaren und molaren isochoren Wärmekapazität eines idealen Gases?

4.31 Welche allgemeine Beziehung besteht zwischen der isobaren und isochoren Wärmekapazität einer idealen Flüssigkeit?

4.32 In welcher Beziehung stehen die partiellen inneren Energien und Enthalpien der Komponenten eines idealen Gasgemisches zu den entsprechenden Reinstoffwerten?

4.33 Welche Wahl wird für die Enthalpienullpunkte von Luft und Wasser im idealen Gas-/Dampf-Gemisch feuchter Luft getroffen?

4.34 In welcher Beziehung stehen die partiellen inneren Energien und Enthalpien der Komponenten einer idealen Lösung zu den entsprechenden Reinstoffwerten?

4.35 Wie ist die Mischungsenthalpie als Korrektur des Stoffmodells der idealen Lösung definiert und in welcher Beziehung steht sie zur Exzessenthalpie?

4.36 Wenn 2 flüssige Reinstoffe bei gleicher Temperatur ein Gemisch mit einer negativen Mischungsenthalpie bilden, kühlen sie sich dann bei adiabatem Vermischen ab oder erwärmen sie sich?

4.37 In welcher Beziehung steht die partielle Enthalpie einer Komponente i in einer ideal verdünnten Lösung zu der experimentell zugänglichen Enthalpie der realen Lösung?

4.38 Wie hängt die Lösungsenthalpie bei der Lösung einer Komponente in Wasser mit den Bildungsenthalpien dieser Komponente als Reinstoff und im gelösten Zustand zusammen, wenn die Lösung als ideal verdünnte Lösung modelliert werden darf?

4.39 Wie berechnet man den chemischen Anteil der Enthalpieänderung?

4.40 Welche besondere Stoffgröße wird zur Berechnung des chemischen Anteils der Enthalpieänderung bei Verbrennungsprozessen eingeführt?

4.41 Wie berechnet man den chemischen Anteil der Enthalpieänderung unter Verwendung des Heizwertes?

4.42 Ist die Energiebilanz für stationäre Fließprozesse auch für chemische Umwandlungen gültig?

4.7 Aufgaben

Aufgabe 4.1

Ein Körper mit der Masse $m = 0,2$ kg fällt im Schwerefeld der Erde ($g = 9,81$ m/s^2) von der Höhe $z_1 = 250$ m, wo er die Geschwindigkeit $c_1 = 0$ m/s hat, auf die Höhe $z_2 = 3$ m und erreicht dabei die Geschwindigkeit $c_2 = 60$ m/s. Man berechne unter Vernachlässigung der nicht-mechanischen Energieformen die Reibarbeit, die der Körper zur Überwindung des Luftwiderstandes leisten muss.

Aufgabe 4.2

In einem horizontal liegenden Zylinder, der von einem beweglichen Kolben abgeschlossen wird, expandiert ein ideales Gas vom Druck $p_1 = 0,5$ MPa bei einem Volumen $V_1 = 0,1$ m^3 auf $p_2 = 0,2$ MPa. Die Zustandsänderung läuft isotherm ab. Der Umgebungsdruck beträgt $p_u = 0,1$ MPa. Welche Arbeit gibt der Kolben an die Umgebung ab?

Aufgabe 4.3

Der Rotorwelle eines Gasverdichters wird bei einer Drehzahl von $n = 700$ min^{-1} eine Leistung von $P = 1,2$ kW zugeführt. Wie groß das übertragene Drehmoment?

Aufgabe 4.4

Ein Strom Helium ($\dot{n} = 1$ mol/s, $M = 4,0026$ g/mol) strömt mit einer Geschwindigkeit von 10 m/s bei einem Druck von 1 bar und einer Temperatur von 20°C durch eine Rohrleitung (waagerechte Höhe $h = 1$ m). Man berechne für den Bezugszustand 0 ($T_0 = 273,15$ K; $z_0 = 0$ m und $c_0 = 0$ m/s) den Strom der inneren Energie, der Enthalpie und der äußeren Energie sowie den gesamten Energiestrom des Heliums. Zur Berechnung der inneren Energie verwende man das Billardkugelmodell.

Aufgabe 4.5

Für die Isolierverglasung eines modernen Gebäudes wird vom Hersteller ein Wärmedurchgangskoeffizient $k = 1,2$ W/(m^2 K) angegeben. An einem Wintertag beträgt die Gebäudeinnentemperatur $t_i = 21$°C, die Umgebungstemperatur $t_u = 0$°C. Wie groß ist der auf die Fläche der Fenster bezogenen Wärmestrom, der an die Umgebung abgegeben wird?

Aufgabe 4.6

Ein Wasserdampfstrom von $\dot{m} = 150$ kg/s tritt mit einer Temperatur von $t_e = 200°C$ und einem Druck von $p_e = 3$ bar in einen Kondensator ein und wird dort isobar teilweise kondensiert. Der austretende Nassdampfstrom hat einen Dampfgehalt von $x_a = 0,235$. Wie groß ist die Enthalpieänderung des Fluids im Kondensator?

Aufgabe 4.7

Ein Abgasstrom von 423 kmol/h besteht aus den Komponenten Kohlendioxid (CO_2), Kohlenmonoxid (CO), Wasser (H_2O), Sauerstoff (O_2) und Stickstoff (N_2). Die Zusammensetzung in Stoffmengenanteilen lautet:

$$x_{CO_2} = 0,0899, \quad x_{CO} = 0,0345, \quad x_{H_2O} = 0,1206, \quad x_{O_2} = 0,0264, \quad x_{N_2} = 0,7286 .$$

Man berechne die Enthalpieänderung des Abgasstroms, wenn dieser von 1100 K auf 400 K abgekühlt wird und als ideales Gasgemisch betrachtet werden kann.

Aufgabe 4.8

Der Kühlturm eines Kraftwerkes ist als Nasskühlturm gestaltet. Der Kühlwasserstrom $\dot{m}_{W1} = 2,5$ kg/s wird dem Kühlturm mit einer Tempera-

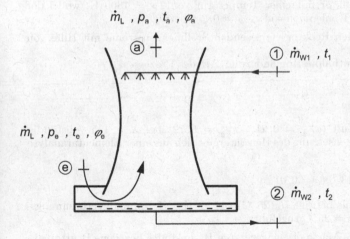

tur von $t_1 = 40°C$ zugeführt und unter teilweiser Verdunstung auf eine Temperatur von $t_2 = 20°C$ abgekühlt. Von unten wird dem Kühlturm Luft mit dem Zustand (e) ($t_e = 20°C$, $p_e = 0,1$ MPa, $\varphi_e = 0,49$) zugeführt, die die verdunstende Wassermenge aufnimmt und den Kühlturm im Zustand (a) mit $t_a = 30°C$, $p_a = 95$ kPa, $\varphi_a = 0,8$ verlässt. Der Kühlturm ist nach außen adiabat, d.h. es wird keine Wärme zu- oder abgeführt. Äußere Energieformen sind zu vernachlässigen. Man berechne mit Hilfe von Enthalpie- und Massenbilanz den Massenstrom $\dot{m}_L$ der trockenen Luft und den im Kühlturm verdunstenden Massenstrom $\Delta\dot{m}_W$ des Wassers.

Aufgabe 4.9

Einer stetigen Destillation werden $\dot{n}_F = 1$ mol/s eines flüssigen Gemisches aus Toluol (1) und Benzol (2) mit einer Temperatur von $t_F = 60°C$ zugeführt. In diesem Feedstrom beträgt der Stoffmengenanteil an Benzol $x_F = 0,5$. Man berechne die Änderung der Enthalpie, wenn die Destillation mit einer Dampfausbeute von $\nu = 0,5$ durchgeführt wird, die Temperatur von Produkt- und Rückstandstrom $t = 85°C$ beträgt und der Benzol-Stoffmengenanteil im Produktstrom bei $x'' = 0,6$ liegt.

Stoffdaten: $\quad r_{01}(85°C) = 33,18$ kJ/mol $\quad c_{p01}^l = 156$ J/mol K
$\qquad\qquad\quad r_{02}(85°C) = 30,76$ kJ/mol $\quad c_{p02}^l = 136$ J/mol K

Aufgabe 4.10

Einem Chemiereaktor werden die Stoffmengenströme von $\dot{n}_{CH_4} = 1$ mol/s und $\dot{n}_{H_2O} = 2$ mol/s zugeführt. Für die im Reaktor ablaufenden chemischen Stoffumwandlungen können folgende Bruttoreaktionsgleichungen aufgestellt werden:

$$CH_4 + H_2O \rightleftharpoons CO + 3\,H_2$$
$$CO + H_2O \rightleftharpoons CO_2 + H_2$$

Die Edukte werden dem Reaktor bei einer Temperatur von $T_E = 600$ K zugeführt. Das Methan wird bei der Reaktion vollständig umgesetzt. Der Produktstrom verlässt den Reaktor mit einer Temperatur von $T_P = 1300$ K, wobei der Stoffmengenanteil von Kohlenmonoxid $x_{CO} = 0,174$ beträgt.

a) Man berechne die den Reaktor verlassenden Stoffmengenströme mit Hilfe von Reaktionslaufzahlen.
b) Man berechne die Enthalpiestromänderung $\Delta\dot{H}$ des Prozesses.

Aufgabe 4.11

Heizöl EL wird mit Luft ($x_{O_2}^L = 0,21$, $x_{N_2}^L = 0,79$) bei $\lambda = 1,5$ vollständig verbrannt. Die Zusammensetzung des Heizöls ergibt sich aus einer Elementaranalyse zu:

$$w_C = 0,86, \quad w_{H_2} = 0,13, \quad w_S = 0,01$$

Der Heizwert des Heizöls beträgt $H_u(25°C)=42$ MJ/kg. Heizöl und Verbrennungsluft werden bei $t_L = t_B = 25°C$ zugeführt.

a) Man stelle die auf die Masse des eingesetzten Brennstoffes bezogene Bruttoreaktionsgleichung auf und berechne die Zusammensetzung des Verbrennungsgases in Stoffmengenanteilen.
b) Wie groß ist die adiabate Verbrennungstemperatur?

Molmassen:
$M_C = 12,011$ kg/kmol, $M_{H_2} = 2,016$ kg/kmol, $M_S = 32,064$ kg/kmol

Aufgabe 4.12

In einer Feuerung wird ein gasförmiges Brennstoffgemisch aus 70 Vol-% Propan (C_3H_8) und 30 Vol.-% Butan (C_4H_{10}) mit feuchter Luft isobar bei $p = 1$ bar vollständig verbrannt. Die relative Feuchte der Luft beträgt $\varphi = 0, 6$. Die Zusammensetzung der trockenen Luft kann zu $x_{O_2}^L = 0, 21$ und $x_{N_2}^L = 0, 79$ angenommen werden. Das Luftverhältnis beträgt $\lambda = 1, 2$ und der Stoffmengenstrom des Brennstoffgemisches 4 mol/s. Das Verbrennungsgas tritt mit $T_{V1} = 800$ K aus der Feuerung aus. Brennstoff und Luft werden bei $T^0 = 298, 15$ K zugeführt. Luft, Brennstoff und Abgas können als ideale Gasgemische betrachtet werden.

a) Man berechne die Zusammensetzung des Verbrennungsgases in Stoffmengenanteilen.
b) Das Verbrennungsgas soll in einem nachgeschalteten Wärmeübertrager soweit abgekühlt werden, dass 60 % des Wasserdampfes kondensiert werden. Wie groß ist die Temperatur T_{V2} des Abgases am Austritt des Wärmeübertragers und die Enthalpiestromänderung, die das Abgas im Wärmeübertrager erfährt?

Aufgabe 4.13

Ein adiabater Behälter mit einem Volumen $V = 50$ l ist zum Zeitpunkt 1 mit trocken gesättigtem Wasserdampf gefüllt, der Druck im Behälter beträgt dabei 10 bar. Nach Öffnen eines Ventils hat sich zum Zeitpunkt 2 ein Druckausgleich mit der Umgebung ($p_U = 1$ bar) eingestellt, im Behälter befindet sich dann Nassdampf mit einem Dampfgehalt von $x_2 = 0, 8729$.

a) Wie groß ist die Masse, die sich zum Zeitpunkt 1 im Behälter befindet?
b) Wie groß ist die bis zum Zeitpunkt 2 aus dem Behälter ausgeströmte Masse?
c) Man bestimme die Temperatur und die innere Energie des Wassers zu den Zeitpunkten 1 und 2.

Aufgabe 4.14

Ein Volumenstrom feuchter Luft ($\dot{V}_1 = 1$ m^3/s , $t_1 = 40°$C) mit einer Wasserbeladung $x_1 = 0, 045$ soll beim Druck $p = 1$ bar durch isobare Kühlung auf eine Wasserbeladung von $x_2 = 0, 015$ getrocknet werden. Man berechne

a) die relative Feuchte φ_1 der Luft im Zustand 1,
b) den Massenstrom $\dot{m}_L$ der trockenen Luft,
c) die abzuscheidende Wassermasse,
d) die Temperatur, auf die die Luft zur Trocknung gekühlt werden muss,
e) die Enthalpieänderung der feuchten Luft bei der Trocknung (bezogen auf den Massenstrom der trockenen Luft).

Molmassen: $M_W = 18, 015$ kg/kmol, $M_L = 28, 963$ kg/kmol

Aufgabe 4.15

In der Brennkammer einer Gasturbine wird Methan mit Luft ($x_{O_2}^L = 0, 21, x_{N_2}^L = 0, 79$) vollständig verbrannt. Der Brennstoff wird der Brennkammer mit einer Temperatur von $t_B = 25°$C zugeführt, die Eintrittstemperatur der Luft beträgt $T_L = 500$ K. Bei $T^0 = 298, 15$ K wird der molare Heizwert von Methan mit $H_u(T^0) = 802, 3$ kJ/mol angegeben. Luft, Brennstoff und Abgas können als ideale Gasgemische bzw. ideale Gase betrachtet werden.

a) Man stelle die auf die Stoffmenge des Methans bezogene Bruttoraktionsglei-
chung auf und bestimme den molaren minimalen Luftbedarf.
b) Mit welchem Luftverhältnis muss die Verbrennung durchgeführt werden, wenn
die adiabate Verbrennungstemperatur $T_{ad} = 1200$ K betragen soll?

Aufgabe 4.16

Ein Gasheizkessel wird mit einem Gemisch aus Erdgas und Wasserstoff im molaren
Verhältnis 1:1 betrieben. Die Zusammensetzung des Erdgases beträgt

$$x_{CH_4} = 0,9, \quad x_{C_2H_4} = 0,09, \quad x_{N_2} = 0,01 \ .$$

Das Gemisch ($\dot{n} = 1$ mol/s) wird mit einem Luftverhältnis von $\lambda = 1,1$ bei einem
Druck von $p = 1$ bar verbrannt. Wasserstoff, Erdgas und Verbrennungsluft werden
bei 25°C zugeführt, die Verbrennungsprodukte verlassen den Kessel bei 45°C.

a) Man bestimme die Heizwerte für die brennbaren Gemischkomponenten sowie den
Heizwert des Gemisches bei jeweils 25°C.
b) Man stelle die auf die Stoffmenge des eingesetzten Brenngasgemisches bezogene
Bruttoreaktionsgleichung auf und berechne den Luftbedarf (in mol L/mol B) der
Verbrennung sowie die Zusammensetzung des Verbrennungsgases in Stoffmengenanteilen.
c) Wie groß ist die auf die Stoffmenge des eingesetzten Brenngasgemisches bezogene-
ne Kondensatmenge (in mol H_2O/mol B), die bei der Kesselaustrittstemperatur
anfällt?
d) Man berechne die Enthalpiestromänderung.

Aufgabe 4.17

Ein adiabater Verdichter saugt einen Volumenstrom von $\dot{V}_1 = 120$ m^3/h Luft bei
einer Temperatur von $t_1 = 17$°C und einem Druck von $p_1 = 1$ bar an und komprimiert ihn auf $\dot{V}_2 = 26$ m^3/h bei einem Druck von $p_2 = 9$ bar.

a) Man berechne die Austrittstemperatur T_2 der Luft aus dem Verdichter.
b) Man berechne die technische Leistung, die für die Verdichtung aufgebracht werden muss.

Die Luft kann als ideales Gas ($x_{O_2} = 0,21, x_{N_2} = 0,79$) mit konstanter
Wärmekapazität betrachtet werden.

Aufgabe 4.18

Ein Wasserdampfstrom von $p_1 = 175$ bar und $t_1 = 500$°C wird im Hochdruck-
teil einer adiabaten Dampfturbine auf $p_2 = 35$ bar und $t_2 = 300$°C entspannt.
Anschließend wird er in einem Zwischenüberhitzer auf $t_3 = 500$°C erhitzt. Der
Druckverlust im Zwischenüberhitzer beträgt $p_2 - p_3 = 2,5$ bar. Im Niederdruckteil
der Turbine findet eine Entspannung auf $p_4 = 0,1$ bar bei einem Dampfgehalt von
$x_4 = 0,96$ statt. Man berechne die abgegebenen spezifischen Arbeiten im Hoch- und
Niederdruckteil der Turbine sowie die im Zwischenüberhitzer zugeführte spezifische
Wärmemenge.

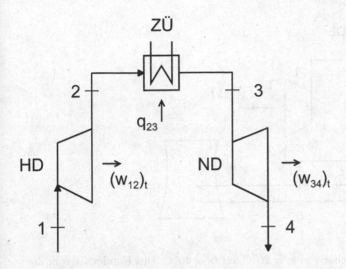

Aufgabe 4.19

Ein Massenstrom von $\dot{m}_1 = 2,02$ kg/s feuchter Luft vom Zustand 1 ($t_1 = 15°$C, $p_1 = 1$ bar, $\varphi_1 = 0,8$) wird adiabat auf $p_2 = 3$ bar verdichtet, wobei die Temperatur auf $t_2 = 230°$C ansteigt. Anschließend wird die Luft isobar auf $t_3 = 25°$C gekühlt. In einem adiabaten und isobaren Abscheider wird das kondensierte Wasser (Zustand 5) abgezogen.

a) Man berechne die relative Feuchte φ_2 der Luft hinter dem Verdichter.
b) Wie groß ist die im Verdichter zugeführte Leistung $(P_{12})_t$?
c) Wie groß ist der abzuscheidende Wassermassenstrom $\dot{m}_5$?
d) Man berechne den im Rückkühler übertragenen Wärmestrom $\dot{Q}_{23}$.

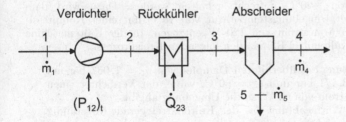

Aufgabe 4.20

In einem Kraftwerk wird der skizzierte Dampfkraftprozess zur Stromerzeugung betrieben. Der Frischdampf vom Zustand 1 ($p_1 = 17,5$ MPa, $t_1 = 550°$C) wird in der adiabaten Turbine auf $p_2 = 10$ kPa und $x_2 = 0,857$ entspannt. Im nach außen adiabaten Kondensator wird der Dampf vom Zustand 2 durch isobare Wärmeabfuhr an den Kühlwasserkreislauf gerade vollständig verflüssigt. Das Kühlwasser erwärmt

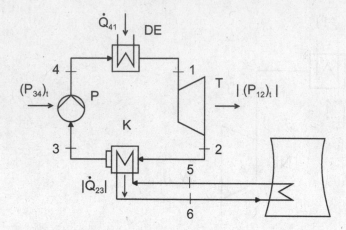

sich im Kondensator isobar von $t_5 = 20°$C auf $t_6 = 40°$C. Das Kondensat vom Zustand 3 wird in der adiabaten Speisewasserpumpe (Antriebsleistung $(P_{34})_t = 0,9$ MW) auf den Zustand 4 ($p_4 = p_1 = 17,5$ MPa) gebracht. Im anschließenden Dampferzeuger wird isobar Frischdampf vom Zustand 1 erzeugt. Der Massenstrom im Dampfkreislauf beträgt $\dot{m} = 50$ kg/s. Man berechne:

a) die Turbinenleistung $(P_{12})_t$,
b) den im Kondensator abgeführten Wärmestrom $\dot{Q}_{23}$ und den Massenstrom $\dot{m}_K$
   im Kühlwasserkreislauf,
c) den im Dampferzeuger zugeführten Wärmestrom $\dot{Q}_{41}$,
d) den thermischen Wirkungsgrad η_{therm} des Prozesses.

Aufgabe 4.21

Zur Lagerung von Lebensmitteln soll in einem Haushaltsgefrierschrank eine Kühltemperatur von $-20°$C aufrecht gehalten werden. Dazu wird dem Gefrierschrank bei einer Umgebungstemperatur von $15°$C mit einer Kompressionskältemaschine ein Wärmestrom von 120 W entzogen. In der Kältemaschine durchläuft hierzu das Kältemittel R 134a den folgenden Kreisprozess:

$1 \rightarrow 2$ Verdichtung des überhitzten Dampfes von $p_1 = 1,067$ bar auf
         $p_2 = 13,171$ bar und $t_2 = 80°$C, wobei der Verdichter einen
         Wärmestrom von 65 W an die Umgebung abgibt

$2 \rightarrow 3$ isobare Wärmeabfuhr, bis das Kältemittel gerade vollständig
         kondensiert ist

$3 \rightarrow 4$ isobare Unterkühlung der Flüssigkeit auf $t_4 = 25°$C durch Abgabe von $|q_{34}| = |q_{61}|$ an den Kältemitteldampf ($6 \rightarrow 1$) in einem
         nach außen adiabaten Wärmeübertrager

$4 \rightarrow 5$ adiabate Drosselung auf $p_5 = p_1 = 1,067$ bar

$5 \rightarrow 6$ gerade vollständige Verdampfung des Kältemittels durch Aufnahme des Wärmestroms aus dem Gefrierschrank

$6 \rightarrow 1$ isobare Überhitzung des Dampfes auf t_1 durch Aufnahme von
         $|q_{61}| = |q_{34}|$ im adiabaten Wärmeübertrager.

a) Man berechne die Temperatur t_1.
b) Wie groß ist der Kältemittel-Massenstrom $\dot{m}$?

c) Welche Leistung muss dem Verdichter zugeführt werden?
d) Man bestimme die Leistungsziffer ϵ_0 der Kältemaschine.

Stoffwerte von R 134a

Sättigungszustand			
t	p	h'	h''
°C	bar	kJ/kg	kJ/kg
-30	0,848	161,40	379,18
-25	1,067	167,59	382,34
-20	1,330	173,88	385,48
40	10,160	256,11	418,33
50	13,171	271,02	422,41
60	16,811	286,53	425,76

Überhitzter Dampf			
$p = 1{,}067$ bar		$p = 13{,}171$ bar	
t	h	t	h
°C	kJ/kg	°C	kJ/kg
-10	394,41	60	434,44
0	402,63	70	446,09
10	411,04	80	457,53
20	419,70	90	468,85

Für die unterkühlte Flüssigkeit bei $p = 13{,}171$ bar gilt näherungsweise $c = 1{,}46\ \frac{\text{kJ}}{\text{kg K}} \approx$ const.

Aufgabe 4.22

Durch die in einer Klimaanlage konditionierte Luft soll der Wärmeverlust eines Raumes von $\dot{Q}_R = -20000$ kJ/h an die Außenluft ausgeglichen, und eine im Raum

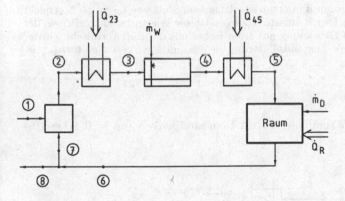

kontinuierlich anfallende dampfförmige Feuchtelast $\dot{m}_D$ mit einer Temperatur von $t_D = 24°\text{C}$ aufgenommen werden. Hierzu wird Außenluft vom Zustand 1 ($t_1 = -5°\text{C}$, $\varphi_1 = 40\%$) mit Umluft vom Zustand 7 im Verhältnis $\dot{m}_{L_1}/\dot{m}_{L_7} = 3/2$ adiabat gemischt. Die so vermischte Luft vom Zustand 2 wird darauf in einem Vorwärmer so weit erwärmt (Zustand 3), dass nach anschließender Befeuchtung mit Wasser von 20°C eine relative Feuchte von $\varphi_4 = 90\%$ vorliegt. Nach anschließender Aufheizung in einem Wärmeübertrager hat die in den Raum eintretende Luft die Temperatur $t_5 = 27°\text{C}$ und eine relative Feuchte von $\varphi_5 = 40\%$. Die aus dem Raum austretende Luft hat eine relative Feuchte von $\varphi_6 = 70\%$. Der Massenstrom der trockenen Luft beträgt $\dot{m}_{L_5} = 4000$ kg/h. Der Gesamtdruck beträgt überall 1 bar.

a) Man skizziere qualitativ den Zustandsverlauf im h_{1+x}, x-Diagramm.

b) Man bestimme im h_{1+x}, x-Diagramm für feuchte Luft den Wassergehalt x_6 im Zustandspunkt 6.

c) Wie groß ist der Sattdampfmengenstrom $\dot{m}_D$, den die Luft bei der gegebenen Wärmeabgabe $\dot{Q}_R$ im Raum aufzunehmen vermag, wenn eine relative Feuchte von $\varphi_6 = 70\%$ nicht überschritten werden soll?

d) Wie groß ist der Wärmestrom $\dot{Q}_{23}$ und welcher Wassermengenstrom $\dot{m}_W$ wird im Befeuchter benötigt?

e) Wie groß ist der Wärmestrom $\dot{Q}_{45}$, der nach der Befeuchtung zugeführt werden muss?

Aufgabe 4.23

Es wird ein Volumenstrom $\dot{V}_3 = 0,1 \ \mathrm{m}^3/\mathrm{s}$ feuchter Luft mit einer Temperatur $t_3 = 30°\mathrm{C}$ und einer relativen Luftfeuchte $\varphi_3 = 1$ bei einem Druck von $p_3 = 1$ bar benötigt. Hierzu wird Umgebungsluft ($p_1 = 1$ bar, $t_1 = 20°\mathrm{C}$, Taupunkt $t_{T1} = 6°\mathrm{C}$) angesaugt und in einem Lufterhitzer isobar auf die Temperatur t_2 erwärmt. Danach wird die Luft in einem adiabaten Luftbefeuchter durch Einspritzen von flüssigem Wasser mit der Temperatur $t_W = 15°\mathrm{C}$ isobar befeuchtet , sodass die Luft anschließend den gewünschten Zustand 3 besitzt.

a) Man stelle die Zustandsänderungen der feuchten Luft qualitativ in einem h_{1+x}, x-Diagramm dar.

b) Auf welche Temperatur t_2 muss der angesaugte Luftstrom erwärmt werden, und wie groß ist der dazu erforderliche Wärmestrom?

c) Alternativ zur beschriebenen Prozessführung könnte der Zustand 3 auch durch Eindüsen von Wasserdampf in erwärmte Umgebungsluft von $t_{2*} = 27°\mathrm{C}$ erreicht werden. Bei welchem Druck müsste dazu gesättigter Wasserdampf vorliegen, der nach einer adiabaten Drosselung auf 1 bar isobar mit der Luft vermischt würde? Man trage auch diese Zustandsänderung in das unter a) gezeichnete h_{1+x}, x-Diagramm ein.

Aufgabe 4.24

Einem Brenner werden kontinuierlich ein Brennstoffgemisch ($\dot{n}_B = 0,1 \ \mathrm{kmol/h}$)

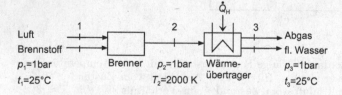

und Luft bei 25°C und 1 bar zugeführt. Das Brennstoffgemisch besteht zu 95 Mol-% aus Methan (CH_4) und zu 5 Mol-% aus Ethan (C_2H_6). Das Brennstoff-Luft-Gemisch wird isobar, adiabat und vollständig verbrannt. Das Abgas verlässt den Brenner mit einer Temperatur von $T_2 = 2000$ K. In dem sich anschließenden isobaren Wärmeübertrager wird der Wärmestrom $\dot{Q}_H$ an einen Wasserkreislauf abgegeben. Die Verbrennungsprodukte verlassen den Wärmeübertrager mit einer Temperatur $t_3 = 25°\mathrm{C}$. Der Heizwert des eingesetzten Brennstoffgemisches beträgt 826,65 MJ/kmol.

a) Man bestimme die Stoffmengenströme aller Komponenten im Verbrennungsgas und das Luftverhältnis λ.

b) Welcher Stoffmengenstrom des Wassers $\dot{n}_{H_2O}$ kondensiert im Abgaskühler aus?

c) Welcher Wärmestrom $\dot{Q}_H$ wird an den Wasserkreislauf abgegeben?

Aufgabe 4.25

Eine Trocknungsanlage mit zwei parallel geschalteten Trockenräumen wird mit einem geschlossenen Luftkreislauf betrieben. Hierfür wird ein feuchter Luftvolumen-

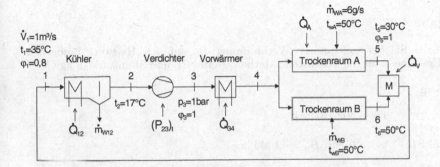

strom ($\dot{V}_1 = 1$ m^3/s) vom Zustand 1 ($t_1 = 35°$C, $\varphi_1 = 0,8$) in einem Kühler auf eine Temperatur von $t_2 = 17°$C abgekühlt, wobei das anfallende flüssige Wasser vollständig abgeschieden wird. Im Kühler entsteht ein Druckverlust von $\Delta p_K = 0,2$ bar. Im nachfolgenden Verdichter wird der Luftstrom auf den Druck $p_3 = 1$ bar verdichtet. Hinter dem Verdichter ist der Luftstrom gerade gesättigt. Anschließend wird der Luftstrom in einem Vorwärmer erwärmt und auf die beiden Trockenräume aufgeteilt. Im Trockenraum A nimmt der Teilstrom A unter Wärmeabgabe einen Wassermassenstrom von 6 g pro Sekunde mit einer Temperatur von 50°C auf. Am Austritt aus dem Trockenraum A ist der Teilstrom A gerade mit Wasserdampf gesättigt und hat eine Temperatur von 30°C. Im adiabaten Trockenraum B nimmt der Teilstrom B Wasser mit einer Temperatur von 50°C auf und erreicht am Austritt aus dem Trockenraum B eine Temperatur von $t_6 = 50°$C. Schließlich werden die beiden Luftströme gemischt, wobei ein Wärmeverluststrom $\dot{Q}_V$ auftritt. Die Zustandsänderungen im Vorwärmer, in den Trockenräumen und im Mischer sind isobar. Die Änderung der äußeren Energien ist zu vernachlässigen.

a) Man bestimme die Zustandsgrößen Temperatur, Druck, Wasserbeladung und spezifische Enthalpie für die Zustandspunkte 1-6.

b) Man berechne die Wärmeströme $\dot{Q}_{12}, \dot{Q}_{34}, \dot{Q}_A$ und $\dot{Q}_V$ sowie die Wassermassenströme $\dot{m}_{W12}$ und $\dot{m}_{WB}$.

Aufgabe 4.26

In einem Gasturbinen-Prozess wird Umgebungsluft auf $p_2 = 12$ bar und $t_2 = 350°$C verdichtet. Die verdichtete Luft gelangt dann in die adiabate Brennkammer und wird mit Erdgas, das ebenfalls mit einem Druck von 12 bar, aber einer Temperatur von nur 25°C zugeführt wird, isobar verbrannt. Das Erdgas habe die Zusammensetzung $x_{CH_4} = 0,955$; $x_{C_2H_6} = 0,025$; $x_{H_2} = 0,02$. Die Heizwerte der Komponenten betragen:

$$H_{u,CH_4} = 800,9 \text{ kJ/mol}; \quad H_{u,C_2H_6} = 1425,7 \text{ kJ/mol}; \quad H_{u,H_2} = 241,8 \text{ kJ/mol} .$$

Der zugeführte Massenstrom an Erdgas beträgt $\dot{m}_{EG} = 1,732$ kg/s. Die Verbrennung erfolgt mit dem Luftverhältnis $\lambda = 2,841$.

a) Wie groß sind die Molmasse des Erdgases, sein Heizwert und sein Stoffmengenstrom?
b) Mit welcher Temperatur verlässt das Verbrennungsgas die Brennkammer?

Aufgabe 4.27

Berechnen Sie bei vollständiger Verbrennung die auf den Heizwert bezogenen CO_2-Emissionen für die Brennstoffe Methan, Heizöl EL und Steinkohle in kg CO_2/kWh.
Gegeben:

CH$_4$: $H_u = 802$ kJ/mol

Heizöl EL: $w_C = 0,86$; $H_u = 42$ MJ/kg

Steinkohle: $w_C = 0,88$ (asche- und wasserfrei)
               $w_{H_2O} = 0,02$; $w_{Asche} = 0,04$ (im Verwendungszustand)
               $H_u = 32$ MJ/kg (im Verwendungszustand)

Aufgabe 4.28

In einer zweistufigen Kompressionskältemaschine wird Ammoniak als Arbeitsmittel eingesetzt und durchläuft den folgenden Kreisprozess:

Dampftafel für Ammoniak im Sättigungszustand:

t °C	p bar	h' kJ/kg	h'' kJ/kg	t °C	p bar	h' kJ/kg	h'' kJ/kg
-50	0,41	272,7	1690,1	-2	4,00	490,8	1758,2
-45	0,55	295,1	1698,5	0	4,30	500,0	1760,3
-40	0,72	317,6	1706,7	10	6,16	546,2	1769,8
-35	0,93	340,2	1714,6	15	7,29	569,5	1773,8
-30	1,20	362,8	1722,1	20	8,58	592,8	1777,4
-25	1,52	383,5	1729,4	25	10,0	616,3	1780,5
-20	1,91	408,3	1736,3	30	11,7	639,9	1783,0
-16	2,27	426,6	1741,6	34	13,1	658,9	1784,7
-10	2,91	454,0	1749,1	37	14,3	673,2	1785,7
-8	3,16	463,2	1751,5	40	15,6	687,6	1786,4
-6	3,42	472,4	1753,8	45	17,8	711,8	1787,2
-4	3,70	481,6	1756,0	50	20,3	736,4	1787,3

Aus dem Verdampfer saugt der adiabate Niederdruckverdichter V1 trocken

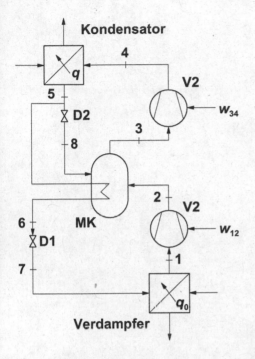

gesättigten Dampf vom Druck $p_1 = 0,72$ bar an und verdichtet ihn auf den Zwischendruck $p_2 = 4$ bar. Der Niederdruckverdichter nimmt dazu eine spezifische Arbeit von $(w_{12})_t = 236$ kJ/kg auf. Dieser Dampf wird einer isobaren Mischkammer MK zugeführt. Der adiabate Hochdruckverdichter V2 saugt trocken gesättigten Dampf vom Zustand 3 an und verdichtet ihn auf den Druck $p_4 = 14,3$ bar. Anschließend wird der Dampf bei konstantem Druck p_4 gerade vollständig verflüssigt, wobei die spezifische Wärme $|q_K| = 1305$ kJ/kg abzuführen ist. Am Ausgang des Verflüssigers hat das Kältemittel den Zustand 5 und wird in der Rohrschlange, die sich in der Mischkammer befindet, weiter bis auf den Zustand 6 unterkühlt. Danach wird das flüssige Kältemittel in der adiabaten Drossel D1 auf den Druck $p_7 = p_1$ und einen Dampfanteil $x_7 = 0,14$ entspannt und dem Verdampfer zugeführt, wo es durch Verdampfen bis zum Zustand 1 die spezifische Wärme q_0 aufnimmt. Ein kleiner Teilstrom des Kältemittels am Ausgang des Verflüssigers wird über die adiabate Drossel D2 der Mischkammer im Zustand 8 ($p_8 = p_2$) zugeführt, sodass die Massen- und Energiebilanz der Mischkammer erfüllt sind.

a) Man bestimme die Enthalpie und den Dampfgehalt an allen Prozesspunkten.
b) Welcher Massenstrom des Ammoniaks muss dem Verdampfer zugeführt werden, um eine Kälteleistung von $\dot{Q}_0 = 100$ kW zu erreichen?
c) Wie groß ist der Massenstrom $\dot{m}_8$?
d) Man bestimme die Leistungszahl der Kältemaschine.

5. Die Entropiebilanz

Die Materiemengenbilanz und die Energiebilanz sind allgemein gültige Instrumente zur Analyse von Energie- und Stoffumwandlungen. Sie erlauben die Berechnung unbekannter Prozessdaten, schöpfen aber die naturgesetzlichen Einschränkungen, denen diese Prozesse unterliegen, noch nicht aus.

5.1 Das Naturgesetz der Unsymmetrie

Bereits bei der ersten Beschreibung der Energie- und Stoffumwandlungen auf der Grundlage alltäglicher Erfahrungen war uns ihre Unsymmetrie aufgefallen. Die Arbeit einer Bohrerwelle wird beim Bohren eines Loches im Wesentlichen in Wärme umgewandelt. Obwohl dabei keine Energie verloren geht, gelingt es nicht, mit dieser Wärme den Antrieb des Bohrers zu besorgen. Die Energie ist offenbar entwertet worden. Ganz analog sind die Erscheinungen bei der Umwandlung von elektrischer Arbeit in Wärme in einer elektrischen Heizung. Die dabei frei werdende Wärme lässt sich nicht wieder in die ursprünglich aufgewändete elektrische Arbeit zurückverwandeln. Dieses Phänomen der Entwertung bzw. Unsymmetrie bei Energieumwandlungen ist nicht auf die gezielte Umwandlung von Arbeit in Wärme beschränkt. Auch bei den Kompressions- und Expansionsprozessen in einer Kolben- oder Strömungsmaschine reicht die bei der Expansion gewonnene Arbeit nicht zum Umkehren des Prozesses aus. Und auch die kinetische Energie eines in einer Düse beschleunigten Luftstrahles reicht nicht zur Rekompression der Luft auf den ursprünglichen Druck in einem Diffusor aus. Energieumwandlungen laufen somit allgemein unsymmetrisch ab und entwerten Energie. Auch Stoffumwandlungen verlaufen unsymmetrisch. Die reinen Gase Sauerstoff und Stickstoff vermischen sich spontan zu Luft, aber das Gemisch ist nur unter Energiezufuhr und mit technologischem Aufwand in seine Komponenten zu trennen. Aus Wasserstoff und Sauerstoff entsteht spontan durch eine chemische Reaktion Wasser, aber Wasser ist nur unter Energiezufuhr und mit technologischem Aufwand in Wasserstoff und Sauerstoff zu zerlegen. Bei der Analyse von Energie- und Stoffumwandlungen müssen wir neben den Erhaltungsgesetzen von Materie und Energie auch ihre Unsymmetrie berücksichtigen. Es ist also erforderlich, die zunächst noch oberflächliche Beobachtung der Unsymmetrie von Energie- und Stoffumwandlungen als Naturgesetz quantitativ zu formulieren und damit ihre technischen Konsequenzen berechenbar zu machen.

5.1.1 Technische Konsequenzen

Die Unsymmetrie von Energieumwandlungen führt zu Energieentwertung. Die quantitative Formulierung der Unsymmetrie soll die Energieentwertung bei einem betrachteten Prozess berechenbar machen. Damit soll die praktisch wichtige Frage beantwortet werden, in welchem Maße eine reale Energieumwandlung durch Vermeidung von Effekten, die zu Unsymmetrie führen, zumindest prinzipiell verbessert werden kann. Abhängig vom Prozess können sich dabei sehr unterschiedliche Erkenntnisse ergeben. So beruht z.B. die Unsymmetrie bei der Kompression eines Gases in einer Kolben- oder Strömungsmaschine im Wesentlichen auf Reibungseffekten zwischen den festen Bauteilen der Maschine sowie auf Verwirbelungen und ähnlichen Erscheinungen im Inneren des Fluids. Diese Effekte, durch die Arbeit ohne Notwendigkeit für den Zweck eines Prozesses in innere Energie oder auch Wärme umgewandelt wird, lassen sich erfahrungsgemäß durch sorgfältige Maschinengestaltung und optimierte Prozessführung weitgehend reduzieren. Zumindest als theoretischer Grenzfall wäre also denkbar, auf diese Weise die Unsymmetrie und die damit verbundene Energieentwertung vollständig zu vermeiden und die bei einer Kompression aufgewändete Arbeit nachfolgend als Expansionsarbeit im vollen Umfang wieder zurück zu gewinnen, d.h. den Prozess symmetrisch zu gestalten. Auch wenn dies praktisch nicht möglich ist, sind wir daran interessiert, die Bedingungen für diesen erstrebenswerten theoretischen Grenzfall thermodynamisch zu formulieren, da er als idealisierter Prozess zur Bewertung realer Energieumwandlungen genutzt werden kann. Nicht vorstellbar ist hingegen, die beim Bohren eines Loches auftretende Energieentwertung zu vermeiden. Die dabei beteiligte Reibung als Ursache der Umwandlung von Arbeit in Wärme ist für den Zweck des Prozesses notwendig und damit unvermeidbar. Ohne sie kann kein Loch gebohrt werden. Eine symmetrische Gestaltung dieses Prozesses ist technologisch nicht möglich, d.h. die mit ihm verbundene Energieentwertung ist nicht beliebig zu reduzieren. Dies gilt für alle Prozesse, bei denen Arbeit notwendigerweise in Wärme umgewandelt wird, z.B. auch für die elektrische Heizung. Die Umwandlung von Arbeit in Wärme, ob für einen Prozesszweck notwendig oder nicht, ist somit ein prinzipiell unsymmetrischer, mit Energieentwertung verbundener Prozess. Dementsprechend gibt es auch bei seiner Umkehrung, der Umwandlung von Wärme in Arbeit, prinzipielle, d.h. nicht durch technologische Maßnahmen vermeidbare Einschränkungen. Ein Hinweis darauf ergibt sich aus der Betrachtung der zeitlichen Entwicklung der Kraftwerkswirkungsgrade bzw. der Abwärmeströme aus Wärmekraftwerken. In den Kreisprozessen dieser Kraftwerke wird die im Kessel zugeführte Wärme durch die Turbine in Arbeit umgewandelt. Allerdings gelingt dies nicht vollständig. Ein Kraftwerk gibt einen Teil der zugeführten Wärme als Abwärme wieder ab. Die Abb. 5.1

zeigt schematisch die Entwicklung der Abwärmeströme von fossil befeuerten Dampfkraftwerken seit Beginn des 20. Jahrhunderts in Prozent der insgesamt zugeführten Primärenergie. Man erkennt eine stetig abnehmende Kurve. Im

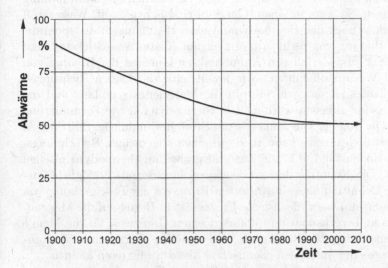

Abb. 5.1. Entwicklung des Abwärmeanfalls in fossil befeuerten Dampfkraftwerken

Laufe der Zeit ist es gelungen, die Abwärmeströme prozentual zu verringern und damit einen höheren Anteil der Primärenergie in Arbeit umzuwandeln. Allerdings zeigt die Kurve einen sich abflachenden Verlauf. Trotz immer schneller aufeinander folgender technologischer Innovationen wurde der Fortschritt bei der Erhöhung der Kraftwerkswirkungsgrade immer geringer. Die Kurve strebt anscheinend einem Grenzwert zu, wobei dieser Grenzwert durch die eingesetzte Technologie bestimmt wird und der in Abb. 5.1 gezeigte Prognosewert von 50% lediglich einen diesbezüglichen Mittelwert darstellt. Die Existenz eines solchen Grenzwertes bedeutet, dass grundsätzlich nicht die ganze dem Kraftwerk zugeführte Wärme in Arbeit umgewandelt werden kann. Abwärme ist prinzipiell unvermeidbar. Die Kenntnis des Grenzwertes hat eine große Bedeutung für die Beurteilung der bestehenden Kraftwerkstechnologie und ihre Verbesserungsmöglichkeiten. Insbesondere deutet die Existenz dieses Grenzwertes auf die Möglichkeit hin, einen idealisierten, optimalen Prozess zu definieren, der als idealer Vergleichsprozess geeignet ist. Ein Prozess, der den Grenzwert der Abwärmeabgabe realisiert, ist optimal, d.h. er schöpft die durch das Naturgesetz der Unsymmetrie der Energieumwandlungen gezogenen Grenzen aus und ergibt sich aus dessen quantitativer Formulierung. Was für den Kraftwerksprozess als Beispiel gesagt wurde, gilt allgemein. Die quantitative Formulierung des Naturgesetzes von der Unsymmetrie der Energieumwandlungen führt zu Erkenntnissen über die optimal mögliche Energieumwandlung.

Auch bei Stoffumwandlungen soll eine quantitative Fassung des Naturgesetzes der Unsymmetrie wichtige Fragen klären. Sie erlaubt die Prognose der Richtung dieser Prozesse bei natürlichem Ablauf. Ohne diese quantitative Kenntnis kann man z.B. die Richtung einer chemischen Stoffumwandlung nicht vorhersagen. So kann in einem Gasgemisch aus Stickstoff, Wasserstoff und Ammoniak je nach den thermodynamischen Bedingungen die spontane Reaktion zur Bildung von mehr Ammoniak auf Kosten von Stickstoff und Wasserstoff, oder zum Zerfall von Ammoniak zu Gunsten der Bildung von Stickstoff und Wasserstoff führen. Nur jeweils eine der beiden Richtungen des Prozessablaufes ist möglich, obwohl die Materiemengenbilanz und die Energiebilanz beide zulassen würden. Die thermodynamische Formulierung des Naturgesetzes von der Unsymmetrie der Stoffumwandlungen führt neben der eindeutigen Richtungsvorgabe auch auf einen allgemeinen Berechnungsweg für ihren Endzustand, d.h. die Zustandsgrößen im thermodynamischen Gleichgewicht. Die Kenntnis dieses Gleichgewichtszustands ermöglicht insbesondere die Definition eines idealisierten Prozesses zur Beschreibung von Stoffumwandlungen. Dieser idealisierte Prozess ist in Bezug auf die Mengenbilanz vollständig berechenbar und definiert einen Grenzwert für die Menge und Zusammensetzung der Stoffströme, die aus einer thermischen Stoffumwandlungsanlage oder aus einem chemischen Reaktor austreten können.

Die Unsymmetrie der Energie- und Stoffumwandlungen hat ihre Ursache in bisher von uns noch nicht betrachteten Gesetzmäßigkeiten beim Verlauf von Zustandsänderungen. Wenn wir die diesbezüglichen Einschränkungen möglicher Energie- und Stoffumwandlungen erkennen und quantitativ formulieren wollen, dann müssen wir über die bisherige Bilanzierung von Zustandsänderungen zwischen Anfangs- und Endzuständen bzw. zwischen Eintritts- und Austrittszuständen hinausgehen und den Verlauf einer Zustandsänderung im Detail betrachten.

5.1.2 Dissipation

Unsymmetrie tritt besonders deutlich und einfach interpretierbar bei Prozessen mit Reibung in Erscheinung. Eine detaillierte Betrachtung der Prozessgröße Arbeit ist ein geeigneter Einstieg in die Analyse von Zustandsänderungen mit Reibung und daraus abzuleitende Erkenntnisse über das Naturgesetz der Unsymmetrie bei Energieumwandlungen. Arbeit hatten wir zunächst in Form von Kolbenarbeit kennen gelernt. Nach (4.9) ist Kolbenarbeit definiert durch

$$(W_{12})_K = - \int_1^2 p_a dV \; ,$$

mit p_a als dem Druck, der von außen auf den Kolben wirkt. In dieser Form ist die Kolbenarbeit vollkommen unabhängig von dem Verlauf der Zustandsänderung des Fluids im Zylinder und daher auch nicht aus ihr berechenbar. Die Zustandsänderung unterliegt keinen Einschränkungen, kann also z.B. auch nichtstatisch und damit durch thermodynamische Zustandsgrößen unbeschreibbar sein. Wir betrachten im Folgenden die Zustandsänderung eines Gases beim Transfer von Kolbenarbeit und machen die Einschränkung, dass sie quasistatisch ist. Das Gas kann dann durch örtlich konstante thermodynamische Zustandsgrößen beschrieben werden, d.h. es verhält sich als Phase. Wir untersuchen nun, welche Beziehung zwischen der transferierten Kolbenarbeit und dem Verlauf der Zustandsänderung besteht.

Beim Transfer von Kolbenarbeit verändert sich die Zustandsgröße Volumen des Systems. Die Volumenänderung des Systems ist mit der Volumenänderung des Gases identisch. Wir können daher die Kolbenarbeit dann direkt mit dem Verlauf der Zustandsänderung des Gases verknüpfen, wenn wir voraussetzen, dass der äußere Druck gerade gleich dem Druck im Inneren des Gases ist, d.h. $p_a = p$. Offensichtlich stellt eine solche Bedingung bei einer Kompression bzw. Expansion eine Idealisierung dar, da der Prozess ja ohne Unterschied zwischen dem äußeren Druck und dem Gasdruck nicht abläuft. Man hat sich diesen Unterschied bei der Annahme $p_a = p$ als infinitesimal klein vorzustellen. Entsprechend läuft der Prozess dann unendlich langsam ab. Alle Reibungseffekte zwischen Kolben und Zylinder sowie Verwirbelungseffekte im Gas, die bei einem realen, mit endlicher Geschwindigkeit ablaufenden Prozess auftreten und für Abweichungen des Gasdrucks von dem Außendruck sorgen, sind durch die Annahme $p_a = p$ eliminiert. Einen solchen idealisierten Prozess bezeichnet man als reversiblen Prozess. Reversibilität bedeutet Umkehrbarkeit in allen Details. Eine reversible Kompression kann durch eine reversible Expansion in allen ihren Auswirkungen innerhalb und außerhalb des Systems rückgängig gemacht werden. Die bei der reversiblen Expansion vom Zustand 1 zum Zustand 2 gewonnene Kolbenarbeit ist gleich der zur reversiblen Kompression vom Zustand 2 zurück zum Zustand 1 erforderlichen Kolbenarbeit. Es besteht keine Unsymmetrie. Die gesamte bei der Kompression zu geführte Arbeit kommt dem Prozesszweck, nämlich der Kompression zu Gute. Entsprechend wird bei der Expansion die gesamte abgeführte Energie als Arbeit, d.h. im Sinne des Prozesszwecks frei.

Für einen reversiblen Prozess lautet daher der Zusammenhang zwischen der Kolbenarbeit und dem Verlauf der Zustandsänderung[8].

$$(W_{12})_K^{rev} = - \int_1^2 p\,\mathrm{d}V \ . \tag{5.1}$$

Die Kolbenarbeit bei einem reversiblen Prozess ist aus dem Verlauf der Zustandsänderung des Systems, d.h. aus der Veränderung des Gasdrucks mit dem Volumen während des Prozesses, berechenbar. Diese Information gehört zur Prozessdefinition und ist daher in einem betrachteten Fall als bekannt vorauszusetzen. Irgendwelche Kenntnisse über konstruktive Details der Ma-

---

[8] Diese Beziehung wurde bereits in Beispiel 4.2 zur Berechnung der Mindestarbeit einer Kolbenpumpe benutzt.

schine sind dagegen nicht erforderlich. Der Unterschied zwischen der Kolbenarbeit bei einem realen Prozess, die sehr wohl von der Bauform der Maschine
abhängt, und der bei einem reversiblen Prozess kommt durch Reibungseffekte im System zustande. Diese Effekte können im Detail sehr vielfältig sein,
z.B. Reibung zwischen Kolben und Zylinder, Reibung des Gases an der Zylinderwand, Verwirbelung des Gases etc., und entziehen sich im Allgemeinen
der Berechnung. Man bezeichnet sie summarisch als dissipative Effekte oder
auch als Dissipation. Die ihnen zugehörigen Energiebeiträge werden als dissipierte Energie oder auch als Energieform Dissipation mit dem Formelzeichen
Φ zusammengefasst. Sie kommen nicht dem Prozesszweck zu Gute. Es gilt
also

$$(W_{12})_{\mathrm{K}} = (W_{12})_{\mathrm{K}}^{\mathrm{rev}} + \Phi_{12} = - \int_1^2 p \mathrm{d}V + \Phi_{12} \ . \qquad (5.2)$$

Die Dissipation als Energieform ist eine Prozessenergie, hängt also vom Verlauf des Prozesses ab. In (5.2) muss stets $\Phi_{12} > 0$ gelten, denn erfahrungsgemäß schmälert die Dissipation die vom System abgegebene Kolbenarbeit
bei einer Expansion bzw. vergrößert die dem System zuzuführende Kolbenarbeit bei einer Kompression. Prozesse mit Dissipation sind grundsätzlich
irreversibel, d.h. nicht in allen Details umkehrbar. Die Auswirkungen der Dissipation während eines Prozesses sind bei seiner Umkehrung nicht vollständig
rückgängig zu machen. Selbst wenn die Volumenvergrößerung bei einer irreversiblen Expansion durch eine nachfolgende Kompression wieder rückgängig
gemacht wird, so ist dazu doch mehr Kompressionsarbeit aufzuwänden als
zuvor an Expansionsarbeit gewonnen wurde. Es bleibt also in der Umgebung
eine dauerhafte Veränderung zurück, die mit der zusätzlich zugeführten Kompressionsarbeit zusammenhängt. Durch (5.2) wird eine reale, im Allgemeinen
nicht berechenbare Größe, nämlich die Kolbenarbeit, durch ein berechen-
bares Modell, den reversiblen Prozess, und eine Korrektur, die Dissipation,
dargestellt. Für den reversiblen Prozess, und nur für diesen, ist somit die
Kolbenarbeit aus der Zustandsänderung des Gases berechenbar, und kann
als erste Näherung für den realen Prozess betrachtet werden. Dieses Vorgehen, einen komplexen Vorgang durch ein einfaches Modell unter Hinzufügen
von Korrekturen der Berechnung zugänglich zu machen, ist in allen Bereichen
der Ingenieurwissenschaften etabliert.

   Die Dissipation in (5.2) beschreibt durch ihr eindeutiges Vorzeichen das
bereits im Kapitel 1 aus der alltäglichen Erfahrung abgeleitete Naturgesetz
von der Unsymmetrie und der Entwertung bei Energieumwandlungen in einem Sonderfall, nämlich dem Expansions-/Kompressionsprozess in einer Kolbenmaschine. Durch Dissipation wird Energie entwertet, d.h. die vom System
bei der Expansion abgegebene Energie, die sich grundsätzlich aus Arbeit und
Wärme zusammensetzt, hat trotz gleicher Menge einen geringeren Wert als
die zur Wiederherstellung des ursprünglichen komprimierten Zustands erforderliche Kompressionsarbeit. Dies kommt dadurch zum Ausdruck, dass

mit der abgegebenen Energie eine Kompression auf das ursprüngliche Volumen nicht bewerkstelligt werden kann. Über die Größe der Dissipation macht die Thermodynamik keine Aussage, da sie von thermodynamisch nicht betrachteten Details des beteiligten Systems abhängt. Für den Prozess einer Kolbenmaschine lässt sie sich formal ausdrücken durch

$$\Phi_{12} = (W_{12})_K - (W_{12})_K^{rev} = -\int_1^2 (p_a - p)\mathrm{d}V \ , \tag{5.3}$$

und hängt daher von der Differenz zwischen Außendruck und Gasdruck ab. Die bei einem betrachteten Prozess dissipierte Energie lässt sich angeben, wenn die an einer realen Kolbenmaschine gemessene Arbeit mit der für den entsprechenden reversiblen Prozess berechneten verglichen wird. Auch aus (5.3) erkennt man wieder, dass Kolbenarbeit nur dann reversibel transferiert wird, wenn keine Druckdifferenz zwischen dem System und der Umgebung herrscht. Der reversible Prozess läuft ohne Energieentwertung ab und definiert daher die optimale Energieumwandlung beim Transfer von Kolbenarbeit.

Beispiel 5.1

Obwohl im Allgemeinen nicht der Berechnung zugänglich, lässt sich die Kolbenarbeit in Sonderfällen direkt angeben. Ein solcher Sonderfall liegt bei der Expansion gegen einen vorgegebenen Außendruck vor. In Beispiel 4.1 wurde die Kolbenarbeit berechnet, die ein Gas leistet, wenn es von $T_1 = 300$ K, $p_1 = 10$ bar und einem anfänglichen Volumen von $V_1 = 8 \cdot 10^{-3}$ m^3 gegen den Umgebungsdruck von $p_u = 1$ bar expandiert und dabei ein Volumen von $V_2 = 80 \cdot 10^{-3}$ m^3 erreicht. Das Ergebnis war $(W_{12})_K = -7{,}2$ kJ. Man berechne hier den reversiblen Anteil für das Stoffmodell des idealen Gases.

Lösung

Nach (5.2) berechnet sich die reversible Kolbenarbeit bei diesem Prozess nach

$$(W_{12})_K^{rev} = -\int_1^2 p\,\mathrm{d}V \ .$$

Zur Auswertung des Integrals $\int p\,\mathrm{d}V$ benötigt man eine Information über den Verlauf der Zustandsänderung, insbesondere die Funktion $p(V)$. Aus den Daten des Endzustands und dem idealen Gasgesetz ergibt sich, dass die Zustandsänderung unter Wärmezufuhr isotherm verläuft. Da dann die Zustandsänderung durch die Volumenänderung und die Bedingung konstanter Temperatur definiert ist, kann das Integral der reversiblen Kolbenarbeit leicht ausgewertet werden. Mit

$$p = \frac{nRT}{V}$$

gilt für die reversible Kolbenarbeit

$$(W_{12})_K^{rev} = -nRT \int_1^2 \frac{1}{V}\mathrm{d}V = -nRT \ln \frac{V_2}{V_1} \ .$$

Die Stoffmenge des Gases ergibt sich aus

$$n = \frac{p_1 V_1}{RT} = \frac{10 \cdot 10^5 \frac{N}{m^2} \cdot 8 \cdot 10^3 \text{ m}^3}{8,315 \frac{Nm}{mol\,K} \cdot 300 \text{ K}} = 3,2071 \text{ mol} .$$

Damit wird die reversible Kolbenarbeit

$$(W_{12})_K^{rev} = -3,2071 \cdot 8,315 \cdot 300 \ln \frac{80}{8} = -18421 \text{ J} = -18,4 \text{ kJ}$$

und damit deutlich höher als die reale Arbeit.

Als allgemeineren Fall betrachten wir nun die Expansion auf Umgebungsdruck für einen Verlauf der Zustandsänderung nach pV^n = const. Viele Zustandsänderungen lassen sich durch solch einen so genannten polytropen Ansatz in guter Näherung beschreiben. Der isotherme Fall wäre durch $n = 1$ gekennzeichnet. Hier gelte $n = 1,3$. Das Integral hat nun die Lösung

$$\int\limits_1^2 p \mathrm{d}V = \int\limits_1^2 pV^{1,3} \frac{\mathrm{d}V}{V^{1,3}} = p_1 V_1^{1,3} \frac{1}{1-1,3} \left[V^{(1-1,3)} \right]_{V_1}^{V_2}$$

Hier ist zu berücksichtigen, dass das Volumen nach der Expansion, d.h. bei $p_2 =$ 1bar, nun durch den Verlauf der Zustandsänderung auf

$$V_2 = V_1 \left(\frac{p_1}{p_2}\right)^{1/1,3} = 47 \cdot 10^{-3} \text{m}^3$$

begrenzt ist. Es ergibt sich also

$$\int\limits_1^2 p \mathrm{d}V = \frac{10 \cdot 10^5 \frac{N}{m^2} \left(8 \cdot 10^{-3}\right)^{1,3} \text{m}^{3 \cdot 1,3}}{-0,3} \left[\left(47 \cdot 10^{-3}\right)^{-0,3} - \left(8 \cdot 10^{-3}\right)^{-0,3} \right] \text{m}^{-3 \cdot 0,3}$$

$$= 11,0 \text{ kJ} .$$

Damit beträgt die reversible Kolbenarbeit nun $(W_{12})_K^{rev} = -11,0$ kJ. Die Temperatur sinkt auf $T_2 = 176$ K ab. Es ist plausibel, dass bei isothermer Zustandsänderung die reversible Expansionsarbeit größer ist, da sie ein höheres Gasvolumen im Zustand 2 bedingt.

Wir erkennen, dass bei der in obigem Beispiel betrachteten Expansion der reale Expansionsprozess eine deutlich geringere Arbeit abgibt, als der ideale Prozess. Während stets der reversible Prozess eine optimale Energieumwandlung beschreibt, sind die Unterschiede zum realen Prozess oft klein, sehr viel kleiner als im Fall von Beispiel 5.1

Beispiel 5.2

Streng reversible Prozesse sind praktisch nicht realisierbar. Durch spezielle Prozessführungen kann man ihnen aber in Einzelfällen beliebig nahe kommen. So werde ein Prozess betrachtet, bei dem am reibungsfrei beweglichen Kolben eines mit Gas gefüllten Zylinders eine Druckfeder angreift, vgl. Abb. B 5.2.1. Im Anfangszustand beträgt das Gasvolumen $V_1 = 1$ dm^3, und die Feder ist entspannt. Der Umgebungsdruck beträgt $p_u = p_1 = 1$ bar. Während des betrachteten Prozesses wird das Gas erwärmt, wobei sich das Volumen verdoppelt und der Druck auf $p_2 =$ 2 bar ansteigt. Die Federkraft sei der Längenänderung proportional.

Der Prozess kann als praktisch reversibel angesehen werden, da der Kolben sich reibungsfrei bewegt und die Zustandsänderung erfahrungsgemäß langsam und damit ohne Verwirbelungen abläuft. Es besteht daher Druckgleichgewicht am Kolben, $p_a = p$. Man berechne die vom Kolben auf die Feder übertragene und in ihr als potenzielle Energie gespeicherte Nutzarbeit.

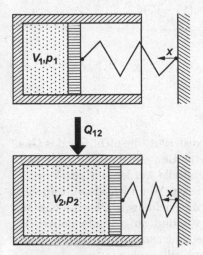

Abb. B 5.2.1. Nutzarbeit bei der Expansion eines Gases in einem Zylinder unter Wärmezufuhr

Lösung

Die abgegebene Nutzarbeit ist gleich der Kolbenarbeit des Gases bei reversibler Zustandsänderung, vermindert um die Arbeit, die davon zum Verschieben der Umgebung aufgewändet werden muss:

$$(W_{12})_K^{n,rev} = (W_{12})_K^{rev} + p_u(V_2 - V_1) = -\int_1^2 p\,dV + p_u(V_2 - V_1) \ .$$

Zur Auswertung des Integrals muss die Zustandsänderung definiert sein. Insbesondere benötigt man eine Beziehung $p = p(V)$. Sie folgt aus der Angabe, dass die Federkraft F der Längenänderung proportional sei. Es gilt daher

$$F = c_F \Delta x = \frac{c_F}{A}(V - V_1) \ ,$$

mit A als Kolbenfläche. Die Federkonstante c_F ergibt sich aus dem mechanischen Gleichgewicht nach Ablauf des Prozesses:

$$p_2 = p_1 + \frac{F_2}{A} = p_1 + \frac{1}{A}\frac{c_F}{A}(V_2 - V_1) \ .$$

Es gilt also

$$\frac{c_F}{A^2} = \frac{p_2 - p_1}{V_2 - V_1} = \frac{10^5 \ \text{N/m}^2}{10^{-3} \ \text{m}^3} = 10^8 \ \frac{\text{N}}{\text{m}^5} \ .$$

Damit gilt für die Nutzarbeit

$$(W_{12})_{\mathrm{K}}^{\mathrm{n,rev}} = - \int\limits_{0}^{V_2-V_1} \left[p_1 + \frac{c_{\mathrm{F}}}{A^2}(V - V_1) \right] \mathrm{d}(V - V_1) + p_{\mathrm{u}}(V_2 - V_1)$$

$$= -p_1(V_2 - V_1) - \frac{1}{2}\frac{c_{\mathrm{F}}}{A^2}(V_2 - V_1)^2 + p_{\mathrm{u}}(V_2 - V_1)$$

$$= -10^5 \, \frac{\mathrm{N}}{\mathrm{m}^2} \cdot 10^{-3}\mathrm{m}^3 - 10^8 \, \frac{\mathrm{N}}{\mathrm{m}^5} \cdot \frac{1}{2}10^{-6}\mathrm{m}^6$$

$$+ \, 10^5 \, \frac{\mathrm{N}}{\mathrm{m}^2} \cdot 10^{-3}\mathrm{m}^3$$

$$= -100 - 50 + 100 = -50 \text{ J} \ .$$

Kolbenarbeit wird über Systemgrenzen transferiert, die nicht nur das Gas im Zylinder sondern auch die einschlägigen festen Bauteile umfassen, d.h. den Kolben und den Zylinder. Diese Systembestandteile werden wir zur Vereinfachung in der Regel von der Analyse ausschließen. Wenn wir als System nur das Gas im Zylinder betrachten, gelten analoge Beziehungen. Die vom Gas an die Innenwand des Kolbens abgegebene bzw. von dort aufgenommene Arbeit bezeichnen wir nach Abschn. 4.1.1 als Volumenänderungsarbeit $(W_{12})_{\mathrm{V}}$, vgl. Abb. 5.2. Für eine reversible Zustandsänderung gilt

$$(W_{12})_{\mathrm{V}}^{\mathrm{rev}} = - \int\limits_{1}^{2} p\mathrm{d}V \ . \tag{5.4}$$

Eine reversible Kompression des Gases ist dadurch gekennzeichnet, dass die

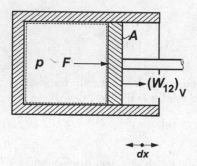

Abb. 5.2. Zur Volumenänderungsarbeit

gesamte von der Kolbeninnenfläche auf das Gas übertragene Arbeit durch die Zustandsänderung $p(V)$ aufgenommen wird. Entsprechend wird bei einer reversiblen Expansion die durch die Zustandsänderung $p(V)$ bewirkte Änderung der inneren Energie des Gases voll als Volumenänderungsarbeit

an der Innenseite des Kolbens wirksam. Reversibilität bei dieser Lage der
Systemgrenze ist daran gebunden, dass die Zustandsänderung des Gases in
allen Details und Auswirkungen umkehrbar ist. Damit sind Verwirbelungseffekte im Gas und Reibung zwischen Gas und Zylinder bei einer reversiblen
Zustandsänderung auszuschließen, da sie bei Umkehrung des Prozesses nicht
umgekehrt ablaufen. In realen Prozessen, wenn solche Effekte nicht ausgeschlossen werden sollen, gilt für die Volumenänderungsarbeit

$$(W_{12})_V = - \int_1^2 pdV + \Phi_{12} \; , \tag{5.5}$$

wobei Φ_{12} wieder die Dissipation ist. Hier bezieht sich die Dissipation wegen der Lage der Systemgrenze ausschließlich auf Reibungs- und Verwirbelungsvorgänge im Gas. Wiederum ist die Dissipation grundsätzlich eine
positive Größe. Sie bringt die Unsymmetrie und Energieentwertung beim
Transfer von Volumenänderungsarbeit zum Ausdruck. Über ihren Zahlenwert macht die Thermodynamik keine Aussage. Sie lässt sich jedoch durch
Vergleich der Volumenänderungsarbeit für eine reale und eine reversible Zustandsänderung ermitteln. Bei reversiblen Prozessen sind Kolbenarbeit und
Volumenänderungsarbeit identisch, d.h. es gilt

$$(W_{12})_K^{rev} = (W_{12})_V^{rev} \; . \tag{5.6}$$

Bei realen Prozessen besteht demgegenüber zwischen der Kolbenarbeit und
der Volumenänderungsarbeit ein Unterschied, der durch die Reibung in den
mechanischen Bauteilen der Kolbenmaschine bedingt ist. Der allgemeine Zusammenhang zwischen Kolbenarbeit und Volumenänderungsarbeit lautet

$$(W_{12})_K = (W_{12})_V + \Phi_{12} \; , \tag{5.7}$$

wobei Φ_{12} hier die durch die Kolbenreibung dissipierte Energie ist.

Da für einen reversiblen Prozess die Kolbenarbeit bzw. die Volumenänderungsarbeit aus dem Verlauf der Zustandsänderung berechenbar ist,
ergibt sich die transferierte Wärme aus der Energiebilanz für ein geschlossenes System nach

$$Q_{12}^{rev} = U_2 - U_1 - (W_{12})_V^{rev} = U_2 - U_1 + \int_1^2 pdV \tag{5.8}$$

ebenfalls aus dem Verlauf der Zustandsänderung. Bei einem reversiblen Prozess lassen sich also die Prozessgrößen Wärme und Arbeit aus dem Verlauf
der Zustandsänderung berechnen. Damit sind reversible Prozesse, und nur
diese, durch die thermodynamische Theorie vollständig und geschlossen berechenbar.

An die Stelle der Kolbenarbeit in geschlossenen Systemen tritt in offenen Systemen, z.B. Turbinen und Verdichtern, die Wellenarbeit. Sie ist nach (4.11) definiert durch

$$W_{\mathrm{W}} = M_{\mathrm{d}}\alpha \ ,$$

mit M_{d} als dem Drehmoment und α als dem gedrehten Winkel. Bei reversiblen Prozessen wird keine Energie dissipiert. Es gilt daher allgemein für die Wellenarbeit während eines Prozesses von $1 \rightarrow 2$ in Analogie zu (5.2)

$$(W_{12})_{\mathrm{W}} = (W_{12})_{\mathrm{W}}^{\mathrm{rev}} + \Phi_{12} \ , \tag{5.9}$$

mit Φ_{12} als der Dissipation, d.h. der in den mechanischen Bauteilen und im Fluid durch Reibungseffekte dissipierten Energie. Wie bei der Kolbenarbeit, so umfasst auch bei der Wellenarbeit das System außer dem Fluid zusätzlich die festen Bauteile, wie z.B. Turbinenschaufeln, Lager und dergleichen. Damit ist im Allgemeinen die Wellenarbeit nicht identisch mit der vom Fluid aufgenommenen oder abgegebenen Arbeit. Die entsprechende vom Fluid aufgenommene oder abgegebene Arbeit wird nach Abschn. 4.1.1 als technische Arbeit bezeichnet, vgl. Abb. 5.3. Die Systemgrenze umschließt

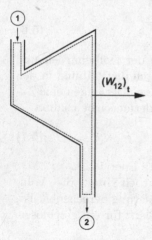

Abb. 5.3. Zur technischen Arbeit

nun ausschließlich das Fluid, d.h. die festen Bauteile bleiben außerhalb der Betrachtungen. Da die festen Bauteile eines Systems bei reversiblen Prozessen energetisch keine Rolle spielen, gilt in Analogie zu (5.6)

$$(W_{12})_{\mathrm{W}}^{\mathrm{rev}} = (W_{12})_{\mathrm{t}}^{\mathrm{rev}} \ . \tag{5.10}$$

Für einen reversiblen Prozess entfällt somit der Unterschied zwischen Wellenarbeit und technischer Arbeit. Im Übrigen gilt analog zu (5.5)

$$(W_{12})_t = (W_{12})_t^{\text{rev}} + \Phi_{12} \; , \tag{5.11}$$

wobei sich Φ_{12} hier im Gegensatz zu (5.9) nur auf Vorgänge im Inneren des Fluids bezieht.

Die Dissipation ist auch beim Transfer von Wellenarbeit oder technischer Arbeit prinzipiell eine positive Größe. Sie bringt die Unsymmetrie und Energieentwertung bei dieser Energieumwandlung zum Ausdruck. Die Dissipation schmälert die Arbeitsabgabe eines Systems und vergrößert die erforderliche Arbeitszufuhr im Vergleich zum reversiblen Prozess. Über ihren Wert macht die Thermodynamik keine Aussage. Insbesondere kann der Beitrag Φ_{12} in obigen Gleichungen je nach Lage der Systemgrenze aus sehr unterschiedlichen Effekten resultieren. Die Dissipation kann durch Vergleich eines realen Prozesses mit dem berechenbaren reversiblen quantifiziert werden.

Auch beim Transfer von Wellenarbeit oder technischer Arbeit interessieren wir uns für die Berechenbarkeit der optimalen, d.h. reversiblen Energieumwandlung und damit für den Zusammenhang mit der Zustandsänderung des Fluids. In diesem nur prinzipiell denkbaren Fall verschwindet die Energieentwertung, die Umwandlung wird symmetrisch. Mit Hilfe der Bedingung $\Phi_{12} = 0$ für den reversiblen Fall lässt sich eine Berechnungsgleichung für die technische Arbeit bzw. die Wellenarbeit aus dem Verlauf der Zustandsänderung ableiten. Ausgangspunkt hierfür ist die Energiebilanz für stationäre Fließprozesse in spezifischen Größen nach (4.26)

$$q_{12} + (w_{12})_t = (h_2 - h_1) + \frac{1}{2}\left(c_2^2 - c_1^2\right) + g\left(z_2 - z_1\right) \; .$$

Mit $dh = du + d(pv)$ gilt

$$h_2 - h_1 = u_2 - u_1 + \int_1^2 p \, dv + \int_1^2 v \, dp$$

$$= q_{12} + w_{12} + \int_1^2 p \, dv + \int_1^2 v \, dp$$

$$= q_{12} - \int_1^2 p \, dv + \varphi_{12} + \int_1^2 p \, dv + \int_1^2 v \, dp$$

$$= q_{12} + \varphi_{12} + \int_1^2 v \, dp \tag{5.12}$$

findet man eine Beziehung zwischen der spezifischen technischen Arbeit und dem Verlauf der Zustandsänderung, nach

$$(w_{12})_t = \int_1^2 v \, dp + \frac{1}{2}(c_2^2 - c_1^2) + g(z_2 - z_1) + \varphi_{12} \; . \tag{5.13}$$

Technische Arbeit aus einem stationären Fließprozess erhält man also durch Druckabsenkung, Verminderung der kinetischen Energie und Verminderung der potenziellen Energie. Die stets positive Dissipation schmälert den Ertrag an technischer Arbeit, denn abgegebene Arbeit ist negativ. Man erkennt auch, dass der Arbeitsgewinn durch Druckabsenkung, z.B. in einer Turbine, direkt dem Volumen proportional ist. Als Arbeitsmedium verwendet man daher praktisch ein Gas oder einen Dampf, die beide ein großes spezifisches Volumen haben. Umgekehrt gilt, dass zur Kompression einer Flüssigkeit viel weniger Arbeit aufzuwänden ist als zur Kompression eines Gases. Die Änderung der äußeren Energien spielt nur in Sonderfällen, z.B. einem Wasserkraftwerk, eine Rolle. Bei einer reversiblen Zustandsänderung verschwindet die Dissipation, d.h. $\varphi_{12} = 0$. Die bei der Energieumwandlung frei werdende Energie kommt dann in voller Höhe dem Prozesszweck zu Gute. Für die reversible Energieumwandlung, und wiederum nur für diese, ist die Berechnung der technischen Arbeit allein aus dem Verlauf der Zustandsänderung ohne Kenntnis irgendwelcher maschineller Details möglich. Bei Vernachlässigung der äußeren Energien ergibt sich die bereits an früherer Stelle am Fall einer Kolbenpumpe betrachtete Mindestarbeit, vgl. Beispiel 4.2. Die bei reversibler Zustandsänderung transferierte Wärme ist ebenfalls aus dem Verlauf der Zustandsänderung berechenbar. Aus der Energiebilanz ergibt sich hierfür

$$(q_{12})^{\text{rev}} = (h_2 - h_1) + \frac{1}{2}\left(c_2^2 - c_1^2\right) + g\left(z_2 - z_1\right) - (w_{12})_t^{\text{rev}}$$

$$= (h_2 - h_1) - \int_1^2 v \mathrm{d}p \ . \tag{5.14}$$

Damit ist auch für offene Systeme die Berechnung thermodynamischer Prozesse durch Aufspaltung in einen idealen Modellprozess, den reversiblen Prozess, und einen Korrekturterm, die Dissipation, möglich.

Zur Auswertung des Integrals $\int v\mathrm{d}p$ benötigt man wiederum eine Information über den Verlauf der Zustandsänderung, d.h. insbesondere die Funktion $v(p)$. Beschreibt man den Verlauf z.B. durch eine Polytrope, d.h. durch $pv^n = $ const., so ergibt sich das Integral zu

$$\int_1^2 v\mathrm{d}p = p^{1/n}v \int_1^2 \frac{\mathrm{d}p}{p^{1/n}} = \frac{n}{n-1}\left[p_2^{1/n}v_2 p_2^{1-1/n} - p_1^{1/n}v_1 p_1^{1-1/n}\right]$$

$$= \frac{n}{n-1}(p_2 v_2 - p_1 v_1) = \frac{n}{n-1}p_1 v_1 \left[\left(\frac{p_2}{p_1}\right)^{\frac{n-1}{n}} - 1\right] \ .$$

Beispiel 5.3

Es steht ein Sattdampfstrom bei $p_1 = 100$ bar zur Verfügung. Er soll durch isotherme Expansion und isobare Abkühlung ins Gleichgewicht mit der Umgebung ($t_2 = t_u = 20°\text{C}$, $p_2 = p_u = 1$ bar) gebracht werden. Für die sich aus der unterschiedlichen Reihenfolge von Abkühlung und Expansion ergebenen Verläufe der Zustandsänderung ermittele man die spezifischen Prozessenergien, die aus diesem Sattdampfstrom gewonnen werden können. Äußere Energien sollen unberücksichtigt bleiben.

Lösung

Die Lösung ist, wie stets, grundsätzlich nur für reversible Prozesse möglich. Wir benutzen für den Sattdampf das Stoffmodell der Wasserdampftafel, vgl. Tabelle A1 im Anhang A. Dort entnehmen wir, dass Sattdampf von 100 bar eine Temperatur von $t_1 = 311,06°C$ hat. Die Temperatur und der Druck des Sattdampfes liegen also oberhalb der Umgebungswerte. Dementsprechend hat der Sattdampf das Potenzial, durch Druckentspannung Arbeit zu leisten und durch Abkühlung Wärme abzugeben. Nach der Energiebilanz für stationäre Fließprozesse gilt für die Summe aus Wärme und technischer Arbeit für alle denkbaren Prozesse

$$q_{12} + (w_{12})_t = h_2 - h_1 = 83,96 - 2724,7 = -2640,7 \text{ kJ/kg} \ .$$

Für die Enthalpie des flüssigen Wassers bei 20°C wurde hier näherungsweise der Wert für die siedende Flüssigkeit bei 20°C eingesetzt. Die notwendige zweite unabhängige Gleichung für die gewinnbare Arbeit können wir nur für reversible Zustandsänderungen aufstellen, nämlich durch

$$(w_{12})_t^{\text{rev}} = \int_1^2 v \mathrm{d}p \ ,$$

womit dann folgt

$$(q_{12})^{\text{rev}} = -2640,7 \text{ kJ/kg} - \int_1^2 v \mathrm{d}p \ .$$

Durch die Gleichung für die bei reversibler Zustandsänderung transferierte Arbeit wird über die Funktion $v(p)$ der explizite Verlauf der betrachteten Zustandsänderung in die Analyse einbezogen. Wenn wir also die aus dem Sattdampfstrom gewinnbaren Prozessenergien Arbeit und Wärme ermitteln wollen, so müssen wir dies für die verschiedenen möglichen Prozesse getrennt tun. Zwei mögliche isotherm-isobare Zustandsänderungen sind in das p,v-Diagramm von Abb. B 5.3.1 schematisch eingetragen.

Zunächst behandeln wir einen Prozess, bei dem eine isobare Abkühlung des Wasserdampfes von $t_1 = 311,06°C$ auf $t_{1'} = t_2 = t_u = 20°C$ erfolgt und anschließend eine isotherme Druckabsenkung von $p_1 = p_{1'} = 100$ bar auf $p_2 = p_u = 1$ bar. Für die Zustandsänderung $1 \rightarrow 1'$ lautet die Energiebilanz

$$(q_{11'})^{\text{rev}} + (w_{11'})_t^{\text{rev}} = h_{1'} - h_1 \ .$$

Wegen der isobaren Zustandsänderung ist $(w_{11'})_t^{\text{rev}} = 0$ und man findet

$$(q_{11'})^{\text{rev}} = h_{1'} - h_1 = 93,33 - 2724,7 = -2631,4 \text{ kJ/kg} \ .$$

Für die Zustandsänderung $1' \rightarrow 2$ gilt

$$(q_{1'2})^{\text{rev}} + (w_{1'2})_t^{\text{rev}} = h_2 - h_{1'} = (83,96 - 93,33) = -9,3 \text{ kJ/kg} \ .$$

Insbesondere für die bei dieser Zustandsänderung gewinnbare technische Arbeit ergibt sich

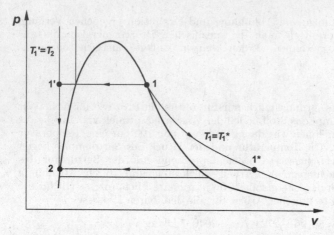

Abb. B 5.3.1. Zwei mögliche Zustandsänderungen von von $1 \rightarrow 2$ im p, v-Diagramm

$$(w_{1'2})_t^{\text{rev}} = \int\limits_{1'}^{2} v \, dp = (w_{12})_t^{\text{rev}} \ .$$

Während der Zustandsänderung von $1' \rightarrow 2$ ist das Wasser flüssig. Wir verwenden daher das Stoffmodell der idealen Flüssigkeit mit $v^{\text{if}} = 0,0009972$ m^3/kg und finden

$$(w_{1'2})_t^{\text{rev}} = v^{\text{if}}(p_2 - p_1) = -0,0009972 \ \frac{\text{m}^3}{\text{kg}} \cdot 99 \cdot 10^5 \ \frac{\text{N}}{\text{m}^2} = -9,87 \ \text{kJ/kg} \ .$$

Damit folgt für die während der Zustandsänderung $1 \rightarrow 2$ zuzuführende Wärme

$$(q_{1'2})^{\text{rev}} = -9,37 \ \text{kJ/kg} + 9,87 \ \text{kJ/kg} = 0,5 \ \text{kJ/kg} \ .$$

Bei dieser Prozessfolge besteht die gewonnene Prozessenergie im Wesentlichen aus der Wärme $q_{11'}$. Die gewonnene technische Arbeit ist vernachlässigbar klein. Dies liegt daran, dass die Druckentspannung in den flüssigen Zustand verlegt wurde, in dem das spezifische Volumen klein ist.

Ein alternativer Prozessablauf mit höherer Arbeitsausbeute besteht in einer isothermen Expansion des Wasserdampfes von $t_1 = 311,06°$C und $p_1 = 100$ bar auf $p_1^* = p_2 = p_u = 1$ bar mit einer anschließenden isobaren Abkühlung von $t_1^* = t_1 = 311,06°$C auf $t_2 = 20°$C. Die Energiebilanz lautet für die Zustandsänderung $1 \rightarrow 1^*$

$$(q_{11*})^{\text{rev}} + (w_{11*})_t^{\text{rev}} = h_{1*} - h_1 = 3096,9 - 2724,7 = 372,2 \ \text{kJ/kg} \ .$$

Für die dabei gewonnene technische Arbeit gilt bei reversibler Zustandsänderung

$$(w_{11*})_t^{\text{rev}} = \int\limits_{1}^{1^*} v \, dp = (w_{12})_t^{\text{rev}} \ .$$

Wenn wir für überhitzten Wasserdampf das Stoffmodell „Ideales Gas" benutzen, dann gilt mit

$$v^{\mathrm{ig}} = \frac{(R/M)T}{p}$$

für die technische Arbeit wegen $p_1^* = p_2$

$$(w_{11^*})_t^{\mathrm{rev}} = \frac{R}{M} T_1 \int\limits_1^2 \frac{dp}{p} = \frac{R}{M} T_1 \ln \frac{p_2}{p_1}$$

$$= \frac{8,315 \ \mathrm{Nm/mol \ K}}{18,015 \ \mathrm{g/mol}} (311,06 + 273,15) \ \mathrm{K} \ln \frac{1}{100}$$

$$= -1241,8 \ \mathrm{kJ/kg} \ .$$

Angesichts der Nähe zur Taulinie bestehen Zweifel an der Genauigkeit des Stoffmodells „Ideales Gas" für die betrachtete Zustandsänderung. Das Ergebnis wird

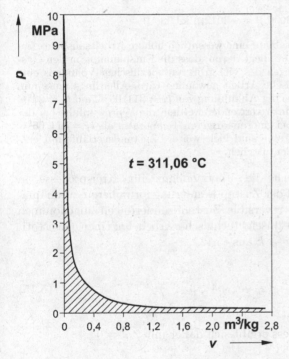

Abb. B 5.3.2. Arbeitsausbeute bei isothermer Expansion von Wasserdampf

daher mit dem genaueren Stoffmodell der Wasserdampftafel überprüft. Aus der Wasserdampftafel lässt sich für die Isotherme $t = 311,06°C$ bei den unterschiedlichen Druckstufen zwischen 100 bar und 1 bar das spezifische Volumen als Wertetabelle ablesen, vgl. Abb. B 5.3.2. Damit liegt die Funktion $p(v)$ für die betrachtete Zustandsänderung fest. Durch nummerische Integration oder auch Anpassung einer analytischen Funktion mit anschließender geschlossener Integration findet man

$$(w_{11*})_t^{\mathrm{rev}} = -1171,7 \text{ kJ/kg} .$$

Die Abweichung gegenüber dem Ergebnis für das Stoffmodell des idealen Gases liegt bei 6 %. Es ist plausibel, dass realer Wasserdampf eine etwas geringere Arbeit abgibt als ein ideales Gas, da er auf Grund intermolekularer Anziehungskräfte in der Nähe der Taulinie ein kleineres spezifisches Volumen aufweist. Bei dieser Expansion muss zur Einhaltung isothermer Bedingungen auf dem Temperaturniveau von $t_1 = 311,06°C$ eine Wärme von $(q_{11*})^{\mathrm{rev}} = 372,2 + 1171,7 = 1543,9$ kJ/kg zugeführt werden. Bei der Zustandsänderung $1^* \to 2$ wird keine technische Arbeit geleistet, und die abzuführende Wärme ergibt sich aus der Energiebilanz zu

$$(q_{1*2})^{\mathrm{rev}} = h_2 - h_{1*} = 83,96 - 3096,9 = -3012,9 \text{ kJ/kg} .$$

Man erkennt, dass dieser Prozessablauf eine wesentlich höhere Arbeitsausbeute liefert als der zuerst betrachtete. Dies liegt daran, dass die Entspannung in den Gasbereich verlegt wurde, wobei wegen des viel größeren spezifischen Volumens eine entsprechend viel größere technische Arbeit gewonnen wird. Allerdings muss nun Wärme zugeführt werden. Die bei der Abkühlung von $t_1 = 311,06°C$ auf $t_2 = 20°C$ gewonnene Wärme kann nicht dazu verwendet werden, die Wärmezufuhr bei der Expansion zu bestreiten, da sie bei einer niedrigeren Temperatur als $t_1 = 311,06°C$ anfällt. Neben den zwei betrachteten sind viele weitere Zustandsverläufe mit entsprechend anderen Prozessenergien möglich.

Schließlich lässt sich auch die Energiebilanz für Kreisprozesse in Abhängigkeit von dem Verlauf der Zustandsänderung formulieren, wenn quasistatische bzw. insbesondere reversible Zustandsänderungen angenommen werden. Man findet für die spezifische technische Arbeit bei einer quasistatischen Zustandsänderung von $i \to k$ aus (5.13)

$$(w_{ik})_t = \int\limits_i^k v\mathrm{d}p + \frac{1}{2}(c_k^2 - c_i^2) + g(z_k - z_i) + \varphi_{ik} . \qquad (5.15)$$

Für den reversiblen Kreisprozess ergibt sich daher mit $\varphi_{ik} = 0$

$$(w)_t^{\mathrm{rev}} = \sum (w_{ik})_t^{\mathrm{rev}} = \oint v\mathrm{d}p , \qquad (5.16)$$

da sich die Zustandsgrößen an den einzelnen Zustandspunkten herausheben. Beim reversiblen Kreisprozess ist die abgegebene Arbeit somit wiederum aus der Zustandsänderung berechenbar, und zwar aus dem Integral über den geschlossenen Kreisprozess im p, v-Diagramm. Man kann daher die aus einem Kreisprozess bei reversiblen Zustandsänderungen zu gewinnene Arbeit anschaulich als die von den Zustandslinien des Prozesses im p, v-Diagramm

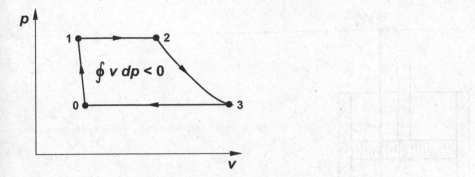

Abb. 5.4. Arbeitsausbeute eines reversiblen Kreisprozesses im p, v-Diagramm

umschlossene Fläche darstellen. In Abb. 5.4 ist ein rechtsläufiger Kreisprozess dargestellt. Er gibt Arbeit ab, denn $\oint v dp < 0$. Man erkennt, dass eine solche Wärmekraftmaschine nur bei Veränderung des spezifischen Volumens während des Prozesses funktionieren kann. Das kann z.B. durch Verdampfung und Kondensation oder durch Änderung des Gasvolumens infolge von Temperatur- und Druckänderungen geschehen. Außerdem sind offensichtlich Kompressionen und Expansionen erforderlich.

Es bleibt festzuhalten, dass mit dem Konzept des reversiblen Prozesses, insbesondere dem reversiblen Arbeitstransfer, ein berechenbarer, bezüglich der Energieumwandlung optimaler Prozess eingeführt ist. Die transferierten Prozessgrößen Arbeit und Wärme können aus dem Verlauf der Zustandsänderung getrennt berechnet werden. Reale Prozesse mit Arbeitstransfer weichen auf Grund von Dissipation, also Reibungs- und Verwirbelungseffekten, von der Reversibilität ab. Dissipation entsteht immer dann, wenn einem System eine Form von Arbeit zugeführt wird, für die es keine Zustandsgröße zur gezielten Aufnahme, Speicherung und Abgabe in gleicher Form besitzt. Ein leicht verständliches Beispiel hierfür ist die Zufuhr von technischer Arbeit an ein Gas in einem geschlossenen System, vgl. Abb. 5.5. Dieser Energietransfer hat einen eindeutigen Richtungssinn, denn technische Arbeit kann einem solchen System erfahrungsgemäß nur zu-, nicht aber aus ihm abgeführt werden. Die dabei zugeführte Energie wird durch Verwirbelungsvorgänge und Reibung des Fluids an den Behälterwänden in innere Energie umgewandelt. Eine äußere Rotationsenergie des Gases als Ganzes sei ausgeschlossen. Im Gegensatz zum Transfer von Volumenänderungsarbeit, bei dem die Zustandsgröße Volumen verändert wird, gibt es beim Transfer von technischer Arbeit in ein geschlossenes fluides System keine Zustandsgröße, durch die es diese Energie aufnehmen, speichern und als solche wieder abgeben könnte. Die Energie wird vielmehr durch Reibungseffekte in innere Energie des Fluids umgewandelt, d.h. sie wird dissipiert. Es gilt also

$$W_{\mathrm{t}} = \phi > 0$$

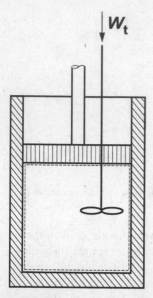

Abb. 5.5. Zur Dissipation von technischer Arbeit

Das stets positive Vorzeichen der Dissipation folgt hier aus der Tatsache, dass die zugeführte technische Arbeit die innere Energie erhöht. Ein vollkommen analoger Fall ist die Zufuhr von elektrischer Arbeit in einen elektrischen Leiter, z.B. einen Kupferdraht, weil dieses System keine Zustandsgröße zur gezielten Aufnahme, Speicherung und Abgabe von elektrischer Arbeit besitzt. Die zugeführte elektrische Arbeit wird durch Reibungsvorgänge der elektrischen Ladungsträger in innere Energie umgewandelt. Systeme, die zur gezielten Aufnahme von technischer Arbeit oder elektrischer Energie fähig sind, wären z.B. eine Uhrenfeder bzw. ein elektrischer Kondensator. Im ersten Fall wäre die Verformung der Feder die geeignete Zustandsgröße zur Aufnahme der Energie, im zweiten die elektrische Ladung.

5.2 Die Zustandsgröße Entropie

Nach den Ausführungen des vorigen Abschnitts lassen sich die Prozessgrößen Wärme und Arbeit bei einer reversiblen Zustandsänderung aus deren Verlauf berechnen. Bei realen, auf Grund von Reibungs- und Verwirbelungsprozessen im Fluid irreversiblen Zustandsänderungen kommt die Dissipation als weitere Prozessgröße hinzu. Durch ihr eindeutiges Vorzeichen, $\Phi > 0$, führt sie die Unsymmetrie von Energieumwandlungen in das Gleichungssystem ein. Damit lässt sich die Energiebilanz für ein geschlossenes System bei Transfer von

Wärme und Volumenänderungsarbeit schreiben als[9]

$$dU = dQ^{\text{rev}} + dW_V^{\text{rev}} + d\Phi$$

bzw. in integrierter Form

$$U_2 - U_1 = Q_{12}^{\text{rev}} + (W_{12})_V^{\text{rev}} + \Phi_{12} \ . \tag{5.17}$$

Der Transfer von Volumenänderungsarbeit wird durch die Änderung der Zustandsgröße Volumen beschrieben. Es gilt insbesondere im reversiblen Fall

$$(W_{12})_V^{\text{rev}} = -\int_1^2 p\,dV \ .$$

Damit ist die Prozessgröße Arbeit bei einer reversiblen Zustandsänderung auf den Verlauf der Zustandsänderung zurückgeführt. Analoge Beziehungen für die Wärme und die Dissipation kennen wir bisher nicht. Wir fragen daher nun nach den Zustandsgrößen des Systems, die den Transfer von Wärme und die Dissipation beschreiben.

5.2.1 Entropie und Dissipation

Wir betrachten zunächst die Zufuhr von Volumenänderungsarbeit in ein adiabates geschlossenes System, schließen also Wärmetransfer aus. Dann gilt für das Differenzial der inneren Energie

$$\begin{aligned} dU &= dW \\ &= dW_V^{\text{rev}} + d\Phi \\ &= -p\,dV + d\Phi \ . \end{aligned} \tag{5.18}$$

Zur Verknüpfung der Dissipation mit der Zustandsänderung des Systems führen wir nun eine neue extensive Zustandsgröße ein, die Entropie S, und schreiben für den betrachteten Sonderfall

$$d\Phi = T\,dS \ , \tag{5.19}$$

wobei T die so genannte thermodynamische Temperatur ist. Mit diesem Zusammenhang zwischen Dissipation und Entropie ergibt sich das Differenzial der inneren Energie zu

$$dU = -p\,dV + T\,dS \ . \tag{5.20}$$

Die Gleichung (5.20) wurde unter einschränkenden Voraussetzungen abgeleitet, nämlich der Zufuhr von Volumenänderungsarbeit an ein geschlossenes,

---

[9] Hier sind dQ^{rev}, dW_V^{rev} und $d\Phi$ im Gegensatz zu dU keine totalen Differenziale, sondern infinitesimal kleine Veränderungen der entsprechenden Prozessgrößen.

adiabates System mit der Dissipation als einziger Quelle irreversibler Effekte. Dennoch muss sie als Beziehung zwischen Zustandsgrößen in Bezug auf ihre Form unabhängig vom speziellen betrachteten Prozess sein. Damit ist (5.20) das allgemeine Differenzial der Funktion $U(S, V)$ für alle denkbaren Zustandsänderungen eines Systems, das nur zwei unabhängige Variable besitzt. Dies gilt für alle reinen Stoffe, vgl. Kapitel 2. Insbesondere ergibt sich daraus mit

$$p := -\left(\frac{\partial U}{\partial V}\right)_S \qquad (5.21)$$

die thermodynamische Definition des Druckes und mit

$$T := \left(\frac{\partial U}{\partial S}\right)_V \qquad (5.22)$$

die Definition der thermodynamischen Temperatur. Der Druck gibt demnach an, mit welcher Intensität die innere Energie auf eine Änderung des Volumens reagiert. Entsprechend sagt die thermodynamische Temperatur etwas darüber aus, wie sich die innere Energie mit der Entropie verändert. Der Nachweis, dass die thermodynamische Temperatur nach (5.22) mit der in Abschn. 2.1 in Zusammenhang mit dem idealen Gasthermometer eingeführten thermodynamischen Temperatur identisch ist, wird im Abschnitt 5.4 erbracht.

5.2.2 Entropie und Wärme

Zur Entwicklung eines Zusammenhangs zwischen Entropie und Wärme stellen wir zunächst erneut fest, dass die Gleichung (5.20) unabhängig vom speziellen Verlauf der Zustandsänderung gültig sein muss. Damit beschreibt sie auch insbesondere die Änderung der inneren Energie durch Wärme- und Arbeitstransfer bei einer reversiblen Zustandsänderung, nach

$$dU = dW_V^{rev} + dQ^{rev} . \qquad (5.23)$$

Durch Vergleich mit (5.20) ergibt sich insbesondere

$$dQ^{rev} = T dS . \qquad (5.24)$$

Damit wird auch der Wärmetransfer durch die Entropie beschrieben. Energietransfer als Wärme ist ein Energietransfer, der von einem Entropietransfer über die Systemgrenze begleitet wird. Dies ist die thermodynamisch exakte Definition des Wärmetransfers und das wesentliche Unterscheidungsmerkmal zum Arbeitstransfer, der ohne Mitführung eines Entropiestromes erfolgt. Die bei reversibler Zustandsänderung des Systems von $1 \rightarrow 2$ übertragene Wärme ergibt sich nach (5.24) zu

$$Q_{12}^{\text{rev}} = \int\limits_{1}^{2} T \mathrm{d}S \ . \tag{5.25}$$

Der Wert des Integrals hängt davon ab, wie sich während des Prozesses von (1) nach (2) die Temperatur mit der Entropie ändert. Grundsätzlich sind zwischen zwei festen Zustandspunkten verschiedene Zustandsverläufe möglich, vgl. Abb. 5.6. Die Flächen unter den Zustandsverläufen repräsentieren die

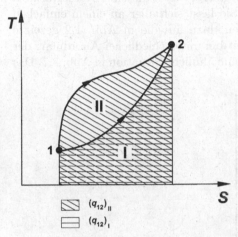

Abb. 5.6. Verschiedene Zustandsänderungen mit reversibler Wärmezufuhr zwischen den Punkten 1 und 2

bei reversiblen Zustandsänderungen übertragenen Wärmen. Offenbar sind die für die beiden eingezeichneten Zustandsänderungen übertragenen Wärmen verschieden, während andererseits die Entropiedifferenz dieselbe ist. Wärme ist eine Prozessgröße, die Entropie hingegen eine Zustandsgröße. Mit einem Wärmetransfer ist notwendigerweise auch ein Entropietransfer von einem System auf ein anderes verbunden. Bei geschlossenen Systemen gilt auch umgekehrt, dass jeder Entropietransfer ein Wärmetransfer sein muss. Bei offenen Systemen gilt diese Umkehrung nur bezüglich eines Entropietransfers über die festen Wände, nicht aber für den konvektiven, mit Materietransport verbundenen Entropiestrom. Der an einen Stoffstrom gebundene Energiestrom ist nämlich kein Wärmestrom, sondern ein Enthalpiestrom.

Wir stellen fest, dass sowohl die Dissipation als auch der Wärmetransfer durch ein und dieselbe Zustandsgröße, die Entropie, beschrieben wird. Dabei gelten die formalen Zusammenhänge nach (5.19) bzw. (5.24) nicht allgemein. Die Beziehung zwischen der Entropieänderung und der Dissipation ist bei geschlossenen Systemen auf Prozesse beschränkt, deren Energieumwandlungen ausschließlich durch Arbeitstransfer zustande kommen. Die Beziehung zwischen der Entropieänderung und dem Wärmetransfer ist auf reversible Zustandsänderungen beschränkt. Allgemein gilt aber, dass Dissipation zumindest einen Teil der Entropieerhöhung eines Systems bewirkt. In den meisten technischen Prozessen treten noch andere Anteile hinzu. Wiederum allgemein gilt, dass auch Wärmetransfer für zumindest einen Teil der Entropieänderung verantwortlich ist, wenn auch nur bei reversiblen Prozessen die transferierte Wärme und die Entropieänderung ineinander umrechenbar sind.

Die gemeinsame Beschreibung der Änderung der inneren Energie eines Systems auf Grund von Wärmetransfer und Dissipation, also auf Grund zweier prinzipiell unterschiedlicher Vorgänge, durch dieselbe Systemvariable Entropie mag zunächst überraschen. Sie lässt sich aber an einem einfachen Beispiel plausibel machen. Wir greifen dazu auf die in Abb. 1.2 gezeigte Unterscheidung von Wärme und Arbeit bei unterschiedlicher Anordnung der Systemgrenze zurück und betrachten eine ähnliche Situation in Abb. 5.7. Das

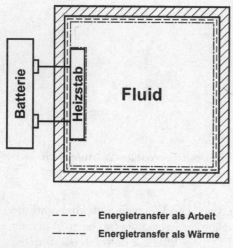

‒ ‒ ‒ ‒   **Energietransfer als Arbeit**

‒ · ‒ · ‒   **Energietransfer als Wärme**

Abb. 5.7. Dissipation und Wärme

System besteht aus einem Fluid, in dem ein elektrischer Heizstab angeordnet ist. Zur Vereinfachung nehmen wir an, dass der Heizstab im Vergleich zum Fluid beliebig klein sein möge, so dass das System praktisch ausschließlich aus dem Fluid besteht und nur dessen Zustandsgrößen betrachtet werden müssen. Wir verfolgen die Änderung der inneren Energie dieses Systems auf Grund von Energietransfer aus der Batterie. Nach Ablauf des Energietransfers soll das System im thermodynamischen Gleichgewicht sein, d.h. das Fluid hat eine einheitliche Temperatur. Bei Betrachtung der gestrichelten Systemgrenze empfängt das System während des adiabaten Prozesses elektrische Arbeit von der Batterie und dissipiert diese durch Reibungseffekte der Elektronen im Heizstab, d.h. im System. Der Zuwachs an innerer Energie des Fluids dU entspricht unter den gemachten Voraussetzungen der dissipierten Energie, und es gilt nach (5.19)

$$dU = d\Phi = T dS = T d_i S \ .$$

Zur Verdeutlichung, dass sich bei diesem Prozess die Entropie des Fluids durch irreversible Zustandsänderungen im Inneren des Systems verändert, bezeichnen wir die Entropieänderung hier mit $d_i S$. Betrachten wir andererseits einen Energietransfer über die strichpunktierte Systemgrenze, so handelt es sich offensichtlich um Wärmetransfer ohne Dissipation vom Heizstab an das Fluid. Nach Ablauf des Prozesses hat sich die innere Energie des Fluids wiederum um dU erhöht. Da die formale Beschreibung ein- und derselben Zustandsänderung im System nicht von der willkürlichen Lage der Transfergrenzen während des Energietransfers abhängen kann, muss nun gelten, vgl. (5.24)

$$dU = dQ = T dS = T d_a S \ .$$

Die Entropieänderung des Fluids kommt hierbei nicht durch innere Effekte, sondern durch einen Wärmetransfer von außen zustande. Hierauf soll die Beziehung $d_a S$ hinweisen. Im allgemeinen Fall tritt Dissipation mit Wärmetransfer gemeinsam auf. Dann setzt sich die gesamte Entropieänderung aus einem inneren Anteil $d_i S$ und einem äußeren Anteil $d_a S$ durch Wärmetransfer zusammen.

5.2.3 Entropieproduktion bei Energietransfer über Temperatur- und Druckdifferenzen

Dissipation im Zusammenhang mit Arbeitstransfer bedeutet zwangsläufig Entropieproduktion. Dies bedeutet aber nicht, dass die beiden Begriffe Dissipation und Entropieproduktion gleichwertig und damit austauschbar wären. Entropieproduktion ist umfassender als Dissipation oder, anders ausgedrückt, Dissipation als Folge von Reibungs- und Verwirbelungseffekten bei Arbeitstransfer ist nur eine von mehreren Mechanismen der Entropieproduktion. Darüber hinaus kann Entropie auch durch andere Vorgänge innerhalb und außerhalb des Systems produziert werden. So ergibt sich z.B. eine Entropieproduktion bei Wärmetransfer von einem System höherer Temperatur $T^{(1)}$ auf ein System der niedrigeren Temperatur $T^{(2)}$, vgl. Abb. 5.8. Wir unterstellen reversible Zustandsänderungen in den Systemen 1 und 2 während des Prozesses. Damit findet man für die Entropieänderung der beiden Systeme nach (5.24)

$$dS^{(1)} = \frac{dQ^{(1)}}{T^{(1)}}$$

und

$$dS^{(2)} = \frac{dQ^{(2)}}{T^{(2)}} \ .$$

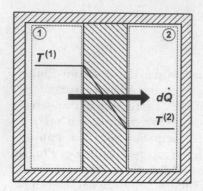

Abb. 5.8. Zur Entropieproduktion beim Wärmetransfer

Mit $-\mathrm{d}Q^{(1)} = \mathrm{d}Q^{(2)} = \mathrm{d}Q$ folgt für die irreversible Entropieproduktion beim Wärmetransfer über eine Temperaturdifferenz

$$\mathrm{d_i}S = (\mathrm{d}S)_{\Delta\mathrm{T}}^{\mathrm{irr}} = \mathrm{d}S^{(1)} + \mathrm{d}S^{(2)} = -\frac{\mathrm{d}Q}{T^{(1)}} + \frac{\mathrm{d}Q}{T^{(2)}}$$

$$= \frac{T^{(1)} - T^{(2)}}{T^{(1)}T^{(2)}}\mathrm{d}Q \ . \tag{5.26}$$

Wir haben damit eine explizite Berechnungsgleichung für die Entropieproduktion beim Wärmetransfer aus gegebenen Größen gefunden. Sie findet bei der gewählten Lage der Systemgrenzen nicht im Inneren eines der beiden Teilsysteme (1) bzw. (2) statt, sondern in der Trennwand zwischen ihnen, d.h. im Inneren des Gesamtsystems. Daher ergänzen wir hier die Notation $\mathrm{d_i}S$ durch die spezielle Notation $(\mathrm{d}S)_{\Delta\mathrm{T}}^{\mathrm{irr}}$. Konzeptionell besteht kein Unterschied zwischen diesen Größen, da sie beide die Entropieproduktion kennzeichnen.

Auch die bei einem Energietransfer über eine Druckdifferenz produzierte Entropie lässt sich explizit berechnen. Zur Erläuterung betrachten wir ein geschlossenes System, in dem zwei Teilsysteme (1) und (2) mit gleicher Temperatur aber mit unterschiedlichen Drücken $p^{(1)}$ und $p^{(2)}$ existieren. Die Systeme (1) und (2) sind fluide Phasen, vgl. Abb. 5.9. Zwischen den beiden fluiden Systemen befindet sich ein Kolben. Das System (1) mit dem anfänglich höheren Druck $p^{(1)}$ expandiert und komprimiert dabei das System (2) mit dem anfänglich niedrigeren Druck $p^{(2)}$. Dabei wird Volumenänderungsarbeit transferiert. Wenn wir unterstellen, dass die Zustandsänderungen in den fluiden Phasen der Systeme (1) und (2) trotz des endlichen Druckunterschiedes so langsam ablaufen, dass sie jeweils reversibel sind, dann gilt

$$\mathrm{d}W_{\mathrm{V}}^{(1)} = -p^{(1)}\mathrm{d}V^{(1)}$$

bzw.

$$\mathrm{d}W_{\mathrm{V}}^{(2)} = -p^{(2)}\mathrm{d}V^{(2)} \ .$$

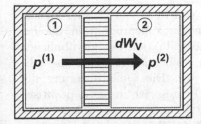

Abb. 5.9. Zur Entropieproduktion beim Arbeitstransfer

Die vom System (1) abgegebene Volumenänderungsarbeit ist gleich der dem System (2) zugeführten Volumenänderungsarbeit zuzüglich der durch Reibung zwischen dem Kolben und der Zylinderwand dissipierten Energie. Es gilt also

$$-\mathrm{d}W_\mathrm{V}^{(1)} = \mathrm{d}W_\mathrm{V}^{(2)} + \mathrm{d}\Phi$$

Wegen $\mathrm{d}V^{(1)} = -\mathrm{d}V^{(2)} > 0$ beträgt die bei der Reibung zwischen Kolben und Zylinderwand dissipierte Energie somit

$$\mathrm{d}\Phi = \left(p^{(1)} - p^{(2)}\right)\mathrm{d}V^{(1)} \ .$$

Die Dissipation hängt nach $\mathrm{d}\Phi = T\mathrm{d_i}S$ mit der Entropieproduktion bei diesem adiabaten Prozess zusammen. Damit ergibt sich für die Entropieproduktion beim Energietransfer über eine Druckdifferenz

$$\mathrm{d_i}S = (\mathrm{d}S)_{\Delta\mathrm{p}}^{\mathrm{irr}} = \frac{p^{(1)} - p^{(2)}}{T}\mathrm{d}V^{(1)} \ . \tag{5.27}$$

Wiederum haben wir eine explizite Berechnungsgleichung für die Entropieproduktion gefunden. Auch hier wird die Entropie nicht im Inneren der fluiden Teilsysteme produziert, sondern innerhalb des Gesamtsystems bei der Reibung zwischen Kolben und Zylinder, worauf wieder die spezielle Notation $(\mathrm{d}S)_{\Delta\mathrm{p}}^{\mathrm{irr}}$ hinweisen soll. Die Entropieproduktion beim Druckausgleich wurde hier für den Fall berechnet, dass von einem System höheren Druckes an ein System niedrigeren Druckes Volumenänderungsarbeit transferiert wird. Das Ergebnis ist allerdings unabhängig vom Arbeitstransfer. Auch bei Prozessen ohne Arbeitstransfer wird bei Druckausgleich durch den Mechanismus Dissipation Entropie erzeugt. Reibung und Verwirbelung, also Dissipation, ist ein bei fast allen realen Prozessen auftretendes Phänomen.

Aus den Beziehungen (5.26) und (5.27) ergeben sich interessante Schlussfolgerungen über die Ursachen von Entropieproduktion. Die Entropieproduktion nimmt mit zunehmenden treibenden Kräften zu. In den betrachteten Fällen sind dies Unterschiede zwischen den Zustandsgrößen der beteiligten Systeme, also Druckunterschiede und Temperaturunterschiede. Sanfte Prozesse mit kleinen Druck- und Temperaturdifferenzen produzieren

wenig Entropie. Ein niedriges Temperaturniveau führt bei gleicher Druck-
bzw. Temperaturdifferenz zu einer höheren Entropieproduktion als ein
hohes Temperaturniveau. Auch die Entropieproduktion bei gewöhnlichen
Strömungsprozessen steigt mit zunehmenden treibenden Kräften, also z.B.
der Geschwindigkeit der Fluidbewegungen, an. Die Quantifizierung der
Entropieproduktion für einen betrachteten Prozess ist insofern praktisch
bedeutsam, als sie direkt mit der Energieentwertung verknüpft ist. Dieser
Zusammenhang ergibt sich für den Sonderfall der Reibungs- und Verwirbelungseffekte beim Arbeitstransfer bereits aus der Beziehung zwischen der
Dissipation, die bereits als Ursache von Energieentwertung erkannt wurde, und der Entropieproduktion. Allgemein wird er in Abschn. 5.5 entwickelt.

5.2.4 Atomistische Interpretation

Ähnlich wie die innere Energie ist auch die Entropie nur aus dem atomistischen
Aufbau eines thermodynamischen Systems zu verstehen. Zur atomistischen Interpretation der Entropie und insbesondere der Entropieproduktion führen wir den
Begriff des atomistischen Chaos ein und definieren ihn quantitativ als die Anzahl
der unterschiedlichen atomistischen Zustände eines Systems, die zu seinem thermodynamischen und damit makroskopischen Zustand gehören. Ein atomistischer
Zustand eines Systems ist eine bestimmte Kombination von Orts- und Bewegungs-
koordinaten seiner Atome. Die Zahl unterschiedlicher atomistischer Zustände eines
Systems, also das atomistische Chaos, bezeichnen wir mit W. Es ist einleuchtend,
dass mit jedem thermodynamischen Zustand, also z.B. mit bestimmten Werten von
Temperatur, Druck und Stoffmenge eines Gases, sehr viele atomistische Zustände
W verträglich sind.

Ein leicht verständliches Modell für atomistisches Chaos ist eine Mischung aus
weißem Salz und dunklem Pfeffer, vgl. Abb. 5.10. Die Atome des Systems wer-

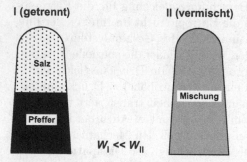

Abb. 5.10. Teilchenchaos eines Systems aus Salz und Pfeffer in unterschiedlichen
Zuständen

den hier durch die Salz- und Pfefferkörner repräsentiert. Dieses System sieht im
vermischten Zustand II makroskopisch immer gleich braun aus, auch wenn wir
immer neue örtliche Anordnungen der Salz- und Pfefferkörner als Modell für immer neue atomistische Zustände betrachten. Das Körner-Chaos dieser Mischung

ist groß, denn viele unterschiedliche Ortsverteilungen der Salz- und Pfefferkörner führen auf ein unverändertes makroskopisches Erscheinungsbild, die braune Mischung. Wenn die Salz- und Pfefferkörner in zwei Hälften getrennt sind, wie im Zustand I, sieht das System makroskopisch anders aus, nämlich deutlich getrennt in dunkel und weiß. Auch hier sind viele verschiedene Anordnungen der Körner möglich, ohne dass sich das dunkel-weiße Aussehen makroskopisch verändert. Aber es ist ohne Weiteres klar, dass zu der braunen Mischung viel mehr mögliche unterschiedliche Ortsanordnungen der Körner gehören, das Körner-Chaos ist vielfach größer. Der dunkel-weiße Zustand des Systems ist nicht stabil. Er geht bei einer Störung, z.B. durch Schütteln, in den völlig vermischten, hochchaotischen braunen Zustand über. Stabile, natürliche Systemzustände sind offenbar durch maximales atomistisches Chaos gekennzeichnet.

Ein formaler Zusammenhang zwischen der Entropie und dem atomistischen Chaos, also der Anzahl W der unterschiedlichen atomistischen Zustände des Systems, wurde von Ludwig Boltzmann angegeben. Er lautet

$$S = k \ln W \ . \tag{5.28}$$

Hierbei ist k eine universelle Konstante, die so genannte Boltzmann-Konstante, deren Zahlenwert sich aus

$$k = R/N_A \tag{5.29}$$

mit R als der allgemeinen Gaskonstante und N_A als der Avogadro-Zahl, also der Anzahl der Moleküle in 1 Mol, zu $k = 1,380 \cdot 10^{-23}$ J/K ergibt.

Die Übereinstimmung von (5.28) mit der weiter oben angegebenen thermodynamischen Definition der Entropie, vgl. (5.20), zeigen wir an einem einfachen Beispiel. Wir betrachten ein ideales Gas in einem nach außen isolierten Behälter, der durch eine Wand in zwei Hälften mit den Volumina $V_I = V_{II}$ unterteilt ist. Der thermodynamische Zustand eines solchen Systems ist durch seine innere Energie und sein Volumen definiert. Zu Beginn der Betrachtungen sei das Gas in der linken Hälfte eingesperrt. Wenn die Wand entfernt wird, dehnt sich das Gas spontan auf das gesamte Volumen des Behälters aus, vgl. Abb. 5.11. Wir wollen die mit der Ausdehnung verbundene Zunahme der atomistischen Anordnungsmöglichkeiten, d.h. des atomistischen Chaos, errechnen. Dazu bezeichnen wir das ursprüngliche Volumen des Gases mit V_1 und das Endvolumen mit $V_2 = 2V_1$. Zur Berechnung der Zahl der unterschiedlichen räumlichen Anordnungen der Gasmoleküle in V_1 und V_2 teilen wir gedanklich und ohne Einschränkung der Allgemeinheit den ganzen Behälter gleichmäßig in doppelt so viele Zellen auf wie es Moleküle gibt. Zu Beginn sind alle Moleküle in V_1 und besetzen daher dort alle Zellen mit im Mittel jeweils einem Molekül. Betrachten wir zunächst ein einzelnes Molekül, so ist nach Entfernen der Wand die Zahl der möglichen Zellenplätze, die es besetzen kann, verdoppelt. Seine möglichen Ortszustände sind also doppelt so zahlreich wie in dem Volumen V_1. Bei zwei Molekülen, die sich nicht gegenseitig beeinflussen (ideales Gas), verdoppelt sich die Anzahl der möglichen Positionen für beide, d.h. die Zahl der Konfigurationen wächst um $2^2 = 4$. Bei drei Molekülen verdoppelt sich wieder für jedes die Anzahl der möglichen Positionen, und wir erhalten $2^3 = 8$ als den Faktor, um den sich das atomistische Chaos vermehrt, wenn an Stelle von V_1 das doppelte Volumen V_2 zur Verfügung steht. Bei N Molekülen ist dieser Faktor entsprechend 2^N. Die Entropiedifferenz für den Ausdehnungsprozess ist somit nach (5.28)

$$S_2 - S_1 = k \ln \frac{W_2}{W_1} = k \ln(2^N) = N k \ln 2 \ .$$

Die thermodynamische Beschreibung lautet mit (5.20)

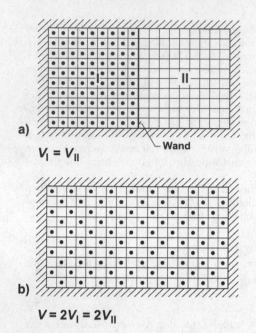

a)

$V_\mathrm{I} = V_\mathrm{II}$ Wand

b)

$V = 2V_\mathrm{I} = 2V_\mathrm{II}$

Abb. 5.11. Zunahme von atomistischem Chaos durch Verteilung a) vor der Expansion, b) nach der Expansion

$$\mathrm{d}U = T\mathrm{d}S - p\mathrm{d}V = 0 \ ,$$

da das System abgeschlossen und die Energie daher konstant ist. Wir finden also $\mathrm{d}S = (p/T)\,\mathrm{d}V$. Damit gilt, unter Verwendung von $pV = n\mathrm{R}T = NkT$ mit N als der Anzahl der Moleküle für das ideale Gas,

$$S_2 - S_1 = \int_{V_1}^{V_2} \frac{p}{T}\mathrm{d}V = \int_{V_1}^{V_2} Nk\frac{\mathrm{d}V}{V} = Nk\ln\frac{V_2}{V_1} = Nk\ln 2 \ ,$$

in Übereinstimmung mit dem zuvor aus (5.28) entwickelten Ergebnis.

Mit Hilfe des Zusammenhangs zwischen Entropie und atomistischem Chaos lässt sich die Produktion von Entropie bei realen, d.h. nicht-reversiblen Prozessen auf die natürliche Neigung aller Prozesse zur Vergrößerung des atomistischen Chaos zurückführen. Bei der betrachteten Gasexpansion kommt diese Vergrößerung der Größe W durch die statistische Verteilung der Atome auf ein größeres Volumen zustande. Ein anderer Mechanismus zur Vergrößerung des atomistischen Chaos ist die Umwandlung von kohärenter Bewegungsenergie in inkohärente Bewegung durch statistische Stoßprozesse. Ein Beispiel dafür ist ein Prozess, bei dem eine herabsinkende Masse einen Rührer antreibt, der ein Fluid verwirbelt, vgl. Abb. 5.12. Das System a) mit der ursprünglich als potenzielle Energie der Masse gespeicherten Energie besitzt zunächst kein atomistisches Chaos, wenn wir von allen thermischen Bewegungen absehen, dem System also die Temperatur 0 K zuordnen. Wenn die Masse sinkt, wird die damit einhergehende geordnete Bewegungsenergie der Masse zunächst in geordnete Bewegungsenergie des Rührers, dann aber durch statistische

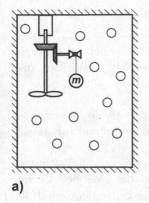
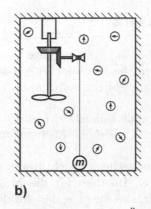

a)   **b)**

Abb. 5.12. Zunahme von atomistischem Chaos durch Übergang von Kohärenz zu Inkohärenz

Stoßprozesse in völlig ungeordnete Atombewegungen umgewandelt. Wenn der Prozess schließlich zum Stillstand gekommen ist, hat sich die potenzielle Energie der Masse vollständig in inkohärente atomistische Bewegungsenergie umgewandelt, Zustand b) in Abb. 5.12. Das atomistische Chaos hat zugenommen und mit ihm die Entropie. Das letztere Beispiel erklärt insbesondere das Wesen der Dissipation und die Entwertung von Energie als Folge der Zunahme von atomistischem Chaos. Die innere Energie des abgeschlossenen Systems ist durch den Ausgleichsprozess entwertet worden. Es ist unmittelbar anschaulich klar, dass die in den inkohärenten Atombewegungen gespeicherte innere Energie des Fluids durch keine denkbare Weise wieder in die ursprüngliche Energie der gehobenen Masse zurückverwandelt werden kann, obwohl sie dem Betrag nach gleich groß ist. Auf analoge Weise lässt sich auch die Produktion von Entropie bei anderen Prozessen, z.B. Wärmetransfer, Vermischung oder chemischen Reaktionen, auf die Zunahme von atomistischem Chaos zurückführen. Da statistische Verteilungs- und Stoßprozesse natürliche Vorgänge auf atomistischer Ebene sind, ist die Entropieproduktion ebenfalls ein natürlicher, unvermeidbarer Vorgang. Atomistisches Chaos ist das Gegenteil von atomistischer Ordnung. Somit bedeutet Entropieproduktion auch den Abbau von atomistischer Ordnung oder die Zunahme atomistischer Unordnung. Diese einfache, auf die Boltzmannsche Entropieformel (5.20) zurückgehende Interpretation der Entropie ist hilfreich für das Verständnis vieler mit der Entropie zusammenhängender Effekte.

Die Beziehung zwischen Entropie und Ordnung auf atomistischer Ebene lässt sich schließlich auch auf makroskopische Dimensionen übertragen. Auch makroskopische Ordnungszustände zerfallen in abgeschlossenen Systemen in Folge zunehmender Unordnung auf atomistischer Ebene. Eine Stahlbrücke zerfällt zu Rost, ein Bauwerk bricht zusammen und zerbröselt zu Staub, wenn nicht Einwirkungen von außen diesen Zerfallsprozessen entgegen wirken. Der Zerfall der Strukturen geht mit Entropieproduktion einher, d.h. die Zerfallsprodukte haben eine höhere Entropie als die Strukturen. Der Aufbau von Strukturen ist umgekehrt dadurch gekennzeichnet, dass die Produkte, also die Strukturen, eine niedrigere Entropie haben als die Stoffe, aus denen sie gebildet worden sind, also die Rohstoffe in der Umgebung. Strukturbildende Prozesse, also solche Prozesse, die Ordnungszustände gegenüber der Umgebung schaffen, verringern daher lokal die Entropie.

5.3 Der 2. Hauptsatz

Da Entropie sowohl über die Systemgrenze transferiert als auch im Inneren produziert werden kann, besteht die Entropieänderung eines Systems aus zwei Anteilen. Die Entropiebilanz lautet also:

"Die Entropie eines Systems ändert sich durch Zu- oder Abfuhr von Entropie über die Systemgrenze und durch Entropieproduktion in seinem Inneren."

Die Entropiebilanz unterscheidet sich insofern von den als Erhaltungsgleichungen formulierten Bilanzen für die Masse und die Energie, als sie einen Quellterm enthält. Die Aussage, dass für die innere Entropieproduktion $d_i S \geq 0$ bzw. gilt, bezeichnet man als den 2. Hauptsatz der Thermodynamik. Für die Entropie existiert daher in der Regel keine Erhaltungsgleichung. Eine besondere Stellung nehmen reversible Zustandsänderungen ein, bei denen es keine Entropieproduktion gibt. Reversible Prozesse sind idealisierte Prozesse für Energieumwandlungen. Für sie lässt sich die Entropiebilanz als Erhaltungsgleichung formulieren, und die dadurch gewonnene zusätzliche Beziehung erlaubt die vollständige Berechnung dieser Prozesse, vgl. Kapitel 6. Reale Prozesse laufen unter Entropieproduktion ab. Eine Entropievernichtung ist nach dem 2. Hauptsatz grundsätzlich unmöglich. Damit ist die Unsymmetrie von Energieumwandlungen durch den 2. Hauptsatz der Thermodynamik beschrieben. In abgeschlossenen Systemen, also solchen, die keinerlei energetische und stoffliche Wechselwirkung mit der Umgebung und damit keine Zu- oder Abfuhr von Entropie über die Systemgrenzen haben, kann die Entropie nur zunehmen oder, im reversiblen Grenzfall, konstant bleiben. Wenn also Stoffumwandlungen wie Temperatur- und Druckausgleich zwischen Teilsystemen oder auch Vermischungsprozesse und chemische Reaktionen in abgeschlossenen Systemen ablaufen, wird deren eindeutiger Richtungssinn, d.h. ihre Unsymmetrie, durch die Zunahme der Entropie beschrieben. Ihr Endzustand, das so genannte thermodynamische Gleichgewicht, ist somit in einem isolierten System durch das Maximum der Entropie bestimmt. Hierdurch wird ein idealisierter Prozess für Stoffumwandlungen definiert, der Gleichgewichtsprozess. Er läuft vom Anfangszustand unter Entropieproduktion bis zum maximalen Entropiewert, der mit den vorgegebenen Werten von innerer Energie und Volumen des abgeschlossenen Gesamtsystems verträglich ist. Die Bedingung des Entropiemaximums im abgeschlossenen System liefert eine zusätzliche Beziehung zur vollständigen Berechnung von Gleichgewichtsprozessen, vgl. Kapitel 7.

Über die Grenzen eines geschlossenen Systems kann Entropie nur durch Wärmetransfer zu- oder abgeführt werden, da Arbeit nicht mit Entropietransfer verbunden ist. Für die gesamte Entropieänderung in einem geschlossenen System haben wir daher

$$dS = d_a S + d_i S \ ,$$

(5.30)

mit

$$d_aS = \frac{dQ}{T} \, , \tag{5.31}$$

für den Entropiefluss, der positiv, negativ oder Null sein kann, je nachdem, ob Wärme zugeführt, abgeführt oder gar nicht übertragen wird. Man findet also

$$Q_{12} = \int\limits_1^2 T d_aS \tag{5.32}$$

als allgemeine Definition für die über die Systemgrenzen geschlossener Systeme transferierte Wärme. Der entscheidende Unterschied zu der Gleichung (5.25) für die reversible Zustandsänderung besteht darin, dass hier die übertragene Wärme nicht die gesamte Entropieänderung des Systems, sondern nur einen Teil von ihr bewirkt. Es kommt noch die Entropieproduktion hinzu. Die Entropieproduktion d_iS im Inneren des Systems kann unterschiedliche Ursachen haben. Ein häufiger Mechanismus ist die Dissipation durch Irreversibilitäten wie Reibung und Verwirbelung. Wenn darüber hinaus keine weiteren Beiträge zur irreversiblen Entropieproduktion im Inneren des Systems zu berücksichtigen sind, dann gilt nach (5.19)

$$\Phi_{12} = \int\limits_1^2 T d_iS \geq 0 \, . \tag{5.33}$$

Im allgemeinen Fall kann im Inneren eines geschlossenen Systems Entropie über die Dissipation hinaus noch durch weitere Mechanismen erzeugt werden, z.B. durch chemische Reaktionen und durch Vermischungsprozesse, vgl. Abschnitt 5.4. Auch der Ausgleich von Temperaturunterschieden im Inneren eines aus mehreren Teilsystemen bestehenden Gesamtsystems führt zu Entropieproduktion, vgl. Abschn. 5.2.3, ohne dass dabei Reibung und Verwirbelung beteiligt ist. Allgemein kann man daher für die gesamte Entropieänderung eines geschlossenen Systems schreiben

$$dS = \frac{dQ}{T} + d_iS \, . \tag{5.34}$$

Die allgemeine instationäre Entropiebilanz für eine geschlossene fluide Phase lautet also

$$\frac{dS}{d\tau} = \frac{\dot{Q}(\tau)}{T(\tau)} + \dot{S}_i(\tau) \, . \tag{5.35}$$

Sie entspricht der Energiebilanz für instationäre Prozesse in geschlossenen Systemen, vgl. (4.19). Hier erfasst $\dot{Q}(\tau)/T(\tau)$ den Beitrag auf Grund eines Wärmestroms $\dot{Q}(\tau)$, der bei der Temperatur $T(\tau)$ die Systemgrenze überschreitet. Der Term $\dot{S}_i(\tau) \geq 0$ berücksichtigt summarisch alle Beiträge zur inneren Entropieproduktion und entfällt für reversible Prozesse. Ein Arbeitsterm ist nicht enthalten, da Arbeitstransfer nicht mit einer Entropieänderung verknüpft ist.

Für ein offenes System lautet die instationäre Entropiebilanz in Verallgemeinerung von (5.35) und analog zur instationären Energiebilanz (4.22)

$$\frac{dS}{d\tau} = \sum_{\text{ein}} \dot{m}_e(\tau) s_e(\tau) - \sum_{\text{aus}} \dot{m}_a(\tau) s_a(\tau) + \sum_j \frac{\dot{Q}_j(\tau)}{T_j(\tau)} + \dot{S}_i(\tau) \; . \tag{5.36}$$

Hier werden die an die Massenströme gebundenen Entropieströme zusätzlich berücksichtigt. Da ein offenes System insgesamt keine Phase ist, also entlang des Strömungsweges unterschiedliche Temperaturen $T_j(\tau)$ gegeben sein können, müssen die Beiträge des Wärmetransfers für jede Temperatur T_j getrennt ausgewertet und dann addiert werden. Dies erklärt den Summenausdruck über die Wärmeströme in (5.36). Abgeführte Wärmeströme erhalten ein negatives Vorzeichen. Der Beitrag $\dot{S}_i(\tau) \geq 0$ berücksichtigt wieder summarisch alle Beiträge zur inneren Entropieproduktion, wozu bei offenen Systemen auch die Reibung der strömenden Fluide beiträgt. Durch Integration folgt die Entropiebilanz für instationäre Prozesse in offenen Systemen analog zu (4.24) für die Energiebilanz. Bei stationären Prozessen entfällt die linke Seite von (5.36) sowie die Zeitabhängigkeit der Größen. Die Entropiebilanz nimmt dann eine zu der Energiebilanz (4.27) analoge Form an. Eine besonders einfache und häufig benutzte Form erhält die Entropiebilanz schließlich in offenen Systemen für stationäre Fließprozesse, die nicht nur reversibel sondern zusätzlich auch noch adiabat sind. Man findet dann aus (5.36), dass die spezifischen Entropien der eintretenden und austretenden Stoffströme zusammenhängen nach

$$\sum_{\text{ein}} \dot{m}_e s_e = \sum_{\text{aus}} \dot{m}_a s_a \; . \tag{5.37}$$

Prozesse dieser Art bezeichnet man als isentrop. Energieumwandlungen in Maschinen und Apparaten lassen sich häufig in erster Näherung als isentrop modellieren.

Die Entropiebilanz in Verbindung mit dem 2. Hauptsatz der Thermodynamik führt zu einigen prinzipiellen Erkenntnissen über Energie- und Stoffumwandlungen. Danach benötigen stationäre Prozesse einen Entropieexport, der der Summe aus dem Entropieimport und der Entropieproduktion entspricht. Entropieimport und -export kann in Form von Wärme und in Form von Stoffströmen erfolgen. Viele Prozesse sind dadurch gekennzeichnet, dass aus eintretenden Energie- oder Stoffströmen andere Energie- bzw. Stoffströme mit geringerem Entropieanteil produziert werden. Ein typisches Beispiel aus dem Bereich der Energieumwandlungen ist der Prozess der Wärmekraftmaschine, bei dem aus einer von Entropie begleiteten Energiezufuhr in Form von Wärme eine nicht von Entropie begleitete Energie in Form von Arbeit als Produkt erzeugt wird. Dies erfolgt in einem als geschlossenes System zu betrachtenden stationären Kreisprozess. Nach der Entropiebilanz für ein geschlossenes System bedeutet dies, dass der Prozess Wärme abgeben muss, mit der die Summe aus der mit der Wärmezufuhr eingeführten und durch die innere Entropieproduktion erzeugten Entropie exportiert wird. Dies bestimmt die Abwärme und, zusammen mit der Energiebilanz, auch die zuzuführende Wärme. Ein analoges Beispiel aus dem Bereich der Stoffumwandlungen ist die Produktion reiner Komponenten aus einem Rohstoffgemisch, z.B. die Gewinnung der reinen Luftinhaltsstoffe durch Luftzerlegung. Bei dieser Umkehrung des spontanen Vermischungsprozesses ist die Entropie der Produkte bei isothermen Bedingungen geringer als die der Edukte. Nach der stationären Entropiebilanz für offene Systeme in Verbindung mit dem 2. Hauptsatz benötigen solche Prozesse neben der Entropieabfuhr mit den Produkten daher einen zusätzlichen Entropieexport in Form von Abwärme. Diese Abwärme ist also nicht durch die Energiebilanz, sondern durch die Entropiebilanz bestimmt und hängt insbesondere auch von der Entropieproduktion ab. Aus Gründen der Energieerhaltung muss dem Prozess zusätzlich zu der aus Gründen der Enthalpieänderung erforderlichen eine dieser Abwärme entsprechende Energie mit niedriger Entropiebegleitung zugeführt werden, also z.B. Wärme bei hoher Temperatur oder Arbeit. Wenn schließlich als Grundprozess einer Industriegesellschaft Rohstoffe aus der Umgebung entnommen, in Produkte umgewandelt und dabei Abfallstoffe in die Umgebung entlassen werden, erfolgt der notwendige Entropieexport letztlich wiederum durch Abwärme. Dabei wirkt der Abfallstrom intermediär an diesem Entropieexport mit. Er wird entweder auf der Deponie oder in einer Abfallbehandlungsanlage ins Gleichgewicht mit der Umgebung gebracht, wobei Entropie erzeugt und in Form von Abwärme an die Umgebung abgeführt wird. Insofern ist die Existenz stofflicher und energetischer Abfälle durch die Naturgesetze, nämlich die Massen-, Energie- und Entropiebilanz definiert. Umweltschädliche stoffliche Abfälle sind kein Ergebnis der Naturgesetze, da der Stoffkreislauf geschlossen und der notwendige Entropieexport durch harmlose Abwärme bei Umgebungstemperatur herbeigeführt werden kann.

5.4 Die Berechnung der Entropie aus Stoffmodellen

Die Entropie ist eine Zustandsgröße und hängt als solche vom thermodynamischen Zustand ab. Zur Auswertung der Entropiebilanz benötigt man Zahlenwerte für die Entropie. Im Folgenden zeigen wir, wie diese Zahlenwerte aus Stoffmodellen ermittelt werden können.

5.4.1 Die Fundamentalgleichung

Das totale Differenzial der inneren Energie lautet nach (5.20)

$$\mathrm{d}U = T\mathrm{d}S - p\mathrm{d}V \ . \tag{5.38}$$

In integrierter Form wird daraus

$$U_2 - U_1 = \int\limits_1^2 T\mathrm{d}S - \int\limits_1^2 p\mathrm{d}V \ . \tag{5.39}$$

Man bezeichnet (5.38) bzw. (5.39) als die Fundamentalgleichung. Sie gilt für reine Stoffe und allgemein für alle Zustandsänderungen, die sich ausschließlich auf eine Entropieänderung und eine Volumenänderung zurückführen lassen. Im Sinne der Energiebilanz sind dies solche, die durch den Transfer von Wärme und Volumenänderungsarbeit in geschlossenen Systemen hervorgerufen werden. Die Zustandsgrößen V und S sind die unter Berücksichtigung der Prozessenergien Arbeit, Dissipation und Wärme eingeführten primären und einschlägigen unabhängigen Variablen eines geschlossenen Systems. Damit kommt der Funktion $U(S,V)$ eine gegenüber anderen Beziehungen zwischen Zustandsgrößen hervorgehobene Bedeutung zu. Sie wird als Fundamentalfunktion oder auch thermodynamisches Potenzial bezeichnet und dazu benutzt, die Beziehungen zwischen den thermodynamischen Zustandsgrößen eines Systems grundlegend zu beschreiben. Aus ihr kann man durch einfache Differenziationen alle Zustandsgrößen berechnen. Integrationen sind nicht erforderlich. Einschränkungen in der Allgemeingültigkeit der Fundamentalgleichung (5.38) bzw. (5.39) ergeben sich insofern, als andere Formen von energetischen Wechselwirkungen, d.h. andere Formen von Arbeit als die hier berücksichtigten existieren. Hierfür kommen z.B. elektrische Arbeit (elektrischer Kondensator) oder auch Oberflächenarbeit (Blasen und Tröpfchen) in Betracht. Diese Effekte führen zu weiteren Variablen in der Fundamentalfunktion. Systeme mit dem Volumen als der einzigen Koordinate zum Transfer von Arbeit bezeichnen wir als einfache Systeme. Sie repräsentieren die typischen thermodynamischen Anwendungen.

Die allgemeine Form der gesuchten Berechnungsgleichungen für die Entropie ergibt sich aus der Fundamentalgleichung zu

$$\mathrm{d}S = \frac{1}{T}\mathrm{d}U + \frac{p}{T}\mathrm{d}V \ , \tag{5.40}$$

bzw., wegen $\mathrm{d}H = \mathrm{d}U + p\mathrm{d}V + V\mathrm{d}p$,

$$\mathrm{d}S = \frac{1}{T}\mathrm{d}H - \frac{V}{T}\mathrm{d}p \ . \tag{5.41}$$

Durch diese Beziehungen sind Entropiedifferenzen auf die bereits früher behandelten Ausdrücke für die innere Energie bzw. für die Enthalpie sowie die thermodynamische Temperatur zurückgeführt.

5.4.2 Die thermodynamische Temperatur

Die thermodynamische Temperatur ist nach (5.22) definiert durch

$$T = \left(\frac{\partial U}{\partial S}\right)_V , \tag{5.42}$$

wenn wir berücksichtigen, dass die Entropie S und das Volumen V die einzigen unabhängigen Variablen der Energiefunktion sind. Da die innere Energie bei Wärmezufuhr mit $dS > 0$ zunimmt, definiert (5.42) eine absolute Temperatur. Die thermodynamische Temperatur kann nicht negativ werden. Sie beschreibt die Intensität, mit der sich die innere Energie des Systems bei einer Änderung der Entropie ändert, wenn das Volumen konstant bleibt. Für praktische Rechnungen benötigen wir Zahlenwerte für die thermodynamische Temperatur. Bisher kann für die thermodynamische Temperatur keine Messvorschrift angegeben werden. Es ist also nicht klar, wie dieser Größe Zahlen zuzuordnen sind, die in thermodynamischen Rechnungen verwendet werden können. Insbesondere ist unklar, welcher Zusammenhang zwischen der thermodynamischen Temperatur nach (5.42) und dem empirischen Temperaturbegriff besteht, den wir in Abschn. 2.1.4 eingeführt haben. Als physikalisch sinnvolle, absolute empirische Temperaturskala haben wir dort die Temperaturskala des idealen Gasthermometers erkannt. Sie ist nach (2.16) definiert durch

$$\Theta^{ig}/K = \frac{(pv)^{ig}}{R} ,$$

mit R als der universellen Gaskonstante, p als dem Druck und v als dem molaren Volumen des Gases im Thermometer.

Wir zeigen im Folgenden den Zusammenhang zwischen der thermodynamischen Temperatur T und der empirischen Temperatur Θ^{ig}. Das Gas in einem idealen Gasthermometer liegt im Grenzfall verschwindender Dichte vor. Da in diesem Grenzfall der mittlere Abstand der Moleküle sehr groß wird, spielen Wechselwirkungskräfte zwischen ihnen keine Rolle. Veränderungen des Volumens und damit der mittleren Molekülabstände sind daher nicht von energetischen Effekten begleitet, vgl. Abschn. 4.3.1. Im Grenzfall verschwindender Dichte haben Gase daher eine innere Energie, die nicht vom spezifischen Volumen abhängt, d.h.

$$\lim_{1/v \to 0} \left(\frac{\partial u}{\partial v}\right)_{\Theta^{ig}} = \left(\frac{\partial u}{\partial v}\right)_{\Theta^{ig}}^{ig} = 0 . \tag{5.43}$$

Zur Bestimmung der Funktion $T(\Theta^{ig})$ gehen wir von der Fundamentalgleichung (5.38) aus, aus der folgt

$$ds = \frac{1}{T}du + \frac{p}{T}dv . \tag{5.44}$$

Diese Beziehung beschreibt insbesondere auch den Zusammenhang der thermodynamischen Zustandsgrößen s, u, v, p und T für das System *ideales Gasthermometer*. In diese Gleichung führen wir nun unter Berücksichtigung von (5.43) die empirische Gasthermometertemperatur Θ^{ig} ein durch

$$ds^{ig} = \frac{1}{T(\Theta^{ig})} \frac{du^{ig}}{d\Theta^{ig}} d\Theta^{ig} + \frac{1}{T(\Theta^{ig})} \frac{R\Theta^{ig}}{v^{ig}} dv^{ig} \ .$$

Es gilt also

$$\left(\frac{\partial s^{ig}}{\partial \Theta^{ig}} \right)_{v^{ig}} = \frac{1}{T(\Theta^{ig})} \frac{du^{ig}}{d\Theta^{ig}}$$

und

$$\left(\frac{\partial s^{ig}}{\partial v^{ig}} \right)_{\Theta^{ig}} = \frac{1}{T(\Theta^{ig})} \frac{R\Theta^{ig}}{v^{ig}} \ .$$

Wir nutzen das mathematische Theorem, dass die gemischten Ableitungen einer Funktion von zwei Variablen gleich sind, d.h.

$$\frac{\partial}{\partial v^{ig}} \left(\frac{\partial s^{ig}}{\partial \Theta^{ig}} \right)_{v^{ig}} = \frac{\partial}{\partial v^{ig}} \left(\frac{1}{T(\Theta^{ig})} \frac{du^{ig}}{d\Theta^{ig}} \right) = 0$$

$$= \frac{\partial}{\partial \Theta^{ig}} \left(\frac{\partial s^{ig}}{\partial v^{ig}} \right)_{\Theta^{ig}} = \frac{\partial}{\partial \Theta^{ig}} \left(\frac{1}{T(\Theta^{ig})} \frac{R\Theta^{ig}}{v^{ig}} \right)$$

und finden

$$\frac{\partial}{\partial \Theta^{ig}} \left(\frac{1}{T(\Theta^{ig})} \frac{R\Theta^{ig}}{v^{ig}} \right) = 0 = \frac{R}{v^{ig}} \frac{\partial}{\partial \Theta^{ig}} \left(\frac{\Theta^{ig}}{T(\Theta^{ig})} \right) \ .$$

Daraus folgt

$$\frac{\Theta^{ig}}{T(\Theta^{ig})} = A^{-1} \ ,$$

oder

$$T = A\Theta^{ig} \ ,$$

mit A als einer zunächst beliebigen Konstante. Die thermodynamische Temperatur und die empirische Gasthermometertemperatur sind daher einander proportional. Wir legen nun für die thermodynamische Temperatur denselben Fixpunkt und dieselbe Temperatureinheit wie für die empirische Temperatur des idealen Gasthermometers fest. Am Tripelpunkt des Wassers gilt daher

$$T_{tr,H_2O} = 273,16 \ K = \Theta^{ig}_{tr,H_2O} \ . \tag{5.45}$$

Dies führt zu dem Ergebnis

$A = 1$

und damit

$$T = \Theta^{\mathrm{ig}} \ . \tag{5.46}$$

Nach dieser Definition misst man also mit dem Gasthermometer die thermodynamische Temperatur T, in Übereinstimmung mit den in Abschn. 2.1.4 ohne Beweis vorweggenommenen Erkenntnissen. Damit ist die thermodynamische Temperatur prinzipiell experimentell bestimmbar. Praktisch erfolgt die Temperaturmessung mit Flüssigkeitsthermometern, Widerstandsthermometern und Thermoelementen, deren Messergebnisse durch geeignete Maßnahmen an die thermodynamische Temperaturskala angepasst werden.

Beispiel 5.4

In Beispiel 2.4 wurde die empirische Temperatur des idealen Gasthermometers neben in Kelvin auch in der Temperatureinheit Rankine (R) und in der Temperatureinheit Müller (M) angegeben. Insbesondere gilt für

$$(pv)^{\mathrm{ig}} = 4000 \ \mathrm{J/mol}$$

als Messgröße des idealen Gasthermometers in den unterschiedlichen Temperatureinheiten

$\Theta^{\mathrm{ig}} = 481,08 \ \mathrm{K} \ ,$

$\Theta^{\mathrm{ig}} = 865,92 \ \mathrm{R}$

und

$\Theta^{\mathrm{ig}} = 310,18 \ \mathrm{M} \ .$

Man zeige, dass auch die Müller-Skala in einem festen Zusammenhang mit der thermodynamischen Temperatur steht und dass alle drei Gasthermometertemperaturen auf dieselbe thermodynamische Temperatur führen.

Lösung

Die ideale Gasthermometertemperatur in Rankine ist wegen 1 R = 5/9 K trivial auf die thermodynamische Temperatur in Kelvin zurückgeführt. Komplizierter ist der Beweis für die Müller-Skala. Es gilt die Fundamentalgleichung

$$\mathrm{d}s = \frac{1}{T}\mathrm{d}u + \frac{p}{T}\mathrm{d}v \ .$$

Die Müller-Skala war definiert durch

$$\Theta^{\mathrm{ig}} = \mathrm{C}^* \cdot \left[(pv)^{\mathrm{ig}} \right]^2$$

mit

$$1 \ \mathrm{M} = \frac{\Theta^{\mathrm{ig}}_{\mathrm{tr,H_2O}}}{100,00} \ .$$

Einsetzen in die Fundamentalgleichung führt auf

$$ds = \frac{1}{T(\Theta^{ig})} \frac{du}{d\Theta^{ig}} d\Theta^{ig} + \frac{1}{T(\Theta^{ig})} \frac{1}{v^{ig}} \frac{1}{\sqrt{C^*}} \sqrt{\Theta^{ig}} dv^{ig} .$$

Gleichsetzen der gemischten Ableitungen ergibt

$$0 = \frac{\partial}{\partial \Theta^{ig}} \left[\frac{\sqrt{\Theta^{ig}}}{T(\Theta^{ig})} \right]$$

und damit

$$T = A\sqrt{\Theta^{ig}} .$$

Die ideale Gasthermometertemperatur hängt also auch für die Müller-Skala eindeutig mit der thermodynamischen Temperatur zusammen. Insbesondere ergibt sich wiederum eine lineare Abhängigkeit zwischen T und $(pv)^{ig}$. Dies gilt für alle denkbaren Funktionen $\Theta^{ig} = f(pv)^{ig}$.

Wir wählen für die thermodynamische Temperatur die Kelvin-Skala, d.h.

$$T_{tr,H_2O} = 273,16 \text{ K} = A\sqrt{\Theta^{ig}_{tr,\ H_2O}} = A\sqrt{100,00 \text{ M}} .$$

Damit wird

$$A = 27,316 \text{ K}/\sqrt{M}$$

und man findet

$$T = 27,316 \frac{K}{\sqrt{M}} \sqrt{\Theta^{ig}} .$$

Die ideale Gasthermometertemperatur auf der Müller-Skala $\Theta^{ig} = 310,18$ M entspricht also einer thermodynamischen Temperatur auf der Kelvin-Skala von

$$T = 27,316 \cdot \sqrt{310,18} = 481,08 \text{ K} .$$

Damit ist gezeigt, dass auch die ideale Gasthermometertemperatur auf der quadratischen Müller-Skala die thermodynamische Temperatur auf der Kelvin-Skala reproduziert.

5.4.3 Reine Gase

Für reine Gase verwenden wir das Stoffmodell des idealen Gases. Für das Stoffmodell „Ideales Gas" entfällt die Abhängigkeit der inneren Energie vom Volumen und der Enthalpie vom Druck. Nach (4.37) und (4.38) gelten die Beziehungen $dU^{ig} = C_V^{ig}dT$ bzw. $dH^{ig} = C_p^{ig}dT$. Benutzt man weiterhin die thermische Zustandsgleichung des idealen Gases $(pV)^{ig} = nRT$ nach (2.26), so findet man für die Differenzen der Entropie eines idealen Gases zwischen dem betrachteten Zustand und einem Bezugspunkt 0 aus (5.40) und (5.41)

$$S^{ig}(T,V) - S^{ig}(T^0, V^0) = \int_{T^0}^{T} \frac{C_V^{ig}(T)}{T} dT + nR\ln\frac{V}{V^0} \qquad (5.47)$$

bzw.

$$S^{\text{ig}}(T,p) - S^{\text{ig}}(T^0,p^0) = \int\limits_{T^0}^{T} \frac{C_{\text{p}}^{\text{ig}}(T)}{T}\,\mathrm{d}T - n\text{R}\ln\frac{p}{p^0} \ . \tag{5.48}$$

In engen Temperaturbereichen kann mit einem Mittelwert der Wärmekapazität gerechnet werden, und das Integral über der Temperatur wird zu $C_{\text{V}}^{\text{ig}}\ln(T/T^0)$ bzw. $C_{\text{p}}^{\text{ig}}\ln(T/T^0)$. Das Stoffmodel des idealen Gases ist auf niedrige Drücke und hinreichenden Abstand von der Taulinie beschränkt. Im Gegensatz zur inneren Energie und zur Enthalpie hängt die Entropie eines idealen Gases vom Volumen bzw. vom Druck ab.

5.4.4 Reine Flüssigkeiten

Für reine Flüssigkeiten verwenden wir das Stoffmodell der idealen Flüssigkeit. Hierfür folgt aus (5.41) mit (4.43)

$$
\begin{aligned}
S^{\text{if}}(T) - S^{\text{if}}(T^0) &= \int\limits_{T^0}^{T} \frac{C^{\text{if}}(T)}{T}\,\mathrm{d}T + \int\limits_{V^0}^{V} \frac{V^{\text{if}}}{T}\,\mathrm{d}p - \int\limits_{V^0}^{V} \frac{V^{\text{if}}}{T}\,\mathrm{d}p \\
&= \int\limits_{T^0}^{T} \frac{C^{\text{if}}(T)}{T}\,\mathrm{d}T \\
&= C^{\text{if}}\ln\frac{T}{T^0} \ ,
\end{aligned}
\tag{5.49}
$$

wobei in der letzten Fassung die Wärmekapazität C^{if} als konstanter Wert für den betrachteten Temperaturbereich angesehen wird. Da das Volumen einer idealen Flüssigkeit eine Konstante ist, ergibt sich (5.49) auch direkt aus (5.40).

5.4.5 Reine Stoffe im gesamten Zustandsgebiet

Zur thermodynamischen Analyse von Prozessen, bei denen ein reines Fluid einen großen Zustandsbereich einschließlich Verdampfung und Kondensation durchläuft, reichen die einfachen Stoffmodelle „Ideales Gas" bzw. „Ideale Flüssigkeit" nicht aus. In solchen Fällen kann man Zahlenwerte für die Entropie aus den allgemeinen Beziehungen im Anhang B4, aus Diagrammen oder auch aus Dampftabellen ermitteln. Für Wasser als das wichtigste Fluid ist die Wasserdampftabelle als Tabelle A1 im Anhang A wiedergegeben. Die dort vertafelten Zahlenwerte für die Entropie sind willkürlich auf den Wert der siedenden Flüssigkeit am Tripelpunkt bezogen. Sie sind also keine absoluten Entropien, vgl. Abschn. 5.4.9. Für den Zahlenwert von Entropiedifferenzen ist die Wahl des Entropiebezugswertes ohne Bedeutung. Die spezifische Entropie im Nassdampfgebiet wird, analog zu (2.20), aus der des gesättigten Dampfes und der siedenden Flüssigkeit berechnet nach

$$s = s' + x(s'' - s') , \qquad (5.50)$$

wobei x den Dampfgehalt, s'' die spezifische Entropie des gesättigten Dampfes und s' die spezifische Entropie der siedenden Flüssigkeit bezeichnen.

Beispiel 5.5

Man berechne die Entropieänderung eines Wasserdampfstromes von $\dot{m} = 1$ kg/s bei der isobaren Abkühlung von $t = 200°$C und $p = 0{,}10135$ MPa auf $20°$C.

Lösung

Wir legen als Stoffmodell die Tabelle A1 im Anhang A zugrunde. Die betrachtete Zustandsänderung besteht aus einer Abkühlung des Dampfes von $200°$C auf $100°$C, einer Kondensation und einer weiteren Abkühlung von $100°$C auf $20°$C. Die dazugehörigen spezifischen Entropiedifferenzen sind

$$s(200°\text{C}, p) - s''(100°\text{C}) = 7,8299 - 7,3549 = 0,4750 \text{ kJ/kg K} ,$$
$$(s'' - s')_{100°\text{C}} = 7,3549 - 1,3069 = 6,0480 \text{ kJ/kg K} ,$$

sowie

$$s'(100°\text{C}) - s(20°\text{C}, p) = 1,3069 - 0,2966 = 1{,}0103 \text{ kJ/kg K} .$$

Hier wurde, analog zum Vorgehen bei der Berechnung der Enthalpiedifferenz, für die spezifische Entropie des flüssigen Wassers bei $20°$C und $0{,}10135$ MPa der Wert bei $20°$C im Siedezustand benutzt, da die Druckabhängigkeit der Entropie im flüssigen Zustand sehr gering ist. Berechnet man alternativ die Abkühlung auf $20°$C nach dem Modell der idealen Flüssigkeit, so findet man

$$s'(100°\text{C}) - s(20°\text{C}, p) = c^{\text{if}} \ln \frac{373,15}{293,15} = 4,18 \cdot 0,241 = 1,007 \text{ kJ/kg K}$$

in guter Übereinstimmung mit dem Ergebnis aus den Tafelwerten. Insgesamt beträgt die Entropieänderung

$$\Delta\dot{S} = \dot{m}\Delta s = 7,5333 \text{ kW/K} .$$

Der Anteil der Entropieänderung bei der Kondensation dominiert. Da die Temperatur und der Druck bei der Kondensation konstant bleiben, gilt insbesondere

$$(s'' - s') = \frac{(h'' - h')}{T} = \frac{r}{T} .$$

5.4.6 Gasgemische

Für die molare Entropie von Gemischen gilt allgemein in Anlehnung an (2.29) für das Volumen und (4.45) sowie (4.46) für die innere Energie bzw. die Enthalpie

$$s(T, p, \{x_j\}) = \sum x_i s_i \ , \tag{5.51}$$

mit $s_i = s_i(T, p, \{x_j\})$ als der partiellen molaren Entropie der Komponente i im Gemisch. Zur Berechnung der partiellen molaren Entropie benutzen wir für Gasgemische bei niedrigen Drücken das Stoffmodell „Ideales Gasgemisch". In einem idealen Gasgemisch verhält sich jede Komponente so, als würde sie das zur Verfügung stehende Systemvolumen allein ausfüllen. Sie steht daher unter ihrem Partialdruck p_i. Damit gilt für die partielle molare Entropie der Komponente i in einem idealen Gasgemisch

$$s_i^{\mathrm{ig}}(T, p, x_i) = s_{0i}^{\mathrm{ig}}(T, p_i) = s_{0i}^{\mathrm{ig}}(T, p) - \mathrm{R} \ln \frac{p_i}{p} \ .$$

Da wegen $p_i = x_i p$ der Partialdruck mit dem Stoffmengenanteil zusammenhängt, vgl. (2.35), gilt schließlich

$$s_i^{\mathrm{ig}}(T, p, x_i) = s_{0i}^{\mathrm{ig}}(T, p) - \mathrm{R} \ln x_i \ . \tag{5.52}$$

Damit ergibt sich für die Entropie eines idealen Gasgemisches

$$s^{\mathrm{ig}}(T, p, \{x_j\}) = \sum x_i s_i^{\mathrm{ig}} = \sum x_i \left[s_{0i}^{\mathrm{ig}}(T, p) - \mathrm{R} \ln x_i \right] \ . \tag{5.53}$$

Im Gegensatz zur partiellen molaren Enthalpie nach (4.50) und zum partiellen molaren Volumen nach (2.38) der Komponente i in einem idealen Gasgemisch unterscheidet sich die partielle molare Entropie von der entsprechenden Reinstoffgröße. Sie ist um den zusätzlichen Term $-\mathrm{R} \ln x_i$ größer[10].

Entsprechend folgt für die spezifische Entropie eines Gemisches idealer Gase nach Division der molaren Entropie durch die Molmasse M des Gemisches

$$s^{\mathrm{ig}}(T, p, \{w_j\}) = \sum w_i s_i^{\mathrm{ig}} = \sum w_i \left[s_{0i}^{\mathrm{ig}}(T, p) - \frac{\mathrm{R}}{M_i} \ln x_i \right] \ , \tag{5.54}$$

mit

$$s_i^{\mathrm{ig}}(T, p, x_i) = s_{0i}^{\mathrm{ig}}(T, p) - \frac{\mathrm{R}}{M_i} \ln x_i \tag{5.55}$$

als der partiellen spezifischen Entropie der Komponente i im Gemisch idealer Gase beim Gesamtdruck p. Sie unterscheidet sich von der Reinstoffentropie bei denselben Werten von Temperatur und Druck wiederum durch einen Term, der den Logarithmus des Stoffmengenanteils enthält.

Bei einer Vermischung von idealen Gasen bei konstanten Werten von Temperatur und Druck, vgl. Abb. 5.13, wird innerhalb des Systems eine Entropie $S_{\mathrm{i}} = (\Delta S)_{\mathrm{M}}^{\mathrm{irr,ig}}$ produziert, nach

---

[10] Das Mischungsverhalten idealer Gasgemische, das hier aus der Druckabhängigkeit der Entropie abgeleitet wurde, kann allgemein aus der Bedingung fehlender Wechselwirkungskräfte und der Unterscheidbarkeit der Moleküle unterschiedlicher Gemischkomponenten entwickelt werden.

$$(\Delta S)_{\mathrm{M}}^{\mathrm{irr,ig}} = S^{\mathrm{ig}} - \sum_i S_{0i}^{\mathrm{ig}}$$

$$= \sum_i n_i(s_i^{\mathrm{ig}} - s_{0i}^{\mathrm{ig}}) = -\mathrm{R} \sum_i n_i \ln x_i > 0 \; , \tag{5.56}$$

die wegen $x_i < 1$ stets positiv ist. Sie wird oft als Mischungsentropie be-

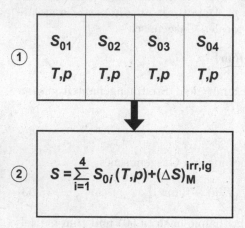

Abb. 5.13. Entropieänderung bei Vermischung von 4 Teilsystemen im idealen Gaszustand

zeichnet. Ihr positives Vorzeichen entspricht der Vorstellung von einer Vermischung als realem, d.h. typisch irreversiblen Vorgang, der nach dem 2. Hauptsatz mit Entropieproduktion verbunden ist. Die Entropie des Systems nach der Vermischung beträgt dann

$$S^{\mathrm{ig}} = \sum S_{0i}^{\mathrm{ig}}(T, p, n_i) + (\Delta S)_{\mathrm{M}}^{\mathrm{irr,ig}}$$

$$= \sum S_{0i}^{\mathrm{ig}}(T, p, n_i) - \mathrm{R} \sum n_i \ln x_i \; . \tag{5.57}$$

Ähnlich wie für die Entropieproduktion bei Wärme- und Arbeitstransfer haben wir mit (5.56) auch für die Entropieproduktion beim Vermischungsprozess eine einfache Berechnungsformel zur Verfügung. Damit sind auch die Energieentwertung, die aus einer Vermischung folgt, und umgekehrt der Energieaufwand für eine Trennung quantifizierbar. Abb. 5.14 zeigt die Mischungsbeiträge zur Gesamtentropie und zur Entropie einer Komponente. Bemerkenswert ist der exponentielle Anstieg der partiellen molaren Entropie einer Komponente i mit abnehmendem Stoffmengenanteil. Bei der Herstellung einer reinen Komponente i aus einem Gemisch mit anderen Komponenten muss für kleine Anteile dieser Komponente eine sehr hohe Entropieverringerung bewerkstelligt werden. Da Entropieverringerung im Gegensatz zu Entropieproduktion nicht spontan abläuft, ist dazu ein entsprechend großer technischer

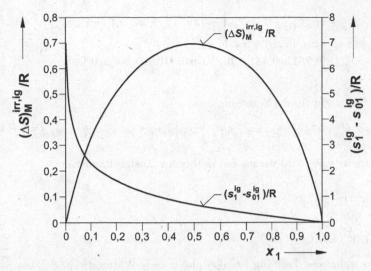

Abb. 5.14. Mischungseffekte der Entropie in Gemischen idealer Gase

und energetischer Aufwand, verbunden mit einem großen Entropieexport, erforderlich, vgl. Beispiel 5.6.

Beispiel 5.6

Ein Modellgemisch für trockene Luft habe die folgende Zusammensetzung in Stoffmengenanteilen

$x_{N_2} = 0,781$,

$x_{O_2} = 0,210$,

$x_{Ar} = 0,009$.

Welche technische Leistung ist dem Kompressor einer mechanischen Luftzerlegungsanlage mindestens zuzuführen, um aus einem Stoffmengenstrom von 1 mol/s bei $T = 298,15$ K isotherm und isobar die darin enthaltenen Mengen von Stickstoff, Sauerstoff und Argon als Reinstoffe zu gewinnen?

Lösung

Der Prozess soll ein Gemisch trennen und daher den spontanen, mit Entropieproduktion verbundenen Ablauf der Vermischung rückgängig machen. Die Entropie des Produktes ist also niedriger als die Entropie des Eingangsgemisches. Nach der Entropiebilanz für eine reversible Prozessführung (Mindestleistung!) muss der Prozess somit Entropie unter Mitführung von Wärme abgeben, nach

$$\dot{Q}^{rev}/T = \dot{S}_{aus} - \dot{S}_{ein} < 0 \ .$$

Für diesen Wärmestrom gilt bei isothermer Zustandsänderung

$$\dot{Q}^{\text{rev}} = \dot{n}T\left\{\left[x_{\text{N}_2}s^{\text{ig}}_{0\text{N}_2} + x_{\text{O}_2}s^{\text{ig}}_{0\text{O}_2} + x_{\text{Ar}}s^{\text{ig}}_{0\text{Ar}}\right] - \left[x_{\text{N}_2}s^{\text{ig}}_{\text{N}_2} + x_{\text{O}_2}s^{\text{ig}}_{\text{O}_2} + x_{\text{Ar}}s^{\text{ig}}_{\text{Ar}}\right]\right\}$$

$$= \dot{n}RT\left[x_{\text{N}_2}\ln x_{\text{N}_2} + x_{\text{O}_2}\ln x_{\text{O}_2} + x_{\text{Ar}}\ln x_{\text{Ar}}\right]$$

$$= 1 \cdot 8,315 \cdot 298,15\,[0,781\ln 0,781 + 0,210\ln 0,210 + 0,009\ln 0,009]$$

$$= -1,395\ \text{kW}\ .$$

Nach der Energiebilanz gilt für die Zerlegung

$$P^{\text{rev}}_{\text{t}} + \dot{Q}^{\text{rev}} = \dot{n}\left[x_{\text{N}_2}h^{\text{ig}}_{0\text{N}_2} + x_{\text{O}_2}h^{\text{ig}}_{0\text{O}_2} + x_{\text{Ar}}h^{\text{ig}}_{0,\text{Ar}}\right] - \dot{n}\left[x_{\text{N}_2}h^{\text{ig}}_{\text{N}_2} + x_{\text{O}_2}h^{\text{ig}}_{\text{O}_2} + x_{\text{Ar}}h^{\text{ig}}_{\text{Ar}}\right].$$

Wegen $h^{\text{ig}}_{0i} = h^{\text{ig}}_i$ nach (4.50) wird daraus bei isothermer Zustandsänderung

$$P^{\text{rev}}_{\text{t}} + \dot{Q}^{\text{rev}} = 0$$

bzw.

$$P^{\text{rev}}_{\text{t}} = -\dot{Q}^{\text{rev}} = 1,395\ \text{kW}\ .$$

Die zuzuführende technische Leistung ist also gleich dem Wärmestrom, der aus Gründen der Entropiebilanz aus der Trennanlage abgeführt werden muss.

Für die Gewinnung von jeweils 1 mol der reinen Komponenten ergeben sich die Entropieänderungen

$$\Delta s^{\text{ig}}_{\text{N}_2} = s^{\text{ig}}_{0\text{N}_2} - s^{\text{ig}}_{\text{N}_2} = R\ln x_{\text{N}_2} = -2,055\ \frac{\text{J}}{\text{mol K}}$$

$$\Delta s^{\text{ig}}_{\text{O}_2} = s^{\text{ig}}_{0\text{O}_2} - s^{\text{ig}}_{\text{O}_2} = R\ln x_{\text{O}_2} = -12,977\ \frac{\text{J}}{\text{mol K}}$$

$$\Delta s^{\text{ig}}_{\text{Ar}} = s^{\text{ig}}_{0\text{Ar}} - s^{\text{ig}}_{\text{Ar}} = R\ln x_{\text{Ar}} = -39,168\ \frac{\text{J}}{\text{mol K}}\ .$$

Man erkennt den Anstieg der Entropieänderung bei der Gewinnung einer bestimmten Menge eines reinen Stoffes mit zunehmender Verdünnung. Sie fordert einen entsprechend hohen Aufwand an zuzuführender Arbeit.

Der minimale Energieaufwand, hier in Form der technischen Leistung $P^{\text{rev}}_{\text{t}}$, ist somit durch die Entropiebilanz bestimmt, die ihrerseits für einen reversiblen Prozess leicht auszuwerten ist. In einem realen, irreversiblen Prozess ist die für die Trennung erforderliche technische Leistung größer. Sie ist wiederum dem abzuführenden Wärmestrom gleich, der sich nun aber aus der Entropiebilanz unter Berücksichtigung der Entropieproduktion, d.h. aus

$$\dot{Q}/T + \dot{S}_{\text{i}} = \dot{S}_{\text{aus}} - \dot{S}_{\text{ein}} < 0$$

ergibt. Entropieproduktion erhöht also den notwendigen Entropieexport durch Wärme und damit nach der Energiebilanz die zuzuführende technische Leistung.

5.4.7 Gas/Dampf-Gemische

Für Gas/Dampf-Gemische bei niedrigen Drücken benutzen wir das Stoffmodell „Ideales Gas/Dampf-Gemisch". Für ein ungesättigtes ideales Gas/Dampf-Gemisch lautet die Beziehung für die spezifische Entropie mit $p = p_{\text{G}} + p_{\text{D}}$ analog zu (4.53) für die Enthalpie

$$s_{1+x} = s_{0G}^{ig}(T, p_G) + x s_{0D}^{ig}(T, p_D)$$

$$= s_{0G}^{ig}(T, p) - \frac{R}{M_G} \ln \frac{p_G}{p} + x \left[s_{0D}^{ig}(T, p) - \frac{R}{M_D} \ln \frac{p_D}{p} \right] . \tag{5.58}$$

Ist das Gas/Dampf-Gemisch gesättigt, d.h. liegt die Dampfkomponente nicht nur als Gas sondern auch als reine kondensierte Phase vor, so gilt für die spezifische Entropie

$$s_{1+x} = s_{0G}^{ig}(T, p) - \frac{R}{M_G} \ln \frac{p_G}{p} + x_s \left[s_{0D}^{ig}(T, p) - \frac{R}{M_D} \ln \frac{p_{sD}}{p} \right]$$

$$+ (x - x_s) s_{0D}^{k}(T, p) , \tag{5.59}$$

wobei s_{0D}^{k} die spezifische Entropie der reinen kondensierten Dampfkomponente ist, also im flüssigen oder festen Zustand.

Explizite Formeln für das wichtige Gas/Dampfgemisch feuchte Luft erhält man, wenn man als Nullpunkt für die Entropie der trockenen Luft den idealen Gaszustand bei 0°C und 1 bar wählt und für Wasser wie in der Wasserdampftafel den Zustand der siedenden Flüssigkeit bei $0,01°C$ und $0,006113$ bar, d. h. am Tripelpunkt von Wasser. Diese Nullpunkte sind willkürlich. Dies ist aber für praktische Rechnungen belanglos, da sie wegen der Massenerhaltung für trockene Luft und Wasser aus allen Bilanzen herausfallen. Man findet dann für ungesättigte feuchte Luft die Zahlenwertgleichung

$$s_{1+x} = \ln \frac{T}{273,15} - 0,287 \ln \frac{p_L}{1}$$

$$+ x \left(\frac{2500}{273,16} + 1,86 \ln \frac{T}{273,16} - 0,462 \ln \frac{p_W}{0,006113} \right) , \tag{5.60}$$

wobei die Temperatur die Einheit Kelvin, die Drücke die Einheit bar und die Entropie die Einheit kJ/kg K haben. Bei gesättigter feuchter Luft ist der entsprechende Beitrag der kondensierten Phase zur Entropie durch

$$s_{0W}^{l} = 4,18 \ln \frac{T}{273,16} \tag{5.61}$$

für flüssiges Wasser, bzw.

$$s_{0W}^{s} = 2,05 \ln \frac{T}{273,16} - \frac{333}{273,16} \tag{5.62}$$

für festes Wasser hinzuzufügen, wobei wieder die Schmelzenthalpie des Wassers mit 333 kJ/kg berücksichtigt wurde, vgl. (4.58).

5.4.8 Flüssige Gemische

Für flüssige Gemische benutzen wir die Stoffmodelle „Ideale Lösung" oder „Ideal verdünnte Lösung". Wenn eine Komponente i bei der Temperatur und dem Druck des Gemisches als flüssiger Reinstoff existiert, dann ist das Stoffmodell der idealen Lösung prinzipiell auf diese Komponente anwendbar. Gilt dies für alle Komponenten, dann lässt sich das Stoffmodell der idealen Lösung auf das ganze Gemisch anwenden. In einer idealen Lösung haben die unterschiedlichen Komponenten identische Wechselwirkungen. Sie ist insofern eine Verallgemeinerung des idealen Gasgemisches, als dort die unterschiedlichen Komponenten ebenfalls identische Wechselwirkungen, nämlich solche der Größe Null, haben. Damit entspricht die ideale Lösung im Hinblick auf das Mischungsverhalten dem idealen Gasgemisch, lediglich werden hier die Reinstoffeigenschaften nicht als solche der reinen idealen Gase, sondern als solche der reinen flüssigen Komponenten eingesetzt, vgl. Abschnitte 2.5.4 und 4.3.2[11]. Damit folgt für die molare Entropie einer idealen Lösung

$$s^{\mathrm{il}}(T,p,\{x_k\}) = \sum x_i s_i^{\mathrm{il}} = \sum x_i \left[s_{0i}^{\mathrm{l}}(T,p) - \mathrm{R}\ln x_i \right] \ . \tag{5.63}$$

Für die partielle molare Entropie einer Komponente i in einer idealen Lösung ergibt sich also

$$s_i^{\mathrm{il}}(T,p,x_i) = s_{0i}^{\mathrm{l}}(T,p) - \mathrm{R}\ln x_i \ . \tag{5.64}$$

Die Abb. 5.14 gilt daher auch für ideale Lösungen. Auch die Entropieproduktion bei der Vermischung reiner flüssiger Komponenten zu einer idealen Lösung $(\Delta S)_{\mathrm{M}}^{\mathrm{irr,il}}$ entspricht der für das ideale Gasgemisch nach (5.56). Dieses Stoffmodell ist realistisch für flüssige Gemische aus sehr ähnlichen Komponenten wie z.B. Toluol-Benzol oder auch Stickstoff-Sauerstoff. Im allgemeinen Fall ist mit erheblichen Abweichungen zu rechnen. Sie können analog zum Vorgehen beim Volumen und bei der Enthalpie durch einen additiven Korrekturterm, die so genannte Exzessentropie S^{E}, erfasst werden.

Flüssige Gemische mit Komponenten, die bei der Temperatur und dem Druck des Gemisches nicht als reine Flüssigkeiten existieren, sondern als Gas oder Feststoff, oder auch flüssige Gemische mit Ionen, lassen sich nicht durch das Modell der idealen Lösung beschreiben. Man unterscheidet zwischen den gelösten Stoffen und den Komponenten des Lösungsmittels. Häufig ist das Lösungsmittel Wasser. Solch flüssige Gemische werden durch das Stoffmodell der ideal verdünnten Lösung beschrieben, vgl. Abschnitte 2.5.4 und 4.3.2. In diesem Stoffmodell werden die partiellen Größen des Lösungsmittels auf den realen Reinstoffzustand, die der gelösten Komponenten bzw. Ionen aber auf einen hypothetischen Reinstoffzustand bezogen, der die Wechselwirkungen der ideal verdünnten Lösung aufweist. Die molare Entropie in diesem Zustand wird mit $s_i^*(T,p)$ bezeichnet. Damit sind für die Entropie die Ergebnisse aus dem idealen Gasgemisch und der idealen Lösung formal auf die ideal verdünnte Lösung zu übertragen. Für die partielle molare Entropie einer Komponente i nach dem Stoffmodell der ideal verdünnten Lösung gilt also

---

[11] Das Mischungsverhalten idealer Lösungen kann allgemein aus der Bedingung identischer Wechselwirkungen und der Unterscheidbarkeit der Moleküle unterschiedlicher Gemischkomponenten abgeleitet werden.

$$s_i^{ivl} = s_i^*(T,p) - R \ln x_i \ . \tag{5.65}$$

Im Gegensatz zum partiellen molaren Volumen und zur partiellen molaren Enthalpie ist für die ideal verdünnte Lösung die partielle molare Entropie also nicht unabhängig von der Zusammensetzung, d.h. es gilt

$$s_i^{ivl} \neq s_i^* \neq s_i^\infty \ .$$

Abb. 5.15, die den Abb. 2.36 für das Volumen und 4.24 für die Enthalpie

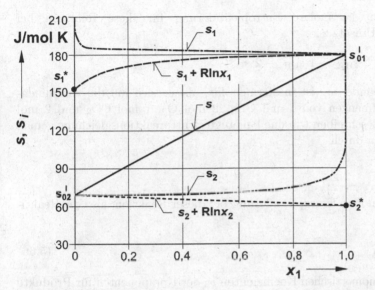

Abb. 5.15. Molare Entropie und partielle molare Entropien im Gemisch 2-Propanol (1)/ Wasser (2) bei 20°C

entspricht, zeigt die molare Entropie und die partiellen molaren Entropien im Gemisch 2-Propanol (1)/Wasser (2) bei 20°C. Man erkennt, dass in Übereinstimmung mit (5.65) die partiellen molaren Entropien bei unendlicher Verdünnung unendlich groß werden, vgl. Abb. 5.14, während die Bezugsentropie s_i^* natürlich einen endlichen Wert annimmt. Bei $x_i \to 0$ gilt

$$s_i^* - s_i^\infty = R \ln x_i \ .$$

Der Verlauf $s(x_1)$ ist nur scheinbar linear. Bei einer Analyse der genauen Zahlenwerte erkennt man an den Rändern eine starke Krümmung , die mit dem Anwachsen von s_1, s_2 dort konsistent ist, vgl. auch die grafische Darstellung in Beispiel 2.13. Zahlenwerte für s_i^* sind tabelliert, vgl. Tabelle A2.

Reale flüssige Gemische dieser Art können, sofern erforderlich, wiederum durch einen Korrekturterm, d.h. eine Exzessentropie, auf das Stoffmodell der idealen Lösung reduziert werden, vgl. Kapitel 2 und 4.

5.4.9 Chemische Zustandsänderungen

Die Entropieänderung bei einer chemischen Zustandsänderung bedarf ähnlich wie die Änderung der inneren Energie und der Enthalpie besonderer Aufmerksamkeit, da Entropien unterschiedlicher Stoffe bilanziert werden müssen.

Betrachtet man z.B. die Bruttoreaktionsgleichung der Methanverbrennung,

$$CH_4 + 2\,O_2 \rightarrow CO_2 + 2\,H_2O \ ,$$

so ergibt sich die molare Entropieänderung für diese Reaktion bei vollständigem Umsatz zu

$$\Delta s = 1\,s_{CO_2} + 2\,s_{H_2O} - 1\,s_{CH_4} - 2\,s_{O_2} \ .$$

Diese Entropieänderung ist insofern molar, als sie sich auf die zusammengehörigen Stoffmengen von 1 mol CH_4, 2 mol O_2, 1 mol CO_2 und 2 mol H_2O bezieht. Beschreiben wir eine beliebige Bruttoreaktionsgleichung gemäß (2.25) allgemein durch

$$\sum \nu_i A_i = 0 \ ,$$

so gilt für die molare Entropieänderung bei dieser Reaktion, also die Reaktionsentropie,

$$\Delta s = \sum \nu_i s_i \ , \tag{5.66}$$

wobei die stöchiometrischen Koeffizienten ν_i der Komponenten für Produkte positiv und für Edukte negativ sind. In dieser Gleichung sind alle Entropien bei den jeweiligen Werten von Temperatur, Druck und Zusammensetzung einzusetzen. Es handelt sich also grundsätzlich um partielle molare Entropien, d.h. nicht um Reinstoffentropien, sondern um Entropien von Komponenten im Gemisch. Wie zuvor gezeigt, werden diese durch geeignete Stoffmodelle auf die entsprechenden Reinstoffentropien zurückgeführt. Zur Auswertung der Entropiedifferenz bei chemischen Zustandsänderungen benötigt man daher absolute Entropien der Reinstoffe. Es stellt sich damit die Frage nach einem Entropiennullpunkt für reine Stoffe.

Will man einem reinen Stoff einen absoluten Wert für die Entropie zuordnen, so benötigt man einen Entropienullpunkt. Er liegt am absoluten Nullpunkt der Temperatur, also bei $T = 0$ K. Hierbei wird unterstellt, dass der Stoff am absoluten Nullpunkt der Temperatur einen so genannten perfekten Kristall bildet. Ein perfekter Kristall ist durch eine eindeutig definierte atomistische Konfiguration gekennzeichnet. Diese Definition des Entropienullpunkts steht in Übereinstimmung mit der atomistischen Interpretation der Entropie, vgl. Abschn. 5.2.4, da die Anzahl der atomistischen Zustände eines perfekten Kristalls gerade $W = 1$ entspricht. Mit dieser

Nullpunktsdefinition wird die Entropie eine in absoluten Zahlenwerten angebbare, experimentell zugängliche und tabellierbare Größe. Da absolute Zahlenwerte der Entropie eine fundamentale Bedeutung für die Anwendungen der Thermodynamik haben, bezeichnet man die Festlegung ihres Nullpunkts als den 3. Hauptsatz der Thermodynamik:

„Am absoluten Nullpunkt der Temperatur nimmt die Entropie eines reinen kondensierten Stoffes im Zustand eines perfekten Kristalls den Wert Null an."

Einzelne Stoffe zeigen bei $T = 0$ K Abweichungen vom Zustand eines perfekten Kristalls. Diese Abweichungen führen zu kleinen, berechenbaren Korrekturen im absoluten Wert für die Entropie. Sie sind in die tabellierten Zahlenwerte der absoluten Entropie eingearbeitet. Einige Werte für absolute Entropien bei $t^0 = 25°C$ und $p^0 = 1$ bar enthält die Tabelle A2 im Anhang A. In Tabelle A3 im Anhang A sind die absoluten Entropien einiger Stoffe im idealen Gaszustand als Funktion der Temperatur vertafelt. Die vergleichbaren Werte beider Tabellen bei 25°C unterscheiden sich geringfügig, da sie unterschiedlichen Quellen entnommen wurden. Diese Unterschiede sind in der Regel praktisch ohne Bedeutung. Damit ist die Berechnung der Entropiedifferenz bei chemischen Zustandsänderungen leicht durchführbar. Als Entropienullpunkt für Wasser in der Tabelle A1 im Anhang A ist willkürlich der Zustand der siedenden Flüssigkeit am Tripelpunkt gewählt, in Übereinstimmung mit dem Nullpunkt der inneren Energie. Die Entropiewerte der Wasserdampftafel sind also nicht absolut im Sinne des 3. Hauptsatzes.

Beispiel 5.7

In einem Heizkessel wird ein Volumenstrom von 100 m_n^3/h Methan (CH_4) bei 25°C, 1 bar und 20 % Luftüberschuss mit trockener Luft von 25°C adiabat verbrannt. Man berechne die Entropieproduktion bei der Verbrennung, vgl. Beispiele 2.10 und 4.20.

Lösung

Die Entropiebilanz der stationären und adiabaten Verbrennung lautet nach (5.36)

$$\dot{S}_i = \dot{S}_{aus} - \dot{S}_{ein} = \dot{S}_V(t_{ad}) - \dot{S}_{CH_4} - \dot{S}_L$$

Zur Bestimmung des Entropiestroms des Verbrennungsgases benötigen wir seine Zusammensetzung und die adiabate Verbrennungstemperatur t_{ad}. Die Bruttoreaktionsgleichung lautet

$$CH_4 + 1{,}2 \cdot \frac{2}{0{,}21}(0{,}21\ O_2 + 0{,}79\ N_2)$$

$$\rightarrow CO_2 + 2\ H_2O + 2(1{,}2 - 1)O_2 + 1{,}2 \cdot 2 \cdot \frac{0{,}79}{0{,}21}\ N_2\ .$$

Mit

$$\dot{n}_{CH_4} = 1,2393 \ \frac{mol}{s}$$

folgen die Stoffmengenströme der Luft und des Verbrennungsgases zu

$$\dot{n}_L = 14,1635 \ \frac{mol}{s} \ ,$$

$$\dot{n}_V = 15,4028 \ \frac{mol}{s} \ ,$$

und die Stoffmengenanteile der Komponenten im Verbrennungsgas betragen

$$x^V_{CO_2} = 0,0805$$

$$x^V_{H_2O} = 0,1609$$

$$x^V_{O_2} = 0,0322$$

$$x^V_{N_2} = 0,7264 \ .$$

Die adiabate Verbrennungstemperatur berechnet sich nach (4.86), vgl. Beispiel 4.21, zu

$$T_{ad} = 2068,88 \ K \ .$$

Damit gilt für den Entropiestrom des Verbrennungsgases

$$\dot{S}_V = \dot{n}_V \sum_i x^V_i s^{ig}_i \ J/mol \ K$$

mit

$$s^{ig}_i(T_{ad}, p, x^V_i) = s^{ig}_{0i}(T_{ad}, p) - R \ln x^V_i \ .$$

Für die partiellen molaren Entropien der einzelnen Komponenten bei der adiabaten Verbrennungstemperatur und den jeweiligen Stoffmengenanteilen erhält man mit der Tabelle A3 im Anhang A

$$s^{ig}_{CO_2} = 310,610 - 8,315 \cdot \ln 0,0805 = 331,560 \ J/mol \ K$$

$$s^{ig}_{H_2O} = 266,299 - 8,315 \cdot \ln 0,1609 = 281,490 \ J/mol \ K$$

$$s^{ig}_{O_2} = 269,924 - 8,315 \cdot \ln 0,0322 = 298,493 \ J/mol \ K$$

$$s^{ig}_{N_2} = 253,182 - 8,315 \cdot \ln 0,7264 = 255,840 \ J/mol \ K \ .$$

Daraus folgt für den Entropiestrom des Verbrennungsgases bei der adiabaten Verbrennungstemperatur

$$\dot{S}_V = 15,4028 \cdot 267,436 = 4119,263 \ \frac{W}{K} \ .$$

Der Entropiestrom des Methans beträgt nach Tabelle A3

$$\dot{S}_{CH_4} = \dot{n}_{CH_4} \cdot s^{ig}_{CH_4}(25°C, 1 \ bar) = 1,2393 \cdot 186,251 = 230,821 \ \frac{W}{K} \ .$$

Der Entropiestrom der Luft berechnet sich aus

$$\dot{S}_\mathrm{L} = \dot{n}_\mathrm{L} \left[0,21 s^{\mathrm{ig}}_{\mathrm{O}_2} + 0,79 s^{\mathrm{ig}}_{\mathrm{N}_2}\right]$$

mit

$$s^{\mathrm{ig}}_{\mathrm{O}_2} = 205,03 - 8,315 \cdot \ln 0,21 = 218,007 \text{ J/mol K}$$

und

$$s^{\mathrm{ig}}_{\mathrm{N}_2} = 191,50 - 8,315 \cdot \ln 0,79 = 193,460 \text{ J/mol K} \ .$$

Für den Entropiestrom der Luft folgt daraus

$$\dot{S}_\mathrm{L} = 14,1635 \cdot 198,615 = 2813,084 \ \frac{\mathrm{W}}{\mathrm{K}} \ .$$

Damit ergibt sich die Entropieproduktion bei der Verbrennung zu

$$\dot{S}_\mathrm{i} = 4119,263 - 230,821 - 2813,084 = 1075,358 \ \frac{\mathrm{W}}{\mathrm{K}} \ .$$

Man erkennt die erhebliche Entropieproduktion beim Verbrennungsprozess. Dies reflektiert die damit einhergehende Energieentwertung. Man erkennt auch, dass diese Entropieproduktion im Wesentlichen auf die hohe Temperatur des Verbrennungsgases im Vergleich zum Brennstoff und insbesondere der Luft zurückzuführen ist. Die im kalten Brennstoff chemisch gespeicherte Energie wird in innere Energie des heißen Verbrennungsgases umgewandelt. Dabei wird atomistisches Chaos produziert, denn die Atome des heißen Verbrennungsgases sind gemäß ihrer höheren Temperatur über eine viel größere Anzahl von Orts- und Geschwindigkeitszuständen verteilt als die des Brennstoffs und der Luft. Eine Vergrößerung der Luftmenge verringert zwar die adiabate Verbrennungsstemperatur, erhöht aber dennoch die Entropieproduktion wegen des größeren beteiligten Mengenstromes und der dadurch gegebenen größeren Chaosproduktion. Umgekehrt reduziert eine Verbrennung mit reinem Sauerstoff aus dem gleichen Grund trotz der dabei erreichten höheren adiabaten Verbrennungstemperatur die Entropieproduktion. Eine „heiße" Verbrennung ohne Entropieproduktion ist nicht realisierbar. Konzeptionell wäre sie möglich bei der Verbrennung eines auf unendlich hohe Temperatur vorgeheizten Brennstoff-Luft-Gemisches zu einem Verbrennungsgas von unendlich hoher Temperatur. Demgegenüber ist die „kalte" Verbrennung in der Brennstoffzelle von deutlich geringerer Entropieproduktion und damit Energieentwertung begleitet.

5.5 Energiequalität

Unterschiedliche Energieformen haben im Allgemeinen bei gleicher Menge unterschiedliche Energiequalitäten, sie sind in unterschiedlichem Maße wertvoll. So wissen wir, dass Wärme und Arbeit auch bei gleicher Menge, z.B. in Joule oder in Kilowattstunden, nicht den gleichen Wert haben. Während nämlich beim Bohren eines Loches in ein Stahlstück praktisch die gesamte eingesetzte elektrische Arbeit in Wärme umgewandelt wird, ist es nicht möglich, diese Wärme wieder in Arbeit rückzuwandeln und damit die Bohrmaschine anzutreiben. Auch der Energieinhalt eines Stoffstroms kann sehr unterschiedlich wertvoll sein. So hat ein Massenstrom von 1 kg/s Wasserdampf bei 200 bar und 550°C bezogen auf Wasser bei 25°C und 1 bar zwar etwa denselben Energieinhalt wie ein Massenstrom von 10 kg/s siedendes Wasser von 100°C. Aber während der Dampf in einer Turbine unter Arbeitsleistung entspannt werden kann, lässt sich aus dem heißen Wasser praktisch kaum Arbeit, sondern allenfalls Wärme gewinnen. Es ist also zu vermuten, dass der Dampfstrom trotz seiner geringeren Menge die höhere Energiequalität hat. Dies werden wir in der Tat quantitativ nachweisen können. Wir haben erkannt, dass die Energieentwertung, also der Verlust an Energiequalität, mit der Entropieproduktion zusammenhängt. Wir erwarten also, dass sich die unterschiedlichen Energiequalitäten der Energieformen mit Hilfe der Entropie quantitativ beschreiben lassen.

Offenbar hängt der energetische Wert einer Energieform vom Zustand der Umgebung ab. Ein Luftstrom bei Umgebungstemperatur und Umgebungsdruck repräsentiert keinen energetischen Wert. Im Gegensatz dazu ist ein heißer Luftstrom auch bei Umgebungsdruck durchaus energetisch wertvoll. Wenn er z.B. eine Temperatur von 250°C hat, so kann er Wasserdampf von 30 bar erzeugen, aus dem durch einen Dampfkraftprozess elektrische Energie gewonnen werden kann. Auch Luft bei Umgebungsdruck, aber einer Temperatur unterhalb der Umgebung, ist energetisch wertvoll, denn diese Temperatur kann nur unter Energieaufwand, z.B. in einer Kältemaschine, erzeugt werden. Der Luftstrom könnte zur Kälteerzeugung genutzt werden und damit den Energieeinsatz in einer Kältemaschine ersetzen. Offenbar spielt die Umgebungstemperatur bei der Bewertung von Energieformen eine Rolle. Ganz analog erkennt man, dass bei der Bewertung der Energie eines Stoffes auch der Umgebungsdruck eine Rolle spielt. Ein Luftstrom bei Umgebungstemperatur, aber einem Druck von 100 bar, repräsentiert einen energetischen Wert, auch wenn die Enthalpiedifferenz zum Umgebungszustand nach dem Stoffmodell des idealen Gases Null ist. Man kann ihn in einer Turbine entspannen und damit technische Arbeit erzeugen. Aber nicht nur ein auf einer Temperatur- oder Druckdifferenz in Bezug auf den Umgebungszustand beruhendes Potenzial, sondern auch ein stoffliches oder chemisches Ungleichgewicht gegenüber der Umgebung trägt zum energetischen Wert eines Stoffes bei. Reiner Sauerstoff z.B. hat ein stofflich bedingtes energetisches Potenzial gegenüber der Umgebungsluft. Da man reinen Sauerstoff nur unter Energieaufwand aus Luft gewinnen kann, repräsentiert er einen energetischen Wert, der auch praktisch realisiert werden kann. So kann er z.B. Luft in einem Verbrennungsprozess substituieren, der dadurch mit geringerer Entropieproduktion, d.h. mit weniger Energieentwertung abläuft. Oft hat schließlich das chemisch bedingte energetische Potenzial den größten Anteil am energetischen Wert eines Stoffes. So hat ein Strom von gasförmigem Methan bei Umgebungstemperatur und Umgebungsdruck insofern einen energetischen Wert, als er mit dem in der Umgebungsluft vorhandenen Sauerstoff chemisch reagieren und dabei z.B. als Brennstoff zur Dampferzeugung genutzt werden kann.

5.5.1 Exergie und Anergie

Bezüglich ihres Wertes ergeben sich drei grundsätzlich unterschiedliche Formen von Energie:

1. Hochwertige, prinzipiell unbeschränkt in jede andere Energieform, insbesondere Arbeit umwandelbare Energie. Sie wird als Exergie mit dem Buchstaben E bezeichnet. Beispiele sind die mechanischen Energieformen wie kinetische oder potenzielle Energie als äußere Zustandsgrößen sowie alle Formen von Arbeit.

2. Total entwertete, überhaupt nicht mehr in andere Energieformen umwandelbare Energie. Sie wird als Anergie mit dem Buchstaben B bezeichnet. Ein Beispiel für Anergie ist die innere Energie der Umgebung.

3. Beschränkt umwandelbare Energie. Beispiele für beschränkt umwandelbare Energie sind Wärme und die thermische innere Energie eines Stoffstromes, die beide nur teilweise in Arbeit umgewandelt werden können.

Zur Kennzeichnung von Energieformen genügt daher nicht eine Mengenangabe. Es muss auch eine Qualitätsangabe gemacht werden. Darauf haben wir bereits mehrfach hingewiesen. Die Exergie beschreibt die Qualität einer Energie in Form ihrer maximalen Arbeitsfähigkeit. Sie lässt sich prinzipiell vollständig in jede andere Energieform umwandeln. Nach dem Energieerhaltungssatz bleibt die Energie bei Energieumwandlungen zwar konstant. Es verwandelt sich aber bei realen Prozessen Exergie in Anergie.

Mit dem Begriff der Exergie haben wir diejenige Art von Energie benannt, die man im alltäglichen Sprachgebrauch meint, wenn man von „Energieverbrauch" oder „Energie sparen" spricht. Sie ist der eigentliche Wert der Energie. Insbesondere erlaubt der Exergiebegriff den Vergleich ganz unterschiedlicher Energieformen miteinander, z.B. eines Wärmestromes mit der inneren Energie eines Brennstoffstromes. Bei jeder praktischen Energieumwandlung geht Exergie verloren, d.h. es verwandelt sich Exergie teilweise in Anergie. Dieser so genannte Exergieverlust ist ein Maß für die Energieentwertung in einem Prozess. Er kann nur im Grenzfall reversibler Prozesse ganz vermieden werden.

Um die Energiequalität bei der Analyse energie- und stoffumwandelnder Prozesse berücksichtigen zu können, müssen wir die Exergien der auftretenden Energieformen kennen. Sie hängen vom jeweiligen Entropiegehalt ab. Wir zeigen im Folgenden den Zusammenhang zwischen der Exergie eines Stoffstromes und seiner Entropie.

5.5.2 Die Exergie eines Stoffstromes

Ein Stoffstrom, z.B. ein strömendes, heißes, unter Druck stehendes Gas am Eintrittsstutzen einer Turbine oder ein Erdgasstrom in einer Rohrleitung, enthält Energie in Form von Enthalpie und den äußeren Energieformen potenzielle und kinetische Energie. Potenzielle und kinetische Energie sind reine Exergien, denn sie können ohne prinzipielle Einschränkung in einander und in alle anderen Energieformen umgewandelt werden. Ein Enthalpiestrom kann Träger sehr unterschiedlicher Energieformen sein, nämlich thermischer, mechanischer, stofflicher und chemischer Energie. Dabei erfassen die ersten drei Anteile energetische Effekte auf Grund von Unterschieden der Temperatur, des Druckes und der Zusammensetzung gegenüber der Umgebung. Der chemische Anteil beschreibt Effekte auf Grund von chemischen Reaktionen des Stoffstroms mit der Umgebung. Die prinzipiellen Einschränkungen der Umwandelbarkeit eines Enthalpiestroms sind nicht offensichtlich. Zur Berechnung seiner Exergie ermitteln wir die Arbeit, die wir gewinnen können, wenn wir ihn ohne Entropieproduktion, also auf reversible Weise, ins Gleichgewicht mit der Umgebung bringen.

Wir betrachten der Einfachheit halber zunächst nur den thermomechanischen Anteil der Exergie, d.h. den Anteil der Exergie, der durch ein thermisches und ein mechanisches Potenzial des Stoffstroms gegenüber der Umgebung hervorgerufen wird. Er ist gleich der Arbeit, die wir gewinnen, wenn wir die Temperatur und den Druck des Stoffstroms durch reversiblen Arbeits- und Wärmetransfer auf die entsprechenden Werte der Umgebung bringen. Hierzu sind mehrere Prozesse möglich, die in Bezug auf die gewonnene Arbeit alle gleichwertig sind. Einer dieser Prozesse besteht darin, das System zunächst durch reversibel-adiabate Arbeitsabfuhr auf die Umgebungstemperatur und anschließend durch reversibel-isothermen Wärme- und Arbeitstransfer auf den Umgebungsdruck zu bringen, vgl. Abb. 5.16. Bei Umgebungstemperatur

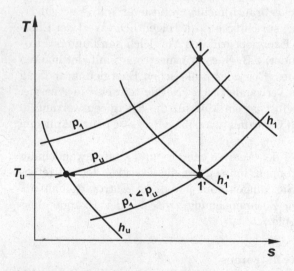

Abb. 5.16. Zum thermomechanischen Anteil der Exergie eines Enthalpiestromes

kann Wärme grundsätzlich ohne Entropieproduktion mit der Umgebung ausgetauscht werden. Vom Ausgangszustand 1 wird das System durch reversibel-adiabate Entspannung in den Zwischenzustand 1' gebracht, bei dem die Umgebungstemperatur T_u und der Druck $p_{1'}$ vorliegen. Dieser Druck ist geringer als der Umgebungsdruck. Dabei wird die technische Arbeit

$$(w_{11'})_t^{rev} = h_{1'} - h_1 < 0$$

gewonnen, da äußere Energien bei einem Enthalpiestrom nicht zu berücksichtigen sind. Im zweiten Schritt wird der Enthalpiestrom vom Zwischenzustand 1' in den Umgebungszustand u gebracht. Für diese Zustandsänderung lautet die Energiebilanz

$$(w_{1'u})_t^{rev} + q_{1'u}^{rev} = h_u - h_{1'} \ .$$

Hierbei bedeutet h_u die Enthalpie des Stoffstromes im thermomechanischen Gleichgewicht mit der Umgebung, also die Enthalpie bei T_u und p_u . Für die während der Zustandsänderung von 1' nach u reversibel abzuführende Wärme gilt nach (5.25)

$$q_{1'u}^{rev} = T_u(s_u - s_{1'}) = T_u(s_u - s_1) \ .$$

Wir finden also für die zuzuführende Arbeit im zweiten Prozessschritt

$$(w_{1'u})_t^{rev} = (h_u - h_{1'}) - T_u(s_u - s_1) \ .$$

Die insgesamt gewonnene Arbeit entspricht dem thermomechanischen Anteil an der Exergie des Enthalpiestromes:

$$e_h^{t,m}(T_1, p_1) = -(w_{11'})_t^{rev} - (w_{1'u})_t^{rev} = (h_1 - h_{1'}) - (h_u - h_{1'})$$
$$+ T_u(s_u - s_1) = (h_1 - h_u) - T_u(s_1 - s_u) \ . \tag{5.67}$$

Damit ist der thermomechanische Anteil an der spezifischen Exergie eines Enthalpiestromes als Funktion seiner Enthalpie und seiner Entropie bei den betrachteten Werten von Temperatur und Druck ausgedrückt. Wir erkennen, dass die energetische Qualität eines Stoffstromes von der Enthalpiedifferenz und der Entropiedifferenz zum Umgebungszustand abhängt. Im thermischen und mechanischen Gleichgewicht mit der Umgebung ist der thermomechanische Anteil der Exergie eines Enthalpiestroms Null. Entscheidend für die Größe der Exergie ist die Relation zwischen der Größe des Enthalpieterms und der des Entropieterms. Betrachtet man nun die spezifische Exergie des Stoffstromes, also z.B. des strömenden Gases am Eintrittsstutzen einer Turbine, so sind die potenzielle und kinetische Energie als reine mechanische Exergien zu addieren und man erhält

$$e^{t,m}(T_1, p_1) = e_h^{t,m}(T_1, p_1) + \frac{1}{2}c_1^2 + gz_1 \ . \tag{5.68}$$

Insgesamt ist die spezifische Exergie mit dem Massenstrom zu multiplizieren, um den Exergiestrom zu erhalten. Der thermomechanische Anteil der Exergie eines Stoffstromes ist somit durch die Umgebungstemperatur und, über die Druckabhängigkeit von Enthalpie und Entropie, durch den Umgebungsdruck beschränkt.

Beispiel 5.8

Ein Massenstrom $\dot{m}_1 = 1$ kg/s Wasserdampf bei 200 bar und 550°C und ein Massenstrom $\dot{m}_2 = 10,46$ kg/s siedendes Wasser von 100°C sollen in Bezug auf ihre Exergie miteinander verglichen werden ($t_u = 25$°C, $p_u = 1$ bar).

Lösung

In Bezug auf einen Zustand des flüssigen Wassers bei den Umgebungsbedingungen von $t_u = 25$°C und $p_u = 1$ bar ist der Energieinhalt des Dampfstroms mit

$$\dot{H}_1 - \dot{H}(T_u, p_u) = 1 \text{ kg/s}(3393, 5 - 104, 9) \text{ kJ/kg} = 3288, 6 \text{ kW}$$

genau so groß wie der Energieinhalt des Stromes siedenden Wassers, mit

$$\dot{H}_2 - \dot{H}(T_u, p_u) = 10, 46 \text{ kg/s}(419, 0 - 104, 9) \text{ kJ/kg} = 3288, 6 \text{ kW} .$$

Die zugehörigen Exergieströme sind allerdings recht unterschiedlich, mit

$$\dot{E}_1 = \dot{H}_1 - \dot{H}(T_u, p_u) - T_u \left[\dot{S}_1 - \dot{S}(T_u, p_u) \right]$$
$$= 3288, 6 - 1 \cdot 298, 15(6, 3348 - 0, 3674) = 1509, 4 \text{ kW}$$

und

$$\dot{E}_2 = \dot{H}_2 - \dot{H}(T_u, p_u) - T_u \left[\dot{S}_2 - \dot{S}(T_u, p_u) \right]$$
$$= 3288, 6 - 10, 46 \cdot 298, 15(1, 3069 - 0, 3674) = 358, 6 \text{ kW} .$$

Der Strom siedenden Wassers hat trotz seines über 10-fachen Massenstromes eine deutlich niedrigere Exergie als der Dampfstrom. Er weist nämlich einen relativ zum Enthalpieterm höheren Entropieterm auf, obwohl der spezifische Entropieunterschied zur Umgebung sogar geringer ist als beim Dampfstrom. Viel geringer ist allerdings der spezifische Enthalpieunterschied zur Umgebung.

Wenn ein Stoffstrom abkühlt, gibt er einen Wärmestrom ab. Aus (5.67) lässt sich die Exergie eines Wärmestroms berechnen, vgl. Beispiel 5.9.

Beispiel 5.9

Man entwickle eine Beziehung für die Exergie des Wärmestromes, der bei der isobaren Abkühlung eines Stoffstromes vom Zustand 1 zum Zustand 2 abgegeben wird.

Lösung

Bei der isobaren Abkühlung des Stoffstromes vom Zustand 1 zum Zustand 2 wird der Wärmestrom

$$\dot{Q}_{12} = \dot{m}(h_2 - h_1)$$

frei. Da die Exergie die Energiequalität beschreibt, also das Potenzial an Arbeit, das in der betrachteten Energieform enthalten ist, muss zu ihrer Berechnung die Zustandsänderung des Stoffstromes bei der isobaren Abkühlung energetisch optimal, d. h. reversibel sein. Die Exergie des Wärmestroms entspricht also der Exergiedifferenz des Stoffstromes in beiden Zuständen, da die Abnahme der Exergie des Stoffstromes bei reversibler Zustandsänderung ausschließlich durch die Exergie des abfließenden Wärmestroms bedingt ist. Es gilt also

$$\dot{E}_Q = \dot{m} \left(e_{h,2}^{t,m} - e_{h,1}^{t,m} \right) = \dot{m} \left[(h_2 - h_1) - T_u (s_2 - s_1) \right] \ .$$

Die Entropieänderung ist bei reversibler Zustandsänderung mit dem Wärmestrom verknüpft nach

$$\dot{Q}_{12}^{rev} = \dot{m} \int\limits_1^2 T ds = \dot{m} T_m (s_2 - s_1) \ .$$

Hier ist wegen $q_{12} = h_2 - h_1$

$$T_m = \frac{h_2 - h_1}{s_2 - s_1}$$

die thermodynamischen Mitteltemperatur bei der Zustandsänderung des Stoffstromes von 1 nach 2. Setzt man dies in die Beziehung für die Exergie des Wärmestromes ein, so findet man

$$\dot{E}_Q = \dot{m} \left[(h_2 - h_1) \left(1 - \frac{T_u}{T_m} \right) \right] = \dot{Q} \left(1 - \frac{T_u}{T_m} \right) \ .$$

Die Exergie eines Wärmestromes ist umso höher, je höher die Temperatur ist, bei der er die Systemgrenze überschreitet. Ein Wärmestrom bei Umgebungstemperatur T_u hat die Exergie Null, d.h. er ist thermodynamisch wertlos. Bei der Energieumwandlung in einem Dampfkraftwerk kann also bei optimaler, d.h. reversibler Prozessführung gerade der Exergieanteil der Wärme in Arbeit umgewandelt werden. Der Rest muss als Abwärme abgeführt werden.

Im Allgemeinen hat der betrachtete Stoffstrom nicht nur ein thermisches und mechanisches Potenzial gegenüber der Umgebung, sondern steht auch stofflich bzw. chemisch nicht mit ihr im Gleichgewicht. Bei der Bewertung seines Energieinhalts ist dann außer dem thermomechanischen auch ein stofflicher bzw. ein chemischer Exergieanteil zu berücksichtigen. Der stoffliche und der chemische Anteil an der Exergie eines Stoffstroms beziehen sich grundsätzlich auf die Umgebungstemperatur und auf den Umgebungsdruck. Abweichungen von T_u, p_u sind im thermomechanischen Anteil berücksichtigt. Zur Berechnung des stofflichen und des chemischen Exergieanteils wird die Arbeit ermittelt, die gewonnen wird, wenn der Stoffstrom bei T_u und p_u in das stoffliche bzw. das chemische Gleichgewicht mit der Umgebung überführt wird. Hierzu benötigt man die Zusammensetzung der Umgebung. Es muss also ein Umgebungsmodell definiert werden, dem die Exergie Null zugerechnet wird. Bei der Wahl eines Umgebungsmodells ist man nicht festgelegt. Ein häufig verwendetes Umgebungsmodell ist Luft im thermodynamischen Gleichgewicht mit flüssigem Wasser bei der Temperatur T_u und dem Druck

p_u. Die Luft dieses Umgebungsmodells ist also mit Wasserdampf und das Wasser mit Luft gesättigt.

Ein Stoff i, der als gasförmige Komponente in einem gewählten Umgebungsmodell vertreten ist, hat als reiner gasförmiger Stoff bei T_u und p_u eine molare stoffliche Exergie, die der bei der reversiblen Herstellung der reinen Komponente aus der Umgebung aufzuwändenden technischen Arbeit entspricht. Man kann z.B. an die Herstellung von reinem gasförmigen Sauerstoff aus der Umgebungsluft denken, vgl. Beispiel 5.6. Dazu sind im reversiblen Fall die Arbeit und die Wärme zu ermitteln, die diese Zustandsänderung ermöglichen. Da Wärme insbesondere bei isothermer Zustandsänderung auf dem Niveau der Umgebungstemperatur reversibel transferiert werden kann, ergibt sich wiederum die Beziehung (5.67). Die stoffliche Exergie wird durch den Suffix s gekennzeichnet. Es gilt also unter Verwendung des Stoffmodells „Ideales Gasgemisch" für die Gasphase des Umgebungsmodells nach (5.52)

$$e_{\mathrm{h},0i}^{\mathrm{s,g}} = \left(h_{0i}^{\mathrm{ig}} - h_{i,\mathrm{u}}^{\mathrm{ig}} \right) - T_\mathrm{u} \left(s_{0i}^{\mathrm{ig}} - s_{i,\mathrm{u}}^{\mathrm{ig}} \right) = R T_\mathrm{u} \ln(1/x_{i,\mathrm{u}}) \ . \tag{5.69}$$

Hierbei ist $h_{0i}^{\mathrm{ig}}, s_{0i}^{\mathrm{ig}}$ die Enthalpie bzw. Entropie der reinen Komponente i im idealen Gaszustand bei $T_\mathrm{u}, p_\mathrm{u}$. Demgegenüber ist mit $h_{i,\mathrm{u}}^{\mathrm{ig}}, s_{i,\mathrm{u}}^{\mathrm{ig}}$ die Enthalpie bzw. Entropie der Komponente i im idealen Gaszustand und im stofflichen Gleichgewicht mit der Umgebung, d.h. die partielle molare Größe bei $T_\mathrm{u}, p_\mathrm{u}$ und bei dem Stoffmengenanteil $x_{i,\mathrm{u}}$ im Umgebungsmodell bezeichnet. Ist die Komponente i nicht rein, sondern in einem Gasstrom mit dem Stoffmengenanteil x_i vertreten, so ergibt sich ihre stoffliche Exergie aus (5.69), wenn man die 1 durch x_i ersetzt.

Ein Stoff i, der als gasförmige Komponente im gewählten Umgebungsmodell vertreten ist, hat dementsprechend als reiner flüssiger Stoff bei $T_\mathrm{u}, p_\mathrm{u}$ eine molare stoffliche Exergie nach

$$
\begin{aligned}
e_{\mathrm{h},0i}^{\mathrm{s,l}} &= \left(h_{0i}^{\mathrm{l}} - h_{i,\mathrm{u}}^{\mathrm{ig}} \right) - T_\mathrm{u} \left(s_{0i}^{\mathrm{l}} - s_{i,\mathrm{u}}^{\mathrm{ig}} \right) \\
&= h_{0i}^{\mathrm{if}} - h_{0i}^{\mathrm{ig}} + h_{0i}^{\mathrm{ig}} - h_{i,\mathrm{u}}^{\mathrm{ig}} - T_\mathrm{u} \left(s_{0i}^{\mathrm{if}} - s_{0i}^{\mathrm{ig}} + s_{0i}^{\mathrm{ig}} - s_{i,\mathrm{u}}^{\mathrm{ig}} \right) \\
&= h_{0i}^{\mathrm{if}}(T_\mathrm{u}, p_{\mathrm{s}0i}) + v_{0i}^{\mathrm{if}}(p_\mathrm{u} - p_{\mathrm{s}0i}) - h_{0i}^{\mathrm{ig}}(T_\mathrm{u}, p_{\mathrm{s}0i}) \\
&\quad - T_\mathrm{u} \left\{ s_{0i}^{\mathrm{if}}(T_\mathrm{u}, p_{\mathrm{s}0i}) - \left[s_{0i}^{\mathrm{ig}}(T_\mathrm{u}, p_{\mathrm{s}0i}) - R \ln \frac{p_\mathrm{u}}{p_{\mathrm{s}0i}} \right] \right\} \\
&\quad + R T_\mathrm{u} \ln \frac{1}{x_{i,\mathrm{u}}} \\
&= v_{0i}^{\mathrm{if}}(p_\mathrm{u} - p_{\mathrm{s}0i}) - R T_\mathrm{u} \ln \frac{p_\mathrm{u}}{p_{\mathrm{s}0i}} + e_{\mathrm{h},0i}^{\mathrm{s,g}} \ . \tag{5.70}
\end{aligned}
$$

Hierin ist $p_{\mathrm{s}0i} = p_{\mathrm{s}0i}(T_\mathrm{u})$ der Sattdampfdruck der reinen Komponente i bei T_u. Für die Zustandsänderung der Verdampfung wurde die Beziehung $\Delta h = T \Delta s$ benutzt, d.h.

$$h_{0i}^{\text{if}}(T_\text{u}, p_{\text{s}0i}) - h_{0i}^{\text{ig}}(T_\text{u}, p_{\text{s}0i}) = T_\text{u}\left[s_{0i}^{\text{if}}(T_\text{u}, p_{\text{s}0i}) - s_{0i}^{\text{ig}}(T_\text{u}, p_{\text{s}0i})\right] \ .$$

Insbesondere für die stoffliche Exergie von reinem flüssigen Wasser folgt daraus, da die Luft des Umgebungsmodells mit Wasserdampf gesättigt ist, d.h. $x_{\text{H}_2\text{O,u}} = p_{\text{sW}}/p_\text{u}$,

$$e_{\text{h,H}_2\text{O}}^{\text{s,l}} = v_{\text{H}_2\text{O}}^{\text{if}}(p_\text{u} - p_{\text{sW}}) - RT_\text{u}\ln\frac{p_\text{u}}{p_{\text{sW}}} + RT_\text{u}\ln\frac{p_\text{u}}{p_{\text{sW}}}$$

$$= v_{\text{H}_2\text{O}}^{\text{if}}(p_\text{u} - p_{\text{sW}}) \approx 0 \ .$$

Die stoffliche Exergie von reinem flüssigen Wasser und damit die gesamte Exergie von reinem flüssigen Wasser bei Umgebungsbedingungen ist für dieses Umgebungsmodell praktisch Null, da der Term $v^{\text{if}}(p_\text{u} - p_{\text{sW}})$ sehr klein im Verhältnis zu den Exergiebeiträgen anderer Energieformen ist.

Ein Stoff, der nicht im Umgebungsmodell vertreten ist, hat als reiner Stoff keine stoffliche, aber eine chemische Exergie. Sie wird durch den Suffix c gekennzeichnet. Die chemische Exergie entspricht der Arbeit, die gewonnen wird, wenn der Stoff bei Umgebungstemperatur und Umgebungsdruck durch reversiblen Wärmetransfer sowie durch eine reversible chemische Reaktion mit Stoffen aus der Umgebung ins chemische Gleichgewicht mit der Umgebung gebracht wird. Damit gilt grundsätzlich wieder die Beziehung (5.67). Da der betrachtete Stoff kein Bestandteil des Umgebungsmodells und damit das chemische Gleichgewicht mit der Umgebung nicht ohne Weiteres definiert ist, kann (5.67) allerdings nicht unmittelbar benutzt werden. Vielmehr wird eine Reaktion betrachtet, durch die sich der Stoff in Bestandteile der Umgebung umwandelt, womit die Beziehungen für stoffliche Exergien anwendbar werden. Wollen wir z.B. die chemische Exergie von reinem gasförmigen Kohlenmonoxid bei Umgebungstemperatur und Umgebungsdruck berechnen, so betrachten wir die chemische Reaktion

$$CO + \frac{1}{2}\,O_2 \rightarrow CO_2 \ ,$$

an der außer CO nur die im Umgebungsmodell vertretenen und daher bereits exergetisch bekannten reinen Stoffe CO_2 und O_2 beteiligt sind. Die Exergiebilanz für diese Reaktion lautet im reversiblen Fall, wenn die Edukte und Produkte als reine Stoffe zu- bzw. abgeführt werden, und wenn die technische Arbeit als zugeführt berücksichtigt wird,

$$e_{\text{h,CO}}^{\text{c}} = e_{\text{h,CO}_2}^{\text{s}} - \frac{1}{2}e_{\text{h,O}_2}^{\text{s}} - w_\text{t}^{\text{rev}} \ .$$

Hier wurde der Index 0 zur Kennzeichnung der reinen Komponenten der Einfachheit halber weggelassen. Die molare reversible Arbeit, die aus dieser Reaktion bei Umgebungsbedingungen gewonnen werden kann, ergibt sich aus der Energie- und Entropiebilanz nach einer zu (5.67) analogen Beziehung. Für chemisch nicht definierte Stoffe wie Kohle und Öl ist dieses Verfahren ebenfalls anwendbar, wenn für die Entropie des Stoffes bei Umgebungsbedingungen ein Zahlenwert abgeschätzt werden kann. Da das Ergebnis nicht sehr sensibel auf diesen Zahlenwert reagiert, können die aus Tabelle A2 im Anhang A abzuleitenden Werte für feste Stoffe von $s(s) \approx 1$ kJ/kg K und für flüssige Stoffe von $s(l) \approx 3,5$ kJ/kg K genommen werden. Für reine Stoffe, die nicht im Umgebungsmodell vertretene Elemente enthalten, ist zur Ermittlung der chemischen Exergie das Umgebungsmodell durch geeignete Verbindungen zu erweitern.

Insgesamt ergibt sich damit die molare Exergie eines Enthalpiestromes aus

$$e_{\mathrm{h}}\left(T, p, \{x_i\}\right) = \sum x_i e_{\mathrm{h},i} \ , \tag{5.71}$$

mit $e_{\mathrm{h},i}(T, p, \{x_i\})$ als der partiellen molaren Exergie der Komponente i des betrachteten Stoffstroms, vgl. Abschnitte 2.5 und 4.3. Für die Stoffmodelle „Ideales Gasgemisch" und „Ideale Lösung" wird die partielle molare Exergie der Komponente i auf die der reinen Komponente i und den idealen Mischungsterm zurückgeführt und es gilt

$$\begin{aligned} e_{\mathrm{h},i}(T, p, x_i) &= e_{\mathrm{h},0i}(T_{\mathrm{u}}, p_{\mathrm{u}}) + e_{\mathrm{h},0i}(T, p) - e_{\mathrm{h},0i}(T_{\mathrm{u}}, p_{\mathrm{u}}) \\ &\quad + e_{\mathrm{h},i}(T, p, x_i) - e_{\mathrm{h},0i}(T, p) \\ &= e_{\mathrm{h},0i}^{\mathrm{s,c}} + e_{\mathrm{h},0i}^{\mathrm{t,m}} + RT_{\mathrm{u}} \ln x_i \ . \end{aligned} \tag{5.72}$$

Hier ergibt sich die molare Exergie der reinen Komponente i $e_{\mathrm{h},0i}(T_{\mathrm{u}}, p_{\mathrm{u}})$ entweder aus dem stofflichen Anteil $e_{\mathrm{h},0i}^{\mathrm{s}}(T_{\mathrm{u}}, p_{\mathrm{u}})$ oder aus dem chemischen Anteil $e_{\mathrm{h},0i}^{\mathrm{c}}(T_{\mathrm{u}}, p_{\mathrm{u}})$. Da für eine Komponente i nur einer von beiden existieren kann, werden beide Anteile in (5.72) zu $e_{\mathrm{h},0i}^{\mathrm{s,c}}$ zusammengefasst. Der thermomechanische Anteil $e_{\mathrm{h},0i}^{\mathrm{t,m}}$ ist definiert durch

$$e_{\mathrm{h},0i}^{\mathrm{t,m}} = e_{\mathrm{h},0i}(T, p) - e_{\mathrm{h},0i}(T_{\mathrm{u}}, p_{\mathrm{u}})$$

und bringt daher das thermomechanische Potenzial des reinen Stoffes i gegenüber dem Zustand, auf den der stoffliche bzw. chemische Exergieanteil bezogen ist, zum Ausdruck. Schließlich berücksichtigt

$$RT_{\mathrm{u}} \ln x_i = e_{\mathrm{h},i}(T, p, x_i) - e_{\mathrm{h},0i}(T, p)$$

den Unterschied zwischen der partiellen molaren Exergie und der Reinstoffexergie für Systeme mit idealem Mischungsverhalten.

Beispiel 5.10

Man berechne die Exergie eines Stromes von 22,414 $\mathrm{m_n^3}$/h Methan bei $T_{\mathrm{u}} = 298,15$ K und $p_{\mathrm{u}} = 1$ bar in Bezug auf eine Umgebung aus mit Luft gesättigtem Wasser und mit Wasserdampf gesättigter Luft der Zusammensetzung $x_{\mathrm{N_2,u}} = 0,75608$, $x_{\mathrm{O_2,u}} = 0,20284$, $x_{\mathrm{H_2O,u}} = 0,03171$, $x_{\mathrm{Ar,u}} = 0,00906$ und $x_{\mathrm{CO_2,u}} = 0,00031$.

Lösung

Da der Methanstrom im thermischen und mechanischen Gleichgewicht mit der Umgebung steht und kein Bestandteil des Umgebungsmodells ist, kann er nur chemische Exergie haben. Methan ist aus Elementen zusammengesetzt, die auch im Umgebungsmodell enthalten sind, nämlich Kohlenstoff und Wasserstoff. Damit ergibt sich seine chemische Exergie aus der Exergiebilanz einer reversiblen chemischen Reaktion, an der außer Methan nur Komponenten des Umgebungsmodells teilnehmen. Eine solche Reaktion ist die der Methanverbrennung, nach

$$CH_4 + 2\,O_2 \rightarrow CO_2 + 2\,H_2O \ .$$

Die Exergiebilanz für diese Reaktion lautet im reversiblen Fall

$$e_{h,CH_4}^c = e_{h,CO_2}^{s,g}(T_u,p_u) + 2e_{h,H_2O}^{s,l}(T_u,p_u) - 2e_{h,O_2}^{s,g}(T_u,p_u) - w_t^{rev} \ ,$$

wobei e_{h,CH_4}^c die chemische Exergie des Enthalpiestromes der reinen Komponente CH_4 bei T_u und p_u bedeutet. Eine entsprechende Bedeutung haben die Exergieterme auf der rechten Seite, wobei der Suffix s auf die stoffliche Exergie der jeweiligen reinen Komponente hinweist. Die reversible technische Arbeit w_t^{rev}, die aus dieser Reaktion gewonnen werden kann, ergibt sich, da die Temperatur und der Druck der Umgebung den Standardwerten entsprechen, aus der Energie- und Entropiebilanz nach

$$w_t^{rev} = -H_{O,CH_4}(T_u) - T_u\left(s_{CO_2}^0 + 2s_{H_2O}^0 - s_{CH_4}^0 - 2s_{O_2}^0\right) \ .$$

Hier ist $H_{O,CH_4}(T_u)$ der Brennwert von CH_4, da das Wasser bei T_u,p_u praktisch vollständig als Flüssigkeit vorliegt. Verwenden wir für die gasförmigen Komponenten das Stoffmodell „Ideales Gas", so folgt mit den Zahlenwerten aus Tabelle A2 und dem Brennwert von Methan nach Tabelle A6

$$w_t^{rev} = -890350 - 298,15(213,705 + 2 \cdot 69,940 - 186,256 - 2 \cdot 205,142)$$
$$= -817940 \text{ kJ/kmol} \ .$$

Die Reaktion kann also Arbeit abgeben. Ferner gilt

$$e_{h,CO_2}^{s,n} = RT_u \ln \frac{1}{x_{CO_2,u}} = 8,315 \cdot 298,15 \ln \frac{1}{0,00031} = 20029 \text{ kJ/kmol}$$

und entsprechend

$$e_{h,O_2}^{s,n} = 3955 \text{ kJ/kmol} \ .$$

Die Exergie des flüssigen Wassers ist praktisch Null. Damit wird die molare Exergie des Methan-Enthalpiestroms

$$e_{h,CH_4}(T_u,p_u) = e_{h,CH_4}^c = 20029 - 2 \cdot 3955 + 817940 = 830059 \text{ kJ/kmol} \ .$$

Da ein Strom von 22,414 m_n^3/h gerade einem Stoffmengenstrom von 1 kmol/h entspricht, gilt für den Exergiestrom des Methans

$$\dot{E}_{CH_4}(T_u,p_u) = 1\,\frac{kmol}{h} \cdot 830059\,\frac{kJ}{kmol} = 231 \text{ kW} \ .$$

Bei der Analyse dieser Zahlen fällt auf, dass die chemische Exergie des Brennstoffs Methan im Wesentlichen mit seinem Heizwert $H_u = 802303$ kJ/kmol, vgl. Tabelle A6, übereinstimmt. Diese Übereinstimmung gilt für die meisten Brennstoffe aus Kohlenwasserstoffen, insbesondere auch für Kohle und Öl.

Das Ergebnis von Beispiel 5.10, d.h. die näherungsweise Übereinstimmung von Heizwert und Exergie eines Brennstoffes, ist sehr bedeutsam. Da der Heizwert eines Brennstoffes seinem Energieinhalt entspricht und Brennstoffe wie Kohle, Öl oder Erdgas die wesentlichen Primärenergieträger sind, lässt sich fossile Primärenergie annähernd als Exergie betrachten.

Insgesamt erkennen wir die Bedeutung der Entropie als Maß für die Energiequalität eines Energieträgers. Entsprechend ist die Produktion von Entropie im Laufe einer Energieumwandlung direkt mit einer Energieentwertung verknüpft, insbesondere mit einem Verlust von Arbeitsfähigkeit. Die Quantifizierung der Energieentwertung erfolgt durch den Exergieverlust. Da wir der Entropie eines Fluids und damit der Exergie nunmehr in jedem Zustand einen Zahlenwert zuordnen können, haben wir die Möglichkeit, den bei einer Zustandsänderung auftretenden Exergieverlust zu berechnen.

5.5.3 Exergieverlust und Entropieproduktion

Wir betrachten ein offenes System, über dessen Grenzen Stoffströme, Leistungen und Wärmeströme transferiert werden. Exergie kann die Systemgrenze als Exergie der Wärme $\dot{E}_Q$, als Arbeit P_t oder als Exergie eines Stoffstromes $\dot{E}_i$ überschreiten. Es gilt also allgemein für den Exergieverlust eines Prozesses

$$\Delta \dot{E}_V = \dot{E}_{zu} - \dot{E}_{ab} = \sum_{ein} \dot{E}_i - \sum_{aus} \dot{E}_j + P_t + \dot{E}_Q \ , \tag{5.73}$$

wobei die Leistung und der Wärmestrom formal als dem System zugeführt angenommen werden. Der Exergieverlust kann also aus einer Bilanzierung der ein- und austretenden Exergieströme ermittelt werden. Auf Grund des Zusammenhangs der Exergie mit der Energie und der Entropie berücksichtigt die Exergiebilanz sowohl die Energie- als auch die Entropiebilanz.

Aus der Exergiebilanz lässt sich eine explizite Beziehung zwischen dem Exergieverlust als dem Maß für die Energieentwertung und der irreversiblen Entropieproduktion ableiten. Hierzu werden bezüglich der Zustandsänderungen, die die Stoffströme in dem System erfahren, keine Einschränkungen gemacht. Insbesondere werden auch chemische Reaktionen nicht ausgeschlossen. Mit der Energiebilanz

$$\dot{Q} + P_t = \sum_{aus} \dot{H}_j - \sum_{ein} \dot{H}_i \ ,$$

sowie der aus (5.67) folgenden Beziehung für die Differenz der Exergieströme reduziert sich die Gleichung (5.73) für den Exergieverluststrom auf

$$\Delta \dot{E}_V = -\dot{Q} + \dot{E}_Q - T_u \left\{ \sum_{ein} \dot{S}_i - \sum_{aus} \dot{S}_j \right\} \ .$$

Mit der Entropiebilanz, vgl. (5.34),

$$\frac{\dot{Q}}{T} + \dot{S}_i = \sum_{\text{aus}} \dot{S}_j - \sum_{\text{ein}} \dot{S}_i$$

und der Beziehung für die Exergie der Wärme nach Beispiel 5.9 ergibt sich schließlich

$$\Delta \dot{E}_V = -\dot{Q} + \left(1 - \frac{T_u}{T}\right) \dot{Q} + \frac{T_u}{T}\dot{Q} + T_u \dot{S}_i = T_u \dot{S}_i \tag{5.74}$$

Damit ist die Energieentwertung auch formelmäßig auf die Entropieprodukti-on zurückgeführt. Die irreversible Entropieproduktion folgt aus einer Entro-piebilanz oder den geschlossenen, bereits weiter oben bereitgestellten For-meln. Die Gleichung (5.74) ist die thermodynamische Grundlage von Maß-nahmen zur rationellen Energienutzung, also Maßnahmen zur Verringerung von Exergieverlusten.

5.5.4 Exergetische Bewertung

Eine Prozessführung ohne Entropieproduktion ist in der Regel praktisch nicht realisierbar. Im Rahmen einer energetischen Prozessoptimierung strebt man aber an, sie möglichst gering zu gestalten. Hierzu ist es erforderlich, die Größe der Entropieproduktion und die Gründe für ihr Auftreten in einem Prozess zu kennen. Als Instrument hierzu hat sich die Exergiebilanz etabliert. Die Exer-gie beschreibt den Wert einer Energieform, der Exergieverlust dementspre-chend die Energieentwertung in einem Prozess. Nach (5.74) besteht insbeson-dere ein enger Zusammenhang zwischen dem Exergieverlust und der Entro-pieproduktion. Die Entropieproduktion ist für typische Prozesse wie Dissi-pation, Wärmetransfer, Druckausgleich, Strömung mit Druckverlust, Vermi-schung von Stoffströmen, Verbrennung etc. an früherer Stelle behandelt wor-den. Mit diesen Ergebnissen ist der Exergieverlust für diese Standardfälle aus (5.74) leicht angebbar. Allgemein lässt er sich aus der Exergiebilanz des Prozesses ermitteln. Grundsätzlich ist der Exergieverlust unabhängig vom stofflichen Umgebungsmodell.

Der Exergieverlust kann zur Berechnung eines exergetischen Wirkungs-grades der Energieumwandlung herangezogen werden, nach

$$\zeta = \frac{\dot{E}_{ab}}{\dot{E}_{zu}} = 1 - \frac{\Delta \dot{E}_V}{\dot{E}_{zu}} . \tag{5.75}$$

Hier ist $\dot{E}_{zu}$ der dem Prozess zugeführte Exergiestrom, $\dot{E}_{ab}$ der abgeführte Exergiestrom, und $\Delta \dot{E}_V$ der Exergieverluststrom. Im Gegensatz zum Exergie-verlust sind der zu- und der abgeführte Exergiestrom nicht prinzipiell fest-gelegt, sondern können nach Gesichtspunkten der Zweckmäßigkeit gewählt werden. Sie hängen nach der Beziehung $\dot{E}_{zu} = \dot{E}_{ab} + \Delta \dot{E}_V$ miteinander zusammen. Nur einer von beiden ist daher frei wählbar. Generell soll der zugeführte Exergiestrom den Aufwand für einen Prozesszweck wiedergeben, während der abgeführte Exergiestrom den Nutzen darstellen soll. So ist beispielsweise der zugeführte Exergiestrom bei einem Verdichter nur die Arbeit, nicht etwa die Summe aus Arbeit und Exergie des zugeführten Stoffstroms. Bei der Angabe des exergetischen Wirkungsgrades ist die Wahl von $\dot{E}_{zu}$ und $\dot{E}_{ab}$ stets deutlich zu machen.

Beispiel 5.11

In einem modernen Dampfkraftwerk nimmt das Wasser bei einer mittleren Temperatur von $t_m = 368,59°C$ eine spezifische Wärme von $q = 2353,5$ kJ/kg auf. Der thermische Wirkungsgrad des Prozesses, bei dem die Abwärme an eine Umgebung der Temperatur $T_u = 298,15$ K abgeführt wird, ist $\eta_{th} = 0,462$. Man gebe den Exergieverlust und den exergetischen Wirkungsgrad des Prozesses an.

Lösung

Der Exergieverlust ergibt sich aus einer Exergiebilanz des Prozesses als Differenz der Exergie der zugeführten Wärme und der aus dem Prozess als Arbeit abgeführten Exergie. Die Exergie der an die Umgebung abgeführten Wärme ist Null, da sie nicht genutzt wird. Es gilt also

$$\Delta e_V = e_q - |w_t| \ .$$

Die Exergie der zugeführten Wärme beträgt

$$e_q = q\left(1 - \frac{T_u}{T_m}\right) = 2353,5 \text{ kJ/kg}\left(1 - \frac{298,15}{641,74}\right) = 1260,07 \text{ kJ/kg} \ .$$

Für die aus dem Prozess ausgekoppelte technische Arbeit ergibt sich

$$|w_t| = \eta_{th} \cdot q = 0,462 \cdot 2353,5 = 1087,32 \text{ kJ/kg} \ .$$

Damit folgt der spezifische Exergieverlust zu

$$\Delta e_V = e_q - |w_t| = 1260,07 - 1087,32 = 172,75 \text{ kJ/kg} \ .$$

Der exergetische Wirkungsgrad beträgt also, gebildet mit der Exergie der zugeführten Wärme als Aufwand und der gewonnenen Arbeit als Nutzen,

$$\zeta = \frac{|w_t|}{e_q} = 1 - \frac{\Delta e_V}{e_q} = 0,86 \ .$$

Eine einfache Exergiebilanz um eine Anlage gibt Aufschluss über die gesamte Energieentwertung des Prozesses. Die Energieentwertung in einem Dampfkraftprozess ist nach Beispiel 5.11 nicht sehr hoch. Sie kommt im Wesentlichen durch dissipative Effekte in den Maschinen und Apparaten sowie durch die Entropieproduktion bei der Wärmeabgabe zustande. Der vergleichsweise niedrige thermische Wirkungsgrad des Prozesses resultiert demgegenüber aus den unterschiedlichen Energiequalitäten von Wärme und Arbeit, vermittelt also einen falschen Eindruck von der thermodynamischen Qualität des Prozesses. Der wesentliche Beitrag zur Energieentwertung bei einer Dampfkraftanlage findet also nicht im Kreisprozess, sondern bereits bei der Umwandlung von Brennstoff zu Wärme im Kessel statt, vgl. Beispiel 5.12.

Beispiel 5.12

Den Kessel des in den früheren Beispielen 3.7 und 4.24 bereits untersuchten 2 × 600 MW-Kraftwerks unterziehe man einer exergetischen Bewertung. Die Luft wird bei $t_u = 25°C$ aus der Umgebung entnommen. Das Rauchgas verlässt den Kessel bei 150°C und wird nicht weiter genutzt. Im Kessel wird dem Wasser ein Wärmestrom von $\dot{Q}_W = 2680$ MW bei einer mittleren Temperatur von $t_m = 368,59°C$ zugeführt, vgl. Beispiel 5.11 Der Brennstoffbedarf beträgt $3,22 \cdot 10^6$ t/a bei einem Heizwert von $H_u = 28$ MJ/kg.

Lösung

Die Systemgrenzen zur exergetischen Analyse des Kessels sind in Abb. B 5.12.1 dargestellt. Der Exergieverlust des insgesamt wieder als adiabat angenommenen

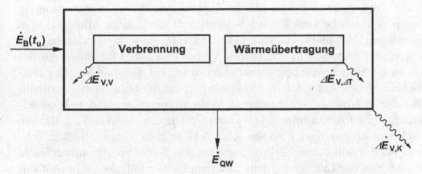

Abb. B 5.12.1. Exergetische Analyse eines Dampfkessels

Kessels folgt aus einer Exergiebilanz, zu

$$\Delta \dot{E}_{V,K} = \dot{E}_{zu} - \dot{E}_{ab} = \dot{E}_B(t_u) - \dot{E}_{QW} .$$

Der Exergiestrom der eintretenden Luft ist Null, da sie dem Kessel bei Umgebungsbedingungen zugeführt wird. Die Exergie des abströmenden Verbrennungsgases wurde nicht berücksichtigt, da sie praktisch durch irreversible Vermischung mit der Umgebung vernichtet und damit Bestandteil des Exergieverlustes wird. Die Exergie des an das Wasser übertragenen Wärmestromes ergibt sich aus

$$\dot{E}_{QW} = \dot{Q}_W \left(1 - \frac{T_u}{T_{m,W}}\right) .$$

Mit der Näherung, dass die Exergie des Brennstoffs durch seinen Heizwert von $H_u = 28$ MJ/kg erfasst wird, ergibt sich für den Exergieverluststrom im Kessel

$$\Delta \dot{E}_{V,K} = \dot{m}_B H_u - \dot{Q}_W \left(1 - \frac{T_u}{T_{m,W}}\right)$$

$$= 3,22 \cdot 10^6 \, \frac{t}{a} 10^3 \, \frac{kg}{t} \cdot \frac{a}{8760 \, h} \cdot \frac{h}{3600 \, s} \cdot 28 \, \frac{MJ}{kg}$$

$$- 2680 \left(1 - \frac{298,15}{641,74}\right) = 2859 - 1435 = 1424 \text{ MW} .$$

Der exergetische Wirkungsgrad des Kessels beträgt damit

$$\zeta_K = \frac{\dot{E}_{QW}}{\dot{E}_B} = 1 - \frac{\Delta\dot{E}_{V,K}}{\dot{E}_B} = 1 - \frac{1424}{2859} = 0,502 \ .$$

Dieser Exergieverlust entsteht im Detail zum einen durch die Verbrennung, zum anderen durch die Wärmeübertragung vom heißen Rauchgas auf das Wasser. Abb. B 5.12.1 zeigt die Systemgrenzen für die detaillierte Aufspaltung des gesamten Exergieverlustes in diese beiden Anteile. Durch eine detaillierte exergetische Analyse lässt sich zeigen, dass von der Exergie des Brennstoffs ca. 30% durch die Verbrennung und ca. 20% durch die Wärmeübertragung verloren gehen. Der thermische Wirkungsgrad des Kraftwerkes ergibt sich näherungsweise aus dem Produkt der exergetischen Wirkungsgrade des Kessels und des Prozesses.

Der exergetische Kesselwirkungsgrad ist nach Beispiel 5.12 recht niedrig. Daraus folgt, dass der wesentliche Beitrag zur Energieentwertung in einer Dampfkraftanlage vom Kessel beigesteuert wird, nicht hingegen vom Kreisprozess, vgl. Beispiel 5.11. Man erkennt ferner, dass die chemische Umwandlung vom Brennstoff in ein heißes Verbrennungsgas für einen großen Anteil dieser Energieentwertung verantwortlich ist, vgl. Beispiel 5.7. Der restliche, ebenfalls große Anteil ist im Wesentlichen auf die hohe Temperaturdifferenz bei der Wärmeübertragung vom Verbrennungsgas auf den Wasser/-Dampf-Kreislauf zurückzuführen. Die Dampferzeugung im Kessel ist also ein exergetisch sehr ungünstiger Prozess. Abb. 5.17 zeigt den exergetischen Wirkungsgrad bei der adiabaten Verbrennung für eine Reihe von Brennstoffen in Abhängigkeit von der Lufttemperatur und dem Luftverhältnis. Er nimmt mit zunehmender Luftvorwärmung zu und mit zunehmendem Luftverhältnis ab. In einem gewöhnlichen Heizkessel zur Raumwärmeversorgung ist der Exergieverlust auf Grund von Wärmeübertragung noch deutlich größer als im Fall des in Beispiel 5.12 betrachteten Kraftwerkskessels, wegen der niedrigeren Temperatur der Wärmeaufnahme. Der gesamte exergetische Wirkungsgrad liegt dabei in der Regel unter 10%.

Im Rahmen einer detaillierten exergetischen Prozessanalyse wird an jedem Zustandspunkt die Entropie des Fluids und damit die Entropieproduktion für die einzelnen Prozessschritte berechnet. Daraus ergeben sich die Exergieströme an allen Zustandspunkten und die Exergieverluste der Prozessschritte. Die Ursachen für Exergieverluste liegen in Reibungseffekten sowie im irreversiblen Abbau von Potenzialen. Exergieverluste auf Grund von Reibungseffekten in Fluiden können durch strömungstechnische Maßnahmen vermindert werden, z.B. durch eine sorgfältigere Gestaltung von Strömungsmaschinen. Exergieverluste durch Reibungseffekte in den festen Bauteilen lassen sich ebenfalls durch eine technisch sorgfältigere Gestaltung von Maschinen verringern. Ein irreversibler Abbau eines Druckpotenzials erfolgt häufig beim Drosselprozess, z.B. von Hochdruckdampf auf die gewünschte Druckstufe in einem Dampfnetz oder vom hohen Druck der Hauptleitung eines Erdgasnetzes auf den Verbraucherdruck. Die damit verbundenen Exergieverluste können durch geeignete Entspannungsturbinen weitgehend vermieden werden. Irreversibler

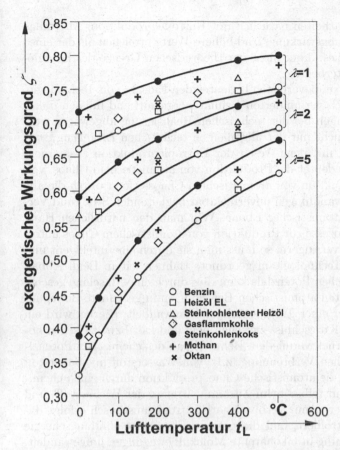

Abb. 5.17. Exergetischer Wirkungsgrad der Verbrennung für einige Brennstoffe ($t_u = 25°C$)

Abbau von Temperaturpotenzialen kann durch kleinere Temperaturdifferenzen oder durch Einsatz von Arbeitsprozessen, wie z.B. bei der Kraft-Wärme-Kopplung, vgl. Abschn. 6.3.2, vermieden werden. Ein großer Anteil technischer Exergieverluste fällt schließlich bei chemischen Umwandlungen an, d.h. durch einen irreversiblen Abbau chemischer Potenziale. So gehen etwa 30 % der Exergie eines Brennstoffs durch den gewöhnlichen Verbrennungsprozess verloren, vgl. Beispiel 5.12. Auch die meisten anderen technischen Reaktionsprozesse sind mit starker Entropieproduktion verbunden. Technologien zur Verminderung dieser chemischen Exergieverluste sind heute nur in geringem Umfang verfügbar. So kann die gewöhnliche Verbrennung eines Brennstoffs, z.B. Wasserstoff, durch eine „kalte Verbrennung" in einer Brennstoffzelle ersetzt werden. Hierbei wird der Wasserstoff auf elektrochemischem Wege mit Sauerstoff unter Erzeugung einer elektrischen Spannung zu Wasser oxidiert. Dieser Prozess kann prinzipiell reversibel gestaltet werden. Praktische Brennstoffzellen arbeiten natürlich mit Entropieproduktion. Allerdings kann ihr Stromerzeugungswirkungsgrad höhere Werte erreichen als der eines thermischen Kraftwerkes, da er nicht der theoretischen Grenze des Exergieanteils der Wärme unterliegt.

Vermeidung von Exergieverlusten bedeutet den Einsatz von Technologie. Kostensenkungen durch verminderten Primärenergieaufwand müssen daher gegen Kostensteigerungen bei der technischen Realisierung abgewogen werden. Dies entspricht nicht nur der allgemeinen technischen Erfahrung, sondern hängt prinzipiell mit dem Wesen der Entropieproduktion zusammen. Entropieproduktion bedeutet die Produktion von atomistischem Chaos, vgl. Abschn. 5.2. Die Produktion von atomistischem Chaos erfolgt durch die alle Energie- und Stoffumwandlungen unvermeidbar begleitenden Stoß- und Verteilungsprozesse auf atomistischer Ebene. Will man den natürlichen Hang dieser statistischen Prozesse zur Produktion von atomistischem Chaos unterbinden oder auch nur verringern, so muss man sie durch eine intelligent und aufwändig gestaltete Technologie in geordnete Bahnen leiten. Beim Abbau eines thermomechanischen Potenzials kann dies durch eine Maschine geschehen, die die inkohärenten atomistischen Bewegungen in geordnete Bewegungen eines Kolbens oder einer Turbinenschaufel umwandelt. Hierbei wird ein direkter energetischer Kurzschluss zwischen heiß und kalt bzw. zwischen hohem und niedrigem Druck vermieden. Beim Abbau des chemischen Potenzials in einer gewöhnlichen Verbrennung, z.B. von Wasserstoff mit Sauerstoff zu Wasser, ergibt sich die atomistische Chaosproduktion durch einen chemischen Kurzschluss unmittelbar beim Zusammentreffen der Wasserstoff- und Sauerstoffmoleküle. Der damit verbundene Elektronenaustausch erfolgt dabei heftig und unkontrolliert, und die gesamte chemische Bindungsenergie wird praktisch vollständig in inkohärente Molekülbewegungen umgewandelt. Bei der elektrochemischen Verbrennung in einer Brennstoffzelle hingegen wird durch eine besondere Technologie erreicht, dass die Elektronenabspaltung des Wasserstoffs und die Elektronenaufnahme des Sauerstoffs an getrennten Orten, den so genannten Elektroden, abläuft. Der innere Kurzschluss wird also verhindert. Vielmehr wird durch Anlegen eines elektrischen Leiters zwischen den Elektroden ein geordneter Elektronenfluss erzwungen. Es wird also elektrische Arbeit erzeugt. Auch hier erkennt man die Wirkung der eingesetzten Technologie als Verminderung der atomistischen Chaosproduktion.

5.6 Kontrollfragen

5.1 Was ist Dissipation? Man nenne vier Beispiele für dissipative Prozesse!

5.2 Wodurch ist ein reversibler Prozess definiert?

5.3 Kann ein System einen irreversiblen Prozess durchlaufen, bei dem seine Entropie konstant bleibt?

5.4 Kann die Entropie eines abgeschlossenen Systems abnehmen?

5.5 Wie lautet der 2. Hauptsatz der Thermodynamik?

5.6 Unter welcher Bedingung sind Kolbenarbeit und Volumenänderungsarbeit identisch?

5.7 Man nenne drei Beispiele für irreversible Prozesse, die ohne Dissipation ablaufen!

5.8 Bei welcher thermodynamischen Mitteltemperatur muss die Wärme an einen Wasserstrom übertragen werden, wenn dessen Temperatur von $20°C$ auf $50°C$ ohne Entropieproduktion erhöht werden soll?

5.9 Wird in einer isobaren Rohrströmung Entropie produziert?

5.10 Welche Beziehung besteht zwischen einer transferierten Wärme und der Entropieänderung des Systems?

5.11 Wie groß ist die innere Entropieproduktion bei einem reversiblen Prozess und was bedeutet dies für die thermodynamische Analyse?

5.12 Was sagt der 2. Hauptsatz über Ausgleichsprozesse in abgeschlossenen Systemen?

5.13 Was sagt die Boltzmannsche Entropieformel aus?

5.14 Durch welche allgemeingültige Beziehung ist die Entropieänderung auf die anderen, bereits eingeführten Zustandsgrößen zurückgeführt?

5.15 Wie hängt die Entropie eines idealen Gases vom Volumen ab? Entspricht dies grundsätzlich der atomistischen Interpretation der Entropie?

5.16 Hängt die Entropie einer idealen Flüssigkeit von der Temperatur ab?

5.17 Wie lautet die allgemeine Beziehung für die molare Entropie eines Gemisches?

5.18 In welcher Größenordnung liegt die spezifische Entropie von Feststoffen in der Einheit kJ/kg K?

5.19 Wie hängt die partielle molare Entropie einer Komponente i in einer idealen Lösung mit der Reinstoffentropie zusammen?

5.20 Ein gesättigter Dampf kondensiert vollständig bei $t = 20°C$. Seine Verdampfungsenthalpie bei dieser Temperatur beträgt $r = 1500$ kJ/kg. Welche Entropieänderung des Fluids ist mit der Kondensation verbunden?

5.21 Nach welcher Beziehung ergibt sich die Entropieproduktion bei der Vermischung zweier reiner, idealer Gase?

5.22 Wie lautet der 3. Hauptsatz der Thermodynamik?

5.23 Welcher Vorgang beim Verbrennungsprozess ist für die hohe Entropieproduktion maßgeblich verantwortlich?

5.24 In welche Anteile lässt sich die Exergie eines Stoffstromes aufspalten und wie sind diese definiert?

5.25 Welcher Zusammenhang besteht zwischen dem Exergieverlust und der Entropieproduktion?

5.26 Wie groß ist der exergetische Wirkungsgrad einer elektrischen Raumheizung? ($t = 20°C$, $t_\mathrm{u} = 0°C$)

5.27 Welcher Zusammenhang besteht zwischen Dissipation und Exergieverlust?

5.28 Ein Eisberg von $m_\mathrm{E} = 10^9$ kg und einer Temperatur von $t_\mathrm{E} = 0°C$ treibt in den Golfstrom ($t_\mathrm{G} = t_\mathrm{u} = 20°C$). Nach einigen Wochen hat sich der Eisberg in Wasser von $t_\mathrm{W} = 20°C$ umgewandelt. Welche maximale Arbeit $W_\mathrm{t,max}$ hätte man aus diesem Prozess gewinnen können?

5.29 Wie viel Arbeit kann aus einer Wärme von 100 kJ, die bei der konstanten Temperatur von $t = 100°C$ frei wird, maximal gewonnen werden?

5.30 Man erläutere den Begriff Exergie und nenne ein Beispiel für eine Energieform, die reine Exergie ist!

5.31 Welche energetischen Effekte beschreibt die Zustandsgröße Entropie?

5.7 Aufgaben

Aufgabe 5.1

Ein vertikaler Zylinder ist mit einem reibungsfrei beweglichen Kolben verschlossen

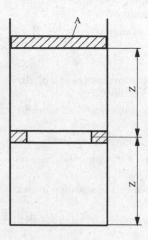

und enthält Luft ($c_v^{ig} = 20,77$ J/mol K) vom Zustand $T_1 = 650$ K und $p_1 = 4$ bar. Die Querschnittsfläche des Zylinders beträgt $A = 0,6$ m^2, die Höhe z in der Skizze 1 m. Durch Wärmeübertragung an die Umgebung ($T_u = 295$ K) kühlt sich der Zylinderinhalt ab und der Kolben sinkt langsam herab, bis er von dem Vorsprung festgehalten wird (Zustand 2). Im Endzustand 3 ist die Luftfüllung auf $T_3 = T_u$ abgekühlt.

a) Man stelle den Prozess von 1 nach 3 in einem p, v-Diagramm dar.

b) Man berechne die Temperatur T_2 und den Druck p_3.

c) Man bestimme die Volumenänderungsarbeiten $(W_{12})_V$ und $(W_{23})_V$.

d) Wie groß sind die übertragenen Wärmemengen Q_{12} und Q_{23}?

Aufgabe 5.2

In einem horizontal liegenden Zylinder, der von einem beweglichen Kolben abgeschlossen wird, expandiert ein ideales Gas isotherm vom Druck $p_1 = 0,5$ MPa bei einem Volumen $V_1 = 0,1$ m^3 auf $p_2 = 0,2$ MPa.

a) Man berechne die Volumenänderungsarbeit des im Zylinder enthaltenen Gases bei reversibler Zustandsänderung.

b) Welche Arbeit gibt der Kolben an die Umgebung ab, wenn der Umgebungsdruck $p_u = 0,1$ MPa beträgt?

c) Wie groß ist die dissipierte Energie?

Aufgabe 5.3

In einem Verdichter werden $0,5$ kg/s Luft ($M = 28,84$ g/mol) als ideales Gas isotherm von einem Zustand mit dem Druck $p_1 = 0,1$ MPa und der Temperatur $T_1 = 298,15$ K auf den Druck $p_2 = 0,7$ MPa verdichtet. Dabei wird die technische Leistung $(P_{12})_t = 100$ kW aufgenommen.

a) Man berechne die spezifische technische Arbeit, die bei der Verdichtung aufgenommen wird, und die abgegebene spezifische Wärme.

b) Wie groß ist die spezifische dissipierte Energie bei der Verdichtung?

Aufgabe 5.4

Ein gegenüber der Umgebung isolierter Behälter enthält 5 kg einer idealen Flüssigkeit ($c^{if} = 0,8$ kJ/kg K) bei Umgebungszustand ($T_u = 300$ K, $p_u = 1$ bar). Über einen Rührer wird der Flüssigkeit isochor eine Arbeit von $0,2$ kWh zugeführt. Man berechne die Dissipation bei und die Temperatur nach dieser Zustandsänderung.

(Die Änderung der inneren Energie des Behälters kann vernachlässigt werden.)

Aufgabe 5.5

In einem horizontalen Zylinder mit beweglichem Kolben befinden sich $V_1 = 0,2$ m^3 eines idealen Gases bei $p_1 = 0,5$ bar und $T_1 = 300$ K. Das Gas wird isotherm auf die Hälfte seines Volumens komprimiert (Zustand 2), wobei die Zustandsänderung des Gases reversibel ist. Der Umgebungsdruck beträgt $p_u = 1$ bar. Die Umgebungstemperatur beträgt $T_u = 300$ K.

a) Man bestimme die Kolbenarbeit $(W_{12})_K$.

b) Wie groß ist die dem Gas vom Kolben zugeführte Volumenänderungsarbeit $(W_{12})_V$, und welche Wärmemenge Q_{12} gibt das Gas ab?

c) Man berechne die Entropieänderung des Gases und die irreversible Entropieproduktion beim Transfer der Kolbenarbeit.

Aufgabe 5.6

Ein geschlossenes System durchläuft einen Prozess, bei dem seine Temperatur $T = 300$ K konstant bleibt und seine Entropie um $S_2 - S_1 = 1,2$ kJ/K zunimmt. Kann das System bei diesem Prozess die Wärme $Q_{12} = 400$ kJ aufnehmen?

Aufgabe 5.7

Einem Gas in einem geschlossenen Behälter wird über einen Rührer Energie zugeführt. Der Rührer wird mit der konstanten Drehzahl $n = 10$ min^{-1} und dem konstanten Drehmoment $M_d = 150$ Nm zehn Minuten lang in Betrieb genommen (Anfangstemperatur: $25°$C).

a) Wieviel Wärme muss abgeführt werden, wenn die innere Energie des Systems konstant bleiben soll?

b) Wie groß ist unter den Bedingungen von a) die Entropieänderung des Systemes?

c) Wieviel Entropie wird produziert?

Aufgabe 5.8

In einem Verdichter werden 0,5 kg/s Luft ($M = 28,84$ g/mol) als ideales Gas isotherm von einem Zustand mit dem Druck $p_1 = 0,1$ MPa und der Temperatur $T_1 = 320$ K auf den Druck $p_2 = 0,7$ MPa verdichtet. Dabei wird die technische Leistung $(P_{12})_t = 100$ kW aufgenommen. Die Umgebungstemperatur beträgt $T_u = 298,15$ K.

a) Man berechne die Entropieerzeugung beim Verdichtungsvorgang
b) Man berechne die gesamte Entropieerzeugung des Prozesses.
c) Man berechne die Entropieerzeugung auf Grund des Wärmeübergangs.

Aufgabe 5.9

In zwei adiabaten Behältern A und B befindet sich Stickstoff mit den folgenden Zuständen:

Behälter A: $V_A = 1$ m^3 ; $p_A = 22$ bar ; $T_A = 300$ K
Behälter B: $V_B = 1$ m^3 ; $p_B = 2$ bar ; $T_B = 300$ K .

Die Behälter werden durch eine Leitung so verbunden, dass sich der Druck ausgleichen kann. Während dieses Prozesses wird keine Wärme transferiert.

a) Wie groß ist die Entropieproduktion bei diesem Ausgleichsprozess?
b) Wie groß wäre die Entropieproduktion, wenn der Behälter B vor Beginn des Ausgleichsprozesses völlig evakuiert wäre?

Aufgabe 5.10

In einer adiabaten Turbine werden 0,5 kg/s Luft ($c_p^{ig} = 1,004$ kJ/(kg K), $M = 28,85$ g/mol) vom Zustand 1 ($p_1 = 1$ MPa, $T_1 = 573$ K) auf den Druck $p_2 = 0,1$ MPa entspannt. Dabei wird die technische Leistung $(P_{12})_t = -110$ kW abgegeben.

a) Man berechne die spezifische technische Arbeit $(w_{12})_t$.
b) Man berechne die Temperatur T_2 am Turbinenaustritt.
c) Man berechne die Änderung der spezifischen Entropie $s_2 - s_1$.
d) Arbeitet die Turbine reversibel?

Aufgabe 5.11

In einem durch Flusswasser gekühlten Kondensator eines Kraftwerkes wird ein Sattdampfstrom von 100 kg/s bei 60°C gerade vollständig kondensiert. Das Flusswasser erwärmt sich dabei von 17°C auf 18°C. Der Kondensator ist nach außen adiabat.

a) Welche Entropieänderung des Dampfes ergibt sich?
b) Welcher Entropiestrom wird im Kondensator produziert?

Aufgabe 5.12

Ein Gasheizkessel zur Raumwärmeversorgung wird mit Methan betrieben, wobei der Brennstoffstrom $0,65$ m_n^3/h beträgt. Die Verbrennung verläuft isobar ($p = 1$ bar) und vollständig. Brennstoff und Luft werden mit $25°C$ zugeführt. Der nach außen adiabate Kessel gibt einen Wärmestrom von $|\dot{Q}| = 6$ kW an das Heizungswasser ab, um eine konstante Raumtemperatur von $25°C$ zu gewährleisten. Die Abgastemperatur beträgt $185,73°C$, und die Zusammensetzung des Verbrennungsgases ist

$$x_{CO_2}^V = 0,08714, \quad x_{H_2O}^V = 0,17427, \quad x_{O_2}^V = 0,01743, \quad x_{N_2}^V = 0,72116$$

bei einem Stoffmengenstrom von $v = 11,4762$ mol V/mol B Verbrennungsgas je mol Methan. Wie groß ist die Entropieproduktion der Raumwärmeversorgung?

Aufgabe 5.13

In einer isobaren Brennkammer (BK) werden 1 kg/s Dieselkraftstoff ($25°C$, 1 bar, Brennwert $H_u = 45$ MJ/kg) mit vorgewärmter Luft verbrannt. Das heiße Abgas wird einem adiabaten Dampferzeuger (DE) zugeführt. Anschließend wird der Abgasstrom in einem adiabaten Luftvorwärmer (LUVO) zur Vorwärmung der Verbrennungsluft benutzt, deren Eintrittszustand dem Zustand der Gasphase des Umgebungsmodells entspricht. Im Dampferzeuger wird Wasser ($\dot{m}_W = 11,16$ kg/s) von $t_W = 25°C$ und $p_W = 20$ bar in Dampf von $t_D = 500°C$ und $p_D = 20$ bar umgewandelt. In einer Elementaranalyse wurde für den Dieselkraftstoff die folgende Zusammensetzung in Massenanteilen bestimmt:

$$w_C = 0,87; \quad w_{H_2} = 0,13 \; .$$

Das Umgebungsmodell bestehe aus flüssigem Wasser und mit Wasserdampf gesättigter Luft bei $T_U = 298,15$ K und $p_U = 1$ bar.

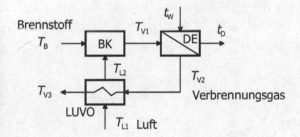

Die Zusammensetzung der Gasphase des Umgebungsmodells ist

$$x_{CO_2,u} = 0,00031; \quad x_{H_2O,u} = 0,03169; \quad x_{O_2,u} = 0,20476; \quad x_{N_2,u} = 0,76324 \; .$$

a) Man bestimme die chemische Exergie $e_{h,B}^c$ des Brennstoffes in Bezug auf das angegebene Umgebungsmodell.
b) Wie groß ist der gesamte Exergieverlust des Prozesses, wenn der Wärmeverlust der Brennkammer und die mit dem Abgasstrom V3 aus dem System ausgetragene Exergie dem gesamten Exergieverlust zugerechnet werden?
c) Bei welcher mittleren Temperatur muss die Wärme im Dampferzeuger zugeführt werden, um dort Entropieproduktion bei der Wärmeübertragung zu vermeiden?

6. Modellprozesse für Energieumwandlungen

Energieumwandlungen sind Prozesse, in denen Energieformen ineinander umgewandelt werden. Sie sind sehr vielfältig, lassen sich aber im Rahmen einer thermodynamischen Analyse in einheitlicher Weise beschreiben. Hierzu verwenden wir die Materiemengenbilanz, die Energiebilanz und die Entropiebilanz, sowie die jeweils adäquaten Stoffmodelle zur Charakterisierung der beteiligten fluiden Phasen. In diesem Kapitel betrachten wir einige ausgewählte Beispiele von Energieumwandlungen und erläutern an ihnen die thermodynamische Analyse.

Im Zentrum der Betrachtung steht der reversible Prozess. Mit dem Begriff des reversiblen Prozesses, der ohne Entropieproduktion abläuft, haben wir eine vollständige, wenn auch idealisierte Berechnungsgrundlage für Energieumwandlungen geschaffen. Bei einer reversiblen Energieumwandlung bleibt nicht nur die Energiequantität sondern auch die Energiequalität erhalten, d.h. es findet keine Entropieproduktion statt und die Energieumwandlung verläuft ohne Energieentwertung. Die natürliche Neigung aller Prozesse zur Produktion von Entropie kann nur durch eine intelligent und in der Regel aufwändig gestaltete Technologie bekämpft werden. Die Geschichte der Energietechnik von ihren Anfängen bis heute ist daher die einer ständigen Wirkungsgradverbesserung, d.h. Annäherung an die reversible Prozessgestaltung, bei gleichzeitig zunehmendem Aufwand an Maschinen- und Apparatetechnik. Die Realisierung vollständig reversibler Prozesse ist nur prinzipiell denkbar. Es sind ideale Energieumwandlungen. Prozesse mit günstigeren Energieumwandlungen als die reversiblen sind unmöglich. Reversible Prozesse setzen daher Maßstäbe für optimale Energieumwandlungen.

Da reale Energieumwandlungen nicht reversibel ablaufen, sind sie von Energieentwertung begleitet. Diese Energieentwertung kann im Rahmen einer thermodynamischen Analyse identifiziert und quantifiziert werden. Insbesondere durch eine exergetische Analyse können thermodynamische Prozessverbesserungen erkannt und in praktische Prozessstrukturen umgesetzt werden. Schließlich lassen sich in vielen praktischen Fällen einfache Wirkungsgrade definieren, mit denen man reale Energieumwandlungen bewerten oder aus den reversiblen berechnen kann.

6.1 Grundprozesse

6.1.1 Reversible Strömungsprozesse

Allgemein unterliegen Strömungsprozesse wie alle Prozesse der Massenerhaltung und der Energieerhaltung. Ihre Besonderheit besteht darin, dass in der Energiebilanz der Arbeitsterm entfällt. Für die stationäre Strömung eines Stoffstroms zwischen zwei Zustandspunkten 1 und 2 gilt die kombinierte Energie- und Massenbilanz in der Form

$$q_{12} = h_2 - h_1 + \frac{1}{2}(c_2^2 - c_1^2) + g(z_2 - z_1) \; . \tag{6.1}$$

Im reversiblen Fall wird aus obiger Gleichung mit der Entropiebilanz in Form von (5.24) sowie (5.41)

$$\int\limits_1^2 T\mathrm{d}s = \int\limits_1^2 T\mathrm{d}s + \int\limits_1^2 v\mathrm{d}p + \frac{1}{2}(c_2^2 - c_1^2) + g(z_2 - z_1) \; ,$$

und damit

$$-\int\limits_1^2 v\mathrm{d}p = \frac{1}{2}(c_2^2 - c_1^2) + g(z_2 - z_1) \; . \tag{6.2}$$

Eine reversible Kanalströmung ohne Änderung der äußeren Energien verläuft also isobar. Bei der Strömung durch Rohre mit der konstanten Querschnittsfläche A lässt sich die Änderung der kinetischen Energie mit Hilfe der Kontinuitätsgleichung (3.4) allgemein durch eine Änderung des spezifischen Volumens ausdrücken, nach

$$\frac{1}{2}(c_2^2 - c_1^2) = \frac{1}{2}\left(\frac{\dot{m}}{A}\right)^2 (v_2{}^2 - v_1{}^2) \; ,$$

mit $(\dot{m}/A)$ als der konstanten Massenstromdichte. Flüssigkeiten sind praktisch volumenkonstant. Reversible Strömungen von Flüssigkeiten durch Rohre verlaufen daher ohne merkliche Änderung der kinetischen Energie bzw. daraus folgender Änderung des Druckes. Ähnliches gilt für Gase. Selbst bei einer Abkühlung eines idealen Gases um 100 K führt die damit verbundene Verringerung des spezifischen Volumens nur auf eine so kleine Änderung der kinetischen Energie in kJ/kg, dass die daraus folgende Druckänderung nach (6.2) praktisch vernachlässigbar ist. Da die Änderung der potenziellen Energie ohnehin nur in Sonderfällen Bedeutung hat, können reversible Rohrströmungen in der Regel in guter Näherung als isobar betrachtet werden, wenn nicht extrem große Volumenänderungen durch Aufheizen oder Abkühlen stattfinden. Die bei realen Prozessen auftretenden Druckverluste

sind daher eine Folge von Irreversibilitäten, z.B. Reibungs- und Verwirbe-
lungsvorgängen. Bei Strömungen durch Kanäle veränderlichen Querschnitts
ändern sich hingegen auch bei reversiblen Prozessen nach der Massenbilanz,
d.h. der Kontinuitätsgleichung (3.4), die kinetische Energie und folglich der
Druck.

6.1.2 Reversibel-isotherme Arbeitsprozesse

Für geschlossene Systeme lautet die Energiebilanz für eine Zustandsänderung
von 1 nach 2, vgl. (4.20),

$$Q_{12} + W_{12} = U_2 - U_1 \ . \tag{6.3}$$

Bei Spezialisierung auf Prozesse ohne Entropieproduktion kann nach der
Entropiebilanz eine Entropieänderung des Systems nur durch Wärmetransfer
nach (5.24) über die Systemgrenze zustande kommen. Betrachten wir insbesondere isotherme Prozesse, so finden wir aus der kombinierten Energie- und
Entropiebilanz für die Arbeitsausbeute bei reversiblen Prozessen in geschlossenen Systemen

$$(W_{12})^{\text{rev}} = U_2 - U_1 - T(S_2 - S_1) = (U - TS)_2 - (U - TS)_1 = A_2 - A_1 \ , \tag{6.4}$$

mit

$$A = U - TS \tag{6.5}$$

als der so genannten freien Energie. Reversible Prozesse führen grundsätzlich
auf die maximale Arbeitsausbeute. Die Differenz der freien Energie ist damit die maximale Arbeitsausbeute bei isothermen Prozessen in geschlossenen
Systemen.

Für offene Systeme und stationäre Prozesse lautet die Energiebilanz für
eine Zustandsänderung von 1 nach 2, vgl. (4.25),

$$\dot{Q}_{12} + (P_{12})_t = \dot{H}_2 - \dot{H}_1 \ .$$

Hier wurden der Einfachheit halber die äußeren Energien vernachlässigt.
Auch bei offenen Systemen führt die Entropiebilanz für reversible Prozesse auf eine Beziehung zwischen der transferierten Wärme und der Entropieänderung. Betrachten wir insbesondere wieder isotherme Prozesse, so finden wir für deren Arbeitsausbeute aus der kombinierten Energie- und Entropiebilanz

$$(P_{12})_t^{\text{rev}} = \dot{H}_2 - \dot{H}_1 - T(\dot{S}_2 - \dot{S}_1) = (\dot{H} - T\dot{S})_2 - (\dot{H} - T\dot{S})_1 = \dot{G}_2 - \dot{G}_1 \ . \tag{6.6}$$

Hier wurde mit

$$G = H - TS \tag{6.7}$$

die so genannte freie Enthalpie eingeführt. Die Differenz der Ströme der freien Enthalpie ist daher die maximale Leistungsausbeute bei isothermen Prozessen in offenen Systemen. Der Zusatz "frei" in den Definitionen für A und G nach (6.5) bzw. (6.7) weist darauf hin, dass diese Energiegrößen frei von entropischen Effekten sind und damit prinzipiell vollständig in Arbeit umgewandelt werden können[12]. Wenn nicht Prozesse mit Arbeitsausbeute sondern mit Arbeitszufuhr betrachtet werden, ergibt sich deren minimaler Wert bei isothermer Prozessführung ebenfalls aus der Differenz der freien Energie bzw. freien Enthalpie.

Beispiel 6.1

Man berechne die maximale Ausbeute an technischer Leistung, die bei einem isothermen stationären Fließprozess aus der stöchiometrischen Umwandlung von 1 mol/s Wasserstoff und 1/2 mol/s Sauerstoff zu Wasser bei $t^0 = 25°C$ und $p^0 = 1$ bar gewonnen werden kann.

Lösung

Bei einem isothermen stationären Fließprozess folgt nach (6.6) und (6.7) als maximale Arbeitsausbeute

$$(P_{12})_t^{rev} = \dot{G}_2 - \dot{G}_1 = (\dot{H} - T\dot{S})_2 - (\dot{H} - T\dot{S})_1 = \dot{H}_2 - \dot{H}_1 - T(\dot{S}_2 - \dot{S}_1) \ .$$

Die betrachtete isotherme Zustandsänderung ist die stöchiometrische Umwandlung von Wasserstoff mit Sauerstoff zu Wasser nach der Bruttoreaktionsgleichung

$$H_2 + \frac{1}{2}O_2 \rightarrow H_2O \ .$$

Die bei dieser Umwandlung zu gewinnende maximale technische Leistung beträgt, wenn die Komponenten Wasserstoff und Sauerstoff als reine Gase zugeführt werden und Wasser als reine Flüssigkeit anfällt,

$$\begin{aligned}
(P_{12})_t^{rev} = \dot{n}_{H_2} &\left\{ h_{0H_2O}^l(T^0) - h_{0H_2}^{ig}(T^0) - \frac{1}{2}h_{0O_2}^{ig}(T^0) \right. \\
&\left. -T^0 \left[s_{0H_2O}^l(T^0, p^0) - s_{0H_2}^{ig}(T^0, p^0) - \frac{1}{2}s_{0O_2}^{ig}(T^0, p^0) \right] \right\} \\
= \dot{n}_{H_2} &\left\{ \Delta h_{H_2O}^{f,0}(l) - T^0 \left[s_{H_2O}^0(l) - s_{H_2}^0(g) - \frac{1}{2}s_{O_2}^0(g) \right] \right\} \\
= &-285838 - 298,15(69,940 - 130,684 - \frac{1}{2} \cdot 205,142) = -237146 \text{ W} \ .
\end{aligned}$$

Bei der reversiblen Umwandlung von Wasserstoff mit Sauerstoff zu Wasser können somit mehr als 80 % des Brennwertes von Wasserstoff (vgl. Tabelle A6) als technische Arbeit gewonnen werden. Dies ist zumindest im Prinzip durch die elektrochemischen Vorgänge in einer Brennstoffzelle erreichbar. Demgegenüber ist die

---

[12] Bei technischen Energieumwandlungen wird die maximale Arbeitsausbeute einer Energieform durch den Zustand der Umgebung begrenzt. Dies führt auf das Konzept der Exergie, vgl. Abschn. 5.5, das mit der freien Energie bzw. freien Enthalpie verwandt ist, aber allgemein die maximale Arbeitsausbeute bei beliebigen Prozessen zu berechnen gestattet.

„heiße"Verbrennung in einer Flamme prinzipiell mit einer hohen Entropieproduktion verbunden, vgl. Beispiel 5.7. Da die hohe Temperatur der Flamme im Übrigen aus Werkstoffgründen nicht direkt genutzt werden kann, ergibt sich bei der Gewinnung von technischer Arbeit aus Wasserstoff oder anderen Brennstoffen durch "heiße„ Verbrennung eine weitere hohe Entropieproduktion auf Grund von Wärmeübertragung.

6.1.3 Reversibel-adiabate Prozesse

Eine besondere Klasse von Prozessen ohne Entropieproduktion ist die der isentropen Prozesse. Isentrope Prozesse sind solche, die bei konstanter Entropie ablaufen. Sie sind reversibel, d.h. ohne Entropieproduktion, und auch adiabat, d.h. ohne Entropietransfer durch Wärme über die Systemgrenze. Da Wärmetransfer ein langsamer Vorgang ist, können technische Prozesse häufig auch dann als adiabat modelliert werden, wenn sie bei Temperaturen ablaufen, die von der Umgebungstemperatur abweichen. Die Energieumwandlungen in Turbinen, Verdichtern und ähnlichen Maschinen sowie Strömungsprozesse z.B. können häufig als adiabat angesehen werden. Werden die in ihnen ablaufenden Energieumwandlungen als reversibel idealisiert, so handelt es sich um isentrope Prozesse. Die Entropiebilanz degeneriert dann zu der Beziehung $s = \text{const}$.

Besonders einfache Beziehungen ergeben sich für isentrope Zustandsänderungen, wenn man als Stoffmodell das ideale Gas zu Grunde legt. Für ein ideales Gas gilt bei einer isentropen Zustandsänderung nach (5.47) und (5.48)

$$ds^{ig} = \frac{c_v^{ig}}{T}dT + \frac{R}{v}dv = 0$$

bzw.

$$ds^{ig} = \frac{c_p^{ig}}{T}dT - \frac{R}{p}dp = 0 \ .$$

Diese Gleichungen lassen sich schreiben als

$$c_v^{ig}d(\ln T) = -Rd(\ln v)$$

bzw.

$$c_p^{ig}d(\ln T) = Rd(\ln p) \ .$$

Hieraus ergibt sich mit temperaturunabhängigen Idealgaswärmekapazitäten

$$\frac{T_2}{T_1} = \left(\frac{v_1}{v_2}\right)^{R/c_v^{ig}}$$

bzw.

$$\frac{T_2}{T_1} = \left(\frac{p_2}{p_1}\right)^{R/c_p^{ig}}.$$

Mit der bereits früher abgeleiteten Beziehung (4.39)

$$c_p^{ig} = c_v^{ig} + R$$

und dem so genannten Isentropenexponenten

$$\kappa = c_p^{ig}/c_v^{ig} \tag{6.8}$$

findet man

$$\left(\frac{T_2}{T_1}\right) = \left(\frac{v_1}{v_2}\right)^{\kappa-1} \tag{6.9}$$

und

$$\left(\frac{T_2}{T_1}\right) = \left(\frac{p_2}{p_1}\right)^{\frac{\kappa-1}{\kappa}}. \tag{6.10}$$

Aus beiden Beziehungen folgt schließlich auch

$$pv^{\kappa} = \text{const} \tag{6.11}$$

als Ergebnis der Entropiebilanz für eine isentrope Zustandsänderung idealer Gase. Die Gleichungen (6.9) und (6.10) werden in praktischen Prozessberechnungen mit Gasen häufig benutzt. Sie werden auch als Isentropengleichungen bezeichnet und setzen voraus, dass die Zustandsänderung isentrop ist, d.h. reversibel und adiabat. Zu ihrer Ableitung wurde weiterhin angenommen, dass die Idealgaswärmekapazität im betrachteten Zustandsbereich nicht von der Temperatur abhängt. Dies ist eine Approximation, sodass die Isentropengleichungen auch für reversibel-adiabate Zustandsänderungen nicht exakt sind. Sie sind aber für technische Aufgaben meist genügend genau und leicht zu handhaben.

Einfache Anwendungen der Isentropengleichungen ergeben sich z.B. bei der thermodynamischen Analyse von Turbinen und Verdichtern.

Beispiel 6.2

Ein ideales Gas ($c_p^{ig} = 1$ kJ/kg K, $\kappa = 1,4$) mit einer Temperatur von $t_1 = 1000°$C und einem Druck von $p_1 = 11$ bar strömt durch eine Turbine und entspannt sich auf einen Druck von $p_2 = 1$ bar. Unter Vernachlässigung der Änderung der äußeren Energien berechne man die bei reversibel-adiabater Zustandsänderung abgegebene spezifische technische Arbeit.

Lösung

Die kombinierte Energie- und Massenbilanz lautet für den betrachteten Prozess

$(w_{12})_t^{rev} = (h_2 - h_1)$.

Wir benutzen das Stoffmodell des idealen Gases mit konstanter Wärmekapazität sowie das Ergebnis für die Entropiebilanz bei isentroper Zustandsänderung und finden

$(w_{12})_t^{rev} = c_p^{ig}(T_2 - T_1)$,

mit

$$T_2 = T_1 \left(\frac{p_2}{p_1} \right)^{\frac{\kappa - 1}{\kappa}}$$

$$= 1273,15 \left(\frac{1}{11} \right)^{\frac{0,4}{1,4}} = 641,71 \text{ K} .$$

Damit ergibt sich für die technische Arbeit, d.h. die maximale Arbeit bei diesem adiabaten Entspannungsprozess,

$$(w_{12})_t^{rev} = 1 \frac{kJ}{kg\,K}(641,71 - 1273,15)\,K$$

$$= -631,44 \text{ kJ/kg} .$$

Eine weitere wichtige Klasse von Anwendungen der Isentropengleichungen ist die der adiabaten Gasströmungen.

Beispiel 6.3

Stickstoff tritt mit $t_1 = 200°C$, $p_1 = 500$ kPa und vernachlässigbarer Anfangsgeschwindigkeit in einen Kanal ein und verlässt ihn mit einem Druck von $p_2 = 300$ kPa. Unter der Annahme einer reversibel-adiabaten Zustandsänderung berechne man die Austrittsgeschwindigkeit.

Lösung

Für adiabate Strömungsprozesse lautet die kombinierte Massen- und Energiebilanz

$c_2^2 - c_1^2 = 2(h_1 - h_2)$,

wenn die Änderung der potenziellen Energie vernachlässigt werden kann. Für eine reversibel-adiabate Strömung eines idealen Gases konstanter Wärmekapazität folgt daraus mit

$h_1 - h_2 = c_p^{ig}(T_1 - T_2)$,

sowie der Isentropenbedingung, vgl. (6.10),

$$T_2 = T_1 \left(\frac{p_2}{p_1} \right)^{\frac{\kappa - 1}{\kappa}}$$

für die Geschwindigkeit im Zustand 2

$$c_2 = \sqrt{c_1^2 + 2\frac{\kappa}{\kappa - 1}\frac{\mathrm{R}}{M}T_1\left[1 - \left(\frac{p_2}{p_1}\right)^{\frac{\kappa-1}{\kappa}}\right]} \ ,$$

wobei, vgl. (6.8) und (4.39),

$$c_p^{\mathrm{ig}} = \frac{\kappa(\mathrm{R}/M)}{\kappa - 1}$$

verwendet wurde. Die Geschwindigkeit des Gases im Zustand 2 hängt nach obiger Gleichung von seiner Geschwindigkeit und seiner thermodynamischen Temperatur im Zustand 1 sowie vom Druckverhältnis p_2/p_1 und dem Isentropenexponenten ab. Es ist die maximal erreichbare Geschwindigkeit bei adiabater Strömung. Wenn der Druck konstant bleibt, also $p_2/p_1 = 1$, dann erfolgt keine Geschwindigkeitsänderung. Bei abnehmendem Druck steigt die Geschwindigkeit im Zustand 2 bis zu einem Maximalwert für $p_2/p_1 = 0$.

Diese Beziehung für die Geschwindigkeit im Zustand 2 repräsentiert die Massen-, Energie- und Entropiebilanz für reversibel-adiabate Kanalströmungen idealer Gase. Für den Sonderfall eines Kanals konstanten Querschnitts, z.B. ein Rohr, fordert die Massenerhaltung in Form der Kontinuitätsgleichung (3.4) zusätzlich

$$\frac{c_2}{c_1} = \frac{\rho_1}{\rho_2} \ .$$

Mit der Bedingung isentroper Strömung, vgl. (6.11),

$$\frac{\rho_1}{\rho_2} = \left(\frac{p_1}{p_2}\right)^{1/\kappa} \ ,$$

folgt somit als Beziehung zwischen dem Geschwindigkeitsverhältnis und dem Druckverhältnis für Rohrströmungen

$$\frac{c_2}{c_1} = \left(\frac{p_1}{p_2}\right)^{1/\kappa} \ .$$

Diese Beziehung ist mit der kombinierten Massen-, Energie- und Entropiebilanz nur konsistent für $p_1 = p_2$ und damit $c_1 = c_2$. Reversibel-adiabate Strömungen idealer Gase in Kanälen mit konstantem Querschnitt und ohne Änderungen der potenziellen Energie verlaufen daher streng isobar und ohne Änderung der kinetischen Energie. Im betrachteten Fall gilt $p_2 < p_1$, sodass es sich bei Annahme einer reversibel-adiabaten Strömung nicht um einen Kanal konstanten Querschnitts, z.B. ein Rohr handeln kann, sondern vielmehr um einen Kanal mit veränderlichem Querschnitt, hier eine Düse, vgl. Abb. B 6.3.1.

Zur Berechnung der Austrittsgeschwindigkeit benötigen wir den Isentropenexponenten κ. Wir verwenden für Stickstoff die molare isobare Wärmekapazität bei 25°C nach Tabelle A2

$$c_p^{\mathrm{ig}} = 29,125 \ \mathrm{kJ/kmol\ K} \ ,$$

und nehmen an, dass sie im betrachteten Temperaturbereich konstant ist. Für die molare isochore Wärmekapazität finden wir dann

$$c_v^{\mathrm{ig}} = c_p^{\mathrm{ig}} - \mathrm{R} = 29,125 - 8,315 = 20,810 \ \mathrm{kJ/kmol\ K} \ ,$$

und daraus für den Isentropenexponenten

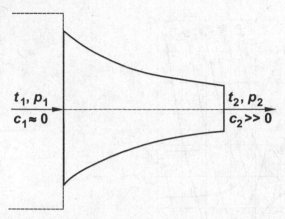

Abb. B 6.3.1. Zur Umwandlung von thermischer innerer Energie in kinetische Energie in einer Düse

$$\kappa = \frac{c_{\mathrm{p}}^{\mathrm{ig}}}{c_{\mathrm{v}}^{\mathrm{ig}}} = 1,400 \ .$$

Für die Austrittsgeschwindigkeit folgt schließlich mit $c_1 \approx 0$

$$c_2 = \sqrt{2 \cdot \frac{1,400}{0,400} \cdot \frac{8,315}{28,013} \cdot 473,15 \cdot 10^3 [1 - 0,864]} = 365,65 \ \mathrm{m/s} \ .$$

Die hier benutzte Berechnungsgleichung für die Austrittsgeschwindigkeit gilt für Strömungen idealer Gase, die reversibel und adiabat sind, unabhängig von der Kanalgeometrie. Durch die Kontinuitätsgleichung wird eine weitere Bedingung an den Zustandsverlauf in einer gegebenen Kanalgeometrie eingeführt. So kann in einer gegebenen Düse nicht ein beliebiges Druckverhältnis von Austritts- zu Eintrittsdruck realisiert werden, ohne die Bedingung der Reversibilität zu verletzen. Andererseits kann zu jedem Druckverhältnis eine Düsengeometrie angegeben werden, die dieses Druckverhältnis bei reversibler Strömung realisiert.

Isentrope Zustandsänderungen in realen Fluiden lassen sich nicht durch ähnlich einfache und explizite Gleichungen wie für ideale Gase beschreiben. Es ist jedoch leicht möglich, die Entropiebilanz als Bedingung konstanter Entropie bei der Interpolation von Zustandswerten in einer Dampftafel zu berücksichtigen. Auf diese Weise werden auch isentrope Zustandsänderungen in realen Fluiden einer einfachen Berechnung zugänglich. Bisweilen ist es vorteilhaft, sich den Verlauf einer Zustandsänderung eines realen Fluids in einem Diagramm zu veranschaulichen. Insbesondere für isentrope Zustandsänderungen eignen sich dazu Diagramme mit der Entropie als Abszisse. Die Abb. 6.1 zeigt das T, s-Diagramm schematisch auf der Grundlage der Daten für Wasser. Unterhalb der Siedelinie ($x = 0$) und der Taulinie ($x = 1$), die sich im kritischen Punkt K bei der kritischen Temperatur T_{k} treffen, liegt das Nassdampfgebiet. Hier verlaufen die Isobaren horizontal, da wegen des Zusammenhangs $p_{\mathrm{s}} = p_{\mathrm{s}}(T_{\mathrm{s}})$ die Isobaren zugleich auch Isothermen sind. Im Gebiet der Flüssigkeit und des Gases sind die Isobaren leicht gekrümmte,

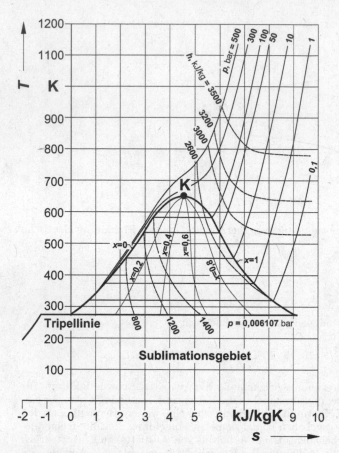

Abb. 6.1. T, s-Diagramm (schematisch für Wasser)

mit wachsender Entropie ansteigende Kurven. Im Flüssigkeitsgebiet liegen sie sehr eng zusammen, da bei der Verdichtung einer Flüssigkeit die Temperatur nur geringfügig ansteigt. Die Isenthalpen verlaufen im idealen Gasbereich als horizontale Linien, da sie dort nur von der Temperatur abhängen. Im realen Zustandsbereich ist ihre Steigung negativ. Seine besondere Bedeutung erhält das T, s-Diagramm dadurch, dass man zu- oder abgeführte Wärmen bei reversiblen Zustandsänderungen des Fluids gemäß (5.24) als Flächen unter den Zustandsänderungen ablesen kann. Insbesondere lassen sich reversibel-adiabate Zustandsänderungen als senkrechte Geraden im T, s-Bild darstellen. Eine andere, aber äquivalente Darstellung der Zustandsgrößen h, s, p und T liefert das h, s-Diagramm mit eingetragenen Isobaren und Isothermen. Es ist in Abb. 6.2 schematisch auf der Grundlage der Daten für Wasser dargestellt. Das Nassdampfgebiet hat hier eine recht asymmetrische Form. Der kritische Punkt K liegt am linken Hang der Grenzkurve des Nassdampfgebiets, und zwar am Punkt mit der höchsten Steigung, an dem die ineinander

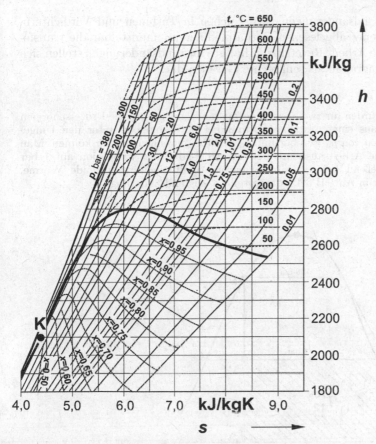

Abb. 6.2. Das h, s-Diagramm (schematisch für Wasser)

übergehende Siede- und Taulinie einen gemeinsamen Wendepunkt haben. Die Isobaren im homogenen Zustandsgebiet sind schwach gekrümmte, mit wachsender Entropie ansteigende Kurven. Sie verlaufen um so steiler, je höher die Temperatur ist. Im Nassdampfgebiet bleibt mit dem Druck auch die Temperatur konstant. Die Isobaren sind dort also gerade Linien, die um so steiler ansteigen, je höher die Siedetemperatur und damit der zugehörige Dampfdruck ist. Beim Durchgang durch die Phasengrenzkurven verlaufen die Isobaren stetig. Die kritische Isobare berührt die Grenzkurve an ihrer steilsten Stelle, im kritischen Punkt. Ihre Steigung entspricht dort der der kritischen Isotherme und ist die höchste Steigung, die im Nassdampfgebiet möglich ist. Die Isothermen weisen an der Taulinie einen Knick auf und gehen im idealen Gasgebiet in einen horizontalen Verlauf über, da sie dort gleichzeitig auch Isenthalpen sind. Im Realgasgebiet nimmt die Enthalpie bei fester Temperatur mit zunehmendem Druck ab. Das h, s-Diagramm erhält seine besondere Bedeutung dadurch, dass man Enthalpieänderungen leicht ablesen kann. Bei adiabaten Zustandsänderungen, z.B. solchen in Turbinen und Verdichtern, erhält man aus der abgelesenen Enthalpiedifferenz unmittelbar die transferierte technische Arbeit. Reversibel-adiabate Zustandsänderungen stellen sich auch im h, s-Diagramm als senkrechte Geraden dar.

Beispiel 6.4

In Beispiel 5.3 wurden für zwei reversible Zustandsänderungen die Prozessenergien betrachtet, die aus einem Sattdampfstrom bei $p_1 = 100$ bar unter den Umgebungsbedingungen von $p_u = 1$ bar und $t_u = 20°\mathrm{C}$ gewonnen werden können. Man berechne hier die Arbeitsausbeute bei reversibel-adiabater Expansion auf 1 bar und die anschließend bei reversibel-isobarer Abkühlung abzuführende Wärme, entsprechend der in Abb. B 6.4.1 dargestellten Zustandsänderung.

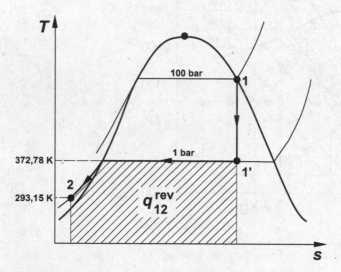

Abb. B 6.4.1. Die betrachtete Zustandsänderung

Lösung

Gesättigter Wasserdampf bei 100 bar hat eine spezifische Enthalpie von h'' (100 bar) $= 2724,7$ kJ/kg und eine spezifische Entropie von s'' (100 bar) $= 5,6141$ kJ/kg K. Seine Temperatur beträgt $t = 311,06°\mathrm{C}$. Bei isentroper Entspannung auf $p_u = 1$ bar wird der Zustand 1' erreicht. Dabei muss die Entropie konstant bleiben. Die beiden Bedingungen ($p_{1'} = 1$ bar, $s_{1'} = 5,6141$ kJ/kg K) legen den Zustandspunkt 1' nach der isentropen Entspannung fest. Ein Blick auf das T, s-Diagramm der Abb. B 6.4.1 sowie in die Sattdampftafel bei 1 bar zeigt, dass er im Nassdampfgebiet liegt. Es gilt also

$$s_{1'} = 5,6141 \text{ kJ/kg K} = s'(1 \text{ bar}) + x(s'' - s')_{1 \text{ bar}} \, .$$

Der Dampfgehalt nach der Entspannung beträgt damit

$$x = \frac{5,6141 - 1,3026}{7,3594 - 1,3026} = 0,7118 \, .$$

Damit ergibt sich die Enthalpie nach der Entspannung zu

$$h_{1'} = 417, 46 + 0, 7118(2675, 5 - 417, 46) = 2024, 7 \text{ kJ/kg} .$$

Die gewonnene spezifische technische Arbeit beträgt also

$$(w_{11'})_t^{\text{rev}} = h_{1'} - h_1 = 2024, 7 - 2724, 7 = 700 \text{ kJ/kg} .$$

Bei Benutzung des h, s-Bildes hätte man dieses Ergebnis sofort ablesen können, allerdings nicht mit dieser Genauigkeit. Die anschließend abzuführende Wärme lässt sich am einfachsten aus der Energiebilanz berechnen, nach

$$q_{12}^{\text{rev}} = (h_2 - h_1) - (w_{11'})_t^{\text{rev}} .$$

Mit

$$h_2(20°\text{C}, 1 \text{ bar}) \approx h(20°\text{C}, p_s) = 83, 96 \text{ kJ/kg}$$

ergibt sich

$$q_{12}^{\text{rev}} = (83, 96 - 2724, 7) + 700 = -1940, 74 \text{ kJ/kg} . .$$

Die abzuführende Wärme lässt sich auch direkt aus der Beziehung

$$q_{12}^{\text{rev}} = \int\limits_{1'}^{2} T \text{d}s$$

ermitteln. Allerdings muss dazu die Abhängigkeit $T(s)$ während der Zustandsänderung von 1' nach 2 bekannt sein. Diese ist einfach eine Konstante für den Bereich der Kondensation bei der konstanten Temperatur von 99,63°C. Anschließend wird auf $t_2 = 20°\text{C}$ abgekühlt, wobei die Funktion $T(s)$ in guter Näherung durch die Daten der Siedelinie wiedergegeben wird. Da die Siedelinie im T, s-Bild im betrachteten Temperaturbereich etwa linear verläuft, kann das Integral für den Bereich der Abkühlung einfach durch die Entropiedifferenz multipliziert mit dem arithmetischen Mittelwert aus der Anfangs- und Endtemperatur berechnet werden. Es ergibt sich also für die abzuführende Wärme

$$q_{12}^{\text{rev}} = 372, 78(1, 3026 - 5, 6141) + \frac{293, 15 + 372, 78}{2}(0, 2966 - 1, 3026)$$

$$= 1607, 2 - 335, 0 = -1942, 2 \text{ kJ/kg} .$$

Dies steht in guter Übereinstimmung mit dem früheren Resultat, das aus der Energiebilanz gewonnen wurde.

6.2 Die Umwandlung von Brennstoffenergie in Arbeit

Wir verstehen hier unter Brennstoffenergie die innere Energie eines gebrauchsfertigen Brennstoffs, vernachlässigen also die Prozesse, die zu seiner Bereitstellung aus den Energievorräten der Umgebung erforderlich sind. Die Umwandlung von Brennstoffenergie in Arbeit wird in der Regel thermodynamisch durch den Prozess in einer Wärmekraftmaschine realisiert. In einer

Wärmekraftmaschine wird Wärme in Arbeit umgewandelt, wobei die Wärme zuvor aus Brennstoffenergie erzeugt wurde. Wir hatten schon verschiedentlich darauf hingewiesen, dass Wärme prinzipiell nur beschränkt in Arbeit umgewandelt werden kann. Ein erster Hinweis darauf ergibt sich bereits aus der oberflächlichen Betrachtung der Kraftwerke, die oft in ihrem äußeren Erscheinungsbild durch die großen Kühltürme zur Abwärmeabfuhr geprägt sind. Mit Hilfe der Entropiebilanz sind wir nun in der Lage, die beschränkte Umwandelbarkeit von Wärme in Arbeit durch eine einfache Formel zu erfassen.

Nach der Energiebilanz ist die von einer im Kreisprozess arbeitenden Wärmekraftmaschine abgegebene Arbeit gleich der Differenz aus zugeführter und abgeführter Wärme, vgl. Abb. 6.3. Die zugeführte Wärme wird dann

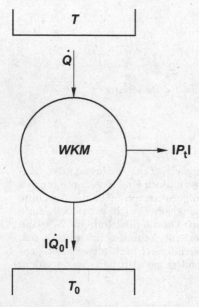

Abb. 6.3. Energieumsatz in einer Wärmekraftmaschine

möglichst weitgehend in Arbeit umgewandelt, wenn die abgeführte Wärme möglichst klein gehalten und im Grenzfall zu Null gemacht wird. In diesem Grenzfall würde die zugeführte Wärme kontinuierlich und vollständig in Arbeit umgewandelt, d.h. der thermische Wirkungsgrad des Prozesses nach (4.34)

$$\eta_{\text{th}} = \frac{-P_t}{\dot{Q}}$$

wäre gleich 1. Die Energiebilanz würde dieses Resultat ohne Weiteres zulassen. Wir zeigen nun, welche quantitative Einschränkung die Entropiebilanz

in Verbindung mit dem 2. Hauptsatz der Umwandlung von Wärme in Arbeit
auferlegt.

Der Kreisprozess einer Wärmekraftmaschine ist ein geschlossenes System.
Aus der Beziehung zwischen Entropie und Wärme wissen wir, dass mit der
zugeführten Wärme dem System auch Entropie zugeführt wird. Selbst bei
reversiblen Zustandsänderungen, also unter Ausschluss von Entropieproduktion im Arbeitsmedium, erhöht sich somit dessen Entropie. Nach der Entropiebilanz benötigt das System somit bei stationären Prozessen einen Entropieexport. Wir müssen also Entropie mit einem Wärmestrom über die Systemgrenzen abführen, und zwar bei reversibler Zustandsänderung genau die
Entropie, die wir bei der Wärmeaufnahme eingebracht haben. Damit ist bei
einem Kreisprozess grundsätzlich, d.h. auch bei reversibler Prozessführung,
nicht die gesamte zugeführte Wärme als Arbeit zu gewinnen. Der thermische
Wirkungsgrad wird kleiner als 1, d.h.

$$\eta_{\text{th}} = \frac{-P_{\text{t}}}{\dot{Q}} < 1 \ .$$

Für die technische Leistung gilt nach der Energiebilanz

$$|P_{\text{t}}| = \dot{Q} - |\dot{Q}_0| \ .$$

Der thermische Wirkungsgrad der Wärmekraftmaschine lautet demnach

$$\eta_{\text{th}} = 1 - \frac{|\dot{Q}_0|}{\dot{Q}} \ . \tag{6.12}$$

Mit einer Entropiebilanz sind wir in der Lage, den thermischen Wirkungsgrad
einer reversiblen Wärmekraftmaschine präzise anzugeben, d.h. die minimal
abzuführende Wärme zu berechnen. Hierzu benötigen wir ein Modell für den
in der Wärmekraftmaschine ablaufenden Kreisprozess. Wir wählen dazu den
so genannten Carnot-Kreisprozess, der schematisch als Zustandsfolge 1-2-3-
4-1 in dem T, s-Diagramm der Abb. 6.4. dargestellt ist. Das Arbeitsmedium
wird von $1 \rightarrow 2$ isentrop verdichtet, nimmt dann von $2 \rightarrow 3$ bei hoher konstanter Temperatur T den Wärmestrom $\dot{Q}$ auf, expandiert von $3 \rightarrow 4$ isentrop
unter Arbeitsabgabe und gibt von $4 \rightarrow 1$ bei niedriger konstanter Temperatur T_0 den Wärmestrom $\dot{Q}_0$ an die Umgebung ab. Der Wärmestrom $\dot{Q}$ entspricht der schraffierten Fläche unter der Linie $T = $ const., der Wärmestrom
$\dot{Q}_0$ der punktierten Fläche unter der Linie $T_0 = $ const. Der Carnot-Prozess
lässt sich zwar technisch nicht realisieren, erlaubt aber eine besonders einfache thermodynamische Analyse der Wärmekraftmaschine. Die Ergebnisse für
den Carnot-Prozess sind auf alle Modellprozesse für Wärmekraftmaschinen
übertragbar, wie die nachfolgenden Beispiele zeigen werden. Im Falle reversibler Zustandsänderungen kommt die ganze Entropiezunahme des Arbeitsmediums durch die Wärmezufuhr zustande. Da die Wärmeaufnahme im Carnot-
Prozess bei der konstanten Temperatur T des Kreislaufmediums erfolgt, gilt

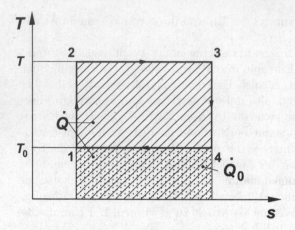

Abb. 6.4. Der Carnot-Prozess im T, s-Bild

$$(\dot{Q})^{\text{rev}} = \int_2^3 T \mathrm{d}\dot{S} = T \Delta\dot{S}_{23} \ .$$

Entsprechend gilt

$$|(\dot{Q}_0)^{\text{rev}}| = |\int_4^1 T \mathrm{d}\dot{S}| = T_0 |\Delta\dot{S}|_{41}$$

für die Wärmeabfuhr bei reversibler Zustandsänderung und konstanter Temperatur T_0 des Kreislaufmediums. Aus der Entropiebilanz wissen wir, dass die aufgenommene Entropie beim reversiblen Kreisprozess gerade wieder abgegeben werden muss, d.h. $\Delta\dot{S}_{23} = |\Delta\dot{S}|_{41}$. Daraus folgt

$$\eta_{\text{th}}^{\text{rev}} = 1 - \frac{T_0}{T} = \eta_{\text{c}} \ . \tag{6.13}$$

Dies ist der thermische Wirkungsgrad einer reversiblen Wärmekraftmaschine nach dem Carnot-Prozess. Man bezeichnet ihn auch als Carnot-Faktor η_{c}. Der thermische Wirkungsgrad des Carnot-Prozesses hängt nur von den beteiligten konstanten Temperaturniveaus ab und ist unabhängig von sonstigen Einzelheiten wie Art des Arbeitsmediums sowie Art der Maschinen und Apparate. Der Carnot-Faktor wird mit den Temperaturen des Arbeitsmediums bei Wärmeaufnahme und Wärmeabgabe gebildet und bezieht sich daher nur auf den Kreisprozess selbst. Da reversible Zustandsänderungen praktisch nicht durchführbar sind, ist der Carnot-Faktor die obere Grenze für den thermischen Wirkungsgrad einer Wärmekraftmaschine zwischen vorgegebenen Fluidtemperaturen von Wärmeaufnahme und Wärmeabgabe. Bei einer Temperatur der Wärmeabgabe von $T_0 = 300$ K und einer Temperatur der Wärmeaufnahme von $T = 600$ K gilt z.B. $\eta_{\text{c}} =$

0,5. Reale Wärmekraftmaschinen arbeiten bei gleichen Temperaturen der Wärmeaufnahme und der Wärmeabgabe mit geringeren thermischen Wirkungsgraden. Auf Grund von Dissipation, also der Entropieproduktion durch Reibung und Verwirbelung, sowie ggf. weiterer Irreversibilitäten, insbesondere solchen bei der Wärmeübertragung, muss zusätzliche Wärme abgeführt werden.

Die Umwandlung von Brennstoffenergie in Arbeit umfasst neben der Wärmekraftmaschine insbesondere vorgeschaltete thermochemische bzw. thermonukleare Prozesse. Die innere Energie des Brennstoffs wird zunächst durch Verbrennung in innere Energie eines heißen Gases umgewandelt. Das heiße Gas gibt durch Abkühlung Wärme ab, die dann der Wärmekraftmaschine zugeführt wird. Der exergetische Wirkungsgrad der gesamten Umwandlungskette ist gegeben durch

$$\zeta = \frac{|P_t|}{\dot{m}_B e_B} = \frac{|P_t|}{\dot{Q}} \frac{\dot{Q}}{\dot{m}_B H_u} \frac{H_u}{e_B} = \eta_{th} \eta_K \frac{H_u}{e_B} \ . \tag{6.14}$$

Bei der Umwandlung von Brennstoffenergie in Wärme im Kessel wird nur ein geringer, durch den Kesselwirkungsgrad η_K beschriebener Abgasverlust wirksam, vgl. Beispiel 4.24. Der spezifische Heizwert und die spezifische Exergie eines Brennstoffs sind im Wesentlichen gleich, vgl. Beispiel 5.10. Damit stimmt der exergetische Wirkungsgrad der Umwandlung von Primärenergie in Arbeit im Wesentlichen mit dem thermischen Wirkungsgrad des Kreisprozesses zur Umwandlung der aufgenommenen Wärme in Arbeit überein, d. h. es gilt

$$\zeta \approx \frac{|P_t|}{\dot{Q}} = \eta_{th} \ . \tag{6.15}$$

Die Bewertung der Umwandlung von Primärenergie in Arbeit durch den exergetischen Wirkungsgrad lässt sich somit näherungsweise durch den thermischen Wirkungsgrad des Kreisprozesses zur Umwandlung der aufgenommenen Wärme in Arbeit, d.h. der Wärmekraftmaschine, ersetzen. Die thermodynamische Qualität dieser Umwandlung wird daher von der Temperatur T der Wärmeaufnahme und der Temperatur T_0 der Wärmeabgabe bestimmt, vgl. (6.13). Die Temperatur der Wärmeaufnahme kann durch technologische Maßnahmen in weiten Grenzen variiert werden, und ist zu hohen Werten durch die Werkstoffeigenschaften begrenzt. Die Temperatur T_0 der Wärmeabgabe ist durch die Umgebungstemperatur zu tiefen Werten begrenzt. Im Folgenden betrachten wir unterschiedliche Gestaltungsformen der Wärmekraftmaschine.

6.2.1 Das Dampfkraftwerk

Die technisch wichtigste Wärmekraftmaschine ist das Dampfkraftwerk. Die realen Kreisprozesse in Dampfkraftwerken sind sehr vielfältig. Ihre wesentlichen Merkmale lassen sich aber durch einen einfachen reversiblen Modellprozess, den Clausius-Rankine-Prozess, beschreiben. Er wird in der Regel mit Wasser bzw. Wasserdampf als Arbeitsmedium betrieben. Als Stoffmodell dient daher im Folgenden die Wasserdampftafel, Tabelle A1 aus Anhang A.

Beispiel 6.5

Abb. B 6.5.1 zeigt das Schaltbild einer einfachen Dampfkraftanlage. Der Clausius-

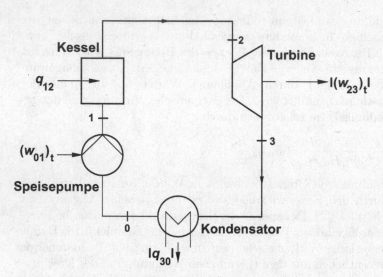

Abb. B 6.5.1. Schaltbild einer einfachen Dampfkraftanlage

Rankine-Prozess ist in Abb. B 6.5.2 in einem h, s-Bild und in Abb. B 6.5.3 in einem T, s-Bild dargestellt. Durch eine isobare Wärmezufuhr q_{12} von $1 \rightarrow 2$ wird aus einer komprimierten Flüssigkeit ein überhitzter Dampf bei hohem Druck produziert. In einer isentropen Entspannung von $2 \rightarrow 3$ wird die Arbeit $(w_{23})_t^{rev}$ gewonnen und ein Zustand im Nassdampfgebiet erreicht. Es folgt eine isobare Wärmeabfuhr q_{30} von $3 \rightarrow 0$ bis zum Zustand der siedenden Flüssigkeit. Da diese Zustandsänderung im Nassdampfgebiet liegt, ist sie gleichzeitig isotherm. Der Kreisprozess wird durch eine isentrope Kompression der Flüssigkeit von $0 \rightarrow 1$ geschlossen, wobei die Arbeit $(w_{01})_t^{rev}$ zugeführt wird.

Für einen speziellen Prozess mit einem Dampfzustand von $p_2 = 19$ MPa und $t_2 = 530°C$ sowie einem Kondensatordruck von $p_0 = 0,01$ MPa berechne man die Zustandsgrößen an den einzelnen Prozesspunkten sowie den thermischen Wirkungsgrad.

Lösung

Die aus dem Kreisprozess gewonnene technische Arbeit, also die Nettoarbeit, ergibt sich nach der Energiebilanz für den gesamten Kreisprozess aus

$$|w_t|^{rev} = |(w_{23})|_t^{rev} - (w_{01})_t^{rev} = q_{12} - |q_{30}| \ .$$

Durch Energiebilanzen um die Bauteile des Prozesses findet man Beziehungen zwischen den transferierten Prozessenergien und den Zustandsänderungen des Arbeitsfluids. Da die Wärmeabgabe im Nassdampfgebiet erfolgen soll, liegt mit p_0 auch die Temperatur nach der Entspannung in der Turbine fest, nach $p_0 = p_s(t_0)$. Die

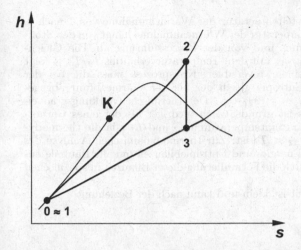

Abb. B 6.5.2. Clausius-Rankine-Prozess im h, s-Bild

Zustandspunkte 1 und 3 sind dann bei isentropen Zustandsänderungen aus den Zustandspunkten 0 und 2 berechenbar, da ihre Drücke und Entropien festgelegt sind. Damit ist der Kreisprozess definiert. Der thermische Wirkungsgrad eines Clausius-

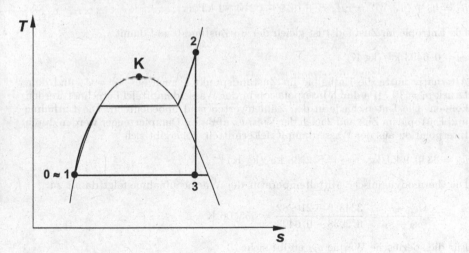

Abb. B 6.5.3. Clausius-Rankine-Prozess im T, s-Bild

Rankine-Prozesses ist durch

$$\eta_{\text{th}}^{\text{rev}} = \frac{|w_{\text{t}}^{\text{rev}}|}{q_{12}} = \frac{|(w_{23})_{\text{t}}^{\text{rev}}| - (w_{01})_{\text{t}}^{\text{rev}}}{q_{12}} = 1 - \frac{|q_{30}|}{q_{12}} = 1 - \frac{T_0}{T_{\text{m},12}} = \eta_{\text{c}}$$

gegeben, mit

$$T_{\text{m},12} = \frac{q_{12}}{s_2 - s_1} = \frac{h_2 - h_1}{s_2 - s_1}$$

als der thermodynamischen Mitteltemperatur der Wärmeaufnahme von 1 nach 2. Die thermodynamische Mitteltemperatur der Wärmeaufnahme hängt von den Stoffeigenschaften des Arbeitsmediums und von der Prozessführung ab. Die Gleichheit des Wärmeverhältnisses q_{30}/q_{12} mit dem Temperaturverhältnis $T_0/T_{m,12}$ folgt aus der Entropiebilanz. Bei einem reversiblen Kreisprozess muss die bei der Wärmezufuhr aufgenommene Entropie gleich der bei der Wärmeabfuhr abgegebenen Entropie sein, d.h. $s_3 - s_0 = s_2 - s_1$. Der thermische Wirkungsgrad eines Clausius-Rankine-Prozesses ist grundsätzlich niedriger als der eines Carnot-Prozesses zwischen denselben Extremtemperaturen T_2 und T_0 , da die thermodynamische Mitteltemperatur $T_{m,12} < T_2$ ist. Zur thermodynamischen Analyse des betrachteten Prozesses werden Energie- und Entropiebilanzen um alle Bauteile angesetzt. Die Massenbilanz ist durch die Formulierung dieser Bilanzen in spezifischen Größen trivial erfüllt.

Die spezifische Pumpenarbeit ist klein und kann nach der Beziehung

$$(w_{01})_t^{rev} = v^{if}(p_1 - p_0)$$

abgeschätzt werden zu

$$(w_{01})_t^{rev} = 0,001 \ \frac{m^3}{kg}(19 - 0,01) \cdot 10^6 \ \frac{N}{m^2} = 18,99 \ kJ/kg \ .$$

Die Enthalpie im Zustand 1 ergibt sich aus der Enthalpie im Zustand 0, d.h. siedende Flüssigkeit bei p_0, und der Energiebilanz um die Pumpe zu

$$h_1 = h_0 + (w_{01})_t^{rev} = 191,83 + 18,99 = 210,82 \ kJ/kg \ .$$

Die Entropie im Zustand 1 ist gleich der im Zustand 0 und damit

$$s_1 = 0,6493 \ kJ/(kg \ K) \ .$$

Alternativ hätte die Enthalpie im Zustandspunkt 1 auch aus $s_1 = s_0$ und dem Druck $p_1 = 19$ MPa durch Interpolation in der Wasserdampftafel berechnet werden können. Die Unterschiede in den Zahlenwerten sind unbedeutend. Die Enthalpie und Entropie im Zustand 2 nach der Wärmezufuhr im Dampferzeuger werden durch Interpolation aus der Wasserdampftafel ermittelt. Es ergibt sich

$$h_2 = 3343,9 \ kJ/kg, \quad s_2 = 6,2938 \ kJ/(kg \ K) \ .$$

Die thermodynamische Mitteltemperatur der Wärmeaufnahme folgt damit zu

$$T_{m,12} = \frac{h_2 - h_1}{s_2 - s_1} = \frac{3343,9 - 210,82}{6,2938 - 0,6493} = 555,06 \ K \ .$$

Für die spezifische Wärme q_{12} ergibt sich

$$q_{12} = h_2 - h_1 = 3343,9 - 210,8 = 3133,1 \ kJ/kg \ .$$

Der Zustandspunkt 3 ist durch den Druck $p_0 = 0{,}01$ MPa und die Entropie $s_3 = s_2$ = 6,2938 kJ/(kg K) festgelegt. Aus den Entropiedaten des Wassers bei $p_0 = 0{,}01$ MPa auf der Taulinie und auf der Siedelinie erkennen wir, dass der Punkt 3 im Nassdampfgebiet liegt. Der Dampfgehalt in diesem Zustandspunkt folgt aus

$$s_3 = s_2 = s'(0,01 \ MPa) + x_3[(s''(0,01 \ MPa) - s'(0,01 \ MPa)]$$

zu

$$x_3 = \frac{s_3 - s'(0,01\text{ MPa})}{s''(0,01\text{ MPa}) - s'(0,01\text{ MPa})} = \frac{6,2938 - 0,6493}{8,1502 - 0,6493} = 0,7525 \ .$$

Die Enthalpie im Punkt 3 ergibt sich daraus zu

$$h_3 = 1992,5\text{ kJ/kg} \ .$$

Die in der Turbine abgegebene spezifische Arbeit wird damit

$$(w_{23})_t^{\text{rev}} = h_3 - h_2 = 1992,5 - 3343,9 = -1351,4\text{ kJ/kg} \ .$$

Die im Kondensator abzuführende spezifische Wärme beträgt

$$q_{30} = 191,83 - 1992,5 = -1800,7\text{ kJ/kg} \ .$$

Damit erhalten wir für den thermischen Wirkungsgrad

$$\eta_{\text{th}}^{\text{rev}} = \frac{1351,4 - 18,99}{3133,1} = 1 - \frac{1800,7}{3133,1} = 1 - \frac{318,96}{555,06} = 0,425 \ .$$

Die Umwandlung von Wärme in Arbeit im Dampfkraftwerk lässt sich gegenüber der bisher betrachteten einfachen Anlage deutlich verbessern. Zur Identifikation der Schwachstellen und Verbesserungspotenziale wird eine exergetische Analyse der einzelnen Prozessschritte durchgeführt. Die Temperatur

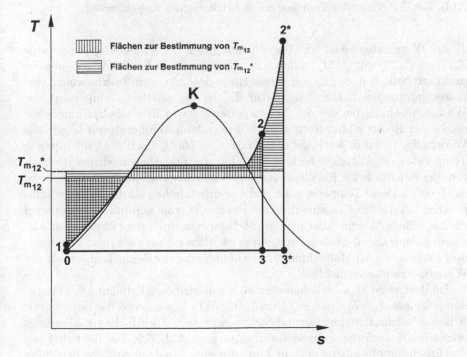

Abb. 6.5. Steigerung von T_{m} durch Anhebung von T_2 nach T_{2^*}

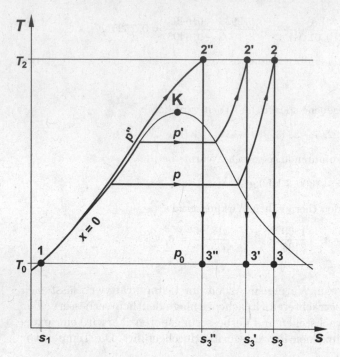

Abb. 6.6. Erhöhung der Endnässe durch Erhöhung des Kesseldruckes

T_0 der Wärmeabgabe ist im Wesentlichen gleich der Umgebungstemperatur T_u. Nach (5.26) mit (5.74) ist daher der Exergieverlust bei der Wärmeabgabe praktisch Null, d.h. es gibt am kalten Ende des Dampfkraftwerks wenig Verbesserungspotenzial. Die Temperatur T_m ist die mittlere Temperatur der Wärmeaufnahme, bei der das Kesselspeisewasser in Frischdampf umgewandelt wird. Heute realisierte maximale Frischdampftemperaturen liegen aus Werkstoffgründen in der Regel nur bei ca. $t_2 = 550°C$ bis $650°C$, die mittlere Temperatur der Wärmeaufnahme ist daher noch deutlich niedriger. Demgegenüber hat das heiße Rauchgas vor der Wärmeabgabe eine Temperatur von ca. 1600°C. Diese Temperatur ist somit deutlich höher als die mittlere Temperatur, bei der der Clausius-Rankine-Prozess Wärme aufnimmt. Damit wird die zugeführte Wärme über eine große Temperaturdifferenz übertragen, mit einem entsprechend großen Exergieverlust. Dieser Exergieverlust ist zumindest teilweise durch Maßnahmen zur Erhöhung der mittleren Temperatur der Wärmeaufnahme vermeidbar.

Im Bestreben T_m zu erhöhen wird man zunächst eine Erhöhung der Frischdampftemperatur T_2 erwägen. Durch die Wahl besonderer Werkstoffe ließe sich eine solche Erhöhung grundsätzlich erreichen. Dies bedeutet allerdings erhebliche Kostensteigerungen. Im Übrigen zeigt Abb. 6.5, dass die Erhöhung der Frischdampftemperatur kein sehr effizientes Instrument zur Erhöhung von T_m ist, wegen des starken Anstieges der Isobaren im T,s-Diagramm.

Wie man erkennt, führt ein recht hoher Anstieg von T_2 auf T_{2*} nur zu einer bescheidenen Anhebung von T_m auf T_{m*}. Dabei ergibt sich T_m wegen

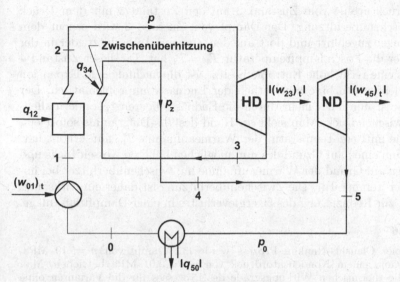

Abb. 6.7. Schaltbild einer Dampfkraftanlage mit Zwischenüberhitzung

$T_m \Delta s = q$ graphisch aus der Forderung, dass die Flächen zwischen dem Verlauf der Zustandsänderung und der Isotherme T_m oberhalb und unterhalb von T_m gleich groß sein müssen. Eine weitere Möglichkeit zur Erhöhung von T_m ist die Erhöhung des Kesseldruckes p. Aber auch hier kommt man in ein Dilemma, wenn man gleichzeitig T_2 festhalten will, wie Abb. 6.6 zeigt. Erhöht man nämlich den Kesseldruck bei konstanter Frischdampftemperatur, so kommt man nach der Expansion in der Turbine zu zunehmender Endnässe, d.h. der Dampfgehalt $x_{3''}$ ist kleiner als $x_{3'}$, und dieser wieder kleiner als x_3. Die Endnässe $(1-x_3)$ darf aber aus technischen Gründen Werte von 0,10 - 0,12 nicht überschreiten. Bei höherem Wassergehalt tritt in der Endstufe der Turbine Tropfenbildung auf, die zu thermodynamisch und strömungstechnisch ungünstigen Eigenschaften des Dampfes und damit kleinerem Turbinenwirkungsgrad, insbesondere aber zur Erosion an der Turbinenbeschaufelung führt. Gibt man sich also einen Dampfgehalt von $x_3 = 0{,}9$ vor, so wird bei festen Temperaturen T_2, T_0 der Kesseldruck nach oben begrenzt.

Bei der einfachen Dampfkraftanlage ist somit eine wirksame Erhöhung der thermodynamischen Mitteltemperatur der Wärmeaufnahme bei Beachtung von Werkstoffbegrenzungen und einer nicht zu großen Endnässe unmöglich. Durch eine etwas kompliziertere Schaltung, die so genannte Zwischenüberhitzung, kann man sich aber von der Beschränkung durch die Endnässe befreien. Abb. 6.7 zeigt das Schaltbild einer Dampfkraftanlage mit

Zwischenüberhitzung und Abb. B 6.6.1 die Darstellung dieses Prozesses im T,s-Diagramm. Bei einer Dampfkraftanlage mit Zwischenüberhitzung expandiert der aus dem Dampferzeuger austretende, überhitzte Frischdampf in einer Hochdruckturbine vom Zustand 2 auf den Zustand 3 mit dem Druck p_Z der Zwischenüberhitzung. Der Dampf vom Zustand 3 wird erneut dem Dampferzeuger zugeführt und dort auf den Zustand 4 überhitzt, der in der Regel wieder die Frischdampftemperatur $T_4 = T_2$ hat. Da dieser Zustand 4 nun bereits eine recht hohe Entropie besitzt, ist die nachfolgende Expansion in der Niederdruckturbine hinsichtlich der Endnässe unproblematisch. Der Kesseldruck ist nun nicht mehr durch die Endnässe begrenzt, sondern allenfalls der Zwischendruck. Man sieht an Hand des T,s-Diagramms sofort ein, dass sich die mittlere Temperatur der Wärmeaufnahme T_m nun erhöht hat, und zwar zum einen auf Grund des nun möglichen höheren Kesseldrucks und zum anderen auf Grund der Wärmeaufnahme im Zwischenüberhitzer bei hoher mittlerer Temperatur. Die Zwischenüberhitzung ist daher ein wirksames Instrument zur Reduzierung des Exergieverlustes in einer Dampfkraftanlage.

Beispiel 6.6

Ein reversibler Clausius-Rankine-Prozess werde mit Dampf von $p = 19$ MPa, $t = 530°$C und einem Kondensatordruck von $p_0 = 0,01$ MPa betrieben. Man vergleiche die thermischen Wirkungsgrade des Prozesses für die Varianten ohne Zwischenüberhitzung und mit Zwischenüberhitzung bei 3,5 MPa auf 530°C.

Lösung

Das Schaltbild und das T,s-Bild bzw. h,s-Bild der Variante ohne Zwischenüberhitzung sind in den Abb. B 6.5.1 bis B 6.5.3, die entsprechenden Darstellungen für die Variante mit Zwischenüberhitzung in den Abb. 6.7 und B 6.6.1 schematisch dargestellt. Der thermische Wirkungsgrad für die Variante ohne Zwischenüberhitzung ergibt sich nach Beispiel 6.5 zu

$$\eta_{th}^{rev} = \frac{|w_t^{rev}|}{q} = \frac{|(w_{23})_t^{rev}| - (w_{01})_t^{rev}}{q_{12}} = 0,425 \ .$$

Für die Variante mit Zwischenüberhitzung ergibt sich der thermische Wirkungsgrad aus

$$\eta_{th}^{rev} = \frac{|w_t^{rev}|}{q} = \frac{|(w_{23})_t^{rev}| + |(w_{45})_t^{rev}| - (w_{01})_t^{rev}}{q_{12} + q_{34}} \ .$$

Die Zustandspunkte 0, 1 und 2 sind bei der Prozessvariante mit Zwischenüberhitzung identisch mit den entsprechenden Punkten bei der Prozessvariante ohne Zwischenüberhitzung. Bei Zwischenüberhitzung wird aber in der Hochdruckturbine nur auf einen Druck von $p_3 = 3,5$ MPa entspannt. Die Enthalpie am Punkt 3 ist durch $p_3 = 3,5$ MPa und $s_3 = s_2 = 6,2938$ kJ/(kg K) festgelegt. Aus den Entropiedaten der Wasserdampftafel im Sättigungszustand erkennen wir, dass es sich bei Zustand 3 um einen leicht überhitzten Zustand handelt. Durch Interpolation im überhitzten Zustandsbereich der Wasserdampftafel bei $p_3 = p_3 = 3,5$ MPa finden wir

$$h_3 = 2894,2 \text{ kJ/kg} \ .$$

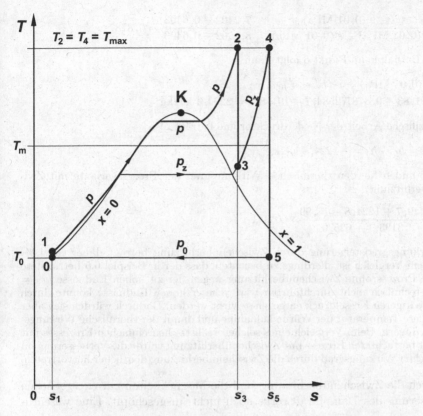

Abb. B 6.6.1. T, s-Diagramm des Dampfkraftprozesses mit Zwischenüberhitzung

Die in der Hochdruckturbine abgegebene spezifische Arbeit beträgt somit

$$(w_{23})_t^{rev} = h_3 - h_2 = 2894, 2 - 3343, 9 = -449, 7 \text{ kJ/kg} .$$

Der Zustandspunkt 4 ist durch $p_4 = 3,5$ MPa und $t_4 = 530°$C festgelegt. Durch Interpolation in der Wasserdampftafel finden wir

$$h_4 = 3519, 2 \text{ kJ/kg}, \quad s_4 = 7, 2402 \text{ kJ/(kg K)} .$$

Die bei der Zwischenüberhitzung zugeführte spezifische Wärme beträgt somit

$$q_{34} = h_4 - h_3 = 3519, 2 - 2894, 2 = 625, 0 \text{ kJ/kg} .$$

Der Zustand im Punkt 5 ist durch $p_5 = p_0 = 0,01$ MPa und $s_5 = s_4 = 7, 2402$ kJ/(kg K) definiert. Aus den Entropiedaten im Sättigungszustand bei $p = 0,01$ MPa erkennen wir, dass es sich um einen Nassdampfzustand handelt. Der Dampfgehalt im Zustand 5 ergibt sich aus

$$s_5 = s_4 = s'(0, 01 \text{ MPa}) + x_5[(s''(0, 01 \text{ MPa}) - s'(0, 01 \text{ MPa})]$$

zu

$$x_5 = \frac{s_5 - s'(0,01 \text{ MPa})}{s''(0,01 \text{ MPa}) - s'(0,01 \text{ MPa})} = \frac{7,2402 - 0,6493}{8,1502 - 0,6493} = 0,8787 \ .$$

Für die Enthalpie im Punkt 5 folgt dann

$$h_5 = h'(0,01 \text{ MPa}) + x_5(h'' - h')_{0,01 \text{ MPa}}$$
$$= 191,83 + 0,8787(2584,7 - 191,83) = 2294,4 \text{ kJ/kg} \ .$$

Die spezifische Arbeit der Niederdruckturbine beträgt also

$$(w_{45})_t^{\text{rev}} = h_5 - h_4 = -1224,8 \text{ kJ/kg} \ ,$$

und wir finden für den thermischen Wirkungsgrad der Prozessvariante mit Zwischenüberhitzung

$$\eta_{\text{th}}^{\text{rev}} = \frac{449,7 + 1224,8 - 18,99}{3133,1 + 625,0} = 0,441 \ .$$

Die Wirkungsgradsteigerung durch Zwischenüberhitzung beträgt daher ca. 4 %. Bei diesem Vergleich ist allerdings zu beachten, dass der in Beispiel 6.5 betrachtete einfache Prozess ohne Zwischenüberhitzung wegen der zu hohen Endnässe ($x_3 = 0,7525$) technisch nicht durchführbar wäre. Dieser hohen Endnässe könnte durch einen niedrigeren Kesseldruck entgegen gewirkt werden. Dadurch würden sich aber die mittlere Temperatur der Wärmeaufnahme und damit der thermische Wirkungsgrad verringern. Beim Vergleich eines solchen realistischen einfachen Prozesses mit dem hier betrachteten Prozess mit Zwischenüberhitzung würde die Verbesserung im thermischen Wirkungsgrad durch die Zwischenüberhitzung deutlicher hervortreten.

Durch die Zwischenüberhitzung sind die Möglichkeiten zur exergetischen Verbesserung des Dampfkraftwerks noch nicht ausgeschöpft. Eine wesentli-

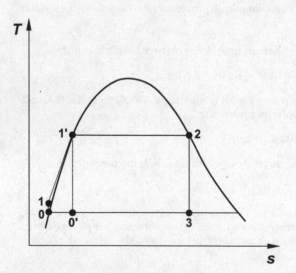

Abb. 6.8. Vergleich zwischen Carnot-Prozess und Clausius-Rankine-Prozess im T, s-Bild

che Ursache für den niedrigeren thermischen Wirkungsgrad des Clausius-Rankine-Prozesses gegenüber dem Carnot-Prozess ist die Wärmeaufnahme bei der niedrigen Temperatur nach der Speisepumpe bis zum Zustand der siedenden Flüssigkeit. Abb. 6.8 erläutert dies im T,s-Bild eines einfachen Clausius-Rankine-Prozesses ohne Überhitzung. Die zugeführte Wärme wird im Clausius-Rankine-Prozess $0 - 1 - 1' - 2 - 3 - 0$, insbesondere wegen der Zustandsänderung zwischen den Zustandspunkten 1 und $1'$, bei einer deutlich niedrigeren Temperatur als im Carnot-Prozess $0' - 1' - 2 - 3 - 0'$ aufgenommen. Durch eine regenerative Speisewasservorwärmung kann dieser Nachteil prinzipiell aufgehoben werden. Wir betrachten zur Erläuterung einen idealisierten Prozess mit regenerativer Speisewasservorwärmung, bei dem die Zustandsänderung des Dampfes während der Entspannung in der Turbine nicht adiabat ist. Vielmehr wird das komprimierte Kondensat vom Zustand 1 durch Wärmeübertragung von dem in der Turbine strömenden Dampf erwärmt. Abb. 6.9 zeigt das Schaltbild dieses Prozesses, Abb. 6.10 seine Darstellung im

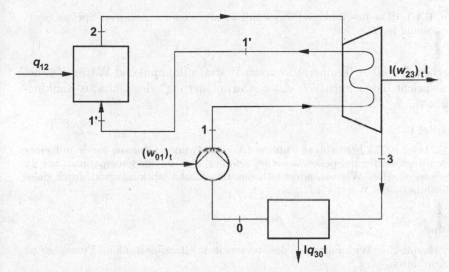

Abb. 6.9. Clausius-Rankine-Prozess mit idealisierter Speisewasservorwärmung

T,s-Bild. Wenn eine ideale Wärmeübertragung ohne treibende Temperatur-differenz zwischen Dampf und Speisewasser angenommen wird, dann verläuft die Zustandsänderung des Dampfes in der Turbine von $2 \rightarrow 3$ genau parallel zum Verlauf der Zustandsänderung des Speisewassers von $0 \rightarrow 1'$. Im Kessel wird daher nur noch die Wärme $q_{1'2}$ bei der konstanten Temperatur $T_{1'} = T_2$ zugeführt. Die im Kondensator abzuführende Wärme q_{30}, d.h. die Fläche a-0-3-c-a, entspricht genau der Fläche b-0'-3'-d-b, d.h. der Wärme $q_{3'0'}$ des zum Vergleich eingezeichneten Carnot-Prozesses $0' - 1' - 2 - 3' - 0'$. Damit hat der Clausius-Rankine-Prozess mit idealisierter regenerativer Speisewas-servorwärmung genau den thermischen Wirkungsgrad eines Carnot-Prozesses

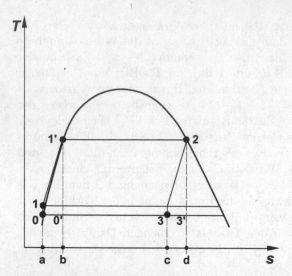

Abb. 6.10. Clausius-Rankine-Prozess mit idealisierter regenerativer Speisewasservorwärmung im T, s-Bild

zwischen denselben Temperaturen von Wärmeaufnahme und Wärmeabgabe. Man spricht daher auch von einer „Carnotisierung" des Clausius-Rankine-Prozesses.

Beispiel 6.7

Der in Beispiel 6.5 betrachtete einfache Clausius-Rankine-Prozess werde mit einer idealen regenerativen Speisewasservorwärmung auf die Siedetemperatur bei 19 MPa ausgestattet. Wie verändert sich der thermische Wirkungsgrad durch diese Maßnahme?

Lösung

Der thermische Wirkungsgrad des reversiblen Clausius-Rankine-Prozesses ist gegeben durch

$$\eta_{\text{th}}^{\text{rev}} = 1 - \frac{T_0}{T_{\text{m}}} \ ,$$

mit T_0 als der Temperatur der Wärmeabgabe und T_{m} als der mittleren Temperatur der Wärmeaufnahme. Bei idealer regenerativer Speisewasservorwärmung auf die Siedetemperatur bei 19 MPa ergibt sich eine höhere mittlere Temperatur der Wärmeaufnahme als beim einfachen Dampfkraftwerk, nämlich

$$T_{\text{m}^*} = \frac{h_2 - h'(19 \text{ MPa})}{s_2 - s'(19 \text{ MPa})} = \frac{3343,9 - 1776,5}{6,2938 - 3,9388} = 665,56 \text{ K} \ .$$

Der thermische Wirkungsgrad wird nun

$$\eta_{\text{th}}^{\text{rev},*} = 1 - \frac{318,96}{665,56} = 0,521$$

gegenüber $\eta_{th}^{rev} = 0,425$ beim einfachen Dampfkraftwerk nach Beispiel 6.5. Die Wirkungsgradsteigerung beträgt etwa 20 %. Die regenerative Speisewasservorwärmung hat somit einen bedeutenden Einfluss auf den Anteil der Wärme, der in Arbeit umgewandelt wird. Der thermische Wirkungsgrad beschreibt das Verhältnis von abgegebener Arbeit zu zugeführter Wärme. Dieses Verhältnis steigt durch regenerative Speisewasservorwärmung an. Andererseits verringert sich gleichzeitig die Differenz zwischen der spezifischen zugeführten und der spezifischen abgeführten Wärme. Die spezifische Arbeit des Prozesses, also die pro kg des umlaufenden Wassers abgegebene Arbeit, ist daher mit Speisewasservorwärmung deutlich geringer als bei dem einfachen Prozess. Bei gleicher Leistungsabgabe muss also eine Maschine mit Speisewasservorwärmung größer sein als eine Maschine ohne Speisewasservorwärmung.

Der in Beispiel 6.7 betrachtete Prozess lässt sich technisch nicht realisieren. Vielmehr erfolgt die regenerative Speisewasservorwärmung praktisch durch Anzapfungen der Turbine in einzelnen Stufen. Die Verringerung des Exergieverlustes durch ein- oder mehrstufige Speisewasservorwärmung fällt wegen der dabei unvermeidlichen Temperaturdifferenzen bei der Wärmeübertragung geringer aus als bei der in Beispiel 6.7 betrachteten idealisierten Schaltung.

Beispiel 6.8

Der in Beispiel 6.5 betrachtete einfache Clausius-Rankine-Prozess werde mit einer einfachen Speisewasservorwärmung auf $t - 140°C$ durch Entnahme bei $p_E = 0,7$ MPa ausgerüstet. Der gesamte umlaufende Massenstrom betrage $\dot{m} = 1$ kg/s. Wie verändert sich der thermische Wirkungsgrad?

Lösung

Die Schaltung ist in Abb. B 6.8.1 gezeigt. Der Zustand 1 hat die Enthalpie, vgl. Beispiel 6.5,

$$h_1 = 210,82 \text{ kJ/kg} \ .$$

Seine Entropie beträgt wegen der reversiblen Zustandsänderung von $0 \to 1$

$$s_1 = s_0 = 0,6493 \text{ kJ/(kg K)} \ .$$

Durch die regenerative Speisewasservorwärmung soll das Speisewasser in den Zustand $1'$ überführt werden, mit den Zustandsgrößen

$$p_{1'} = 19 \text{ MPa}, \quad t_{1'} = 140°C \ .$$

Die spezifische Enthalpie und die spezifische Entropie des vorgewärmten Speisewassers ergeben sich durch Interpolation in der Wasserdampftafel zu

$$h_{1'} = 601,38 \text{ kJ/kg} \ ,$$

bzw.

$$s_{1'} = 1,7203 \text{ kJ/(kg K)} \ .$$

Der Zustand F des Entnahmedampfes nach dem Vorwärmer ergibt sich aus der Forderung, dass er nach der isentropen Verdichtung den Eintrittszustand $1'$ des Speisewassers in den Kessel erreichen soll. Benutzen wir für das flüssige Wasser

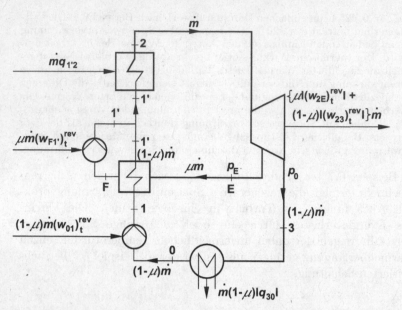

Abb. B 6.8.1. Schaltbild einer Dampfkraftanlage mit regenerativer Speisewasservorwärmung durch Anzapfdampf

wieder das Stoffmodell „Ideale Flüssigkeit", so folgt für die spezifische Arbeit zum Pumpen des kondensierten Entnahmedampfes vom Zustand F zum Zustand $1'$

$$(w_{F1'})_t^{rev} = h_{1'} - h_F = v^{if}(p_{1'} - p_E) = 0,001 \; \frac{m^3}{kg}(19 - 0,7) \cdot 10^6 \frac{N}{m^2}$$

$$= 18,30 \; kJ/kg \; .$$

Damit gilt für die Zustandsgrößen am Punkt F

$$h_F = h_{1'} - (w_{F1'})_t^{rev} = 583,08 \; kJ/kg$$

und

$$s_F = s_{1'} = 1,7203 \; kJ/(kg \; K) \; .$$

Der Zustand des Entnahmedampfes vor dem Vorwärmer ist durch $p_E = 0,7$ MPa und $s_E = s_2 = 6,2938$ kJ/(kg K) definiert. Er liegt im Nassdampfgebiet. Für seinen Dampfgehalt erhält man

$$x_E = \frac{s_E - s'(0,7 \; \text{MPa})}{s''(0,7 \; \text{MPa}) - s'(0,7 \; \text{MPa})} = \frac{6,2938 - 1,9922}{6,7080 - 1,9922} = 0,9122 \; .$$

Damit findet man für seine Enthalpie

$$h_E = 697,22 + 0,9122(2763,5 - 697,22) = 2582,08 \; kJ/kg \; .$$

Für den Anteil des Entnahmedampfes am gesamten Massenstrom folgt daher aus der Energiebilanz um den Vorwärmer, vgl. Abb. B 6.8.1,

$$\mu = \frac{h_{1'} - h_1}{h_E - h_F + h_{1'} - h_1} = \frac{601,38 - 210,82}{2582,08 - 583,08 + 601,38 - 201,82} = 0,163 \ .$$

Die an der Turbinenwelle abgegebene Leistung ist

$$P_{t,T} = \dot{m} \left[\mu(w_{2E})_t + (1 - \mu)(w_{23})_t \right] \ .$$

Nach Beispiel 6.5 haben die Zustände 2 und 3 die Zustandsdaten

$$h_2 = 3343,9 \ \text{kJ/kg}, \quad s_2 = 6,2938 \ \text{kJ/(kg K)} \ ,$$

bzw.

$$h_3 = 1992,5 \ \text{kJ/kg}, \quad s_3 = 6,2938 \ \text{kJ/(kg K)} \ .$$

Damit ist die Turbinenleistung

$$\begin{aligned} P_{t,T} = 1 \cdot [&0,163(2582,08 - 3343,9) \\ &+ (1 - 0,163)(1992,5 - 3343,9)] = -1255,3 \ \text{kW} \ . \end{aligned}$$

Der im Kessel zuzuführende Wärmestrom ist nun

$$\dot{Q}_{1'2} = 1 \ \text{kg/s}(3343,9 - 601,38) = 2742,5 \ \text{kW} \ .$$

Im Kondensator wird der Turbinendampf auf den Siedezustand kondensiert. Der dabei abzuführende Wärmestrom beträgt

$$\dot{Q}_0 = \dot{m}(1 - \mu)(h_0 - h_3) = 0,837(191,83 - 1992,5) = -1507,2 \ \text{kW} \ .$$

Die in beiden Pumpen zu zu führenden technischen Leistungen berechnen sich zu

$$(P_{01})_t^{\text{rev}} = (1 - \mu)\dot{m}(h_1 - h_0) = 0,837(210,82 - 191,83) = 15,89 \ \text{kW}$$

und

$$(P_{F1'})_t^{\text{rev}} = \mu\dot{m}(h_{1'} - h_F) = 0,163(601,38 - 583,08) = 2,98 \ \text{kW} \ .$$

Damit wird der thermische Wirkungsgrad

$$\eta_{th}^{\text{rev}} = \frac{-P_{t,T} - (P_{01})_t - (P_{F1'})_t}{\dot{Q}_{1'2}} = \frac{1255,3 - 18,87}{2742,5} = 0,451 \ .$$

Die relative Wirkungsgradsteigerung gegenüber dem thermischen Wirkungsgrad ohne Speisewasservorwärmung beträgt ca. 6 %. Sie bleibt damit deutlich gegenüber der bei idealer regenerativer Speisewasservorwärmung bis zur Siedetemperatur beim hohen Druckniveau zurück, vgl. Beispiel 6.7.

Die Steigerung des thermischen Wirkungsgrades des Dampfkraftwerks durch regenerative Speisewasservorwärmung kommt durch die höhere Temperatur der Wärmeaufnahme, d.h. durch die Steigerung des exergetischen Kesselwirkungsgrades zustande. Der exergetische Wirkungsgrad des eigentlichen Wärmekraftprozesses nimmt sogar geringfügig ab. Bei der Vorwärmung wird nämlich der Wärmestrom $\dot{Q}_{11'}$ über eine endliche Temperaturdifferenz übertragen. Damit entsteht im Vorwärmer ein zusätzlicher Exergieverlust, der bei einem Prozess ohne Speisewasservorwärmung nicht auftritt. Dieser Exergieverlust ist physikalisch dadurch bedingt, dass der Anzapfdampf bei einer höheren Temperatur als prinzipiell nötig ausgekoppelt wird und schmälert daher die Arbeitsabgabe. Er ergibt sich aus

$$\Delta \dot{E}_{\mathrm{V,VW}} = \dot{Q}_{11'} T_{\mathrm{u}} \frac{T_{\mathrm{mEF}} - T_{\mathrm{m11'}}}{T_{\mathrm{mEF}} T_{\mathrm{m11'}}} \; .$$

Hierbei ist

$$T_{\mathrm{mEF}} = \frac{h_{\mathrm{E}} - h_{\mathrm{F}}}{s_{\mathrm{E}} - s_{\mathrm{F}}} = \frac{2582,08 - 583,08}{6,2938 - 1,7203} = 437,1 \ \mathrm{K}$$

und

$$T_{\mathrm{m11'}} = \frac{h_{1'} - h_1}{s_{1'} - s_1} = \frac{601,38 - 210,82}{1,7203 - 0,6493} = 364,7 \ \mathrm{K} \; .$$

Für den Exergieverluststrom im Vorwärmer ergibt sich somit bei $T_{\mathrm{u}} = T_0 = 318{,}96$ K

$$\Delta \dot{E}_{\mathrm{V,VW}} = 326,9 \cdot 318,96 \frac{437,1 - 364,7}{437,1 \cdot 364,7} = 47,36 \ \mathrm{kW} \; .$$

Damit ergibt sich mit Vorwärmung der exergetische Wirkungsgrad des Prozesses zu

$$\zeta_{\mathrm{P}} = 1 - \frac{\Delta \dot{E}_{\mathrm{V}}}{\dot{m}(e_2 - e_{1'})} = 1 - \frac{\Delta \dot{E}_{\mathrm{V,VW}}}{\dot{m}\left[h_2 - h_{1'} - T_{\mathrm{u}}(s_2 - s_{1'})\right]}$$
$$= 1 - \frac{47,36}{1284} = 0,963 \; ,$$

im Vergleich zu $\zeta_{\mathrm{P}} = 1$ für den reversiblen Prozess ohne Speisewasservorwärmung. Der exergetische Wirkungsgrad des gesamten Dampfkraftwerks steigt bei der Speisewasservorwärmung dennoch an, da der Exergieverlust des Dampferzeugers auf Grund der höheren mittleren Temperatur der Wärmeaufnahme stärker abnimmt als der des Prozesses durch den Exergieverlust im Vorwärmer ansteigt.

6.2.2 Die Gasturbine

Neben den Dampfkraftwerken werden auch Gasturbinen häufig zur Umwandlung von Brennstoffenergie in Arbeit eingesetzt. In ihnen wird kein Wasser-/ Dampf-Kreisprozess betrieben, sondern die Umwandlung durch Gasprozesse realisiert. Die Abb. 6.11 zeigt das Schaltbild einer einfachen offenen Gasturbine. Da in der Gasturbine durch Entspannung eines heißen Gases Arbeit abgegeben werden soll, muss zunächst ein Gas bei hoher Temperatur und hohem Druck erzeugt werden. Hierzu wird Luft aus der Umgebung angesaugt $(t_{\mathrm{u}}, p_{\mathrm{u}})$ und in einem Verdichter auf den hohen Druck p verdichtet. In der Brennkammer wird Brennstoff beim Druck p eingespritzt und mit der Luft zu einem heißen Verbrennungsgas vom Druck p verbrannt. Dieses heiße Verbrennungsgas gibt einen Teil seiner Enthalpie durch Entspannung in der Turbine als technische Arbeit ab, der Rest geht als Enthalpiestrom des Abgases mit der Temperatur t_3 und dem Druck p_{u} an die Umgebung. Die offene Gasturbine ist somit eine Verbrennungskraftmaschine, nicht aber eine Wärmekraftmaschine, da ein Wärmetransfer im strengen thermodynamischen Sinn nicht stattfindet.

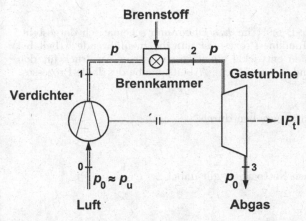

Abb. 6.11. Schaltbild einer offenen Gasturbinenanlage

Die wesentlichen thermodynamischen Eigenschaften der Gasturbine lassen sich an einem einfachen reversiblen Modellprozess, dem Joule-Prozess, studieren. Dabei wird die Verbrennung durch eine isobare Wärmeaufnahme des Arbeitsmediums ersetzt und die Vermischung des Abgases mit der Umgebung durch eine isobare Wärmeabgabe. Es entsteht auf diese Weise eine einfache geschlossene Wärmekraftmaschine, deren Schaltbild in Abb. 6.12 dargestellt ist. Sie ähnelt in ihrem Aufbau einer einfachen Dampfkraftanlage.

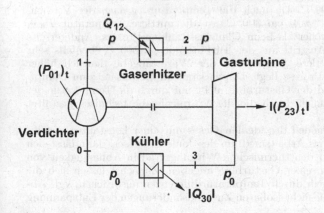

Abb. 6.12. Schaltbild einer einfachen geschlossenen Gasturbinenanlage

Im Gaserhitzer wird dem Gas ein Wärmestrom bei einem hohen Druck p isobar zugeführt. In der Turbine entspannt sich das erhitzte Gas isentrop unter Arbeitsabgabe auf den Druck p_0. Das aus der Turbine immer noch heiß austretende Gas wird im Kühler isobar gekühlt und anschließend im Verdichter wieder isentrop auf den Zustand 1 verdichtet.

Beispiel 6.9

Der Joule-Prozess ist in Abb. B 6.9.1 im h, s-Diagramm schematisch dargestellt. Im Gegensatz zum Clausius-Rankine-Prozess ist nun die zuzuführende Arbeit bei der Verdichtung erheblich. Man entwickle einen geschlossenen Ausdruck für den thermischen Wirkungsgrad und die spezifische Arbeitsabgabe des Joule-Prozesses.

Lösung

Der thermische Wirkungsgrad ist gegeben durch

$$\eta_{th}^{rev} = \frac{-w_t^{rev}}{q_{12}} \ .$$

Für den Betrag der spezifischen Nettoarbeit gilt dabei

$$|w_t^{rev}| = (-w_{23})_t^{rev} - (w_{01})_t^{rev}$$

bzw. nach der Energiebilanz

$$|w_t^{rev}| = q_{12} - |q_{30}| \ .$$

Damit folgt unter Verwendung der Entropiebilanz des reversiblen Prozesses für den thermischen Wirkungsgrad

$$\eta_{th}^{rev} = 1 - \frac{|q_{30}|}{q_{12}} = 1 - \frac{T_{m,30}}{T_{m,12}} = \eta_c \ .$$

Diese Beziehung ist formal identisch mit dem thermischen Wirkungsgrad für den Clausius-Rankine-Prozess. Der thermische Wirkungsgrad der Gasturbine wird wiederum durch den Carnot-Faktor beschrieben. Allerdings sind die typischen Zahlenwerte für die mittleren Temperaturen der Wärmeaufnahme und der Wärmeabgabe bei beiden Prozessen ganz unterschiedlich. Gasturbinen vertragen Eintrittstemperaturen t_2 von über 1200°C. Da auch die Temperatur t_1 nach der Verdichtung bereits recht hoch ist, z.B. ca. 300°C, ist die mittlere Temperatur $T_{m,12}$ der Wärmeaufnahme viel höher als beim Clausius-Rankine-Prozess. Andererseits ist die Temperatur t_3 bei Austritt aus der Turbine mit ca. 500°C ebenfalls sehr hoch, sodass auch die mittlere Temperatur der Wärmeabgabe deutlich höher als beim Clausius-Rankine-Prozess liegt. Damit kann im Gegensatz zum Dampfkraftwerk der Wirkungsgrad der Gasturbine nicht nur durch die Temperatur der Wärmeaufnahme, sondern auch durch die der Wärmeabgabe technisch gestaltet werden.

Benutzt man das Stoffmodell des idealen Gases mit einer konstanten spezifischen Wärmekapazität für das Arbeitsmedium des Joule-Prozesses, dann lässt sich eine geschlossene Formel für den thermischen Wirkungsgrad in Abhängigkeit von den technischen Parametern einer Gasturbine angeben. Zunächst lassen sich die Enthalpiedifferenzen allgemein durch Temperaturdifferenzen ausdrücken, vgl. Abschn. 4.3.1. So gilt z.B. für die nicht-isobaren Zustandsänderungen der Entspannung und der Verdichtung

$$h_2 - h_3 = c_p^{ig}(T_2 - T_3)$$

und

$$h_1 - h_0 = c_p^{ig}(T_1 - T_0) \ .$$

Mit Hilfe der Entropiebilanz und unter Verwendung des Isentropenexponenten κ lässt sich nun bei reversibel-adiabater Kompression und Expansion das Temperaturverhältnis durch das Druckverhältnis ausdrücken nach

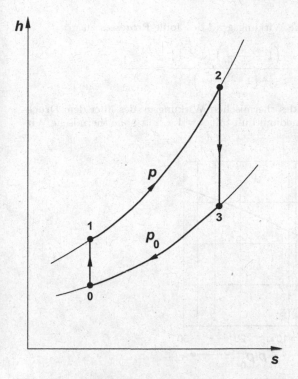

Abb. B 6.9.1. Der Joule-Prozess im h, s-Diagramm

$$\frac{T_2}{T_3} = \left(\frac{p}{p_0}\right)^{\frac{\kappa-1}{\kappa}} = \lambda = \frac{T_1}{T_0} \ .$$

Damit kann man die isentropen Enthalpiedifferenzen auch schreiben als

$$h_2 - h_3 = c_{\mathrm{p}}^{\mathrm{ig}} T_2 \left(1 - \frac{T_3}{T_2}\right) = c_{\mathrm{p}}^{\mathrm{ig}} T_2 \left(1 - \frac{1}{\lambda}\right)$$

und

$$h_1 - h_0 = c_{\mathrm{p}}^{\mathrm{ig}} T_0 \left(\frac{T_1}{T_0} - 1\right) = c_{\mathrm{p}}^{\mathrm{ig}} T_0 \left(\lambda - 1\right) \ ,$$

und die spezifische Nettoarbeit ergibt sich zu

$$-w_{\mathrm{t}}^{\mathrm{rev}} = (h_2 - h_3) - (h_1 - h_0) = c_{\mathrm{p}}^{\mathrm{ig}} T_0 \left[\frac{T_2}{T_0}\left(1 - \frac{1}{\lambda}\right) - (\lambda - 1)\right] \ .$$

Für die durch die Verbrennung zugeführte spezifische Wärme findet man

$$q_{12} = h_2 - h_1 = c_{\mathrm{p}}^{\mathrm{ig}}(T_2 - T_1) = c_{\mathrm{p}}^{\mathrm{ig}} T_0 \left(\frac{T_2}{T_0} - \frac{T_1}{T_0}\right)$$

$$= c_{\mathrm{p}}^{\mathrm{ig}} T_0 \left(\frac{T_2}{T_0} - \lambda\right) \ .$$

Damit ergibt sich der thermische Wirkungsgrad des Joule-Prozesses zu

$$\eta_{th}^{rev} = \frac{\frac{T_2}{T_0}\left(1 - \frac{1}{\lambda}\right) - (\lambda - 1)}{\frac{T_2}{T_0} - \lambda} = \frac{\frac{T_2}{T_0}\left(1 - \frac{\lambda}{T_2/T_0}\right)\left(1 - \frac{1}{\lambda}\right)}{\frac{T_2}{T_0}\left(1 - \frac{\lambda}{T_2/T_0}\right)} = \frac{\lambda - 1}{\lambda} .$$

Abb. B 6.9.2 zeigt den Verlauf des thermischen Wirkungsgrades über dem Druckverhältnis p/p_0 für das Arbeitsmedium Luft mit $\kappa = 1,4$. Für hohe thermische Wir-

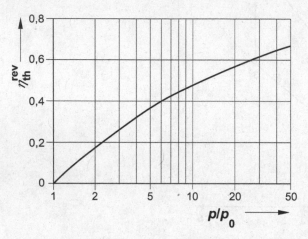

Abb. B 6.9.2. Thermischer Wirkungsgrad des Joule-Prozesses $(\kappa = 1,4)$

kungsgrade ist ein hohes Druckverhältnis erforderlich. Ähnlich wie beim Clausius-Rankine-Prozess kann auch beim Joule-Prozess nur ein Teil der zugeführten Wärme in Arbeit umgewandelt werden. Verantwortlich dafür ist die Entropiebilanz, die eine Wärmeabfuhr fordert. Bemerkenswert ist die hohe Temperatur der Wärmeabgabe, d.h. die hohe Austrittstemperatur t_3. Sie ergibt sich aus der Entropiebilanz um die Turbine, d.h. aus der Bedingung, dass die Entropie bei der reversibel-adiabaten Expansion konstant bleiben muss. Insbesondere sind die mittleren Temperaturen der Wärmeaufnahme und der Wärmeabgabe nicht unabhängig voneinander. Für ein vorgegebenes Druckverhältnis liegen die Isobaren des Prozesses fest. In der Regel ist auch die Temperatur T_0 vorgegeben. Die Temperatur T_2 wird durch die Wärmezufuhr bestimmt. Das Verhältnis von Wärmezufuhr und Wärmeabfuhr, und damit der thermische Wirkungsgrad, hängt beim Joule-Prozess nur vom Druckverhältnis ab. Der Umwandlungsgrad von Wärme in Arbeit wird im Joule Prozess somit insbesondere durch die Turbineneintrittstemperatur nicht unabhängig beeinflusst[13]. Allerdings nimmt mit zunehmendem Druckverhältnis die Temperatur T_2

---

[13] Bei der realen Gasturbine, d.h. unter Berücksichtigung von Maschinenwirkungsgraden, vergrößert sich der thermische Wirkungsgrad bei konstantem Druckverhältnis mit zunehmender Turbineneintrittstemperatur, vgl. Abschn. 6.4. Außerdem ergibt sich ein optimales Druckverhältnis, da die Verdichterarbeit dann stärker mit zunehmendem Druckverhältnis anwächst, als die Turbinenarbeit. Der Joule-Prozess gibt daher auf Grund des großen Einflusses der Maschinenwirkungsgrade die Eigenschaften einer realen Gasturbine nur sehr grob wieder.

bei unveränderten Zuständen auf der Niederdruckisobare zu. Die bei höheren Turbineneintrittstemperaturen höhere zugeführte spezifische Wärme wird im Kühler entsprechend teilweise wieder abgeführt. Die spezifische technische Arbeit des Joule-Prozesses ist die von den Zustandspunkten 0-1-2-3-0 eingeschlossene Fläche im T, s-Bild. Abb. B 6.9.3 zeigt die spezifische Arbeit als Funktion des Druckverhältnisses. Im Gegensatz zum thermischen Wirkungsgrad nimmt die spezifische Arbeit bei

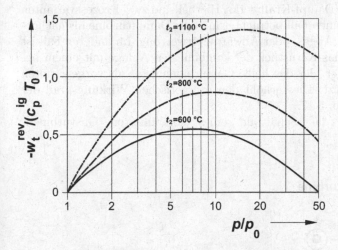

Abb. B 6.9.3. Arbeitsabgabe des Joule-Prozesses ($t_0 = 15°\text{C}$, $\kappa = 1,4$)

fester Turbineneintrittstemperatur nur bis zu einem Maximalwert mit steigendem Druckverhältnis zu und fällt danach wieder ab. Man erkennt im Übrigen einen starken und unabhängigen Einfluss der Turbineneintrittstemperatur. Hohe Turbineneintrittstemperaturen erhöhen die spezifische Arbeit der Gasturbine. Bei einem gegebenen Gasmassenstrom und damit für eine gegebene Maschinengröße führt daher eine höhere Turbineneintrittstemperatur auf Grund des höheren Volumenstromes zu einer höheren abgegebenen Arbeit, allerdings unter Aufnahme einer entsprechend größeren Wärme.

6.2.3 Das Kombi-Kraftwerk

Durch die Kombination von Gasturbine und Dampfturbine kann der Wirkungsgrad der Umwandlung von Wärme in Arbeit über die in den Abschnitten 6.2.1 und 6.2.2 betrachteten Prozesse hinaus gesteigert werden. Bei einer Gasturbine ist die mittlere Temperatur der Wärmeaufnahme sehr hoch, da heute bereits Turbineneintrittstemperaturen von ca. 1200°C und höher möglich sind. Der Exergieverlust bei der Wärmeaufnahme ist daher deutlich niedriger als beim Clausius-Rankine-Prozess. Der thermische Wirkungsgrad der Gasturbine ist im Wesentlichen durch die hohe Abgastemperatur begrenzt, während beim Dampfkraftwerk die Wärmeabgabe praktisch ohne Exergieverlust erfolgt. Bei der Umwandlung von Wärme in Arbeit ist somit

die Gasturbine günstig als Einrichtung zur Wärmeaufnahme, das Dampfkraftwerk hingegen günstig zur Wärmeabgabe. Es liegt daher nahe, beide
Prozesse zu kombinieren, d.h. die Wärme bei hoher Temperatur einer Gasturbine zuzuführen, den Dampf für die Dampfturbine aus der inneren Energie
des Abgases der Gasturbine zu erzeugen und die Wärmeabgabe des Prozesses
über die Kondensation des Dampfes zu bewerkstelligen. Dies ist das Prinzip
des kombinierten Gas/Dampf-Kraftwerks. Hierbei sind zwei Prozessvarianten
zu unterscheiden. Im einen Fall betrachtet man die Dampfturbine als nachgeschalteten Prozess zur Abgas- oder Abwärmeverwertung. Im anderen Fall ist
das Dampfkraftwerk das Kernstück der kombinierten Anlage mit einem befeuerten Dampferzeuger, der das heiße Gasturbinenabgas als vorgewärmten
Sauerstoffträger benutzt. Dies erhöht den exergetischen Wirkungsgrad der
Verbrennung, vgl. Abb. 5.17.

Abb. 6.13 zeigt das Schaltbild eines kombinierten Gasturbinen-

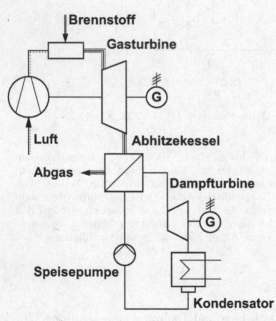

Abb. 6.13. Schaltbild eines kombinierten Gasturbinen-Dampfturbinen-Prozesses
mit Abhitzekessel

Dampfturbinen-Prozesses, in dem aus der Enthalpie des heißen Abgases in
einem so genannten Abhitzekessel Dampf für ein Dampfkraftwerk erzeugt
wird. In dieser Schaltung übernimmt das heiße Turbinenabgas im Abhitzekessel die Rolle des heißen Verbrennungsgases im Dampferzeuger einer
gewöhnlichen Dampfkraftanlage. Es hat eine Temperatur von ca. 500°C und
liefert die Wärme zur Dampferzeugung. Wegen der relativ niedrigen Temperatur des Abgases im Vergleich zum Verbrennungsgas einer Feuerung und

der damit einhergehenden Begrenzung durch den „Pinch", vgl. Abschn. 7.3.1, liegt der erreichbare Frischdampfzustand im Vergleich zum konventionellen Dampfkraftwerk allerdings bei deutlich niedrigeren Werten von Temperatur und Druck. Entsprechend bescheiden ist der thermische Wirkungsgrad des Dampfkraftprozesses. Abb. 6.14 zeigt das T, s-Diagramm des Prozesses, genauer das $T, \dot{S}$-Diagramm. Es bezieht sich nicht auf einen einzigen Stoff, z.B.

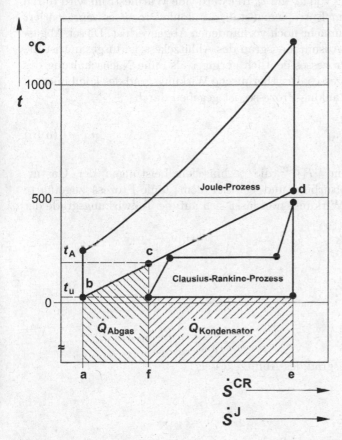

Abb. 6.14. Kombinierter Gasturbinen-Dampfturbinen-Prozess mit Abhitzekessel im $t, \dot{S}$-Diagramm

Wasser oder Luft, sondern enthält als Abszisse die Entropieströme, also die Größe $\dot{m}s$ für beide beteiligte Medien, Wasser und Luft. Der Entropiestrommaßstab ist für beide Medien unterschiedlich und ergibt sich aus der Forderung, dass das aus der Gasturbine austretende heiße Abgas durch Abkühlung die Wärmezufuhr zu dem Clausius-Rankine-Prozess abdecken muss. Die vom Joule-Prozess abgegebene Wärme wird durch die Fläche a-b-d-e-a dargestellt, wobei zu berücksichtigen ist, dass die Entropieskala $\dot{S}^{\mathrm{J}}$ ist und nicht $\dot{S}^{\mathrm{CR}}$. Ein

Teil von ihr, der im Entropiemaßstab des Joule-Prozesses durch die Fläche f-c-d-e-f dargestellt wird, geht als Wärmestrom $\dot{Q}^{CR}$ im Abhitzekessel auf den Wasser-Dampf-Kreislauf des Clausius-Rankine-Prozesses über und erzeugt aus Speisewasser Frischdampf. Die Enthalpie des Gasturbinenabgases wird bis zu der Temperatur t_A genutzt. Diese Abgastemperatur wird durch die Zustandsverläufe der beiden Arbeitsmedien im Abhitzekessel bestimmt. Der bei der Abkühlung von t_A auf t_u frei werdende Wärmestrom wird durch die Fläche a-b-c-f-a im Entropiemaßstab des Joule-Prozesses repräsentiert und entspricht dem nunmehr noch vorhandenen Abgasverlust. Dieser Abgasverlust bestimmt den Ausnutzungsgrad des Abhitzekessels. Insgesamt ist die Abwärme des Joule-Prozesses deutlich geringer als ohne Nachschaltung des Clausius-Rankine-Prozesses. Der thermische Wirkungsgrad des kombinierten Joule- und Clausius-Rankine-Prozesses ist gegeben durch

$$\eta_{th}^{rev} = \frac{|P_t|^J + |P_t|^{CR}}{\dot{Q}^J} \ . \tag{6.16}$$

Hierbei sind $|P_t|^J$ und $|P_t|^{CR}$ die technischen Leistungen der Gasturbine bzw. der Dampfturbine und $\dot{Q}^J$ der dem Joule-Prozess zugeführte Wärmestrom. Dieser Wirkungsgrad lässt sich auf die Teilwirkungsgrade der beiden Kreisprozesse

$$\eta_{th}^J = \frac{|P_t|^J}{\dot{Q}^J}$$

und

$$\eta_{th}^{CR} = \frac{|P_t|^{CR}}{\dot{Q}^{CR}} \ ,$$

sowie den Ausnutzungsgrad des Abhitzekessels

$$\eta_A = \frac{\dot{Q}^{CR}}{\dot{Q}^{CR} + \dot{Q}_{AG}}$$

zurückführen. Hier ist $\dot{Q}_{AG}$ der Abgasverlust, nach

$$\dot{Q}_{AG} = \dot{m}_A \left[h_A(t_A) - h_A(t_u) \right] \ .$$

Aus der Energiebilanz für das System aus Gasturbine und Abhitzekessel folgt, wenn die Enthalpie des Abgases und der Luft bei Umgebungstemperatur als gleich angenommen werden,

$$\dot{Q}^J = \dot{Q}_{AG} + |\dot{Q}|^{CR} + |P_t|^J = \frac{|\dot{Q}^{CR}|}{\eta_A} + |P_t|^J = \frac{|P_t^{CR}|}{\eta_A \eta_{th}^{CR}} + |P_t|^J \ ,$$

und damit

$$\left|P_{\mathrm{t}}^{\mathrm{CR}}\right| = \eta_{\mathrm{A}}\eta_{\mathrm{th}}^{\mathrm{CR}}\left(\dot{Q}^{\mathrm{J}} - |P_{\mathrm{t}}|^{\mathrm{J}}\right) \ .$$

Für den thermischen Wirkungsgrad des kombinierten Prozesses findet man also

$$\eta_{\mathrm{th}}^{\mathrm{rev}} = \frac{|P_{\mathrm{t}}^{\mathrm{J}}|\left(1 - \eta_{\mathrm{A}}\eta_{\mathrm{th}}^{\mathrm{CR}}\right) + \eta_{\mathrm{A}}\eta_{\mathrm{th}}^{\mathrm{CR}}\dot{Q}^{\mathrm{J}}}{\dot{Q}^{\mathrm{J}}} = \eta_{\mathrm{th}}^{\mathrm{J}} + \eta_{\mathrm{A}}\eta_{\mathrm{th}}^{\mathrm{CR}}\left(1 - \eta_{\mathrm{th}}^{\mathrm{J}}\right) \ , \qquad (6.17)$$

und damit eine grundsätzliche Steigerung gegenüber dem thermischen Wirkungsgrad des Joule-Prozesses.

Wird an Stelle des Abhitzekessels ein befeuerter Dampferzeuger eingesetzt, dessen Verbrennungsluft das heiße Abgas aus der Gasturbine ist, so ergibt sich die Schaltung nach Abb. 6.15. Neben dem Wärmestrom $\dot{Q}^{\mathrm{J}}$ wird dem

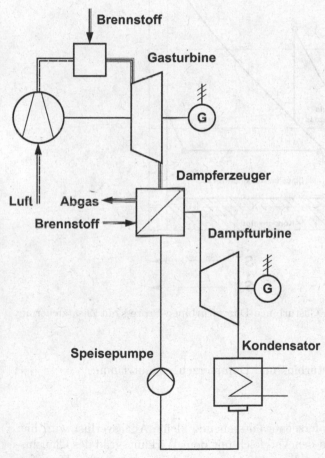

Abb. 6.15. Schaltbild eines kombinierten Gasturbinen-Dampfturbinen-Prozesses mit Zusatzfeuerung

Prozess nun auch im Dampferzeuger über die Verbrennung eines Brennstoffs ein Wärmestrom, der Wärmestrom $\dot{Q}$, zugeführt. Damit können der Frischdampfzustand des Clausius-Rankine-Prozesses und daher auch sein thermischer Wirkungsgrad auf die für diesen Prozess üblichen Werte gebracht werden. Abb. 6.16 zeigt das $T, \dot{S}$-Diagramm dieses Prozesses. Die Energiebilanz

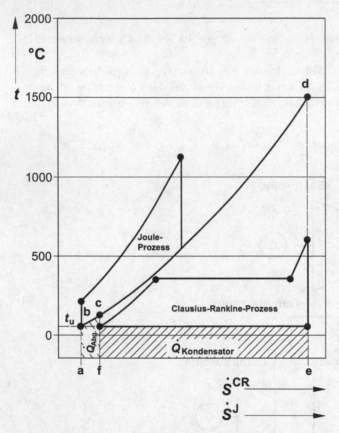

Abb. 6.16. Kombinierter Gasturbinen-Dampfturbinen-Prozess mit Zusatzfeuerung im $t, \dot{S}$-Diagramm

für das System aus Gasturbine und Dampferzeuger lautet nun

$$\dot{Q}^{\mathrm{J}} + \dot{Q} = \dot{Q}^{\mathrm{CR}} + |P_{\mathrm{t}}^{\mathrm{J}}| \ .$$

Der eigentlich im Dampferzeuger entstehende kleine Abgasverlust wird hier nicht berücksichtigt, um den Vergleich mit dem Wirkungsgrad des Clausius-Rankine-Prozesses herzustellen, bei dem der Abgasverlust des Dampferzeugers ebenfalls nicht berücksichtigt wird. Wie man aus dem Vergleich der Fläche f-c-d-e-f im Entropiemaßstab des Joule-Prozesses, die den an den Clausius-Rankine-Prozess übertragenen Wärmestrom darstellt, mit der Fläche a-b-c-f-a, die den Abgasverlust repräsentiert, erkennt, ist der Abgasverlust bei dieser Schaltung relativ unbedeutend im Vergleich zu $\dot{Q}^{\mathrm{CR}}$. Es ergibt sich also

$$\dot{Q}^{\mathrm{J}} + \dot{Q} = \frac{|P_{\mathrm{t}}|^{\mathrm{CR}}}{\eta_{\mathrm{th}}^{\mathrm{CR}}} + |P_{\mathrm{t}}|^{\mathrm{J}} \ ,$$

und damit

$$|P_{\mathrm{t}}^{\mathrm{CR}}| = \eta_{\mathrm{th}}^{\mathrm{CR}} \left(\dot{Q}^{\mathrm{J}} + \dot{Q} - |P_{\mathrm{t}}^{\mathrm{J}}| \right) \ .$$

Für den thermischen Wirkungsgrad der gesamten Anlage gilt also

$$\eta_{\mathrm{th}}^{\mathrm{rev}} = \frac{|P_{\mathrm{t}}|^{\mathrm{J}} + |P_{\mathrm{t}}|^{\mathrm{CR}}}{\dot{Q}^{\mathrm{J}} + Q} = \frac{|P_{\mathrm{t}}^{\mathrm{J}}| \left(1 - \eta_{\mathrm{th}}^{\mathrm{CR}} \right) + \eta_{\mathrm{th}}^{\mathrm{CR}} \left(\dot{Q}^{\mathrm{J}} + \dot{Q} \right)}{\dot{Q}^{\mathrm{J}} + \dot{Q}}$$

$$= \eta_{\mathrm{th}}^{\mathrm{CR}} + \frac{\eta_{\mathrm{th}}^{\mathrm{J}}}{1 + \beta} \left(1 - \eta_{\mathrm{th}}^{\mathrm{CR}} \right) \tag{6.18}$$

mit

$$\beta = \frac{\dot{Q}}{\dot{Q}^{\mathrm{J}}} \tag{6.19}$$

als dem Verhältnis der dem Dampferzeuger zugeführten Wärme zu der dem Joule-Prozess zugeführten Wärme. Der thermische Wirkungsgrad dieses kombinierten Prozesses ist damit grundsätzlich höher als der des Clausius-Rankine-Prozesses und geht für $\beta \to \infty$, d.h. $\dot{Q}^{\mathrm{J}} = 0$, in diesen über. Für $\beta = 0$ geht (6.18) in (6.17) über, wenn dort der Ausnutzungsgrad des Abhitzekessels $\eta_{\mathrm{A}} = 1$ gesetzt wird.

Beispiel 6.10

Der in Abb. B 6.10.1 schematisch dargestellte kombinierte Gas-Dampfturbinenprozess (GUD) soll als Kombination eines Joule-Prozesses und eines Clausius-Rankine-Prozesses analysiert werden. Die Abgasenthalpie des Gasturbinenprozesses wird im Abhitzekessel AHK zur Aufheizung und Verdampfung des Speisewassers genutzt. Die vom Verdichter der Gasturbine angesaugte Luft ($\dot{m}_{\mathrm{L}} = 40$ kg/s, $c_{\mathrm{pL}}^{\mathrm{ig}} = 1$ kJ/(kg K), $\kappa = 1{,}4$) hat die Zustandswerte $p_{\mathrm{u}} = 0{,}1$ MPa, $t_{\mathrm{u}} = 20°\mathrm{C}$. Sie wird im Verdichter reversibel-adiabat auf $p_4 = 0{,}767$ MPa verdichtet. Im nachfolgenden Gaserhitzer wird die Luft auf $t_5 = 1200°\mathrm{C}$ aufgeheizt und in der Turbine reversibel-adiabat auf $p_6 = p_{\mathrm{u}} = 0{,}1$ MPa entspannt. Das Speisewasser des Clausius-Rankine-Prozesses mit einem Massenstrom $\dot{m}_{\mathrm{W}} = 5{,}3$ kg/s wird dem Abhitzekessel als unterkühlte Flüssigkeit beim Druck $p_1 = 5$ MPa zugeführt. Der Dampf verlässt den Abhitzekessel im Zustand 2 überhitzt bei $p_2 = 5$ MPa und $t_2 = 400°\mathrm{C}$. Anschließend wird er in der Turbine reversibel-adiabat auf $p_3 = p_0 = 0{,}01$ MPa entspannt und im Kondensator auf den Zustand 0 der siedenden Flüssigkeit kondensiert. Man berechne die zu- und abgeführten Energieströme, die thermischen Wirkungsgrade des Joule-Prozesses, des Clausius-Rankine-Prozesses

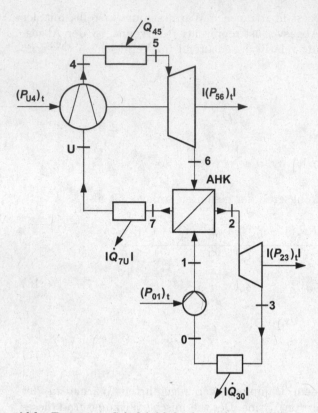

Abb. B 6.10.1. Schaltbild des betrachteten GUD-Prozesses

und des gesamten Prozesses und zeichne ein maßstäbliches $T, \dot{S}$-Bild des Prozesses.

Lösung

Der thermische Wirkungsgrad der Gasturbine beträgt nach Beispiel 6.9

$$\eta_{\text{th}}^{\text{J}} = \frac{\lambda - 1}{\lambda} \ .$$

Mit

$$\lambda = \left(\frac{p_4}{p_{\text{u}}}\right)^{\frac{\kappa-1}{\kappa}} = 7,67^{\frac{0,4}{1,4}} = 1,79$$

ergibt sich

$$\eta_{\text{th}}^{\text{J}} = \frac{1,79 - 1}{1,79} = 0,441 \ .$$

Die unbekannten Temperaturen an den Zustandspunkten 4 und 6 ergeben sich aus

$$T_4 = T_{\text{u}}\lambda = 293,15 \cdot 1,79 = 524,7 \text{ K}$$

und

$$T_6 = \frac{T_5}{\lambda} = \frac{1473,15}{1,79} = 823,0 \text{ K} .$$

Die von der Turbine abgegebene technische Leistung beträgt

$$(P_{56})_t^{\text{rev}} = \dot{m}_L c_{pL}^{\text{ig}}(T_6 - T_5) = 40 \cdot 1 \cdot (823,0 - 1473,15) = -26006 \text{ kW} .$$

Die im Verdichter zugeführte technische Leistung ergibt sich zu

$$(P_{u4})_t^{\text{rev}} = \dot{m}_L c_{pL}^{\text{ig}}(T_4 - T_u) = 40 \cdot 1 \cdot (524,7 - 293,15) = 9262 \text{ kW} ,$$

und der zur Gaserhitzung zuzuführende Wärmestrom beträgt

$$\dot{Q}_{45} = \dot{m}_L c_{pL}^{\text{ig}}(T_5 - T_4) = 40 \cdot 1 \cdot (1473,15 - 524,7) = 37938 \text{ kW} .$$

Die Leistungsaufnahme der Speisewasserpumpe wird näherungsweise berechnet zu

$$(P_{01})_t^{\text{rev}} = \dot{m}_W v^{\text{if}}(5 - 0,01) = 5,3 \text{ kg/s} \cdot 0,001 \text{ m}^3/\text{kg} \cdot 4,99 \cdot 10^6 \text{ N/m}^2 = 26,45 \text{ kW} .$$

Die Enthalpie im Punkt 1 beträgt damit

$$h_1 = h_0 + \frac{(P_{01})_t^{\text{rev}}}{\dot{m}_W} = 191,83 + \frac{26,45}{5,3} = 196,82 \text{ kJ/kg} .$$

Bei der Zustandsänderung des Wassers im Abhitzekessel nimmt der Wasser-/ Dampf-Kreislauf den Wärmestrom

$$\dot{Q}_{12} = \dot{m}_W(h_2 - h_1) = 5,3(3195,7 - 196,82) = 15894 \text{ kW}$$

auf. Das entspricht einer Abkühlung des Turbinenabgases im Abhitzekessel auf

$$t_7 = t_6 - \frac{\dot{Q}_{12}}{\dot{m}_L c_{pL}} = 152,50°C .$$

Damit ergibt sich ein Ausnutzungsgrad des Abhitzekessels von

$$\eta_A = \frac{\dot{Q}_{12}}{\dot{Q}_{12} + \dot{m}_L c_{pL}^{\text{ig}}(152,50 - 20)} = 0,75 ,$$

und der an die Umgebung abzugebende Wärmestrom des Abgases aus dem Abhitzekessel beträgt

$$|\dot{Q}_{7u}| = \dot{m}_L c_{pL}^{\text{ig}}(152,50 - 20) = 5300 \text{ kW} .$$

Der Zustand 3 nach der Entspannung in der Dampfturbine ist durch $p_3 = 0,01$ MPa und $s_3 = s_2$ definiert. Mit $s_3 = 6,6459$ kJ/(kg K) erkennt man aus den Entropiedaten der Sättigungskurven bei $p_3 = 0,01$ MPa, dass der Zustand 3 im Nassdampfgebiet liegt. Der Dampfgehalt im Zustand 3 ergibt sich aus

$$s_3 = s'(0,01 \text{ MPa}) + x_3[s''(0,01 \text{ MPa}) - s'(0,01 \text{ MPa})]$$

zu

$$x_3 = \frac{s_3 - s'(0,01 \text{ MPa})}{s''(0,01 \text{ MPa}) - s'(0,01 \text{ MPa})} = \frac{6,6459 - 0,6493}{8,1502 - 0,6493} = 0,7995 .$$

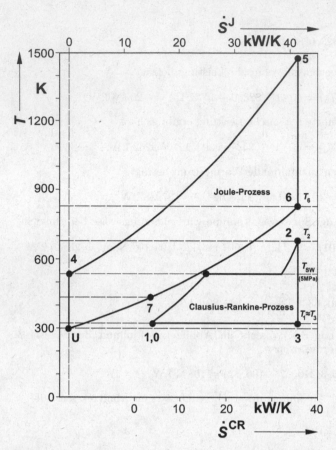

Abb. B 6.10.2. Maßstäbliches $T, \dot{S}$-Diagramm des GUD-Prozesses

Damit ergibt sich die Enthalpie des Nassdampfes im Zustand 3 zu

$$h_3 = h'(0,01 \text{ MPa}) + x_3(h'' - h')_{0,01 \text{ MPa}} = 191,83 + 0,7995(2584,7 - 191,83)$$
$$= 2104,9 \text{ kJ/kg} .$$

Die Leistungsabgabe der Dampfturbine beträgt damit

$$(P_{23})_t^{rev} = \dot{m}_W(h_3 - h_2) = 5,3(2104,9 - 3195,7) = -5781 \text{ kW} ,$$

und der an die Umgebung abzugebende Wärmestrom des Dampfkraftprozesses

$$\dot{Q}_{30} = \dot{m}_W(h_0 - h_3) = 5,3(191,83 - 2104,9) = -10139 \text{ kW} .$$

Der thermische Wirkungsgrad des Dampfkraftprozesses beträgt demnach

$$\eta_{th}^{CR} = \frac{|(P_{23})_t^{rev}| - (P_{01})_t^{rev}}{\dot{Q}_{12}} = \frac{5781 - 26,45}{15894} = 0,362 .$$

Der thermische Wirkungsgrad des gesamten Prozesses ist damit

$$\eta_{th}^{rev} = \eta_{th}^{J} + \eta_A \eta_{th}^{CR}(1 - \eta_{th}^{J}) = 0,441 + 0,75 \cdot 0,362(1 - 0,441) = 0,593 \ .$$

Abb. B 6.10.2 zeigt das maßstäbliche $T, \dot{S}$-Bild des Kombiprozesses. Man wählt zunächst einen Maßstab für die Temperaturachse und zeichnet die ausgezeichneten Temperaturen ein. Dies sind die Temperatur T_6 des heißen Abgases aus der Gasturbine, die Temperatur T_2 des Frischdampfes, die Siedetemperatur des Dampfes T_{SW}, die Temperatur T_7 des heißen Abgases bei Austritt aus dem Abhitzekessel, die Temperatur $T_1 \approx T_3$ der Kondensation und die Eintrittstemperatur T_u der Luft. Zunächst wird der Clausius-Rankine-Prozess eingezeichnet. Die spezifische Entropie des Frischdampfes im Zustand 2 ist $s_2 = 6,6459$ kJ/(kg K), d.h. der Entropiestrom beträgt $\dot{S}_2 = 35,22$ kW/K. Aus der Wasserdampftafel werden die spezifischen Entropien auf der Siede- und Taulinie, sowie im Zustand 1, der in guter Näherung dem Zustand 0 vor der Speisepumpe entspricht, abgelesen. Mit $s_1 = 0,6493$ kJ/(kgK) folgt $\dot{S}_1 = 3,44$ kW/K. Damit kann der Clausius-Rankine-Prozess in das $T, \dot{S}$-Diagramm eingezeichnet werden. Die Abkühlisobare des Joule-Prozesses ist durch die Temperaturen an den Punkten 6 und 7 festgelegt. Der Entropiestrommaßstab für die Luft muss so gewählt werden, dass der Punkt 7 senkrecht über dem Punkt 1 liegt. Da die tatsächliche Entropiestromdifferenz $\Delta\dot{S}_{67} = \dot{m}_L c_{pL}^{ig} \ln(T_6/T_7)$ $= 26,37$ kW/K beträgt, die entsprechende Entropieänderung des Wassers von 1 nach 2 aber $\Delta\dot{S}_{12} = 31,78$ kW/K, muss der Maßstab für den Entropiestrom der Luft so gewählt werden, dass $\Delta\dot{S}_{67}$ und $\Delta\dot{S}_{12}$ die gleiche Abszissenlänge in Anspruch nehmen. Damit liegen dann auch der Zustandspunkt u sowie die anderen Zustandspunkte des Joule-Prozesses fest.

6.2.4 Das Strahltriebwerk

Außer technischer Arbeit lässt sich auch als gleichwertige Energieform die hohe kinetische Energie eines Luftstrahles durch eine Umwandlung aus Brennstoffenergie erzeugen. Dies geschieht in einem Strahltriebwerk. Sein wesentliches Bauelement ist eine Gasturbine mit vorgeschaltetem Diffusor und nachgeschalteter Düse. Die Abb. 6.17 zeigt den schematischen Aufbau des Strahltriebwerks. Es besteht aus einem Einlaufdiffusor, in dem die Luft unter Druck-

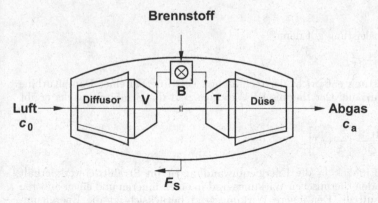

Abb. 6.17. Schema eines Strahltriebwerks

anstieg verzögert wird, dem Verdichter V, der Brennkammer B, der Turbine T und der Schubdüse zur Beschleunigung des austretenden Verbrennungsgases. Beim Einsatz der Gasturbine als Flugzeugantrieb wird die bei der Verbrennung frei werdende Energie nur zu einem geringen Anteil in technische Arbeit umgewandelt, um den Verdichter anzutreiben. Zum größeren Teil wird sie in einer Düse in hohe kinetische Energie des Verbrennungsgases transformiert. Der Vortrieb des Strahltriebwerks kommt dadurch zustande, dass der Impulsstrom des austretenden Strahls auf Grund seiner hohen kinetischen Energie größer ist als der des eintretenden. Für die thermodynamische Analyse wird die Verbrennung wie bei der Gasturbine durch eine äußere Wärmezufuhr ersetzt. Es entsteht damit wiederum eine Wärmekraftmaschine, wobei die erzeugte Arbeit als Vortriebsleistung in Erscheinung tritt.

Beispiel 6.11

Ein Flugzeug soll durch ein Strahltriebwerk auf der Geschwindigkeit $c_0 = 246$ m/s gehalten werden. Temperatur und Druck in Flughöhe betragen $t_0 = -37°$C und $p_0 = 35$ kPa. Der Verdichter arbeitet mit einem Druckverhältnis von $p_1/p_2 = 0,1$. Durch Wärmezufuhr erreicht die Luft eine Temperatur vor der Turbine von $t_3 = 1200°$C. Man berechne den thermischen Wirkungsgrad des Strahltriebwerks sowie die Austrittsgeschwindigkeit des Luftstrahls und die spezifischen Werte von Schub, Vortriebsleistung und zuzuführendem Wärmestrom.

Lösung

Die Vortriebsleistung ergibt sich aus dem Produkt aus Schubkraft F_S und Fluggeschwindigkeit c_0 zu

$$|P_V| = F_S c_0 \ .$$

Die Schubkraft F_S ist gleich der zeitlichen Änderung des Impulses, bei einem stationären Prozess also gleich der Änderung des Impulsstromes im Kontrollraum. Vernachlässigt man hier den kleinen Brennstoffmassenstrom, so hat man nur die zeitliche Änderung des Luftstromimpulses zu berücksichtigen und findet

$$|F_S| = \dot{m}_L (c_a - c_0) \ .$$

Für die Vortriebsleistung gilt dann

$$|P_V| = \dot{m}_L (c_a c_0 - c_0^2) \ .$$

Die Vortriebsleistung entspricht der technischen Leistung bei einer Dampfturbine oder einer Gasturbine. Der thermische Wirkungsgrad des Strahltriebwerks ergibt sich somit zu

$$\eta_{th} = \frac{|P_V|}{\dot{Q}} = \frac{\dot{m}_L c_0^2}{\dot{Q}} \left[\frac{c_a}{c_0} - 1 \right] \ .$$

Genaueren Einblick in die Energieumwandlungen im Strahltriebwerk erhält man, wenn man den thermischen Wirkungsgrad in einen inneren und einen äußeren Wirkungsgrad aufteilt. Der innere Wirkungsgrad berücksichtigt die Energieumwandlungen im Inneren des Strahltriebwerks von der zugeführten Wärme in eine Differenz von kinetischen Energien des austretenden und eintretenden Luftstrahls.

Der äußere Wirkungsgrad berücksichtigt die Umwandlung dieser Differenz an kinetischen Energien in die Vortriebsleistung. Damit lässt sich der thermische Wirkungsgrad des Strahltriebwerkes faktorisieren in

$$\eta_{\text{th}} = \eta_{\text{i}}\eta_{\text{a}} \ ,$$

mit

$$\eta_{\text{i}} = \frac{\dot{m}_{\text{L}}\left(c_{\text{a}}^2/2 - c_0^2/2\right)}{\dot{Q}}$$

und

$$\eta_{\text{a}} = \frac{|P_{\text{V}}|}{\dot{m}_{\text{L}}\left(c_{\text{a}}^2/2 - c_0^2/2\right)} = \frac{2}{1 + \frac{c_{\text{a}}}{c_0}} \ .$$

Werte $\eta_{\text{i}} < 1$ bedeuten, dass ein Teil der zugeführten Wärme nicht in kinetische Energie des Luftstrahls, sondern innerhalb des Triebwerks in innere Energie des Abgases und schließlich in nutzlose innere Energie der Umgebung umgewandelt wird. Werte $\eta_{\text{a}} < 1$ bedeuten, dass ein Teil der kinetischen Energie des Luftstrahls nicht in Vortriebsleistung, sondern außerhalb des Triebwerkes nutzlos in innere Energie der Umgebung umgewandelt wird. Die Austrittsgeschwindigkeit c_{a} hängt von den Energieumwandlungen im Inneren des Triebwerkes ab.

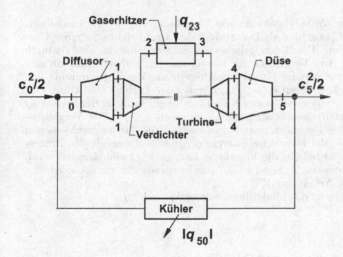

Abb. B 6.11.1. Schaltschema des Prozesses

Die thermodynamische Untersuchung der Energieumwandlungen in einem Strahltriebwerk erstreckt sich auf die im Inneren ablaufenden Prozesse, durch die die zugeführte Wärme in kinetische Energie des Luftstrahles umgewandelt wird. Wie üblich betrachten wir einen reversiblen Modellprozess, um die wesentlichen thermodynamischen Parameter hervortreten zu lassen. Das Schaltschema dieses Modellprozesses ist in Abb. B 6.11.1 dargestellt, das zugehörige T,s-Bild in Abb. B 6.11.2. Die Wärmezufuhr erfolgt von $2 \rightarrow 3$ an einen im geschlossenen Kreislauf geführten Luftstrom, der Abgasverlust auf Grund der hohen Abgastemperatur

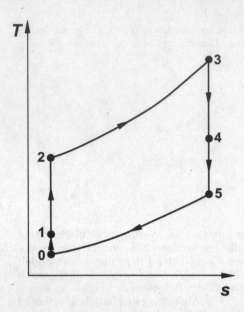

Abb. B 6.11.2. Modellprozess des Strahltriebwerks im T, s-Bild

wird durch eine isobare Wärmeabgabe an die Umgebung von $5 \to 0$ modelliert. Insoweit entspricht die Gasturbine als Bestandteil des Strahltriebwerks einer Gasturbine zur Arbeitsleistung. Die Besonderheit eines Strahltriebwerks wird dadurch berücksichtigt, dass vor dem Verdichter der Gasturbine ein Diffusor, d.h. ein sich in Strömungsrichtung erweiternder Kanal zur Abbremsung der Luftströmung von der Eintrittsgeschwindigkeit c_0 auf $c_1 \approx 0$, und hinter der Turbine eine Düse, d.h. ein sich in Strömungsrichtung verengender Kanal zur Beschleunigung der Strömung von $c_4 \approx 0$ auf die Austrittsgeschwindigkeit c_5, vorgesehen wird. Der Vergleichsprozess 0-1-2-3-4-5-0 ist ein geschlossener Kreisprozess. Aus diesem geschlossenen Kreisprozess wird bei (5) die kinetische Energie $c_5^2/2$ als Nutzenergie des Prozesses ausgekoppelt, während bei (0) die kinetische Energie $c_0^2/2$ eingekoppelt wird. Die in der Turbine gewonnene Arbeit $(w_{34})_t^{\text{rev}}$ deckt gerade die zum Antrieb des Verdichters erforderliche Arbeit $(w_{12})_t^{\text{rev}}$ ab.

Der innere Wirkungsgrad des Modellprozesses ergibt sich zu

$$\eta_i = \frac{c_5^2/2 - c_0^2/2}{q_{23}} \ .$$

Mit der Energiebilanz um den gesamten Modellprozess

$$q_{23} + c_0^2/2 = |q_{50}| + c_5^2/2$$

folgt daraus

$$\eta_i = 1 - \frac{|q_{50}|}{q_{23}}$$

bzw. unter Verwendung der Entropiebilanz für den reversiblen Prozess

$$\eta_i^{\text{rev}} = 1 - \frac{T_{m,50}}{T_{m,23}} = \eta_c \ .$$

Der innere Wirkungsgrad des reversiblen Strahltriebwerkes entspricht also dem thermischen Wirkungsgrad eines reversiblen Wärmekraftprozesses. Mit Hilfe des Stoffmodells „Ideales Gas"lässt sich dafür eine geschlossene Gleichung mit den vorgegebenen Parametern Eintrittstemperatur T_0 und Druckverhältnis p_1/p_2 entwickeln. Hierzu schreiben wir

$$\eta_i = 1 - \frac{T_5 - T_0}{T_3 - T_2}.$$

Wegen der bei reversiblen Zustandsänderungen gültigen Entropiebilanz

$$s_5 - s_0 = c_p^{ig} \ln \frac{T_5}{T_0} = s_3 - s_2 = c_p^{ig} \ln \frac{T_3}{T_2}$$

gilt

$$\frac{T_5}{T_0} = \frac{T_3}{T_2}$$

und damit

$$\eta_i^{rev} = 1 - \frac{T_0}{T_2}.$$

Die Temperatur nach der Verdichtung T_2 ist nicht vorgegeben. Bekannt sind vielmehr die Eintrittstemperatur T_0 und die Fluggeschwindigkeit c_0. Ein einschlägiger Parameter ist wie bei allen Gasturbinenprozessen das Druckverhältnis p_1/p_2. Um den inneren Wirkungsgrad als Funktion dieser Größen auszudrücken, schreiben wir

$$\eta_i^{rev} = 1 - \frac{T_0}{T_1}\frac{T_1}{T_2}.$$

Aus der Energiebilanz um den Diffusor

$$(c_0^2 - c_1^2) = 2c_p^{ig}(T_1 - T_0)$$

folgt mit $c_1 = 0$

$$\frac{T_0}{T_1} = \frac{2c_p^{ig}T_0}{2c_p^{ig}T_0 + c_0^2} = 1 - \frac{1}{1 + \frac{2c_p^{ig}T_0}{c_0^2}}.$$

Wegen der Isentropenbeziehung

$$\frac{T_1}{T_2} = \left(\frac{p_1}{p_2}\right)^{\frac{\kappa-1}{\kappa}}$$

ergibt sich schließlich für den inneren Wirkungsgrad des reversiblen Strahltriebwerks

$$\eta_i^{rev} = 1 - \left(\frac{p_1}{p_2}\right)^{(\kappa-1)/\kappa} \left[1 - \frac{1}{1 + \frac{2c_p^{ig}T_0}{c_0^2}}\right].$$

Die Zustandsgrößen an den einzelnen Zustandspunkten ergeben sich aus den Beziehungen

$$T_1 = T_0 + \frac{c_0^2}{2c_{\mathrm{p}}^{\mathrm{ig}}} \; ,$$

$$p_1 = p_0 \left(\frac{T_1}{T_0}\right)^{\kappa/(\kappa-1)} \; ,$$

und

$$T_2 = T_1 \left(\frac{p_2}{p_1}\right)^{(\kappa-1)/\kappa} \; .$$

Die Temperatur t_3 beträgt nach Aufgabenstellung $t_3 = 1200^\circ\mathrm{C}$. Mit bekanntem T_3 folgt dann aus der Bedingung, dass die technische Arbeit der Turbine gerade ausreichen muss, um den Verdichter anzutreiben, für die Turbinenaustrittstemperatur T_4

$$T_4 = T_3 - (T_2 - T_1) \; .$$

Außerdem gelten die Isentropengleichungen

$$p_4 = p_2 \left(\frac{T_4}{T_3}\right)^{\kappa/(\kappa-1)}$$

und

$$T_5 = T_4 \left(\frac{p_0}{p_4}\right)^{(\kappa-1)/\kappa} \; .$$

Die Austrittsgeschwindigkeit des Luftstrahles ergibt sich schließlich aus

$$c_5 = c_{\mathrm{a}} = \sqrt{2c_{\mathrm{p}}^{\mathrm{ig}}(T_4 - T_5)} \; ,$$

wenn die Geschwindigkeit am Eintritt in die Schubdüse in guter Näherung zu Null angenommen wird.

Zur Auswertung der allgemeinen Gleichungen für den betrachteten Fall benötigen wir die Idealgaswärmekapazität der Luft und ihren Isentropenexponenten. Näherungsweise nehmen wir für Luft den bereits bei der Behandlung der trockenen Luft eingeführten Wert der Idealgaswärmekapazität von $c_{\mathrm{p}}^{\mathrm{ig}} = 1$ kJ/kg K an. Mit einer Molmasse der Luft von $M = 28{,}850$ g/mol ergibt sich eine spezifische Gaskonstante für Luft von $R/M = 8{,}315/28{,}850 = 0{,}288$ kJ/kg K und daraus der Isentropenexponent von

$$\kappa = \frac{c_{\mathrm{p}}^{\mathrm{ig}}}{c_{\mathrm{v}}^{\mathrm{ig}}} = \frac{1}{1 - 0{,}288} = 1{,}4 \; .$$

Der innere Wirkungsgrad des Strahltriebwerks wird damit

$$\eta_{\mathrm{i}}^{\mathrm{rev}} = 1 - 0{,}1^{\frac{0{,}4}{1{,}4}} \left[1 - \frac{1}{1 + \frac{2 \cdot 236{,}15}{246^2 \cdot 10^3}} \right] = 0{,}540 \; .$$

Zur Berechnung des äußeren Wirkungsgrades benötigen wir die Austrittsgeschwindigkeit c_5 des Luftstrahls und damit die Temperaturen T_4 und T_5. Zur Berechnung der Temperaturen T_4 und T_5 brauchen wir die Werte der Zustandsgrößen an den davor liegenden Prozesspunkten. Im Einzelnen finden wir:

$$T_1 = T_0 + \frac{c_0^2}{2c_{\mathrm{p}}^{\mathrm{ig}}} = 236,15 + \frac{246^2 \cdot 10^3}{2} = 266,41 \text{ K}$$

$$p_1 = p_0 \left(\frac{T_1}{T_0}\right)^{\frac{\kappa}{\kappa-1}} = 35 \left(\frac{266,41}{236,15}\right)^{\frac{1,4}{0,4}} = 53,37 \text{ kPa}$$

$$T_2 = T_1 \left(\frac{p_2}{p_1}\right)^{\frac{\kappa-1}{\kappa}} = 266,41(10)^{\frac{0,4}{1,4}} = 514,36 \text{ K}$$

$$T_4 = T_3(T_2 - T_1) = 1473,15(514,36 - 266,41) = 1225,20 \text{ K}$$

$$p_4 = p_2 \left(\frac{T_4}{T_3}\right)^{\frac{\kappa}{\kappa-1}} = 533,7 \left(\frac{1225,20}{1473,15}\right)^{\frac{1,4}{0,4}} = 280,0 \text{ kPa}$$

$$T_5 = T_4 \left(\frac{p_0}{p_4}\right)^{\frac{\kappa-1}{\kappa}} = 1225,20 \left(\frac{35}{280,0}\right)^{\frac{0,4}{1,4}} = 676,37 \text{ K .}$$

Damit ergibt sich die Austrittsgeschwindigkeit des Luftstrahls zu

$$c_5 = c_{\mathrm{a}} = \sqrt{2c_{\mathrm{p}}^{\mathrm{ig}}(T_4 - T_5)} = \sqrt{2(1225,20 - 676,37) \cdot 10^3} = 1047,7 \text{ m/s ,}$$

und der äußere Wirkungsgrad wird

$$\eta_{\mathrm{a}} = \frac{2}{1 + \frac{c_{\mathrm{a}}}{c_0}} = \frac{2}{1 + \frac{1047,7}{246}} = 0,380 \text{ .}$$

Für den thermischen Wirkungsgrad des Strahltriebwerks folgt schließlich

$$\eta_{\mathrm{th}}^{\mathrm{rev}} = \eta_{\mathrm{i}}^{\mathrm{rev}} \eta_{\mathrm{a}} = 0,540 \cdot 0,380 = 0,205 \text{ .}$$

Der spezifische Schub beträgt

$$\frac{|F_{\mathrm{S}}|}{\dot{m}_{\mathrm{L}}} = c_{\mathrm{a}} - c_0 = 1047,7 - 246 = 802 \frac{\text{N}}{\text{kg/s}} \text{ ,}$$

die spezifische Vortriebsleistung

$$\frac{|P_{\mathrm{V}}|}{\dot{m}_{\mathrm{L}}} = \frac{|F_{\mathrm{S}}|}{\dot{m}_{\mathrm{L}}} c_0 = 197 \frac{\text{kW}}{\text{kg/s}}$$

und die spezifische zuzuführende Wärme

$$q_{23} = h_3 - h_2 = c_{\mathrm{p}}^{\mathrm{ig}}(T_3 - T_2) = 1 \cdot (1473,15 - 514,36) = 958,8 \text{ kJ/kg .}$$

Es sei darauf hingewiesen, dass angesichts der großen Temperaturänderung die Verwendung einer temperaturunabhängigen Wärmekapazität von $c_{\mathrm{p}}^{\mathrm{ig}} = 1$ kJ/(kg K) eine grobe Näherung darstellt.

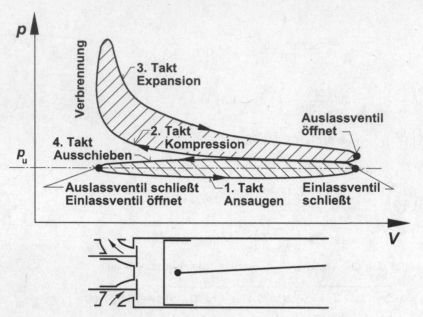

Abb. 6.18. p, V-Diagramm eines Otto-Motors

6.2.5 Verbrennungsmotoren

Auch Verbrennungsmotoren wandeln ähnlich wie Gasturbinen und Dampf-kraftwerke Brennstoffenergie in Arbeit um. Die bekanntesten Maschinentypen sind der Otto-Motor und der Diesel-Motor. Die Prozesse macht man sich am leichtesten an Hand einer Darstellung im p, V-Diagramm klar. Wir betrachten hier den Otto-Motor, und zwar das so genannte Viertaktverfahren, vgl. Abb. 6.18. Der Prozess beginnt damit, dass bei geschlossenem Auslassventil und geöffnetem Einlassventil das Kraftstoff/Luft-Gemisch im Saughub eingesaugt wird (1. Takt). Im zweiten Takt wird das brennbare Gemisch verdichtet. An-schließend wird durch elektrische Zündung die Verbrennung des verdichteten Gemisches eingeleitet. Durch die dadurch auftretende starke und momenta-ne Temperatursteigerung erhöht sich der Druck im Zylinder sehr stark. Es folgt dann als dritter Takt die Expansion, wobei Arbeit geleistet wird. Nach oder kurz vor Abschluss der Expansion öffnet sich das Auslassventil, durch das das Verbrennungsgas in die Umgebung verpuffen kann. Im vierten Takt schließlich wird das Restgas aus dem Zylinder ausgestoßen. Im Rahmen der thermodynamischen Analyse werden die realen Prozesse in Verbrennungsmo-toren durch Wärmekraftprozesse modelliert.

Beispiel 6.12

Der thermodynamische Modellprozess des Otto-Motors ist der Otto-Prozess. Er wird auch als Verpuffungs- oder Gleichraumprozess bezeichnet. Hierbei werden für die Kompression und Expansion reversibel-adiabate Zustandsänderungen angenommen. Diese Zustandsänderungen verlaufen bei konstanter Entropie, d.h. isentrop. Dies entspricht nicht der Realität, da jeder Verbrennungsmotor aus Gründen der Materialschonung gekühlt werden muss und außerdem in Kolbenmaschinen in erheblichem Maße Dissipation auftritt. Der Energieeintrag durch Kraftstoffverbrennung wird als reversibel-isochore Wärmezufuhr modelliert. Das Einschieben sowie auch das Ausschieben werden als Arbeitsgänge vernachlässigt und der Fluidaustausch durch eine isochore Kühlung ersetzt. Diese isochore Kühlung repräsentiert energetisch den Abgasverlust. Damit erhält man den in Abb. B 6.12.1 dargestellten Modellprozess des Otto-Motors, der ein reversibler

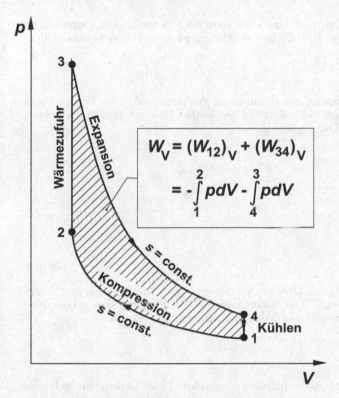

$$W_V = (W_{12})_V + (W_{34})_V$$

$$= - \int_1^2 p\,dV - \int_4^3 p\,dV$$

Abb. B 6.12.1. Otto-Prozess im p, V-Diagramm

Kreisprozess eines geschlossenen Systems ist. Es ist klar, dass der reale Otto-Prozess deutlich von diesem Modellprozess mit seinen stark vereinfachenden Annahmen abweicht, sicher deutlicher als die realen Prozesse in Dampf- und Gas-Kraftwerken von den entsprechenden Modellprozessen. Für einen speziellen Prozess mit $V_{max} = 2$ l und $V_{min} = 0,25$ l, $t_1 = 20°C$, $p_1 = 0,1$ MPa sowie p_3 = 3 MPa berechne man die Zustandsgrößen an allen Prozesspunkten und den thermischen Wirkungsgrad. Das Arbeitsmedium sei Luft mit $M_L = 29$ g/mol, $\kappa = 1,4$.

Lösung

Nach der Energiebilanz gilt für die abgegebene Nettoarbeit bei einmaligem Durchlaufen des Kreisprozesses

$$-W_V = Q_{23} - |Q_{41}| \ .$$

Der thermische Wirkungsgrad des Kreisprozesses wird damit

$$\eta_{th} = \frac{-W_V}{Q_{23}} = 1 - \frac{|Q_{41}|}{Q_{23}} \ .$$

Unter Benutzung der Entropiebilanz im reversiblen Fall ergibt sich wieder die bekannte Beziehung für den thermischen Wirkungsgrad einer Wärmekraftmaschine

$$\eta_{th}^{rev} = 1 - \frac{T_{m,41}}{T_{m,23}} = \eta_c \ .$$

Zur detaillierten Berechnung des thermischen Wirkungsgrades des Vergleichsprozesses wird ein ideales Gas mit konstanter spezifischer Wärmekapazität als Arbeitsmedium angenommen. Damit gilt

$$Q_{23} = m c_v^{ig}(T_3 - T_2)$$

und

$$|Q_{41}| = m c_v^{ig}(T_4 - T_1) \ .$$

Daraus folgt allgemein

$$\eta_{th} = 1 - \frac{T_4 - T_1}{T_3 - T_2} \ .$$

Über die thermodynamischen Gleichungen der isentropen Kompression und Expansion idealer Gase lassen sich zunächst die unbekannten Temperaturen auf die durch die Kolbenbewegung einstellbaren Volumina zurückführen. Es gilt

$$\frac{T_2}{T_1} = \left(\frac{v_1}{v_2}\right)^{(\kappa-1)} = \frac{T_3}{T_4} = \left(\frac{v_4}{v_3}\right)^{(\kappa-1)} = \varepsilon^{(\kappa-1)} \ .$$

Hier wurde das Verdichtungsverhältnis ε eingeführt. Diese Isentropengleichungen führen die Einschränkungen des 2. Hauptsatzes bei der Energieumwandlung in einem Otto-Prozess ein. Die Temperatur T_4 kann wegen der Bedingung $s = const$ einen Minimalwert nicht unterschreiten und führt so zu einem Abgasverlust. Für den thermischen Wirkungsgrad des reversiblen Otto-Prozesses ergibt sich damit

$$\eta_{th}^{rev} = 1 - \frac{T_4 - T_1}{(T_4 - T_1)\varepsilon^{(\kappa-1)}} = 1 - \frac{1}{\varepsilon^{(\kappa-1)}} \ .$$

Für $\kappa = 1{,}4$ (Luft) erhält man die nachstehenden Zahlenwerte:

ε	3	4,5	5,5	7,5
p_2/p_1	4,7	8,2	10,9	16,8
η_{th}^{rev}	0,356	0,452	0,494	0,553

Der Wirkungsgrad des reversiblen Otto-Prozesses hängt also vom Verdichtungsverhältnis ab. Dieses ist praktisch durch die Selbstentzündungstemperatur des Brennstoff/Luft-Gemisches begrenzt, bei deren Überschreitung die Verbrennung schon während der Verdichtung einsetzt. Im Allgemeinen hat ε Werte zwischen 5 und 8, entsprechend $\eta_{th}^{rev} = 0,47$ bzw. $\eta_{th}^{rev} = 0,56$.

Im betrachteten Fall beträgt das Verdichtungsverhältnis des Prozesses $\varepsilon = V_{max}/V_{min} = 8$. Das spezifische Volumen der Luft im Anfangszustand 1 berechnet sich zu

$$v_1 = \frac{(R/M)T_1}{p_1} = \frac{(8,315/29) \cdot 293,15 \text{ Nm/g}}{0,1 \cdot 10^6 \text{ N/m}^2} = 0,0008405 \text{ m}^3/\text{g}$$

$$= 0,8405 \text{ m}^3/\text{kg} .$$

Die am Prozess beteiligte Gasmasse ist somit

$$m = \frac{V_1}{v_1} = \frac{2 \cdot 10^{-3} \text{ m}^3}{0,8405 \text{ m}^3/\text{kg}} = 0,002380 \text{ kg} .$$

Die Temperatur T_2 nach der isentropen Verdichtung ergibt sich zu

$$T_2 = T_1 \varepsilon^{(\kappa-1)} = 293,15 \cdot 8^{0,4} = 673,48 \text{ K} .$$

Damit berechnet sich der Druck im Zustand 2 zu

$$p_2 = \frac{(R/M)T_2}{v_2} = \frac{0,2867 \cdot 673,48 \frac{\text{Nm}}{\text{g}} \frac{10^3 \text{ g}}{\text{kg}}}{(0,25 \cdot 10^3 \text{ m}^3/0,002380 \text{ kg})} = 1,838 \text{ MPa} .$$

Die Temperatur nach der Wärmezufuhr ergibt sich zu

$$T_3 = \frac{p_3 v_2}{(R/M)} = \frac{3 \cdot 10^6 \frac{\text{N}}{\text{m}^2} \cdot (0,25 \cdot 10^{-3} \text{ m}^3/0,002380 \text{ kg})}{0,2867 \frac{\text{Nm}}{\text{g}} \frac{10^3 \text{ g}}{\text{kg}} \frac{1}{\text{K}}} = 1099,15 \text{ K} .$$

Nach der isentropen Expansion wird eine Temperatur T_4 erreicht von

$$T_4 = \frac{T_3}{\varepsilon^{(\kappa-1)}} = 478,43 \text{ K} ,$$

und ein Druck von

$$p_4 = \frac{(R/M)T_4}{v_4} = \frac{0,2867 \cdot 478,43 \frac{\text{Nm}}{\text{g}} \frac{10^3 \text{ g}}{\text{kg}}}{(2 \cdot 10^3 \text{ m}^3/0,002380 \text{ kg})} = 0,1632 \text{ MPa} .$$

Zur Berechnung der transferierten Prozessgrößen benötigen wir die isochore Wärmekapazität. Sie ergibt sich zu

$$c_v^{ig} = \frac{R/M}{\kappa - 1} = \frac{0,2867}{0,4} = 0,7168 \frac{\text{kJ}}{\text{kgK}} .$$

Die transferierten Prozessgrößen sind damit

$$q_{23} = c_v^{ig}(T_3 - T_2) = 0,7168(1099,15 - 673,48) = 305,12 \text{ kJ/kg}$$

$$q_{41} = c_v^{ig}(T_1 - T_4) = 0,7168(293,15 - 478,43) = -132,81 \text{ kJ/kg}$$

$$w_V = |q_{41}|q_{23} = 132,81 - 305,12 = -172,31 \text{ kJ/kg} ,$$

und der thermische Wirkungsgrad beträgt

$$\eta_{\text{th}}^{\text{rev}} = \frac{-w_{\text{V}}}{q_{23}} = 0,565 \ .$$

Wie im vorangegangenen Beispiel 6.11 ist auch hier darauf hinzuweisen, dass die Verwendung eines konstanten Isentropenexponenten von $\kappa = 1,4$ und einer daraus berechneten konstanten Wärmekapazität angesichts der großen Temperaturdifferenzen eine grobe Näherung darstellt.

6.3 Wärme- und Kälteerzeugung

Wärme und Kälte werden zum einen für Zwecke der Raumklimatisierung, zum anderen für den Betrieb industrieller Prozesse eingesetzt. Wärme für die Raumheizung ist bei Temperaturen von ca. 20°C erforderlich, Kälte für die Klimatisierung bei ca. 6°C, wobei diese Temperatur insbesondere die Entfeuchtung der Luft ermöglicht. Prozesswärme wird in einem großen Temperaturbereich benötigt, zwischen ca. 150°C z.B. bei der Papier-, Lebensmittel- und Textilindustrie und ca. 1400°C bei der Eisen- und Stahlindustrie, Prozesskälte in einem großen Temperaturbereich unterhalb von 0°C. Wärme kann grundsätzlich durch einfache Technologien erzeugt werden, wie z.B. in einem fossil befeuerten Heizkessel oder durch die Joulesche Wärmeentwicklung in einem von Strom durchflossenen elektrischen Leiter. Da fossile Energie und Strom jeweils praktisch reine Exergie sind, Wärme hingegen, insbesondere bei niedriger Temperatur, einen hohen Anergieanteil besitzt, müssen solche Technologien hohe Exergieverluste aufweisen. Typisch thermodynamische Technologien, die mit deutlich geringeren Exergieverlusten, im Grenzfall sogar reversibel, Wärme bei niedriger Temperatur aus solcher bei hoher Temperatur oder auch Strom erzeugen können, sind demgegenüber die Wärmepumpe und die Kraft-Wärme-Kopplung. Kälteerzeugung ist nur durch thermodynamische Technologien möglich, z.B. durch eine Kältemaschine als Sonderanwendung der Wärmepumpe.

6.3.1 Die Wärmepumpe

Eine mechanisch angetriebene Wärmepumpe hat die Aufgabe, Wärme von einer niedrigen Temperatur T_0 unter Arbeitsaufwand auf eine höhere Temperatur T zu pumpen. Abb. 6.19 zeigt die beteiligten Energieströme, noch ohne Spezifizierung eines technischen Prozesses. Beim Einsatz zu Heizzwecken ist der bei der höheren Temperatur T abgegebene Wärmestrom $\dot{Q}$ die Zielgröße. Die Bewertung erfolgt dann durch die Leistungszahl, vgl. (4.35), zu

$$\varepsilon = \frac{|\dot{Q}|}{P_{\text{t}}} \ .$$

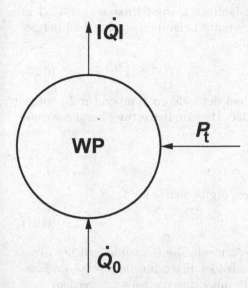

Abb. 6.19. Energieumsatz bei einer Wärmepumpe

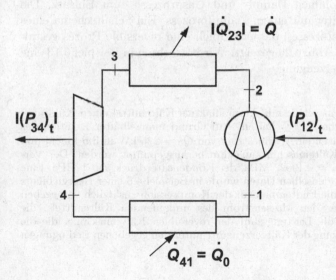

Abb. 6.20. Schaltschema eines reversiblen Dampf-Wärmepumpenprozesses

Legen wir als Kreisprozess einen "linksläufigen„Carnot-Prozess (1-4-3-2-1 in Abb. 6.4) zu Grunde, so folgt für die reversible Leistungszahl aus der Energie- und der Entropiebilanz analog zu (6.13)

$$\varepsilon^{\text{rev}} = \frac{T}{T - T_0} \; . \tag{6.20}$$

Beim Einsatz zu Kühlzwecken ist der bei der tieferen Temperatur T_0 aufgenommene Wärmestrom $\dot{Q}_0$ die Zielgröße. Die zur Bewertung herangezogene Leistungszahl lautet nun, vgl. (4.36),

$$\varepsilon_0 = \frac{\dot{Q}_0}{P_{\text{t}}} \; .$$

Für einen „linksläufigen" Carnot-Prozess ergibt sich

$$\varepsilon_0^{\text{rev}} = \frac{T_0}{T - T_0} \; . \tag{6.21}$$

Wenn die Wärmeaufnahme und die Wärmeabgabe bei veränderlicher Temperatur erfolgen, müssen in den obigen Beziehungen für die reversiblen Leistungszahlen thermodynamische Mitteltemperaturen eingesetzt werden.

Mechanische Wärmepumpen werden auf unterschiedliche Weise technisch realisiert. Es kommen Dampf- und Gasprozesse zum Einsatz. Die häufigste Bauart arbeitet mit einem Dampfprozess. Ein Schaltschema eines Dampfwärmepumpenprozesses, das prinzipiell eine reversible Prozessgestaltung ermöglicht, ist in Abb. 6.20 gezeigt. Wir betrachten in Beispiel 6.13 eine Anwendung zur Kälteerzeugung.

Beispiel 6.13

Es soll eine Dampfkältemaschine mit Ammoniak als Kältemittel einen Kühlraum auf einer Temperatur von - 17°C halten. Auf Grund mangelhafter Isolation des Kühlraums fließt von außen ein Wärmestrom von $\dot{Q}_0 = 225$ kW in ihn hinein und muss daher durch die Kältemaschine aus ihm herausgepumpt werden. Der Verdampferdruck beträgt $p_0 = 0{,}19022$ MPa, der Kondensatordruck $p = 1$ MPa. Eine reale Kältemaschine mit denselben Daten wurde in Beispiel 4.6 einer Energiebilanz unterzogen, wobei dort die Endtemperatur der Kompression zusätzlich vorgegeben war. Man berechne hier den Massenstrom des umlaufenden Kältemittels, die Verdichterleistung und die Leistungszahl der reversiblen Kältemaschine, die die energetisch optimale Lösung der Kälteerzeugung unter den gegebenen Bedingungen darstellt.

Auszug aus der Dampftafel von Ammoniak:
Sättigungszustand(Temperaturtafel)

t	p	h'	h''	s'	s''
°C	MPa	kJ/kg	kJ/kg	kJ/(kg K)	kJ/(kg K)
-20	0,19022	89,7	1419,0	0,3684	5,6205
24	0,97219	294,0	1464,3	1,1075	5,0467
26	1,03397	303,6	1465,6	1,1394	5,0244

Überhitzter Dampf bei $p = 1,000$ MPa

t	h	s
°C	kJ/kg	kJ/(kg K)
80	1615,6	5,5021
100	1665,4	5,6392

Lösung

Abb. B 6.13.1 zeigt die Darstellung eines reversiblen Dampf-Wärmepumpenprozesses im T, s-Bild. Der Kompressor fördert das Arbeitsmedium unter Aufnahme

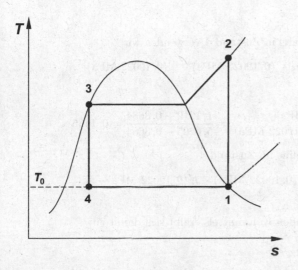

Abb. B 6.13.1. Reversibler Dampf-Wärmepumpenprozess im T, s-Bild

der technischen Leistung $(P_{12})_t^{rev}$ vom Zustand des gesättigten Dampfes 1 aus dem Verdampfer durch eine isentrope Kompression in den Zustand 2. Dieser Zustand liegt auf der Isobare des Kondensators, die ihrerseits dadurch bestimmt wird, dass die zugehörige Kondensationstemperatur aus Gründen der Wärmeübertragung etwas über der Temperatur liegt, bei der der Wärmestrom $\dot{Q}$ abgegeben werden soll. Der überhitzte Dampf vom Zustand 2 wird dem Kondensator zugeführt und gibt dort den Wärmestrom $\dot{Q}$ ab, bis er den Zustand 3 auf der Siedelinie erreicht. Durch eine isentrope Entspannung auf den niedrigen Druck im Verdampfer wird der Zustand 4 erreicht und die technische Leistung $(P_{34})_t^{rev}$ abgegeben. Der Zustand 4 liegt im Nassdampfgebiet. Durch die Verdampfung zum Zustand 1 bei der Temperatur T_0 nimmt das Arbeitsmedium den Wärmestrom $\dot{Q}_0$ auf. Der Kreisprozess ist damit geschlossen. Der Massenstrom des umlaufenden Kältemittels ergibt sich aus

$$\dot{m} = \frac{\dot{Q}_0}{q_0} = \frac{225 \text{ kW}}{h_1 - h_4} \ .$$

Der Zustand 1 ist als Zustand des gesättigten Dampfes bei $p_0 = 0{,}19022$ MPa definiert. Aus der Dampftafel für Ammoniak entnimmt man für diesen Zustand eine Temperatur von $-20°C$ und eine spezifische Enthalpie von

$$h_1 = 1419{,}0 \text{ kJ/kg} .$$

Der Zustand 4 ist durch den Druck $p_4 = p_0 = 0{,}19022$ MPa sowie die spezifische Entropie $s_3 = s_4$ festgelegt. Dabei ist der Zustandspunkt 3 als Zustand siedender Flüssigkeit bei $p_3 = p = 1{,}0$ MPa definiert. Durch Interpolation in der Dampftabelle für Ammoniak zwischen den Drücken 1,03397 MPa und 0,97219 MPa ergibt sich als spezifische Entropie auf der Siedelinie

$$s_3 = 1{,}1219 \text{ kJ/(kg K)} .$$

Die zugehörige Enthalpie beträgt

$$h_3 = 298{,}3 \text{ kJ/kg} .$$

Zur Berechnung des Dampfgehalts in Zustand 4 verwenden wir

$$s_4 = s_3 = s'(0{,}19022 \text{ MPa}) + x_4[s''(0{,}19022 \text{ MPa}) - s'(0{,}19022 \text{ MPa})] ,$$

woraus folgt

$$x_4 = \frac{s_3 - s'(0{,}19022 \text{ MPa})}{s''(0{,}19022 \text{ MPa}) - s'(0{,}19022 \text{ MPa})} = \frac{1{,}1219 - 0{,}3684}{5{,}6205 - 0{,}3684} = 0{,}1435 .$$

Damit finden wir für die Enthalpie im Zustand 4

$$h_4 = h'(0{,}19022 \text{ MPa}) + x_4[h''(0{,}19022 \text{ MPa}) - h'(0{,}19022 \text{ MPa})]$$
$$= 280{,}4 \text{ kJ/kg} .$$

Der Massenstrom des umlaufenden Kältemittels ergibt sich damit zu

$$\dot{m} = \frac{225}{1419{,}0 - 280{,}4} = 0{,}198 \text{ kg/s} .$$

Die bei der reversibel-adiabaten Verdichtung aufgenommene Leistung folgt aus

$$(P_{12})_t^{\text{rev}} = \dot{m}(h_2 - h_1) .$$

Hier ist $h_2 = h(p_2, s_2 = s_1)$ die Enthalpie des verdichteten Kältemittels, für die sich durch Interpolation in der Dampftafel von Ammoniak im überhitzten Zustandsgebiet bei $p = 1$ MPa

$$h_2 = 1658{,}6 \text{ kJ/kg}$$

ergibt, und damit

$$(P_{12})_t^{\text{rev}} = 0{,}198(1658{,}6 - 1419{,}0) = 47{,}4 \text{ kW} .$$

Die bei der reversibel-adiabaten Entspannung von $3 \rightarrow 4$ gewinnbare technische Leistung ergibt sich zu

$$(P_{34})_t^{\text{rev}} = \dot{m}(h_4 - h_3) = 0{,}198(280{,}4 - 298{,}3) = -3{,}5 \text{ kW} .$$

Die Leistungszahl der Kältemaschine beträgt also

$$\varepsilon_0^{\text{rev}} = \frac{225}{47,4-3,5} = 5,13 \ .$$

Die Leistungszahl lässt sich auch direkt aus (6.21) ableiten, wenn man dort für die Temperatur der Wärmeabgabe den thermodynamischen Mittelwert einsetzt. Man findet dann

$$\varepsilon_0^{\text{rev}} = \frac{T_0}{T_{\text{mH}}-T_0} = \frac{253,15}{302,38-253,15} = 5,14 \ ,$$

was bis auf Rundungsfehler mit dem aus den Prozessenergieströmen berechneten Resultat übereinstimmt.

In diesem Zusammenhang sei darauf hingewiesen, dass der betrachtete Kreisprozess zwar innerlich reversibel, d.h. insbesondere ohne Dissipation abläuft, aber dennoch außerhalb der Systemgrenzen Entropie beim Wärmetransfer erzeugt, z.B. bei der Übertragung des Wärmestroms $\dot{Q}_0$ von dem Kühlraum bei $-17°C$ auf das Kältemittel Ammoniak bei $-20°C$. In der obigen Beziehung sind für die reversible Leistungszahl daher die tatsächlichen Temperaturen des Kreislaufmediums bei Wärmeaufnahme und Wärmeabgabe einzusetzen, nicht etwa die Temperatur des zu kühlenden Raumes bzw. die Temperatur der Umgebung.

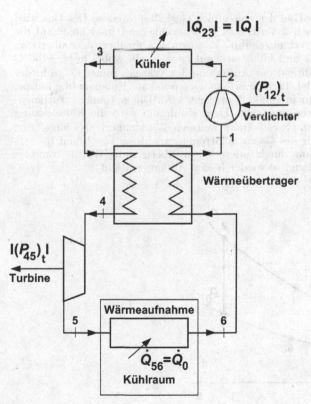

Abb. 6.21. Schaltschema eines Gaskälteprozesses

Anstelle von Dämpfen kann man auch Gase im homogenen Zustandsgebiet zur Kälteerzeugung verwenden. Dies wird in der Gaskältemaschine realisiert, die ebenfalls als mechanische Wärmepumpe anzusehen ist. Man kann z.B. mit Luft als Kältemittel arbeiten und dabei das Kühlgut direkt damit beaufschlagen. Gase können Wärme nur unter Temperaturänderung aufnehmen und abgeben, im Gegensatz zu Dämpfen, deren Temperatur bei Verdampfung und Verflüssigung konstant bleibt. Abb. 6.21 zeigt das Schaltbild einer Gaskältemaschine.

Beispiel 6.14

Es soll ein reversibler Gaskälteprozess gemäß dem Schaltbild der Abb. 6.21 betrachtet werden. Das Gas wird bei Umgebungszustand ($t_1 = t_u = 15°C$, $p_1 = p_0 = 0,1$ MPa) vom Verdichter angesaugt und isentrop auf $p_2 = 0,2$ MPa verdichtet. Die Temperatur des Gases nach Erbringung der Kälteleistung sei $t_0 = -100°C$. Man berechne die Zustandsgrößen der Punkte 1 bis 6, die Leistungszahl und die spezifische Kälteleistung. Das Gas sei Helium ($\kappa = 1,66$, $M = 4,0026$ g/mol).

Lösung

Abb. B 6.14.1 zeigt das T, s-Bild des reversiblen Gaskälteprozesses. Das Gas wird reversibel-adiabat von 1 nach 2 verdichtet und anschließend im Kühler auf die Umgebungstemperatur $t_3 = t_u$ abgekühlt. In einem Wärmeübertrager überträgt es Wärme an das kalte Gas und kühlt sich auf $t_4 = t_0$ ab, wobei $t_0 = -100°C$ die höchste Temperatur während der Aufnahme des Wärmestromes $\dot{Q}_0$, d.h. der Kälteleistung sein soll. In der Turbine erfolgt eine adiabate Entspannung auf p_0, wobei die tiefste Temperatur in Punkt 5 erreicht wird. Die gewonnene Turbinenleistung wird dem Verdichter zugeführt. Dem Kühlraum wird die Kälteleistung $\dot{Q}_{56} = \dot{Q}_0$ entzogen und dem Gas in einem weiteren Wärmeübertrager zugeführt. Dabei steigt die Temperatur des Gases in Strömungsrichtung von t_5 auf $t_6 = t_0$ an. Das kalte Gas nimmt dann durch innere Wärmeübertragung Wärme vom Gas aus dem Kühler auf und gelangt so wieder in den Anfangszustand.

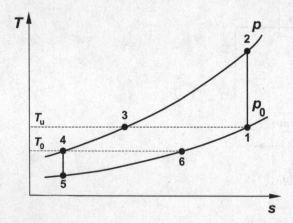

Abb. B 6.14.1. T, s-Bild des reversiblen Gaskälteprozesses

Nach der Energiebilanz für stationäre Fließprozesse lassen sich die bei diesem Gaskälteprozess auftretenden Prozessenergien auf die entsprechenden Enthalpieänderungen des Gases zurückführen. Betrachtet man insbesondere ein ideales Gas mit konstanter spezifischer Wärmekapazität, so kann man die Enthalpiedifferenzen allgemein durch Temperaturdifferenzen ausdrücken und erhält

$$(P_{12})_{\text{t}} = \dot{m}(h_2 - h_1) = \dot{m}c_{\text{p}}^{\text{ig}}(T_2 - T_{\text{u}}) \ ,$$

$$\dot{Q}_{23} = \dot{m}(h_3 - h_2) = \dot{m}c_{\text{p}}^{\text{ig}}(T_3 - T_2)$$

$$= \dot{m}c_{\text{p}}^{\text{ig}}(T_{\text{u}} - T_2) = \dot{Q} \ ,$$

$$(P_{45})_{\text{t}} = \dot{m}(h_5 - h_4) = \dot{m}c_{\text{p}}^{\text{ig}}(T_5 - T_0) \ ,$$

$$\dot{Q}_{56} = \dot{m}(h_6 - h_5) = \dot{m}c_{\text{p}}^{\text{ig}}(T_6 - T_5)$$

$$= \dot{m}c_{\text{p}}^{\text{ig}}(T_0 - T_5) = \dot{Q}_0 \ .$$

Die Leistungszahl der Kälteanlage

$$\varepsilon_0 = \frac{\dot{Q}_0}{P_{\text{t}}} = \frac{T_0 - T_5}{(T_2 - T_{\text{u}}) - (T_0 - T_5)}$$

lässt sich durch Auswertung der Entropiebilanz für die reversibel-adiabaten Zustandsänderungen $1 \to 2$ bzw. $4 \to 5$, d. h. mit

$$\frac{T_2}{T_{\text{u}}} = \frac{T_0}{T_5} = \left(\frac{p}{p_0}\right)^{\frac{\kappa-1}{\kappa}}$$

ausdrücken als

$$\varepsilon_0^{\text{rev}} = \frac{T_0(1 - T_5/T_0)}{T_{\text{u}}(T_2/T_{\text{u}} - 1) - T_0(1 - T_5/T_0)} = \frac{1}{\dfrac{T_{\text{u}}}{T_0}\left(\dfrac{p}{p_0}\right)^{\frac{\kappa-1}{\kappa}} - 1} \ .$$

Ausgangspunkt der Rechnung für den betrachteten Fall sind die Zustandsgrößen am Punkt 1. Dort gilt

$$T_1 = 288,15 \text{ K}, \quad p_1 = 0,1 \text{ MPa} \ .$$

Der Zustand nach der Verdichtung ist gegeben durch

$$p_2 = 0,2 \text{ MPa}$$

sowie

$$T_2 = T_1 \left(\frac{p_2}{p_1}\right)^{\frac{\kappa-1}{\kappa}} = 288,15 \cdot (2)^{\frac{0,66}{1,66}} = 379,58 \text{ K} \ .$$

Die Zustandsänderung von $2 \to 3$ ist eine isobare Abkühlung auf die Umgebungstemperatur. Die Zustandsgrößen am Punkt 3 sind also

$$T_3 = 288,15 \text{ K}, \quad p_3 = p_2 = 0,2 \text{ MPa} \ .$$

Die Temperatur des Kühlraums soll auf $t_0 = -100°\text{C}$ gehalten werden. Es gilt daher

$$T_4 = T_6 = 173,15 \text{ K}, \quad p_4 = p_3 = p_2 = 0,2 \text{ MPa} \ .$$

Die Zustandsgrößen am Punkt 5 ergeben sich zu

$p_5 = p_1 = 0,1$ MPa

und

$$T_5 = T_4 \left(\frac{p_5}{p_4}\right)^{\frac{\kappa-1}{\kappa}} = 173,15 \cdot (0,5)^{\frac{0,66}{1,66}} = 131,44 \text{ K} \ .$$

Die Zustandsgrößen am Punkt 6 schließlich sind

$T_6 = T_0 = 173,15$ K, $\ p_6 = p_5 = p_1 = 0,1$ MPa .

Die Leistungszahl der Kälteanlage ergibt sich mit diesen Werten zu

$$\varepsilon_0^{\text{rev}} = \frac{1}{\frac{T_u}{T_0}\left(\frac{p}{p_0}\right)^{\frac{\kappa-1}{\kappa}} - 1} = 0,839 \ ,$$

und die spezifische Kälteleistung beträgt

$$q_0 = c_p^{\text{ig}}(T_6 - T_5) = \frac{\kappa}{\kappa - 1}\frac{R}{M}(T_6 - T_5)$$

$$= \frac{1,66}{0,66} \cdot \frac{8,315}{4,0026}(173,15 - 131,44) = 217,93 \text{ kJ/kg} \ .$$

Zur Kontrolle der Zahlenrechnungen wird die reversible Leistungszahl der Kältemaschine alternativ berechnet nach

$$\varepsilon_0^{\text{rev}} = \frac{T_{\text{m},56}}{T_{\text{m},23} - T_{\text{m},56}} = \frac{151,33}{331,76 - 151,33} = 0,839 \ ,$$

in Übereinstimmung mit dem obigen Ergebnis.

  Wie bei der Dampf-Wärmepumpe so bezieht sich auch bei der Gas-Wärmepumpe die hier vorausgesetzte Reversibilität lediglich auf die Reibungsfreiheit, d.h. die Abwesenheit von Dissipation. Man spricht auch von innerer Reversibilität. Bei den Transfers der Wärmeströme $\dot{Q}$ bzw. $\dot{Q}_0$ wird grundsätzlich Entropie produziert. Diese Entropieproduktion findet aber außerhalb des Kreislaufmediums statt und wird hier nicht betrachtet. Der Wärmeübertrager, der das aus dem Kühler austretende Gas weiter abkühlt, arbeitet hier idealisiert ohne Temperaturdifferenz und damit insgesamt ohne Entropieproduktion. Die Berücksichtigung der real notwendigen Temperaturdifferenzen würde die Leistungszahl gegenüber dem oben berechneten Wert reduzieren.

6.3.2 Kraft-Wärme-Kopplung

Außer der Wärmepumpe ist auch die Kraft-Wärme-Kopplung eine typisch thermodynamische Technologie der Wärmeerzeugung. Sie erlaubt, zumindest prinzipiell, die reversible Erzeugung von Wärme bei einer gewünschten Temperatur aus Wärme bei höherer Temperatur. Hierdurch wird der Exergieverlust bei der Wärmeerzeugung gegenüber einfachen Technologien verringert. Die Kraft-Wärme-Kopplung kann technologisch im Detail unterschiedlich gestaltet sein, z.B. durch eine Gasturbine, einen Motor, eine Brennstoffzelle oder eine Dampfkraftanlage. Allen Anlagentypen, die zusammenfassend als Heizkraftwerke bezeichnet werden, ist gemeinsam, dass sie die Energieformen Wärme und Arbeit gleichzeitig in einer Anlage erzeugen. In Bezug auf die erzeugten Energiemengen hat die Dampfkraftanlage bei Weitem die größte Bedeutung. Die folgende Analyse bezieht sich daher auf diese Technologie, ist aber grundsätzlich allgemeingültig.

Anlagen der Kraft-Wärme-Kopplung liefern zwei energetische Nutzprodukte, nämlich elektrische Energie (bzw. technische Arbeit) P_{el} und Wärme $\dot{Q}$. Es liegt daher nahe, zu ihrer Bewertung einen Gesamtwirkungsgrad zu definieren, nach

$$\omega = \frac{|P_{el}| + |\dot{Q}|}{\dot{m}_B H_u} \ , \tag{6.22}$$

wobei $\dot{m}_B H_u$ die mit dem Brennstoff zugeführte Energie bezeichnet. Dieser Wirkungsgrad ist stets kleiner als 1. Der Unterschied zu 1 erfasst den Anteil der mit dem Brennstoff zugeführten Primärenergie, der nicht in Nutzenergie umgewandelt wird, z.B. den Abgasverlust im Kessel oder Abwärme über die festen Wände. In Heizkraftwerken können die Anteile der erzeugten Nutzenergieströme in weiten Grenzen variieren. Für $|\dot{Q}| = 0$, d.h. bei verschwindender Wärmeauskopplung, geht der Gesamtwirkungsgrad in den elektrischen Nettowirkungsgrad eines Kraftwerks η_{el} über. Für $|P_{el}| = 0$, d.h. ein reines Heizwerk, wird der Gesamtwirkungsgrad identisch mit dem Kesselwirkungsgrad η_K. Praktische Werte für die Gesamtwirkungsgrade von Heizkraftwerken liegen in der Regel zwischen 0,75 - 0,9. Dies entspricht einer recht hohen Nutzung der Brennstoffenergie. Man darf allerdings bei der Bewertung der Kraft-Wärme-Kopplung im Vergleich zu einer reinen Stromerzeugung mit viel geringerem Wirkungsgrad (z.B. $\eta_{el} = 0,4$) nicht übersehen, dass durch die Auskopplung von Heizwärme aus einem Dampf-Heizkraftwerk die Erzeugung von hochwertiger elektrischer Energie reduziert wird. Man spricht von einer Stromeinbuße. Beim Übergang vom Kondensations- zum Heizkraftwerksbetrieb reduziert sich somit der elektrische Wirkungsgrad der Dampfkraftanlage.

Die einzelnen Nutzenergien eines Heizkraftwerks werden durch spezielle Kennzahlen erfasst. So wird das Verhältnis von elektrischer Leistung zu Wärmestrom bei der Kraft-Wärme-Kopplung als Stromkennzahl σ bezeichnet, d.h.

$$\sigma = \frac{|P_{el}|}{|\dot{Q}|} \ . \tag{6.23}$$

Das Verhältnis von elektrischer Leistung zu Brennstoffaufwand wird als Stromausbeute β, bezeichnet, d.h.

$$\beta = \frac{|P_{el}|}{\dot{m}_B H_u} \ . \tag{6.24}$$

Es ist üblich, die Stromausbeute auch als elektrischen Wirkungsgrad η_{el} des Heizkraftwerkes zu bezeichnen, obwohl in diesem bei korrekter Begriffsbildung die elektrische Leistung nicht auf den gesamten Brennstoffaufwand, sondern nur auf den der Stromerzeugung zurechenbaren Teil bezogen werden müsste. Im Folgenden vernachlässigen wir diese Komplikation und setzen daher $\beta = \eta_{el}$. Zwischen den Kennzahlen ω, η_{el} und σ besteht der allgemeine Zusammenhang

$$\omega = \eta_{el}(1 + \frac{1}{\sigma}) \ . \tag{6.25}$$

Das Verhältnis von Wärmestrom zu Brennstoffaufwand wird als Wärmeausbeute α bezeichnet, d.h.

$$\alpha = \frac{|\dot{Q}|}{\dot{m}_B H_u} \ . \tag{6.26}$$

Sie unterscheidet sich vom Kesselwirkungsgrad η_K insofern, als dass im Kesselwirkungsgrad der erzeugte Wärmestrom nicht auf den gesamten Brennstoffaufwand, sondern nur auf den der Wärmeerzeugung zurechenbaren Teil bezogen wird.

Die Bewertung einer Anlage der Kraft-Wärme-Kopplung hat von der Brennstoffeinsparung auszugehen, die bei gleichem Bedarf an Strom und Wärme durch die Erzeugung in Kraft-Wärme-Kopplung im Vergleich zu einer getrennten Versorgung erzielt werden kann. Bei getrennter Versorgung eines Objekts mit Strom aus einem Kondensationskraftwerk (KKW) und Wärme aus einem Kessel (K) ergibt sich ein Brennstoffbedarf von

$$(\dot{m}_B H_u)^* = \frac{\dot{Q}}{\eta_K} + \frac{P_{el}}{\eta_{el,KKW}} = \frac{\dot{Q}}{\eta_K}\left[1 + \frac{\sigma \eta_K}{\eta_{el,KKW}}\right] \ , \tag{6.27}$$

mit $\sigma = P_{el}/\dot{Q}$ als der Bedarfsstromkennzahl. Bei Erzeugung derselben Energieformen in einer Anlage der Kraft-Wärme-Kopplung (KWK) hat man im Allgemeinen davon auszugehen, dass die Stromkennzahl des Bedarfs σ nicht genau mit der Stromkennzahl σ_{KWK} der KWK-Anlage übereinstimmt. Dann muss außer der Anlage der Kraft-Wärme-Kopplung noch ein Fremdstrombezug von einem Kondensationskraftwerk (KKW) und eine Heizwärmeerzeugung in einem Zusatzkessel (K) in die Betrachtungen einbezogen werden. Der gesamte Brennstoffaufwand für die Versorgung des Objektes beträgt damit

$$\dot{m}_B H_u = (\dot{m}_B H_u)_{KWK} + (\dot{m}_B H_u)_{KKW} + (\dot{m}_B H_u)_K$$

$$= \frac{P_{el,KWK}}{\eta_{el,KWK}} + \frac{P_{el,KKW}}{\eta_{el,KKW}} + \frac{\dot{Q}_K}{\eta_K} \ .$$

Für den Kessel ergibt sich ein Brennstoffaufwand von

$$(\dot{m}_B H_u)_K = \frac{\dot{Q}_K}{\eta_K} = \frac{\dot{Q} - \dot{Q}_{KWK}}{\eta_K} = \frac{1}{\eta_K}\left[\dot{Q} - \frac{(\eta_{el})_{KWK}(\dot{m}_B H_u)_{KWK}}{\sigma_{KWK}}\right] \ .$$

Hier ist

$$\eta_{el,KWK} = \frac{P_{el,KWK}}{(\dot{m}_B H_u)_{KWK}}$$

der elektrische Wirkungsgrad der KWK-Anlage. Damit folgt für den gesamten Brennstoffaufwand

$$\dot{m}_B H_u = (\dot{m}_B H_u)_{KWK}\left[1 - \frac{\eta_{el,KWK}}{\eta_K \sigma_{KWK}}\right] + \frac{P_{el,KKW}}{\eta_{el,KWK}} + \frac{\dot{Q}}{\eta_K}$$

$$= \frac{P_{el} - P_{el,KKW}}{\eta_{el,KWK}}\left[1 - \frac{\eta_{el,KWK}}{\eta_K \sigma_{KWK}}\right] + \frac{P_{el,KKW}}{\eta_{el,KKW}} + \frac{\dot{Q}}{\eta_K} \ .$$

Dies lässt sich umformen zu

$$\dot{m}_B H_u = \frac{P_{el,KKW}}{\eta_{el,KKW}}\left[1 - \frac{\eta_{el,KKW}}{\eta_{el,KWK}} + \frac{\eta_{el,KKW}}{\eta_K \sigma_{KWK}}\right] + \frac{P_{el}}{\eta_{el,KWK}}\left[1 - \frac{\eta_{el,KWK}}{\eta_K \sigma_{KWK}}\right]$$

$$+ \frac{\dot{Q}}{\eta_K} = \frac{\dot{Q}}{\eta_K}\left[1 + \frac{\sigma \eta_K}{\eta_{el,KWK}}\left(1 - \frac{\eta_{el,KWK}}{\eta_K \sigma_{KWK}}\right)\right.$$

$$\left. + \frac{(P_{el,KKW}/P_{el})\sigma \eta_K}{\eta_{el,KKW}}\left(1 - \frac{\eta_{el,KKW}}{\eta_{el,KWK}} + \frac{\eta_{el,KKW}}{\eta_K \sigma_{KWK}}\right)\right] \ .$$

$$(6.28)$$

Wird hier $P_{el,KKW} = P_{el}$ gesetzt, so folgt wieder (6.27) für die getrennte Versorgung. Für das Verhältnis des Brennstoffverbrauchs von gekoppelter zu getrennter Versorgung, d.h. die relative Brennstoffersparnis, erhält man somit den geschlossenen Ausdruck

$$\frac{\dot{m}_B H_u}{(\dot{m}_B H_u)^*}$$

$$= \frac{1 + \frac{\sigma \eta_K}{\eta_{el,KWK}}\left[1 - \frac{\eta_{el,KWK}}{\eta_K \sigma_{KWK}} + \frac{\eta_{el,KWK}}{\eta_{el,KKW}}\frac{P_{el,KKW}}{P_{el}}\left(1 - \frac{\eta_{el,KKW}}{\eta_{el,KWK}} + \frac{\eta_{el,KKW}}{\eta_K \sigma_{KWK}}\right)\right]}{1 + \frac{\sigma \eta_K}{\eta_{el,KKW}}} \ .$$

$$(6.29)$$

Die größte Brennstoffeinsparung durch Kraft-Wärme-Kopplung ist erreichbar, wenn die Bedarfsstromkennzahl durch die Stromkennzahl der KWK-Anlage genau realisiert wird, d.h. für $\sigma = \sigma_{KWK}$. Dann gilt $P_{el,KKW} = \dot{Q}_K = 0$. Hat die KWK-Anlage eine Stromkennzahl, die größer als die des Bedarfs ist, d.h. $\sigma_{KWK} > \sigma$, dann gilt

$$P_{el,KKW} = 0, \ \ \dot{Q}_K = P_{el}[1/\sigma - 1/\sigma_{KWK}] > 0 \ ,$$

d.h. es muss Wärme aus einem Kessel bezogen werden. Im umgekehrten Fall, wenn also die Stromkennzahl der KWK-Anlage kleiner als die des Bedarfs ist, d.h. $\sigma_{KWK} < \sigma$, dann muss Strom vom Kondensationskraftwerk bezogen werden, während der Wärmebedarf durch die KWK-Anlage gerade abgedeckt ist. Wegen $\dot{Q} = \dot{Q}_{KWK}$ bzw. $\dot{Q}_K = 0$ gilt dann

$$P_{el,KKW}/P_{el} = (\sigma - \sigma_{KWK})/\sigma \ .$$

Für eine spezielle Systemkonfiguration mit $\sigma_{KWK} = 0,7, \eta_K = 0,9, \eta_{el,KKW} = 0,36$ und $\eta_{el,KWK} = 0,34$ zeigt Abb. 6.22 die grafische Darstellung der relativen Brennstoffersparnis. Im günstigsten Fall, d.h. bei $\sigma_{KWK} = \sigma$, beträgt

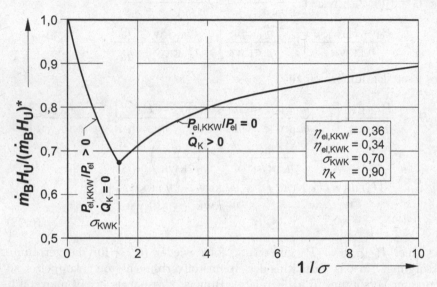

Abb. 6.22. Brennstoffeinsparung durch Kraft-Wärme-Kopplung

sie etwas mehr als 30 %. Je nach dem Grad der Übereinstimmung von Bedarfsstromkennzahl und Stromkennzahl der KWK-Anlage reduziert sich die Brennstoffersparnis.

Die Brennstoffeinsparung durch Kraft-Wärme-Kopplung lässt sich durch den Vergleich des Brennstoffaufwands für die getrennte und gekoppelte Erzeugung der gleichen Nutzenergieströme aus (6.29) leicht berechnen. Sie hängt sensibel von den Kennzahlen und sonstigen thermodynamischen Parametern der Anlagen ab. Im Detail muss diese Brennstoffeinsparung aus einer Vermeidung von Entropieproduktion gegenüber der getrennten Erzeugung entstehen. Diese Effekte lassen sich durch eine exergetische Analyse aufschlüsseln. Wir beschränken uns hierzu auf den Sonderfall $\sigma = \sigma_{KWK}$ und auf reversible Kreisprozesse des Heiz- bzw. des Kondensationskraftwerks. Da dann in den Kreisprozessen keine Exergieverluste auftreten, können sich die Unterschiede im Brennstoffverbrauch nur in den Kesseln der Anlagen ergeben.

Grundsätzlich geht in den Kesseln Exergie durch den Verbrennungsprozess sowie durch den Wärmetransfer vom heißen Verbrennungsgas der Temperatur T_V auf die obere Temperatur T_H der Kreisprozesse bzw. auf die Temperatur T_N der Nutzwärme verloren.

Zur Ableitung eines geschlossenen Ausdrucks für die Brennstoffeinsparung durch Kraft-Wärme-Kopplung als Funktion dieser Mechanismen der Entropieproduktion werden als Konfiguration I (getrennte Erzeugung) ein Kondensationskraftwerk und ein Heizkessel, bzw. als Konfiguration II (KWK) ein Heizkraftwerk betrachtet, vgl. Abb. 6.23. Die betrachteten Kreisprozesse

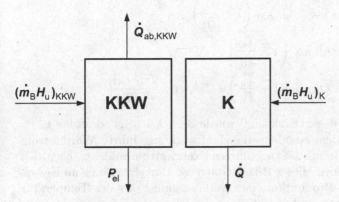

Konfiguration I: $(\dot{m}_B H_u)_I = (\dot{m}_B H_u)_{KKW} + (\dot{m}_B H_u)_K$

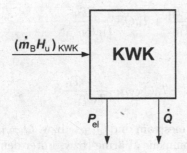

Konfiguration II: $(\dot{m}_B H_u)_{II} = (\dot{m}_B H_u)_{KWK}$

Abb. 6.23. Energiebilanz bei getrennter und gekoppelter Erzeugung

unterscheiden sich nur durch das Temperaturniveau der Wärmeabgabe, T_N im Falle des Heizkraftwerks bzw. T_u im Falle des Kondensationskraftwerks. Die Kessel sollen der Einfachheit halber den Wirkungsgrad $\eta_K = 1$ haben. Die Brennstoffersparnis durch Kraft-Wärme-Kopplung beträgt

$$\Delta(\dot{m}_B H_u) = (\dot{m}_B H_u)_I - (\dot{m}_B H_u)_{II} = (\dot{m}_B H_u)_{KKW} + (\dot{m}_B H_u)_K$$

$$- (\dot{m}_B H_u)_{KWK} = \Delta \dot{E}_{V,KKW} + \Delta \dot{E}_{V,K} - \Delta \dot{E}_{V,KWK} \quad , \qquad (6.30)$$

wobei in der letzten Beziehung wieder formal unterstellt wurde, dass Brennstoff reine Exergie ist. Abweichungen von dieser Annahme haben keinen Einfluss auf die folgenden Ableitungen.

Für die Exergieverluste der einzelnen Anlagen ergeben sich aus den entsprechenden Exergiebilanzen einfache Ausdrücke. So gilt für den Exergieverlust des Kondensationskraftwerks mit reversiblem Kreisprozess

$$\Delta \dot{E}_{V,KKW} = (\dot{m}_B H_u)_{KKW} - \dot{Q}_{KKW} \left(1 - \frac{T_u}{T_H}\right)$$

$$= \dot{Q}_{KKW} - \dot{Q}_{KKW} \left(1 - \frac{T_u}{T_H}\right)$$

$$= \dot{Q}_{KKW} - \dot{Q}_{KKW} \left(1 - \frac{T_u}{T_V}\right) + T_u \dot{Q}_{KKW} \frac{T_V - T_H}{T_V T_H} \quad .$$

In der zweiten Form dieser Gleichung wurde berücksichtigt, dass für $\eta_K = 1$ und $H_u = e_B$ der dem Kondensationskraftwerk zugeführte Wärmestrom $\dot{Q}_{KKW}$ dem mit dem Brennstoff zugeführten Exergiestrom zahlenmäßig gleich ist. Durch die dritte Form dieser Bilanz treten die Einzelvorgänge im Kessel, nämlich zunächst die Produktion eines Verbrennungsgases der Temperatur T_V aus Brennstoffexergie und anschließend der Wärmetransfer auf das obere Temperaturniveau T_H des Kreisprozesses, deutlich hervor. Entsprechend gilt für den Kessel

$$\Delta \dot{E}_{V,K} = \dot{Q} - \dot{Q} \left(1 - \frac{T_u}{T_V}\right) + T_u \dot{Q} \frac{T_V - T_H}{T_V T_H} + T_u \dot{Q} \frac{T_H - T_N}{T_H T_N}$$

und für das Heizkraftwerk

$$\Delta \dot{E}_{V,KWK} = \dot{Q}_{KWK} - \dot{Q}_{KWK} \left(1 - \frac{T_u}{T_V}\right) + T_u \dot{Q}_{KWK} \frac{T_V - T_H}{T_V T_H} \quad .$$

In diesen Gleichungen ist $\dot{Q}$ der Nutzwärmestrom und $\dot{Q}_{KKW}$ bzw. $\dot{Q}_{KWK}$ der von dem jeweiligen Kreisprozess aufgenommene Wärme- bzw. unter den eingeführten Annahmen auch mit dem Brennstoff aufgenommene Energiestrom. Die Temperatur des Nutzwärmestromes ist T_N.

Die Energiebilanzen der beteiligten Kreisprozesse

$$\dot{Q}_{KWK} = P_{el} + \dot{Q}$$

und

$$\dot{Q}_{KKW} = P_{el} + \dot{Q}_{ab,KKW}$$

führen auf

$$\dot{Q}_{ab,KKW} = \dot{Q}_{KKW} + \dot{Q} - \dot{Q}_{KWK} \ ,$$

wobei benutzt wurde, dass das Heizkraftwerk und das Kondensationskraftwerk dieselbe elektrische Leistung abgeben sollen. Damit findet man schließlich für die Brennstoffeinsparung durch Kraft-Wärme-Kopplung bei reversiblen Kreisprozessen

$$\Delta(\dot{m}_B H_u) = \dot{Q} T_u \frac{T_H - T_N}{T_H T_N} + \dot{Q}_{ab,KKW} \left[1 - \left(1 - \frac{T_u}{T_H} \right) \right] \ . \tag{6.31}$$

Die Brennstoffeinsparung bei der Erzeugung von Strom und Wärme durch
Kraft-Wärme-Kopplung im Vergleich zur getrennten Erzeugung setzt sich
somit aus zwei Anteilen zusammen. Zum einen spart die Kraft-Wärme-
Kopplung den Exergieverlust ein, der bei der getrennten Erzeugung im Kessel
beim Transfer der Nutzwärme über die Temperaturdifferenz $(T_H - T_N)$ entsteht. Dieser Anteil an der Brennstoffeinsparung ist also dem Koppelprodukt
Wärme zuzuordnen. Darüber hinaus vermeidet die Kraft-Wärme-Kopplung
den Abwärmestrom des Kondensationskraftwerks bei der getrennten Erzeugung und damit insbesondere die mit der Erzeugung dieses Abwärmestroms
verbundenen Exergieverluste. Dies sind diejenigen, die durch die Verbrennung einer entsprechenden Menge an Brennstoff und durch den Transfer des
dabei erzeugten Wärmestroms von der Temperatur T_V des heißen Verbrennungsgases an das obere Temperaturniveau T_H des Kreisprozesses entstehen.
Dieser Beitrag zur Brennstoffeinsparung durch Kraft-Wärme-Kopplung ist
der Stromerzeugung zuzuordnen. Neben der Wärmeerzeugung ist daher auch
die Stromerzeugung in einem Dampfheizkraftwerk mit weniger Entropieproduktion behaftet als bei getrennter Erzeugung. Durch (6.31) in Verbindung
mit der Zuordnung der beiden Anteile zu der Strom- bzw. Wärmeerzeugung
ist eine thermodynamisch begründete Aufteilung der Brennstoffersparnis auf
die Koppelprodukte Strom und Wärme gegeben. Damit lässt sich auch der
gesamte Brennstoffeinsatz in einen Anteil für die Stromerzeugung und einen
weiteren Anteil für die Wärmeerzeugung aufteilen.

Beispiel 6.15

Aus $\dot{m} = 1$ kg/s Wasser bei Umgebungszustand $(t_u = 15°C, \ p_u = 101,35$ kPa$)$
soll siedendes Wasser $(t = 100°C, \ p = 101,35$ kPa$)$ in Kraft-Wärme-Kopplung mit
einer Gegendruckdampfturbine erzeugt werden. Der Frischdampfzustand sei durch
$t = 550°C, \ p = 20$ MPa gekennzeichnet. Die Zustandsänderungen in Turbine und
Speisepumpe werden als isentrop angenommen, die Temperaturdifferenzen bei der
Wärmeübertragung sowie Abgasverluste und Wärmeverluste über die Oberflächen
der Maschinen- und Anlagenkomponenten werden vernachlässigt, d.h. es gilt
$\omega = \eta_K = 1$. Man berechne die unterschiedlichen Anteile zur Brennstoffeinsparung
durch Kraft-Wärme-Kopplung im Vergleich zur getrennten Erzeugung.

Lösung

Wir berechnen zunächst die Kenngrößen der KWK-Anlage. Der abzugebende

Wärmestrom von $\dot{Q} = \dot{m}\Delta h = 1$ kg/s (419,04 - 62,99) kJ/kg = 356,05 KW wird durch Kondensation des Turbinenabdampfes bei $100°$C bis zum Siedezustand gewonnen. Der Frischdampf hat die Zustandsgrößen $h_2 = 3393{,}5$ kJ/kg, $s_2 = 6{,}3348$ kJ/(kg K). Bei isentroper Entspannung auf $100°$C hat der Turbinenabdampf die Zustandsgrößen

$$x_3 = 0{,}8313; \quad h_3 = 2295{,}3 \text{ kJ/kg}; \quad s_3 = 6{,}3348 \text{ kJ/(kg K)} \ .$$

Der Siedezustand bei $100°$C hat die Zustandsgrößen

$$h_0 = 419{,}04 \text{ kJ/kg}; \quad s_0 = 1{,}3069 \text{ kJ/(kg K)} \ .$$

Damit ergibt sich der Massenstrom des Wasser-/Dampfkreislaufes in der KWK-Anlage zu

$$\dot{m}_{\text{D,KWK}} = \frac{\dot{Q}}{h_3 - h_0} = 0{,}1898 \text{ kg/s} \ .$$

Durch isentrope Kompression auf 20 MPa erhält man die Zustandsgrößen

$$h_1 = 439{,}9 \text{ kJ/kg}; \quad s_1 = 1{,}3069 \text{ kJ/(kg K)} \ .$$

Die KWK-Anlage gibt daher die elektrische Leistung

$$P_{\text{el}} = \dot{m}_{\text{D,KWK}} \left[(h_2 - h_3) - (h_1 - h_0)\right] = 204{,}5 \text{ kW}$$

ab und hat eine Energieaufnahme mit dem Brennstoff von

$$\dot{Q}_{\text{KWK}} = (\dot{m}_{\text{B}} H_{\text{u}})_{\text{KWK}} = \dot{m}_{\text{D,KWK}}(h_2 - h_1) = 560{,}6 \text{ kW}$$

bei einer thermodynamischen Mitteltemperatur von

$$T_{\text{H}} = 587{,}44 \text{ K} \ .$$

Die thermodynamischen Kennzahlen der KWK-Anlage sind damit

$$\sigma_{\text{KWK}} = 0{,}5744$$

und

$$\eta_{\text{el,KWK}} = 0{,}365 \ .$$

Bei getrennter Erzeugung des Wärmestroms von $\dot{Q} = 356{,}05$ kW in einem Kessel und der elektrischen Leistung von $P_{\text{el}} = 204{,}5$ kW in einem Kondensationskraftwerk ergibt sich ein höherer Brennstoffverbrauch. Um vergleichbare Bedingungen zu haben, sollen die Zustände 1 und 2, d.h. die mittlere Temperatur der Wärmeaufnahme, im Kondensationskraftwerk identisch mit denen der KWK-Anlage sein. Technische Einschränkungen bezüglich der dadurch erzwungenen Dampfgehalte bei der Expansion und Kompression bleiben unberücksichtigt. Die isentrope Expansion in der Turbine erfolgt nun auf die Temperatur $t_3 = t_u = 15°$C, wobei die Zustandsgrößen

$$x_{3'} = 0{,}7141; \quad h_{3'} = 1823{,}9 \text{ kJ/kg}; \quad s_{3'} = 6{,}3348 \text{ kJ/(kg K)}$$

erreicht werden. Die anschließende Kondensation erfolgt unter den getroffenen Annahmen bis zum Zustandspunkt $0'$ mit den Größen

$$x_{0'} = 0{,}1265; \quad h_{0'} = 374{,}9 \text{ kJ/kg}; \quad s_{0'} = 1{,}3069 \text{ (kJ/kg K)} \ .$$

Damit ergibt sich der Massenstrom des Wasser-/Dampfkreislaufes in dem Kondensationskraftwerk zu

$$\dot{m}_{\mathrm{D,KKW}} = \frac{P_{\mathrm{el}}}{(h_2 - h_{3'}) - (h_1 - h_{0'})} = 0,1359 \text{ kg/s } .$$

Der dem Kondensationskraftwerk durch den Brennstoff zuzuführende Energiestrom beträgt

$$\dot{Q}_{\mathrm{KKW}} = (\dot{m}_{\mathrm{B}} H_{\mathrm{u}})_{\mathrm{KKW}} = \dot{m}_{\mathrm{D,KKW}}(h_2 - h_1) = 401,39 \text{ kW } ,$$

der abzuführende Wärmestrom

$$\dot{Q}_{\mathrm{ab,KKW}} = 196,92 \text{ kW } ,$$

und der elektrische Wirkungsgrad

$$\eta_{\mathrm{el,KKW}} = 0,509 .$$

Die dem Heizkessel zuzuführende Brennstoffenergie ergibt sich zu

$$(\dot{m}_{\mathrm{B}} H_{\mathrm{u}})_{\mathrm{K}} = \dot{Q} = 356,05 \text{ kW } .$$

Die Brennstoffersparnis der gekoppelten Erzeugung gegenüber der getrennten Erzeugung wird damit

$$\Delta(\dot{m}_{\mathrm{B}} H_{\mathrm{u}}) = (\dot{m}_{\mathrm{B}} H_{\mathrm{u}})_{\mathrm{KKW}} + (\dot{m}_{\mathrm{B}} H_{\mathrm{u}})_{\mathrm{K}} - (\dot{m}_{\mathrm{B}} H_{\mathrm{u}})_{\mathrm{KWK}} = 196,8 \text{ kW } ,$$

und das Verhältnis des Brennstoffaufwands bei gekoppelter Erzeugung zum Brennstoffaufwand bei getrennter Erzeugung beträgt

$$\frac{\dot{m}_{\mathrm{B}} H_{\mathrm{u}}}{(\dot{m}_{\mathrm{B}} H_{\mathrm{u}})^*} = \frac{560,6}{401,39 + 356,05} = 0,740 .$$

Dieses Ergebnis hätte auch direkt aus (6.29) gewonnen werden können.

Mit (6.31) lässt sich nun die Brennstoffeinsparung auf die beiden Koppelprodukte aufteilen. Für die Brennstoffeinsparung bei der Wärmeerzeugung findet man

$$\Delta(\dot{m}_{\mathrm{B}} H_{\mathrm{u}})_{\mathrm{Q}} = T_{\mathrm{u}} \dot{Q} \frac{T_{\mathrm{H}} - T_{\mathrm{N}}}{T_{\mathrm{H}} T_{\mathrm{N}}} = 100,2 \text{ kW } ,$$

und entsprechend für die Brennstoffeinsparung bei der Stromerzeugung

$$\Delta(\dot{m}_{\mathrm{B}} H_{\mathrm{u}})_{\mathrm{el}} = \dot{Q}_{\mathrm{ab,KKW}} \left[1 - \left(1 - \frac{T_{\mathrm{u}}}{T_{\mathrm{H}}} \right) \right] = 96,6 \text{ kW } .$$

Damit beträgt der Brennstoffbedarf für die Wärmeerzeugung bei Kraft-Wärme-Kopplung

$$(\dot{m}_{\mathrm{B}} H_{\mathrm{u}})_{\mathrm{Q,KWK}} = (\dot{m}_{\mathrm{B}} H_{\mathrm{u}})_{\mathrm{K}} - \Delta(\dot{m}_{\mathrm{B}} H_{\mathrm{u}})_{\mathrm{Q}} = 356,1 - 100,3 = 255,8 \text{ kW } ,$$

und der für die Stromerzeugung

$$(\dot{m}_{\mathrm{B}} H_{\mathrm{u}})_{\mathrm{el,KWK}} = (\dot{m}_{\mathrm{B}} H_{\mathrm{u}})_{\mathrm{KKW}} - \Delta(\dot{m}_{\mathrm{B}} H_{\mathrm{u}})_{\mathrm{el}} = 401,4 - 96,6 = 304,8 \text{ kW } .$$

6.4 Maschinenwirkungsgrade

Mit dem Konzept des reversiblen Prozesses haben wir einen berechenbaren Grenzfall für Energieumwandlungen eingeführt. Es handelt sich um eine ideale Energieumwandlung, die nicht von Entropieproduktion begleitet ist und damit keine Energieentwertung erfährt. Dieser Idealfall lässt sich in realen Prozessen nur annähernd verwirklichen, wobei der Grad der Annäherung je nach Art des Prozesses sehr unterschiedlich sein kann. In der Regel ist ein hoher technologischer Aufwand erforderlich, um Entropieproduktion zu vermeiden. Wirtschaftliche Erwägungen legen oft die Anwendung grober und einfacher Technologien nahe. Die realen Energieumwandlungen weichen dann von den idealen, reversiblen ab.

Neben der Wärmeübertragung über Temperaturdifferenzen, vgl. Abschnitt 6.2, ist eine häufige Ursache für Entropieproduktion in energieumwandelnden Prozessen die Dissipation, d.h. Reibung und Verwirbelung der Fluidströmung in den eingesetzten Maschinen. Prozesse in Maschinen wie Verdichtern, Turbinen etc. sind meist in guter Näherung adiabat, d.h. es findet kein Wärmetransfer statt. Wären sie auch reibungsfrei, dann bliebe die Entropie konstant, d.h. die Zustandsänderungen wären isentrop und damit vollständig berechenbar. Reale Energieumwandlungen in Maschinen sind aber nie reibungsfrei. Rechenergebnisse für isentrope Zustandsänderungen können zusammen mit Messergebnissen an reibungsbehafteten adiabaten, also irreversiblen Zustandsänderungen dazu dienen, isentrope Wirkungsgrade zu definieren. Die realen Energieumwandlungen werden dadurch thermodynamisch bewertet. Oft lassen sich den Maschinen annähernd feste und bekannte Werte als isentrope Wirkungsgrade zuordnen. Damit lassen sich reale adiabate Energieumwandlungen, die sich streng einer vollständigen thermodynamischen Berechenbarkeit entziehen, aus idealisierten isentropen Zustandsänderungen ohne detaillierte Berücksichtigung der Maschinen- und Apparatetechnik berechnen. Eine Verallgemeinerung dieses Konzepts ist die Bewertung auf der Grundlage polytrop-adiabater Zustandsänderungen.

6.4.1 Isentrope Wirkungsgrade

Adiabate Arbeitsprozesse zwischen einem Anfangszustand (t_1, p_1) und einem Enddruck p_2 lassen sich bei Vernachlässigung der äußeren Energien nach der Energiebilanz allgemein beschreiben durch

$$(w_{12})_t = h_2 - h_1 \ ,$$

wobei die Endtemperatur t_2 im Allgemeinen nicht bekannt und damit die Arbeit $(w_{12})_t$ nicht berechenbar ist. Insbesondere bei reversibel-adiabaten Zustandsänderungen ergibt sich

$$(w_{12'})_t^{rev} = h_{2'} - h_1 \ ,$$

wobei $h_{2'}$ die Enthalpie beim Druck p_2 ist, die nach der Entropiebilanz bei isentroper Zustandsänderung erreicht wird. Diese Enthalpie ist für ein gegebenes Stoffmodell leicht berechenbar. In einem Zustandsdiagramm, das die Entropie als Abszisse enthält, kann die Zustandsänderung sofort als senkrechte Linie eingetragen und der Zustand $2'$ lokalisiert werden. Abb.

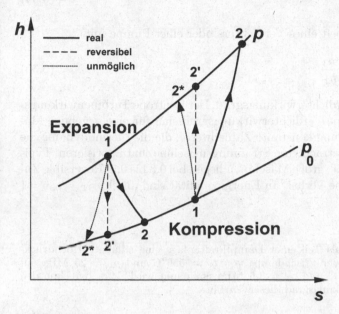

Abb. 6.24. Adiabate Arbeitsprozesse im h, s-Diagramm

6.24 zeigt dies für eine Expansion und eine Kompression. Die realen Zustandsänderungen sind durch eine Entropieproduktion auf Grund von Dissipation gekennzeichnet, d.h. der Endpunkt 2 liegt grundsätzlich bei höheren Entropiewerten als der Endpunkt $2'$ der isentropen Zustandsänderung. Adiabate Zustandsänderungen mit abnehmender Entropie, z.B. zum Punkt 2^*, sind bei stationären Prozessen unmöglich. Die isentrope Zustandsänderung legt für ein gegebenes Druckverhältnis den Zustand bei Austritt aus der Maschine fest. Bei einer Expansion kühlt sich das Fluid ab, bei einer Kompression nimmt seine Temperatur zu. Bezüglich der Energieumwandlung ist die isentrope Zustandsänderung grundsätzlich die bestmögliche, denn sie läuft ohne Energieentwertung ab. Zum Vergleich der technischen Arbeit in einer Turbine, einem Verdichter oder einer Pumpe mit dem für die isentrope Zustandsänderung zwischen denselben Drücken berechneten Wert führen wir spezielle isentrope Wirkungsgrade ein. So schreiben wir

$$(w)_t = \eta_{ST}(w)_t^{rev} \tag{6.32}$$

für die technische Arbeit einer Turbine mit

$$\eta_{ST} = \frac{(w)_t}{(w)_t^{rev}} = \frac{h_2 - h_1}{h_{2'} - h_1} \qquad (6.33)$$

als dem isentropen Turbinenwirkungsgrad. Entsprechend gilt

$$(w)_t = \frac{(w)_t^{rev}}{\eta_{SV}} \qquad (6.34)$$

für die technische Arbeit eines Verdichters oder einer Pumpe mit

$$\eta_{SV} = \frac{(w)_t^{rev}}{(w)_t} = \frac{h_{2'} - h_1}{h_2 - h_1} \qquad (6.35)$$

als dem isentropen Verdichterwirkungsgrad. Der isentrope Turbinenwirkungsgrad bzw. der isentrope Verdichterwirkungsgrad sind für eine gegebene Maschine in erster Näherung konstante Zahlenwerte, die die thermodynamische Vollkommenheit der betrachteten Strömungsmaschine charakterisieren. Typische Werte für moderne, große Maschinen liegen bei 0,8 bis 0,9. Reversible Zustandsänderungen ohne Verlust an Energiequalität sind durch $\eta_{ST} = \eta_{SV} = 1$ gekennzeichnet.

Beispiel 6.16

In Beispiel 4.7 wurde als Teil einer Dampfkraftanlage eine adiabate Hochdruckturbine betrachtet, in der Frischdampf von $t_1 = 550°C$ und $p_1 = 25$ MPa auf den Zustand $t_2 = 284°C$ und $p_2 = 3,5$ MPa entspannt wird. Man berechne den isentropen Turbinenwirkungsgrad dieser Turbine.

Lösung

Die Energiebilanz für die adiabate Hochdruckturbine lautet

$$(w_{12})_t = h_2 - h_1 \ .$$

Aus der Wasserdampftafel entnimmt man, vgl. Beispiel 4.7,

$$h_1 = 3335,6 \text{ kJ/kg}$$

und

$$h_2 = 2930,0 \text{ kJ/kg} \ .$$

Damit ergibt sich

$$(w_{12})_t = 2930,0 - 3335,6 = -405,6 \text{ kJ/kg} \ .$$

Für die entsprechende reversible Expansion vom Zustand 1 auf den Druck p_2 gilt

$$(w_{12'})_t^{rev} = h_{2'} - h_1 \ ,$$

wobei $h_{2'}(p = 3,5 \text{ MPa}, s_{2'} = s_1)$ aus der Wasserdampftafel durch Interpolation zu ermitteln ist. Mit

$$s_{2'} = s_1 = 6,1765 \text{ kJ/kg K}$$

findet man

$$h_{2'} = 2830, 1 \text{ kJ/kg}$$

und

$$(w_{12'})_t^{\text{rev}} = 2830, 1 - 3335, 6 = -505, 5 \text{ kJ/kg} .$$

Für den isentropen Turbinenwirkungsgrad ergibt sich also

$$\eta_{\text{ST}} = \frac{405, 6}{505, 5} = 0, 8 .$$

Unter Annahme des isentropen Turbinenwirkungsgrades ($\eta_{\text{ST}} = 0, 8$) und bei gegebenem Austrittsdruck hätte die Austrittstemperatur aus der Turbine und die von ihr abgegebene technische Arbeit aus einer kombinierten Energie- und Entropiebilanz berechnet werden können.

Der Gesamtwirkungsgrad eines Prozesses kann sensibel von den angenommenen isentropen Maschinenwirkungsgraden abhängen, vgl. Beispiel 6.17.

Beispiel 6.17

Man berechne den thermischen Wirkungsgrad einer realen geschlossenen Gasturbine mit den isentropen Strömungsmaschinenwirkungsgraden $\eta_{\text{SV}} = \eta_{\text{ST}} = 0,9$. Die vom Verdichter der Gasturbine angesaugte Luft ($\kappa - 1,4$) hat die Zustandswerte $p_0 = 0,1$ MPa, $t_0 = 20°$C. Der Druck nach dem Verdichter beträgt $p = 0,767$ MPa. Im nachfolgenden Gaserhitzer wird die Luft auf 1200°C aufgeheizt und in der Turbine auf 0,1 MPa entspannt. Man vergleiche das Ergebnis mit dem Wirkungsgrad des entsprechenden idealen Joule-Prozesses, vgl. Beispiel 6.9.

Lösung

Die Verdichtung und die Expansion laufen mit Entropieproduktion ab. Das T, s-Diagramm des Kreisprozesses einer realen geschlossenen Gasturbine unterscheidet sich daher von dem des idealen Joule-Prozesses. Es ist in Abb. B 6.17.1 schematisch dargestellt. Unter Berücksichtigung der isentropen Maschinenwirkungsgrade findet man für die abgegebene Nutzarbeit

$$-w_t = (-w_{23})_t - (w_{01})_t = c_p^{\text{ig}} \left[(T_2 - T_3) - (T_1 - T_0) \right]$$

$$= c_p^{\text{ig}} \left[\eta_{\text{ST}} (T_2 - T_{3'}) - \frac{T_{1'} - T_0}{\eta_{\text{SV}}} \right] .$$

Mit

$$\frac{T_{1'}}{T_0} = \frac{T_2}{T_{3'}} = \left(\frac{p}{p_0} \right)^{\frac{\kappa-1}{\kappa}} = 1, 79 = \lambda$$

ergibt sich

$$-w_t = c_p^{\text{ig}} T_0 \left[\frac{T_2}{T_0} \eta_{\text{ST}} \left(1 - \frac{1}{\lambda} \right) - \frac{(\lambda - 1)}{\eta_{\text{SV}}} \right] .$$

Die zugeführte Wärme beträgt

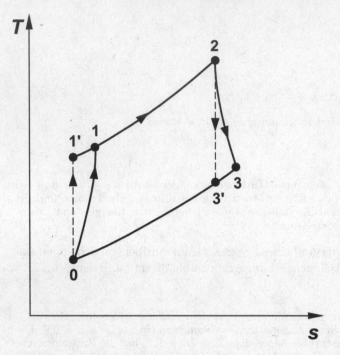

Abb. B 6.17.1. Gasturbinenprozess im T, s-Bild

$$q_{12} = c_p^{ig} (T_2 - T_1) = c_p^{ig} T_0 \left(\frac{T_2}{T_0} - \frac{T_1}{T_0} \right) \ .$$

Hier ist $t_2 = 1200°\mathrm{C}$ vorgegeben. Für T_1 findet man

$$T_1 = T_0 + \frac{T_{1'} - T_0}{\eta_{\mathrm{SV}}} = T_0 + T_0 \frac{\lambda - 1}{\eta_{\mathrm{SV}}} = 293,15 \left(1 + \frac{1,79 - 1}{0,9} \right) = 550,5 \ \mathrm{K} \ .$$

Damit folgt der thermische Wirkungsgrad zu

$$\eta_{\mathrm{th}} = \frac{\frac{T_2}{T_0} \eta_{\mathrm{ST}} \left(1 - \frac{1}{\lambda} \right) - \frac{\lambda - 1}{\eta_{\mathrm{SV}}}}{\frac{T_2}{T_0} - \frac{T_1}{T_0}} = \frac{1,118}{3,147} = 0,355 \ .$$

Für $\eta_{\mathrm{ST}} = \eta_{\mathrm{SV}} = 1$ geht dieser Ausdruck in den thermischen Wirkungsgrad des reversiblen Joule-Prozesses über nach Beispiel 6.9

$$\eta_{\mathrm{th}}^{\mathrm{rev}} = \frac{\lambda - 1}{\lambda} = 0,441 \ .$$

Im Vergleich zu dem reversiblen Joule-Prozess ergibt sich somit eine deutliche Herabsetzung des thermischen Wirkungsgrades von ca. 20 % durch die unvollkommenen Strömungsmaschinen.

Abb. B 6.17.2 zeigt den thermischen Wirkungsgrad einer geschlossenen realen Gasturbine in Abhängigkeit vom Druckverhältnis für verschiedene Turbineneintrittstemperaturen. Die Abhängigkeit ist nicht nur quantitativ sondern

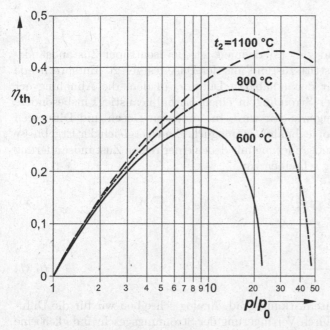

Abb. B 6.17.2. Thermischer Wirkungsgrad des geschlossenen realen Gasturbinen-prozesses ($\eta_{SV} = \eta_{3T} = 0,9$; $t_0 = 20^\circ C$; $\kappa = 1,4$)

auch qualitativ anders als im reversiblen Fall, vgl. Abb. B 6.9.2. Insbesondere ergibt sich nun eine starke, unabhängige Abhängigkeit von der Turbineneintrittstemperatur und ein optimales Druckverhältnis für jede Temperatur. Die hohe Sensibilität der Gasturbine in Bezug auf die isentropen Wirkungsgrade der Strömungsmaschinen ergibt sich aus der etwa gleichen Größe der Verdichter- und Turbinenarbeit, mit ihrer durch die Wirkungsgrade bestimmten Differenz als maßgeblicher Arbeitsabgabe. In der Dampfkraftanlage ist demgegenüber die Pumpenarbeit unbedeutend und der Wirkungsgrad im Wesentlichen durch den isentropen Wirkungsgrad der Dampfturbine bestimmt.

Adiabate Strömungsprozesse zwischen einem Anfangszustand (t_1, p_1) und einem Enddruck p_2 werden nach der Energiebilanz beschrieben durch

$$0 = h_2 - h_1 + \frac{1}{2}(c_2^2 - c_1^2) \ .$$

In einer adiabaten Düse wird eine Abnahme der Enthalpie, insbesondere durch Druckabbau, gezielt in eine Zunahme der kinetischen Energie umgewandelt, nach

$$\frac{1}{2}(c_2^2 - c_1^2) = h_1 - h_2 \ .$$

Für eine reale Zustandsänderung ist die Temperatur t_2 und damit die Enthalpie h_2 aus der thermodynamischen Analyse nicht berechenbar. Im Falle einer reversibel-adiabaten Zustandsänderung gilt hingegen

$$\frac{1}{2}(c_{2'}^2 - c_1^2) = h_1 - h_{2'} \ ,$$

wobei $h_{2'}$ durch p_2 und $s_{2'} = s_1$ definiert ist. Bei isentroper Zustandsänderung ist somit der Austrittszustand aus der Düse festgelegt. Entsprechende Beziehungen gelten für den adiabaten Diffusor, in dem die Abnahme der kinetischen Energie der Strömung in einen Enthalpieanstieg, insbesondere einen Druckanstieg umgewandelt wird. In adiabaten Düsen und Diffusoren sind Prozesse mit Entropieabnahme unmöglich. Zum Vergleich der Ergebnisse für die isentrope Zustandsänderung mit denen einer realen Zustandsänderung bei der Düsenströmung schreiben wir

$$\frac{1}{2}(c_2^2 - c_1^2) = \eta_{SD\ddot{u}} \frac{1}{2}(c_{2'}^2 - c_1^2) \ , \tag{6.36}$$

mit

$$\eta_{SD\ddot{u}} = \frac{c_2^2 - c_1^2}{c_{2'}^2 - c_1^2} = \frac{h_1 - h_2}{h_1 - h_{2'}} \tag{6.37}$$

als dem isentropen Düsenwirkungsgrad. Analog schreiben wir für die Diffusorströmung, bei der durch Verringerung der Strömungsgeschwindigkeit eine Druckerhöhung erzielt wird,

$$h_2 - h_1 = \frac{h_{2'} - h_1}{\eta_{SDi}} \ , \tag{6.38}$$

mit

$$\eta_{SDi} = \frac{h_{2'} - h_1}{h_2 - h_1} = \frac{c_1^2 - c_{2'}^2}{c_1^2 - c_2^2} \tag{6.39}$$

als dem isentropen Diffusorwirkungsgrad. Auch für den isentropen Düsenwirkungsgrad und den isentropen Diffusorwirkungsgrad gelten für eine gegebene technische Ausführung annähernd konstante Zahlenwerte, z.B. 0,9 bis 0,95. Reversible Zustandsänderungen ohne Verlust an Energiequalität sind durch $\eta_{SD\ddot{u}} = \eta_{SDi} = 1$ gekennzeichnet. Die Darstellung im h,s-Diagramm entspricht der von Expansion und Kompression, vgl. Abb. 6.24.

Ein Bauteil mit einem isentropen Wirkungsgrad von Null ist eine Drossel. Man kann sie sich als Turbine mit festgehaltener Schaufel oder als Düse ohne nennenswerte Veränderung der kinetischen Energie vorstellen, sodass nur durch Dissipation der Druck abgesenkt, aber keine technische Arbeit bzw. beschleunigte Strömung abgegeben wird. Praktisch leistet eine Verengung in einem Rohr oder auch eine dünne lange Kapillare dieselben Dienste. Ein Drosselprozess wird als adiabater Strömungsprozess ohne Änderung der äußeren Energien modelliert. Er ist damit durch die gleiche Enthalpie des Fluids bei Eintritt und bei Austritt gekennzeichnet. Bei der Drosselung idealer Gase bleibt daher die Temperatur unverändert, bei realen Fluiden nimmt sie in

der Regel ab. In technischen Anlagen wird eine Drossel häufig dann eingesetzt, wenn eine Druck- und/oder Temperaturabsenkung erforderlich ist, ohne
dass sich die Umwandlung in Arbeit oder kinetische Energie wirtschaftlich
rentiert. Ein typisches Beispiel ist der reale Dampf-Wärmepumpenprozess.

Beispiel 6.18

In Beispiel 6.13 wurde ein reversibler Dampf-Wärmepumpenprozess behandelt.
In praktisch ausgeführten Anlagen, wie Wärmepumpen oder Kältemaschinen,
tritt an Stelle der dort vorgesehenen Expansionsmaschine eine Drossel mit Entropieproduktion, vgl. Abb. B 6.18.1 und B 6.18.2. Außerdem wird im Verdichter
Entropie erzeugt. Der Prozess dissipiert also Energie und ist somit irreversibel.
Der entsprechende reale Prozess wurde in Beispiel 4.6 behandelt. Man ermittele
hier den isentropen Verdichterwirkungsgrad und den isentropen Wirkungsgrad des
realen Kreisprozesses.

Lösung

Die Abb. B 6.18.1 und B 6.18.2 zeigen das Schaltschema und die Darstellung
des Prozesses im T, s-Bild. Aus Beispiel 4.6 entnimmt man die aufgenommene

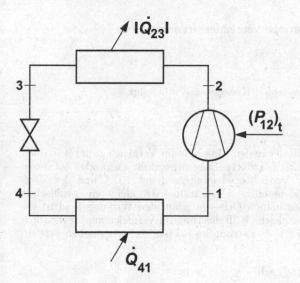

Abb. B 6.18.1. Schaltschema eines Dampf-Wärmepumpenprozesses mit Drossel

spezifische Verdichterarbeit zu

$$(w_{12})_t = 299,5 \text{ kJ/kg} ,$$

während aus Beispiel 6.13 für die reversible spezifische Verdichterarbeit

$$(w_{12})_t^{\text{rev}} = 239,6 \text{ kJ/kg}$$

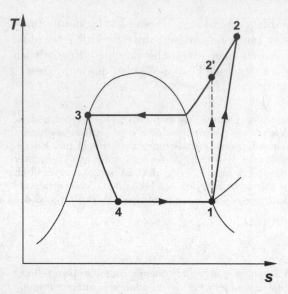

Abb. B 6.18.2. Dampf-Wärmepumpenprozess mit Drossel im T, s-Diagramm

folgt. Damit ergibt sich der isentrope Verdichterwirkungsgrad zu

$$\eta_{SV} = \frac{(w_{12})_t^{rev}}{(w_{12})_t} = \frac{239,6}{299,5} = 0,8 \ .$$

Der isentrope Wirkungsgrad des realen Kreisprozesses beträgt

$$\eta_{S,P} = \frac{\varepsilon_0}{\varepsilon_0^{rev}} = \frac{3,74}{5,13} = 0,73 \ .$$

Die Reduktion der Leistungszahl der realen Maschine im Vergleich zum reversiblen Prozess kommt durch die um 27 % größere Leistungszufuhr zustande. An deren Vergrößerung ist der isentrope Verdichterwirkungsgrad mit 20 % und der Wegfall der Turbinenarbeit mit 6 % beteiligt. Der Einfluss der kleineren spezifischen Kälteleistung auf Grund der isenthalpen Drosselung auf den Wirkungsgrad ist gering. Allerdings muss nun für die gleiche Kälteleistung im Vergleich zum reversiblen Prozess ein größerer umlaufender Massenstrom des Kältemittels vorgesehen werden.

6.4.2 Polytrope Wirkungsgrade

Die Bewertung adiabater Arbeits- und Strömungsprozesse durch isentrope Wirkungsgrade, also in Bezug auf isentrope Zustandsänderungen zwischen denselben Druckwerten, ist sowohl für ideale Gase als auch für reale Fluide einfach durchzuführen. Nachteile dieses Vorgehens sind, dass die Referenz-Zustandsänderung und die tatsächliche Zustandsänderung unterschiedlich, insbesondere zu unterschiedlichen Temperaturen hin verlaufen und dass die isentropen Wirkungsgrade damit nur in grober Näherung konstant sind, streng genommen aber während der Zustandsänderung variieren.

Diese Nachteile vermeidet die Bewertung durch so genannte polytrope Wirkungsgrade. Eine polytrope Zustandsänderung ist ein Modell einer realen Zustandsänderung. Für dieses Modell gilt, dass das so genannte Polytropenverhältnis

$$\nu := \frac{\mathrm{d}h}{v\mathrm{d}p} \tag{6.40}$$

für alle Abschnitte der Zustandsänderung konstant ist, sodass sich

$$\nu = \frac{h_2 - h_1}{\int v\mathrm{d}p} = 1 + \frac{q_{12} + \varphi_{12}}{\int v\mathrm{d}p} \tag{6.41}$$

ergibt. Im Zähler steht die Enthalpiedifferenz der betrachteten realen Zustandsänderung, im Nenner das Integral $\int v\mathrm{d}p$, das auch als Strömungsarbeit bezeichnet wird. Es ist gleich der transferierten technischen Arbeit bei einer hypothetischen reversiblen Zustandsänderung mit gleichem Verlauf wie die betrachtete reale Zustandsänderung. Polytrope Zustandsänderungen können sowohl mit Wärmetransfer als auch mit Dissipation verbunden sein. Insbesondere bei polytrop-adiabaten Zustandsänderungen, wie sie in Turbinen und Verdichtern häufig näherungsweise ablaufen, beschreibt das Polytropenverhältnis wegen $(w_{12})_t = h_2 - h_1$ für $q_{12} = 0$ das Verhältnis aus der Arbeit bei der realen Zustandsänderung zur reversibel transferierten Arbeit bei gleichem Verlauf der Zustandsänderung. Damit erfasst das Polytropenverhältnis korrekt den Einfluss der Dissipation auf die Vorgänge in adiabaten Turbinen und Verdichtern. Dies legt es nahe, einen polytropen Turbinenwirkungsgrad zu definieren durch

$$\eta_{\mathrm{PT}} = \frac{h_2 - h_1}{\int\limits_1^2 v\mathrm{d}p} = \nu \ , \tag{6.42}$$

und entsprechend einen polytropen Verdichterwirkungsgrad durch

$$\eta_{\mathrm{PV}} = \frac{\int\limits_1^2 v\mathrm{d}p}{h_2 - h_1} = \frac{1}{\nu} \ . \tag{6.43}$$

Diese polytropen Wirkungsgrade sind definitionsgemäß im Verlauf der Zustandsänderung konstant.

Für ideale Gase mit konstanter Wärmekapazität ist das Polytropenverhältnis, und damit der polytrope Wirkungsgrad, aus den in der Regel bekannten Anfangs- und Endwerten von Temperatur und Druck nach (6.40) und (6.41) direkt berechenbar, als

$$\nu = \frac{c_{\mathrm{p}}^{\mathrm{ig}}\mathrm{d}T}{(RT/p)\mathrm{d}p} = \frac{c_{\mathrm{p}}^{\mathrm{ig}}\ln(T_2/T_1)}{R\ln(p_2/p_1)} = \frac{\kappa}{\kappa - 1} \cdot \frac{\ln(T_2/T_1)}{\ln(p_2/p_1)} \ . \tag{6.44}$$

Führt man mit

$$n = \frac{\kappa}{\kappa - \nu(\kappa - 1)} \tag{6.45}$$

den so genannten Polytropenexponenten ein, so findet man aus (6.44)

$$\frac{T_2}{T_1} = \left(\frac{p_2}{p_1}\right)^{\frac{n-1}{n}} \tag{6.46}$$

sowie auch

$$pv^n = \text{const} . \tag{6.47}$$

Dies entspricht formal den Isentropengleichungen idealer Gase. Für $\nu = 1$ gilt $n = \kappa$, und die polytrope Zustandsänderung geht in die isentrope, d.h. die reversibel-adiabate über. Allgemein gilt $\nu \neq 1$, wobei Expansionsprozesse durch $\nu \leq 1$ und Kompressionsprozesse durch $\nu \geq 1$ beschrieben werden. Aus (6.47) lässt sich das Integral über $v\,dp$ und damit die reversible Arbeit leicht berechnen.

Oft wird (6.47) als Definitionsgleichung einer polytropen Zustandsänderung benutzt und der Polytropenexponent aus Anfangs- und Endwerten von Druck und Temperatur oder Volumen berechnet. Dies ist nur bei idealen Gasen mit temperaturunabhängiger Wärmekapazität konsistent mit der thermodynamischen Definition der Polytrope nach (6.40) und (6.41). Bei realen Fluiden kann man zwar formal ebenso vorgehen. Dabei geht allerdings die Übereinstimmung mit der thermodynamischen Definition und die damit verbundene Konstanz der polytropen Wirkungsgrade verloren. Das Analoge gilt, wenn der Polytropenexponent als empirischer Wert, d.h. ohne Berücksichtigung der Beziehungen (6.44) und (6.45), zur Beschreibung einer realen Zustandsänderung nach (6.47) vorgegeben wird.

Beispiel 6.19

Der adiabate Verdichter einer Gasturbine arbeitet zwischen den Zuständen $T_0 = 293{,}15$ K, $p_0 = 0{,}1$ MPa und $T_1 = 550{,}5$ K, $p_1 = 0{,}767$ MPa . Das Arbeitsmedium sei ein ideales Gas mit $\kappa = 1{,}4$. Man berechne den polytropen Verdichterwirkungsgrad, den Polytropenexponent und den isentropen Verdichterwirkungsgrad.

Lösung

Der polytrope Verdichterwirkungsgrad ist gleich dem Kehrwert des Polytropenverhältnisses und damit

$$\eta_{\text{PV}} = \frac{1}{\nu} = \frac{0,4}{1,4} \cdot \frac{\ln(0,767/0,1)}{\ln(550,5/293,15)} = 0{,}924 .$$

Der Polytropenexponent ergibt sich zu

$$n = \frac{1,4}{1,4 - 1,083(1,4 - 1)} = 1{,}45 .$$

Der isentrope Wirkungsgrad des Verdichters ist

$\eta_{SV} = 0,9$.

6.5 Kontrollfragen

6.1 Man definiere den isentropen und den polytropen Wirkungsgrad einer adiabaten Turbine und beschreibe den Unterschied!

6.2 Nach welcher Formel berechnet man die maximal gewinnbare Leistung $P_{t,max}$ aus einem stationären Fließprozess, der isotherm abläuft, wenn die äußeren Energieformen vernachlässigbar sind?

6.3 Welche Leistungszahl ε^{rev} hat eine reversibel arbeitende Wärmepumpe, die Wärme aus der Umgebung von $t_u = 5°C$ auf eine Heizungsvorlauftemperatur von $t_H = 45°C$ pumpt?

6.4 An einem heißen Sommertag beschließt eine Hausfrau, den Kühlschrank offen stehen zu lassen, um die Küche zu kühlen. Funktioniert das?

6.5 Ein Erfinder beantragt ein Patent auf eine Wärmekraftmaschine, die bei T = 800 K eine Wärmeleistung von 10^5 kW aufnimmt und außer mechanischer Leistung bei T = 400 K eine Wärmeleistung von $4 \cdot 10^4$ kW abgibt. Sollte das Patent erteilt werden?

6.6 Was ist der wesentliche Unterschied zwischen einem Carnot-Prozess und einem Clausius-Rankine-Prozess?

6.7 Ein Gas wird in einer Turbine adiabat entspannt. Wie verändert sich bei diesem Prozess seine Temperatur?

6.8 Man zeichne schematisch die Zustandsänderung eines idealisierten Otto-Prozesses in ein p, v- Diagramm ein!

6.9 Durch welche Beziehung ist der thermische Wirkungsgrad einer reversiblen Wärmekraftmaschine bestimmt?

6.10 Welcher Zusammenhang gilt (näherungsweise) zwischen dem exergetischen Wirkungsgrad der Umwandlung von Brennstoffenergie in Arbeit und dem thermischen Wirkungsgrad einer Wärmekraftmaschine?

6.11 Bei der adiabaten Drosselung von Nassdampf eines bestimmten thermodynamischen Zustands stellt man fest, dass der Dampfgehalt erst ab- und dann wieder zunimmt. Durch Betrachtung des h, s-Diagramms entscheide man, ob die Drosselung bei einer Enthalpie oberhalb oder unterhalb des kritischen Punktes stattfindet.

6.12 Eine Dampfkraftanlage wird durch Abkühlung eines Verbrennungsgases der mittleren Temperatur 1000°C betrieben. Die mittlere Temperatur des Wassers bei der Wärmeaufnahme beträgt 275°C, bei der Wärmeabgabe 35°C. Die Umgebungstemperatur liegt bei 15°C. Welchen Wert kann der thermische Wirkungsgrad maximal erreichen?

6.13 In einem geschlossenen System wird Luft von 1 bar und 20°C auf 16 bar isotherm und reversibel komprimiert. Man berechne die zu transferierenden molaren Prozessenergien!

6.14 In welchem Bauteil einer Dampfkraftanlage entsteht der größte Exergieverlust (Turbine, Kondensator, Pumpe, Dampferzeuger)?

6.15 Was versteht man unter einem Heizkraftwerk?

6.16 Man beschreibe zwei technische Maßnahmen zur Verbesserung des thermischen Wirkungsgrades der einfachen Dampfkraftanlage!

6.17 Ein Erfinder behauptet, er habe einen adiabaten Kompressor gebaut, der gesättigten Wasserdampf von $100°C$ auf $300°C$ und 10 bar komprimiert. Kann diese Aussage richtig sein?

6.18 Man skizziere eine Dampfkraftanlage mit einfacher Speisewasservorwärmung!

6.6 Aufgaben

Aufgabe 6.1

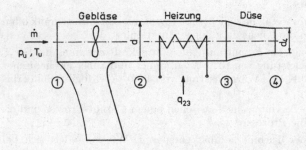

Eine Heißluftpistole gemäß nachstehender Skizze arbeitet nach folgendem Prinzip: Durch das adiabate Gebläse wird Luft vom Umgebungszustand ($t_u = 20°C$; $p_u = 1$ bar; $M_L = 29$ g/mol; $\kappa = 1,4$) auf die Geschwindigkeit $c_2 = 6,5$ m/s beschleunigt. Zwischen den Querschnitten 2 und 3 wird der Luft durch eine elektrische Heizung eine spezifische Wärme von $q_{23} = 50$ kJ/kg zugeführt. In der adiabaten Austrittsdüse wird die Luft auf die Geschwindigkeit c_4 beschleunigt. Die Luftströmung wird als isobar und zwischen den Querschnitten 1 und 3 zusätzlich als reibungsfrei betrachtet. Es kann das Stoffmodell des idealen Gases verwendet werden. ($d_1 = d_2 = d_3 = d = 0,06$ m und $d_4 = 0,04$ m).

a) Man berechne den Luftmassenstrom $\dot{m}$!
b) Wie groß ist die zugeführte Gebläseleistung $(P_{12})_t$?
c) Man bestimme die Temperatur T_3 und die Geschwindigkeit c_3!
d) Mit welcher Geschwindigkeit c_4 und Austrittstemperatur T_4 verlässt der Luftstrom die Heißluftpistole?

Aufgabe 6.2

In einem Kompressor soll Luft ($\kappa = 1,4$) reversibel von $p_1 = 0,1$ MPa auf $p_2 = 0,7$ MPa verdichtet werden. Die Eintrittstemperatur der Luft betrage 25°C. Man berechne mit dem Stoffmodell des idealen Gases die molare Mindestarbeit $(w_{12})_t$, die zur

a) isothermen und
b) adiabaten

Verdichtung benötigt wird!

Aufgabe 6.3

In eine adiabate Düse (Eintrittsdurchmesser $d_1 = 20$ cm) tritt überhitzter Wasserdampf mit einer Geschwindigkeit von $c_1 = 10$ m/s bei $p_1 = 10$ bar und $T_1 = 550$ K ein. Nach einer reversiblen Entspannung auf $p_2 = 1$ bar wird am Austritt die Temperatur $t_2 = 99,63°$C gemessen.

a) Man bestimme die spezifische Enthalpie h und Entropie s in den Zustandspunkten 1 und 2 mit Hilfe der Wasserdampftafel!
b) Wie groß ist der durch die Düse strömende Massenstrom?
c) Welche Geschwindigkeit c_2 herrscht im Austrittsquerschnitt?

Aufgabe 6.4

Luft und Wasser werden jeweils bei $p = 1$ bar isobar von $t_1 = 20°$C auf $t_2 = 200°$C erwärmt. Luft kann als ideales Gas mit konstanter spezifischer Wärmekapazität betrachtet werden. Die Stoffdaten von Wasser sind der Wasserdampftafel zu entnehmen. Man berechne in beiden Fällen die thermodynamische Mitteltemperatur bei der Wärmeaufnahme!

Aufgabe 6.5

In eine adiabate Düse tritt überhitzter Wasserdampf mit einem Druck von $p_1 = 10$ bar und einer Temperatur von $T_1 = 550$ K ein. Nach einer reversiblen Entspannung auf $p_2 = 1$ bar wird am Austritt die Temperatur $t_2 = 99,63°$C gemessen.

a) Man bestimme die spezifische Enthalpie h und Entropie s in den Zustandspunkten 1 und 2 mit Hilfe des h,s-Diagrammes und des T,s-Diagrammes!
b) Wie groß ist der Dampfgehalt im Zustand 2?

Aufgabe 6.6

In einem Clausius-Rankine Prozess wird Speisewasser ($\dot{m} = 7,17$ kg/s) vom Zustand 1 durch isobare Wärmezufuhr verdampft und überhitzt. Der entstehende Frischdampf ($p_2 = 5$ MPa, $t_2 = 450°$C) wird anschließend in einer adiabaten Turbine reversibel auf $p_3 = 10$ kPa entspannt und im Kondensator durch isobare Wärmeabfuhr an die Umgebung gerade vollständig verflüssigt (Zustand 0). Das Kondensat wird schließlich in einer adiabaten Speisepumpe reversibel auf den Zustand 1 gebracht.

a) Wie groß ist die Turbinenleistung $(P_{23})_t$?
b) Wie groß ist der im Kondensator abgeführte Wärmestrom $\dot{Q}_{30}$?
c) Man bestimme die Leistung $(P_{01})_t$ der Speisepumpe!
d) Wie groß ist der thermische Wirkungsgrad des Kreisprozesses?

Aufgabe 6.7

In einem Joule-Prozess wird Luft in einem adiabaten Verdichter vom Zustand 0 ($t_0 = 20°$C, $p_0 = 0,1$ MPa, $R/M = 0,28706$ kJ/(kg K)) reversibel auf $p_1 = 0,5$ MPa komprimiert. In dem nachfolgenden Gaserhitzer (GE) wird der Luftstrom isobar auf die Gasturbineneintrittstemperatur von $t_2 = 850°$C aufgeheizt und in der Turbine adiabat und reversibel auf $p_3 = p_0 = 0,1$ MPa entspannt. Dabei wird eine Turbinenleistung von 15 MW abgegeben. Der aus der Turbine austretende Luftstrom wird im nachfolgenden Wärmeübertrager (WÜ) isobar auf t_0 abgekühlt. Die mittlere spezifische Wärmekapazität der Luft kann im gesamten Kreisprozess zu $c_{pL}^{ig} = 1,05$ kJ/(kg K) angenommen werden.

a) Welche Temperatur besitzt die Luft am Austritt des Gasverdichters?
b) Wie groß ist der umlaufende Luftmassenstrom?
c) Welche Wärmemenge wird im Wärmeübertrager abgegeben?
d) Man berechne die thermodynamischen Mitteltemperaturen der Wärmezufuhr und -abfuhr!
e) Wie groß ist der thermische Wirkungsgrad des Joule-Prozesses?

Aufgabe 6.8

In einem Otto-Prozess wird Luft im Zustand 1 ($25°$C, 1 bar) angesaugt und isentrop auf den Zustand 2 verdichtet. Von $2 \rightarrow 3$ wird der Luft isochor eine spezifische Wärme von 1400 kJ/kg zugeführt. Anschließend expandiert die Luft isentrop bis zum Hubende (Zustand 4) und wird durch isochore Kühlung auf den Anfangszustand zurückgeführt. Das Verdichtungsverhältnis des Motors beträgt $\epsilon = 9,3$. Die Luft kann als ideales Gas mit $R/M = 0,287$ kJ/(kg K) und $c_p^{ig} = 1,0045$ kJ/(kg K) betrachtet werden.

a) Man berechne den thermischen Wirkungsgrad des Prozesses.
b) Man berechne die abgegebene spezifische Nettoarbeit Prozesses.

Bei sonst gleichen Randbedingungen erfolge die isochore Wärmezufuhr erst nach Überschreiten der oberen Totpunktlage des Kolbens und anschließender isentroper Expansion auf V_{2*} bei $V_{2*} = 1,4\, V_2$.

c) Um welchen Betrag ändert sich durch diese Maßnahme die maximale Prozesstemperatur?
d) Welchen Wert hat nun der thermische Wirkungsgrad?

Aufgabe 6.9

Es ist geplant, ein Einfamilienhaus mit einer Wärmepumpe zu beheizen. Eine Wärmebedarfsrechnung liefert als erforderliche Heizleistung $\dot{Q}_H = 12$ kW. Als Arbeitsmedium wird das ozonunschädliche Kältemittel R 134a (CF_3CH_2F) gewählt. Die Außenluft dient als Wärmequelle. Es soll der nachstehend beschriebene reversible Vergleichsprozess für den Betriebspunkt des kältesten Tages betrachtet werden:

1→2: reversibel-adiabate Kompression auf $p_2 = 11,5$ bar
2→3: isobare Wärmeabgabe bis zur siedenden Flüssigkeit
3→4: reversible Enspannung in einer adiabaten Turbine auf
$\quad\quad p_4 = p_1 = 1,65$ bar
4→1: isobare Wärmezufuhr bis zum gesättigten Dampf

a) Welcher Massenstrom $\dot{m}$ des Kältemittels wird benötigt, wenn die angegebene Heizleistung erreicht werden soll?
b) Wie groß sind die erforderliche Antriebsleistung $(P_{12})_t$ des Kompressors und der aus der Umgebung aufzunehmende Wärmestrom $\dot{Q}_0 = \dot{Q}_{41}$?
c) Man ermittele die Leistungszahl ϵ^{rev} der Wärmepumpe!

Bei der realen Wärmepumpe wird zur Absenkung des Druckniveaus keine Turbine, sondern eine Drossel eingesetzt. Ferner arbeitet der Verdichter in einer realen Anlage nicht reversibel. Sein isentroper Wirkungsgrad wird mit $\eta_{SV} = 80\,\%$ angegeben.

d) Wie groß sind nun die erforderliche Antriebsleistung $(P_{12^*})_t$ des Kompressors und der aus der Umgebung aufzunehmende Wärmestrom $\dot{Q}_{0^*} = \dot{Q}_{4^*1}$?
e) Man berechne die Leistungszahl der realen Wärmepumpe im betrachteten Betriebspunkt.

Stoffdaten für R 134a – Siede- und Taulinie:

$t/°C$	p_s/MPa	$h'/kJ/kg$	$h''/kJ/kg$	$s'/kJ/(kg\ K)$	$s''/kJ/(kg\ K)$
-14,84	0,165	180,34	389,72	0,9264	1,7370
44,67	1,150	263,43	421,39	1,2124	1,7094

Stoffdaten für R 134a – Überhitzter Dampf:

p/MPa	$t/°C$	$h/kJ/kg$	$s/kJ/(kg\ K)$
	45	421,78	1,7106
1,15	50	427,59	1,7287
	55	433,23	1,7460
	60	438,75	1,7627

Aufgabe 6.10

In einer Gaskältemaschine werden 0,02 kg/s Helium in einem adiabaten Verdichter reversibel von 1 MPa und 300 K (Zustand 1) auf 3 MPa komprimiert. Danach wird das Helium durch Wärmeabgabe an die Umgebung zunächst auf Umgebungstemperatur (Zustand 3, $T_3 = T_u = 300$ K) und anschließend in einem inneren Wärmeübertrager weiter auf die maximale Temperatur der Wärmeaufnahme abgekühlt (Zustand 4, $T_4 = T_0$). In einer adiabaten Turbine wird es reversibel auf den Ausgangsdruck 1 MPa (Zustand 5) entspannt. Nach der Wärmezufuhr im Kühlraum, der auf eine Temperatur von $T_0 = 185$ K temperiert werden soll, und daran anschließend im inneren Wärmeübetrager gelangt das Helium wieder in den

Ausgangszustand. Helium wird als ideales Gas mit $R/M = 2,077$ kJ/(kgK) und $c_p^{ig} = 5,193$ kJ/(kgK) behandelt.

Man berechne sämtliche übertragenen Wärmeströme und technischen Leistungen sowie die Leistungszahl des Prozesses!

Aufgabe 6.11

Dem Dampferzeuger einer einfachen Dampfkraftanlage wird ein Wärmestrom von $\dot{Q}_{12} = 406$ MW zugeführt. Das Speisewasser ($\dot{m} = 125$ kg/s) tritt mit $p_1 = 10$ MPa und $t_1 = 41,4°C$ aus der adiabaten Pumpe aus und wird isobar im Dampferzeuger erwärmt, verdampft und überhitzt. In der adiabaten Turbine expandiert der überhitzte Dampf auf den Kondensatordruck $p_3 = 7,5$ kPa. Der Dampfgehalt beim Austritt aus der Turbine beträgt $x_3 = 0,8745$. Das Kondensat verlässt den Kondensator als gerade siedende Flüssigkeit.

a) Wie groß ist die Turbinenleistung $(P_{23})_t$ und der isentrope Turbinenwirkungsgrad η_{ST}?
b) Wie groß ist der im Kondensator abzuführende Wärmestrom $\dot{Q}_{34}$?
c) Man bestimme die Leistung $(P_{41})_t$ und den isentropen Wirkungsgrad η_{SP} der Speisepumpe!
d) Wie groß ist der thermische Wirkungsgrad des Kreisprozesses?

Aufgabe 6.12

Eine Gasflasche ($V = 100$ l) ist mit Kohlendioxid (CO_2) gefüllt, wobei 90 % der Masse flüssig vorliegen. Der anfängliche Druck in der Flasche beträgt $p_1 = 64$ bar. Nach Öffnen des Flaschenventils strömt das CO_2 isentrop durch eine Düse in die Umgebung ($p_u = 1$ bar) aus, bis das Druckgleichgewicht hergestellt ist und die restliche CO_2-Menge in der Flasche gasförmig vorliegt. Die Temperatur des Flascheninhalts beträgt konstant $T = T_u = 298,15$ K.

a) Man bestimme die anfängliche Masse an Dampf und Flüssigkeit in der Flasche!
b) Man bestimme die anfängliche Geschwindigkeit, mit der das Gas aus der Düse austritt, wenn sich das CO_2 wie ein ideales Gas verhält!
c) Wie groß ist die bei Druckausgleich in der Flasche verbleibende Masse?

Stoffdaten von CO_2:
spezifische Volumina bei 64 bar: $v' = 1,402 \cdot 10^{-3}$ m^3/kg ;
$\qquad\qquad\qquad\qquad\qquad\quad v'' = 4,17 \cdot 10^{-3}$ m^3/kg

Molmasse: $M = 44,011$ kg/kmol

molare Wärmekapazität: $c_p^{ig} = 37,11$ kJ/(kmol K)

Aufgabe 6.13

In einer einfachen Dampfkraftanlage durchläuft Wasser ($\dot{m} = 50$ kg/s) den folgenden Kreisprozess:

$1 \rightarrow 2$:   isentrope Kompression der gerade siedendenden Flüssigkeit
$\qquad\qquad$ ($t_1 = 24,08°C$) auf $p_2 = 60$ bar
$2 \rightarrow 3$:   isobare Erwärmung auf $t_3 = 800°C$
$3 \rightarrow 4$:   isentrope Entspannung auf $p_4 = p_1$
$4 \rightarrow 1$:   isobare Wärmeabfuhr

a) Man bestimme den Dampfgehalt x_4 und die abgeführte spezifische Wärme q_{41}!
b) Welche Leistung gibt der Prozess ab? (Die Leistung der Speisepumpe kann vernachlässigt werden.)

In einem heißen Sommer wird das Kühlwasser knapp, sodass nur noch der halbe Wärmestrom abgeführt werden kann ($\dot{Q}_{4*1} = 0,5\dot{Q}_{41}$) und die Kondensatoraustrittstemperatur auf $t_{1*} = 35°C$ steigt.

c) Man bestimme den Druck $p_{4*} = p_{1*}$ und die spezifische Wärme q_{4*1} unter der Annahme, dass sich der Zustandspunkt 3 nicht verändert und der Punkt 1 auch bei Sommerbetrieb auf der Siedelinie liegt!
d) Wie groß ist dabei der umlaufende Wassermassenstrom, und welche technische Leistung gibt das Kraftwerk ab? (Die Leistung der Speisepumpe kann vernachlässigt werden.)

Aufgabe 6.14

Ein Braunkohlekraftwerk arbeitet mit einer einfachen Zwischenüberhitzung und einer Anzapf-Vorwärmung. Dabei wird ein Wassermassenstrom von $\dot{m} = 1080$ t/h im Dampferzeuger bei 5 MPa erwärmt, verdampft und anschließend auf 450°C überhitzt. Der Dampf wird zunächst in der Hochdruckturbine ($\eta_{ST} = 0,85$) auf den Zwischen- und Anzapfdruck von 0,4 MPa entspannt. Bei diesem Zustand wird der Anzapf-Dampfmassenstrom abgezweigt und einem Speisewasser-Vorwärmer zugeführt. Der restliche Dampfmassenstrom wird auf 450°C überhitzt und in der anschließenden Niederdruckturbine auf den Kondensatordruck von 5 kPa entspannt. Der Dampfgehalt am Austritt der Niederdruckturbine beträgt dabei $x = 0,98$. Im Kondensator erfolgt eine gerade vollständige Kondensation des Dampfes. In der anschließenden Speisepumpe wird das Kondensat schließlich auf den Kesseldruck von 5 MPa gebracht. Der Anzapf-Dampfmassenstrom wird im Speisewasser-Vorwärmer beim Anzapfdruck gerade vollständig kondensiert und anschließend dem vorgewärmten Speisewasser mit Hilfe einer Pumpe beigemischt. Die Anzapfmenge wird genau so eingestellt, dass das Speisewasser vor dem Eintritt in den Dampferzeuger bei einem Druck von 5 MPa bis auf die zum Anzapfdruck von 0,4 MPa gehörende Sättigungstemperatur isobar erwärmt wird.

Bis auf den Dampferzeuger, den Überhitzer und den Kondensator können alle Maschinen, Apparate und Rohrleitungen als adiabat angesehen werden. Die Pumpenleistungen können vernachlässigt werden.

a) Man ermittele den Anzapfmassenstrom!
b) Man berechne die Leistungsabgabe beider Turbinen!
c) Wie groß sind die Wärmeströme, die im Kondensator abgeführt und im Speisewasser-Vorwärmer übertragen werden?
d) Man berechne den isentropen Wirkungsgrad der Niederdruckturbine!
e) Man ermittele den thermischen Wirkungsgrad der Anlage!
f) Wie groß ist der Brennstoffbedarf an Braunkohle für das Kraftwerk, wenn der Kesselwirkungsgrad des Dampferzeugers $\eta_{DE} = 0,9$ ist?
g) Man schätze die den Speisepumpen zuzuführenden Leistungen ab!

Aufgabe 6.15

In einem milchwirtschaftlichen Betrieb fallen pro Tag 1000 l Frischmilch bei 35°C (Zustand I) an. Diese Milch wird zur Keimsterilisierung innerhalb von 4 Stunden auf eine Temperatur von 4°C (Zustand II) gekühlt. Die Kühlung erfolgt durch eine Dampf-Kompressionskältemaschine, in der das Kältemittel R22 den folgenden Kreisprozess durchläuft:

Zustand 1:   gesättigter Dampf bei $T = 273,15$ K
Zustandsänderung $1 \rightarrow 2$:   adiabate Kompression ($\eta_{SV} = 0,80$) auf $p = 2,427$ MPa
Zustandsänderung $2 \rightarrow 3$:   isobare Kondensation bis zur Siedelinie
Zustandsänderung $3 \rightarrow 4$:   adiabate Drosselung auf den Verdampferdruck
Zustandsänderung $4 \rightarrow 1$:   Aufnahme der Kälteleistung $\dot{Q}_0$

a) Welche Wärmemenge muss abgeführt werden und welche Kälteleistung muss die Kältemaschine erbringen? (Die Stoffeigenschaften von Milch können durch die von Wasser approximiert werden.)
b) Man berechne die Zustandsgrößen T, p, h und s für alle Zustandspunkte!
c) Welche technische Leistung muss der Kompressor erbringen?
d) Man berechne die Leistungszahl der Kältemaschine und unter Bezugnahme auf dissipationsfreie Zustandsänderungen ihren isentropen Wirkungsgrad.
e) Wenn die von der Kältemaschine abgegebene Wärme zur Brauchwassererwärmung genutzt wird, dann kann Heizöl substituiert werden. Wieviel l Heizöl (EL) können pro Tag eingespart werden, wenn das Brauchwasser ohne diese Abwärmenutzung in einem Kessel ($\eta_K = 0,8$) erwärmt werden müsste?

Auszug aus der Dampftafel von R22:

Sättigungszustand

T K	p MPa	h' kJ/kg	h'' kJ/ kg	s' kJ/(kg K)	s'' kJ/(kg K)
273,15	0,4981	274,3	476,9	2,254	2,997
333,15	2,427	349,7	488,8	2,519	2,937

Überhitzter Dampf

	$p = 2,0$ MPa		$p = 2,5$ MPa	
T (K)	h kJ/kg	s kJ/(kg K)	h kJ/kg	s kJ/(kg K)
343,15	507,8	3,007	499,1	2,965
353,15	517,5	3,034	510,1	2,996
363,15	526,8	3,059	520,4	3,024

Aufgabe 6.16

In der geschlossenen Gasturbinenanlage eines Kernkraftwerkes wird Helium als Arbeitsfluid benutzt. Das Helium ändert dabei in einer Folge von stationären Fließprozessen seinen Zustand:

$1 \rightarrow 2$:	polytrope adiabate Kompression im 1. Verdichter von $p_1 = 24$ bar, $T_1 = 300$ K auf $p_2 = 41$ bar, $T_2 = 385$ K,
$2 \rightarrow 3$:	isobare Wärmeabfuhr im Zwischenkühler auf $T_3 = 300$ K,
$3 \rightarrow 4$:	polytrope adiabate Kompression im 2. Verdichter auf $p_4 = 70$ bar, $T_4 = 385$ K,
$4 \rightarrow 5$:	isobare Wärmezufuhr im Reaktor auf $T_5 = 1130$ K,
$5 \rightarrow 6$:	polytrope adiabate Expansion in der Turbine auf $p_6 = p_1 = 24$ bar, $T_6 = 770$ K,
$6 \rightarrow 1$:	isobare Wärmeabfuhr im Kühler auf $T_1 = 300$ K.

Das Helium kann in dem betrachteten Zustandsbereich als ideales Gas mit konstanter Wärmekapazität behandelt werden ($c_\mathrm{p}^\mathrm{ig} = 5,18$ kJ/(kg K), $M = 4$ kg/kmol).

a) Man bestimme die Polytropenexponenten für die Kompressions- und Expansionsvorgänge!
b) Wie groß sind die in den Teilprozessen übertragenen spezifischen Wärmemengen?
c) Welche spezifische Arbeit benötigt der aus den 2 Verdichtern bestehende Kompressor?
d) Welche spezifische Arbeit gibt die Turbine ab, und welche spezifische Arbeit gibt die Gesamtanlage ab?
e) Wie groß ist der thermische Wirkungsgrad des Kreisprozesses?
f) Man berechne die polytropen und die isentropen Verdichter- und Turbinenwirkungsgrade!
g) Man berechne für alle Strömungsmaschinen die reversible Arbeit und die Dissipation!

Aufgabe 6.17

Ein Verbrennungsmotor mit dem Verdichtungsverhältnis $\epsilon = 10$ soll zunächst anhand des theoretischen Otto-Prozesses beurteilt werden. Hierfür wird als Arbeitsmedium Luft angenommen (id. Gas, $c_\mathrm{vL}^\mathrm{ig} = 0,7 \frac{\mathrm{kJ}}{\mathrm{kgK}}$). Weiterhin sind bekannt: $p_1 = 0,9$ bar, $t_1 = 70°\mathrm{C}, T_\mathrm{max} = 2700$ K.

a) Wie groß ist der thermische Wirkungsgrad η_th dieses Kreisprozesses?
b) Man berechne Druck und Temperatur nach der Verdichtung (Zustand 2)!
c) Welche spezifische Wärmemenge q_{23} muss zugeführt werden, damit T_max erreicht wird?
d) Man gebe den Verbrennungsdruck p_3 sowie Druck und Temperatur am Ende der Expansion an (Zustand 4)!

Im realen Motorbetrieb wird während der Kompression und Expansion Wärme über die Brennraumwände übertragen. Es werde angenommen, dass diese Zustandsänderungen als polytrop modelliert werden können. Reibung ist dabei zu vernachlässigen.

Durch Prüfstandmessungen konnten folgende Verhältnisse für den realen Motor ermittelt werden (index r für real):

1) Nach der Kompression erreicht der Druck nur den Wert von $p_{2r} = 18$ bar.
2) Für die Expansion ergibt sich ein Druckverhältnis p_{3r}/p_{4r} zu 35,5.
3) Bei der Verbrennung werden $q_{2r3r} = 2600 \frac{\mathrm{kJ}}{\mathrm{kg}}$ zugeführt.
4) Die spezifische Wärmekapazität der Verbrennungsgase (Zustände 2 bis 4) beträgt $c_\mathrm{vV}^\mathrm{ig} = 1,2 \frac{\mathrm{kJ}}{\mathrm{kgK}}$.

Man berechne

e) die Polytropenexponenten für Kompression und Expansion,

f) die Temperaturen in den Zuständen 2r bis 4r,

g) die bei der Kompression abgeführte spezifische Wärme!

Aufgabe 6.18

Das Schaltschema zeigt ein Heizkraftwerk, das mit Steinkohle gefeuert wird (η_K = 0,9227, H_u = 32909 kJ/kg). Im Kessel wird ein Frischdampfmassenstrom $\dot{m}$ = 51 kg/s mit einer Temperatur $t_1 = 500°$C bei $p_1 = 50$ bar erzeugt. In der nachgeschalteten Turbine wird ein Anzapfstrom $\dot{m}_A = 40$ kg/s bei $p_6 = 5$ bar entnommen. Der restliche Dampf wird auf $p_2 = 0,05$ bar entspannt. Die isentropen Turbinenwirkungsgrade betragen in der Hoch- und Niederdruckstufe $\eta_{ST,HD} = 0,9038$ und $\eta_{ST,ND} = 0,8695$. Der Generatorwirkungsgrad beträgt $\eta_{el} = 0,94$. Der Anzapfmassenstrom dient zunächst der Fernwärmeerzeugung und anschließend der Vorwärmung des Speisewassers. Nach Verlassen des Vorwärmers ist der Anzapfdampf vollständig kondensiert. Er wird auf den Druck $p_9 = 0,05$ bar entspannt und dem Strom vom Zustand (2) zu gemischt. Im Kondensator erfolgt eine vollständige Kondensation. Das Speisewasser wird in der adiabat und reibungsfrei arbeitenden Pumpe auf $p_4 = 50$ bar komprimiert und im Vorwärmer auf $t_5 = 38°$C erwärmt.

Wasser kann als inkompressible Flüssigkeit mit $v^{if} = 0,001005$ m³/kg angenommen werden. Die Turbinen und die Drossel sind als adiabat zu betrachten.

a) Man berechne den exergetischen Wirkungsgrad des Heizkraftwerkes ($t_U = 15°$C)!

b) Wie groß ist der exergetische Wirkungsgrad dieses Prozesses ohne Fernwärmeerzeugung?

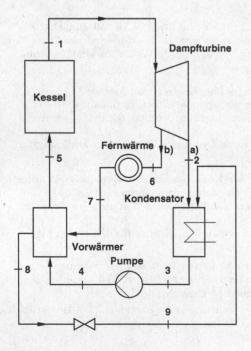

7. Modellprozesse für Stoffumwandlungen

Stoffumwandlungen sind Prozesse, in denen Stoffformen ineinander umgewandelt werden. Sie sind sehr vielfältig, lassen sich aber im Rahmen einer thermodynamischen Analyse in einheitlicher Weise beschreiben. Hierzu verwenden wir die Materiemengenbilanz und die Energiebilanz, sowie geeignete Stoffmodelle. Die Entropiebilanz beschreibt in Verbindung mit dem 2. Hauptsatz den Grenzfall der maximalen Stoffumwandlung, also das thermodynamische Gleichgewicht, und wird darüber hinaus zum Zweck einer energetischen Bewertung hinzugezogen. In diesem Kapitel betrachten wir einige Modellprozesse für Stoffumwandlungen und erläutern an ihnen die thermodynamische Analyse.

Ausgangspunkt ist der Gleichgewichtsprozess. Er liefert eine vollständige, wenn auch idealisierte Berechnungsgrundlage für Stoffumwandlungen. In abgeschlossenen Systemen ist der Gleichgewichtsprozess ein Ausgleichsprozess, der nach dem 2. Hauptsatz bis zum Zustand maximaler Entropie ungehemmt abläuft. Diesen Zustand nennt man das thermodynamische Gleichgewicht. Technisch relevante Prozesse laufen nicht in abgeschlossenen Systemen ab, sondern in solchen, die Energie- und Stofftransfer über die Systemgrenzen ermöglichen, also geschlossenen und insbesondere offenen Systemen. Das thermodynamische Gleichgewicht wird dann nicht durch das Maximum der Entropie, sondern durch Extremwerte anderer thermodynamischer Zustandsgrößen bestimmt. Der 2. Hauptsatz wird entsprechend umformuliert. In allen Systemen beschränkt das thermodynamische Gleichgewicht die Stoffumwandlungen. In realen Prozessen wird es häufig nicht erreicht, weil die begrenzte Verweilzeit im Apparat und vielfältige Hemmungen dies verhindern. Dennoch ist es sinnvoll, sich mit dem Gleichgewichtsprozess als allgemeiner Berechnungsgrundlage zu beschäftigen. Ähnlich wie der reversible Prozess für Energieumwandlungen beschreibt auch der Gleichgewichtsprozess für Stoffumwandlungen eine optimale oder zumindest maximale Umwandlung und erlaubt über Wirkungsgrade Rückschlüsse auf den realen Prozess.

7.1 Grundprozesse

Das Wesen einer spontanen Stoffumwandlung besteht in dem Abbau eines treibenden Potenzials. Wenn dieses Potenzial abgebaut ist, hat die spontane Stoffumwandlung ihren Endzustand erreicht. Dieser Endzustand ist z.B. die homogene Mischung Luft bei der Vermischung der reinen Komponenten Stickstoff, Sauerstoff, Argon etc. bzw. das Wasser bei der Reaktion von Wasserstoff mit Sauerstoff. Die spontane Stoffumwandlung hat damit den Charakter eines Ausgleichsprozesses. Ihr Endzustand wird als Gleichgewicht bezeichnet. Sowohl der spontane Richtungssinn wie auch die thermodynamischen Zustandsgrößen im Gleichgewichtszustand sind wichtige Informationen zur Analyse und Synthese von Stoffumwandlungen. Die dabei auftretenden Prozesse lassen sich auf vier Grundprozesse mit prinzipiell unterschiedlichen treibenden Potenzialen zurückführen. Die zugehörigen Gleichgewichte sind das mechanische, das thermische, das stoffliche und das chemische Gleichgewicht.

7.1.1 Die Grundtypen der Ausgleichsprozesse

Das mechanische und das thermische Gleichgewicht wurden bereits in den Abschnitten 2.1.3 und 2.1.4 im Zusammenhang mit der Definition von Druck bzw. Temperatur besprochen. Hier steht die Erläuterung der entsprechenden Ausgleichsprozesse im Vordergrund. Zur Erläuterung des Ausgleichsprozesses, der auf das mechanische Gleichgewicht führt, betrachten wir eine nach außen isolierte Kammer, die durch einen beweglichen, zunächst arretierten Kolben in zwei Unterkammern geteilt ist, vgl. Abb. 7.1. In der linken Unterkammer sei zu Beginn ein Gas mit dem höheren Druck $p^{(1)}$ eingeschlossen. In der rechten Unterkammer befinde sich ein Gas mit dem niedrigeren Druck $p^{(2)}$. Wird die Arretierung des Kolbens entfernt, so setzt ein Prozess ein, während dessen sich das Volumen der linken Kammer mit dem größeren Druck vergrößert und das Volumen der rechten Kammer mit dem kleineren Druck verkleinert. Man beobachtet, dass der Prozess zum Stillstand kommt, wenn beide Unterkammern denselben Druck haben, nämlich $p^{(1)} = p^{(2)} = p$. Die betrachtete Stoffumwandlung besteht in einer Druckabsenkung des linken Gases und einer Druckanhebung des rechten. Den Endzustand des beschriebenen Ausgleichsprozesses nennt man das mechanische Gleichgewicht, vgl. Abschn. 2.1.3.

Der zum thermischen Gleichgewicht führende Ausgleichsprozess läuft zwischen zwei Systemen unterschiedlicher Temperatur ab. Wir betrachten eine nach außen isolierte Kammer, die durch eine feste Wand in zwei Unterkammern aufgeteilt ist, vgl. Abb. 7.2. Die Wand zwischen beiden Kammern sei zunächst mit einem idealen thermischen Isolator überzogen, der keinen Wärmetransfer zulässt, d.h. sie ist adiabat. In der linken Kammer befindet sich Wasser mit der höheren Temperatur $t^{(1)}$, in der rechten Wasser mit der niedrigeren Temperatur $t^{(2)}$. Wird der thermische Isolator entfernt, dann setzt ein Ausgleichsprozess ein, während dessen sich das warme Wasser abkühlt und das kalte Wasser erwärmt. Man beobachtet, dass der Prozess zum Stillstand kommt, wenn beide Kammern dieselbe Temperatur haben, nämlich $t^{(1)} = t^{(2)} = t$. Die betrachtete Stoffumwandlung besteht in einer

Temperaturerniedrigung des Wassers im linken Teilsystem und in einer Temperaturerhöhung des Wassers im rechten. Den Endzustand des beschriebenen Prozesses nennt man das thermische Gleichgewicht, vgl. Abschn. 2.1.4.

Durch das thermische und das mechanische Gleichgewicht werden die thermodynamischen Zustandsgrößen Temperatur bzw. Druck definiert. Sie sind aus der alltäglichen Erfahrung bekannt. Wesentlich komplizierter ist die Frage nach derjenigen Zustandsgröße, die das stoffliche Gleichgewicht beschreibt. Zur Erläuterung von Ausgleichsprozessen, die zu einem stofflichen Gleichgewicht führen, betrachten wir zunächst eine nach außen isolierte Kammer, die durch eine bewegliche und diatherme, d.h. für Wärme durchlässige Wand in zwei Unterkammern unterteilt ist, vgl. Abb. 7.3. In der oberen Kammer ist Stickstoffgas, in der unteren Sauerstoffgas eingeschlossen. In beiden Unterkammern herrschen gleiche Werte von Druck und Temperatur. Es können z.B. die Umgebungsbedingungen sein. Wird die Wand zwischen beiden Unterkammern entfernt, so setzt ein Ausgleichsprozess ein, während dessen sich der Stickstoff und der Sauerstoff zu einer homogenen Mischung vermischen. Der Endzustand dieses Ausgleichsprozesses ist durch homogene Werte von Temperatur, Druck und Zusammensetzung gekennzeichnet. Die

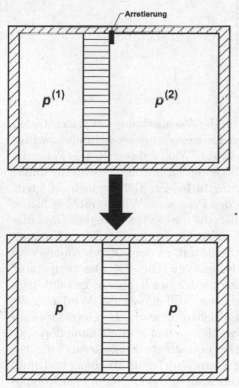

Abb. 7.1. Zum mechanischen Gleichgewicht

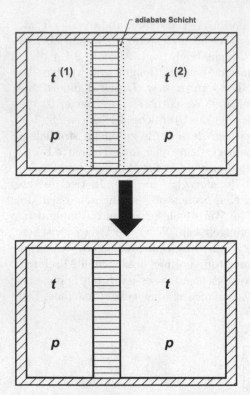

Abb. 7.2. Zum thermischen Gleichgewicht

betrachtete Stoffumwandlung besteht in der Vermischung von reinen Gasen zu einem homogenen Gasgemisch. Den Endzustand des beschriebenen Prozesses nennt man das stoffliche Gleichgewicht. Was ist das treibende Potenzial für diese Stoffumwandlung? Die naheliegende Vermutung, dass es die unterschiedliche anfängliche Zusammensetzung in beiden Teilsystemen sei, greift zu kurz. Dies zeigt eine Modifikation des Prozesses. Wir betrachten hierzu wieder eine nach außen isolierte Kammer, die durch eine bewegliche und diatherme Wand in zwei Unterkammern unterteilt ist. In der oberen Kammer befinde sich nach wie vor gasförmiger Stickstoff. In der unteren Kammer sei nun aber flüssiger Sauerstoff eingeschlossen, vgl. Abb. 7.4. Die Temperatur und der Druck in beiden Kammern seien wieder gleich, aber so gewählt, dass reiner Stickstoff gasförmig und reiner Sauerstoff flüssig ist. Wird nun die Wand entfernt, so setzt wieder ein Ausgleichsprozess ein. Im Gegensatz zum zuvor betrachteten Vermischungsprozess bleiben nun aber ein dampfförmiger und ein flüssiger Bereich erhalten. Die betrachtete Stoffumwandlung besteht in der Bildung einer flüssigen Sauerstoff-Stickstoff-Mischung und einer gasförmigen Sauerstoff-Stickstoff-Mischung aus ursprünglich reinen Komponenten. Das stoffliche Gleichgewicht, das nun als Verdampfungsgleichgewicht

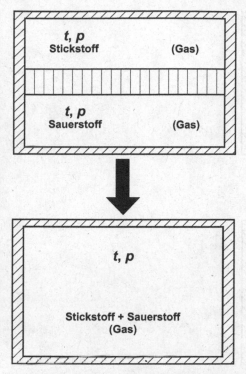

Abb. 7.3. Zum stofflichen Gleichgewicht (Beispiel: Vermischung zweier Gase)

bezeichnet wird, ist durch die Koexistenz eines flüssigen Gemisches mit einem dampfförmigen Gemisch gekennzeichnet. Etwas Stickstoff hat sich in die Flüssigkeit begeben und etwas Sauerstoff in den Dampf. Die Zusammensetzungen von Flüssigkeit und Dampf sind unterschiedlich. Im Dampf ist Stickstoff angereichert, in der Flüssigkeit Sauerstoff. Demnach kommt ein Unterschied in der Zusammensetzung nicht als treibende Kraft für die Einstellung des stofflichen Gleichgewichts in Betracht. Zur Beschreibung des stofflichen Gleichgewichts führen wir eine neue stoffspezifische Zustandsgröße ein, das chemische Potenzial μ_i der Komponente i, vgl. Abschn. 7.1.2. Solange die chemischen Potenziale von Stickstoff und Sauerstoff in beiden Phasen unterschiedlich sind, ist das stoffliche Gleichgewicht noch nicht erreicht, vgl. Abschn. 7.1.3. Wenn sie gleiche Werte annehmen, kommt der Stoffumwandlungsprozess zum Stillstand, und das stoffliche Gleichgewicht ist erreicht. Das chemische Potenzial übernimmt im stofflichen Gleichgewicht also die Rolle der Temperatur beim thermischen bzw. des Druckes beim mechanischen Gleichgewicht. Da stoffliche Gleichgewichte komponentenspezifisch sind, ist auch das chemische Potenzial eine komponentenspezifische Größe.

Zur Erläuterung von Ausgleichsprozessen, die zum chemischen Gleichgewicht führen, betrachten wir schließlich eine nach außen isolierte Kammer,

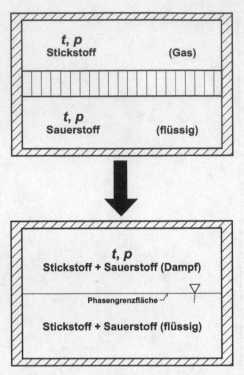

Abb. 7.4. Zum stofflichen Gleichgewicht (Beispiel: Verdampfungsgleichgewicht)

in der ein gasförmiges Gemisch aus Stickstoff und Wasserstoff eingeschlossen sei, vgl. Abb. 7.5. Dieses Gemisch ist chemisch reaktionsfähig, denn es können sich in ihm durch chemische Stoffumwandlung Ammoniakmoleküle bilden. Durch einen chemischen Inhibitor sei dieses Gemisch zunächst chemisch inertisiert, d.h. alle chemischen Umwandlungen seien gehemmt. Wird der chemische Inhibitor entfernt und durch einen Katalysator ersetzt, der chemische Umwandlungen fördert, so setzt ein Ausgleichsprozess ein, während dessen sich das Gemisch von Stickstoff und Wasserstoff teilweise, aber nicht vollständig, in Ammoniak umwandelt. Die betrachtete Stoffumwandlung ist die Bildung von Ammoniak aus Stickstoff und Wasserstoff. Den Endzustand dieses Prozesses bezeichnet man als chemisches Gleichgewicht. Treibendes Potenzial dieser chemischen Stoffumwandlung ist wie bei den zuvor betrachteten Ausgleichsprozessen, die zum stofflichen Gleichgewicht führten, ein Unterschied im chemischen Potenzial, hier im chemischen Potenzial des an der Umwandlung teilnehmenden Eduktgemisches gegenüber dem durch die Umwandlung entstehenden Produktgemisch, vgl. Abschn. 7.1.3.

Die hier besprochenen Ausgleichsprozesse sind Grundprozesse, aus denen sich die natürlich ablaufenden Stoffumwandlungen zusammensetzen. Sie laufen in einer eindeutigen Richtung ab und erreichen einen eindeutigen End-

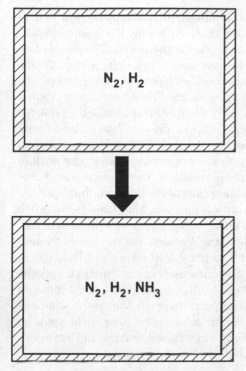

Abb. 7.5. Zum chemischen Gleichgewicht (Beispiel: Ammoniak-Synthese)

zustand, wenn sie nicht durch irgendwelche Hemmungen daran gehindert werden. Systeme mit unterschiedlichen Temperaturen im Kontakt miteinander haben die natürliche Neigung, das thermische Gleichgewicht zu erreichen und setzen hierzu Wärmeströme vom heißen System zum kalten in Gang. Die Stoffumwandlung besteht in einer Temperaturänderung. Dieser Prozess läuft z.B. in einem Wärmeübertrager ab. Die Temperatur hat damit die Bedeutung eines thermischen Potenzials. Systeme mit unterschiedlichen Drücken im Kontakt miteinander haben die natürliche Neigung, das mechanische Gleichgewicht zu erreichen und setzen dazu Arbeitsströme vom hohen zum niedrigen Druck in Gang. Die Stoffumwandlung besteht in einer Druckänderung. Dieser Prozess läuft z.B. in Kolbenmotoren und Turbinen ab. Der Druck hat damit die Bedeutung eines mechanischen Potenzials. Diese beiden Formen von Ausgleichsprozessen und ihre Triebkräfte sind aus allgemeiner Erfahrung bekannt. Weniger geläufig, aber prinzipiell analog, sind die Ausgleichsprozesse, die mit Änderungen in der Zusammensetzung einhergehen. Systeme mit unterschiedlichen Werten der chemischen Potenziale ihrer Komponenten im Kontakt miteinander haben die natürliche Neigung, durch Abbau dieser Potenzialunterschiede das stoffliche Gleichgewicht zu erreichen. Die Stoffumwandlung besteht in einer durch thermische Effekte bedingten Angleichung der chemischen Potenziale der einzelnen Komponenten in den in Kontakt stehenden Systemen und wird in einer Änderung der Zusammensetzung sichtbar. Dieser Prozess läuft in Anlagen für thermische Trennverfahren ab, z.B. Rektifikationskolonnen oder Gaswäschern. Chemisch reaktionsfähige Systeme haben die Neigung, das chemische Gleichgewicht zu erreichen. Die Stoffumwandlung besteht in einer durch chemische Effekte bedingten Angleichung des chemischen Potenzials vom Wert für das Eduktgemisch an das für das Produktgemisch und wird in einer Veränderung der Zusammensetzung bis hin zur Neubildung von Komponenten sichtbar. Dieser Prozess läuft in chemischen Reaktoren ab, z.B. dem Ammoniak-Synthesereaktor oder auch in Feuerungen. Unausgeglichene Werte im thermischen, mechanischen und chemischen Potenzial sind verantwortlich für spontane Stoffumwandlungsprozesse. Die Umkehr dieser Prozesse ist technisch möglich. Man kann bekanntlich ein Gas von einem niedrigen Druck auf einen hohen Druck komprimieren, z.B. in einem Verdichter. Ebenso kann man einen Wärmestrom von einem System tiefer Temperatur auf eines bei höherer Temperatur übertragen, z.B. in einem Kühlschrank. Auch Änderungen von Zusammensetzungen durch thermische und chemische Effekte kann man entgegen dem natürlichen Richtungssinn führen. Man kann z.B. Luft in seine Komponenten oder Wasser in seine elementaren Bestandteile zerlegen. Solche Prozesse laufen aber nicht spontan ab, sondern müssen durch Energiezufuhr angetrieben werden und erfordern in der Regel einen hohen technologischen Aufwand.

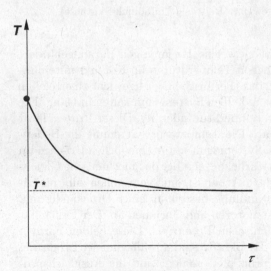

Abb. 7.6. Temperaturverlauf eines heißen Systems bei Kontakt mit einem kalten System als Funktion der Zeit (T^* = Temperatur im thermischen Gleichgewicht)

Spontane, also nicht von außen angetriebene Stoffumwandlungen laufen als Ausgleichsprozesse ab. Sie sind allgemein dadurch gekennzeichnet, dass

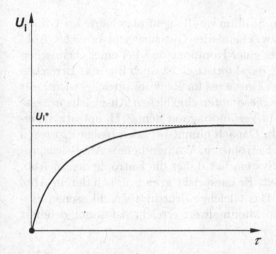

Abb. 7.7. Verlauf des Umsatzes einer Komponente i bei einer chemischen Reaktion als Funktion der Zeit (U^* = Umsatz im chemischen Gleichgewicht)

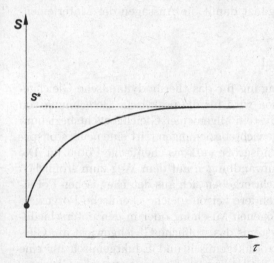

Abb. 7.8. Verlauf der Entropie eines abgeschlossenen Systems bei einem Ausgleichsprozess über der Zeit (S^* = Entropie im thermodynamischen Gleichgewicht)

Potenziale im System abgebaut werden. Ein solcher Vorgang benötigt Zeit und Raum. Der zeitliche Ablauf ist für alle Stoffumwandlungen qualitativ der Gleiche. So zeigt Abb. 7.6 für den Ausgleichsprozess zur Einstellung des thermischen Gleichgewichts den Verlauf der Temperatur des heißen Systems über der Zeit. Charakteristisch ist der exponentielle Verlauf und das Erreichen des Gleichgewichtswertes mit einer horizontalen Tangente. Ganz analog werden die Potenziale der mit Änderungen der Zusammensetzung einhergehen-

den thermischen und chemischen Stoffumwandlungen abgebaut. Im Grenzfall wird hierbei das stoffliche bzw. chemische Gleichgewicht erreicht. Abb.
7.7 zeigt den Verlauf des Umsatzes einer Komponente i bei einer chemischen
Stoffumwandlung über der Zeit. Charakteristisch ist auch hier das Erreichen
des Gleichgewichtswertes, d.h. des Umsatzes im Reaktionsgleichgewicht, mit
einer horizontalen Tangente. Alle diese unterschiedlichen Ausgleichsprozesse
werden durch die Entropiebilanz in Verbindung mit dem 2. Hauptsatz auf eine gemeinsame Grundlage gestellt. Danach nimmt bei allen realen Prozessen
in abgeschlossenen Systemen die Entropie zu. Während eines Ausgleichsprozesses in einem abgeschlossenen System hat daher die Entropie den in Abb.
7.8 gezeigten Verlauf über der Zeit. Er entspricht grundsätzlich den in Abb.
7.7 und 7.8 gezeigten Verläufen. Das Gleichgewicht in abgeschlossenen Systemen, in dem die Entropie ihren Maximalwert erreicht, ist somit definiert
durch

$$\mathrm{d}S|_{U,V} = 0 \ . \tag{7.1}$$

Diese Beziehung erlaubt die Berechnung des Systemzustands im thermodynamischen Gleichgewicht und ergänzt damit die Aussagen der Materiemengenbilanz und der Energiebilanz.

7.1.2 Das chemische Potenzial

Das Entropiemaximum als Bedingung für das thermodynamische Gleichgewicht in abgeschlossenen Systemen wird für die praktische Berechnung von
Gleichgewichtszuständen in ein System allgemeiner Gleichgewichtsbeziehungen umgeformt. In diesen Gleichgewichtsbeziehungen tritt eine neue, stoffspezifische thermodynamische Zustandsgröße auf, das chemische Potenzial. Die
treibenden Potenziale für Stoffumwandlungen auf dem Weg zum stofflichen
und/oder chemischen Gleichgewicht ergeben sich aus den chemischen Potenzialen der Komponenten. Insbesondere zeigen gleiche chemische Potenziale
aller Komponenten in einer homogenen Mischung oder in den unterschiedlichen Phasen eines Mehrphasensystems das stoffliche Gleichgewicht an. Gleiche chemische Potenziale von Produktgemisch und Eduktgemisch für eine
vorgegebene Bruttoreaktion sind die Bedingung für das chemische Gleichgewicht. Das chemische Potenzial hat daher für stoffliche und chemische Gleichgewichte eine analoge Bedeutung wie die Temperatur für das thermische und
der Druck für das mechanische Gleichgewicht.

Die formale Definition des chemischen Potenzials als thermodynamische
Zustandsgröße erfolgt analog zur Definition der Temperatur und des Druckes
durch die Erweiterung der Fundamentalgleichung (5.38) um einen Term, der
den Stofftransfer berücksichtigt.

Diese Gleichung stellt eine allgemeine Beziehung zwischen den Differen-
zialen der Zustandsgrößen U, S und V für reine Stoffe dar. Insbesondere
beschreibt sie die Änderung der inneren Energie eines geschlossenen Systems
beim reversiblen Transfer von Wärme und Arbeit, d.h.

$$dU = dQ^{\text{rev}} + dW^{\text{rev}} = \left(\frac{\partial U}{\partial S}\right)_V dS + \left(\frac{\partial U}{\partial V}\right)_S dV = T dS - p dV \ . \tag{7.2}$$

Hierbei ist S die Koordinate, die sich einschlägig bei Energietransfer als Wärme und V die Koordinate, die sich einschlägig bei Energietransfer als Volumenänderungsarbeit ändert. Temperatur und Druck sind die entsprechenden Intensitätsgrößen. Diese Form der Fundamentalgleichung ist adäquat für Prozesse ohne Änderung der Zusammensetzung. Wenn wir nun Stoffumwandlungen, die mit Änderungen in der Zusammensetzung eines Systems einhergehen, berücksichtigen wollen, so müssen wir die Abhängigkeit von den Stoffmengen der einzelnen Komponenten einführen. Wir betrachten hierzu den mit dem Transfer von Stoffströmen verbundenen Energietransfer über die Systemgrenze. Es mögen n_1 Mole der Komponente 1, n_2 Mole der Komponente 2 usw. über die Systemgrenzen transferiert werden. Dann ändert sich die innere Energie eines Systems auf Grund dieser Stoffmengenänderungen nach

$$dU = \sum \left(\frac{\partial U}{\partial n_i}\right)_{S,V,n_i^*} dn_i \ , \tag{7.3}$$

wobei bei der Bildung der partiellen Ableitung neben der Entropie und dem Volumen insbesondere alle Stoffmengen außer n_i konstant bleiben, worauf die Notation n_i^* hinweisen soll. Da in dem Beitrag (7.3) die Änderung der inneren Energie durch ausschließlich diesen Stofftransfer erfasst werden soll, müssen alle anderen Mechanismen zur Änderung der inneren Energie ausgeschlossen werden, d.h. neben Wärme- und Arbeitstransfer insbesondere auch die Dissipation. Daher muss, analog wie zuvor beim Arbeits- und Wärmetransfer, die Zustandsänderung während des Stofftransfers reversibel sein. Man nennt die Intensitätsgröße

$(\partial U / \partial n_i)_{S,V,n_i^*}$

das chemische Potenzial der Komponente i:

$$\mu_i := \left(\frac{\partial U}{\partial n_i}\right)_{S,V,\, n_i^*} \ . \tag{7.4}$$

Das chemische Potenzial einer Komponente i in einem fluiden Gemisch beschreibt also die Intensität, mit der die innere Energie des Systems auf die Veränderung der Stoffmenge dieser Komponente bei konstanten Werten der Entropie, des Volumens und aller anderen Stoffmengen reagiert. Es ist somit eine Intensitätsgröße. Seine Definition entspricht der der Temperatur bei Entropieänderung und der des Druckes bei Volumenänderung. Die Definition des chemischen Potenzials ist als Zustandsgröße nicht an einen bestimmten Prozess, also z.B. den Stofftransfer bei reversibler Zustandsänderung, gebunden. Auch mit der Änderung einer Stoffmenge der Komponente i auf Grund von chemischen Reaktionen ist eine Änderung der inneren Energie des Systems nach (7.4) verbunden.

Die Fundamentalgleichung unter Einschluss von Stoffumwandlungen, die mit einer Änderung der Zusammensetzung einhergehen, lautet daher allgemein

$$\mathrm{d}U = T\mathrm{d}S - p\mathrm{d}V + \sum_j \mu_j \mathrm{d}n_j \ . \tag{7.5}$$

Sie wird als Gibbssche Fundamentalgleichung bezeichnet. Mit Hilfe der Gibbsschen Fundamentalgleichung lässt sich die Bedingung des Entropiemaximums für das thermodynamische Gleichgewicht als Gleichungssystem formulieren, vgl. Abschn. 7.1.3.

Das chemische Potenzial ist keine neue, von den bisher eingeführten Zustandsgrößen unabhängige Variable. Seine praktische Berechnung kann vielmehr aus bereits bekannten Funktionen erfolgen. So findet man aus dem totalen Differenzial der freien Enthalpie nach (6.7)

$$\mathrm{d}G = \mathrm{d}U + p\mathrm{d}V + V\mathrm{d}p - T\mathrm{d}S - S\mathrm{d}T$$

mit Hilfe der Gibbsschen Fundamentalgleichung

$$\mathrm{d}G = T\mathrm{d}S - p\mathrm{d}V + \sum \mu_j \mathrm{d}n_j + p\mathrm{d}V + V\mathrm{d}p - T\mathrm{d}S - S\mathrm{d}T$$
$$= -S\mathrm{d}T + V\mathrm{d}p + \sum \mu_j \mathrm{d}n_j \ , \tag{7.6}$$

und daher

$$\mu_j = \left(\frac{\partial G}{\partial n_j}\right)_{T,p,\,n_j^*} = g_j = h_j - Ts_j \ . \tag{7.7}$$

Damit ist das chemische Potenzial nach (2.33) als partielle molare freie Enthalpie, d.h. $\mu_j = g_j$, erkannt und auf die bereits bekannten Zustandsgrößen partielle molare Enthalpie h_j und partielle molare Entropie s_j zurückgeführt. Diese sind ihrerseits für vorgegebene Stoffmodelle als Funktionen von Temperatur, Druck und Zusammensetzung berechenbar. Ganz analog findet man aus dem totalen Differenzial der freien Energie nach (6.5)

$$\mu_j = \left(\frac{\partial A}{\partial n_j}\right)_{T,V,n_j^*} = a_j = u_j - Ts_j \ , \tag{7.8}$$

wobei jetzt die unabhängigen Variablen die Temperatur, das Volumen und die Zusammensetzung sind.

Differenzen der freien Energie bzw. freien Enthalpie definieren die reversible Arbeit bei isotherm-isochoren bzw. isotherm-isobaren Zustandsänderungen, vgl. Kapitel 6.1. Das chemische Potential einer Komponente j ist daher als reversible Arbeit bei der Zufuhr eines Mols dieser Komponente zu deuten, bei konstanter Temperatur und Stoffmengen aller anderen Komponenten, sowie bei konstantem Volumen bzw. konstantem Druck. In atomistischer Interpretation ergibt sich das chemische Potenzial demnach als die Arbeit, die aufgewändet werden muss, um ein Molekül der Komponente i auf reversible Weise und bei konstantem Volumen bzw. konstantem Druck in das bestehende Gemisch aus Molekülen einzubringen.

7.1.3 Ausgleichsprozesse und Gleichgewicht in abgeschlossenen Systemen

Wir betrachten zunächst das stoffliche Gleichgewicht zwischen zwei Teilsystemen 1 und 2, vgl. Abb. 7.3 und 7.4. In einem abgeschlossenen System ohne chemische Reaktionen sind die Gesamtenergie, das Gesamtvolumen und die Gesamtstoffmenge konstant. Es gelten also die Beziehungen

$$U = U^{(1)} + U^{(2)} = \text{const.} \quad , \quad \text{d.h.} \quad \mathrm{d}U^{(1)} = -\mathrm{d}U^{(2)} \quad , \tag{7.9}$$

$$V = V^{(1)} + V^{(2)} = \text{const.} \quad , \quad \text{d.h.} \quad \mathrm{d}V^{(1)} = -\mathrm{d}V^{(2)} \quad , \tag{7.10}$$

$$n_i = n_i^{(1)} + n_i^{(2)} = \text{const.} \quad , \quad \text{d.h.} \quad \mathrm{d}n_i^{(1)} = -\mathrm{d}n_i^{(2)} \quad , \tag{7.11}$$

für alle Komponenten i = A,B ... K. Zur Analyse der Stoffumwandlung während des betrachteten Ausgleichsprozesses nutzen wir nun die Entropiebilanz, werten die Bedingung $\mathrm{d}S|_{U,V} \geq 0$ aus und wenden dazu die Gibbssche Fundamentalgleichung in der Entropieform an, d.h.

$$\mathrm{d}S = \frac{1}{T}\mathrm{d}U + \frac{p}{T}\mathrm{d}V - \sum \frac{\mu_j}{T}\mathrm{d}n_j \quad . \tag{7.12}$$

Das betrachtete Gesamtsystem besteht aus den zwei Teilsystemen (1) und (2). Die Änderungen in den thermodynamischen Funktionen müssen daher für jedes Teilsystem getrennt ausgewertet werden, und es gilt nach (7.1) während des Prozesses

$$\mathrm{d}S|_{U,V} = \mathrm{d}S^{(1)} + \mathrm{d}S^{(2)} \geq 0$$

mit

$$\mathrm{d}S^{(1)} = \frac{1}{T^{(1)}}\mathrm{d}U^{(1)} + \frac{p^{(1)}}{T^{(1)}}\mathrm{d}V^{(1)} - \sum \frac{\mu_j^{(1)}}{T^{(1)}}\mathrm{d}n_j^{(1)}$$

und

$$\mathrm{d}S^{(2)} = \frac{1}{T^{(2)}}\mathrm{d}U^{(2)} + \frac{p^{(2)}}{T^{(2)}}\mathrm{d}V^{(2)} - \sum \frac{\mu_j^{(2)}}{T^{(2)}}\mathrm{d}n_j^{(2)} \quad .$$

Berücksichtigen wir nun, dass wegen der Bedingung $U, V, \{n_j\}$ = const. die Bedingungen (7.9) bis (7.11) zwischen den Änderungen der inneren Energie, des Volumens und der Stoffmengen in beiden Teilsystemen bestehen, so gilt für das Differenzial der Entropie während des Prozesses nach dem 2. Hauptsatz

$$dS|_{U,V} = \left[\frac{1}{T^{(1)}} - \frac{1}{T^{(2)}}\right] dU^{(1)} + \left[\frac{p^{(1)}}{T^{(1)}} - \frac{p^{(2)}}{T^{(2)}}\right] dV^{(1)} - \left[\frac{\mu_A^{(1)}}{T^{(1)}} - \frac{\mu_A^{(2)}}{T^{(2)}}\right] dn_A^{(1)}$$

$$- \left[\frac{\mu_B^{(1)}}{T^{(1)}} - \frac{\mu_B^{(2)}}{T^{(2)}}\right] dn_B^{(1)} - \cdots \left[\frac{\mu_K^{(1)}}{T^{(1)}} - \frac{\mu_K^{(2)}}{T^{(2)}}\right] dn_K^{(1)} \geq 0 \ .$$

$$(7.13)$$

Wir betrachten nun die möglichen Ausgleichsprozesse bei der Einstellung des Gleichgewichtszustands zwischen den Teilsystemen (1) und (2) und stellen fest:

1. Wenn $dU^{(1)} > 0$, d.h. wenn Energie vom System (2) auf das System (1) übergeht, dann muss $T^{(2)} > T^{(1)}$ sein, um den 2. Hauptsatz zu erfüllen. Der übertragene Energiestrom ist ein Wärmestrom. Wärme fließt spontan nur von hoher Temperatur zu niedriger Temperatur, wie es der alltäglichen Erfahrung entspricht.

2. Wenn $dV^{(1)} > 0$, d.h. wenn das System (1) auf Kosten des Systems (2) expandiert, dann muss $p^{(1)} > p^{(2)}$ sein, um den 2. Hauptsatz zu erfüllen. Der übertragene Energiestrom ist ein Arbeitsstrom, insbesondere ein Strom von Volumenänderungsarbeit. Volumenänderungsarbeit fließt spontan nur in Richtung abnehmenden Druckes, ebenfalls in Übereinstimmung mit der alltäglichen Erfahrung.

3. Wenn $dn_j^{(1)} > 0$, d.h. wenn dem System (1) aus dem System (2) Materie der Komponente j zufließt, dann muss $\mu_j^{(2)} > \mu_j^{(1)}$ sein, um den 2. Hauptsatz zu erfüllen. Materietransport bedingt also Unterschiede im chemischen Potenzial der betrachteten Komponente in beiden Teilsystemen, ebenso wie Wärmetransport Temperaturunterschiede und Transport von Volumenänderungsarbeit Druckunterschiede bedingt. Insbesondere fließt Materie von hohem chemischen Potenzial zu niedrigem chemischen Potenzial. Das chemische Potenzial ist damit die treibende Kraft für den Stofftransport in Gemischen. Örtliche Unterschiede im chemischen Potenzial einer Komponente führen zu einem Stofftransport dieser Komponente.

Im Gleichgewichtszustand haben wir nach (7.1) $dS|_{U,V} = 0$ zu fordern. Die Gleichung (7.13) mit dem Gleichheitszeichen ist bei beliebigen Differenzialen $dU^{(1)}$, $dV^{(1)}$, $dn_j^{(1)}$ nur erfüllt für

$$T^{(1)} = T^{(2)} \ , \tag{7.14}$$

$$p^{(1)} = p^{(2)} \tag{7.15}$$

sowie

$$\mu_j^{(1)} = \mu_j^{(2)} \quad \text{für alle} \quad j = \text{A,B} \dots \text{K} \; . \tag{7.16}$$

Im betrachteten stofflichen Gleichgewicht haben daher alle Teilsysteme neben der gleichen Temperatur und dem gleichen Druck auch die gleichen chemischen Potenziale für alle Komponenten. Diese Bedingung gleicher chemischer Potenziale definiert das stoffliche Gleichgewicht. Bei der Vermischung von zwei ursprünglich getrennten Gasen, z.B. Sauerstoff und Stickstoff bei Raumtemperatur, ergibt sich im stofflichen Gleichgewicht eine homogene Mischung, also ein gasförmiges Sauerstoff/Stickstoff-Gemisch. Die Gleichheit der chemischen Potenziale führt hier bei homogener Temperatur und homogenem Druck auf eine homogene Zusammensetzung. Die beiden Teilsysteme sind als solche nicht mehr zu erkennen, vgl. Abb. 7.3. Liegen hingegen bei hinreichend tiefen Temperaturen bei diesem Gemisch unterschiedliche Aggregatzustände vor, z.B. Flüssigkeit und Dampf, so werden bei gleichen chemischen Potenzialen die Zusammensetzungen der beiden Phasen in der Regel unterschiedlich sein, vgl. Abb. 7.4. Die Beziehungen (7.14) bis (7.16) erlauben dann die Berechnung der Zusammensetzungen beider Phasen, vgl. Abschn. 7.2.

Zur Auswertung des Entropiemaximums für das chemische Gleichgewicht betrachten wir nun ein abgeschlossenes System, in dem ein reaktionsfähiges Gasgemisch aus den Komponenten A, B ... K eingeschlossen ist. Man kann z.B. an ein Gemisch aus Stickstoff und Wasserstoff denken, vgl. Abb. 7.5, oder auch an ein Gemisch aus einem Brennstoff, z.B. Methan, und einem Sauerstoffträger, z.B. Luft. Das System ist nicht im thermodynamischen Gleichgewicht. Bei Entfernung von Hemmungen läuft als Ausgleichsprozess in dem homogenen System eine chemische Reaktion ab, und die Stoffmengen ändern sich. Bei konstanten Werten von U und V, d.h. in einem abgeschlossenen System, erhalten wir dann für die Änderung der Entropie nach (7.12) und (7.1)

$$dS|_{U,V} = -\sum_{j=1}^{K} \frac{\mu_j}{T} dn_j \geq 0 \; . \tag{7.17}$$

Für die Stoffmenge n_j einer Komponente j während des Reaktionsablaufs gilt nach (3.6)

$$n_j = n_j^{(0)} + \nu_j \xi \; ,$$

mit $n_j^{(0)}$ als der Stoffmenge der Komponente j zu Beginn der Umwandlung, ν_j dem stöchiometrischen Koeffizienten der Komponente j in einer gegebenen Bruttoreaktionsgleichung und ξ als der Reaktionslaufzahl. Führt man diese Beziehung in (7.17) ein, so findet man für den Ausgleichsprozess, der zum chemischen Gleichgewicht führt,

$$-\left(\sum_j \frac{\mu_j}{T} \nu_j \right) d\xi > 0 \; . \tag{7.18}$$

Das Fortschreiten der chemischen Reaktion wird durch $d\xi > 0$ beschrieben. Nach der Entropiebilanz läuft die chemische Reaktion daher in der Richtung ab, die durch

$$-\sum_j \nu_j \mu_j > 0 \tag{7.19}$$

definiert ist. Das chemische Gleichgewicht als Endzustand dieses Ausgleichsprozesses ist somit durch

$$\sum_j \nu_j \mu_j = 0 \tag{7.20}$$

charakterisiert. Dies ist die Bedingung für das Reaktionsgleichgewicht in abgeschlossenen homogenen Systemen. Aus ihr lässt sich die Gleichgewichtszusammensetzung des Systems ermitteln, z.B. die im System aus den Komponenten Stickstoff, Wasserstoff und Ammoniak, vgl. Abschn. 7.2. Die Größe $(-\sum \nu_j \mu_j)$ wird auch als Affinität bezeichnet. Die Affinität ist der Unterschied der chemischen Potenziale des Eduktgemisches und des Produktgemisches für eine vorgegebene Bruttoreaktionsgleichung. Chemische Reaktionen laufen spontan in der durch die Bruttoreaktionsgleichung implizierten Richtung, d.h. "nach rechts" ab, wenn die Affinität positiv ist. Das Reaktionsgleichgewicht wird durch verschwindende Affinität beschrieben.

7.1.4 Ausgleichsprozesse und Gleichgewicht in technischen Anlagen

Natürliche Ausgleichsprozesse in abgeschlossenen Systemen erreichen im thermodynamischen Gleichgewicht den Zustand maximaler Entropie. Technische Anlagen sind allerdings in der Regel keine abgeschlossenen Systeme, sondern transferieren Wärme, Arbeit und Materie über die Systemgrenzen. Zur Berechnung von Gleichgewichtsprozessen in technischen Anlagen müssen die Gleichgewichtsbedingungen daher in Abhängigkeit solcher unabhängiger Variablen formuliert werden, die in diesen Anlagen vorgegeben sind. Dies sind nicht, wie in abgeschlossenen Systemen, die innere Energie und das Volumen, sondern die Temperatur und das Volumen, bzw. die Temperatur und der Druck.

Wir suchen daher thermodynamische Funktionen, deren Differenziale bei Ausgleichsprozessen in Systemen bei konstanter Temperatur und konstantem Volumen bzw. bei konstanter Temperatur und konstantem Druck ein eindeutiges Vorzeichen annehmen und damit die Entropie ersetzen. Hierzu formen wir die Fundamentalfunktion $U(S, V, \{n_j\})$ in äquivalente Formulierungen mit den unabhängigen Variablen $(T, V, \{n_j\})$ bzw. $(T, p, \{n_j\})$ um. Die erforderlichen Transformationen sind insofern charakteristisch, als S durch $T = (\partial U/\partial S)_{V, n_j}$ und V durch $p = -(\partial U/\partial V)_{S, n_j}$ ersetzt werden soll, d.h. die unabhängige Variable durch die ihr zugeordnete Steigung der Funktion.

Diese Umformung leistet die so genannte Legendre-Transformation. Durch die Legendre-Transformation lässt sich eine Funktion $y(x)$ durch eine andere, $\psi(\partial y/\partial x)$, ersetzen, wobei $\psi = f(\partial y/\partial x)$ denselben Informationsgehalt wie $y(x)$ besitzt. Dies muss grundsätzlich möglich sein, denn eine Kurve $y(x)$ kann durch die Einhüllende der an sie angelegten Tangenten $\partial y/\partial x$ beschrieben werden, vgl. Abb. 7.9. Kennt man alle Tangenten, dann kann man die

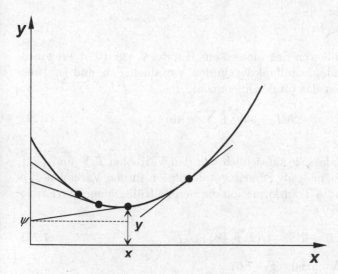

Abb. 7.9. Zur Legendre-Transformation

Kurve konstruieren. Man benötigt also eine Beziehung, die alle diese Tangenten als Funktion ihrer jeweiligen Steigungen beschreibt. Der Ordinatenschnitt dieser Tangenten lässt sich ausdrücken durch

$$\frac{y - \psi}{x - 0} = \frac{\mathrm{d}y}{\mathrm{d}x} = p(x) \; ,$$

und die Gleichung für alle Tangenten lautet demnach

$$\psi = y(x) - p(x)x \; .$$

Dass ψ tatsächlich nur von $p = \mathrm{d}y/\mathrm{d}x$ abhängig ist, folgt formal aus

$$\mathrm{d}\psi = \frac{\mathrm{d}y}{\mathrm{d}x}\mathrm{d}x - \frac{\mathrm{d}y}{\mathrm{d}x}\mathrm{d}x - x\mathrm{d}\left(\frac{\mathrm{d}y}{\mathrm{d}x}\right) = -x\mathrm{d}(p) \; .$$

Das totale Differenzial von ψ ist demnach

$$\mathrm{d}\psi = \frac{\mathrm{d}\psi}{\mathrm{d}p}\mathrm{d}p \; ,$$

und ψ ist daher nur eine Funktion von p. Zeichnet man diese Tangentenschar in ein y, x-Diagramm, so ist ihre Einhüllende die ursprüngliche Funktion $y(x)$. Die Funktion $\psi(p) = y - px$ hat daher denselben Informationsgehalt wie die Funktion $y(x)$.

Übertragen wir dies auf die Gibbsche Fundamentalfunktion $U(S, V, \{n_j\})$ und wollen S durch $T = (\partial U/\partial S)_{V,\{n_j\}}$ ersetzen, so ergibt sich eine neue Funktion

$$A := U - TS = A(T, V, \{n_j\}) \ . \tag{7.21}$$

Durch Vergleich mit früheren Ergebnissen aus Kapitel 6, vgl. (6.5), erkennen wir, dass die neue Fundamentalfunktion in den Variablen T, V und $\{n_j\}$ die freie Energie ist. Sie hat das totale Differenzial

$$\mathrm{d}A = \mathrm{d}U - T\mathrm{d}S - S\mathrm{d}T = -S\mathrm{d}T - p\mathrm{d}V + \sum_j \mu_j \mathrm{d}n_j \ , \tag{7.22}$$

woraus deutlich wird, dass sie tatsächlich von den Variablen T, V und $\{n_j\}$ abhängt. Analog findet man als Fundamentalfunktion in den Variablen T, p und $\{n_j\}$ durch Legendre-Transformation die bereits früher eingeführte freie Enthalpie nach, vgl. (6.7),

$$G := U - TS + pV = H - TS = G(T, p, \{n_j\}) \ . \tag{7.23}$$

Sie hat das totale Differenzial, vgl. (7.6),

$$\mathrm{d}G = \mathrm{d}U - T\mathrm{d}S - S\mathrm{d}T + p\mathrm{d}V + V\mathrm{d}p = S\mathrm{d}T + V\mathrm{d}p + \sum_j \mu_j \mathrm{d}n_j \tag{7.24}$$

und hängt daher tatsächlich von den Variablen T, p und $\{n_j\}$ ab. Man nennt diese Fundamentalfunktionen auch kanonische Zustandsfunktionen und die Größen A und G thermodynamische Potenziale. So ist A das Helmholtz-Potenzial und G das Gibbs-Potenzial. Aus ihnen lassen sich, wie aus der Fundamentalfunktion $U(S, V, \{n_j\})$, alle thermodynamischen Zustandsgrößen durch einfache Differenzialoperationen ableiten. Insbesondere sind keine Integrationen erforderlich. Wichtig ist, dass die Funktionen A und G nur in Verbindung mit den aus der Legendre-Transformation stammenden unabhängigen Variablen thermodynamische Potenziale sind, also z.B. G nur in Verbindung mit den unabhängigen Variablen T, p und $\{n_j\}$, nicht aber etwa in Verbindung mit T, V und $\{n_j\}$.

Das Prinzip der Entropiezunahme als Aussage des 2. Hauptsatzes für Ausgleichsprozesse in abgeschlossenen Systemen lässt sich in äquivalente Forderungen für die freie Energie und für die freie Enthalpie in geschlossenen bzw. offenen Systemen umformen. So lautet das Entropiedifferenzial eines Systems nach der Entropiebilanz

$$\mathrm{d}S = \mathrm{d}_a S + \mathrm{d}_i S = \mathrm{d}Q/T + \mathrm{d}_i S \geq \mathrm{d}Q/T \ , \tag{7.25}$$

wobei das Gleichheitszeichen für reversible Zustandsänderungen im Inneren des Systems gilt. Für Ausgleichsprozesse in geschlossenen Systemen mit konstantem Volumen folgt aus der Energiebilanz

$$dQ = dU \quad (V = \text{const.})$$

und damit aus (7.25)

$$T dS|_\text{V} \geq dU \ . \tag{7.26}$$

Entsprechend folgt für Ausgleichsprozesse in geschlossenen oder offenen Systemen bei konstantem Druck aus der Energiebilanz

$$dQ = dH \quad (p = \text{const.})$$

und damit aus (7.25)

$$T dS|_\text{p} \geq dH \ . \tag{7.27}$$

In einem System mit vorgegebener Temperatur gilt für das Differenzial der freien Energie

$$dA|_\text{T} = dU - T dS \ .$$

Wegen $T dS|_\text{V} \geq dU|_\text{V}$ nach (7.26) folgt daher bei einem isothermen und isochoren Ausgleichsprozess

$$dA|_\text{T,V} \leq 0 \ . \tag{7.28}$$

Entsprechend lautet die Bedingung für einen Ausgleichsprozess bei festen Werten von Temperatur und Druck

$$dG|_\text{T,p} \leq 0 \ . \tag{7.29}$$

Die Beziehungen (7.28) und (7.29) sind äquivalente Formulierungen des 2. Hauptsatzes für Ausgleichsprozesse in Systemen mit festen Werten von Temperatur und Volumen, bzw. Temperatur und Druck. Aus diesen Bedingungen erkennt man, dass bei der Einstellung des thermodynamischen Gleichgewichts die freie Energie bei festen Werten von Temperatur und Volumen, und die freie Enthalpie bei festen Werten von Temperatur und Druck minimal werden.

Es ist hervorzuheben, dass sich die Bedingungen (7.28) und (7.29) für die natürliche Richtung von Prozessen ausschließlich auf das System beziehen. Demgegenüber ist die ursprüngliche Formulierung des 2. Hauptsatzes $dS|_\text{U,V} \geq 0$ in technischen Anlagen nur anwendbar, wenn man zu dem betrachteten System die Umgebung mit hinzunimmt, sodass die Bedingung eines insgesamt abgeschlossenen Gesamtsystems eingehalten wird. Man erkennt insbesondere aus diesen Beziehungen, dass spontane Prozesse durchaus nicht immer mit einer Zunahme der Entropie des Systems einhergehen müssen, wenn das System, wie in technischen Prozessen üblich, nicht abgeschlossen ist. Vielmehr lautet die Bedingung für die Entropieänderung nach der Entropiebilanz in Verbindung mit dem 2. Hauptsatz

$$\Delta S = (\Delta S)_{\text{System}} + (\Delta S)_{\text{Umgebung}} > 0 \ . \tag{7.30}$$

Es können also Prozesse, die mit einer Abnahme der Entropie des Systems verbunden sind, dennoch spontan ablaufen, wenn dabei durch eine Zunahme der Umgebungsentropie insgesamt die Entropie des aus System und Umgebung bestehenden abgeschlossenen Gesamtsystems zunimmt. Wenn ein isotherm-isobarer Prozess mit einer Verringerung der Systementhalpie einhergeht, z.B. eine spontane Verbrennung bei konstanter Temperatur und konstantem Druck mit

$$(\Delta H)_{\text{System}} = \Delta H^{\text{R}} < 0 \ ,$$

dann fließt Energie als Wärme in die Umgebung und die Entropie der Umgebung erhöht sich um

$$(\Delta S)_{\text{Umgebung}} = -(\Delta H)_{\text{System}}/T \ .$$

Wenn gleichzeitig noch die Entropie des Systems zunimmt, dann führen beide Effekte gleichsinnig zu einer Erhöhung der Gesamtentropie aus System und Umgebung. Die freie Enthalpie des Systems verringert sich bei einem solchen Prozess nach

$$(\Delta G)_{\text{System}} = (\Delta H)_{\text{System}} - T(\Delta S)_{\text{System}} < 0 \ .$$

Wenn hingegen, wie z.B. bei der isotherm-isobaren Verbrennung von Wasserstoff und Sauerstoff zu Wasser, die Entropie des Systems abnimmt, so läuft auch dieser Prozess spontan ab, wenn

$$|(\Delta H)_{\text{System}}| > |T(\Delta S)_{\text{System}}|$$

und

$$(\Delta H)_{\text{System}} < 0 \ ,$$

d.h. wenn die Abnahme der Systementhalpie größer als die mit der thermodynamischen Temperatur multiplizierte Abnahme der Systementropie ist. Dies ist z.B. bei der isotherm-isobaren Verbrennung von Wasserstoff und Sauerstoff zu Wasser der Fall, vgl. Beispiel 7.1.

Beispiel 7.1

In einem geschlossenen System befinden sich im Zustand 1 beim Druck 1 bar und bei der Umgebungstemperatur von $t_{\text{u}} = 25°\text{C}$ 1 mol Wasserstoff und 1/2 mol Sauerstoff durch eine Wand getrennt. Nach Entfernen der Wand findet eine isotherm-isobare Verbrennung statt. Im Zustand 2 ist das Gemisch zu Wasser verbrannt. Man berechne die Änderung der Systementropie, die Änderung der Entropie der Umgebung und die gesamte Entropieproduktion.

Lösung

Die Bruttoreaktionsgleichung lautet

H_2 (g) + $1/2\ O_2$(g) $\Rightarrow$ H_2O (l) .

Bei $t = 25°C$ und $p = 1$ bar beträgt die Entropieänderung des Systems

$$(\Delta S)_{\text{System}} = S_2 - S_1 = S_{H_2O}(l) - S_{H_2}(g) - S_{O_2}(g)$$
$$= 1 \cdot 69,940 - 1 \cdot 130,684 - 1/2 \cdot 205,142 = -163,315 \text{ J/K} .$$

Die Entropiezunahme der Umgebung beträgt

$$(\Delta S)_u = -Q/T_u ,$$

mit

$$Q = H_2 - H_1 = 1 \cdot \Delta h^{f,0}_{H_2O}(l) - 1 \cdot \Delta h^{f,0}_{H_2}(g) - \frac{1}{2} \cdot \Delta h^{f,0}_{O_2}(g)$$
$$= 1 \cdot \Delta h^{f,0}_{H_2O}(l) = -285,838 \text{ kJ} .$$

Damit gilt

$$(\Delta S)_u = 285,838 \text{ kJ}/298,15 \text{ K} = 958,7 \text{ J/K} .$$

Die gesamte irreversible Entropieproduktion ergibt sich somit zu

$$\Delta S^{\text{irr}} = (\Delta S)_{\text{System}} + (\Delta S)_u$$
$$= -163,315 + 958,7 = 795,385 \text{ J/K} .$$

Die Extremalbedingungen für die freie Energie A bzw. die freie Enthalpie G lassen sich, analog zu der für die Entropie S, zu expliziten Bedingungen für das stoffliche und chemische Gleichgewicht umformulieren. Wir wenden insbesondere die Minimalbedingung für die freie Enthalpie auf ein aus zwei Teilsystemen zusammengesetztes System bei konstanten Werten von Druck und Temperatur an. Aus (7.6) ergibt sich

$$dG|_{\text{T,p}} = \sum_j \mu_j^{(1)} dn_j^{(1)} + \sum_j \mu_j^{(2)} dn_j^{(2)} = 0 ,$$

woraus bei Abwesenheit chemischer Reaktionen mit $dn_j^{(1)} + dn_j^{(2)} = 0$

$$\mu_j^{(1)} = \mu_j^{(2)}$$

für alle Komponenten j als Bedingung für das stoffliche Gleichgewicht folgt. Angewandt auf das chemische Gleichgewicht in einem homogenen System bei festen Werten von Druck und Temperatur ergibt sich mit

$$dG|_{T,p} = \sum_j \mu_j dn_j = \sum_j (\nu_j \mu_j) d\xi = 0$$

wieder

$$\sum_j \nu_j \mu_j = 0$$

als Bedingung für das chemische Gleichgewicht. Die Gleichgewichtsbedingungen für das stoffliche Gleichgewicht und das chemische Gleichgewicht sind somit identisch für alle Prozessvarianten, d.h. in abgeschlossenen, geschlossenen und offenen Systemen.

7.2 Thermodynamische Gleichgewichte

In Gleichgewichtsprozessen werden thermodynamische Gleichgewichte als Endzustände von Ausgleichsprozessen erreicht. Die wichtigsten sind das Verdampfungs- und Kondensationsgleichgewicht, das Verdunstungs- und Absorptionsgleichgewicht sowie das Reaktionsgleichgewicht.

7.2.1 Das Verdampfungs- und Kondensationsgleichgewicht

Das Verdampfungs- und Kondensationsgleichgewicht in Gemischen ist ein Spezialfall des thermodynamischen Gleichgewichts. Es ist die Grundlage der Destillation und Rektifikation und damit der wichtigsten thermischen Trennverfahren. Seine graphische Darstellung in einem binären System kann in unterschiedlichen Diagrammen erfolgen, vgl. Abb. 2.19 und 2.20. Aus allen diesen Darstellungen, in denen der Stoffmengenanteil sich stets auf die hier als 2 bezeichnete leichter siedende Komponente bezieht, lässt sich die Anreicherung dieser Komponente im Dampf und damit die Stofftrennung erkennen. Die thermodynamische Beschreibung eines Verdampfungs- und Kondensationsgleichgewichts in einem binären Gemisch ergibt sich nach (7.14) bis (7.16) aus den Beziehungen

$$T' = T'' \tag{7.31}$$

$$p' = p'' \tag{7.32}$$

$$\mu_1' = \mu_1'' \tag{7.33}$$

$$\mu_2' = \mu_2'' . \tag{7.34}$$

Wir beschränken die Betrachtungen zunächst auf ein fluides System, in dem die Dampfphase als Gemisch idealer Gase und die flüssige Phase als ideale Lösung modelliert wird. Man bezeichnet dieses Modellsystem als ideales System (is). Für das chemische Potenzial der Komponente i in der Gasphase gilt dann nach (7.7)

$$\mu_i'' = \mu_i^{\mathrm{ig}}(T, p) = h_i^{\mathrm{ig}} - T s_i^{\mathrm{ig}}$$
$$= h_{0i}^{\mathrm{ig}}(T) - T[s_{0i}^{\mathrm{ig}}(T, p) - \mathrm{R}\ln x_i'']$$
$$= \mu_{0i}^{\mathrm{ig}}(T, p_{\mathrm{s}0i}) + \mathrm{R}T \ln \frac{p}{p_{\mathrm{s}0i}} + \mathrm{R}T \ln x_i'' \ . \tag{7.35}$$

Das chemische Potential der Komponente i in der flüssigen Phase lässt sich schreiben als

$$\mu_i' = \mu_{0i}^{\mathrm{l}}(T, p) + \mathrm{R}T \ln x_i' \ . \tag{7.36}$$

Das chemische Potenzial der reinen flüssigen Komponente i ist beim Druck p praktisch identisch mit dem der reinen flüssigen Komponente bei Druck $p_{\mathrm{s}0i}$, da die Eigenschaften von Flüssigkeiten bei mäßigen Drücken kaum vom Druck abhängen. Es gilt also, unter Verwendung der Phasengleichgewichtsbedingung für eine reine Komponente i,

$$\mu_{0i}^{\mathrm{l}}(T, p) \simeq \mu_{0i}'(T, p_{\mathrm{s}0i}) = \mu_{0i}''(T, p_{\mathrm{s}0i}) = \mu_{0i}^{\mathrm{ig}}(T, p_{\mathrm{s}0i}) \ . \tag{7.37}$$

Hier ist das chemische Potenzial der reinen Komponente i zunächst näherungsweise durch das der reinen siedenden Komponente i, dann wegen der Gleichgewichtsbedingung durch das der reinen dampfförmigen Komponente i beim Sattdampfdruck, und schließlich nach dem Stoffmodell für die Dampfphase durch den Idealgaswert beim Sattdampfdruck ersetzt worden. Damit führt die Bedingung gleichen chemischen Potenzials für die Komponente i in Dampf und Flüssigkeit auf die Beziehung

$$p_i^{\mathrm{is}} = p x_i'' = x_i' p_{\mathrm{s}0i} \ . \tag{7.38}$$

Dies ist das Raoultsche Gesetz. Der Partialdruck der Komponente i im Dampf und damit ihr Dampfdruck im Gemisch ist eine lineare Funktion des Stoffmengenanteils der Komponente i in der Flüssigkeit, vgl. Abb. 7.10. Die Siede- und Taulinie im isothermen Dampfdruckdiagramm lassen sich hieraus mühelos berechnen. Für ein binäres System finden wir als Gleichung für die Siedelinie $p(x_2')$, also den Verlauf des Dampfdruckes und damit des Gesamtdruckes über dem Stoffmengenanteil der leichter siedenden Komponente in der siedenden Flüssigkeit,

$$(x_1'' + x_2'') p = p = x_1' p_{\mathrm{s}01} + x_2' p_{\mathrm{s}02} = (p_{\mathrm{s}02} - p_{\mathrm{s}01}) x_2' + p_{\mathrm{s}01} \ . \tag{7.39}$$

Die Siedelinie eines idealen Systems verläuft im p, x-Diagramm als gerade Verbindung zwischen den Dampfdrücken der reinen Komponenten, vgl. Abb. 7.10. Zur Ableitung der Taulinie im isothermen Dampfdruckdiagramm, d.h. $p(x_2'')$, müssen wir x_2' in der obigen Gleichung für die Siedelinie durch x_2'' ausdrücken. Mit Hilfe von (7.38) ergibt sich

$$p = x_2'' \frac{p}{p_{\mathrm{s}02}} (p_{\mathrm{s}02} - p_{\mathrm{s}01}) + p_{\mathrm{s}01}$$
$$= \frac{p_{\mathrm{s}01}}{1 - x_2'' \left(1 - \frac{p_{\mathrm{s}01}}{p_{\mathrm{s}02}}\right)} \ . \tag{7.40}$$

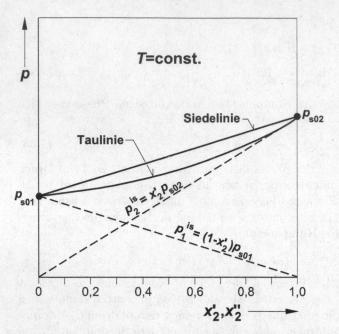

Abb. 7.10. Dampfdruckdiagramm eines idealen Systems (schematisch)

Der Verlauf der Taulinie im Dampfdruckdiagramm nach dem Raoultschen Gesetz ist gekrümmt, vgl. Abb. 7.10.

Die Siede- und Taulinie des idealen Systems im isobaren Siedediagramm lassen sich im Gegensatz zum isothermen Fall nicht durch derartig einfache und explizite Gleichungen beschreiben. Aus der Gleichgewichtsbedingung folgt vielmehr für das binäre System, mit $x_1'' + x_2'' = 1$,

$$1 = (1 - x_2') \frac{p_{s01}(T)}{p} + x_2' \frac{p_{s02}(T)}{p} \tag{7.41}$$

als Gleichung für die Siedelinie $T(x_2')$, und aus $x_1' + x_2' = 1$

$$1 = (1 - x_2'') \frac{p}{p_{s01}(T)} + x_2'' \frac{p}{p_{s02}(T)} \tag{7.42}$$

als Gleichung für die Taulinie $T(x_2'')$. Beide Gleichungen können in der Regel nur iterativ gelöst werden, da der Dampfdruck der reinen Komponenten nicht linear von der Temperatur abhängt. Im T,x-Diagramm sind Siede- und Taulinie des idealen Systems gekrümmt, vgl. Abb. 7.11.

Das so genannte Gleichgewichtsdiagramm $x_2'' = f(x_2')$ kann für das ideale System ebenfalls leicht berechnet werden. Im isothermen Fall gilt

$$x_2'' = x_2' \frac{p_{s02}(T)}{p} = \frac{x_2'(p_{s02}/p_{s01})}{1 + x_2'(p_{s02}/p_{s01} - 1)} = f_T(x_2') \ . \tag{7.43}$$

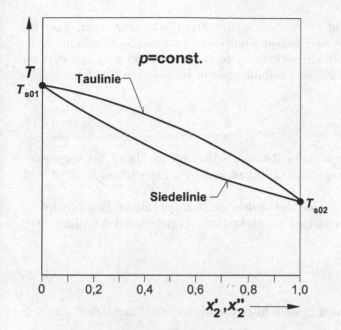

Abb. 7.11. Siedediagramm eines idealen Systems (schematisch)

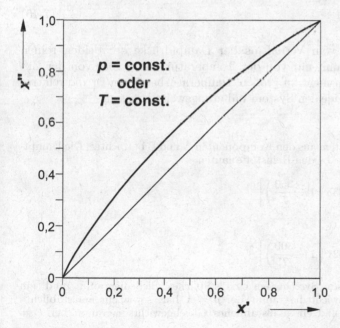

Abb. 7.12. Gleichgewichtsdiagramm eines idealen Systems (schematisch)

Der Verlauf ist in Abb. 7.12 dargestellt. Aus (7.43) sieht man, dass bei gleichen Dampfdrücken der reinen Komponenten keine Stofftrennung beim Verdampfungs- und Kondensationsgleichgewicht eines idealen Systems erfolgt, da Siede- und Taulinie zusammenfallen. Im isobaren Fall folgt unmittelbar

$$x_2'' = x_2' \frac{p_{s02}(T)}{p} = f_P(x_2') \; , \tag{7.44}$$

wobei die Temperatur keine unabhängige Variable ist, da sie bei vorgegebenem Druck sowie vorgegebener Zusammensetzung einer Phase festliegt, vgl. das Siedediagramm.

Die Anreicherung der leichter siedenden Komponente im Dampf wird oft durch die so genannte relative Flüchtigkeit α beschrieben, mit der allgemeinen Definition, vgl. (2.24),

$$\alpha_{12} = \frac{x_2''/x_2'}{x_1''/x_1'} \; . \tag{7.45}$$

In einem binären idealen System folgt für die relative Flüchtigkeit aus dem Raoultschen Gesetz

$$\alpha_{12}^{is} = \frac{p_{s02}(T)}{p_{s01}(T)} = \alpha(T) \; . \tag{7.46}$$

Sie hängt daher nur vom Verhältnis der Dampfdrücke der beiden reinen Komponenten und damit nur von der Temperatur, nicht aber von der Zusammensetzung ab. In nicht zu großen Temperaturbereichen ist die relative Flüchtigkeit in einem idealen System näherungsweise konstant.

Beispiel 7.2

Es werde ein ideales System aus den Komponenten A und B betrachtet. Die Dampfdruckgleichungen für die beiden Reinstoffe lauten

$$p_{s0A} = 1 \, \text{bar} \exp\left[10,0335 \left(1 - \frac{350}{T} \right) \right]$$

und

$$p_{s0B} = 1 \, \text{bar} \exp\left[10,0621 \left(1 - \frac{300}{T} \right) \right] \; .$$

Man zeichne für dieses System ein maßstäbliches Siedediagramm und ein maßstäbliches Gleichgewichtsdiagramm bei $p = 1$ bar, sowie ein maßstäbliches Dampfdruckdiagramm und ein maßstäbliches Gleichgewichtsdiagramm bei $T = 330$ K.

Lösung

Die Gleichung für die Siedelinie im Siedediagramm lautet nach (7.41)

$$1 = (1 - x'_B) \frac{p_{s0A}(T)}{p} + x'_B \frac{p_{s0B}(T)}{p} \; .$$

Durch Einsetzen der angegebenen Gleichungen für die Reinstoffdampfdrücke findet man

$$1 = (1 - x'_B) \exp\left[10,0335 \left(1 - \frac{350}{T}\right)\right] + x'_B \exp\left[10,0621 \left(1 - \frac{300}{T}\right)\right] \; .$$

Aus dieser Gleichung kann iterativ zu einem vorgegebenen Stoffmengenanteil x'_B der Komponente B auf der Siedelinie die zugehörige Temperatur ermittelt werden. So findet man z.B. für $x'_B = 0,2$ die Iterationsgleichung

$$(1 - 0,2) \exp\left[10,0335 \left(1 - \frac{350}{T}\right)\right] + 0,2 \exp\left[10,0621 \left(1 - \frac{300}{T}\right)\right] = 1 \; .$$

Nach einigen Versuchen gelangt man zu $T = 332$ K und findet

$$0,8 \cdot 0,5804 + 0,2 \cdot 2,6375 = 0,9918$$

Diese Genauigkeit wird als ausreichend erachtet. Analog werden andere Punkte der Siedelinie ermittelt, und es ergibt sich die Wertetabelle

x'_B	0	0,05	0,1	0,2	0,4	0,6	0,8	1
T/K	350	345	340	332	320,5	312	305,5	300

Die Taulinie im Siedediagramm folgt am einfachsten aus der Gleichung

$$x''_B = x'_B \frac{p_{s0B}(T)}{p} \; .$$

Bei den Temperaturstützstellen der Siedelinie ergibt sich die Wertetabelle

T/K	350	345	340	332	320,5	312	305,5	300
x''_B	0	0,186	0,327	0,528	0,761	0,884	0,959	1

Abb. B 7.2.1 zeigt das Siedediagramm des Systems. Aus beiden Wertetabellen kann unmittelbar das Gleichgewichtsdiagramm für $p = 1$ bar gezeichnet werden. Es ist in Abb. B 7.2.2 dargestellt. Die Siedelinie im Dampfdruckdiagramm bei $T = 330$ K ergibt sich als lineare Verbindung zwischen den Reinstoffdampfdrücken. Die zugehörige Taulinie folgt aus (7.40) zu

$$p(x''_B) = \frac{p_{s0A}}{1 - x''_B(1 - p_{s0A}/p_{s0B})} \; ,$$

wobei

$$p_{s0A}(330 \text{ K}) = 0,544 \text{ bar}$$

und

$$p_{s0B}(330 \text{ K}) = 2,496 \text{ bar}$$

einzusetzen ist. Abb. B 7.2.3 zeigt das Dampfdruckdiagramm für $T = 330$ K. Das entsprechende Gleichgewichtsdiagramm unterscheidet sich nur wenig von dem bei $p = 1$ bar.

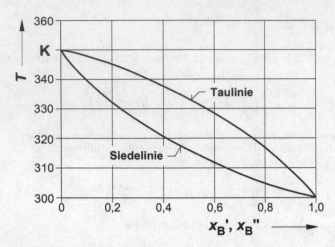

Abb. B 7.2.1. Das Siedediagramm des Systems bei $p = 1$ bar

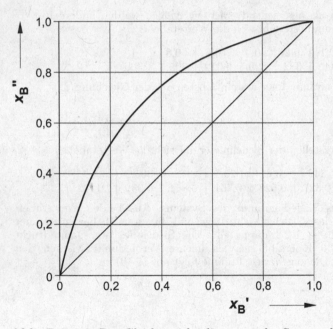

Abb. B 7.2.2. Das Gleichgewichtsdiagramm des Systems bei $p = 1$ bar

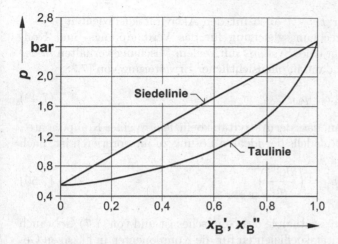

Abb. B 7.2.3. Das Dampfdruckdiagramm des Systems bei $T = 330$ K

Der Sonderfall des idealen Systems ist praktisch nur selten anzutreffen. Er ist näherungsweise für Gemische aus physikalisch-chemisch sehr ähnlichen Komponenten erfüllt, wie z.B. Benzol-Toluol oder auch Stickstoff-Sauerstoff, vgl. Abb. 2.19 und 2.20. Seine Bedeutung liegt eher in der Basis zum Studium realer Systeme, wobei deren Individualität als Abweichung vom idealen System beschrieben wird. Abb. 2.21 zeigt einige unterschiedliche Typen des Verlaufs von Siede- und Taulinie beim Verdampfungs- und Kondensationsgleichgewicht realer Systeme im Dampfdruckdiagramm. Man erkennt quantitativ deutliche Abweichungen vom Verlauf des idealen Systems. Solche realen Verläufe der Phasengrenzkurven beim Verdampfungs- und Kondensationsgleichgewicht entstehen im Wesentlichen durch die Abweichung des realen flüssigen Gemisches von dem Stoffmodell einer idealen Lösung. Diesen Effekt berücksichtigt man formal dadurch, dass man den Stoffmengenanteil in der Beziehung für das chemische Potenzial einer Komponente i in einer idealen Lösung durch die so genannte Aktivität a_i ersetzt, nach

$$\mu_i(T, p, \{x_j\}) = \mu_{0i}^l(T, p) + RT \ln a_i \ ,$$

wobei $a_i = a_i(T, p, \{x_j\})$ geringfügig vom Druck und etwas ausgeprägter von der Temperatur abhängt, insbesondere aber eine Funktion der Zusammensetzung des flüssigen Gemisches ist. Um die explizite Abhängigkeit vom Stoffmengenanteil weiterhin zu erhalten, wird die Aktivität in der Regel durch den Aktivitätskoeffizienten γ_i ausgedrückt, nach

$$\gamma_i(T, p, \{x_j\}) = a_i/x_i \ , \tag{7.47}$$

sodass schließlich gilt

$$\mu_i(T, p, \{x_j\}) = \mu_{0i}^l(T, p) + RT \ln x_i + RT \ln \gamma_i(T, p, \{x_j\}) \ . \tag{7.48}$$

Man erkennt, dass für $x_i \to 1$ auch für den Aktivitätskoeffizienten $\gamma_i \to 1$ gelten muss. Die Berechnungsgleichung für das Verdampfungs- und Kondensationsgleichgewicht eines Systems mit realem Mischungsverhalten in der flüssigen Phase lautet dann in offensichtlicher Erweiterung von (7.38)

$$p_i = px_i'' = x_i'\gamma_i(T, p, \{x_j\})p_{s0i} \ . \tag{7.49}$$

Aus (7.48) erkennt man, dass der Aktivitätskoeffizient γ_i einer Komponente i als Korrektur des Stoffmodells der idealen Lösung zu interpretieren ist, nach

$$\mathrm{R}T \ln \gamma_i = \mu_i - \mu_i^{\mathrm{il}} = \mu_i^{\mathrm{E}} = \left(\frac{\partial G^{\mathrm{E}}}{\partial n_i}\right)_{\mathrm{T,p,n}_i^*} , \tag{7.50}$$

wobei G^{E} die freie Exzessenthalpie des Gemisches ist und von (7.7) Gebrauch gemacht wurde. Aktivitätskoeffizienten für die Komponenten in flüssigen Gemischen werden aus geeigneten Stoffmodellen für die freie Exzessenthalpie des betrachteten Gemisches ermittelt. Damit können auch reale Gleichgewichte einfach berechnet werden. Die Vernachlässigung von Realkorrekturen in der Dampfphase sowie der Druckabhängigkeit der Flüssigkeitseigenschaften ist in vielen praktischen Fällen ohne große Einbußen an Genauigkeit möglich.

Beispiel 7.3

Eine flüssige Mischung aus Wasser (W) und Ethanol (E) bei $x = 0,3$ und einem Druck von $p = 60$ kPa wird durch Erwärmen auf eine Temperatur von $t = 70°$C

x'	γ_{W}	γ_{E}
0,000	1,000	5,665
0,062	1,034	4,074
0,095	1,056	3,428
0,131	1,077	2,896
0,194	1,135	2,258
0,252	1,194	1,898
0,334	1,294	1,568
0,401	1,375	1,402
0,593	1,697	1,131
0,680	1,852	1,071
0,793	2,051	1,030
0,810	2,113	1,021
0,943	2,398	1,002
0,947	2,314	1,002
1,000	-	1,000

gebracht und verdampft dabei teilweise. Der Prozess laufe in einem geschlossenen System bei konstantem Druck ab. Der angegebene Stoffmengenanteil bezieht sich auf die Komponente Ethanol. Man bestimme die Zusammensetzungen beider Phasen im Verdampfungs- und Kondensationsgleichgewicht mit und ohne Berücksichtigung von Aktivitätskoeffizienten.

Daten bei 70°C:

$p_{soW} = 31,09$ kPa; $p_{soE} = 72,30$ kPa

Lösung

Nach (7.49) gilt

$$p = \sum p_i = (1 - x')\gamma_W p_{soW} + x'\gamma_E p_{soE}$$

und damit

$$x' = \frac{p - \gamma_W p_{soW}}{\gamma_E p_{soE} - \gamma_W p_{soW}}$$

sowie

$$x'' = x'\gamma_E \frac{p_{soE}}{p} \ .$$

Für ein ideales System mit $\gamma_W = \gamma_E = 1$ gilt

$$x' = \frac{60 - 1 \cdot 31,09}{1 \cdot 72,30 - 1 \cdot 31,09} = 0,702$$

und

$$x'' = 0,702 \cdot 1 \cdot \frac{72,30}{60} = 0,846 \ .$$

Bei Berücksichtigung der Aktivitätskoeffizienten, die ihrerseits von der Zusammensetzung der flüssigen Phase abhängen, ist eine iterative Lösung erforderlich. Es wird ein Stoffmengenanteil x' geschätzt, damit die Aktivitätskoeffizienten ausgewertet und geprüft, ob die Schätzung die Gleichgewichtsbedingung erfüllt. Als Startwert kann das Ergebnis des idealen Systems dienen. Man findet nach einigen Versuchen

$x' = 0,194$

$\gamma_W = 1,135$

und

$\gamma_E = 2,258 \ .$

Der zugehörige Stoffmengenanteil des Ethanols in der Dampfphase beträgt

$$x'' = 0,194 \cdot 2,258 \cdot \frac{72,60}{60} = 0,528 \ .$$

Man erkennt die erheblichen Abweichungen gegenüber dem Ergebnis für das ideale System. Abb. B 7.3.1 zeigt das auf diese Weise gefundene Dampfdruckdiagramm von Wasser-Ethanol bei $t = 70°C$.

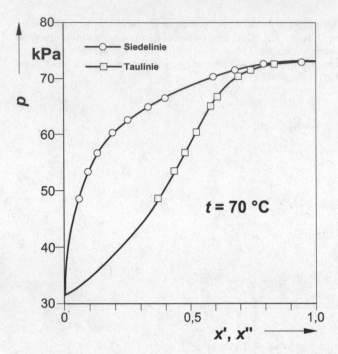

Abb. B 7.3.1. Dampfdruckdiagramm des Systems Wasser-Ethanol bei 70°C

7.2.2 Das Verdunstungs- und Absorptionsgleichgewicht

Eine besondere Form des Gleichgewichts zwischen einer gasförmigen und einer flüssigen Phase in Gemischen liegt vor, wenn ein Gas im Phasengleichgewicht mit einer Flüssigkeit steht. Solch ein Phasengleichgewicht besteht z.B. zwischen Luft und Wasser bei 25°C. Die Luftkomponenten, insbesondere also z.B. Stickstoff und Sauerstoff, liegen hier überkritisch vor, d.h. die Systemtemperatur liegt oberhalb ihrer kritischen Temperaturen. Diese Komponenten sind dann nur in sehr geringen Konzentrationen in der flüssigen Phase präsent, die unterkritische Komponente Wasser in ebenfalls nur sehr geringer Konzentration in der Gasphase. Da diese Art des Gleichgewichts bei Verdunstungs- und Absorptionsprozessen auftritt, spricht man vom Verdunstungs- und Absorptionsgleichgewicht. Andere Bezeichnungen sind Gaslöslichkeit oder einfach Flüssig-Gas-Gleichgewicht. Zahlreiche Beispiele lassen sich für die Bedeutung dieses Phasengleichgewichts anführen. Jegliches Leben in der Luft und im Wasser wäre unmöglich, wenn der Sauerstoff der Luft nicht im Blut bzw. im Wasser absorbiert würde. In der Verfahrenstechnik werden Gasgemische oft durch Absorption gereinigt. Hierbei wird ausgenutzt, dass sich verschiedene Gase in derselben Flüssigkeit unterschiedlich gut lösen. Oft ist auch der Anteil einer flüssigen Komponente im Gas interessant, wie z.B. bei der Verdunstung von Wasser in einen warmen

Luftstrom in der Trocknungs- und Klimatechnik. Obwohl die Löslichkeiten einer überkritischen Komponente in der Flüssigkeit und einer unterkritischen Komponente im Gas sehr gering sind, kommt ihnen somit eine große technische oder auch biologische Bedeutung zu.

Die kleine Löslichkeit der leichter siedenden Komponente in der Flüssigkeit und der schwerer siedenden Komponente im Gas ist zwar typisch für das Verdunstungsgleichgewicht, aber nicht der entscheidende Unterschied zum Verdampfungsgleichgewicht. So zeigt Abb. 7.13 das Dampfdruckdiagramm eines binären Systems mit weit auseinander liegenden Bereichen von Siede- und Taulinie. Bei einem Druck p_A, bei dem die reine leichter

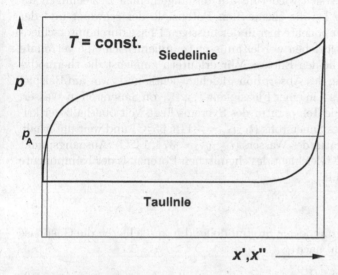

Abb. 7.13. Dampfdruckdiagramm eines binären Systems mit geringer gegenseitiger Löslichkeit der Komponenten

siedende Komponente (x) ein überhitzter Dampf und die reine schwerer siedende Komponente eine unterkühlte Flüssigkeit ist, hat die leichter siedende Komponente nur eine geringe Konzentration in der Flüssigkeit (Siedelinie) und ist die schwerer siedende Komponente nur zu einem kleinen Anteil in der Gasphase (Taulinie) präsent. Man sagt dann, dass sich beide Komponenten nur geringfügig ineinander lösen. Dieser Sprachgebrauch ist insofern irreführend, als es sich in diesem Fall eindeutig um ein Verdampfungs- und Kondensationsgleichgewicht mit siedender Flüssigkeit und kondensierendem Dampf handelt. Die Systemtemperatur liegt weit unter den kritischen Temperaturen beider Komponenten, die Komponenten sind also unterkritisch. Die Flüssigkeit siedet mit dem typischen Phänomen der Blasenbildung, der Dampf kondensiert mit dem typischen Phänomen der Tropfenbildung. Alle im Dampf präsenten Moleküle stammen aus der Flüssigkeit. Die Summe der Dampfdrücke der Komponenten ist gleich dem Gesamtdruck. Bei einem typischen Verdunstungs- und Absorptionsgleichgewicht hingegen, wie z.B. zwischen Sauerstoff und Wasser, liegt die Systemtemperatur weit über der kritischen Temperatur der Gaskomponente, hier dem Sauerstoff. Der Gesamtdruck ist viel größer als der Dampfdruck des Wassers, da nur wenige Moleküle aus der Flüssigkeit in die Gasphase gelangen. Er wird im Wesentlichen durch die Moleküle der Gaskomponente, hier also des Sauerstoffs bewirkt. Die Flüssigkeit siedet nicht und die Gasphase kondensiert nicht. Das Verdunstungs- und Absorptionsgleichgewicht ist also vom Verdampfungs- und Kondensationsgleichgewicht klar zu unterscheiden.

Die thermodynamische Beschreibung des Absorptions- und Verdunstungsgleichgewichts gründet sich wiederum auf die allgemeinen Beziehungen für Phasengleichgewichte. Da die chemischen Potenziale der schwerer und der leichter siedenden Komponente hier in der flüssigen Phase durch unterschiedliche Stoffmodelle beschrieben werden müssen, empfiehlt sich eine getrennte Formulierung für die beiden Effekte. Wir erläutern zunächst die thermodynamische Beschreibung des Absorptionsgleichgewichts, und zwar am Beispiel der Lösung eines Gases 2 in einer Flüssigkeit 1, z.B. von Sauerstoff in Wasser, bei 25°C und 1 bar. Die Temperatur des Systems liegt weit oberhalb der kritischen Temperatur des Sauerstoffs ($t_{k,\,O_2} = -118,55°C$) und weit unterhalb der kritischen Temperatur des Wassers ($t_{k,\,H_2O} = 374,14°C$). Ausgangspunkt der Berechnung ist die Gleichheit des chemischen Potenzials der Komponente 2 in beiden Phasen, d.h.

$$\mu_2^G = \mu_2^L \ . \tag{7.51}$$

Wir betrachten wiederum ideale Stoffmodelle, d.h. modellieren die Gasphase als ideales Gasgemisch, nach

$$\mu_2^G = \mu_{02}^{ig}(T,p) + RT \ln x_2^G \ , \tag{7.52}$$

und die flüssige Phase als ideal verdünnte Lösung, nach

$$\mu_2^L = \mu_2^*(T,p) + RT \ln x_2^L \ . \tag{7.53}$$

Zur Auswertung von (7.51) muss das chemische Potenzial im Standardzustand ($*$) der ideal verdünnten Lösung analog zum Vorgehen beim Verdampfungsgleichgewicht auf das im reinen idealen Gaszustand (ig) umgerechnet werden. Dies erfolgt durch die Beziehung

$$\mu_2^*(T,p) = \mu_{02}^{ig}(T,p) + RT \ln \frac{H_2^*(T,p)}{p} \ . \tag{7.54}$$

Dies ist eine Definitionsgleichung für $H_2^*(T,p)$, den so genannten Henry-Koeffizienten, der für ein bestimmtes Gas 2 in einem bestimmten Lösungsmittel 1 bekannt sein muss. Der so definierte Henry-Koeffizient H_2^* hat die Dimension eines Druckes und beschreibt die Änderung des chemischen Potenzials der Komponente 2 beim isotherm-isobaren Übergang vom reinen idealen gasförmigen Zustand (ig) in einen hypothetisch reinen flüssigen Zustand (∗) ($x_2^{\mathrm{L}} \to 1$). Dessen intermolekulare Wechselwirkungen sind allerdings nicht die des Reinstoffs 2, sondern die in einer ideal verdünnten Lösung der Komponente 2 im betrachteten Lösungsmittel, hier also z.B. Sauerstoff in Wasser. Der Henry-Koeffizient hängt daher nicht nur von der gelösten Komponente, sondern auch vom Lösungsmittel ab. Seine praktische Berechnung bei durch T^0, p^0 definierten Standardbedingungen von Temperatur und Druck kann aus tabellierten Daten erfolgen, nach

$$H_2^*(T^0, p^0)/p^0 = \exp\left[\left(\mu_2^{*,0} - \mu_{02}^{\mathrm{ig},0}\right)/\mathrm{R}T\right]$$
$$= \exp\left\{\left[\Delta g_2^{\mathrm{f},0}(*) - \Delta g_{02}^{\mathrm{f},0}(\mathrm{g})\right]/\mathrm{R}T\right\} \tag{7.55}$$

mit $\Delta g_2^{\mathrm{f},0}(*)$ als der freien Standardbildungsenthalpie der Komponente 2 im Zustand der ideal verdünnten Lösung und $\Delta g_{02}^{\mathrm{f},0}$ (g) als der freien Standardbildungsenthalpie der Komponente 2 im idealen Gaszustand. Daten für diese freien Standardbildungsenthalpien sind Tabellenwerken zu entnehmen, vgl. Beispiel 7.4. Die Umrechnung auf die tatsächlich betrachteten Werte von Temperatur und Druck erfolgt nach (7.7) mit Hilfe der in den Kapiteln 4 und 5 bereit gestellten Beziehungen für die Abhängigkeit der Enthalpie und der Entropie von Temperatur und Druck. Die Druckabhängigkeit des Henry-Koeffizienten ist wie für alle Flüssigkeitseigenschaften sehr gering und kann oft vernachlässig werden[14].

Die Auswertung der Gleichgewichtsbedingung (7.51) führt auf [15]

$$x_2^{\mathrm{L}} = x_2^{\mathrm{G}} \frac{p}{H_2^*(T, p)} \ , \tag{7.56}$$

als Berechnungsformel für die Gaslöslichkeit. Hieraus erkennt man, dass der Stoffmengenanteil der gelösten Gaskomponente in der Flüssigkeit dem dieser Komponente im Gas proportional ist. Man bezeichnet (7.56) als das Henrysche Gesetz. Die Gaslöslichkeit steigt proportional mit dem Druck an, wenn die Druckabhängigkeit des Henry-Koeffizients vernachlässigt wird.

---

[14] Bei der Bestimmung von H_2^* aus Löslichkeitsdaten wird wegen $x_2^{\mathrm{L}} \to 0$ und damit $p = p_{\mathrm{s}01}$ der Wert $H_2^*(T, p_{\mathrm{s}01})$ bestimmt. Wegen $\partial\mu/\partial p = v$ nach (7.6) gilt $H_2^*(T, p) = H_2^*(T, p_{\mathrm{s}01})\exp[v_2^\infty(p - p_{\mathrm{s}01})/\mathrm{R}T$. Da v_2^∞ als partielles molares Volumen der Komponente 2 in der unendlich verdünnten Lösung von derselben Größenordnung wie das molare Reinstoffvolumen der flüssigen Komponente 2 und damit sehr klein ist, ergibt sich $H_2^*(T, p) \approx H_2^*(T, p_{\mathrm{s}01}) \approx H_2^*(T, p^0)$.

[15] Die Analogie der Glcichgewichtsbeziehung für das Absorptionsgleichgewicht zu der für das Verdampfungsgleichgewicht wird deutlich, wenn man den Dampfdruck in (7.38) durch den Henry-Koeffizienten ersetzt und außerdem die aus (7.37) folgende Beziehung $p_{\mathrm{s}0i} \approx p^0 \exp\{[\mu_{0i}^{\mathrm{l}}(T, p^0) - \mu_{0i}^{\mathrm{ig}}(T, p^0)]/\mathrm{R}T\}$ berücksichtigt. Der Dampfdruck kann damit prinzipiell ebenso wie der Henry-Koeffizient aus tabellierten Standarddaten berechnet werden. In der Regel ist er allerdings als Messwert bekannt, im Gegensatz zum Henry-Koeffizienten.

In wässrigen Lösungen wird häufig mit dem Konzentrationsmaß Molalität m_i gerechnet. Hierfür lautet das Henrysche Gesetz entsprechend

$$m_2 = x_2^{\mathrm{G}} \frac{p}{H_2^{\square}(T,p)} \ , \tag{7.57}$$

wobei der Henry-Koeffizient $H_2^{\square}$ sich nun auf das Konzentrationsmaß Molalität bezieht. Den Bezugszustand der ideal verdünnten Lösung bei Verwendung der Molalität als Konzentrationsmaß kennzeichnen wir durch das Symbol ($\square$), insbesondere also das chemische Potenzial einer Komponente i durch $\mu_i^{\square}$. Mit m_i bezeichnen wir in praktischen Rechnungen stets eine dimensionslose Molalität, wobei die dimensionsbehaftete Molalität in mol i/kg H_2O auf die Einheitsmolalität 1 mol i/kg H_2O bezogen wird.

Die Umrechnung der Henry-Koeffizienten in den Konzentrationsmaßen x und m ist leicht möglich. Die allgemeine Beziehung für das chemische Potenzial einer Komponente i nach dem Stoffmodell der ideal verdünnten Lösung in beiden Konzentrationsmaßen lautet

$$\mu_i^{\mathrm{ivl}} = \mu_i^{*}(x_i = 1) + RT \ln x_i = \mu_i^{\square}(m_i = 1) + RT \ln m_i \ .$$

Dies führt auf

$$\mu_i^{*}(x_i = 1) = \mu_i^{\square}(m_i = 1) + RT \ln \frac{m_i}{x_i} \ .$$

Wegen

$$m_i = \frac{n_i/(n_0 \cdot 0{,}018015 \ \mathrm{kg/mol})}{1 \ \mathrm{mol/kg}} = \frac{x_i/(x_0 \cdot 0{,}018015 \ \mathrm{kg/mol})}{1 \ \mathrm{mol/kg}} = \frac{x_i}{0{,}018015} \ , \tag{7.58}$$

mit dem Index 0 für das Lösungsmittel Wasser und 0,018015 als der Molmasse von Wasser in kg/mol sowie $x_0 = 1$ im Grenzfall unendlicher Verdünnung, lautet die Beziehung zwischen den chemischen Potenzialen in beiden Standardzuständen schließlich

$$\mu_i^{*}(x_i = 1) - \mu_i^{\square}(m_i = 1) = RT \ln \frac{1}{0{,}018015} \ . \tag{7.59}$$

Entsprechend ergibt sich als Beziehung für den Henry-Koeffizienten in beiden Konzentrationsmaßen mit (7.54)

$$H_2^{*}/H_2^{\square} = 1/0{,}018015 = 55{,}509 \ . \tag{7.60}$$

Das Verdunstungsgleichgewicht erläutern wir am Beispiel der Verdunstung einer flüssigen Komponente 1 in ein Gas 2, z.B. Wasser in Luft. Aus der Bedingung gleichen chemischen Potenzials finden wir für das Verdunstungsgleichgewicht

$$\mu_1^{\mathrm{G}} = \mu_1^{\mathrm{L}} \ . \tag{7.61}$$

Wird die Gasphase wieder als ideales Gasgemisch modelliert, die flüssige Phase mit $x_1^L \approx 1$ als ideale Lösung, und wird weiterhin die Druckabhängigkeit des chemischen Potenzials der Komponente 1 in der flüssigen Phase vernachlässigt, dann ergibt die Auswertung der Gleichgewichtsbeziehung (7.61) einen Sonderfall des Raoultschen Gesetzes, nach

$$x_1^G = \frac{p_{s01}(T)}{p} \ , \tag{7.62}$$

in Übereinstimmung mit dem bekannten Stoffmodell des idealen Gas/Dampfgemisches, z.B. für gesättigte feuchte Luft, vgl. (2.41).

Das Verdunstungs- und Absorptionsgleichgewicht wird nach dem Henryschen Gesetz (7.56) oder (7.57) bzw. nach dem Raoultschen Gesetz (7.62) auf der Grundlage von idealen Stoffmodellen berechnet. Wie die ideale Lösung, so kann auch die ideal verdünnte Lösung durch Einführung von Aktivitätskoeffizienten korrigiert werden. Hierbei werden der Stoffmengenanteil x_i durch das Produkt $x_i \gamma_i^*$ oder die Molalität m_i durch das Produkt $m_i \gamma_i^{\square}$ ersetzt. Dabei sind γ_i^* bzw. $\gamma_i^{\square}$ die Aktivitätskoeffizienten in Bezug auf den Zustand der ideal verdünnten Lösung. Sie müssen experimentell bestimmt oder aus Stoffmodellen berechnet werden. Wegen der geringen Löslichkeiten von Gasen und Feststoffen in Flüssigkeiten ist das allerdings oft entbehrlich.

Beispiel 7.4

Trockene Luft ($x_{N_2} = 0,79, x_{O_2} = 0,21$), die mit Schwefeldioxid ($p_{SO_2} = 0,0816$ kPa) verunreinigt ist, wird mit Wasser in Kontakt gebracht. Welche Löslichkeiten ergeben sich für die Komponenten Sauerstoff, Stickstoff und Schwefeldioxid bei 25°C und 1 bar, wenn chemische Effekte unberücksichtigt bleiben? Der Henry-Koeffizient von Stickstoff in Wasser beträgt $H_{N_2}^*$ (25°C) $= 8,68 \cdot 10^9$ Pa, die Henry-Koeffizienten der anderen Komponenten sind aus tabellierten Daten zu berechnen.

Lösung

Die Löslichkeit berechnet sich nach dem Henryschen Gesetz aus

$$x_2^L = x_2^G \frac{p}{H_2^*(T,p)} \ .$$

Man benötigt die Zusammensetzung des Gasgemisches. Aus dem Partialdruck des Schwefeldioxids folgt zunächst

$$x_{SO_2}^G = \frac{0,0816}{100} = 0,000816 \ .$$

Die trockene Luft hat daher einen Stoffmengenanteil von $x_L^G = 0,999184$, woraus

$$x_{O_2}^G = 0,209829$$

und

$$x_{N_2}^G = 0,789356$$

folgen.

Der Henry-Koeffizient von Stickstoff in Wasser ist bekannt. Damit ergibt sich eine Löslichkeit des Stickstoffs von

$$x_{N_2}^L = 0,789356 \frac{100}{8,68 \cdot 10^6} = 9,09 \cdot 10^{-6} \ .$$

Für Sauerstoff und Schwefeldioxid findet man in Tabelle A2 die Bildungsenthalpien und Entropien in den Standardzuständen "ideales Gas" und „ideal verdünnte Lösung". Daraus lassen sich die entsprechenden Henry-Koeffizienten berechnen. Die Tabellenwerte im Standardzustand (aq) gelten für eine ideal verdünnte wässrige Lösung bei $m_i = 1$. So findet man für die freie Bildungsenthalpie von Sauerstoff im Standardzustand (aq)

$$\begin{aligned}
\Delta g_{O_2}^{f,0}(aq) &= g_{O_2}^0 \ (aq) - g_{O_2}^0 \ (g) \\
&= h_{O_2}^0 \ (aq) - T^0 s_{O_2}^0 \ (aq) - \left[h_{O_2}^0 \ (g) - T^0 s_{O_2}^0 \ (g) \right] \\
&= \Delta h_{O_2}^{f,0} \ (aq) - T^0 \left[s_{O_2}^0 \ (aq) - s_{O_2}^0 \ (g) \right] \ .
\end{aligned}$$

Damit gilt

$$\begin{aligned}
\Delta g_{O_2}^{f,0} \ (aq) &= -11,7 - 0,29815 \, [110,9 - 205,142] \\
&= 16,4 \ \text{kJ/mol} \ .
\end{aligned}$$

Der Henry-Koeffizient von Sauerstoff in Wasser beträgt demnach

$$\frac{H_{O_2}^\square}{p^0} = e^{\frac{\mu_{O_2}^\square - \mu_{O_2}^{ig}}{RT}} = e^{\frac{\Delta g_{O_2}^{f,0} \ (aq) - \Delta g_{O_2}^{f,0} \ (g)}{RT}} = e^{\frac{16,4-0}{8,315 \cdot 298,15 \cdot 10^{-3}}} = 746,40 \ .$$

Die Löslichkeit des Sauerstoffs im Wasser folgt damit zu

$$m_{O_2} = 0,209829 \cdot \frac{1}{746,40} = 0,0002811$$

bzw. mit (7.58)

$$x_{O_2}^L = 0,0002811 \cdot 0,018015 = 5,06 \cdot 10^{-6} \ .$$

Entsprechend findet man für Schwefeldioxid im Standardzustand der ideal verdünnten Lösung die freie Bildungsenthalpie aus Tabelle A2 zu

$$\begin{aligned}
\Delta g_{SO_2}^{f,0} \ (aq) &= \Delta h_{SO_2}^{f,0} \ (aq) - T^0 \left[s_{SO_2}^0 \ (aq) - s_S^0 \ (s) - s_{O_2}^0 \ (g) \right] \\
&= -322,980 - 0,29815 \, [161,9 - 31,8 - 205,142] \\
&= -300,606 \ \text{kJ/mol} \ .
\end{aligned}$$

Für den Standardzustand des idealen Gases ergibt sich entsprechend

$$\begin{aligned}
\Delta g_{SO_2}^{f,0} \ (g) &= \Delta h_{SO_2}^{f,0} \ (g) - T^0 \left[s_{SO_2}^0 \ (g) - s_S^0 \ (s) - s_{O_2}^0 \ (g) \right] \\
&= -296,830 - 0,29815 \, [248,220 - 31,8 - 205,142] \\
&= -300,193 \ \text{kJ/mol} \ .
\end{aligned}$$

Der Henry-Koeffizient von Schwefeldioxid in Wasser beträgt demnach

$$\frac{H_{SO_2}^{\square}}{p^0} = e^{\frac{-300,606+300,193}{8,315 \cdot 0,29815}} = 0,84343 \ .$$

Damit ergibt sich die Löslichkeit des Schwefeldioxids in Wasser zu

$$m_{SO_2} = \frac{0,000816}{0,84343} = 0,000967$$

bzw. mit (7.58),

$$x_{SO_2}^{L} = 0,000967 \cdot 0,018015 = 17,429 \cdot 10^{-6} \ .$$

Diese Werte berücksichtigen lediglich die physikalische Löslichkeit. In Anbetracht der geringen Konzentration von SO_2 in der Gasphase ist seine physikalische Löslichkeit in Wasser deutlich größer als die von N_2 und O_2. Während chemische Effekte bei der Löslichkeit von N_2 und O_2 in Wasser keine Rolle spielen, erhöht sich die Löslichkeit von SO_2 zudem durch die Bildung von HSO_3^--Ionen in der Lösung erheblich, vgl. Beispiel 7.6. Die Löslichkeit von SO_2 in Wasser ist also nicht sinnvoll durch den Henry-Koeffizienten allein zu beschreiben, sondern ergibt sich aus dem Zusammenspiel der physikalischen Löslichkeit mit dem Reaktionsgleichgewicht zwischen gelöstem SO_2 sowie H^+- und HSO_3^--Ionen.

7.2.3 Das Reaktionsgleichgewicht

Chemische Stoffumwandlungen laufen bei Abwesenheit von Hemmungen bis zum Reaktionsgleichgewicht. Der einfachste Fall von Reaktionsgleichgewichten liegt vor, wenn nur eine Reaktion abläuft und alle Komponenten gasförmig sind. Beschränken wir uns dabei wieder auf Situationen, die durch das Stoffmodell "Ideales Gasgemisch" beschrieben werden können, so drücken wir das chemische Potenzial einer Komponente i aus durch

$$\begin{aligned}\mu_i^{ig}(T,p,x_i) &= \mu_{0i}^{ig}(T,p) + RT \ln x_i \\ &= \mu_{0i}^{ig}(T,p^0) + RT \ln x_i + RT \ln \frac{p}{p^0} \ .\end{aligned} \qquad (7.63)$$

Hierbei ist $\mu_{0i}^{ig}(T,p^0)$ das chemische Potenzial des reinen idealen Gases i beim Standarddruck p^0. Einsetzen in die Bedingung (7.20) für das chemische Gleichgewicht führt auf die Beziehung

$$\sum_i \nu_i \left[\mu_{0i}^{ig}(T,p^0) + RT \ln \frac{x_i p}{p^0} \right] = 0 \ .$$

Dies lässt sich umstellen zu

$$\ln \prod_i \left(\frac{x_i p}{p^0} \right)^{\nu_i} = \frac{-\sum_i \nu_i \mu_{0i}^{ig}(T,p^0)}{RT} \ .$$

Der Term auf der rechten Seite dieser Gleichung ist eine reine Temperatur-funktion, da der Standarddruck p^0 festgelegt ist. Man definiert die so genann-te Gleichgewichtskonstante in idealen Gasgemischen durch

$$K := \prod_i \left(\frac{x_i p}{p^0} \right)^{\nu_i} , \qquad (7.64)$$

und erhält als deren Berechnungsgleichung

$$-RT \ln K = \sum_i \nu_i \mu_{0i}^{ig}(T, p^0) = \Delta g^{R,ig}(T, p^0) , \qquad (7.65)$$

mit $\Delta g^{R,ig}(T, p^0)$ als der molaren freien Reaktionsenthalpie im idealen Gaszu-stand beim Standarddruck p^0. Die Gleichgewichtskonstante formalisiert die Berechnung des chemischen Gleichgewichts. Sie macht deutlich, dass zum einen eine spezielle Temperaturfunktion, nämlich $\Delta g^{R,ig}(T, p^0)$, aus Rein-stoffdaten zu ermitteln und zum anderen daraus die Zusammensetzung im Gleichgewicht zu berechnen ist. Sind die anfänglichen Stoffmengen vorgege-ben, so werden die Stoffmengenanteile in (7.64) durch diese und die Reakti-onslaufzahl ersetzt. Die Beziehung (7.64) wird in der Chemie als Massenwir-kungsgesetz bezeichnet und aus der Bedingung gleicher Geschwindigkeiten der Hin- und Rückreaktion gewonnen. Die Gleichgewichtskonstante ergibt sich dabei als Verhältnis der Reaktionsgeschwindigkeiten. Die Thermodyna-mik zeigt, dass und wie die Gleichgewichtskonstante aus thermodynamischen Funktionen berechenbar ist.

Das Reaktionsgleichgewicht, d.h. die Gleichgewichtszusammensetzung des Systems, hängt vom thermodynamischen Zustand ab. Man findet durch Dif-ferenziation von (7.65) nach der Temperatur

$$\frac{d \ln K}{dT} = -\frac{d}{dT} \left(\frac{\sum_i \nu_i \mu_{0i}^{ig}(T, p^0)}{RT} \right)$$

$$= -\frac{\sum_i \nu_i \frac{d\mu_{0i}^{ig}(T,p^0)}{dT} T - \sum_i \nu_i \mu_{0i}^{ig}(T, p^0)}{RT^2}$$

$$= \frac{1}{RT^2} \sum_i \nu_i h_{0i}^{ig}(T) = \frac{\Delta h^{R,ig}(T)}{RT^2} , \qquad (7.66)$$

wobei von $(d\mu/dT) = -s$ sowie $\mu = h - Ts$ Gebrauch gemacht wurde, vgl. (7.6) und (7.7). In der Beziehung (7.66), die als Gleichung von van't Hoff bezeichnet wird, ist $\Delta h^{R,ig} = \sum \nu_i h_{0i}^{ig}$ die molare Reaktionsenthalpie beim Standarddruck p^0. Für Gemische idealer Gase kann die Einschränkung auf den Standarddruck entfallen, da die Enthalpie idealer Gase nicht vom Druck abhängt. Man sieht hier, dass für exotherme Reaktionen, also solche, die we-gen $\Delta h^{R,ig} < 0$ chemische Bindungsenergie in thermische innere Energie um-wandeln, die Gleichgewichtskonstante mit steigender Temperatur abnimmt, während sie für endotherme Reaktionen, die wegen $\Delta h^{R,ig} > 0$ thermische innere Energie in chemische Bindungsenergie umwandeln, mit der Temperatur zunimmt. Aus dem Massenwirkungsgesetz folgt damit, dass die Stoffmengenanteile der Produktstoffe im Reaktionsgleichgewicht bei exothermen Reaktionen mit steigender Temperatur abnehmen und bei endothermen Reaktionen zunehmen.

Die Gleichgewichtskonstante hängt nicht vom Druck ab. Dies gilt jedoch nicht für die Gleichgewichtszusammensetzung. Beim idealen Gas kann man den Druckeinfluss auf die Gleichgewichtszusammensetzung leicht analysieren. So lässt sich (7.63) schreiben als

$$K(T) = \prod_i \left(\frac{x_i p}{p^0} \right)^{\nu_i} = \prod_i (x_i)^{\nu_i} \left(\frac{p}{p^0} \right)^{\Delta \nu} , \tag{7.67}$$

mit $\Delta \nu = \sum_i \nu_i$. Geht eine Gasreaktion mit einer Abnahme der Stoffmenge einher, z.B. wie bei der NH_3 - Synthese mit $N_2 + 3H_2 \rightleftarrows 2NH_3$ und daher $\Delta \nu = -2$, dann wird die Produktausbeute ($\nu_i > 0$) mit steigendem Druck größer. Aus diesem Grund wird die technische Ammoniak-Synthese heute bei hohen Drücken von ca. 200 bar durchgeführt. Vergrößert sich umgekehrt bei einer

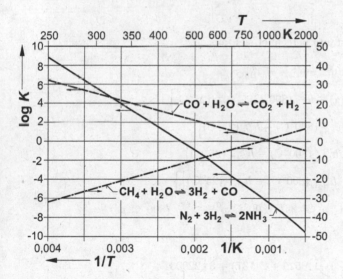

Abb. 7.14. Gleichgewichtskonstante für drei Gasreaktionen

Reaktion die Stoffmenge, so wird die Produktausbeute mit steigendem Druck geringer.

Zur Berechnung der Gleichgewichtskonstante dient die Beziehung (7.65) mit

$$\mu_{0i}^{ig} = h_{0i}^{ig} - T s_{0i}^{ig} \ .$$

Durch Einführen der Standardtemperatur T^0 und Aufspaltung der gesamten Enthalpieänderung in einen thermischen und einen chemischen Anteil ist die molare Enthalpie auf die Standardbildungsenthalpie sowie die Wärmekapazitäten bzw. temperaturabhängige Enthalpietabellen zurückzuführen. Die Entropie kann für alle Komponenten absolut berechnet werden. Abb. 7.14 zeigt den Verlauf der Gleichgewichtskonstante in einem $\log K, 1/T$-Diagramm für drei Bruttoreaktionsgleichungen in der Gasphase.

Beispiel 7.5

Bei der Herstellung von Synthesegas nach dem Steamreforming-Verfahren reagiert Methan (CH_4) mit Wasserdampf (H_2O) zu Kohlenmonoxid (CO) und Wasserstoff (H_2) nach der Bruttoreaktionsgleichung

$$CH_4 + H_2O \rightleftarrows CO + 3\,H_2 \ .$$

Der Eduktstrom bestehe aus 3 mol H_2O und 1 mol CH_4. Die Reaktion findet bei $800°C$ und 15 bar statt. Man berechne das Reaktionsgleichgewicht!

Lösung

Die Gleichgewichtskonstante berechnet sich aus

$$
\begin{aligned}
\ln K &= -\frac{1}{RT}\left[\mu_{CO}^{ig} + 3\mu_{H_2}^{ig} - \mu_{CH_4}^{ig} - \mu_{H_2O}^{ig}\right] \\
&= -\frac{1}{RT}\left\{ \left[\Delta h_{CO}^{f,0}(g) + h_{CO}^{ig}(800°C) - h_{CO}^{ig}(25°C)\right] \right. \\
&\quad + 3\left[\Delta h_{H_2}^{f,0}(g) + h_{H_2}^{ig}(800°C) - h_{H_2}^{ig}(25°C)\right] \\
&\quad - \left[\Delta h_{CH_4}^{f,0}(g) + h_{CH_4}^{ig}(800°C) - h_{CH_4}^{ig}(25°C)\right] \\
&\quad \left. - \left[\Delta h_{H_2O}^{f,0}(g) + h_{H_2O}^{ig}(800°C) - h_{H_2O}^{ig}(25°C)\right]\right\} \\
&\quad + \frac{1}{R}\left[s_{CO}^{ig}(800°C,p^0) + 3s_{H_2}^{ig}(800°C,p^0) - s_{CH_4}^{ig}(800°C,p^0) \right. \\
&\quad \left. - s_{H_2O}^{ig}(800°C,p^0)\right] \\
&= \frac{-1}{8,315 \cdot 1073,15}\left[(-110529 + 24137) + 3 \cdot 22903 \right. \\
&\quad \left. - (-74873 + 43570) - (-241827 + 29042)\right] \\
&\quad + \frac{1}{8,315}\left[236,75 + 3 \cdot 168,33 - 252,69 - 235,51\right] \\
&= -25,37 + 30,49 = 5,12 \ .
\end{aligned}
$$

Dies führt auf

$$K = 167,3 \ .$$

Die Stoffmengen der Komponenten im Reaktionsgleichgewicht lassen sich durch die Reaktionslaufzahl ausdrücken, nach

$$
\begin{array}{rcl}
n_{CH_4} &=& 1 - \xi \\
n_{H_2O} &=& 3 - \xi \\
n_{CO} &=& \xi \\
n_{H_2} &=& 3\xi \\
\hline
n_{ges} &=& 4 + 2\xi
\end{array}
$$

Damit gilt für die Stoffmengenanteile

$$
x_{CH_4} = \frac{1 - \xi}{4 + 2\xi} \; ,
$$

$$
x_{H_2O} = \frac{3 - \xi}{4 + 2\xi} \; ,
$$

$$
x_{CO} = \frac{\xi}{4 + 2\xi}
$$

und

$$
x_{H_2} = \frac{3\xi}{4 + 2\xi} \; .
$$

Eingesetzt in das Massenwirkungsgesetz

$$
K = \frac{x_{CO} x_{H_2}^3}{x_{CH_4} x_{H_2O}} \left(\frac{p}{p^0} \right)^2
$$

führt dies auf eine Bestimmungsgleichung für die Reaktionslaufzahl, nach

$$
167,3 = \frac{27\xi^4}{(1 - \xi)(3 - \xi)(4 + 2\xi)^2} \left(\frac{15}{1} \right)^2 \; .
$$

Auf iterativem Wege ergibt sich daraus ein Wert von $\xi = 0{,}7922$ mol und damit die Zusammensetzung im Reaktionsgleichgewicht zu

$$
\begin{aligned}
x_{CH_4} &= 0{,}037 \; , \\
x_{H_2O} &= 0{,}395 \; , \\
x_{CO} &= 0{,}142 \; , \\
x_{H_2} &= 0{,}426 \; .
\end{aligned}
$$

Auf analoge Weise werden Reaktionsgleichgewichte in Flüssigkeiten behandelt. In idealen Lösungen gilt

$$
-RT \ln K(T) = \sum_i \nu_i \mu_{0i}^l(T, p^0) \tag{7.68}
$$

mit

$$
K = \prod_i x_i^{\nu_i} \; ,
$$

und in ideal verdünnten Lösungen mit dem Lösungsmittel 0

$$-RT \ln K(T) = \sum_i \nu_i \mu_i^*(T, p^0) + \nu_0 \mu_0^l(T, p^0) \qquad (7.69)$$

mit

$$K = \prod_i x_i^{\nu_i}$$

und $x_0 \approx 1$. Bei Verwendung der Molalität als Konzentrationsmaß ist in (7.69) μ_i^* durch $\mu_i^\square$ und x_i für die gelösten Komponenten durch m_i zu ersetzen, während für das Lösungsmittel weiterhin mit dem Stoffmengenanteil $x_0 \approx 1$ gerechnet wird.

Beispiel 7.6

In Beispiel 7.4 wurde die physikalische Löslichkeit von Schwefeldioxid ($p_{SO_2} = 0{,}0816$ Pa) in Wasser bei 25°C und 1 bar betrachtet. Welche Löslichkeit ergibt sich, wenn die Dissoziation des physikalisch gelösten SO_2 nach SO_2 (aq) + H_2O (l) $\rightleftharpoons$ H^+ (aq) + HSO_3^- (aq) berücksichtigt wird?

Lösung

Als physikalische Löslichkeit des SO_2 ergab sich nach Beispiel 7.4 eine Molalität von

$$m_{SO_2} = 0{,}000967 \ .$$

Die insgesamt aus dem Gasstrom entfernte und in der flüssigen Lösung gelöste Stoffmenge SO_2 wird durch chemische Effekte vergrößert. Sie wird im Folgenden mit m_{SO_2} (tot) bezeichnet. Bei der Dissoziationsreaktion verbraucht die Bildung einer bestimmten Stoffmenge an HSO_3^--Ionen eine identische Stoffmenge an molekular gelöstem SO_2 (aq), die durch physikalische Lösung nachgeliefert wird. Daher gibt die Stoffmenge an HSO_3^--Ionen im Reaktionsgleichgewicht die durch chemische Effekte gelöste SO_2-Stoffmenge an, und es gilt

$$m_{SO_2}(\text{tot}) = m_{SO_2} + m_{HSO_3^-} \ .$$

Es kommt also darauf an, das Reaktionsgleichgewicht der Dissoziation zu berechnen. Die Gleichgewichtskonstante der Dissoziationsreaktion ergibt sich nach (7.69) aus

$$-RT \ln K = \Delta g_{H^+}^{f,0} \ (\text{aq}) + \Delta g_{HSO_3^-}^{f,0} \ (\text{aq}) - \Delta g_{SO_2}^{f,0} \ (\text{aq}) - \Delta g_{H_2O}^{f,0} \ (\text{l}) \ .$$

Mit den Zahlenwerten für die Bildungsenthalpien, Standardentropien und freien Bildungsenthalpien nach den Tabellen A2.1 bzw. A2.2 folgt

$$-RT \ln K = 0 - 527{,}73 + 300{,}606 + 237{,}146 = 10{,}022 \ \text{kJ/mol} \ .$$

Damit ergibt sich die Gleichgewichtskonstante zu

$$K = e^{\frac{-10{,}022}{0{,}29815 \cdot 8{,}315}} = 0{,}0176 \ .$$

Diese Gleichgewichtskonstante bezieht sich gemäß den zu ihrer Berechnung verwendeten Standardzuständen auf die Molalitäten für die gelösten Komponenten und auf den Stoffmengenanteil für das Lösungsmittel Wasser, d.h.

$$K = \frac{m_{H^+} m_{HSO_3^-}}{m_{SO_2} x_{H_2O}} \; .$$

Die Molalitäten des H^+- und des HSO_3^--Ions sind entsprechend der Reaktionsgleichung im Reaktionsgleichgewicht gleich. Mit $x_{H_2O} \approx 1$ und $m_{SO_2} = 0,000967$ ergibt sich somit

$$K = \frac{m_{H^+} m_{HSO_3^-}}{0,000967 \cdot 1} = \frac{(m_{HSO_3^-})^2}{0,000967 \cdot 1} = 0,0176 \; .$$

Die Lösung ist $m_{HSO_3^-} = 4,125 \cdot 10^{-3}$. Damit beträgt die Molalität des insgesamt gelösten SO_2 $m_{SO_2}(\text{tot}) = m_{SO_2} + m_{HSO_3^-} = (0,967 + 4,125) \cdot 10^{-3} = 5,09 \cdot 10^{-3}$ Wenngleich nicht als molekulares SO_2 in der Lösung vorhanden, repräsentiert der Zahlenwert $m_{SO_2}(\text{tot})$ doch die SO_2-Stoffmenge, die aus dem Gas entfernt wird. Die Löslichkeit von SO_2 in Wasser erhöht sich daher bei Berücksichtigung der Dissoziation um mehr als den Faktor 5.

7.3 Thermische Stoffumwandlungen

Thermische Stoffumwandlungen bewirken Änderungen im physikalischen Zustand von Gasen und Flüssigkeiten, also Änderungen in Temperatur, Druck und, insbesondere, Zusammensetzung. Wir behandeln im Folgenden als Beispiele die Wärmeübertragung, Verdunstung, Absorption und Rektifikation und zeigen, welche Aussagen aus der thermodynamischen Analyse als Gleichgewichtsprozesse für diese Stoffumwandlungen folgen. Da ein Gleichgewichtsprozess den thermodynamischen Gleichgewichtszustand erreicht, haben wir eine zusätzliche Bedingung an die Stoffumwandlungen, die ihre vollständige Berechnung aus gegebenen Eingangsdaten erlaubt.

7.3.1 Wärmeübertragung

Temperaturänderungen in Stoffströmen lassen sich durch Wärmezufuhr bzw. Wärmeabfuhr erreichen. Die dazu eingesetzten Apparate bezeichnet man als Wärmeübertrager [16]. Abb. 7.15 zeigt das Schema eines einfachen Doppelrohrwärmeübertragers mit den dazugehörigen Temperaturverläufen des heißen und des kalten Stoffstroms über der Wärme übertragenden Fläche. Es werden die Stromführungen Gleichstrom und Gegenstrom unterschieden. Offenbar kann bei Gegenstrom die Temperatur des austretenden kalten Stoffstroms über die des austretenden heißen Stoffstroms angehoben werden, während dies bei Gleichstrom grundsätzlich unmöglich ist. Da die übertragene Wärme der erzielten Temperaturdifferenz proportional ist, ist damit

---

[16] Der im technischen Sprachgebrauch übliche Begriff "Wärmetauscher" oder auch "Wärmeaustauscher" ist wissenschaftlich falsch, da Wärme nicht ausgetauscht wird, sondern gerichtet von hoher zu niedriger Temperatur fließt.

Gleichstrom

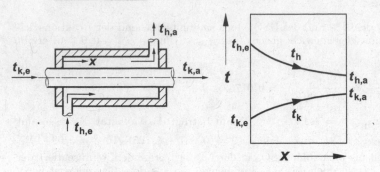

Gegenstrom

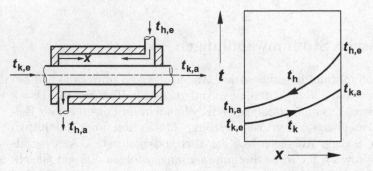

Abb. 7.15. Temperaturverläufe in einem Wärmeübertrager bei Gleich- und Gegenstrom

ein Gegenstromwärmeübertrager wirksamer als ein Gleichstromwärmeübertrager. Im Gleichgewichtsprozess laufen die Temperaturänderungen der Stoffströme in einem Wärmeübertrager nach dem 2. Hauptsatz bis zum Erreichen des thermischen Gleichgewichts zwischen dem heißen und dem kalten Fluid ab. Die Analyse stützt sich allgemein auf die Materiemengenbilanz, die Energiebilanz und die Entropiebilanz. Die Materiemengenbilanz ist in der Regel trivial erfüllt. Die Entropiebilanz führt zum einen in Verbindung mit dem 2. Hauptsatz auf die Gleichgewichtsbedingung. Darüber hinaus erlaubt sie die Berechnung der Entropieproduktion und damit die exergetische Analyse des Wärmeübertragers. Wir werten hier insbesondere die Energiebilanz für Gleichgewichtsprozesse aus.

Ein Wärmeübertrager ist als insgesamt adiabates System aufzufassen. Die vom heißen Fluid abgegebene Wärme kommt dann voll dem kalten Fluid zugute. Nach der Energiebilanz gilt daher

$$-\dot{Q}_h = \dot{Q}_k \ . \tag{7.70}$$

Mit

$$\dot{Q}_h = \dot{m}_h \, (h_{h,a} - h_{h,e}) = \dot{H}_{h,a} - \dot{H}_{h,e} < 0$$

und

$$\dot{Q}_k = \dot{m}_k \, (h_{k,a} - h_{k,e}) = \dot{H}_{k,a} - \dot{H}_{k,e} > 0$$

folgt aus (7.70)

$$\dot{m}_k \, (h_{k,a} - h_{k,e}) = \dot{m}_h \, (h_{h,e} - h_{h,a}) \ . \tag{7.71}$$

In dieser Energiebilanz sind Änderungen der kinetischen und potenziellen Energie vernachlässigt. Wenn die Massenströme des heißen und des kalten Stoffstroms vorgegeben sind, kann man aus der gegebenen Enthalpieänderung des einen Fluids und der Enthalpie des anderen Fluids im Eintrittszustand die noch unbekannte Enthalpie im Austrittszustand des anderen Fluids berechnen.

Wenn die Zustandsänderung als isobar und die Wärmekapazitäten der beteiligten Fluide als unabhängig von der Temperatur angenommen werden können, und wenn ein Phasenwechsel, z.B. Verdampfung oder Kondensation, ausgeschlossen wird, dann lässt sich die Enthalpieänderung der Fluide mit der entsprechenden Temperaturänderung verknüpfen, vgl. (4.38), nach

$$h - h_0 = c_p(t - t_0) \ .$$

Hieraus findet man Beziehungen für die Temperaturverläufe des kalten bzw. des heißen Stoffstroms in Abhängigkeit von der Enthalpie. So gilt für die Temperatur des kalten, aufzuheizenden Stoffstroms

$$t_k = t_{k,e} + \frac{\dot{H}_k - \dot{H}_{k,e}}{(\dot{m}c_p)_k} = t_{k,a} + \frac{\dot{H}_k - \dot{H}_{k,a}}{(\dot{m}c_p)_k} \ . \tag{7.72}$$

Entsprechend findet man für die Temperatur des heißen, abzukühlenden Stoffstroms

$$t_h = t_{h,e} + \frac{\dot{H}_h - \dot{H}_{h,e}}{(\dot{m}c_p)_h} = t_{h,a} + \frac{\dot{H}_h - \dot{H}_{h,a}}{(\dot{m}c_p)_h} \ . \tag{7.73}$$

Die thermodynamischen Bedingungen für die Vorgänge in einem Wärmeübertrager lassen sich mit diesen Beziehungen sehr übersichtlich in einem $t, \dot{H}$-Diagramm darstellen. Auf der Abszisse eines solchen Diagramms sind die Enthalpieströme des heißen bzw. kalten Fluids aufgetragen. Die Enthalpiestromdifferenz zwischen zwei Stellen des Wärmeübertragers ist der zwischen diesen beiden Stellen vom heißen Fluidstrom auf den kalten übertragene Wärmestrom. Die Temperaturverläufe für die beiden Stoffströme in diesem Diagramm ergeben sich aus den obigen Beziehungen als Geraden,

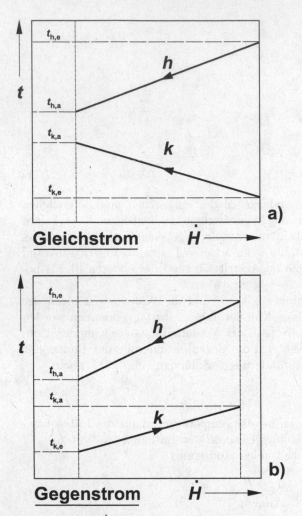

Abb. 7.16. $t, \dot{H}$-Diagramm für die Wärmeübertragung ohne Phasenwechsel

deren Steigungen den Wärmekapazitätsströmen der jeweiligen Stoffströme umgekehrt proportional sind. Ihre horizontale Positionierung ist willkürlich, da die Enthalpie einen willkürlichen Nullpunkt hat. Abb. 7.16 zeigt das $t, \dot{H}$-Diagramm für zwei charakteristische Anwendungsfälle. Im Teil a) strömen die beiden Stoffströme gleichsinnig, im Teil b) hingegen liegt Gegenstrom vor. Die Energiebilanz fordert gleiche Enthalpiedifferenzen für den heißen und den kalten Stoffstrom. Nach dem 2. Hauptsatz darf die Temperatur des heißen Stoffstroms an keiner Stelle unter die Temperatur des kalten Stoffstroms sinken, da Wärme spontan, d.h. unter Entropieproduktion, nur von einem System hoher Temperatur zu einem System niedriger Temperatur fließt, vgl. (5.26). Die maximal möglichen Temperaturänderungen des heißen und des kalten Stoffstromes sind daher begrenzt.

In den in Abb. 7.16 dargestellten Fällen ist die Temperatur des heißen Stoffstroms stets höher als die des kalten Stoffstroms. Im Fall eines Gleichgewichtsprozessess haben beide Stoffströme genug Zeit und Raum, um das thermische Gleichgewicht in dem Wärmeübertrager zu erreichen. Praktisch sind dazu unendlich große Apparate erforderlich. Dann berühren sich beide $t, \dot{H}$–Kurven an einem Punkt. An diesem Punkt haben somit der heiße und der kalte Stoffstrom dieselbe Temperatur, d.h. sie stehen miteinander im thermischen Gleichgewicht. Wenn die Massenströme des heißen und des kalten

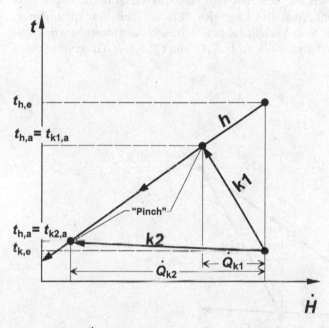

Abb. 7.17. $t, \dot{H}$-Diagramm eines Gleichstromwärmeübertragers bei einem Gleichgewichtsprozess ohne Phasenwechsel

Stoffstroms sowie zwei Temperaturen vorgegeben sind, lassen sich in einem Gleichgewichtsprozess die beiden anderen Temperaturen und daraus die übertragenen Wärmeströme ohne Schwierigkeiten berechnen. Die dazu erforderlichen zwei Gleichungen sind die Energiebilanz (7.71) und nach dem 2. Hauptsatz die Gleichheit der Temperaturen des heißen und des kalten Stoffstroms am Berührungspunkt im $t, \dot{H}$-Diagramm. Dieser Punkt wird als "Pinch"-Punkt, oder einfach als "Pinch" bezeichnet, von "Pinch" (engl.) = Engpass. Im realen Prozess ist der "Pinch" nicht der Berührungspunkt, sondern die engste Stelle zwischen den beiden Stoffströmen im $t, \dot{H}$-Diagramm, bei dem die minimale Temperaturdifferenz zwischen heißem und kaltem Stoffstrom vorliegt. Bei Gleichstrom ohne Phasenwechsel liegt der "Pinch" stets am Austritt der Stoffströme aus dem Apparat. Abb. 7.17 zeigt das $t, \dot{H}$-Diagramm eines Gleichstromwärmeübertragers für vorgegebene Eintrittstemperaturen des heißen und des kalten Stoffstroms. Der kalte Stoffstrom k1 hat einen kleineren Wärmekapazitätsstrom $(\dot{m}c_p)_{k1}$ als der heiße Stoffstrom $(\dot{m}c_p)_h$, seine Steigung ist also größer. Da die Austrittstemperaturen beider Stoffströme in einem Gleichgewichtsprozess identisch werden, gilt am "Pinch" $t_{h,a} = t_{k1,a}$. Analoge Ergebnisse findet man für den Fall, dass der Wärmekapazitätsstrom des kalten Stoffstroms größer als der des heißen Stoffstroms ist, d.h. $(\dot{m}c_p)_{k2} > (\dot{m}c_p)_h$. Die in den beiden Fällen übertragenen Wärmeströme $\dot{Q}_{k1}$ und $\dot{Q}_{k2}$ lassen sich auf der Abszisse des $t, \dot{H}$-Diagramms leicht darstellen. Bei Gegenstrom hängt die Lage des "Pinch" nicht nur quantitativ, sondern auch qualitativ vom Verhältnis der Wärmekapazitätsströme des heißen und des kalten Stoffstroms ab. Abb. 7.18 zeigt das $t, \dot{H}$-Diagramm eines

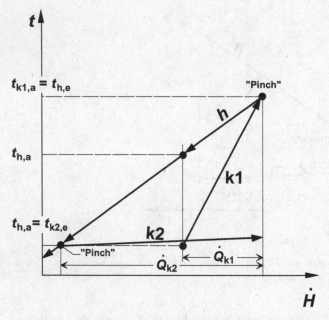

Abb. 7.18. $t, \dot{H}$-Diagramm eines Gegenstromwärmeübertragers bei einem Gleichgewichtsprozess ohne Phasenwechsel

Gegenstromwärmeübertragers ohne Phasenwechsel wieder für den Fall, dass die Eintrittstemperaturen des heißen und des kalten Stoffstromes vorgegeben sind. Wenn der kalte Stoffstrom einen kleineren Wärmekapazitätsstrom als der heiße Stoffstrom hat, $(\dot{m}c_p)_{k1} < (\dot{m}c_p)_h$, dann liegt der "Pinch" am heißen Ende des Wärmeübertragers, d. h. am Eintritt des heißen und Austritt des kalten Stoffstroms, und es gilt bei einem Gleichgewichtsprozess $t_{k1,a} = t_{h,e}$.

Hat hingegen der kalte Stoffstrom einen höheren Wärmekapazitätsstrom als der heiße, $(\dot{m}c_p)_{k2} > (\dot{m}c_p)_h$, dann liegt der "Pinch" am kalten Ende des Wärmeübertragers, d. h. am Eintritt des kalten und Austritt des heißen Stoffstroms, und es gilt bei einem Gleichgewichtsprozess $t_{h,a} = t_{k2,e}$. Die übertragenen Wärmeströme können wiederum einfach auf der Abszisse des $t, \dot{H}$-Diagramms dargestellt werden.

Beispiel 7.7

Ein heißer Luftstrom ($\dot{m}_L = 31$ kg/s ; $c_{pL}^{ig} = 1$ kJ/kg K) mit einer Anfangstemperatur von $t_{L,e} = 460°$C soll dazu genutzt werden, einen Wasserstrom ($\dot{m}_W = 20$ kg/s; $c_W^{if} = 4{,}18$ kJ/kg K) mit einer Anfangstemperatur von $t_{W,e} = 20°$C und einem Druck von $p_W = 20$ bar aufzuheizen. Man berechne die Austrittstemperaturen der Stoffströme und die übertragenen Wärmeströme für einen Gleichgewichtsprozess bei Gleichstromführung und bei Gegenstromführung.

Lösung

Abb. B 7.7.1 zeigt das $t, \dot{H}$-Diagramm für die betrachteten Prozesse. Bei Gleich-

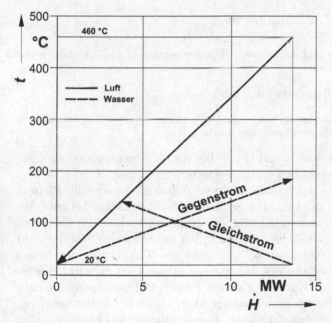

Abb. B 7.7.1. Das $t, \dot{H}$-Diagramm

stromführung sind in einem Gleichgewichtsprozess die Austrittstemperaturen beider Stoffströme gleich, d.h. $t_{L,a} = t_{W,a}$. Unter der Annahme, dass das Wasser bei Austritt aus dem Wärmeübertrager flüssig ist, folgt aus (7.71)

$$\dot{m}_W c_W^{if}(t_{W,a} - t_{W,e}) = \dot{m}_L c_{pL}^{ig}(t_{L,e} - t_{W,a}) \ ,$$

mit dem Ergebnis

$$t_{W,a} = \frac{\dot{m}_L c_{pL}^{ig} t_{L,e} + \dot{m}_W c_{pW}^{if} t_{W,e}}{\dot{m}_L c_{pL}^{ig} + \dot{m}_W c_W^{if}} = 139,02°C = t_{L,a} \ .$$

Bei $p_W = 20$ bar beträgt die Siedetemperatur $t_s = 212,42°C$, und das austretende Wasser ist in der Tat flüssig. Für den übertragenen Wärmestrom ergibt sich

$$\dot{Q} = 9950 \text{ kW} \ .$$

Bei Gegenstromführung muss zunächst die Lage des "Pinch" bestimmt werden. Im betrachteten Fall gilt $(\dot{m}c_p)_W > (\dot{m}c_p)_L$, d.h. im $t, \dot{H}$-Diagramm hat die Gerade für das Wasser die kleinere Steigung. Damit liegt der "Pinch" am Austritt der Luft bzw. am Eintritt des Wassers, d.h. am kalten Ende des Wärmeübertragers. Für den Gleichgewichtsprozess bedeutet dies $t_{L,a} = t_{W,e} = 20°C$. Die Energiebilanz um den Wärmeübertrager lautet dann, wieder unter der Annahme, dass das austretende Wasser flüssig ist,

$$\dot{m}_W c_W^{if}(t_{W,a} - t_{W,e}) = \dot{m}_L c_{pL}^{ig}(t_{L,e} - t_{W,e})$$

mit dem Ergebnis

$$t_{W,a} = t_{W,e} + \frac{\dot{m}_L c_{pL}^{ig}(t_{L,e} - t_{W,e})}{\dot{m}_W c_W^{if}} = 183,16°C \ .$$

Der flüssige Austrittszustand des Wassers ist somit bestätigt, und der übertragene Wärmestrom ergibt sich zu

$$\dot{Q} = \dot{m}_W c_W^{if}(183,16 - 20) = 13640 \text{ kW} \ .$$

Man erkennt die deutlich bessere, hier sogar vollständige Nutzung des thermischen Potenzials der Luft durch die Gegenstromführung.

Erfährt einer der beiden Fluidströme bei der Wärmeübertragung einen Phasenwechsel, so ergeben sich kompliziertere Verhältnisse. Abb. 7.19 zeigt die prinzipiellen Temperaturverläufe in einem Wärmeübertrager mit Phasenwechsel des kalten Fluids. Der kalte Stoffstrom wird zunächst bis zum Siedezustand aufgeheizt, dann vollständig verdampft und schließlich überhitzt. Während des Phasenwechsels bleibt bekanntlich trotz weiterer Wärmezufuhr die Temperatur konstant. In Abb. 7.19 liegt die Temperatur des heißen Stoffstroms überall über der des kalten. Bei einem Gleichgewichtsprozess berühren sich die beiden Kurven an einem Punkt. Bei Gleichstromführung liegt der "Pinch" wieder am gemeinsamen Austrittsort der Stoffströme, vgl. Abb. 7.19 a). Die genaue Ausbildung des Temperaturverlaufs hängt nun aber vom Massenstrom des kalten Stoffstroms ab. Deutlich unübersichtlicher sind die Verhältnisse bei Gegenstrom. Aus der Struktur der Kurven von Abb. 7.19 b) erkennt man, dass der "Pinch" grundsätzlich entweder am kalten Ende, bei Verdampfungsbeginn oder am heißen Ende des Wärmeübertragers liegen kann. Wenn der Wärmekapazitätsstrom des kalten Stroms im flüssigen Zustand höher als der des heißen ist, liegt der "Pinch" häufig am kalten Ende

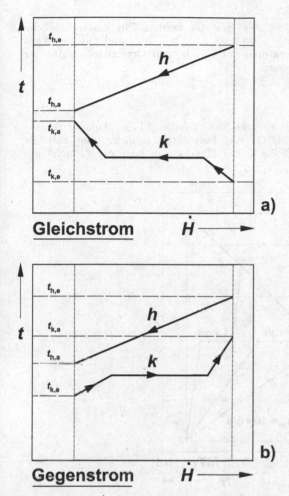

Abb. 7.19. $t, \dot{H}$-Diagramm für die Wärmeübertragung mit Phasenwechsel

des Wärmeübertragers. Er kann in diesem Fall aber auch am heißen Ende liegen. Wenn der Wärmekapazitätsstrom des kalten Stromes im flüssigen Zustand kleiner als der des heißen Stromes ist, liegt der "Pinch" häufig am Verdampfungsbeginn. Es ist allerdings auch hierbei nicht auszuschließen, dass sich der "Pinch" in den Überhitzungsbereich, d.h. an das heiße Ende des Wärmeübertragers verschiebt. Zur Aufklärung empfiehlt sich in jedem Fall die Darstellung und Analyse der Temperaturverläufe im $t, \dot{H}$-Diagramm.

Beispiel 7.8

Ein heißer Luftstrom ($\dot{m}_L = 31$ kg/s; $c_{pL}^{ig} = 1$ kJ/kg K) mit einer Anfangstemperatur von $t_{L,e} = 460°$C soll zur Aufwärmung und ggf. Verdampfung eines Wasserstromes ($c_W^{if} = 4,18$ kJ/kg K, $c_{pW}^{ig} = 1,86$ kJ/kg K, $p_W = 20$ bar) mit der Anfangstemperatur $t_{W,e} = 20°C$ genutzt werden. Für unterschiedliche Massenströme des Wassers von $\dot{m}_W = 10$ kg/s, $\dot{m}_W = 5$ kg/s und $\dot{m}_W = 1$ kg/s berechne man die Austrittstemperaturen bei Gleich- und Gegenstrom unter der Annahme von Gleichgewichtsprozessen.

Lösung

Zu einem Druck von 20 bar gehört nach der Tabelle A1 im Anhang A eine Siedetemperatur von $t_s = 212,42°C$. Wir betrachten zunächst den Fall der Gleichstromführung, vgl. Abb. B 7.8.1. Bei Gleichstrom liegt der "Pinch" am

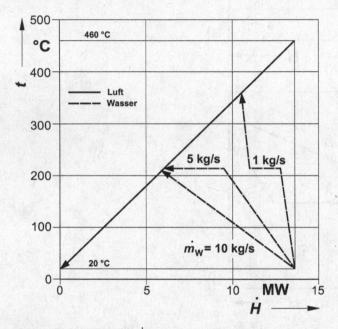

Abb. B 7.8.1. Das $t, \dot{H}$-Diagramm für Gleichstrom

gemeinsamen Austrittsort des heißen und kalten Stoffstroms. Für einen Gleichgewichtsprozess findet man also bei Gleichstromführung $t_{L,a} = t_{W,a} = t_p$, mit t_p als der Temperatur am "Pinch". Damit folgt aus (7.71)

$$(\dot{m} c_p^{ig})_L (460 - t_{W,a}) = \dot{m}_W (h_{W,a} - h_{W,e})$$

mit

$$h_{W,a} = h_W(t_{W,a}, p_W) \ .$$

Das Auflösen dieser Gleichung nach der gemeinsamen Austrittstemperatur von Luft und Wasser erfolgt unterschiedlich für die denkbaren unterschiedlichen Fälle, dass das Wasser am Austritt aus dem Apparat eine Flüssigkeit, ein nasser Dampf oder ein überhitzter Dampf ist. Für $\dot{m}_W = 10$ kg/s findet man unter der Annahme, dass das austretende Wasser flüssig ist, die Austrittstemperatur zu

$$t_{W,a} = \frac{(\dot{m}c_p^{ig})_L t_{L,e} + (\dot{m}c^{if})_W t_{W,e}}{(\dot{m}c_p^{ig})_L + (\dot{m}c^{if})_W} = 207,36°C \ .$$

Da $t_{W,a} < t_s$, ist die Annahme bestätigt. Für $\dot{m}_W = 5$ kg/s erhält man unter dieser Annahme eine Temperatur, die deutlich über der Siedetemperatur liegt. Es findet also zumindest eine Teilverdampfung statt. Unter der Annahme, dass nasser Dampf den Apparat verlässt, gilt $t_{W,a} = 212,42°C$, und die Energiebilanz lautet

$$(\dot{m}c_p^{ig})_L(460 - 212,42) = \dot{m}_W \left[h' + x(h'' - h') - h_{W,e}\right] \ .$$

Dies ist eine Gleichung für den Dampfgehalt, nach

$$x = \frac{(\dot{m}c_p^{ig})_L(460 - 212,42) + \dot{m}_W h_{W,e} - \dot{m}_W h'}{\dot{m}_W(h'' - h')}$$

$$= \frac{31(460 - 212,42) + 5 \cdot 83,96 - 5 \cdot 908,79}{5 \cdot 1890,7} = 0,3756 \ .$$

Da $x < 1$, ist die Annahme bestätigt. Für $\dot{m}_W = 1$ kg/s führt die Annahme nassen Dampfes zu $x > 1$ und daher zu unsinnigen Ergebnissen. Es verlässt also überhitzter Dampf den Apparat. Die Temperatur $t_{W,a}$ wird iterativ aus der Energiebilanz ermittelt. Für $t_{W,a} = 360,8°C$ ergibt sich

$$\dot{m}_W(h_{W,a} - h_{W,e}) = 1(3160,9 - 83,96) = 3076,9 \text{ kW}$$

und

$$(\dot{m}c_p^{ig})_L(t_{L,e} - t_{W,a}) = 31(460 - 360,8) = 3075,2 \text{ kW} \ ,$$

womit eine genügend genaue Näherung gefunden ist.

Als nächstes betrachten wir die Gegenstromführung, vgl. Abb. B 7.8.2. Die Lage des "Pinch" ist nun nicht ohne Weiteres einsichtlich. Sie hängt vom Massenstrom des Wassers ab. Für einen Massenstrom des Wassers von $\dot{m}_W = 10$ kg/s gilt $(\dot{m}c^{if})_W > (\dot{m}c_p^{ig})_L$. Im $t, \dot{H}$-Diagramm verläuft die Aufheizung des Wasserstroms somit flacher als die Abkühlung der Luft, der "Pinch" wird daher am Ort des Luftaustritts und Wassereintritts vermutet. Für einen Gleichgewichtsprozess gilt dann $t_{L,a} = t_{W,e} = 20°C$. Damit lautet die Energiebilanz

$$(\dot{m}c_p^{ig})_L(460 - 20) = \dot{m}_W(h_{W,a} - h_{W,e}) = 13640 \text{ kW} \ .$$

Aus den Enthalpiedaten der Wasserdampftafel erkennt man, dass bei einphasiger Zustandsänderung diese Enthalpieänderung nicht darstellbar ist. Es ergibt sich eine Austrittsenthalpie des Wassers von $h_{W,a} = 1447,96$ kJ/kg, d.h. ein Wert im Nassdampfgebiet. Das Wasser wird also teilweise verdampft. Damit ist die Austrittstemperatur $t_{W,a} = 212,42°C$. Der Dampfgehalt ergibt sich aus der Energiebilanz zu

$$x = \frac{h_{W,a} - h'}{h'' - h'} = \frac{1447,96 - 908,79}{1890,71} = 0,2852 \ ,$$

und die Lage des "Pinch" ist bestätigt.

Für $\dot{m}_W = 5$ kg/s gilt $(\dot{m}c^{if})_W < (\dot{m}c_p^{ig})_L$. Der "Pinch" liegt daher vermutlich bei Verdampfungsbeginn. In einem Gleichgewichtsprozess hat damit die Luft bei Verdampfungsbeginn die Temperatur $t_S = 212,42°C$. Eine Energiebilanz um den Wärmeübertrager zwischen den Orten Lufteintritt/Wasseraustritt und Verdampfungsbeginn liefert

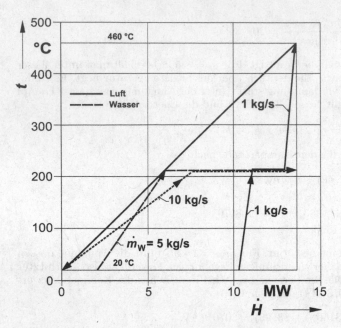

Abb. B 7.8.2. Das $t, \dot{H}$-Diagramm für Gegenstrom

$$(\dot{m}c_p^{ig})_L(460 - 212, 42) = \dot{m}_W(h_{W,a} - 908, 79) = 7675 \text{ kW} \ .$$

Die daraus berechnete Austrittsenthalpie von $h_{W,a} = 2443,79$ kJ/kg lässt erkennen, dass das Wasser auch unter diesen Bedingungen als nasser Dampf austritt. Die Austrittstemperatur ist daher wieder $t_{W,a} = 212, 42°$C und der Dampfgehalt ergibt sich zu

$$x = \frac{h_{W,a} - h'}{h'' - h'} = \frac{2443, 79 - 908, 79}{1890, 7} = 0, 8119 \ .$$

Die Austrittstemperatur der Luft folgt zu

$$t_{L,a} = t_{L,e} - \frac{\dot{m}_W(h_{W,a} - h_{W,e})}{(\dot{m}c_p^{ig})_L} = 460 - \frac{5(2443, 79 - 83, 96)}{31} = 79, 38°C \ .$$

Schließlich gilt für $\dot{m}_W = 1$ kg/s wiederum $(\dot{m}c^{if})_W < (\dot{m}c_p^{ig})_L$. Der "Pinch" wird daher zunächst wieder bei Verdampfungsbeginn vermutet. In einem Gleichgewichtsprozess hat die Luft dann bei Verdampfungsbeginn die Temperatur $t_S = 212, 42°$C. Eine Energiebilanz um den Wärmeübertrager zwischen den Orten Lufteintritt/Wasseraustritt und Verdampfungsbeginn führt wiederum auf

$$(\dot{m}c_p^{ig})_L(460 - 212, 42) = \dot{m}_W(h_{W,a} - 908, 79) = 7675 \text{ kW} \ ,$$

mit dem Ergebnis $h_{W,a} = 8584$ kJ/kg. Dieses Ergebnis ist unphysikalisch, da die Temperatur des austretenden überhitzten Wasserdampfes mit diesem Wert der spezifischen Enthalpie deutlich über der der eintretenden Luft liegen würde. Es existiert daher offenbar ein "Pinch" im Bereich des überhitzten Dampfes. Da die Lufteintrittstemperatur mit $t_{L,e} = 460°$C festliegt, muss bei der Berechnung der

Austrittstemperatur von einer Lage des "Pinch" am Ort des Lufteintritts und Wasseraustritts ausgegangen werden. Bei einem Gleichgewichtsprozess bedeutet dies $t_{L,e} = t_{W,a} = 460°C$. Für die Austrittstemperatur der Luft ergibt sich aus einer Energiebilanz um den ganzen Apparat

$$(\dot{m}c_p^{ig})_L(460 - t_{L,a}) = \dot{m}_W\,[h_{W,a} - h_{W,e}] = [3379,6 - 83,96] = 3295,6\ \text{kW}$$

ein Wert von

$$t_{L,a} = 460 - \frac{3295,6}{31} = 353,7°C\ .$$

Aus den vorangegangenen Beispielen erkennt man die Bedeutung des "Pinch" für die Berechnung der Temperaturverläufe und damit der Stoffumwandlungen in einem Wärmeübertrager. Bei vorgegebenen Ein- und Austrittstemperaturen der Stoffströme und Gegenstrom führt der 2. Hauptsatz gelegentlich zu unerwarteten Einschränkungen in Bezug auf die maximal mögliche Wärmeübertragung. Insbesondere bei Phasenwechsel eines Stoffstromes ist auf Grund einer möglichen Lage des "Pinch" zwischen dem heißen und dem kalten Ende bei einer einfachen Energiebilanzierung ohne Berücksichtigung des 2. Hauptsatzes mit falschen Ergebnissen zu rechnen. Das Analoge gilt bei Vorgabe beider Massenströme und der Ein- und Austrittstemperatur eines Stromes.

Beispiel 7.9

Bei der Kondensation von Ammoniak in einer Kälteanlage wird ein Wärmestrom frei, der zur Aufwärmung von Wasser von anfänglich 15°C genutzt werden soll. Es kondensiert ein Massenstrom $\dot{m}_{NH_3} = 0,033$ kg/s von $t_1 = 140°C$ und $p_1 = 15,54$ bar (überhitzter Dampf) bis zum Zustand der siedenden Flüssigkeit bei $t_2 = 40°C$. Aus einer Dampftafel für Ammoniak entnimmt man die Enthalpiedaten

$$h(140°C, 15,54\text{bar}) = 1750,76\ \text{kJ/kg}$$
$$h'(40°C) = 371,7\ \text{kJ/kg}$$
$$h''(40°C) = 1472,2\ \text{kJ/kg}$$

a) Welcher maximale Massenstrom an Wasser kann durch das abkühlende und kondensierende Ammoniak auf eine Temperatur von 60°C aufgeheizt werden?

b) Welche Austrittstemperatur des Wassers ist erreichbar, wenn der Massenstrom des Wassers $\dot{m}_W = 0,277$ kg/s beträgt?

Lösung

Die gesamte Enthalpiestromänderung des Ammoniaks beträgt

$$\Delta\dot{H} = \dot{m}_{NH_3}\,(h_{NH_3,e} - h_{NH_3,a}) = \dot{m}_{NH_3}\,(h_{NH_3,e} - h'(40°C))$$
$$= 0,033\ \frac{\text{kg}}{\text{s}}\left(1750,76\ \frac{\text{kJ}}{\text{kg}} - 371,7\ \frac{\text{kJ}}{\text{kg}}\right) = 45,51\ \text{kW}\ .$$

Nach der Energiebilanz kann somit maximal ein Wärmestrom von 45,51 kW auf das Wasser übertragen werden. Der 2. Hauptsatz führt insofern zu Einschränkungen, als die Temperatur des Ammoniaks an keiner Stelle kleiner als die des Wassers sein darf. Im Grenzfall eines Gleichgewichtsprozesses berühren sich die Abkühlkurve des Ammoniaks und die Aufheizkurve des Wassers im $t, \dot{H}$-Diagramm am "Pinch". Um ein Gefühl für die Lage des "Pinch" und die dadurch hervorgerufene Einschränkung des Prozesses zu bekommen, wird das $t, \dot{H}$-Diagramm gezeichnet, vgl. Abb. B 7.9.1. Die

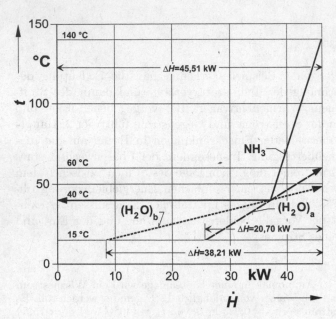

Abb. B 7.9.1. Das $t, \dot{H}$-Diagramm

Abkühlkurve des Ammoniaks ist durch die vorgegebenen Bedingungen vollständig definiert.

In Teil a) ist nach dem maximalen Massenstrom des Wassers gefragt, der durch den von dem Ammoniak abgegebenen Wärmestrom von 15°C auf 60°C erwärmt werden kann. Der maximale Massenstrom ist durch den Maximalwert des Wärmekapazitätsstroms des Wassers $(\dot{m}c^{\mathrm{if}})_W$ festgelegt, d.h. durch die geringst mögliche Steigung der Aufheizkurve des Wassers für die vorgegebenen Temperaturen. Diese Aufheizkurve ist als $(H_2O)_a$ in das $t, \dot{H}$-Diagramm eingetragen. Der "Pinch" liegt an der Stelle des Kondensationsbeginns. Der Massenstrom ergibt sich aus der Energiebilanz der NH_3-Abkühlung bis zum Kondensationsbeginn, d.h.

$$\dot{m}_W c_W^{\mathrm{if}}(t_{W,a} - t_{W,P}) = \dot{m}_{NH_3}\left[h_{NH_3,e} - h''_{NH_3}(40°\mathrm{C})\right]$$

zu

$$\dot{m}_W = \frac{0,033 \cdot 278,56}{4,18(60 - 40)} = 0,11 \text{ kg/s} .$$

Der für die Aufheizaufgabe nutzbare Wärmestrom bei der Ammoniak-Abkühlung beträgt daher

$$\dot{Q}_{NH_3,a} = (\dot{m}c^{\mathrm{if}})_W(60 - 15) = 20,7 \text{ kW} .$$

Im Teil b) sind der Massenstrom des Wassers von $\dot{m}_W = 0{,}277$ kg/s und die Eintrittstemperatur von $15°$C vorgegeben. Damit liegen der Wärmekapazitätsstrom des Wassers mit $(\dot{m}c^{if})_W = 1{,}158$ kW/K und die Steigung der Aufheizkurve des Wasserstroms im $t, \dot{H}$-Diagramm fest. Die optimale Nutzung des abkühlenden Ammoniakstroms erhält man wieder für einen Gleichgewichtsprozess mit dem "Pinch" an der Stelle des Kondensationsbeginns. Die entsprechende Aufheizkurve ist als $(H_2O)_b$ in das $t, \dot{H}$-Diagramm eingetragen. Die Austrittstemperatur des Wassers berechnet sich nun aus der Energiebilanz der NH_3-Abkühlung bis zum Kondensationsbeginn zu

$$t_{W,a} = 40 + \frac{0{,}033 \cdot 278{,}56}{1{,}158} = 48°C \ ,$$

und der für die Aufheizung nutzbare Wärmestrom bei der Ammoniak-Abkühlung ergibt sich zu

$$\dot{Q}_{NH_3,b} = (\dot{m}c^{if})_W(48 - 15) = 38{,}21 \text{ kW} \ .$$

Man erkennt, dass der 2. Hauptsatz einer Wärmerückgewinnung erhebliche Einschränkungen auferlegt. In beiden Fällen reicht die abgeführte Wärme nicht aus, um die Kondensation des Ammoniaks zu realisieren.

7.3.2 Die Verdunstung

Ein Luftstrom, der nicht mit Wasserdampf gesättigt ist, kann durch Kontakt mit flüssigem Wasser weiteren Wasserdampf aufnehmen. Dabei kühlt er sich ab, vgl. Beispiel 4.10. Wenn genügend Zeit und Raum zur Verfügung stehen, läuft dieser als Verdunstung bezeichnete Prozess als Gleichgewichtsprozess ab, d.h. bis zum Erreichen des Sättigungszustands, der nach (7.62) in Übereinstimmung mit früheren Erkenntnissen (2.41) nach dem Stoffmodell des idealen Gas-/Dampfgemisches durch

$$p_W = p_{sW}(t)$$

gekennzeichnet ist. Der Sättigungszustand ist also dadurch definiert, dass der Partialdruck des Wassers in der Luft gleich dem Sattdampfdruck des Wassers bei der betrachteten Temperatur t ist. Analoge Aussagen gelten für den Fall einer beliebigen Dampfkomponente D. Das Phasengleichgewicht führt die Beschränkungen des 2. Hauptsatzes bezüglich der Stoffumwandlungen ein. Die thermodynamische Analyse von Verdunstungsprozessen stützt sich allgemein auf die Materiemengenbilanz, die Energiebilanz und die Entropiebilanz, wobei das Ergebnis der stofflichen Auswertung der Entropiebilanz in Verbindung mit dem 2. Hauptsatz die Bedingung des thermodynamischen Gleichgewichts ist. Weiterhin erlaubt die energetische Auswertung der Entropiebilanz die Berechnung der Entropieproduktion und damit die energetische Bewertung eines speziellen Prozesses, vgl. Kapitel 5. Wir werten hier insbesondere die Mengenbilanz und die Energiebilanz für Gleichgewichtsprozesse aus.

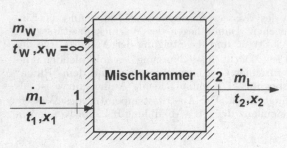

Abb. 7.20. Adiabater Wasserzusatz

Bei der Verdunstung geht flüssiges Wasser in die Gasphase über. Der Prozess lässt sich z.B. durch die Zugabe einer Masse m_W an Wasser zu feuchter Luft in einer adiabaten Mischkammer darstellen, vgl. Abb. 7.20. Es wird ein Gleichgewichtsprozess betrachtet, d.h. es wird genügend Zeit und Raum für den Ablauf aller Ausgleichsprozesse bis zum thermodynamischen Gleichgewicht angenommen. Aus der Mischkammer tritt dann je nach den zugeführten Mengenströmen entweder ein homogener gasförmiger oder ein mehrphasiger Stoffstrom aus einem gesättigten Gas/Dampf-Gemisch und flüssigem Wasser aus. Im letzteren Fall liegt ein Verdunstungsgleichgewicht vor. Die Massenbilanz des Wassers ergibt

$$\dot{m}_W + x_1 \dot{m}_L = x_2 \dot{m}_L \ .$$

Daher gilt für die Wasserbeladung am Austritt aus der Mischkammer

$$x_2 = x_1 + \frac{\dot{m}_W}{\dot{m}_L} \ . \tag{7.74}$$

Die Energiebilanz fordert

$$0 = \dot{m}_L \left[(h_{1+x})_2 - (h_{1+x})_1 \right] - \dot{m}_W h_W \ ,$$

und damit

$$(h_{1+x})_2 = (h_{1+x})_1 + \frac{\dot{m}_W}{\dot{m}_L} h_W = (h_{1+x})_1 + (x_2 - x_1) h_W \ . \tag{7.75}$$

Damit ist der Mischungszustand berechenbar.

Die Verdunstung spielt insbesondere in der Trocknungstechnik eine bedeutende Rolle. Bei der Konvektionstrocknung strömt ein Trocknungsgas, meist Luft, über oder durch das Feuchtgut und nimmt Wasser auf. Abb. 7.21 zeigt das Schema eines adiabaten Trockners in Gleichstromführung. Der Feuchtgutstrom soll in ihm von der anfänglichen Wasserbeladung $x_{G,ein}$ auf die Endwasserbeladung $x_{G,aus}$ getrocknet werden, wobei die Wasserbeladung des Feuchtgutes x_G in kg Wasser pro kg Trockengut angegeben sei. Bei der

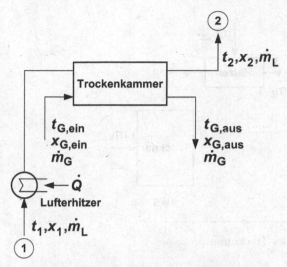

Abb. 7.21. Schema einer Konvektionstrocknung

idealisierten Behandlung als Gleichgewichtsprozess wird in der Trockenkammer nach Erreichen stationärer Bedingungen die Einstellung des thermodynamischen Gleichgewichts zwischen austretender Luft und austretendem Gut angenommen. Man spricht von einer Gleichgewichtsstufe. Die Luft verlässt den Trockner dann im gesättigten Zustand und hat die selbe Temperatur wie das zu trocknende Gut.

Beispiel 7.10

Eine feuchte Substanz soll getrocknet werden. Das Schaltschema der Trocknungsanlage ist in Abb. B 7.10.1 dargestellt. Der Frischluftstrom habe die Zustandsgrößen $t_1 = 10°C$, $\varphi_1 = 0,5$ und wird durch ein Gebläse mit einer Leistungsaufnahme von $(P_{12})_t$ in die Anlage gefördert. Im Mischer wird diesem Luftstrom ein Umluftstrom $\dot{m}_{L,u}$ aus dem Trockner zugemischt. Im anschließenden Heizer wird der gesamte Luftstrom unter Zufuhr des Wärmestroms $\dot{Q}_{34}$ auf $t_4 = 40°C$ erwärmt und dann dem Trockner zugeführt. Der adiabate Trocknungsprozess wird als Gleichgewichtsprozess behandelt, wobei am Trocknerausgang eine Temperatur von $30°C$ vorliegen soll. Der zu trocknenden Substanz werden $\dot{m}_W = 10$ kg/h Wasser entzogen und damit der erwärmten Luft zugeführt. Man bestimme den erforderlichen Frischluftstrom. Der Prozess laufe bei einem konstanten Druck von 0,1 MPa ab.

Lösung

Aus der Massenbilanz des Wassers im Trockner folgt

$$\dot{m}_W = 10 \text{ kg/h} = \dot{m}_L(x_5 - x_4) \ ,$$

mit, unter der Bedingung eines Gleichgewichtsprozesses,

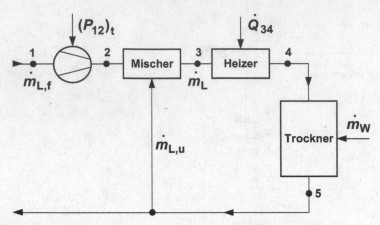

Abb. B 7.10.1. Schaltschema des Trocknungsprozesses

$$x_5 = x_s(30°C) = 0,622 \frac{p_{sW}(30°C)}{p - p_{sW}(30°C)}$$

$$= 0,622 \frac{4,246}{100 - 4,246} = 0,02758 \ .$$

Vom Zustand 4 kennen wir die Temperatur, $t_4 = 40°C$. Aus der Energiebilanz und der vorgegebenen Gleichgewichtstemperatur von Luft und Trocknungsgut am Trocknerausgang können wir die Wasserbeladung im Zustand 4 bestimmen, nach (7.75)

$$t_4 + x_4(2500 + 1,86t_4) + (x_5 - x_4)4,18t_5 = t_5 + x_5(2500 + 1,86t_5) \ .$$

Hierbei wurde näherungsweise angenommen, dass das gesamte Wasser aus dem zu trocknenden Gut der Luft bei der Gleichgewichtstemperatur t_5 zugeführt wird. Dies wird real nicht so sein, da die Temperatur des Gutes nicht vorgegeben ist. Der dadurch eingebrachte Fehler ist klein, da der Enthalpiebeitrag des Wassers in der Energiebilanz bei typischen Trockungsprozessen klein ist. Für die Wasserbeladung der Luft beim Eintritt in den Trockner ergibt sich somit

$$x_4 = \frac{t_5 + x_5(2500 + 1,86t_5) - t_4 - 4,18t_5x_5}{2500 + 1,86t_4 - 4,18t_5}$$

$$= \frac{30 + 0,02758(2500 + 1,86 \cdot 30) - 40 - 4,18 \cdot 30 \cdot 0,02758}{2500 + 1,86 \cdot 40 - 4,18 \cdot 30}$$

$$= 0,02329 \ .$$

Damit ergibt sich der erforderliche Massenstrom an trockener Luft für den Trocknungsprozess zu

$$\dot{m}_L = \frac{10 \text{ kg/h}}{0,02758 - 0,02329} = 2331 \text{ kg/h} \ .$$

Die Massenströme an trockener Frischluft und Umluft bestimmen wir aus den Massenbilanzen um den Mischer:

$$\dot{m}_{L,f} + \dot{m}_{L,u} = \dot{m}_L$$

$\dot{m}_{L,f}x_2 + \dot{m}_{L,u}x_5 = \dot{m}_L x_3$.

Mit $x_2 = x_1$ und $x_3 = x_4$ sind dies zwei Gleichungen für die zwei Unbekannten $\dot{m}_{L,f}$ und $\dot{m}_{L,u}$. Für die Wasserbeladung im Zustand 1 gilt

$$x_1 = 0,622 \frac{p_{sW}(10°C)}{p/\varphi - p_{sW}(10°C)} = 0,622 \frac{1,2276}{100/0,5 - 1,2276}$$
$$= 0,00384 .$$

Die Massenstrombilanzen ergeben zusammen

$\dot{m}_{L,f}x_1 + (\dot{m}_L - \dot{m}_{L,f})x_5 = \dot{m}_L x_4$,

und der Massenstrom der trockenen Frischluft wird daher

$$\dot{m}_{L,f} = \frac{\dot{m}_L(x_4 - x_5)}{(x_1 - x_5)} = 421 \text{ kg/h} .$$

Der Umluftmassenstrom an trockener Luft beträgt damit

$\dot{m}_{L,u} = \dot{m}_L - \dot{m}_{L,f} = 1910 \text{ kg/h}$.

Bei Zugabe von flüssigem Wasser kühlt sich die Luft in der Regel ab, da die Enthalpie h_W des flüssigen Wassers klein ist. Die zur Verdunstung des Wassers benötigte Energie wird unter adiabaten Bedingungen dem System entzogen. Darauf beruht der bekannte Effekt der Verdunstungskühlung, der für viele Vorgänge eine große Rolle spielt. Eine besonders wichtige Fragestellung ist die bei der adiabaten Verdunstungskühlung erreichbare tiefste Temperatur. Dies ist die so genannte Kühlgrenztemperatur oder auch einfach Kühlgrenze t_K. Häufig handelt es sich bei der technischen Anwendung der Verdunstungskühlung um einen Prozess, bei dem flüssiges Wasser in einen ungesättigten Luftstrom eingespritzt wird. Dabei können wir z.B. an eine Quenche nach Beispiel 4.10 oder auch an einen Verdunstungskühlturm, vgl. Beispiel 7.12, denken. Die Tröpfchen fallen durch den Luftstrom und geben Wasser durch Verdunstung ab. Bei ihrem Weg durch den Luftstrom kühlen sie sich ab, bis sie schließlich bei hinreichend großem Luftstrom die Kühlgrenztemperatur erreichen. Dies ist der Endzustand der betrachteten Stoffumwandlung. Ganz analog aber leichter zu überblicken sind die Vorgänge in dem in Abb. 7.22 dargestellten System. Feuchte Luft (x_A, t_A) streicht über den gezeichneten dünnen Wasserfilm, der ein Thermometer umschließen möge. Die anfängliche Temperatur des Wasserfilms sei t_A, ist aber für das Ergebnis letztlich belanglos. Luft und Wasserfilm sind zunächst nicht im thermodynamischen Gleichgewicht. Es verdunstet daher ein Teil des Wasserfilms in die feuchte Luft, und sowohl die feuchte Luft wie auch das Wasser kühlen sich dabei ab. Der frische Luftstrom vom unveränderten Zustand (x_A, t_A) trifft nun auf einen abgekühlten Wasserfilm. Er nimmt erneut Wasserdampf auf, und wiederum kühlen sich sowohl der Luftstrom als auch der Wasserfilm ab. In einem Gleichgewichtsprozess setzen sich die abströmende Luft

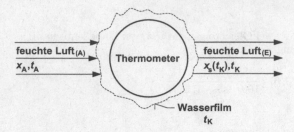

Abb. 7.22. Zur Kühlgrenze bei der Verdunstung

und der Wasserfilm als Phasen ins thermodynamische Gleichgewicht, d.h. die abströmende feuchte Luft ist gesättigt[17]. Die schließlich erreichte Endtemperatur t_K, die Kühlgrenze, ist dadurch definiert, dass die Verdunstung von Wasser bei t_K in feuchte Luft von (x_A, t_A) keine weitere Temperaturabsenkung im Wasser mehr hervorruft. Dies ist dann gegeben, wenn sich die Luft von (x_A, t_A) durch die Verdunstungskühlung in einem Gleichgewichtsprozess, d.h. bis zur Sättigung, gerade auf t_K abkühlt und dabei die zur Verdunstung des Wassers benötigte Energie aufbringt. Die rechnerische Ermittlung der Kühlgrenztemperatur t_K folgt aus der Energiebilanz in Verbindung mit der Massenbilanz, d.h. mit (7.75) nach

$$(h_{1+x})_E = (h_{1+x})_A + \Delta x h_W \ . \tag{7.76}$$

Hierbei ist h_W die Enthalpie des flüssigen Wassers, $(h_{1+x})_E$ die Enthalpie des Luftstromes im Endzustand und $(h_{1+x})_A$ die Enthalpie des Luftstromes im Anfangszustand. In einem Gleichgewichtsprozess haben das Wasser und die Luft im Endzustand gerade die Kühlgrenztemperatur angenommen, und die Luft ist gesättigt. Die Energiebilanz lautet also explizit

$$t_K + x_s(t_K)\,[2500 + 1,86t_K] = t_A + x_A\,[2500 + 1,86t_A]$$
$$+ [x_s(t_K) - x_A]\,4,18t_K \ . \tag{7.77}$$

In dieser Gleichung ist t_K die einzige Unbekannte, sodass die Kühlgrenztemperatur iterativ ermittelt werden kann. Die Kühlgrenze ist insbesondere unabhängig von der Anfangstemperatur des flüssigen Wassers, da sich die Wassertemperatur durch den Prozess der Kühlgrenztemperatur nähert. Sie ist daher eine Eigenschaft des Luftzustands und kann damit zu seiner Charakterisierung dienen. Praktisch benutzt man diese Tatsache bei der psychrometrischen Feuchtigkeitsmessung. Dabei wird an einem trockenen Thermometer die Temperatur t_A der Luft gemessen. An einem mit einem nassen Strümpfchen umwickelten Thermometer stellt sich die Kühlgrenztemperatur t_K ein, wenn die Luft lange genug daran vorbei

---

[17] Im realen Prozess sind das Wasser und die Luft insgesamt keine Phasen. Der Sättigungszustand ist daher streng nur an der Phasengrenzfläche gegeben.

streicht. Aus beiden Temperaturen ergibt sich die Wasserbeladung der Luft x_A als einzige Unbekannte aus (7.77).

Beispiel 7.11

Die Luft in einem Saunabad habe eine Temperatur von $t = 85°C$ und eine relative Feuchte von $\varphi = 0,20$. Personen, die sich in dieser Luft aufhalten, sind von einem dünnen Schweißfilm bedeckt. Der Schweißfilm soll als fluide Phase modelliert werden. Man ermittle die zu diesem Luftzustand gehörige und von den Personen empfundene Temperatur des Schweißfilms unter Annahme eines Gleichgewichtsprozesses, vgl. Abb. B 7.11.1.

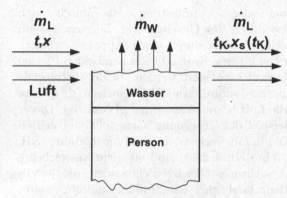

Abb. B 7.11.1. Verdunstungskühlung im Saunabad

Lösung

Im Saunabad wird durch Belüftung und Entlüftung eine schwache Luftströmung, d.h. ein stationärer Fließprozess, aufrecht erhalten. Es wird angenommen, dass der für den Verdunstungsprozess zur Verfügung stehende Luftstrom ausreichend groß für das Erreichen der Kühlgrenztemperatur ist. Dann ist die Temperatur des Schweißfilms auf der Haut bei einem Gleichgewichtsprozess die Kühlgrenztemperatur, wobei adiabate Verhältnisse unterstellt werden. Die kombinierte Energie- und Massenbilanz lautet daher allgemein für diesen Prozess nach (7.77)

$$t + x\,(2500 + 1,86t) + [x_s(t_K) - x]\,4,18t_K \; = t_K + x_s(t_K)\,(2500 + 1,86t_K) \; .$$

Die Wasserbeladung der Saunaluft ergibt sich aus

$$x = 0,622\frac{p_{sW}(t)}{(p/\varphi) - p_{sW}(t)}$$

zu

$$x = 0,08135 \; .$$

Die Lösung nach der unbekannten Temperatur t_K erfolgt iterativ nach dem Schema

$$\Delta = 301, 24 + [x_s(t_K) - 0, 08135] \cdot 4, 18 t_K$$
$$- [t_K + x_s(t_K)(2500 + 1, 86 t_K)] = 0 \ .$$

Es ergibt sich schließlich

$$t_K = 51, 75°C, \quad \Delta = 0, 015 \ .$$

Die Schweißfilmtemperatur beträgt somit $t_K = 51, 8°C$. Sie hängt von der relativen Feuchte φ ab. Ist diese, wie im betrachteten Fall, z.B. durch einen Aufguss, d.h. eine Zugabe von flüssigem Wasser, erhöht, so ergibt sich die hier errechnete hohe Kühlgrenztemperatur. Bei normaler, d.h. dem Umgebungszustand entsprechender Wasserbeladung der Saunaluft ist die Kühlgrenztemperatur entsprechend niedriger.

Die Stoffumwandlung bei der Verdunstung ist durch den Sättigungszustand der Luft, also durch das Gleichgewicht, begrenzt. Wenn die Luft und das Wasser im Gleichstrom durch einen Apparat strömen, kann unter optimalen Bedingungen für den Kontakt zwischen beiden Phasen eine so genannte Gleichgewichtsstufe realisiert werden. Beide austretende Stoffströme stehen dann im thermodynamischen Gleichgewicht, d. h. ihre Temperaturen sind gleich und die Luft ist mit Wasserdampf gesättigt. Dieser Fall ist in Abb. 7.21 für das Beispiel der Trocknung dargestellt und in Beispiel 7.10 behandelt worden. Die damit verbundene Stoffumwandlung, z.B. die Trocknung oder der angestrebte Kühleffekt, sind oft nicht ausreichend. Durch Hintereinanderschaltung mehrerer Gleichgewichtsstufen, die jeweils mit Frischluft betrieben werden, lässt sich die Stoffumwandlung weiter führen. In technischen Apparaten wird dies praktisch dadurch erreicht, dass man das Wasser und die Luft im Gegenstrom zueinander strömen lässt. Dann kann eine gewünschte Stoffumwandlung, z.B. die des Wassers in einem Verdunstungskühlturm, durch eine Anzahl aufeinander folgender Gleichgewichtsstufen realisiert werden. Das Wasser trifft dabei immer wieder auf ungesättigte Luft und kann im Grenzfall bei hinreichend großem Luftstrom bis zur Kühlgrenze abgekühlt werden. In diesen Gleichgewichtsstufen liegt allerdings keine Gleichstromführung, sondern eine Gegenstromführung vor. Die im Gleichgewicht stehenden austretenden Stoffströme verlassen daher die als ideal durchmischt zu betrachtende und daher durch eine einheitliche Temperatur gekennzeichnete Stufe an unterschiedlichen Orten. Durch Auswertung der Massen- und Energiebilanzen in Verbindung mit der Gleichgewichtsbedingung kann die Anzahl der Gleichgewichtsstufen bestimmt werden. Sie definiert die Größe der Apparate, vgl. Beispiel 7.12.

Beispiel 7.12

In einen Kühlturm tritt ein zu kühlender Wasserstrom von $\dot{m}_{W,ein} = 2345$ kg/s mit $t_{W,ein} = 40°C$ ein. Die entgegenströmende Luft ($\dot{m}_L = 3145$ kg/s, $t_{L,ein} = 15°C$, $\varphi_{ein} = 0,5$) sättigt sich mit Wasserdampf und verlässt den Kühlturm mit einer Wasserbeladung von $x_{aus} = 0{,}02558$. Der Gesamtdruck beträgt $p = 1$ bar. Man bestimme den Massenstrom des austretenden Wassers sowie die Austrittstemperaturen von Wasser und Luft. Wieviele Gleichgewichtsstufen werden benötigt, um die Stoffumwandlung zu realisieren? Das Schaltschema des

Kühlturms ist in Abb. B 7.12.1 gezeigt.

Lösung

Aus der kombinierten Massenbilanz für das Wasser und die trockene Luft um den gesamten Kühlturm findet man für den austretenden Massenstrom des Wassers

$$\dot{m}_{W,aus} = \dot{m}_{W,ein} + \dot{m}_L(x_{ein} - x_{aus}) \ .$$

Mit

$$x_{ein} = 0,622 \frac{p_{sW}(15)}{p/\varphi_{ein} - p_{sW}(15)} = 0,622 \frac{1,7051}{100/0,5 - 1,7051} = 0,00535$$

ergibt sich

$$\dot{m}_{W,aus} = 2281 \ \text{kg/s} \ .$$

Die Aufgabenstellung fordert für die austretende Luft

$$x_{aus} = 0,622 \frac{p_{sW}(t_{L,aus})}{p - p_{sW}(t_{L,aus})} = 0,02558$$

und daher

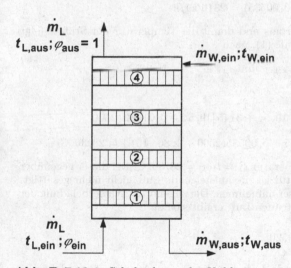

Abb. B 7.12.1. Schaltschema des Kühlturms

$$p_{sW}(t_{L,aus}) = \frac{x_{aus}p}{0,622 + x_{aus}} = 3,9501 \ \text{kPa} \ .$$

Durch Interpolation in der Wasserdampftafel findet man daraus die Austrittstemperatur der Luft zu

$$t_{L,aus} = 28,63°C \ .$$

Die Energiebilanz um den Kühlturm lautet

$$\dot{m}_{W,aus}h_{W,aus} + \dot{m}_L h_{1+x,aus} = \dot{m}_{W,ein}h_{W,ein} + \dot{m}_L h_{1+x,ein} \ .$$

Dies ist eine Gleichung für die Austrittstemperatur des Wassers, nach

$$t_{W,aus} = \frac{\dot{m}_{W,ein}h_{W,ein} + \dot{m}_L h_{1+x,ein} - \dot{m}_L h_{1+x,aus}}{4,18\dot{m}_{W,aus}}$$

$$= \frac{1}{4,18 \cdot 2281} \{2345 \cdot 4,18 \cdot 40 + 3145[15 + 0,00535(2500 + 1,86 \cdot 15)]$$

$$-3145[28,63 + 0,02558(2500 + 1,86 \cdot 28,63)]\} = 19,54°C \ .$$

Zur Ermittlung der Anzahl der Gleichgewichtsstufen werden zunächst die Bilanzen um die unterste Stufe (1) ausgewertet, deren Temperatur mit $t_1 = t_{W,aus} = 19,54°C$ bekannt ist. Zu dieser Temperatur gehört bei Gleichgewicht eine Wasserbeladung der nach oben zur nächsten Stufe (2) gesättigt abströmenden Luft von

$$x_1 = 0,622 \frac{p_{sW}(19,54)}{100 - p_{sW}(19,54)} = 0,622 \frac{2,281}{100 - 2,281} = 0,01452 \ .$$

Der dieser Stufe von der Stufe (2) zuströmende Massenstrom des Kühlwassers folgt also aus einer Massenbilanz um die Stufe (1) zu

$$\dot{m}_{W,2} = \dot{m}_{W,1} + \dot{m}_L(x_1 - x_{ein})$$

$$= 2281 + 3145(0,01452 - 0,00535) = 2310 \text{ kg/s} \ .$$

Die Temperatur dieses Wasserstroms und damit die Temperatur der Stufe 2 folgt aus der Energiebilanz um die Stufe (1), nach

$$\dot{m}_{W,2}h_{W,2} = \dot{m}_{W,1}h_{W,1} + \dot{m}_L h_{1+x,1} - \dot{m}_L h_{1+x,ein}$$

zu

$$t_{W,2} = \frac{1}{4,18 \cdot 2310} \{2281 \cdot 4,18 \cdot 19,54 + 3145[19,54 + 0,01452(2500$$

$$+1,86 \cdot 19,54)] - 3145[15 + 0,00535(2500 + 1,86 \cdot 15)]\} = 28,36°C \ .$$

Die Stufe (2) hat damit die Temperatur $t_2 = t_{W,2} = 28,36°C$. Bei dieser gegenüber der Stufe (1) erhöhten Temperatur ist die aufsteigende Luft nicht mehr gesättigt. Sie kann daher zusätzliches Wasser aufnehmen. Die zugehörige Wasserbeladung der aus dieser Stufe gesättigt austretenden Luft ergibt sich zu

$$x_2 = 0,622 \frac{p_{sW}(28,36)}{100 - (28,36)} = 0,02520 \ .$$

Die von der Stufe (2) aufsteigende Luft hat damit den Austrittszustand bereits nahezu erreicht. Der Massenstrom des Wassers, der dieser Stufe von oben zuströmt, beträgt nach einer Massenbilanz um die Stufe (2)

$$\dot{m}_{W,3} = 2310 + 3145(0,02520 - 0,01452) = 2344 \text{ kg/s} \ .$$

Seine Temperatur folgt aus der Energiebilanz um die Stufe (2) zu

$$t_{W,3} = \frac{1}{4,18 \cdot 2344} \{2310 \cdot 4,18 \cdot 28,36 + 3145[28,36 + 0,02520(2500$$

$$+1,86 \cdot 28,36)] - 3145[19,54 + 0,01452(2500 + 1,66 \cdot 19,54)]\} = 39,61°C \ .$$

Diese Werte liegen ebenfalls sehr nahe bei den gegebenen Eintrittsdaten des Wassers. Man erkennt somit, dass die Stoffumwandlung ziemlich genau zwei Gleichgewichtsstufen erfordert.

Durch eine Erhöhung der Stufenzahl bei Freigabe des Austrittszustands der Luft ist eine weitere Abkühlung des Wassers möglich. Bei den hier vorgegebenen Massenströmen und Eintrittszuständen von Luft und Wasser erreicht man einen minimalen Wert von $t_{W,aus} = 10,7°C$. Die absolute Grenze der Abkühlung ist wieder durch die Kühlgrenztemperatur gegeben, die bei dem betrachteten Luftzustand einen Wert von $t_K = 9,6°C$ annimmt. Sie wird bei einem hinreichend hohen Verhältnis $\dot{m}_L/\dot{m}_W$ in hinreichend vielen Stufen erreicht, insbesondere unabhängig von der Temperatur des eintretenden Wassers. Der in der Aufgabenstellung vorgegebene Mengenstrom an trockener Luft reicht nicht aus, um das Wasser bis auf die Kühlgrenztemperatur abzukühlen.

7.3.3 Die Absorption

Unter Absorption versteht man eine thermische Stoffumwandlung, bei der aus einem Gasstrom aus beliebig vielen Komponenten eine Komponente K selektiv in einer Flüssigkeit gelöst, d.h. absorbiert wird. Der Gasstrom verarmt dadurch an Komponente K. Die das Gas aufnehmende Flüssigkeit, das Lösungsmittel, wird auch als Waschmittel bezeichnet und der Prozess auch als Auswaschen einer Gaskomponente aus einem Gasgemisch. Technische Beispiele für die Gasreinigung durch Absorption sind die Entfernung von Schwefeldioxid aus einem Rauchgas durch Absorption in Kalkmilch, die Auswaschung von Kohlendioxid aus dem Synthesegas für die Ammoniak-Synthese oder auch die Abtrennung von Ammoniak aus einem Ammoniak-Luft-Gemisch durch Wasser. Apparate, in denen die Absorption abläuft, heißen Absorber. Das mit dem auszuwaschenden Gas beladene Waschmittel wird in der Regel durch Austreiben des gelösten Gases wieder regeneriert. Dieser Vorgang wird als Desorption bezeichnet. Abb. 7.23 zeigt die wesentlichen Elemente einer Absorptionsanlage. In dem Absorber belädt sich das Wasch-

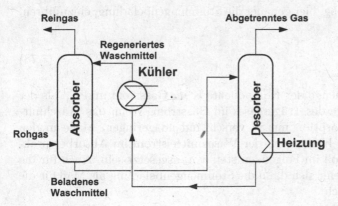

Abb. 7.23. Schema einer Absorptionsanlage

mittel mit der Komponente K und gelangt in den Desorber, in dem die gelöste Komponente aus dem Waschmittel durch Wärmezufuhr ausgetrieben wird. Das regenerierte Waschmittel gelangt in den Absorber zurück. Da in der Regel die Löslichkeit eines Gases in einer Flüssigkeit bei niedriger Temperatur größer als bei höherer Temperatur ist und bei der Absorption die so genannte Absorptionswärme frei wird, ist es günstig, das Waschmittel vor Rückführung in den Absorber zu kühlen.

Die thermodynamische Analyse der Absorption stützt sich auf die Materiemengenbilanz, die Energiebilanz und die Entropiebilanz. Wenn genügend Zeit und Raum zur Verfügung stehen, läuft die Absorption als Gleichgewichtsprozess ab. Dann ergibt sich der in der Flüssigkeit gelöste Stoffmengenanteil der Komponente K, x_K^L, durch die stoffliche Auswertung der Entropiebilanz in Verbindung mit dem 2. Hauptsatz aus dem entsprechenden Stoffmengenanteil x_K^G in der Gasphase nach dem Henryschen Gesetz, (7.56), zu

$$x_K^L = (p/H_K^*) \cdot x_K^G \ ,$$

wobei hier für die gelöste Komponente in der Flüssigkeit das Stoffmodell der ideal verdünnten Lösung benutzt wurde. H_K^* ist der Henry-Koeffizient der Komponente K im Lösungsmittel, z.B. Wasser, bezogen auf das Konzentrationsmaß Stoffmengenanteil. Das Phasengleichgewicht führt wieder die Beschränkungen des 2. Hauptsatzes bezüglich der Stoffumwandlung ein. Wir betrachten hier insbesondere die Materiemengenbilanz und die Energiebilanz für Gleichgewichtsprozesse. Die energetische Auswertung der Entropiebilanz erlaubt zusätzlich die Berechnung der Entropieproduktion und damit die energetische Bewertung eines speziellen Prozesses, vgl. Kapitel 5.

Häufig lässt sich der Gasstrom $\dot{n}^G$ vereinfacht als Gemisch aus einem im Lösungsmittel nicht löslichen Trägergas, $\dot{n}_T^G$, und der abzutrennenden Komponente K, $\dot{n}_K^G$, beschreiben. Bei der Absorption bleibt dann der Mengenstrom des Trägergases konstant. Es empfiehlt sich daher, analog zum Vorgehen bei Gas/Dampf-Gemischen, als Maß für die Zusammensetzung des Gasstroms die Beladung, hier genauer die Stoffmengenbeladung, einzuführen, nach

$$X_K^G = \frac{\dot{n}_K^G}{n_T^G} \ , \tag{7.78}$$

mit n_K^G als der Stoffmenge der Komponente K im Gasstrom und n_T^G als der konstanten Stoffmenge des Trägergases im Gasstrom. Wenn das Waschmittel während der Absorption nur in verschwindend geringem Maße in den Gasstrom verdunstet, bleibt auch der Waschmittelstrom im Absorber praktisch konstant. Dies soll im Folgenden stets vorausgesetzt sein. Auch für die flüssige Lösung empfiehlt sich dann die Stoffmengenbeladung als Maß für die Zusammensetzung nach

$$X_K^L = \frac{n_K^L}{n_W^L} \ , \tag{7.79}$$

mit n_K^L als der Stoffmenge der Komponente K im Flüssigkeitsstrom und n_W^L als der als konstant angenommenen Stoffmenge des Waschmittels im Flüssigkeitsstrom. Der Zusammenhang zwischen Stoffmengenbeladung X_i und Stoffmengenanteil x_i einer Komponente i in einem binären Gemisch ist gegeben durch

$$X_i = \frac{x_i}{1 - x_i} \ . \tag{7.80}$$

Im Gleichgewicht sind die Stoffmengenanteile der zu absorbierenden Komponente in Gas und Flüssigkeit durch das Henrysche Gesetz miteinander verknüpft. Ausgedrückt in Beladungen gilt also

$$X^L = \frac{X^G(p/H)}{1 + (1 - p/H)X^G} \tag{7.81}$$

oder

$$X^G = \frac{X^L(H/p)}{1 + (1 - H/p)X^L} \ . \tag{7.82}$$

Hier sind die Indizes an dem Henry-Koeffizienten H und an den Beladungen X^L und X^G der Einfachheit halber weg gelassen. Für sehr kleine Beladungen der Flüssigkeit X^L stellt sich der Zusammenhang zwischen der Beladung des Gasstromes X^G und der Beladung des flüssigen Stromes X^L linear dar, weicht aber je nach Vorzeichen des Ausdruckes $(1 - H/p)$ bei zunehmender Beladung progressiv oder degressiv von der linearen Beziehung ab.

Wenn das Gasgemisch, aus dem eine Komponente ausgewaschen werden soll, und die Flüssigkeit im Gleichstrom durch den Apparat strömen, so kann unter optimalen Bedingungen des Stoffaustausches wie bei der Verdunstung eine Gleichgewichtsstufe realisiert werden, vgl. Abb. 7.24. Dann steht die

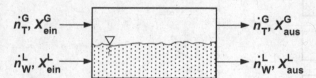

Abb. 7.24. Zum Begriff der Gleichgewichtsstufe bei der Absorption

austretende Flüssigkeit mit dem austretenden Gasstrom im thermodynamischen Gleichgewicht, d. h. es gilt eine Beziehung $X_{aus}^L = f(X_{aus}^G)$ nach (7.81). Die dazugehörige Stoffmengenbilanz der Gleichgewichtsstufe für das auszuwaschende Gas lautet

$$\dot{n}_T^G X_{ein}^G + \dot{n}_W^L X_{ein}^L = \dot{n}_T^G X_{aus}^G + \dot{n}_W^L X_{aus}^L \ , \tag{7.83}$$

wobei $\dot{n}_T^G$ der Stoffmengenstrom des Trägergases im Gasstrom und $\dot{n}_W^L$ der Stoffmengenstrom des Waschmittels im Flüssigkeitsstrom sind. Wenn die eintretenden Stoffmengen und Beladungen vorgegeben sind, folgen aus dem thermodynamischen Gleichgewicht und der Stoffmengenbilanz die Beladungen der aus der Gleichgewichtsstufe austretenden Stoffströme.

Will man hingegen eine weitergehende Auswaschung, d.h. eine weitergehende Reinigung des eintretenden Gasstromes von der zu entfernenden Komponente über die einer Gleichgewichtsstufe hinaus erreichen, so muss man den aus einer ersten Gleichgewichtsstufe austretenden Gasstrom erneut mit frischem Waschmittel in einer zweiten Stufe in Kontakt bringen. Durch eine geeignete Hintereinanderschaltung solcher Absorptionsstufen kann die auszuwaschende Gaskomponente aus dem Gasstrom praktisch vollkommen entfernt werden. In der Praxis führt man solch einen Prozess nicht durch Hintereinanderschaltung einzelner Apparate, sondern in einem einzigen Gegenstromapparat durch. Hierbei werden der zu reinigende Gasstrom und das Waschmittel in Gegenstromführung intensiv in thermischen und stofflichen Kontakt gebracht. Abb. 7.25 zeigt den schematischen Aufbau eines Gegen-

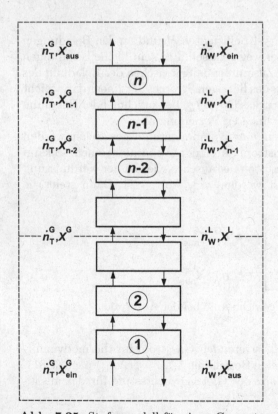

Abb. 7.25. Stufenmodell für einen Gegenstromabsorber

stromabsorbers, in dem der Absorptionsprozess diskontinuierlich in aufeinander folgenden Stufen erfolgt. Die Waschflüssigkeit wird oben mit der Beladung $X_{\text{ein}}^{\text{L}}$ in die Säule eingegeben und fließt der Stufe (n) zu, von dort zu der darunter liegenden Stufe (n-1), bis sie schließlich im beladenen Zustand $X_{\text{aus}}^{\text{L}}$ am unteren Austritt nach Stufe (1) den Apparat verlässt. Das beladene Gas wird von unten in den Absorber mit der Beladung $X_{\text{ein}}^{\text{G}}$ eingegeben, gelangt dort zu der untersten Stufe (1), in der es die Flüssigkeit mit der auszuwaschenden Komponente sättigt, steigt dann von der untersten Stufe zur nächst darüber liegenden Stufe (2) auf, bis es schließlich als gereinigtes Gas mit der Beladung $X_{\text{aus}}^{\text{G}}$ nach Stufe (n) den Absorber verlässt. Technisch können die einzelnen Stufen durch Böden realisiert sein oder auch durch bestimmte Höhen einer Füllkörperschüttung.

Die Verläufe der Zusammensetzungen von Gas- und Flüssigkeitsstrom von Stufe zu Stufe entlang der Absorberhöhe ergeben sich wieder durch Stoffmengenbilanzen. Im Rahmen einer Beschreibung als Gleichgewichtsprozess werden die einzelnen Stufen dabei als Gleichgewichtsstufen angesehen, obwohl hier, wie schon bei dem in Abschn. 7.3.2 behandelten Verdunstungskühlturm, keine Gleichstrom-, sondern eine Gegenstromführung vorliegt. Jede Gleichgewichtsstufe ist auch hier als ideal durchmischt zu betrachten, sodass eine einheitliche Temperatur vorliegt und die an unterschiedlichen Orten austretenden Stoffströme miteinander im thermodynamischen Gleichgewicht stehen, vgl. Abb. 7.26. Da die Stoffmengenströme $\dot{n}_{\text{T}}^{\text{G}}$ und $\dot{n}_{\text{W}}^{\text{L}}$ für den ganzen

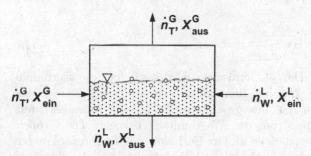

Abb. 7.26. Gleichgewichtsstufe bei der Gegenstromabsorption

Absorber als konstant angenommen werden, ergibt sich für das obere Bilanzgebiet zwischen dem oberen Absorberende und einer beliebigen Stelle im Absorber die Stoffmengenbilanz der Komponente K aus

$$\dot{n}_{\text{T}}^{\text{G}} X^{\text{G}} + \dot{n}_{\text{W}}^{\text{L}} X_{\text{ein}}^{\text{L}} = \dot{n}_{\text{T}}^{\text{G}} X_{\text{aus}}^{\text{G}} + \dot{n}_{\text{W}}^{\text{L}} X^{\text{L}} \ . \tag{7.84}$$

Aufgelöst nach der Beladung des Gasstromes folgt

$$X^{\text{G}} = \frac{\dot{n}_{\text{W}}^{\text{L}}}{\dot{n}_{\text{T}}^{\text{G}}} X^{\text{L}} + X_{\text{aus}}^{\text{G}} - X_{\text{ein}}^{\text{L}} \frac{\dot{n}_{\text{W}}^{\text{L}}}{\dot{n}_{\text{T}}^{\text{G}}} \ . \tag{7.85}$$

Diese Beziehung verknüpft die Beladung des Gasstromes mit der des Flüssigkeitsstromes an jeder Stelle des Absorbers, wenn die Austrittsbeladung des Gasstromes und die Eintrittsbeladung des Flüssigkeitsstromes bekannt sind. Dementsprechend findet man für das untere Bilanzgebiet zwischen dem unteren Absorberende und der gleichen beliebigen Stelle im Absorber

$$X^{\mathrm{G}} = \frac{\dot{n}_{\mathrm{W}}^{\mathrm{L}}}{\dot{n}_{\mathrm{T}}^{\mathrm{G}}} X^{\mathrm{L}} + X_{\mathrm{ein}}^{\mathrm{G}} - X_{\mathrm{aus}}^{\mathrm{L}} \frac{\dot{n}_{\mathrm{W}}^{\mathrm{L}}}{\dot{n}_{\mathrm{T}}^{\mathrm{G}}} \; . \tag{7.86}$$

Die Stoffmengenbilanz um den gesamten Absorber liefert eine Beziehung für die Austrittsbeladung der Flüssigkeit

$$X_{\mathrm{aus}}^{\mathrm{L}} = X_{\mathrm{ein}}^{\mathrm{L}} + \frac{\dot{n}_{\mathrm{T}}^{\mathrm{G}}}{\dot{n}_{\mathrm{W}}^{\mathrm{L}}} (X_{\mathrm{ein}}^{\mathrm{G}} - X_{\mathrm{aus}}^{\mathrm{G}}) \; . \tag{7.87}$$

Gewöhnlich sind die Eintrittsbeladungen und die Mengenströme des Trägergases und des Waschmittels sowie die Austrittsbeladung des Gases vorgegeben, sodass aus (7.87) die Austrittsbeladung der Flüssigkeit berechnet werden kann.

Die Energiebilanz um den Absorber lautet

$$\dot{Q} = (\dot{n}_{\mathrm{T}}^{\mathrm{G}} h_{1+\mathrm{X}}^{\mathrm{G}})_{\mathrm{aus}} + (\dot{n}_{\mathrm{W}}^{\mathrm{L}} h_{1+\mathrm{X}}^{\mathrm{L}})_{\mathrm{aus}} - (\dot{n}_{\mathrm{T}}^{\mathrm{G}} h_{1+\mathrm{X}}^{\mathrm{G}})_{\mathrm{ein}} - (\dot{n}_{\mathrm{W}}^{\mathrm{L}} h_{1+\mathrm{X}}^{\mathrm{L}})_{\mathrm{ein}} \; , \tag{7.88}$$

mit

$$h_{1+\mathrm{X}}^{\mathrm{G}} = h_{\mathrm{T}}^{\mathrm{G}} + X^{\mathrm{G}} h_{\mathrm{K}}^{\mathrm{G}} = \dot{H}^{\mathrm{G}} / \dot{n}_{\mathrm{T}}^{\mathrm{G}} \; , \tag{7.89}$$

und

$$h_{1+\mathrm{X}}^{\mathrm{L}} = h_{\mathrm{W}}^{\mathrm{L}} + X^{\mathrm{L}} h_{\mathrm{K}}^{\mathrm{L}} = \dot{H}^{\mathrm{L}} / \dot{n}_{\mathrm{W}}^{\mathrm{L}} \; . \tag{7.90}$$

Ähnlich wie bei den Gas/Dampf-Gemischen wird auch hier die Enthalpie des gesamten Gasstromes $\dot{H}^{\mathrm{G}}$ auf den konstanten Stoffmengenstrom des Trägergases und die Enthalpie des gesamten Flüssigkeitsstromes $\dot{H}^{\mathrm{L}}$ auf den konstanten Stoffmengenstrom des Waschmittels bezogen. Die Größen $h_{\mathrm{T}}^{\mathrm{G}}, h_{\mathrm{W}}^{\mathrm{L}}, h_{\mathrm{K}}^{\mathrm{G}}$ und $h_{\mathrm{K}}^{\mathrm{L}}$ sind die partielle molare Enthalpie des Trägergases in der Gasphase, die partielle molare Enthalpie des Waschmittels in der flüssigen Phase, die partielle molare Enthalpie der zu entfernenden Komponente K in der Gasphase und schließlich die partielle molare Enthalpie der Komponente K in der flüssigen Phase. Zur Auswertung der partiellen molaren Enthalpien benutzen wir die eingeführten Stoffmodelle für das gasförmige und das flüssige Gemisch. Das Gasgemisch wird als ideales Gasgemisch, die Flüssigkeit als ideale Lösung bzw. als ideal verdünnte Lösung in unsymmetrischer Normierung modelliert. Es gilt also

$$h_{\mathrm{T}}^{\mathrm{G}} = h_{0\mathrm{T}}^{\mathrm{ig}}$$
$$h_{\mathrm{K}}^{\mathrm{G}} = h_{0\mathrm{K}}^{\mathrm{ig}}$$
$$h_{\mathrm{W}}^{\mathrm{L}} = h_{0\mathrm{W}}^{\mathrm{l}}$$

sowie

$$h_K^L = h_K^* \ .$$

Die partiellen molaren Enthalpien des Trägergases und der Komponente K im Gasstrom werden nach den bekannten und einfachen Beziehungen für ideale Gasgemische auf die entsprechenden Reinstoffgrößen und damit auf die technischen Variablen Temperatur und Druck zurückgeführt. Die partielle molare Enthalpie des Waschmittels in der flüssigen Lösung ist gleich der Enthalpie des reinen flüssigen Waschmittels, die partielle molare Enthalpie der Komponente K in der flüssigen Lösung gleich ihrem Wert in dem hypothetisch reinen Grenzzustand bei $x_K = 1$, der durch ($*$) gekennzeichnet ist. Die Energiebilanz lässt sich dann schreiben als

$$
\begin{aligned}
\dot{Q} &= \dot{n}_T^G \left[(h_{1+X}^G)_{aus} - (h_{1+X}^G)_{ein} \right] + \dot{n}_W^L \left[(h_{1+X}^L)_{aus} - (h_{1+X}^L)_{ein} \right] \\
&= \dot{n}_T^G \left[h_{0T,aus}^{ig} - h_{0T,ein}^{ig} + X_{aus}^G (h_{0K,aus}^{ig} - h_{0K,ein}^{ig}) + h_{0K,ein}^{ig}(X_{aus}^G - X_{ein}^G) \right] \\
&\quad + \dot{n}_W^L \left[h_{0W,aus}^l - h_{0W,ein}^l + X_{aus}^L (h_{K,aus}^* - h_{K,ein}^*) + h_{K,ein}^*(X_{aus}^L - X_{ein}^L) \right] \\
&= \dot{n}_T^G \left[c_{p0T}^{ig}(t_{aus} - t_{ein})^G + X_{aus}^G c_{p0K}^{ig}(t_{aus} - t_{ein})^G \right] \\
&\quad + \dot{n}_W^L \left[c_{p0W}^l(t_{aus} - t_{ein})^L + X_{aus}^L c_{pK}^*(t_{aus} - t_{ein})^L \right] \\
&\quad + \dot{n}_T^G(X_{aus}^G - X_{ein}^G) \left[h_{0K,ein}^{ig} - h_{K,ein}^* \right] \ ,
\end{aligned}
$$

$$(7.91)$$

wobei für die letzte Form die Mengenbilanz (7.87) benutzt wurde. Der mit der partiellen molaren Lösungsenthalpie ($h_{0K,ein}^{ig} - h_{K,ein}^*$) der Komponente K verbundene Ausdruck liefert einen negativen Beitrag entsprechend einem abzuführenden Wärmestrom, vgl. Beispiel 4.16. Die Energiebilanz (7.91) kann z.B. dazu benutzt werden, den abzuführenden Wärmestrom für eine isotherme Prozessführung, oder die sich ergebende Temperaturerhöhung des Systems bei adiabater Prozessführung zu berechnen.

Für eine Gleichgewichtsstufe liefern die Mengenbilanz und die Energiebilanz zu gegebenen Eintrittsbedingungen, also gegebenen Mengenströmen, Beladungen und Temperaturen der eintretenden Stoffströme, die Mengenströme, Temperaturen und Beladungen der austretenden Stoffströme. Alternativ kann auch an Stelle der Eintrittsbeladung eines Stromes seine Austrittsbeladung vorgegeben sein. Jedenfalls sind die Beladungen zweier Ströme als gegeben anzusehen, aus denen die Beladungen der beiden anderen mit Hilfe der Mengenbilanz in Verbindung mit dem Phasengleichgewicht berechnet werden können. Für eine vorgegebene Reinigung des Gases, die nicht durch eine einzige Gleichgewichtsstufe bewältig werden kann, wird der Absorber aus mehreren übereinander angeordneten Stufen zusammen gesetzt, die im Gegenstrom durchströmt werden. Es ist dann wie zuvor beim Kühlturm eine von Stufe zu Stufe führende Rechnung erforderlich, beginnend mit entweder der untersten oder der obersten Stufe. Zu einer Eintritts- und Austrittsbeladung des Gasstromes sowie einer Eintrittsbeladung des Waschmittels gehört nach der Mengenbilanz um den gesamten Absorber eine Beladung des Waschmittels, das von der untersten Stufe 1 abfließt, vgl. Abb. 7.25. Es steht im Phasengleichgewicht mit dem von dieser Stufe aufsteigenden Gas. Im isothermen Fall kann der Henry-Koeffizient sofort angegeben und damit die Rechnung durchgeführt werden. Die der Stufe 1 zufließende, d.h. von der darüber liegenden Stufe 2 abfließende Flüssigkeit hat eine kleinere Beladung, die sich aus der Mengenbilanz um die Stufe 1 ergibt. Sie steht im Phasengleichgewicht mit dem von der Stufe 2 aufsteigenden Gas. Die Rechnung wird von Stufe zu Stufe weitergeführt, bis die vorgegebene Austrittsbedingung überschritten wird. Im adiabaten Fall ist der Temperaturverlauf im Absorber zunächst unbekannt. Bekannt sind die Temperaturen der eintretenden Stoffströme, also des eintretenden Gasstromes und des eintretenden Flüssigkeitsstromes. Die Temperatur eines der beiden ausströmenden Stoffströme wird nun geschätzt und der zugehörige Henry-Koeffizient bestimmt. Die Rechnung von Stufe zu Stufe wird durchgeführt, bis eine vorgegebene Austrittsbedingung überschritten ist. Aus der Energiebilanz folgt dann die Eintrittstemperatur des Stoffstromes, dessen Austrittstemperatur zunächst geschätzt wurde. Sie wird in der Regel nicht mit dem gegebenen Wert übereinstimmen, sodass eine Iteration bezüglich der Temperatur, d.h. eine neue Schätzung der Austrittstemperatur erforderlich wird.

Der Rechengang zur Ermittlung der Anzahl der Gleichgewichtsstufen lässt sich grafisch im Beladungsdiagramm darstellen. Die Stoffmengenbilanzen zeigen, dass alle Zustände im Absorber auf einer Gerade liegen, der so genannten Bilanzgerade, die durch die gegebenen Daten festgelegt ist, vgl. (7.85). Diese Bilanzgerade und die Gleichgewichtslinie des Stoffsystems als grafische Darstellung des Phasengleichgewichts können in das Beladungsdiagramm eingetragen werden, vgl. Abb. 7.27. Kennt man z.B. die Anfangsbeladung des Waschmittels $X_{\mathrm{ein}}^{\mathrm{L}}$ und die geforderte Reinheit des Gasstroms bei Austritt aus dem Absorber $X_{\mathrm{aus}}^{\mathrm{G}}$, dann lässt sich der entsprechende Punkt der Bilanzgerade im Beladungsdiagramm einzeichnen, vgl. Abb. 7.27. Unbekannt ist zunächst das Verhältnis $\dot{n}_{\mathrm{T}}^{\mathrm{G}}/\dot{n}_{\mathrm{W}}^{\mathrm{L}}$ vom Trägergasstrom zum Waschmittelstrom. Wenn man dieses Verhältnis vorgibt, dann folgt aus der Mengenbilanz um den gesamten Absorber für eine vorgegebene Beladung des eintretenden Gasstromes die Austrittsbeladung des Waschmittels. Damit liegt der Endpunkt der Bilanzgerade fest, und diese kann ins Beladungsdiagramm eingezeichnet werden. Zur Ermittlung der Anzahl der erforderlichen Gleichgewichtsstufen zeichnen wir nun einen Treppenzug zwischen der Bilanzgerade und der Gleichgewichtslinie ein. Dabei ist es für das Ergebnis ohne Belang, ob wir von der obersten Stufe (n) oder der untersten Stufe (1) ausgehen. In der Regel passt ein Treppenzug nicht mit einer ganzen Anzahl von Stufen zwischen die beiden Endzustände des Absorbers, sodass er je nach Ausgangspunkt etwas unterschiedlich ausfällt. In Abb. 7.27 wurde der Austrittszustand

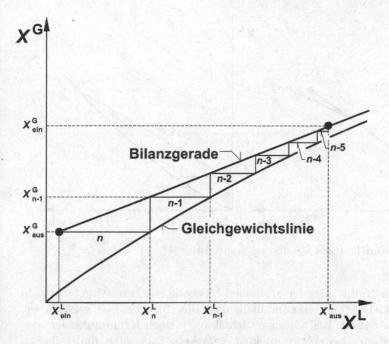

Abb. 7.27. Ermittlung der Gleichgewichtsstufen im Beladungsdiagramm

des Gases als Startpunkt für den Treppenzug gewählt. Das aus der obersten Stufe (n) ausströmende Gas steht mit der von ihr abfließenden Flüssigkeit im Phasengleichgewicht. Es ist also $X_{\text{aus}}^{G} = X_{n}^{G}$ die Gleichgewichtskonzentration zu X_{n}^{L}. Diese Flüssigkeit mit der Beladung X_{n}^{L} strömt ohne stoffliche Änderung der nächst tiefer liegenden Stufe (n-1) zu. Zwischen den Stufen (n) und (n-1) liegen die Zustände von Gas und Flüssigkeit auf der Bilanzgerade. Daher gehört zu der Flüssigkeitsbeladung X_{n}^{L} eine Gasbeladung X_{n-1}^{G}. In der Stufe (n-1) stellt sich erneut das Phasengleichgewicht der Gaslöslichkeit ein. Der Gasstrom der Beladung X_{n-1}^{G} steht als von der Stufe (n-1) aufsteigender Gasstrom daher mit der von der Stufe (n-1) abfließenden Flüssigkeit der Beladung X_{n-1}^{L} im Gleichgewicht. Diese Zustände markieren daher einen Punkt auf der Gleichgewichtslinie. Verfolgt man auf diese Weise den Treppenzug weiter, so stellt man fest, dass die unterste Stufe, hier die Stufe (n-5), nur etwa eine halbe Gleichgewichtsstufe sein muss, um für eine vorgegebene Beladung des Eingangsstromes auf die berechnete Ausgangsbeladung des Waschmittels zu gelangen. Damit ist die Anzahl der Gleichgewichtsstufen als Maß für die erforderliche Größe des Apparates ermittelt.

Für eine vorgegebene Absorptionsaufgabe, gekennzeichnet durch die Menge sowie die Ein- und Austrittsbeladung des Trägergasstroms und die Eintrittsbeladung des Waschmittels, lässt sich ein Mindestwaschmittelstrom ermitteln. Er ist dadurch definiert, dass sich für die Absorptionsaufgabe eine maximale Beladung des Waschmittels und eine unendliche Zahl von Gleich-

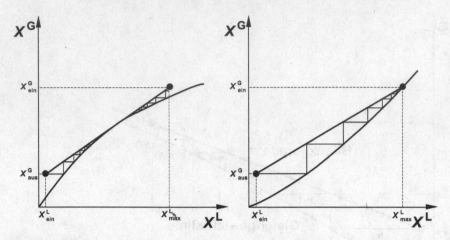

Abb. 7.28. Ermittlung des Mindestwaschmittelstroms

gewichtsstufen ergibt. Aus der grafischen Methode zur Ermittlung der Zahl der Gleichgewichtsstufen erkennt man, dass dies für den Fall gegeben ist, dass sich Bilanzgerade und Gleichgewichtslinie, je nach Krümmung der letzten, tangieren oder bei $X_{\text{ein}}^{\text{G}}$ schneiden, vgl. Abb. 7.28. Man findet daraus die maximale Beladung des Waschmittels und nach (7.87) den minimalen Waschmittelbedarf.

Beispiel 7.13

In einer Absorptionssäule soll aus einem Ammoniak-Luft-Gemisch das Ammoniak teilweise ausgewaschen werden. Der Gasstrom hat einen Stoffmengenstrom des Trägergases Luft von $\dot{n}_{\text{T}}^{\text{G}} = 225$ kmol/h und eine Eingangsbeladung an Ammoniak von $X_{\text{ein}}^{\text{G}} = 0,05$. Das Waschmittel, hier Wasser, hat eine Eingangsbeladung an Ammoniak von $X_{\text{ein}}^{\text{L}} = 0,03$. Sein Stoffmengenstrom beträgt $\dot{n}_{\text{W}}^{\text{L}} = 150$ kmol/h. Das Absorptionsgleichgewicht $X^{\text{L}} = \text{f}(X^{\text{G}})$ sei durch die nachstehende Wertetabelle beschrieben

X^{L}	0	0,04	0,06	0,08	0,09	0,1
X^{G}	0	0,005	0,01	0,02	0,03	0,05

Für den Fall, dass 80 % des im Eingangsgas vorhandenen Ammoniaks absorbiert werden sollen, bestimme man die Anzahl der Gleichgewichtsstufen.

Lösung

Die Mengenbilanz um den gesamten Absorber führt auf die Beladung des Waschmittels bei Austritt aus dem Apparat, nach

$$X_{\text{aus}}^{\text{L}} = X_{\text{ein}}^{\text{L}} + \frac{\dot{n}_{\text{T}}^{\text{G}}}{\dot{n}_{\text{W}}^{\text{L}}} \left(X_{\text{ein}}^{\text{G}} - X_{\text{aus}}^{\text{G}} \right)$$

$$= 0,03 + \frac{225}{150}(0,05 - 0,01) = 0,09 \ .$$

Die Ermittlung der Stufenzahl startet am unteren Ende des Absorbers, d.h. mit der Stufe 1. Von dieser Stufe steigt ein Gas auf, das mit der austretenden Flüssigkeit im Phasengleichgewicht steht. Es gilt also

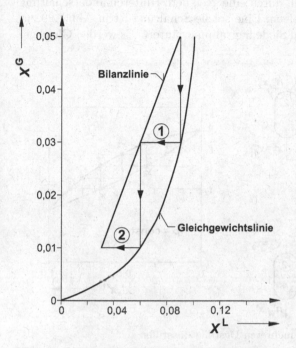

Abb. B 7.13.1. Ermittlung der Stufenzahl im Beladungsdiagramm

$$X_1^G = f\left(X_1^L = X_{aus}^L = 0,09\right) = 0,03 \ .$$

Die der Stufe 1 von der darüber liegenden Stufe 2 zufließende Flüssigkeit hat eine Beladung, die sich aus der Mengenbilanz um die Stufe 1 ergibt bzw. auch allgemein aus der Gleichung für die Bilanzgerade (7.87)

$$X_2^L = \frac{\dot{n}_T^G}{\dot{n}_W^L} X_1^G - \frac{\dot{n}_T^G}{\dot{n}_W^L} X_{ein}^G + X_{aus}^L$$

$$= 1,5 \cdot 0,03 - 1,5 \cdot 0,05 + 0,09 = 0,06 \ .$$

Das von der zweiten Stufe aufsteigende Gas steht im Phasengleichgewicht mit der von ihr abströmenden Flüssigkeit. Es gilt also

$$X_2^G = f(X_2^L) = 0,01 \ .$$

Diese Beladung entspricht der vorgegebenen Austrittsbeladung, sodass genau zwei Stufen für die betrachtete Absorptionsaufgabe erforderlich sind. Abb. B 7.13.1 zeigt die grafische Lösung im Beladungsdiagramm. Die Energiebilanz dieses Prozesses für isotherme Bedingungen wurde bereits in Beispiel 4.16 behandelt. Der abzuführende Wärmestrom beträgt danach $\dot{Q} = -85,5$ kW.

7.3.4 Die Rektifikation

Die thermische Zerlegung eines binären flüssigen Gemisches in seine reinen Komponenten kann prinzipiell durch eine geeignete Hintereinanderschaltung destillativer Trennstufen erfolgen. Eine solche Schaltung ist in Abb.7.29 zusammen mit dem zugehörigen Siedediagramm erläutert. Es werden Gleichge-

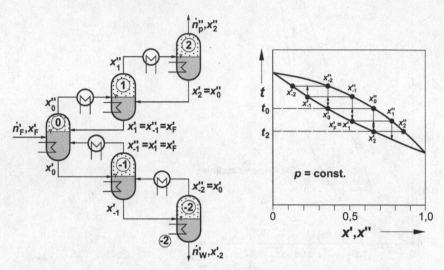

Abb. 7.29. Trennkaskade aus mehreren Destillationsstufen

wichtsprozesse, d.h. Gleichgewichtsstufen betrachtet. Ausgehend von der Zulauftrennstufe (0) sind in der schematischen Darstellung die weiteren Trennstufen rechts darüber bzw. darunter angeordnet. In der Stufe 0 wird der Zulauf $\dot{n}'_F$, der eine siedende Flüssigkeit mit der Zusammensetzung x'_F sein möge, durch Destillation in einen Dampf der Zusammensetzung x''_0 und eine Flüssigkeit der Zusammensetzung x'_0 getrennt. Der aus der Stufe (0) aufsteigende Dampf mit der Zusammensetzung x''_0 wird vor der Einspeisung in die Stufe (1) zunächst vollständig kondensiert und daher bei geeigneter Prozessführung identisch mit dem ebenfalls der Stufe (1) zulaufenden flüssigen Strom aus der Stufe (2) mit der Zusammensetzung x'_2. Dieser Gesamtstrom wird in der Stufe (1) einer stetigen Teilverdampfung unterzogen, als deren Ergebnis ein Dampfstrom der Zusammensetzung x''_1 und ein Flüssigkeitsstrom der Zusammensetzung x'_1 gebildet werden, die miteinander im Gleichgewicht stehen. Der Dampfstrom mit der Zusammensetzung x''_1 wird total kondensiert und anschließend einer weiteren Teilverdampfung zugeführt. Entsprechende Trennstufen (-1) und (-2) reichern den aus der Zulaufstufe (0) ablaufenden Flüssigkeitsstrom mit der Zusammensetzung x'_0 an schwerersiedender Komponente an. Durch diese Trennkaskade entstehen aus einem Eduktstrom $\dot{n}'_F$ mit der Zusammensetzung x'_F insgesamt ein Produktstrom $\dot{n}''_P$ mit der Zusammensetzung x_2'' und ein Rückstandstrom $\dot{n}_W'$ mit der Zusammensetzung x_{-2}'. Bei Einsatz genügend vieler Trennstufen lässt sich prinzipiell eine Zerlegung des binären Gemisches in seine Komponenten erreichen. In Abb. 7.30 ist eine destillative Trennkaskade schematisch als eine Serie übereinander angeordneter Trennstufen dargestellt, einschließlich der jeweils zu- bzw. abzuführenden Wärmeströme $\dot{Q}_H$ bzw. $\dot{Q}_K$. Der Teil der Trennkaskade, in dem Flüssigkeit und Dampf in allen Stufen reicher an leichtersiedender Komponente als der Zulauf sind, wird als ihr Verstärkungsteil bezeichnet. Er liegt in der Darstellung der Abb. 7.30 oberhalb der Zulaufstufe. Analog liegen unterhalb der

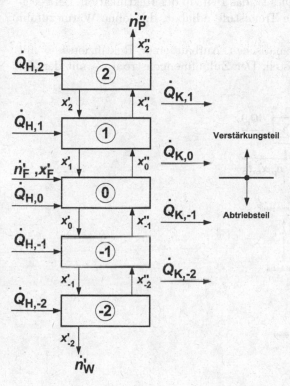

Abb. 7.30. Destillative Trennkaskade (schematisch)

Zulaufstufe diejenigen Trennstufen, in denen Dampf und Flüssigkeit stets ärmer an leichtersiedender Komponente sind als der Zulauf. Dieser Teil der Trennkaskade einschließlich der Zulaufstufe selber wird als ihr Abtriebsteil bezeichnet.

Eine solche Prozessführung ist energetisch und auch apparativ nicht optimal. Wie man aus dem Siedediagramm der Abb. 7.29 erkennt, könnten die bei der Totalkondensation der Dämpfe abzuführenden Wärmeströme zur Verdampfung der Flüssigkeiten genutzt werden. So ist es naheliegend, den von der Stufe (0) aufsteigenden Dampf der Zusammensetzung x_0'' und der Temperatur t_0 in der Stufe (1) ohne vorherige Totalkondensation mit der der Stufe (1) zulaufenden Flüssigkeit der Zusammensetzung x_2' und der niedrigeren Temperatur t_2 in thermischen und stofflichen Kontakt zu bringen. Beide Ströme sind dann bestrebt, sich ins thermodynamische Gleichgewicht zu setzen. In einem Gleichgewichtsprozess wird tatsächlich eine Gleichgewichtsstufe realisiert, sodass als Ergebnis des thermischen und stofflichen Kontakts ein Dampf mit der Zusammensetzung x_1'' und eine Flüssigkeit mit der Zusammensetzung x_1' die Stufe (1) verlassen. Die bei der Kondensation eines Teils des Dampfstromes freiwerdende Wärme wird zur Verdampfung eines Teils des Flüssigkeitsstromes genutzt. Dies ist das Prinzip der Rektifikation. Bei geeigneter Prozessführung kann die Trennstufe adiabat, d.h. ohne Wärmezufuhr arbeiten.

Abb. 7.31 zeigt den schematischen Aufbau einer Rektifiziersäule mit Verstärkungsteil und Abtriebsteil. Der Zulaufmengenstrom $\dot{n}_F'$ mit der Zu-

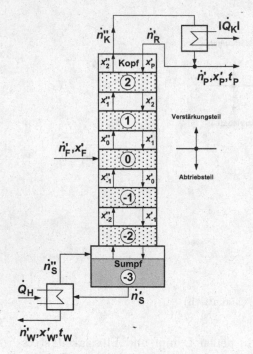

Abb. 7.31. Rektifiziersäule (schematisch)

sammensetzung x_F' wird der Trennstufe (0) zugeführt. Dort wird durch Teilkondensation des von unten zuströmenden Dampfes der Zusammensetzung x_{-1}'' soviel Wärme freigesetzt, dass aus diesem Dampf, dem Zulauf und der von oben zuströmenden Flüssigkeit der Zusammensetzung x_1' ein

Dampf mit der Zusammensetzung x_0'' und eine Flüssigkeit mit der Zusammensetzung x_0' gebildet werden und die Stufe verlassen. Unter der Voraussetzung, dass die Stufe (0) eine Gleichgewichtsstufe ist, stehen der aufsteigende Dampf mit der Zusammensetzung x_0'' und die abfließende Flüssigkeit mit der Zusammensetzung x_0' miteinander im thermodynamischen Gleichgewicht. In den aufeinander folgenden Stufen des Verstärkungsteils reichert sich der aufsteigende Dampf auf jeder Stufe durch analoge Prozesse weiter mit leichtersiedender Komponente an. Der aus dem Kopf der Kolonne aufsteigende Dampf (K) wird unter Abfuhr des Wärmestroms $\dot{Q}_K$ total kondensiert und in einen Rücklaufstrom (R) sowie einen Produktstrom (P) getrennt. Der siedende Produktstrom $\dot{n}_P'$ wird aus der Kolonne ausgeschleust, der siedende Rücklaufstrom $\dot{n}_R'$ bildet die im Gegenstrom zum aufsteigenden Dampf herabströmende Flüssigkeit, aus der in den nachfolgenden Stufen von oben nach unten bevorzugt leichtersiedende Komponente ausgetrieben und mit dem Dampfstrom an den Kopf der Kolonne transportiert wird. Die Flüssigkeit staut sich im Sumpf der Rektifiziersäule. Aus dem Sumpf wird ein siedender Strom $\dot{n}_S'$ einem Verdampfer zugeführt und dort unter Zufuhr des Wärmestroms $\dot{Q}_H$ teilweise verdampft. Der erzeugte gesättigte Dampf $\dot{n}_S''$ bildet den aufsteigenden Dampf, der siedende Teilstrom $\dot{n}_W'$ wird als Rückstandstrom (w = waste) aus dem Prozess ausgeschleust. Der Verdampfer arbeitet als weitere Gleichgewichtsstufe, da die Ströme $\dot{n}_S''$ und $\dot{n}_W'$ miteinander im thermodynamischen Gleichgewicht stehen. In vielen Fällen ist $\dot{n}_W'$ auch ein nützlicher Strom, sodass man allgemein vom Sumpfprodukt spricht.

Die thermodynamische Analyse der Rektifikation stützt sich wieder auf die Materiemengenbilanz, die Energiebilanz und die Entropiebilanz. Die stoffliche Auswertung der Entropiebilanz in Verbindung mit dem 2. Hauptsatz führt die Gleichgewichtsbedingung und damit die Beschränkung des 2. Hauptsatzes bezüglich der Stoffumwandlung ein. Ihre energetische Auswertung erlaubt darüber hinaus die energetische Bewertung des Prozesses. Wir werten hier insbesondere die Materiemengenbilanz und die Energiebilanz aus. Ziel ist die Ermittlung der beteiligten Stoffmengenströme, der zu transferierenden Wärmeströme sowie die Berechnung der Trennstufenzahl als Maß für die Größe des Apparates. Die Energie- und Stoffumwandlungen auf den einzelnen Trennstufen werden dazu als Gleichgewichtsprozesse modelliert.

Aus der Gesamtmengen- und Teilmengenbilanz der leichtersiedenden Komponente für den Gesamtapparat können zunächst die Stoffmengenströme des Produkts bzw. des Rückstands ermittelt werden, vgl. Abb. 7.31. Mit

$$\dot{n}_F' = \dot{n}_P' + \dot{n}_W'$$

und

$$\dot{n}_F' x_F' = \dot{n}_P' x_P' + \dot{n}_W' x_W'$$

ergibt sich

$$\dot{n}'_P = \dot{n}'_F \frac{x'_F - x'_W}{x'_P - x'_W} \qquad (7.92)$$

sowie

$$\dot{n}'_W = \dot{n}'_F - \dot{n}'_P \ . \qquad (7.93)$$

Dies sind bei bekannten Stoffmengenanteilen in Produkt und Rückstand, sowie bei bekanntem Stoffmengenstrom und Stoffmengenanteil des Zulaufs, zwei Gleichungen für die Stoffmengen des Produkt- und Rückstandstromes.

Für die Betrachtung der Stoffströme innerhalb der Rektifiziersäule ist es sinnvoll, die Anlage gedanklich einmal oberhalb (Bilanzgebiet I) und ein zweites Mal unterhalb des Zulaufs (Bilanzgebiet II) aufzuschneiden, vgl. Abb. 7.32. So ergibt sich für die partielle Mengenbilanz der leichtersiedenden Kom-

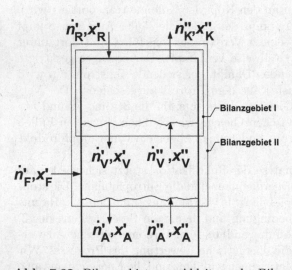

Abb. 7.32. Bilanzgebiete zur Ableitung der Bilanzlinien

ponente im Bilanzgebiet I, also im Bilanzgebiet oberhalb des Zulaufs,

$$\dot{n}''_V x''_V = \dot{n}'_V x'_V + \dot{n}''_K x''_K - \dot{n}'_R x'_R = \dot{n}'_V \ddot{x}'_V + \dot{n}'_P x'_P \ ,$$

wobei von

$$\dot{n}'_P x'_P = \dot{n}''_K x''_K - \dot{n}'_R x'_R$$

Gebrauch gemacht wurde, vgl. Abb. 7.31. Durch Umstellen dieser Gleichung folgt als Beziehung zwischen den Stoffmengenanteilen der leichtersiedenden Komponente in Dampf und Flüssigkeit im Verstärkungsteil der Anlage

$$x''_V = \frac{\dot{n}'_V}{\dot{n}''_V} x'_V + \frac{\dot{n}_P x'_P}{\dot{n}''_V} \ . \qquad (7.94)$$

Eine analoge Beziehung mit einem zusätzlichen Term für den Zulauf erhält man aus der Mengenbilanz im Bilanzgebiet II für die Stoffmengenanteile im Abtriebsteil, nach

$$x''_A = \frac{\dot{n}'_A}{\dot{n}''_A} x'_A + \frac{\dot{n}_P x_P - \dot{n}_F x_F}{\dot{n}''_A} \ . \tag{7.95}$$

Diese beiden Gleichungen beschreiben die so genannten Bilanzlinien der Anlage. Die Mengenströme sind bei der Rektifikation grundsätzlich von der Zusammensetzung abhängig und die Beziehungen daher nicht linear.

Um diese Abhängigkeiten zu bestimmen, muss die Energiebilanz ausgewertet werden. Hierzu wird ein internes Bilanzgebiet gemäß Abb. 7.33 betrachtet. Die Gesamtmengenbilanz, die Teilmengenbilanz der leichtersieden-

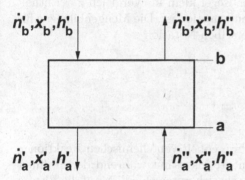

Abb. 7.33. Internes Bilanzgebiet

den Komponente und die Energiebilanz führen auf die Bilanzgleichungen

$$\dot{n}''_b + \dot{n}'_a = \dot{n}''_a + \dot{n}'_b \ ,$$

$$\dot{n}''_b x''_b + \dot{n}'_a x'_a = \dot{n}''_a x''_a + \dot{n}'_b x'_b \ ,$$

und

$$\dot{n}''_b h''_b + \dot{n}'_a h'_a = \dot{n}''_a h''_a + \dot{n}'_b h'_b \ .$$

In der Energiebilanz wurde berücksichtigt, dass das Bilanzgebiet zwischen a und b insgesamt adiabat ist, dass also während des kombinierten Wärme- und Stoffübergangs keine Wärme zu- oder abgeführt wird. Zur Auswertung der molaren Enthalpie h in der Energiebilanz wird das Stoffmodell "Ideales System" gewählt. Danach ist die Gasphase ein ideales Gasgemisch und die flüssige Phase eine ideale Lösung. Werden die Enthalpien der reinen flüssigen Komponenten nach dem Stoffmodell der idealen Flüssigkeit ausgewertet, dann ergibt sich für die Energiebilanz im betrachteten Bilanzgebiet

$$\left\{ \dot{n}' \left[(1 - x') h_{01}^{\text{if}} + x' h_{02}^{\text{if}} \right] \right\}_{\text{a}} + \left\{ \dot{n}'' \left[(1 - x'') h_{01}^{\text{ig}} + x'' h_{02}^{\text{ig}} \right] \right\}_{\text{b}}$$

$$= \left\{ \dot{n}' \left[(1 - x') h_{01}^{\text{if}} + x' h_{02}^{\text{if}} \right] \right\}_{\text{b}} + \left\{ \dot{n}'' \left[(1 - x'') h_{01}^{\text{ig}} + x'' h_{02}^{\text{ig}} \right] \right\}_{\text{a}} \ .$$

Unter Vernachlässigung der Änderungen der Reinstoffenthalpien mit der Temperatur zwischen den Bilanzstellen a und b lässt sich die Energiebilanz schreiben als

$$h_{01}^{\text{if}} \Delta \left[\dot{n}'(1 - x') \right] + h_{02}^{\text{if}} \Delta \left[\dot{n}' x' \right] = h_{01}^{\text{ig}} \Delta \left[\dot{n}''(1 - x'') \right] + h_{02}^{\text{ig}} \Delta \left[\dot{n}'' x'' \right] \ ,$$

wobei Δ die Differenz des nachstehenden, in eckigen Klammern gesetzten Ausdrucks zwischen den beliebigen Stellen a und b bedeutet. Die Annahme örtlich konstanter Reinstoffenthalpie führt in der Regel nicht zu großen Fehlern, da die Veränderung der Enthalpie mit der Temperatur zwischen zwei Orten in der Rektifizierkolonne in der Regel klein im Vergleich zur Enthalpieänderung bei Verdampfung und Kondensation ist. Die Mengenbilanzen für die beiden Komponenten lauten in derselben Notation

$$\Delta \left[\dot{n}' x' \right] = \Delta \left[\dot{n}'' x'' \right]$$

und

$$\Delta \left[\dot{n}'(1 - x') \right] = \Delta \left[\dot{n}''(1 - x'') \right] \ .$$

Sie bringen zum Ausdruck, dass in Abwesenheit von chemischen Reaktionen die Stoffmengenströme jeder Komponente insgesamt während der Stoffumwandlung erhalten bleiben, auch wenn sie sich unterschiedlich auf die Phasen des Dampfes und der Flüssigkeit verteilen. Setzt man die Mengenbilanzen in die Energiebilanz ein, so ergibt sich

$$r_{01} \Delta \left[\dot{n}' \cdot (1 - x') \right] = -r_{02} \Delta \left[\dot{n}'' x'' \right] \ ,$$

mit r_{01} und r_{02} als den molaren Verdampfungsenthalpien der beiden Komponenten, d.h. $r_{01} = h_{01}^{\text{ig}} - h_{01}^{\text{if}}$ und einer entsprechenden Beziehung für r_{02}. Hierbei wurde die schwache Druckabhängigkeit der Enthalpie einer idealen Flüssigkeit vernachlässigt. Unter Berücksichtigung der partiellen Stoffmengenbilanzen wird daraus

$$r_{01} \Delta \dot{n}_1 = -r_{02} \Delta \dot{n}_2 \ , \tag{7.96}$$

wobei sich $\Delta \dot{n}_1$ und $\Delta \dot{n}_2$ entweder auf die Gasphase oder auf die flüssige Phase beziehen können. Damit lässt (7.96) als kombinierte Energie- und Mengenbilanz erkennen, dass das Verhältnis zwischen der Zunahme des Stoffmengenstroms der Komponente 2 und der Abnahme des Stoffmengenstroms der Komponente 1 in einer Phase gleich dem Verhältnis der molaren Verdampfungsenthalpien r_{01}/r_{02} ist. Für gleiche molare Verdampfungsenthalpien würde dies bedeuten, dass die Zunahme der Komponente 2 im Dampf gleich der Abnahme der Komponente 1 im Dampf ist, mit der analogen Aussage auch für die Flüssigkeit. Somit würden sich die gesamten Stoffmengenströme von Dampf und Flüssigkeit in der Rektifiziersäule nicht ändern und die Bilanzlinien nach (7.94) und (7.95) würden zu Geraden. Da sich tatsächlich die molaren Verdampfungsenthalpien der meisten Stoffe nicht sehr stark unterscheiden, kommt diesem einfachen Sonderfall neben seiner Überschaubarkeit auch eine reale Bedeutung zu. Die folgenden Ableitungen machen von dieser Vereinfachung Gebrauch. Die Energiebilanz innerhalb der Kolonne ist damit für konstante Werte von $\dot{n}'_V/\dot{n}''_V$ bzw. $\dot{n}'_A/\dot{n}''_A$ bereits in die Bilanzlinien, die die Mengenbilanzen wiedergeben, eingearbeitet. Mit dem so genannten Rücklaufverhältnis

$$\nu = \frac{\dot{n}'_R}{\dot{n}'_P} \tag{7.97}$$

folgt für die konstanten Stoffmengenströme im Verstärkungsteil, vgl. Abb. 7.32,

$$\dot{n}'_V = \dot{n}'_R = \nu \dot{n}'_P \quad \text{(Flüssigkeitsbilanz)} \tag{7.98}$$

und

$$\dot{n}''_V = \dot{n}''_K = \dot{n}'_R + \dot{n}'_P = \dot{n}'_P(1 + \nu) \quad \text{(Dampfbilanz)} . \tag{7.99}$$

Für die Mengenbilanzen der flüssigen und dampfförmigen Phasen im Abtriebsteil ergeben sich analoge Gleichungen zu (7.98) und (7.99), nach

$$\dot{n}''_A = (1 + v)\dot{n}'_P \quad \text{(Dampfbilanz)} \tag{7.100}$$

und

$$\dot{n}'_A = \nu \dot{n}'_P + \dot{n}'_F \quad \text{(Flüssigkeitsbilanz)} , \tag{7.101}$$

wobei der Zulauf als siedende Flüssigkeit angenommen wurde.

Die Bilanzlinien lassen sich grafisch im Gleichgewichtsdiagramm darstellen. Der Gültigkeitsbereich der Abtriebslinie ist zu niedrigen Stoffmengenanteilen der leichter siedenden Komponente durch die Rückstandzusammensetzung $x'_A = x'_W$ begrenzt. Die zugehörige Dampfzusammensetzung ergibt sich mit

$$\dot{n}'_P x'_P - \dot{n}'_F x'_F = -\dot{n}'_W x'_W$$

sowie

$$\dot{n}'_A - \dot{n}'_W = \dot{n}''_A$$

durch Einsetzen in (7.95) zu

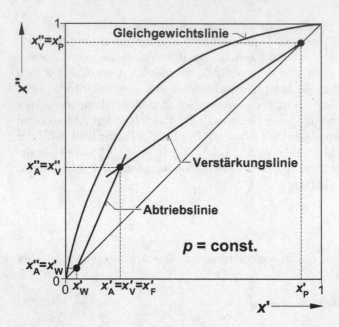

Abb. 7.34. Verstärkungs- und Abtriebslinie im Gleichgewichtsdiagramm

$$x''_A = x'_W \ .$$

Damit ist der untere Endpunkt der Abtriebslinie ein Schnittpunkt mit der Diagonale des Diagramms, vgl. Abb. 7.34. Analog ergibt sich für die Verstärkungslinie als obere Grenze die Zusammensetzung des Kopfproduktes, d.h.

$$x'_V = x'_P \ .$$

Mit

$$\dot{n}'_V + \dot{n}'_P = \dot{n}''_V$$

folgt durch Einsetzen in Gleichung (7.94)

$$x''_V = x'_P \ ,$$

womit auch der obere Endpunkt der Verstärkungslinie ein Schnittpunkt mit der Diagonale ist, vgl. Abb. 7.34. Die obere Grenze der Abtriebslinie ergibt sich als Schnittpunkt mit der Verstärkungslinie. Für

$$x'_V = x'_A = x'_F$$

findet man aus (7.94) und (7.95)

$$x''_A = x''_V \ ,$$

d.h. die x'-Koordinate des Schnittpunktes ist der Stoffmengenanteil des siedenden Zulaufs.

Die Vorgaben zur Ermittlung der Anzahl der Gleichgewichtsstufen sind der Mengenstrom und der thermodynamische Zustand des Zulaufs sowie die Zusammensetzungen des Produkts x'_P und des Sumpfprodukts x'_W. Das Rücklaufverhältnis ist grundsätzlich ein in gewissen Grenzen wählbarer Parameter, der für einen konkreten Rechengang ebenfalls vorgegeben wird. Die Temperatur ändert sich zwar nach Maßgabe des Stoffumsatzes über der Höhe der Rektifiziersäule. Beim Verdampfungsgleichgewicht sind jedoch der Verlauf der Zusammensetzung des binären Gemisches und der Temperaturverlauf nicht unabhängig voneinander. Für die Anwendung des Gleichgewichtsstufenkonzeptes auf die Rektifikation hat dies zur Folge, dass keine Iteration über den Gesamtapparat erforderlich ist, da nicht nur die Zusammensetzungen am Ausgang gegeben sind, sondern damit auch die Temperaturen der Stoffströme festliegen. Im Allgemeinen wird der Zulauf in einem thermodynamischen Zustand zugeführt, der nicht genau dem einer Stufe entspricht. Zur einfacheren Erläuterung wird hier demgegenüber angenommen, dass der Zulauf gerade siedend und mit der Temperatur eines Bodens, des Zulaufbodens (0), in die Kolonne eintritt. Die Rechnung wird dann vom Zulaufboden gestartet. Aus den vorgegebenen Daten berechnet man zunächst die Stoffmengenströme von Produkt, Kopfprodukt, Rücklauf und Sumpfprodukt. Aus der bekannten Zusammensetzung des Zulaufs folgen die Stoffmengenanteile der von der Stufe (0) ablaufenden siedenden Flüssigkeit und des von der Stufe (0) aufsteigenden gesättigten Dampfes, sowie die Temperatur der Stufe aus der Beziehung für das Verdampfungsgleichgewicht. Die von Stufe (1) abströmende siedende Flüssigkeit und der von der Stufe (0) aufsteigende gesättigte Dampf sind durch die Gleichung für die Verstärkungslinie miteinander verknüpft. Daraus folgt die Zusammensetzung der von der Stufe (1) abströmenden Flüssigkeit. Analog wird die Rechnung von Stufe zu Stufe in der Verstärkungssäule fortgesetzt, bis bei der obersten Stufe der vorgegebene Stoffmengenanteil des Produkts erreicht oder überschritten wird. Dann wird die Rechnung abgebrochen. In der Abtriebssäule wird auf analoge Weise ausgehend von der Zulaufstufe die Stufenzahl bis zum vorgegebenen Stoffmengenanteil des Sumpfprodukts ermittelt.

Der Rechengang lässt sich grafisch im Gleichgewichtsdiagramm, vgl. Abb. 7.35, darstellen. Man spricht vom McCabe-Thiele-Diagramm. Die Stufenkonstruktion entspricht der für die Absorption. Ausgehend von den Stoffmengenanteilen des Dampfes bzw. der Flüssigkeit auf dem Zulaufboden werden Treppenzüge zwischen Bilanzgeraden und Gleichgewichtslinie im Verstärkungs- und Abtriebsteil gelegt, aus denen sich die Anzahl der erforderlichen Stufen ergibt. Das Ergebnis hängt sensibel vom genauen Verlauf des Verdampfungsgleichgewichts ab.

Der Verlauf der Bilanzlinien ist vom gewählten Rücklaufverhältnis abhängig. Dieses Rücklaufverhältnis ist durch zwei Eckwerte begrenzt.

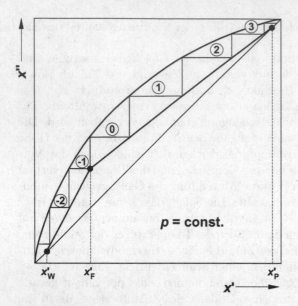

Abb. 7.35. McCabe-Thiele-Verfahren

Zunächst kann man die Kolonne in totalem Rücklauf betreiben, d.h. überhaupt kein Produkt entnehmen. In diesem Fall wird das Rücklaufverhältnis unendlich groß und wegen $x_V'' = x_V'$ für $\nu \to \infty$ fallen Verstärkungsgerade und Abtriebsgerade mit der Diagonale des Gleichgewichtsdiagramms zusammen, vgl. Abb. 7.36 a). Die vorgegebene Trennauf-

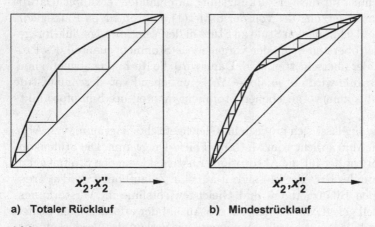

a) **Totaler Rücklauf**   b) **Mindestrücklauf**

Abb. 7.36. Grenzfälle des Rücklaufverhältnisses

gabe führt dann zu einer minimalen Anzahl an theoretischen Trennstufen. Zu kleinen Werten ist das Rücklaufverhältnis dadurch begrenzt, dass die erforderliche Anzahl theoretischer Trennstufen für eine gegebene Trennaufgabe unendlich groß wird. Dies ist dann der Fall, wenn sich Verstärkungsgerade und Abtriebsgerade auf der Gleichgewichtskurve schneiden, vgl. Abb. 7.36 b). Dann gilt

$$x'_V = x'_F \quad \text{und} \quad x''_V = x''_F \ ,$$

mit x'_F als dem Stoffmengenanteil der leichtersiedenden Komponente im siedenden Zulauf und x''_F als dem zugehörigen Gleichgewichtswert im Dampf. Als minimaler Wert des Rücklaufverhältnisses folgt damit aus (7.94) mit (7.98) und (7.99)

$$\nu_{min} = \frac{x'_P - x''_F}{x''_F - x'_F} \ . \tag{7.102}$$

Das tatsächlich gewählte Rücklaufverhältnis muss zwischen dem Wert unendlich und dem Mindestrücklaufverhältnis liegen. Es bestimmt die Höhe der Säule sowie die Mengenströme und ist daher aus einer wirtschaftlichen Gesamtoptimierung zu ermitteln. In einer vorgegebenen Rektifiziersäule lässt sich durch eine Veränderung des Rücklaufverhältnisses die Produktqualität variieren.

Die zu- bzw. abzuführenden Wärmeströme folgen aus Energiebilanzen um die betrachteten Teilsysteme. Für die gesamte Rektifizieranlage folgt aus der Energiebilanz

$$\dot{Q}_H - |\dot{Q}_K| = \dot{n}'_W h'_W + \dot{n}'_P h'_P - \dot{n}'_F h'_F \ . \tag{7.103}$$

Unterstellt man für die flüssigen Gemische wieder das Stoffmodell "Ideale Lösung" mit den Enthalpien der flüssigen Reinstoffe nach dem Stoffmodell der idealen Flüssigkeit, so schreibt sich die Energiebilanz um die gesamte Anlage unter der Annahme eines siedenden flüssigen Zulaufs

$$\begin{aligned}
\dot{Q}_H - |\dot{Q}_K| = \ &\dot{n}'_W \left[(1 - x'_W) h^{if}_{01}(t_W) + x'_W h^{if}_{02}(t_W) \right] \\
&+ \dot{n}'_P \left[(1 - x'_P) h^{if}_{01}(t_P) + x'_P h^{if}_{02}(t_P) \right] \\
&- \dot{n}'_F \left[(1 - x'_F) h^{if}_{01}(t_F) + x'_F h^{if}_{02}(t_F) \right] \ .
\end{aligned}$$

Nach Umrechnen aller Enthalpien auf die einheitliche Temperatur t_F des Zulaufs und Einführen der Mengenbilanzen wird daraus

$$\begin{aligned}
\dot{Q}_H - |\dot{Q}_K| = \ &\dot{n}'_W \left[(1 - x'_W) c^{if}_{01} + x'_W c^{if}_{02} \right] (t_W - t_F) \\
&+ \dot{n}'_P \left[(1 - x'_P) c^{if}_{01} + x'_P c^{if}_{02} \right] (t_P - t_F) \ . \tag{7.104}
\end{aligned}$$

Vernachlässigt man die Temperaturunterschiede zwischen Zulauf, Produkt und Sumpfprodukt, d.h.

$$(t_W - t_F) \approx 0$$

und

$$(t_\mathrm{P} - t_\mathrm{F}) \approx 0 \; ,$$

dann folgt

$$\dot{Q}_\mathrm{H} - |\dot{Q}_\mathrm{K}| = 0 \; ,$$

d.h. die Rektifizieranlage hätte dann keinen Netto-Energiebedarf. Der Bedarf des Verdampfers müsste sich aus der Wärmeabgabe des Kondensators befriedigen lassen. Tatsächliche Rektifizieranlagen weisen eine Temperaturänderung entlang der Säule auf. Wenn eine Rektifiziersäule ein binäres Gemisch in seine reinen Komponenten zerlegt, dann ist $t_\mathrm{W} > t_\mathrm{F}$ die Siedetemperatur der reinen schwerersiedenden Komponente und $t_\mathrm{P} < t_\mathrm{F}$ die niedrigere Siedetemperatur der reinen leichtersiedenden Komponente, vgl. das Siedediagramm in Abb. 7.29. Es ergibt sich also ein Netto-Wärmebedarf. Allerdings ist dieser Netto-Wärmebedarf klein im Vergleich zu den Wärmeströmen $\dot{Q}_\mathrm{H}$ und $\dot{Q}_\mathrm{K}$, deren Größen im Wesentlichen durch die hohen Verdampfungsenthalpien der Komponenten bestimmt werden. Praktisch kann die im Kondensator abgeführte Wärme nicht ohne weiteres als Heizwärme genutzt werden, da die Kondensationstemperatur am Kolonnenkopf niedriger als die Verdampfungstemperatur im Kolonnensumpf ist.

Für die dem Kondensator zu entziehende Wärme ergibt sich

$$|\dot{Q}_\mathrm{K}| = \dot{n}_\mathrm{K}'' h_\mathrm{K}'' - \dot{n}_\mathrm{R}' h_\mathrm{R}' - \dot{n}_\mathrm{P}' h_\mathrm{P}' \; .$$

Der aus dem Kondensator austretende flüssige Stoffstrom wird in den Produktstrom $\dot{n}_\mathrm{P}'$ und den Rücklaufstrom $\dot{n}_\mathrm{R}'$ aufgespalten, d.h. $\dot{n}_\mathrm{K}'' = \dot{n}_\mathrm{R}' + \dot{n}_\mathrm{P}'$. Beide haben dieselbe Enthalpie h_P', sodass folgt

$$|\dot{Q}_\mathrm{K}| = \dot{n}_\mathrm{K}''(h_\mathrm{K}'' - h_\mathrm{P}') = \dot{n}_\mathrm{P}'(\nu + 1)(h_\mathrm{K}'' - h_\mathrm{P}') \; .$$

Unter Annahme der thermodynamischen Modelle "Ideales Gasgemisch" für den Kopfdampf und "Ideale Lösung" für das Produkt gilt somit

$$|\dot{Q}_\mathrm{K}| = \dot{n}_\mathrm{P}'(\nu + 1)\left\{\left[(1 - x_\mathrm{K}'')h_{01}^\mathrm{ig} + x_\mathrm{K}'' h_{02}^\mathrm{ig}\right] - \left[(1 - x_\mathrm{P}')h_{01}^\mathrm{if} + x_\mathrm{P}' h_{02}^\mathrm{if}\right]\right\} \; .$$

Da bei der vollständigen Kondensation im Kondensator $x_\mathrm{K}'' = x_\mathrm{P}$ gilt, erhält man schließlich bei Vernachlässigung des Temperaturunterschiedes zwischen gesättigtem Kopfdampf und siedendem Produkt im Vergleich zur Verdampfungsenthalpie

$$|\dot{Q}_\mathrm{K}| = \dot{n}_\mathrm{P}'(\nu + 1)\left[(1 - x_\mathrm{P}')r_{01} + x_\mathrm{P}' r_{02}\right] \; , \tag{7.105}$$

mit r_{01}, r_{02} als den mittleren molaren Verdampfungsenthalpien der reinen Komponenten 1 und 2 im Temperaturbereich der Kondensation.

Beispiel 7.14

Eine ideale Lösung aus den Komponenten 1 und 2 ($\dot{n}'_F = 50$ kmol/h, $x'_F = 0,3$) wird einer Rektifizieranlage zugeführt und bei $p = 1$ bar in ein Produkt ($x'_P = 0,95$) und einen Rückstand ($x'_W = 0,05$) getrennt. Die Stoffmengenanteile beziehen sich auf die Komponente 2. Das Rücklaufverhältnis beträgt $\nu = 1,6$. Man berechne die Stoffmengenströme von Produkt, Kopfprodukt, Rücklauf und Rückstand sowie die Anzahl der erforderlichen Gleichgewichtsstufen für den Fall, dass der Zulauf eine siedende Flüssigkeit ist. Welche Wärmeströme sind im Verdampfer zu- bzw. im Kondensator abzuführen?

Die Daten des Verdampfungsgleichgewichts sind in nachstehender Tabelle zusammengestellt ($p = 1$ bar)

T/K	x'	x''
300	1	1
305	0,8116	0,9571
310	0,6544	0,9053
315	0,5223	0,8433
320	0,4105	0,7699
325	0,3152	0,6835
330	0,2334	0,5827
335	0,1628	0,4658
340	0,1013	0,3310
345	0,0475	0,1764
350	0	0

Für die molaren Verdampfungsenthalpien gilt

$r_{01} = 40572$ kJ/kmol , $r_{02} = 35168$ kJ/kmol .

Die molaren Wärmekapazitäten betragen

$c^{if}_{01} = 75,6 \dfrac{kJ}{kmol\ K}$, $c^{if}_{02} = 68,8 \dfrac{kJ}{kmol\ K}$.

Lösung

Für die zu berechnenden Stoffmengenströme ergibt sich

$$\dot{n}'_P = \dot{n}'_F \frac{x'_F - x'_W}{x'_P - x'_W} = 50 \frac{0,3 - 0,05}{0,95 - 0,05} = 13,889 \ \frac{kmol}{h} \ ,$$

$$\dot{n}'_W = \dot{n}'_F - \dot{n}'_P = 50 - 13,889 = 36,111 \ \frac{kmol}{h} \ ,$$

$$\dot{n}'_R = \nu \dot{n}'_P = 1,6 \cdot 13,889 = 22,222 \ \frac{kmol}{h} \ ,$$

und schließlich

$$\dot{n}''_K = \dot{n}'_P (1 + \nu) = 36,114 \ \frac{kmol}{h} \ .$$

Die Berechnung der Stufenzahl beginnt mit dem Zulaufboden, d.h. der Stufe (0). Wir kennen die Zusammensetzung der von dieser Stufe abfließenden Flüssigkeit, d.h. den Stoffmengenanteil der siedenden Flüssigkeit $x_0' = x_F' = 0,3$. Durch lineare Interpolation in der Tabelle des Verdampfungsgleichgewichts finden wir als die Temperatur dieser Stufe und als den Stoffmengenanteil des von ihr aufsteigenden Dampfes

$$T_0 = 325,93 \text{ K} \ ,$$

und

$$x_0'' = 0,6648 \ .$$

Der Stoffmengenanteil der von der Stufe 1 abfließenden Flüssigkeit ergibt sich aus der Verstärkungslinie

$$x_0'' = \frac{\nu \dot{n}_P'}{(1+\nu)\dot{n}_P'} x_1' + \frac{\dot{n}_P' x_P'}{(1+\nu)\dot{n}_P'} = 0,6154 \cdot x_1' + 0,3654$$

zu

$$x_1' = \frac{0,6648 - 0,3654}{0,6154} = 0,4865 \ .$$

Da auch die erste Stufe eine Gleichgewichtsstufe ist, lassen sich die Temperatur T_1 und der Stoffmengenanteil x_1'' aus den Gleichgewichtsdaten ermitteln zu

$$T_1 = 316,60 \text{ K} \ ,$$

und

$$x_1'' = 0,8198 \ .$$

Aus der Bilanzlinie folgt nun

$$x_2' = 0,7384 \ .$$

In dieser Weise wird die Rechnung von Stufe zu Stufe der Verstärkungssäule weiter geführt bis bei der obersten Stufe mit $x'' \geq x_P'$ die geforderte Produktqualität erreicht bzw. überschritten ist. Im Abtriebsteil der Rektifiziersäule ergibt sich der Stoffmengenanteil des einer Stufe zuströmenden Dampfes aus dem Abtriebsteil der Bilanzlinie. So gilt für die Stufe unter der Zulaufstelle

$$\begin{aligned}
x_{-1}'' &= \frac{\dot{n}_A'}{\dot{n}_A''} x_0' + \frac{\dot{n}_P' x_P' - \dot{n}_F' x_F'}{\dot{n}_A''} \\
&= \frac{\nu \dot{n}_P' + \dot{n}_F'}{(1+\nu)\dot{n}_P'} x_0' + \frac{\dot{n}_P' x_P' - \dot{n}_F' x_F'}{(1+\nu)\dot{n}_P'} \\
&= 2,000 x_0' - 0,050 = 0,55 \ .
\end{aligned}$$

In analoger Weise ist für die weiteren Stufen zu verfahren, bis der Stoffmengenanteil des Rückstands den vorgegebenen Wert unterschreitet. Die Ergebnisse sind in der nachstehenden Tabelle zusammengestellt. Die entsprechende grafische Ermittlung der theoretischen Stufenzahl zeigt Abb. B 7.14.1. Leichte Unstimmigkeiten zwischen rechnerischer und grafischer Lösung ergeben sich durch die lineare Interpolation in den Gleichgewichtsdaten bei der rechnerischen Lösung.

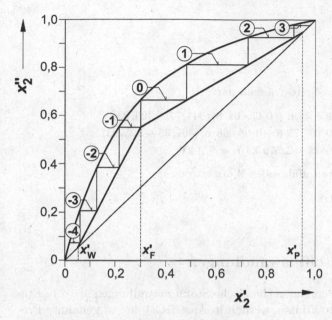

Abb. B 7.14.1. McCabe-Thiele-Diagramm

Stufe	T/K	x''	x'
3	302,06	0,9823	0,9224
2	307,33	0,9330	0,7384
1	316,60	0,8198	0,4865
0	325,93	0,6648	0,3000
-1	331,40	0,5500	0,2137
-2	338,28	0,3773	0,1224
-3	344,40	0,1949	0,0539
- 4	348,36	0,0578	0,0156

Für den im Kondensator abzuführenden Wärmestrom findet man aus (7.105)

$$|\dot{Q}_\mathrm{K}| = \dot{n}'_\mathrm{P}\,(\nu+1)\left[(1-x'_\mathrm{p})\,r_{01} + x'_\mathrm{p}r_{02}\right]$$
$$= 13,889(1,6+1)\left[0,05 \cdot 40572 + 0,95 \cdot 35168\right]$$
$$= 1279723\ \mathrm{kJ/h} = 355,5\ \mathrm{kW}\ .$$

Der Netto-Wärmebedarf ergibt sich aus (7.104)

$$\dot{Q}_\mathrm{H} - |\dot{Q}_\mathrm{K}| = \dot{n}'_\mathrm{W}\left[(1-x'_\mathrm{W})c^\mathrm{if}_{01} + x'_\mathrm{W}c^\mathrm{if}_{02}\right](t_\mathrm{W} - t_\mathrm{F})$$
$$+ \dot{n}'_\mathrm{P}\left[(1-x'_\mathrm{p})\,c^\mathrm{if}_{01} + x'_\mathrm{p}c^\mathrm{if}_{02}\right](t_\mathrm{p} - t_\mathrm{F})\ .$$

Zur Zahlenrechnung benötigt man die Temperatur t_W des siedenden Rückstands, d.h. die Siedetemperatur zu $x'_\mathrm{W} = 0{,}05$, sowie die Temperatur t_P des siedenden Produkts, d.h. die Siedetemperatur zu $x'_\mathrm{P} = 0{,}95$. Hierfür findet man durch Interpolation aus den Gleichgewichtsdaten

$t_W = 344, 77$ K

und

$t_P = 301, 33$ K .

Damit ergibt sich für den Netto-Wärmebedarf

$$\dot{Q}_H - |\dot{Q}_K| = 36, 111 \, [0, 95 \cdot 75, 6 + 0, 05 \cdot 68, 8] \, (344, 77 - 325, 93)$$
$$+ \, 13, 889 \, [0, 05 \cdot 75, 6 + 0, 95 \cdot 68, 8] \, (301, 33 - 325, 93)$$
$$= 51202 - 28623 = 22579 \text{ kJ/h} = 6, 3 \text{ kW} ,$$

und für den Verdampfer zuzuführenden Wärmestrom

$$\dot{Q}_H = 6, 3 + 355, 5 = 361, 8 \text{ kW} .$$

7.4 Chemische Stoffumwandlungen

In chemischen Reaktoren laufen chemische Stoffumwandlungen ab, d.h. Eintrittsstoffe, so genannte Edukte, werden in Austrittsstoffe, so genannte Produkte chemisch umgewandelt. Die thermodynamische Analyse eines solchen Prozesses stützt sich wiederum auf die Materiemengenbilanz, die Energiebilanz und die Entropiebilanz. Die idealisierte Behandlung als Gleichgewichtsprozess geht davon aus, dass im Reaktor das chemische Gleichgewicht erreicht wird, wie es durch die stoffliche Auswertung der Entropiebilanz zusammen mit dem 2. Hauptsatz definiert ist. Im Reaktionsgleichgewicht ist der Umsatz einer chemischen Stoffumwandlung festgelegt. Die Prozesse sind damit durch eine einfache Auswertung der Materiemengenbilanz und der Energiebilanz in Bezug auf ihren Energie- und Stoffumsatz berechenbar. Die energetische Auswertung der Entropiebilanz liefert zusätzlich Aussagen über die Entropieproduktion und erlaubt damit die exergetische Analyse der Prozesse.

Typische Reaktionsführungen sind entweder durch eine vorgegebene Temperatur, also isotherme Bedingungen, oder durch fehlenden Wärmetransfer, also adiabate Bedingungen, definiert. In der Regel wird keine Arbeit transferiert.

7.4.1 Der isotherme Reaktor

Einen Reaktor mit vorgegebener Reaktionstemperatur bezeichnen wir als isothermen Reaktor, auch wenn die Edukte mit einer anderen Temperatur zugeführt werden. Für einen isothermen Reaktor lässt sich die Austrittszusammensetzung bei einem Gleichgewichtsprozess aus den eintretenden Stoffmengen und dem Reaktionsgleichgewicht durch eine Materiemengenbilanz einfach berechnen. Dabei spielen in Gasreaktoren auch der Druck und allgemein auch die inerten Bestandteile eine Rolle. Der zur Herstellung isothermer Bedingungen zu transferierende Wärmestrom ergibt sich aus der Energiebilanz.

Beispiel 7.15

In einen Ammoniak-Synthesereaktor tritt ein Eduktstrom mit der nachstehenden Zusammensetzung ein:

$$\dot{n}_{N_2}^{(0)} = 1239 \text{ mol/s}$$

$$\dot{n}_{H_2}^{(0)} = 3716 \text{ mol/s}$$

$$\dot{n}_{NH_3}^{(0)} = 71 \text{ mol/s}$$

$$\dot{n}_{Ar}^{(0)} = 137 \text{ mol/s}$$

$$\dot{n}_{CH_4}^{(0)} = 291 \text{ mol/s} .$$

In dem Reaktor herrschen eine Temperatur von $T_P = 685$ K und ein Druck von $p_P = 230$ bar. Man berechne die Zusammensetzung des Produktstroms für einen Gleichgewichtsprozess und die Umsätze von Stickstoff und Wasserstoff. Man diskutiere den Einfluss des Druckes und der inerten Komponenten Methan und Argon auf den Umsatz. Die Gleichgewichtskonstante hat den Wert $K(685 \text{ K}) = 1,4245 \cdot 10^{-4}$.

Lösung

Das Schaltschema des Prozesses ist in Abb. B 7.15.1 dargestellt. Die Bruttoreaktionsgleichung der Ammoniak-Synthese lautet

$$N_2 + 3 H_2 \rightleftharpoons 2 NH_3 .$$

In Abhängigkeit von der Reaktionslaufzahl ergeben sich daher die nachstehenden Stoffmengenströme in mol/s:

$$\dot{n}_{N_2} = (1239 - \xi) \text{ mol/s} ,$$

$$\dot{n}_{H_2} = (3716 - 3\xi) \text{ mol/s} ,$$

$$\dot{n}_{NH_3} = (71 + 2\xi) \text{ mol/s} ,$$

$$\dot{n}_{Ar} = 137 \text{ mol/s}$$

und

$$\dot{n}_{CH_4} = 291 \text{ mol/s} .$$

Der gesamte Produktstoffstrom folgt daraus durch Addition zu

$$\dot{n}_P = (5454 - 2\xi) \text{ mol/s} .$$

Das Reaktionsgleichgewicht wird nach (7.64) aus dem Massenwirkungsgesetz mit Hilfe der Gleichgewichtskonstante berechnet. Es gilt, wenn das Stoffmodell "Ideales Gasgemisch" benutzt wird,[18]

$$K(T) = \frac{x_{NH_3}^2}{x_{N_2} \cdot x_{H_2}^3} \left(\frac{230}{1} \right)^{-2} .$$

---

[18] Eine Rechnung mit einer realen thermischen Zustandsgleichung führt bei dem vorliegenden hohen Druck auf eine Erhöhung der Ammoniak-Stoffmenge im Produktstrom von ca. 7%.

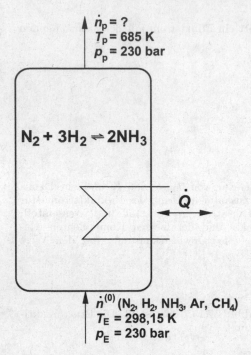

$\dot{n}_p = ?$
$T_p = 685\ K$
$p_p = 230\ bar$

$N_2 + 3H_2 \rightleftharpoons 2NH_3$

$\dot{Q}$

$\dot{n}^{(0)}$ (N$_2$, H$_2$, NH$_3$, Ar, CH$_4$)
$T_E = 298{,}15\ K$
$p_E = 230\ bar$

Abb. B 7.15.1. Schaltschema des Ammoniak-Synthesereaktors

Mit

$$x_{NH_3} = \frac{71 + 2\xi}{5454 - 2\xi}; \quad x_{N_2} = \frac{1239 - \xi}{5454 - 2\xi}; \quad x_{H_2} = \frac{3716 - 3\xi}{5454 - 2\xi}$$

folgt

$$K = \frac{(71 + 2\xi)^2 (5454 - 2\xi)^2}{(1239 - \xi)(3716 - 3\xi)^3} \left(\frac{1}{230}\right)^2 = 1{,}4245 \cdot 10^{-4} \ .$$

Der Wert der Reaktionslaufzahl ist durch

$-35{,}5 < \xi < 1239$

begrenzt. Im Detail muss er iterativ aus der Gleichung

$$K = 1{,}4245 \cdot 10^{-4} = \frac{(71 + 2\xi)^2 (5454 - 2\xi)^2}{(1239 - \xi)(3716 - 3\xi)^3} \left(\frac{1}{230}\right)^2$$

bzw.

$$K' = 7{,}5356 = \frac{(71 + 2\xi)^2 (5454 - 2\xi)^2}{(1239 - \xi)(3716 - 3\xi)^3}$$

bestimmt werden. Nach einigen Iterationsschritten ergibt sich als Lösung

$\xi = 617$ mol/s .

Die Stoffmengen des Produktstromes sind daher im Gleichgewicht

$\dot{n}_{N_2} = 622$ mol/s , $\dot{n}_{H_2} = 1865$ mol/s , $\dot{n}_{NH_3} = 1305$ mol/s , $\dot{n}_{Ar} = 137$ mol/s

und

$\dot{n}_{CH_4} = 291$ mol/s .

Die Umsätze an Wasserstoff und Stickstoff bei diesem Gleichgewichtsprozess ergeben sich zu

$$U^*_{H_2} = \frac{\dot{n}^{(0)}_{H_2} - \dot{n}_{H_2}}{\dot{n}^{(0)}_{H_2}} = \frac{3716 - 1865}{3716} = 0,498$$

und

$$U^*_{N_2} = \frac{\dot{n}^{(0)}_{N_2} - \dot{n}_{N_2}}{\dot{n}^{(0)}_{N_2}} = \frac{1239 - 622}{1239} = 0,498 \ .$$

Aus einer Energiebilanz ließe sich der zu transferierende Wärmestrom zur Herstellung der Reaktionstemperatur leicht berechnen.

Der Einfluss des Druckes ist groß. Würde man etwa den Reaktor beim Standarddruck von $p^0 = 1$ bar betreiben, so ergäbe sich die Reaktionslaufzahl aus der Beziehung

$$1,4245 \cdot 10^{-4} = \frac{(71 + 2\xi)^2 (5454 - 2\xi)^2}{(1239 - \xi)(3716 - 3\xi)^3}$$

zu $\xi = -26,5$ mol/s. In dem Reaktor würde daher kein Ammoniak gebildet, sondern das im Eduktgemisch bereits vorhandene Ammoniak würde zum großen Teil zu Stickstoff und Wasserstoff zerfallen.

Auch der Einfluss der inerten Bestandteile des Eduktgemisches ist merklich. Bei einer Verdoppelung der inerten Stoffmengenströme z.B. auf $\dot{n}_{Ar} + \dot{n}_{CH_4} = 856$ mol/s, d.h. von etwa 8 % auf etwa 15 % des Eduktgemisches, würde sich die Reaktionslaufzahl aus

$$7,5356 = \frac{(71 + 2\xi)^2 (5882 - 2\xi)^2}{(1239 - \xi)(3716 - 3\xi)^3}$$

zu $\xi = 595$ mol/s ergeben. Der Gleichgewichtsumsatz würde sich dabei um etwa 4 % verringern. Eine starke Anreicherung der Inertstoffe, wie es bei zyklischer Betriebsweise des Prozesses leicht auftritt, muss daher durch ihre kontinuierliche Entfernung aus dem Eduktstrom verhindert werden, vgl. Beispiel 7.16.

Durch das chemische Gleichgewicht ist der Umsatz im Reaktor begrenzt. Es ist aber möglich, durch Entfernung des gewünschten Produkts aus dem aus dem Reaktor austretenden Strom und Rückführung der unreagierten Komponenten in den Reaktor in einer weiteren Stufe neues Produkt zu erzeugen. Auf diese Weise kann durch eine geeignete Hintereinanderschaltung von Prozessstufen prinzipiell ein vollständiger Umsatz erzielt werden.

Beispiel 7.16

Man untersuche, wie viele Gleichgewichtsstufen bei jeweils vollständiger Entfernung des Ammoniaks erforderlich sind, um für das in Beispiel 7.15 betrachtete Eduktgemisch einen Umsatz von 95 % zu erzielen.

Lösung

Die Lösung erfolgt nach dem Schema aus Beispiel 7.15. Die Tab. B 7.16.1 zeigt die Zusammenstellung der Ergebnisse. Für jede Stufe sind die Eintritts- und Austrittsstoffmengenströme dargestellt. Die Eintrittsstoffmengenströme der Stufe $i + 1$ entsprechen den Austrittsstoffmengenströmen der Stufe i, vermindert um den Ammoniak-Strom. Man erkennt, dass unter den bestehenden Bedingungen nach 5 Stufen ein Umsatz von 95 % erreicht ist. Ein Umsatz von 100 % wird erst asymptotisch mit unendlich vielen Stufen erreicht. Man beachte, dass sich die inerten Komponenten bei dieser zyklischen Betriebsweise relativ anreichern, nämlich von weniger al 10 % bis auf über 50 %. Bei höheren Umsätzen ist daher die Entfernung der Inertgase ein wichtiges Instrument zur Reduzierung der erforderlichen Stufenzahl.

Tabelle B 7.16.1. Steigerung des Umsatzes durch mehrere Gleichgewichtsstufen

Stufe	1	2	3	4	5
$\dot{n}_{N_2}^{(0)}$	1239	622	315	169	98
$\dot{n}_{H_2}^{(0)}$	3716	1865	944	506	293
$\dot{n}_{NH_3}^{(0)}$	71	0	0	0	0
$\dot{n}_{Ar}^{(0)}$	137	137	137	137	137
$\dot{n}_{CH_4}^{(0)}$	291	291	291	291	291
$\dot{n}_{N_2}$	622	315	169	98	62
$\dot{n}_{H_2}$	1865	944	506	293	185
$\dot{n}_{NH_3}$	1305	614	292	142	73
$\dot{n}_{Ar}$	137	137	137	137	137
$\dot{n}_{CH_4}$	291	291	291	291	291
U^*	0,498	0,746	0,864	0,921	0,95

7.4.2 Der adiabate Reaktor

In einem adiabaten Reaktor stellt sich die Temperatur nach Maßgabe der ablaufenden Energie- und Stoffumwandlungen ein. Da das Reaktionsgleichgewicht und damit der Stoffumsatz von der Temperatur abhängen, ist grundsätzlich eine iterative Lösung unter Berücksichtigung der Energiebilanz erforderlich.

Beispiel 7.17

In einer Schwefelsäurefabrik tritt ein Gas ($\dot{n}^{(0)} = 4504,48$ kmol/h) der Zusammensetzung $x_{O_2}^{(0)} = 0,1096, x_{N_2}^{(0)} = 0,7575, x_{SO_2}^{(0)} = 0,0700$ und $x_{CO_2}^{(0)} = 0,0629$ mit der Temperatur $t = 440°C$ in einen so genannten Kontaktkessel ein und reagiert dort unter Einfluss eines Katalysators isobar bei $p = 1$ bar zu einem Gas mit einem Gehalt an Schwefeltrioxid, aus dem durch Absorption in Wasser schließlich Schwefelsäure entsteht. Die Bruttoreaktionsgleichung der SO₂-Oxidation lautet

$$SO_2 \text{ (g)} + \frac{1}{2} O_2 \text{ (g)} \rightleftarrows SO_3 \text{ (g)} .$$

Unter der Annahme eines adiabaten Gleichgewichts-Reaktors und einer einheitlichen Phasentemperatur im Reaktor von $t_R = t_{aus}$ bestimme man den Umsatz $U_{SO_2}^*$, vgl. Abb. B 7.17.1. Daten für die Standardbildungsenthalpien sind in

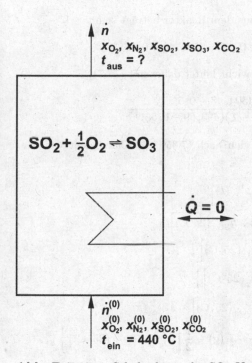

Abb. B 7.17.1. Schaltschema des SO₂-Kontaktkessels

Tabelle A2 vertafelt. Angesichts der hohen Temperatur werden nicht die dort angegebenen Werte für die Wärmekapazitäten bei der Standardtemperatur, sondern mittlere Wärmekapazitäten für den Temperaturbereich zwischen $25°C$ und $600°C$ verwendet, nach

$c_\mathrm{p}^\mathrm{ig}/\left(\frac{\mathrm{J}}{\mathrm{mol\,K}}\right)$	SO_2	SO_3	N_2	O_2	CO_2
	48,7	66,4	31	31,9	48

Lösung

Die Stoffmengen im Reaktionsgleichgewicht ergeben sich aus

$$\dot{n}_{N_2} = \dot{n}_{N_2}^{(0)}$$

$$\dot{n}_{CO_2} = \dot{n}_{CO_2}^{(0)}$$

$$\dot{n}_{SO_3} = \dot{n}_{SO_3}^{(0)} + \xi$$

$$\dot{n}_{SO_2} = \dot{n}_{SO_2}^{(0)} - \xi$$

$$\dot{n}_{O_2} = \dot{n}_{O_2}^{(0)} - \frac{1}{2}\xi \ .$$

Die gesamte Stoffmenge beim Austritt aus dem Reaktor beträgt somit

$$\dot{n} = \dot{n}_{N_2}^{(0)} + \dot{n}_{CO_2}^{(0)} + \dot{n}_{SO_3}^{(0)} + \dot{n}_{SO_2}^{(0)} + \dot{n}_{O_2}^{(0)} - 0,5\xi = 4504,48 - 0,5\xi \ .$$

Die Gleichung für das Reaktionsgleichgewicht lautet daher mit (7.67)

$$K(t) = \frac{x_{SO_3}}{x_{SO_2} \cdot x_{O_2}^{0,5}}\left(\frac{p}{p^0}\right)^{-0,5} = \frac{\xi(4504,48 - 0,5\xi)^{0,5}}{(315,31 - \xi)(493,69 - 0,5\xi)^{0,5}} \ .$$

Für die Gleichgewichtskonstante ergibt sich nach (7.65) in Abhängigkeit von der Temperatur t

$$
\begin{aligned}
\ln K(t) = &-\frac{1}{RT}\left[\mu_{SO_3}^\mathrm{ig}(t) - \mu_{SO_2}^\mathrm{ig}(t) - \frac{1}{2}\mu_{O_2}^\mathrm{ig}(t)\right]\\
= &-\frac{1}{RT}\left\{\left[\Delta h_{SO_3}^\mathrm{f,0}\,(\mathrm{g}) + h_{SO_3}^\mathrm{ig}(t) - h_{SO_3}^\mathrm{ig}(25°\mathrm{C})\right]\right.\\
&-\left[\Delta h_{SO_2}^\mathrm{f,0}\,(\mathrm{g}) + h_{SO_2}^\mathrm{ig}(t) - h_{SO_2}^\mathrm{ig}(25°\mathrm{C})\right]\\
&\left.-\frac{1}{2}\left[\Delta h_{O_2}^\mathrm{f,0}\,(\mathrm{g}) + h_{O_2}^\mathrm{ig}(t) - h_{O_2}^\mathrm{ig}(25°\mathrm{C})\right]\right\}\\
&+\frac{1}{R}\left\{s_{SO_3}^0\,(\mathrm{g}) + \left[s_{SO_3}^\mathrm{ig}(t) - s_{SO_3}^\mathrm{ig}(25°\mathrm{C})\right] - s_{SO_2}^0\,(\mathrm{g})\right.\\
&\left.-\left[s_{SO_2}^\mathrm{ig}(t) - s_{SO_2}^\mathrm{ig}(25°\mathrm{C})\right] - \frac{1}{2}s_{O_2}^0\,(\mathrm{g}) - \frac{1}{2}\left[s_{O_2}^\mathrm{ig}(t) - s_{O_2}^\mathrm{ig}(25°\mathrm{C})\right]\right\} \ .
\end{aligned}
$$

Bei bekannter Phasentemperatur $t = t_\mathrm{aus}$ lässt sich die Gleichgewichtskonstante $K(t_\mathrm{aus})$ berechnen. Daraus folgen die Reaktionslaufzahl ξ und aus ihr schließlich die Stoffmengen im Reaktionsgleichgewicht. Hier ist die Phasentemperatur t_aus nicht vorgegeben, sondern ergibt sich aus der Energiebilanz zusammen mit der Stoffmengenbilanz im Reaktionsgleichgewicht.

Die Energiebilanz für den Reaktor lautet:

$$0 = \dot{n}_{N_2} \left[h_{N_2}(t_{aus}) - h_{N_2}(t^0) \right] + \dot{n}_{CO_2} \left[h_{CO_2}(t_{aus}) - h_{CO_2}(t^0) \right]$$
$$+ \dot{n}_{SO_3} \left[h_{SO_3}(t_{aus}) - h_{SO_3}(t^0) \right] + \dot{n}_{SO_2} \left[h_{SO_2}(t_{aus}) - h_{SO_2}(t^0) \right]$$
$$+ \dot{n}_{O_2} \left[h_{O_2}(t_{aus}) - h_{O_2}(t^0) \right] - \dot{n}_{N_2}^{(0)} \left[h_{N_2}(t_{ein}) - h_{N_2}(t^0) \right]$$
$$- \dot{n}_{CO_2}^{(0)} \left[h_{CO_2}(t_{ein}) - h_{CO_2}(t^0) \right] - \dot{n}_{SO_2}^{(0)} \left[h_{SO_2}(t_{ein}) - h_{SO_2}(t^0) \right]$$
$$- \dot{n}_{O_2}^{(0)} \left[h_{O_2}(t_{ein}) - h_{O_2}(t^0) \right] + \dot{n}_{N_2} h_{N_2}(t^0) + \dot{n}_{CO_2} h_{CO_2}(t^0)$$
$$+ \dot{n}_{SO_3} h_{SO_3}(t^0) + \dot{n}_{SO_2} h_{SO_2}(t^0) + \dot{n}_{O_2} h_{O_2}(t^0) - \dot{n}_{N_2}^{(0)} h_{N_2}(t^0)$$
$$- \dot{n}_{CO_2}^{(0)} h_{CO_2}(t^0) - \dot{n}_{SO_2}^{(0)} h_{SO_2}(t^0) - \dot{n}_{O_2}^{(0)} h_{O_2}(t^0)$$
$$= \dot{n}_{N_2} \left[h_{N_2}^{ig}(t_{aus}) - h_{N_2}^{ig}(t_{ein}) \right] + \dot{n}_{CO_2} \left[h_{CO_2}^{ig}(t_{aus}) - h_{CO_2}^{ig}(t_{ein}) \right]$$
$$+ \dot{n}_{SO_3} \left[h_{SO_3}^{ig}(t_{aus}) - h_{SO_3}^{ig}(t^0) \right] + \dot{n}_{SO_2} \left[h_{SO_2}^{ig}(t_{aus}) - h_{SO_2}^{ig}(t^0) \right]$$
$$+ \dot{n}_{O_2} \left[h_{O_2}^{ig}(t_{aus}) - h_{O_2}^{ig}(t^0) \right] - \dot{n}_{SO_2}^{(0)} \left[h_{SO_2}^{ig}(t_{ein}) - h_{SO_2}^{ig}(t^0) \right]$$
$$- \dot{n}_{O_2}^{(0)} \left[h_{O_2}^{ig}(t_{ein}) - h_{O_2}^{ig}(t^0) \right] + \dot{n}_{SO_3} \Delta h_{SO_3}^{f,0} \, (g) + \Delta h_{SO_2}^{f,0} \, (g)(\dot{n}_{SO_2} - \dot{n}_{SO_2}^{(0)})$$
$$= \Delta \dot{H}_{therm} + \Delta \dot{H}_{chem} \; .$$

In den Termen nach dem zweiten Gleichheitszeichen werden die absoluten Enthalpien bei der Bezugstemperatur t^0 wie üblich durch die jeweiligen Standardbildungsenthalpien ersetzt. Von der Berechtigung dieses Vorgehens kann man sich durch formales Einführen der Enthalpien der Elemente und mit den Stoffmengenströmen bei Ein- und Austritt leicht überzeugen. Die Lösung erfolgt iterativ, wobei die Temperaturabhängigkeiten von Enthalpie und Entropie durch die angegebenen Wärmekapazitäten erfasst werden. Für einen Schätzwert der Austrittstemperatur wird die Gleichgewichtskonstante und daraus die Reaktionslaufzahl berechnet. Aus der Reaktionslaufzahl ergeben sich die Stoffmengen, die den Reaktor verlassen. Mit diesen Daten kann die Energiebilanz ausgewertet werden. Die Schätzwerte für die Austrittstemperatur werden so lange verbessert, bis die Energiebilanz erfüllt ist. Nach einigen Iterationen findet man

$$t_{aus} = 597, 4 °C$$
$$K(t_{aus}) = 11, 50$$
$$\xi(t_{aus}) = 242, 83 \text{ kmol/h}$$
$$\dot{n}_{N_2} = 3412, 14 \text{ kmol/h}$$
$$\dot{n}_{CO_2} = 283, 33 \text{ kmol/h}$$
$$\dot{n}_{SO_3} = 242, 83 \text{ kmol/h}$$
$$\dot{n}_{SO_2} = 72, 48 \text{ kmol/h}$$
$$\dot{n}_{O_2} = 372, 28 \text{ kmol/h}$$
$$(\Delta \dot{H})_{therm} = 6647 \text{ kW}$$
$$(\Delta \dot{H})_{chem} = -6670 \text{ kW} \; .$$

Damit ist die Energiebilanz mit genügender Genauigkeit erfüllt. Der Gleichgewichts-Umsatz an Schwefeldioxid beträgt also

$$U_{SO_2}^* = \frac{\dot{n}_{SO_2}^{(0)} - \dot{n}_{SO_2}}{\dot{n}_{SO_2}^{(0)}} = \frac{315, 31 - 72, 48}{315, 31} = 0, 77 \; .$$

7.4.3 Reaktor mit Temperaturprofil

Eine offensichtliche Schwierigkeit bei der Modellierung von chemischen Stoff-umwandlungen als Gleichgewichtsprozesse liegt in der Wahl der Reaktions-bedingungen. Viele Reaktoren haben keine einheitliche Temperatur, sondern ein axiales Temperaturprofil. Das gilt z.B. auch für den Hochofen, der am Austritt des Roheisens (unten) eine Temperatur von ca. 1500°C, am Austritt des Gichtgases (oben) hingegen nur eine Temperatur von ca. 77°C hat. Das Gas im Hochofen bildet daher insgesamt keine fluide Phase. Will man hier z.B. die Gichtgasbildung aus einem Gleichgewichtsprozess berechnen, so muss man eine Annahme über die Reaktionstemperatur machen.

Beispiel 7.18

In einen kontinuierlich betriebenen Hochofen werden zur Erzeugung von 1000 kg Roheisen (RE) 1619 kg Möller (M), 410 kg Koks (K), 54 kg Schweröl (SO) und 1280 kg Heißwind (W) eingeführt. Dabei fallen 294 kg Schlacke (S) an. Möller, Koks und Schweröl werden bei der Umgebungstemperatur von $t_u = 25°C$ zugeführt, der Wind mit $t_W = 1197°C$. Das Roheisen und die Schlacke verlassen den Hochofen am unteren Ende bei $t_{RE} = t_S = 1500°C$, wobei das Roheisen pro Tonne 45,28 kg Kohlenstoff enthält. Das bei den chemischen Umwandlungen gebildete Gichtgas (GG) verlässt den Hochofen am oberen Ende mit $t_{GG} = 77°C$.

Man berechne die Menge und Zusammensetzung des Gichtgases unter Annahme eines Gleichgewichtsprozesses. Für die Aufstellung der Massenbilanz werden vereinfachende Annahmen über die Zusammensetzungen der Stoffströme eingeführt. Der Möller bestehe ausschließlich aus Fe_2O_3 und Schlacke. Der Koks enthalte neben elementarem Kohlenstoff 40 kg Schlacke und 10 kg Wasser. Das Schweröl habe die Zusammensetzung $w_C = 0,86$, $w_{H_2} = 0,14$.

Lösung

Abb. B 7.18.1 zeigt das Schaltbild des Hochofens. Die Masse des Eisenoxids im Möller lässt sich aus einer Massenbilanz der Schlacke ableiten. Die Gesamtmasse der Schlacke setzt sich aus der Schlacke im Möller und im Koks zusammen:

$$m_S = m_{S,M} + m_{S,K} .$$

Es gilt also mit den Daten der Aufgabenstellung für den Anteil an Schlacke im Möller

$$m_{S,M} = m_S - m_{S,K} = 294 - 40 = 254 \text{ kg} .$$

Damit erhält man für die Masse des Fe_2O_3

$$m_{Fe_2O_3} = m_M - m_{S,M} = 1619 - 254 = 1365 \text{ kg} .$$

Für die Reduktion des Fe_2O_3 zu elementarem Fe gilt die Bruttoreaktionsgleichung

$$Fe_2O_3 \rightarrow 2\,Fe + \frac{3}{2}\,O_2 .$$

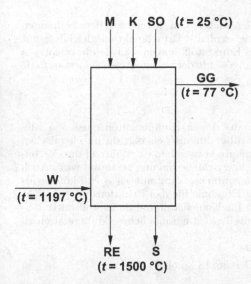

Abb. B 7.18.1. Schaltbild des Hochofenprozesses

Unter Einführung der Molmassen wird daraus in Masseneinheiten

$159,692$ kg $Fe_2O_3 \rightarrow 111,693$ kg Fe $+ 47,999$ kg O_2 .

Damit lautet die Bruttoreaktionsgleichung der Roheisenbildung in Masseneinheiten

$\{1365$ kg $Fe_2O_3 + 254$ kg $S\} + \{360$ kg $C + 40$ kg $S + 10$ kg $H_2O\}$

$+ \{46,44$ kg $C + 7,56$ kg $H_2\} + 1280\{0,230$ kg $O_2 + 0,770$ kg $N_2\}$

$\rightarrow \{954,72$ kg $Fe + 45,28$ kg $C\} + \{361,16$ kg $C + 7,56$ kg $H_2 + 10$ kg H_2O

$+704,68$ kg $O_2 + 985,60$ kg $N_2\} + 294$ kg S .

Hier repräsentiert die erste Klammer auf der Eduktseite den Möller, die zweite den Koks, die dritte das Schweröl und die vierte den Wind. Auf der Produktseite enthält die erste Klammer das Roheisen und die zweite Klammer den Elementenvorrat zur Bildung des Gichtgases.

Wir wissen grob, wie Gichtgas zusammen gesetzt ist, nämlich außer Stickstoff aus den Komponenten CO, CO_2, H_2O und H_2[19]. Insbesondere wissen wir, dass kein elementarer Kohlenstoff und kein elementarer Sauerstoff in einem Gichtgas vorliegen. Damit ergibt sich die allgemeine Bruttoreaktionsgleichung zur Gichtgasbildung in Stoffmengen zu

$30,07$ kmol $C + 3,75$ kmol $H_2 + 0,56$ kmol $H_2O + 22,02$ kmol $O_2 + 35,18$ kmol N_2

$\rightarrow \alpha$ kmol $CO + \beta$ kmol $CO_2 + \gamma$ kmol $H_2O + \delta$ kmol $H_2 + 35,18$ kmol N_2 .

Die stöchiometrischen Koeffizienten der Komponenten des Gichtgases sind uns nicht bekannt. In einem Gleichgewichtsprozess ergibt sich die Gichtgaszusammensetzung

---

[19] In Beispiel 3.11 wurde der Anteil des Wassers nicht berücksichtigt, um eine einfache Berechnung durch die Elementenbilanz zu ermöglichen. Hier haben wir als zusätzliche Gleichung die Bedingung für das Reaktionsgleichgewicht und können daher den Wasseranteil als zusätzliche Unbekannte einbeziehen.

aus einer Berechnung des Reaktionsgleichgewichts. Um dieses nach dem bisherigen Schema zu ermitteln, benötigen wir eine explizite Bruttoreaktionsgleichung mit zugehöriger Gleichgewichtskonstante und Eduktstoffmengen. Für den betrachteten Fall lautet die Bruttoreaktionsgleichung angesichts der angenommenen Bestandteile offensichtlich

$$CO + H_2O \rightleftharpoons CO_2 + H_2 \; .$$

Das Eduktgemisch zur Gichtgasbildung aus diesen Komponenten muss den Elementenvorrat reproduzieren, ist aber darüber hinaus beliebig, da im chemischen Gleichgewicht nur die Erhaltung der Elemente vorgegeben ist, während ihre Verteilung auf die Komponenten durch die Gleichgewichtsbedingung bestimmt wird. Auch die in Beispiel 3.11 gefundene Gichtgaszusammensetzung mit $x_{H_2O} = 0$ könnte als Eduktgemisch gewählt werden, ohne das Ergebnis für das Reaktionsgleichgewicht zu beeinflussen. Aus der Elementenbilanz für Kohlenstoff und Sauerstoff unter Beibehaltung des Wasser- und Wasserstoffanteils folgt ein mögliches Eduktgemisch zu

$$n^{(0)} = 16,10 \text{ kmol CO} + 13,97 \text{ kmol CO}_2$$
$$+ 3,75 \text{ kmol H}_2 + 0,56 \text{ kmol H}_2\text{O} + 35,18 \text{ kmol N}_2 \; .$$

Die Stoffmengen der Gichtgaskomponenten in Abhängigkeit von der Reaktionslaufzahl berechnen sich daraus und aus der Bruttoreaktionsgleichung zu

$$n_{CO} = (16,10 - \xi) \text{ kmol}$$
$$n_{CO_2} = (13,97 + \xi) \text{ kmol}$$
$$n_{H_2} = (3,75 + \xi) \text{ kmol}$$
$$n_{H_2O} = (0,56 - \xi) \text{ kmol}$$
$$n_{N_2} = 35,18 \text{ kmol} \; .$$

Die gesamte Stoffmenge des Gichtgases ist im betrachteten Fall unabhängig von der Reaktionslaufzahl und beträgt

$$n_{GG} = 69,56 \text{ kmol} \; .$$

Das Reaktionsgleichgewicht wird nach (7.64) durch die Beziehung

$$K(T) = \frac{x_{CO_2} x_{H_2}}{x_{CO} x_{H_2O}}$$

beschrieben, wobei der Druckeinfluss wegen $\sum \nu_i = 0$ entfällt. Die Gleichgewichtskonstante hängt mit der Reaktionslaufzahl zusammen nach

$$K = \frac{(13,97 + \xi)(3,75 + \xi)}{(16,10 - \xi)(0,56 - \xi)} \; .$$

Im Rahmen einer Gleichgewichtsrechnung müssen wir uns für eine Temperatur entscheiden, bei der das Reaktionsgleichgewicht ausgewertet werden soll. Im Hochofen wird ein großer Temperaturbereich realisiert. Reaktionen in der Gasphase laufen nur bei hohen Temperaturen mit prozesstechnisch relevanter Geschwindigkeit ab. Es ist daher nicht realistisch, das Gichtgas bei seiner Austrittstemperatur von 77°C als Phase im Reaktionsgleichgewicht zu betrachten. Vielmehr muss eine geeignete Reaktionstemperatur angenommen und die Sensitivität des Ergebnisses in Bezug auf diese Annahme durch Variation untersucht werden. Als extreme Annahme können wir zunächst als Bezugstemperatur für die Gleichgewichtsrechnung die

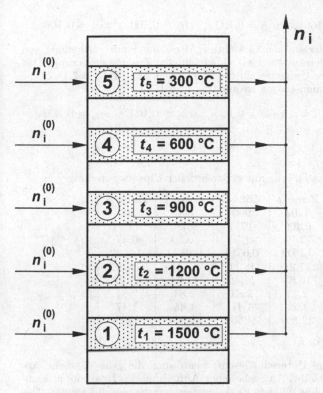

Abb. B 7.18.2. Zonenmodell des Hochofenprozesses

Maximaltemperatur $t = 1500°C$ wählen. Der Wert der Gleichgewichtskonstante bei $t = 1500°C$ ergibt sich zu

$$K(1500°C) = 0,274.$$

Daraus folgt durch Iteration ein Wert von $\xi = -2,43$ kmol und die Zusammensetzung des Gichtgases wird

$$x_{CO} = 0,266 \; ; \; x_{CO_2} = 0,166 \; ; \; x_{H_2O} = 0,043 \; ; \; x_{H_2} = 0,019 \; ; \; x_{N_2} = 0,506 \; .$$

Eine plausible Alternative zu der Annahme, dass das Reaktionsgleichgewicht bei der höchsten Temperatur von $1500°C$ auszuwerten ist, besteht in der Aufteilung des Hochofens in Reaktionszonen mit individuellen, temperaturabhängigen Anteilen g_z am jeweiligen Gleichgewichtsumsatz, vgl. Abb. B 7.18.2. Werden der Temperaturbereich zwischen $1500°C$ und $300°C$ als potenziell reaktiv angesehen und fünf Reaktionszonen mit einer in der Temperatur exponentiellen Anteilsverteilung am Gesamtumsatz unterstellt, so ergibt sich die Modellierung nach Tabelle B 7.18.1. Dabei sind die Eduktstoffmengen für alle Zonen identisch und die Summe der Umsatzanteile aller Zonen g_z gleich 1. In einer beliebigen Zone z berechnet sich daher z.B. die CO-Bildung nach

$$n_{CO,z} = g_z(16, 10 - \xi_z)$$

und wird zu den in den anderen Reaktionszonen gebildeten CO-Stoffmengenströmen addiert. Die nach diesem Modell berechnete Gichtgaszusammensetzung mit

$$x_{CO} = 0,264 \;\; ; \;\; x_{CO_2} = 0,168 \;\; ; \;\; x_{H_2O} = 0,041 \;\; ; \;\; x_{H_2} = 0,021 \;\; ; \;\; x_{N_2} = 0,506$$

unterscheidet sich wegen der starken Gewichtung der Zone 1 nur geringfügig von der mit der Reaktionstemperatur $t = 1500°C$ berechneten Zusammensetzung. Eine gleichmäßige Verteilung des Umsatzes auf die fünf Zonen zeigt Tab. B 7.18.2. Die berechnete Gichtgaszusammensetzung ist nun

$$x_{CO} = 0,248 \;\; ; \;\; x_{CO_2} = 0,184 \;\; ; \;\; x_{H_2O} = 0,025 \;\; ; \;\; x_{H_2} = 0,037 \;\; ; \;\; x_{N_2} = 0,506$$

Tabelle B 7.18.1. Gichtgasbildung mit exponentieller Umsatzverteilung

	Zone 1	Zone 2	Zone 3	Zone 4	Zone 5
$t/°C$	1500	1200	900	600	300
$K(t)$	0,274	0,406	0,777	3,355	42,94
ξ_z/kmol	-2,43	-2,10	-1,50	-0,30	0,47
g_z	0,7382	0,1944	0,0510	0,0132	0,0032
n_{CO}/ kmol	13,68	17,21	18,11	18,33	18,38
n_{CO_2}/ kmol	8,52	10,83	11,46	11,64	11,69
n_{H_2O}/ kmol	2,21	2,73	2,83	2,84	2,84
n_{H_2}/ kmol	0,97	1,29	1,41	1,45	1,47
n_{N_2}/ kmol	25,970	32,809	34,603	35,067	35,18

und weist etwas deutlichere Unterschiede auf, wenn auch die grundsätzliche Anteilsstruktur unverändert bleibt. An Stelle einer Aufteilung des Reaktors in Temperaturzonen könnte auch eine mittlere Reaktionstemperatur gewählt werden. Das Zonenmodell hebt allerdings die kinetisch bedingte Temperaturabhängigkeit des Umsatzes deutlich hervor. In jedem Fall ist bei einem Reaktor mit Temperaturprofil eine Unsicherheit in der Berechnung des Gleichgewichtsumsatzes hinzunehmen. Eine genaue Berechnung erfordert eine Lösung der differenziell formulierten Bilanzgleichungen mit reaktionskinetischen Ansätzen.

Tabelle B 7.18.2. Gichtgasbildung mit gleichförmiger Umsatzverteilung

	Zone 1	Zone 2	Zone 3	Zone 4	Zone 5
$t/°C$	1500	1200	900	600	300
$K(t)$	0,274	0,406	0,777	3,355	42,94
ξ_z/kmol	-2,43	-2,10	-1,50	-0,30	0,47
g_z	0,2000	0,2000	0,2000	0,2000	0,2000
n_{CO}/ kmol	3,71	7,35	10,87	14,14	17,27
n_{CO_2}/ kmol	2,31	4,68	7,18	9,91	12,80
n_{H_2O}/ kmol	0,60	1,13	1,54	1,71	1,73
n_{H_2}/ kmol	0,26	0,59	1,04	1,74	2,58
n_{N_2}/ kmol	7,036	14,072	21,108	28,144	35,18

7.5 Apparatewirkungsgrade

Der Gleichgewichtsprozess ist ein in Bezug auf den Stoffumsatz vollständig berechenbarer Modellprozess für Stoffumwandlungen. Durch ihn wird eine ideale Stoffumwandlung beschrieben, die bis zu ihrem naturgesetzlich definierten Endzustand, dem thermodynamischen Gleichgewicht, abläuft. Dieser Endzustand ist bei vorgegebenen Werten von Temperatur und Druck durch die Minimalbedingung der freien Enthalpie, d.h. $\mathrm{d}G_{\mathrm{T,p}} = 0$, definiert. Reale Stoffumwandlungen laufen auf Grund von Hemmungen in der Regel nicht bis zum thermodynamischen Gleichgewicht ab. Ähnlich wie bei den Energieumwandlungen Abweichungen vom reversiblen Prozess werden auch die Abweichungen realer Stoffumwandlungen vom Gleichgewichtsprozess durch Wirkungsgrade erfasst und bewertet. Sind solche Wirkungsgrade für eine betrachtete Prozesstechnik bekannt, so können Ergebnisse für Gleichgewichtsprozesse auf reale Prozesse umgerechnet werden.

7.5.1 Wirkungsgrad eines Wärmeübertragers

In einem realen Gegenstrom-Wärmeübertrager haben die Stoffströme über der Wärme übertragenden Fläche einen Temperaturverlauf, wie er in Abb. 7.15 unten rechts gezeigt ist. Der betrachtete Fall ist dadurch gekennzeichnet, dass der Wärmekapazitätsstrom des heißen Fluids kleiner als der des kalten Fluids ist, d.h. der Temperaturverlauf des heißen Stoffstroms hat die größere Steigung. Wenn man den Wärmeübertrager immer länger werden lässt, kann man schließlich einen Gleichgewichtsprozess erreichen, bei dem die Austrittstemperatur des heißen Stoffstroms gerade gleich der Eintrittstemperatur des kalten Stoffstroms wird, d.h. $t_{\mathrm{h,a}} = t_{\mathrm{k,e}}$. Als Wirkungsgrad des Gegenstrom-Wärmeübertragers bezogen auf den Gleichgewichtsprozess führt man daher die normierte Temperaturdifferenz

$$\varepsilon_{\mathrm{wü}} = \frac{t_{\mathrm{h,e}} - t_{\mathrm{h,a}}}{t_{\mathrm{h,e}} - t_{\mathrm{k,e}}} \ , \ \ \text{für } (\dot{m}c_{\mathrm{p}})_{\mathrm{h}} < (\dot{m}c_{\mathrm{p}})_{\mathrm{k}} \tag{7.106}$$

ein. Wenn der kältere Stoffstrom den kleineren Wärmekapazitätsstrom hat, dann wird in einem Gleichgewichtsprozess die Austrittstemperatur des kalten Stoffstromes gleich der Eintrittstemperatur des heißen, und der Wirkungsgrad des Gegenstrom-Wärmeübertragers berechnet sich aus

$$\varepsilon_{\mathrm{wü}} = \frac{t_{\mathrm{k,a}} - t_{\mathrm{k,e}}}{t_{\mathrm{h,e}} - t_{\mathrm{k,e}}} \ , \ \ \text{für} (\dot{m}c_{\mathrm{p}})_{\mathrm{h}} < (\dot{m}c_{\mathrm{p}})_{\mathrm{k}} \ . \tag{7.107}$$

7.5.2 Wirkungsgrad einer thermischen Trennstufe

Thermische Stoffumwandlungen, die mit Änderungen der Zusammensetzung einhergehen, werden als Gleichgewichtsprozesse durch eine Hintereinanderschaltung von Gleichgewichtsstufen modelliert. Beispiele dafür sind die Verdunstung im Kühlturm, die Absorption und die Rektifikation. Die letzten beiden Prozesstechnologien gehören zu den thermischen Stofftrennverfahren. Wir erläutern die Definition des Wirkungsgrads in diesem Anwendungsbereich am Beispiel einer Trennstufe bei der Rektifikation.

Bei der realen Rektifikation eines binären Gemisches wird die Anreicherung der leichter flüchtigen Komponente im Dampf in einer Trennstufe geringer ausfallen als beim Gleichgewichtsprozess. Die tatsächliche Anreicherung in einer Stufe bezogen auf die Anreicherung im Gleichgewicht ist dann der Stufenwirkungsgrad

$$\eta_S = \frac{x'' - x_0}{(x'')^* - x_0} \ , \tag{7.108}$$

wobei x'' der Stoffmengenanteil des aus der Stufe austretenden Dampfes und x_0 der Stoffmengenanteil des der Stufe zuströmenden Gemisches ist, jeweils bezogen auf die leichtere siedende Komponente. Der Suffix $(*)$ bezeichnet den Gleichgewichtswert.

7.5.3 Wirkungsgrad einer chemischen Stoffumwandlung

Auch bei einer realen chemischen Stoffumwandlung fällt der Stoffumsatz in der Regel geringer aus als beim Gleichgewichtsprozess. Für den Fall einer einzigen Bruttoreaktionsgleichung wird der Umsatzwirkungsgrad für eine Komponente i definiert durch

$$\eta_U = \frac{U_i}{U_i^*} \ , \tag{7.109}$$

wobei U_i der tatsächliche Umsatz einer Komponente i und U_i^* der entsprechende Umsatz im Gleichgewicht ist.

Beispiel 7.19

Aus dem in Beispiel 7.15 behandelten Ammoniak-Synthesereaktor tritt im realen Fall ein Produktgemisch mit folgender Zusammensetzung aus:

$\dot{n}_{N_2} = 898$ mol/s

$\dot{n}_{H_2} = 2691$ mol/s

$\dot{n}_{NH_3} = 754$ mol/s

$\dot{n}_{Ar} = 137$ mol/s

$\dot{n}_{CH_4} = 291$ mol/s .

Man berechne die Umsatzwirkungsgrade für die Komponenten Stickstoff und Wasserstoff.

Lösung

Die Zusammensetzung des Produktgemisches beim Gleichgewichtsprozess lautet nach Beispiel 7.15

$\dot{n}_{N_2}^* = 622$ mol/s

$\dot{n}_{H_2}^* = 1865$ mol/s

$\dot{n}_{NH_3}^* = 1305$ mol/s

$\dot{n}_{Ar}^* = 137$ mol/s

$\dot{n}_{CH_4}^* = 291$ mol/s .

Aus einem Vergleich mit dem tatsächlich austretenden Produktgemisch erkennt man, dass dieses nicht im Reaktionsgleichgewicht ist. Der maximale Umsatz bezüglich der Komponenten Stickstoff und Wasserstoff ist der des Reaktionsgleichgewichts, vgl. Beispiel 7.15,

$$U_{N_2}^* = \frac{\dot{n}_{N_2}^{(0)} - \dot{n}_{N_2}^*}{\dot{n}_{N_2}^{(0)}} = U_{H_2}^* = 0,498 .$$

Der tatsächliche Reaktor führt auf einen Umsatz von nur

$$U_{N_2} = \frac{\dot{n}_{N_2}^{(0)} - \dot{n}_{N_2}}{\dot{n}_{N_2}^{(0)}} = 0,275 = U_{H_2}$$

und bleibt daher erheblich hinter dem Gleichgewichtsumsatz zurück. Der Umsatzwirkungsgrad beträgt

$$\eta_U = \frac{U_{N_2}}{U_{N_2}^*} = \frac{U_{H_2}}{U_{H_2}^*} = 0,552 .$$

7.6 Kontrollfragen

7.1 Welche Beziehung besteht zwischen den Reinstoffdampfdrücken und dem Gesamtdruck bei
   a) der Verdampfung reiner Stoffe
   b) der Verdampfung eines idealen binären Systems
   c) der Verdunstung von Wasser in eine Stickstoff-Atmosphäre?

7.2 Man skizziere ein Dampfdruckdiagramm für ein ideales System aus 2 Komponenten, wobei die Komponente 1 die leichter siedende ist!

7.3 Nach welcher Formel berechnet man das chemische Potenzial einer Komponente i in einer idealen Lösung aus dem der reinen Komponente i?

7.4 In einem idealen System bestehend aus 2 Komponenten gilt $p_{s01}/p_{s02} = 2$. Welche der beiden Komponenten reichert sich bei der Destillation im Dampf an?

7.5 Nach welcher Seite verschiebt sich das Gleichgewicht der Gasreaktion

$$CH_4 + H_2O \rightleftharpoons CO + 3\,H_2$$

mit steigendem Druck? (Begründung!)

7.6 Man zeichne schematisch das $t, \dot{H}$- Diagramm eines Gegenstrom-Dampferzeugers und trage den „Pinch" -Punkt ein!

7.7 Man zeichne das Schaltschema einer Gleichgewichtsstufe bei der Absorption!

7.8 Wie lauten die Bedingungen für das mechanische, das thermische und das stoffliche Gleichgewicht zwischen zwei Systemen (1) und (2)?

7.9 Nach welcher Seite verschiebt sich das Gleichgewicht einer exothermen chemischen Reaktion mit steigender Temperatur?

7.10 Welche Aussage macht das Henrysche Gesetz?

7.11 Wie groß sind die Exzessenthalpie und die Exzessentropie einer idealen Lösung?

7.12 Welchen Wert haben die Aktivitäten der Komponenten in einer idealen Lösung?

7.13 Welche drei Bedingungsgleichungen sind im Phasengleichgewicht zwischen den Phasen α und β eines Reinstoffs erfüllt?

7.14 Welche thermodynamische Zustandsgröße beschreibt stoffliche und chemische Ausgleichsprozesse?

7.15 Durch welche Beziehung wird das chemische Potenzial auf früher eingeführte Zustandsgrößen zurückgeführt?

7.16 Was versteht man unter der Kühlgrenztemperatur?

7.17 Was ist eine Gleichgewichtsstufe bei der thermischen Stofftrennung?

7.18 Was ist eine Gleichgewichtstufe bei chemischen Stoffumwandlungen?

7.7 Aufgaben

Aufgabe 7.1

Ein binäres Gemisch, das aus Wasser (1) und Methanol (2) besteht, werde als ideales System betrachtet ($\dot{n}_F = 1$ mol/s).

a) Bei welcher Temperatur siedet dieses Gemisch für $x_1 = x_2 = 0,5$ und $p = 1$ bar?

b) Das Gemisch wird isobar einer stetigen Teilverdampfung unterzogen. Die Austrittstemperatur beträgt 85°C. Man berechne die Zusammensetzung des Produkt- und des Rückstandstromes sowie den Dampfmengenstrom!

Dampfdruckkurve von Methanol:

Temperatur °C	60	65	70	75	80	85	90
Druck bar	0,8465	1,0325	1,2536	1,5111	1,8109	2,1579	2,5576

Aufgabe 7.2

Ein flüssiges Gemisch von $\dot{n}_F = 1$ mol/s, bestehend aus Sauerstoff (1) und Stickstoff (2), mit einem Stickstoff-Stoffmengenanteil von $x_{F,2} = 0,8$ soll zur Weiterverarbeitung in eine Dampfphase mit $x_2'' = 0,9$ und eine im Gleichgewicht dazu stehende Flüssigphase zerlegt werden. Dazu wird das Gemisch isotherm auf einen Druck $p_1 = 1$ bar entspannt und in einem Phasentrenner in eine Dampf- und eine Flüssigphase aufgeteilt. Das Gemisch kann als ideales System betrachtet werden.

a) Welche Temperatur hat der sich bildende Dampf?

b) Welcher Anteil der Gesamtmenge liegt nach der Entspannung dampfförmig vor?

c) Welchen Druck p_1 muss der Feedstrom haben, damit er bei $T = 80$ K gerade siedend ist?

Dampfdruckkurven von Sauerstoff (1) und Stickstoff (2):

	Temperatur K	75	80	85
Sauerstoff (1)	p_{s01} bar	0,1448	0,3003	0,5677
Stickstoff (2)	p_{s02} bar	0,7609	1,369	2,287

Aufgabe 7.3

Ethylen (C_2H_4) und Wasserdampf (H_2O) reagieren in der Gasphase gemäß der nachfolgenden Reaktionsgleichung

$$C_2H_4 + H_2O \rightleftharpoons C_2H_5OH$$

zu Ethanol (C_2H_5OH). Bei einer Temperatur von 500 K beträgt die Gleichgewichtskonstante dieser Reaktion $K = 1,256 \cdot 10^{-2}$. Die Gasphase kann als ideal angesehen werden. Man berechne für eine Ausgangszusammensetzung von 2 mol Ethylen und 1 mol Wasserdampf

a) die Zusammensetzung im chemischen Gleichgewicht bei den Reaktionsbedingungen $T = 500$ K und $p = p^0 = 1,013$ bar,

b) den Druck, der benötigt wird, um bei der gegebenen Reaktionstemperatur 10 mol-% Ethanol im Produktstrom zu erhalten!

Aufgabe 7.4

Die Dissoziationsreaktion von N_2O_4 zu NO_2 wird durch die folgende Reaktionsgleichung beschrieben:

$$N_2O_4 \rightleftharpoons 2\,NO_2 \ .$$

Weiterhin sind folgende Stoffdaten im Standardzustand bei $T_0 = 298,15$ K und $p_0 = 1$ bar gegeben:

$$\Delta h^{f,0}_{N_2O_4} = 9,16 \text{ kJ/mol}; \qquad \Delta h^{f,0}_{NO_2} = 33,18 \text{ kJ/mol} \qquad \text{und}$$

$$s^0_{N_2O_4} = 304,29 \text{ J/mol K}; \qquad s^0_{NO_2} = 240,06 \text{ J/mol K}.$$

Die Reaktion findet im idealen Gaszustand statt.

a) Man berechne die Gaszusammensetzung im Reaktionsgleichgewicht bei $T = 318$ K und $p = 2$ bar, wenn von einer anfänglichen Stoffmenge von $n_{N_2O_4} = 1$ mol N_2O_4 ausgegangen wird. Die Reaktionsenthalpie sei dabei in erster Näherung temperaturunabhängig!

b) Wie verändert sich das Resultat, wenn 10 mol Argon (Ar) als inertes Gas beteiligt sind?

Aufgabe 7.5

In einer Trocknungsanlage wird ein Volumenstrom von $\dot{V}_1 = 1500 \text{ m}^3/\text{h}$ feuchter Luft vom Zustand 1 ($\varphi_1 = 0,8$, $p_1 = 1$ bar, $t_1 = 10°C$) zunächst in einem Wärmeübertrager isobar auf $t_2 = 90°C$ erwärmt. Die erwärmte Luft strömt dann über das zu trocknende Gut und verlässt die Anlage im Zustand 3 mit $p_3 = 990$ mbar, $\varphi_3 = 0,85$ und $t_3 = 55°C$.

a) Man bestimme die Wasserbeladungen x_1 und x_2 sowie die relative Feuchte φ in den Zuständen 1 und 2!

b) Wie groß ist der Massenstrom an trockener Luft?

c) Man bestimme den zuzuführenden Wärmestrom $\dot{Q}_{12}$!

d) Wie groß ist der Massenstrom des Wassers $\dot{m}_W$, der dem zu trocknenden Gut entzogen wird?

Aufgabe 7.6

Für den Naturzug-Nasskühlturm eines Kraftwerkes sind folgende Daten am Auslegungspunkt bekannt:

Elektrische Leistung des Kraftwerks: 950 MW
Generator-Wirkungsgrad: $\eta_{el} = 0,94$
Kühlwasser-Volumenstrom: $\dot{V} = 91,000$ m^3/h
Wassereintrittstemperatur (Kühlturm-Eintritt): 25°C
Wasseraustrittstemperatur (Kühlturm-Austritt): 15°C
Lufteintrittstemperatur: 10°C
Luftaustrittstemperatur: 20°C
Rel. Feuchte Lufteintritt: 60%
Rel. Feuchte Luftaustritt: 95%

Wasserverluste im Kühlwasserkreislauf werden durch Flusswasser mit der Temperatur $t = 15$°C gedeckt.

a) Man berechne den thermischen Wirkungsgrad η_{th} des Kraftwerks!

b) Man berechne den Luftmassenstrom $\dot{m}_L$ des Kühlturms und den erforderlichen Flusswassermassenstrom $\dot{m}_{FW}$!

c) Wieviele Gleichgewichtsstufen werden zur Einstellung der gewünschten Austrittszustände benötigt?

d) Auf welche tiefste Temperatur könnte das Wasser bei dem vorgegebenen Luftzustand unabhängig von den bestehenden Prozessbedingungen abgekühlt werden?

Dichte des Wassers: $\rho = 1000$ g/l

Aufgabe 7.7

Synthesegas wird durch Wasserdampfreformierung von Methan gemäß der Reaktionsgleichung

$$CH_4 + H_2O \rightleftharpoons CO + 3\,H_2$$

erzeugt. Einem isothermen Reaktor wird ein gasförmiges Eduktgemisch von 1 kmol/s Methan und 2 kmol/s Wasserdampf zugeführt und bei einer Reaktortemperatur von $T = 1100$ K und einem Druck von $p = 20$ bar umgesetzt.

a) Man berechne die Gleichgewichtskonstante K der Reaktion!

b) Wie groß ist die Reaktionslaufzahl ξ und die Gleichgewichtszusammensetzung in Stoffmengenanteilen x_i im Produktstrom?

c) Wie groß ist bei diesen Reaktionsbedingungen der Gleichgewichtsumsatz für Methan?

d) Welcher Wärmestrom muss dem Reaktor zugeführt werden?

Edukt- und Produktstrom können als ideale Gasgemische betrachtet werden.

Aufgabe 7.8

Im adiabaten Konverter einer Ammoniakerzeugungsanlage soll Kohlenmonoxid mit Wasser nach der folgenden Reaktionsgleichung zu Wasserstoff und Kohlendioxid umgewandelt werden:

$$CO + H_2O \rightleftharpoons CO_2 + H_2$$

Der Eingangsstrom (0) in den Konverter besteht aus mehreren Komponenten, deren Stoffmengenströme jeweils in mol/s gegeben sind und der unten stehenden Tabelle entnommen werden können. Die Edukte werden dem Konverter bei einer Temperatur $T_{ein} = 500$ K zugeführt, und der bei der Reaktion konstante Druck betrage $p = 30$ bar.

Komponente $\dot{n}_i^{(0)}$	N_2	CO	CO_2	H_2O	H_2
	370	195	145	1250,4	960

Man bestimme die Zusammensetzung des Produktstromes nach Erreichen des Reaktionsgleichgewichtes!
Edukt- und Produktstrom können als ideale Gasgemische betrachtet werden.

Aufgabe 7.9

Eine Salzlösung aus Wasser und Salz ($x_W = 0,95$ und $x_S = 0,05$) siedet bei einer höheren Temperatur als reines Wasser. Im Dampf ist praktisch kein Salz vorhanden.

a) Man bestimme mit Hilfe des Raoultschen Gesetzes für eine Siedetemperatur der Lösung von $100°C$ den Dampfdruck der Komponente Wasser in der Lösung und den Gesamtdruck!
b) Wie groß ist die Siedetemperatur der Lösung bei einem Gesamtdruck von $p = 1,0135$ bar?

Aufgabe 7.10

Man berechne die Gleichgewichtszusammensetzung der Reaktion

$$2\,CO + 4\,H_2 \rightleftharpoons C_2H_5OH + H_2O$$

bei $T = 400$ K und $p = 1$ bar, wenn von einem Ausgangsgemisch von 2 mol CO und 4 mol H_2 ausgegangen wird!

Stoffdaten für Ethanol:

T K	p bar	Δh_V kJ/kmol
298,15	0,081	45000
351,45	1	44360

molare Wärmekapazität im idealen Gaszustand:

- $c_{p,C_2H_5OH}^{ig} = 74$ kJ/(kmol K)

Es sollen darüber hinaus nur die Daten der Tabelle A2 benutzt werden.

Aufgabe 7.11

In einem Kältewerk sind vier Absorptionskältemaschinen installiert mit einer Kälteleistung von insgesamt $\dot{Q}_0 = 4 \cdot 4,5$ MW $= 18$ MW. Eine Absorptionskältemaschine „pumpt" aus dem zu kühlenden Raum unter Aufnahme eines Wärmestroms bei hoher Temperatur einen Wärmestrom (Kälteleistung) bei der Kühlraumtemperatur auf eine höhere Temperatur. Der Antriebs-Wärmestrom der Maschine wird mit einem Sattdampfstrom von $4 \cdot 5,7$ t/h $= 22,8$ t/h bei $p = 8$ bar zugeführt.

a) Welcher Wärmestrom wird den Absorptionskältemaschinen insgesamt zugeführt, wenn das Kondensat des Sattdampfs vor Rückführung in den Dampferzeuger in der Absorptionskältemaschine auf 1 bar entspannt und bis zum Siedezustand abgekühlt wird?
b) Welche Brennstoffleistung ist zur Dampferzeugung erforderlich, wenn der Dampferzeuger einen Kesselwirkungsgrad von $\eta_K = 0,95$ hat?
c) Welcher Wärmestrom muss aus den Absorptionskältemaschinen abgeführt werden?
d) Der unter c) bestimmte Wärmestrom wird vom Kühlwasser aufgenommen, das sich dadurch auf $t_{KW} = 37°C$ erwärmt. Es wird über Verdunstungskühltürme rückgekühlt. Ausgehend von einem sommerlichen Luftzustand von $t_{L1} = 32°C$ und $\varphi_{L1} = 0,4$ berechne man unter Annahme eines Gleichgewichtsprozesses die minimale erreichbare Temperatur des rückgekühlten Kühlwassers, den Massenstrom $\dot{m}_{KW}$ des Kühlwassers und den durch die Verdunstung verlorenen Wasserstrom sowie den erforderlichen trockenen Luftmassenstrom, wenn die Luft gesättigt mit $t_{L2} = 37°C$ aus dem Kühlturm austritt! Der Gesamtdruck beträgt $p = 1$ bar.

Aufgabe 7.12

Für die Methanolherstellung aus Synthesegas gilt die Reaktionsgleichung

$$CO + 2\,H_2 \rightleftharpoons CH_3OH$$

a) Man berechne die Zusammensetzung unter Gleichgewichtsbedingungen bei $T = 500$ K und $p = 30$ bar, wenn die Edukte stöchiometrisch zugeführt werden! Welcher Anteil der Edukte wird umgesetzt?
b) Welcher Druck ist notwendig, damit bei gleicher Temperatur und gleichem Verhältnis der Ausgangsstoffmengen 75 % der Edukte umgesetzt werden?

Stoffdaten von Methanol ($T^0 = 298,15$ K, $p^0 = 1$ bar):

$\Delta h^{f,0}_{CH_3OH}(g) = -201,3$ kJ/mol

$h^{ig}_{CH_3OH}(500\text{ K}) - h^{ig}_{CH_3OH}(T^0) = 10,442$ kJ/mol;

$s^0_{CH_3OH}(g) = 239,9$ kJ/(kmol K)

$s^{ig}_{CH_3OH}(500\text{ K}; p^0) - s^{ig}_{CH_3OH}(T^0; p^0) = 26,398$ kJ/(kmol K)

Anhang A Stoffdaten

Tabelle A1   Eigenschaften von Wasser und Wasserdampf[1]

Tabelle A1.1: Sättigungszustand (Temperaturtafel)

| t | p | spez. Volumen | | innere Energie | | | Enthalpie | | | Entropie | | |
| °C | kPa | v' | v'' | u' | Δu_v | u'' | h' | Δh_v | h'' | s' | Δs_v | s'' |
		m³/kg		kJ/kg			kJ/kg			kJ/kg K		
0,01	0,6113	0,001000	206,14	0,00	2375,3	2375,3	0,01	2501,3	2501,4	0,0000	9,1562	9,1562
5	0,8721	0,001000	147,12	20,97	2361,3	2382,3	20,98	2489,6	2510,6	0,0761	8,9496	9,0257
10	1,2276	0,001000	106,38	42,00	2347,2	2389,2	42,01	2477,7	2519,8	0,1510	8,7498	8,9008
15	1,7051	0,001001	77,93	62,99	2333,1	2396,1	62,99	2465,9	2528,9	0,2245	8,5569	8,7814
20	2,3390	0,001002	57,79	83,95	2319,0	2402,9	83,96	2454,1	2538,1	0,2966	8,3706	8,6672
25	3,1690	0,001003	43,36	104,88	2304,9	2409,8	104,89	2442,3	2547,2	0,3674	8,1905	8,5580
30	4,2460	0,001004	32,89	125,78	2290,8	2416,6	125,79	2430,5	2556,3	0,4369	8,0164	8,4533
35	5,6280	0,001006	25,22	146,67	2276,7	2423,4	146,68	2418,6	2565,3	0,5053	7,8478	8,3531
40	7,3840	0,001008	19,52	167,56	2262,6	2430,1	167,57	2406,7	2574,3	0,5725	7,6845	8,2570
45	9,5930	0,001010	15,26	188,44	2248,4	2436,8	188,45	2394,8	2583,2	0,6387	7,5261	8,1648
50	12,3490	0,001012	12,03	209,32	2234,2	2443,5	209,33	2382,7	2592,1	0,7038	7,3725	8,0763
55	15,7580	0,001015	9,568	230,21	2219,9	2450,1	230,23	2370,7	2600,9	0,7679	7,2234	7,9913
60	19,9400	0,001017	7,671	251,11	2205,5	2456,6	251,13	2358,5	2609,6	0,8312	7,0784	7,9069
65	25,0300	0,001020	6,197	272,02	2191,1	2463,1	272,06	2346,2	2618,3	0,8935	6,9375	7,8310
70	31,1900	0,001023	5,042	292,95	2176,6	2469,6	292,98	2333,8	2626,8	0,9549	6,8004	7,7553
75	38,5800	0,001026	4,131	313,90	2162,0	2475,9	313,93	2321,4	2635,3	1,0155	6,6669	7,6824
80	47,3900	0,001029	3,407	334,86	2147,4	2482,2	334,91	2308,8	2643,7	1,0753	6,5369	7,6122
85	57,8300	0,001033	2,828	355,84	2132,6	2488,4	355,90	2296,0	2651,9	1,1343	6,4102	7,5445
90	70,1400	0,001036	2,361	376,85	2117,7	2494,5	376,92	2283,2	2660,1	1,1925	6,2866	7,4791
95	84,5500	0,001040	1,982	397,88	2102,7	2500,6	397,96	2270,2	2668,1	1,2500	6,1659	7,4159

Sättigungszustand (Temperaturtafel) (Fortsetzung)

t	p	spez. Volumen		innere Energie			Enthalpie			Entropie		
		v'	v''	u'	Δu_v	u''	h'	Δh_v	h''	s'	Δs_v	s''
°C	MPa	m³/kg		kJ/kg			kJ/kg			kJ/kg K		
100	0,10135	0,001044	1,6729	418,94	2087,6	2506,5	419,04	2257,0	2676,1	1,3069	6,0480	7,3549
105	0,12082	0,001048	1,4194	440,02	2072,3	2512,4	440,15	2243,7	2683,8	1,3630	5,9328	7,2958
110	0,14327	0,001052	1,2102	461,14	2057,0	2518,1	461,30	2230,2	2691,5	1,4185	5,8202	7,2387
115	0,16906	0,001056	1,0366	482,30	2041,4	2523,7	482,48	2216,5	2699,0	1,4734	5,7100	7,1833
120	0,19853	0,001060	0,8919	503,50	2025,8	2529,3	503,71	2202,6	2706,3	1,5276	5,6020	7,1296
125	0,2321	0,001065	0,7706	524,74	2009,9	2534,6	524,99	2188,5	2713,5	1,5813	5,4962	7,0775
130	0,2701	0,001070	0,6685	546,02	1993,9	2539,9	546,31	2174,2	2720,5	1,6344	5,3925	7,0269
135	0,3130	0,001075	0,5822	567,35	1977,7	2545,0	567,69	2159,6	2727,3	1,6870	5,2907	6,9777
140	0,3613	0,001080	0,5089	588,74	1961,3	2550,0	589,13	2144,7	2733,9	1,7391	5,1908	6,9299
145	0,4154	0,001085	0,4463	610,18	1944,7	2554,9	610,63	2129,6	2740,3	1,7907	5,0926	6,8833
150	0,4758	0,001091	0,3928	631,68	1927,9	2559,5	632,20	2114,3	2746,5	1,8418	4,9960	6,8379
155	0,5431	0,001096	0,3468	653,24	1910,8	2564,1	653,84	2098,6	2752,4	1,8925	4,9010	6,7935
160	0,6178	0,001102	0,3071	674,87	1893,5	2568,4	675,55	2082,6	2758,1	1,9427	4,8075	6,7502
165	0,7005	0,001108	0,2727	696,56	1876,0	2572,5	697,34	2066,2	2763,5	1,9925	4,7153	6,7078
170	0,7917	0,001114	0,2428	718,33	1858,1	2576,5	719,21	2049,5	2768,7	2,0419	4,6244	6,6663
175	0,8920	0,001121	0,2168	740,17	1840,0	2580,2	741,17	2032,4	2773,6	2,0909	4,5347	6,6256
180	1,0021	0,001127	0,19405	762,09	1821,6	2583,7	763,22	2015,0	2778,2	2,1396	4,4461	6,5857
185	1,1227	0,001134	0,17409	784,10	1802,9	2587,0	785,37	1997,1	2782,4	2,1879	4,3586	6,5465
190	1,2544	0,001141	0,15654	806,19	1783,8	2590,0	807,62	1978,8	2786,4	2,2359	4,2720	6,5079
195	1,3978	0,001149	0,14105	828,37	1764,4	2592,8	829,98	1960,0	2790,0	2,2835	4,1863	6,4698
200	1,5538	0,001157	0,12736	850,65	1744,7	2595,3	852,45	1940,7	2793,2	2,3309	4,1014	6,4323
205	1,7230	0,001164	0,11521	873,04	1724,5	2597,5	875,04	1921,0	2796,0	2,3780	4,0172	6,3952
210	1,9062	0,001173	0,10441	895,53	1703,9	2599,5	897,76	1900,7	2798,5	2,4248	3,9337	6,3585

Sättigungszustand (Temperaturtafel) (Fortsetzung)

| t | p | spez. Volumen | | innere Energie | | | Enthalpie | | | Entropie | | |
| °C | MPa | v' | v'' | u' | Δu_v | u'' | h' | Δh_v | h'' | s' | Δs_v | s'' |
		m³/kg		kJ/kg			kJ/kg			kJ/kg K		
215	2,1040	0,001181	0,09479	918,14	1682,9	2601,1	920,62	1879,9	2800,5	2,4714	3,8507	6,3221
220	2,3180	0,001190	0,08619	940,87	1661,5	2602,4	943,62	1858,5	2802,1	2,5178	3,7683	6,2861
225	2,5480	0,001199	0,07849	963,73	1639,6	2603,3	966,78	1836,5	2803,3	2,5639	3,6863	6,2503
230	2,7950	0,001209	0,07158	986,74	1617,2	2603,9	990,12	1813,8	2804,0	2,6099	3,6047	6,2146
235	3,0600	0,001219	0,06537	1009,89	1594,2	2604,1	1013,62	1790,5	2804,2	2,6558	3,5233	6,1791
240	3,3440	0,001229	0,05976	1033,21	1570,8	2604,0	1037,32	1766,5	2803,8	2,7015	3,4422	6,1437
245	3,6480	0,001240	0,05471	1056,71	1546,7	2603,4	1061,23	1741,7	2803,0	2,7472	3,3612	6,1083
250	3,9730	0,001251	0,05013	1080,39	1522,0	2602,4	1085,36	1716,2	2801,5	2,7927	3,2802	6,0730
255	4,3190	0,001263	0,04598	1104,28	1496,7	2600,9	1109,73	1689,8	2799,5	2,8383	3,1992	6,0375
260	4,6880	0,001276	0,04221	1128,39	1470,6	2599,0	1134,37	1662,5	2796,9	2,8838	3,1181	6,0019
265	5,0810	0,001289	0,03877	1152,74	1443,9	2596,6	1159,28	1634,4	2793,6	2,9294	3,0368	5,9662
270	5,4990	0,001302	0,03564	1177,36	1416,3	2593,7	1184,51	1605,2	2789,7	2,9751	2,9551	5,9301
275	5,9420	0,001317	0,03279	1202,25	1387,9	2590,2	1210,07	1574,9	2785,0	3,0208	2,8730	5,8938
280	6,4120	0,001332	0,03017	1227,46	1358,7	2586,1	1235,99	1543,6	2779,6	3,0668	2,7903	5,8571
285	6,9090	0,001348	0,02777	1253,00	1328,4	2581,4	1262,31	1511,0	2773,3	3,1130	2,7070	5,8199
290	7,4360	0,001366	0,02557	1278,92	1297,1	2576,0	1289,07	1477,1	2766,2	3,1594	2,6227	5,7821
295	7,9930	0,001384	0,02354	1305,20	1264,7	2569,9	1316,30	1441,8	2758,1	3,2062	2,5375	5,7437
300	8,5810	0,001404	0,02167	1332,00	1231,0	2563,0	1344,00	1404,9	2749,0	3,2534	2,4511	5,7045
305	9,2020	0,001425	0,019948	1359,30	1195,9	2555,2	1372,40	1366,4	2738,7	3,3010	2,3633	5,6643
310	9,8560	0,001447	0,018350	1387,10	1159,4	2546,4	1401,30	1326,0	2727,3	3,3493	2,2737	5,6230
315	10,547	0,001472	0,016867	1415,50	1121,1	2536,6	1431,00	1283,5	2714,5	3,3982	2,1821	5,5804
320	11,274	0,001499	0,015488	1444,60	1080,9	2525,5	1461,50	1238,6	2700,1	3,4480	2,0882	5,5362
330	12,845	0,001561	0,012996	1505,30	993,7	2498,9	1525,30	1140,6	2665,9	3,5507	1,8909	5,4417

Sättigungszustand (Temperaturtafel) (Fortsetzung)

t	p	spez. Volumen		innere Energie			Enthalpie			Entropie		
		v'	v''	u'	Δu_V	u''	h'	Δh_V	h''	s'	Δs_V	s''
°C	MPa	m³/kg		kJ/kg			kJ/kg			kJ/kg K		
340	14,586	0,001638	0,010797	1570,30	894,3	2464,6	1594,20	1027,9	2622,0	3,6594	1,6763	5,3357
350	16,513	0,001740	0,008813	1641,90	776,6	2418,4	1670,60	893,4	2563,9	3,7777	1,4335	5,2112
360	18,651	0,001893	0,006945	1725,20	626,3	2351,5	1760,50	720,5	2481,0	3,9147	1,1379	5,0526
370	21,030	0,002213	0,004925	1844,00	384,5	2228,5	1890,50	441,6	2332,1	4,1106	0,6865	4,7971
374,14	22,090	0,003155	0,003155	2029,60	0,0	2029,6	2099,30	0,0	2099,3	4,4298	0,0000	4,4298

[1] Die Eigenschaften von Wasser und Wasserdampf werden in unregelmäßigem Abstand durch neue Messungen und Korrelationen neu formuliert, Die hier aufgeführten Daten wurden übernommen von J.H. Keenan, F.G. Keyes, P.G. Hill und J.G. Moore: Steam-Tables John Wiley and Sons, 1978. Die Unterschiede zu anderen Tabellierungen sind für die Zwecke dieses Buches unbedeutend.

Tabelle A1.2: Sättigungszustand (Drucktafel)

p	t	spez. Volumen		innere Energie			Enthalpie			Entropie		
		v'	v''	u'	Δu_v	u''	h'	Δh_v	h''	s'	Δs_v	s''
kPa	°C	m³/kg		kJ/kg			kJ/kg			kJ/kg K		
0,6113	0,01	0,001000	206,14	0,00	2375,3	2375,3	0,01	2501,3	2501,4	0,0000	9,1562	9,1562
1,0	6,98	0,001000	129,21	29,30	2355,7	2385,0	29,30	2484,9	2514,2	0,1059	8,8697	8,9756
1,5	13,03	0,001001	87,98	54,71	2338,6	2393,3	54,71	2470,6	2525,3	0,1957	8,6322	8,8279
2,0	17,50	0,001001	67,00	73,48	2326,0	2399,5	73,48	2460,0	2533,5	0,2607	8,4629	8,7237
2,5	21,08	0,001002	54,25	88,48	2315,9	2404,4	88,49	2451,6	2540,0	0,3120	8,3311	8,6432
3,0	24,08	0,001003	45,67	101,04	2307,5	2408,5	1C1,05	2444,5	2545,5	0,3545	8,2231	8,5776
4,0	28,96	0,001004	34,80	121,45	2293,7	2415,2	121,46	2432,9	2554,4	0,4226	8,0520	8,4746
5,0	32,88	0,001005	28,19	137,81	2282,7	2420,5	137,82	2423,7	2561,5	0,4764	7,9187	8,3951
7,5	40,29	0,001008	19,24	168,78	2261,7	2430,5	168,79	2406,0	2574,8	0,5764	7,6750	8,2515
10,0	45,81	0,001010	14,67	191,82	2246,1	2437,9	191,83	2392,8	2584,7	0,6493	7,5009	8,1502
15,0	53,97	0,001014	10,02	225,92	2222,8	2448,7	225,94	2373,1	2599,1	0,7549	7,2536	8,0085
20,0	60,06	0,001017	7,649	251,38	2205,4	2456,7	251,40	2358,3	2609,7	0,8320	7,0766	7,9085
25,0	64,97	0,001020	6,204	271,90	2191,2	2463,1	271,93	2346,3	2618,2	0,8931	6,9383	7,8314
30,0	69,10	0,001022	5,229	289,20	2179,2	2468,4	289,23	2336,1	2625,3	0,9439	6,8247	7,7686
40,0	75,87	0,001027	3,993	317,53	2159,5	2477,0	317,58	2319,2	2636,8	1,0259	6,6441	7,6700

Sättigungszustand (Drucktafel) (Fortsetzung)

p MPa	t °C	spez. Volumen v' m³/kg	v''	innere Energie u'	Δu_v kJ/kg	u''	Enthalpie h'	Δh_v kJ/kg	h''	Entropie s'	Δs_v kJ/kg K	s''
0,050	81,33	0,001030	3,240	340,44	2143,4	2483,9	340,49	2305,4	2645,9	1,0910	6,5029	7,5939
0,075	91,78	0,001037	2,217	384,31	2112,4	2496,7	384,39	2278,6	2663,0	1,2130	6,2434	7,4564
0,100	99,63	0,001043	1,6940	417,36	2088,7	2506,1	417,46	2258,0	2675,5	1,3026	6,0568	7,3594
0,125	105,99	0,001048	1,3749	444,19	2069,3	2513,5	444,32	2241,0	2685,4	1,3740	5,9104	7,2844
0,150	111,37	0,001053	1,1593	466,94	2052,7	2519,7	467,11	2226,5	2693,6	1,4336	5,7897	7,2233
0,175	116,06	0,001057	1,0036	486,80	2038,1	2524,9	486,99	2213,6	2700,6	1,4849	5,6868	7,1717
0,200	120,23	0,001061	0,8857	504,49	2025,0	2529,5	504,70	2201,9	2706,7	1,5301	5,5970	7,1271
0,225	124,00	0,001064	0,7933	520,47	2013,1	2533,6	520,72	2191,3	2712,1	1,5706	5,5173	7,0878
0,250	127,44	0,001067	0,7187	535,10	2002,1	2537,2	535,37	2181,5	2716,9	1,6072	5,4455	7,0527
0,275	130,60	0,001070	0,6573	548,59	1991,9	2540,5	548,89	2172,4	2721,3	1,6408	5,3801	7,0209
0,300	133,55	0,001073	0,6058	561,15	1982,4	2543,6	561,47	2163,8	2725,3	1,6718	5,3201	6,9919
0,325	136,30	0,001076	0,5620	572,90	1973,5	2546,4	573,25	2155,8	2729,0	1,7006	5,2646	6,9652
0,350	138,88	0,001079	0,5243	583,95	1965,0	2548,9	584,33	2148,1	2732,4	1,7275	5,2130	6,9405
0,375	141,32	0,001081	0,4914	594,40	1956,9	2551,3	594,81	2140,8	2735,6	1,7528	5,1647	6,9175
0,40	143,63	0,001084	0,4625	604,31	1949,3	2553,6	604,74	2133,8	2738,6	1,7766	5,1193	6,8959
0,45	147,93	0,001088	0,4140	622,77	1934,9	2557,6	623,25	2120,7	2743,9	1,8207	5,0359	6,8565
0,50	151,86	0,001093	0,3749	639,68	1921,6	2561,2	640,23	2108,5	2748,7	1,8607	4,9606	6,8213
0,55	155,48	0,001097	0,3427	655,32	1909,2	2564,5	655,93	2097,0	2753,0	1,8973	4,8920	6,7893
0,60	158,85	0,001101	0,3157	669,90	1897,5	2567,4	670,56	2086,3	2756,8	1,9312	4,8288	6,7600
0,65	162,01	0,001104	0,2927	683,56	1886,5	2570,1	684,28	2076,0	2760,3	1,9627	4,7703	6,7331
0,70	164,97	0,001108	0,2729	696,44	1876,1	2572,5	697,22	2066,3	2763,5	1,9922	4,7158	6,7080
0,75	167,78	0,001112	0,2556	708,64	1866,1	2574,7	709,47	2057,0	2766,4	2,0200	4,6647	6,6847
0,80	170,43	0,001115	0,2404	720,22	1856,6	2576,8	721,11	2048,0	2769,1	2,0462	4,6166	6,6628

Sättigungszustand (Drucktafel) (Fortsetzung)

p	t	spez. Volumen		innere Energie			Enthalpie			Entropie		
MPa	°C	v'	v''	u'	Δu_v	u''	h'	Δh_v	h''	s'	Δs_v	s''
		m³/kg		kJ/kg			kJ/kg			kJ/kg K		
0,85	172,96	0,001118	0,2270	731,27	1847,4	2578,7	732,22	2039,4	2771,6	2,0710	4,5711	6,6421
0,90	175,38	0,001121	0,2150	741,83	1838,6	2580,5	742,83	2031,1	2773,9	2,0946	4,5280	6,6226
0,95	177,69	0,001124	0,2042	751,95	1830,2	2582,1	753,02	2023,1	2776,1	2,1172	4,4869	6,6041
1,00	179,91	0,001127	0,19444	761,68	1822,0	2583,6	762,81	2015,3	2778,1	2,1387	4,4478	6,5865
1,10	184,09	0,001133	0,17753	780,09	1806,3	2586,4	781,34	2000,4	2781,7	2,1792	4,3744	6,5536
1,20	187,99	0,001139	0,16333	797,29	1791,5	2588,8	798,65	1986,2	2784,8	2,2166	4,3067	6,5233
1,30	191,64	0,001144	0,15125	813,44	1777,5	2591,0	814,93	1972,7	2787,6	2,2515	4,2438	6,4953
1,40	195,07	0,001149	0,14084	828,70	1764,1	2592,8	830,30	1959,7	2790,0	2,2842	4,1850	6,4693
1,50	198,32	0,001154	0,13177	843,16	1751,3	2594,5	844,89	1947,3	2792,2	2,3150	4,1298	6,4448
1,75	205,76	0,001166	0,11349	876,46	1721,4	2597,8	878,50	1917,9	2796,4	2,3851	4,0044	6,3896
2,00	212,42	0,001177	0,09963	906,44	1693,8	2600,3	908,79	1890,7	2799,5	2,4474	3,8935	6,3409
2,25	218,45	0,001187	0,08875	933,83	1668,2	2602,0	936,49	1865,2	2801,7	2,5035	3,7937	6,2972
2,5	223,99	0,001197	0,07998	959,11	1644,0	2603,1	962,11	1841,0	2803,1	2,5547	3,7028	6,2575
3,0	233,90	0,001217	0,06668	1004,78	1599,3	2604,1	1008,42	1795,7	2804,2	2,6457	3,5412	6,1869
3,5	242,60	0,001235	0,05707	1045,43	1558,3	2603,7	1049,75	1753,7	2803,4	2,7253	3,4000	6,1253
4	250,40	0,001252	0,04978	1082,31	1520,0	2602,3	1087,31	1714,1	2801,4	2,7964	3,2737	6,0701
5	263,99	0,001286	0,03944	1147,81	1449,3	2597,1	1154,23	1640,1	2794,3	2,9202	3,0532	5,9734
6	275,64	0,001319	0,03244	1205,44	1384,3	2589,7	1213,35	1571,0	2784,3	3,0267	2,8625	5,8892
7	285,88	0,001351	0,02737	1257,55	1323,0	2580,5	1267,00	1505,1	2772,1	3,1211	2,6922	5,8133
8	295,06	0,001384	0,02352	1305,57	1264,2	2569,8	1316,64	1441,3	2758,0	3,2068	2,5364	5,7432
9	303,40	0,001418	0,02048	1350,51	1207,3	2557,8	1363,26	1378,9	2742,1	3,2858	2,3915	5,6772
10	311,06	0,001452	0,01803	1393,04	1151,4	2544,4	1407,56	1317,1	2724,7	3,3596	2,2544	5,6141
11	318,15	0,001489	0,01599	1433,70	1096,0	2529,8	1450,10	1255,5	2705,6	3,4295	2,1233	5,5527

Sättigungszustand (Drucktafel) (Fortsetzung)

p MPa	t °C	spez. Volumen v' m³/kg	v''	innere Energie u' kJ/kg	Δu_v	u''	Enthalpie h' kJ/kg	Δh_v	h''	Entropie s' kJ/kg K	Δs_v	s''
12	324,75	0,001527	0,01426	1473,00	1040,7	2513,7	1491,30	1193,6	2684,9	3,4962	1,9962	5,4924
13	330,93	0,001567	0,01278	1511,10	985,0	2496,1	1531,50	1130,7	2662,2	3,5606	1,8718	5,4323
14	336,75	0,001611	0,01149	1548,60	928,2	2476,8	1571,10	1066,5	2637,6	3,6232	1,7485	5,3717
15	342,24	0,001658	0,01034	1585,60	869,8	2455,5	1610,50	1000,0	2610,5	3,6848	1,6249	5,3098
16	347,44	0,001711	0,00931	1622,70	809,0	2431,7	1650,10	930,6	2580,6	3,7461	1,4994	5,2455
17	352,37	0,001770	0,008364	1660,20	744,8	2405,0	1690,30	856,9	2547,2	3,8079	1,3698	5,1777
18	357,06	0,001840	0,007489	1698,90	675,4	2374,3	1732,00	777,1	2509,1	3,8715	1,2329	5,1044
19	361,54	0,001924	0,006657	1739,90	598,1	2338,1	1776,50	688,0	2464,5	3,9388	1,0839	5,0228
20	365,81	0,002036	0,005834	1785,60	507,5	2293,0	1826,30	583,4	2409,7	4,0139	0,9130	4,9269
21	369,89	0,002207	0,004952	1842,10	388,5	2230,6	1888,40	446,2	2334,6	4,1075	0,6938	4,8013
22	373,80	0,002742	0,003568	1961,90	125,2	2087,1	2022,20	143,4	2165,6	4,3110	0,2216	4,5327
22,09	374,14	0,003155	0,003155	2029,60	0,0	2029,6	2099,30	0,0	2099,3	4,4298	0,0000	4,4298

Tabelle A1.3: Überhitzter Dampf

t °C	p = 0,01 MPa, t_s = 45,81°C v'' / v (m³/kg)	u'' / u (kJ/kg)	h'' / h (kJ/kg)	s'' / s (kJ/kg K)	p = 0,05 MPa, t_s = 81,33°C v'' / v (m³/kg)	u'' / u (kJ/kg)	h'' / h (kJ/kg)	s'' / s (kJ/kg K)	p = 0,10 MPa, t_s = 99,63°C v'' / v (m³/kg)	u'' / u (kJ/kg)	h'' / h (kJ/kg)	s'' / s (kJ/kg K)
(sat.)	14,674	2437,9	2584,7	8,1502	3,240	2483,9	2645,9	7,5939	1,6940	2506,1	2675,5	7,3594
50	14,869	2443,9	2592,6	8,1749								
100	17,196	2515,5	2687,5	8,4479	3,418	2511,6	2682,5	7,6947	1,6958	2506,7	2676,2	7,3614
150	19,512	2587,9	2783	8,6882	3,889	2585,6	2780,1	7,9401	1,9364	2582,8	2776,4	7,6134
200	21,825	2661,3	2879,5	8,9038	4,356	2659,9	2877,7	8,158	2,172	2658,1	2875,3	7,8343

Überhitzter Dampf (Fortsetzung)

Obere Fortsetzung (Temperaturen 250 – 1000 °C, drei Druckspalten):

t / °C	v m³/kg	u kJ/kg	h kJ/kg	s kJ/kg K	v m³/kg	u kJ/kg	h kJ/kg	s kJ/kg K	v m³/kg	u kJ/kg	h kJ/kg	s kJ/kg K
250	24,136	2736	2977,3	9,1002	4,82	2735	2976	8,3556	2,406	2733,7	2974,3	8,0333
300	26,445	2812,1	3076,5	9,2813	5,284	2811,3	3075,5	8,5373	2,639	2810,4	3074,3	8,2158
400	31,063	2968,9	3279,6	9,6077	6,209	2968,5	3278,9	8,8642	3,103	2967,9	3278,2	8,5435
500	35,679	3132,3	3489,1	9,8978	7,134	3132	3488,7	9,1546	3,565	3131,6	3488,1	8,8342
600	40,295	3302,5	3705,4	10,1608	8,057	3302,2	3705,1	9,4178	4,028	3301,9	3704,7	9,0976
700	44,911	3479,6	3928,7	10,4028	8,981	3479,4	3928,5	9,6599	4,49	3479,2	3928,2	9,3398
800	49,526	3663,8	4159	10,6281	9,904	3663,6	4158,9	9,8852	4,952	3663,5	4158,6	9,5652
900	54,141	3855	4396,4	10,8396	10,828	3854,9	4396,3	10,0967	5,414	3854,8	4396,1	9,7767
1000	58,757	4053	4640,6	11,0393	11,751	4052,9	4640,5	10,2964	5,875	4052,8	4640,3	9,9764

Untere Druckspalten:

t / °C	p = 0,2 MPa, t_s = 120,23 °C				p = 0,3 MPa, t_s = 133,55 °C				p = 0,4 MPa, t_s = 143,63 °C			
	v'' 0,8857	u'' 2529,5	h'' 2706,7	s'' 7,1272	v'' 0,6058	u'' 2543,6	h'' 2725,3	s'' 6,9919	v'' 0,4625	u'' 2553,6	h'' 2738,6	s'' 6,8959
	v m³/kg	u kJ/kg	h kJ/kg	s kJ/kg K	v m³/kg	u kJ/kg	h kJ/kg	s kJ/kg K	v m³/kg	u kJ/kg	h kJ/kg	s kJ/kg K
150	0,9596	2576,9	2768,8	7,2795	0,6339	2570,8	2761	7,0778	0,4708	2564,5	2752,8	6,9299
200	1,0803	2654,4	2870,5	7,5066	0,7163	2650,7	2865,6	7,3115	0,5342	2646,8	2860,5	7,1706
250	1,1988	2731,2	2971	7,7086	0,7964	2728,7	2967,6	7,5166	0,5951	2726,1	2964,2	7,3789
300	1,3162	2808,6	3071,8	7,8926	0,8753	2806,7	3069,3	7,7022	0,6548	2804,8	3066,8	7,5662
400	1,5493	2966,7	3276,6	8,2218	1,0315	2965,6	3275	8,033	0,7726	2964,4	3273,4	7,8985
500	1,7814	3130,8	3487,1	8,5133	1,1867	3130	3486	8,3251	0,8893	3129,2	3484,9	8,1913
600	2,013	3301,4	3704	8,777	1,3414	3300,8	3703,2	8,5892	1,0055	3300,2	3702,4	8,4558
700	2,244	3478,8	3927,6	9,0194	1,4957	3478,4	3927,1	8,8319	1,1215	3477,9	3926,5	8,6987
800	2,475	3663,1	4158,2	9,2449	1,6499	3662,9	4157,8	9,0576	1,2372	3662,4	4157,3	8,9244
900	2,706	3854,5	4395,8	9,4566	1,8041	3854,2	4395,4	9,2692	1,3529	3853,9	4395,1	9,1362
1000	2,937	4052,5	4640	9,6563	1,9581	4052,3	4639,7	9,469	1,4685	4052	4639,4	9,336

Überhitzter Dampf (Fortsetzung)

$p = 0,5$ MPa, $t_\mathrm{s} = 151,86°C$

$v'' = 0,3749$ · $u'' = 2561,2$ · $h'' = 2748,7$ · $s'' = 6,8213$

t	v	u	h	s
°C	m³/kg	kJ/kg	kJ/kg	kJ/kg K
200	0,4249	2642,9	2855,4	7,0592
250	0,4744	2723,5	2960,7	7,2709
300	0,5226	2802,9	3064,2	7,4599
350	0,5701	2882,6	3167,7	7,6329
400	0,6173	2963,2	3271,9	7,7938
500	0,7109	3128,4	3483,9	8,0873
600	0,8041	3299,6	3701,7	8,3522
700	0,8969	3477,5	3925,9	8,5952
800	0,9896	3662,1	4156,9	8,8211
900	1,0822	3853,6	4394,7	9,0329
1000	1,1747	4051,8	4639,1	9,2328

$p = 0,6$ MPa, $t_\mathrm{s} = 158,85°C$

$v'' = 0,3157$ · $u'' = 2567,4$ · $h'' = 2756,8$ · $s'' = 6,7600$

t	v	u	h	s
°C	m³/kg	kJ/kg	kJ/kg	kJ/kg K
200	0,352	2638,9	2850,1	6,9665
250	0,3938	2720,9	2957,2	7,1816
300	0,4344	2801	3061,6	7,3724
350	0,4742	2881,2	3165,7	7,5464
400	0,5137	2962,1	3270,3	7,7079
500	0,592	3127,6	3482,8	8,0021
600	0,6697	3299,1	3700,9	8,2674
700	0,7472	3477	3925,3	8,5107
800	0,8245	3661,8	4156,5	8,7367
900	0,9017	3853,4	4394,4	8,9486
1000	0,9788	4051,5	4638,8	9,1485

$p = 0,8$ MPa, $t_\mathrm{s} = 170,43°C$

$v'' = 0,2404$ · $u'' = 2576,8$ · $h'' = 2769,1$ · $s'' = 6,6628$

t	v	u	h	s
°C	m³/kg	kJ/kg	kJ/kg	kJ/kg K
200	0,2608	2630,6	2839,3	6,8158
250	0,2931	2715,5	2950	7,0384
300	0,3241	2797,2	3056,5	7,2328
350	0,3544	2878,2	3161,7	7,4089
400	0,3834	2959,7	3267,1	7,5716
500	0,4433	3126	3480,6	7,8673
600	0,5018	3297,9	3699,4	8,1333
700	0,5601	3476,2	3924,2	8,377
800	0,6181	3661,1	4155,6	8,6033
900	0,6761	3852,8	4393,7	8,8153
1000	0,734	4051	4638,2	9,0153

$p = 1,0$ MPa, $t_\mathrm{s} = 179,91°C$

$v'' = 0,19444$ · $u'' = 2583,6$ · $h'' = 2778,1$ · $s'' = 6,5865$

t	v	u	h	s
°C	m³/kg	kJ/kg	kJ/kg	kJ/kg K
200	0,206	2621,9	2827,9	6,694
250	0,2327	2709,9	2942,6	6,9247
300	0,2579	2793,2	3051,2	7,1229
350	0,2825	2875,2	3157,7	7,3011

$p = 1,2$ MPa, $t_\mathrm{s} = 187,99°C$

$v'' = 0,16333$ · $u'' = 2588,8$ · $h'' = 2784,8$ · $s'' = 6,5233$

t	v	u	h	s
°C	m³/kg	kJ/kg	kJ/kg	kJ/kg K
200	0,1693	2612,8	2815,9	6,5898
250	0,19234	2704,2	2935	6,8294
300	0,2138	2789,2	3045,8	7,0317
350	0,2345	2872,2	3153,6	7,2121

$p = 1,4$ MPa, $t_\mathrm{s} = 195,07°C$

$v'' = 0,14084$ · $u'' = 2592,8$ · $h'' = 2790,0$ · $s'' = 6,4693$

t	v	u	h	s
°C	m³/kg	kJ/kg	kJ/kg	kJ/kg K
200	0,14302	2603,1	2803,3	6,4975
250	0,1635	2698,3	2927,2	6,7467
300	0,18228	2785,2	3040,4	6,9534
350	0,2003	2869,2	3149,5	7,136

Überhitzter Dampf (Fortsetzung)

t	$p = 1{,}6$ MPa, $t_s = 201{,}41°C$				$p = 1{,}8$ MPa, $t_s = 207{,}15°C$				$p = 2{,}0$ MPa, $t_s = 212{,}42°C$			
$°C$	v''	u''	h''	s''	v''	u''	h''	s''	v''	u''	h''	s''
	$\frac{m^3}{kg}$	$\frac{kJ}{kg}$	$\frac{kJ}{kg}$	$\frac{kJ}{kg\,K}$	$\frac{m^3}{kg}$	$\frac{kJ}{kg}$	$\frac{kJ}{kg}$	$\frac{kJ}{kg\,K}$	$\frac{m^3}{kg}$	$\frac{kJ}{kg}$	$\frac{kJ}{kg}$	$\frac{kJ}{kg\,K}$
	0,12380	2596,0	2794,0	6,4218	0,11042	2598,4	2797,1	6,3794	0,09963	2600,3	2799,5	6,3409
225	0,13287	2644,7	2857,3	6,5518	0,11673	2636,6	2846,7	6,4808	0,10377	2628,3	2835,8	6,4147
250	0,14184	2692,3	2919,2	6,6732	0,12497	2686	2911	6,6066	0,11144	2679,6	2902,5	6,5453
300	0,15862	2781,1	3034,8	6,8844	0,14021	2776,9	3029,2	6,8226	0,12547	2772,6	3023,5	6,7664
350	0,17456	2866,1	3145,4	7,0694	0,15457	2863	3141,2	7,01	0,13857	2859,8	3137	6,9563
400	0,19005	2950,1	3254,2	7,2374	0,16847	2947,7	3250,9	7,1794	0,1512	2945,2	3247,6	7,1271
500	0,2203	3119,5	3472	7,539	0,1955	3117,9	3469,8	7,4825	0,17568	3116,2	3467,6	7,4317
600	0,25	3293,3	3693,2	7,808	0,222	3292,1	3691,7	7,7523	0,1996	3290,9	3690,1	7,7024
700	0,2794	3472,7	3919,7	8,0535	0,2482	3471,8	3918,5	7,9983	0,2232	3470,9	3917,4	7,9487
800	0,3086	3658,3	4152,1	8,2808	0,2742	3657,6	4151,2	8,2258	0,2467	3657	4150,3	8,1765
900	0,3377	3850,5	4390,8	8,4935	0,3001	3849,9	4390,1	8,4386	0,27	3849,3	4389,4	8,3895
1000	0,3668	4049	4635,8	8,6938	0,326	4048,5	4635,2	8,6391	0,2933	4048	4634,6	8,5901

Fortsetzung der oberen Drücke:

	v	u	h	s	v	u	h	s	v	u	h	s
400	0,3066	2957,3	3263,9	7,4651	0,2548	2954,9	3260,7	7,3774	0,2178	2952,5	3257,5	7,3026
500	0,3541	3124,4	3478,5	7,7622	0,2946	3122,8	3476,3	7,6759	0,2521	3121,1	3474,1	7,6027
600	0,4011	3296,8	3697,9	8,029	0,3339	3295,6	3696,3	7,9435	0,286	3294,4	3694,8	7,871
700	0,4478	3475,3	3923,1	8,2731	0,3729	3474,4	3922	8,1881	0,3195	3473,6	3920,8	8,116
800	0,4943	3660,4	4154,7	8,4996	0,4118	3659,7	4153,8	8,4148	0,3528	3659	4153	8,3431
900	0,5407	3852,2	4392,9	8,7118	0,4505	3851,6	4392,2	8,6272	0,3861	3851,1	4391,5	8,5556
1000	0,5871	4050,5	4637,6	8,9119	0,4892	4050	4637	8,8274	0,4192	4049,5	4636,4	8,7559

Überhitzter Dampf (Fortsetzung)

$p = 2,5$ MPa, $t_s = 223,99°C$

t °C	v m³/kg	u kJ/kg	h kJ/kg	s kJ/kg K
(v'', u'', h'', s'')	0,07998	2603,1	2803,1	6,2575
225	0,08027	2605,6	2806,3	6,2639
250	0,087	2662,6	2880,1	6,4085
300	0,0989	2761,6	3008,8	6,6438
350	0,10976	2851,9	3126,3	6,8403
400	0,1201	2939,1	3239,3	7,0148
450	0,13014	3025,5	3350,8	7,1746
500	0,13998	3112,1	3462,1	7,3234
600	0,1593	3288	3686,3	7,596
700	0,17832	3468,7	3914,5	7,8435
800	0,19716	3655,3	4148,2	8,072
900	0,2159	3847,9	4387,6	8,2853
1000	0,2346	4046,7	4633,1	8,4861

$p = 3,0$ MPa, $t_s = 233,90°C$

t °C	v m³/kg	u kJ/kg	h kJ/kg	s kJ/kg K
(v'', u'', h'', s'')	0,06668	2604,1	2804,2	6,1869
250	0,07058	2644	2855,8	6,2872
300	0,08114	2750,1	2993,5	6,539
350	0,09053	2843,7	3115,3	6,7428
400	0,09936	2932,8	3230,9	6,9212
450	0,10787	3020,4	3344	7,0834
500	0,11619	3108	3456,5	7,2338
600	0,13243	3285	3682,3	7,5085
700	0,14838	3466,5	3911,7	7,7571
800	0,16414	3653,5	4145,9	7,9862
900	0,1798	3846,5	4385,9	8,1999
1000	0,19541	4045,4	4631,6	8,4009

$p = 3,5$ MPa, $t_s = 242,60°C$

t °C	v m³/kg	u kJ/kg	h kJ/kg	s kJ/kg K
(v'', u'', h'', s'')	0,05707	2603,7	2803,4	6,1253
250	0,05872	2623,7	2829,2	6,1749
300	0,06842	2738	2977,5	6,4461
350	0,07678	2835,3	3104	6,6579
400	0,08453	2926,4	3222,3	6,8405
450	0,09196	3015,3	3337,2	7,0052
500	0,09918	3103	3450,9	7,1572
600	0,11324	3282,1	3678,4	7,4339
700	0,12699	3464,3	3908,8	7,6837
800	0,14056	3651,8	4143,7	7,9134
900	0,15402	3845	4384,1	8,1276
1000	0,16743	4044,1	4630,1	8,3288

$p = 4,0$ MPa, $t_s = 250,40°C$

t °C	v m³/kg	u kJ/kg	h kJ/kg	s kJ/kg K
(v'', u'', h'', s'')	0,04978	2602,3	2801,4	6,0701
275	0,05457	2667,9	2886,2	6,2285
300	0,05884	2725,3	2960,7	6,3615
350	0,06645	2826,7	3092,5	6,5821

$p = 4,5$ MPa, $t_s = 257,49°C$

t °C	v m³/kg	u kJ/kg	h kJ/kg	s kJ/kg K
(v'', u'', h'', s'')	0,04406	2600,1	2798,3	6,0198
275	0,0473	2650,3	2863,2	6,1401
300	0,05135	2712	2943,1	6,2828
350	0,0584	2817,8	3080,6	6,5131

$p = 5,0$ MPa, $t_s = 263,99°C$

t °C	v m³/kg	u kJ/kg	h kJ/kg	s kJ/kg K
(v'', u'', h'', s'')	0,03944	2597,1	2794,3	5,9734
275	0,04141	2631,3	2838,3	6,0544
300	0,04532	2698	2924,5	6,2084
350	0,05194	2808,7	3068,4	6,4493

Überhitzter Dampf (Fortsetzung)

t °C	$p = 6,0$ MPa, $t_s = 275,64°C$				$p = 7,0$ MPa, $t_s = 285,88°C$				$p = 8,0$ MPa, $t_s = 295,06°C$			
	v'' m³/kg	u kJ/kg	h'' kJ/kg	s'' kJ/kg K	v'' m³/kg	u kJ/kg	h'' kJ/kg	s'' kJ/kg K	v'' m³/kg	u'' kJ/kg	h'' kJ/kg	s'' kJ/kg K
	0,03244	2589,7	2784,3	5,8892	0,02737	2580,5	2772,1	5,8133	0,02352	2569,1	2758,0	5,7432
	v m³/kg	u kJ/kg	h kJ/kg	s kJ/kg K	v m³/kg	u kJ/kg	h kJ/kg	s kJ/kg K	v m³/kg	u kJ/kg	h kJ/kg	s kJ/kg K
300	0,03616	2667,2	2884,2	6,0674	0,02947	2632,2	2838,4	5,9305	0,02426	2590,9	2785	5,7906
350	0,04223	2789,6	3043	6,3335	0,03524	2769,4	3016	6,2283	0,02995	2747,7	2987,3	6,1301
400	0,04739	2892,9	3177,2	6,5408	0,03993	2878,6	3158,1	6,4478	0,03432	2863,8	3138,3	6,3634
450	0,05214	2988,9	3301,8	6,7193	0,04416	2978	3287,1	6,6327	0,03817	2966,7	3272	6,5551
500	0,05665	3082,2	3422,2	6,8803	0,04814	3073,4	3410,3	6,7975	0,04175	3064,3	3398,3	6,724
550	0,06101	3174,6	3540,6	7,0288	0,05195	3167,2	3530,9	6,9486	0,04516	3159,8	3521	6,8778
600	0,06525	3266,9	3658,4	7,1677	0,05565	3260,7	3650,3	7,0894	0,04845	3254,4	3642	7,0206
700	0,07352	3453,1	3894,2	7,4234	0,06283	3448,5	3888,3	7,3476	0,05481	3443,9	3882,4	7,2812
800	0,0816	3643,1	4132,7	7,6566	0,06981	3639,5	4128,2	7,5822	0,06097	3636	4123,8	7,5173
900	0,08958	3837,8	4375,3	7,8727	0,07669	3835	4371,8	7,7991	0,06702	3832,1	4368,3	7,7351
1000	0,09749	4037,8	4622,7	8,0751	0,0835	4035,3	4619,8	8,002	0,07301	4032,8	4616,9	7,9384

Fortsetzung der vorhergehenden Seite (gleiche Drücke $p = 6,0$ / $7,0$ / $8,0$ MPa):

t °C	v''	u	h''	s''	v''	u	h''	s''	v''	u	h''	s''
400	0,07341	2919,9	3213,6	6,769	0,06475	2913,3	3204,7	6,7047	0,05781	2906,6	3195,7	6,6459
450	0,08002	3010,2	3330,3	6,9363	0,07074	3005	3323,3	6,8746	0,0633	2999,7	3316,2	6,8186
500	0,08643	3099,5	3445,3	7,0901	0,07651	3095,3	3439,6	7,0301	0,06857	3091	3433,8	6,9759
600	0,09885	3279,1	3674,4	7,3688	0,08765	3276	3670,5	7,311	0,07869	3273	3666,5	7,2589
700	0,11095	3462,1	3905,9	7,6198	0,09847	3459,9	3903	7,5631	0,08849	3457,6	3900,1	7,5122
800	0,12287	3650	4141,5	7,8502	0,10911	3648,3	4139,3	7,7942	0,09811	3646,6	4137,1	7,744
900	0,13469	3843,6	4382,3	8,0647	0,11965	3842,2	4380,6	8,0091	0,10762	3840,7	4378,8	7,9593
1000	0,14645	4042,9	4628,7	8,2662	0,13013	4041,6	4627,2	8,2108	0,11707	4040,4	4625,7	8,1612

Überhitzter Dampf (Fortsetzung)

t °C	$p = 9{,}0$ MPa, $t_s = 303{,}40°C$				$p = 10{,}0$ MPa, $t_s = 311{,}06°C$				$p = 12{,}5$ MPa, $t_s = 327{,}89°C$			
	v'' $\mathrm{m^3/kg}$	u'' $\mathrm{kJ/kg}$	h'' $\mathrm{kJ/kg}$	s'' $\mathrm{kJ/kg\,K}$	v'' $\mathrm{m^3/kg}$	u'' $\mathrm{kJ/kg}$	h'' $\mathrm{kJ/kg}$	s'' $\mathrm{kJ/kg\,K}$	v'' $\mathrm{m^3/kg}$	u'' $\mathrm{kJ/kg}$	h'' $\mathrm{kJ/kg}$	s'' $\mathrm{kJ/kg\,K}$
	0,02048	2557,8	2742,1	5,6772	0,018026	2544,4	2724,7	5,6141	0,013495	2505,1	2673,8	5,4624
	v	u	h	s	v	u	h	s	v	u	h	s
325	0,02327	2646,6	2856	5,8712	0,019861	2610,4	2809,1	5,7568				
350	0,0258	2724,4	2956,6	6,0361	0,02242	2699,2	2923,4	5,9443	0,016126	2624,6	2826,2	5,7118
400	0,02993	2848,4	3117,8	6,2854	0,02641	2832,4	3096,5	6,212	0,02	2789,3	3039,3	6,0417
450	0,0335	2955,2	3256,6	6,4844	0,02975	2943,4	3240,9	6,419	0,02299	2912,5	3199,8	6,2719
500	0,03677	3055,2	3386,1	6,6576	0,03279	3045,8	3373,7	6,5966	0,0256	3021,7	3341,8	6,4618
550	0,03987	3152,2	3511	6,8142	0,03564	3144,6	3500,9	6,7561	0,02801	3125	3475,2	6,629
600	0,04285	3248,1	3633,7	6,9589	0,03837	3241,7	3625,3	6,9029	0,03029	3225,4	3604	6,781
650	0,04574	3343,6	3755,3	7,0943	0,04101	3338,2	3748,2	7,0398	0,03248	3324,4	3730,4	6,9218
700	0,04857	3439,3	3876,5	7,2221	0,04358	3434,7	3870,5	7,1687	0,0346	3422,9	3855,3	7,0536
800	0,05409	3632,5	4119,3	7,4596	0,04859	3628,9	4114,8	7,4077	0,03869	3620	4103,6	7,2965
900	0,0595	3829,2	4364,8	7,6783	0,05349	3826,3	4361,2	7,6272	0,04267	3819,1	4352,5	7,5182
1000	0,06485	4030,3	4614	7,8821	0,05832	4027,8	4611	7,8315	0,04658	4021,6	4603,8	7,7237

t °C	$p = 15{,}0$ MPa, $t_s = 342{,}24°C$				$p = 17{,}5$ MPa, $t_s = 354{,}75°C$				$p = 20{,}0$ MPa, $t_s = 365{,}81°C$			
	v'' $\mathrm{m^3/kg}$	u'' $\mathrm{kJ/kg}$	h'' $\mathrm{kJ/kg}$	s'' $\mathrm{kJ/kg\,K}$	v'' $\mathrm{m^3/kg}$	u'' $\mathrm{kJ/kg}$	h'' $\mathrm{kJ/kg}$	s'' $\mathrm{kJ/kg\,K}$	v'' $\mathrm{m^3/kg}$	u'' $\mathrm{kJ/kg}$	h'' $\mathrm{kJ/kg}$	s'' $\mathrm{kJ/kg\,K}$
	0,010337	2453,3	2610,5	5,3098	0,007920	2390,2	2528,8	5,1419	0,005834	2293,0	2409,7	4,9269
	v	u	h	s	v	u	h	s	v	u	h	s
350	0,01147	2520,4	2692,4	5,4421	0,012447	2685	2902,9	5,7213	0,009942	2619,3	2818,1	5,554
400	0,015649	2740,7	2975,5	5,8811	0,015174	2844,2	3109,7	6,0184	0,012695	2806,2	3060,1	5,9017
450	0,018445	2879,5	3156,2	6,1404								

Überhitzter Dampf (Fortsetzung)

t/°C	v m³/kg	u kJ/kg	h kJ/kg	s kJ/(kg K)	v m³/kg	u kJ/kg	h kJ/kg	s kJ/(kg K)	v m³/kg	u kJ/kg	h kJ/kg	s kJ/(kg K)
500	0,0208	2996,6	3308,6	6,3443	0,017358	2970,3	3274,1	6,2383	0,014768	2942,9	3238,2	6,1401
550	0,02293	3104,7	3448,6	6,5199	0,019288	3083,9	3421,4	6,423	0,016555	3062,4	3393,5	6,3348
600	0,02491	3208,6	3582,3	6,6776	0,02106	3191,5	3560,1	6,5866	0,018178	3174	3537,6	6,5048
650	0,0268	3310,3	3712,3	6,8224	0,02274	3296	3693,9	6,7357	0,019693	3281,4	3675,3	6,6582
700	0,02861	3410,9	3840,1	6,9572	0,02434	3398,7	3824,6	6,8736	0,02113	3386,4	3809	6,7993
800	0,0321	3610,9	4092,4	7,204	0,02738	3601,8	4081,1	7,1244	0,02385	3592,7	4069,7	7,0544
900	0,03546	3811,9	4343,8	7,4279	0,03031	3804,7	4335,1	7,3507	0,02645	3797,5	4326,4	7,283
1000	0,03875	4015,4	4596,6	7,6348	0,03316	4009,3	4589,5	7,5589	0,02897	4003,1	4582,5	7,4925

t/°C	$p = 25,0$ MPa v m³/kg	u kJ/kg	h kJ/kg	s kJ/(kg K)	$p = 30,0$ MPa v m³/kg	u kJ/kg	h kJ/kg	s kJ/(kg K)	$p = 35,0$ MPa v m³/kg	u kJ/kg	h kJ/kg	s kJ/(kg K)
375	0,0019731	1798,7	1848	4,032	0,0017892	1737,8	1791,5	3,9305	0,0017003	1702,9	1762,4	3,8722
400	0,006004	2430,1	2580,2	5,1418	0,00279	2067,4	2151,1	4,4728	0,0021	1914,1	1987,6	4,2126
425	0,007881	2609,2	2806,3	5,4723	0,005303	2455,1	2614,2	5,1504	0,003428	2253,4	2373,4	4,7747
450	0,009162	2720,7	2949,7	5,6744	0,006735	2619,3	2821,4	5,4424	0,004961	2498,7	2672,4	5,1962
500	0,011123	2884,3	3162,4	5,9592	0,008678	2820,7	3081,1	5,7905	0,006927	2751,9	2994,4	5,6282
550	0,012724	3017,5	3335,6	6,1765	0,010168	2970,3	3275,4	6,0342	0,008345	2921	3213	5,9026
600	0,014137	3137,9	3491,4	6,3602	0,011446	3100,5	3443,9	6,2331	0,009527	3062	3395,3	6,1179
650	0,015433	3251,6	3637,4	6,5229	0,012596	3221	3598,9	6,4058	0,010575	3189,8	3559,9	6,301
700	0,016646	3361,3	3777,5	6,6707	0,013661	3335,8	3745,6	6,5606	0,011533	3309,8	3713,5	6,4631
800	0,018912	3574,3	4047,1	6,9345	0,015623	3555,5	4024,2	6,8332	0,013278	3536,7	4001,5	6,745
900	0,021045	3783	4309,1	7,168	0,017448	3768,5	4291,9	7,0718	0,014883	3754	4274,9	6,9886
1000	0,0231	3990	4568,5	7,3802	0,019196	3978,8	4554,7	7,2867	0,01641	3966,7	4541,1	7,2064

Überhitzter Dampf (Fortsetzung)

t °C	p = 40,0 MPa				p = 50,0 MPa				p = 60,0 MPa			
	v m³/kg	u $\frac{kJ}{kg}$	h $\frac{kJ}{kg}$	s $\frac{kJ}{kg\,K}$	v m³/kg	u $\frac{kJ}{kg}$	h $\frac{kJ}{kg}$	s $\frac{kJ}{kg\,K}$	v m³/kg	u $\frac{kJ}{kg}$	h $\frac{kJ}{kg}$	s $\frac{kJ}{kg\,K}$
375	0,0016407	1677,1	1742,8	3,829	0,0015594	1638,6	1716,6	3,7639	0,0015028	1609,4	1699,5	3,7141
400	0,0019077	1854,6	1930,9	4,1135	0,0017309	1788,1	1874,6	4,0031	0,0016335	1745,4	1843,4	3,9318
425	0,002532	2096,9	2198,1	4,5029	0,002007	1959,7	2060	4,2734	0,0018165	1892,7	2001,7	4,1626
450	0,003693	2365,1	2512,8	4,9459	0,002486	2159,6	2284	4,5884	0,002085	2053,9	2179	4,4121
500	0,005622	2678,4	2903,3	5,47	0,003892	2525,5	2720,1	5,1726	0,002956	2390,6	2567,9	4,9321
550	0,006984	2869,7	3149,1	5,7785	0,005118	2763,6	3019,5	5,5485	0,003956	2658,8	2896,2	5,3441
600	0,008094	3022,6	3346,4	6,0114	0,006112	2942	3247,6	5,8178	0,004834	2861,1	3151,2	5,6452
650	0,009063	3158	3520,6	6,2054	0,006966	3093,5	3441,8	6,0342	0,005595	3028,8	3364,5	5,8829
700	0,009941	3283,6	3681,2	6,375	0,007727	3230,5	3616,8	6,2189	0,006272	3177,2	3553,5	6,0824
800	0,011523	3517,8	3978,7	6,6662	0,009076	3479,8	3933,6	6,529	0,007459	3441,5	3889,1	6,4109
900	0,012962	3739,4	4257,9	6,915	0,010283	3710,3	4224,4	6,7882	0,008508	3681	4191,5	6,6805
1000	0,014324	3954,6	4527,6	7,1356	0,011411	3930,5	4501,1	7,0146	0,00948	3906,4	4475,2	6,9127

Tabelle A1.4: Unterkühlte Flüssigkeit

t °C	p = 5,0 MPa, t_s = 263,99°C				p = 10,0 MPa, t_s = 311,06°C				p = 15,0 MPa, t_s = 342,24°C			
	v' m³/kg	u' $\frac{kJ}{kg}$	h' $\frac{kJ}{kg}$	s' $\frac{kJ}{kg\,K}$	v' m³/kg	u' $\frac{kJ}{kg}$	h' $\frac{kJ}{kg}$	s' $\frac{kJ}{kg\,K}$	v' m³/kg	u' $\frac{kJ}{kg}$	h' $\frac{kJ}{kg}$	s' $\frac{kJ}{kg\,K}$
	0,0012859	1147,8	1154,2	2,9202	0,0014524	1393,0	1407,6	3,3596	0,0016581	1585,6	1610,5	3,6848
	v m³/kg	u $\frac{kJ}{kg}$	h $\frac{kJ}{kg}$	s $\frac{kJ}{kg\,K}$	v m³/kg	u $\frac{kJ}{kg}$	h $\frac{kJ}{kg}$	s $\frac{kJ}{kg\,K}$	v m³/kg	u $\frac{kJ}{kg}$	h $\frac{kJ}{kg}$	s $\frac{kJ}{kg\,K}$
0	0,0009977	0,04	5,04	0,0001	0,0009952	0,09	10,04	0,0002	0,0009928	0,15	0,15	0,0004
20	0,0009995	83,65	88,65	0,2956	0,0009972	83,36	93,33	0,2945	0,000995	83,06	97,99	0,2934
40	0,0010056	166,95	171,97	0,5705	0,0010034	166,35	176,38	0,5686	0,0010013	165,76	180,78	0,5666

Unterkühlte Flüssigkeit (Fortsetzung)

t °C	$p = 20{,}0$ MPa v m³/kg	u kJ/kg	h kJ/kg	s kJ/(kg K)	$p = 30{,}0$ MPa v m³/kg	u kJ/kg	h kJ/kg	s kJ/(kg K)	$p = 50{,}0$ MPa v m³/kg	u kJ/kg	h kJ/kg	s kJ/(kg K)
60	0,0010149	250,23	255,3	0,8285	0,0010127	249,36	259,49	0,8258	0,0010105	248,51	263,67	0,8232
80	0,0010268	333,72	338,85	1,072	0,0010245	332,59	342,83	1,0688	0,0010222	331,48	346,81	1,0656
100	0,001041	417,52	422,72	1,303	0,0010385	416,12	426,5	1,2992	0,0010361	414,74	430,28	1,2955
120	0,0010576	501,8	507,09	1,5233	0,0010549	500,08	510,64	1,5189	0,0010522	498,4	514,19	1,5145
140	0,0010768	586,76	592,15	1,7343	0,0010737	584,68	595,42	1,7292	0,0010707	582,66	598,72	1,7242
160	0,0010988	672,62	678,12	1,9375	0,0010953	670,13	681,08	1,9317	0,0010918	667,71	684,09	1,926
180	0,001124	759,63	765,25	2,1341	0,0011199	756,65	767,84	2,1275	0,0011159	753,76	770,5	2,121
200	0,001153	848,1	853,9	2,3255	0,001148	844,5	856	2,3178	0,0011433	841	858,2	2,3104
220	0,0011866	938,4	944,4	2,5128	0,0011805	934,1	945,9	2,5039	0,0011748	929,9	947,5	2,4953
240	0,0012264	1031,4	1037,5	2,6979	0,0012187	1026	1038,1	2,6872	0,0012114	1020,8	1039	2,6771
260	0,0012749	1127,9	1134,3	2,883	0,0012645	1121,1	1133,7	2,8699	0,001255	1114,6	1133,4	2,8576
280					0,0013216	1220,9	1234,1	3,0548	0,0013084	1212,5	1232,1	3,0393
300					0,0013972	1328,4	1342,3	3,2469	0,001377	1316,6	1337,3	3,226
320									0,0014724	1431,1	1453,2	3,4247
340									0,0016311	1567,5	1591,9	3,6546

$p = 20{,}0$ MPa, $t_\mathrm{s} = 365{,}81°C$

	v' m³/kg	u' kJ/kg	h' kJ/kg	s' kJ/(kg K)
	0,002036	1785,6	1826,3	4,0139

t °C	$p = 20{,}0$ MPa v m³/kg	u kJ/kg	h kJ/kg	s kJ/(kg K)	$p = 30{,}0$ MPa v m³/kg	u kJ/kg	h kJ/kg	s kJ/(kg K)	$p = 50{,}0$ MPa v m³/kg	u kJ/kg	h kJ/kg	s kJ/(kg K)
0	0,0009904	0,19	20,01	0,0004	0,0009856	0,25	29,82	0,0001	0,0009766	0,2	49,03	-0,0014
20	0,0009928	82,77	102,62	0,2923	0,0009886	82,17	111,84	0,2899	0,0009804	81	130,02	0,2848
40	0,0009992	165,17	185,16	0,5646	0,0009951	164,04	193,89	0,5607	0,0009872	161,86	211,21	0,5527
60	0,0010084	247,68	267,85	0,8206	0,0010042	246,06	276,19	0,8154	0,0009962	242,98	292,79	0,8052
80	0,0010199	330,4	350,8	1,0624	0,0010156	328,3	358,77	1,0561	0,0010073	324,34	374,7	1,044
100	0,0010337	413,39	434,06	1,2917	0,001029	410,78	441,66	1,2844	0,0010201	405,88	456,89	1,2703

Unterkühlte Flüssigkeit (Fortsetzung)

120	0,0010496	496,76	517,76	1,5102	0,0010445	493,59	524,93	1,5018	0,0010348	487,65	539,39	1,4857
140	0,0010678	580,69	602,04	1,7193	0,0010621	576,88	608,75	1,7098	0,0010515	569,77	622,35	1,6915
160	0,0010885	665,35	687,12	1,9204	0,0010821	660,82	693,28	1,9096	0,0010703	652,41	705,92	1,8891
180	0,001112	750,95	773,2	2,1147	0,0011047	745,59	778,73	2,1024	0,0010912	735,69	790,25	2,0794
200	0,0011388	837,7	860,5	2,3031	0,0011302	831,4	865,3	2,2893	0,0011146	819,7	875,5	2,2634
220	0,0011693	925,9	949,3	2,487	0,001159	918,3	953,1	2,4711	0,0011408	904,7	961,7	2,4419
240	0,0012046	1016	1040	2,6674	0,001192	1006,9	1042,6	2,649	0,0011702	990,7	1049,2	2,6158
260	0,0012462	1108,6	1133,5	2,8459	0,0012303	1097,4	1134,3	2,8243	0,0012034	1078,1	1138,2	2,786
280	0,0012965	1204,7	1230,6	3,0248	0,0012755	1190,7	1229	2,9986	0,0012415	1167,2	1229,3	2,9537
300	0,0013596	1306,1	1333,3	3,2071	0,0013304	1287,9	1327,8	3,1741	0,001286	1258,7	1323	3,12
320	0,0014437	1415,7	1444,6	3,3979	0,0013997	1390,7	1432,7	3,3539	0,0013388	1353,3	1420,2	3,2868
340	0,0015684	1539,7	1571	3,6075	0,001492	1501,7	1546,5	3,5426	0,0014032	1452	1522,1	3,4557
360	0,0018226	1702,8	1739,3	3,8772	0,0016265	1626,6	1675,4	3,7494	0,0014838	1556	1630,2	3,6291
380					0,0018691	1781,4	1837,5	4,0012	0,0015884	1667,2	1746,6	3,8101

Tabelle A1.5: Sublimationszustand

t	p	spez. Volumen		innere Energie			Enthalpie			Entropie		
°C	kPa	$v^S \cdot 10^3$	v''	u^S	Δu_S	u''	h^S	Δh_S	h''	s^S	Δs_S	s''
		m³/kg		kJ/kg			kJ/kg			kJ/kg K		
0,01	0,6113	1,0908	206,1	-333,4	2708,7	2375,3	-333,4	2834,8	2501,4	-1,221	10,377	9,156
0	0,6108	1,0908	206,3	-333,43	2708,8	2375,3	-333,43	2834,8	2501,3	-1,221	10,378	9,157
-2	0,5176	1,0904	241,7	-337,62	2710,2	2372,6	-337,62	2835,3	2497,7	-1,237	10,456	9,219
-4	0,4375	1,0901	283,8	-341,78	2711,6	2369,8	-341,78	2835,7	2494	-1,253	10,536	9,283
-6	0,3689	1,0898	334,2	-345,91	2712,9	2367	-345,91	2836,2	2490,3	-1,268	10,616	9,348
-8	0,3102	1,0894	394,4	-350,02	2714,2	2364,2	-350,02	2836,6	2486,6	-1,284	10,698	9,414
-10	0,2602	1,0891	466,7	-354,09	2715,5	2361,4	-354,09	2837	2482,9	-1,299	10,781	9,481
-12	0,2176	1,0888	553,7	-358,14	2716,8	2358,7	-358,14	2837,3	2479,2	-1,315	10,865	9,55
-14	0,1815	1,0884	658,8	-362,15	2718	2355,9	-362,15	2837,6	2475,5	-1,331	10,95	9,619
-16	0,151	1,0881	786	-366,14	2719,2	2353,1	-366,14	2837,9	2471,8	-1,346	11,036	9,69
-18	0,1252	1,0878	940,5	-370,1	2720,4	2350,3	-370,1	2838,2	2468,1	-1,362	11,123	9,762
-20	0,1035	1,0874	1128,6	-374,03	2721,6	2347,5	-374,03	2838,4	2464,3	-1,377	11,212	9,835
-22	0,0853	1,0871	1358,4	-377,93	2722,7	2344,7	-377,93	2838,6	2460,6	-1,393	11,302	9,909
-24	0,0701	1,0868	1640,1	-381,8	2723,7	2342	-381,8	2838,7	2456,9	-1,408	11,394	9,985
-26	0,0574	1,0864	1986,4	-385,64	2724,8	2339,2	-385,64	2838,9	2453,2	-1,424	11,486	10,062
-28	0,0469	1,0861	2413,7	-389,45	2725,8	2336,4	-389,45	2839	2449,5	-1,439	11,58	10,141
-30	0,0381	1,0858	2943	-393,23	2726,8	2333,6	-393,23	2839	2445,8	-1,455	11,676	10,221
-32	0,0309	1,0854	3600	-396,98	2727,8	2330,8	-396,98	2839,1	2442,1	-1,471	11,773	10,303
-34	0,025	1,0851	4419	-400,71	2728,7	2328	-400,71	2839,1	2438,4	-1,486	11,872	10,386
-36	0,0201	1,0848	5444	-404,4	2729,6	2325,2	-404,4	2839,1	2434,7	-1,501	11,972	10,47
-38	0,0161	1,0844	6731	-408,06	2730,5	2322,4	-408,06	2839	2430,9	-1,517	12,073	10,556
-40	0,0129	1,0841	8354	-411,7	2731,3	2319,6	-411,7	2838,9	2427,2	-1,532	12,176	10,644

Tabelle A2   Daten ausgewählter Stoffe im Standardzustand

Tabelle A2.1. Wärmekapazität c_p^0, Bildungsenthalpie $\Delta h^{f,0}$ und absolute Entropie s^0 ausgewählter Verbindungen im Standardzustand (25°C, 100 kPa)[2,3]

Substanz	Formel	Zustand	M	c_p^0	$\Delta h^{f,0}$	s^0
			g/mol	J/mol K	kJ/mol	J/mol K
Argon	Ar	g	39,948	20,786	0	154,843
Graphit	C	s	12,011	8,527	0	5,795
Schwefel	S	s	32,064	22,64	0	31,8
Wasserstoff	H_2	g	2,016	28,824	0	130,684
Salzsäure	HCl	g	36,461	29,1	-92,3	186,9
Sauerstoff	O_2	g	31,999	29,355	0	205,142
Sauerstoff	O_2	aq	31,999		-11,7	110,9
Stickstoff	N_2	g	28,013	29,125	0	191,611
Wasser	H_2O	g	18,015	33,577	-241,827	188,833
Wasser	H_2O	l	18,015	75,29	-285,838	69,940
Kohlenmonoxid	CO	g	28,011	29,142	-110,529	197,653
Kohlendioxid	CO_2	g	44,011	37,11	-393,522	213,795
Schwefeldioxid	SO_2	g	64,063	39,87	-296,83	248,220
Schwefeldioxid	SO_2	aq	64,063		-322,98	161,9
Schwefeltrioxid	SO_3	g	80,062	50,67	-395,72	256,760
Schwefelsäure	H_2SO_4	l	98,078	138,91	-813,99	156,9
Ammoniak	NH_3	g	17,031	35,06	-46,11	192,45
Ammoniak	NH_3	aq	17,031		-80,29	111,3
Methan	CH_4	g	16,043	35,309	-74,873	186,256
Acetylen	C_2H_2	g	26,038	43,93	226,731	200,958
Ethen	C_2H_4	g	28,054	43,56	52,283	219,548
Ethan	C_2H_6	g	30,07	52,63	-84,667	229,602
Propan	C_3H_8	g	44,097	73,513	-103,847	270,019
Butan	C_4H_{10}	g	58,124	96,748	-126,148	310,227
Oktan	C_8H_{18}	g	114,23	188,866	-208,447	466,835
Oktan	C_8H_{18}	l	114,23	249,707	-249,952	360,896
Ethanol	C_2H_6O	l	46,069	111,46	-276,72	160,7
Essigsäure	$C_2H_4O_2$	l	60,053	124,3	-486,44	159,8
Ethylacetat	$C_4H_8O_2$	l	88,107	167,4	-470,54	257,4
Pyrit	FeS_2	s	119,97	62,17	-178,2	52,93
Hämatit	Fe_2O_3	s	159,692	103,85	-824,2	87,40
Ammoniumchlorid	NH_4Cl	s	53,492	84,1	-314,4	94,60

Tabelle A2.2. Bildungenthalpie $\Delta h^{f,0}$ und freie Bildungsenthalpie $\Delta g^{f,0}$ ausgewählter Ionen im Standardzustand $(25°C, 100 \text{ kPa})^{2,3,4}$

Ion	Formel	Zustand	M	$\Delta h^{f,0}$	$\Delta g^{f,0}$
			g/mol	kJ/mol	kJ/mol
Wasserstoff	H^+	aq	1,008	0	0
Chlor	Cl^-	aq	35,453	-167,169	-131,228
Ammonium	NH_4^+	aq	18,039	-132,51	-79,31
Hydrogensulfit	HSO_3^-	aq	81,07	-626,22	-527,73
Sulfit	SO_3^{2-}	aq	80,062	-635,5	-486,5
Sulfat	SO_4^{2-}	aq	96,062	-909,27	-744,53

---

[2] Quellen:

Wagman, D.D.; Evans, W.H.; Parker, V.B.; Schumm, R.H.; Hallow, I.; Bailey, S.M.; Churney, K.L.; Nutall, R.L.: NBS Tables of Chemical Thermodynamics Properties, J. Phys. Chem. Rcf. Data, Vol. 11 (1982), Supplement No. 2.

Stull, D.R.; Westrum, E.F.; Sinke, G.C.: The Chemical Thermodynamics of Organic Compounds, John Wiley and Sons, New York 1969.

Chase, M.W.; Davies, C.A.; Downie, J.R.; Frurip, D.J.; McDonald, R.A.; Seyverod, A.N.: JANAF Thermochemical tables, Third Edition, Part I and II. J. Phys. Chem. Ref. Data, Vol. 14 (1985), Supplement No. 1.

[3] Anmerkungen:

a) Zu der Angabe der Spalte 3 (Zustand) gehören die nachstehenden Standardzustände

g: reiner idealer Gaszustand bei T^0, p^0

l: reiner flüssiger Zustand bei T^0, p^0

s: reiner fester Zustand bei T^0, p^0

aq: ideal verdünnte wässrige Lösung bei der Modalität $m_i = 1$ bei T^0, p^0

b) Standardbildungsenthalpien $\Delta h^{f,0}$ werden in Energiebilanzen praktisch wie absolute Enthalpien im betrachteten Standardzustand behandelt

c) Die freie Standardbildungsenthalpie einer Komponente i $\Delta g_i^{f,0}$ ergibt sich aus

$\Delta g_i^{f,0} = \Delta h_i^{f,0} - T^0 \Delta s_i^{f,0}$

[4] Die Tabellenwerte für Ionen beruhen auf der Annahme, dass die Bildungsenthalpie und die Bildungsentropie des H^+-Ions gleich null sind, Sie sind damit willkürlich, aber für praktische Rechnungen innerlich konsistent.

Tabelle A3   Enthalpie und Entropie einiger Stoffe im idealen Gaszustand in Abhängigkeit von der Temperatur[5]

$h = [h(T) - h(25°C)]^{ig}$; $s = s^{ig}(T, p^0 = 1\ bar)$

T	O₂		N₂		H₂O		CO		CO₂	
	h	s	h	s	h	s	h	s	h	s
K	kJ/mol	J/mol K	kJ/mol	J/mol K	kJ/mol	J/mol K	kJ/mol	J/mol K	kJ/mol	J/mol K
100	-5,778	173,2	-5,77	159,7	-6,615	152,28	-5,77	165,74	-6,456	178,9
200	-2,866	193,38	-2,858	179,84	-3,28	175,38	-2,858	185,92	-3,414	199,87
298,15	0	205,03	0	191,5	0	188,72	0	197,54	0	213,69
300	0,054	205,21	0,18	191,68	0,063	188,93	0,054	197,72	0,067	213,92
400	3,029	213,76	2,971	200,07	3,452	198,67	2,975	206,12	4,008	225,22
500	6,088	220,59	5,912	206,63	6,92	206,41	5,929	212,72	8,314	234,92
600	9,247	226,35	8,891	212,07	10,498	212,39	8,941	218,2	12,916	243,2
700	12,502	231,36	11,937	216,76	14,184	218,61	12,021	222,95	17,761	250,66
800	15,841	235,81	15,046	220,91	17,991	223,69	15,175	227,16	22,815	257,41
900	19,246	239,83	18,263	224,65	21,924	228,32	18,397	230,96	28,033	263,56
1000	22,707	243,48	21,46	228,06	25,978	232,6	21,696	234,42	33,405	269,22
1100	26,217	246,82	24,757	231,2	30,167	236,58	25,033	237,61	38,894	274,45
1200	29,765	249,91	28,108	234,12	34,476	240,33	28,426	240,56	44,484	279,31
1300	33,351	252,78	31,501	236,83	38,903	243,68	31,865	243,32	50,158	283,85
1400	36,966	255,45	34,936	239,38	43,447	247,24	35,338	245,89	55,907	288,11
1500	40,61	257,97	38,405	241,77	47,944	250,45	38,848	248,31	61,714	292,11
1600	44,279	260,34	41,903	244,03	52,844	253,51	42,384	250,59	67,56	295,9
1700	47,97	262,58	45,43	246,17	57,684	256,45	45,94	252,75	73,492	299,48

[5] JANAF Thermochemical Tables, Third Edition, Part I and II, J. Phys. Chem. Ref. Data, Vol. 14 (1985), Supplement No.1,

Enthalpie und Entropie einiger Stoffe im idealen Gaszustand in Abhängigkeit von der Temperatur (Fortsetzung)

T	O_2		N_2		H_2O		CO		CO_2	
K	h kJ/mol	s J/mol K	h kJ/mol	s J/mol K	h kJ/mol	s J/mol K	h kJ/mol	s J/mol K	h kJ/mol	s J/mol K
1800	51,651	264,7	48,982	248,2	62,609	259,26	49,522	254,8	79,442	302,88
1900	55,434	266,73	52,551	250,13	67,613	261,97	53,124	256,74	85,429	306,12
2000	59,199	268,65	56,141	251,97	72,689	264,57	56,739	258,6	91,939	309,21
2100	62,986	270,5	59,748	253,73	77,831	267,08	60,375	260,37	97,5	312,16
2200	66,902	272,28	63,371	255,41	83,036	269,5	64,019	262,06	103,575	314,99
2300	70,634	273,98	67,007	257,03	88,295	271,84	67,676	263,69	109,671	317,7
2400	74,492	275,63	70,651	258,58	93,604	274,1	71,346	265,25	115,788	320,3
2500	78,375	277,21	74,312	260,07	98,964	276,29	75,023	266,76	121,926	322,81
2600	82,274	278,74	77,981	261,51	104,37	278,41	78,718	268,2	128,085	325,22
2700	86,199	280,22	81,659	262,9	109,814	280,46	82,407	269,59	134,256	327,55
2800	90,144	281,65	85,345	264,24	115,295	282,46	86,114	270,94	140,444	329,8
2900	94,111	283,05	89,036	265,54	120,813	284,39	89,025	272,25	146,645	332
3000	98,098	284,4	92,738	266,79	126,361	286,28	93,341	273,51	152,862	334,08

Enthalpie und Entropie einiger Stoffe im idealen Gaszustand in Abhängigkeit von der Temperatur (Fortsetzung)

T	H_2		NH_3		SO_3		CH_4		SO_2	
K	h kJ/mol	s J/mol K	h kJ/mol	s J/mol K	h kJ/mol	s J/mol K	h kJ/mol	s J/mol K	h kJ/mol	s J/mol K
100	-5,468	100,727	-6,737	155,84	-8,361	212,371	-6,698	149,5	-7,217	208,92
200	-2,774	119,412	-3,394	178,99	-4,577	238,259	-3,368	172,577	-3,736	232,92
298,15	0	130,68	0	192,774	0	256,769	0	186,251	0	248,1
300	0,053	130,858	0,066	192,995	0,094	257,083	0,066	186,472	0,075	248,35
400	2,959	139,216	3,781	203,663	5,53	272,674	3,861	197,356	4,251	260,37
500	5,882	145,737	7,819	212,659	11,58	286,152	8,2	207,014	8,757	270,38
600	8,811	151,077	12,188	220,615	18,107	298,041	13,13	215,987	13,544	279,1
700	11,749	155,606	16,872	227,829	24,997	308,655	18,635	224,461	18,548	286,81
800	14,702	159,548	21,853	234,476	32,16	318,217	24,675	232,518	23,719	293,72
900	17,676	163,051	27,113	240,669	39,531	326,896	31,205	240,205	29,024	299,96
1000	20,68	166,216	32,637	246,486	47,06	334,828	38,179	247,549	34,43	305,66
1100	23,719	169,112	38,406	251,983	54,714	342,122	45,549	254,57	39,915	310,88
1200	26,797	171,79	44,402	257,199	62,466	348,866	53,27	261,287	45,463	315,72
1300	29,918	174,288	50,609	262,166	70,296	355,133	61,302	267,714	51,07	320,2
1400	33,082	176,633	57,008	266,907	78,189	360,983	69,608	273,868	56,718	324,39
1500	36,29	178,846	63,582	271,442	86,135	366,465	78,153	279,763	62,404	329,31
1600	39,541	180,944	70,315	275,788	94,124	371,62	86,91	285,413	68,124	332
1700	42,835	182,94	77,193	279,957	102,149	376,485	95,853	290,834	73,873	335,49
1800	46,169	184,846	84,201	283,962	110,204	381,09	104,96	296,039	79,642	338,78
1900	49,541	186,669	91,328	287,815	118,286	385,459	114,212	301,041	85,437	341,92
2000	52,951	188,418	98,561	291,525	126,39	389,616	123,592	305,853	91,249	344,9
2100	56,397	190,099	105,891	295,101	134,513	393,579	133,087	310,485	97,081	347,74
2200	59,876	191,718	113,309	298,552	142,653	397,366	142,684	314,949	102,931	350,46

Enthalpie und Entropie einiger Stoffe im idealen Gaszustand in Abhängigkeit von der Temperatur(Fortsetzung)

T	H_2		NH_3		SO_3		CH_4		SO_2	
K	h kJ/mol	s J/mol K	h kJ/mol	s J/mol K	h kJ/mol	s J/mol K	h kJ/mol	s J/mol K	h kJ/mol	s J/mol K
2300	63,387	193,278	120,805	301,884	150,807	400,99	152,371	319,255	108,792	353,07
2400	66,928	194,785	128,372	305,104	158,975	404,466	162,141	323,413	114,671	355,57
2500	70,498	196,243	136,005	308,22	167,154	407,805	171,984	327,431	120,562	357,97
2600	74,096	197,654	143,695	311,236	175,343	411,017	181,893	331,317	126,461	360,29
2700	77,72	199,021	151,438	314,158	183,541	414,111	191,862	335,08	132,378	362,52
2800	81,369	200,349	159,228	316,991	191,748	417,096	201,885	338,725	138,302	364,68
2900	85,043	201,638	167,062	319,74	199,961	419,978	211,958	342,26	144,239	366,76
3000	88,74	202,891	174,933	322,409	208,182	422,765	222,076	345,69	150,185	368,78

Tabelle A4 Tabelle A4 Dichte bei 20°C, Heizwert und Brennwert, sowie Zusammensetzung einiger flüssiger Brennstoffe[6]

Brennstoff	ρ kg/dm^3	w_C %	w_{H2} %	w_S %	H_u MJ/kg	H_o MJ/kg
Heizöl EL	0,86	86	13	1	42	45
Heizöl S	0,99	85	11	4	40	41
Benzin	0,76	85	15	0	42	47
Dieselkraftstoff	0,87	87	13	0	42	45
Kerosin	0,81	85,5	14,5	0	41	43

Tabelle A5 Tabelle A5 Heizwert und Brennwert, sowie Zusammensetzung einiger fester Brennstoffe[6]

Brennstoff	Zusammensetzung des wasser- und aschefreien Brennstoffs in Massenteilen (%)					Wasser- und Aschegehalt im Verwendungszu- stand in Massenteilen (%)		Mittlerer Heizwert und Brennwert im Verwendungszu- stand (MJ/kg)	
	w_C	w_{H2}	w_{O2}	w_{N2}	w_S	w_W	w_A	H_u	H_o
Holz (lufttrocken)	50	6	44	-	-	12...25	0,2...0,8	15	17
Braunkohle	68	6	23	1	2	40...65	2...24	8	10
Steinkohle (Gasflammkohle)	82	5,2	10	1,3	1,5	2...5	2...10	32	34

---

[6] Beitz, W.; Küttner, K.H.; (Hrsg.): Dubbel Taschenbuch für den Maschinenbau 14. Aufl.; Berlin:Springer

Tabelle A6   Heizwert und Brennwert einiger chemischer Verbindungen bei $t^0 = 25°C$[7]

Brennstoff	Formel	Zustand	Heizwert kJ/mol	Brennwert kJ/mol
Graphit	C	s	393,51	393,51
Schwefel	S	s	296,83	296,83
Eisen	Fe	s	412,1	412,1
Wasserstoff	H_2	g	241,82	285,83
Kohlenmonoxid	CO	g	282,98	282,98
Ammoniak	NH_3	g	316,63	382,65
Methan	CH_4	g	802,34	890,36
Propan	C_3H_8	g	2043,9	2219,9
Methanol	CH_4O	l	638,5	726,5
Ethanol	C_2H_6O	l	1235,81	1370,84
Benzol	C_6H_6	l	3037,5	3169,5
Heptan	C_7H_{16}	l	4465	4817

---

[7] berechnet aus Standardbildungsenthalpien

Abbildung A1 h_{1+x}, x-Diagramm für feuchte Luft

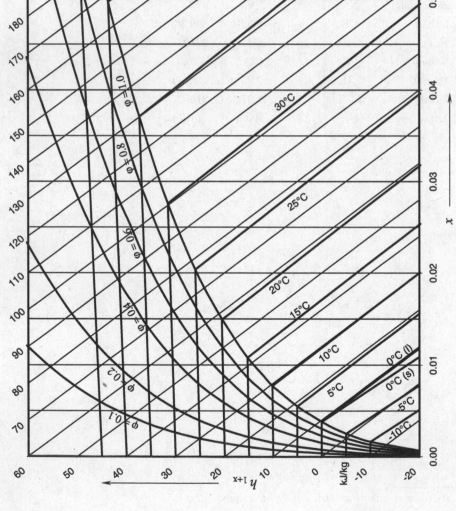

Anhang B Wichtige Formeln

B1 Stoffmodelle für Reinstoffe

Ideales Gas

$$pV = nRT \ , \ \ R = 8,315 \ \frac{J}{mol \ K}$$

$$h^{ig}(T_2) - h^{ig}(T_1) = \int_{T_1}^{T_2} c_p^{ig} dT$$

$$u^{ig}(T_2) - u^{ig}(T_1) = \int_{T_1}^{T_2} c_v^{ig} dT$$

$$s^{ig}(T_2, p_2) - s^{ig}(T_1, p_1) = \int_{T_1}^{T_2} \frac{c_p^{ig}}{T} dT - R \ln \frac{p_2}{p_1}$$

$$s^{ig}(T_2, v_2) - s^{ig}(T_1, v_1) = \int_{T_1}^{T_2} \frac{c_v^{ig}}{T} dT + R \ln \frac{v_2}{v_1}$$

$$c_p^{ig} - c_v^{ig} = R$$

Ideale Flüssigkeit

$$v^{if} = const.$$
$$c_p^{ig} - c_v^{ig} = c^{if}$$

$$h^{if}(T_2, p_2) - h^{if}(T_1, p_1) = \int_{T_1}^{T_2} c^{if} dT + v^{if}(p_2 - p_1)$$

$$u^{if}(T_2) - u^{if}(T_1) = \int_{T_1}^{T_2} c^{if} dT$$

$$s^{if}(T_2) - s^{if}(T_1) = \int_{T_1}^{T_2} \frac{c^{if}}{T} dT$$

Reales Fluid

Dampftafeln: $v(T,p)$; $h(T,p)$; $s(T,p)$

Zustandsdiagramme: h, s−Bild; T, s−Bild

Nassdampf: $z = z' + x(z'' - z')$

B2 Stoffmodelle für Gemische

Maße für die Zusammensetzung

Massenanteil: $w_k = m_k/m$

Stoffmengenanteil: $x_k = n_k/n$

Partialdruck: $p_k = x_k p$

Volumenanteil: $\varphi_k = V_k/V$

$$w_k = \frac{x_k M_k}{\sum x_i M_i}$$

$$x_k = \frac{w_k/M_k}{\sum w_i/M_i}$$

Allgemeine Mischungsformeln

$$z(T, p, \{x_j\}) = \sum x_i z_i$$

mit

$z_i = z_i(T, p, \{x_j\})$: partielle molare Zustandsgröße z

$$z(T, p, \{w_j\}) = \sum w_i z_i$$

mit

$z_i = z_j(T, p, \{w_j\})$: partielle spezifische Zustandsgröße z

$$M = \sum x_i M_i \; ; \; 1/M = \sum w_i/M_i$$

Ideales Gasgemisch

$$v_i^{\text{ig}} = v_{0i}^{\text{ig}}(T, p)$$

$$h_i^{\text{ig}} = h_{0i}^{\text{ig}}(T) \ \text{ mit } \ h_{0i}^{\text{ig}}(T) = \Delta h_i^{\text{f},0} \ (\text{g}) + h_{0i}^{\text{ig}}(T) - h_{0i}^{\text{ig}}(T^0)$$

$\Delta h_i^{\text{f},0}$ (g) : Standardbildungsenthalpie im Gaszustand, vgl. Tab. A2.1

$$u_i^{\text{ig}} = u_{0i}^{\text{ig}}(T) \ \text{ mit } \ u_{0i}^{\text{ig}}(T) = \Delta h_{0i}^{\text{ig}}(T) - RT$$

$$s_i^{\text{ig}} = s_{0i}^{\text{ig}}(T, p) - \text{R} \ln x_i : \text{ partielle molare Entropie}$$

mit

$$s_i^{\text{ig}} = s_{0i}^{\text{ig}}(T, p) - \frac{\text{R}}{M_i} \ln x_i : \text{ partielle spezifische Entropie}$$

Hierbei gilt

$$s_{0i}^{\text{ig}}(T, p) = s_i^0(\text{g}) + s_{0i}^{\text{ig}}(T, p) - s_{0i}^{\text{ig}}(T^0, p^0) = s_{0i}^{\text{ig}}(T, p^0) - \text{R} \ln \frac{p}{p^0}$$

$s_i^0(\text{g})$: Standardentropie im Gaszustand vgl. Tab. A2.1

$s_{0i}^{\text{ig}}(T, p^0)$: Idealgasentropie, vgl. Tab. Tabelle A3

Ideale Lösung

$$v_i^{\text{il}} = v_{0i}^{\text{l}}(T, p)$$

$$h_i^{\text{il}} = h_{0i}^{\text{l}}(T, p) \ \text{ mit } \ h_{0i}^{\text{l}}(T) = \Delta h_i^{\text{f},0} \ (\text{l}) + h_{0i}^{\text{l}}(T, p) - h_{0i}^{\text{l}}(T^0, p^0)$$

$\Delta h_i^{\text{f},0}$ (l) : Standardbildungsenthalpie im flüssigen Zustand, vgl. Tab. A2.1

$$u_i^{\text{il}} = u_{0i}^{\text{il}}(T) \ \text{ mit } \ u_{0i}^{\text{il}}(T) = \Delta h_{0i}^{\text{il}}(T) - \text{R}T$$

$$s_i^{\text{il}} = s_{0i}^{\text{l}}(T, p) - \text{R} \ln x_i : \text{ partielle molare Entropie}$$

mit

$$s_i^{\text{il}} = s_{0i}^{\text{l}}(T, p) - \frac{\text{R}}{M_i} \ln x_i : \text{ partielle spezifische Entropie}$$

Hierbei gilt

$$s_{0i}^{\text{l}}(T, p) = s_i^0(\text{l}) + s_{0i}^{\text{l}}(T, p) - s_{0i}^{\text{l}}(T^0, p^0)$$

$s_i^0(\text{l})$: Standardentropie im flüssigen Zustand vgl. Tab. A2.1

Ideal verdünnte Lösung

$$v_i^{\mathrm{ivl}} = v_i^{\infty}(T,p) = v^*$$

$$h_i^{\mathrm{ivl}} = h_i^{\infty}(T,p) = h_i^* = \Delta h_i^{\mathrm{f},0} \; (*)$$

$\Delta h_i^{\mathrm{f},0} \; (*):$ Standardbildungsenthalpie im Zustand der ideal
verdünnten Lösung, vgl. Tab. A2.1

$$s_i^{\mathrm{ivl}} = s_i^* - \mathrm{R}\ln x_i$$

$s_i^*:$ Standardentropie im Zustand der ideal verdünnten Lösung, vgl.
Tab. A2.1

Ideales Gas-/Dampf-Gemisch: Feuchte Luft

Index W: Wasser

Index L: trockene Luft

Index 1+ x: 1 kg trockene Luft + x kg Wasser

Partialdruckt $p_{\mathrm{W}} = \frac{xp}{0,622+x}$

Wasserbeladung $x = \frac{m_{\mathrm{W}}}{m_{\mathrm{L}}} = 0,622\frac{p_{\mathrm{W}}}{p-p_{\mathrm{W}}} = 0,622\frac{p_{\mathrm{sW}}(T)}{p/\varphi-p_{\mathrm{sW}}(T)}$

relative Feuchte $\varphi = \frac{p_{\mathrm{W}}}{p_{\mathrm{sW}}(T)} = \frac{x}{0,622+x} \cdot \frac{p}{p_{\mathrm{sW}}(T)}$

ungesättigte feuchte Luft

$$v_{1+x}/(\mathrm{m^3/kg}) = (0,287 + x \cdot 0,462)\frac{T/K}{100p/\mathrm{bar}};$$

$$h_{1+x}/(\mathrm{kJ/kg}) = t + x(2500 + 1,86t)$$

$$s_{1+x}/(\mathrm{kJ/kg\,K}) = \ln\frac{T}{273,15} - 0,287\ln\frac{p_{\mathrm{L}}}{1}$$
$$+ x\left(\frac{2500}{273,16} + 1,87\ln\frac{T}{273,16} - 0,462\ln\frac{p_{\mathrm{W}}}{0,006113}\right)$$

gesättigte feuchte Luft und flüssiges Wasser ($t > 0°\mathrm{C}$)

$$h_{1+x}/(\mathrm{kJ/kg}) = t + x_{\mathrm{s}}(2500 + 1,86t) + (x - x_{\mathrm{s}})4,18t$$

$$s_{1+x}/(\text{kJ/kg K}) = \ln \frac{T}{273,15} - 0,287 \ln \frac{p_{\mathrm{L}}}{1}$$

$$+ x_{\mathrm{s}} \left(\frac{2500}{273,16} + 1,87 \ln \frac{T}{273,16} - 0,462 \ln \frac{p_{\mathrm{W}}}{0,006113} \right)$$

$$+ (x - x_{\mathrm{s}}) 4,18 \ln \frac{T}{273,16}$$

gesättigte feuchte Luft + Eis ($t < 0^\circ$C)

$$h_{1+x}/(\text{kJ/kg}) = t + x_{\mathrm{s}}(2500 + 1,86t) + (x - x_{\mathrm{s}})(2,05t - 333)$$

$$s_{1+x}/(\text{kJ/kg K}) = \ln \frac{T}{273,15} - 0,287 \ln \frac{p_{\mathrm{L}}}{1}$$

$$+ x_{\mathrm{s}} \left(\frac{2500}{273,16} + 1,87 \ln \frac{T}{273,16} - 0,462 \ln \frac{p_{\mathrm{W}}}{0,006113} \right)$$

$$+ (x - x_{\mathrm{s}}) \left(2,05 \ln \frac{T}{273,16} - \frac{333}{273,16} \right)$$

B3 Stoffmodelle für Phasen- und Reaktionsgleichgewichte

Verdampfungsgleichgewicht in idealen binären Systemen:
(Raoultsches Gesetz)

$$x_i'' p = x_i' p_{\mathrm{s}0i}(T)$$

$$p = p_{\mathrm{s}01}(T) + x_2' \left[p_{\mathrm{s}02}(T) - p_{\mathrm{s}01}(T) \right] \quad \text{(Siedelinie)}$$

$$p = \frac{p_{\mathrm{s}01}(T)}{1 - x_2'' \left[1 - p_{\mathrm{s}01}(T)/p_{\mathrm{s}02}(T) \right]} \; ; \quad x_2'' = x_2' \frac{p_{\mathrm{s}02}(T)}{p} \quad \text{(Taulinie)}$$

$$\alpha^{\mathrm{is}} = \frac{p_{\mathrm{s}02}(T)}{p_{\mathrm{s}01}(T)} \quad \text{(relative Flüchtigkeit)}$$

Reaktionsgleichgewicht in idealen Gasen:

$$K(T) = \prod_i x_i^{\nu_i} \left(\frac{p}{p^0} \right)^{\Delta \nu} \; , \quad \Delta \nu = \sum \nu_i$$

$$-RT \ln K(T) = \sum_i \nu_i \mu_{0i}^{\mathrm{ig}}(T, p^0)$$

Reaktionsgleichgewicht in idealen Lösungen:

$$K(T) = \prod_i x_i^{\nu_i}$$

$$-RT \ln K(T) = \sum_i \nu_i \mu_{0i}^{\text{if}}(T)$$

. allgemein:

$$x_i = \frac{n_i^{(0)} + \nu_i \xi}{n^{(0)} + \Delta\nu\xi}$$

B4 Berechnung der Enthalpie und Entropie aus der thermischen Zustandsgleichung $p = p(T, v)$

Aus

$$a = u - Ts$$

bzw.

$$da = -s dT - p dv$$

folgt

$$s(T, v) = -\left(\frac{\partial a}{\partial T}\right)_v$$

$$p(T, v) = -\left(\frac{\partial a}{\partial T}\right)_T \quad .$$

Mit

$$a^{\text{res}}(T, v) = a(T, v) - a^{\text{ig}}(T, v)$$
$$= a(T, v) - a(T, v = \infty) - [a^{\text{ig}}(T, v) - a^{\text{ig}}(T, v = \infty)]$$
$$= -\int_\infty^v p dv - \left[-\int_\infty^v p^{\text{ig}} dv\right]$$
$$= -\int_\infty^v \left[p(T, v) - \frac{RT}{v}\right] dv \quad .$$

findet man für die Differenz der Entropie bei T, v und bei T^0, v^0 im idealen Gaszustand

$$s(T,v) - s^{\text{ig}}(T^0, v^0) = s(T,v) - s^{\text{ig}}(T^0, v^0) + s^{\text{ig}}(T,v) - s^{\text{ig}}(T^0, v^0)$$

$$= s^{\text{res}}(T,v) + s^{\text{ig}}(T,v) - s^{\text{ig}}(T^0, v^0)$$

$$= -\left(\frac{\partial a^{\text{res}}}{\partial T}\right)_v + s^{\text{ig}}(T,v) - s^{\text{ig}}(T^0, v^0)$$

$$= \int\limits_{\infty}^{v} \left[\left(\frac{\partial p}{\partial T}\right)_v - \frac{R}{v}\right] dv + \int\limits_{T^0}^{T} c_v^{\text{ig}} dT + R \ln \frac{v}{v^0} \ .$$

Entsprechend gilt für die innere Energie mit $u(T,v) = a - T(\partial a/\partial T)_v$

$$u(T,v) - u^{\text{ig}}(T^0, v^0) = u^{\text{res}}(T,v) + u^{\text{ig}}(T,v) - u^{\text{ig}}(T^0, v^0)$$

$$= a^{\text{res}} - T\left(\frac{\partial a^{\text{res}}}{\partial T}\right)_v + u^{\text{ig}}(T,v) - u^{\text{ig}}(T^0, v^0)$$

$$= \int\limits_{\infty}^{v} \left[T\left(\frac{\partial p}{\partial T}\right)_v - p\right] dv + \int\limits_{T^0}^{T} c_v^{\text{ig}} dT \ .$$

Die Enthalpie folgt aus $h = u + pv$. Wenn nicht das Volumen v sondern der Druck p vorgegeben ist, wird aus der thermischen Zustandsgleichung zunächst zu p, T das Wertepaar v, T ermittelt.

B5 Materiemengenbilanzen

Allgemein:

$$\frac{dm(\tau)}{d\tau} = \dot{m}_{\text{e}}(\tau) - \dot{m}_{\text{a}}(\tau)$$

$$\dot{m}_{\text{e}} = \sum_i \dot{m}_{i,\text{e}} \ ; \ \ \dot{m}_{\text{a}} = \sum_j \dot{m}_{j,\text{a}}$$

Stationärer Fließprozess:

$$\dot{m}_{\text{e}} = \dot{m}_{\text{a}}$$

Stationärer Fließprozess mit thermischen Stoffumwandlungen:

$$\dot{n}_{i,\text{ein}} = \dot{n}_{i,\text{aus}} \ , \ \ \dot{m}_{i,\text{ein}} = \dot{m}_{i,\text{aus}}$$

Chemische Stoffumwandlungen

Bruttoreaktionsgleichung: $\sum \nu_i A_i = 0$

Reaktionslaufzahl: $n_i = n_i^{(0)} + \nu_i \xi$

Umsatz: $U_i = \frac{n_i^{(0)} - n_i}{n_i^{(0)}}$

B6 Energiebilanzen

Geschlossenes System:

$$\frac{\mathrm{d}U(\tau)}{\mathrm{d}\tau} = \dot{Q}(\tau) + P(\tau)$$

Zustandsänderung im Zeitintervall $\Delta \tau$ von $1 \to 2$

$$U_2 - U_1 = Q_{12} + W_{12}$$

Offenes System:

$$\dot{Q}(\tau) + P_t(\tau) = \frac{\mathrm{d}U(\tau)}{\mathrm{d}\tau} + \dot{m}_a(\tau)\dot{h}_a(\tau) - \dot{m}_e(\tau)\dot{h}_e(\tau)$$

Zustandsänderung im Zeitintervall $\Delta \tau$ von $1 \to 2$

$$Q_{12} + W_{12} = U_2 - U_1 + \dot{m}_{a,\Delta\tau}(\tau)h_{a,m} - \dot{m}_{e,\Delta\tau}(\tau)h_{e,m}$$

$h_{a,m}; h_{e,m}$: Zeitliche Mittelwerte am Austritt und Eintritt

Stationärer Fließprozess:

$$\dot{Q} + P_t = \dot{H}_{aus} - \dot{H}_{ein}$$

Bei Berücksichtigung der äußeren Energien:

Addition von $\left(\frac{1}{2}c^2 + gz\right)_i$ zur Enthalpie des Stoffstroms i

Kreisprozesse:

$$\sum \left[\dot{Q}_{ik} + (P_{ik})_{\mathrm{t}} \right] = 0$$

B7 Arbeit und Wärme bei quasistatischer Zustandsänderung

$$(w_{12})_{\mathrm{K}} = (w_{12})_{\mathrm{K}}^{\mathrm{rev}} + \varphi_{12}$$

$$(w_{12})_{\mathrm{K}}^{\mathrm{rev}} = (w_{12})_{\mathrm{V}}^{\mathrm{rev}} = - \int p \mathrm{d}v$$

$$(w_{12})_{\mathrm{t}} = (w_{12})_{\mathrm{t}}^{\mathrm{rev}} + \varphi_{12}$$

$$(w_{12})_{\mathrm{t}}^{\mathrm{rev}} = \int_{1}^{2} v \mathrm{d}p + \frac{1}{2} \left(c_2^2 - c_1^2 \right) + g(z_2 - z_2)$$

$$q_{12}^{\mathrm{rev}} = \int_{1}^{2} T \mathrm{d}s$$

$$q_{12} + \varphi_{12} = \int_{1}^{2} T \mathrm{d}s$$

B8 Isentrope und polytrope Zustandsänderungen idealer Gase

$$\kappa = c_{\mathrm{p}}^{\mathrm{ig}} / c_{\mathrm{v}}^{\mathrm{ig}} \ ; \ R = c_{\mathrm{p}}^{\mathrm{ig}} - c_{\mathrm{v}}^{\mathrm{ig}}$$

$$p_1 v_1^{\kappa} = p_2 v_2^{\kappa}$$

$$\frac{T_2}{T_1} = \left(\frac{p_2}{p_1} \right)^{\frac{\kappa - 1}{\kappa}} = \left(\frac{v_2}{v_1} \right)^{\kappa - 1}$$

polytrop: $\kappa \to n$

B9 Verbrennung

1 mol Luft $= 0,21$ mol $O_2 + 0,79$ mol N_2

1 kg Luft $= 0,232$ kg $O_2 + 0,768$ kg N_2

1 mol C $+ 1$ mol $O_2 \rightarrow 1$ mol CO_2

1 kg C $+ 2,664$ kg $O_2 \rightarrow 3,664$ kg CO_2

1 mol $H_2 + \dfrac{1}{2}$ mol $O_2 \rightarrow 1$ mol H_2O

1 kg $H_2 + 7,936$ kg $O_2 \rightarrow 8,936$ kg H_2O

1 mol S $+ 1$ mol $O_2 \rightarrow 1$ mol SO_2

1 kg S $+ 0,998$ kg $O_2 \rightarrow 1,998$ kg SO_2

Luftverhältnis:

$$\lambda = \frac{l}{l_{min}}$$

Kondensatmenge im Rauchgas:

$$k = \frac{(x_W^V - x_{W,s}^V)v}{1 - x_{W,s}^V}$$

Heizwert (spezifisch oder molar)

$$H_u(t_0) = h_B(t_0) + lh_L(t_0) - vh_V(t_0)$$
$$= -\Delta h_R(t_0)$$

Wasser gasförmig, Verbrennung vollständig

B10 Beiträge zur irreversiblen Entropieproduktion

Wärmetransfer: $\mathrm{d}s^{irr} = \mathrm{d}q \frac{T_2 - T_1}{T_1 T_2}$

Arbeitstransfer: $\mathrm{d}s^{irr} = -\frac{\mathrm{d}v}{T}(p_2 - p_1)$

Strömung mit Druckverlust: $\mathrm{d}s^{irr} = -\frac{v}{T}\mathrm{d}p$

Mischungsprozess in idealen Mischungen: $\Delta s^{irr} = -R \sum x_i \ln x_i$

adiabate Prozesse: $\Delta s^{irr} = \Delta s$

B11 Wirkungsgrade

Isentroper Verdichterwirkungsgrad: $\eta_{\mathrm{SV}} = (w_{12})_{\mathrm{t}}^{\mathrm{rev}}/(w_{12})_{\mathrm{t}}$

Isentroper Turbinenwirkungsgrad: $\eta_{\mathrm{ST}} = (w_{12})_{\mathrm{t}}/(w_{12})_{\mathrm{t}}^{\mathrm{rev}}$

$(w_{12})_{\mathrm{t}}$ und $(w_{12})_{\mathrm{t}}^{\mathrm{rev}}$: Spezifische technische Arbeit zwischen den Drücken p_1 und p_2 ausgehend vom selben Zustand 1

Polytroper Verdichterwirkungsgrad: $\eta_{\mathrm{PV}} = \int\limits_1^2 v\mathrm{d}p/(h_2 - h_1)$

Polytroper Turbinenwirkungsgrad: $\eta_{\mathrm{PT}} = (h_2 - h_1)/\int\limits_1^2 v\mathrm{d}p$

Thermischer Wirkungsgrad: $\eta_{\mathrm{th}} = |P_{\mathrm{t}}|/\dot{Q}$

Kesselwirkungsgrad: $\eta_{\mathrm{K}} = |\dot{Q}|/\dot{m}_{\mathrm{B}}H_{\mathrm{u}}$

Leistungszahl (Wärmepumpe): $\varepsilon = \dot{Q}/|P_{\mathrm{t}}|$

Leistungszahl (Kältemaschine): $\varepsilon_0 = \dot{Q}_0/P_{\mathrm{t}}$

B12 Exergieformeln

Exergie eines Wärmestroms: $\dot{E}_{\mathrm{Q}} = \left(1 - \frac{T_{\mathrm{u}}}{T}\right)\dot{Q}$

Exergie eines Enthalpiestromes: $\dot{E}_{\mathrm{h}} = \dot{m}\left[(h - h_{\mathrm{u}}) - T_{\mathrm{u}}(s - s_{\mathrm{u}})\right]$

Exergie einer inneren Energie: $\dot{E}_{\mathrm{u}} = m\left[(u - u_{\mathrm{u}}) - T_{\mathrm{u}}(s - s_{\mathrm{u}}) - p_{\mathrm{u}}(v_{\mathrm{u}} - v)\right]$

Exergieverlust: $\Delta\dot{E}_{\mathrm{V}} = T_{\mathrm{u}}\Delta\dot{S}_{\mathrm{irr}} = \dot{E}_{\mathrm{zu}} - \dot{E}_{\mathrm{ab}}$

Exergetischer Wirkungsgrad: $\xi = 1 - \Delta\dot{E}_{\mathrm{V}}/\dot{E}_{\mathrm{zu}}$

Anhang C Einheiten

Tabelle C1.1. Basiseinheiten des Internationalen Einheitensystems

Größenart	Einheit(Zeichen)	Definition
Länge	Meter(m)	Länge der Strecke, die Licht im Vakuum während der Dauer von 1/299792458 Sekunden durchläuft
Masse	Kilogramm(kg)	Masse des internationalen Kilogrammprototyps
Stoffmenge	Mol(mol	Stoffmenge eines Systems bestimmter Zusammensetzung, das aus ebenso vielen Teilchen besteht, wie Atome in (12/1000) kg des Nuklids ^{12}C enthalten sind.
Zeit	Sekunde(s)	9 192 631 770fache Periodendauer der dem Übergang zwischen den beiden Hyperfeinstrukturniveaus des Grundzustands von Atomen des Nuklids ^{133}Cs entsprechenden Strahlung
Temperatur	Kelvin(K)	273,16ter Teil der thermodynamischen Temperatur des Tripelpunktes von Wasser

Tabelle C1.2. Einige abgeleitete Einheiten des Internationalen Einheitensystems

Größenart	Einheit (Zeichen)	Definitionsgleichung
Kraft	Newton(N)	$1\ \mathrm{N} = 1\ \mathrm{kg\ m\ s^{-2}}$
Druck	Pascal(Pa)	$1\ \mathrm{Pa} = 1\ \mathrm{Nm^{-2}} = 1\ \mathrm{kg\ m^{-1}\ s^{-2}}$
Energie	Joule(J)	$1\ \mathrm{J} = 1\ \mathrm{Nm} = 1\ \mathrm{kg\ m^{2}\ s^{-2}}$
Leistung	Watt(W)	$1\ \mathrm{W} = 1\ \mathrm{J/s} = 1\ \mathrm{kg\ m^{2}\ s^{-3}}$

Tabelle C1.3. Vorsilben und Kurzzeichen für dezimale Vielfache und Teile von Einheiten

Vorsilbe	Kurzzeilchen	Zehnerpotenz	Vorsilbe	Kuzzeichen	Zehnerpotenz
Exa -	(E)	10^{18}	Dezi -	(d)	10^{-1}
Peta -	(P)	10^{15}	Zenti -	(c)	10^{-2}
Tera -	(T)	10^{12}	Milli -	(m)	10^{-3}
Giga -	(G)	10^{9}	Mikro -	(μ)	10^{-6}
Mega -	(M)	10^{6}	Nano -	(n)	10^{-9}
Kilo -	(k)	10^{3}	Piko -	(p)	10^{-12}
Hekto -	(h)	10^{2}	Femto -	(f)	10^{-15}
Deka -	(da)	10^{1}	Atto -	(a)	10^{-18}

Tabelle C1.4. Umrechnungsfaktoren anderer Einheitensysteme

Größenart	Einhcit(Zeichen)	Umrechnungsgleichung
Zeit	Minute(min)	1 min = 60 s
	Stunde(h)	1 h = 60 min =3600 s
Kraft	Dyn(dyn)	1 dyn $=10^{-5}$ N $-$ 1 g cm s^{-2}
	Kilopond(kp)	1 kp = 9,80665 N
Druck	Bar(bar)	1 bar = 10^{5} Nm^{-2} =10^{5} Pa
	techn. Atmosphäre(at)	1 at = 98066,5 Pa
	phys. Atmosphäre(atm)	1 atm = 101325 Pa
	Torr(Torr)	1 Torr = 133,3224 Pa
	Meter-Wassersäule(mWS)	1 mWS = 9806,65 Pa
	Milimeter-Quecksilbersäule(mmHg)	1 mmHg = 133,3224 Pa
Energie	Erg(erg)	1 erg = 10^{-7} J
	Kilopondmeter(mkp)	1 mkp = 9,80665 J
	Kilowattstunde(kWh)	1 kWh = $3,6 \cdot 10^{6}$ J
	Kalorie(cal)	1 cal = 4,1855 J
	Steinkohleeinheiten(kgSKE)	1 kgSKE = $29,308 \cdot 10^{6}$ J
Leistung	Pferdestärke(PS)	1 PS = 735,498 W

Anhang D Antworten auf die Kontrollfragen

Kapitel 1

1.1 Energietechnik umfasst die Erzeugung gewünschter Energieformen aus den natürlichen Energiespeichern der Erde sowie die Umwandlungen in andere. Verfahrenstechnik umfasst die Erzeugung gewünschter Stoffformen aus den natürlichen Materiespeichern der Erde sowie die Umwandlung in andere.

1.2 Wärme und Arbeit

1.3 Verluste in den Kraftwerken und Verbrennungsmotoren

1.4 Gemeinsam: Wärme und Arbeit treten bei energetischen Wechselwirkungen zwischen zwei Objekten in Erscheinung.

Unterschied: Wärme tritt bei Temperaturunterschieden auf, jede andere energetische Wechselwirkung ist Arbeit.

1.5 a) Gesetz der Energieerhaltung
b) Gesetz von der Unsymmetrie der Energieumwandlungen

1.6 Umwandlung von Arbeit in Wärme durch Reibungseffekte
Umwandlung von chemischer Energie eines Brennstoffs in Wärme

1.7 physikalische Stoffumwandlungen: chemische Verbindungen bleiben erhalten

chemische Stoffumwandlungen: aus den ursprünglich vorhandenen chemischen Verbindungen werden neue gebilden

1.8 physikalische Stoffumwandlungen, die durch Temperatur- und Druckänderungen in Gasen und Flüssigkeiten herbeigeführt werden

1.9 a) Gesetz der Massenerhaltung
b) Gesetz der Unsymmetrie der Stoffumwandlungen

1.10 durch die Stöchiometrie, d.h. die Elementenerhaltung

1.11 Vermischung von Reinstoffen
Umwandlung von Wasserstoff und Sauerstoff zu Wasser

1.12 a) Definition des thermodynamischen Systems

b) Beschreibung des Systems als fluide Phase

c) Untersuchung idealisierter Prozesse dieser fluiden Phasen

1.13 geschlossenes System: kein Massentransfer über die Systemgrenzen (Kontrollmasse)

1.14 durch die Befreiung von allen apparativen Details

1.15 Homogene Materiemenge mit örtlich konstanten Werten von Temperatur, Druck und Zusammensetzung

1.16 Unterteilung in Strömungsrichtung in differenziell dicke Scheiben, die ihrerseits als Phasen modelliert werden, d.h. mit Phasenwerten für die Temperatur, die Geschwindigkeit, die Zusammensetzung etc., vgl. Abb. 1.19

1.17 örtlich konstante Eigenschaften einer Phase

1.18 quasistatische Zustandänderung: zeitlich und örtlich kontinuierliche Folge von Zuständen in einer Phase, die durch Zustandsgrößen beschrieben sind

     nicht-statische Zustandsänderungen: kein Vorliegen von Phasen, keine Beschreibung durch Zustandsgrößen möglich

1.19 Zustandsgrößen: Temperatur, Druck

1.20 Die Zustandsänderung ist ein Teil einer Prozessbeschreibung. Hinzu kommen die technischen sowie sonstigen inneren und äußeren Bedingungen, unter denen die Zustandsänderung abläuft.

Kapitel 2

2.1 $M_{H_2S} = 34,08$ kg/kmol

2.2 Stoffmenge von $6,022\ldots \cdot 10^{23}$ Einzelteilchen eines Systems

2.3 Molmasse

2.4 Verhältnis der Materiemenge einer Komponente zur Materiemenge des Gemisches ohne diese Komponente

2.5 Sammelbegriff für spezifische bzw. molare Zustandsgrößen. Hängen nicht von der Größe des Systems ab. Beispiel v=spezifisches (molares) Volumen

2.6 thermodynamisch: Zustandsgröße, die zwei Phasen im mechanischen Gleichgewicht gemeinsam haben

   mechanisch: Verhältnis von Kraft zu Fläche, beide normal zueinander

2.7 Maß für die mittlere kinetische Energie der Moleküle pro Volumen

2.8 Gemeinsame Eigenschaft zweier Phasen im thermischen Gleichgewicht

2.9 Stehen zwei Systeme A und B im thermischen Gleichgewicht mit einem dritten System C, so stehen sie auch untereinander im thermischen Gleichgewicht. Die jeweils gemeinsame Zustandsgröße, d.h. die Temperatur, kann also für jedes System, unabhängig von seiner Art und seinem Ort, durch ein Thermometer bei Einstellung des thermischen Gleichgewichts gemessen werden.

2.10 weil sie einen physikalisch willkürlichen Nullpunkt hat und damit nur Temperaturdifferenzen beschreiben kann

2.11 Tripelpunkttemperatur des Wassers

2.12 Nein, zum Tripelpunkt eines reinen Stoffes gehören eindeutig bestimmte Werte von Temperatur und Druck.

2.13 a) gibt absolute Temperatur an
   b) unabhängig von der Gasart

2.14 Maß für die mittlere kinetische Energie der Moleküle

2.15 vgl. Abb. 2.5 sowie die Ausführungen des Abschnitts 2.2.1

2.16 vgl. Abb. 2.9 sowie die Ausführungen im Abschnitt 2.2.2

2.17 Keine, da am kritischen Punkt beide Zustände zusammentreffen.

2.18 Zusammensetzung und Temperatur bleiben nicht konstant

2.19 a) bleibt konstant
b) nimmt zu

2.20 vgl. Abb. 2.28

2.21 Verdampfung:Dampfdruck = Druck in der Gasphase = Gesamtdruck

Verdunstung: Dampfdruck ist nur ein kleiner Teil der Drucke in der
Gasphase.

2.22 diejenige Temperatur, bei deren Unterschreitung ein flüssiges Gemisch
in zwei flüssige Phasen zerfällt

2.23 ein spezieller Systemzustand bei Schmelzen und Erstarren in Gemischen, in dem 2 feste Phasen mit einer Lösung im Gleichgewicht stehen

2.24 Elementenbilanz in Form bestimmter Moleküle, keine Aussage über
den Reaktionsweg

2.25 vgl. Abb. 2.16

2.26 vgl. Abb. 2.15

2.27 $(pV)^{\mathrm{ig}} = nRT$; die einzelnen Moleküle sind unabhängig voneinander

2.28 $v^{\mathrm{if}} = \mathrm{const.}$

2.29 $z = \sum x_i z_i$

$z_i = z_i(T, p, \{x_j\}) = $ partielle molare Zustandsgröße Z der Komponente i

2.30 Wert der Größe, die ihr im Gemisch zugeordnet ist. In der Regel unterschiedlich vom entsprechenden Reinstoffwert;

$$Z = \sum n_i z_i$$

2.31 Ein Gemisch, in dem sich jede Komponente k so verhält, als würde sie
das zur Verfügung stehende Volumen allein ausfüllen, mit dem Partialdruck

$$p_k^{\mathrm{ig}} = x_k p = n_k \frac{RT}{V}$$

2.32 $p_W = p_{sW}(t_T)$

2.33 ein ideales Gasgemisch aus einer Komponente Gas G (kann aus mehreren gasförmigen Stoffen bestehen) und einer Komponente Dampf D
(kondensiert als reine Flüssigkeit aus)

$$p_D = p_{sD}(t)$$

2.34 $x = \frac{M_D}{M_G} \frac{p_{sD}(t)}{p/\varphi - p_{sD}(t)}$

2.35 $t_T = 14,26°C$

2.36 113 mg NO_2/mol Abgas

2.37 $v_i^{il}(T,p) = v_{0i}^l(T,p)$

Moleküle der unterschiedlichen Komponenten haben (nahezu)
identische Eigenschaften. Damit unterscheiden sich die Wechselwirkungen von Molekülen der Komponente i mit Nachbarmolekülen nicht
von der entsprechenden Wechselwirkungen in einem Reinstoff.

2.38 $\Delta v^M = v - x_1 v_{01} - x_2 v_{02} = v^E$

2.39 $v_i^{ivL} = v_i^*(T,p) = v_i^\infty(T,p)$

Es gibt keine Wechselwirkungen zwischen Molekülen der Komponente i, nur solche zwischen den Molekülen der Komponente i und
denen des Lösungsmittels.

2.40 $v_i = v_i^*(T,p)$

Molares Volumen, das durch formale Extrapolation des molaren
Gemischvolumens im Bereich der ideal verdünnten Lösung auf $x_i = 1$
entsteht. Dieser Wert existiert nicht real, es ist ein hypothetischer
Wert, d.h. eine reine Rechengröße

Kapitel 3

3.1 vgl. Abb. B 3.2.1

3.2 $m' = 4$ kg/s, $w_A' = 0,2$

3.3 $C_8H_{18} + 12,5 O_2 \rightarrow 8 CO_2 + 9 H_2O$

3.4 die Masse, die Stoffmenge ändert sich im Allgemeinen

3.5 CO_2, H_2O, O_2, N_2

3.6 $\rho_1 c_1 A_1 = \rho_2 c_2 A_2$

3.7 drei

3.8 durch die Gleichgewichtsbeziehung, z.B. die relative Flüchtigkeit

3.9 Reaktionen mit vollständigem Umsatz, d.h. Ablauf in einer Richtung und bis zum verschwinden mindestens eines Eduktstoffes

3.10 vollständiger Reaktionsablauf und Erreichen der höchsten Oxidations-stufen aller oxidierbarer Eduktstoffe

3.11 $n_j = n_j^{(0)} + \nu_j \xi$; $\quad \xi$ reduziert die unbekannten Stoffmengen einer Bruttoreaktionsgleichung auf nur eine Unbe-kannte

3.12 aus dem Stoffmengenanteil einer Komponente im Produktgemisch

3.13 Anzahl der unbekannten Stoffmengenanteile = Anzahl der Elemente (ist nicht immer ausreichend!)

Kapitel 4

4.1 $H_u(t^0) = -\sum \nu_i \Delta h_i^{f,0}$

$$= \Delta h_{CH_4}^{f,0} - \Delta h_{CO_2}^{f,0} - 2\Delta h_{H_2O}^{f,0} = 802303 \text{ kJ/kmol}$$

4.2 20 MWh

4.3 gar nicht

4.4 $n_{Mot} = 52974$

4.5 $\Delta h^R = -412,1 \text{ kJ/mol}$

4.6 $(W_{12})_K = (W_{12})_V +$ energetische Reibungsverluste in den mechani-schen Bauteilen

4.7 $(W_{12})_t = \int\limits_1^2 v\,\mathrm{d}p$

4.8 ja, durch Abfuhr von Arbeit

4.9 $\Delta H = \Delta H_{\text{therm}} + \Delta H_{\text{chem}}$

4.10 $c_W = 4{,}17\ \text{kJ/kg K}$

4.11 $H_o - H_u = 1587\ \text{kJ/kg}$

4.12 null

4.13 nein

4.14 ja, die Temperatur sinkt

4.15 $t_k = 15°\text{C}$

4.16 bei adiabater Zustandsänderung, weil die damit verbundene Temperaturerhöhung das Volumen vergrößert

4.17 Enthalpiedifferenz bei einer Bildungsreaktion, d.h. der Bildung einer Verbindung aus den Elementen, bei Standardbedingungen; stimmt die willkürlichen Nullpunktenthalpien der Verbindungen in einer chemischen Reaktion aufeinander ab

4.18 Kalte Luft von außen wird bei konstanter Wasserbeladung aufgeheizt. Damit nimmt die relative Feuchte ab.

4.19 Nein, überschüssiger Sauerstoff und Stickstoff heben sich aus der Enthalpiedifferenz heraus.

4.20 Ausschluss von Reibungseffekten, d.h. Berechnung der Mindestarbeit

4.21 $(W_{12})_W = (W_{12})_t +$ energetische Reibungsverluste in den mechanischen Bauteilen

4.22 Energieinhalt einer Materiemenge, der über ihre kinetische und potenzielle Energie hinausgeht

4.23 Summe aus den kinetischen und potenziellen Energien der inkohärenten Molekülbewegungen in einem Fluid

4.24 durch Änderung der thermischen Zustandsgrößen $T, V, \{x_j\}$

4.25 potenzielle Energie der Bindungen, die die Atome in den Molekülen zusammenhalten

4.26 $H = U + pV$

Enthalpie ist über die potenzielle un kinetische Energie hinausgehende Energie eines Stoffstromes, die er beim Überschreiten der Systemgrenzen transferiert.

4.27 Energieform, die bei Transfer über die Systemgrenzen unter Einfluss einer Temperaturdifferenz in Erscheinung tritt

4.28 Wärmeleitung, konvektiver Wärmeübergang

4.29 weil eine isotherme Druckänderung in idealen Gasen nicht mit einer Enthalpieänderung verbunden ist

4.30 $c_p^{ig} - c_v^{ig} = R$

4.31 $c_p^{if} = c_v^{if} = c^{if}$

4.32 $h_i^{ig} = h_{0i}^{ig}, u_i^{ig} = u_{0i}^{ig}$

4.33 $h_L^{ig}(0°C) = 0, h_W'(0°C) = 0$

4.34 $h_i^{il} = h_{0i}^l, u_i^{il} = u_{0i}^l$

4.35 $\Delta h^M = h(T, p, \{x_i\}) - \sum x_i h_{0i}^l(T, p) = h^E$

4.36 sie erwärmen sich

4.37 $h_i^{ivl} = h_i^\infty$ als der partiellen Enthalpie der Lösung bei unendlicher Verdünnung

4.38 $\Delta h^L = \Delta h_i^{f,0}$ (aq) $- \Delta h_i^{f,0}$ (g)

4.39 aus der Differenz der Bildungsenthalpien der beteiligten Komponenten

4.40 der Heizwert

4.41 aus der Differenz der Heizwerte der beteiligten Komponenten

4.42 ja

Kapitel 5

5.1 Durch Reibungs- und Verwirbelungsvorgänge entwertete Energie
1. Reibung zwischen mechanischen Bauteilen einer Maschine
2. Entspannung eines Fluidstroms in einer Drossel
3. Rühren einer Flüssigkeit
4. Joulesche Wärmeentwicklung in einem stromdurchflossenen Leiter

5.2 es wird keine Entropie produziert

5.3 ja, bei Wärmeabgabe: $Q = -T_m \Delta S$

5.4 nein, da kein Energie- und Massentransfer möglich

5.5 $d_i S \geq 0$

5.6 für einen reversiblen Prozess

5.7 1. Wärmetransfer über eine Temperaturdifferenz
2. Chemische Reaktion, z.B. Verbrennung
3. Vermischung von Stoffströmen

5.8 $t_m = 34,76°C$

5.9 nein

5.10 $Q_{12}^{rev} = \int\limits_1^2 T dS$

5.11 $d_i S = 0$: Prozess vollständig thermodynamisch berechenbar

5.12 Sie laufen in Richtung steigender Entropie ab und erreichen den Endzustand, das Gleichgewicht, im Zustand maximaler Entropie.

5.13 $S = k \ln W$

W = atomistisches Chaos = Zahl der atomistischen Zustände, die zu einem festen thermodynamischen Zustand gehören

5.14 durch die Fundamentalgleichung, z.B.

$$dS = \frac{dU}{T} + \frac{p}{T}dV$$

5.15 $S^{\mathrm{ig}}(V) - S^{\mathrm{ig}}(V^0) = n\mathrm{R}\ln(V/V^0)$

ja, weil $W \sim V$

5.16 ja

5.17 $s = \sum x_i s_i$

5.18 $s \approx 1\,\mathrm{kJ/kg\,K}$

5.19 $s_i^{\mathrm{il}} = s_{0i}^{\mathrm{if}} - \mathrm{R}\ln x_i$

5.20 $\Delta s = 5{,}1168\,\mathrm{kJ/kg\,K}$

5.21 $(\Delta s)_{\mathrm{M}}^{\mathrm{irr,ig}} = -\mathrm{R}[n_1 \ln x_1 + n_2 \ln x_2]$

5.22 $S(0\,\mathrm{K}) =$ für einen Reinstoff im Zustand des perfekten Kristalls

5.23 Bildung eines heißen Verbrennungsgases aus kalter Luft und der chemischen inneren Energie des Brennstroffs $\rightarrow$ Chaosproduktion

5.24 thermomechanischer Anteil: $\quad e_{\mathrm{h},0i}^{\mathrm{t,\,m}} = (h_{0i} - h_{0i,\mathrm{u}}) - T_{\mathrm{u}}(s_{0i} - s_{0i,\mathrm{u}})$

stofflicher Anteil: $\quad e_{\mathrm{h},0i}^{\mathrm{S}} = (h_{0i} - h_{0i,\mathrm{u}}) - T_{\mathrm{u}}(s_{0i} - s_{0i,\mathrm{u}})$

chemischer Anteil: $\quad e_{\mathrm{h},0i}^{\mathrm{C}}$: aus Exergiebilanz einer chemischen Reaktion, an der außer i nur im Umgebungsmodell berücksichtigte Komponenten teilnehmen

5.25 $\Delta\dot{E}_{\mathrm{V}} = T_{\mathrm{u}}\dot{S}_{\mathrm{i}}$

5.26 $\xi = 1 - T_{\mathrm{u}}/T = 0{,}068$

5.27 $\mathrm{d}e_{\mathrm{V}} = \int \frac{T_{\mathrm{u}}}{T}\mathrm{d}\varphi$

5.28 $W_{\mathrm{t,\,max}} = E_2 - E_1 = \eta_{\mathrm{C}}Q = 2{,}6 \cdot 10^{10}\,\mathrm{kJ}$

5.29 $W_{\mathrm{max}} = E_{\mathrm{Q}} = 26{,}8\,\mathrm{kJ}$

5.30 unbeschränkt in andere Energieformen umwandelbare Energie, z.B. Arbeit

5.31 Dissipation, Wärmetransfer

Kapitel 6

6.1 $\eta_{\text{ST}} = \frac{h_2 - h_1}{h_{2'} - h_1}$, mit $h_{2'} = h(p_2, s_2 = s_1)$

$\eta_{\text{PT}} = \dfrac{h_2 - h_1}{\int\limits_1^2 v\,\mathrm{d}p}$

Der polytrope Wirkungsgrad vergleicht die abgegebenen Arbeiten zwischen denselben Zustandspunkten 1 und 2 und ist für eine polytrope Zustandsänderung eine Konstante, d.h. z.B. unabhängig vom Druckverhältnis. Beides trifft für den isentropen Wirkungsgrad nicht zu.

6.2 $P_{t,\,\text{max}} = \dot{G}_2 - \dot{G}_1;\ \ G = H - TS$

6.3 $\varepsilon^{\text{rev}} = 7,95$

6.4 nein, da $\dot{Q} = \dot{Q}_0 + P_{\text{el}}$

6.5 nein, da $10^5/800 > 4 \cdot 10^4/400$

6.6 Carnot-Prozess: isotherme Wärmezufuhr
Clausius-Rankine-Prozess: isobare Wärmezufuhr

6.7 Die Temperatur sinkt.

6.8 vgl. Abb. B 6.12.1

6.9 $\eta_{\text{th}}^{\text{rev}} = \left(1 - \frac{T_0}{T_{\text{m}}}\right)$

$T_0 = $ Temperatur der Wärmeabgabe
$T_{\text{m}} = $ mittlere Temperatur der Wärmeaufnahme

6.10 $\xi \approx \eta_{\text{th}}$ für $H_{\text{u}} \approx e_{\text{B}}$ und $\eta_{\text{K}} \approx 1$

6.11 oberhalb des kritischen Punktes

6.12 $\eta_{\text{th}}^{\text{rev}} = 0,4378$

6.13 $W_{12}^{\text{rev}} = 6,7583$ kJ/mol; $q_{12}^{\text{rev}} = -6,7583$ kJ/mol

6.14 Dampferzeuger

6.15 Anlage zur gleichzeitigen Erzeugung vom Arbeit und Wärme

6.16 Zwischenüberhitzung, regenerative Speisewasservorwärmung

6.17 nein, wäre mit Abnahme der Entropie verbunden

6.18 vgl. Abb. B 6.8.1

Kapitel 7

7.1 a) $p = p_{s0i}(T)$;
b) $p = x_1 p_{s01}(T) + x_2 p_{s02}(T)$
c) $p = p_{N_2} + p_{s,\,H_2O}(T)$

7.2 vgl. Abb. B 7.2.3 mit B $\to$ 1

7.3 $\mu_i^{il} = \mu_{0i}^l + RT \ln x_i$

7.4 Komponente 1

7.5 nach der linken Seite, weil dort die geringere Stoffmenge steht

7.6 vgl. Abb. 7.19 oder Abb. B 7.8.2

7.7 vgl. Abb. 7.26

7.8 $T^{(1)} = T^{(2)}$; $p^{(1)} = p^{(2)}$; $\mu_i^{(1)} = \mu_i^{(2)}$ für alle i

7.9 zur Eduktseite

7.10 $x_2^L = x_2^G p / H_2(T, p)$

Die Löslichkeit einer gasförmigen Komponente 2 in einer Flüssigkeit ist ihrem Partialdruck proportional.

7.11 $H^E = 0$; $S^E = -n\, R \sum x_i \ln x_i$

7.12 $a_i^{il} = x_i$

7.13 $T^\alpha = T^\beta$; $p^\alpha = p^\beta$; $\mu^\alpha = \mu^\beta$

7.14 das chemische Potenzial

7.15 $\mu_i = h_i - T s_i$

7.16 tiefste erreichbare Temperatur t_K des Wassers bei adiabater Verdunstung in einen ungesättigten Luftstrom

7.17 eine Anordnung, bei der die ausströmende Stoffströme miteinander im stofflichen Gleichgewicht stehen

7.18 ein Reaktor, der die Edukte ins Reaktonsgleichgewicht überführt

Anhang E Ergebnisse der Aufgaben

Kapitel 2

2.1 $w_{\text{Benz}} = 0,4588$
$w_{\text{Tol}} = 0,5412$

2.2 $w_{\text{N}_2} = 0,5347,\quad x_{\text{N}_2} = 0,196$
$w_{\text{O}_2} = 0,2475,\quad x_{\text{O}_2} = 0,0794$
$w_{\text{H}_2} = 0,1386,\quad x_{\text{H}_2} = 0,7061$
$w_{\text{CO}_2} = 0,0792,\quad x_{\text{CO}_2} = 0,0185$

2.3 a)$n_{\text{O}_2} = 0,064065$ kmol

b)$v = 0,1873$ m^3/kmol
$v = 5,854 \cdot 10^{-3}$ m^3/kg
$\rho = 170,823$ kg/m^3

2.4 $\rho_{\text{Oel}} = 781,25$ kg/m^3

2.5 a) $p_{\text{g}} = 1,0223$ bar
$p_{\text{Ue}} = 0,0173$ bar

b)$\Delta z = 146,4$ mm

2.6 $\Theta_2^{\text{ig}} = 1202,7$ K

2.7 $15°\text{C} = 59°\text{F}$
$100°\text{F} = 37,8°\text{C}$

2.8 a)$V_1 = 9,638 \cdot 10^{-3}$ m^3

Zustand	p/bar	T/K	v/(m^3/mol)
1	1	323,15	0,027
2	2	323,15	0,0135
3	2,91	473,15	0,0135
4	1	473,15	0,039

b)

2.9 a) $t_k = 374,14°C$, $p_k = 220,9$ bar

   $t_{tr} = 0,01°C$, $p_{tr} = 0,0061$ bar

   b)

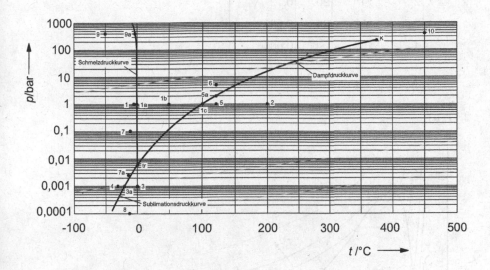

2.10 a), b)

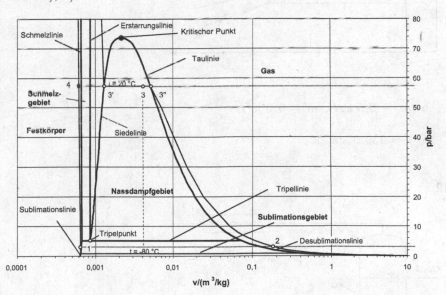

Zustand	p/bar	$T/^\circ\text{C}$	$v/(\text{m}^3/\text{kg})$
1	4	-80	0,00063
c) 2	4	20	0,12
3	58	20	0,004
4	58	-80	0,00061

$$m_3''/\dot{m}_3' = 4$$

2.11 a)

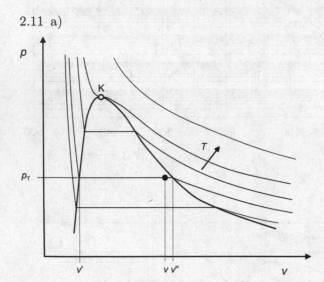

b) $\dot{m}'' = 9,5\ \text{kg/s}, \ \dot{m}' = 0,5\ \text{kg/s}$

c) $\dot{V} = 139,37\ \text{m}^3/\text{s}$

2.12 a)

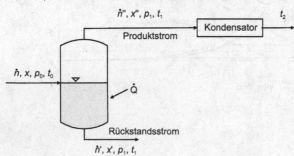

b) $t_\mathrm{s} = 61°\mathrm{C}$

c) $x_2' = 0,32,\ x_2'' = 0,66$
$\dot{m}' = 223,69\ \mathrm{kg/h},\ \dot{m}'' = 126,22\ \mathrm{kg/h}$

d) $t_2 = 54°\mathrm{C}$

2.13 a) $p_{01} = 40\ \mathrm{kPa}$ (Toluol), $p_{02} = 101\ \mathrm{kPa}$ (Benzol)

b) $x'(65\ \mathrm{kPa}) = 0,4,\ x''(65\ \mathrm{kPa}) = 0,63$

c) $n' = 5,65\ \mathrm{mol},\ n'' = 4,35\ \mathrm{mol}$

2.14 $M = 18\ \mathrm{g/mol}$

2.15 $\dot{V}_1 = 228,8\ \mathrm{m^3/h}$

2.16 a)

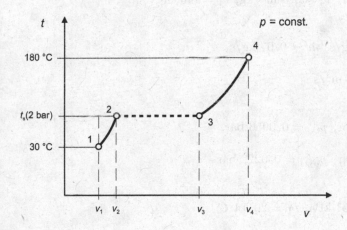

b)

$p_1 = 2\ \mathrm{bar},\quad t_1 = 30°\mathrm{C},\qquad v_1 = 0,001004\ \mathrm{m^3/kg}$
$p_2 = 2\ \mathrm{bar},\quad t_2 = 120,23°\mathrm{C},\quad v_2 = 0,001061\ \mathrm{m^3/kg}$
$p_3 = 2\ \mathrm{bar},\quad t_3 = 120,23°\mathrm{C},\quad v_3 = 0,8857\ \mathrm{m^3/kg}$
$p_4 = 2\ \mathrm{bar},\quad t_4 = 180°\mathrm{C},\qquad v_4 = 1,032\ \mathrm{m^3/kg}$

2.17 a)

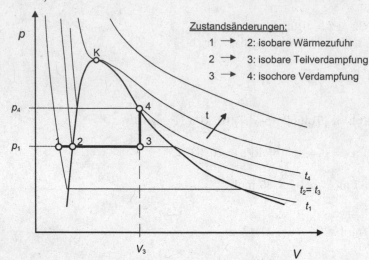

Zustandsänderungen:

1 → 2: isobare Wärmezufuhr

2 → 3: isobare Teilverdampfung

3 → 4: isochore Verdampfung

b) $t_2 = 126,06°C$

c) $x_3 = 0,6675$, $m_3'' = 66,75$ g, $m_3' = 33,25$ g

d) $p_4 = 3,68$ bar, $v_4 = 0,5$ m^3/kg, $t_4 = 140,68°C$

2.18 a) $\dot{m}'' = 0,03$ kg/s, $\dot{m}' = 0,07$ kg/s

b) $\dot{V} = 0,02898$ m^3/s

2.19 $p_{N_2} = 0,2352$ bar, $p_{O_2} = 0,0953$ bar,

$p_{H_2} = 0,8473$ bar, $p_{CO_2} = 0,0222$ bar

2.20 $p_{sW}(t_T) = 2,3961$ kPa, $t_T = 20,14°C$

2.21 a) $\rho = 0,8092$, $p_W = 0,018927$ bar

b) $m_L = 17,485$ kg, $m_W = 0,209$ kg, $m = 17,694$ kg

2.22 a) 2 Phasen

b) $m_W = 87,6$ g

c) $V = 1,05841255$ m^3

Kapitel 3

3.1 $\dot{m}_W^l = 938,9$ g/h, $\dot{m}_W^g = 308$ g/h

3.2 $\dot{n}' = 79,38$ mol/h, $x_2' = 0,0649$, $x_1' = 0,9351$

3.3 $\dot{m}_W = 89,19$ kg/h

3.4 $X^G = 0,005263$, $X^L = 0,30243$

3.5 a) $C_8H_{18} + 12,5O_2 \rightarrow 8CO_2 + 9H_2O$

$\nu_{C_8H_{18}} = -1$, $\nu_{O_2} = -12,5$, $\nu_{CO_2} = 8$, $\nu_{H_2O} = 9$

b) $CH_4 + 3H_2O \rightarrow CO + 3H_2 + 2H_2O$

c) 1 kg $C_8H_{18} + 3,5$ kg $O_2 \rightarrow 3,08$ kg $CO_2 + 1,42$ kg H_2O

1 kg $CH_4 + 3,37$ kg $H_2O \rightarrow 1,75$ kg $CO + 0,38$ kg $H_2 + 2,25$ kg H_2O

3.6 $p_{sW}(t_T) = 12,081$ kPa, $t_T = 49,21°C$

$x_{CO_2}^V = 0,0805$, $x_{O_2}^V = 0,0564$, $x_W^V = 0,1208$, $x_{N_2}^V = 0,7423$

3.7 $l = 10,6071$ mol L/mol B

$x_{CO_2}^V = 0,0934$, $x_{O_2}^V = 0,0175$, $x_W^V = 0,1635$, $x_{N_2}^V = 0,7256$

3.8 a) $59,945$ C $+ 39,683$ H$_2 + 1,248$ S $+ 2,813$ O$_2 + 1,071$ N$_2 + 2,22$ H$_2$O

$+ 78,222$ O$_2 \rightarrow 59,945$ CO$_2 + 41,903$ H$_2$O $+ 1,248$ SO$_2 + 1,071$ N$_2$

$o_{min} = 78,222$ mol O_2/kg B

b) $l_{min} = 372,486$ mol L/kg B, $l = 446,983$ mol L/kg B

$59,945$ C $+ 39,683$ $H_2 + 1,248$ S $+ 2,813$ $O_2 + 1,071$ $N_2 + 2,2$ H_2O

$+ 446,983 \cdot (0,21$ $O_2 + 0,79$ $N_2) \rightarrow 59,945$ $CO_2 + 41,903$ H_2O

$+ 1,248$ $SO_2 + 15,644$ $O_2 + 354,188$ N_2

c) $x^V_{CO_2} = 0,1268$, $x^V_{O_2} = 0,0331$, $x^V_W = 0,0886$

$x^V_{N_2} = 0,7489$, $x^V_{SO_2} = 0,0026$

3.9 $x_{H_2} = 0,4286$, $x_{N_2} = 0,5$, $x_{NH_3} = 0,0714$

3.10 $\dot{n}_{CO_2} = 0,13$ mol/s, $\dot{n}_{H_2O} = 0,87$ mol/s

$\dot{n}_{CO} = 0,87$ mol/s, $\dot{n}_{H_2} = 3,13$ mol/s

Kapitel 4

4.1 $(W_{12})_{Rbg} = -124,6$ J

4.2 $(W_{12})_K = -15$ kJ

4.3 $M_d = 16,37$ Nm

4.4 $\dot{U} - \dot{U}_0 = 249,45$ J/s, $\dot{H} - \dot{H}_0 = 415,75$ J/s

$\dot{E}_a - \dot{E}_{a,0} = 0,2394$ J/s, $\dot{E} - \dot{E}_0 = 415,99$ J/s

4.5 $\dot{Q}/A = 25,2$ W/m^2

4.6 $\dot{H}_a - \dot{H}_e = -269,34$ MW

4.7 $\dot{H}_2 - \dot{H}_1 = -2,773$ MW

4.8 $\dot{m}_L = 4,227$ kg/s, $\Delta\dot{m}_W = 0,0672$ kg/s

4.9 $\Delta\dot{H} = 19,51$ kW

4.10 a) $\dot{n}_{CO_2}^{(2)} = 0,13$ mol/s, $\dot{n}_{H_2O}^{(2)} = 0,87$ mol/s

   $\dot{n}_{CO}^{(2)} = 0,87$ mol/s, $\dot{n}_{H_2}^{(2)} = 3,13$ mol/s

   b) $\Delta\dot{H} = 328,425$ kW

4.11 a) $x_{CO_2}^V = 0,0922$, $x_W^V = 0,0831$, $x_{SO_2}^V = 0,0004$

   $x_{O_2}^V = 0,0671$, $x_{N_2}^V = 0,7572$

   b) $t_{ad} = 1550,8°C$

4.12 a) $x_{CO_2}^V = 0,097357$, $x_{H_2O}^V = 0,144678$

   $x_{O_2}^V = 0,032157$, $x_{N_2}^V = 0,725808$

   b) $T_{V2} = 309,99$ K, $\Delta\dot{H} = -2,655$ MW

4.13 a) $m_1 = 0,2571$ kg

   b) $\Delta m_{12} = 0,2233$ kg

   c) $T_1 = 453,06$ K, $U_1 = 664,24$ kJ, $T_2 = 372,78$ K, $U_2 = 75,73$ kJ

4.14 a) $\varphi_1 = 0,914$

   b) $\dot{m}_L = 1,0372$ kg/s

   c) $\Delta\dot{m}_W = 31,116$ g/s

   d) $t_2 = 20,04°C$

e) $\Delta \dot{H} = -101,39$ kW

4.15 a) $CH_4 + 2\,O_2 \rightarrow CO_2 + 2\,H_2O$, $l_{min} = 9,524$ mol L/mol B

b) $\lambda = 3,491$

4.16 a) $H_{u,H_2}(25°C) = 241,827$ kJ/mol, $H_{u,CH_4}(25°C) = 802,303$ kJ/mol

$H_{u,C_2H_4}(25°C) = 1322,981$ kJ/mol, $H_{u,Gem.}(25°C) = 541,48$ kJ/mol

b) $x_{H_2}^B + x_{CH_4}^B + x_{C_2H_4}^B + x_{N_2}^B + o_{min}O_2$

$\rightarrow (x_{CH_4}^B + 2 \cdot x_{C_2H_4}^B)CO_2 + (x_{H_2}^B + 2 \cdot x_{CH4}^B + 2 \cdot x_{C_2H_4}^B)H_2O + x_{N_2}^B N_2$

$l = 6,7309$ mol L/mol B, $v = 7,4814$ mol V/mol B

$x_{CO_2}^V = 0,0722$, $x_{H_2O}^V = 0,1992$, $x_{O_2}^V = 0,0172$, $x_{N_2}^V = 0,7114$

c) $k = 0,8546$ mol W/mol B

d) $\dot{H}_{aus} - \dot{H}_{ein} = -573,22$ kW

4.17 a) $T_2 = 565,79$ K

b) $(P_{12})_t \doteq 11,11$ kW

4.18 $(w_{12})_t = -296,6$ kJ/kg, $(w_{34})_t = -964,7$ kJ/kg, $q_{23} = 476,2$ kJ/kg

4.19 a) $\varphi_2 = 0,00146$

b) $(P_{12})_t = 437,54$ kW

c) $\dot{m}_5 = 3,926$ g/s

d) $\dot{Q}_{23} = -426,771$ kW

4.20 a) $(P_{12})_t = -58,945$ MW

b) $\dot{Q}_{23} = -102,534$ MW, $\dot{m}_k = 1226,5$ kg/s

c) $\dot{Q}_{41} = 160,579$ MW

d) $\eta_{\text{th}} = 0,3615$

4.21 a) $t_1 = 19,01°C$

b) $\dot{m} = 0,8118 \cdot 10^{-3}$ kg/s

c) $(P_{12})_t = 96,41$ W

d) $\varepsilon_0 = 1,245$

4.22 a)

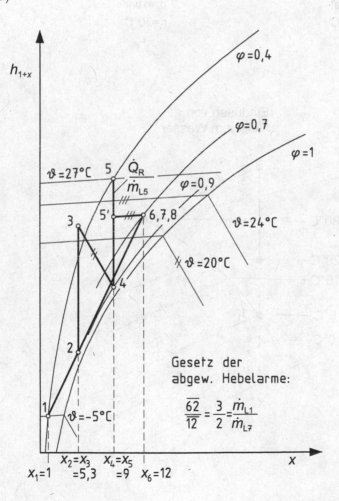

Gesetz der abgew. Hebelarme:

$$\frac{\overline{62}}{\overline{12}} = \frac{3}{2} = \frac{\dot{m}_{L1}}{\dot{m}_{L7}}$$

b) $x_6 = 0,0118$ kg/kg

c) $\dot{m}_D = 11,2$ kg/h

d) $\dot{Q}_{23} = 18,6$ kW, $\dot{m}_W = 14,4$ kg/h

e) $\dot{Q}_{45} = 14,7$ kW

4.23 a)

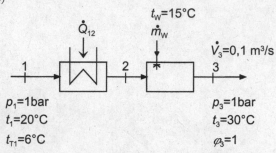

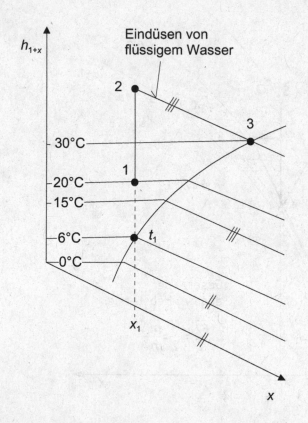

b) $t_2 = 83,5°C$, $\dot{Q}_{12} = 7,1$ kW

c) $p_{SD} = 1,564$ bar

4.24 a) $\lambda = 1,255$, $\dot{n}^V_{CO_2} = 0,105$ kmol/h, $\dot{n}^V_{H_2O} = 0,205$ kmol/h

$\dot{n}^V_{O_2} = 0,053$ kmol/h, $\dot{n}^V_{N_2} = 0,98$ kmol/h

b) $\dot{n}_{H_2O,fl} = 0,1677$ kmol/h

c) $\dot{Q}_H = -25$ kW

4.25 a)

Zustand	p/bar	$t/°C$	x	$h_{1+x}/$ (kJ/kg)
1	1	35	0,0293	110,16
2	0,8	17	0,0156	56,49
3	1	20,7	0,0156	60,3
4	1	85,21	0,0156	126,68
5	1	30	0,0276	100,54
6	1	50	0,0308	129,86

b) $\dot{m}_{W12} = 14,8$ g/s, $\dot{m}_{WB} = 8,82$ g/s

$\dot{Q}_{12} = -56,91$ kW, $\dot{Q}_{34} = -71,69$ kW

$\dot{Q}_A = -14,32$ kW, $\dot{Q}_V = -6,62$ kW

4.26 a) $M_{EG} = 16,113$ g/mol, $H_{u,EG} = 805,3$ kJ/kg, $\dot{n}_{EG} = 107,5$ mol/s

b) $T_V = 1437,61$ K

4.27 Methan: $m_{CO_2}/H_u = 0,1976$ kg CO_2/kWh

Heizöl: $m_{CO_2}/H_u = 0,2701$ kg CO_2/kWh

Steinkohle: $m_{CO_2}/H_u = 0,341$ kg CO_2/kWh

	Zustand	Enthalpie/(kJ/kg)	Dampfgehalt
	1	1706,7	1
	2	1942,7	
	3	1758,2	1
4.28 a)	4	1978,2	
	5	673,2	0
	6	512,074	
	7	512,074	0,14
	8	673,2	0,144

b) $\dot{m}_1 = 0,08371$ kg/s

c) $\dot{m}_8 = 0,02667$ kg/s

d) $\varepsilon_0 = 2,271$

Kapitel 5

5.1 a)

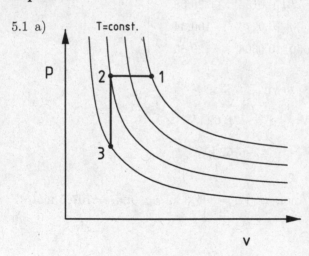

b) $T_2 = 325$ K, $p_3 = 3,63$ bar

c) $(W_{12})_V^{\text{rev}} = 240$ kJ, $(W_{23})_V^{\text{rev}} = 0$

d) $Q_{12} = -839,5$ kJ, $Q_{23} = -55,33$ kJ

5.2 a) $(W_{12})_V^{rev} = -45,81$ kJ

   b) $(W_{12})_K = -15$ kJ

   c) $\Phi_{12} = 30,81$ kJ

5.3 a) $(w_{12})_t = 200$ kJ/kg, $q_{12} = -200$ kJ/kg

   b) $\varphi_{12} = 32,7$ kJ/kg

5.4 $\Phi_{12} = 720$ kJ, $T_2 = 480$ K

5.5 a) $(W_{12})_K = 10$ kJ

   b) $(W_{12})_V^{rev} = 6,931$ kJ, $Q_{12} = -6,931$ kJ

   c) $S_2 - S_1 = -23,1$ J/K, $(\Delta S_{12})^{irr} = 10,23$ J/K

5.6 Nein

5.7 a) $Q_{12} = -94,25$ kJ

   b) $S_2 - S_1 = 0$

   c) $0,316$ kJ/K

5.8 a) $\dot{S}_{i12} = 32$ W/K

   b) $\dot{S}_{i,ges} = 54,9$ W/K

   c) $(\Delta \dot{S})_{\Delta T}^{irr} = 22,9$ W/K

5.9 a) $S_i = 3,25$ kJ/K

   b) $S_i = 5,08$ kJ/K

5.10 a) $(w_{12})_t = -220 \text{ kJ/kg}$

b) $T_2 = 353,88 \text{ K}$

c) $s_2 - s_1 = 0,18 \text{ kJ/kg}$

d) Nein

5.11 a) $\dot{S}_2 - \dot{S}_1 = -707,57 \text{ kW/K}$

b) $\dot{S}_i = 103,88 \text{ kW/K}$

5.12 $\dot{S}_i = 21,577 \text{ W/K}$

5.13 a) $e^c_{h,B} = 44618 \; \frac{\text{kJ}}{\text{kg B}}$

b) $\Delta\dot{E}_V = 30,60 \text{ MW}$

c) $T_m = 202,86°\text{C}$

Kapitel 6

6.1 a) $\dot{m} = 0,02187 \text{ kg/s}$

b) $(P_{12})_t = 0,462 \text{ W}$

c) $c_3 = 7,6 \text{ m/s}, \; T_3 = 342,76 \text{ K}$

d) $c_4 = 17,1 \text{ m/s}, \; T_4 = 342,64 \text{ K}$

6.2 a) $(w_{12})_t^{rev} = 4824,14 \text{ J/mol}$

b) $(w_{12})_t^{rev} = 6453 \text{ J/mol}$

6.3 a) $h_1 = 3000,9 \text{ kJ/kg}, \; s_1 = 7,0311 \text{ kJ/kg K} = s_2, \; h_2 = 2552,66 \text{ kJ/kg}$

b) $\dot{m} = 1,295 \text{ kg/s}$

c) $c_2 = 946,88$ m/s

6.4 $T_{m,12} = 370,32$ K für Wasser
$T_{m,12} = 376,0$ K für Luft

6.5 a) $h_1 = 3000$ kJ/kg, $s_1 = 7,07$ kJ/kg K $= s_2$, $h_2 = 2560$ kJ/kg

b) $x_2 = 0,95$

6.6 a) $(P_{23})_t = -8290,2$ kW

b) $\dot{Q}_{30} = -14111,6$ kW

c) $(P_{01})_t = 40,1$ kW

d) $\eta_{th} = 0,369 = \eta_C$

6.7 a) $T_1 = 455,08$ K

b) $\dot{m}_L = 35,75$ kg/s

c) $\dot{Q}_{30} = -16154$ kW

d) $T_{m,12} = 739,49$ K, $T_{m,30} = 476,36$ K

e) $\eta_{th} = 0,356$

6.8 a) $\eta_{th} = 0,5902$

b) $|w_V| = 826,28 \frac{kJ}{kg}$

c) $T_3^* - T_3 = -91,6$ K

d) $\eta_{th}^* = 0,5311$

6.9 a) $\dot{m} = 71,91$ g/s

b) $(P_{12})_t = 2,918$ kW, $\dot{Q}_{41} = 9,745$ kW

c) $\varepsilon^{\mathrm{rev}} = 5,321$

d) $(P_{12*})_t = 3,439 \text{ kW}$, $\dot{Q}_{0*} = 8,561 \text{ kW}$

e) $\varepsilon^* = 3,489$

6.10 $\dot{Q}_{12} = 0$, $(P_{12})_t = 17,2 \text{ kW}$, $\dot{Q}_{23} = -17,2 \text{ kW} = -(P_{12})_t$

$\dot{Q}_{34} = -11,9 \text{ kW}$, $\dot{Q}_{16} = 11,9 \text{ kW}$, $(P_{45})_t = -6,8 \text{ kW}$

$\dot{Q}_{56} = 6,8 \text{ kW} = -(P_{45})_t$, $\varepsilon_0 = 0,654$

6.11 a) $(P_{23})_t = 144,68 \text{ MW}$, $\eta_{\mathrm{ST}} = 0,8561$

b) $\dot{Q}_{30} = -263 \text{ MW}$

c) $(P_{01})_t = 1,676 \text{ MW}$, $\eta_{\mathrm{SP}} = 0,7539$

d) $\eta_{\mathrm{th}} = 35,22 \%$

6.12 a) $m' = 53,609 \text{ kg}$, $m'' = 5,957 \text{ kg}$

b) $c_2 = 552,07 \text{ m/s}$

c) $m^* = 0,178 \text{ kg}$

6.13 a) $x_4 = 0,888$, $q_{41} = -2170,67 \text{ kJ/kg}$

b) $(P_{34})_t = -93,049 \text{ MW}$

c) $p_{4*} = 5,628 \text{ kPa}$, $q_{4*1*} = -2203,85 \text{ kJ/kg}$

d) $\dot{m}^* = 24,62 \text{ kg/s}$, $P_t^* = -43,869 \text{ MW}$

6.14 a) $\dot{m} = 53 \text{ kg/s}$

b) $(P_{23})_t = -155,49 \text{ MW}$, $(P_{45})_t = -213,951 \text{ MW}$

c) $\dot{Q}_{56} = -586,669 \text{ MW}$, $|\dot{Q}_{\mathrm{VW}}| = 116,237 \text{ MW}$

d) $\eta_{sT} = 0,9366$

e) $\eta_{th} = 0,3864$

f) $\dot{m}_B = 132,8$ kg/s

g) $(P_{67})_t = 1,24$ MW, $(P_{9\ 10})_t = 0,264$ MW

6.15 a) $Q = 128,807$ MJ, $\dot{Q}_0 = 8,945$ kW

b) $T_1 = 273,15$ K, $p_1 = 0,4981$ MPa, $h_1 = 476,9$ kJ/kg

$s_1 = 2,997$ kJ/(kg K)

$T_2 = 359,59$ K, $p_2 = 2,427$ MPa, $h_2 = 517,7$ kJ/kg

$s_2 = 3,019$ kJ/(kg K)

$T_3 = 333,15$ K, $p_3 = 2,427$ MPa, $h_3 = 349,7$ kJ/kg

$s_3 = 2,519$ kJ/(kg K)

$T_4 = 273,15$ K, $p_4 = 0,4981$ MPa, $h_4 = 349,7$ kJ/kg

$s_4 = 2,531$ kJ/(kg K)

c) $(P_{12})_t = 2,856$ kW

d) $\varepsilon_0 = 3,132$, $\eta_{S,KM} = 0,711$

e) $\dot{m}_B = 5,04$ l/d

6.16 a) $n_{V1} = 1,87, n_{V2} = 1,87, n_T = 1,56$

b) $q_{12} = q_{34} = q_{56} = 0, q_{23} = -440,3$ kJ/kg,

$q_{45} = 3859,1$ kJ/kg, $q_{61} = -2434,6$ kJ/kg

c) $(w_V)_t = 880,6$ kJ/kg

d) $(w_{56})_t = -1864,8$ kJ/kg, $w_t = -984,2$ kJ/kg

e) $\eta_{th} = 0,255$

f) $\eta_{PV_{12}} = 0,86, \eta_{PV_{34}} = 0,86, \eta_{PT_{56}} = 0,89$

$\eta_{SV_{12}} = 0,85, \eta_{SV_{34}} = 0,85, \eta_{ST_{56}} = 0,91$

g) $(w_{12})_t^{rev} = 379,6 \text{ kJ/kg}, (w_{34})_t^{rev} = 379,6 \text{ kJ/kg},$

$(w_{56})_t^{rev} = -2049,23 \text{ kJ/kg}$

$\varphi_{V_{12}} = \varphi_{V_{34}} = 60,7 \text{ kJ/kg}, \varphi_{T_{56}} = 184,43 \text{ kJ/kg}$

6.17 a) $\eta_{th} = 0,602$

b) $p_2 = 22,61 \text{ bar}, T_2 = 861,95 \text{ K}$

c) $q_{23} = 1286 \text{ kJ/kg}$

d) $p_3 = 70,82 \text{ bar}, p_4 = 2,819 \text{ bar}, T_4 = 1074,9 \text{ K}$

e) $n_k = 1,30, n_e = 1,55$

f) $T_{2r} = 686,3 \text{ K}, T_{3r} = 2853 \text{ K}, T_{4r} = 803,9 \text{ K}$

g) $q_{12r} = -79 \text{ kJ/kg}$

6.18 a) $\zeta = 0,341$

b) $\zeta = 0,309$

Kapitel 7

7.1 a) $t_s = 76,33°C$

b) $x_2' = 0,267, \ x_1' = 0,733$

$x_2'' = 0,5761, \ x_1'' = 0,4239, \ \dot{n}'' = 0,7538 \text{ mol/s}$

7.2 a) $T = 80 \text{ K}$

b) $\dot{n}''/\dot{n}_F = 0,5923$

c) $p_1 = 1,155$ bar

7.3 a) $x_{C_2H_4} = 0,6657$, $x_{H_2O} = 0,3315$, $x_{C_2H_5OH} = 0,0028$

b) $p = 47,748$ bar

7.4 a) $x_{NO_2} = 0,42166$, $x_{N_2O_4} = 0,57834$

b) $x_{NO_2} = 0,1032$, $x_{N_2O_4} = 0,0346$, $x_{Ar} = 0,8622$

7.5 a) $\varphi_1 = 0,8$, $\varphi_2 = 0,0141$, $x_1 = 0,00622 = x_2$

b) $\dot{m}_L = 0,5076$ kg/s

c) $\dot{Q}_{12} = 41,08$ kW

d) $\dot{m}_W = 46,24$ g/s

7.6 a) $\eta_{th} = 0,49$

b) $\dot{m}_L = 31421$ kg/s, $\dot{m}_{FW} = 298,9$ kg/s

c) $1 > n_S > 2$

d) $t_k = 6,36°C$

7.7 a) $K = 312,061$

b) $\xi = 0,6892$ kmol/s, $x_{CH_4} = 0,071$, $x_{H_2O} = 0,2994$

$x_{H_2} = 0,4722$, $x_{CO} = 0,1574$

c) $U_{CH_4} = 0,6892$

d) $\dot{Q}_R = 156,206$ MW

7.8 $x_{CO} = 0,00273$, $x_{H_2O} = 0,36403$, $x_{CO_2} = 0,11371$

$x_{H_2} = 0,39282, \quad x_{N_2} = 0,12671$

7.9 a) $p_W^{is} = 96,283$ kPa

b) $t_S = 101,33°C$

7.10 $x_{C_2H_5OH} = 0,4832, \quad x_{H_2O} = 0,4832, \quad x_{H_2} = 0,0224, \quad x_{CO} = 0,0112$

7.11 a) $\dot{Q}_{DE} = 14,894$ MW

b) $\dot{m}_{BH_u} = 15,678$ MW

c) $\dot{Q}_{AKM} = -32,894$ MW

d) $t_k = 21,52°C, \quad \dot{m}_{KW} = 508,36$ kg/s, $\quad \dot{m}_W = 12,41$ kg/s

7.12 a) $x_{CH_3OH} = 0,29915, \quad x_{H_2} = 0,46723, \quad x_{CO} = 0,23362$

$U_{CO} = 0,5615, \quad U_{H_2} = 0,5615$

b) $p = 64,356$ bar

Sachverzeichnis